세페이드 시리즈의 구성

STEP 1

중등 기초(1F)	물리학(상, 하) 화학(상, 하)	• 중학교 과학을 처음 접하는 사람 • 과학을 차근차근 배우고 싶은 사람 • 창의력을 키우고 싶은 사람

STEP 2

중등 완성(2F)	물리학(상,하) 지구과학(상,하) 화학(상,하) 생명과학(상,하)	• 중학교 과학을 완성하고 싶은 사람 • 중등 수준 창의력을 숙달하고 싶은 사람

STEP 3

고등 I (3F)	물리학(상,하) 지구과학(상,하) 화학(상,하) 생명과학(상,하)	• 고등학교 과학 I 을 완성하고 싶은 사람 • 고등 수준 창의력을 키우고 싶은 사람

STEP 4

고등 II (4F)	물리학(상,하) 지구과학(상,하)* 화학(상,하) 생명과학(상,하*)	• 고등학교 과학 II 를 완성하고 싶은 사람 • 고등 수준 창의력을 숙달하고 싶은 사람

STEP 5

창의기출 150제(5F) 모의고사 5회분	(물리학, 화학), (생명, 지구과학)	• 고급 문제, 심화 문제, 융합 문제를 통한 • 각 시험과 대회를 대비하고자 하는 사람

고등학교 과학

새 교과과정 + α	통합과학 물리학 I , 화학 I , 생명과학 I *, 지구과학 I *	• 내신+심화+기출, 시험대비 성적 향상 • 창의적 문제 해결력 강화

* 표시 출간 준비 중

결국은 창의력입니다.

창의력은 유익하고 새로운 것을 생각해 내는 능력입니다.
창의력의 요소로는 자기만의 의견을 내는 독창성, 다른 주제와 연관성을 나타내는 융통성, 여러 의견을 내는 유창성, 조금 더 정확하고 치밀한 의견을 내는 정교성, 날카롭고 신속한 의견을 내는 민감성 등이 있습니다.

한편, 각종 입시와 대회에서는 창의적 문제해결력을 측정하고 평가합니다. 최근 교육계의 가장 큰 이슈가 되고 있는 STEAM 교육도 서로 별개로 보아 왔던 과학, 기술 분야와 예술 분야를 융합할 수 있는 "창의적 융합인재 양성"을 목표로 합니다.

창의력과학 세페이드 시리즈는 과학적 창의력을 강화시킵니다.

No.1

국내 최초로 중고등 교과과정의 과학 내용과 기출문제, 과학 창의력 문제를 포함시켜 중등기초(1F) · 중등완성(2F) · 고등1(3F) · 고등2(4F) · 실전 문제 풀이(5F)/모의고사 의 단계별 교재와 고등 교과과정에 맞춘 '고등학교 편' 으로 구성된 세페이드 과학 시리즈!
이제 편안하게 과학 공부를 즐길 수 있습니다.

http://cafe.naver.com/creativeini

새 교과과정+α

세페이드

고등학교 물리학 I 상

http://cafe.naver.com/creativeini

세페이드

단원별 내용 구성

이론 - 유형 - 과제A-B-C-심화-창의력 단계별 학습으로 가장 효과적인 자기주도학습이 가능합니다. 새로운 문제에 도전해 보세요!

1.강의

관련 소단원 내용을 4~6편으로 나누어 강의용/학습용으로 구성했습니다. 개념에 대한 이해를 돕기 위해 보조단에는 풍부한 자료와 심화 내용을 수록했습니다.

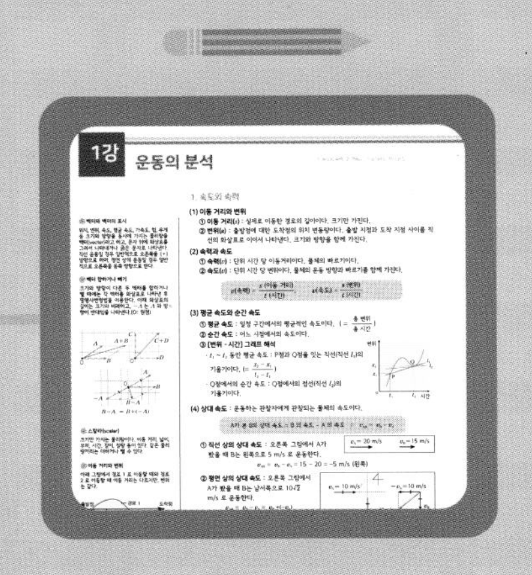

2.개념확인, 확인+

강의 내용을 이용하여 쉽게 풀고 내용을 정리할 수 있는 문제로 구성하였습니다.

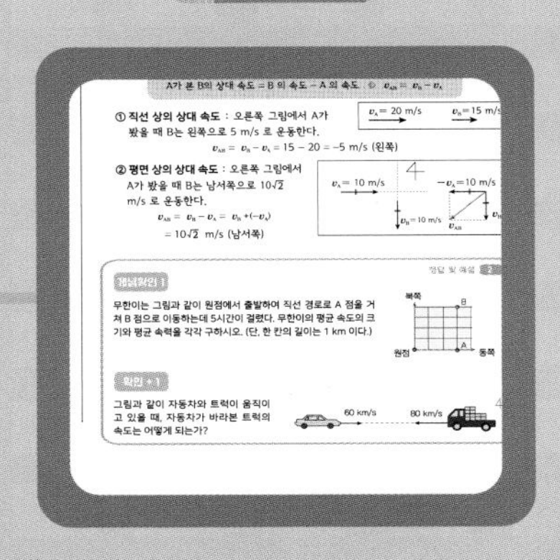

3.개념다지기

관련 소단원 내용을 전반적으로 이해하고 있는지 테스트합니다. 내용에 국한하여 쉽게 해결할 수 있는 문제로 구성하였습니다.

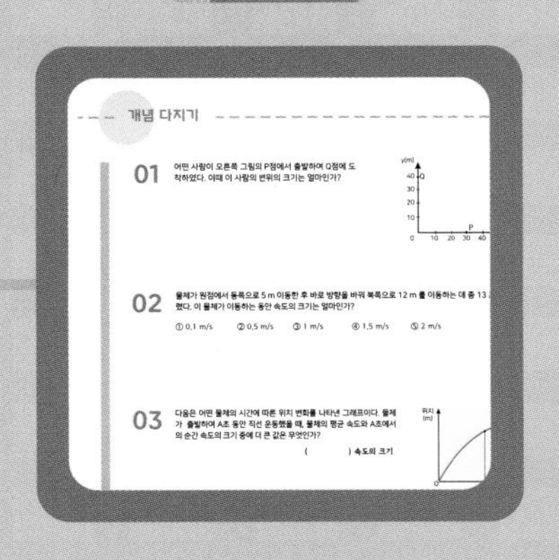

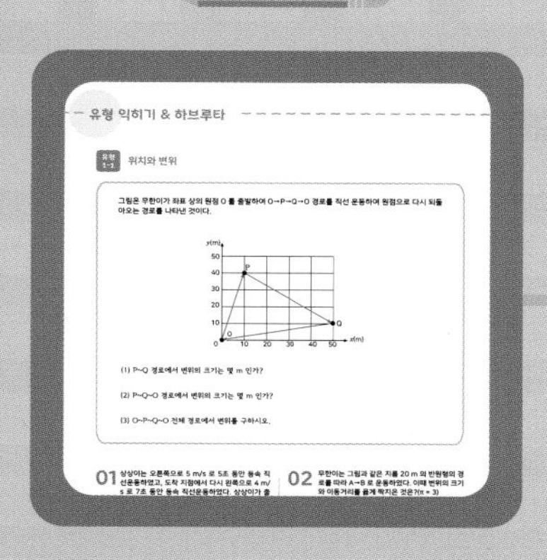

4. 유형익히기&하브루타

관련 소단원 내용을 유형별로 나누어서
각 유형에 따른 대표 문제를 구성하였고,
연습문제를 제시하였습니다.

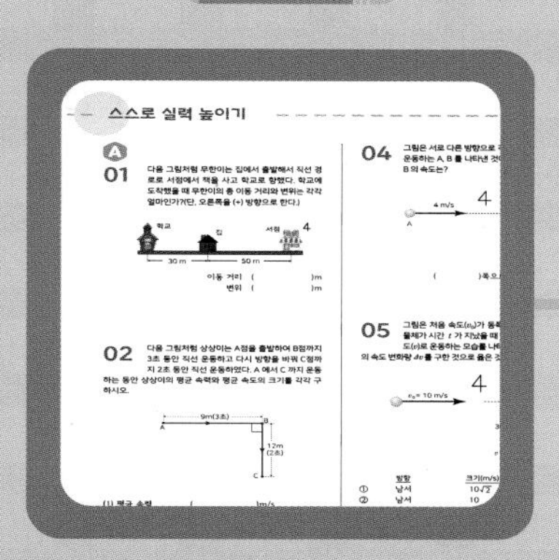

5.스스로 실력 높이기

주로 관련 소단원 내용에 대하여 A-B-C-심화
-창의력의 단계별로 문제를 구성하였고,
다른 단원과의 연계 문제도 제시됩니다.
논리 서술형 문제, 단계적 해결형 문제 등도
같이 구성하여 창의력과 동시에
논술, 구술 능력도 향상할 수 있습니다.

6.Project - 논/서술

대단원 별로 논술, 서술 문제를
제시하였습니다.
과학 문제에 대한 논리적인 서술을 연습하여
입시에 대비해 보세요.

CONTENTS 목차

새 교과과정+α

고등학교 물리학 I (상)

1 시공간과 우주

2 물질과 전자기장

세페이드

고등학교 물리학 I (하)

3

빛과 파동

4

에너지

I

시공간과 우주

우주에서는 어떻게 물리 문제를 해결할까?

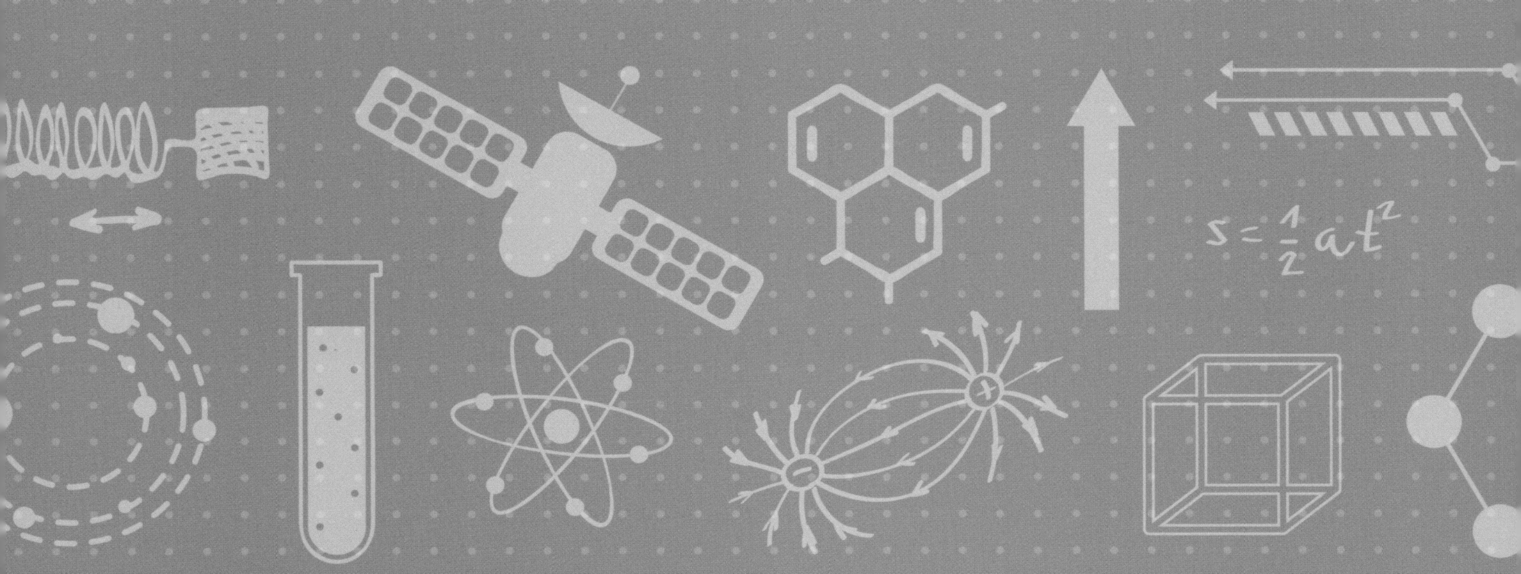

운동의 분석

1. 속도와 속력

(1) 이동 거리와 변위

① **이동 거리(s)** : 실제로 이동한 경로의 길이이다. 크기만 가진다.

② **변위($\boldsymbol{s}$)** : 출발점에 대한 도착점의 위치 변동량이다. 출발 지점과 도착 지점 사이를 직선의 화살표로 이어서 나타낸다. 크기와 방향을 함께 가진다.

(2) 속력과 속도

① **속력(v)** : 단위 시간 당 이동거리이다. 물체의 빠르기이다.

② **속도($\boldsymbol{v}$)** : 단위 시간 당 변위이다. 물체의 운동 방향과 빠르기를 함께 가진다.

$$v(\text{속력}) = \frac{s\ (\text{이동 거리})}{t\ (\text{시간})}, \qquad \boldsymbol{v}(\text{속도}) = \frac{\boldsymbol{s}\ (\text{변위})}{t\ (\text{시간})}$$

(3) 평균 속도와 순간 속도

① **평균 속도** : 일정 구간에서의 평균적인 속도이다. $\left(= \frac{\text{총 변위}}{\text{총 시간}}\right)$

② **순간 속도** : 어느 시점에서의 속도이다.

③ **[변위 - 시간] 그래프 해석**

· $t_1 \sim t_2$ 동안 평균 속도 : P점과 Q점을 잇는 직선(직선 l_1)의 기울기이다. $\left(= \frac{x_2 - x_1}{t_2 - t_1}\right)$

· Q점에서의 순간 속도 : Q점에서의 접선(직선 l_2)의 기울기이다.

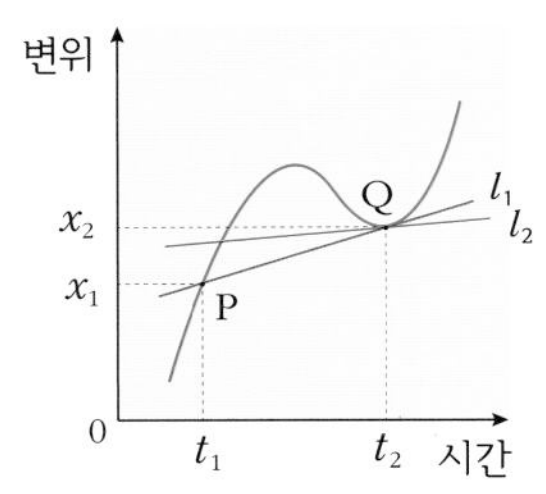

(4) 상대 속도 : 운동하는 관찰자에게 관찰되는 물체의 속도이다.

A가 본 B의 상대 속도 = B 의 속도 − A 의 속도 ⇨ $\boldsymbol{v}_{AB} = \boldsymbol{v}_B - \boldsymbol{v}_A$

① **직선 상의 상대 속도** : 오른쪽 그림에서 A가 봤을 때 B는 왼쪽으로 5 m/s 로 운동한다.

v_A = 20 m/s v_B = 15 m/s

$$\boldsymbol{v}_{AB} = \boldsymbol{v}_B - \boldsymbol{v}_A = 15 - 20 = -5 \text{ m/s (왼쪽)}$$

② **평면 상의 상대 속도** : 오른쪽 그림에서 A가 봤을 때 B는 남서쪽으로 $10\sqrt{2}$ m/s 로 운동한다.

$$\boldsymbol{v}_{AB} = \boldsymbol{v}_B - \boldsymbol{v}_A = \boldsymbol{v}_B + (-\boldsymbol{v}_A)$$
$$= 10\sqrt{2} \text{ m/s (남서쪽)}$$

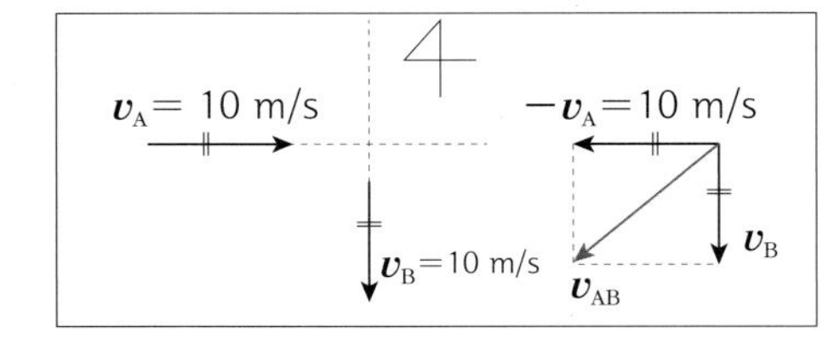

정답 및 해설 2

개념확인 1

무한이는 그림과 같이 원점에서 출발하여 직선 경로로 A 점을 거쳐 B 점으로 이동하는데 5시간이 걸렸다. 무한이의 평균 속도의 크기와 평균 속력을 각각 구하시오. (단, 한 칸의 길이는 1 km 이다.)

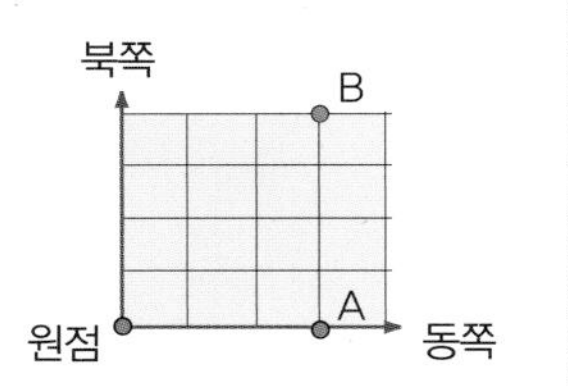

확인 + 1

그림과 같이 자동차와 트럭이 움직이고 있을 때, 자동차가 바라본 트럭의 속도는 어떻게 되는가?

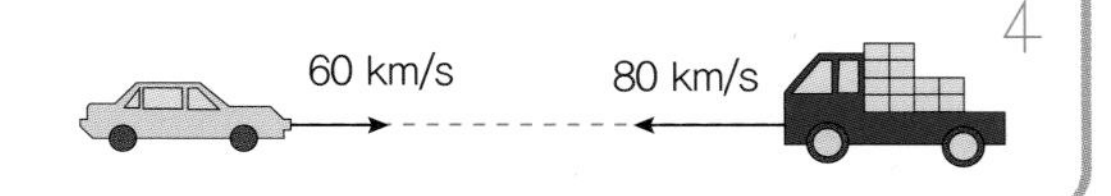

◎ **벡터와 벡터의 표시**

위치, 변위, 속도, 평균 속도, 가속도, 힘, 무게 등 크기와 방향을 동시에 가지는 물리량을 벡터(vecter)라고 하고, 문자 위에 화살표를 그려서 나타내거나 굵은 문자로 나타낸다. 직선 운동일 경우 일반적으로 오른쪽을 (+) 방향으로 하며, 평면 상의 운동일 경우 일반적으로 오른쪽을 동쪽 방향으로 한다.

◎ **벡터 합하거나 빼기**

크기와 방향이 다른 두 벡터를 합하거나 뺄 때에는 각 벡터를 화살표로 나타낸 후 평행사변형법을 이용한다. 이때 화살표의 길이는 크기와 비례하고, $-A$ 는 A 와 방향이 반대임을 나타낸다.(O: 원점)

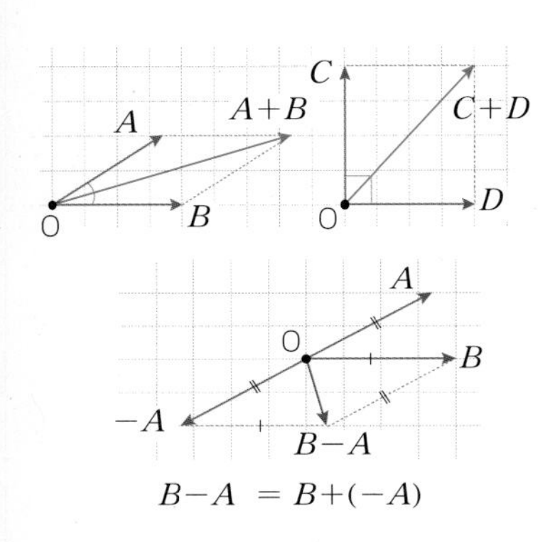

◎ **스칼라(scalar)**

크기만 가지는 물리량이다. 이동 거리, 넓이, 부피, 시간, 길이, 질량 등이 있다. 같은 물리량끼리는 더하거나 뺄 수 있다.

◎ **이동 거리와 변위**

아래 그림에서 경로 1 로 이동할 때와 경로 2 로 이동할 때 이동 거리는 다르지만, 변위는 같다.

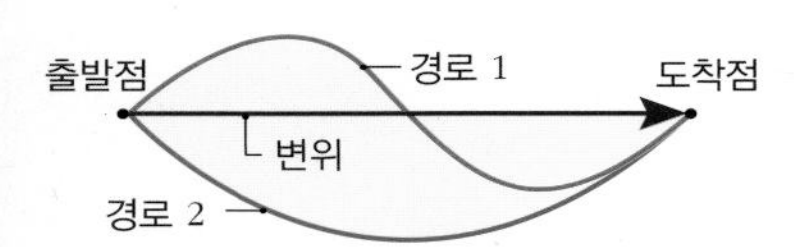

◎ **등가속도 직선 운동하는 물체의 평균 속도**

처음 속도와 나중 속도의 중간값과 같다.

$$\cdot\ \text{평균 속도} = \frac{\text{처음 속도} + \text{나중 속도}}{2}$$

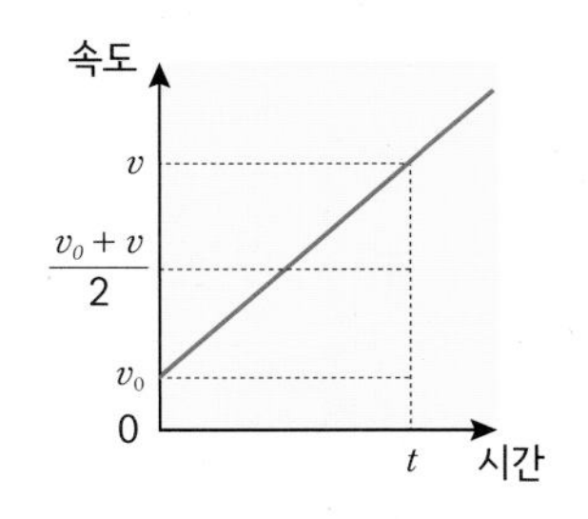

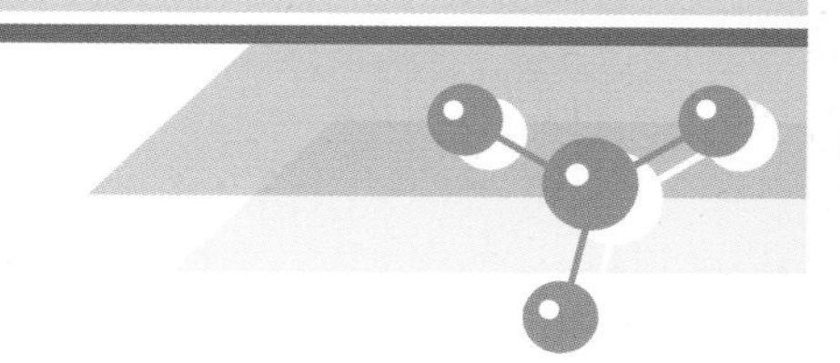

(5) 등속 직선 운동 : 힘을 받지 않는 물체의 운동이다.

① 물체의 속도(속력과 방향)가 일정한 운동이다.

② 등속 직선 운동의 그래프

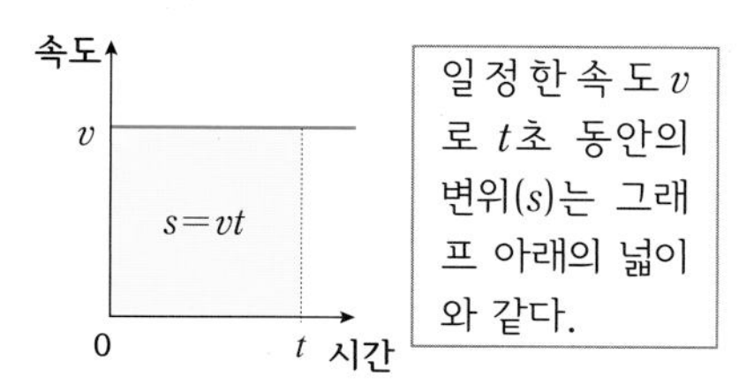

일정한 속도 v로 t초 동안의 변위(s)는 그래프 아래의 넓이와 같다.

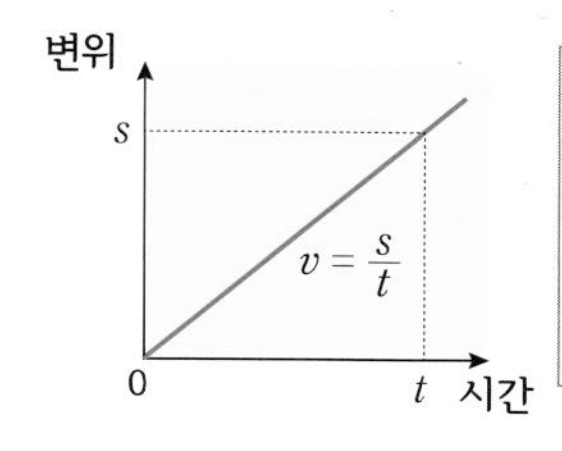

그래프의 기울기는 속도(v)이다.

2. 가속도

(1) 가속도(a) : 단위 시간당 속도의 변화량이며 일반적인 단위는 m/s^2 이다. 크기와 방향을 모두 구해야 한다.

$$a(\text{가속도}) = \frac{\Delta v(\text{나중 속도 - 처음 속도})}{\Delta t(\text{걸린 시간})}$$

① 직선 운동에서 속도가 일정하게 증가하거나 감소하는 경우의 가속도

㉠ 속도가 일정하게 증가하는 경우(오른쪽: (+) 방향)

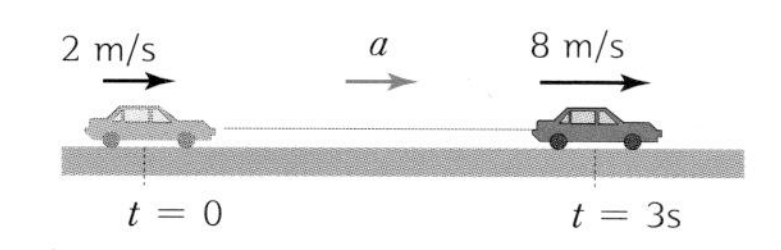

Δv = 8 - 2 = 6 m/s
Δt = 3 s
a = 2 m/s^2(오른쪽)

㉡ 속도가 일정하게 감소하는 경우(오른쪽: (+) 방향)

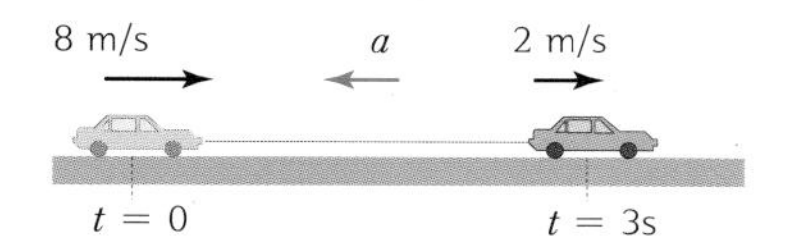

Δv = 2 - 8 = -6 m/s
Δt = 3 s
a = -2 m/s^2(왼쪽)

② 방향이 변하는 운동의 평균 가속도

➪ 평행사변형법이나 삼각형법으로 속도 변화량(Δv)을 구한 후 시간으로 나눈다.

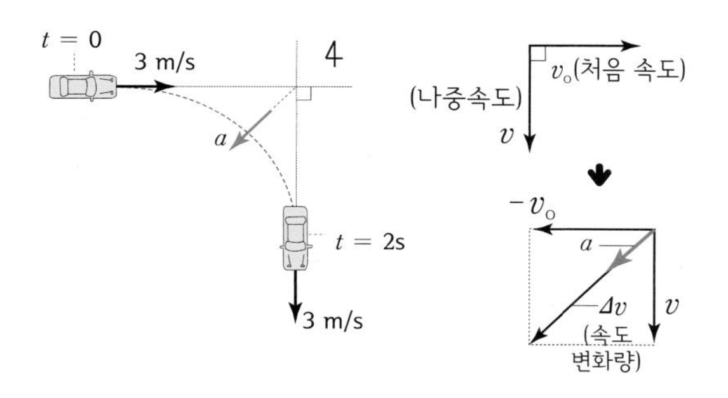

Δv = 나중 속도 − 처음 속도
$= v - v_0 = v + (-v_0)$
$= \sqrt{3^2+3^2} = 3\sqrt{2}$ m/s
Δt = 2 s
$a = \frac{3\sqrt{2}}{2}$ m/s^2(남서 방향)

개념확인 2 정답 및 해설 2

물체의 가속도의 방향은 물체가 받는 (　　　　)의 방향과 같다.

확인 + 2

오른쪽 그림은 직선 운동하는 물체의 변위를 시간에 따라 나타낸 것이다. 출발한 순간(t=0)부터 2초까지 이 물체의 평균 가속도의 크기를 구하시오.

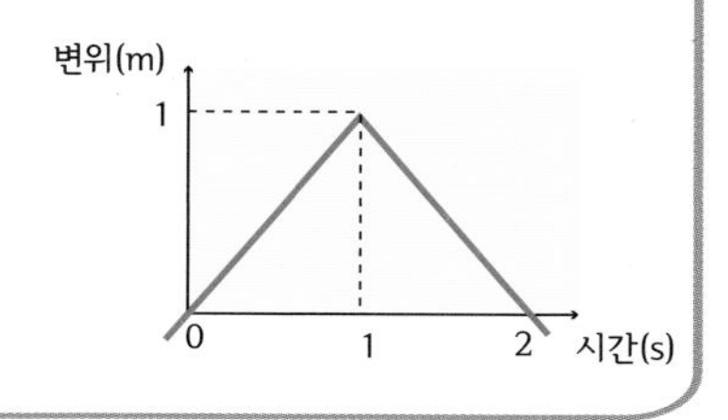

◉ Δ(변화량)

물리량이 변하는 경우 그 변화량을 나타낸다. 나중의 물리량에서 처음의 물리량을 뺀 값이다. 벡터는 방향을 고려해서 뺀다.

· Δv : 속도의 변화량
= v(나중 속도) − v_0(처음 속도)

· Δt : 걸린 시간
= t(나중 시간) − t_0(처음 시간)

◉ **평균 가속도와 순간 가속도**

물체가 운동하는 중에 속도가 일정하지 않게 변하는 경우 Δt 구간에서 평균 가속도는 다음과 같이 구할 수 있다.

· 평균 가속도

$$= \frac{\Delta v(\text{나중 속도} - \text{처음 속도})}{\Delta t(\text{걸린 시간})}$$

구간의 처음 지점에서의 속도와 나중 지점에서의 속도, 걸린 시간만 알면 된다.

속도-시간 그래프가 다음과 같다면

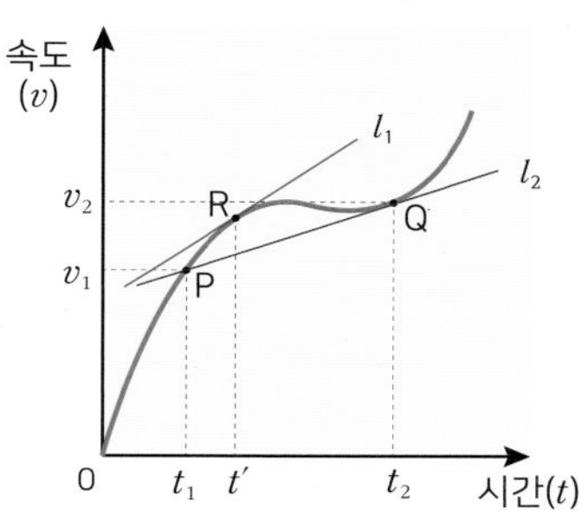

① 구간 t_1~ t_2 (P~Q)에서의 평균 가속도

$= \frac{v_2 - v_1}{t_2 - t_1}$: 직선 l_2의 기울기

② 시간 t' (R점)에서의 순간 가속도 : R점에서의 접선인 직선 l_1의 기울기

$= \frac{dv}{dt}\Big|_{t=t'}$ (시간 t' 에서의 미분)

◉ **가속도(a)의 방향**

가속도의 방향은 물체에 가해지는 알짜힘(합력)의 방향과 같다. 물체의 속도의 방향(운동 방향)과 일치하지 않는다.

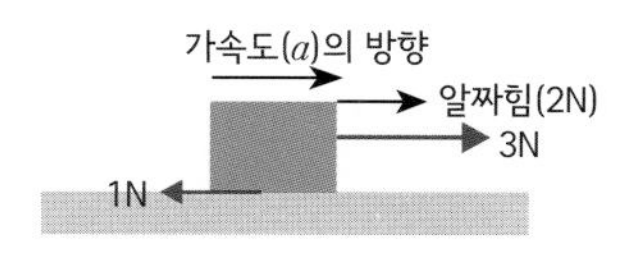

3. 등가속도 직선 운동

(1) 등가속도 직선 운동 : 직선 상에서 속도가 일정하게 증가하거나 감소하는 운동이다.

(2) 등가속도 직선 운동의 식

$$v = v_0 + at, \quad s = v_0 t + \frac{1}{2}at^2, \quad 2as = v^2 - {v_0}^2$$

(v : t초 후 속도, v_0 : 처음 속도, a : 가속도, s : 변위, t : 시간)

◎ 등가속도 직선 운동의 식 유도

· 변위(s)는 $v-t$ 그래프의 아래 면적과 같다.

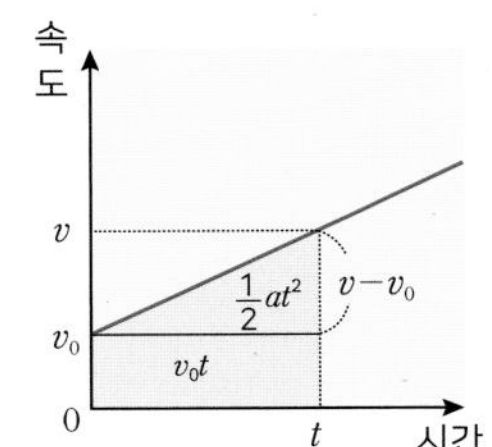

$s = v_0 \times t + \frac{1}{2}(v - v_0) \times t$

$= v_0 \times t + \frac{1}{2} at \times t$

$= v_0 t + \frac{1}{2}at^2$

또는,

시간 0~t 의 평균 속도는 $\frac{v_0 + v}{2}$ 이므로

$s = \frac{v_0 + v}{2} \times t = \frac{v_0 + v_0 + at}{2} \times t$

$= v_0 t + \frac{1}{2}at^2$

◎ 시간이 포함되지 않은 공식

$s = v_0 t + \frac{1}{2}at^2$ 이고, $t = \frac{v - v_0}{a}$ 이므로

$s = v_0(\frac{v - v_0}{a}) + \frac{1}{2}a(\frac{v - v_0}{a})^2$

$= \frac{v^2 - {v_0}^2}{2a}$ ⇨ $2as = v^2 - {v_0}^2$

(3) 등가속도 직선 운동의 그래프

① 속도 - 시간($v-t$) 그래프

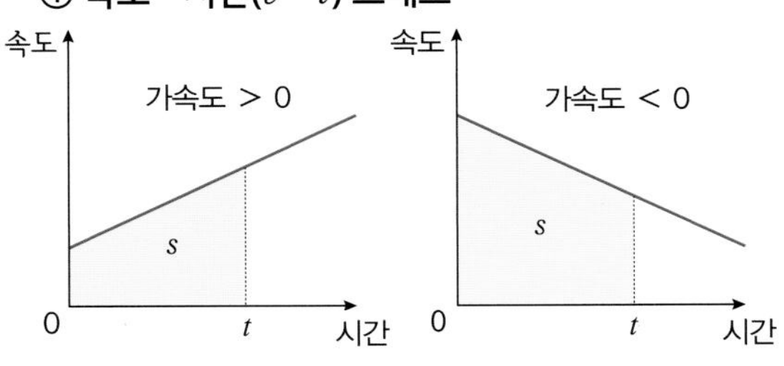

· 변위(s) : 그래프와 x축이 이루는 넓이이다.
· 가속도의 부호에 따라 속도가 일정하게 증가하거나 감소한다.
· 가속도(a) : 그래프의 기울기이다.

② 가속도 - 시간($a-t$) 그래프

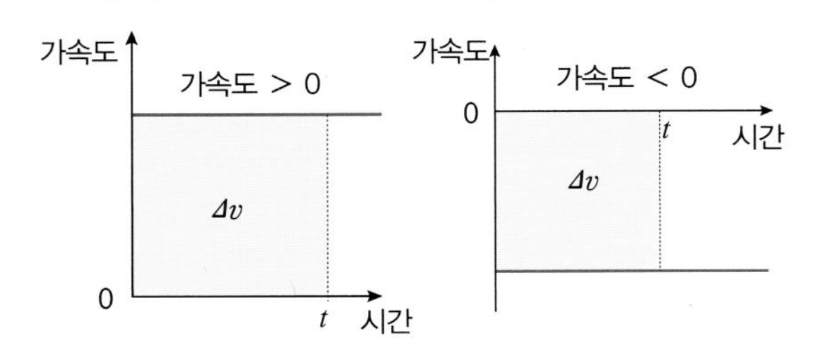

· 속도의 변화량(Δv) : 그래프와 x축이 이루는 넓이이다.
· 가속도는 일정하다.
· 변위(s) $= v_0 t + \frac{1}{2}at^2$

③ 변위 - 시간($s-t$) 그래프

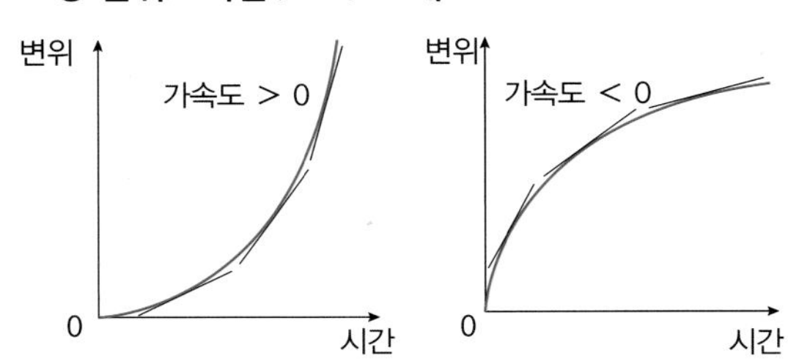

· 접선의 기울기는 접한 점에서의 순간 속도이다.
· $a > 0$ 인 경우 시간이 지남에 따라 순간 속도(기울기)가 증가한다.
· $a < 0$ 인 경우 시간이 지남에 따라 순간 속도(기울기)가 감소한다.

정답 및 해설 2

개념확인 3

그림은 정지해 있던 물체가 직선 상으로 움직일 때 물체의 가속도를 시간에 따라 나타낸 것이다. 출발 후 3초 동안 물체의 변위를 구하시오.

확인 + 3

다음은 직선 운동하는 물체의 속도를 시간에 따라 나타낸 것이다. 출발 후 4초가 지난 순간 물체의 변위와 가속도를 구하시오.

변위 (　　　　　)m,　가속도 (　　　　　)m/s²

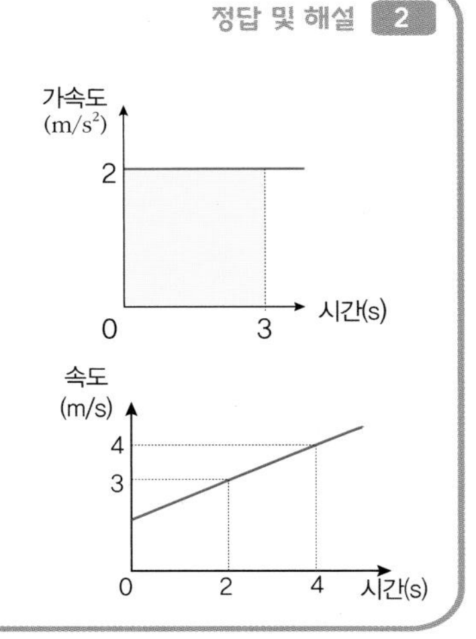

(4) 등가속도 직선 운동에서의 그래프의 변환

① 처음 속도와 가속도가 모두 (+) 방향(오른쪽 방향)인 경우 :

(처음 속도(v_0)가 3 m/s 이고, 일정한 가속도(a) 2 m/s^2 으로 5초 동안 운동한 경우)

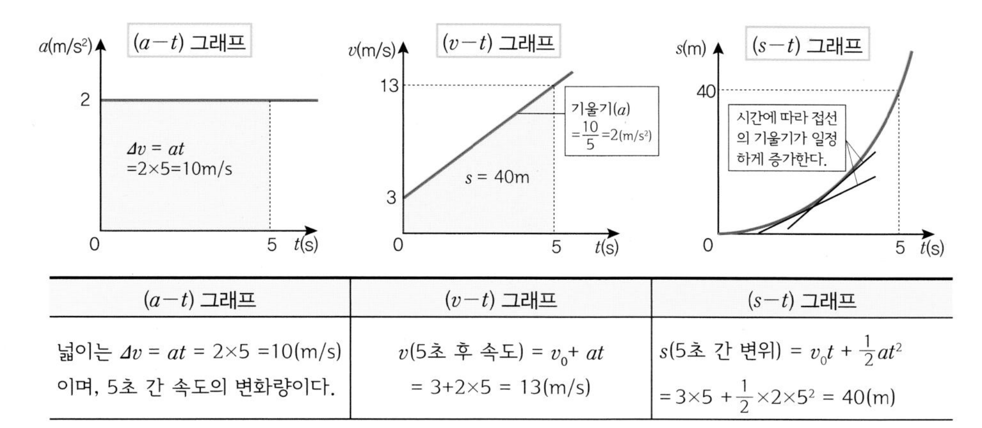

$(a-t)$ 그래프	$(v-t)$ 그래프	$(s-t)$ 그래프
넓이는 $\Delta v = at$ = 2×5 =10(m/s) 이며, 5초 간 속도의 변화량이다.	v(5초 후 속도) = $v_0 + at$ = 3+2×5 = 13(m/s)	s(5초 간 변위) = $v_0t + \frac{1}{2}at^2$ = 3×5 + $\frac{1}{2}$×2×5^2 = 40(m)

② 처음 속도는 (+), 가속도는 (-) 방향(왼쪽 방향)인 경우 :

(처음 속도(v_0)가 5 m/s 이고, 일정한 가속도(a) −2 m/s^2 으로 5초 동안 운동한 경우)

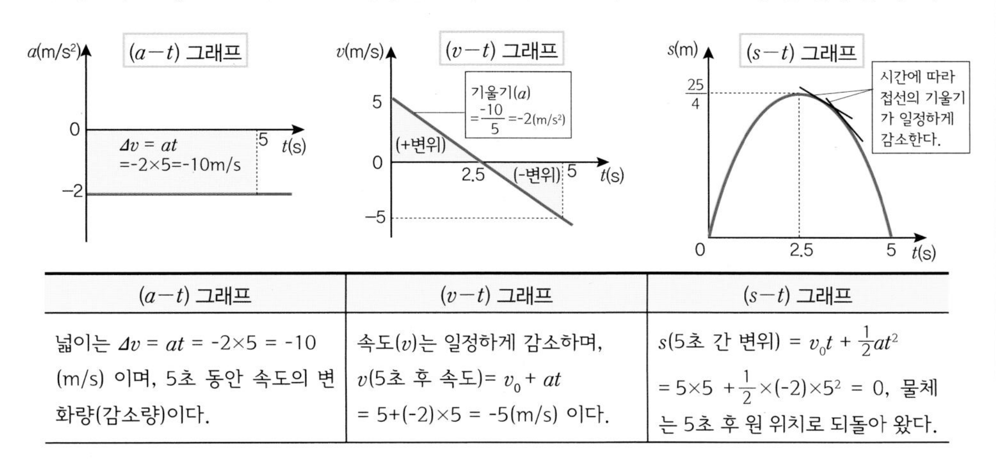

$(a-t)$ 그래프	$(v-t)$ 그래프	$(s-t)$ 그래프
넓이는 $\Delta v = at$ = -2×5 = -10 (m/s) 이며, 5초 동안 속도의 변화량(감소량)이다.	속도(v)는 일정하게 감소하며, v(5초 후 속도)= $v_0 + at$ = 5+(-2)×5 = -5(m/s) 이다.	s(5초 간 변위) = $v_0t + \frac{1}{2}at^2$ = 5×5 + $\frac{1}{2}$×(-2)×5^2 = 0, 물체는 5초 후 원 위치로 되돌아 왔다.

③ 처음 속도는 (+), 가속도가 시간 구간별로 다른 경우 :

(처음 속도(v_0)가 0 이고, 가속도(a)가 다음 $(a-t)$ 그래프 처럼 주어진 경우)

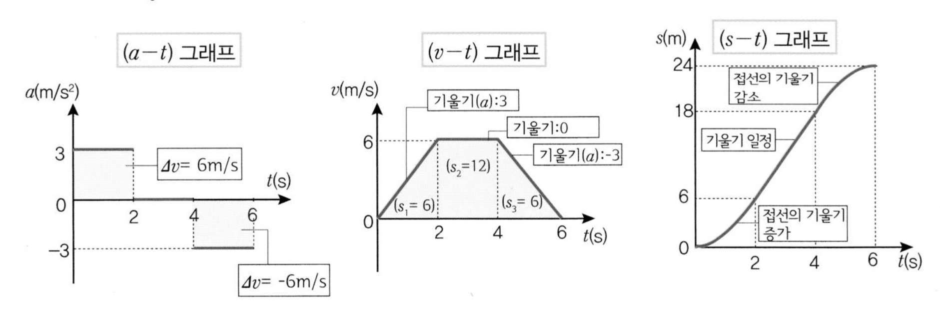

$(a-t)$ 그래프	$(v-t)$ 그래프	$(s-t)$ 그래프
2초가 되는 순간, 속도가 6m/s 가 되고, 2~4초 동안은 속도 6m/s 를 유지한다.	각 구간에서의 기울기는 가속도(a)이며, 넓이는 변위(s)이다.	s_1(0~2초간 변위) = $v_0t + \frac{1}{2}at^2$ = 0 + $\frac{1}{2}$×3×2^2 = 6 m s_2(2~4초간 변위) = vt = 6×2 = 12 m s_3(4~6초간 변위) = $v_0t + \frac{1}{2}at^2$ = 6×2 + $\frac{1}{2}$×(-3)×2^2 = 6 m (이 구간에서의 v_0 = 6 이다.) 총 변위 s(0~6초) = $s_1 + s_2 + s_3$ = 24 m(+방향)이다.

◉ 그래프의 기울기

$(v-t)$그래프에서 기울기는 가속도가 되며, $(s-t)$그래프에서 기울기는 속도가 된다. 그래프가 곡선으로 나타나는 경우에는 한 점에서의 접선의 기울기를 구하며, 그 기울기가 각각 그 점에서의 순간 가속도와 순간 속도가 된다.

◉ 등가속도 직선운동에서 가속도의 방향

오른쪽을 (+) 방향으로 하는 경우:
왼쪽 방향은 (-) 방향이 된다. 가속도가 (-)인 경우 물체가 힘을 왼쪽으로 받고 있으므로 속도가 점점 감소하는 운동이다. 속력은 빠르기이므로 증가할 수 있다.

◉ 최대 변위(s_m) 구하기(왼쪽 그래프)

처음 속도가 (+), 가속도가 (-)인 경우, 출발 후 물체의 속도는 점점 줄어들어 속도가 0 인 곳까지 진행하다가 그 이후에는 갔던 경로를 되돌아오게 된다. 따라서 속도가 0 이 되는 지점이 최대 변위가 된다.
최대 변위에 도달하는 시간을 t'이라 하면,

❶ $v = v_0 + at' = 0,\ t' = \frac{5}{2}$(초)

❷ $s = v_0t + \frac{1}{2}at^2$

⇨ $s_m = 5\times(\frac{5}{2}) + \frac{1}{2}\times(-2)\times(\frac{5}{2})^2$

$= \frac{25}{4}$ m

(또 다른 방법)

$2as = v^2 - {v_0}^2$

⇨ $2(-2)s_m = 0^2 - 5^2,\ s_m = \frac{25}{4}$ m

정답 및 해설 2

개념확인 4

아래 $(a-t)$그래프를 $(s-t)$그래프로 바꿔보시오. 단, 이 물체의 처음 속도(v_0)는 6 m/s 이다.

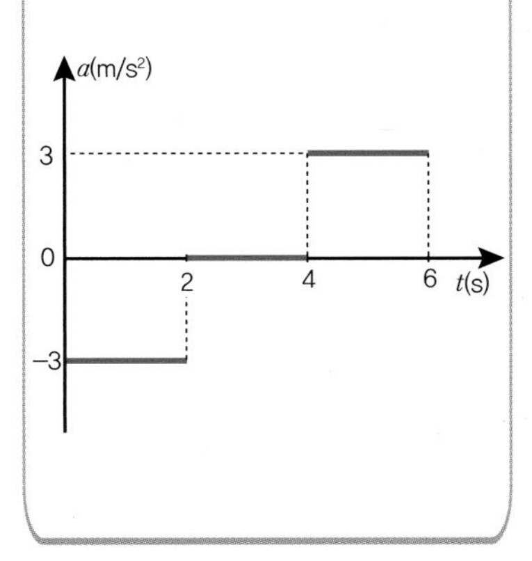

01

어떤 사람이 오른쪽 그림의 P점에서 출발하여 Q점에 도착하였다. 이때 이 사람의 변위의 크기는 얼마인가?

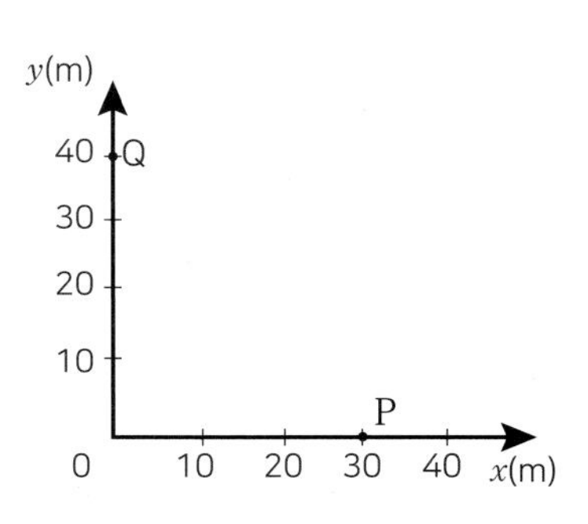

02

물체가 원점에서 동쪽으로 5 m 이동한 후 바로 방향을 바꿔 북쪽으로 12 m 를 이동하는 데 총 13 초 가 걸렸다. 이 물체가 이동하는 동안 속도의 크기는 얼마인가?

① 0.1 m/s ② 0.5 m/s ③ 1 m/s ④ 1.5 m/s ⑤ 2 m/s

03

다음은 어떤 물체의 시간에 따른 위치 변화를 나타낸 그래프이다. 물체가 출발하여 A초 동안 직선 운동했을 때, 물체의 평균 속도와 A초에서의 순간 속도의 크기 중에 더 큰 값은 무엇인가?

( ) 속도의 크기

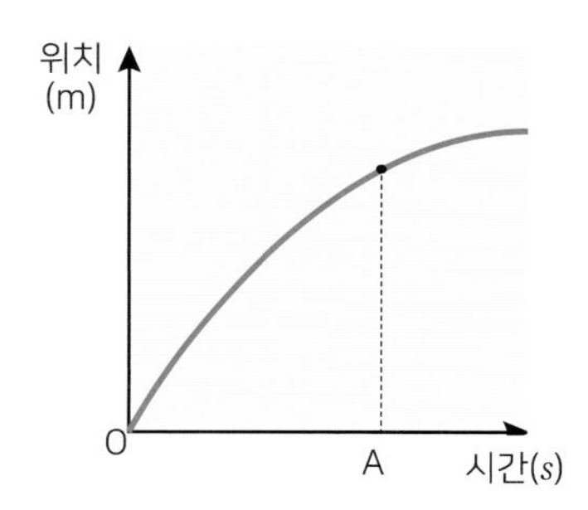

04

그림은 일직선 상에서 직선 운동하는 자동차 A, B, C 를 나타낸 것이다. 자동차 A 는 왼쪽으로 60 km/h, 자동차 B 는 왼쪽으로 80 km/h, 그리고 자동차 C 는 오른쪽으로 50 km/h 의 속력으로 운동하고 있다. 자동차 A 의 운전자가 보았을 때 속력이 더 빠른 자동차는 B 와 C 중에서 어느 것인가?

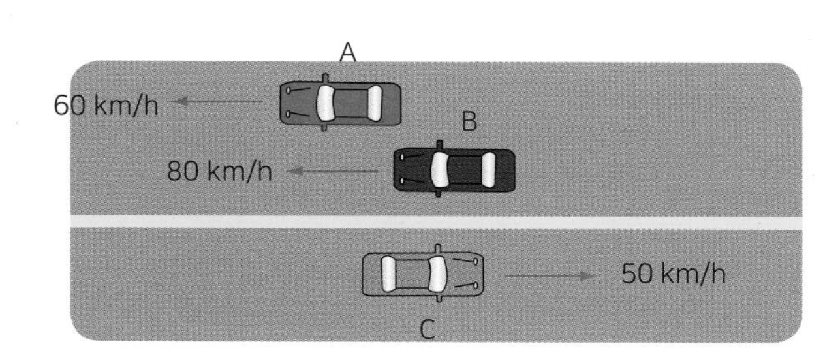

05

어떤 물체가 3 m/s 의 속도로 출발하여 4초 동안 1 m/s^2 의 등가속도 직선운동을 하였다. 4초 일 때 이 물체의 속도의 크기는 얼마인가?

① 6 m/s ② 7 m/s ③ 8 m/s ④ 9 m/s ⑤ 10 m/s

06

직선 운동을 하는 어떤 물체가 오른쪽으로 1 m/s 의 속도로 출발하여 5초 동안 왼쪽 방향의 등가속도 운동을 하였다. 이때 가속도의 크기가 2 m/s^2 이라면, 출발 후 5초 동안 이 물체의 변위는 얼마인가?

① 0 ② 왼쪽으로 10 m ③ 왼쪽으로 20 m
④ 오른쪽으로 10 m ⑤ 오른쪽으로 20 m

07

직선 운동을 하는 어떤 물체가 2 m/s 의 속도로 출발하여 6초 일 때 11 m/s 의 속도가 되었다. 0 ~ 6 초 동안 이 물체의 평균 가속도의 크기는 몇 m/s^2 인가?

① 1 m/s^2 ② 1.5 m/s^2 ③ 2 m/s^2
④ 2.5 m/s^2 ⑤ 3 m/s^2

08

일정한 가속도로 직선 운동을 하는 물체를 원점에서 관측자가 관찰하고 있다. 이 물체의 시간에 따른 위치가 오른쪽 그림과 같을 때, 이에 대한 설명으로 옳은 것만을 <보기>에서 있는 대로 고른 것은?

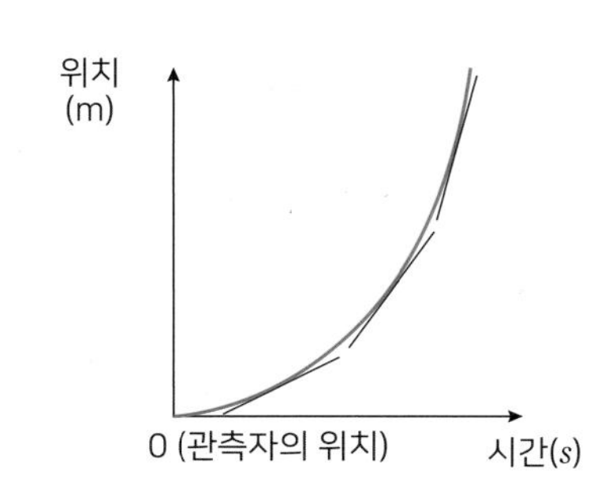

<보기>

ㄱ. 물체의 운동 방향과 가속도의 방향이 같다.
ㄴ. 물체는 시간이 지날수록 관측자에게서 더 멀어진다.
ㄷ. 물체의 속도는 시간이 지남에 따라 증가한다.

① ㄱ ② ㄴ ③ ㄷ ④ ㄴ, ㄷ ⑤ ㄱ, ㄴ, ㄷ

유형 1-1 위치와 변위

그림은 무한이가 좌표 상의 원점 O 를 출발하여 O→P→Q→O 경로를 직선 운동하여 원점으로 다시 되돌아오는 경로를 나타낸 것이다.

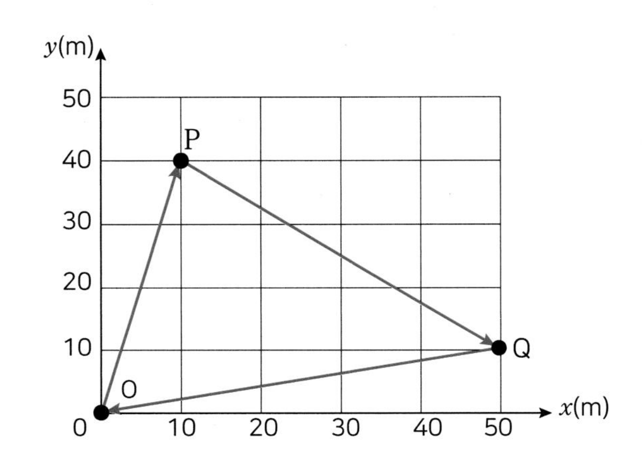

(1) P~Q 경로에서 변위의 크기는 몇 m 인가?

(2) P~Q~O 경로에서 변위의 크기는 몇 m 인가?

(3) O~P~Q~O 전체 경로에서 변위를 구하시오.

01 상상이는 오른쪽으로 5 m/s 로 5초 동안 등속 직선운동하였고, 도착한 즉시 왼쪽으로 4 m/s 로 7초 동안 등속 직선운동하였다. 상상이가 출발한 후 12초 동안의 변위는 얼마인가?(오른쪽을 (+) 방향으로 한다.)

① 3 m ② -3 m ③ 25 m
④ 28 m ⑤ 53 m

02 무한이는 그림과 같은 지름 20 m 의 반원형의 경로를 따라 A→B 로 운동하였다. 이때 변위의 크기와 이동거리를 옳게 짝지은 것은?(π = 3)

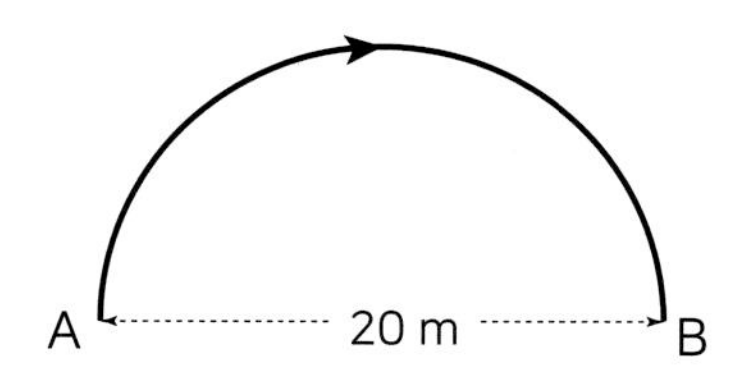

	변위의 크기	이동 거리
①	10 m	30 m
②	10 m	60 m
③	20 m	30 m
④	20 m	60 m
⑤	60 m	20 m

유형 1-2 속도와 속력

그림은 출발점이 같고 직선상에서 운동하는 물체 A와 B의 속도를 시간에 따라 나타낸 그래프이다. 두 물체의 운동에 대한 설명으로 옳은 것만을 <보기>에서 있는 대로 고른 것은?

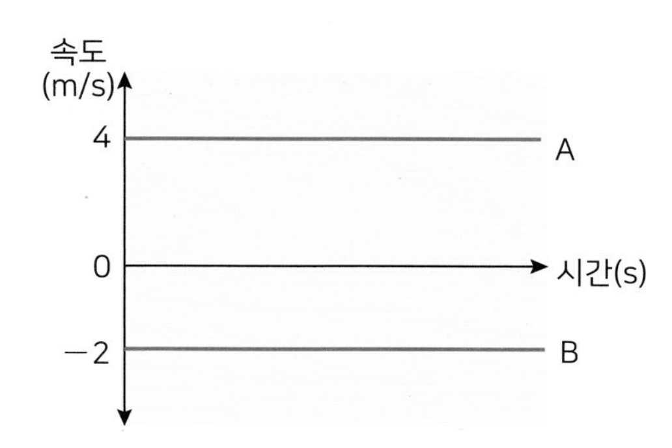

<보기>

ㄱ. 출발 후 2초 동안 물체 A 의 이동 거리는 4 m 이다.
ㄴ. 시간이 지날수록 물체 B 의 이동 거리는 감소한다.
ㄷ. 출발 후 2초 때의 A 와 B 사이의 거리와 3초 때의 A 와 B 사이의 거리의 차는 6 m 이다.

① ㄱ ② ㄴ ③ ㄷ ④ ㄱ, ㄴ ⑤ ㄱ, ㄴ, ㄷ

03 25 m/s 의 등속도로 운동하는 빨간 기차가 신호등을 지나갔다. 10초 후에 30 m/s 의 등속도로 운동하는 파란 기차가 신호등을 지나갔다면 파란 기차가 신호등을 지나고 몇 초 후에 빨간 기차를 추월할 수 있을까? (단, 두 기차는 나란하게 직선 경로를 이동한다.)

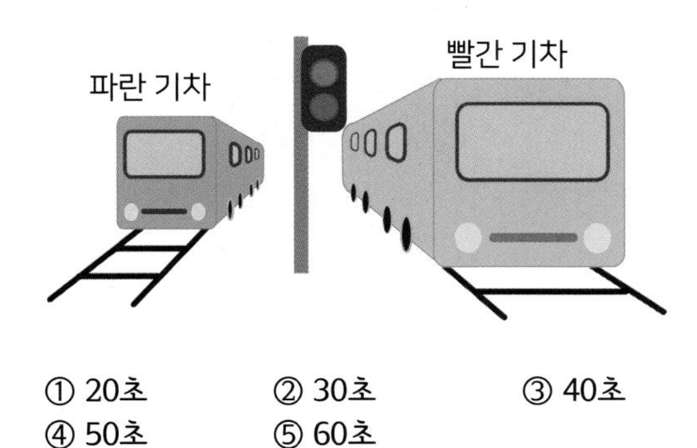

① 20초 ② 30초 ③ 40초
④ 50초 ⑤ 60초

04 A는 직선 경로를 따라 속도가 4 m/s 인 무빙워크 위에 선 채로 240 m 를 이동하였고, 무빙워크에서 내린 후 300 m 는 1 m/s의 속도로 걸어서 이동하였다. A가 이동하는데 걸린 총 시간은?

① 6 분 ② 7 분 ③ 8 분
④ 9 분 ⑤ 10 분

유형 1-3 가속도

다음은 여러 가지 경우의 가속도의 크기에 대해서 나타낸 표이다. 이에 대한 설명으로 옳은 것만을 <보기>에서 있는 대로 고른 것은? (단, 저항과 마찰은 무시하며, 모든 운동은 등가속도 운동이다.)

물체	가속도(m/s^2)
기차의 운동	0.2
달에서 낙하	1.7
지구에서 낙하	9.8
자동차의 운동	5.2

<보기>

ㄱ. 지구에서 쇠구슬이 10초 동안 자유 낙하한 거리는 달에서의 약 6 배이다.
ㄴ. 달에서 5초 동안 자유 낙하한 쇠구슬의 속도는 8.5 m/s 이다.
ㄷ. 동일한 출발선에서 서로 같은 방향으로 기차가 출발한 이후 15초 후에 자동차가 출발하였을 때, 기차가 출발한지 20초 후에는 자동차가 기차보다 25 m 앞서 있다.

① ㄱ ② ㄴ ③ ㄷ ④ ㄱ, ㄴ ⑤ ㄱ, ㄴ, ㄷ

05 그림은 직선 상에서 운동하는 물체의 속도를 시간에 따라 나타낸 것이다. 이 물체의 운동에 대한 설명으로 옳은 것만을 <보기>에서 있는 대로 고른 것은? 단, t_2는 $2t_1$ 이다.

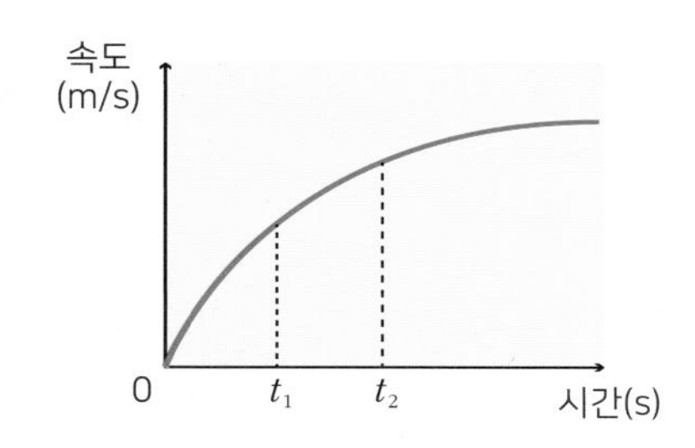

<보기>

ㄱ. t_1 보다 t_2에서 속력이 작다.
ㄴ. t_1 보다 t_2에서 순간 가속도의 크기가 작다.
ㄷ. 0 에서 t_1 까지 변위가 t_1 에서 t_2 까지 변위보다 크다.

① ㄱ ② ㄴ ③ ㄷ ④ ㄱ, ㄴ ⑤ ㄱ, ㄴ, ㄷ

06 직선 경로에서 A 가 기준선을 2 m/s 로 통과하는 순간, B 가 같은 방향으로 출발하여 운동하였다. 5초 후 A 와 B 의 속력이 같아졌으며, A 와 B 는 속력이 증가하는 등가속도 운동을 하고 있다. 이에 대한 설명으로 옳은 것만을 <보기>에서 있는 대로 고른 것은? (단, B 의 가속도의 크기는 A 의 5 배이다.)

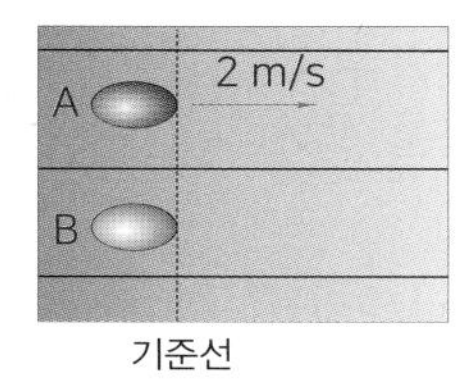

<보기>

ㄱ. A 의 가속도의 크기는 0.1 m/s^2 이다.
ㄴ. B 에 작용하는 힘의 방향은 오른쪽이다.
ㄷ. 6초에서 A 와 B 사이의 거리는 5.0 m 이다.

① ㄱ ② ㄴ ③ ㄷ ④ ㄱ, ㄴ ⑤ ㄱ, ㄴ, ㄷ

유형 1-4 등가속도 직선 운동

다음은 직선 운동을 하고 있는 어떤 물체의 시간에 따른 가속도를 나타낸 그래프이다. 이 물체의 처음 속도가 4 m/s 일 때, 이에 대한 설명으로 옳은 것만을 <보기>에서 있는 대로 고른 것은?

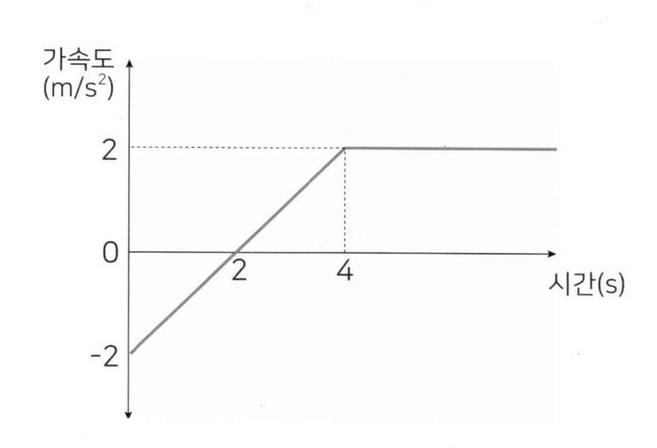

<보기>

ㄱ. 0 ~ 4초 사이에 물체의 운동 방향이 바뀐다.
ㄴ. 0 ~ 4초에서 물체의 변위는 0 이다.
ㄷ. 4 ~ 10초에서 물체의 변위는 60 m 이다.

① ㄱ ② ㄴ ③ ㄷ ④ ㄱ, ㄴ ⑤ ㄱ, ㄴ, ㄷ

07 그림은 직선 운동을 하는 물체의 시간에 따른 가속도를 나타낸 그래프이다. 처음 속도가 2 m/s 일 때, 이 물체의 운동에 대한 설명으로 옳은 것만을 <보기>에서 있는 대로 고른 것은?

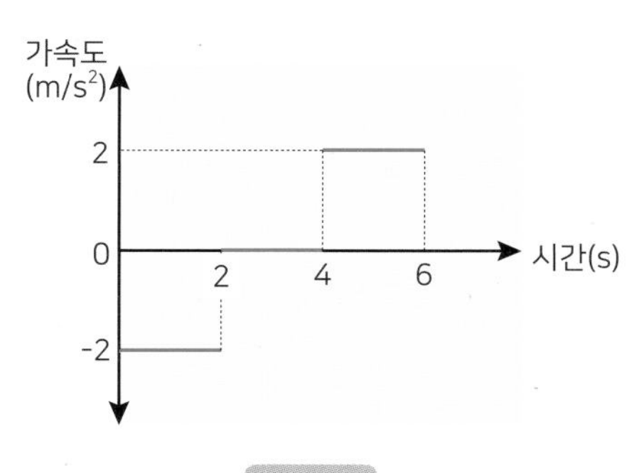

<보기>

ㄱ. 0~2초 사이에 속력은 감소한다.
ㄴ. 2~4초 사이에 이동 거리는 4 m 이다.
ㄷ. 6초 동안 물체의 변위는 -4 m 이다.

① ㄱ ② ㄴ ③ ㄷ ④ ㄴ, ㄷ ⑤ ㄱ, ㄴ, ㄷ

08 그림은 직선 경로에서 움직이는 두 물체 A, B 의 시간에 따른 속도를 나타낸 그래프이다. 이에 대한 설명으로 옳은 것만을 <보기>에서 있는 대로 고른 것은?

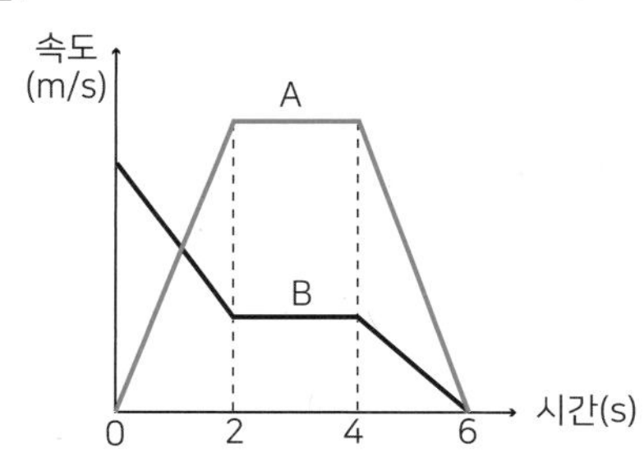

<보기>

ㄱ. 물체 B의 가속도의 방향은 두 번 바뀐다.
ㄴ. 0 ~ 2초 동안 가속도의 크기는 A가 B보다 크다.
ㄷ. 0 ~ 6초 동안 평균 속도의 크기는 A가 B보다 크다.

① ㄱ ② ㄴ ③ ㄷ ④ ㄴ, ㄷ ⑤ ㄱ, ㄴ, ㄷ

A

01

다음 그림처럼 무한이는 집에서 출발해서 직선 경로로 서점에서 책을 사고 학교로 향했다. 학교에 도착했을 때 무한이의 총 이동 거리와 변위는 각각 얼마인가?(단, 오른쪽을 (+) 방향으로 한다.)

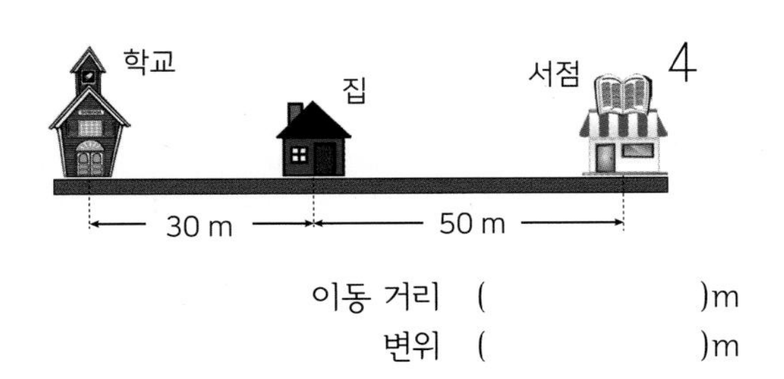

이동 거리 ( )m
변위 ( )m

02

다음 그림처럼 상상이는 A점을 출발하여 B점까지 3초 동안 직선 운동하고, 바로 방향을 바꿔 C점까지 2초 동안 직선 운동하였다. A 에서 C 까지 운동하는 동안 상상이의 평균 속력와 평균 속도의 크기를 각각 구하시오.

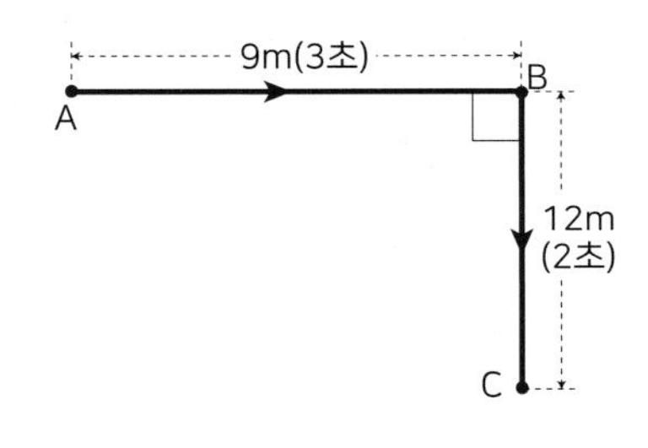

(1) 평균 속력 ( )m/s
(2) 평균 속도(크기) ( )m/s

03

그림은 등속 직선 운동하는 두 물체 A, B 를 나타낸 것이다. 이때 A 가 바라본 B 의 속도는?

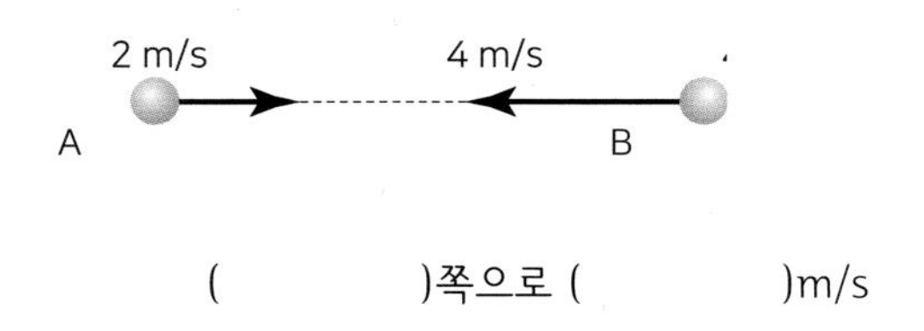

( )쪽으로 ( )m/s

04

그림은 서로 다른 방향으로 각각 4 m/s 로 등속직선 운동하는 A, B 를 나타낸 것이다. 이때 A 가 바라본 B 의 속도는?

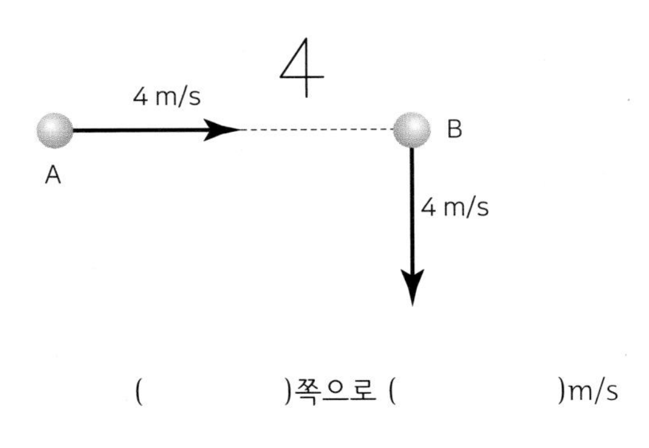

( )쪽으로 ( )m/s

05

그림은 처음 속도(v_0)가 동쪽 방향으로 10 m/s 인 물체가 시간 t 가 지났을 때 아래 그림처럼 나중 속도(v)로 운동하는 모습를 나타낸 것이다. 시간 t 동안의 속도 변화량 Δv를 구한 것으로 옳은 것은?

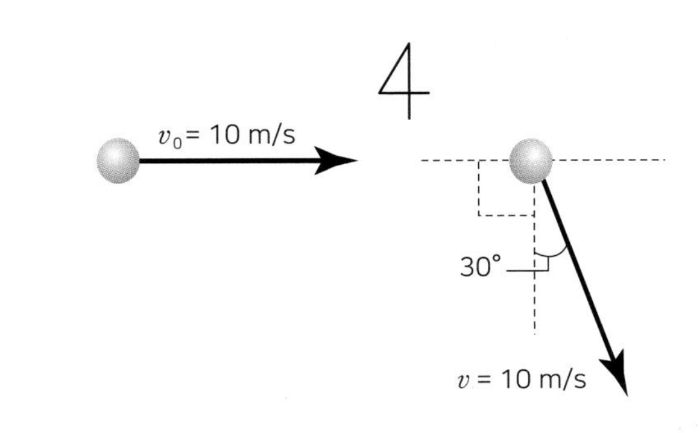

	방향	크기(m/s)
①	남서	$10\sqrt{2}$
②	남서	10
③	남동	$10\sqrt{2}$
④	북동	10
⑤		0

06

동쪽으로 36 km/h 로 달리던 자동차가 10초 후에 같은 방향으로 72 km/h 가 되었다. 이 10초 동안의 평균 가속도의 크기는 몇 m/s^2 인가?

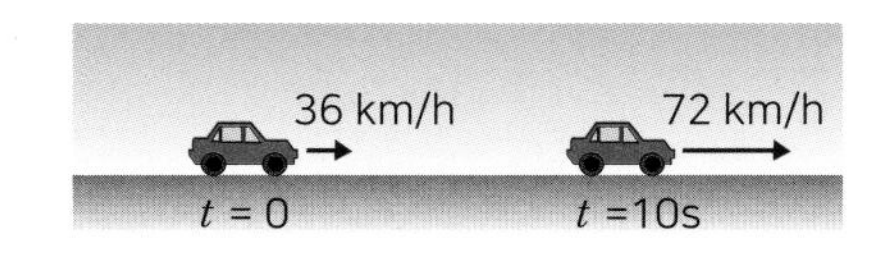

① 1 m/s^2 ② 2 m/s^2 ③ 3 m/s^2
④ 4 m/s^2 ⑤ 5 m/s^2

07

다음은 직선 경로를 따라 운동하는 물체의 속력과 시간의 관계를 나타낸 그래프이다.

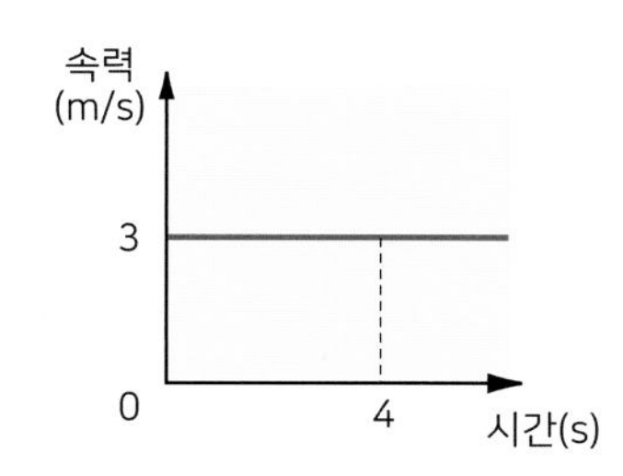

이에 대한 설명으로 옳은 것만을 <보기>에서 있는 대로 고른 것은?

<보기>

ㄱ. 물체의 가속도는 0 이다.

ㄴ. 0 ~ 4초 사이의 이동 거리는 12 m 이다.

ㄷ. 물체의 변위의 크기와 이동 거리는 같다.

① ㄱ ② ㄴ ③ ㄷ ④ ㄱ, ㄴ ⑤ ㄱ, ㄴ, ㄷ

08

직선 경로에서 24 m/s 로 달리던 자동차 A 와 20 m/s 로 달리던 자동차 B 가 동시에 브레이크를 밟아 일정하게 감속하여 정지하기까지 자동차 A 는 4초, 자동차 B 는 5초가 걸렸다. 다음 그래프는 브레이크를 건 순간부터 자동차 A 와 B 의 속도-시간 그래프이다.

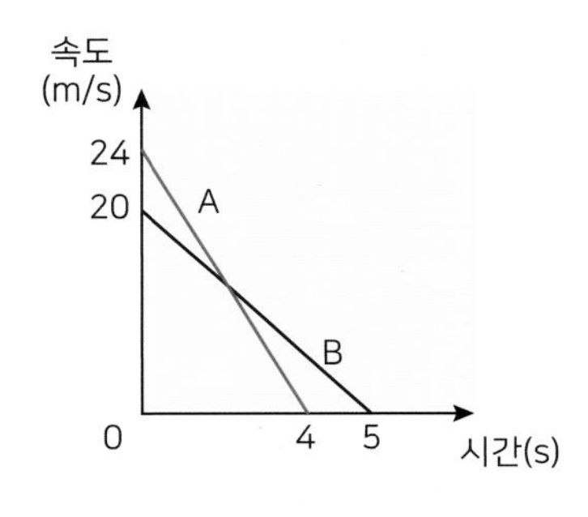

이에 대한 설명으로 옳은 것만을 <보기>에서 있는 대로 고른 것은?

<보기>

ㄱ. 자동차 A 와 B 의 가속도 크기의 차는 2 m/s^2 이다.

ㄴ. 정지할 때까지 A가 B보다 2 m 더 많이 이동했다.

ㄷ. 두 자동차의 속도가 같아지는 때는 브레이크를 건 순간부터 2초 후이다.

① ㄱ ② ㄴ ③ ㄷ ④ ㄱ, ㄷ ⑤ ㄱ, ㄴ, ㄷ

09

정지한 물체가 출발하여 마찰이 없는 수평면 위에서 10초 동안 2 m/s^2 의 등가속도 직선 운동을 하고 있다. 이에 대한 설명으로 옳은 것만을 <보기>에서 있는 대로 고른 것은?

<보기>

ㄱ. 10초 후 물체의 속력은 20 m/s 이다.

ㄴ. 출발 후 10초 동안 이동한 거리는 200 m 이다.

ㄷ. 물체가 1 m 진행했을 때의 속력은 4 m/s 이다.

① ㄱ ② ㄴ ③ ㄷ ④ ㄱ, ㄴ ⑤ ㄱ, ㄴ, ㄷ

10

그림은 직선 경로를 따라 운동하는 물체의 위치와 시간의 관계를 나타낸 그래프이다. 이에 대한 설명으로 옳은 것만을 <보기>에서 있는 대로 고른 것은?

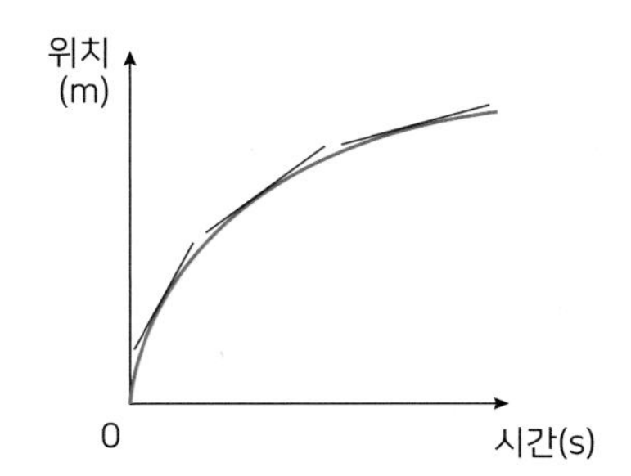

<보기>

ㄱ. 가속도의 방향과 물체의 이동 방향이 같다.

ㄴ. 시간이 지날수록 가속도의 크기는 감소한다.

ㄷ. 물체의 순간 속도는 점차 감소한다.

① ㄱ ② ㄴ ③ ㄷ ④ ㄱ, ㄷ ⑤ ㄱ, ㄴ, ㄷ

11

1 kg 의 동일한 질량의 공을 지구와 달에서 각각 자유 낙하 운동시켰다. 처음 2초 동안 낙하한 거리를 바르게 짝지은 것은? (단, 지구와 달의 중력 가속도는 각각 9.8 m/s^2, 1.7 m/s^2 이며 자유 낙하하는 도중 공기의 저항은 무시한다.)

	지구	달
①	9.8 m	1.6 m
②	9.8 m	3.4 m
③	19.6 m	1.6 m
④	19.6 m	3.4 m
⑤	19.6 m	4.8 m

B

12 남태평양의 노퍽 섬 주변에서 배 A 와 B 가 등속 직선 운동을 하고 있다. 배 A 는 노퍽 섬과 필립 섬을 잇는 선에 수직한 방향으로 3 m/s 의 일정한 속력으로 운동하고 있고, 배 B 는 노퍽 섬과 필립 섬을 잇는 선과 나란하게 노퍽 섬 쪽으로 4 m/s 의 일정한 속력으로 운동하고 있다.

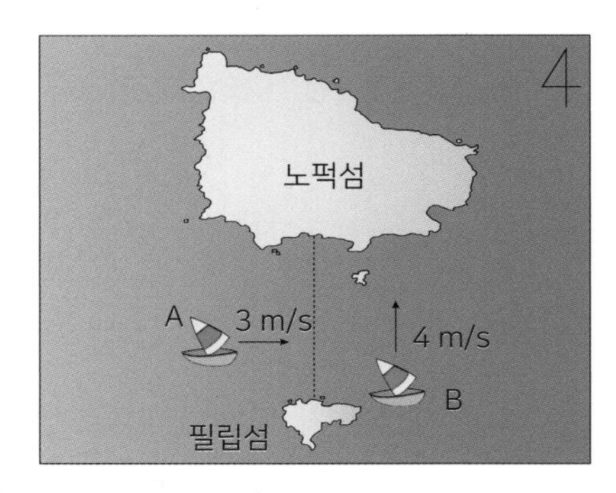

이에 대한 설명으로 옳은 것만을 <보기>에서 있는 대로 고른 것은? (단, 바닷물의 흐름은 무시한다.)

<보기>

ㄱ. A 가 바라본 B 는 북동쪽 방향으로 움직인다.

ㄴ. A 가 바라본 B 는 실제 속력보다 더 빠르게 움직인다.

ㄷ. B 가 바라본 A 는 남동쪽으로 운동한다.

① ㄱ ② ㄴ ③ ㄷ ④ ㄴ, ㄷ ⑤ ㄱ, ㄴ, ㄷ

13 다음은 육상 경기 600 m 트랙이다. 200 m 경기에서는 직선 트랙만을 달려도 되지만 300 m 경기에서는 직선 트랙과 원형 트랙을 모두 달려야 한다. 아래와 같은 300 m 트랙에서 출발점과 결승선까지의 직선 거리는 210 m 이다. 한 선수의 300 m 기록이 30초로 측정되었을 때 이 선수의 평균 속력과 평균 속도의 크기를 바르게 짝지은 것은?

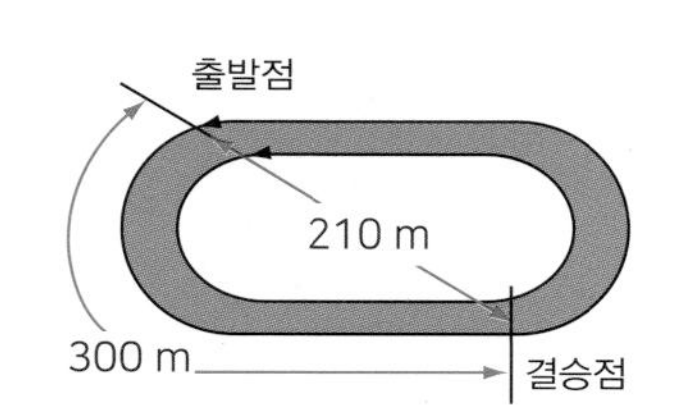

	평균 속력(m/s)	평균 속도의 크기(m/s)
①	7	7
②	7	10
③	10	7
④	10	10
⑤	10	14

14 야구공을 지면에서 10 m/s 의 속력으로 연직 상방으로 던져 올렸다. 야구공의 운동 방향이 바뀌는 순간은 던진 직후로부터 얼마 후인가? (공기의 저항은 무시하고, 중력 가속도는 10 m/s^2 으로 한다.)

① 1초 ② 1.5초 ③ 2초
④ 2.5초 ⑤ 3초

15 그림과 같이 뷰렛에서 일정한 시간 간격으로 물방울이 떨어지도록 장치하였다. 뷰렛의 밸브를 조절하여 물 한 방울이 페트리 접시에 부딪히는 순간 다음 물방울이 낙하를 시작하도록 하였다. 현재 물방울의 낙하 거리가 1 m 이고, 40 방울이 낙하하는데 18초가 걸린다. 이에 대한 설명으로 옳은 것만을 <보기>에서 있는 대로 고른 것은? (단, 일정 부피의 수은의 무게는 물의 무게보다 크다.)

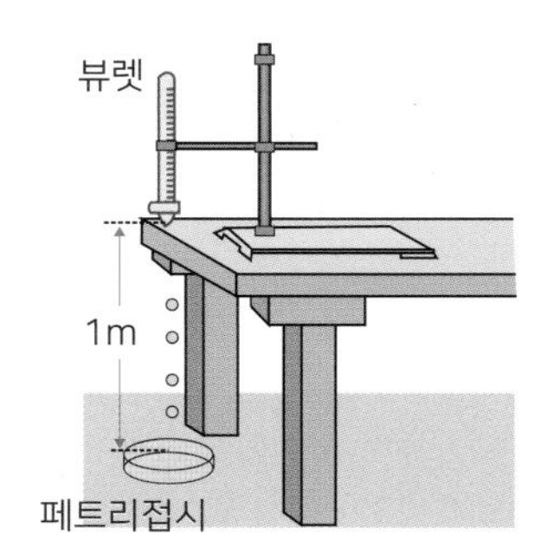

<보기>

ㄱ. 물방울의 낙하 가속도의 크기는 약 9.9 m/s^2 이다.

ㄴ. 물방울의 낙하 거리를 0.5 m 로 바꾼다면 물 40 방울이 낙하하는데 걸리는 시간은 9초가 된다.

ㄷ. 같은 조건에서 수은으로 실험할 경우 낙하 거리가 증가한다.

① ㄱ ② ㄴ ③ ㄷ ④ ㄴ, ㄷ ⑤ ㄱ, ㄴ, ㄷ

16 10 m/s 의 속도로 달리던 자동차가 일정한 가속도로 감속되어 멈추는데 5 m 의 거리가 필요하다고 한다. 이 자동차가 20 m/s 로 달리다가 같은 가속도로 감속하여 멈출 때까지 몇 m 가 필요하겠는가?

① 10 m ② 15 m ③ 20 m
④ 25 m ⑤ 30 m

17

다음은 정지 상태에서 출발하여 직선 운동하는 어떤 물체의 가속도 - 시간 그래프이다. 그래프를 해석한 내용으로 옳은 것만을 <보기>에서 있는 대로 고른 것은?

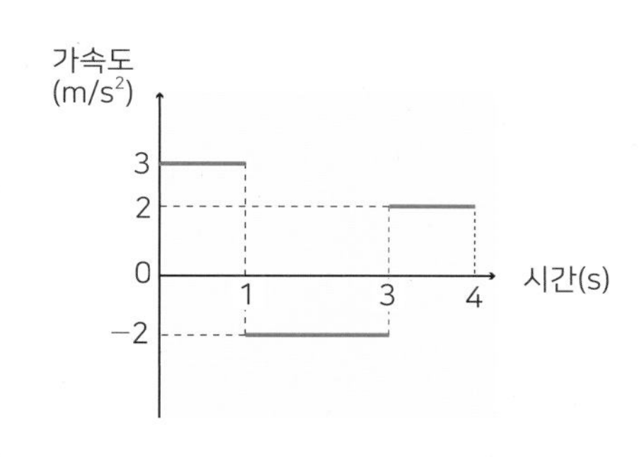

<보기>

ㄱ. 출발 후 2초가 지난 순간 물체의 운동 방향이 바뀌었다.

ㄴ. 출발 후 4초 동안 물체의 총 변위는 5 m 이다.

ㄷ. 출발점 외에 물체의 속도가 0 인 구간은 두 번 나타난다.

① ㄱ ② ㄴ ③ ㄷ ④ ㄴ, ㄷ ⑤ ㄱ, ㄴ, ㄷ

18

다음은 사람의 신경 반응 속도에 관한 실험이다. A 점 부근에 손가락을 가까이 가져간 상태에서 종이가 낙하하는 것을 보고 최대한 빠른 시간에 종이를 잡는다. (낙하하기 전에 예상하여 미리 반응하면 안된다.) 잡은 위치 B를 표시하여 A ~ B 의 거리 s 를 측정한다. 이 s 의 값은 사람마다 다르다. 만약 s 가 20 cm 인 경우 반응 시간은 몇 초인가? (중력 가속도 $g = 10\ m/s^2$ 으로 한다.)

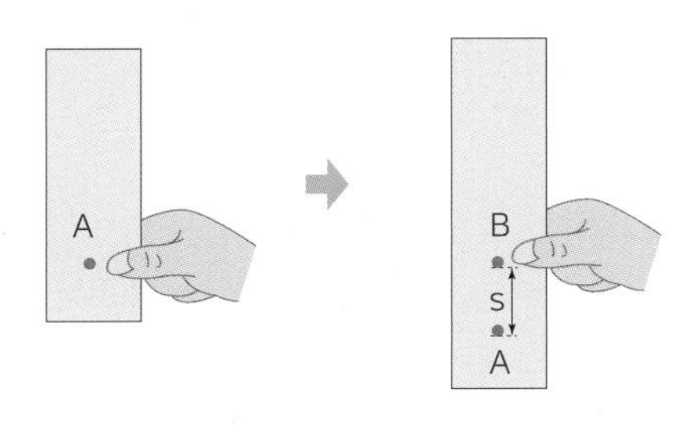

① 0.1초 ② 0.2초 ③ 0.3초
④ 0.4초 ⑤ 0.5초

C

19

직선 도로 위에서 자동차 A 가 자동차 B 위치를 지나는 순간 정지해 있던 자동차 B 가 같은 방향으로 출발한 후 자동차 A, B 는 다음과 같은 운동을 하였다. 자동차 B 의 출발 시간을 0초로 할 때, 이에 대한 설명으로 옳은 것만을 <보기>에서 있는 대로 고른 것은?

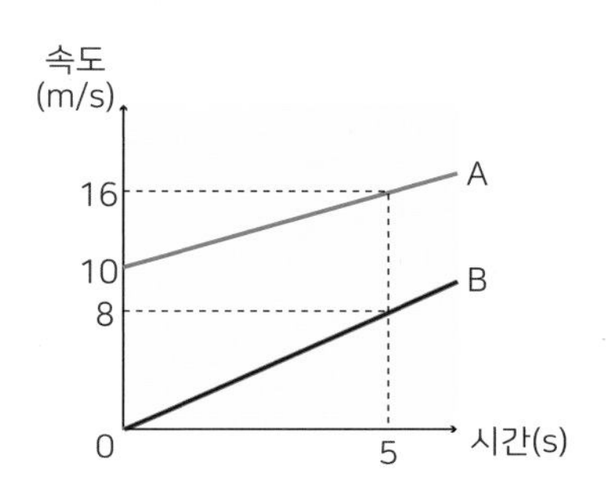

<보기>

ㄱ. B 가 A 를 추월하려면 75초가 걸린다.

ㄴ. A 와 B 의 속도가 같아지는 시간은 25초이다.

ㄷ. 0초에서 5초까지 A 가 본 B 의 속력은 점점 빨라진다.

① ㄱ ② ㄴ ③ ㄷ ④ ㄱ, ㄴ ⑤ ㄱ, ㄴ, ㄷ

20

그림은 직선 상에서 정지해 있던 자동차가 출발하고 난 뒤 가속도를 시간에 따라 나타낸 것이다. 이 물체의 운동에 대한 설명으로 옳은 것만을 <보기>에서 있는 대로 고른 것은?

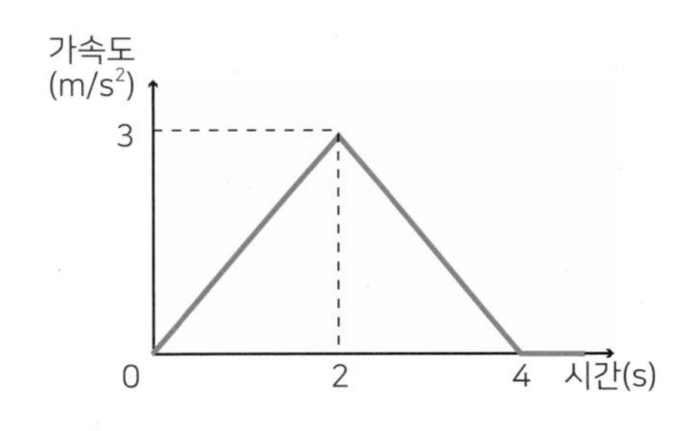

<보기>

ㄱ. 4초가 되는 순간 자동차의 속도의 크기는 6 m/s 이다.

ㄴ. 출발 후 4초까지의 평균 가속도의 크기는 $1.5\ m/s^2$ 이다.

ㄷ. 4초 이후 자동차는 등속 직선 운동을 한다.

① ㄱ ② ㄴ ③ ㄷ ④ ㄴ, ㄷ ⑤ ㄱ, ㄴ, ㄷ

21

그림과 같이 직선 도로에서 자동차 A 가 속력 20 m/s 으로 기준선 P 를 통과하는 순간 기준선 Q 에 정지해 있던 자동차 B 가 출발한다. 자동차 A, B 는 각각 P, Q 에서부터 크기가 같은 가속도 a 로 서로를 향해 등가속도 운동하여 같은 속력으로 스쳐 지나간다. P 에서 Q 까지의 거리는 100 m 이다. 이때 가속도 a 의 크기는?(단, 자동차 A, B 자체의 길이는 무시한다.)

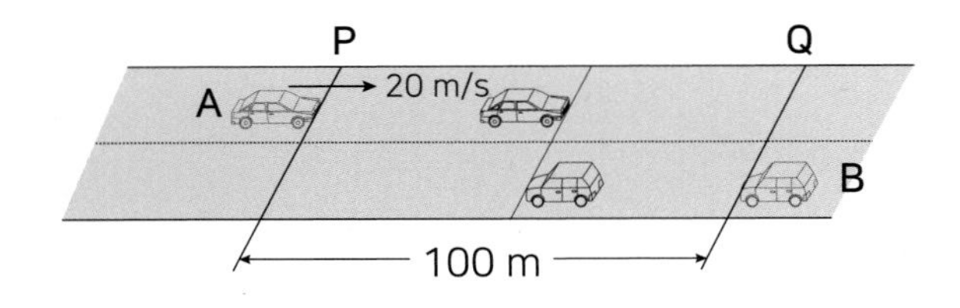

① 1 m/s^2 ② 1.5 m/s^2 ③ 2 m/s^2
④ 2.5 m/s^2 ⑤ 3 m/s^2

23

10 m/s 의 동풍이 불고 있는 바다 위를 배가 10 m/s 로 남쪽을 향하여 가고 있다. 배의 연통에서 나온 연기는 배 위에서 보았을 때 어느 방향으로 굽어져 뻗어나가겠는가?

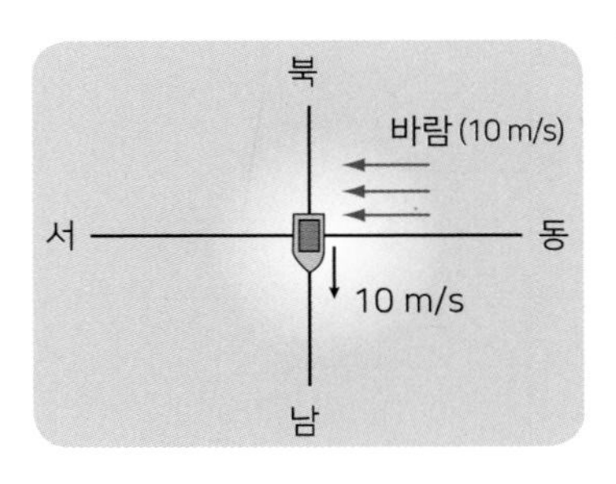

① 서쪽 ② 북서쪽 ③ 북쪽
④ 북동쪽 ⑤ 동쪽

22

다음은 4 m/s 의 속도로 출발하여 직선 운동하는 물체의 시간에 따른 위치를 나타낸 것이다.
이 물체의 운동에 대한 설명으로 옳은 것만을 <보기>에서 있는 대로 고른 것은?

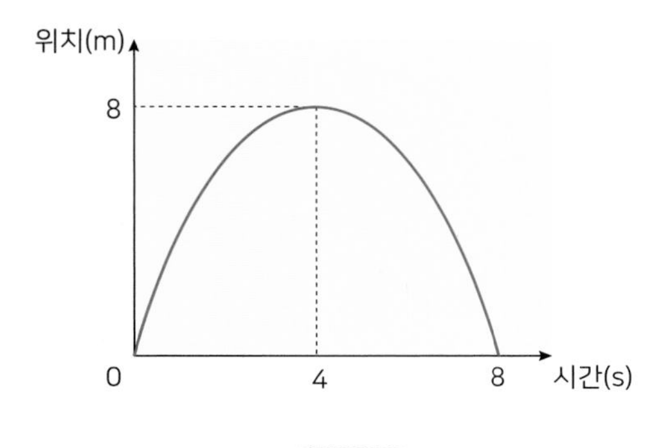

<보기>

ㄱ. 4초일 때 물체의 순간 속도의 크기는 2 m/s 이다.
ㄴ. 출발 후 4초까지 순간 속도의 크기는 감소한다.
ㄷ. 4초부터 8초까지 속도의 크기는 감소한다.

① ㄱ ② ㄴ ③ ㄷ ④ ㄴ, ㄷ ⑤ ㄱ, ㄴ, ㄷ

24

그림은 물체가 직선 경로를 따라 운동할 때 시간에 따른 속도 변화를 나타낸 그래프이다. 이 물체의 운동에 대한 설명으로 옳은 것만을 <보기>에서 있는 대로 고른 것은?

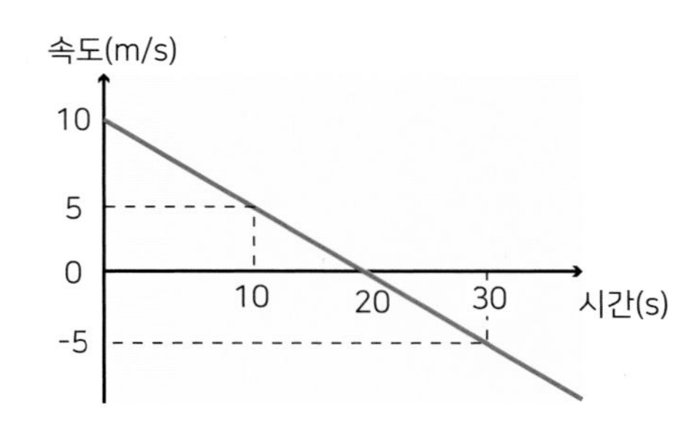

<보기>

ㄱ. 물체가 운동하는 동안 가속도의 크기는 0.5 m/s^2 이다.
ㄴ. 출발 후 30초 동안 이 물체의 변위는 125 m 이다.
ㄷ. 물체의 처음 운동 방향과 가속도의 방향이 반대이다.

① ㄱ ② ㄴ ③ ㄷ ④ ㄱ, ㄷ ⑤ ㄱ, ㄴ, ㄷ

심화

25 연직으로 7 m/s 의 등속도로 떨어지는 빗방울을 24 m/s 의 등속도로 달리는 기차 안에서 보았더니 그림처럼 연직면에 대해서 왼쪽으로 비스듬히 비가 내리고 있었다.

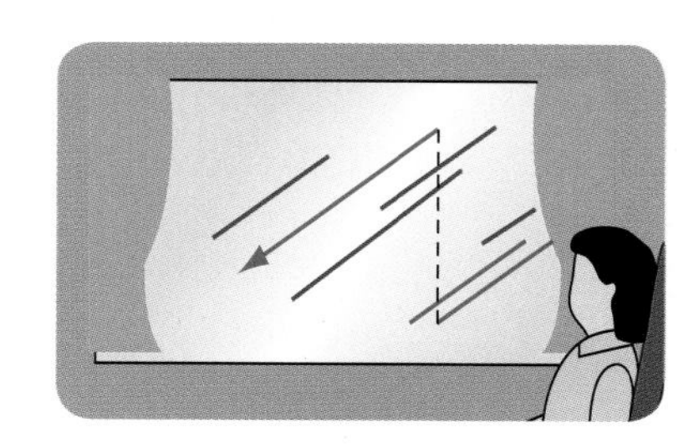

이에 대한 설명으로 옳은 것만을 <보기>에서 있는 대로 고른 것은?

<보기>

ㄱ. 기차 안 사람이 관찰한 빗방울의 속력은 기차의 속력보다 1 m/s 빠르다.

ㄴ. 기차는 오른쪽으로 움직이고 있다.

ㄷ. 기차가 5초만에 정지하였다면, 기차 안에서 봤을 때 5초 동안 빗방울의 평균 가속도의 크기는 5.0 m/s^2 이다.

① ㄱ ② ㄴ ③ ㄷ ④ ㄱ, ㄴ ⑤ ㄱ, ㄴ, ㄷ

26 다음 그림은 직선 운동을 하는 물체의 시간에 따른 속도의 그래프이다. 이 물체의 운동을 위치 - 시간 ($s-t$) 그래프로 바르게 나타낸 것은?

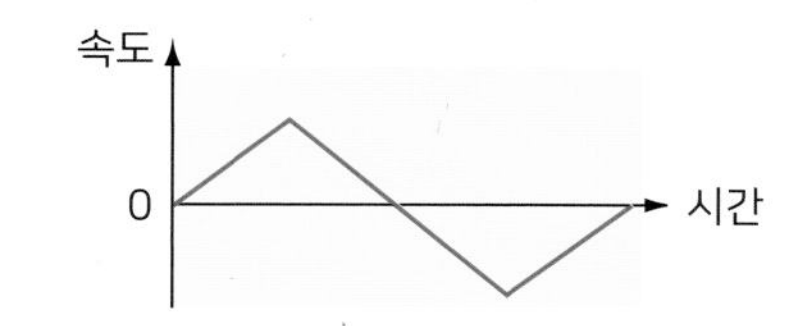

① 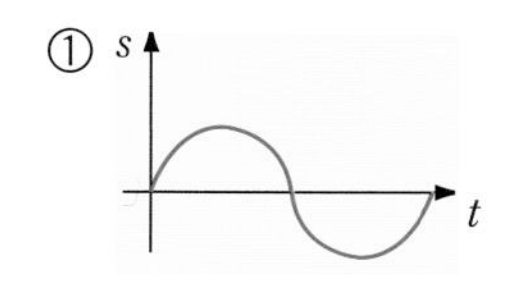

② 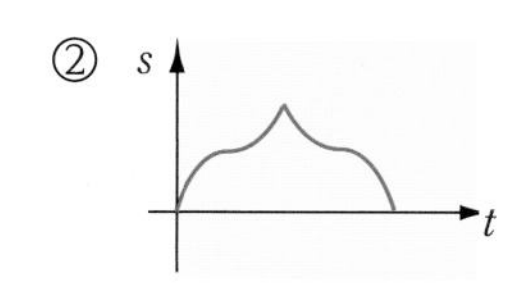

③ 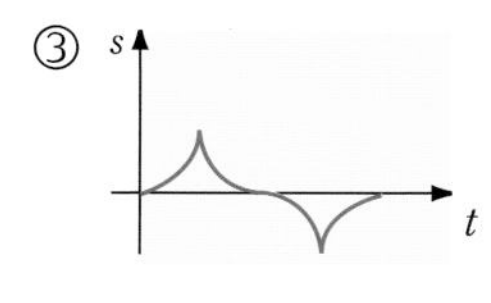

④ 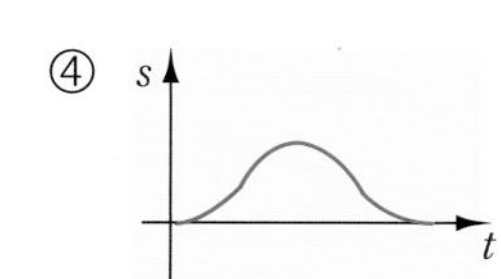

⑤ 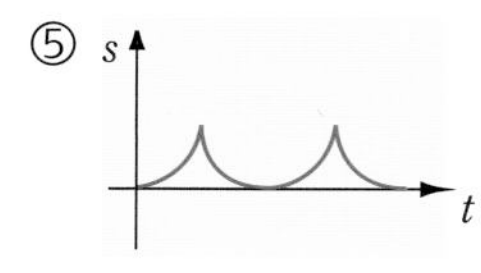

27 다음 그래프는 직선 상에서 운동하는 자동차의 속도와 시간의 관계를 나타낸 것이다. 이에 대한 설명으로 옳은 것만을 <보기>에서 있는 대로 고른 것은?

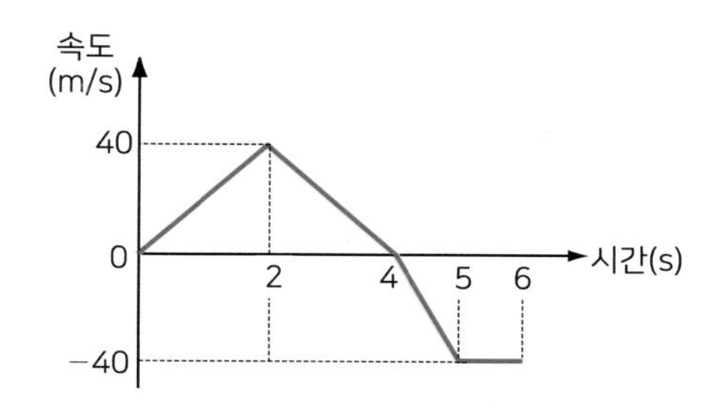

<보기>

ㄱ. 이 자동차의 출발부터 4초까지 평균 가속도의 크기는 80 m/s^2 이다.

ㄴ. 3초일 때 순간 가속도의 크기는 20 m/s^2 이다.

ㄷ. 이 자동차의 출발부터 6초까지의 평균 가속도의 크기는 $\frac{20}{3}$ m/s^2 이다.

① ㄱ ② ㄴ ③ ㄷ ④ ㄴ, ㄷ ⑤ ㄱ, ㄴ, ㄷ

28 그림은 오래 달리기를 하는 세 친구 A, B, C 의 가속도를 시간에 따라 나타낸 것이다. 코스를 완주한 B 의 기록이 1시간이었을 때, 이에 대한 설명으로 옳은 것만을 <보기>에서 있는 대로 고른 것은? (단, A, B, C 는 정지 상태에서 동시에 출발하여 직선 운동을 하며, 20분 이후에 각각의 가속도는 변하지 않고 일정하다.)

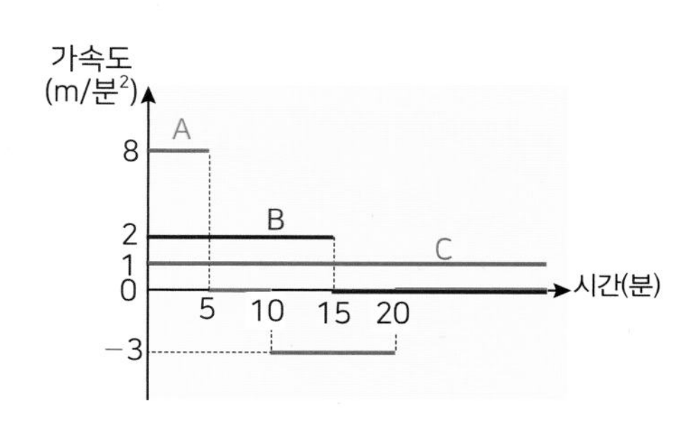

<보기>

ㄱ. 출발 후 40분일 때 C 는 A 를 앞서 있다.

ㄴ. B 가 가장 먼저 결승점을 통과하였다.

ㄷ. 출발 후 30분일 때 이동 거리가 가장 작은 사람은 A 이다.

① ㄱ ② ㄴ ③ ㄷ ④ ㄴ, ㄷ ⑤ ㄱ, ㄴ, ㄷ

29 그림은 직선 운동하는 물체의 시간에 따른 위치를 나타낸 그래프이다. 물체의 운동에 대한 설명으로 옳은 것만을 <보기>에서 있는 대로 고른 것은? (5초부터 10초 사이 구간의 그래프는 직선이다.)

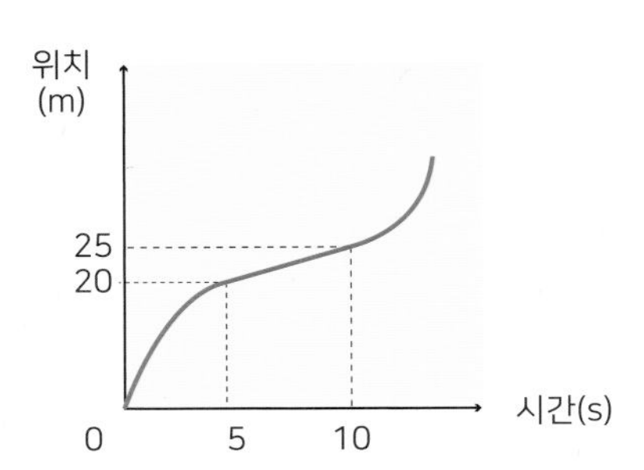

<보기>

ㄱ. 0초에서 5초 사이의 평균 속력은 5초에서 순간 속력보다 크다.

ㄴ. 물체가 운동하는 동안 가속도의 방향은 변하지 않는다.

ㄷ. 0초부터 5초 사이의 평균 속도의 크기보다 0초에서 10초 사이의 평균 속도의 크기가 더 크다.

① ㄱ ② ㄴ ③ ㄷ ④ ㄴ, ㄷ ⑤ ㄱ, ㄴ, ㄷ

30 그림은 직선 상에서 3 m/s 의 일정한 속도로 운동하고 있던 물체가 관측자를 스치고 지나간 순간의 시간을 0 으로 하여 가속도를 시간에 따라 나타낸 것이다.

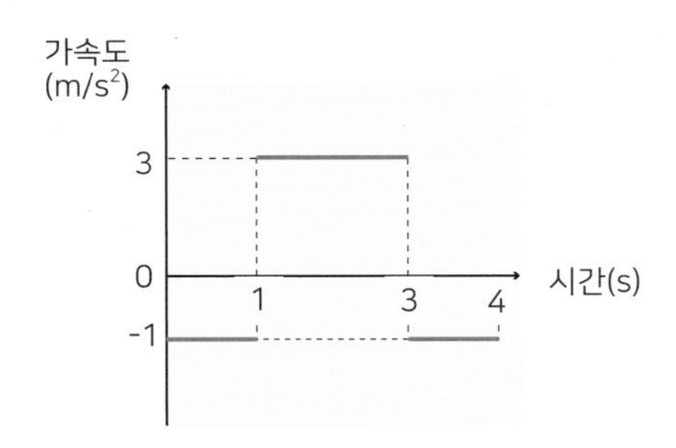

이 물체의 운동에 대한 설명으로 옳은 것만을 <보기>에서 있는 대로 고른 것은?

<보기>

ㄱ. 물체의 운동 방향은 변하지 않는다.

ㄴ. 0초부터 4초 사이의 평균 가속도는 1 m/s^2 이다.

ㄷ. 0초에서 3초 사이의 평균 가속도가 1초에서 4초 사이의 평균 가속도보다 크기가 크다.

① ㄱ ② ㄴ ③ ㄷ ④ ㄱ, ㄴ ⑤ ㄱ, ㄴ, ㄷ

31 그림은 직선 경로를 따라 운동하던 물체 A 가 점 P 를 12 m/s 의 속력으로 지나가는 순간, 점 Q 에서 물체 B 를 A쪽으로 출발시켰다. A 와 B 는 B 가 출발한 순간부터 각각 등가속도 운동을 하여 8초 후에 만난다. A 와 B 가 만나는 순간 B 의 속력은 8 m/s 이다.

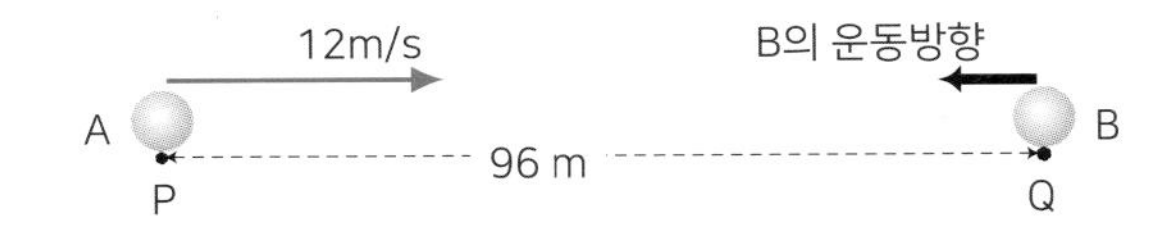

이에 대한 설명으로 옳은 것만을 <보기>에서 있는 대로 고른 것은? (단, P 와 Q 사이의 거리는 96 m 이다.)

<보기>

ㄱ. A 의 가속도의 방향은 왼쪽이다.

ㄴ. A 와 B 의 가속도의 크기는 같다.

ㄷ. 두 물체가 만날 때까지 A 의 이동 거리가 B 의 이동 거리보다 작다.

① ㄱ ② ㄴ ③ ㄷ ④ ㄱ, ㄴ ⑤ ㄱ, ㄴ, ㄷ

32 그림은 정지 상태에서 출발하여 직선 운동하는 물체의 가속도 - 시간 그래프이다. 물체의 운동에 대한 설명 중 옳은 것은?

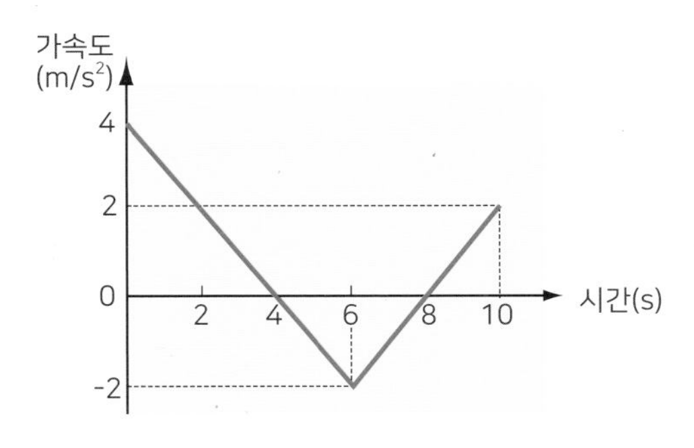

① 4초 때와 10초 때의 속력이 같다.
② 6초 때 물체의 속력이 가장 작다.
③ 4초부터 물체의 운동 방향이 바뀌었다.
④ 처음 4초 동안 물체의 속력이 감소하였다.
⑤ 4초부터 물체의 속력이 감소하기 시작했다.

33 그림처럼 마찰이 없고 중간에 꺽인 곳이 있는 빗면에서 물체가 운동하고 있다. 물체는 P 점에서 정지 상태에서 출발하여 등가속도 직선 운동을 한다. 구간 PQ와 QR에서 가속도의 크기는 각각 다르다. 물체는 경사면이 꺽인 Q 점을 속력 v 로 통과하고, 수평면에 도달한 R 점에서는 속력이 $2v$ 가 되었다. 이때 PQ 사이의 거리와 QR 사이의 거리는 s 로 같다. (물체는 동일 연직면 상에서 운동하며, 물체의 크기는 무시한다.)

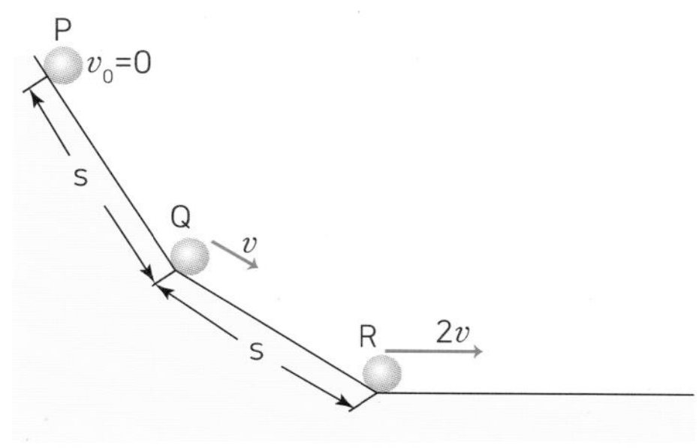

(1) PQ 사이를 이동하는데 걸리는 시간을 t_1, QR 사이를 이동하는데 걸리는 시간을 t_2라고 할 때 $t_1 : t_2$ 를 구하시오.

(2) PQ 사이의 가속도의 크기를 a_1, QR 사이의 가속도의 크기를 a_2 라고 할 때 $a_1 : a_2$ 를 구하시오.

34 그림은 일정한 기울기의 빗면을 따라 미끄러져 내려오는 물체를 0.1초 간격으로 나타낸 것이다. AC 사이의 거리는 4 cm, EG 사이의 거리는 16 cm 이다. (단, 물체는 등가속도 운동을 하며, 모든 마찰, 저항, 물체의 크기는 무시한다.)

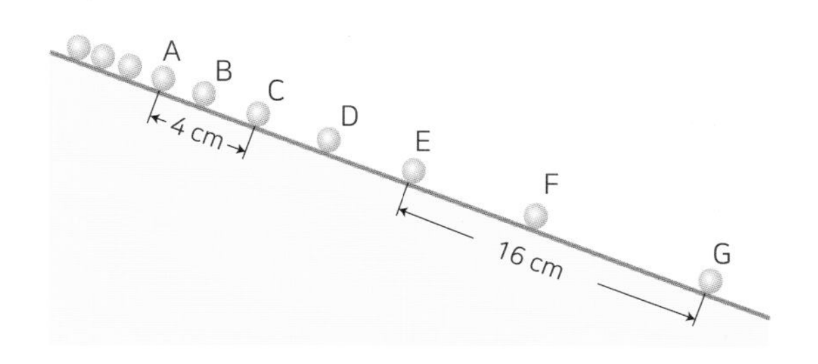

(1) CE 사이의 거리는 얼마인가?

( ) cm

(2) 이 물체의 가속도의 크기는 얼마인가?

( ) cm/s²

창의력

35 그림과 같이 두 사람 A, B 가 서로 나란하게 연직 방향으로 3 m 떨어진 경로 P, Q 를 각각 같은 방향으로 동시에 출발하여 운동하였다. B 는 A 보다 3 m 앞에서 0.1 m/s 로 출발한다. 출발과 동시에 A 의 머리에 앉아 있던 잠자리가 B 를 향하여 일정한 속력으로 날아간 뒤 B 를 만나는 즉시 방향을 바꿔 다시 A를 향하여 같은 속력으로 날아가는 운동을 하였다. (단, 잠자리의 운동을 포함한 모든 운동은 등속 직선 운동이다.)

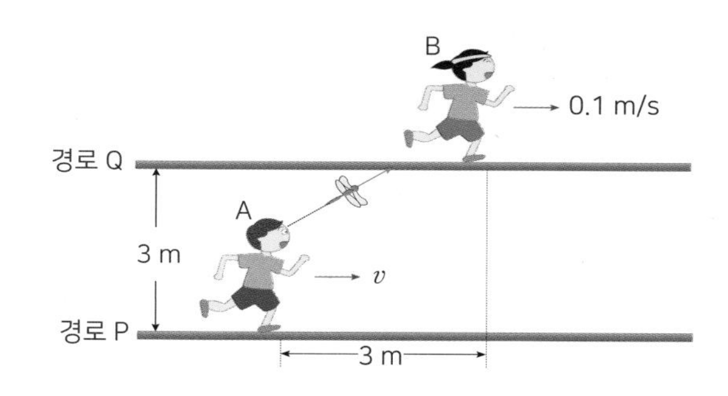

(1) 잠자리가 출발 후 B에 도달하기까지 10초가 걸렸다. 잠자리가 B에서 출발하여 다시 A에 도착하기까지 12초가 걸렸다면, A의 속력은 얼마인가?(단, $\sqrt{3}$ = 1.7로 계산한다.)

(2) 잠자리가 다시 A에게 돌아올 때까지의 잠자리의 평균 속력과 평균 속도의 크기를 각각 구하시오.

36 아프리카 평원에 사는 치타는 빠른 속력을 이용하여 가젤을 사냥한다. 치타는 최대 속력 108 km/h 로 달릴 수 있고 출발 후 3초 만에 최대 속력에 도달한다. 하지만 치타는 출발한 후, 10초가 지나면 몸에 무리가 오기 때문에 더 이상 달리지 못한다. 반면 가젤은 오랜 시간 동안 꾸준하게 최대 속력 81 km/h 로 달릴 수 있고 출발 후 5초 만에 최대 속력에 도달한다. (단, 치타와 가젤, 토끼는 모두 직선 경로를 운동한다.)

치타 가젤

(1) 치타가 가젤을 사냥하려면 가젤과의 거리가 최대 몇 m 가 될 때까지 접근한 후 출발해야 할까?

(2) 토끼는 1초 만에 최대 속력 54km/h에 도달하여 꾸준히 달릴 수 있다. 치타가 가젤과 토끼 중에 사냥하기 더 쉬운 동물은 무엇일까?

37 그림은 xy 평면 상에서 운동하는 어떤 물체의 위치를 0.1초 간격으로 나타낸 것이다. 다음 물음에 답하시오.

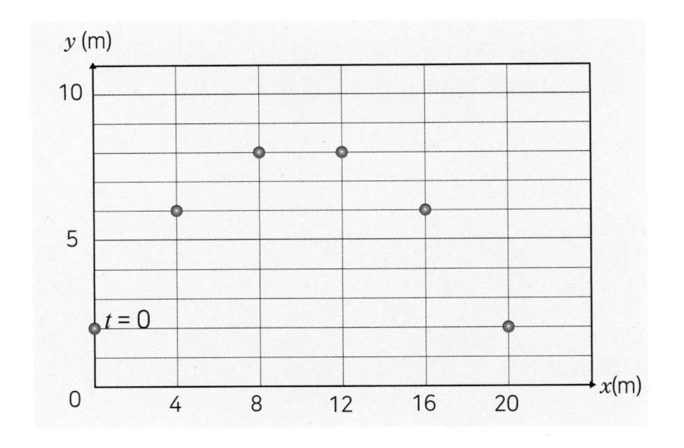

(1) 이 물체의 처음 속도(v_0)의 방향과 크기를 구하시오.

(2) 이 물체의 가속도(a)의 방향과 크기를 구하시오.

38

다음 그림과 같이 2 m/s 의 속력으로 흐르는 강에 배가 떠서 강물과 같이 떠내려가고 있다가 출발점에서 기관사가 시동을 걸어 하류 방향으로 0.1 m/s^2 의 일정한 가속도로 운동시킨 후 강둑에 대해서 배의 속력이 6 m/s 가 되었을 때, 상류 방향으로 0.5 m/s^2 의 일정한 가속도로 운동을 시켰다. 이 배가 출발하여 다시 출발점으로 되돌아왔을 때의 강둑에 대한 배의 속력는 얼마인가?

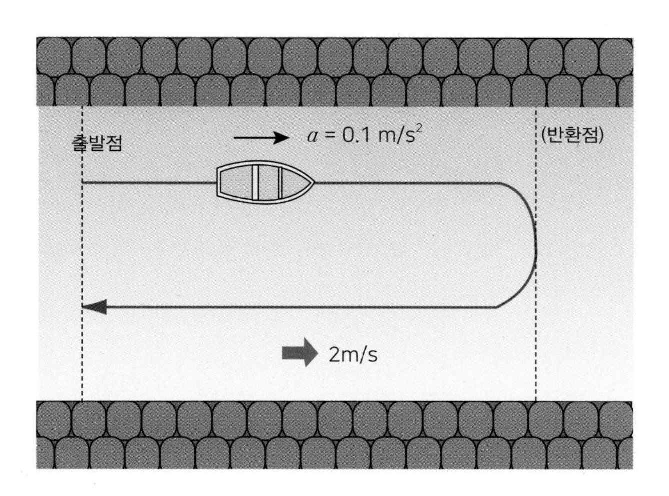

39

그림처럼 네 가지 서로 다른 모양의 철로 A, B, C, D 가 기차역에 설치되어 있다. A, B, C, D 의 원형 모양으로 굽은 곳의 곡률 반지름(굽은 곳을 원의 일부라고 했을 때의 원의 반지름)은 각각 $2r$, r, $3r$, $2r$ 이다. 기차는 각 철로의 굽은 곳을 동일한 속력 v 로 통과한다. 다음 물음에 답하시오. (단, A와 B의 굽은 곳은 사분원, C와 D의 굽은 곳은 이분원이다.)

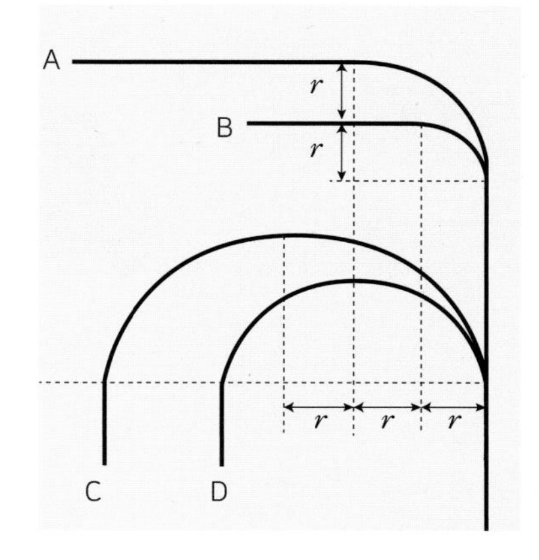

(1) 기차가 A, B, C, D 의 원형 모양의 굽은 곳을 통과하는 동안의 평균 속도의 크기를 >, = 를 이용하여 비교하시오.

(2) 기차가 A, B, C, D 의 원형 모양의 굽은 곳을 통과하는 동안의 평균 가속도의 크기를 >, = 를 이용하여 비교하시오.

2강 운동 법칙

1. 운동 제1법칙(관성 법칙) I

◉ 갈릴레이의 사고 실험

갈릴레이는 관성에 의해 마찰이 없는 면에서 높이 A에서 운동을 시작한 물체는 힘이 작용하지 않는 마찰이 없는 수평면에서 계속 등속 직선 운동을 한다고 생각하였다.

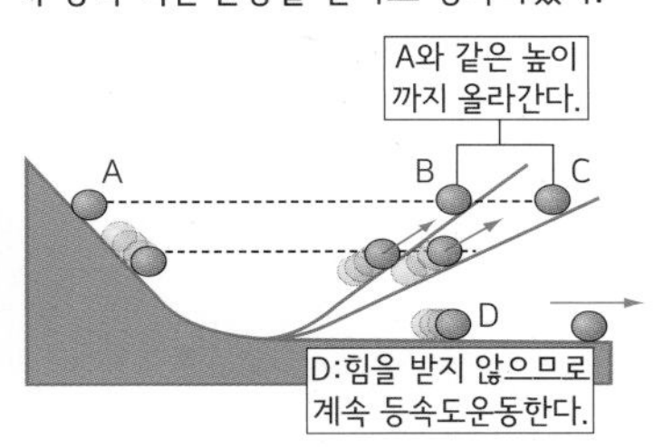

◉ 관성에 의한 현상

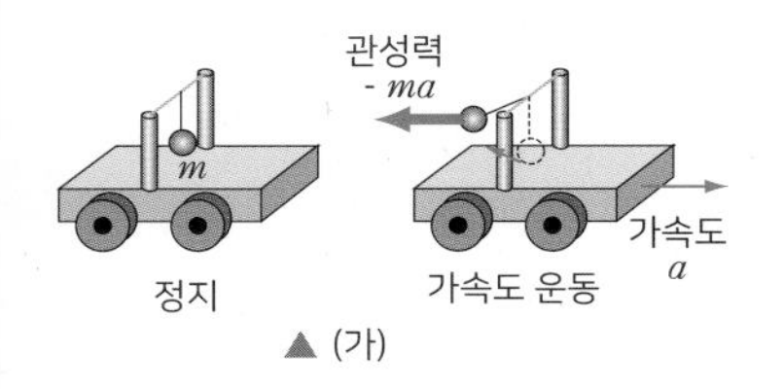

▲ (가)

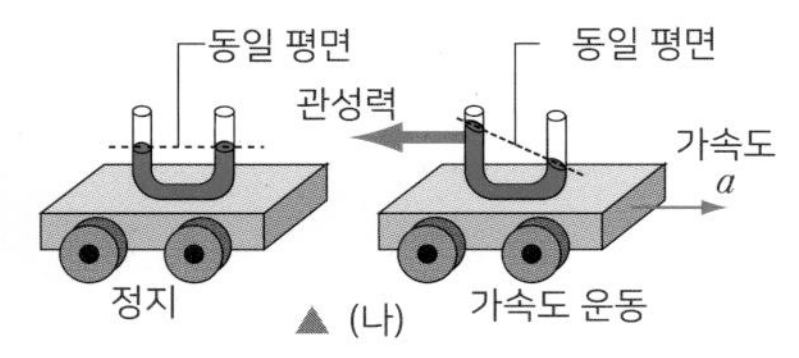

▲ (나)

- 그림 (가) : 수레에 물체를 매달고 수레에 힘을 가하여 가속도 운동을 시키면 추는 관성력을 받아 뒷방향으로 기울어진다.
- 그림 (나) : U자관에 물을 채우고 가속도 운동을 시키면 물이 관성력을 받아 비스듬해진다. 이때 양쪽 관의 기울어진 수면은 동일 평면상에 있다.

◉ 기차가 가속도 운동할 때 기울어지는 손잡이

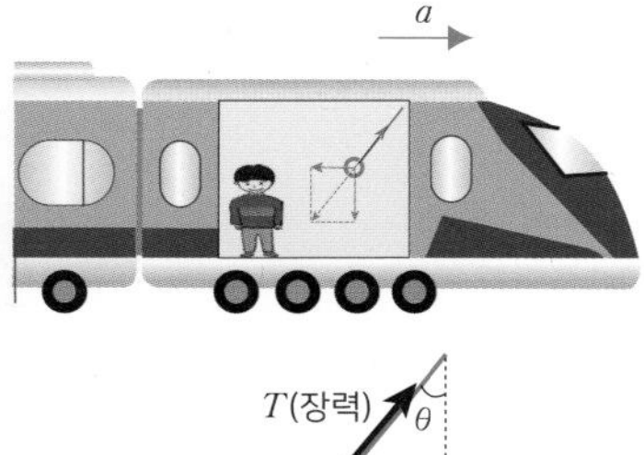

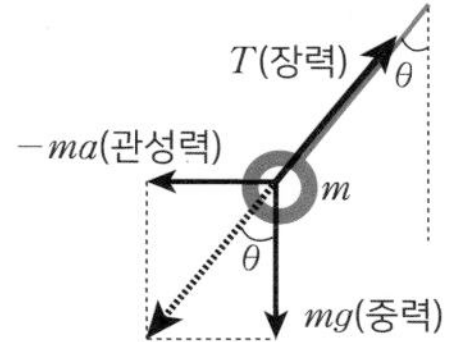

기차에 탄 사람이 관찰할 때 손잡이의 중력(mg)과 손잡이가 받는 관성력($-ma$), 손잡이 끈이 작용하는 장력(T)은 평형을 이룬다(세 힘의 합력이 0 이다). 이런 경우 각 θ를 알면 기차의 가속도 a를 구할 수 있다.

(1) 관성

① **관성** : 물체에 힘이 작용하지 않으면 현재의 운동 상태를 계속 유지하려는 성질이다.

② **관성과 질량 사이의 관계** : 질량이 클수록 관성의 크기가 커진다.

③ **관성의 예**

정지 관성 (정지 상태를 유지하려는 관성)		운동 관성 (운동 상태를 유지하려는 관성)	
자동차가 갑자기 출발하면 몸이 뒤로 쏠린다. ⇨ 자동차는 이동하는데 몸은 계속 제자리에 있으려 한다.	널어 놓은 이불을 두드리면 먼지가 떨어진다. ⇨ 이불이 움직일 때 먼지는 제자리에 계속 정지해 있으려 한다.	자동차가 갑자기 멈추면 몸이 앞으로 쏠린다. ⇨ 자동차는 멈추는데 몸은 계속해서 움직이려고 한다.	자루를 바닥에 치면 헐거워진 망치 머리가 고정된다. ⇨ 망치를 거꾸로 내리치면 자루는 정지하나, 망치 머리는 계속 운동하려고 한다.

(2) 운동 제1법칙(관성 법칙)

(2) 운동 제1법칙(관성 법칙) : 힘이 작용하지 않는 경우의 운동 법칙이다. 운동하는 물체는 외부의 힘이 작용하지 않는 한, 자신의 운동 상태를 유지한다. 즉, 힘이 작용하지 않으면, 정지한 물체는 계속 정지해 있으며, 운동하는 물체는 계속 등속 직선 운동한다.

(3) 관성력 : 가속도 운동을 하는 물체가 느끼는 쏠리는 힘이다. 이 힘은 상호작용하는 힘이 아니므로(반작용이 존재하지 않음)실제적 힘이 아닌 가상적인 힘이다.

① **관성력의 방향** : 그림처럼 버스가 오른쪽으로 가속도 a 의 운동을 하고 있을 때, 버스 자체 또는 버스와 같이 운동하는 질량 m 인 물체가 받는 관성력의 방향은 버스의 가속도의 방향과 반대 방향이다.

② **관성력의 크기** : 가속도 a 로 운동하는 질량 m 의 물체가 받는 관성력 F 는 다음과 같다.

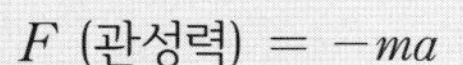

$$F \text{ (관성력)} = -ma$$

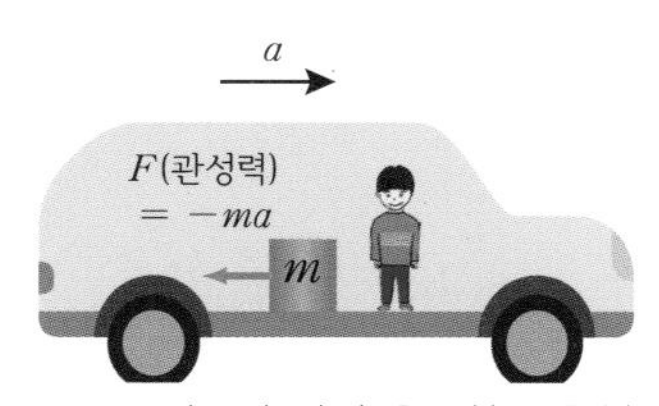

▲ 버스와 같이 운동하는 물체와 사람은 버스 가속도와 반대 방향으로 관성력을 느낀다.

개념확인 1 다음 괄호 안의 내용 중 옳은 것을 각각 고르시오. 정답 및 해설 11

> 힘이 작용하지 않으면 물체가 현재의 운동 상태를 계속 유지하려는 성질을 관성이라고 한다. 즉, 정지한 물체는 계속 (㉠ 정지, ㉡ 운동) 하려고 하며, 운동하는 물체는 계속하여 (㉠ 등가속도 운동, ㉡ 등속도 운동) 하려고 한다.

확인 + 1

길을 달리다가 돌부리에 걸려 넘어진 것과 가장 유사한 원리로 설명할 수 있는 현상은?

① 후추통을 툭툭 흔들어 후추를 뿌린다.
② 물이 높은 곳에서 낮은 곳으로 흘러간다.
③ 정지해 있던 축구공을 발로 차면 빠른 속도로 날아간다.
④ 달리던 기차가 브레이크를 밟으면 속도가 줄어들어 정지한다.

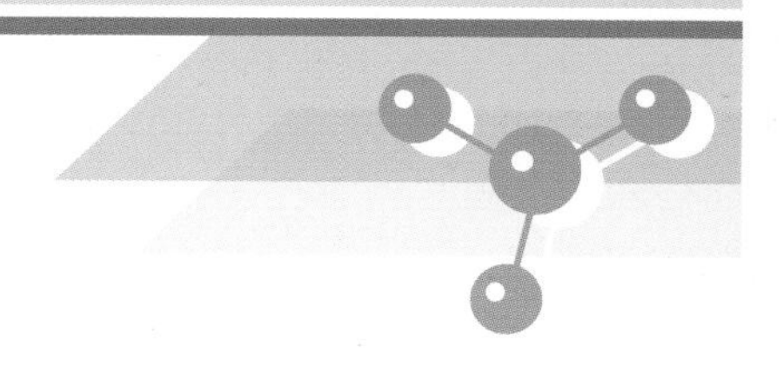

2. 운동 제1법칙(관성 법칙) II

(1) 원운동에서의 관성력 : 원운동하는 물체는 관성력(원심력)을 느낀다.

① **밖에서 관찰하는 경우** : 원운동하는 물체는 원의 중심 방향으로 구심력 ($F = ma = m\frac{v^2}{r}$)을 받는다.

② **원운동하고 있는 질량 m 의 입장에서 본 경우** : 원의 중심에서 멀어지는 방향으로 쏠리는 힘인 원심력을 느낀다.

③ **원심력** : 원운동하는 물체가 느끼는 관성력(쏠리는 힘)이다.

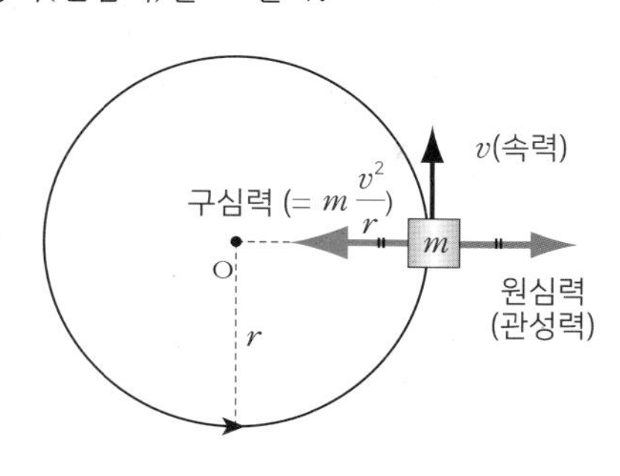

$$F\text{ (원심력)} = m\frac{v^2}{r}\text{ (원의 중심에서 멀어지는 방향)}$$

(2) 엘리베이터에서의 관성력 : 엘리베이터의 움직임에 따라 엘리베이터에 탄 사람의 발 밑에 있는 저울의 눈금(= 수직항력 N)은 관성력에 의해 달라진다.

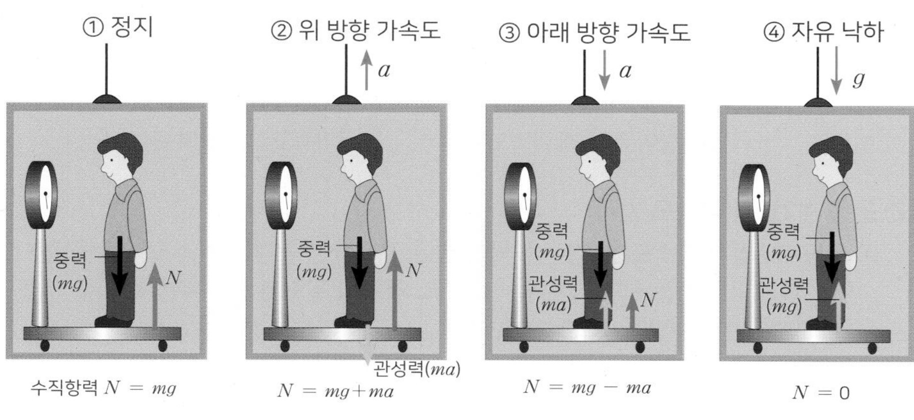

▲엘리베이터 안에서 측정하는 몸무게
엘리베이터 안에서 사람은 중력과 수직항력, 관성력을 받고 이 힘들은 서로 평형을 이룬다.

① **엘리베이터가 정지해 있을 때** : 저울의 눈금(N)은 mg 를 나타낸다.

② **엘리베이터의 가속도가 위 방향일 때** : 저울의 눈금(N)은 몸무게 mg 와 사람의 관성력 ma 가 합쳐져 $mg+ma$ 를 나타낸다.

③ **엘리베이터의 가속도가 아래 방향일 때** : 사람의 관성력은 위 방향으로 ma 가 되므로 저울의 눈금(N)은 $mg-ma$ 가 된다.

④ **엘리베이터의 줄이 끊어졌을 때** : 엘리베이터는 가속도 g 로 자유 낙하하게 되므로 사람이 느끼는 관성력은 윗방향으로 mg 가 되고 사람에게 작용하는 중력 + 관성력 = 0 이 되어 저울의 눈금(N)도 0 이 된다. 이때 사람은 무중력 상태가 된다.

정답 및 해설 11

개념확인 2 원운동하는 물체가 받는 관성력의 방향을 고르시오.

(㉠ 원의 중심 방향, ㉡ 원의 중심에서 멀어지는 방향)

확인 + 2 오른쪽 그림은 수평면에서 수레 위에 물이 들어 있는 비커가 놓여있는 모습이다. 수레의 가속도 방향이 오른쪽일 때 비커에 있는 물은 어떤 모습일지 고르시오.

① ② ③ ④ ⑤

◎ **등속 원운동하는 물체의 가속도(a)**

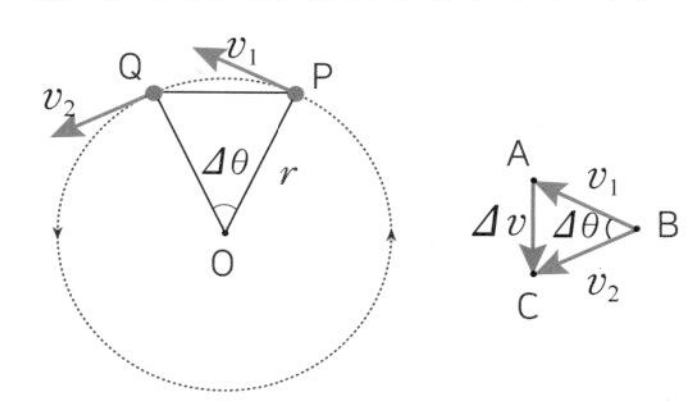

등속 원운동하는 물체가 짧은 시간(Δt) 동안 점 P에서 Q로 이동하였다면,
Δv(속도 변화량) $= v_2 - v_1$ 이다.
이때 △POQ과 △ABC는 닮은꼴이다.

$\therefore \frac{\overline{PQ}}{r} = \frac{\Delta v}{v}$

Δt 를 매우 짧게 하면, 호의 길이 $\overset{\frown}{PQ}$ 와 현의 길이 $\overline{PQ}$ 를 같게 놓을 수 있고, $\overline{PQ}$ 는 Δt 동안 원주 상에서 이동한 거리($\overset{\frown}{PQ} = v\Delta t$)가 되므로,

윗 식은 $\frac{v\Delta t}{r} = \frac{\Delta v}{v}$ 으로 놓을 수 있고,

$\therefore a$(구심가속도의 크기) $= \frac{\Delta v}{\Delta t} = \frac{v^2}{r}$

Δt 가 매우 작은 경우 $\Delta\theta$ 도 매우 작게 되고, Δv 는 중심 방향이 되므로 Δv 와 방향이 같은 구심 가속도(순간 가속도)의 방향은 원의 중심 방향이다.

◎ **수직항력(N)과 저울의 눈금**

엘리베이터 안에서 사람이 저울을 누르는 힘(저울이 받는 힘 ; 저울의 눈금)과 저울이 떠받치는 수직항력(N : 사람이 받는 힘)은 작용·반작용으로 크기가 같고 방향이 반대이다.

◎ **무중력 상태**

중력을 받는 물체가 중력과 크기가 같고, 방향이 반대인 힘을 동시에 받아 몸무게가 0 으로 측정되는 상태이다.

예) 지구 주위를 도는 인공위성, 줄이 끊어진 엘리베이터에 탄 사람, 물속에 떠 있는 잠수부

▲ 물속에 떠 있는 잠수부

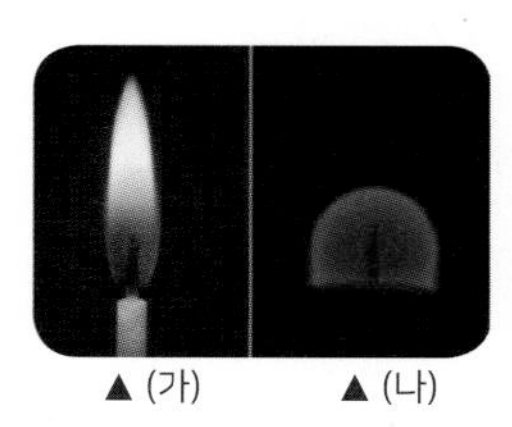

▲ (가) ▲ (나)

(가) 중력이 있는 상태에서의 촛불 모양으로 위아래를 구별할 수 있다.
(나) 중력이 없는 상태에서의 촛불 모양으로 촛불이 구형을 이루고 타다가 곧 꺼진다.

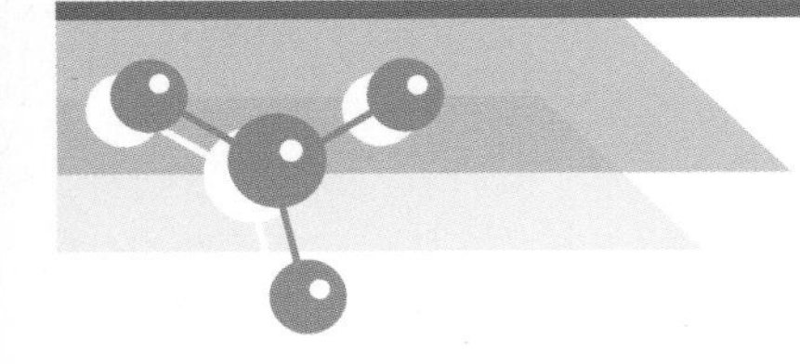

2강 운동 법칙

3. 운동 제2법칙(가속도 법칙)

(1) 가속도

① **힘과 가속도** : 물체에 작용하는 힘이 클수록 가속도가 커지며, 가속도의 방향은 힘의 방향과 같다.

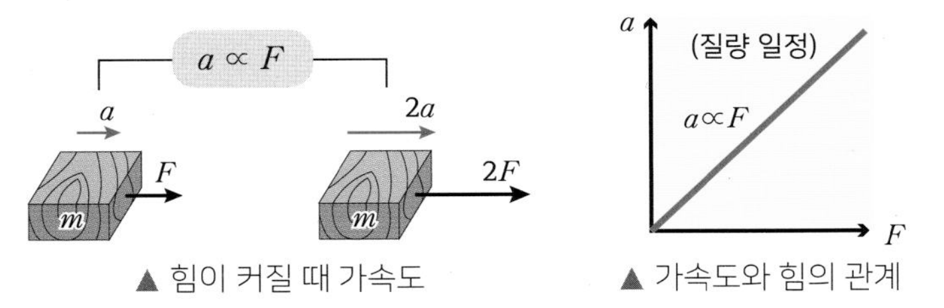

▲ 힘이 커질 때 가속도　　▲ 가속도와 힘의 관계

② **질량과 가속도** : 같은 크기의 힘을 가할 때 질량이 클수록 가속도의 크기는 작아진다.

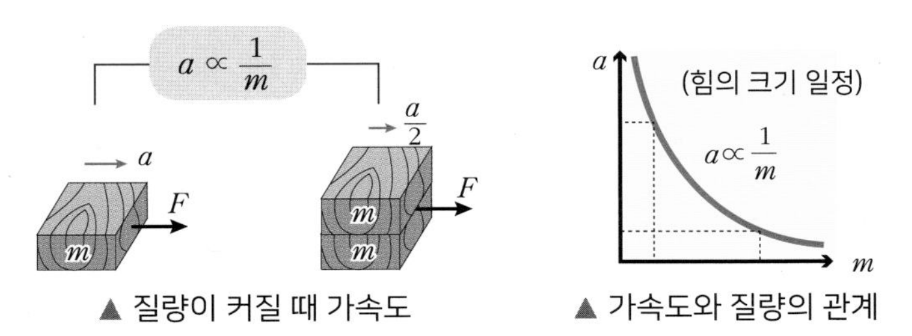

▲ 질량이 커질 때 가속도　　▲ 가속도와 질량의 관계

(2) 운동 제2법칙(가속도 법칙)

① **운동 제2법칙(가속도 법칙)** : 물체에 힘이 작용하면 물체는 가속도 운동을 한다. 이때 가속도의 크기는 힘의 크기에 비례하고, 물체의 질량에 반비례한다. 이를 운동 제2법칙 또는 가속도 법칙이라고 한다.

② 질량이 m 인 물체에 힘 F 가 작용할 때 생기는 가속도를 a 라고 할 때 다음의 관계가 성립한다.

$$a \propto \frac{F}{m} \quad ⇨ \quad a = k\frac{F}{m} \ (k : \text{비례 상수}(1))$$

③ **힘의 단위** : N(뉴턴)을 사용한다. 질량이 1 kg 인 물체에 1 N 의 힘이 작용하면 힘의 방향으로 1 m/s^2 의 가속도가 발생한다고 정의하면, 비례 상수 k 는 1 이 된다. 따라서 다음과 같이 힘을 질량과 가속도의 곱으로 나타낼 수 있다. (운동 제2법칙)

$$F = ma$$

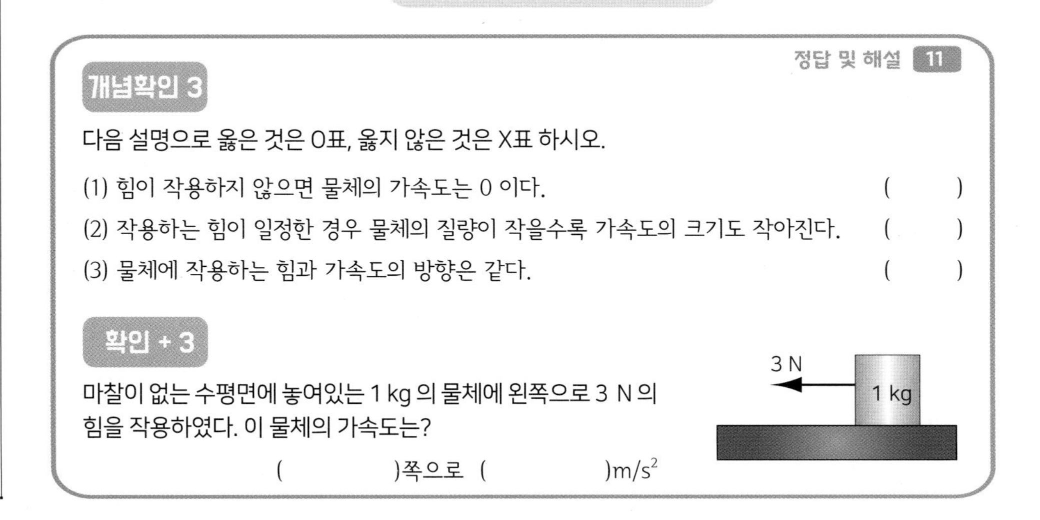

정답 및 해설 11

개념확인 3

다음 설명으로 옳은 것은 O표, 옳지 않은 것은 X표 하시오.

(1) 힘이 작용하지 않으면 물체의 가속도는 0 이다. (　　)

(2) 작용하는 힘이 일정한 경우 물체의 질량이 작을수록 가속도의 크기도 작아진다. (　　)

(3) 물체에 작용하는 힘과 가속도의 방향은 같다. (　　)

확인 + 3

마찰이 없는 수평면에 놓여있는 1 kg 의 물체에 왼쪽으로 3 N 의 힘을 작용하였다. 이 물체의 가속도는?

(　　　　)쪽으로 (　　　　)m/s^2

◉ 물체의 무게

물체에 작용하는 중력의 크기이다. 중력(무게)은 물체와 지구 사이의 만유인력이기 때문에 장소에 따라 크기가 변한다. 질량이 m 인 물체에 작용하는 중력(무게) F는 다음과 같다.

$F = mg$ (g : 중력 가속도)

◉ 힘이 작용하는 운동의 예

① 등가속도 직선 운동 : 힘의 방향과 가속도 방향이 같다.

힘의 방향 = 가속도 방향

② 등속 원운동 : 운동 방향과 수직으로 힘이 작용한다.

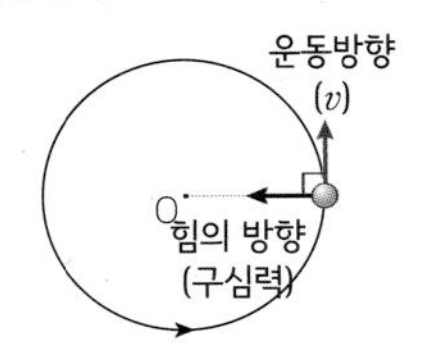

물체가 받는 힘(구심력)의 방향과 운동 방향이 수직인 운동이다. 물체의 속력(빠르기)은 일정하고 운동 방향이 일정하게 변한다.

③ 포물선 운동 : 운동 방향과 비스듬히 힘이 작용한다.

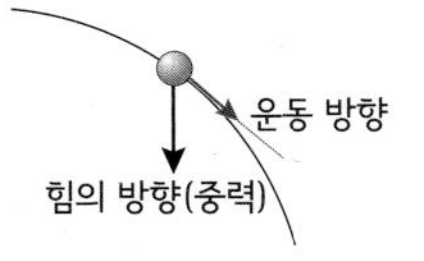

힘의 방향이 운동 방향과 다르기 때문에 물체의 속력(빠르기)과 방향이 계속 변한다.

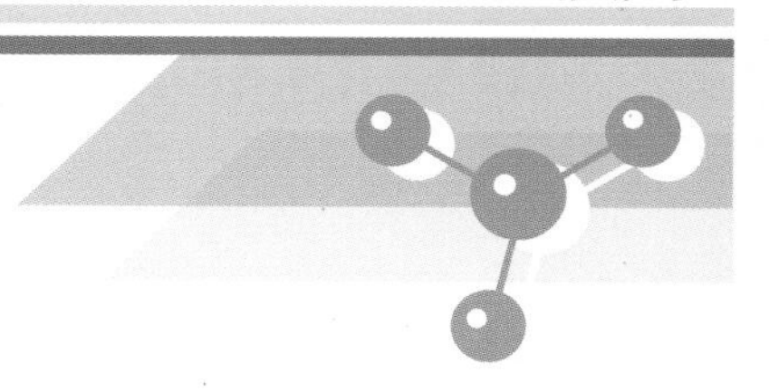

4. 운동 제3법칙(작용 반작용 법칙)

(1) 운동 제3법칙(작용 반작용 법칙) : 물체 A가 다른 물체 B에게 힘(F_{AB})을 작용하면 물체 B도 물체 A에게 크기가 같고 방향은 반대인 힘(F_{BA})을 동시에 작용한다. 이를 작용 반작용 법칙이라고 한다.

$$F_{AB} = -F_{BA}$$

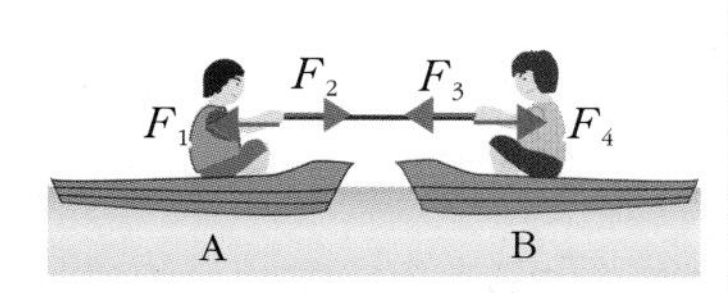

F_1 : A가 줄을 잡아당기는 힘 F_2 : 줄이 A를 잡아당기는 힘
F_3 : 줄이 B를 잡아당기는 힘 F_4 : B가 줄을 잡아당기는 힘
⇨ 작용 반작용 관계인 두 힘 : F_1과 F_2, F_3와 F_4
⇨ 힘의 평형 : $F_1 + F_4 = 0$ (줄에 작용하는 알짜힘 = 0)

① **작용 반작용의 특성** : 두 힘은 항상 크기가 같으며 방향은 반대이다.

② **작용 반작용의 예**

예			
작용 반작용	로켓이 기체를 밀어내는 힘 기체가 로켓을 밀어내는 힘	사람이 땅을 미는 힘 땅이 사람을 미는 힘	S극이 N극을 당기는 힘 N극이 S극을 당기는 힘

③ **힘의 평형과 작용 반작용**

구분	힘의 평형	작용 반작용
공통점	두 힘은 방향이 반대이고 크기가 같으며 동일 작용선 상에 있다.	
특징	한 물체에 작용하는 힘들의 합력(알짜힘)이 0 이다.	물체끼리 서로 주고 받는 한 쌍의 힘이다.
예	· F_1 : 책상이 물체 A에게 작용하는 수직항력 · F_2 : 물체 A가 책상을 누르는 힘 · F_3 : 물체 A가 지구로 부터 받는 중력 · F_4 : 물체 A가 지구를 잡아당기는 중력 힘의 평형을 이루는 힘 : F_1, F_3 ($F_1 + F_3 = 0$) 작용 반작용 : F_1과 F_2, F_3과 F_4	

◉ 운동 제3법칙의 적용
사람이 벽을 밀었더니 오히려 사람이 움직인다.

사람이 벽을 30 N 의 힘으로 밀었을 때 (작용), 그 반작용으로 사람은 벽으로부터 30 N 의 힘을 받아 왼쪽으로 0.5 m/s² 의 가속도 운동을 한다.

◉ 작용과 반작용에 의한 몸무게의 변화

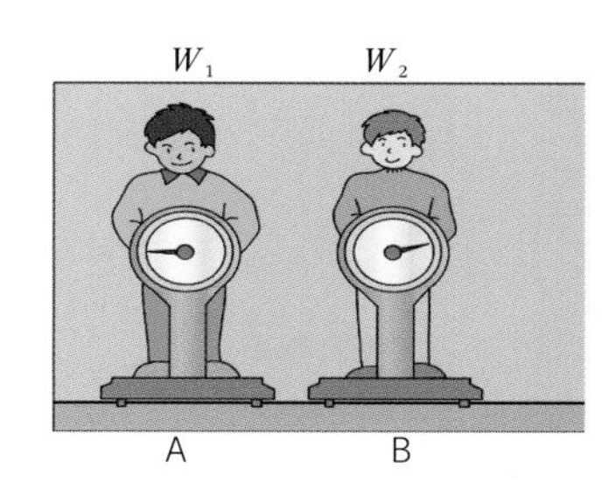

$W_1 - F$ $W_2 + F$ $-F$ F
A B

A 가 B 를 힘 F 로 누르면 그 반작용으로 B 는 A 에게 힘 $-F$ 를 작용한다.
· A 가 올라선 체중계의 눈금은 A 의 몸무게보다 B 로부터 받은 힘 F 만큼 줄어들어 $W_1 - F$ 가 측정된다.
· B 가 올라선 체중계의 눈금은 B 의 몸무게보다 A로부터 받은 힘 F 만큼 늘어나서 $W_2 + F$ 가 측정된다.

개념확인 4 정답 및 해설 11

다음 작용 반작용에 대한 설명 중 옳은 것은 ○표, 옳지 않은 것은 ×표 하시오.

(1) 작용 반작용은 동일 작용선 상에서 작용한다. ………………………… ( )
(2) 작용 반작용은 서로 크기는 같고 방향이 반대이다. ………………………… ( )
(3) 두 자석 사이에 서로 끌어당기는 인력은 작용과 반작용으로 설명할 수 없다. …… ( )

확인 + 4

스케이드 보드와 사람의 질량의 합이 60 kg 일 때 스케이트 보드를 탄 사람이 마찰이 없는 수평면 상에서 18 N 의 힘으로 벽을 밀었다. 이때 스케이트 보드를 탄 사람의 가속도의 크기를 구하시오.

01 다음 설명 중 옳은 것은 ○표, 옳지 않은 것은 ×표 하시오.

(1) 질량이 큰 물체는 질량이 작은 물체보다 관성이 크다. (　　)

(2) 운동하는 물체에 작용하는 알짜힘의 크기가 0 이라면 등가속도 직선 운동을 한다. (　　)

(3) 질량이 같을 때 속력이 클수록 관성이 커진다. (　　)

02 물체와 같이 움직이는 정지 상태의 버스가 오른쪽으로 10 m/s^2 의 가속도로 갑자기 출발하는 순간, 버스 안에서 버스와 같이 운동하는 5 kg 인 물체 A 가 느끼는 관성력의 크기는 얼마인가?

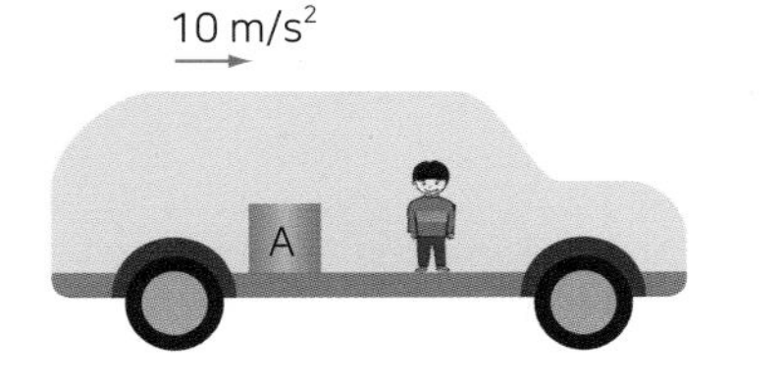

① 5N　② 10 N　③ 25 N　④ 50 N　⑤ 100 N

03 오른쪽으로 v 의 속력으로 등속 직선 운동하고 있던 버스가 가속도 운동을 시작하자 손잡이가 다음 그림과 같이 앞으로 기울어졌다. 이러한 결과를 설명할 수 있는 버스의 운동 상태로 옳은 것만을 <보기>에서 있는 대로 고른 것은?

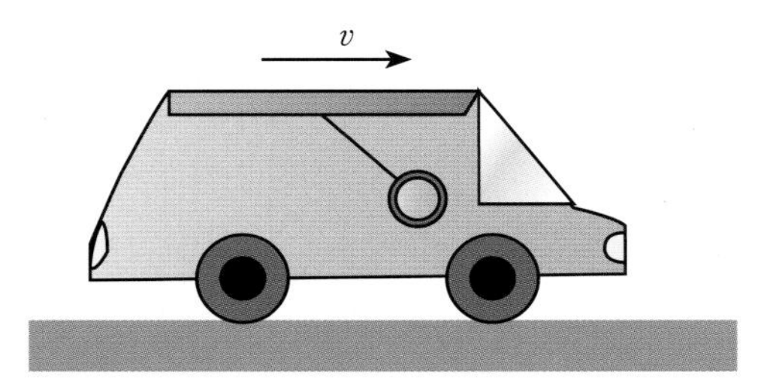

<보기>

ㄱ. 버스의 가속도 방향은 버스의 운동 방향과 같다.
ㄴ. 손잡이의 관성력의 방향과 버스의 운동 방향은 같다 .
ㄷ. 달리던 사람이 돌부리에 걸려 넘어지는 것과 같은 원리이다.

① ㄱ　② ㄴ　③ ㄷ　④ ㄴ, ㄷ　⑤ ㄱ, ㄴ, ㄷ

04 수평면 상에서 오른쪽으로 6 m/s 의 속력으로 운동하던 2 kg 인 공이 일정한 힘을 받아 3초가 지난 순간 운동 방향이 바뀌었다. 이 공이 받고 있는 힘의 크기는 얼마인가?

① 2N　② 3N　③ 4N　④ 5N　⑤ 6N

05

매끄러운 면에 정지해 있던 1 kg 의 물체에 2초 동안 2 N 의 일정한 힘을 가하였다. 이 물체가 이동한 거리는 총 몇 m 인가?

① 2 m ② 3 m ③ 4 m ④ 5 m ⑤ 6 m

06

매끄러운 면에서 2 m/s 의 일정한 속도로 직선 상에서 운동하던 물체에 3 N 의 일정한 힘을 3초 동안 가하였더니 물체의 속도가 11 m/s 가 되었다. 이 물체의 질량은 얼마이겠는가?

① 1 kg ② 1.5 kg ③ 2 kg ④ 2.5 kg ⑤ 3 kg

07

다음 그림과 같이 호수 위에 떠서 정지해 있는 두 배 위에 70 kg 인 사람 A 와 50 kg 인 사람 B 가 각각 타고 있다. B 가 A 에게 100 N 의 힘을 가했을 때, B의 가속도의 크기는 어떻게 되는가? (단, 물과 배 사이의 마찰은 무시한다.)

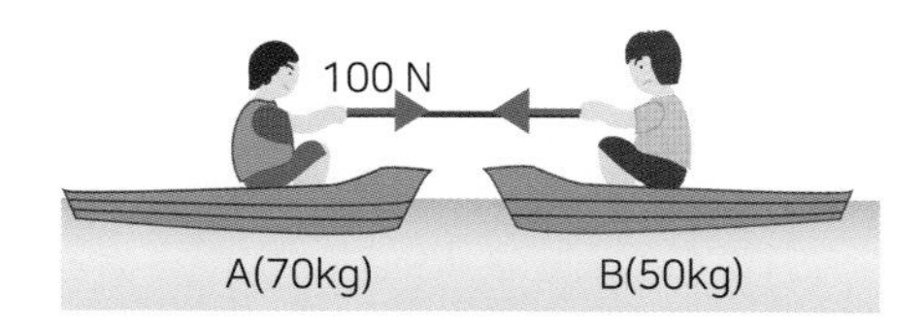

① 2 m/s^2 ② 3 m/s^2 ③ 4 m/s^2 ④ 5 m/s^2 ⑤ 6m/s^2

08

무게가 60 kgf 인 A 가 50 kgf 인 B 를 10 N 의 힘으로 누르고 있다. 이때 A 의 체중계에 표시된 값으로 옳은 것은? (단, 중력 가속도 g = 10 m/s^2 이다.)

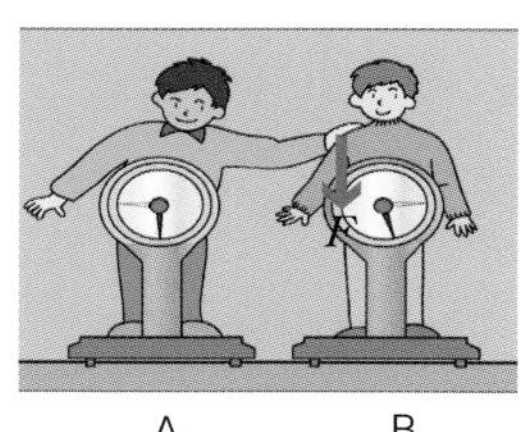

① 59 kgf ② 60 kgf ③ 61 kgf ④ 62 kgf ⑤ 63 kgf

유형 2-1 운동 제1법칙(관성 법칙) I

오른쪽 그림은 자동차가 왼쪽으로 등속도 운동하다가 가속도 운동을 시작한 순간 운전자는 의자에 머리 뒤쪽을 부딪혔다. 이 상황에 대한 설명으로 옳은 것만을 <보기>에서 있는 대로 고른 것은?

<보기>

ㄱ. 운전자는 오른쪽 방향으로 관성력을 받는다.
ㄴ. 자동차의 가속도의 방향은 오른쪽이다.
ㄷ. 사람의 무게가 클수록 더 센 힘으로 부딪친다.

① ㄱ ② ㄴ ③ ㄷ ④ ㄱ, ㄷ ⑤ ㄱ, ㄴ, ㄷ

01 그림 (가)는 컵 위에 있는 카드에 100원짜리 동전을 놓은 것을 나타낸 것이고, 그림 (나)는 동전 아래의 카드를 갑자기 치우는 장면을 나타낸 것이다.

(가)

(나)

이 현상에 대한 설명으로 옳은 것만을 <보기>에서 있는 대로 고른 것은?

<보기>

ㄱ. 동전을 500원 짜리로 바꾸면 이 현상을 관찰하기 쉽다.
ㄴ. 막대기로 이불을 치면 먼지가 떨어지는 것과 같은 원리이다.
ㄷ. 카드가 컵에서 떨어져 나갈 때 걸리는 시간이 증가하면 현상을 관찰하기 더 쉬워진다.

① ㄱ ② ㄴ ③ ㄷ ④ ㄱ, ㄴ ⑤ ㄱ, ㄴ, ㄷ

02 그림처럼 천장에 가는 실을 이용하여 쇠공을 움직이지 않도록 연결해 놓고 아래 실을 잡아 당겼다.

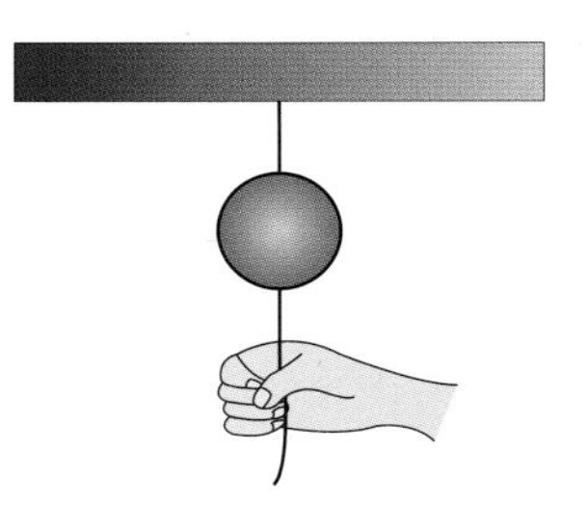

이에 대한 설명으로 옳은 것만을 <보기>에서 있는 대로 고른 것은?

<보기>

ㄱ. 쇠공은 중력이 작용하기 때문에 계속 아래쪽으로 운동하려고 한다.
ㄴ. 실을 빠르게 잡아당기면 아래쪽 실이 끊어진다.
ㄷ. 실을 천천히 당기면 추의 무게 때문에 아래쪽 실이 끊어진다.

① ㄱ ② ㄴ ③ ㄷ ④ ㄱ, ㄷ ⑤ ㄱ, ㄴ, ㄷ

유형 2-2 운동 제1법칙(관성 법칙) II

그림 (가)와 같이 A 가 엘리베이터를 타고 올라가고 있다. 엘리베이터가 정지해 있을 때 A 가 체중계로 측정한 몸무게가 60 kgf 이고, 엘리베이터가 출발한 후 시간에 따른 속도 변화가 그래프 (나) 와 같을 때, 이에 대한 설명으로 옳은 것만을 있는 대로 고른 것은?(단, 중력 가속도 g = 10 m/s^2 이다.)

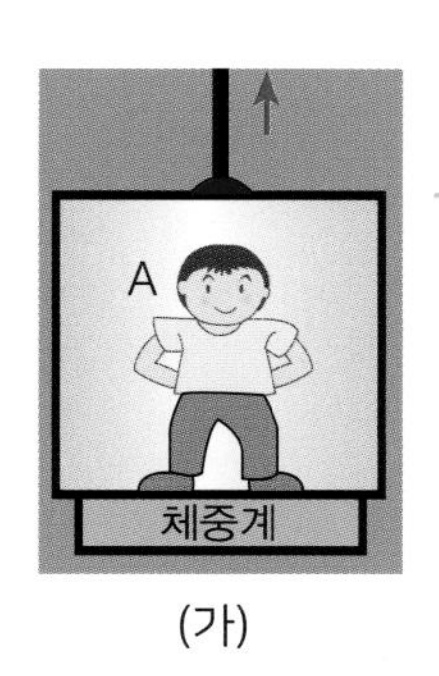

(가)

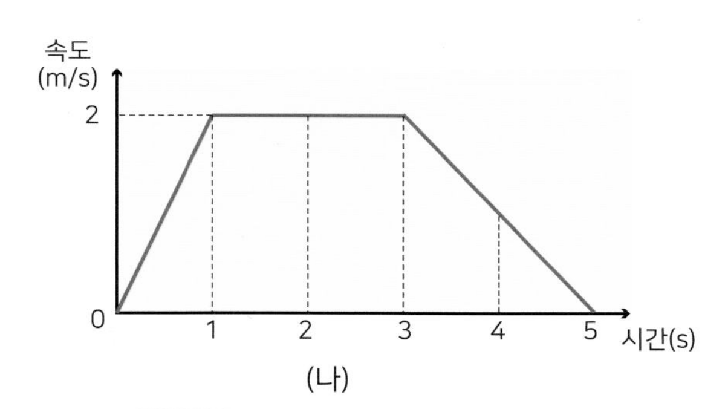

(나)

<보기>

ㄱ. 0 ~ 1초 동안 체중계의 눈금은 72 kgf 로 나타난다.
ㄴ. 2 ~ 3초 동안 체중계의 눈금은 60 kgf 로 나타난다.
ㄷ. 4 ~ 5초 동안 체중계의 눈금은 48 kgf 로 나타난다.

① ㄱ ② ㄴ ③ ㄷ ④ ㄱ, ㄴ ⑤ ㄱ, ㄴ, ㄷ

03

그림은 수평면 상에서 속력 v 로 등속 원운동하는 물체와 관련된 힘을 나타낸 것이다.

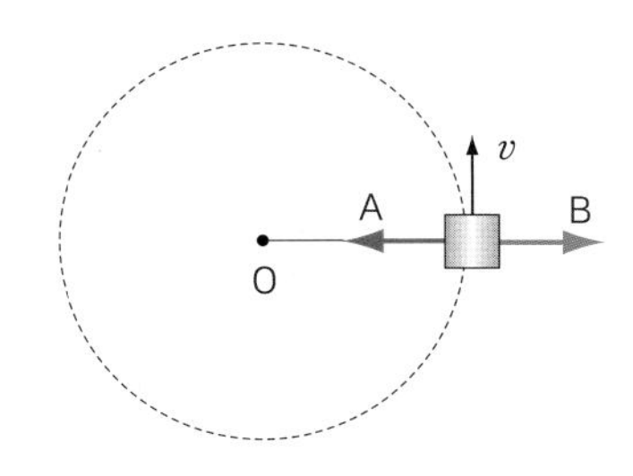

이에 대한 설명으로 옳은 것만을 <보기>에서 있는 대로 고른 것은? (단, 원의 반지름은 r 로 일정하다.)

<보기>

ㄱ. 물체의 속력이 빨라지면 힘 A 와 힘 B 의 크기는 모두 커진다.
ㄴ. 물체가 원운동하도록 만드는 힘은 A 이다.
ㄷ. 회전 세탁기의 빨래들이 원통 벽면으로 치우치는 현상을 힘 B 로 설명할 수 있다.

① ㄱ ② ㄴ ③ ㄷ ④ ㄱ, ㄷ ⑤ ㄱ, ㄴ, ㄷ

04

다음은 버스 안에 정지해 있는 질량 50 kg 의 무한이와 질량 2 kg 의 물체 A 를 나타낸 것이다. 이때 버스가 갑자기 2 m/s^2 의 가속도로 오른쪽으로 출발하였다. 이에 대한 설명으로 옳은 것만을 <보기>에서 있는 대로 고른 것은? (단, 버스의 바닥은 마찰이 없는 매끄러운 면이다.)

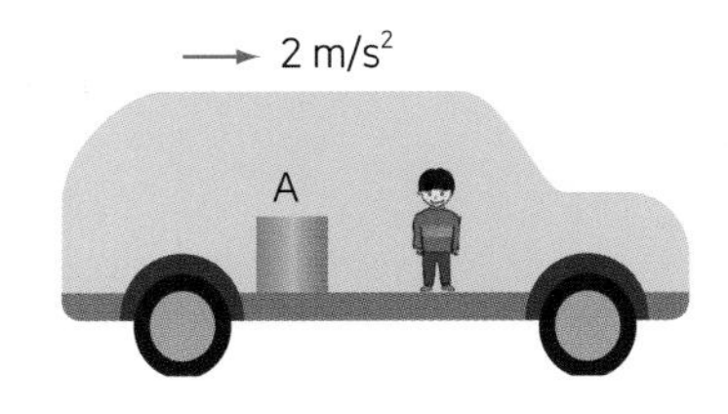

<보기>

ㄱ. 무한이는 왼쪽으로 4 N 의 관성력을 느낀다.
ㄴ. 버스 밖에 서 있는 사람이 본 물체 A 는 정지해 있다.
ㄷ. 무한이가 본 A 는 2 m/s^2 의 가속도로 왼쪽으로 움직인다.

① ㄱ ② ㄴ ③ ㄷ ④ ㄴ, ㄷ ⑤ ㄱ, ㄴ, ㄷ

유형 2-3 운동 제2법칙(가속도 법칙)

그림처럼 질량이 10 kg 의 물체를 200 N 의 일정한 크기의 힘으로 연직 위로 끌어올렸다. 위로 끌어 올리는 동안 물체의 가속도는 얼마인가? (단, 중력 가속도 g = 9.8 m/s^2 이다.)

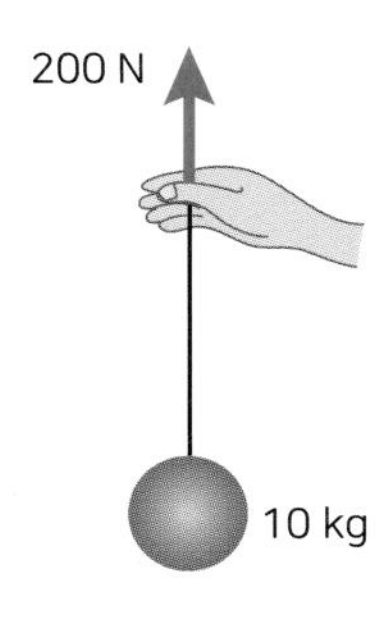

① 9.8 m/s^2 ② 10.0 m/s^2 ③ 10.2 m/s^2 ④ 20.0 m/s^2 ⑤ 29.8 m/s^2

05 1 kg 의 물체 B 가 마찰이 없는 평면 위에서 4 m/s 의 속도로 등속 직선 운동을 하고 있다. 이 물체가 점 P 를 통과하는 순간 21 m 뒤에서 정지해 있던 2 kg 의 물체 A 가 가속도 a 로 B 를 향하여 등가속도 운동을 시작하였고, 7초 후 A가 B 를 스쳐 지나갔다. 이에 대한 설명으로 옳은 것만을 <보기>에서 있는 대로 고른 것은?

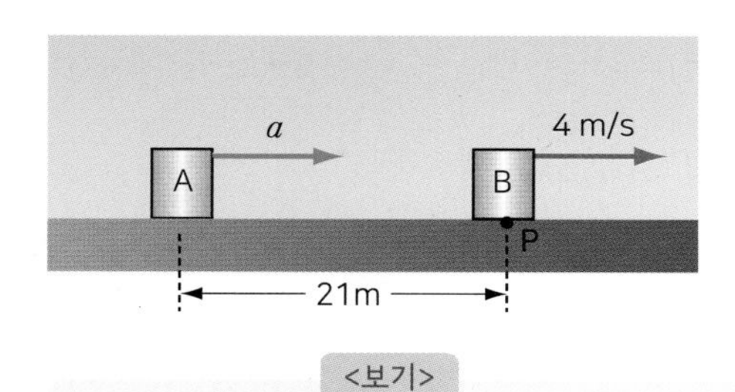

<보기>

ㄱ. 두 물체가 만날 때 A의 속력은 14 m/s 이다.
ㄴ. A 에 작용한 힘의 크기는 4 N 이다.
ㄷ. 작용한 힘과 위치가 같은 조건에서 A를 질량이 1 kg 인 C 로 바꾼다면 4초인 순간 C 가 B 를 앞서 있다.

① ㄱ ② ㄴ ③ ㄷ ④ ㄱ, ㄴ ⑤ ㄱ, ㄴ, ㄷ

06 무한이는 그림과 같이 지구가 아닌 행성에서 연직 방향으로 질량 500 g 인 공을 16 m/s 의 속력으로 던진 후, 공이 출발하여 다시 바닥에 떨어질 때까지 시간을 쟀더니 4초가 걸렸다. 이 행성에서 체중계에 공을 놓았을 경우 눈금이 가리키는 값은 얼마인가? (단, 공기의 저항이나 마찰은 무시한다.)

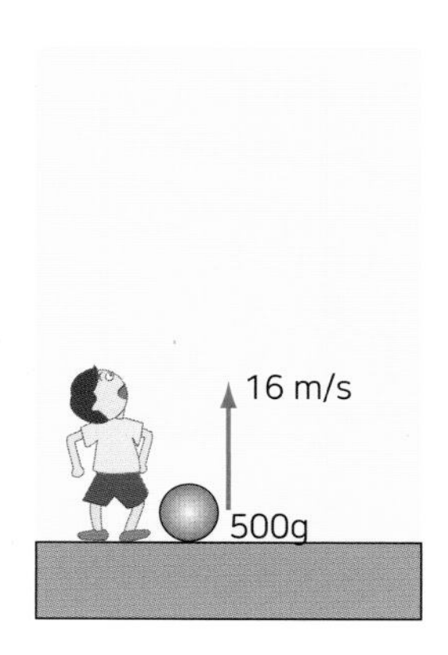

① 2 N ② 4 N ③ 6 N
④ 8 N ⑤ 10 N

유형 2-4 등가속도 직선 운동

다음 그림은 몸무게가 60 kgf 인 A 와 몸무게가 50 kgf 인 B 가 서로 다른 층에 서서 딱딱한 막대기로 서로 미는 모습을 나타낸 것이다. 막대기가 수평면과 이루는 각을 60° 로 일정하게 유지하면서 A 가 B 에게 180 N 의 힘을 가했다. 이때 A 의 가속도의 크기는 얼마인가? (단, A, B 가 움직이는 각 면의 마찰은 무시한다.)

① 1 m/s^2　② 1.5 m/s^2　③ 2 m/s^2　④ 2.5 m/s^2　⑤ 3 m/s^2

07 그림 (가), (나)는 마찰이 없는 도르래를 이용하여 용수철 저울과 10N짜리 추를 각각 연결한 모습을 나타낸 것이다.

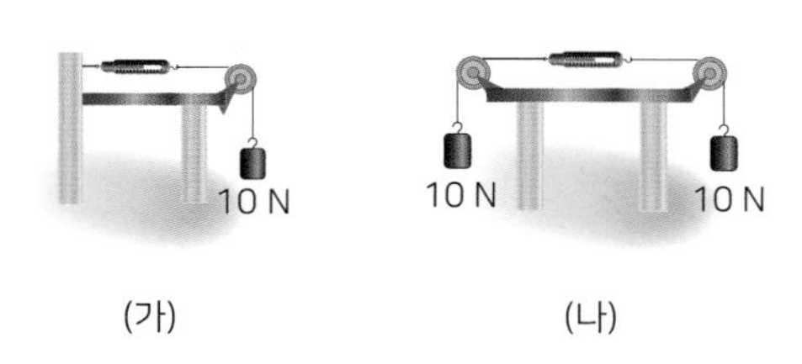

(가)　(나)

그림 (가)와 (나)에서 각 용수철 저울이 나타내는 힘의 크기를 옳게 짝지은 것은?(단, 중력 가속도는 10 m/s^2 이고, 도르래와 줄 사이의 마찰력은 무시한다.)

	(가)	(나)		(가)	(나)
①	10 N	0	②	10 N	10 N
③	20 N	0	④	20 N	20 N
⑤	10 N	20 N			

08 그림은 마찰이 없는 얼음판 위에서 무한이와 상상이가 마주 보고 서 있다가 서로 미는 것을 나타낸 것이다. 서로 미는 동안 무한이가 이동한 거리가 상상이가 이동한 거리의 2 배일 때, 무한이의 질량은 상상이의 질량의 몇 배인가?

① 0.25 배　② 0.5 배　③ 1 배
④ 2 배　⑤ 4 배

01 다음 관성에 대한 설명 중 옳은 것은 ○표, 옳지 않은 것은 ×표 하시오.

(1) 물체의 관성의 크기는 그 물체의 가속도의 크기와 비례한다 . (　　)

(2) 마찰이 없는 면에서 가속도 운동하던 물체에 외부에서 작용하는 힘이 없어지면 등속 직선 운동을 한다. (　　)

(3) 물체의 질량이 커질수록 관성이 커진다. (　　)

02 그림은 무한이가 요리에 후추를 뿌리는 모습을 나타낸 것이다. 후추가 후추병에서 나와서 뿌려지는 현상에 대한 설명으로 옳은 것만을 <보기>에서 있는 대로 고른 것은?

<보기>

ㄱ. 후추는 계속 멈춰있으려고 한다.

ㄴ. 통을 흔드는 힘을 약하게 하면 후추가 더 잘 나오지 않는다.

ㄷ. 달리던 사람이 돌부리에 걸려 넘어지는 것과 같은 원리이다.

① ㄱ　② ㄴ　③ ㄷ
④ ㄴ, ㄷ　⑤ ㄱ, ㄴ, ㄷ

03 다음은 정지해 있던 질량이 M 인 자동차와 그 안에 놓인 질량이 m 인 물체를 나타낸 것이다. 이 자동차가 가속도 크기 a 로 갑자기 왼쪽으로 출발했다. 자동차 안에 고정되어 자동차와 함께 운동하는 공에 작용하는 관성력의 크기와 방향으로 옳은 것은? (오른쪽 방향을 (+)로 정한다.)

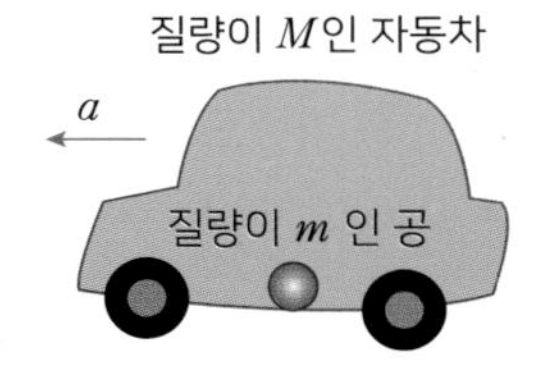

① ma, 왼쪽　② ma, 오른쪽　③ 0
④ $(M+m)a$, 왼쪽　⑤ $(M+m)a$, 오른쪽

04 무한이가 매끄러운 수평면 위에 정지해 있던 2 kg 인 물체에 4 N 의 힘을 가하여 오른쪽으로 밀었다. 이때 물체의 가속도는 얼마인가?

① 1 m/s^2　② 2 m/s^2　③ 3 m/s^2
④ 4 m/s^2　⑤ 5 m/s^2

05 그림처럼 물체에 힘을 가했을 때, 가속도의 크기가 두 번째로 큰 것은?

① 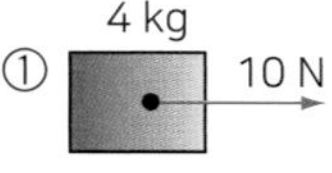

② 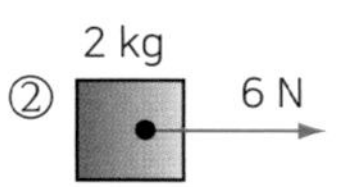

③ 2 kg, 4 N

④ 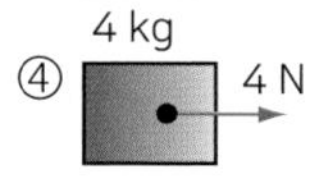

⑤ 2 kg, 3 N

06

수평면에 정지해 있던 3 kg 인 물체가 일정한 힘을 받아 출발하여 4초 동안 이동한 거리가 8 m 였다. 이 물체가 받은 힘의 크기는 얼마인가?

① 1N ② 2N ③ 3N
④ 4N ⑤ 5N

07

마찰이 없는 수평면에 정지해 있는 질량 3 kg 의 물체에 6 N 의 힘을 수평 방향으로 5초 동안 작용하면 5초 후 물체의 속도는?

① 5 m/s ② 10 m/s ③ 15 m/s
④ 20 m/s ⑤ 25 m/s

08

10 kg 의 물체를 매끄러운 면에서 힘 F 로 끌었더니 2 m/s^2 의 가속도 운동을 하였다. 만약 20 kg 의 물체를 같은 면에서 힘 $2F$ 로 끌면 물체의 가속도는 얼마인가?

① 1 m/s^2 ② 2 m/s^2 ③ 15 m/s^2
④ 20 m/s^2 ⑤ 25 m/s^2

09

다음 그림은 무한이가 5 kg 인 스케이트보드를 타고 벽을 600 N 의 힘으로 A 방향으로 미는 모습이다. 무한이는 벽을 민 직후 운동을 시작하였는데 그때의 가속도의 크기가 10 m/s^2 였다면, 무한이의 질량은 얼마인가?

① 50 kg ② 55 kg ③ 60 kg
④ 65 kg ⑤ 70 kg

10

몸무게가 500 N 인 무한이가 물속에 들어가서 그림처럼 몸무게를 쟀더니 200 N 이었다. 무한이가 물에 가한 힘은 얼마인가?

① 100 N ② 200 N ③ 300 N
④ 400 N ⑤ 500 N

B

11

다음은 물체가 관성을 가지기 때문에 나타나는 현상들이다. 운동 관성에 관련된 현상을 고르시오.

① 이불을 두드리면 먼지가 떨어진다.
② 삽으로 흙을 파서 던지면 흙이 멀리 날라간다.
③ 버스가 갑자기 출발하면 반대 방향으로 사람이 쏠린다.
④ 식탁보를 재빨리 당기면 식탁 위의 물건은 딸려 오지 않는다.
⑤ 나무도막을 쌓아 놓고 가운데를 갑자기 치면 가운데 나무 도막만 빠져나간다.

12

엘리베이터는 상승 출발 또는 하강 출발 시 3 m/s^2 의 크기의 일정한 가속도로 움직인다. 몸무게가 50 kgf 인 사람이 이 엘리베이터를 타고 상승 출발 시와 하강 출발 시 각각 몸무게를 쟀다면 몸무게의 차이는 얼마이겠는가? (g = 10 m/s^2)

① 30 kgf ② 35 kgf ③ 40 kgf
④ 45 kgf ⑤ 50 kgf

13 그림과 같이 질량이 1 kg 인 물체 A 가 질량이 3 kg 인 정지한 수레 위에 놓여있다. 수레가 8 N 의 일정한 힘을 받아 수평면 상의 원점 O 에서 출발하여 남쪽으로 직선 운동하여 P 점에 도착하는데 2초 걸렸다. P 점을 지나는 순간 방향을 바꿔 동쪽으로 등속 직선 운동하여 Q 점에 도착하는데 3초가 걸렸다. 물체 A 의 운동에 대한 설명으로 옳은 것만을 <보기>에서 있는 대로 고른 것은?(단, 힘은 원점 O 에서 P점까지 운동할 때만 작용하며, 물체와 수레는 같이 운동하며 수레와 면과의 마찰은 무시한다.)

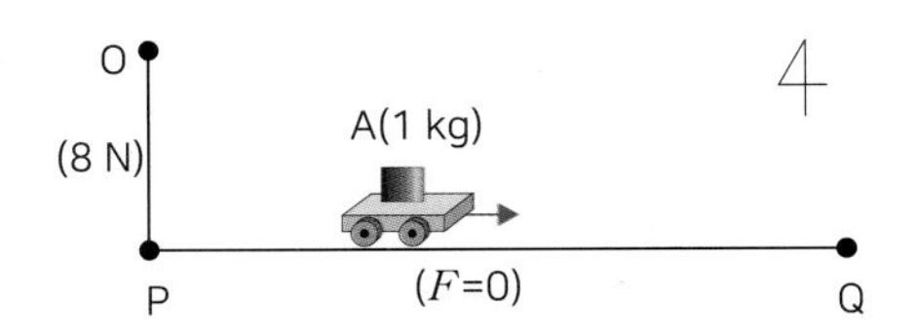

<보기>

ㄱ. 출발 후 1초가 된 순간 물체 A 가 느끼는 관성력의 크기는 2 N 이다.

ㄴ. 출발 후 1초가 된 순간보다 출발 후 4초가 된 순간 물체 A 가 느끼는 관성력의 크기가 더 크다.

ㄷ. 수레의 이동 거리가 3 m 일 때, A 에 작용하는 관성력의 방향은 북쪽이다.

① ㄱ ② ㄴ ③ ㄷ
④ ㄱ, ㄷ ⑤ ㄱ, ㄴ, ㄷ

14 그림 (가)는 마찰이 없는 수평면에서 질량 m 인 물체에 6 N 의 힘이 수평 방향으로 작용하는 모습을, (나)는 이 물체의 속도를 시간에 따라 나타낸 것이다. 물체의 질량 m 은 얼마인가?

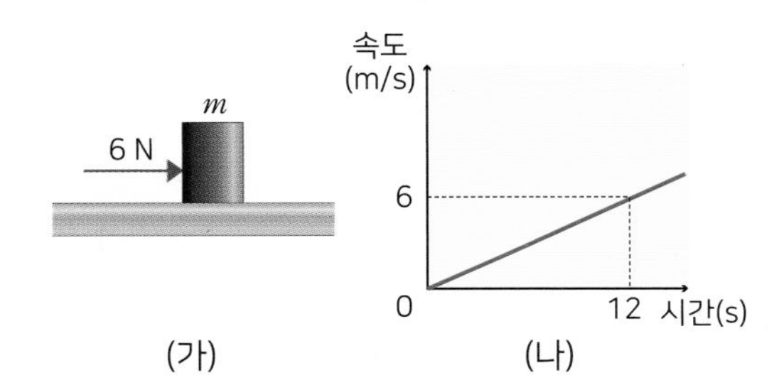

① 3 kg ② 6 kg ③ 9 kg
④ 12 kg ⑤ 15 kg

15 그림과 같이 동일한 원형 고리 자석 2 개를 나무판에 고정된 막대에 끼워서 놓아두었더니 두 자석의 반발력으로 그림과 같이 한 자석이 뜬 상태로 유지되었다. 자석이 끼워지지 않은 상태에서 막대가 고정된 나무판의 무게는 200 g중 이고 자석 1개의 무게는 100 g중 이며 두 자석의 무게는 동일하다. 두 개의 자석이 끼워져 있는 장치를 저울 위로 올려 무게를 재면 무게는 얼마이겠는가? (막대와 자석 사이의 마찰은 무시한다.)

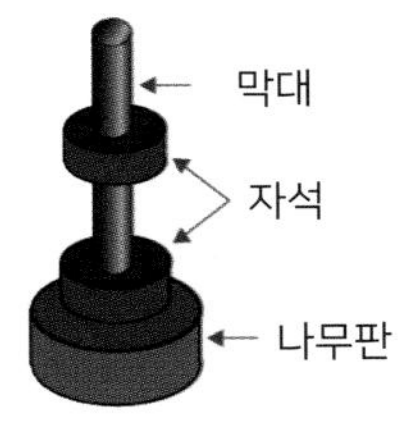

① 200 g중 ② 300 g중 ③ 400 g중
④ 500 g중 ⑤ 600 g중

16 아주 힘이 센 어떤 사람이 그림과 같이 세 가지 상황에서 각각 움직이지 않고 버티고 서 있다. 이에 대한 설명으로 옳은 것만을 <보기>에서 있는 대로 고른 것은? (단, 사람과 지면 사이의 마찰은 무시하며, 각각의 말이 끄는 힘의 세기는 같다고 가정한다.)

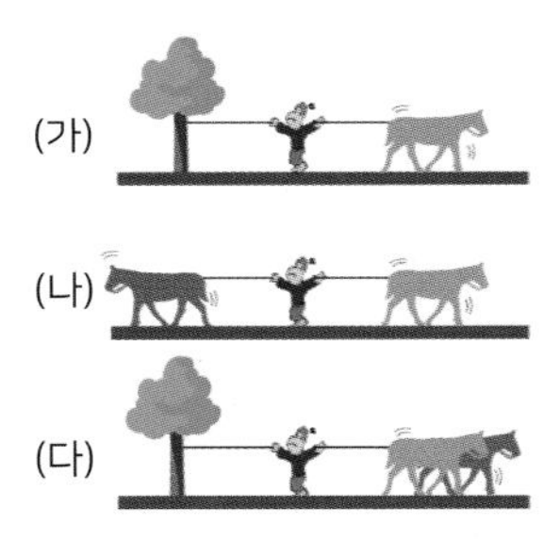

<보기>

ㄱ. (가)의 경우에 이 사람의 양쪽 팔이 받는 힘의 세기는 같다.

ㄴ. (나)와 (다)의 경우에서 이 사람의 왼쪽 팔이 받는 힘의 세기는 각각 같다.

ㄷ. (나)의 경우가 (다)의 경우보다 이 사람이 받는 힘의 세기가 더 크다.

① ㄱ ② ㄴ ③ ㄷ
④ ㄴ, ㄷ ⑤ ㄱ, ㄴ, ㄷ

17 그림 (가)는 무한이가 수영 중에 수영장 벽을 발로 미는 모습을, 그림 (나)는 책상 위에 책이 놓여 있는 모습을, 그림 (다)는 상상이가 야구 방망이로 공을 치는 모습을 각각 나타낸 것이다.

[수능 기출 유형]

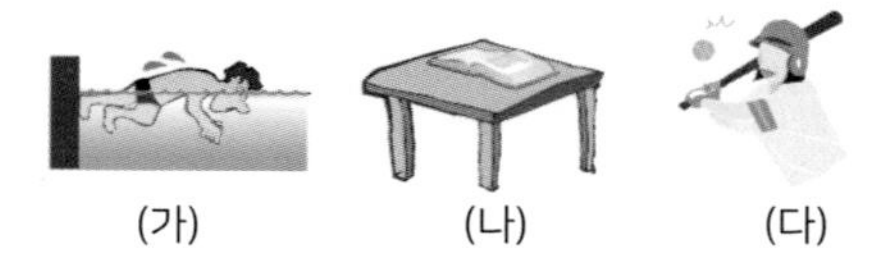

(가) (나) (다)

작용 반작용의 관계에 있는 힘으로 옳은 것만을 <보기>에서 있는 대로 고른 것은?

<보기>

ㄱ. 철수가 벽을 미는 힘과 벽이 철수를 미는 힘
ㄴ. 지구가 책을 당기는 힘과 책상이 책을 떠받치는 힘
ㄷ. 영희가 야구방망이를 잡는 힘과 야구방망이가 공을 미는 힘

① ㄱ ② ㄴ ③ ㄷ ④ ㄴ, ㄷ ⑤ ㄱ, ㄴ, ㄷ

18 동일한 용수철 저울 2개를 그림과 같이 끈으로 연결하고 10 N 의 추를 매달았을 때 각 용수철 저울이 가리키는 눈금을 바르게 짝지은 것은? (단, 용수철 저울과 끈의 무게는 무시한다.)

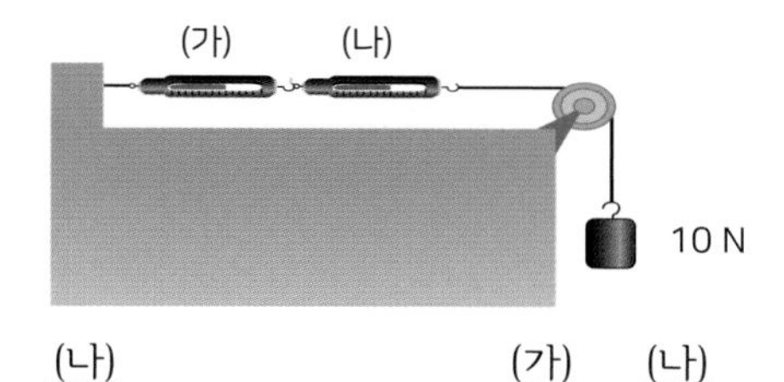

	(가)	(나)		(가)	(나)
①	6N	4N	②	5N	5N
③	4N	6N	④	5N	10N
⑤	10N	10N			

19 그림은 직선 상에서 움직이는 어떤 물체의 위치를 시간에 따라 나타낸 것이다. 물체가 느끼는 관성력의 방향과 물체의 운동 방향이 서로 반대인 구간은 어디인가?

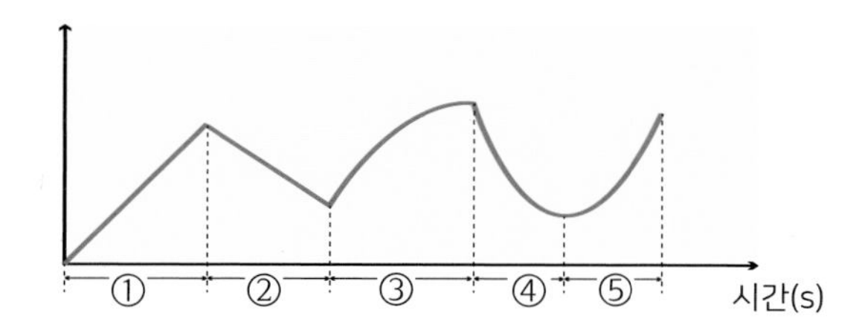

C

20 자동차가 수평면에서 등가속도 운동을 하고 있다. 이 자동차 안에 매달린 추가 그림처럼 기울어져 있다가 실이 끊어져서 추가 낙하하기 시작했다. 붉은 색 화살표가 추의 궤도라면 차 내부에서 차와 같이 운동하는 사람이 볼 때 추는 어떤 궤도로 낙하는가?

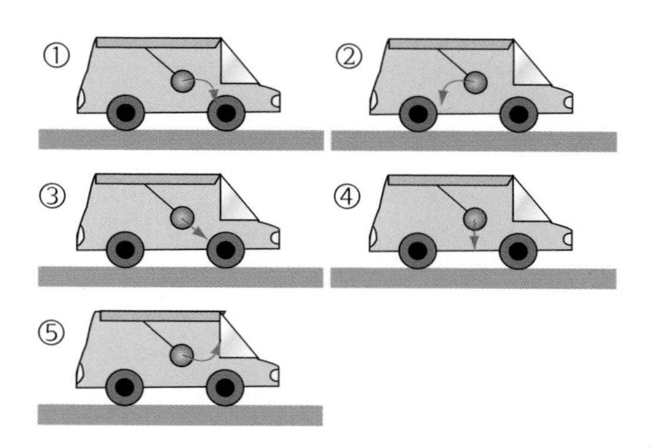

21 무한이는 높이가 h 인 건물 옥상에 정지해 있는 질량이 1 kg 인 물체 A 를 P점에 도달할 때까지 2 N 의 일정한 힘으로 밀었다. 물체 A 는 P점에서부터 포물선 운동을 시작하여 Q점에서 땅에 부딪혔다. 출발점에서 P점까지의 거리가 9 m 이고, 건물에서 Q점까지의 지상 거리가 12 m 일 때 이에 대한 설명으로 옳은 것만을 <보기>에서 있는 대로 고른 것은? (단, 모든 저항과 마찰, 물체의 크기는 무시하며, 중력 가속도는 10 m/s^2 이다.)

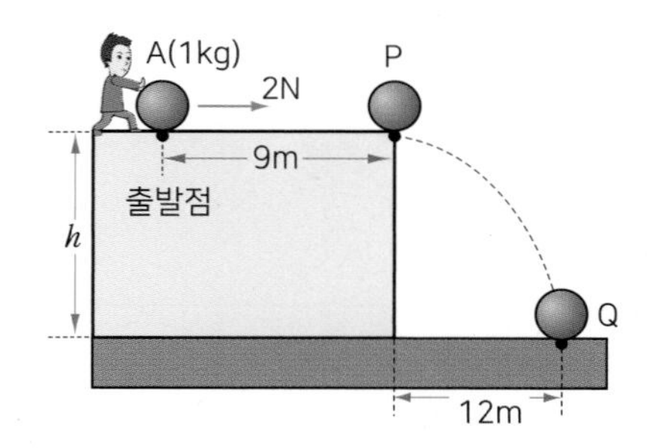

<보기>

ㄱ. 건물의 높이 h 는 20 m 이다.
ㄴ. 출발하고 3초가 되는 순간 물체에 작용하는 힘의 방향이 바뀐다.
ㄷ. P에서 Q까지 운동할 때 운동 방향과 물체에 작용하는 힘의 방향은 수직이다.

① ㄱ ② ㄴ ③ ㄷ
④ ㄱ, ㄴ ⑤ ㄱ, ㄴ, ㄷ

22 그래프는 몸무게 60 kgf 인 무한이가 엘리베이터 안에서 체중계 위에 서서 아파트를 올라가고 있을 때 엘리베이터의 가속도를 출발 시 정지 상태로부터 운동 시간에 따라 나타낸 것이다. (단, 아파트 한 층의 높이는 3 m 이고, 1층에서 출발하며, 중력 가속도는 10 m/s² 이다.)

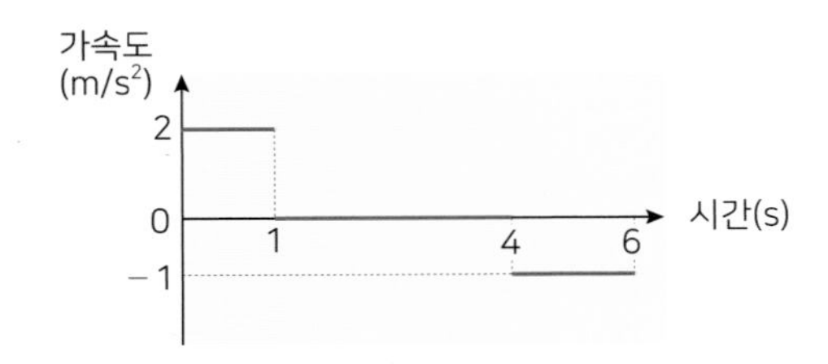

이에 대한 설명으로 옳은 것만을 <보기>에서 있는 대로 고른 것은?

<보기>

ㄱ. 5초가 되는 순간 무한이의 몸무게는 54 kgf 이다.
ㄴ. 엘리베이터는 4층에서 멈추었다.
ㄷ. 엘리베이터가 2층을 지날 때 무한이에게 작용하는 힘은 0 이다.

① ㄱ ② ㄴ ③ ㄷ
④ ㄴ, ㄷ ⑤ ㄱ, ㄴ, ㄷ

23 그림은 직선상에서 운동하는 물체의 시간에 따른 위치를 나타낸 그래프이다. 이 물체의 운동에 대한 설명으로 옳은 것만을 <보기>에서 있는 대로 고른 것은?

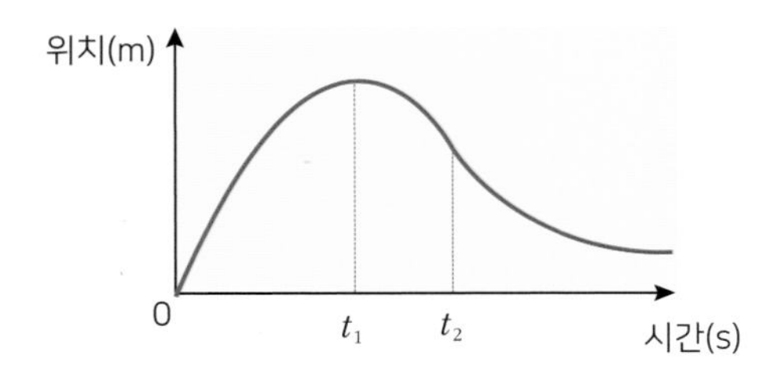

<보기>

ㄱ. 출발 후 t_1 동안 운동 방향과 같은 방향으로 물체에 힘이 작용한다.
ㄴ. t_1 에서 t_2 동안 운동 방향과 같은 방향으로 물체에 힘이 작용한다.
ㄷ. t_2 이후에는 운동 방향과 같은 방향으로 물체에 힘이 작용한다.

① ㄱ ② ㄴ ③ ㄷ
④ ㄴ, ㄷ ⑤ ㄱ, ㄴ, ㄷ

24 그림은 영희가 지면에 서서 철봉을 일정한 힘 W 로 당기고 있는 것과 철수가 무게 W 인 역기를 들어올려 정지시킨 모습을 나타낸 것이다. 영희와 철수의 질량은 같다. 이에 대한 설명으로 옳은 것만을 <보기>에서 있는 대로 고른 것은? [수능 기출 유형]

<보기>

ㄱ. 철봉이 영희를 당기는 힘의 크기와 철수가 역기를 받치는 힘의 크기는 같다.
ㄴ. 지면이 영희를 떠받치는 힘의 크기는 지면이 철수를 떠받치는 힘의 크기와 같다.
ㄷ. 지면이 철수를 떠받치는 힘과 역기가 철수를 누르는 힘은 작용 반작용의 관계이다.

① ㄱ ② ㄴ ③ ㄷ
④ ㄱ, ㄴ ⑤ ㄱ, ㄴ, ㄷ

심화

25 그림처럼 자동차 바닥에 수소 기체가 든 고무풍선을 가벼운 실로 매달고 자동차가 출발하여 오른쪽 방향의 가속도 운동을 하고 있다. 이 자동차 안의 자동차와 같이 운동하는 관측자가 본 고무 풍선의 운동에 대한 설명으로 옳은 것만을 <보기>에서 있는 대로 고른 것은? (단, 수소 기체의 밀도 < 공기의 밀도 < 크립톤의 밀도이다.)

<보기>

ㄱ. 실이 끊어지면 풍선은 오른쪽 위로 운동한다.
ㄴ. 풍선은 오른쪽으로 쏠린다.
ㄷ. 풍선 안을 크립톤 기체로 채우면 풍선은 왼쪽으로 쏠린다.

① ㄱ ② ㄴ ③ ㄷ ④ ㄱ, ㄴ ⑤ ㄱ, ㄴ, ㄷ

26 가속도가 동쪽에서 서쪽으로 1 m/s^2 로 흐르는 강물 위에서 배가 강물과 같은 운동을 하며 떠내려가고 있다. 이 배에 타고 있는 무한이가 갑판 위에서 질량 1 kg 인 공을 북쪽으로 1 m/s 로 굴렸다. 이때 무한이가 바라본 공의 운동에 대한 설명으로 옳은 것만을 <보기>에서 있는 대로 고른 것은? (단, 배의 갑판과 공 사이의 마찰, 공기의 저항은 무시한다.)

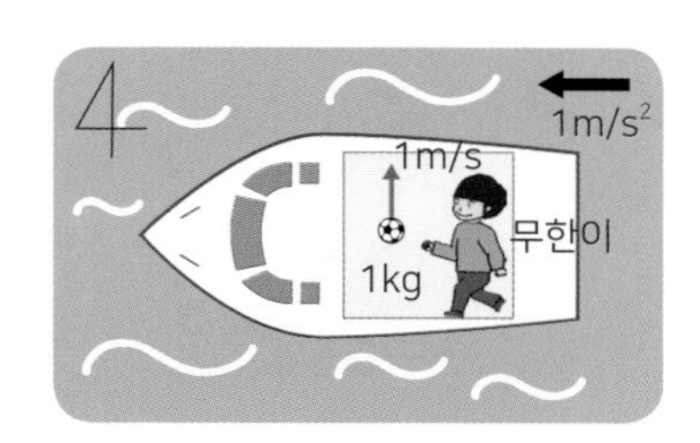

<보기>

ㄱ. 질량이 더 큰 공으로 운동시키면 공의 가속도의 크기가 작아진다.

ㄴ. 무한이가 바라본 공은 동쪽 방향으로 힘을 받은 것처럼 운동한다.

ㄷ. 강물의 가속도가 2 m/s^2 으로 증가하면 공의 가속도의 크기가 증가한다.

① ㄱ ② ㄴ ③ ㄷ
④ ㄴ, ㄷ ⑤ ㄱ, ㄴ, ㄷ

27 그림과 같이 기름을 채운 'ㄷ'자 모양의 관을 역학 수레 위에 고정시켜 올려놓았다. 역학 수레가 운동하는 동안에 관의 기름면이 그림과 같이 되었다면, 현 상태에서 역학 수레의 운동에 대해 옳은 설명을 있는 대로 고르시오.

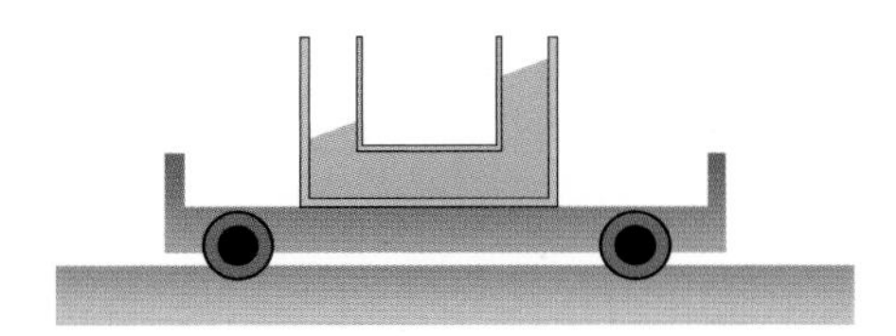

① 역학 수레는 평면에서 일정한 속력으로 운동하고 있다.

② 역학 수레는 정지 상태로부터 서서히 출발하고 있다.

③ 역학 수레는 서서히 속도를 줄이면서 정지하고 있다.

④ 역학 수레는 경사진 면을 일정한 속도로 올라가고 있다.

⑤ 역학수레는 경사진 면을 중력만으로 자연스럽게 굴러 내려오고 있다.

28 다음은 매끄러운 수평면에 정지해 있는 2 kg 인 물체 A 에 작용하는 힘의 크기를 시간에 따라 나타낸 그래프이다. 이 물체의 운동에 대해 옳은 것만을 <보기>에서 있는 대로 고른 것은? (단, 오른쪽 방향을 + 로 정한다.)

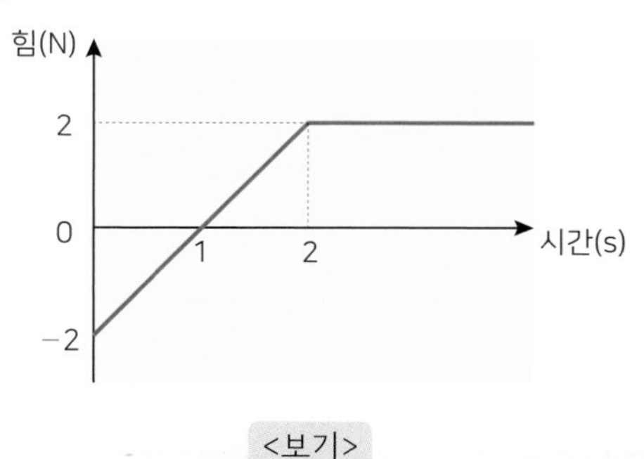

<보기>

ㄱ. 출발 후 2초가 되는 순간 속도는 0 이다.

ㄴ. 출발 후 2초가 되는 순간 왼쪽으로의 이동 거리가 가장 크다.

ㄷ. 출발 후 1.5초가 되는 순간 운동 방향과 관성력의 방향이 같다.

① ㄱ ② ㄴ ③ ㄷ
④ ㄱ, ㄷ ⑤ ㄱ, ㄴ, ㄷ

29 아래 그림의 엘리베이터 차체와 사람의 질량을 합한 질량의 총합은 120 kg 이다. 승강기가 처음에 10 m/s 의 속력으로 내려가다가 일정하게 감속을 하면서 50 m 의 거리를 더 내려간 후 정지하였다. 감속하고 있는 동안 승강기를 지지하는 케이블에 걸리는 장력은 얼마인가? (단, g = 10 m/s^2 이다.)

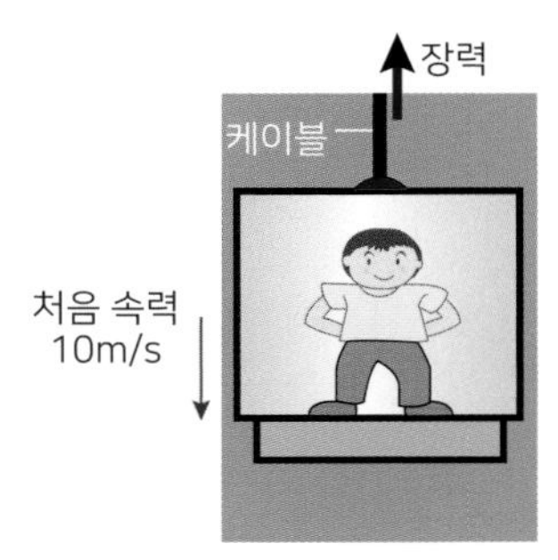

① 96 kgf ② 108 kgf ③ 120 kgf
④ 132 kgf ⑤ 144 kgf

30 다음은 오른쪽으로 운동하는 질량이 같은 두 물체 A, B 의 시간에 따른 속도를 나타낸 것이다. 두 물체의 출발점이 같고 각각 직선 운동을 할 때, 두 물체의 운동에 대한 설명으로 옳은 것만을 <보기>에서 있는 대로 고른 것은?

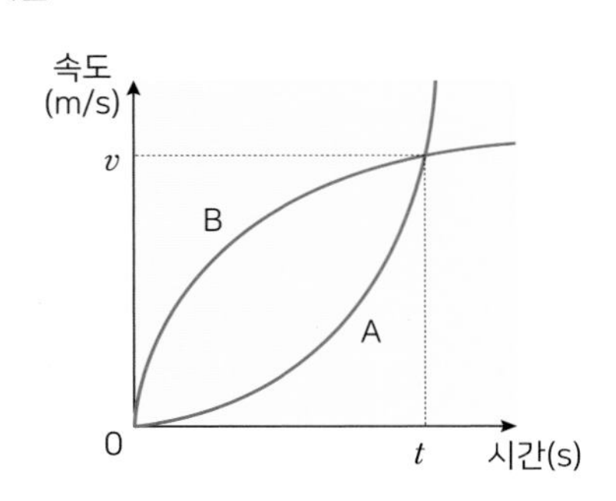

<보기>

ㄱ. 출발 후 t 초 동안 물체 A 와 B 의 평균 속도는 같다.

ㄴ. t 초일 때 물체 A 에 작용하는 힘의 크기가 물체 B 에 작용하는 힘의 크기보다 작다.

ㄷ. 0 ~ t 초 동안 물체 B 가 느끼는 관성력의 방향은 왼쪽이다.

① ㄱ　② ㄴ　③ ㄷ
④ ㄱ, ㄷ　⑤ ㄱ, ㄴ, ㄷ

31 다음 그림 (가) 처럼 지면 위에 정지해 있던 질량이 3 kg 인 물체에 연직 위 방향으로 힘 F 가 작용하고 있다. 이 힘 F 는 그림 (나) 처럼 시간에 따라 크기 가 변한다. 이때 물체가 올라가는 최고 높이는 몇 m 이겠는가? (단, 중력 가속도는 10 m/s^2 이며, 공기 저항은 무시한다.)

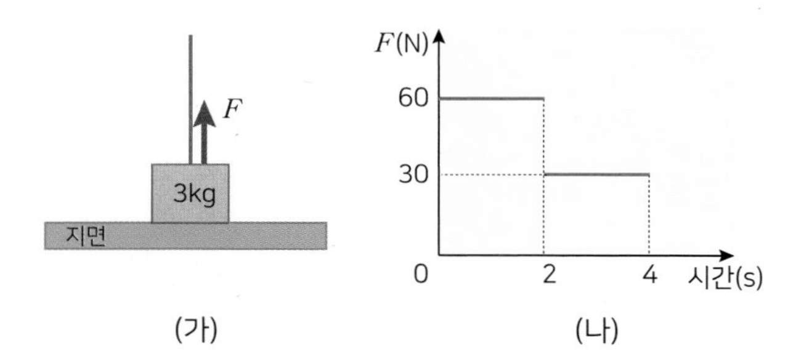

(가)　(나)

① 30 m　② 40 m　③ 50 m
④ 60 m　⑤ 65 m

32 다음 그림은 사과와 식탁이 정지해 있는 승강기 안에 고정되어 있는 것을 나타낸 것이다. 이때 승강기가 위로 가속되기 시작하였다. 승강기가 가속되는 동안 아래 힘에 대한 설명으로 옳은 것만을 <보기>에서 있는 대로 고른 것은?

F_1 : 사과의 무게
F_2 : 사과가 지구를 잡아 당기는 힘(중력)
F_3 : 탁자가 사과를 떠 받치는 수직 항력
F_4 : 사과가 탁자를 누르는 힘

<보기>

ㄱ. F_1 의 크기는 감소한다.

ㄴ. F_3 의 크기는 증가한다.

ㄷ. F_4 의 크기는 증가한다.

① ㄱ　② ㄴ　③ ㄷ　④ ㄴ, ㄷ　⑤ ㄱ, ㄴ, ㄷ

33 그림처럼 무한이가 탄 배가 잔잔한 물 위에 정지해 있다. 이에 대한 설명으로 옳은 것을 <보기>에서 있는 대로 고른 것은?

<보기>

ㄱ. 무한이가 배를 누르는 힘은 물이 배에 작용하는 부력과 작용·반작용 관계이다.

ㄴ. 무한이에 작용하는 중력의 크기는 배가 무한이를 떠받치는 힘의 크기와 같다.

ㄷ. 무한이와 배에 작용하는 중력의 크기의 합은 물이 배에 작용하는 부력의 크기와 같다.

① ㄱ　② ㄴ　③ ㄷ
④ ㄱ, ㄴ　⑤ ㄴ, ㄷ

창의력

34 액체를 반 정도 채운 U자 관을 수레 위에 고정시키고 다음과 같이 운동시켰다.

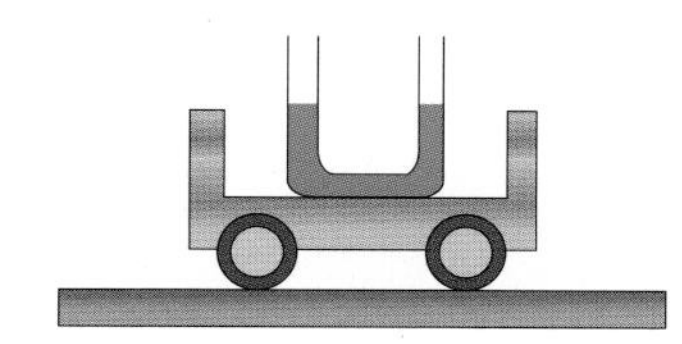

(1) 수평면에서 수레를 등가속도 운동시켰다. 이때 양쪽 관 액체의 높이 차가 h 로 유지되었다. 이때 U자관 바닥의 길이 L 이 증가하면 양쪽 관의 액체의 높이 차 h 가 어떻게 될지 설명하시오.

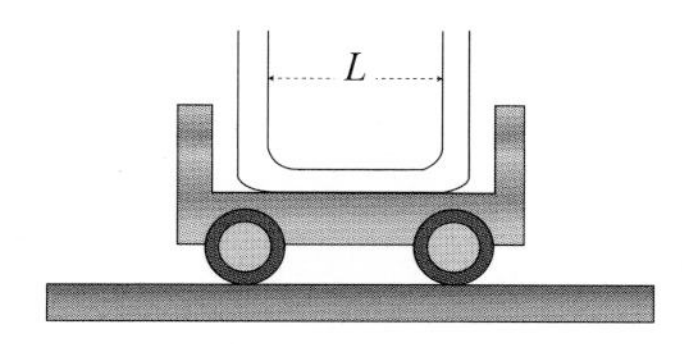

(2) 이 수레를 다음 그림처럼 경사각이 θ 인 빗면 위에 놓아 운동시킬 때, 다음 각 경우에 대하여 액체의 수면이 어떤 모습으로 유지될지 설명해 보시오.

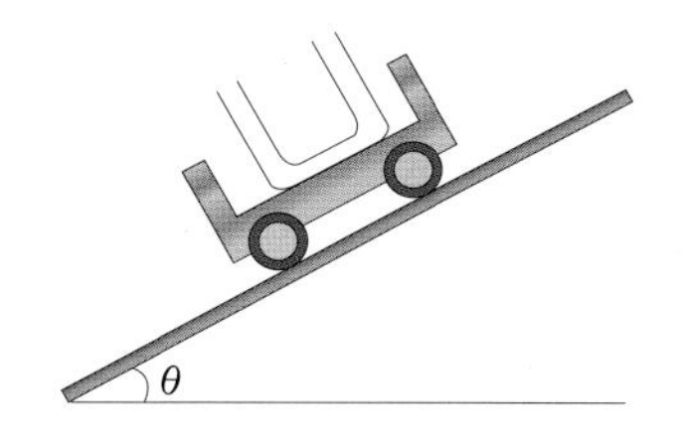

① 빗면과 수레 바퀴 사이의 마찰을 무시할 때

② 수레를 빗면 위에서 등속 운동시킬 때

35 질량이 1500 kg 인 자동차를 질량이 60 kg 인 운전자가 동쪽으로 80 m/s 의 속도로 운전하고 있다. 운전자가 길을 건너는 사람을 보고 브레이크 페달을 밟은 후 3초 만에 정지하였다. 이때 브레이크를 밟는 순간부터 운전자가 진행한 총 거리는 140 m 였고, 이를 속도 - 시간 그래프로 나타내었다. 물음에 답하시오. (단, 브레이크 페달을 밟기 전까지는 등속, 밟는 순간부터는 일정한 비율로 감속된다. 반응 시간 때문에 운전자가 사람을 본 즉시 브레이크를 밟으려 해도 실제로 t 초 후에 브레이크 페달을 밟게 된다.)

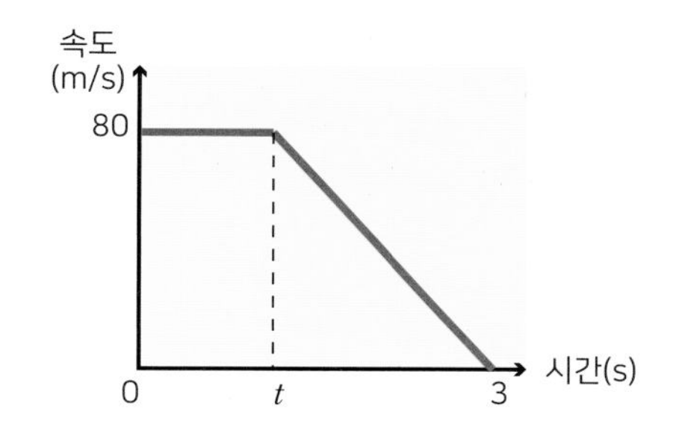

(1) 자동차가 감속되는 동안 자동차가 받은 힘의 크기는 얼마인가?

(2) 자동차가 감속되는 동안 운전자가 받는 관성력의 크기와 방향을 쓰시오.

36 질량 5 kg 의 추가 실로 엘리베이터의 천장에 고정되어 있고, 이 엘리베이터는 $\frac{4}{5}g$ 의 일정한 가속도로 하강하고 있다. (단, g = 10 m/s² 이다.)

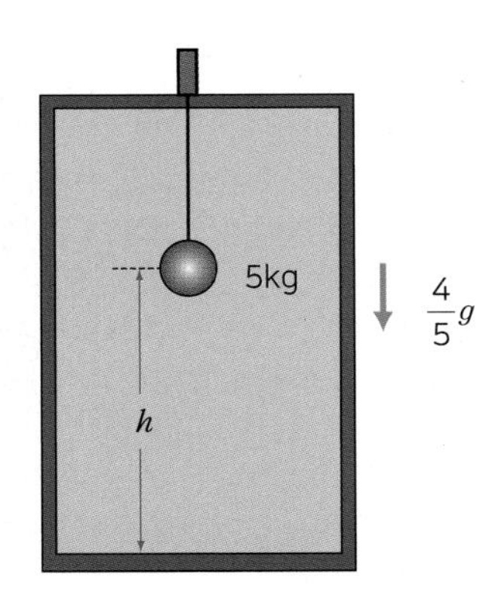

(1) 추를 매단 실의 장력은 얼마인가?

(2) 엘리베이터가 정지하고 있을 때 실을 끊어 추가 바닥에 낙하하는 시간(t_1)과 운동 중에 실을 끊었을 때 추가 바닥에 낙하하는 시간(t_2)을 비교하시오.

37 그림과 같이 3 m/s² 의 일정한 가속도로 운동을 하고 있는 자동차 안에서 12 m/s 의 속력으로 축구공을 굴렸다. 굴리는 순간 자동차의 속도는 오른쪽으로 20 m/s 였다. (단, 사람은 자동차와 같이 운동하며, 축구공과 바닥의 마찰은 무시한다.)

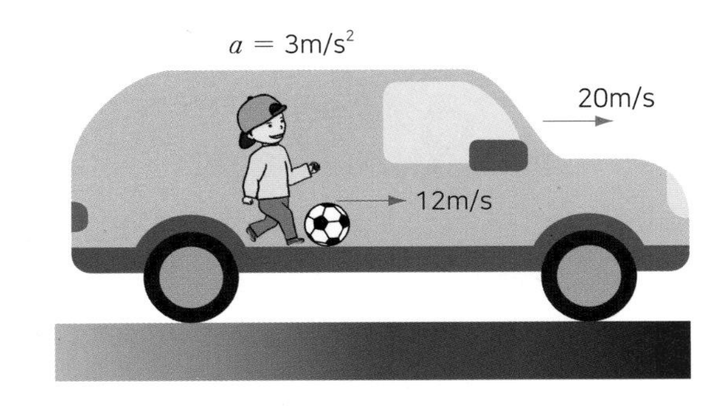

(1) 자동차 안에서 볼 때 축구공은 몇 초 후에 정지하는가?

(2) 자동차 안에서 볼 때 축구공이 사람에게 되돌아오기까지 운동 시작 후 몇 초가 걸리는가?

(3) 자동차 밖에서 보았을 때, 축구공이 운동을 시작한 순간부터 사람에게 되돌아오기까지 축구공의 이동 거리와 자동차의 이동 거리를 각각 구하시오.

38

다음은 '말과 마차의 역설' 이다. 다음 내용 중 옳지 않은 부분을 찾고, 그 이유를 설명하시오.

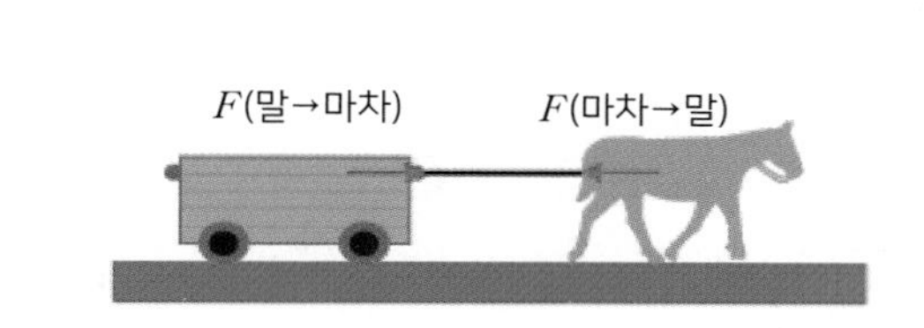

말이 마차를 끌면 작용 반작용에 의해 마차도 말을 잡아 당긴다. 작용 반작용의 두 힘은 방향이 반대이고 크기가 같으므로 힘의 평형 상태이고 알짜힘이 0이 되어 마차는 앞으로 나갈 수 없다.

39

그림 (A)와 같이 추, 쇠공, 물이 든 비커가 평형을 유지하고 있는 장치가 있다. 만일 무게를 무시할 수 있는 실에 이 쇠공을 매단 후 그림 (B)와 같이 공이 물 속에 완전히 잠기게 했을 때, 저울의 평형이 어떻게 되는지에 대해 설명하시오.

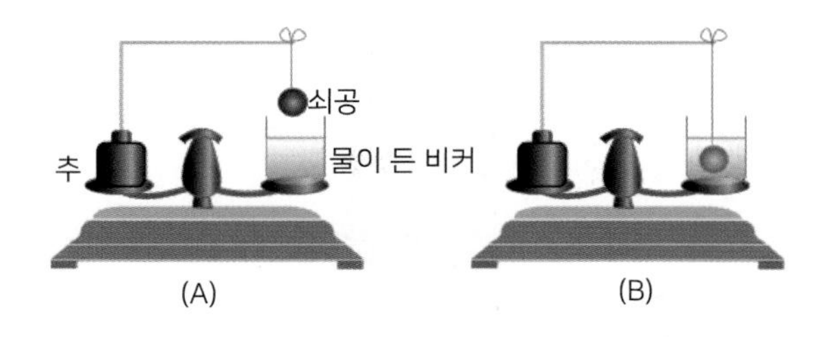

40

그림 (가) 는 매끄러운 얼음판 위에서 무한이와 상상이가 0.3초 동안 물체에 동시에 힘을 가하고 있는 것을 나타낸 것이다. 무한이와 상상이는 모두 물체에 오른쪽으로 힘을 가하고 있다. 그림 (나) 는 무한이와 상상이가 각각 물체와 줄에 힘을 작용하는 순간부터 각각의 속력을 시간에 따라 나타낸 것이다. 0 ~ 0.3초 동안 무한, 상상, 물체에 대한 설명으로 옳은 것만을 <보기>에서 있는 대로 고르시오. (단, 무한이와 상상이, 물체의 질량은 각각 55 kg, 50 kg, 80 kg 이며, 줄의 질량과 모든 마찰은 무시한다.)

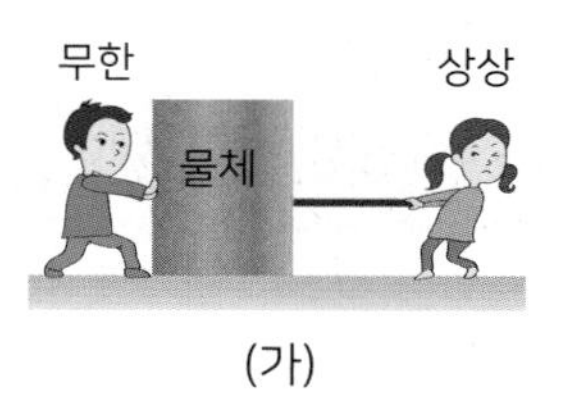

(가)

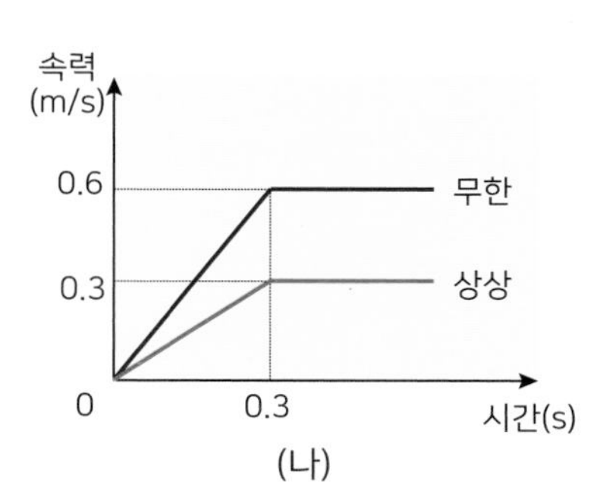

(나)

<보기>

ㄱ. 무한이의 운동 방향과 물체의 운동 방향은 같다.

ㄴ. 줄이 상상이를 당기는 힘의 크기는 50 N 이다.

ㄷ. 무한이의 가속도의 크기와 물체의 가속도의 크기는 같다.

03강 여러 가지 힘

1. 접촉하지 않아도 작용하는 힘

(1) 중력 : 지구를 포함한 천체, 물체의 만유 인력을 말한다. 무게와 같은 의미이다.

① **만유 인력** : 질량을 가진 모든 물체는 서로 잡아 당긴다. m_1, m_2의 질량을 갖는 두 물체 사이에는 질량의 곱에 비례하고, 거리의 제곱에 반비례하는 크기의 서로 잡아당기는 힘이 존재한다. 이 힘이 만유 인력이다.

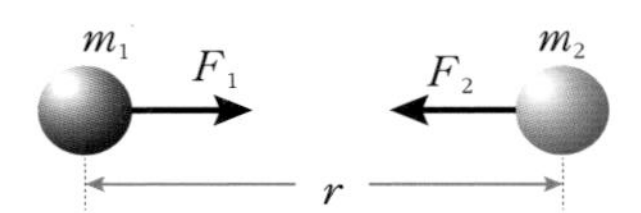

$$F_1 = F_2 = G\frac{m_1 m_2}{r^2}\ (\text{N})\ :\ \text{만유인력}$$

〈 물체가 지구 표면에 있을 때 〉

F_1 : 질량이 m 인 물체에 작용하는 만유인력(작용)
F_2 : 질량이 m 인 물체가 지구를 당기는 힘(반작용)
⇨ F_1 의 크기 = F_2 의 크기

$F_1 = G\frac{Mm}{r^2} = mg$ (질량이 m 인 물체의 중력의 크기)

$g = \frac{GM}{r^2}$ (지구를 비롯한 행성에서의 중력 가속도)

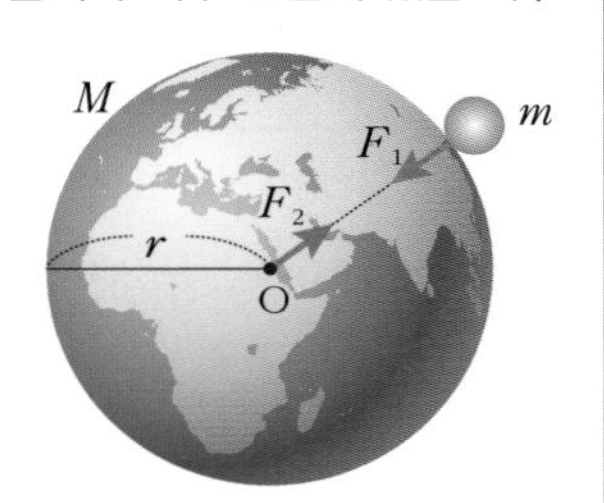

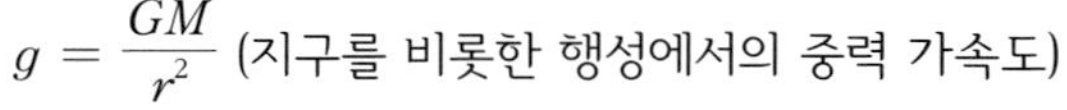

② **중력의 방향** : 지구 중심을 향하는 방향(연직 방향)이다.
③ 지구 표면에서 질량 1 kg 의 물체가 받는 중력의 크기를 1 kgf(킬로그램 힘)이라고 한다.
④ **중력에 의한 현상** : 낙하 현상, 물이 아래로 흐르는 현상, 비나 눈이 오는 현상 등

(2) 전자기력 : 전하 또는 자석의 극 사이에 작용하는 힘이다. 인력과 척력이 있다.
① 전자기력은 중력과 마찬가지로 먼 거리까지 영향을 미친다.
② **쿨롱의 법칙** : 두 전하 사이에 발생하는 전기력은 크기가 두 전하량의 곱에 비례하고 서로 떨어진 거리의 제곱에 반비례하며, 두 전하를 잇는 직선 상에서 작용한다.
③ 거리 r 만큼 떨어져 있는 전하량 q_1, q_2 인 두 대전체 사이에 작용하는 전기력 F 는 다음과 같다.

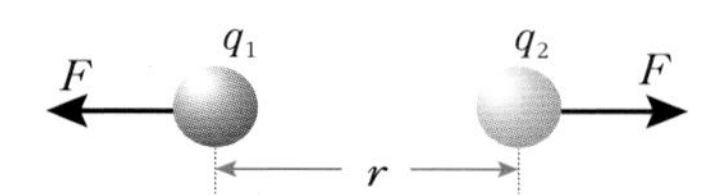

$$F = k\frac{q_1 q_2}{r^2}\ (\text{N})\ :\ \text{쿨롱의 힘}$$

구분	전기력	자기력
정의	전기를 띤 물체 사이에 작용하는 힘	자석과 쇠붙이 또는 자석과 자석 사이에 작용하는 힘
방향	다른 종류 사이에서 인력, 같은 종류 사이에서 척력이 작용하며 두 힘은 서로 작용 반작용의 관계이다.	

◉ **중력 상수(뉴턴 상수) G**
중력의 세기를 나타내는 물리 상수로, 뉴턴의 만유 인력의 법칙과 아이슈타인의 일반 상대성 이론에 등장한다. 국제단위계에서의 G 값은 다음과 같다.
$G = 6.67\times10^{-11}\ \text{N·m}^2\text{·kg}^{-2}$

◉ **중력의 방향**

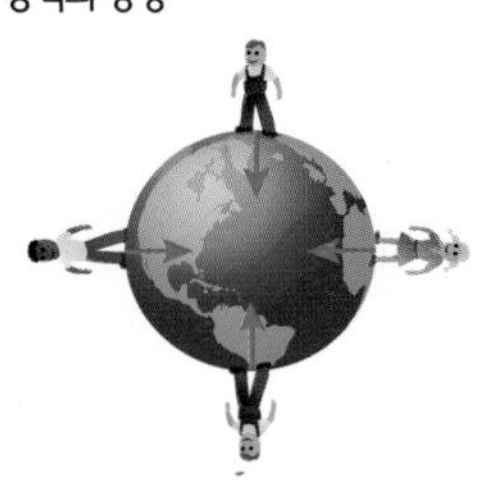

중력의 방향은 지구 중심 방향(연직 방향)이다.

◉ **두 전하 사이에 작용하는 전기력에 있어 인력(잡아당기는 힘)과 척력(미는 힘)**
전하량 q_1, q_2 는 물체가 띠는 전기량으로 양(+)전기와 음(-)전기가 있다. 두 전하가 서로 다른 종류의 전기이면 인력이 작용하고 서로 같은 종류의 전기이면 척력이 작용한다.

◉ **전기력의 비례 상수(쿨롱 상수) k**
만유 인력의 중력 상수 G 와 같이 전기력의 비례 상수 k 를 쿨롱 상수라고 하며, k 값은 다음과 같다.
$k = 9\times10^9\ \text{N·m}^2/\text{C}^2$

미니사전
연직(鉛直)방향 **납(鉛)으로 만든 추가 똑바로(直) 떨어지는 방향**

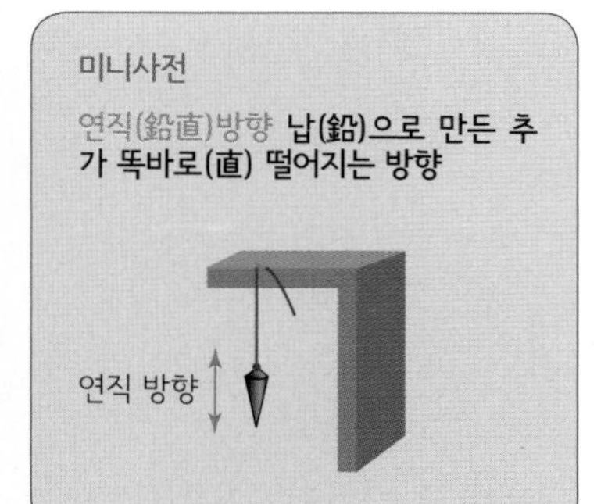

정답 및 해설 18

개념확인 1 중력에 대한 설명 중 옳은 것은 ○ 표, 옳지 않은 것은 × 표 하시오.

(1) 만유인력의 한 종류로 인력과 척력이 있다. (　　)
(2) 지표면에서 높이 올라갈수록 중력은 커진다. (　　)

확인 + 1

오른쪽 그림은 거리가 r 만큼 떨어진 두 전하를 나타낸 것이다. 이때 두 전하 사이의 전기력이 F 이다. 만약 두 전하 사이의 거리가 2 배로 멀어지면 전기력의 크기는 어떻게 되는가?

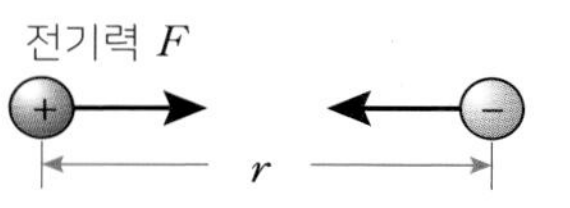

2. 수직 항력과 부력

(1) 수직 항력

① **수직 항력** : 물체와 접촉한 면이 면에 수직인 방향으로 물체를 떠받치는 힘이다.
② 접촉해 있던 물체가 서로 떨어지면 수직 항력은 0 이 된다.

- F_1 : 책상 면이 꽃병을 수직 위로 떠받치는 수직 항력(N)
- F_2 : 지구가 꽃병을 잡아당기는 중력
- F_3 : 꽃병이 책상 면을 누르는 힘
- 꽃병은 F_1 과 F_2 를 받아 책상 위에서 정지해 있으므로 두 힘의 합력은 0 이다. ⇨ F_1 과 F_2 는 힘의 평형 관계
- F_1 과 F_3 은 작용 반작용의 관계

③ 마찰이 없는 빗면에서 물체가 받는 힘

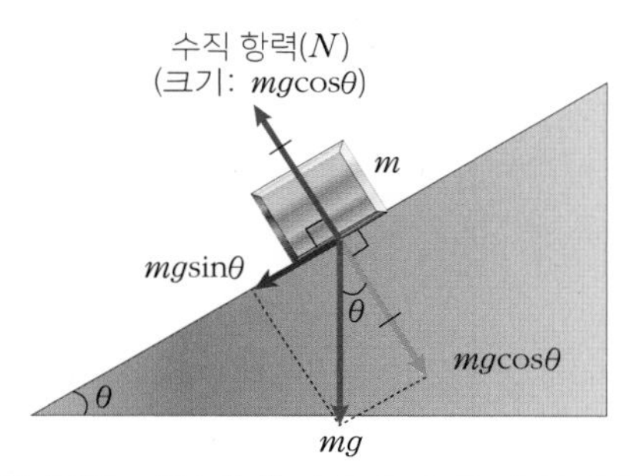

- 질량이 m 인 물체에 작용하는 중력을 빗면 방향과 빗면에 수직인 방향으로 나눈다.
- 빗면에 있는 질량이 m인 물체에 작용하는 수직 항력의 크기는 $mg\cos\theta$ 이고, 빗면에 수직 위 방향이다. $(N + mg\cos\theta = 0)$
- 빗면에 있는 물체에는 빗면 아래 방향으로 크기 $mg\sin\theta$ 의 힘이 작용한다.

(2) 부력 : 물(액체)이나 공기 중의 물체를 뜨게 하는 힘이다.

① **물(액체, 공기)속의 물체가 받는 부력의 크기** : 물체가 물(액체, 공기)속에 있으면 물체의 부피만큼 물(액체, 공기)을 밀어낸다. 물체는 밀어낸 물(액체, 공기)의 무게만큼 부력을 받는다.
② **부력의 방향** : 물체가 뜨는 방향(중력과 반대 방향)이다.
물속의 물체는 중력과 부력을 받고 있으며 두 힘 중 큰 쪽으로 물체는 뜨거나 가라앉는다.

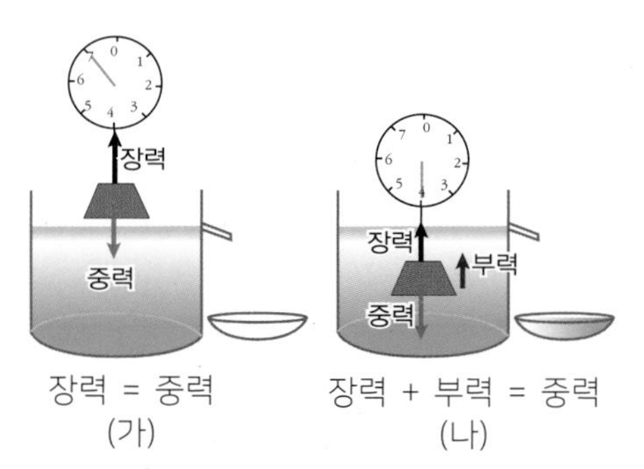

장력 = 중력
(가)

장력 + 부력 = 중력
(나)

- (가) : 물체는 중력만 받고 있다. 이때 저울의 눈금은 7 을 가리키고 있다.
- (나) : 물체는 중력과 부력을 받고 있으며 저울의 눈금은 4 를 가리키고 있다.
- 이때 옆으로 흘러넘친 물의 부피와 물체의 부피는 같다. 부력의 크기는 흘러넘친 물의 무게와 같은 3 이다.

◉ **아르키메데스의 원리(부력의 원리)**

물체가 밀어낸 유체의 무게만큼 뜨는 힘(부력)을 받는다.

◉ **물속의 물체가 받는 부력과 중력**

부력과 중력 중 큰 쪽으로 뜨거나 가라앉는다.(운동한다)

물체가 액체(공기) 위에 떠 있거나 액체(공기) 중에 정지해 있을 때에는 부력과 중력의 크기가 같다.(방향은 서로 반대)

밑바닥에 정지한 물체
(부력 + 수직 항력 = 중력)

정답 및 해설 18

개념확인 2

물체가 면 위에 놓여있을 때 면에 수직인 방향으로 물체를 떠받치는 힘을 무엇이라고 하는가?

확인 + 2

오른쪽 그림과 같이 경사각이 30° 인 빗면에 2 kg 인 물체가 놓여있다. 이 물체가 받고 있는 수직 항력의 크기는 얼마인가?(단, 중력 가속도는 10 m/s² 이다.)

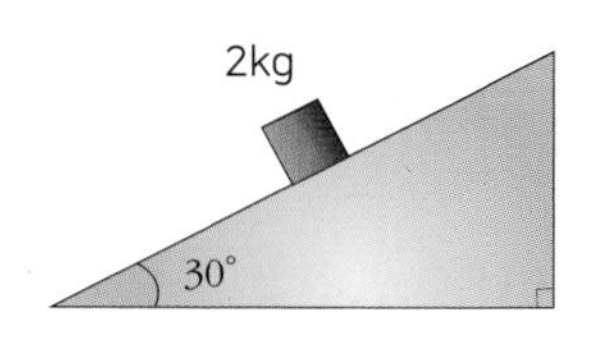

미니사전
장력 [張 잡아당기다 力 힘]
실이 잡아당기는 힘

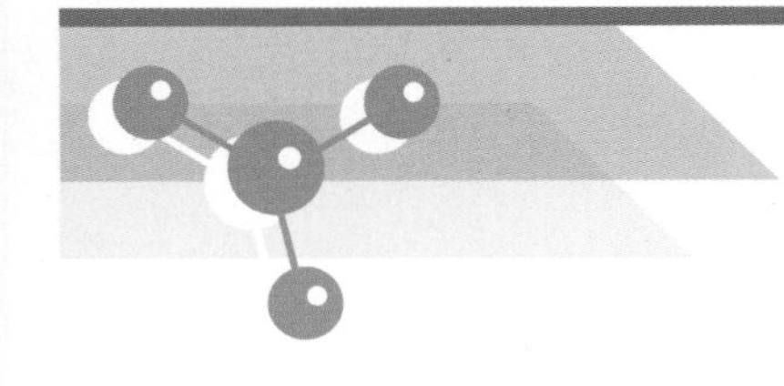

03강 여러 가지 힘

3. 마찰력

◉ 수평면에서의 마찰력

·정지 마찰력은 외력과 반대 방향이고 크기가 같다.

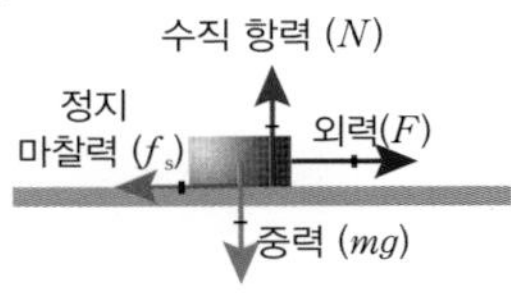

▲ 정지 마찰력

·운동 마찰력은 운동 방향과 반대 방향이다. (외력과 관계 없다.)

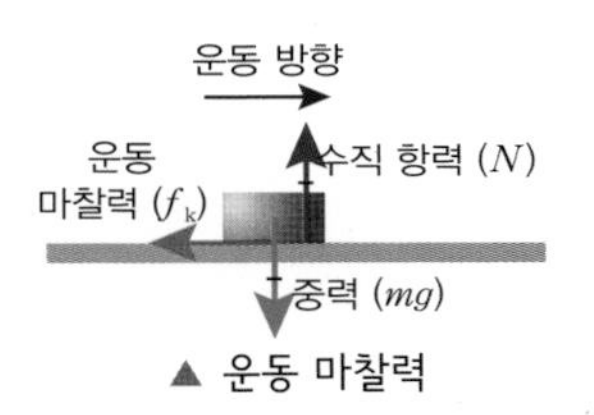

▲ 운동 마찰력

(1) 마찰력 : 접촉해 있는 면과 물체, 물체끼리 작용하며 물체의 운동을 방해하는 힘이다.

① **정지 마찰력** : 물체가 정지해 있을 때 작용하는 마찰력이다.

· 크기는 외력과 같고, 외력과 반대 방향이다.(외력은 외부에서 작용하는 힘이다.)

· 최대 정지 마찰력(f_s) : 정지해 있는 물체가 움직이기 직전의 마찰력으로 정지 마찰력 중 가장 크다.

② **운동 마찰력(f_k)** : 물체가 움직이는 동안 작용하는 마찰력으로 방향은 운동 방향과 반대이다.

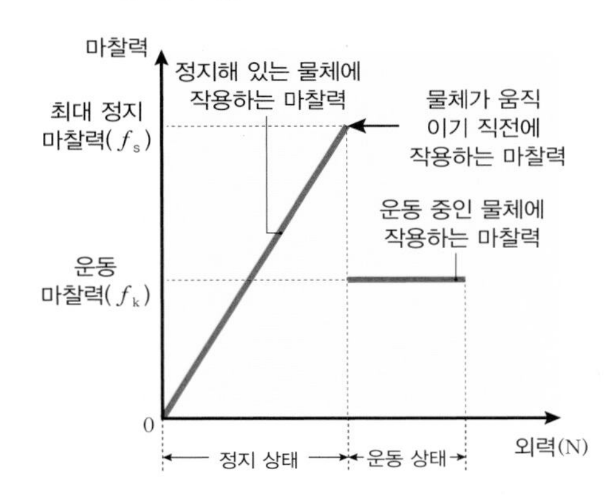

· 정지 마찰력의 크기는 외력의 크기와 같다. (외력이 점점 증가하면 마찰력도 증가)

· <최대 정지 마찰력 = 외력>일 때 물체가 움직이기 시작한다.

· 물체가 움직이면 운동 마찰력이 작용한다.

· 운동 상태에서는 외력이 증가하여 속력이 증가해도 운동 마찰력의 크기는 일정하다.

③ **마찰력의 크기**

· 최대 정지 마찰력(f_s)의 크기 : 수직 항력 N 에 비례하며, 접촉면의 넓이와 관계 없다.

$$f_s = \mu_s N \quad [\mu_s : \text{정지 마찰 계수}]$$

· 운동 마찰력(f_k)의 크기 : 수직 항력 N 에 비례하며, 운동 상태에서는 일정한 값을 나타낸다. 최대 정지 마찰력의 크기보다 항상 작게 나타난다.

$$f_k = \mu_k N \quad [\mu_k : \text{운동 마찰 계수}]$$

(※각 물체는 움직이기 직전 상태이고, $f_1 \sim f_4$ 는 각 상황에서의 최대 정지 마찰력임)

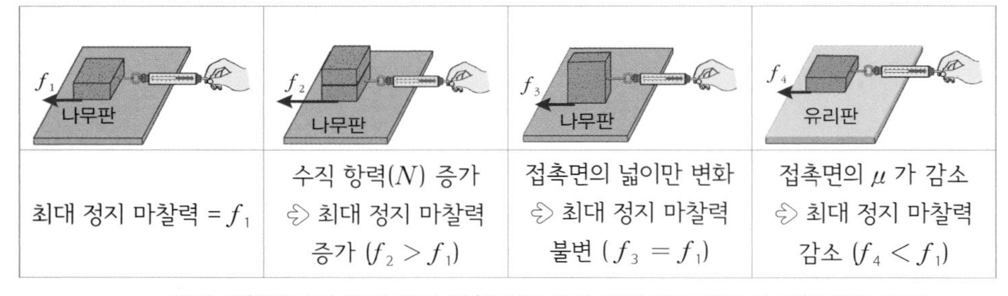

최대 정지 마찰력 $= f_1$	수직 항력(N) 증가 ⇨ 최대 정지 마찰력 증가 ($f_2 > f_1$)	접촉면의 넓이만 변화 ⇨ 최대 정지 마찰력 불변 ($f_3 = f_1$)	접촉면의 μ 가 감소 ⇨ 최대 정지 마찰력 감소 ($f_4 < f_1$)

▲ 여러 상황에서의 최대 정지 마찰력(물체가 움직이기 직전의 마찰력)의 크기

정답 및 해설 18

개념확인 3

운동 마찰 계수가 0.5 인 고무판 위에서 질량 1 kg 의 공을 12 N 의 힘을 가하면서 수평 방향으로 운동시켰을 때 공의 가속도의 크기는 얼마인가? (g = 10 m/s^2)

확인 + 3

무게가 10 N 인 나무토막이 마찰 계수를 알 수 없는 수평한 고무판 위에 정지해 있다. 나무토막에 4 N 의 힘을 가했을 때 움직이기 시작했다면, 이 물체의 정지 마찰 계수(μ_s)는?

4. 탄성력

(1) 탄성력 : 탄성체가 변형되었을 때 원래의 상태로 되돌아가려는 힘(복원력)이다.

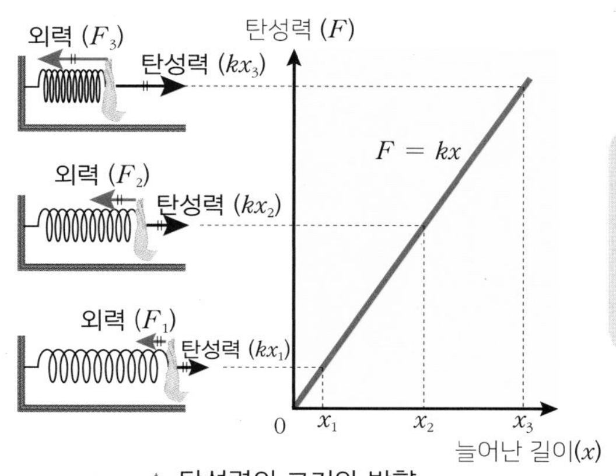

▲ 탄성력의 크기와 방향

$F = kx$ (후크 법칙)
F : 탄성력(N)
k : 용수철 상수(N/m)
x : 변형된 길이(m)

① **탄성력의 크기와 방향** : 탄성력의 크기는 탄성체의 변형된 정도와 용수철 상수에 비례하고 탄성력의 방향은 외력의 방향과 반대 방향이다.

② **용수철 상수(탄성계수)** : 용수철이 늘어나는 비율이며, 용수철의 재질이나 굵기, 길이에 따라 결정된다. 잘 안늘어나는 용수철일수록 용수철 상수의 값이 크다. (단위 N/m)

(2) 용수철의 연결 방법에 따른 전체 용수철 상수(탄성 계수)의 변화 : 용수철을 직렬 연결하면 전체적으로 잘 늘어나고, 병렬 연결하면 전체적으로 덜 늘어난다.

	용수철의 직렬 연결	용수철의 병렬 연결
연결 방법	k_A, x_A, k_B, x_B, F, F_A, F_A, F_B, F_B	k_A, F_A, F, F_A, k_B, x_A, x_B, F_B, F_B
용수철에 걸리는 힘 (F)	각 용수철의 탄성력은 당긴 힘과 같다. ⇨ $F = F_A = F_B$	두 용수철의 탄성력의 합과 당긴 힘의 크기가 같다. ⇨ $F = F_A + F_B$
용수철의 늘어난 길이	전체 늘어난 길이는 각각의 용수철이 늘어난 길이를 합한 것과 같다. ⇨ $x = x_A + x_B$	각각의 용수철의 늘어난 길이는 전체 늘어난 길이와 같다. ⇨ $x = x_A = x_B$
용수철 상수	$\frac{F}{k} = \frac{F}{k_A} + \frac{F}{k_B}$ ⇨ $\frac{1}{k} = \frac{1}{k_A} + \frac{1}{k_B}$	$kx = k_Ax + k_Bx$ ⇨ $k = k_A + k_B$

정답 및 해설 18

개념확인 4

용수철 상수가 10 N/m 인 용수철이 10 cm 늘어났을 때. 이 용수철의 탄성력의 크기는 얼마인가?

확인 + 4

어떤 고무줄에 1 kg 의 추를 매달면 10 cm 가 늘어난다. 만일 이 고무줄을 반으로 접어서 두 겹으로 되게 한 다음 1 kg 의 추를 매달면 늘어난 길이는 얼마가 되겠는가?

( )

◎ **탄성 한계**

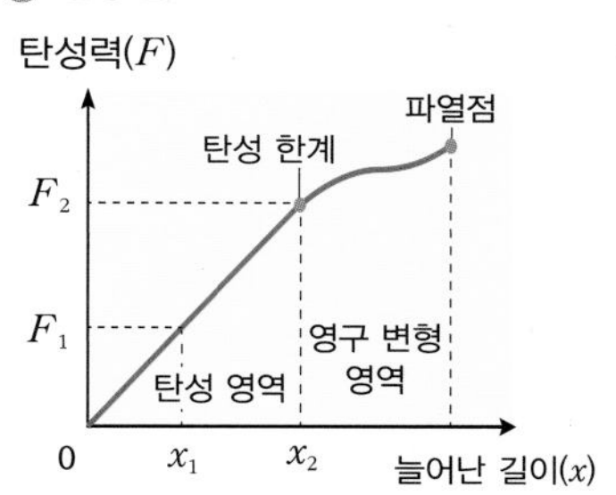

용수철이 변형되었다가 원래의 상태로 되돌아갈 수 있는 한계로, 탄성 한계를 넘어서면 탄성체가 원래의 상태로 되돌아가지 못한다. (소성이 나타난다.)

미니사전

소성 [塑 고정되다 性 성질] **물질에 힘을 가하여 변형시킬 때, 영구 변형을 일으키는 물질의 특성**

01

다음 중력에 대한 설명 중 옳은 것은 ○ 표, 옳지 않은 것은 × 표 하시오.

(1) 물체에 작용하는 중력의 크기는 그 물체의 무게와 같다. (   )

(2) 적도 지방으로 갈수록 중력 가속도의 크기는 커진다. (   )

(3) 지표면 근처에서 자유 낙하하는 물체의 중력 가속도는 물체의 질량에 관계없이 일정하다. (   )

02

어떤 행성 A 의 질량은 지구의 4 배이고 반지름은 지구의 2 배일 때, 이 행성의 표면 중력 가속도는 지구의 몇 배인가?(단, 지구와 행성 A 는 구형이다.)

(   ) 배

03

다음 그림의 대전체 A, B, C 가 띠고 있는 전하량이 (+)로 모두 같다. 이때 A 가 B 에 작용하는 전기력이 4 N 이라면, B 가 A 와 C 로 부터 받는 전기력의 방향과 크기는?

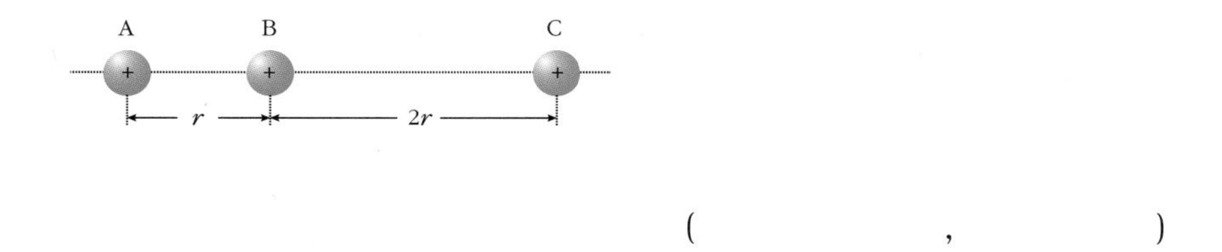

(,   )

04

그림과 같이 수평면 위에 책상이 놓여 있고, 그 위에 질량이 5 kg 인 물체가 놓여 있을 때 물체가 책상면으로부터 받는 수직 항력은 얼마인가? (단, 중력 가속도 $g = 9.8\ \text{m/s}^2$ 이다.)

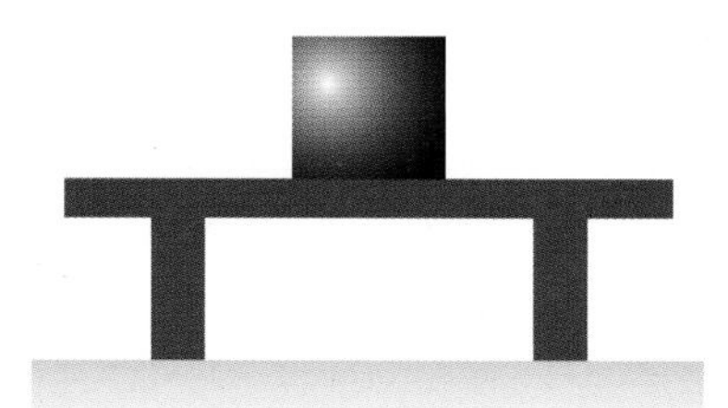

(   ) N

05

다음 마찰력에 대한 설명 중 옳은 것은 ○ 표, 옳지 않은 것은 × 표 하시오.

(1) 운동 마찰력은 최대 정지 마찰력보다 항상 크다. (　　)

(2) 마찰 계수는 접촉면의 넓이에 비례한다. (　　)

(3) 마찰력의 크기는 물체에 작용하는 수직 항력의 크기에 비례한다. (　　)

06

오른쪽 그림과 같이 무게가 10 N 인 물체에 수평 방향으로 힘을 가하여 서서히 잡아당겼더니 힘의 크기가 6 N 이 되었을 때 물체가 움직이기 시작하였다. 물체와 면 사이의 정지 마찰 계수는 얼마인가?

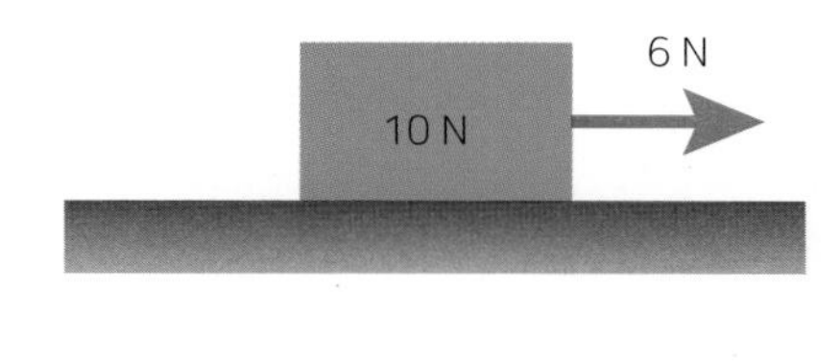

(　　　　)

07

몸무게가 500 N 인 무한이가 물이 가득 찬 욕조에 들어가 몸을 물속에 완전히 담갔더니 400 N 의 물이 욕조에서 흘러넘쳤다. 이때 물속에서 무한이의 몸무게를 재면 몇 N 일까?

(　　　　) N

08

용수철 상수가 200 N/m 인 가벼운 용수철에 질량이 1 kg 인 물체가 연결되어 마찰이 없는 수평면 위에 정지해 있다. 이때 물체를 수평 방향으로 잡아당겼다가 놓는 순간 물체의 가속도가 2 m/s^2 이 되었다. 이때 용수철이 늘어난 길이는 몇 cm 인가?

① 1 cm　② 2 cm　③ 3 cm　④ 4 cm　⑤ 5 cm

유형 3-1 접촉하지 않아도 작용하는 힘

다음 자료는 우주 상에 있는 세 천체 A, B, C 의 질량과 거리의 비율을 나타낸 것이다. A, B, C 에 대한 설명으로 옳은 것만을 <보기> 에서 있는 대로 고른 것은? (단, 천체의 반지름과 다른 천체로부터의 영향은 무시한다.)

	A	B	C
질량 비율	2,000,000	300,000	1
B 로 부터의 거리	50	·	1

<보기>

ㄱ. B 의 가속도 방향은 A 쪽이다.
ㄴ. A 의 가속도의 크기가 C 의 가속도의 크기보다 크다.
ㄷ. B 가 C 에게 작용하는 힘의 크기는 A 가 C에게 작용하는 힘의 크기보다 크다.

① ㄱ ② ㄴ ③ ㄷ ④ ㄱ, ㄷ ⑤ ㄱ, ㄴ, ㄷ

01 그림과 같이 질량이 각각 m, $2m$ 인 두 공 A, B 를 동일한 높이 h 에서 자유 낙하시켰다. 두 공의 운동에 대한 설명으로 옳은 것만을 <보기> 에서 있는 대로 고른 것은? (단, 공기의 저항은 무시한다.)

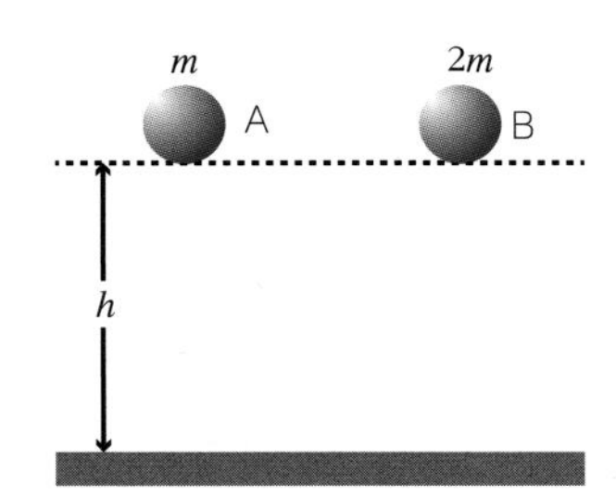

<보기>

ㄱ. A 와 B 의 가속도는 같다.
ㄴ. 1 초 후 A 의 속도와 B 의 속도는 같다.
ㄷ. A 와 B 는 동시에 지표면에 떨어진다.

① ㄱ ② ㄴ ③ ㄷ
④ ㄱ, ㄷ ⑤ ㄱ, ㄴ, ㄷ

02 다음 그림은 (+)전하로 대전된 도체구 A 에 (−)전하로 대전된 대전체 B 를 가까이 가져간 모습을 나타낸 것이다.

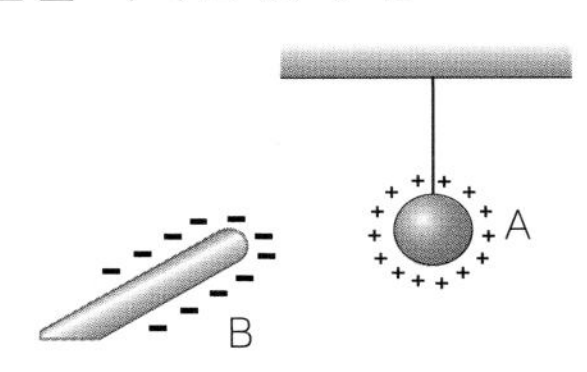

이에 대한 설명으로 옳은 것만을 <보기> 에서 있는 대로 고른 것은?

<보기>

ㄱ. 도체구 A 에 손가락을 살짝 접촉시키면 도체구 A 의 전하가 모두 사라진다.
ㄴ. A 와 B 가 가까워질수록 서로 잡아당기는 힘이 세진다.
ㄷ. 도체구 A 에 대전된 전하량이 2 배로 늘어나고, 대전체 A와 B 사이의 거리가 2 배가 되면, A 와 B 사이의 전기력의 크기는 작아진다.

① ㄱ ② ㄴ ③ ㄷ
④ ㄱ, ㄷ ⑤ ㄴ, ㄷ

유형 3-2 수직 항력과 부력

그림 (가) 는 빗면에서 두 물체 P와 Q가 가벼운 실에 연결되어 정지해 있는 것을 나타낸 것이고, 그림 (나) 는 두 물체 P 와 Q 의 위치를 바꾸어 연결한 것을 나타낸 것이다. 빗면과 도르래의 마찰이 없다고 가정하고 P 의 질량은 2 kg 이라고 할 때 이에 대한 설명으로 옳은 것만을 <보기> 에서 있는 대로 고른 것은? (단, 중력 가속도 g = 10 m/s^2 이다.)

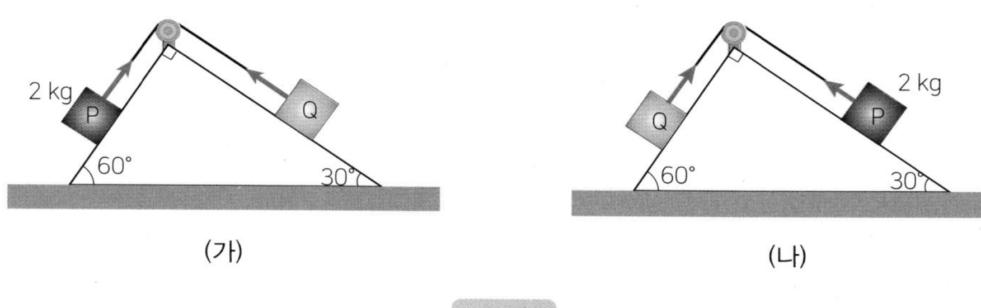

<보기>

ㄱ. (가) 에서 Q 가 받는 수직 항력은 $10\sqrt{3}$ N 이다.
ㄴ. (나) 에서 P 는 빗면 위로 올라가는 가속도 운동을 한다.
ㄷ. (나) 에서 P 와 Q 에 각각 작용하는 수직 항력의 크기는 같다.

① ㄱ ② ㄴ ③ ㄷ ④ ㄴ, ㄷ ⑤ ㄱ, ㄴ, ㄷ

03 그림과 같이 가로, 세로, 높이가 각각 2 m 이고 질량이 10 톤인 정육면체 모양의 물체를 물속에 넣고 무게를 측정하는 실험을 하였다. 부피 1 m^3 의 물의 질량은 1 톤(1000 kg)이다. 물 위에서 물체의 무게를 재는 저울의 눈금은 얼마일까?

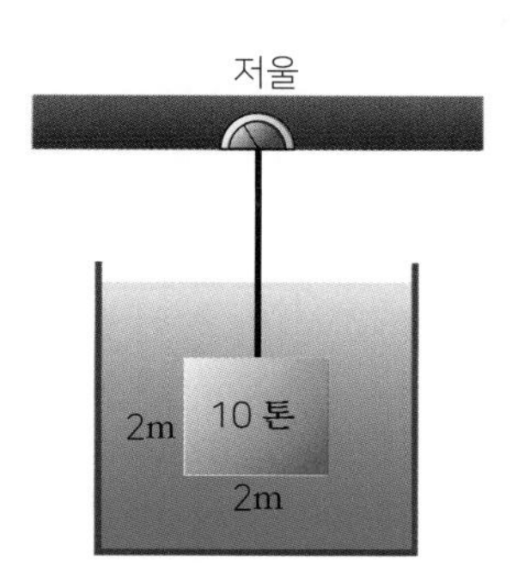

① 2,000 kgf ② 4,000 kgf ③ 6,000 kgf
④ 8,000 kgf ⑤ 10,000 kgf

04 다음은 마찰이 없는 빗면에서 질량이 2 kg 인 물체 A 를 16 N 의 힘으로 빗면 방향으로 당기고 있을 때 물체가 정지해 있는 모습을 나타낸 것이다. 물체가 받는 수직 항력의 크기는 얼마인가? (단, 중력 가속도 g = 10 m/s^2 이다.)

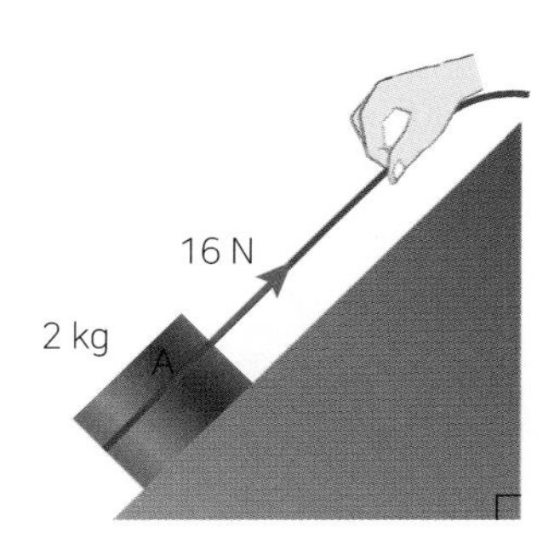

① 12 N ② 14 N ③ 16 N
④ 18 N ⑤ 20 N

유형 3-3 마찰력

다음 그림은 수평한 유리판 위에 질량이 각각 m, $3m$ 인 두 자석 A, B 가 N 극과 S 극이 마주한 채로 정지해 있는 것을 나타낸 것이다. 이에 대한 설명으로 옳은 것만을 <보기> 에서 있는 대로 고른 것은?

<보기>

ㄱ. A 가 B 를 당기는 자기력의 크기는 B 가 A 를 당기는 자기력의 크기와 같다.
ㄴ. A 에 작용하는 마찰력의 크기는 B 에 작용하는 마찰력의 크기와 같다.
ㄷ. 자석의 거리를 점점 가깝게 하면 A 가 먼저 움직이기 시작한다.

① ㄱ ② ㄴ ③ ㄷ ④ ㄱ, ㄴ ⑤ ㄱ, ㄴ, ㄷ

05 다음은 빗면에 놓여 있는 나무토막이 5 m/s^2 의 가속도로 빗면 아래 방향으로 운동하고 있는 것을 나타낸 것이다. 나무토막의 질량은 2 kg 이고, $\cos\theta = \frac{3}{5}$ 이다.

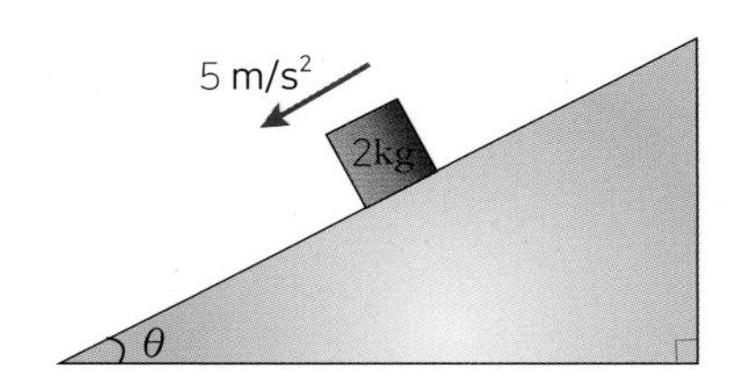

이 물체의 운동에 대한 설명으로 옳은 것만을 <보기> 에서 있는 대로 고른 것은? (단, 중력 가속도 $g = 10$ m/s^2 이다.)

<보기>

ㄱ. 빗면의 운동 마찰 계수는 0.5 이다.
ㄴ. θ 가 90° 가 되면 운동 마찰력은 0 이다.
ㄷ. 나무토막의 질량이 커져도 나무토막의 가속도 의 크기는 5 m/s^2 이다.

① ㄱ ② ㄴ ③ ㄷ ④ ㄱ, ㄷ ⑤ ㄱ, ㄴ, ㄷ

06 다음은 유리판 위에 정지해 있는 질량이 2 kg 인 물체에 외력을 수평 방향으로 점점 크게 가했을 때의 마찰력의 크기 변화를 나타낸 그래프이다.

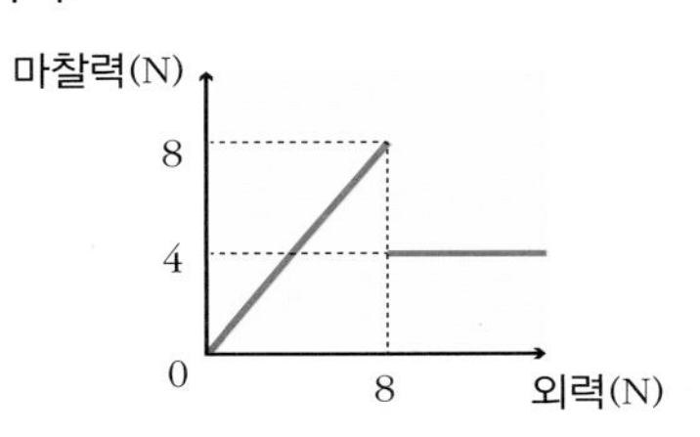

이에 대한 설명으로 옳은 것만을 <보기> 에서 있는 대로 고른 것은? (단, 중력 가속도 $g = 10$ m/s^2 이다.)

<보기>

ㄱ. 정지한 물체에 7 N 의 외력을 작용하면 마찰력의 크기는 7 N 이다.
ㄴ. 물체에 10 N 의 외력을 작용하면 출발 후 4 초 동안 이동 거리는 8 m 이다.
ㄷ. 유리판을 고무판으로 바꾸면 물체의 최대 정지 마찰력은 증가한다.

① ㄱ ② ㄴ ③ ㄷ ④ ㄱ, ㄷ ⑤ ㄱ, ㄴ, ㄷ

유형 3-4 탄성력

그림 (가)는 유리판 위에 놓인 질량 2 kg 인 물체에 용수철 상수가 200 N/m 인 용수철을 연결하여 일정한 힘 F 로 당겼더니 용수철이 10 cm 가 늘어난 것을 나타낸 것이고, 이때 물체의 시간에 따른 속도의 변화를 나타낸 것이 그림 (나) 이다. 이에 대한 설명으로 옳은 것만을 <보기> 에서 있는 대로 고른 것은? (단, 중력 가속도 $g = 10\ \text{m/s}^2$ 이고, 용수철의 질량은 무시한다.)

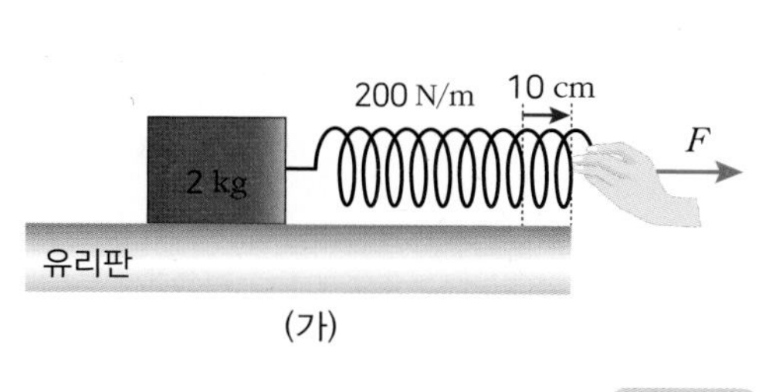

(가)

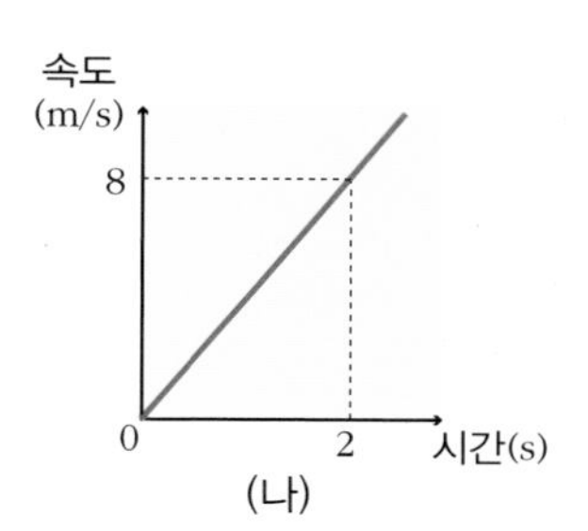

(나)

<보기>

ㄱ. 물체와 수평면 사이의 운동 마찰 계수는 0.6 이다.
ㄴ. 물체가 용수철에 작용하는 힘은 20 N 이다.
ㄷ. 같은 용수철을 직렬 연결하고 같은 힘 F를 가하면 용수철은 각각 10 cm 씩 늘어난다.

① ㄱ ② ㄴ ③ ㄷ ④ ㄱ, ㄴ ⑤ ㄱ, ㄴ, ㄷ

07

그림 (가) 는 길이가 10 cm 인 용수철에 힘을 가하면서 늘어난 길이를 측정했을 때의 그래프이다. 이 용수철 2 개를 그림 (나) 처럼 질량이 2 kg 인 추에 연결하였을 때, 용수철의 늘어난 길이는 몇 cm인가? (단, 중력 가속도 $g = 10\ \text{m/s}^2$ 이다.)

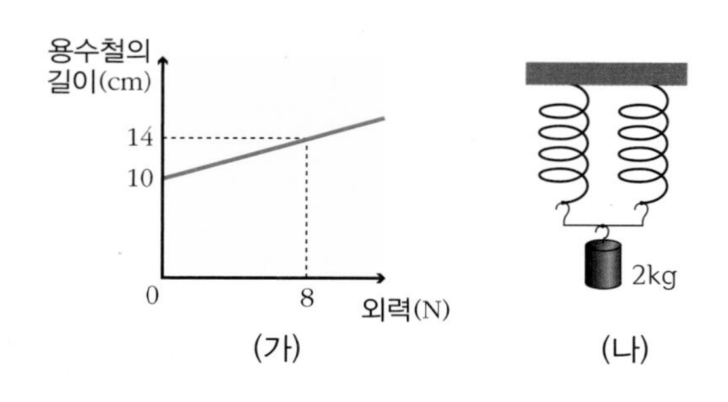

(가) (나)

① 2 cm ② 5 cm ③ 10 cm
④ 8 cm ⑤ 10 cm

08

다음 그림은 질량 5 kg 인 물체를 도르래를 이용하여 용수철 상수가 100 N/m 이고 탄성 한계가 60 N 인 용수철과 연결한 것을 나타낸 것이다. 이에 대한 설명 중 옳은 것만을 <보기> 에서 있는 대로 고른 것은? (단, 중력 가속도는 $10\ \text{m/s}^2$ 이며, 도르래의 마찰은 무시한다.)

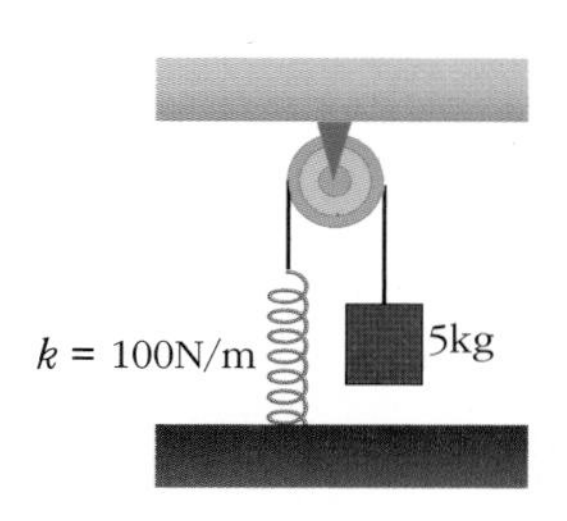

<보기>

ㄱ. 물체가 정지해 있다면 용수철은 50 cm 늘어난다.
ㄴ. 용수철의 탄성력과 물체의 중력은 크기가 같다.
ㄷ. 7 kg 인 물체를 매달면 용수철은 소성을 나타낸다.

① ㄱ ② ㄴ ③ ㄷ ④ ㄱ, ㄷ ⑤ ㄱ, ㄴ, ㄷ

스스로 실력 높이기

A

01 다음 전기력에 대한 설명 중 옳은 것은 ○ 표, 옳지 않은 것은 × 표 하시오.

(1) 전기를 띤 두 물체 사이의 거리가 가까울수록 전기력이 커진다. ( )

(2) 전기를 띤 두 물체 사이의 전기력은 두 전하량의 곱에 비례한다. ( )

(3) 전기를 띤 두 물체 사이의 전기력은 두 전하를 잇는 직선 상에서 작용한다. ( )

02 중력과 관련된 설명으로 옳은 것은?

① 만유 인력의 한 종류이다.
② 중력에는 인력과 척력이 있다.
③ 지표면 물체의 질량이 클수록 중력 가속도가 크다.
④ 지표면에서 높이 올라갈수록 커진다.
⑤ 지구의 극지방보다 적도 지방에서 더 크다.

03 그림과 같이 무게가 5 N 인 쇠구슬을 용수철 저울에 매달고, 쇠구슬 아래에 자석을 가까이 했더니 평형이 된 상태에서 용수철 저울의 눈금이 15 N 을 가리켰다. 쇠구슬과 자석 사이에 작용하는 자기력은 몇 N 인가?

① 5 N ② 10 N ③ 15 N
④ 4 N ⑤ 5 N

04 다음은 정지 마찰 계수가 0.8 인 빗면에 정지해 있는 질량이 1 kg 인 물체를 나타낸 것이다. 이 물체의 운동에 대한 설명으로 옳은 것만을 <보기> 에서 있는 대로 고른 것은? (단, 중력 가속도는 10 m/s^2 이고, $\cos\theta = \frac{4}{5}$ 이다.)

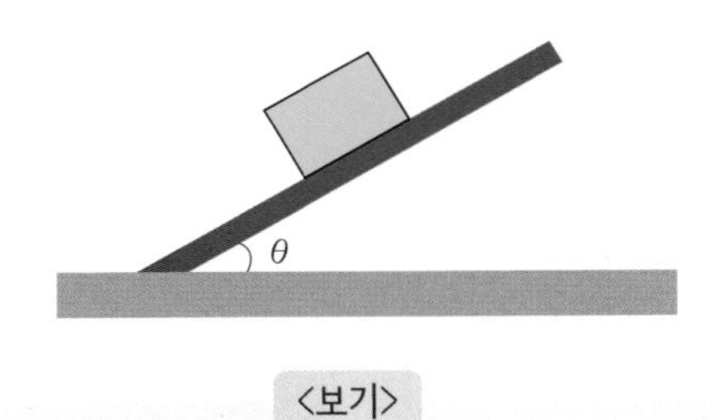

<보기>

ㄱ. 물체에 작용하는 최대 정지 마찰력은 6.4 N 이다.
ㄴ. 물체는 정지한 상태를 유지한다.
ㄷ. 빗면을 정지 마찰 계수가 0.5 인 유리판으로 바꾸면 물체는 가속도 운동을 시작한다.

① ㄱ ② ㄴ ③ ㄷ
④ ㄱ, ㄴ ⑤ ㄱ, ㄴ, ㄷ

05 물이 가득 찬 비커에 물체 A 와 B 를 담그는 실험을 하였다. 물체 A 를 담갔더니 비커에서 물이 30 cm^3 넘쳤고, 물체 B 를 담갔더니 비커에서 물이 20 cm^3 만큼 넘쳤다. 물속에서 물체 A, B 가 받는 부력의 비를 구하시오.

A 가 받는 부력 : B 가 받는 부력 = (:)

06 무게가 30 N 인 물체에 수평 방향으로 힘을 가하여 서서히 잡아당겼더니 힘의 크기가 12 N 이 되었을 때 물체가 움직이기 시작하였다. 물체와 면 사이의 정지 마찰 계수는 얼마인가?

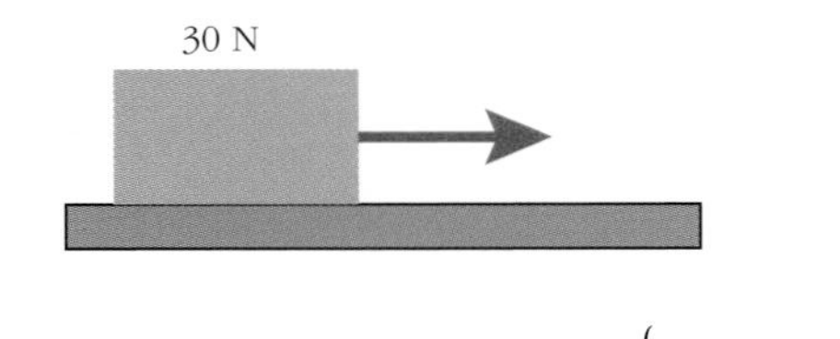

( )

07

수평면 상에 무게가 20 N 인 물체가 놓여 있다. 이 물체에 수평으로 15 N 의 힘을 가하였더니 물체가 움직이기 시작하였고, 16 N 의 힘을 가하였더니 2 m/s^2 의 가속도 운동을 시작하였다. 이때 정지 마찰계수에서 운동 마찰 계수를 뺀 값은 얼마인가? (g = 10 m/s^2)

(　　　　)

08

수평면과 각 θ 를 이루는 빗면에 질량 2 kg 인 물체가 정지해 있다. 이 물체에 작용하는 마찰력의 크기는 얼마인가? (단, g = 10 m/s^2 이고, $\cos\theta = \frac{4}{5}$ 이다.)

(　　　　) N

09

원래 길이가 10 cm 인 용수철 A 가 있다. 용수철 A 에 물체를 매달았더니 용수철의 길이가 14 cm 로 늘어났다. 물체의 무게가 1.5 배가 되면 용수철의 길이는 몇 cm 로 되겠는가?

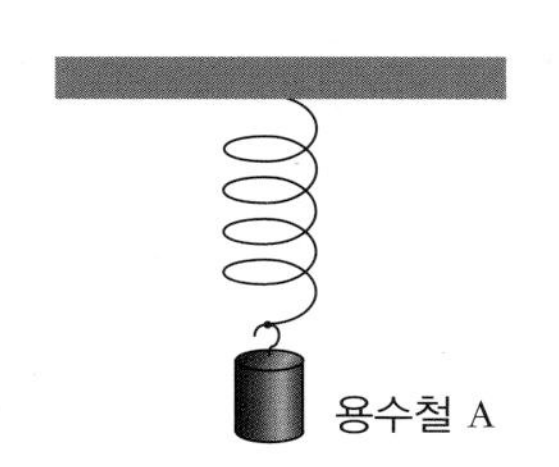

(　　　　)cm

10

다음은 무한이와 상상이가 수평면에서 무게가 50 N 인 물체를 서로 잡아당기고 있다. 무한이는 60 N 의 힘으로 상상이는 50 N 의 힘으로 당겼다. 물체가 정지해 있을 때 정지 마찰력의 크기는 얼마인가?

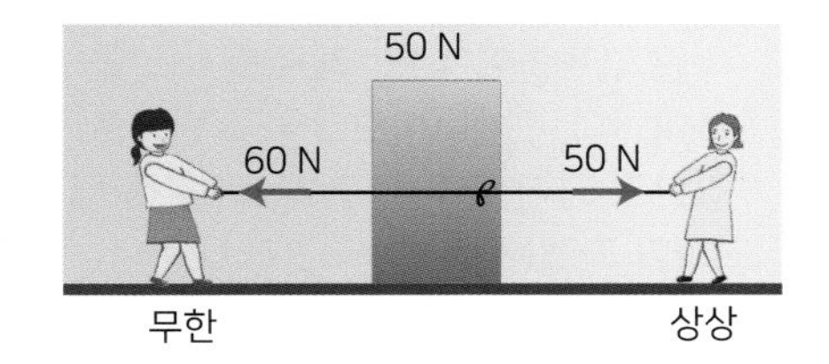

(　　　　)N

B

11

진공 중에서는 질량이 서로 다른 쇠구슬과 깃털이 동시에 떨어지지만 공기 중에서는 쇠구슬이 먼저 떨어진다. 그 이유에 대한 설명 중 옳은 것만을 <보기> 에서 있는 대로 고른 것은?

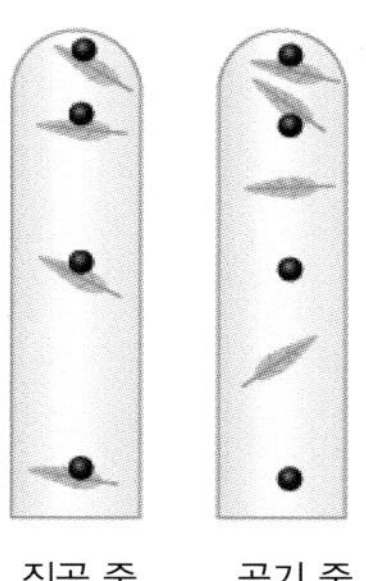

진공 중　　공기 중

<보기>

ㄱ. 공기 중에서 쇠구슬과 깃털이 받는 중력은 같다.
ㄴ. 진공 중에서 쇠구슬과 깃털의 가속도의 크기는 같다.
ㄷ. 공기 중에서는 공기 저항력을 받는데 진공 중에서는 공기 저항력을 받지 않는다.

① ㄱ　② ㄴ　③ ㄷ
④ ㄴ, ㄷ　⑤ ㄱ, ㄴ, ㄷ

12

어떤 행성의 질량은 지구의 4 배이고, 반지름은 지구의 0.5 배이다. 이 행성의 표면 중력 가속도는 지구의 몇 배인가?

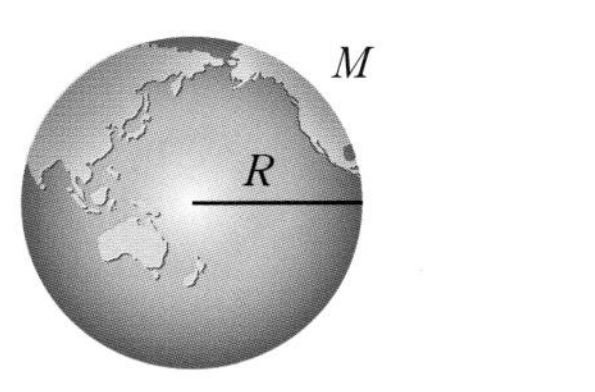

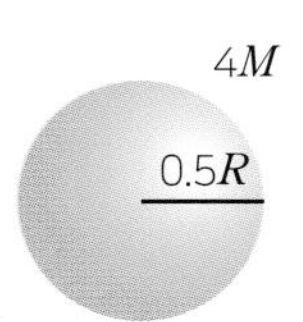

(　　　　) 배

13 다음은 태양을 중심으로 공전하는 행성들의 질량과 태양으로부터의 거리를 나타낸 표이다.

	태양으로부터의 거리	질량
지구	1 AU	6.0×10^{24} kg
화성	1.5 AU	6.4×10^{23} kg
토성	10 AU	6.0×10^{26} kg

위의 자료를 참고하여 태양, 지구, 화성, 토성이 순서대로 일렬로 정렬되어 있을 때, 이와 관련된 설명으로 옳은 것만을 <보기> 에서 있는 대로 고른 것은? (단, 태양의 질량은 2.0×10^{30} kg 이고, 1 AU 는 지구와 태양 사이의 거리이다.)

<보기>

ㄱ. 지구가 태양에 작용하는 힘과 토성이 태양에 작용하는 힘의 크기는 같다.
ㄴ. 화성이 지구에 작용하는 힘은 화성이 토성에 작용하는 힘보다 크다.
ㄷ. 토성은 화성에 비해 위성을 가지기 쉽다.

① ㄱ ② ㄴ ③ ㄷ
④ ㄱ, ㄴ ⑤ ㄱ, ㄴ, ㄷ

14 수평면 위에 놓여 있는 무게가 20 N 인 물체를 수평 방향으로 10 N 의 힘으로 당겼으나 물체가 움직이지 않았다. 이에 대한 설명으로 옳은 것만을 <보기>에서 있는 대로 고른 것은? (단, 중력 가속도 $g = 10$ m/s^2 이다.)

<보기>

ㄱ. 물체에 작용하는 알짜힘은 0 이다.
ㄴ. 물체에 작용하는 마찰력의 크기는 10 N 이다.
ㄷ. 12 N 의 힘으로 당기면 물체는 1 m/s^2 의 가속도로 운동한다.

① ㄱ ② ㄴ ③ ㄷ
④ ㄱ, ㄴ ⑤ ㄱ, ㄴ, ㄷ

15 수평면 위에 놓여 있는 질량이 4 kg 인 물체에 수평 방향으로 10 N 의 힘을 가하였더니 물체가 움직이기 시작하였다. 운동을 시작한 후 같은 힘을 가했을 때, 물체의 가속도가 1 m/s^2 이라면 이에 대한 설명으로 옳은 것만을 <보기> 에서 있는 대로 고른 것은? (단, 중력 가속도 $g = 10$ m/s^2 이다.)

<보기>

ㄱ. 운동 마찰 계수는 0.15 이다.
ㄴ. 질량이 일정한 상태에서 접촉 면적을 늘리면 운동 마찰력이 커진다.
ㄷ. 최대 정지 마찰력의 크기는 6 N 보다 작다.

① ㄱ ② ㄴ ③ ㄷ
④ ㄱ, ㄴ ⑤ ㄱ, ㄴ, ㄷ

16 그림과 같이 수평면 상에 놓인 수레를 무한이와 상상이가 서로 반대 방향으로 잡아당기고 있지만 수레와 사람들 모두 움직이지 않았다. 무한이와 상상이는 각각 30 N, 40 N 크기의 힘으로 수평 방향으로 잡아당기고 있다. 이에 대한 설명으로 옳은 것만을 <보기> 에서 있는 대로 고른 것은?

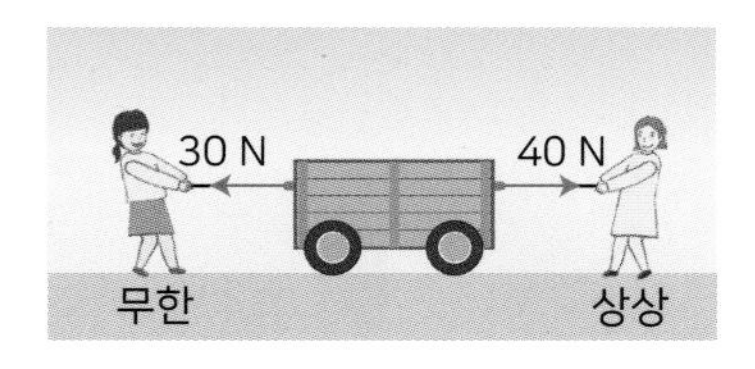

<보기>

ㄱ. 무한이에게 작용하는 마찰력은 30 N 이다.
ㄴ. 상상이에게 작용하는 마찰력은 30 N 이다.
ㄷ. 수레에 작용하는 마찰력은 상상이에게 작용하는 마찰력과 방향이 같다.

① ㄱ ② ㄴ ③ ㄷ
④ ㄱ, ㄷ ⑤ ㄱ, ㄴ, ㄷ

17 어떤 고무줄에 1 kg 의 추를 매달면 10 cm 가 늘어난다. 만일 이 고무줄을 반으로 접어서 두 겹으로 되게 한 다음 2 kg 의 추를 매달면 늘어난 길이는 얼마가 되겠는가?

① 5 cm ② 10 cm ③ 15 cm
④ 20 cm ⑤ 25 cm

18

무한이가 용수철에 1 kg 의 추를 매달았더니 10 cm 가 늘어났다. 이 용수철에 계속해서 추를 추가하여 매달았더니 용수철이 계속 더 늘어나다가 총 10 kg 의 추를 매단 순간 추를 제거해도 용수철이 다시 줄어들지 않았다. 이 용수철에 대한 설명으로 옳은 것만을 <보기> 에서 있는 대로 고른 것은? (단, 중력 가속도는10 m/s^2 이다.)

<보기>

ㄱ. 용수철 상수값은 100 N/m 이다.
ㄴ. 용수철에 질량 5 kg 짜리 추를 달면 50 cm 가 늘어난다.
ㄷ. 용수철을 110 N 으로 잡아당기면 용수철의 탄성은 사라진다.

① ㄱ ② ㄴ ③ ㄷ
④ ㄱ, ㄷ ⑤ ㄱ, ㄴ, ㄷ

C

19

그림 (가)처럼 지구를 관통하는 구멍을 뚫어 구멍 입구에서 물체를 자유 낙하시켰다.

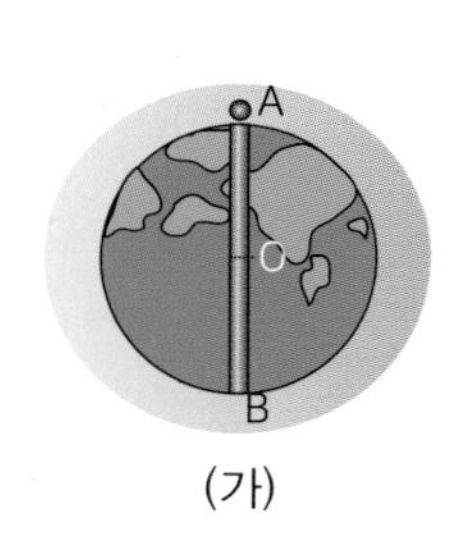

(가)

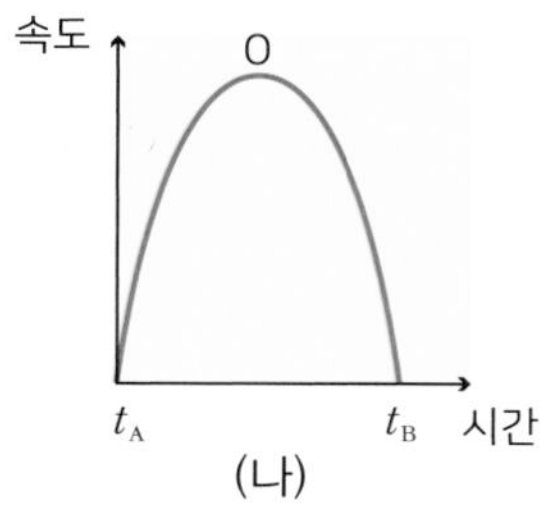

(나)

그래프 (나) 는 A 점에서 작은 물체를 가만히 놓아 자유 낙하시킬 때의 속도 - 시간 그래프이다. 이에 대한 설명으로 옳은 것은?(단, t_A, t_B 는 각각 A점과 B점에서의 시간이며, O 점은 지구 중심이다.)

① B 점에서 물체의 속력이 가장 크다.
② 중력의 크기는 O 점에서 가장 크다.
③ 중력 가속도가 가장 큰 곳은 O 점이다.
④ O 점에서 가속도의 방향이 반대로 된다.
⑤ 물체는 지구를 관통하여 B 점을 지나 계속 아래로 운동한다.

20

우주선이 발사대에 정지해 있을 때에는 우주선에 작용하는 중력이 매우 크다. 그렇다면 우주선이 지구 표면으로부터 200 km 상공을 비행하고 있을 때에 우주선에 작용하는 중력의 크기를 가장 잘 나타낸 것은? (단, 우주선이 운동하는데 소모된 연료의 무게 변화는 무시하며, 지구의 반지름은 6400 km 이다.)

[창의력 대회 기출유형]

① 중력은 0 에 가깝다.
② 중력은 정확히 0 이 된다.
③ 중력은 우주선이 발사대에 정지해 있을 때와 같다.
④ 중력은 우주선이 발사대에 정지해 있을 때의 약 절반이 된다.
⑤ 중력은 우주선이 발사대에 정지해 있을 때와 차이가 10 % 이내이다.

21

그림과 같이 질량이 각각 m, $2m$, $3m$ 인 물체 A, B, C 가 일직선 상에서 각각 같은 거리만큼 떨어져 있다. 각 물체에 작용하는 만유 인력의 크기를 F_A, F_B, F_C 라 할 때 $F_A : F_B : F_C$ 를 구하시오.

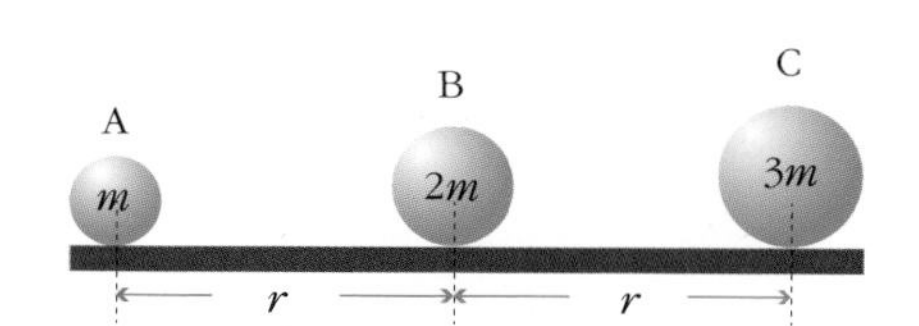

	F_A	F_B	F_C
①	3	8	24
②	3	8	27
③	11	8	27
④	11	16	24
⑤	11	16	27

22 그림과 같이 질량 1 kg 인 물체 A 를 정지 마찰 계수가 0.1 인 벽에 수직한 방향으로 밀어서 미끄러져 내려오지 않도록 하고자 한다. 물체 A 가 미끄러져 내려오지 않으려면 벽에 수직한 방향으로 얼마의 힘 F 를 작용해야 하는가? (단, 중력 가속도는 9.8 m/s^2 이다.)

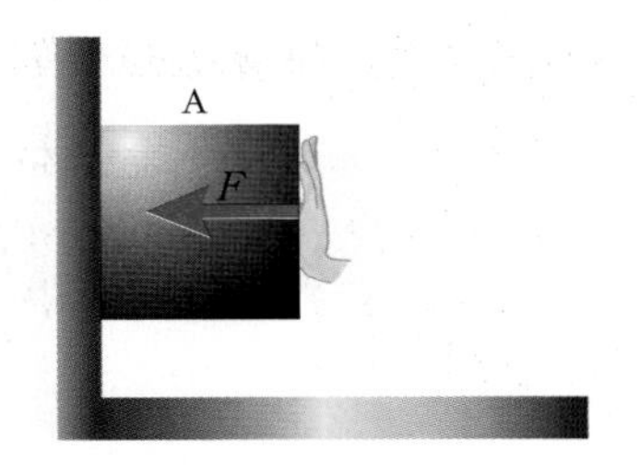

① 0.98 N ② 4.9 N ③ 9.8 N
④ 49 N ⑤ 98 N

23 그림처럼 기울기와 높이가 같고 마찰이 있는 빗면을 따라 질량 1 kg 인 공 A 와 2 kg 인 공 B 가 미끄러져 내려가고 있다. 두 공을 같은 높이에서 동시에 놓을 때, 두 공의 운동에 대한 설명으로 옳은 것만을 <보기> 에서 있는 대로 고른 것은? (단, 두 빗면은 같은 재질로 되어있고, 공의 크기는 서로 같다.)

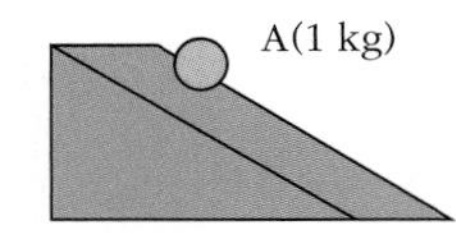

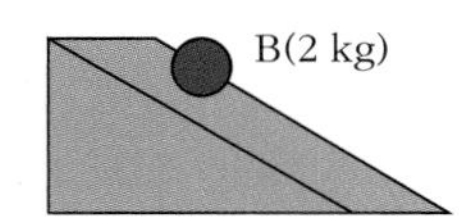

<보기>

ㄱ. 공 A 의 가속도의 크기가 공 B 의 가속도의 크기보다 크다.
ㄴ. 공 A 에 작용하는 운동 마찰력의 크기가 공 B 에 작용하는 운동 마찰력의 크기보다 작다.
ㄷ. 두 공은 동시에 바닥에 도달한다.

① ㄱ ② ㄴ ③ ㄷ
④ ㄴ, ㄷ ⑤ ㄱ, ㄴ, ㄷ

24 용수철 A 는 질량 1 kg 인 물체를 달았을 때 2 cm 가 늘어나고, 용수철 B 는 4 cm 가 늘어난다. 그림과 같이 용수철 A 에 질량이 5 kg 인 물체를 매달고 이어서 용수철 B 에 질량 3 kg 인 물체를 매달았을 때, 늘어나는 전체 길이는 몇 cm인가? (단, 중력 가속도는 10m/s^2이고, 용수철의 무게는 무시한다.)

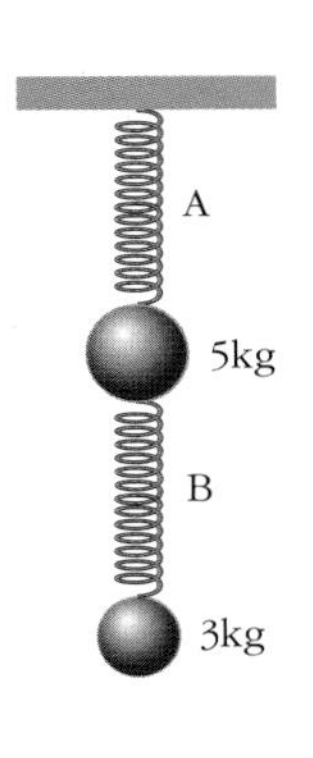

① 12 cm ② 16 cm ③ 20 cm
④ 28 cm ⑤ 32 cm

25 그림 (가) 는 비커 바닥에 용수철을 고정하고 나무도막과 연결하여 나무 도막을 물에 띄운 것이고, 그림 (나) 는 물 위에 얼음이 떠 있는 것을 나타낸 것이다.

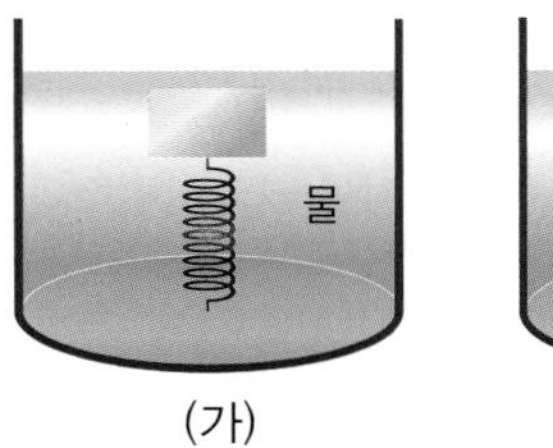

(가)

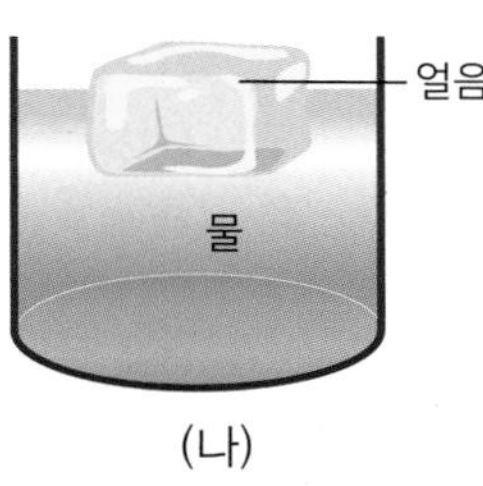

(나)

이에 대한 설명으로 옳은 것만을 <보기> 에서 있는 대로 고른 것은? (단, 지구의 중력 가속도는 달의 중력 가속도의 6 배이며, 물은 증발하지 않는 것으로 가정한다.)

<보기>

ㄱ. (가) 비커를 달 표면으로 가져가면 용수철이 늘어나는 길이가 지구 표면에서 용수철이 늘어나는 길이의 6 배이다.
ㄴ. (나) 비커를 달 표면으로 가져가면 얼음이 잠기는 수위가 지구 상에서 얼음이 잠기는 수위보다 커진다.
ㄷ. (나) 에서 얼음이 녹아도 비커 속 물의 수위는 일정하다.

① ㄱ ② ㄴ ③ ㄷ
④ ㄱ, ㄷ ⑤ ㄱ, ㄴ, ㄷ

26 그림과 같이 질량 2 kg 인 물체를 수평면에 놓고 수평면과 θ 되는 방향으로 힘을 작용하고 있다. 물체와 수평면 사이의 정지 마찰 계수를 0.1 이라고 할 때 물체를 움직일 수 있는 최소한의 힘 F 는 얼마인가? (단, 중력 가속도는 10 m/s^2 이고, $\cos\theta = \frac{4}{5}$ 이다.)

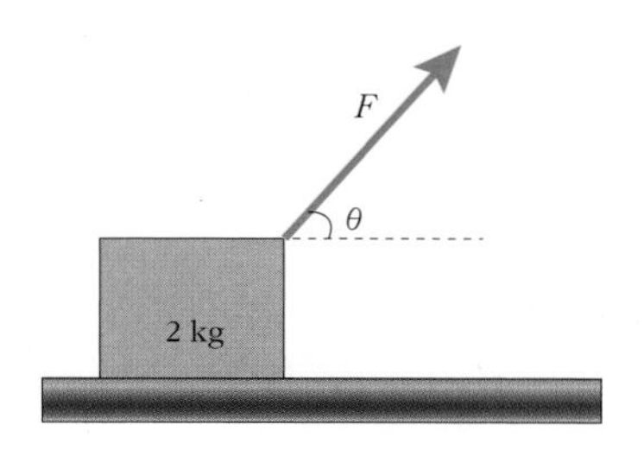

① $\frac{20}{43}$ N ② $\frac{40}{43}$ N ③ $\frac{60}{43}$ N
④ $\frac{80}{43}$ N ⑤ $\frac{100}{43}$ N

27 다음은 수평면에 정지해 있는 질량 1 kg 인 공에 수평 방향의 힘(외력)을 작용할 때 힘의 크기에 따른 공의 가속도를 나타낸 그래프이다.

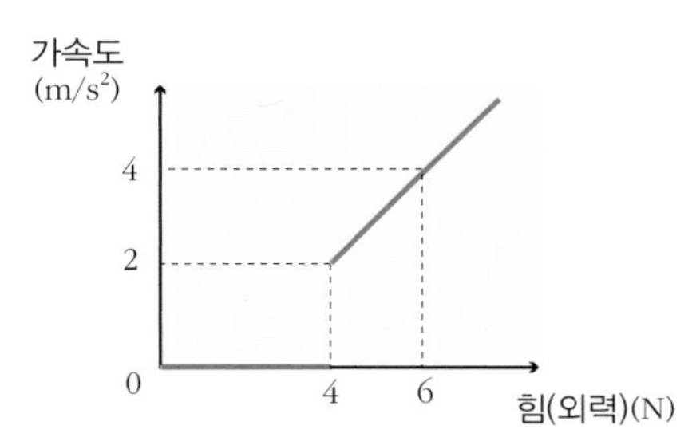

공의 운동에 대한 설명으로 옳은 것만을 <보기> 에서 있는 대로 고른 것은? (단, 중력 가속도는 10 m/s^2 이다.)

<보기>

ㄱ. 공의 운동 마찰 계수는 0.2 이다.
ㄴ. 외력이 6 N 인 순간은 외력이 3 N 인 순간에 비해 공에 작용하는 마찰력의 크기가 작다.
ㄷ. 같은 재질로 만들어진 2 kg 인 공에 같은 평면에서 외력을 작용할 때 최대 정지 마찰력은 8 N 이다.

① ㄱ ② ㄴ ③ ㄷ
④ ㄱ, ㄷ ⑤ ㄱ, ㄴ, ㄷ

28 다음 그림과 같이 경사각이 30° 인 빗면 상에서 무한이가 질량 1 kg 인 공을 빗면 위 방향으로 10 N 의 힘으로 당기자 공이 빗면 위쪽 방향으로 미끄러져 올라가기 시작했다. 이에 대한 설명으로 옳은 것만을 <보기> 에서 있는 대로 고른 것은? (단, 중력 가속도 는 10 m/s^2 이다.)

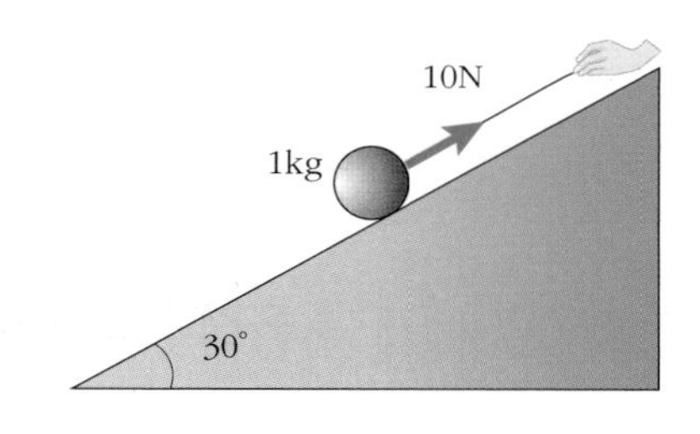

<보기>

ㄱ. 공에 작용하는 정지 마찰 계수는 $\sqrt{3}$ 이다.
ㄴ. 공에 계속해서 10 N 의 힘을 가하면 등속 직선 운동을 한다.
ㄷ. 공을 4 N 의 힘으로 빗면 위 방향으로 당기면 마찰력의 방향과 무한이가 공을 당기는 방향은 같다.

① ㄱ ② ㄴ ③ ㄷ
④ ㄱ, ㄷ ⑤ ㄱ, ㄴ, ㄷ

29 다음 그림과 같이 마찰이 없는 수평면 위에 있는 질량 25 kg 인 수레 위에 5 kg 인 물체 A 가 놓여 있다. 수레에 오른쪽 방향으로 힘 F 를 가하여 가속도 운동을 시켰을 때 A가 수레 위에서 미끄러지기 위한 F 의 최소값은 얼마인가?(단, 중력 가속도는 10 m/s^2 이고, 수레와 물체 A 사이의 정지 마찰 계수는 0.4 이다.)

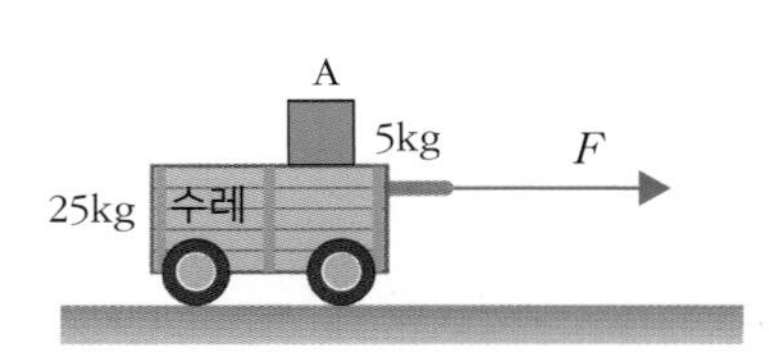

( ) N

30 같은 수평 유리판 위에 질량이 5 kg 인 유리 구슬 A 와 질량을 알 수 없는 유리 구슬 B 가 정지한 상태로 놓여 있다. 다음 그림 (가), (나) 는 유리 구슬 A 와 B 에 각각 수평 방향의 힘을 작용하였을 때 힘과 가속도의 관계 그래프이다. 두 유리 구슬은 같은 직선 상에서 운동하고 있다. 이에 대한 설명으로 옳은 것만을 <보기> 에서 있는 대로 고른 것은? (단, 중력 가속도는 10 m/s^2 이고, 오른쪽 방향을 (+)로 하며, 두 유리 구슬은 같은 재질로 되어 있다.)

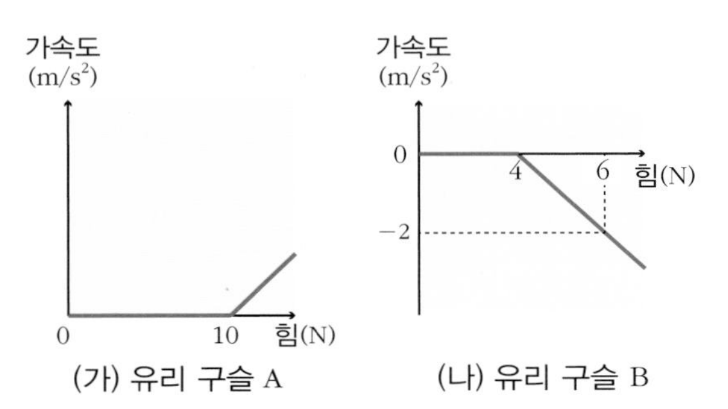

(가) 유리 구슬 A (나) 유리 구슬 B

<보기>

ㄱ. 유리판의 정지 마찰 계수는 운동 마찰 계수의 2 배이다.
ㄴ. 두 구슬에 각각 6 N 의 힘을 가했을 때 두 구슬에 작용하는 마찰력의 방향은 서로 반대이다.
ㄷ. A 에 12 N 의 외력이 작용할 때, A 의 가속도는 1.4 m/s^2 이다.

① ㄱ ② ㄴ ③ ㄷ
④ ㄱ, ㄴ ⑤ ㄱ, ㄴ, ㄷ

31 50 N 의 힘으로 늘리면 1 cm 늘어나는 길이 2 cm 인 용수철 4 개가 있다. 이 용수철을 그림과 같이 연결하여 AB 사이의 거리를 10 cm 로 하였을 때, 연결점 P 의 위치는 A 면에서 몇 cm 떨어져 있는가?

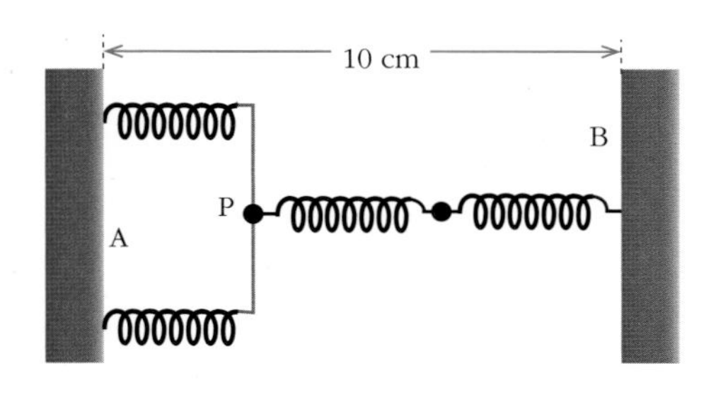

( ) cm

32 다음 그림과 같이 수평면 위에 놓여 있는 용수철 상수가 50 N/m 인 가벼운 용수철의 양 끝에 질량 2 kg 의 물체 A 와 질량 1.5 kg 의 물체 B를 연결하고 두 손으로 당겨서 10 cm 늘인 다음 가만히 놓았더니 길이가 점점 줄어들었다. 이에 대한 설명으로 옳은 것만을 <보기> 에서 있는 대로 고른 것은? (단, 중력 가속도 g = 10 m/s^2 이고, 물체 A, B 는 같은 재질이며, 수평면 사이의 정지 마찰 계수는 0.3 이고, 운동 마찰 계수는 0.2 이다.)

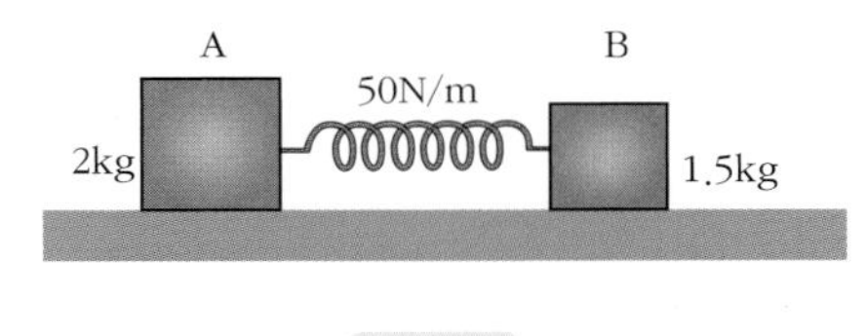

<보기>

ㄱ. 용수철의 길이가 줄어들기 시작할 때 물체 A 는 정지해 있다.
ㄴ. 용수철의 길이가 줄어들고 있을 때 물체 B에 작용하는 마찰력의 크기는 3 N 이다.
ㄷ. 용수철을 8 cm 만큼 늘리면 용수철의 길이가 줄어들지 않는다.

① ㄱ ② ㄴ ③ ㄷ
④ ㄱ, ㄷ ⑤ ㄱ, ㄴ, ㄷ

33 용수철의 원래 길이가 20 cm 이고, 1 kg 의 물체를 매달았을 때 6 cm 가 늘어나는 매우 가벼운 동일한 용수철 3 개가 있다. 이 용수철을 그림과 같이 연직선 상으로 장치하고 전체 길이를 40 cm 로 유지한 후, 그림처럼 중간에 2 kg 의 물체를 매달았을 때 물체가 정지하는 지점은 아래 면으로부터 몇 cm 높이 이겠는가? (단, 중력 가속도 g = 10 m/s^2 이고, 물체 자체의 높이는 무시한다.)

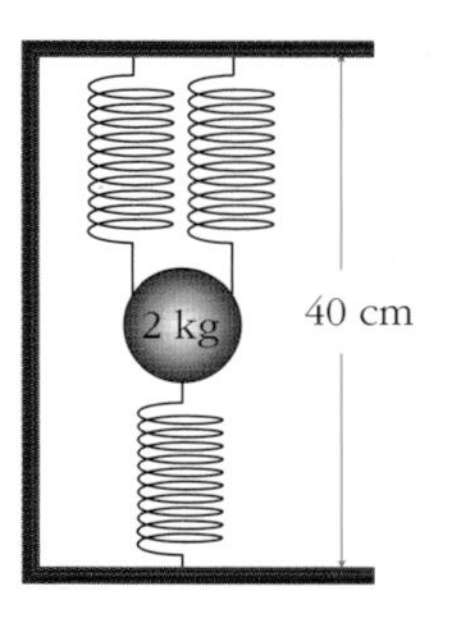

34

다음 그림과 같이 물체 A 와 B 가 질량을 무시할 수 있는 줄에 연결되어 평형 상태에 있다. 물체 A, B 의 질량은 각각 50 kg, 10 kg 이고, 물체 A 와 탁자 사이의 정지 마찰 계수는 0.6, 벽과 매듭을 연결하는 줄이 수평 방향과 이루는 각도는 30° 이다. 이에 대한 설명으로 옳은 것만을 <보기>에서 있는 대로 고른 것은? (단, 중력 가속도는 10 m/s^2 이다.)

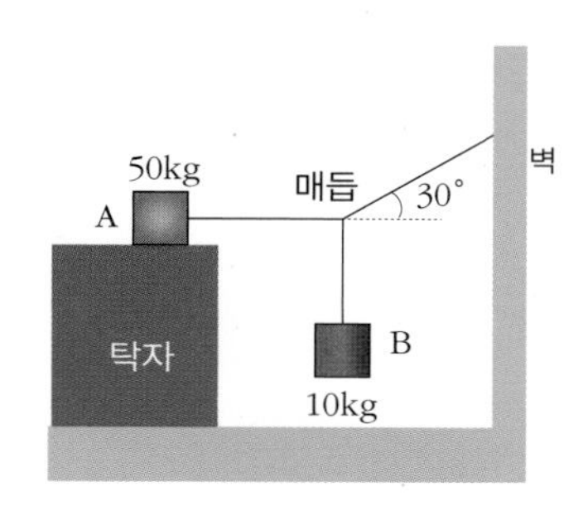

<보기>

ㄱ. 매듭과 벽을 연결하는 줄의 장력은 200 N 이다.
ㄴ. 물체 A와 탁자 사이의 마찰력은 100 N 이다.
ㄷ. 평형 상태를 유지할 수 있는 물체 B 질량의 최대값은 $10\sqrt{3}$ kg 이다.

① ㄱ ② ㄴ ③ ㄷ
④ ㄱ, ㄷ ⑤ ㄱ, ㄴ, ㄷ

창의력

35

그림은 마찰이 없는 수평면에 있는 수레 위에 물체 A 와 B 를 올려 놓고 수레에 오른쪽 방향으로 5N 의 힘을 가하고 있는 모습이다. 이때 물체 A 는 늘어나지 않는 끈으로 벽과 연결되어 있고, 물체 B 는 미끄러지지 않고 수레와 같이 오른쪽 방향으로 등속 운동하였다.

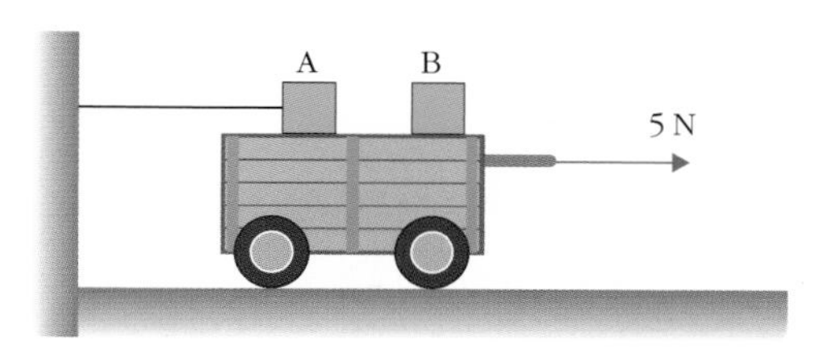

이에 대한 설명으로 옳은 것을 있는 대로 고르시오.

<보기>

ㄱ. A 와 B 가 받는 마찰력의 방향은 같다.
ㄴ. A 를 연결한 끈의 장력은 5 N 이다.
ㄷ. 어느 순간 B 를 살짝 들어올리면 수레의 운동은 가속도 운동으로 바뀐다.

36

그림 (가) 의 A 물체는 속이 비어 있는 구를 나타낸다. 물체 A 의 비어 있는 부분은 물체 C 의 크기와 정확히 같다. 그림 (가) 처럼 속이 비어 있는 구가 물체 B 에 작용하는 만유 인력과 그림 (나) 와 같이 속이 비어 있지 않은 A 물체와 C 물체를 양쪽에 두었을 때 물체 B 에 작용하는 만유인력을 비교하여 설명하시오.

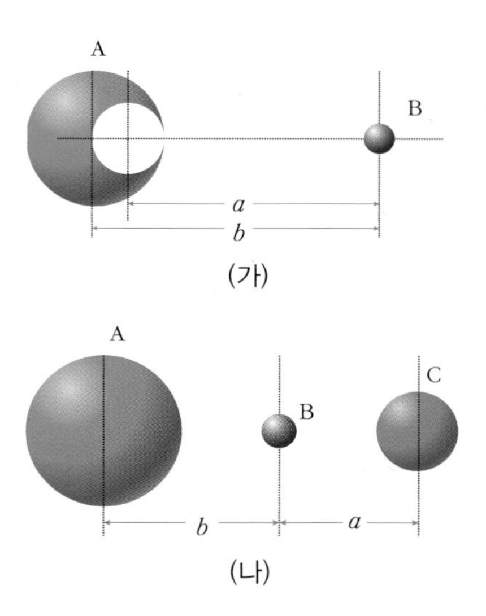

37 천장에 매달린 10 kg 의 추가 진자 운동을 하는 중에 진폭이 가장 큰 순간 연직선과 60° 를 이루고 있는 모습이다. 이 상태는 추의 운동 방향이 바뀌기 직전 상태이며 추는 정지 상태에 있게 된다. (단, 중력 가속도 $g = 10\ m/s^2$ 이다.)

(1) 그림처럼 추가 정지한 상태에서 추에 작용하는 알짜힘의 크기를 구하시오.

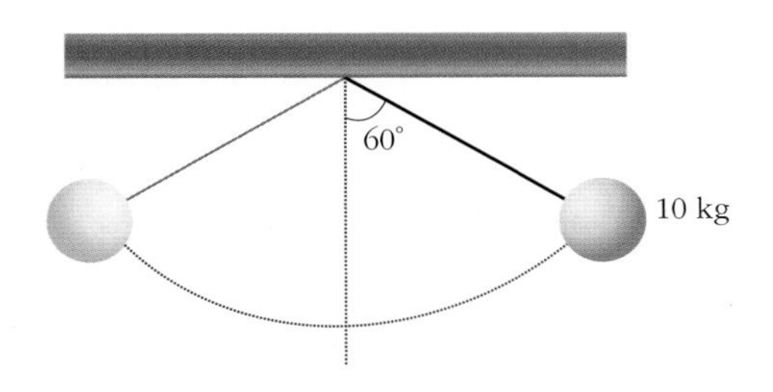

(2) 추를 수평 방향의 힘 F 를 가하여 계속 멈춰 있게 할 때, 힘 F 의 크기를 구하시오.

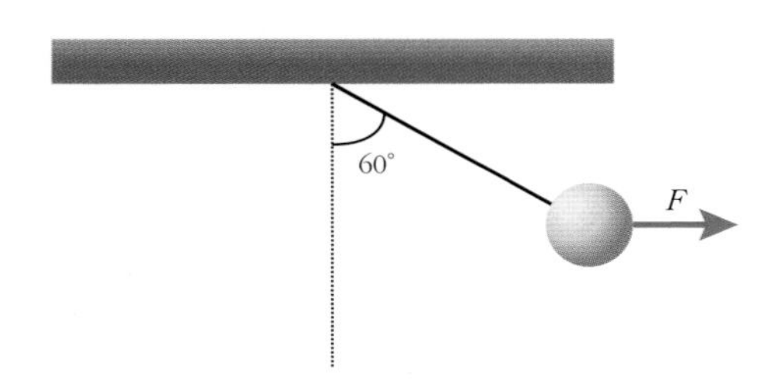

(3) 추를 운동시켜 최하점에 도달하는 순간 작용하는 힘을 설명하시오.

38 그림은 경사각이 30° 로 같고 재질은 다른 빗면에서 물체가 움직이는 것을 나타낸 것이다. 다음 물음에 대해 답하시오.

(1) 무게 50 N 의 물체가 일정한 속도로 미끄러져 내려가고 있다. 이 물체를 같은 빗면에서 등속도로 밀어 올리기 위해 필요한 힘은 얼마인가?

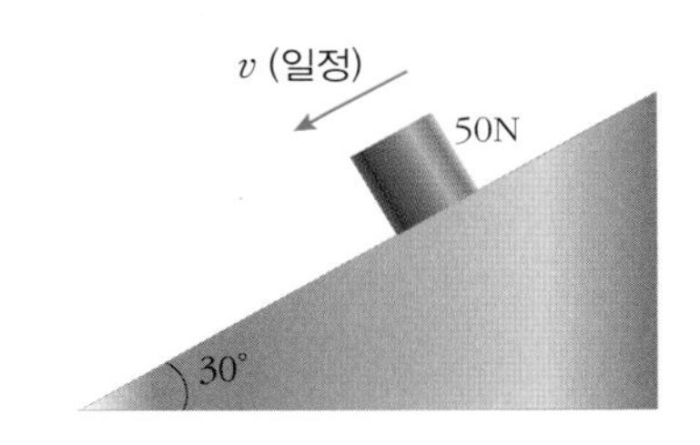

(2) 그림처럼 경사각 30° 인 빗면을 따라 정지해 있던 무게 100 N 의 물체를 밀어올려 움직이기 시작할 때 120 N 의 힘이 필요했다. 그렇다면 정지해 있던 물체를 빗면을 따라 밀어내릴 때 필요한 최소한의 힘은 얼마인가?

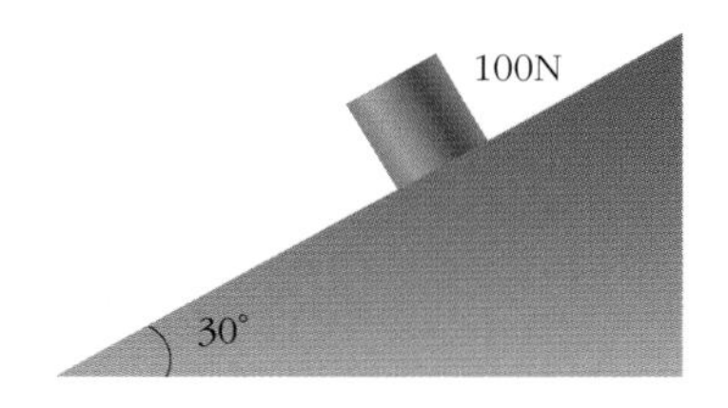

39 그림 (가) 처럼 용수철에 물체를 매달아 용수철이 늘어나지 않은 상태에서 손으로 잡고 있을 때 원기둥 하단이 물에 살짝 닿았다. 그림 (나)의 상태로 정지하도록 손을 놓으니 용수철이 늘어나면서 원기둥의 일부가 물에 잠기게 되는데 물속에 몇 cm 가 잠기겠는지 다음 조건을 이용하여 구하시오. (단, 용수철의 무게는 생각하지 않는다.)

<보기>

조건1) 용수철은 100 g 의 물체를 매달면 10 cm 가 늘어난다.

조건2) 원기둥은 높이가 20 cm, 단면적 10 cm^2 이며, 질량은 300 g 이다.

조건3) 물은 밀도가 1 g/cm^3 이다.

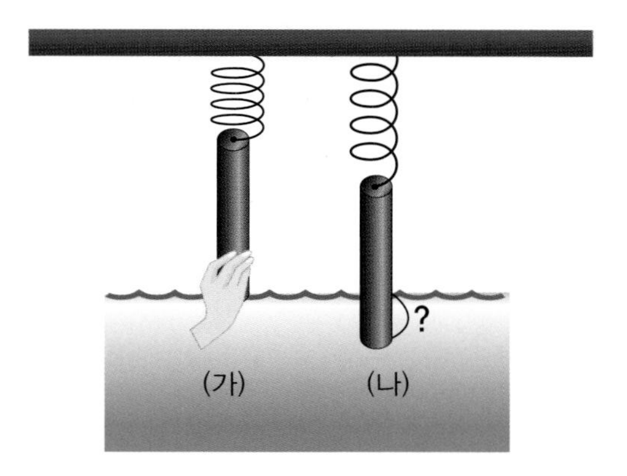

40 원래 길이가 20 cm 인 용수철에 2 kg 의 추를 매달면 10 cm 가 늘어난다. 이 용수철에 5 kg 의 추를 매달아 그림처럼 저울 위의 물속에 담갔더니 저울의 눈금이 2 kgf 증가했다. 이 상황에 대한 설명으로 옳은 것만을 <보기>에서 있는 대로 고른 것은? (단, g = 9.8 m/s^2 이고, 물의 밀도는 1000 kg/m^3 이다.)

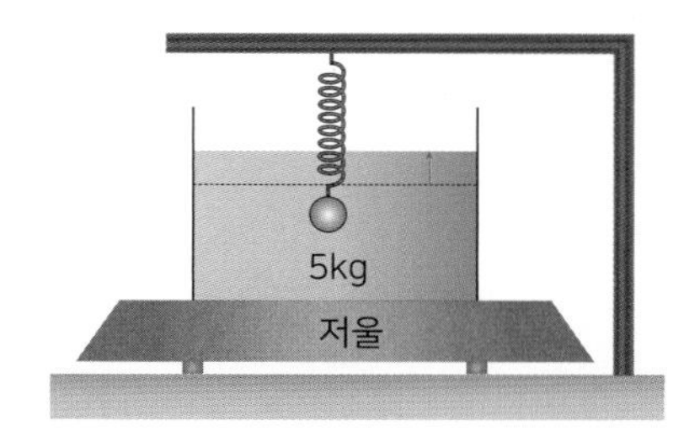

<보기>

ㄱ. 용수철은 10 cm 늘어난다.

ㄴ. 물체가 받는 부력의 크기는 19.6 N 이다.

ㄷ. 추의 부피는 0.002 m^3 이다.

① ㄱ ② ㄴ ③ ㄷ
④ ㄴ, ㄷ ⑤ ㄱ, ㄴ, ㄷ

04강 운동 방정식의 활용

1. 운동 방정식의 활용 Ⅰ

(1) 마찰이 있는 평면에서 물체의 운동

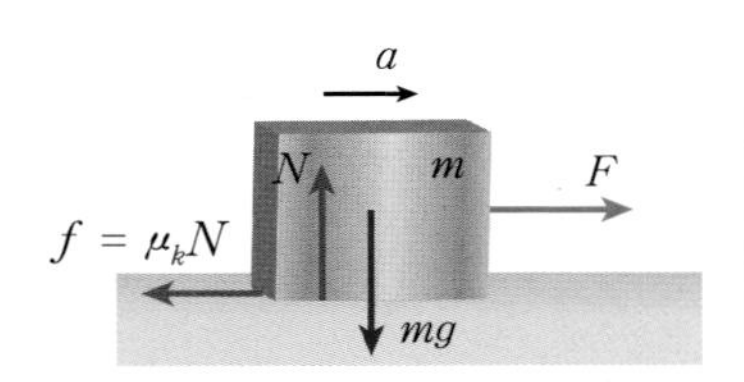

F	: 물체를 끄는 힘		
m	: 물체의 질량	a	: 물체의 가속도
f	: 운동 마찰력	N	: 수직 항력
g	: 중력 가속도	μ_k	: 운동 마찰 계수

물체에 작용하는 알짜힘 $(ma) = F - f = F - \mu_k N = F - \mu_k mg$

예 운동 마찰력이 1 N 인 수평면 위에 놓인 질량 2 kg 인 물체를 4 N 의 힘으로 끌 때 운동 방정식

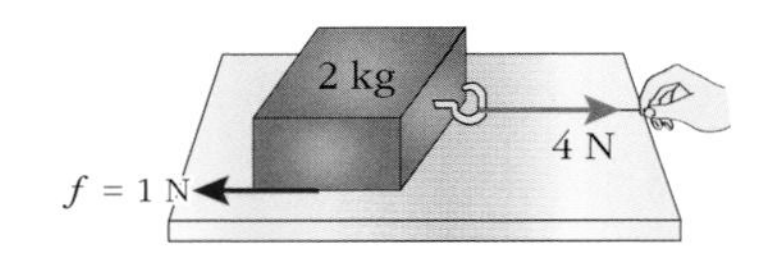

F(알짜힘) = 작용한 힘 − 운동 마찰력 = ma

$\therefore F = 4\text{ N} - 1\text{ N} = 2\text{kg} \times a$ ⇨ $a = 1.5\text{ m/s}^2$

◉ 운동 방정식을 세우는 방법

① 직선 운동에서 물체의 가속도의 방향이 (+)라면, 반대 방향은(−)로 한다.

② 직선 운동에서 각각의 물체가 받고 있는 힘(각각의 물체에 작용하는 힘)을 파악하여 (+)방향의 힘과 (−)방향의 힘으로 분류하여 합력(알짜힘)을 구한 후, $F = ma$ 공식에 적용한다.

③ 각각의 물체에 작용하는 힘들이 일직선 상이 아닐 경우(끈으로 연결되었을 경우는 일직선 상 힘으로 함)에는 x 축, y 축 방향으로 분해하여 각각 따로 $F = ma$ 공식을 적용한다.

(2) 마찰이 있는 평면에서 힘이 비스듬하게 작용할 때 물체의 운동

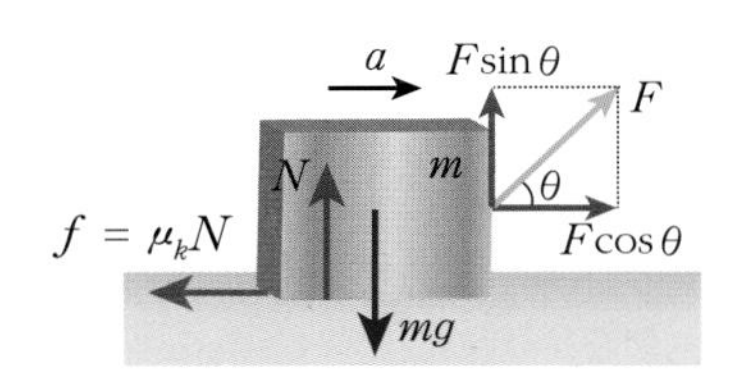

F	: 물체에 작용하는 힘		
θ	: F 와 수평면이 이루는 각도		
m	: 물체의 질량	a	: 물체의 가속도
f	: 운동 마찰력	N	: 수직 항력
g	: 중력 가속도	μ_k	: 운동 마찰 계수

수평 방향 알짜힘 $= F\cos\theta - \mu_k(mg - F\sin\theta) = F(\cos\theta + \mu_k\sin\theta) - \mu_k mg$

예 운동 마찰력이 1 N 인 면 위에 놓인 질량이 2 kg 인 물체를 지면과 60° 를 이루며 6 N 의 힘으로 끌 때 운동 방정식

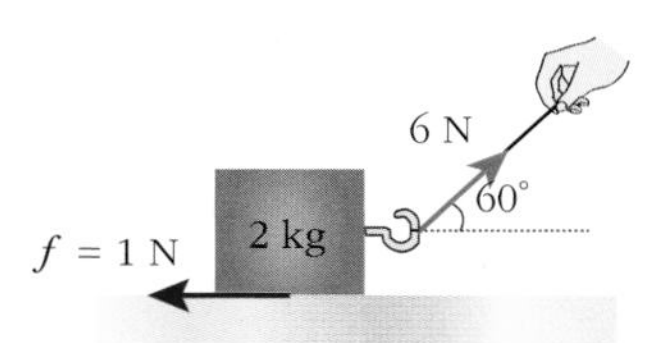

F(알짜힘) = 수평 방향으로 작용한 힘 − 운동 마찰력 $= ma$

$\therefore F = 6\text{ N} \times \cos 60° - 1\text{ N} = 2\text{ kg} \times a$

⇨ $a = 1\text{ m/s}^2$

◉ 힘이 비스듬하게 작용할 때 물체에 작용하는 수직 항력(N)

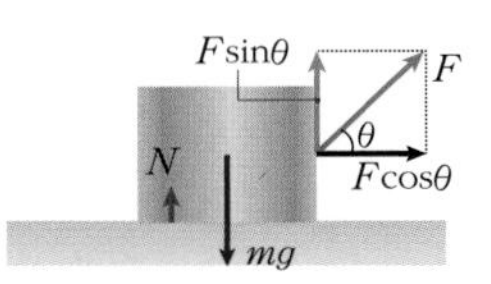

수직 항력은 면이 물체를 떠받치는 힘으로, 물체에 작용하는 힘이다.

수직 항력을 N 이라고 할 때, 물체에 연직 방향으로 작용하는 힘들의 평형은 $N + F\sin\theta = mg$ 이다.

$\therefore N(\text{크기}) = mg - F\sin\theta$

개념확인 1　　정답 및 해설 26

오른쪽 그림은 운동 마찰 계수가 0.1 인 유리판 위에 있는 질량 1 kg 인 나무도막에 3 N 의 힘을 수평 방향으로 작용하고 있는 모습이다. 나무도막의 가속도의 크기는 얼마인가? (단, 중력 가속도는 10 m/s² 이다.)

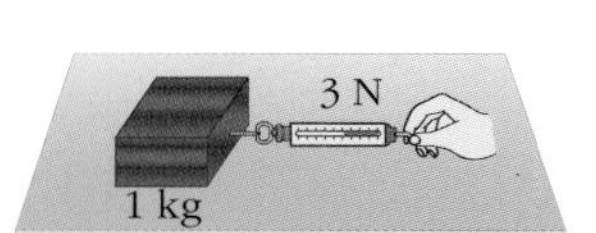

확인 + 1

오른쪽 그림은 마찰이 없는 평면 위에 정지해 있는 질량이 1 kg 인 물체에 수평면과 30° 의 각도를 유지하며 $2\sqrt{3}$ N 의 힘을 가하고 있는 모습이다. 이 물체의 수평 방향의 가속도는 얼마인가?

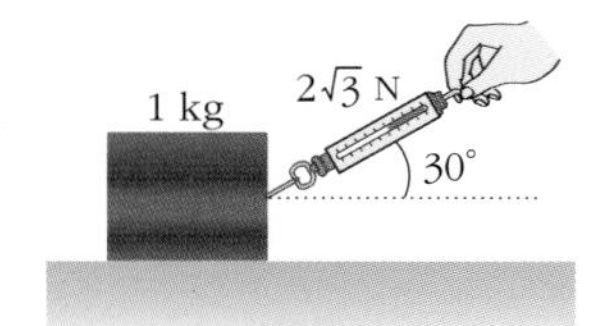

2. 운동 방정식의 활용 II

(1) 마찰이 없는 수평면에서 연결된 두 물체를 오른쪽으로 끌 때의 운동

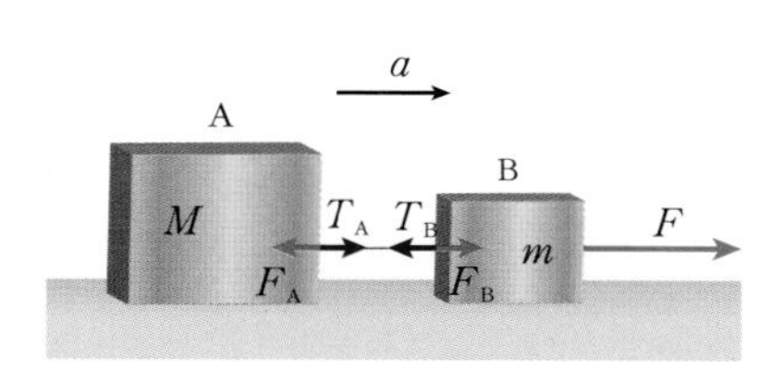

F : 물체를 끄는 힘　　a : 두 물체의 가속도
T : 실의 장력
물체 A, B 의 질량 : M, m
물체 A 에 작용하는 알짜힘 : T_A
물체 B 에 작용하는 알짜힘 : $F - T_B$

·물체 A 의 운동 방정식 : $T_A = Ma$　·물체 B 의 운동 방정식 : $F - T_B = ma$

예 마찰이 없는 수평면 위에서 질량이 2 kg, 1 kg 인 두 물체를 줄에 연결하여 6 N 의 힘으로 끌 때

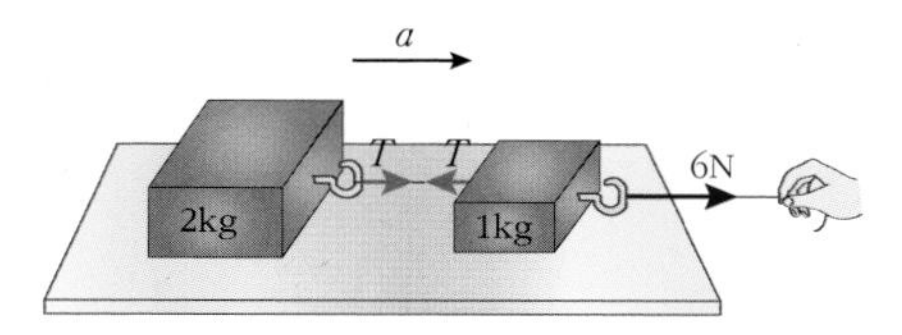

① 2 kg 물체에 대한 식 : T = 2 kg × a
② 1 kg 물체에 대한 식 : 6 N − T = 1 kg × a
∴ a = 2 m/s^2, T = 4 N

◉ 마찰이 없는 수평면에서 연결된 두 물체에 작용하는 힘들의 관계

·T_A : 줄이 물체 A 를 오른쪽으로 끄는 힘(장력)
·F_A : 물체 A 가 줄을 왼쪽으로 끄는 힘으로 끈이 받는 힘
⇨ T_A와 F_A는 작용 반작용 관계이다.
·T_B : 줄이 물체 B 를 왼쪽으로 끄는 힘(장력)
·F_B : 물체 B 가 줄을 오른쪽으로 끄는 힘으로 끈이 받는 힘
⇨ T_B와 F_B는 작용 반작용 관계이다.
⇨ 한 줄에 연결되어 줄이 양쪽을 잡아당기는 것이므로 T_A와 T_B의 크기는 같다.

(2) 마찰이 없는 수평면에서 접촉한 두 물체를 왼쪽에서 밀 때의 운동

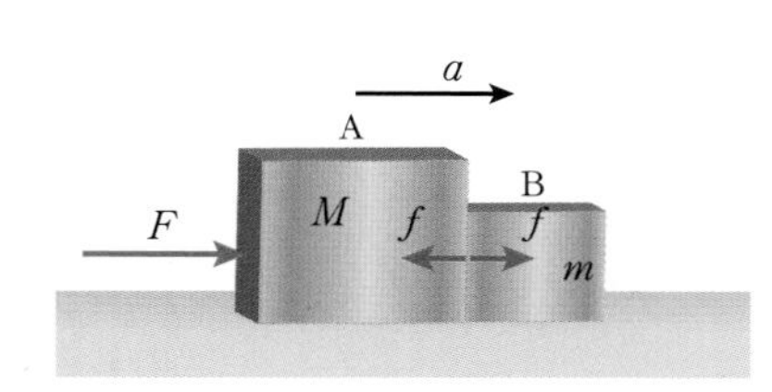

F : 물체 A 를 오른쪽에서 미는 힘
a : 물체의 가속도
물체 A, B 의 질량 : M, m
물체 A 에 작용하는 알짜힘 : $F - f$
물체 B 에 작용하는 알짜힘 : f

·물체 A의 운동 방정식 : $F - f = Ma$　·물체 B의 운동 방정식 : $f = ma$

예 마찰이 없는 수평면 위에서 질량이 각각 1 kg, 3 kg 인 두 물체를 접촉시키고 왼쪽에서 4 N 의 힘으로 밀 때

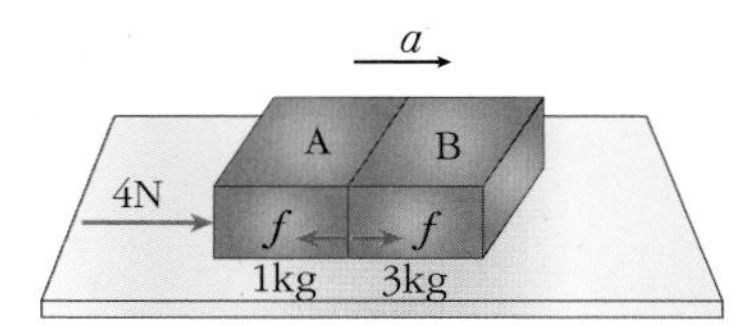

① 물체 A에 대한 식 : 4 N − f = 1 kg × a
② 물체 B에 대한 식 : f = 3 kg × a
∴ a = 1 m/s^2, f = 3 N

◉ 접촉면에서 주고 받는 힘

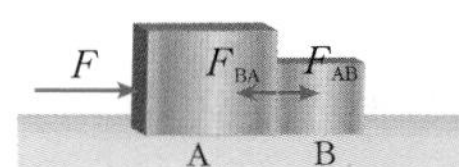

접촉하고 있는 두 물체의 왼쪽에서 오른쪽으로 힘 F를 가하면 접촉면에서 서로 주고받는 두 힘이 발생하는데 두 힘은 작용 반작용 관계이다.
·F_{AB} : 물체 A 가 물체 B 에 작용하는 힘
·F_{BA} : 물체 B 가 물체 A 에 작용하는 힘
(두 힘의 크기는 같고, 방향은 반대이다.)

◉ 마찰이 없는 수평면에서의 수직 항력

마찰이 없는 면은 마찰계수가 0 이므로 물체에는 수직 항력이 작용하지만 마찰력이 발생하지 않는다.

개념확인 2　정답 및 해설 26

오른쪽 그림은 마찰이 없는 수평면 위에 정지해 있는 질량이 1 kg 인 물체 A 와 질량이 2 kg 인 물체 B 두 개를 끈으로 연결하여 6 N 의 힘으로 당기고 있는 모습이다. A 물체가 B 물체를 끄는 힘의 크기는 몇 N 인가?

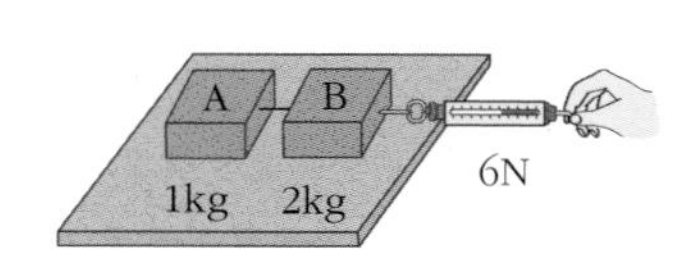

확인 + 2

오른쪽 그림은 마찰이 없는 평면 위에 정지해 있는 질량이 각각 2 kg 인 물체 두 개를 접촉시킨 상태에서 왼쪽에서 4 N 의 힘을 작용하고 있는 것이다. 물체의 가속도는 얼마인가?

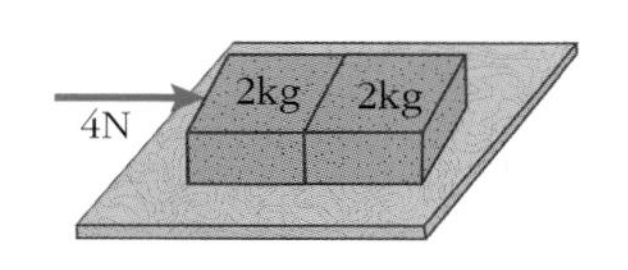

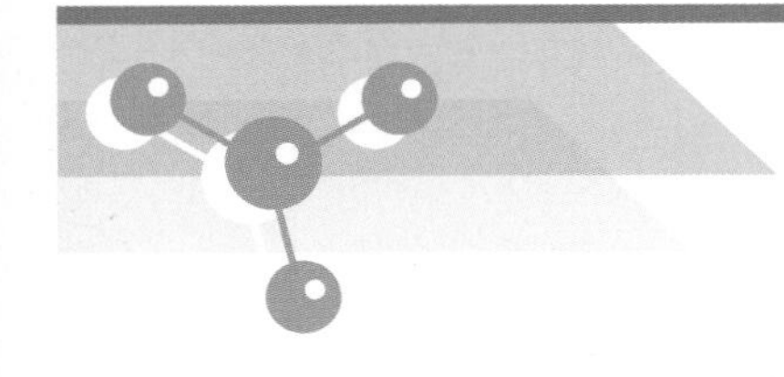

04강 운동 방정식의 활용

3. 운동 방정식의 활용 Ⅲ

◎ 마찰이 없는 책상 면 위의 물체와 중력을 받는 물체가 실로 연결되었을 때 물체에 작용하는 힘들의 관계

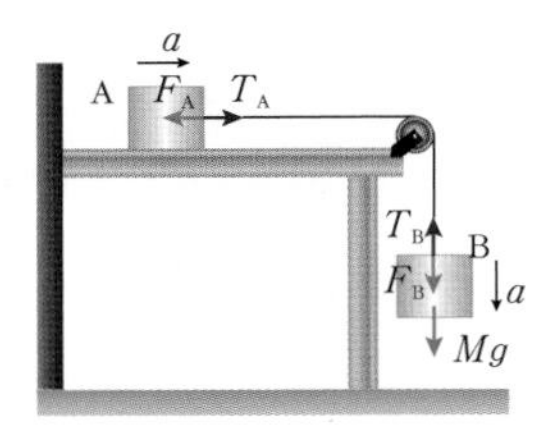

· T_A : 줄이 물체 A 를 오른쪽으로 끄는 힘
· F_A : 물체 A 가 줄을 왼쪽으로 끄는 힘
⇨ T_A와 F_A는 작용 반작용 관계이다.
· T_B : 줄이 물체 B 를 위쪽으로 끄는 힘
· F_B : 물체 B 가 줄을 아래쪽으로 끄는 힘으로 끈이 받는 힘
⇨ T_B와 F_B는 작용 반작용 관계이다.
⇨ 한 줄에 연결되어 줄이 양쪽을 잡아당기는 것이므로 T_A와 T_B의 크기는 같다.

◎ 마찰이 없는 책상 면 위의 물체와 중력을 받는 물체 두 개가 실로 연결되어 있을 때의 예

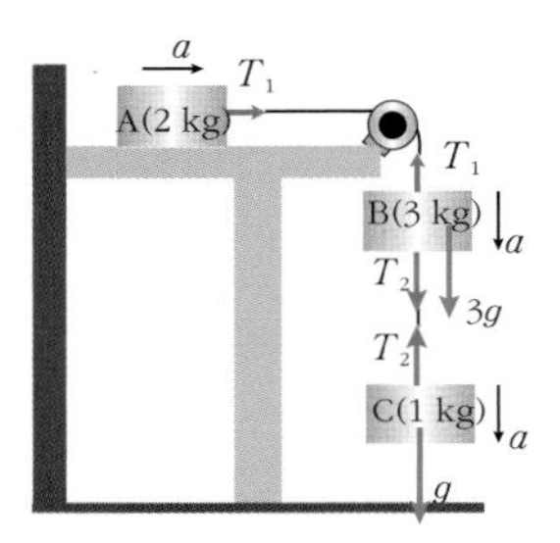

(g = 10 m/s^2 , 도르래와 실의 마찰은 무시한다.)
가속도는 그림과 같이 생기고, 중력을 고려하면,
A : $T_1 = 2a$
B : $(T_2 + 3g) - T_1 = 3a$
C : $1g - T_2 = 1a$

(1) 마찰이 없는 책상면 위의 물체와 중력을 받는 물체가 실로 연결된 두 물체의 운동 :
두 물체의 가속도의 크기는 같다.

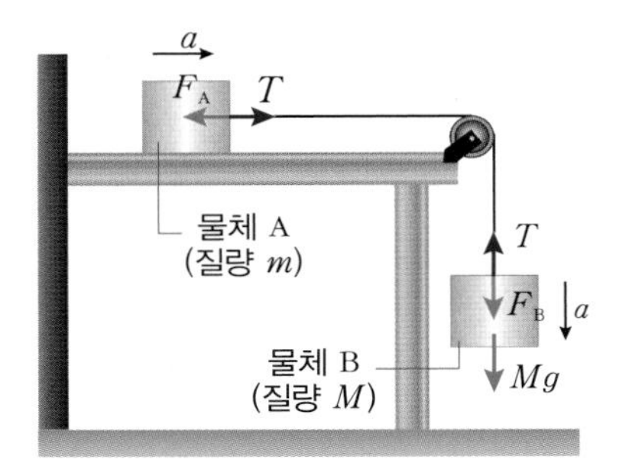

g : 중력 가속도	a : 물체의 가속도
물체 A, B 의 질량 : m, M	
물체 A 에 작용하는 알짜힘 : T	
물체 B 에 작용하는 알짜힘 : $Mg - T$	

·물체 A의 운동 방정식 : $T = ma$ ·물체 B의 운동 방정식 : $Mg - T = Ma$

㉮ 그림과 같이 질량이 1 kg 인 물체 A, 질량이 2 kg 인 물체 B, 질량이 3 kg 인 물체 C 가 연결되어 있을 때 가속도(a), 장력(T_1, T_2) 구하기(중력 가속도 g = 10 m/s^2)

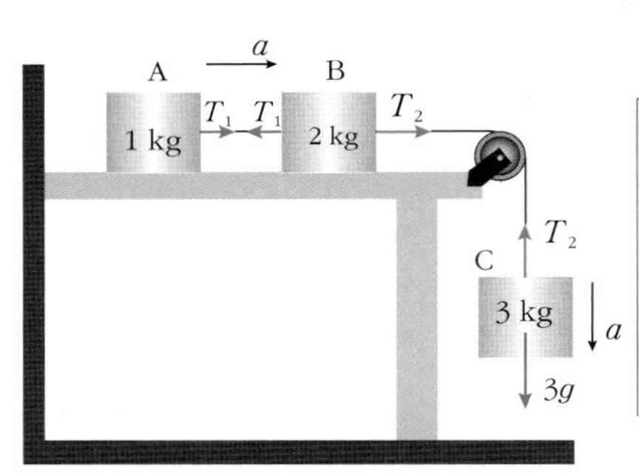

① 물체 A 의 운동 방정식 : T_1 = 1kg × a
② 물체 B 의 운동 방정식 : $T_2 - T_1$ = 2kg × a
③ 물체 C 의 운동 방정식 : $3g - T_2$ = 3kg × a
∴ a = 5 m/s^2 , T_1 = 5 N, T_2 = 15 N

정답 및 해설 26

개념확인 3

그림과 같이 마찰이 없는 면에 3 kg 의 물체 A 가 놓여 있고, 마찰을 무시할 수 있는 도르래를 통하여 2 kg 의 물체 B 가 끈에 의해서 매달려 있다. A 의 가속도는 얼마인가? (단, 중력 가속도 g = 10 m/s^{2}이다.)

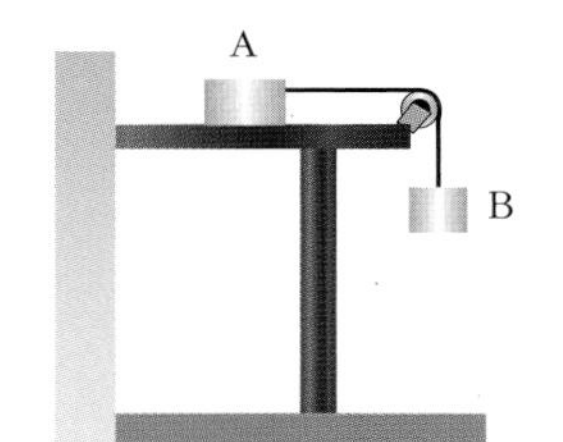

( ) m/s^2

확인 + 3

그림과 같이 탁자에 2 kg 의 물체 A 가 놓여 있고, 마찰을 무시할 수 있는 도르래를 통하여 2 kg 의 물체 B 가 끈에 매달려 있다. 두 물체가 정지해 있을 때 A 에 작용하는 마찰력의 크기는 얼마인가? (단, 중력 가속도 g = 10 m/s^{2}이다.)

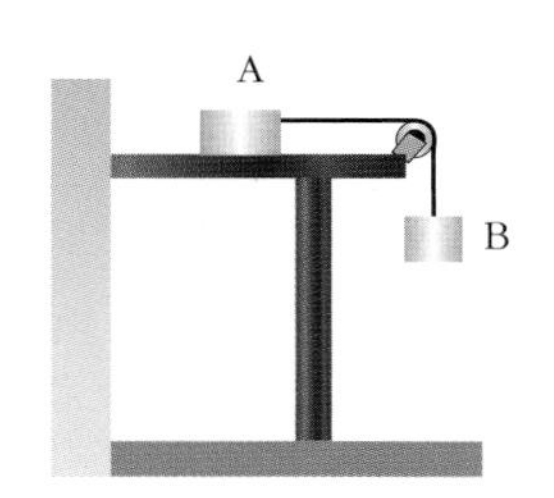

( ) N

4. 운동 방정식의 활용 IV

(1) 도르래에 매달린 두 물체의 운동 : 두 물체의 가속도의 방향은 반대이고, 크기는 같다.

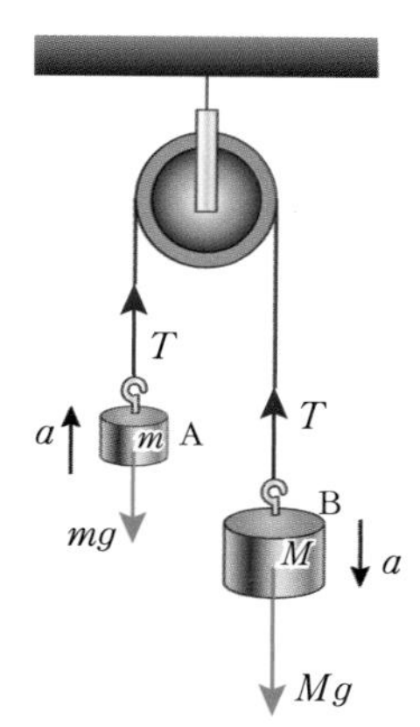

g : 중력 가속도　　a : 물체의 가속도
m, M : 물체 A, B 의 질량($m < M$)

물체 A 의 운동 방정식 : $T - mg = ma$
물체 B 의 운동 방정식 : $Mg - T = Ma$

$$\Rightarrow a = \frac{M-m}{M+m}g, \quad T = \frac{2Mm}{M+m}g$$

(2) 복합 도르래에 매달린 두 물체의 운동 : 두 물체의 가속도의 방향은 반대이고, 움직 도르래에 매달린 물체의 가속도의 크기가 절반이 된다.

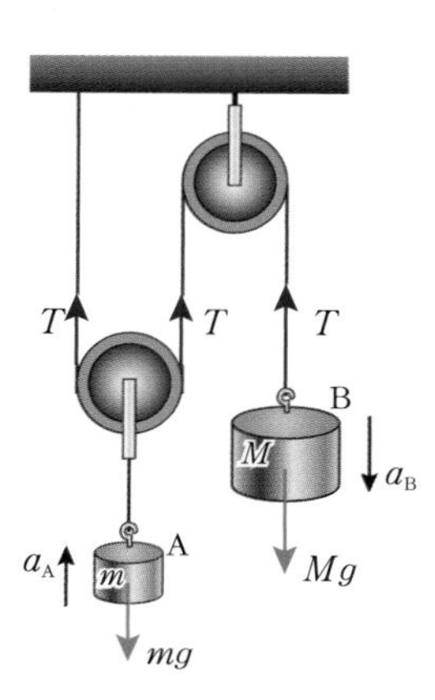

a_A : 물체 A 의 가속도　　a_B : 물체 B 의 가속도($a_B = 2a_A$)
m, M : 물체 A, B 의 질량($\frac{m}{2} < M$)　　g : 중력 가속도

물체 A 의 운동 방정식 : $2T - mg = ma_A$
물체 B 의 운동 방정식 : $Mg - T = Ma_B = 2Ma_A$

$$\Rightarrow a_A = \frac{2M-m}{4M+m}g, \quad T = \frac{3Mm}{4M+m}g$$

개념확인 4　　정답 및 해설 26

그림과 같이 마찰을 무시할 수 있는 도르래에 2 kg 인 추와 3 kg인 추를 도르래를 통하여 매달았다. 이때 3 kg 추의 가속도의 크기는 얼마인가? (단, g = 10 m/s^2 이다.)

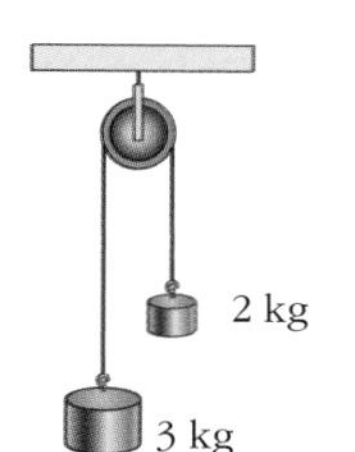

(　　　　) m/s^2

확인 + 4

그림과 같이 마찰을 무시할 수 있는 도르래에 3 kg 인 추 A 와 A 보다 질량이 가벼운 추 B 를 매달았다. 추 A 의 가속도의 크기가 5 m/s^2 일 때, 추 B 의 질량은 얼마인가? (단, 중력 가속도 g = 10 m/s^2 이다.)

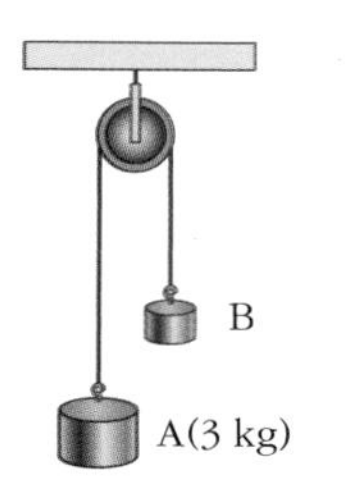

◎ 고정 도르래와 움직 도르래

·고정 도르래 : 물체를 끌어올릴 때 힘의 이득은 없으나 힘의 방향을 바꿀 수 있다.

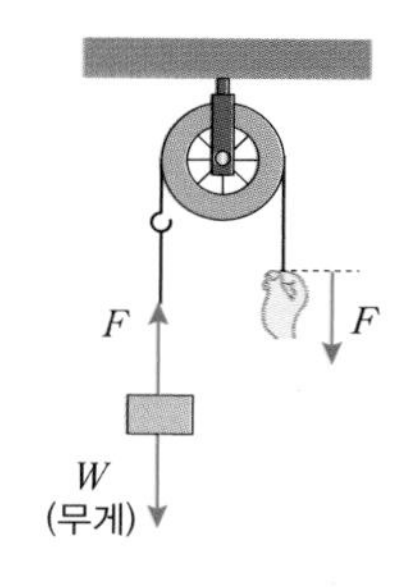

·움직 도르래 : 물체를 끌어올릴 때 힘이 $\frac{1}{2}$ 배로 줄어든다.

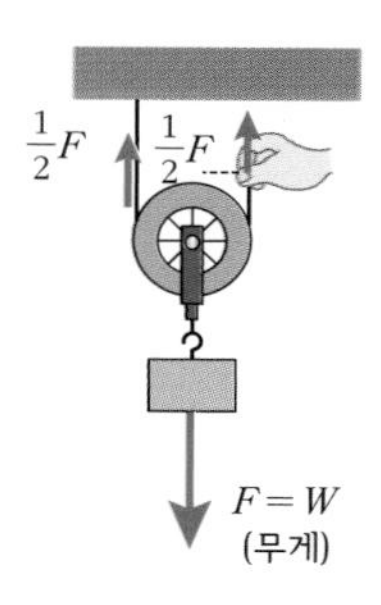

◎ 도르래에 매달린 두 물체의 가속도 구하기

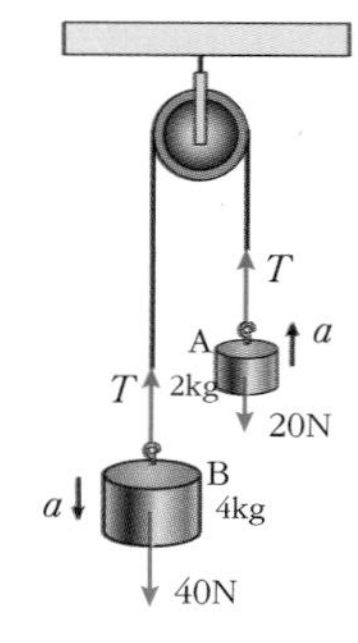

2 kg 의 추가 4 kg 의 추와 고정 도르래를 통해 연결되어 있을 때, (중력 가속도 g = 10 m/s^2, 도르래와 실의 무게는 무시한다.)

A : $T - 20 = 2a$
B : $40 - T = 4a$

$$\therefore a = \frac{10}{3}\text{ m/s}^2,\ T = \frac{80}{3}\text{ N}$$

01

그림처럼 수평면 위에 놓인 물체에 오른쪽으로 20 N 의 힘을 가해서 운동을 시키고 있다. 이때 수평면으로부터 왼쪽으로 5 N 의 마찰력이 작용하고 있다면 물체의 가속도를 현재의 2 배로 하기 위해서 얼마의 힘이 더 필요한가?

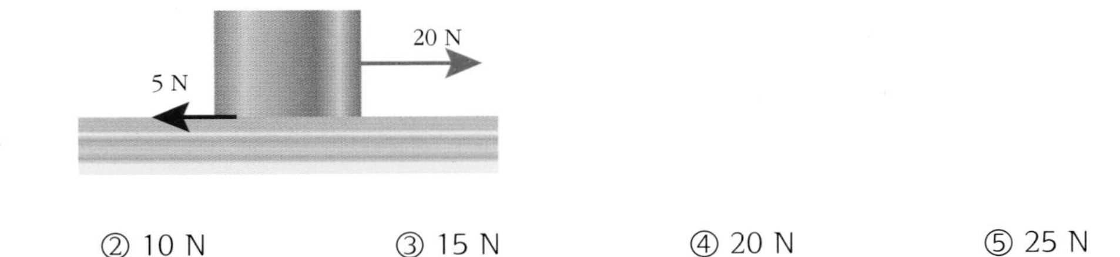

① 5 N ② 10 N ③ 15 N ④ 20 N ⑤ 25 N

02

그림은 매끄러운 수평면에 놓인 3 kg 의 물체에 수평 방향에 대해 60° 로 비스듬하게 6 N 의 힘을 가하고 있는 모습이다. 이때 물체의 가속도의 크기는 얼마인가?

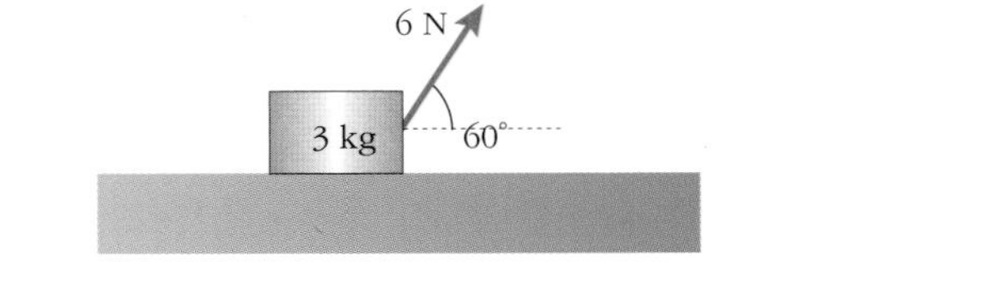

( ) m/s^2

03

그림과 같이 마찰이 없는 수평면 위에 놓인 질량이 각각 3 kg, 2 kg 인 두 물체를 가벼운 끈으로 연결하여 왼쪽으로 20 N 의 힘을 작용하여 끌고 있다. 이때 두 물체 사이에 연결된 끈이 물체에 작용하는 장력은 몇 N 인가?

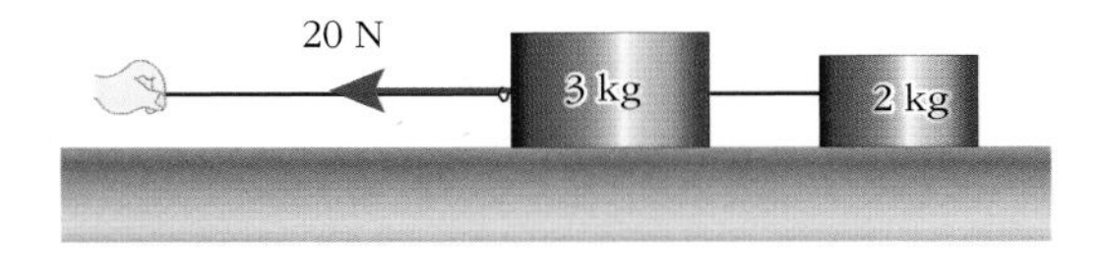

( )N

04

그림처럼 매끄러운 면 위에서 질량 3 kg 의 물체와 1 kg 의 물체를 접촉시키고 왼쪽에서 8 N 의 힘을 가해서 밀었을 때 접촉면에서 서로 작용하는 힘 (F_1 과 F_2)의 크기는 각각 몇 N 인가?

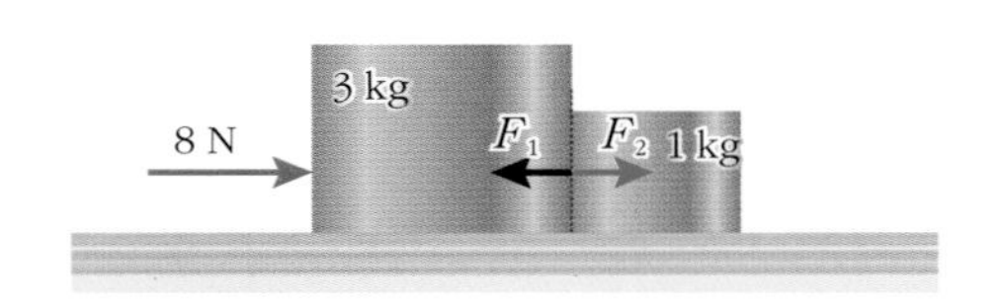

F_1 : ( ) N

F_2 : ( ) N

05

그림과 같이 마찰이 없는 책상에서 두 물체를 가벼운 끈으로 연결하였더니 물체 A 가 미끄러지면서 운동을 시작했다. A, B 의 질량을 각각 1 kg, 4 kg 이라고 할 때 두 물체의 가속도의 크기는 얼마인가? (단, g = 10 m/s² 이다.)

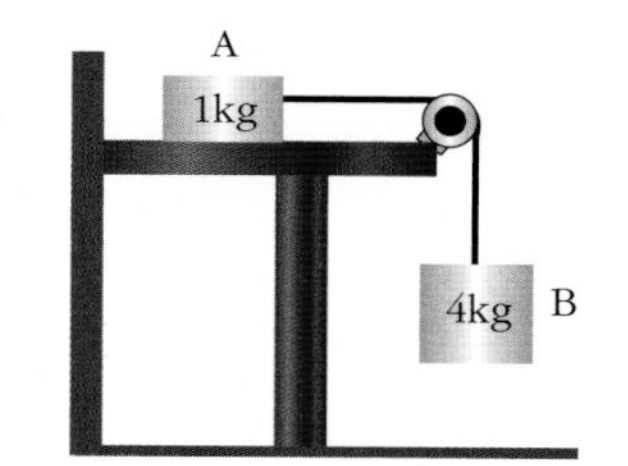

① 2 m/s² ② 4 m/s² ③ 6 m/s² ④ 8 m/s² ⑤ 10 m/s²

06

그림과 같이 마찰이 없는 책상에서 세 물체를 가벼운 실로 연결하였더니 물체 A 가 미끄러지면서 운동을 시작했다. A 와 B 는 각각 1 kg, C 는 3 kg 일 때 물체 A 가 실에게 작용하는 힘의 크기는 얼마인가? (단, g = 10 m/s² 이다.)

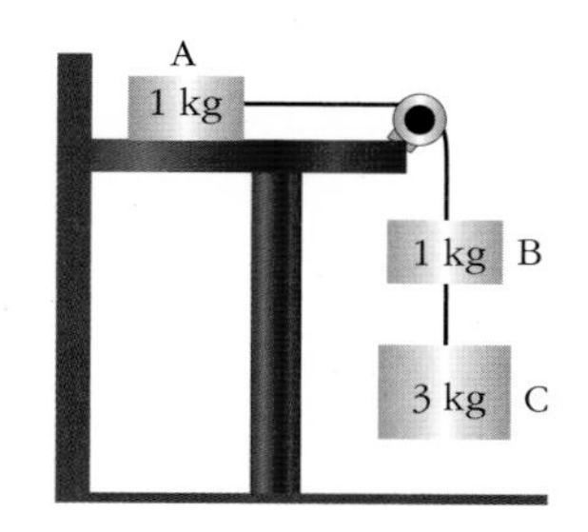

① 2 N ② 4 N ③ 6 N ④ 8 N ⑤ 10 N

07

그림과 같이 두 물체를 가벼운 끈으로 연결하였다. A, B 의 질량을 각각 1 kg, 4 kg 이라고 할 때 물체 A 의 가속도의 크기는 얼마인가? (단, g = 10 m/s² 이고, 도르래와의 마찰은 무시한다.)

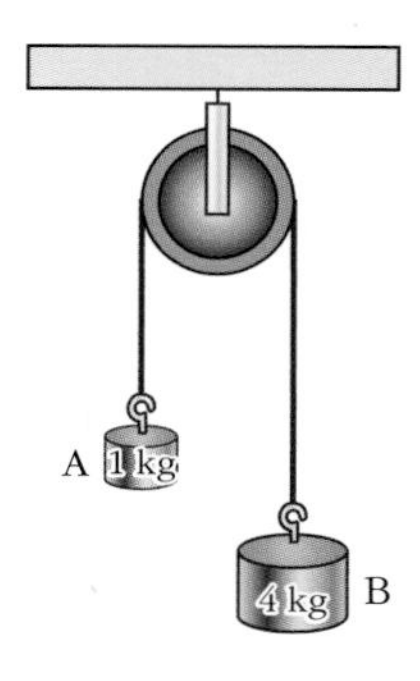

① 2 m/s² ② 4 m/s² ③ 6 m/s² ④ 8 m/s² ⑤ 10 m/s²

08

그림과 같이 두 물체를 가벼운 끈으로 연결하였다. A 의 질량이 m, B 의 질량이 4 kg 일 때 6 m/s² 의 가속도로 운동하였다. 물체 A 의 질량이 B 보다 작을 때 m 은 얼마인가?(단, g = 10 m/s² 이고, 도르래와의 마찰은 무시한다.)

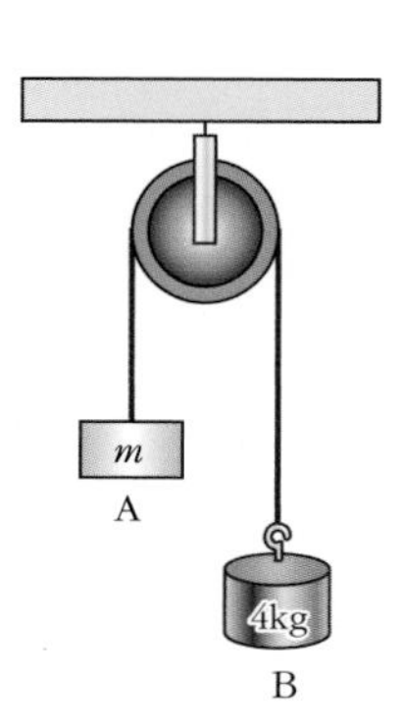

① 1 kg ② 2 kg ③ 3 kg ④ 4 kg ⑤ 5 kg

유형 4-1 운동 방정식의 활용 I

그림 (가) 와 같이 유리판 위에 놓여 있던 질량 2 kg 의 물체에 오른쪽 방향으로 10 N, 왼쪽 방향으로 4 N 의 힘을 작용시켰을 때 물체가 2 m/s^2 의 가속도로 운동하였다. 이때 그림 (나) 와 같이 동일한 물체 2 개를 올려 놓고 같은 힘을 작용시켰을 때 물체의 가속도의 크기는 얼마인가? (단, g = 10 m/s^2 이다.)

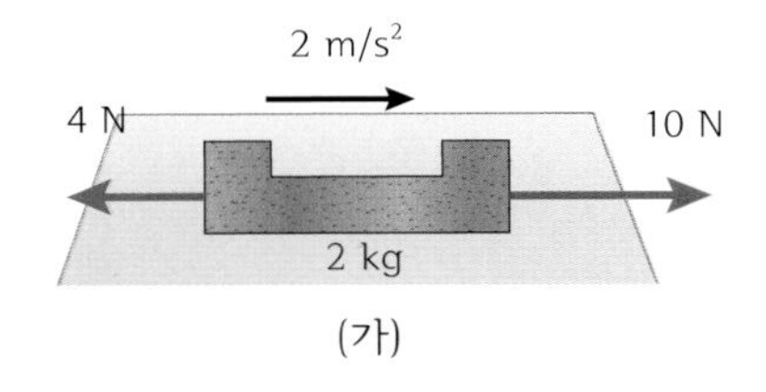

(가)

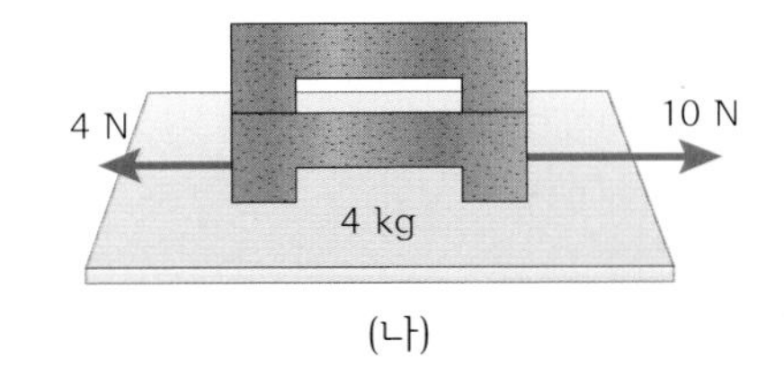

(나)

① 0.25 m/s^2　② 0.5 m/s^2　③ 1 m/s^2　④ 1.5 m/s^2　⑤ 2 m/s^2

01 수평면에서 질량이 2 kg 인 물체 A 에 6 N 의 힘을 작용하여 그림과 같이 오른쪽으로 끌었다. 이때 물체의 가속도가 1 m/s^2 이었다면, 마찰력의 크기는 몇 N 인가?

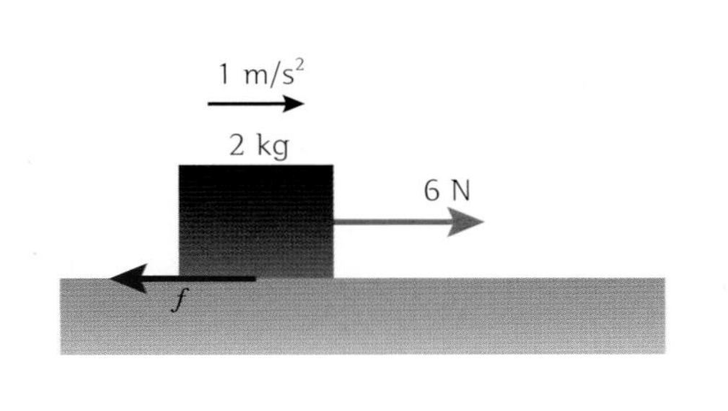

(　　　　) N

02 마찰이 없는 수평면에 놓여 있는 2 kg 의 물체에 수평면과 60° 의 각도로 8 N 의 힘을 가하였다. 이때 물체의 가속도의 크기는 얼마인가?

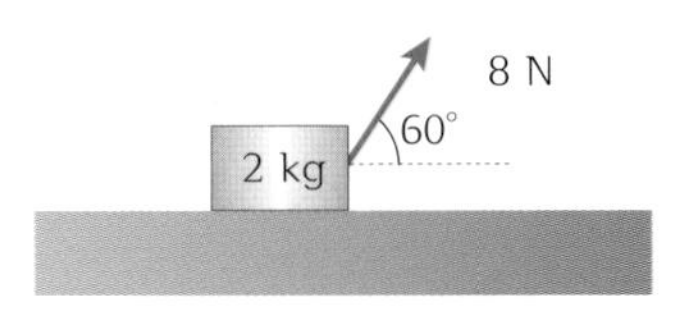

① 2 m/s^2　② 2.5 m/s^2　③ 3 m/s^2
④ 3.5 m/s^2　⑤ 4 m/s^2

유형 4-2 운동 방정식의 활용 II

다음 그림과 같이 질량이 각각 m, $2m$ 인 두 물체 A, B 를 가벼운 실로 연결하여 마찰이 없는 수평면에서 일정한 힘 F 로 수평 방향으로 끌었다. 이에 대한 설명으로 옳은 것만을 <보기> 에서 있는 대로 고른 것은?

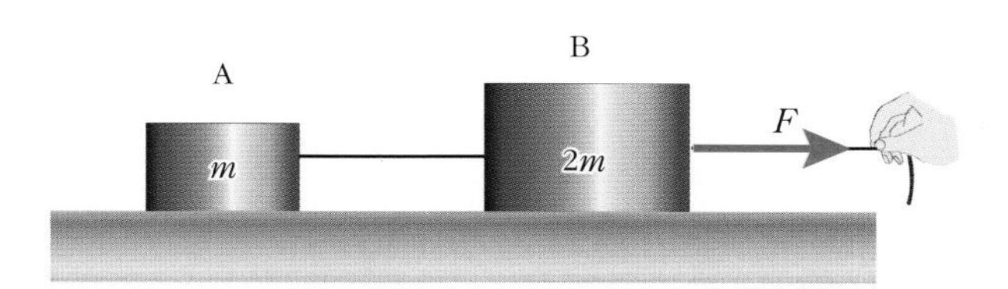

<보기>

ㄱ. 물체 A 에 작용하는 알짜힘의 크기는 $\frac{F}{3}$ 이다.

ㄴ. 물체 B 의 가속도의 크기는 $\frac{F}{3m}$ 이다.

ㄷ. A 와 B 를 연결한 실의 장력은 $\frac{F}{3}$ 이다.

① ㄱ ② ㄴ ③ ㄷ ④ ㄱ, ㄴ ⑤ ㄱ, ㄴ, ㄷ

03 그림은 재질이 매끈한 수평면 위에서 물체 A, B, C 를 줄로 연결하여 6 N 의 힘으로 끌고 있는 것을 나타낸 것이다. 물체 A, B, C 의 질량은 각각 2 kg, 4 kg, m 이고 물체 A 의 가속도는 0.5 m/s^2 일 때, 물체 C 의 질량 m 은 얼마인가?

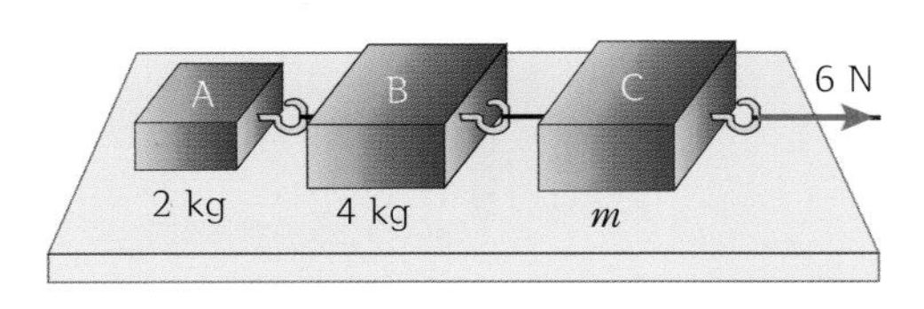

① 2 kg ② 4 kg ③ 6 kg
④ 8 kg ⑤ 10 kg

04 다음 그림은 운동 마찰 계수가 0.1 인 평면 위에 질량이 $2m$, m, $3m$ 인 물체 세 개가 접촉해 있는 것을 나타낸 것이다. 이 물체를 6 N 의 힘으로 밀었더니 가속도가 1.5 m/s^2 으로 운동하였다. m 은 얼마인가? (단, $g = 10$ m/s^2 이고, 세 물체의 재질은 동일하다.)

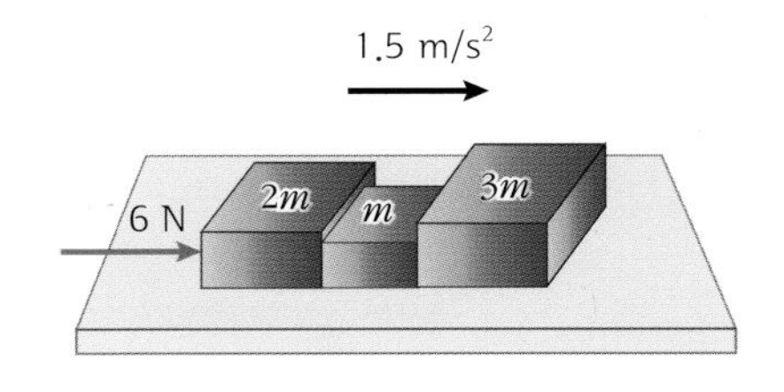

① $\frac{1}{5}$ kg ② $\frac{2}{5}$ kg ③ $\frac{3}{5}$ kg
④ $\frac{4}{5}$ kg ⑤ 1 kg

유형 4-3 운동 방정식의 활용 III

질량이 각각 2 kg 인 물체 A, B 를 그림과 같이 가벼운 끈으로 연결하여 놓았더니 물체의 가속도가 2.5 m/s^2 이었다. 이때 물체들의 운동에 대하여 다음 물음에 답하시오.(단, $g = 10\ m/s^2$ 이다.)

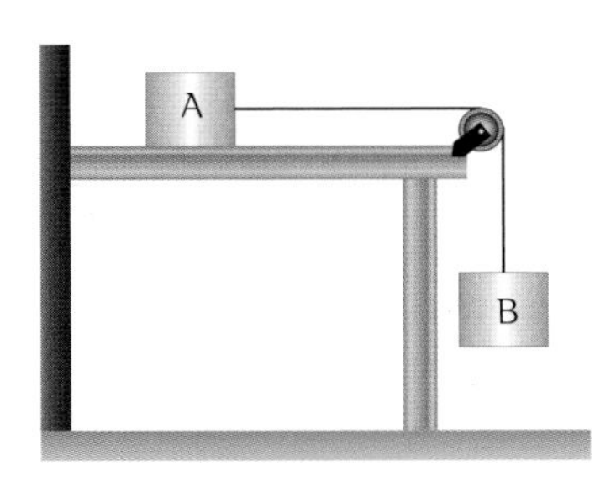

(1) 책상 면의 마찰 계수를 구하시오.

( )

(2) 실의 장력의 크기를 구하시오.

( ) N

05 그림과 같이 책상 면에 물체 B 가 놓여 있고, 그 양쪽으로 도르래를 통하여 물체 A 와 C가 매달려 있다. 물체 A, B, C 의 질량은 각각 1 kg, 2 kg, 3 kg 이고, 물체 A 의 가속도의 크기가 3 m/s^2 이라면 책상면의 운동 마찰 계수는 얼마인가? (단, 책상과 도르래의 마찰은 무시하고 끈은 충분히 가벼우며, $g = 10\ m/s^2$ 이다.)

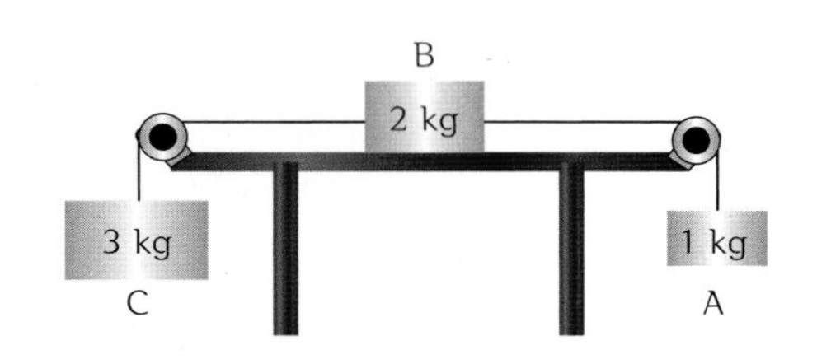

① 0.1 ② 0.2 ③ 0.3
④ 0.4 ⑤ 0.5

06 그림과 같이 책상면 위에 물체 A 를 올려놓고 가벼운 끈으로 도르래를 통해 물체 B 와 연결하였다. 마찰을 무시할 때 다음 <보기> 에 대한 설명으로 옳은 것만을 있는 대로 고른 것은? [창의력 대회 기출 유형]

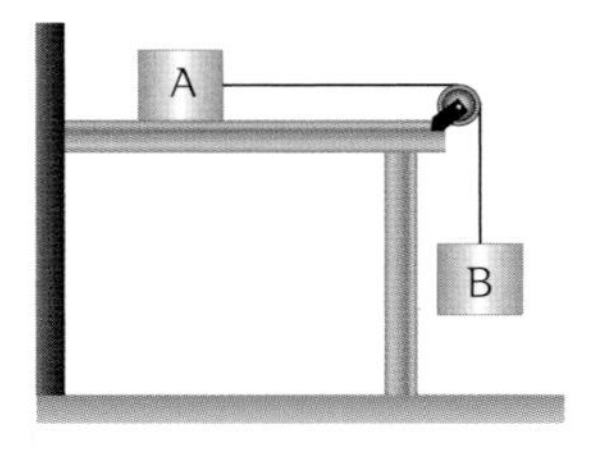

<보기>

ㄱ. B 의 질량을 2 배로 하면 물체 A 의 가속도가 2 배로 된다.
ㄴ. A 와 B 의 질량을 모두 2 배로 하면 운동 가속도는 변함이 없다.
ㄷ. A 와 B 의 질량을 모두 2 배로 하면 끈에 작용하는 힘도 2 배가 된다.

① ㄱ ② ㄴ ③ ㄷ ④ ㄴ, ㄷ ⑤ ㄱ, ㄴ, ㄷ

운동 방정식의 활용 Ⅳ

오른쪽 그림은 마찰이 없는 가벼운 도르래를 이용하여 질량이 각각 2 kg 인 추 A 와 B 를 연결하여 정지 상태에서 운동시키는 모습을 나타낸 것이다. 물음에 답하시오.(단, g = 10 m/s^2 이다.)

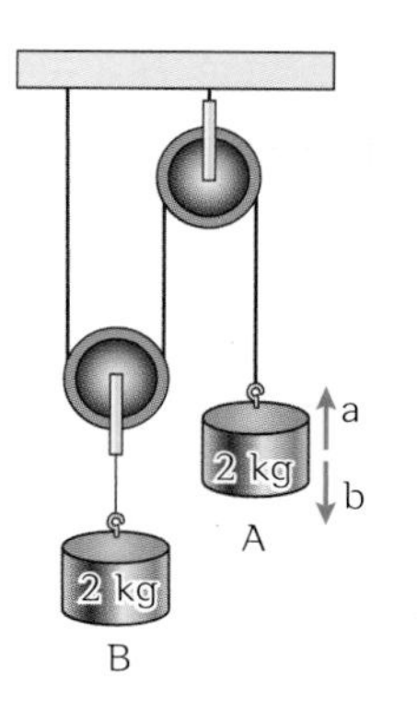

(1) 추 A 의 이동 방향과 가속도의 크기를 쓰시오.

A의 이동 방향(a , b) , A의 가속도의 크기 (　　　　　) m/s^2

(2) 실의 장력의 크기를 구하시오.

(　　　　　) N

07 그림처럼 마찰이 없는 도르래에 질량 1 kg 의 물체 A 와 질량 4 kg 의 물체 B 가 연결되어 운동하고 있다. 장력 T 의 크기는 얼마인가? (단, g = 10 m/s^2 이다.)

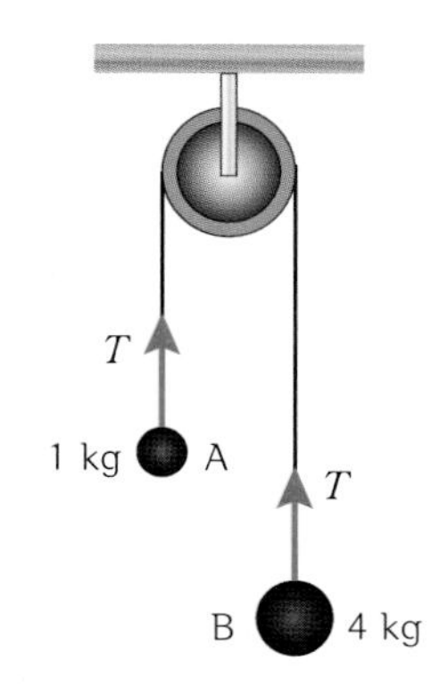

(　　　　　) N

08 다음 그림처럼 마찰이 없는 도르래 양쪽에 1 kg 인 추와 3 kg 인 추가 연결되어 운동하고 있다. 이에 대한 설명으로 옳은 것만을 <보기> 에서 있는 대로 고른 것은?(단, 중력 가속도는 10 m/s^2 이다.)

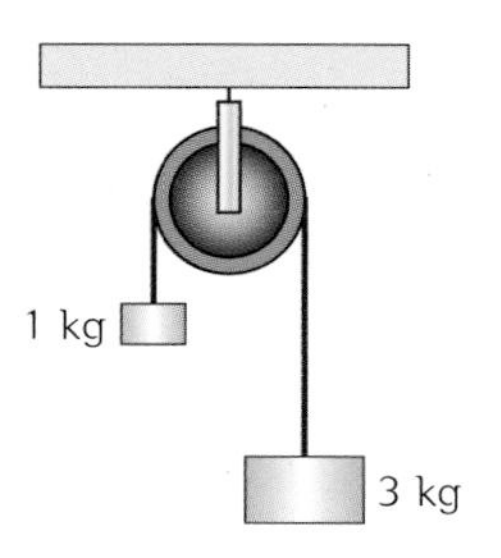

<보기>

ㄱ. 물체의 가속도는 5 m/s^2 이다.
ㄴ. 줄의 장력은 15 N 이다.
ㄷ. 추와 도르래를 연결하고 운동을 시작하면 3 kg 인 추의 속도 변화량은 3 초 동안 15 m/s 가 된다.

① ㄱ　② ㄴ　③ ㄷ　④ ㄱ, ㄴ　⑤ ㄱ, ㄴ, ㄷ

스스로 실력 높이기

A

01 그림은 정지 상태에서 질량이 3 kg 인 물체에 오른쪽으로 15 N, 왼쪽으로 6 N 의 두 힘이 작용하고 있는 모습을 나타낸 것이다.

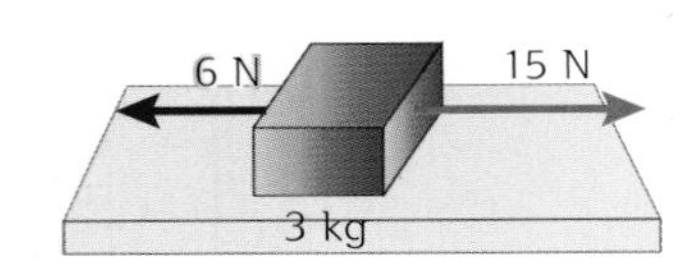

이 물체의 가속도를 구하시오. (단, 모든 마찰은 무시한다.)

방향 (　　　), 크기 (　　　　) m/s^2

02 그림과 같이 그림은 정지해 있는 질량이 $2\sqrt{2}$ kg 인 물체에 지표면과 45° 의 각도로 2 N 의 힘을 가하였다. 이 물체의 수평 방향 가속도의 크기는 얼마인가? (단, 모든 마찰은 무시한다.)

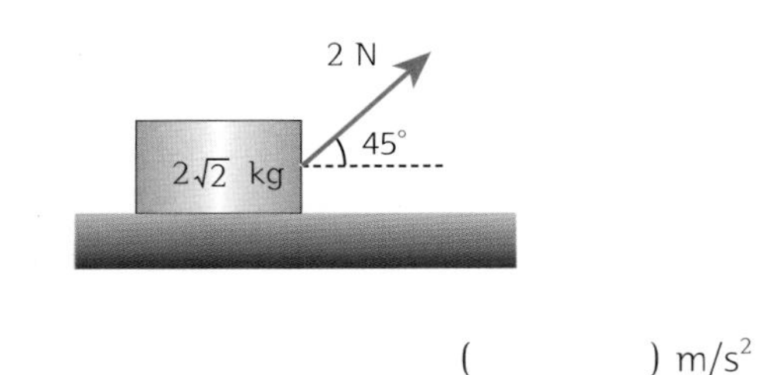

(　　　　) m/s^2

03 마찰이 없는 수평면에 정지해 있던 물체 A, B 를 가벼운 끈으로 연결하여 6 N 의 힘으로 오른쪽 방향으로 끌었다. A 의 질량은 2 kg 이고, B 의 질량이 1 kg 일 때, 물체 A 의 가속도의 크기는 얼마인가?

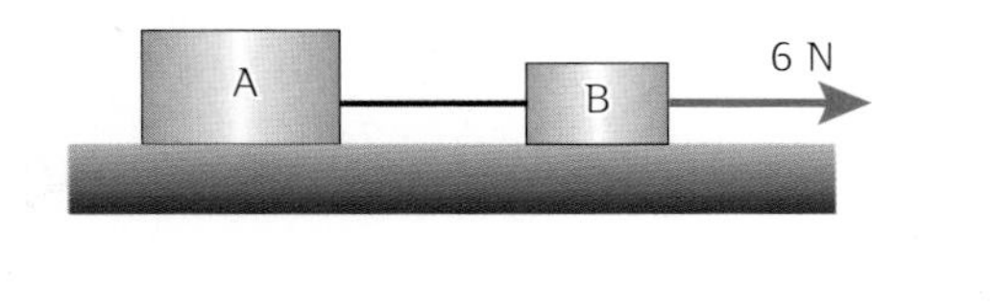

(　　　　) m/s^2

04 마찰이 없는 수평면에 정지해 있던 물체 A, B를 가벼운 실로 연결하여 4 N 의 힘으로 끌었다. A 의 질량은 3 kg 이고, B 의 질량이 1 kg 일 때, 물체 사이의 실이 작용하는 장력은 얼마인가?

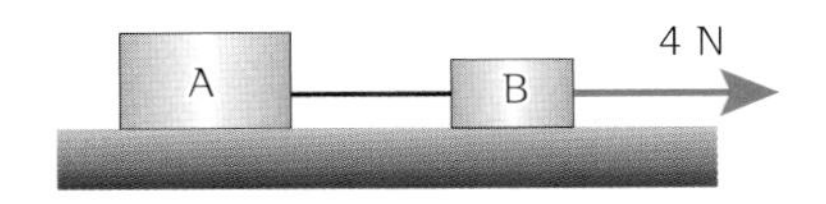

① 1 N　　② 2 N　　③ 3 N
④ 4 N　　⑤ 5 N

05 그림처럼 수평면에 접촉한 채 정지해 있던 물체 A, B 를 왼쪽에서 8 N 의 힘으로 밀었다. A 의 질량은 3 kg 이고, B 의 질량이 1 kg 일 때, 물체의 가속도의 크기는 얼마인가? (단, 마찰은 무시한다.)

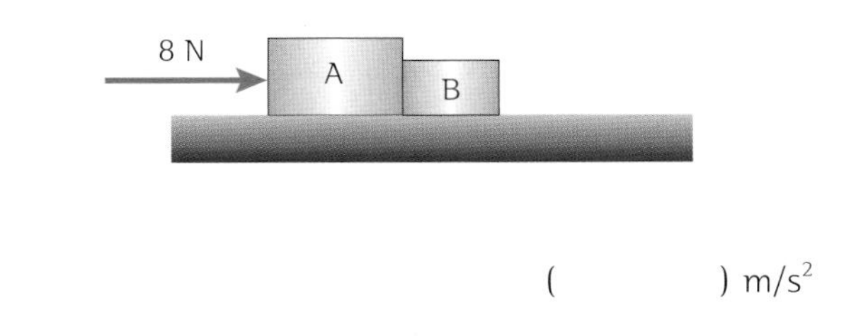

(　　　　) m/s^2

06 다음 그림은 무게가 3 kg 으로 같고 접촉해 있는 두 물체 A, B 에 왼쪽에서 9 N 의 힘을 가한 것이다. 물체 A 가 B 에게 가하는 힘은 얼마인가? (단, 마찰은 무시한다.)

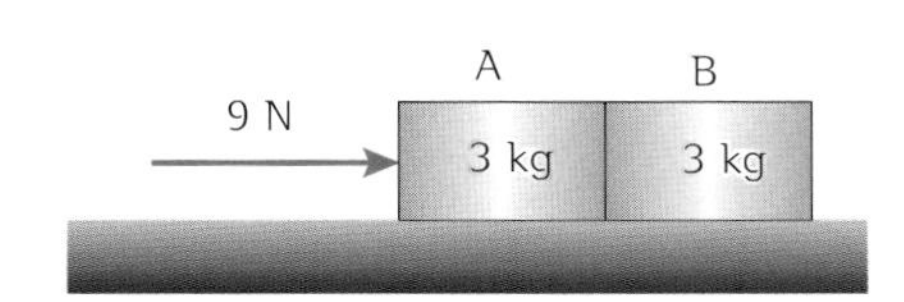

(　　　　) N

07 다음 그림은 1 kg 인 물체 A, B 를 도르래를 통해 연결한 것을 나타낸 것이다. 이 물체들이 정지해 있을 때, 물체 A 와 책상 사이의 마찰력의 크기는 얼마인가? (단, 중력 가속도 $g = 10\ m/s^2$ 이다.)

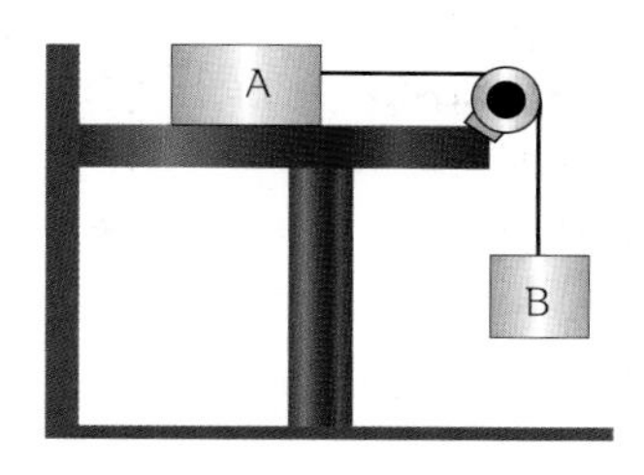

① 6 N ② 7 N ③ 8 N
④ 9 N ⑤ 10 N

08 그림과 같이 질량이 각각 2 kg 인 A 와 B 가 가벼운 끈으로 연결되어 있다. 빗면의 경사각이 30° 일 때 A 의 가속도는 얼마인가? (단, 마찰은 무시하고 $g = 10\ m/s^2$ 이다.)

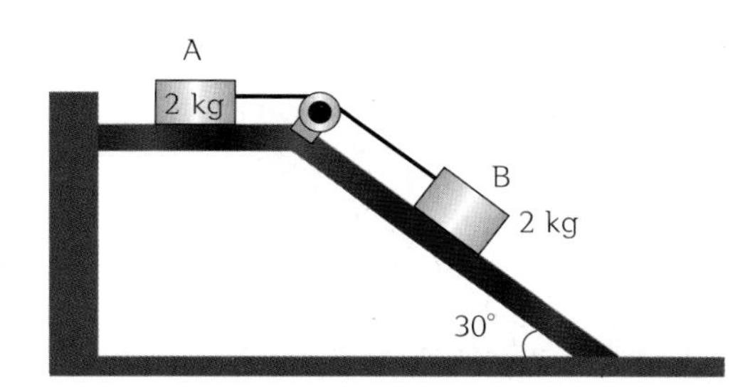

① $2\ m/s^2$ ② $2.5\ m/s^2$ ③ $3\ m/s^2$
④ $3.5 m/s^2$ ⑤ $4 m/s^2$

[09-10] 그림과 같이 마찰을 무시할 수 있는 도르래에 각각 질량이 2 kg, 3 kg 인 추를 매달았다. (단, g = $10\ m/s^2$ 이다.)

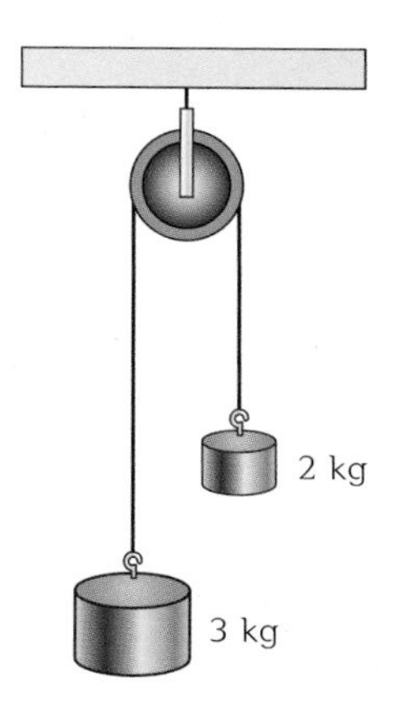

09 2 kg 인 추의 가속도의 크기는 얼마인가?

① $2\ m/s^2$ ② $2.5\ m/s^2$ ③ $3\ m/s^2$
④ $3.5\ m/s^2$ ⑤ $4\ m/s^2$

10 3 kg 인 추에 작용하는 장력의 크기는 얼마인가?

① 12 N ② 16 N ③ 20 N
④ 24 N ⑤ 28 N

11 아래 그림처럼 매끄러운 수평면 위에서 물체 A 에 일정한 힘 F 를 가했더니 가속도가 $3\ m/s^2$ 이었고, 물체 B 에 같은 힘을 가했더니 가속도가 $6\ m/s^2$ 이었다. 물체 A 와 B 를 묶어서 같은 힘(F)을 가했을 때 가속도 a 는 얼마인가?

[창의력대회 기출 유형]

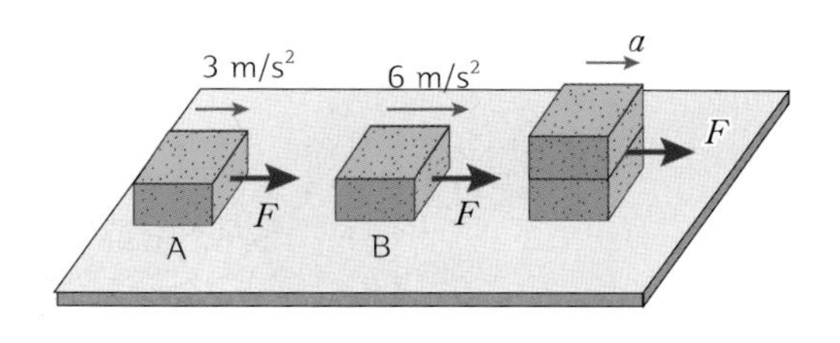

① $1\ m/s^2$ ② $2\ m/s^2$ ③ $3\ m/s^2$
④ $4\ m/s^2$ ⑤ $5\ m/s^2$

B

12 다음 그림은 매끄러운 얼음판 위에 정지해 있던 40 kg 인 물체를 무한이와 상상이가 중심선에 대해서 60° 의 각도를 이루는 방향으로 각각 80 N 의 힘으로 당기고 있는 것을 나타낸 것이다. 출발 후 3 초 동안 물체의 이동 거리는 얼마인가?

① 6 m ② 7 m ③ 8 m
④ 9 m ⑤ 10 m

13 그림과 같이 1 kg 과 2 kg 의 물체를 용수철로 연결하고 6 N 의 힘을 오른쪽으로 작용하였다. 용수철의 용수철 상수는 100 N/m 이고, 지면과 물체 사이의 마찰은 없다. 이때 용수철이 늘어난 길이는 얼마인가?

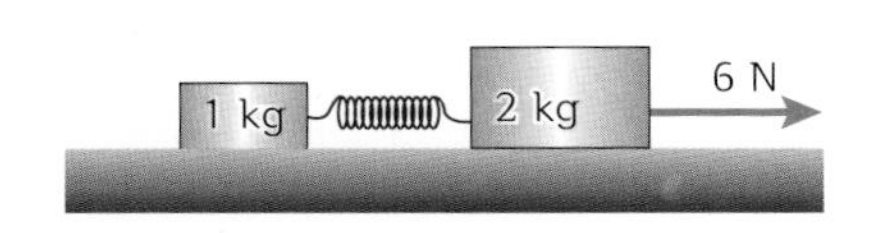

① 1 cm ② 2 cm ③ 3 cm
④ 4 cm ⑤ 5 cm

14 다음 그림은 매끄러운 수평면 위에서 질량이 1 kg 인 자석 A 에 용수철 상수가 100 N/m 인 용수철을 연결하여 자석 B 를 가까이 하는 모습이다. 자석 B 가 자석 A 로부터 일정한 거리 r 만큼 떨어져서 정지했을 때 용수철은 4 cm 만큼 압축된 상태를 유지하였다. 이에 대한 설명으로 옳은 것만을 <보기> 에서 있는 대로 고른 것은?

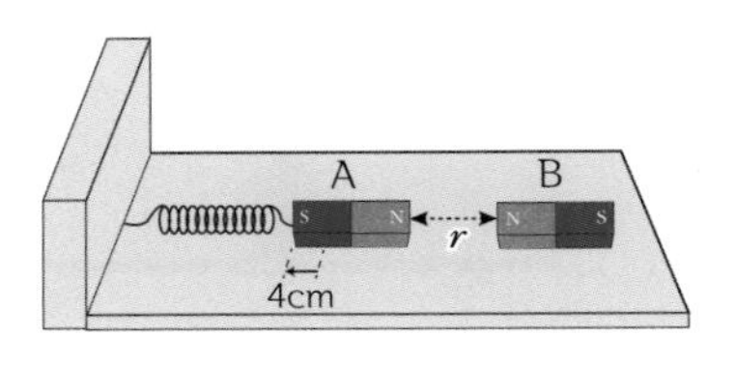

<보기>

ㄱ. B 를 치운 순간 A 의 가속도의 크기는 4 m/s^2 이다.
ㄴ. A 위에 1 kg 인 물체를 올려놓고, B 를 치우면 가속도의 크기는 2 m/s^2 이다.
ㄷ. 자석 B 를 A 로부터 거리를 $2r$ 로 하여 정지했다가 자석 B 를 치우면 A 의 가속도의 크기는 3 m/s^2 이다.

① ㄱ ② ㄴ ③ ㄷ
④ ㄱ, ㄴ ⑤ ㄱ, ㄴ, ㄷ

15 그림과 같이 질량이 각각 1 kg, 2 kg, 4 kg 인 물체 A, B, C 사이에 용수철 상수 100 N/m 인 용수철로 A 와 B 를 연결하고 용수철 상수 200 N/m 인 용수철로 B 와 C 를 연결하여 수평면 위에 놓았다. 물체 C 에 수평 방향으로 14 N 의 힘을 가하여 오른쪽으로 끌었을 때, 각 용수철의 늘어난 길이는 얼마인가? (단, 용수철의 질량과 수평면과의 마찰은 무시한다.)

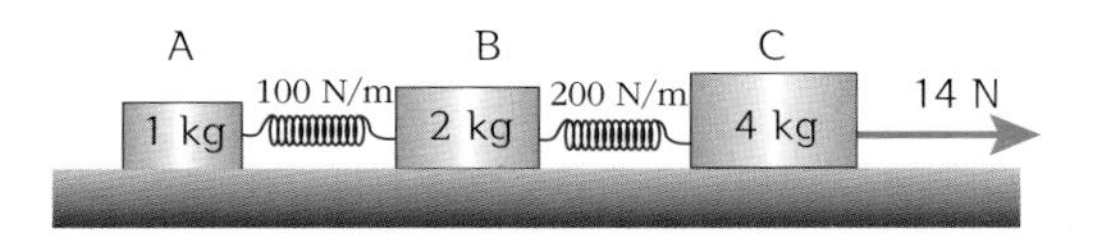

A 와 B 사이의 용수철이 늘어난 길이 (   ) cm
B 와 C 사이의 용수철이 늘어난 길이 (   ) cm

16 그림은 마찰이 없는 평면에 질량이 2 kg 인 물체 B 를 놓고 그 위에 질량 1 kg 인 물체 A 를 놓은 후, 물체 B 에 수평 방향으로 6 N 의 힘을 작용하여 오른쪽으로 밀고 있는 상황을 나타낸 것이다. 물체 A 가 물체 B 위에 정지해 있을 때, A 와 B 사이의 마찰력의 크기는 얼마인가?

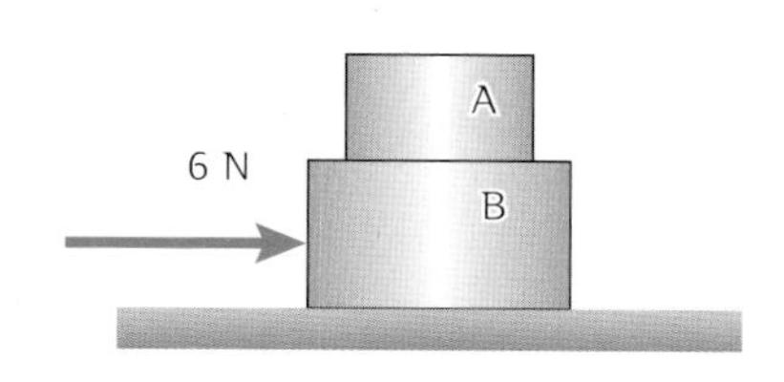

① 1 N　② 2 N　③ 3 N
④ 4 N　⑤ 5 N

17 그림 (가) 는 매끄러운 수평면 위에서 2 kg 인 물체 A 와 4 kg 인 물체 B 를 접촉시켜서 수평 방향으로 왼쪽에서 밀고, 그림 (나) 는 같은 힘으로 오른쪽에서 민 것을 나타낸 것이다. 이에 대한 설명으로 옳은 것만을 <보기> 에서 있는 대로 고른 것은?

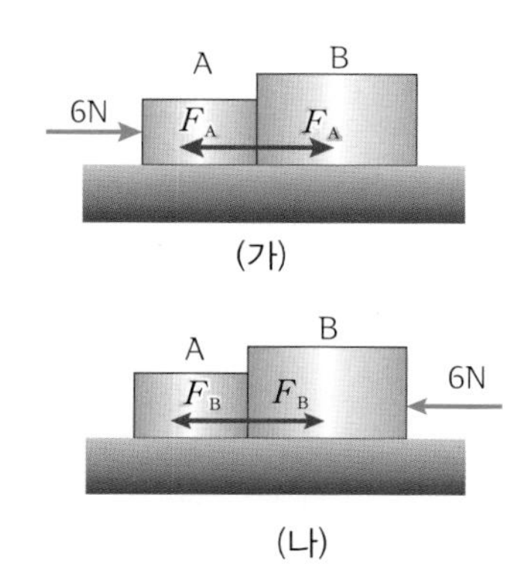

<보기>

ㄱ. 물체의 가속도는 (가), (나) 모두 1 m/s^2 이다.
ㄴ. (가) 에서 F_A 는 (나) 에서 F_B 보다 작다.
ㄷ. (나) 에서 물체 B 는 물체 A 를 4 N 의 힘으로 밀고 있다.

① ㄱ　② ㄴ　③ ㄷ
④ ㄱ, ㄴ　⑤ ㄱ, ㄴ, ㄷ

18 그림처럼 질량을 무시할 수 있는 고정 도르래와 움직 도르래에 물체 A, B 를 매단 후 정지한 상태에서 가만히 놓았다. 물체 A 를 3 kg, 물체 B 를 6 kg 이라 할 때 물체 A 의 가속도의 크기는?

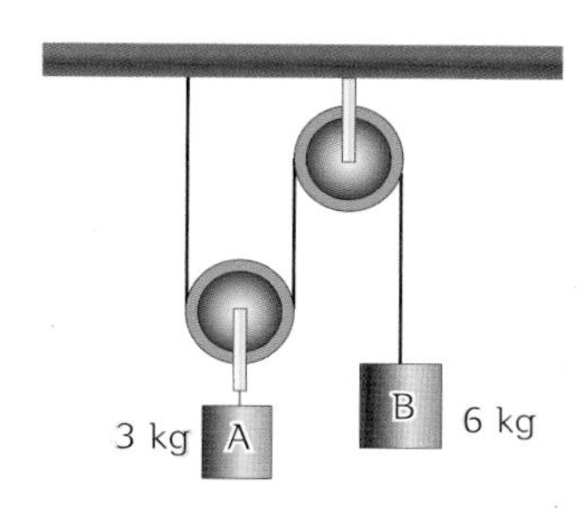

① 2 m/s^2　② $\frac{5}{3}$ m/s^2　③ $\frac{10}{3}$ m/s^2
④ $\frac{10}{9}$ m/s^2　⑤ 10 m/s^2

C

19 다음 그림은 어떤 행성 A 의 수평한 표면에 정지해 있던 질량이 2 kg 인 물체에 수평 방향과 θ 의 각을 이루는 방향으로 10 N 의 힘을 가하는 모습과 이 물체의 시간과 수평면 방향으로의 속도를 나타낸 그래프이다. 행성 표면과 물체의 운동 마찰 계수가 0.4 일 때, 이에 대한 설명으로 옳은 것만을 <보기>에서 있는 대로 고른 것은? (단, 공기와의 마찰은 무시하고, 행성 A 와 지구의 부피는 같으며, $\cos\theta = \frac{4}{5}$ 이다.)

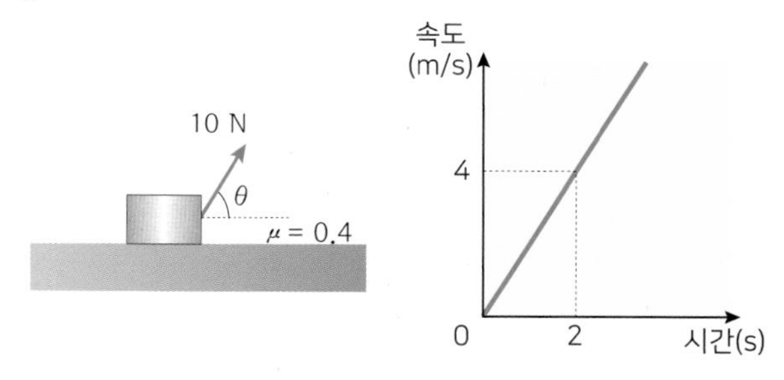

<보기>

ㄱ. 이 행성에서 중력 가속도는 5 m/s^2 이다.
ㄴ. 지구의 질량은 행성 A 의 약 2 배이다.
ㄷ. 행성 A 에서 물체를 16 m 높이에서 자유낙하시키면 2 초 만에 바닥에 도착한다.

① ㄱ　② ㄴ　③ ㄷ
④ ㄱ, ㄴ　⑤ ㄱ, ㄴ, ㄷ

20 다음 그림은 정지 마찰 계수 0.1, 운동 마찰 계수 0.05 인 수평면 위에 정지해 있는 질량이 2 kg 인 물체에 수평면과 θ 의 각을 이루도록 용수철 상수가 100 N/m 인 용수철을 연결하여 끄는 것을 나타낸 것이다. 이때 용수철이 일정하게 5 cm 만큼 늘어난 상태를 유지했을 때 이에 대한 설명으로 옳은 것만을 <보기> 에서 있는 대로 고른 것은? (단, $g = 10\ \text{m/s}^2$ 이고, $\cos\theta = \frac{3}{5}$ 이다.)

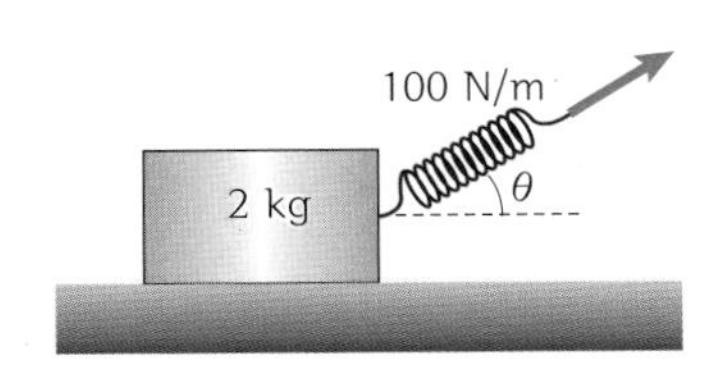

<보기>

ㄱ. 물체의 가속도는 1.0 m/s^2 이다.
ㄴ. 출발 후 4 초 동안 이동 거리는 8.0 m 이다.
ㄷ. 물체 위에 1.6 kg 의 물체를 올려놓고 같은 힘을 가하면 물체는 움직이지 않는다.

① ㄱ ② ㄴ ③ ㄷ
④ ㄱ, ㄴ ⑤ ㄱ, ㄴ, ㄷ

21 다음 그림은 수평면에 정지해 있는 질량이 2 kg 인 물체를 8 N 의 수평 방향의 일정한 힘으로 3 초 동안 밀어서 9 m 이동시킨 것을 나타낸 것이다. 이때 수평면의 운동 마찰 계수는 얼마인가? (단, 중력 가속도 $g = 10\ \text{m/s}^2$ 이다.)

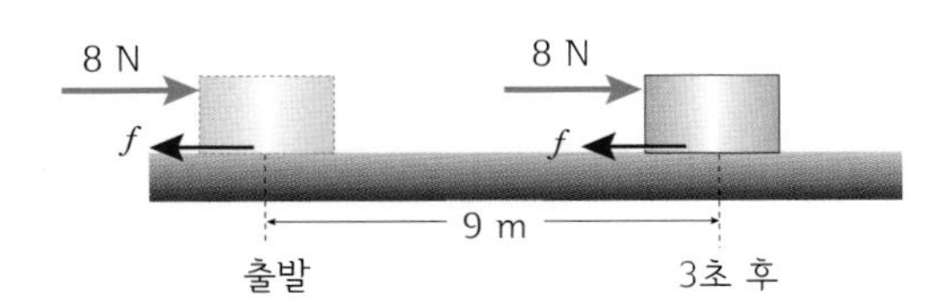

① 0.1 ② 0.2 ③ 0.3
④ 0.4 ⑤ 0.5

22 그림과 같이 각각의 질량이 0.1 kg 인 다섯 개의 서로 연결된 고리로 된 쇠사슬이 있다. 다섯 개의 사슬이 연직 위로 2 m/s^2 의 등가속도 운동을 할 때 사슬을 들어올리는 힘 F 는 얼마인가? (단, 중력 가속도 $g = 10\ \text{m/s}^2$ 이다.)

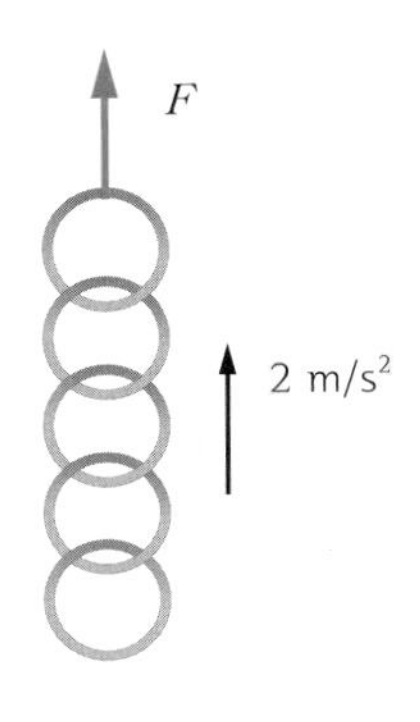

① 6 N ② 7 N ③ 8 N
④ 9 N ⑤ 10 N

23 다음 그림과 같이 질량이 같은 두 물체가 끈으로 연결되어서 수평면과 경사면에 걸쳐서 놓여있다. 정지 상태에서 출발한 후 물체가 지면에 닿기 전까지 물체의 속도-시간($v-t$)그래프로 맞는 것은? (단, 마찰은 고려하지 않으며, 두 물체를 연결한 끈은 경사면보다 훨씬 짧다.) [kpho 기출 유형]

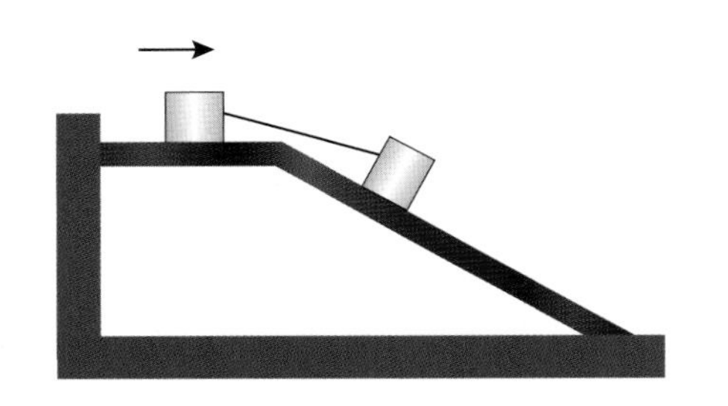

①
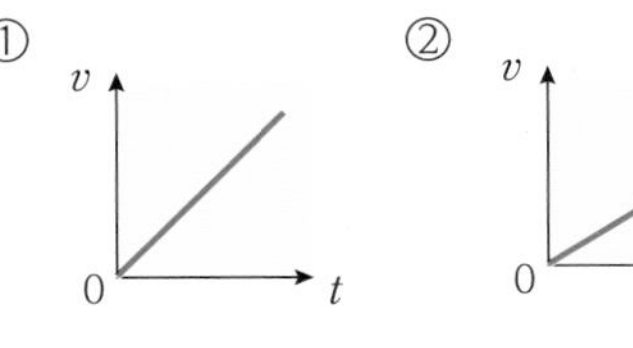

②
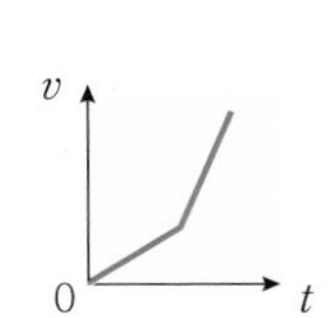

③
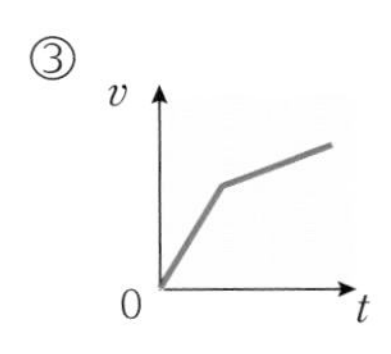

④
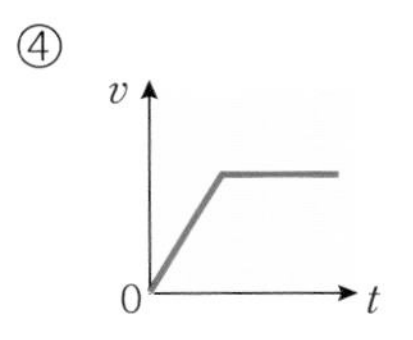

⑤
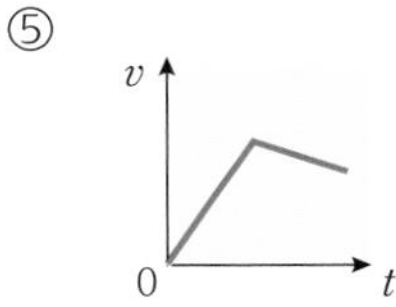

24

다음 그림은 어떤 사람이 가벼운 도르래를 이용하여 자신이 탄 바구니를 끌어 올리고 있는 것을 나타낸 것이다. 사람과 바구니를 합한 질량은 100 kg 이고, 1 m/s² 의 가속도로 상승하고 있을 때, 연직 아래로 잡아당기는 힘 F 는 얼마인가? (단, $g = 10$ m/s² 이다.)

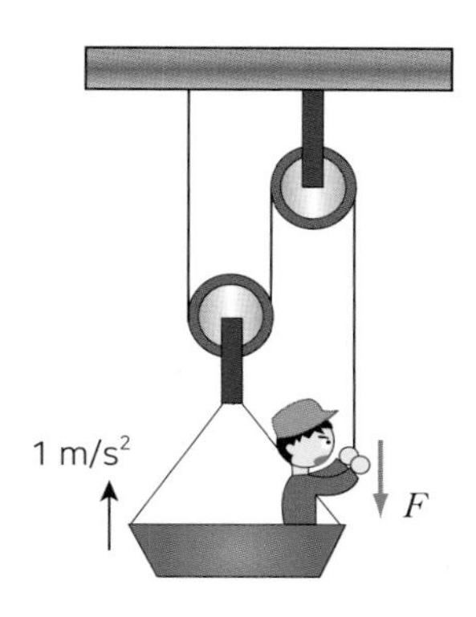

① $\frac{1000}{3}$ N ② $\frac{1100}{3}$ N ③ 400 N
④ $\frac{1300}{3}$ N ⑤ $\frac{1400}{3}$ N

심화

25

그림과 같이 3 개의 모형 차를 설치하였다. A 의 질량은 1 kg, B 의 질량이 4 kg, C 의 질량이 15 kg 일 때, C 를 힘 F 로 오른쪽 수평 방향으로 밀었더니 모형 차 A 와 B 가 C 에 대하여 정지하였다. 힘 F 와 실의 장력(T)은 얼마인가? (단, $g = 10$ m/s² 이고, 모든 경우의 마찰 및 도르래와 바퀴의 회전에 의한 영향은 무시한다.)

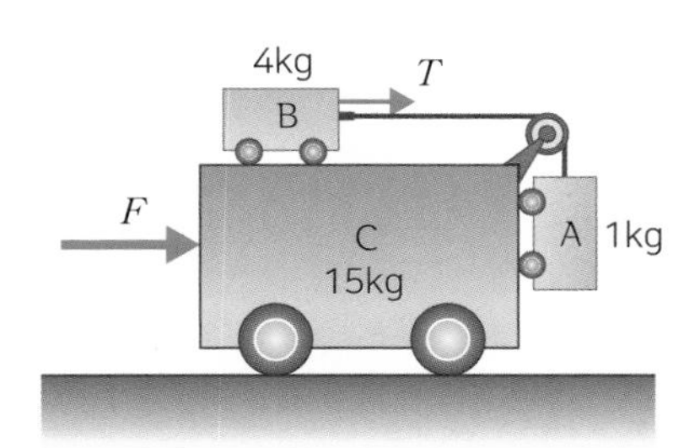

F : ( )N
T : ( )N

26

다음 그림처럼 질량이 1 kg 인 물체 A 를 경사각이 θ 인 정지한 빗면 B 에 놓았을 때 물체 A 는 빗면을 따라 가속도가 4.0 m/s² 인 등가속도 운동을 하였다. 이때 무한이는 빗면 B 의 왼쪽에서 힘 F 를 가해 빗면이 오른쪽으로 2.0 m/s² 의 등가속도 운동을 하도록 하였다. 이에 대한 설명으로 옳은 것만을 <보기> 에서 있는 대로 고른 것은? (단, $g = 10$ m/s² 이고, $\cos\theta = \frac{4}{5}$ 이다.)

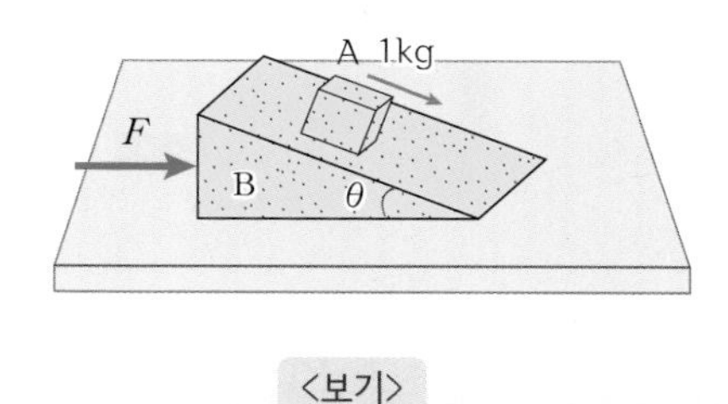

<보기>

ㄱ. 빗면의 운동 마찰 계수는 0.25 이다.
ㄴ. 힘 F 를 가했을 때 물체 A 가 받는 수직 항력은 9.2 N 이다.
ㄷ. 힘 F 를 가한 후 빗면 B 에 대한 물체 A 의 가속도의 크기는 2.1 m/s² 이다.

① ㄱ ② ㄴ ③ ㄷ
④ ㄱ, ㄷ ⑤ ㄱ, ㄴ, ㄷ

27

다음 그림은 질량이 1 kg 인 물체 A 가 P 점을 통과하면서 경사각이 θ 인 빗면을 따라 올라가는 것을 나타낸 것이다. A 가 P 점을 통과하는 순간 속력이 16 m/s 이었으며, P점을 통과하고 2 초가 되는 순간 운동 방향이 바뀌었다. 이 물체의 운동에 대한 설명으로 옳은 것만을 <보기> 에서 있는 대로 고른 것은? (단, 중력 가속도는 10m/s² 이고, $\sin\theta = \frac{3}{5}$ 이다.)

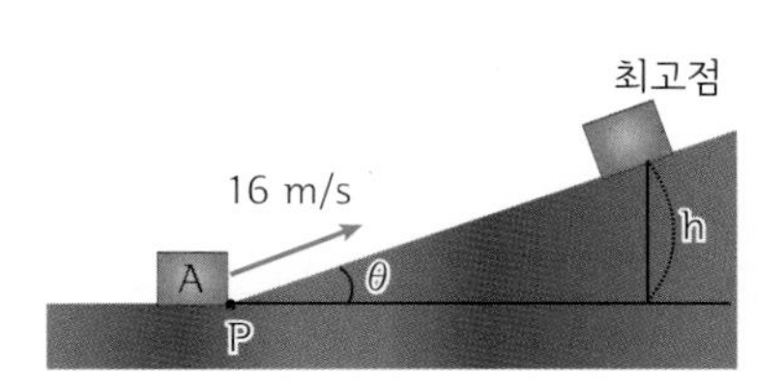

<보기>

ㄱ. 빗면의 운동 마찰 계수는 0.25 이다.
ㄴ. A가 가장 높게 올라간 높이 h 는 9.6 m 이다.
ㄷ. 최고점에서 다시 P 점으로 오는데 걸리는 시간은 $2\sqrt{2}$ 초이다.

① ㄱ ② ㄴ ③ ㄷ
④ ㄱ, ㄴ ⑤ ㄱ, ㄴ, ㄷ

28 그림과 같이 마찰계수 μ 인 책상 위에 질량 m_1 의 물체를 놓고 마찰이 없는 도르래를 통하여 질량 m_2 인 물체를 매우 가벼운 끈으로 연결하였다. 질량 m_1 과 끈의 장력 T 의 관계에 대한 그래프를 고르시오.

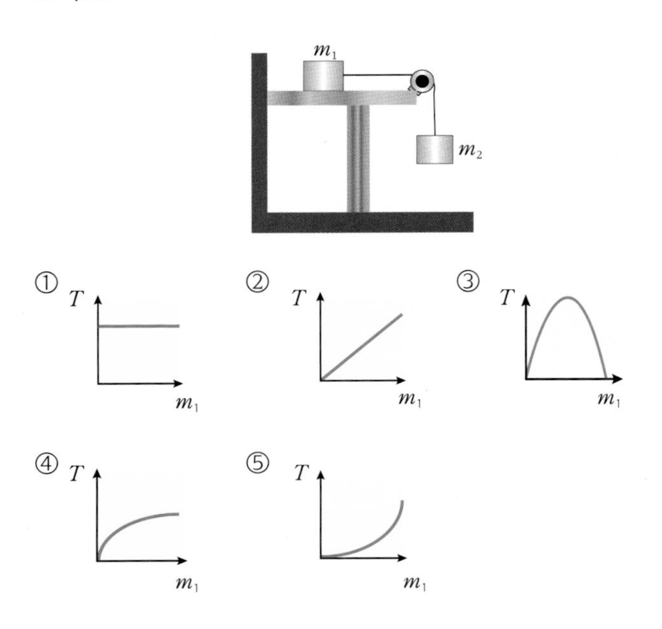

29 재질이 같은 세 물체 A, B, C 가 그림과 같이 질량을 무시할 수 있는 줄에 연결되어 정지해 있다. 물체 A 와 B 의 질량은 각각 2 kg, 물체 C 의 질량은 1kg 이다. 이때 물체 C 를 15 N 의 힘으로 수평 방향으로 잡아당겨 출발시킨 후 4 초가 지나는 순간 A 와 B 사이의 줄을 끊었다. 줄이 끊어지고 A가 정지할 때까지 몇 초가 걸리는가? (단, $g = 10\ m/s^2$ 이고, 운동 마찰 계수 = 0.1 이다.)

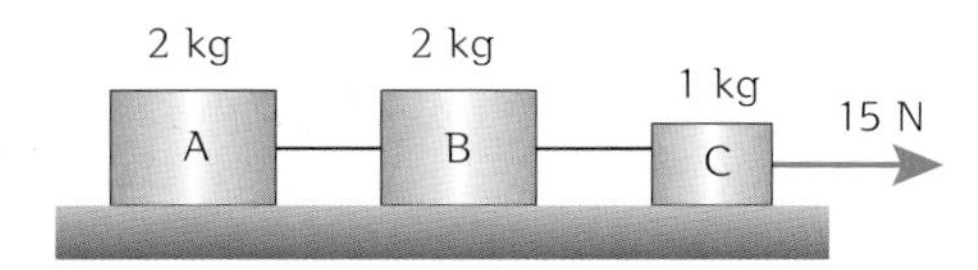

① 6 초　② 7 초　③ 8 초
④ 9 초　⑤ 10 초

30 그림과 같이 정지해 있는 두 개의 물통이 도르래를 통해 연결되어 있다. 위쪽 물통에 들어있는 물의 질량을 m 이라 할 때, 위쪽 물통에 구멍을 내어 아래쪽 빈 통으로 물이 흘러들어가게 하였다. 위쪽 물통과 바닥 사이의 정지 마찰 계수가 0.4 라면, 물의 전체 질량 중 얼마가 빠져나가 아래쪽 빈통을 채웠을 때 두 물통이 움직이기 시작할까? (단, 두 물통의 무게는 무시하고, 물줄기의 질량은 아주 작다고 가정한다.)

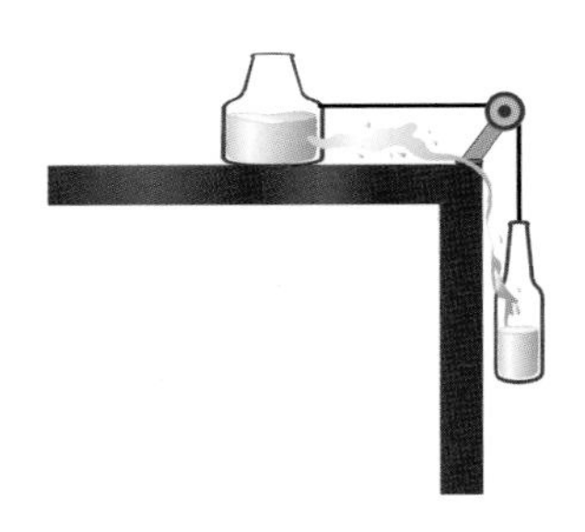

① $\frac{m}{7}$　② $\frac{2m}{7}$　③ $\frac{3m}{7}$　④ $\frac{4m}{7}$　⑤ $\frac{5m}{7}$

31 그림과 같이 물체 A, B, C 가 도르래를 통해 실 p, q 로 연결된 상태에서 정지해 있다. 물체 A, C 의 질량은 각각 m, $5m$ 일 때, 이에 대한 설명으로 옳은 것만을 <보기> 에서 있는 대로 고른 것은? (단, 중력 가속도는 g 이고 모든 마찰은 무시한다.)

[수능 평가원 기출 유형]

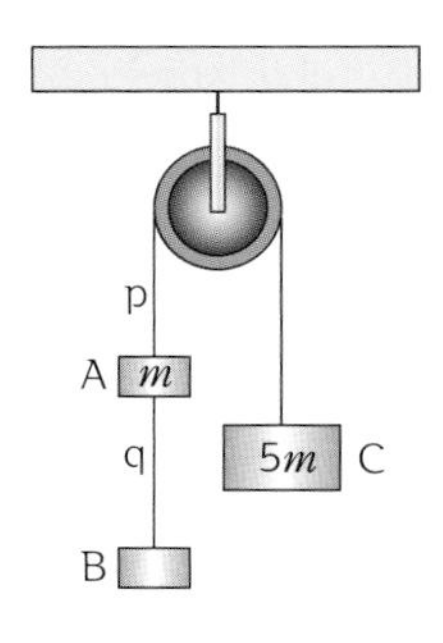

<보기>

ㄱ. p 가 A 를 당기는 힘과 q 가 A 를 당기는 힘은 크기가 같다

ㄴ. q 가 B 를 당기는 힘의 크기는 $4mg$ 이다.

ㄷ. A와 B의 위치를 바꾸면 실 P 의 장력의 크기는 작아진다.

① ㄱ　② ㄴ　③ ㄷ
④ ㄱ, ㄴ　⑤ ㄱ, ㄴ, ㄷ

32 그림 (가) 는 2 kg, 3 kg 의 두 물체를 용수철 저울에 연결된 가벼운 고정도르래를 통해 연결하여 운동시키는 것이고, 그림 (나) 는 같은 장치에 1 kg, 4 kg 의 물체를 연결하여 운동을 시키고 있는 것이다. (가), (나) 의 용수철 저울의 눈금은 각각 몇 N 인가? (단, 도르래의 무게 및 마찰은 무시하고 $g = 10\ m/s^2$ 이다.)

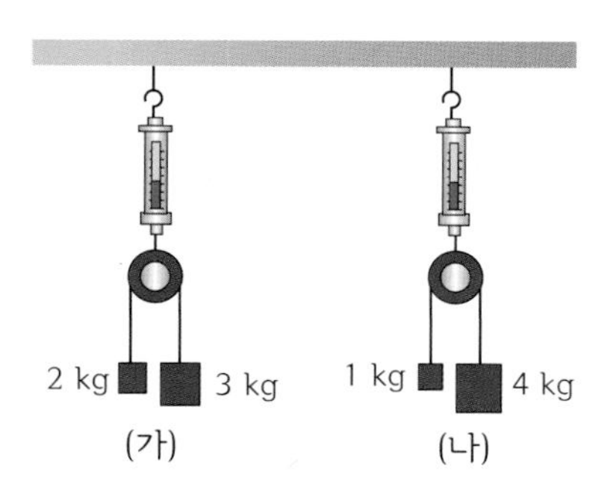

(가) 용수철 저울 : (　　　　　) N
(나) 용수철 저울 : (　　　　　) N

33 그림과 같이 용수철 상수가 200 N/m 로 동일한 용수철 A 와 B 가 천장에 고정되어 있다. 각각의 용수철을 1 cm, 5 cm 만큼 늘어나도록 잡아 당긴 뒤 질량이 1 kg 인 물체를 연결하고 손으로 물체를 잡아 정지 상태를 유지했다. 물체를 잡고 있는 손을 뗀 순간 물체의 가속도를 구하시오. (단, $g = 10\ m/s^2$ 이고, 물체를 잡고 있는 상태에서 물체의 중력 방향과 용수철 A, B 의 방향은 각각 120° 를 이룬다.)

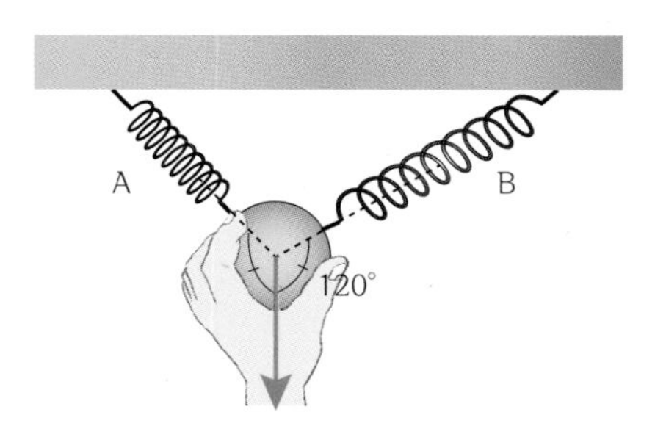

창의력

34 다음 그림 (가), (나) 는 질량이 각각 2 kg, 3.6 kg 인 작은 구 A, B 에 가벼운 줄을 달아 수평면과 θ 의 각을 이루는 방향으로 60 N 의 힘을 가하고 있는 모습이다. (단, 중력 가속도 $g = 10 m/s^2$, $\sin\theta = \frac{3}{5}$ 이며, 구의 부피에 의한 영향은 무시한다.)

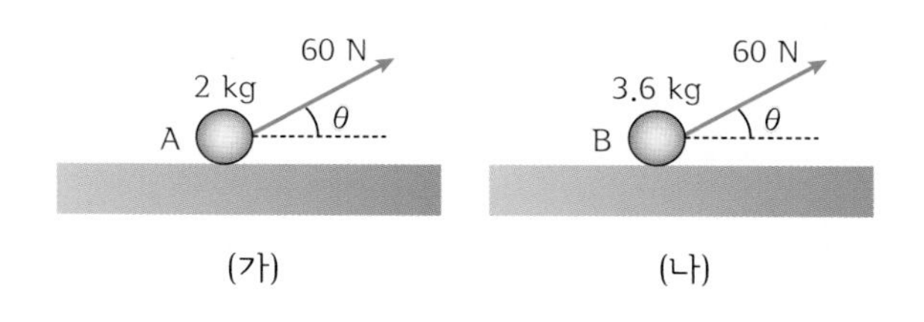

(1) (가) 에서 A 에 작용하는 수직 항력(N)의 크기를 구하고 물체의 운동을 설명하시오.

(2) (나)에서 물체 B 에 작용하는 마찰력의 크기를 구하고, B 의 가속도의 크기를 구하시오.

35 그림은 마찰이 없는 수평면에 질량 $2m$ 인 물체 A 를 놓고, 그 위에 질량 m 인 물체를 놓은 후 A 에 수평 방향의 힘 F 를 작용하여 오른쪽으로 끌고 있는 상황이다. 수평 방향의 힘 F 를 작용했을 때 두 물체가 한 덩어리가 되어 일정한 가속도로 운동하였다. 다음 물음에 답하시오.

[특목고 기출 유형]

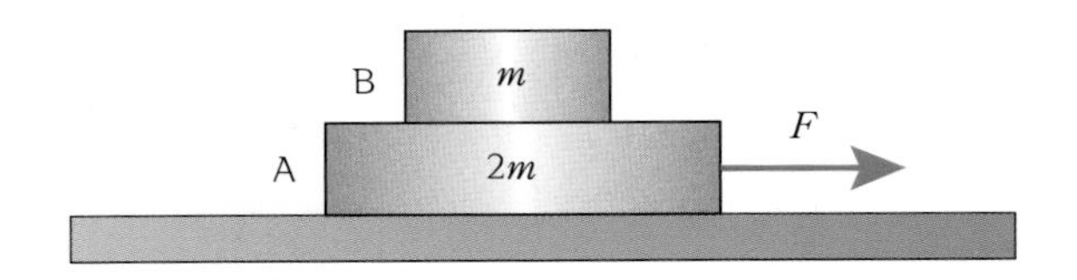

(1) 물체 A 와 B 사이에 작용하는 마찰력의 크기는 얼마인가?

(2) 물체 A 에 작용하는 알짜힘과 물체 B 에 작용하는 알짜힘의 크기를 각각 구하시오.

36 질량이 5 kg 인 물체 A 와 질량이 1 kg 인 물체 B 가 그림과 같이 접촉하여 B가 미끄러지지 않은 상태를 유지하며 수평면을 따라 오른쪽으로 운동하고 있다. 이때 A의 오른쪽 면에서 수평 방향으로 가해야 하는 최소의 힘의 크기 F 를 구하시오. (단, A와 수평면 사이의 운동 마찰 계수는 0.2, 두 물체 사이의 정지 마찰 계수는 0.5, 중력 가속도는 10 m/s^2 이다.)

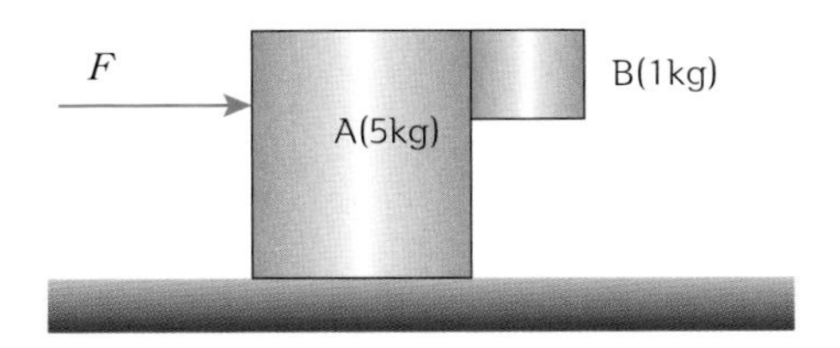

37

수평면 위의 질량 8 kg 의 물체 B 위에 질량 4 kg 인 물체 A 를 올려 놓았다. 다음 물음에 답하시오. (단, 물체 B 와 수평면, A 와 B 사이의 정지 마찰 계수는 모두 0.1, g = 10 m/s^2 이다.)

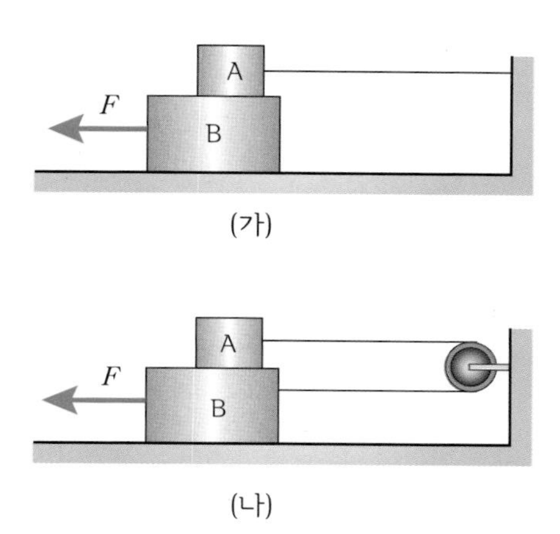

(1) 그림 (가) 와 같이 물체 A 를 벽에 가벼운 끈으로 연결할 경우 물체 B 를 왼쪽으로 움직이게 하기 위한 최소의 힘 F 는 얼마인가?

(2) 그림 (나) 와 같이 물체 A 를 마찰이 없는 도르래를 통해 연결한 경우, 물체 B 를 움직이게 하는 최소의 힘 F 는 얼마인가?

38

질량 10 kg 의 원숭이가 나무 가지에 걸려 있는 가벼운 줄을 타고 오르고 있고 줄의 반대편 끝에는 질량 20 kg 의 상자가 묶여져 지면에 놓여 있다. 상자를 지면으로부터 끌어 올리려면 원숭이는 최소한 얼마만큼의 힘을 줄에 가해야 하는지 구하시오. (단, 줄과 나무 가지 사이의 마찰은 무시하며, g = 10 m/s^2 이다.)

05강 운동량과 충격량

1. 운동량과 충격량　2. 운동량과 충격량의 적용
3. 운동량 보존 법칙　4. 충돌의 종류

1. 운동량과 충격량

(1) 운동량(p) : 운동의 효과를 나타내며 크기와 방향이 있는 물리량이다.

① **운동량의 방향** : 속도의 방향과 같다.

② **운동량의 크기** : 속도의 크기에 질량을 곱한 값이다.

$$p(\text{운동량}) = mv$$

m : 질량(kg), v : 속도(m/s)

③ **운동량과 힘의 관계** : 운동량의 시간에 대한 변화율이 힘으로 나타난다.

$$F = ma = m\frac{\Delta v}{\Delta t} = \frac{\Delta mv}{\Delta t} = \frac{\Delta p}{\Delta t}$$

(2) 충격량(I) : 물체가 충격을 받으면 운동량이 변한다. 운동량의 변화는 충격이 원인이므로 충격량은 운동량의 변화량으로 정의하며, 충격력에 작용한 시간을 곱한 것과 같다.

$$I(\text{충격량}) = Ft = mv - mv_0$$

F : 충격력(N), m : 질량(kg), v_0 : 처음 속도(m/s), v : t 초 후 속도(m/s)

① **충격량의 방향** : 나중 운동량에서 처음 운동량을 뺄 때 나타나는 방향이다.

② **충격력** : 물체의 운동량이 변할 때 물체에 작용하는 힘(F)이다.

③ **물체에 작용하는 힘-시간 그래프** : 그래프의 아래 넓이가 충격량이다.

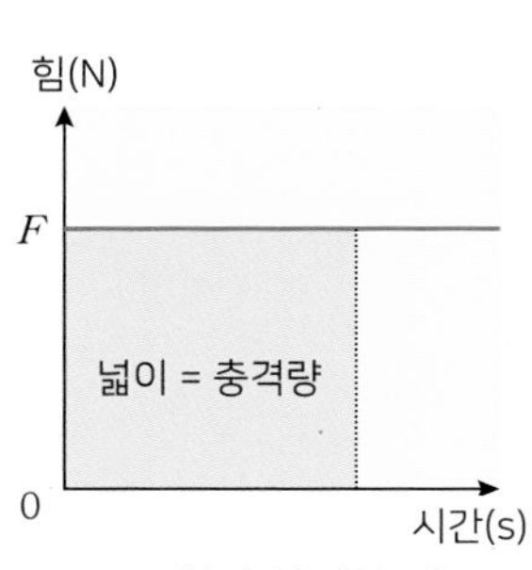

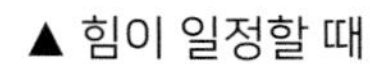

▲ 힘이 일정할 때

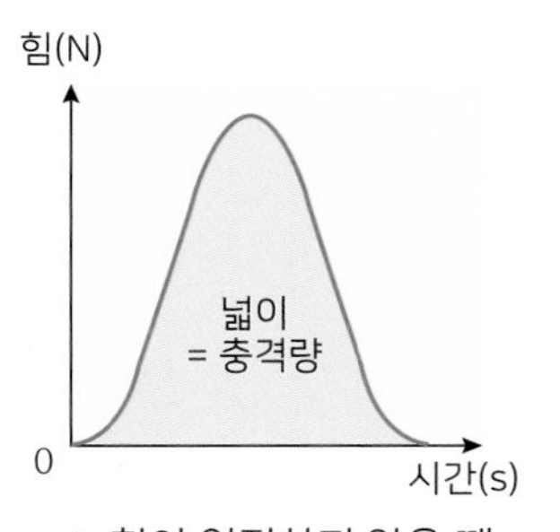

▲ 힘이 일정하지 않을 때

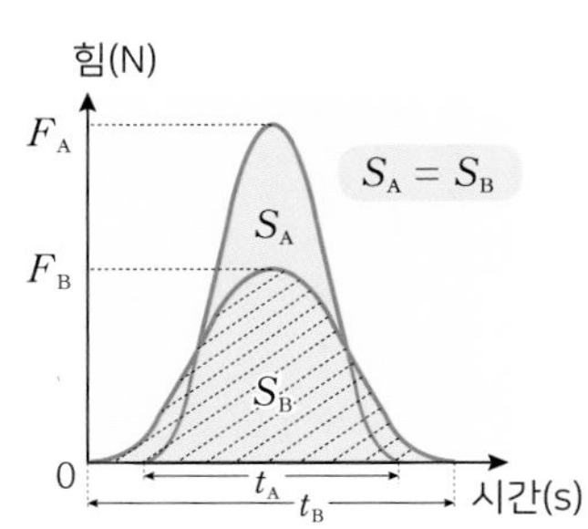

▲ 충격량이 같을 때 시간이 짧으면 충격력이 크다.

정답 및 해설 33

개념확인 1

2 kg 인 물체가 오른쪽 방향으로 2 m/s 의 속력으로 운동하고 있다. 이 물체의 운동량은 얼마인가?

( ) kg·m/s

확인 + 1

그림과 같이 1 kg 인 물체가 오른쪽으로 3 m/s 의 속도로 움직이고 있었다. 이 물체가 벽과 충돌한 뒤 왼쪽으로 1 m/s 의 속도로 움직였다면, 이 물체가 벽으로부터 받은 충격량은 얼마인가? (단, 오른쪽 방향을 + 로 한다.)

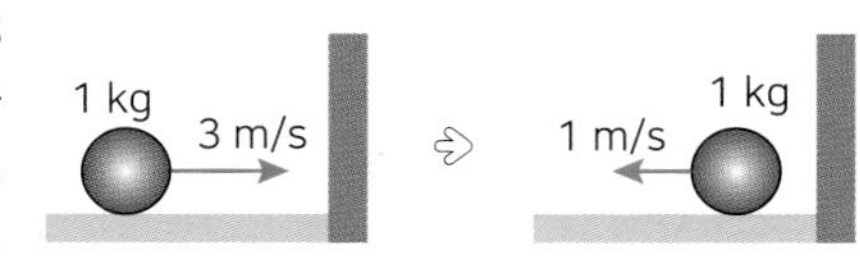

( ) N·s

◉ Δ(델타)

그리스 문자 Δ(델타)를 사용하여 물리량의 변화량을 나타낸다.

예) Δt = 시간의 변화량
Δv = 속도의 변화량
Δp = 운동량의 변화량

◉ 운동량

·야구 경기에서 포수가 투수의 공을 받을 때 야구공의 속도(v)가 클수록 운동의 양을 더 크게 느낄 것이다.

·같은 속도라고 할지라도 공의 질량(m)이 더 크다면 포수는 운동의 양을 더 크게 느낄 것이다.

▲ 야구공을 던지는 투수

◉ 충격량 공식의 적용

충격량 공식 $Ft = mv - mv_0$ 은 등가속도 운동에서 적용되는 공식이다.

등가속도 운동에서 $a = \frac{v - v_0}{t}$ 이므로

$Ft = mat = m\frac{v - v_0}{t}t = mv - mv_0$

◉ 운동량과 충격량의 단위

운동량의 단위
⇨ 질량 × 속도 : [kg·m/s]
충격량의 단위
⇨ 힘 × 시간 : [N·s = kg·m/s]
운동량과 충격량의 단위는 같다.

◉ 방향이 다른 두 운동량의 합성

운동량은 벡터값이므로 평행사변형 법이나 삼각형법으로 합성할 수 있다.

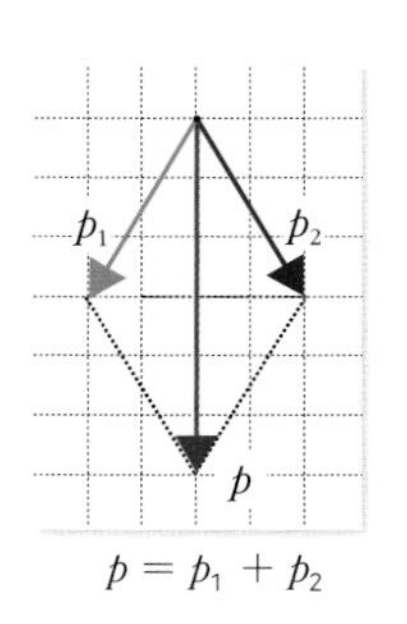

$p = p_1 + p_2$

2. 운동량과 충격량의 적용

(1) 운동량의 변화

① 물체가 정지 상태에서 속도 v 로 증가하였을 때

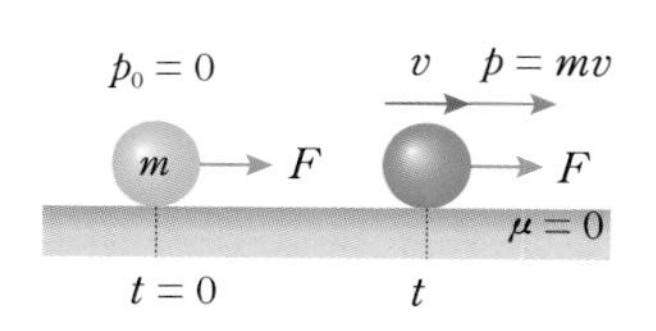

정지 상태의 질량 m 인 물체가 시간 t 동안 일정한 힘 F 를 받아 속도가 v 가 되었다면,

$a = \frac{v}{t}$ (등가속도 운동), $F = ma = \frac{mv}{t}$

$\therefore$ 충격량 $= Ft = mv$ (나중 운동량)

② 물체의 속도가 $v_0 \rightarrow v$ 로 증가하였을 때

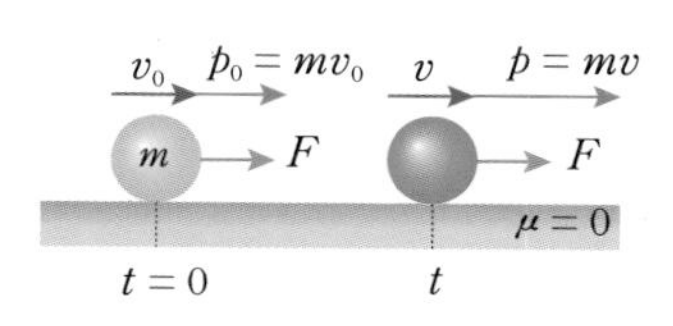

v_0 의 속도로 운동하고 있는 질량 m 인 물체가 시간 t 동안 일정한 힘 F 를 받아 속도가 v 로 증가하였다면,

$a = \frac{v - v_0}{t}$ (등가속도 운동), $F = ma = \frac{mv - mv_0}{t}$

$\therefore$ 충격량 $= Ft = mv - mv_0$ (운동량의 변화량)

(2) 충격량의 적용

① 충돌 시간이 길어질 때 : 충돌 시간 Δt 가 길어지면 충격력 F 는 작아진다.

질량이 m 인 운전자가 v 의 속도로 운동하다가 정지하는 과정에서 충격량($F\Delta t$)은 mv 로 정해지며, 에어백에 의해 운전자가 충돌하는 시간(Δt)이 증가하면 충격력(F)이 작아지므로 피해가 줄어든다.

② 충격력이 일정하고 충돌 시간이 길어질 때 : 충격량 $I(=F\Delta t)$이 커진다.

권총

소총

총알을 발사할 때 총열 안에서 받는 힘(충격력 F)이 같다고 해도 권총보다 소총의 경우 총알이 더 멀리 나간다. 총열의 길이가 길수록 총알이 떠날 때까지 힘(충격력 F)을 받는 시간(Δt)이 길어져 충격량(I)이 커지기 때문이다.

◉ 유리잔이 콘크리트 위에 떨어지는 경우와 쿠션 위로 떨어지는 경우 비교

두 경우 모두 멈추게 되므로 유리잔이 떨어질 때 충격량은 같다. 그러나 콘크리트 바닥에서는 힘을 받는 시간이 짧기 때문에 충격력이 커서 유리잔이 깨지는 것이다.

◉ 충격량을 이용한 예

충돌 시간을 증가시켜 충격력을 약화시키는 또다른 예

▲공을 잡을 때(손을 뒤로 빼면서 잡는다.)

충격력이 일정할 때 충돌 시간을 길게 하여 운동량의 변화량이 커지는 또다른 예

▲골프채를 끝까지 휘둘러 주어야 공이 멀리 간다.

정답 및 해설 33

개념확인 2

정지해 있던 물체가 오른쪽 방향으로 일정한 크기의 힘 2 N 을 2 초 동안 받았다. 출발하고 2초 후 물체의 운동량은 얼마인가? (단, 마찰은 무시한다.)

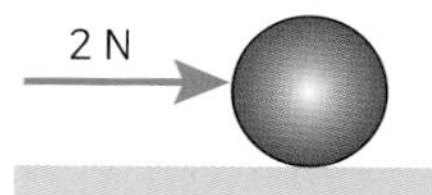

( ) kg·m/s

확인 + 2

높은 곳에서 떨어지는 유리컵은 시멘트 바닥에 떨어지면 깨지지만 두꺼운 이불 위에 떨어지면 잘 깨지지 않는다. 이와 같은 원리로 설명이 가능하지 않은 것은?

① 비오는 날에는 차가 많이 미끄러진다.
② 야구공을 받을 때 손을 약간 뒤로 빼면서 받는다.
③ 권투경기를 할 때 두꺼운 글러브를 끼면 충격을 덜 받는다.
④ 축구 경기에서 골기퍼가 날아오는 공을 몸을 뒤로 빼면서 받는다.

미니사전

총열 [銃 총 列 줄 짓다] 탄환이 발사될 때 통과하게 되는 화기의 금속관 부분

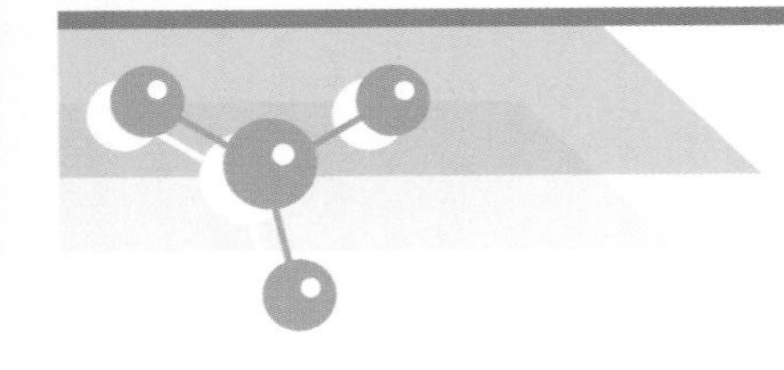

05강 운동량과 충격량

3. 운동량 보존 법칙

(1) 두 물체의 충돌 순간 (오른쪽 방향 (+))

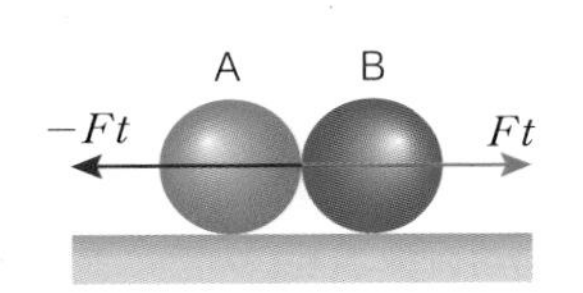

충돌 시간 : t ⇨ A, B 같다.
주고 받는 힘 : F(B 가 받는 충격력), $-F$(A 가 받는 충격력) ⇨ 작용과 반작용
A 가 받는 충격량 : $-Ft$, B 가 받는 충격량 : Ft

(2) 운동량 보존 법칙 : 충돌 전후의 운동량의 합은 같다.

① 물체 A, B 는 충돌에 의해서 운동량이 변한다.
② 물체 A 의 운동량의 변화량(충격량) : $m_1v_1' - m_1v_1 = -Ft$ ········ ❶
③ 물체 B 의 운동량의 변화량(충격량) : $m_2v_2' - m_2v_2 = Ft$ ········ ❷
❶+❷를 하면,
$m_1v_1' - m_1v_1 + m_2v_2' - m_2v_2 = 0$ ⇨ $m_1v_1 + m_2v_2 = m_1v_1' + m_2v_2'$

충돌 전의 총 운동량 = 충돌 후의 총 운동량
$$m_1v_1 + m_2v_2 = m_1v_1' + m_2v_2'$$

예 마주 보고 운동하는 물체의 충돌

<충돌 전>	<충돌 후>
A : 질량이 2 kg 이고 3 m/s 로 운동 B : 질량이 2 kg 이고 −2 m/s 로 운동	A : 질량이 2 kg 이고 −1 m/s 로 운동 B : 질량이 2 kg 이고 v 로 운동

운동량 보존 법칙에 의해 충돌 전 운동량 = 충돌 후 운동량이므로, 충돌 후 B 의 속도 는 다음과 같다.
$$2\times3 + 2\times(-2) = 2\times(-1) + 2v, \quad \therefore v = 2\text{m/s}$$

◉ 운동량 보존 법칙 실험기(뉴튼 진자)

쇠구슬 1 개를 충돌시키면 반대편에서 1 개가, 2 개를 충돌시키면 반대편에서 2 개의 쇠구슬이 튀어 오른다. 이때 충돌한 쇠구슬은 정지한다.

충돌전 운동량(쇠구슬 2 개의 운동) = 충돌 후 운동량(쇠구슬 2 개의 운동)

◉ 운동량 보존 법칙의 중요성

운동량 보존 법칙은 운동 3법칙인 작용 반작용 법칙의 다른 표현이다. 물체의 운동에 있어서 반드시 성립한다.

정답 및 해설 33

개념확인 3

그림과 같이 마찰이 없는 면에 4 kg 의 물체 A 가 2 m/s 로 운동하다가 정지해 있던 물체 B 와 충돌하였다. 충돌 후 A 는 정지하고 B 는 1 m/s 의 속도로 운동할 때, B 의 질량은 얼마인가?(단, 모든 운동은 직선 운동이다.)

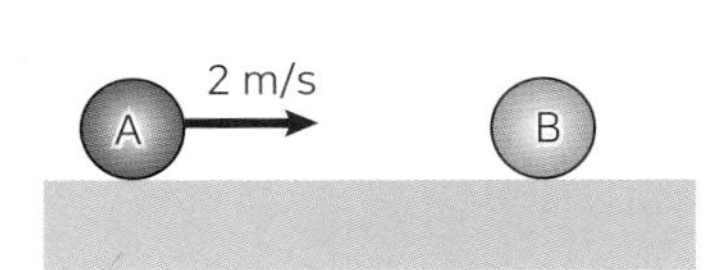

(　　　　　　) kg

확인 + 3

그림과 같이 마찰이 없는 면에 2 kg 의 물체 A 가 4 m/s 로 운동하다가 1 m/s 로 움직이는 2 kg 의 물체 B 와 충돌하였다. 충돌 후 B 가 5 m/s 의 속도로 운동했다면, 충돌 후 A 의 속도는 얼마인가? (단, 모든 운동은 직선 운동이다.)

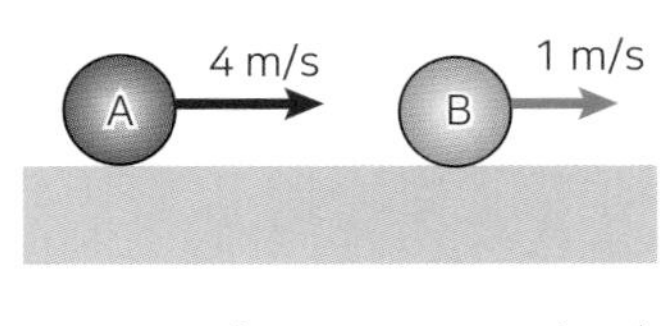

(　　　　　　) m/s

4. 충돌의 종류

(1) 반발계수(e) : 두 물체의 충돌 전후 속도 차의 비율을 나타내는 값이다.

$$e(\text{반발 계수}) = -\frac{v_1' - v_2'}{v_1 - v_2},\ (0 \le e \le 1)$$

(2) 충돌의 종류

① **탄성 충돌** : 충돌 전후 운동량과 운동 에너지가 모두 보존된다. 반발 계수는 1 이다.

예 1 kg 인 물체 A 의 처음 속도가 2 m/s, 2 kg 인 물체 B 의 처음 속도가 -1 m/s 일 때, 두 물체가 탄성 충돌 후 물체 A 의 속도가 -2 m/s 가 되었다면 물체 B 의 속도 v 는?

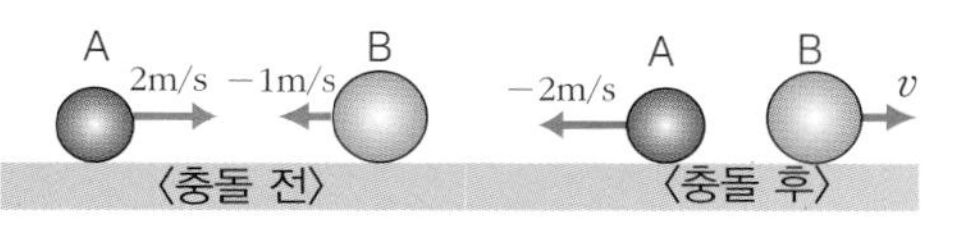

처음 운동량의 합 = 나중 운동량의 합
처음 운동 에너지의 합 = 나중 운동 에너지의 합

$$e = -\frac{-2 - v}{2 - (-1)} = 1,$$
$$v = 1 \text{ m/s}$$

② **비탄성 충돌** : 충돌 전과 후의 운동량은 보존되지만 운동 에너지는 보존되지 않는 충돌로 대부분의 충돌은 비탄성 충돌이다. 반발 계수는 0 에서 1 사이의 값을 가진다.

③ **완전 비탄성 충돌** : 충돌 후 한 덩어리가 되는 충돌이다. 운동량은 보존되지만 운동 에너지는 보존되지 않는다. 반발 계수는 0 이다.

예 1 kg 인 물체 A 의 처음 속도가 2 m/s, 2 kg 인 물체의 처음 속도가 1 m/s 일 때, 두 물체가 충돌 후 한 덩어리가 되어 운동하였다면 두 물체의 나중 속도 v 는?

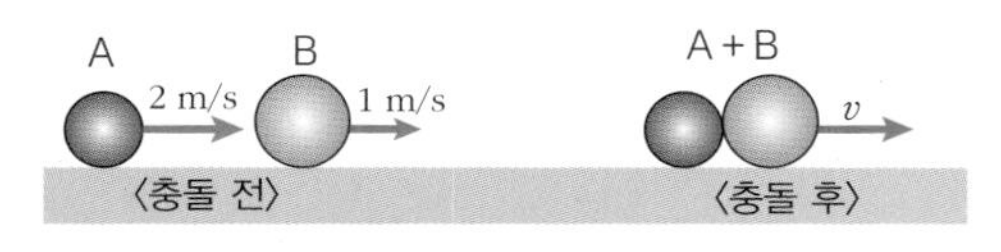

처음 운동량의 합 = 나중 운동량의 합

운동량 보존 법칙 :
$$2 \times 1 + 1 \times 1 = (2 + 1)v,$$
$$\therefore v = 2 \text{ m/s}$$
$$\text{반발계수} = -\frac{1 - 1}{2 - 1} = 0$$

개념확인 4 정답 및 해설 33

그림과 같이 마찰을 무시할 수 있는 면에 6 kg 의 물체가 1 m/s 로 운동하다가 폭발하여 같은 질량 물체 두 개로 쪼개졌다. 오른쪽 파편의 속도가 6 m/s 일 때, 왼쪽 파편의 속력은 얼마인가? (단, 각 물체는 직선상에서 운동하고 오른쪽 방향을 +로 정한다.)

( ) m/s

확인 + 4

그림과 같이 마찰을 무시할 수 있는 면에서 일직선 상으로 1 kg 의 물체 A 가 3 m/s 의 속도로 운동하다가 정지해 있던 2 kg 인 물체 B 와 충돌하여 한 덩어리가 되어 운동하였다. 반발 계수는 얼마인가?

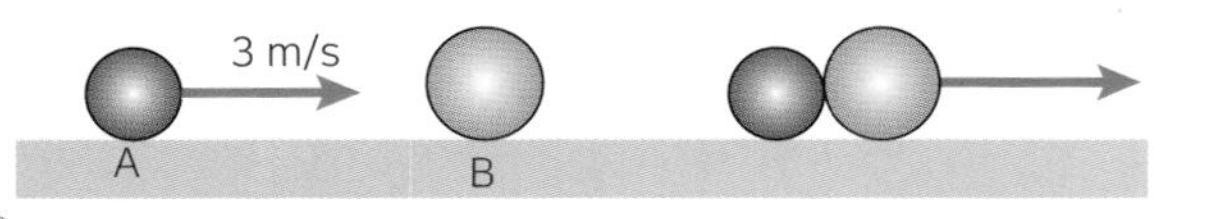

( )

◉ **운동 에너지**

운동하는 물체가 갖는 에너지이며 다음과 같이 구한다.

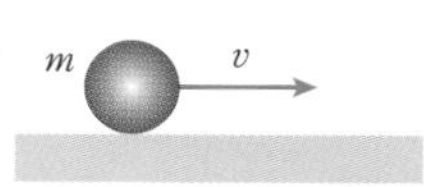

$$E_k(\text{운동 에너지}) = \frac{1}{2}mv^2$$

◉ **탄성 충돌 후 운동량 보존 법칙에 의한 속도 계산**

1 kg 인 물체 A 의 처음 속도가 2 m/s, 2 kg 인 물체의 처음 속도가 -1 m/s 일 때, 두 물체가 탄성 충돌 후 물체 A 의 속도가 -2 m/s 가 되었다면 물체 B 의 속도 v 는 다음과 같다.

$\Rightarrow 1 \times 2 + 2 \times (-1)$
$= 1 \times (-2) + 2 \times v$
$\therefore v = 1$ m/s

◉ **탄성 충돌의 예**

탄성 충돌은 운동 에너지가 다른 형태의 에너지(마찰에 의한 열에너지 등)로 바뀌지 않을 때 일어난다. 원자간의 충돌이나 이상적인 당구공 간의 충돌이 탄성 충돌의 예이다.

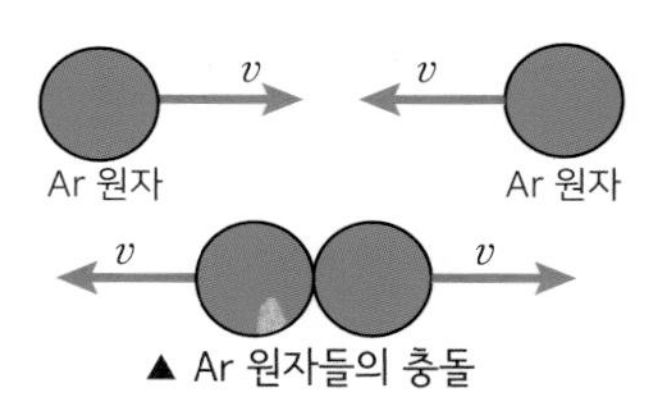

▲ Ar 원자들의 충돌

▲ 당구공의 충돌

01

다음 운동량에 대한 설명 중 옳은 것은 ○ 표, 옳지 않은 것은 × 표 하시오.

(1) 속도와 운동량은 서로 방향이 반대이다. ( )

(2) 운동량의 단위는 kg·m/s이다. ( )

(3) 운동량의 변화량은 충격량과 같다. ( )

02

질량이 300 g 인 야구공이 투수에 의해 던져져 속력 40 m/s 로 날아가고 있다. 이 야구공의 운동량의 크기는 얼마인가?

( ) kg·m/s

03

정지해 있는 120 g 의 골프 공을 골프채로 쳐서 50 m/s 의 속도로 날아가게 하였다. 골프공이 받은 충격량의 크기는 얼마인가?

( ) N·s

04

마찰이 없는 수평면에서 오른쪽으로 속력 2 m/s 로 운동하고 있는 질량 0.3 kg 의 물체에 일정한 힘을 5 초 동안 작용하였더니 운동 방향은 변하지 않고 속력이 5 m/s 가 되었다. 이 물체가 받은 충격력의 크기는 얼마인가?

( )N

05

질량 2 kg 의 물체 A 와 3 kg 의 물체 B 의 운동 상태가 충돌 전후에 그림과 같이 변하였다면 충돌 후 물체 B 의 속도의 크기는 얼마인가?

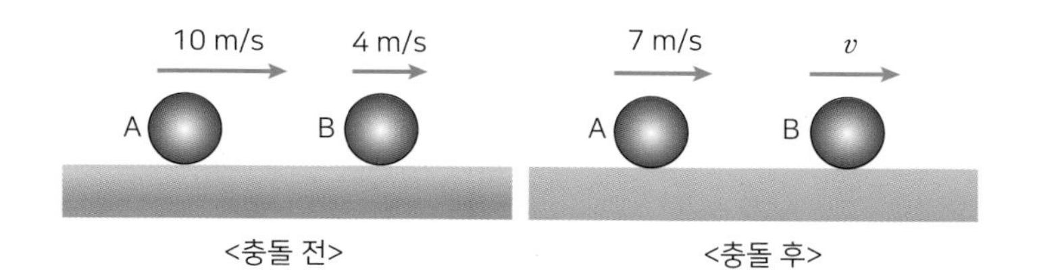

( )m/s

06

정지하고 있던 질량 0.5 kg 의 공이 자유 낙하하여 2 초가 되는 순간 운동량의 크기는 얼마인가? (단, $g = 10\ \text{m/s}^2$ 이고, 공기 저항은 무시한다.)

① 10 kg·m/s ② 20 kg·m/s ③ 40 kg·m/s ④ 60 kg·m/s ⑤ 80 kg·m/s

07

마찰이 없는 수평면 상에서 질량 m 의 물체가 속력 v 로 운동하다가 정지해 있는 질량 $2m$ 의 물체와 충돌한 후 한 덩어리가 되어 운동하였다. 충돌 후 속력은 얼마인가?

① $\frac{1}{3}v$ ② $\frac{1}{2}v$ ③ v ④ $2v$ ⑤ $3v$

08

그림처럼 마찰이 없는 수평면 상에서 4 m/s 의 속도로 운동하던 질량 1 kg 의 물체 A 가 정지해 있는 질량 2 kg 의 물체 B 와 충돌하였다. 충돌 후 물체 A 는 처음 운동 방향과 반대 방향으로 속력 1 m/s 로, 물체 B 는 처음 운동 방향과 같은 방향으로 2.5 m/s로 운동하였다. 이 충돌에 있어서 반발 계수는?

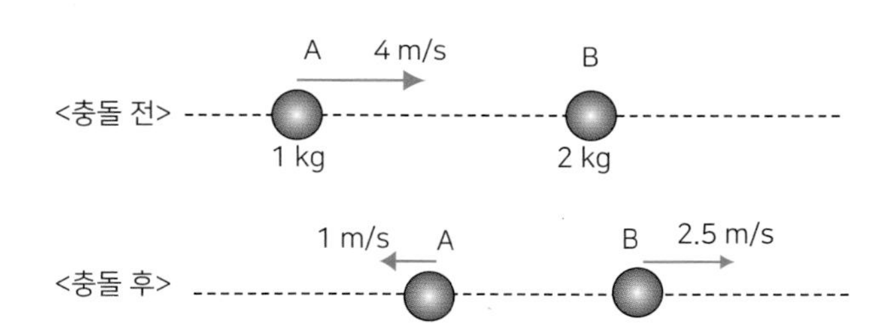

① $\frac{1}{5}$ ② $\frac{1}{4}$ ③ $\frac{1}{2}$ ④ $\frac{5}{8}$ ⑤ $\frac{7}{8}$

유형 5-1 운동량과 충격량

두 물체의 운동량을 비교하기 위하여 질량이 m 으로 같은 두 실험용 수레 A, B 를 준비하고 수레 B 위에 물체를 놓고, 수레 A, B 사이에 용수철을 놓았다. 수레 A, B 사이에 용수철을 압축시켰다가 놓았더니 두 실험용 수레는 서로 반대 방향으로 등속 운동하여 동시에 수레 멈추개에 충돌하였다. 두 수레가 이동한 거리의 비 $a : b = 2 : 1$ 이었을 때 이에 대한 설명으로 옳은 것만을 <보기> 에서 있는 대로 고른 것은? (단, 마찰은 무시한다.)

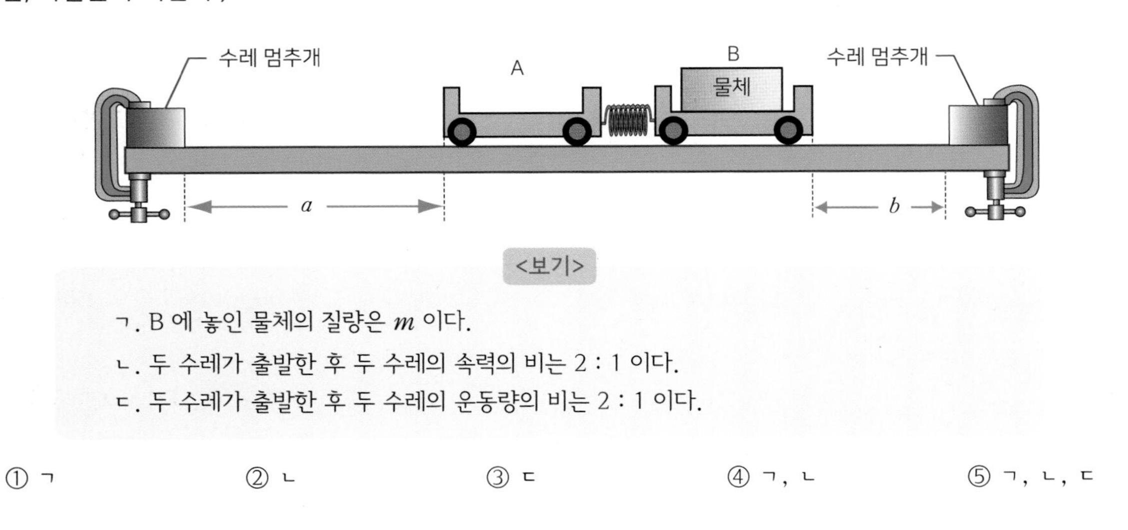

<보기>

ㄱ. B 에 놓인 물체의 질량은 m 이다.
ㄴ. 두 수레가 출발한 후 두 수레의 속력의 비는 2 : 1 이다.
ㄷ. 두 수레가 출발한 후 두 수레의 운동량의 비는 2 : 1 이다.

① ㄱ ② ㄴ ③ ㄷ ④ ㄱ, ㄴ ⑤ ㄱ, ㄴ, ㄷ

01 그림은 질량이 같은 두 유리컵을 같은 높이에서 시멘트 바닥에 떨어뜨렸을 때(A)와 두꺼운 이불 위에 떨어졌을 때(B)의 유리컵이 받는 힘과 시간과의 관계이다. 이 그래프에 대한 설명으로 옳지 않은 것은?

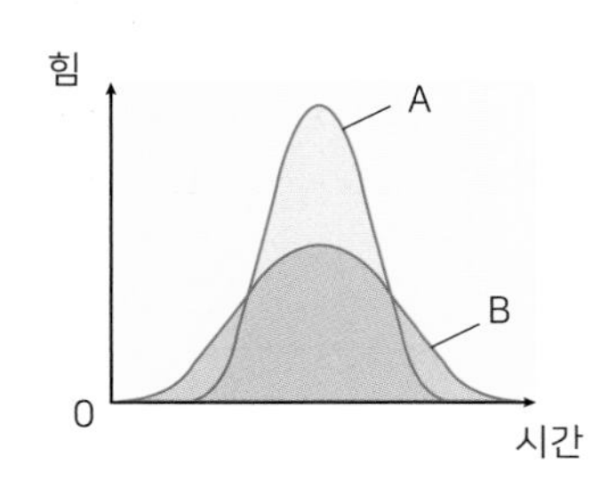

① A 보다 B 가 깨지기 쉽다.
② A 와 B 의 운동량 변화량은 같다.
③ A 와 B의 그래프 아래 면적은 같다.
④ A 의 충격력이 B 의 충격력보다 크다.
⑤ A 보다 B 가 힘이 작용한 시간이 길다.

02 질량이 m 인 물체를 속력 v_0 로 연직 위로 던져서 다시 제자리로 돌아올 때까지 물체가 받은 충격량의 크기는 얼마인가? (단, 공기의 저항은 무시하며, 중력 가속도는 g 이다.)

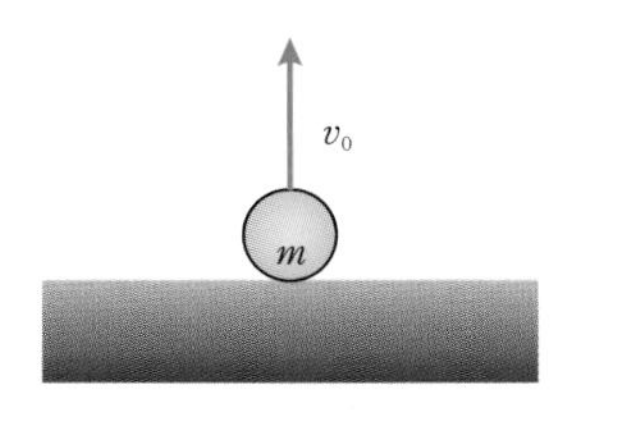

① $2mv_0$ ② mg ③ $\frac{2v_0}{g}$
④ $\frac{v_0^2}{g}$ ⑤ $\frac{v_0^2}{2g}$

유형 5-2 운동량과 충격량의 적용

사람이 높은 계단에서 뛰어내릴 때 바닥에 닿는 순간 무릎을 구부려야 몸이 받는 충격을 줄일 수 있다. 같은 사람이 같은 높이의 계단에서 뛰어내릴 때 무릎을 굽히는 것과 굽히지 않는 것의 차이에 대한 설명으로 옳은 것만을 <보기> 에서 있는 대로 고른 것은?

<보기>

ㄱ. 바닥으로부터 사람이 받는 충격력은 무릎을 구부리지 않을 때 더 크다.
ㄴ. 바닥으로부터 사람이 받는 충격량은 무릎을 구부리지 않을 때 더 크다.
ㄷ. 바닥에 닿기 직전 사람의 운동량은 무릎을 구부리지 않을 때 더 크다.

① ㄱ ② ㄴ ③ ㄷ ④ ㄴ, ㄷ ⑤ ㄱ, ㄴ, ㄷ

03 마찰이 없는 수평면에서 속도 5 m/s 로 운동하는 질량 60 kg 의 물체가 힘을 받아 5 초 후의 속도가 15 m/s 가 되었다. 5 초 동안 물체에 작용한 평균 힘은 얼마인가?

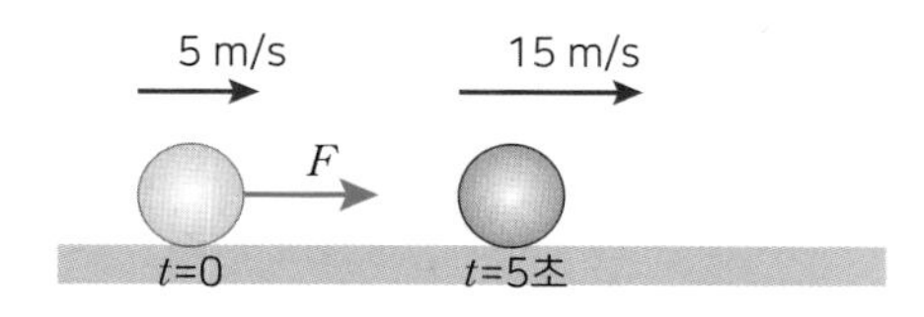

① 100 N ② 120 N ③ 300 N
④ 600 N ⑤ 900 N

04 자동차에 탄 운전자를 보호하기 위하여 에어백을 설치한다. 에어백이 운전자를 보호하는 것과 같은 원리로 설명되는 현상으로 옳은 것만을 <보기> 에서 있는 대로 고른 것은?

<보기>

ㄱ. 야구에서 홈런을 치기 위해서는 방망이를 크게 휘둘러야 한다.
ㄴ. 자동차 경주장의 보호벽을 타이어로 만든다.
ㄷ. 번지 점프에 사용하는 줄은 탄성이 좋아서 잘 늘어나는 것을 사용한다.

① ㄱ ② ㄴ ③ ㄷ
④ ㄴ, ㄷ ⑤ ㄱ, ㄴ, ㄷ

유형 5-3 운동량 보존 법칙

마찰이 없는 수평한 얼음판 위에서 5 m/s 로 운동하던 질량 60 kg 인 무한이가 정지해 있던 질량 50 kg 의 상상이와 충돌하였다.

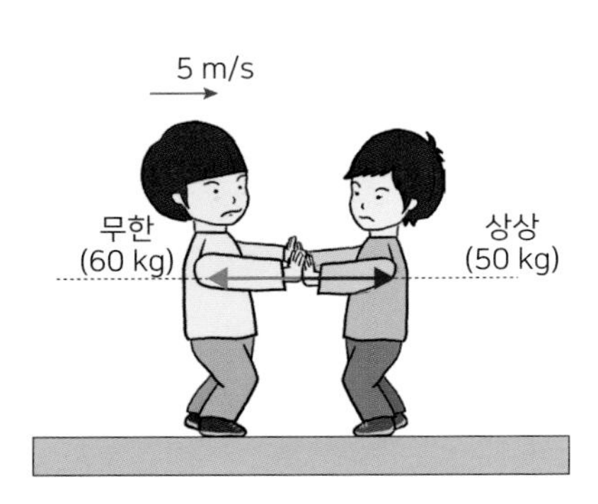

(1) 충돌 후 무한이는 정지하였다면 상상이의 속력은 얼마인가? ( ) m/s

(2) 무한이가 받은 충격량의 크기는 얼마인가? ( ) N·s

05 그림과 같이 같은 종류의 충돌구 3 개와 2 개가 서로 반대쪽으로 움직이고 있다. 이들이 충돌하여 튕겨나간 직후 충돌구의 모습으로 옳은 것은?

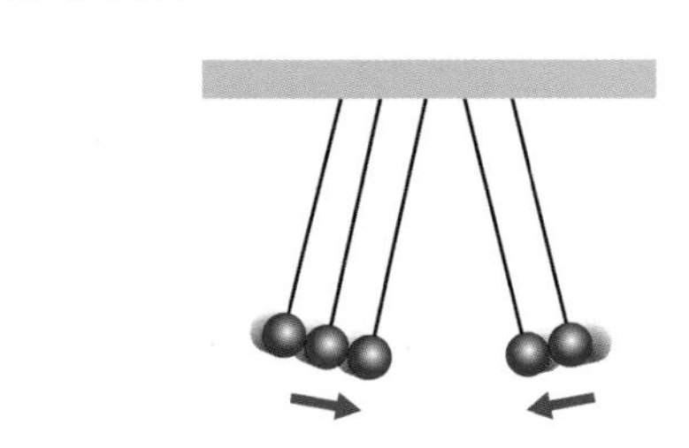

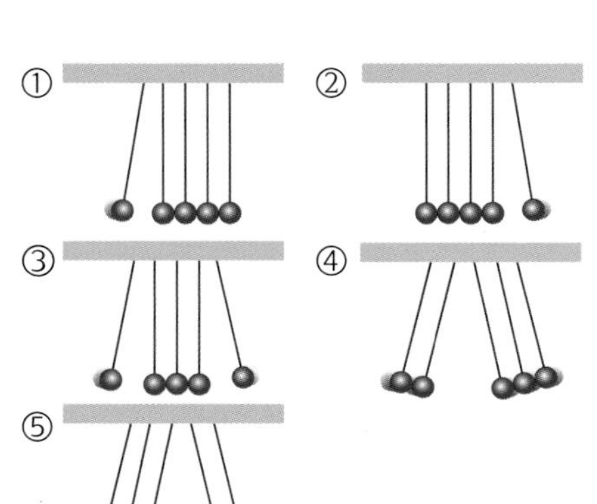

06 다음 그림은 마찰이 없는 수평면 위에 정지해 있던 질량 4 kg 인 물체에 가해지는 힘의 크기를 시간에 따라 나타낸 그래프이다. 4 초 후 물체의 속력은 얼마인가?

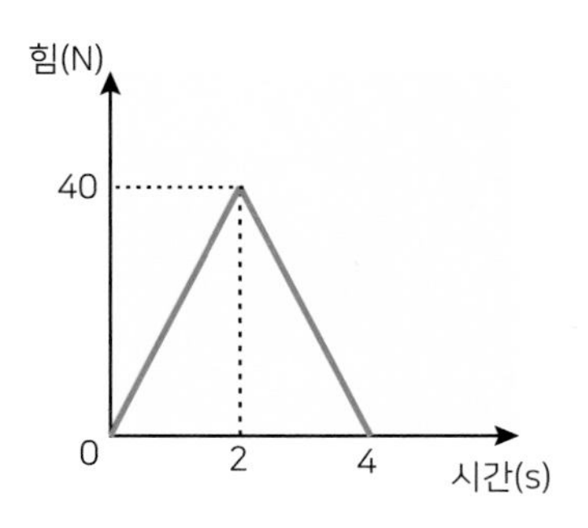

① 20 m/s ② 30 m/s ③ 40 m/s
④ 50 m/s ⑤ 60 m/s

유형 5-4 충돌의 종류

마찰이 없는 수평면 상에서 질량 m 의 물체 A 가 속력 v 로 운동하다가 정지해 있는 질량 $2m$ 의 물체 B 와 충돌하였다. 이 충돌의 반발계수가 0 일 때 다음 물음에 답하시오.

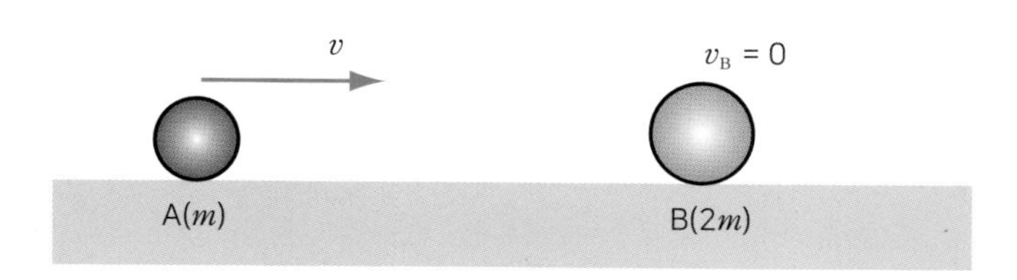

(1) 충돌한 후 물체 A 의 속력은 얼마인가? ( )

(2) A 가 받은 충격량의 크기는 얼마인가? ( )

07 정지해 있던 질량 5 kg 의 물체가 폭발하여 3 kg 인 물체 A 와 2 kg 인 물체 B 로 쪼개어 졌다. 물체 A 의 속력이 24 m/s 였다면 물체 B 의 속력은 얼마인가?

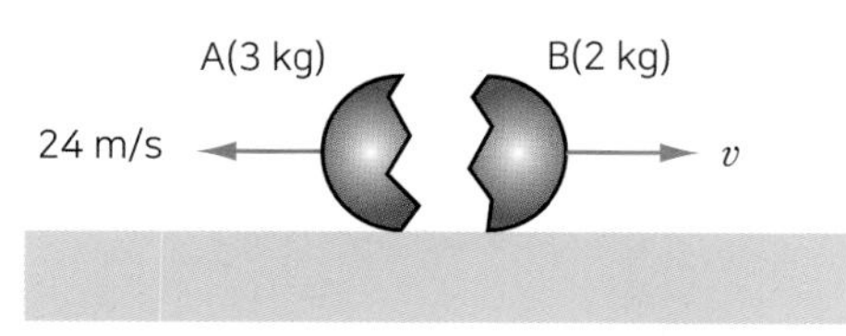

① 12 m/s ② 16 m/s ③ 24 m/s
④ 36 m/s ⑤ 48 m/s

08 다음은 수평면에서 질량이 같은 두 물체가 충돌하기 전후의 속도를 나타낸 것이다. 세 경우 중에서 실제 일어날 수 있는 경우 만을 <보기> 에서 있는 대로 고른 것은?

<보기>

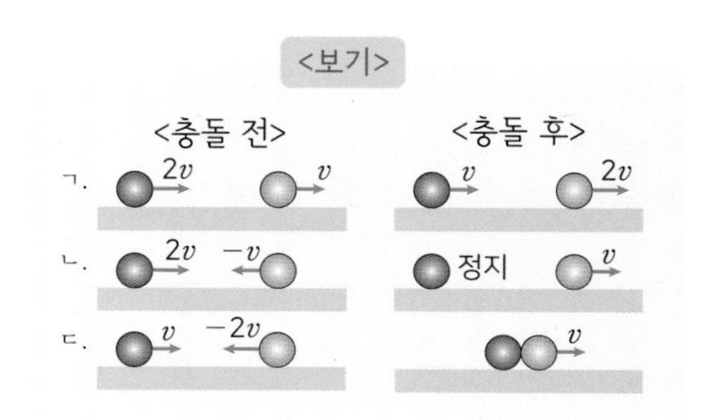

① ㄱ ② ㄴ ③ ㄷ
④ ㄱ, ㄴ ⑤ ㄱ, ㄴ, ㄷ

A

01 다음 운동량과 충격량에 대한 설명 중 옳은 것은 ○표, 옳지 않은 것은 ×표 하시오.

(1) 운동량의 변화량은 충격량이다. ( )

(2) 야구공을 잡을 때 앞으로 전진하면서 잡으면 충격력이 작아진다. ( )

(3) 권투 글러브는 충돌 시간을 증가시켜서 충격량이 감소하게 만든다. ( )

02 어떤 물체에 40 N 의 일정한 힘을 0.2초 간 작용하였다. 이 물체에 가해진 충격량의 크기는 얼마인가?

① 8 N·s ② 16 N·s ③ 80 N·s
④ 200 N·s ⑤ 400 N·s

03 마찰이 없는 수평면에서 4 m/s 의 속력으로 운동하던 질량이 1 kg 인 물체가 벽에 충돌한 뒤 반대 방향으로 2 m/s 의 속력으로 운동하였다. 이 물체가 받은 충격량의 크기는 얼마인가? (단, 물체는 직선 운동을 한다.)

① 2 N·s ② 4 N·s ③ 6 N·s
④ 8 N·s ⑤ 10 N·s

04 마찰이 없는 수평면에서 오른쪽으로 2 m/s 로 운동하던 질량이 2 kg 인 물체에 왼쪽으로 4 N 의 일정한 힘을 2 초동안 가하였다. 힘을 가한 후 물체의 속력은 얼마인가? (단, 물체는 직선 운동을 한다.)

① 1 m/s ② 2 m/s ③ 3 m/s
④ 4 m/s ⑤ 5 m/s

05 마찰이 없는 수평면에서 2 m/s 의 속도로 운동하는 질량 4 kg 의 물체에 운동 방향으로 3 N 의 일정한 힘을 4초 간 작용하였다. 이때 물체의 나중 운동량은 얼마인가?

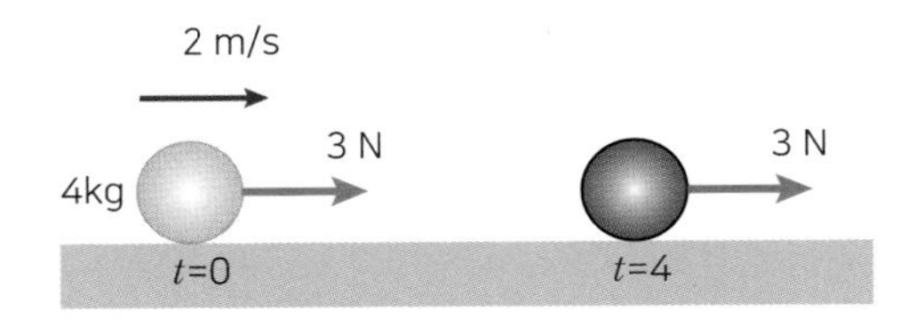

① 6 kg·m/s ② 8 kg·m/s ③ 12 kg·m/s
④ 16 kg·m/s ⑤ 20 kg·m/s

06 질량 200 g 의 공이 30 m/s 로 운동하여 벽에 충돌한 후 20 m/s 로 튀어나왔다. 공이 벽으로부터 받은 충격량의 크기는 얼마인가?

① 6 N·s ② 8 N·s ③ 10 N·s
④ 12 N·s ⑤ 20 N·s

07 마찰이 없는 수평면에서 질량 500 g 인 공 A 가 20 m/s 로 운동하다가 정지해 있던 질량 200 g 의 공 B 에 충돌하였다. 충돌 후 A 의 속도가 10 m/s 가 되었을 때, 충돌 후 B 의 속도는 얼마인가?

① 10 m/s ② 15 m/s ③ 20 m/s
④ 25 m/s ⑤ 30 m/s

08

마찰이 없는 수평면에서 질량 1 kg 인 물체 A 가 10 m/s 의 속도로 운동하다가 질량 2 kg 인 물체 B 와 충돌하였다. 충돌 전 물체 B 의 속도가 −3 m/s 이었고, 충돌 후 B 의 속도가 1.5 m/s 일 때 충돌 후 A 의 속도는 얼마인가? (단, 충돌은 모두 직선상에서 일어난다.)

① −2 m/s ② −1 m/s ③ 0
④ 1 m/s ⑤ 2 m/s

09

마찰이 없는 수평면에서 2 m/s 의 속도로 운동하던 질량 6 kg 의 물체가 폭발하여 2 kg 인 물체 A 와 4 kg 인 물체 B 로 쪼개어 졌다. 물체 A 의 속도가 12 m/s 였다면 물체 B 의 속도는 얼마인가? (단, 모든 물체는 동일한 직선 상에서 운동한다.)

① −6m/s ② −3m/s ③ 0m/s
④ 3m/s ⑤ 6m/s

10

마찰이 없는 수평면에서 6 m/s 의 속도로 운동하던 질량 3 kg 의 찰흙 공이 1 m/s 의 속도로 운동하던 질량 2 kg 인 찰흙 공과 충돌하여 한 덩어리가 되어 운동하였다. 충돌 후 찰흙 공의 속도는 얼마인가?

① 1 m/s ② 2 m/s ③ 3 m/s
④ 4 m/s ⑤ 5 m/s

B

[11-13] 마찰을 무시할 수 있는 수평면 위에 정지해 있던 질량 2 kg 의 물체에 그림과 같은 힘을 한 방향으로 작용하였다. 다음 물음에 답하시오.

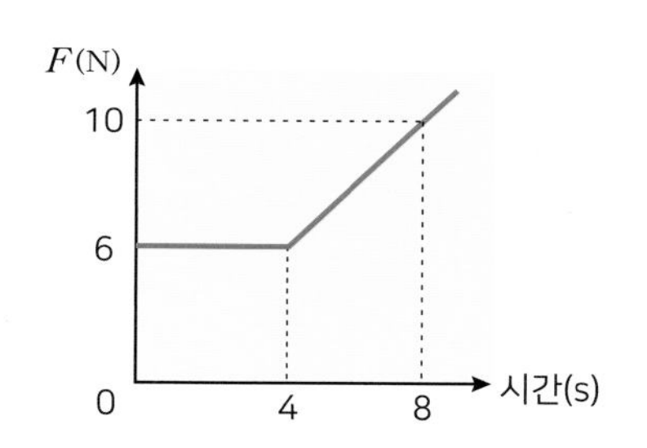

11

4 초일 때 이 물체의 운동량은 얼마인가?

① 6 kg·m/s ② 12 kg·m/s ③ 18 kg·m/s
④ 24 kg·m/s ⑤ 30 kg·m/s

12

이 물체가 4 ~ 8초 사이에 받은 충격량은 얼마인가?

① 8 N·s ② 16 N·s ③ 24 N·s
④ 32 N·s ⑤ 40 N·s

13

운동을 시작하고 8 초 후 이 물체의 속도는?

① 14 m/s ② 21 m/s ③ 28 m/s
④ 35 m/s ⑤ 42 m/s

14 달리던 버스가 신호를 보지 못하고 앞에서 정지해 있던 승용차의 뒷부분에 충돌하였다. 충돌 과정에 관한 설명 중 옳은 것만을 <보기> 에서 있는 대로 고른 것은?

[창의력 대회 기출 유형]

<보기>

ㄱ. 버스 운전자와 승용차 운전자 모두 앞으로 쏠린다.
ㄴ. 안전 벨트를 착용하지 않으면 승용차 운전자가 버스 운전자보다 더 위험하다.
ㄷ. 버스와 승용차가 서로 튕기는 경우보다 함께 밀려가는 경우에 운전자가 받는 충격이 적다.

① ㄱ ② ㄴ ③ ㄷ
④ ㄴ, ㄷ ⑤ ㄱ, ㄴ, ㄷ

15 그림과 같이 마찰이 없는 수평면 상에서 2 kg 의 물체 A 를 5 m/s 로 운동시켜 정지해 있는 3 kg 의 물체 B 와 충돌시킬 때 두 물체 사이에 그림처럼 용수철이 있다면 용수철이 가장 많이 압축되는 순간의 물체 B 의 속력은 얼마인가?

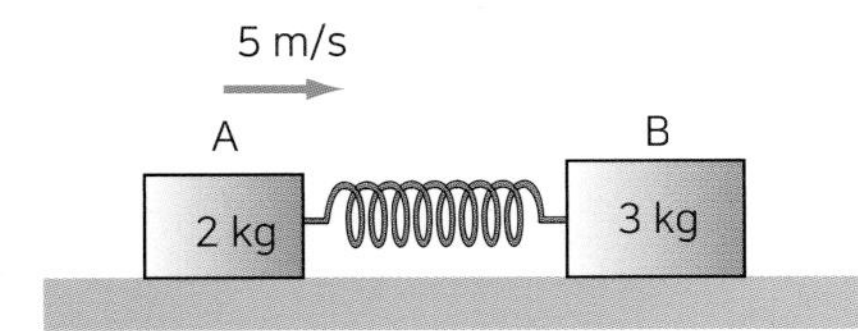

① 1 m/s ② 2 m/s ③ 3 m/s
④ 4 m/s ⑤ 5 m/s

16 다음 그래프는 질량이 같은 유리컵 두 개를 시멘트 바닥과 이불을 깔아놓은 바닥에 떨어뜨리고, 유리컵이 바닥에 충돌하여 정지하는 동안 유리컵에 작용하는 힘을 시간에 따라 나타낸 것이다. 이에 대한 설명으로 옳은 것만을 <보기>에서 있는 대로 고른 것은? (단, 유리컵이 떨어진 높이는 같다.)

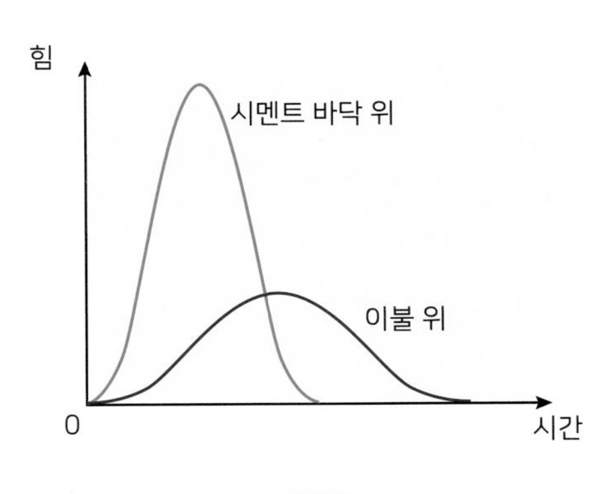

<보기>

ㄱ. 바닥에 충돌 직전 운동량은 두 경우에 서로 같다.
ㄴ. 바닥에 충돌하는 동안 유리컵이 받은 충격량은 두 경우에 서로 같다.
ㄷ. 바닥에 충돌하는 동안 유리컵이 받은 충격력은 두 경우에 서로 같다.

① ㄱ ② ㄴ ③ ㄷ
④ ㄱ, ㄴ ⑤ ㄱ, ㄴ, ㄷ

17 그림에서와 같이 A 는 4 m/s, B 는 2 m/s 의 속력으로 매끄러운 수평면에서 직선 운동하다가, 서로 충돌한 후 A 의 속력이 3 m/s 로 줄었다. A, B 의 질량이 서로 같을 때, 이에 대한 설명으로 옳은 것만을 <보기> 에서 있는 대로 고른 것은?

<보기>

ㄱ. 충돌 후 B 의 속력은 3 m/s 이다.
ㄴ. 두 물체는 탄성 충돌을 한다.
ㄷ. A 의 운동량은 보존된다.

① ㄱ ② ㄴ ③ ㄷ
④ ㄱ, ㄴ ⑤ ㄱ, ㄴ, ㄷ

18 그림과 같이 컨베이어 벨트가 0.1 m/s 로 등속 운동 하고 있고, 그 위에 과자가 연직 방향으로 1 분당 600 개가 떨어진다. 컨베이어 벨트는 0.01 N 의 힘을 받아 움직이고 있다고 할 때 과자 1 개의 질량은 얼마인가?

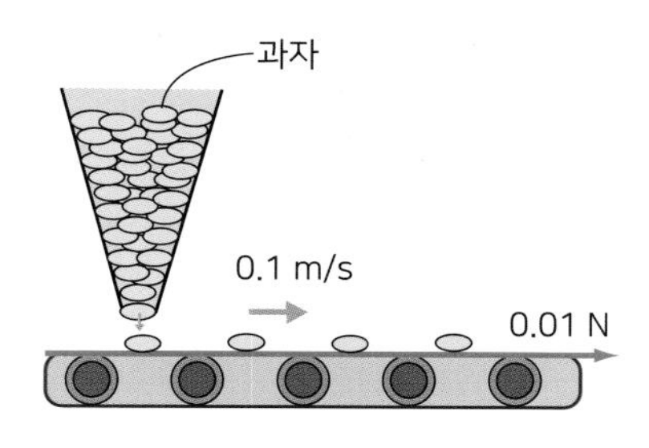

① 5 g ② 10 g ③ 20 g
④ 30 g ⑤ 40 g

C

19 수평한 지면에서 질량 2 kg 의 물체를 40 m/s 의 속도로 수평면과 30° 의 각도를 이루도록 던졌다. 물체가 던져진 후로부터 땅에 다시 도달할 때까지 받은 충격량은 얼마인가? ($g = 10$ m/s^2 이다.)

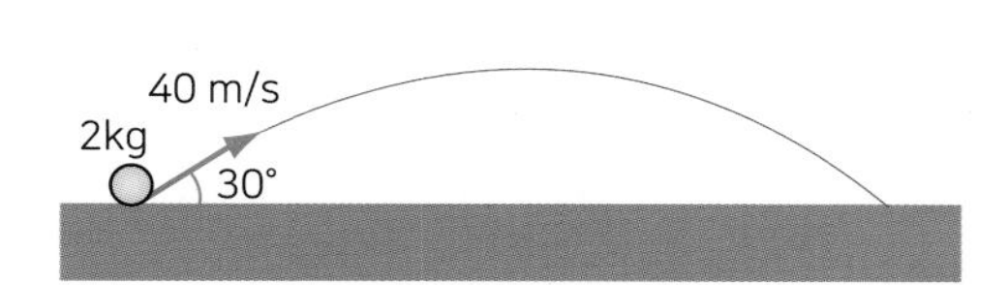

① 20 N·s ② 40 N·s ③ 60 N·s
④ 80 N·s ⑤ 100 N·s

20 다음 그림과 같이 질량과 속력이 같은 두 물체 A, B 가 완전 비탄성 충돌을 한 후에 속력이 $\frac{1}{2}$ 배로 한 덩어리가 되어 직선 운동하였다. 충돌하고 난 후의 속도와 A, B 의 속도 사이의 각도가 각각 θ 일 때, 충돌하기 전 두 물체의 속도 사이의 각도(= 2θ)는 얼마인가?

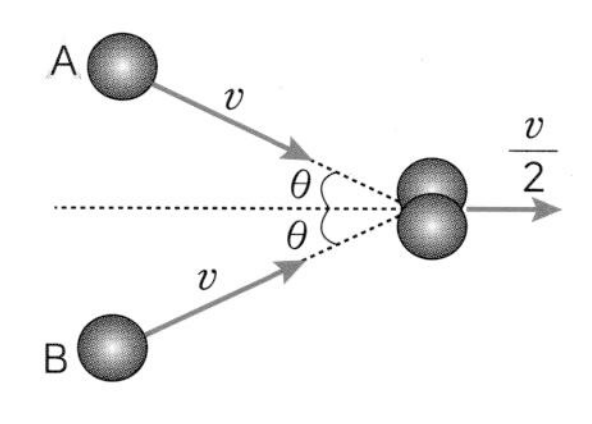

① 30° ② 60° ③ 90°
④ 120° ⑤ 150°

21 그림 (가) 와 같이 매우 미끄러운 수평면에서 등속도 v 로 운동하는 수레 바로 위에서 수직으로 수레와 질량이 같은 모래주머니를 떨어뜨려 그림 (나) 와 같이 수레와 함께 운동하게 하였더니 수레의 속도가 V 가 되었다.

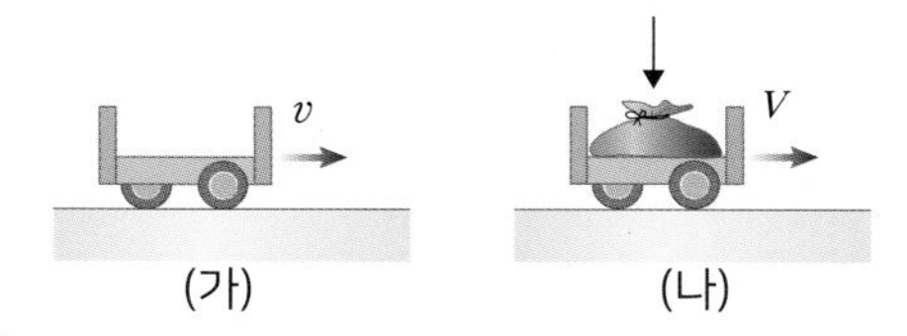

모래주머니가 수레 위에 떨어지기 전후에 수레의 운동에 대한 설명으로 옳은 것만을 <보기> 에서 있는 대로 고른 것은?

<보기>

ㄱ. 그림 (나) 에서 수레의 속도 V는 $\frac{v}{2}$ 이다.
ㄴ. 그림 (가) 에서의 수레의 운동량과 그림 (나) 에서의 (수레+모래주머니)의 운동량은 서로 같다.
ㄷ. 모래주머니가 수레에 접촉하는 순간부터 수레 위에 완전히 놓일 때까지 수레에 작용하는 모든 힘의 합력은 0 이다.

① ㄱ ② ㄴ ③ ㄷ
④ ㄱ, ㄴ ⑤ ㄱ, ㄴ, ㄷ

22 다음 그림과 같이 수평면에 대해 일정한 속도 2 m/s 로 운동하는 수레 위에 질량이 2 kg 인 물체를 들고 서 있는 무한이가 있다. 무한이는 물체를 스스로에 대해서 수레의 운동 반대 방향으로 5 m/s 의 속력으로 던졌다. 이때 물체를 제외한 수레와 사람의 질량 합이 100 kg 이었다면 물체를 던진 후 수평면에 대한 수레의 속력은 얼마인가? (단, 수레와 지면 사이의 마찰은 무시한다.)

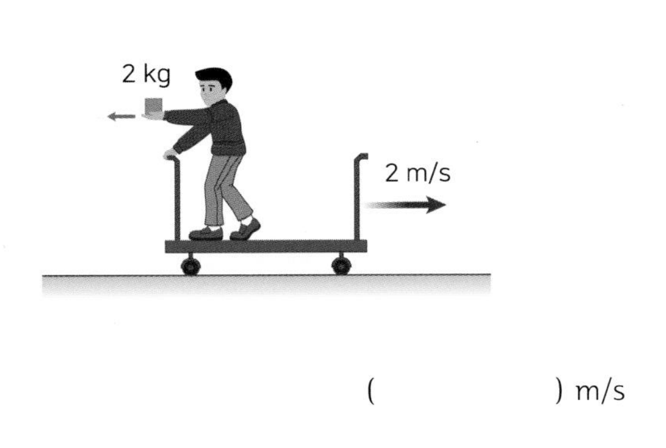

( ) m/s

23 그림처럼 접시 모양의 터빈 날개에 물줄기가 부딪쳐 물줄기의 압력으로 터빈에 동력이 공급된다. 물은 터빈 날개에 v 의 속력으로 부딪친 후 같은 속력으로 되돌아 나온다. 1 초 당 날개에 부딪치는 물의 질량은 m 으로 일정하다면 물이 터빈 날개에 작용하는 힘은 얼마인가?

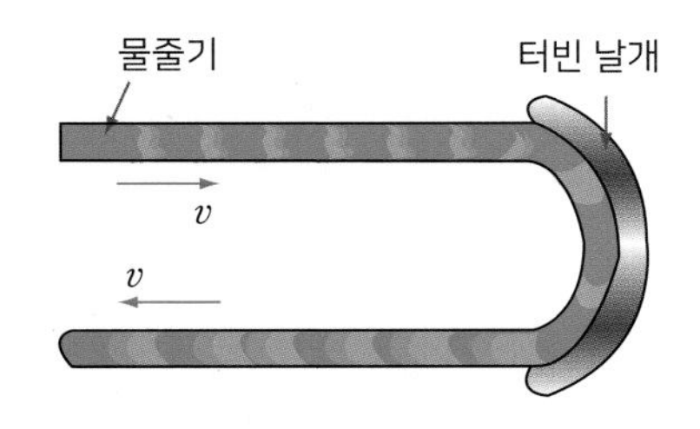

① mv ② $2mv$ ③ $3mv$
④ $4mv$ ⑤ $5mv$

24 다음과 같은 장치가 있다. 등속 운동하는 물체 A 가 정지해 있는 상자 속으로 들어가는 순간 상자 뚜껑이 닫혀서 A 는 빠져나가지 못하게 된다. A 가 상자 안에서 운동하면서 앞 뒤의 상자와 계속 탄성 충돌을 한다고 할 때, 시간에 따른 물체 A 의 속력 그래프로 옳은 것을 고르시오. (단, 물체 A 의 질량은 m, 상자의 질량은 뚜껑을 합쳐서 m 이며, 수평면과의 마찰은 없다고 가정한다.)

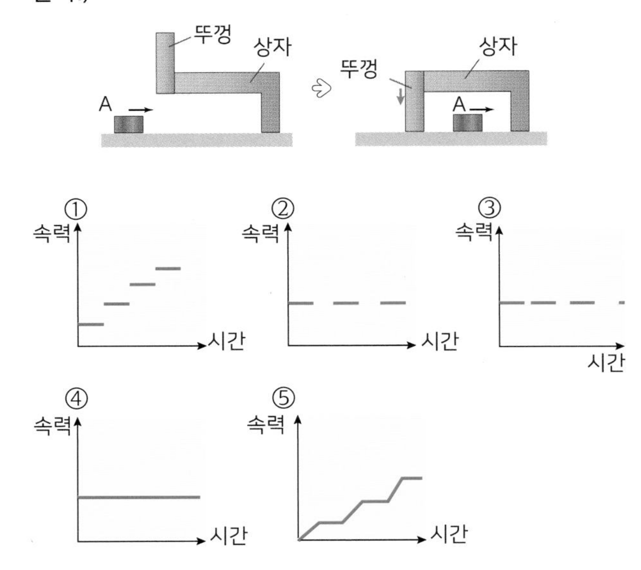

25 다음은 총알의 속력을 측정하는 실험 과정이다.

> i) 질량을 알고 있는 수레와 모래주머니를 준비한다.
> ii) 수레를 수평면에 놓은 후, 수레 위에 모래주머니를 올려 놓고 고정시킨다.
> iii) 총을 모래주머니에 쏘아 총알이 모래주머니에 박힌 채 함께 움직이게 하여 속력을 측정한다.
> iv) 총알이 모래주머니에 박히기 전후에 운동량이 보존된다는 사실로부터 총알의 속력을 계산한다.

이에 대한 설명으로 옳은 것만을 <보기> 에서 있는 대로 고른 것은? (단, 모든 마찰은 무시할 수 있도록 장치하였다.)

<보기>

ㄱ. 총알의 질량을 알아야 총알의 속도를 측정할 수 있다.
ㄴ. 모래주머니보다 충돌 시간이 짧은 고무판을 사용하면 더 정확한 값을 얻을 수 있다.
ㄷ. 같은 조건에서 모래주머니 대신 반발계수가 0.6 인 금속판을 사용하여도 총알의 속도를 측정할 수 있다.

① ㄱ ② ㄴ ③ ㄷ
④ ㄴ, ㄷ ⑤ ㄱ, ㄴ, ㄷ

심화

26 그림과 같이 틈에 4 kg 의 물체가 걸쳐져 있고, 아래쪽에서 200 g 의 총알을 발사하여 총알이 연직 위로 날아가다가 물체를 관통하였다. 총알이 물체와 충돌하기 직전의 속력은 1000 m/s 이고, 물체를 관통한 직후 속력은 400 m/s 일 때, 물체가 원래 위치에서 올라간 최대 높이는 얼마인가? (단, g = 10 m/s^{2}이며, 총알이 물체를 뚫고 나가도 각각의 질량 변화는 없다.)

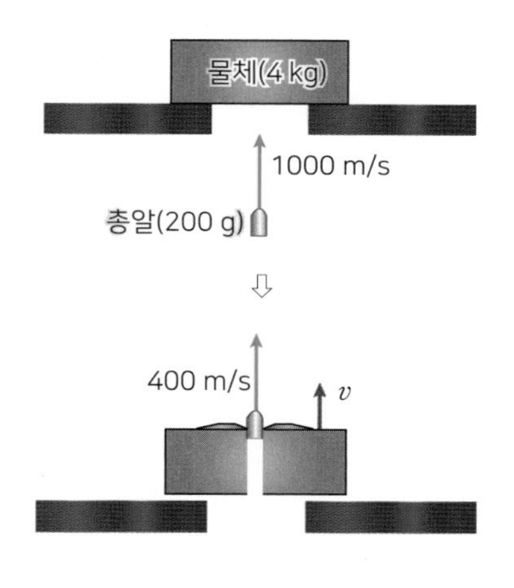

① 41 m ② 42 m ③ 43 m
④ 44 m ⑤ 45 m

27 다음 그림은 벽에 충돌하는 질량이 2 kg 인 물체를 나타낸 것이다. 충돌 직전 물체는 8 m/s 의 속력으로 벽과 30° 를 이루는 방향으로 운동하고 있었고, 충돌 직후 $2\sqrt{3}$ m/s의 속력으로 벽과 60° 를 이루며 운동한다. 이때 충돌로 인해 물체가 받은 충격량의 제곱 (I^2)은 얼마인가?(단, 단위는 생략한다.)

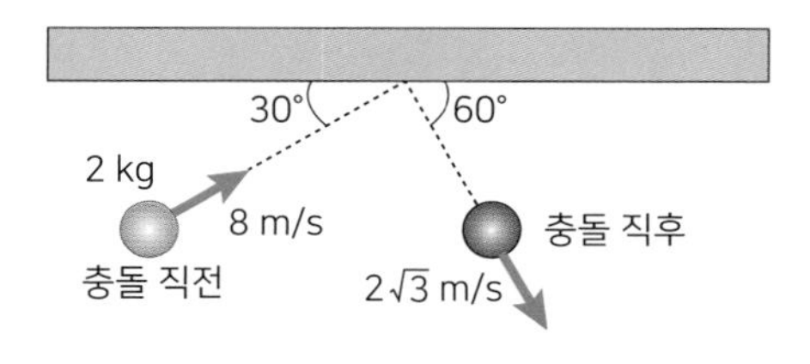

① 296 ② 298 ③ 300
④ 302 ⑤ 304

[28-29] 그림과 같이 매끄러운 수평면 바닥에 질량이 10 kg 이고 길이가 4 m 인 막대 AB 가 놓여 있다. 이 막대 위에 질량이 50 kg 인 사람이 서 있다.

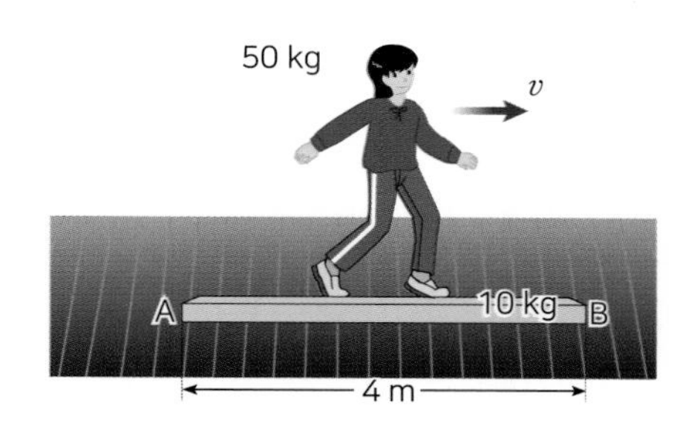

28 사람이 막대에 대하여 0.1 m/s 의 속도로 막대 위 A 에서 B 를 향하여 움직일 때 마루 바닥에 대한 막대의 속도는 몇 m/s 인가?

( ) m/s

29 사람이 B 점에 정지해 있다가 막대에 대하여 0.2 m/s 의 속도로 바닥 쪽으로 뛰면 수평 마루 바닥에 대한 막대의 속도는 얼마인가?

( ) m/s

30 그림 (가) 는 질량이 같은 물체 A, B 가 벽을 향해 속도 $3v$ 로 각각 등속도 운동하는 모습을 나타낸 것이고, 그림 (나) 는 A, B 가 벽에 충돌하는 과정에서 A, B 의 속도 변화를 시간에 따라 나타낸 것이다. 이에 대한 설명으로 옳은 것만을 <보기> 에서 있는 대로 고른 것은?

[수능 모의 평가 기출 유형]

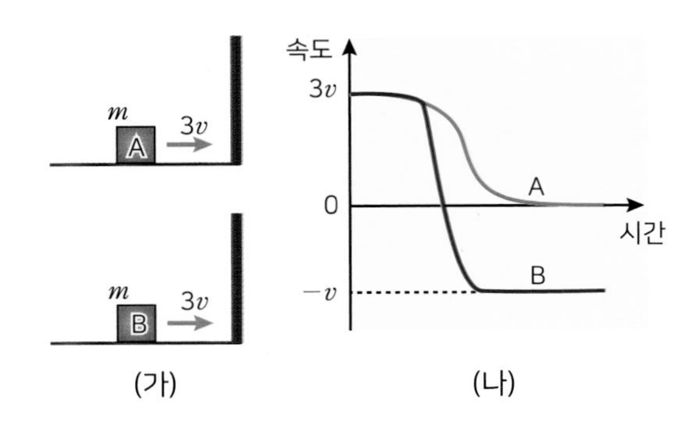

(가) (나)

<보기>

ㄱ. A 가 벽에 작용하는 충격량의 크기와 벽이 A 에 작용하는 충격량의 크기는 서로 같다.

ㄴ. 충돌 전후 운동량의 변화량의 크기는 B 가 A 보다 크다.

ㄷ. 충돌하는 동안 벽에 작용하는 평균 힘의 크기는 B 가 A 보다 작다.

① ㄱ ② ㄴ ③ ㄷ ④ ㄱ, ㄴ ⑤ ㄱ, ㄴ, ㄷ

31 그림 (가) 는 동일 직선 상에서 같은 방향으로 운동하던 물체 A, B 가 충돌하기 전과 후의 모습을 나타낸 것이고, 그래프 (나) 는 A, B 의 위치를 시간에 따라 나타낸 것이다. 이때 A 의 질량은 B 의 2 배이다.

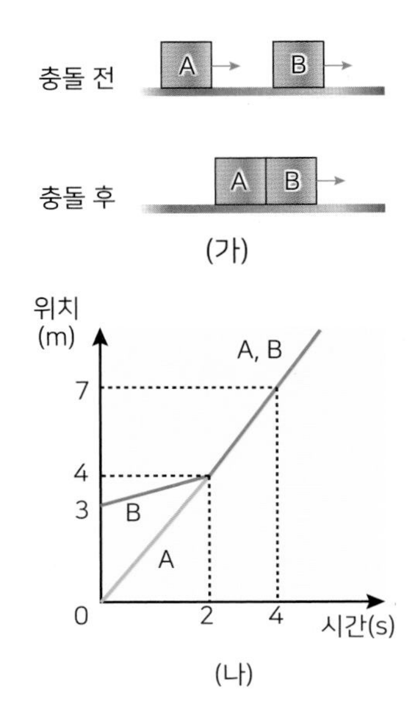

이에 대한 설명으로 옳은 것만을 <보기> 에서 있는 대로 고른 것은? (단, 물체의 크기와 마찰은 무시한다.)

[수능 모의 평가 기출 유형]

<보기>

ㄱ. 충돌 전 운동량의 크기는 A 가 B 의 8 배이다.

ㄴ. 충돌하는 동안 속도 변화량의 크기는 B 가 A 의 2 배이다.

ㄷ. 충돌하는 동안 A 가 받은 충격량의 크기는 B 가 받은 충격량의 크기와 같다.

① ㄱ ② ㄴ ③ ㄷ ④ ㄱ, ㄷ ⑤ ㄱ, ㄴ, ㄷ

32 그림 (가) 는 수평면에 정지해 있는 동전 B 를 향해 손가락으로 동전 A 를 튕기는 모습을 나타낸 것이다. B 는 A 와 충돌한 후 정지해 있던 동전 C 와 충돌한다. 그림 (나) 는 이 과정에서 A, B, C 의 운동량을 시간에 따라 나타낸 것이다. A 와 B 의 충돌 시간은 $2t$ 이고, B 와 C 의 충돌 시간은 t 이며, B 의 질량이 C 의 2 배이다.

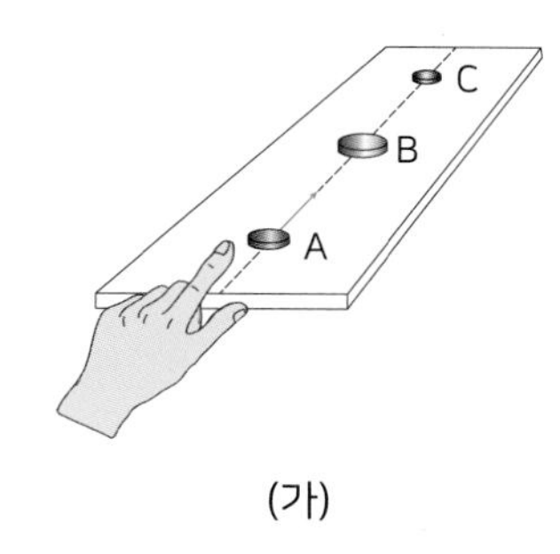

(가)

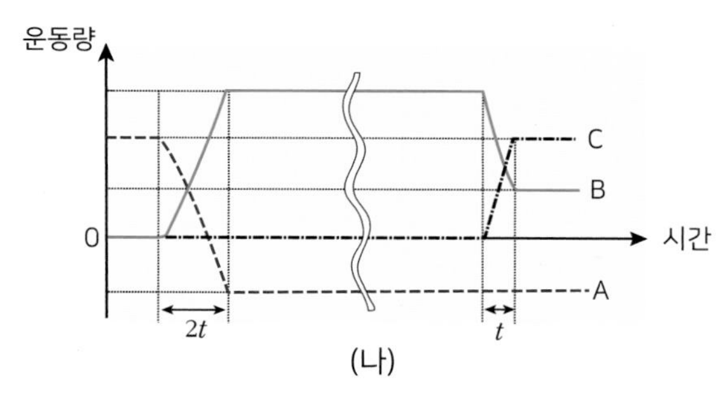

(나)

이에 대한 설명으로 옳은 것만을 <보기> 에서 있는 대로 고른 것은? (단, A ~ C 는 모두 직선 상에서 운동한다.)

[수능 모의 평가 기출 유형]

<보기>

ㄱ. A 는 B 와 충돌 후 충돌 전과 같은 방향으로 움직인다.

ㄴ. B 가 C 와 충돌한 후, C 의 속력은 B 의 속력의 4 배이다.

ㄷ. B 가 받은 평균 힘의 크기는 C 와 충돌하는 동안보다 A 와 충돌하는 동안이 더 크다.

① ㄱ ② ㄴ ③ ㄷ
④ ㄱ, ㄷ ⑤ ㄱ, ㄴ, ㄷ

33 다음 그림은 마찰이 없는 수평면 위에 정지해 있던 질량이 3.8 kg 인 물체가 폭발하여 세 조각 A, B, C 로 쪼개져 120° 의 각도로 서로 밀려나는 것을 나타낸 것이다. A 의 질량은 2 kg, B의 질량은 0.6 kg, C 의 질량이 1.2 kg이고, 조각 C 의 나중 속력은 5 m/s 이다. 이때 조각 A 와 B 의 나중 속도의 크기를 각각 구하시오.

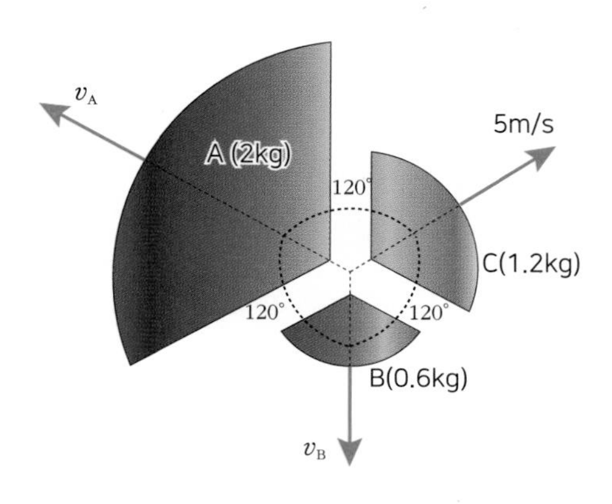

창의력

34 다음 그림과 같이 질량이 0.1 kg 인 공이 10 m/s 의 속력으로 운동하다가, 지표면과 30° 각도로 충돌한 후, 30° 각도로 튕겨졌다. 튕겨진 후의 공의 속력도 10 m/s 였다면, 이때 지표면이 공에 준 충격량의 크기를 구하시오. (단, 공의 속력은 일정하다.)

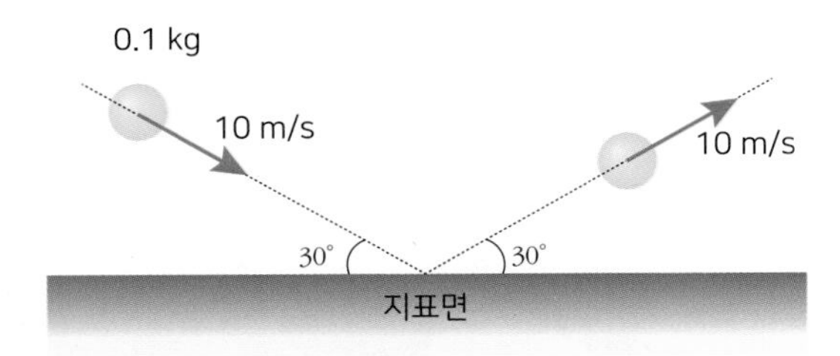

35 그림과 같이 마찰이 없는 눈 위에서 질량이 M 으로 각각 동일한 썰매 A 와 B 가 서로 반대 방향으로 가깝게 놓여 있다. 그림은 질량 m 의 고양이가 썰매 A 에서 썰매 B 로 건너뛰는 모습이다. 고양이가 썰매 A를 뛰어오를 때 고양이의 수평 방향 속력은 썰매에 대해서 v 이다. 이렇게 고양이가 썰매 A 에서 썰매 B 로 뛰었을 때 썰매 A 와 (고양이 + 썰매 B) 의 속력을 각각 구하시오.

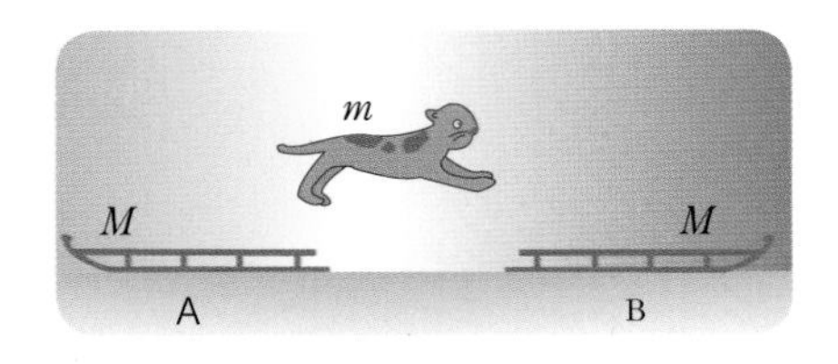

36 그림과 같이 매끄러운 수평면 위에 질량이 4 kg, 안쪽의 폭이 9 m 이고, 아래면이 뚫린 상자가 정지해 있다. 상자 속에는 질량 1 kg 이고 길이가 1 m 인 물체 A 가 상자의 오른쪽 면에 접촉해 있다. 정지 상태에 있는 상자에 수평 방향으로 힘 25 N 을 일정하게 가하면서 오른쪽으로 운동시키면 물체 A 가 상자의 P 면과 충돌하게 된다. 이때 충돌이 완전 비탄성 충돌이라면, 충돌 직후 상자의 속도를 구하시오. (단, 중력 가속도 g = 10 m/s^2 이고, 모든 마찰은 무시한다.)

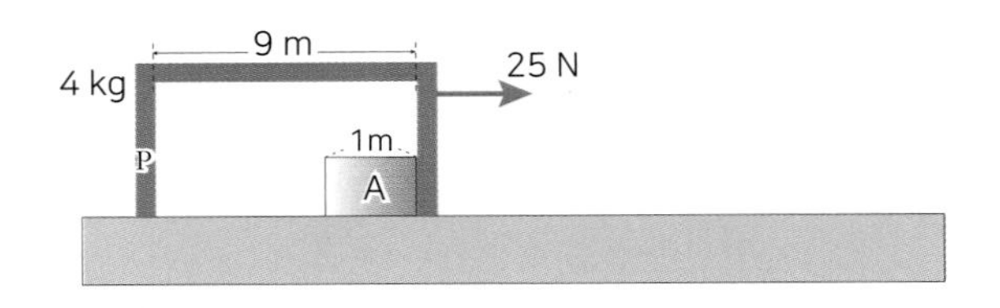

37

질량이 50 kg 인 무한이가 마찰이 없는 수평한 얼음판 위에 질량이 2 kg 인 눈뭉치 2 개를 가지고 서 있다. 무한이는 이 마찰이 없는 얼음판을 벗어날 수 없기 때문에 이 눈뭉치를 던져 그 반작용으로 얼음판을 벗어나려고 한다. 무한이는 눈뭉치의 질량과 관계없이 자신에 대해서 눈뭉치의 속도가 10 m/s 가 되도록 눈뭉치를 수평 방향으로 던진다.

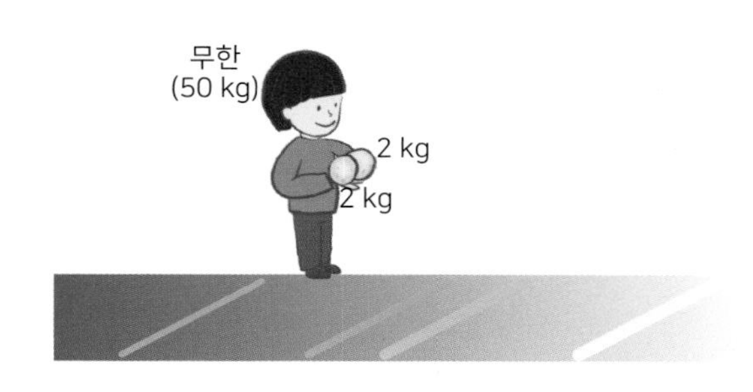

(1) 눈뭉치 2 개를 한꺼번에 던질 때 무한이의 속도를 구하시오.

(2) 눈뭉치 1 개씩 같은 방향으로 차례로 던질 때 무한이의 속도를 구하시오.

(3) 위의 두 결과가 차이가 난다면 차이가 나는 이유를 설명해보시오.

38

3 개의 구 A, B, C 가 마찰이 없는 수평면 위에 일직선으로 놓여 있다. A 의 질량은 4 kg, B, C 의 질량은 각각 1 kg 이다. 최초에 A 와 B 는 정지 상태였으나 C 가 v 의 속력으로 왼쪽으로 운동하여 B 와 정면 충돌한 후 이 구들은 연쇄적으로 충돌하였다. (단, 모든 충돌은 일직선 상에서의 탄성 충돌이고, 구의 회전 운동과 마찰은 무시한다.)

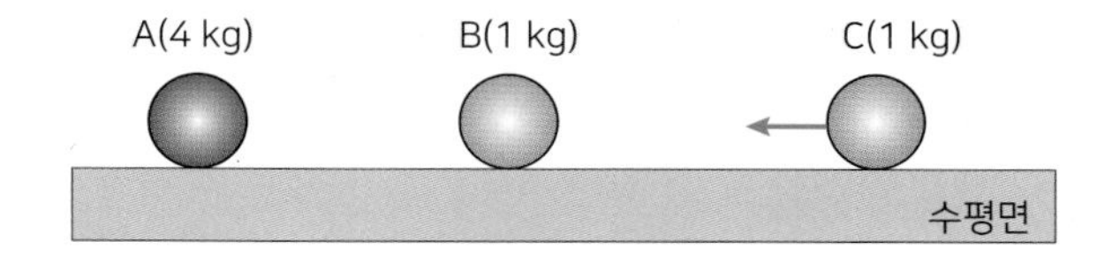

(1) B 와 C 가 처음 충돌한 뒤 B 와 C 는 어떻게 운동하는가?

(2) 최종적으로 충돌이 몇 번 일어나는가?

(3) 최종적으로 A, B, C 의 속도를 각각 구하시오.

06강 일과 에너지

1. 일과 일률

(1) 일(W) : 물체에 힘이 작용하여 일어나는 에너지의 변화 과정이다. (단위 : J(줄))

① **크기가 일정하고 운동 방향과 나란한 힘(F)이 해준 일**

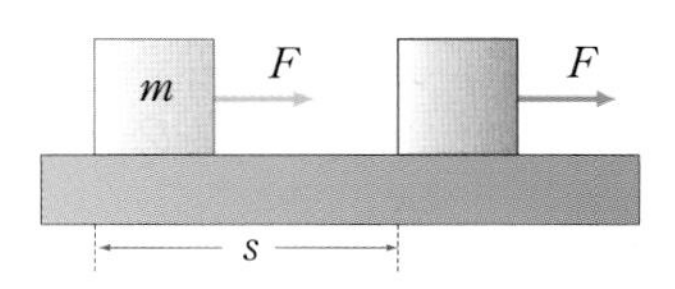

$$W = Fs$$

W : 일(J), F : 물체에 가한 힘(N), s : 이동 거리(m)

② **$F-s$ 그래프에서의 일** : 그래프 아래 넓이가 힘이 물체에 한 일이다.

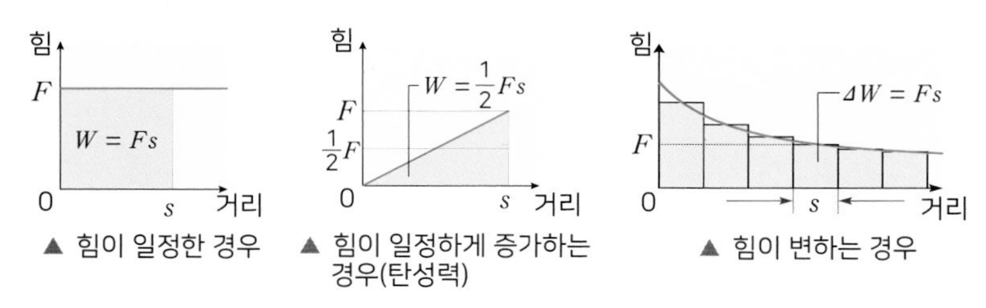

▲ 힘이 일정한 경우 ▲ 힘이 일정하게 증가하는 경우(탄성력) ▲ 힘이 변하는 경우

③ **운동 방향에 비스듬하게 작용하여 수평면으로 운동할 때 힘(F)이 해준 일**

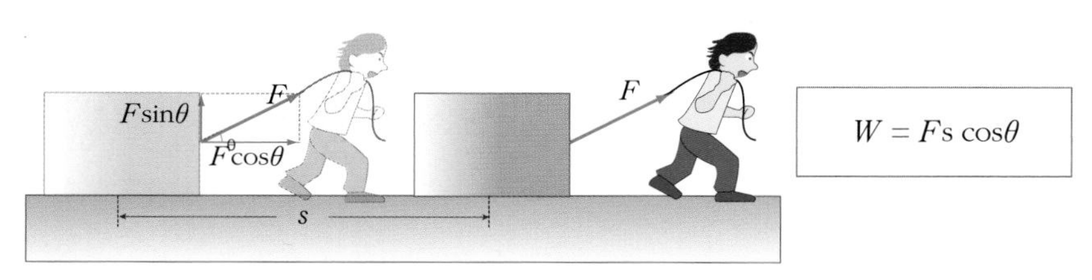

(2) 일률(P) : 단위 시간 동안에 한 일의 양을 일률이라고 한다. (단위 : W (와트))

① **일률** : 일의 양을 일을 한 시간으로 나누어 구한다.

$$P = \frac{W}{t}$$

[P : 일률(W), W : 일(J), t : 일을 한 시간(s)]

② **물체가 등속 운동(속도 v)하고 있을 때의 일률**

$$P = \frac{Fs}{t} = F\frac{s}{t} = Fv$$

정답 및 해설 40

개념확인 1

물체를 수평 방향으로 20 N 의 힘을 주면서 3 m 이동시켰을 때 물체에 한 일의 양은 얼마인가?

( ) J

확인 + 1

무게가 50 N 인 물체를 기중기로 4 m 높이까지 일정한 속도로 들어 올리는데 5 초가 걸렸다면 기중기의 일률은 얼마인가?

( ) W

◉ **1 J(줄)과 1 W(와트)**

1 J = 1 N × 1 m = 1 N·m (일, 에너지)

1 W = $\frac{1\ J}{1\ s}$ = 1 J/s (일률, 전력)

◉ **일, 에너지와 방향**

마찰이 없는 수평면에서 물체에 힘을 가하면 속도가 증가한다. 즉 일을 해주면 물체의 에너지가 증가한다. 그렇지만 운동 방향과 반대 방향으로 일을 해주면 물체의 속도가 감소하고 에너지도 감소한다.
일과 에너지는 모두 방향에 관계하지 않는 스칼라 값이지만, (+)값과 (-)값을 구분하여 쓴다. 에너지를 증가시키면 물체에 일을 (+)로 했다고 하고, 에너지를 감소시키면 물체에 일을 (-)로 했다고 한다.

◉ **물체에 해준 일이 0 인 경우**

① 이동 거리가 0

사람이 물체를 밀어도 물체가 움직이지 않기 때문에 사람이 물체에게 한 일은 0이다.

② 힘의 방향과 이동 방향이 수직일 때

짐을 들고 수평 방향으로 이동하는 사람은 물체에 가하는 힘은 연직 위 방향이고 이동 방향은 수평 방향이므로 사람이 물체에 한 일은 0 이다.
구심력을 받으며 원운동하는 물체에 있어 구심력과 이동 방향이 항상 수직이므로 구심력이 물체에 해준 일은 0 이다.

◉ **일률의 비교**

말은 사람에 비해 같은 시간 동안 더 많은 일을 할 수 있다. 따라서 말의 일률이 사람의 일률보다 크다.

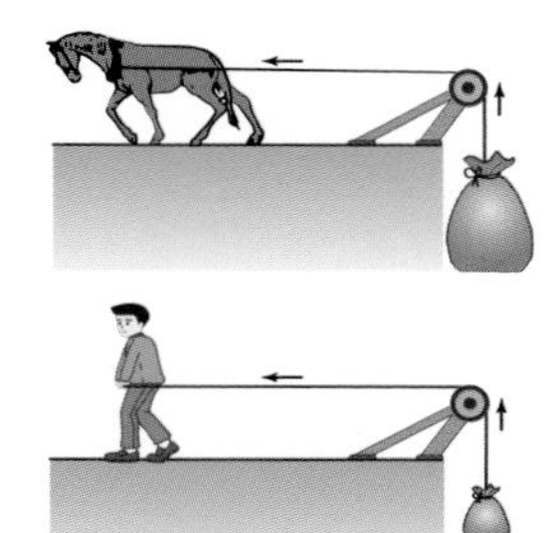

힘센 말 한 마리의 일률을 1 HP(마력)이라고 한다. 1HP 는 약 750W 이다.

2. 운동 에너지와 퍼텐셜 에너지

(1) 운동 에너지(E_k) : 운동하는 물체가 가지는 에너지이다.

$$E_k = \frac{1}{2}mv^2 \quad [E_k : \text{운동 에너지(J)}, v : \text{속력(m/s)}, m : \text{질량(kg)}]$$

(2) 일 - 운동 에너지 정리 : 외부에서 작용한 알짜힘이 한 일은 운동 에너지의 변화량과 같다.

· v_0 의 속도로 운동하고 있던 질량이 m 인 수레에 알짜힘 F 를 작용하여 거리 s 만큼 이동시켜 수레의 속도가 v 가 되었다면 이때 수레에 한 일의 양은 운동 에너지의 변화량과 같다.

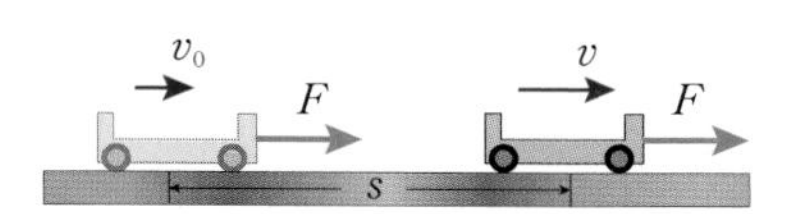

$$W = Fs = \frac{1}{2}mv^2 - \frac{1}{2}mv_0^2 = \Delta E_k$$

(ΔE_k : 수레의 운동 에너지의 변화량, W : 수레에 한 일)

(3) 퍼텐셜 에너지(E_p) : 물체의 위치에 따라 달리 나타나는 에너지이다.

① 중력에 의한 퍼텐셜 에너지(중력 퍼텐셜 에너지) : 기준면(보통 지표면)에서의 높이에 따라 물체가 다르게 갖게 되는 에너지이다.

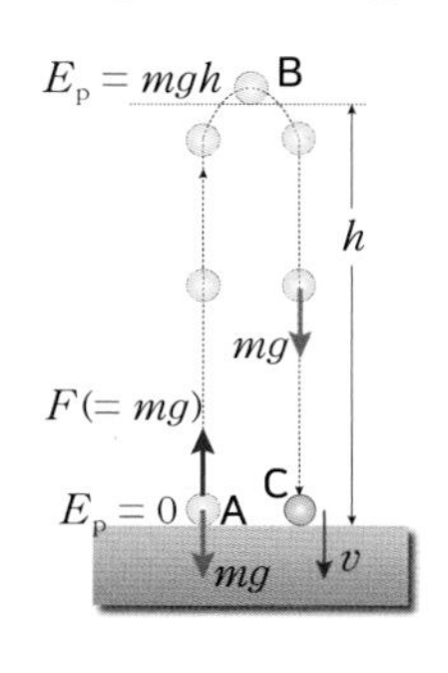

$$E_p = mgh \quad (h : \text{높이(m)}, m : \text{질량(kg)}, g : \text{중력 가속도})$$

< 힘(mg)을 가해 A→B 이동시킨 후 B점에서 물체를 자유 낙하시켰다>

· (A→B) 일의 퍼텐셜 에너지 전환 : 해준 일만큼 물체의 퍼텐셜 에너지가 증가한다.

· (B→C) 물체는 자유 낙하한다. 중력이 물체에 하는 일 : mgh

· C 지점에서 물체의 운동 에너지 : $mgh(= \frac{1}{2}mv^2)$

② 탄성력에 의한 퍼텐셜 에너지(E_p) : 해준 일만큼 용수철의 탄성 퍼텐셜 에너지가 늘어난다.

$$E_p = \frac{1}{2}kx^2 \quad (k : \text{탄성 계수}, x : \text{탄성체의 변화한 길이})$$

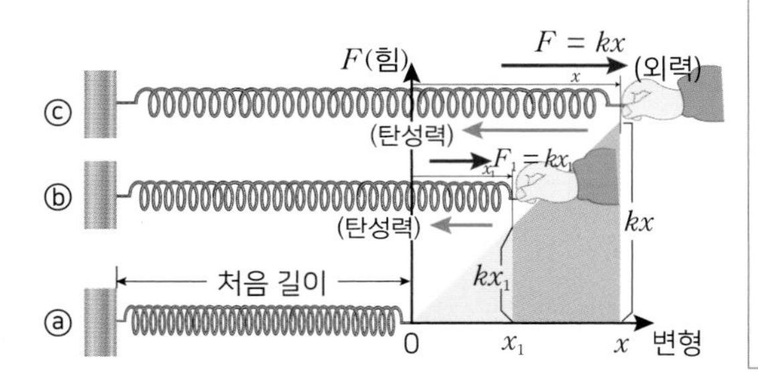

· ⓐ → ⓑ 로 늘릴 때 힘(F)이 한 일 :

(노란색 넓이) $= \frac{1}{2}kx_1^2$

· ⓑ → ⓒ 로 늘릴 때 힘이 한 일 :

(붉은색 넓이) $= \frac{1}{2}kx^2 - \frac{1}{2}kx_1^2$

· ⓒ 에서 탄성 퍼텐셜 에너지(E_p) $= \frac{1}{2}kx^2$

개념확인 2

정답 및 해설 40

질량이 2 kg 의 물체가 속력 3 m/s 로 운동하고 있다. 이 물체의 운동 에너지 E_k는 몇 J 인가?

( ) J

확인 + 2

탄성 계수 50 N/m 의 용수철이 있다. 이 용수철이 0.1 m 늘어났을 때 이 용수철이 갖는 탄성 퍼텐셜 에너지는 몇 J 인가?

( ) J

◉ 일 - 에너지 정리

물체가 외부로부터 일을 받으면 그만큼 에너지가 증가하고, 반대로 물체가 외부에 일을 해주면 그만큼 물체가 가진 에너지는 감소한다.

◉ 일 - 운동 에너지 정리

v_0의 속도로 운동하고 있던 질량이 m 인 수레에 알짜힘 F 를 작용하여 거리 s 만큼 이동시켰을 때, 수레의 속도가 v 가 되었을 경우 해준 일(W)은 운동에너지 변화량(ΔE_k)과 같다.

$W = F \cdot s = mas = m \times \frac{1}{2}(v^2 - v_0^2)$

$(\because 2as = v^2 - v_0^2)$

$= \frac{1}{2}mv^2 - \frac{1}{2}mv_0^2$

$= \Delta E_k$

◉ 운동 에너지를 갖는 물체

운동하는 보트 처럼 속도가 있는 물체는 운동 에너지를 가진다.

◉ 중력에 의한 퍼텐셜 에너지

높은 댐에 있는 물은 중력에 의한 퍼텐셜 에너지를 가진다.

◉ 탄성 퍼텐셜 에너지의 이용

활을 잡아당기면 활이 탄성 퍼텐셜 에너지를 갖게 되고, 놓으면 활이 화살에 일을 하여 화살의 운동 에너지가 증가하여 날아가게 된다.

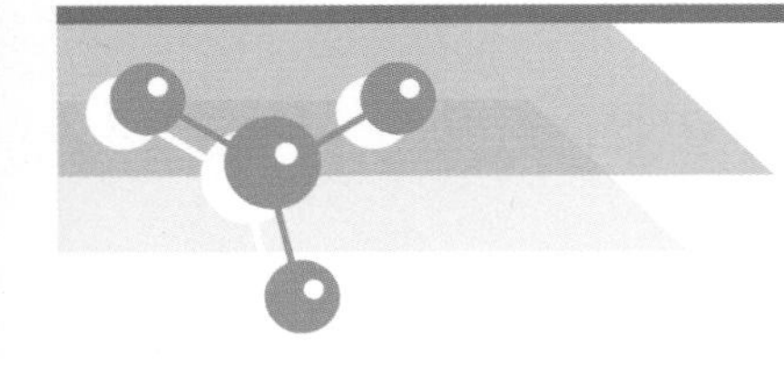

06강 일과 에너지

◎ **한 물체의 운동 중 운동 에너지와 퍼텐셜 에너지의 관계**

퍼텐셜 에너지가 감소한 만큼 운동 에너지가 증가하고, 퍼텐셜 에너지가 증가증가한 만큼 운동에너지가 감소하여 에너지의 전환이 이루어진다.

◎ **자유 낙하 운동의 에너지 - 시간 그래프**

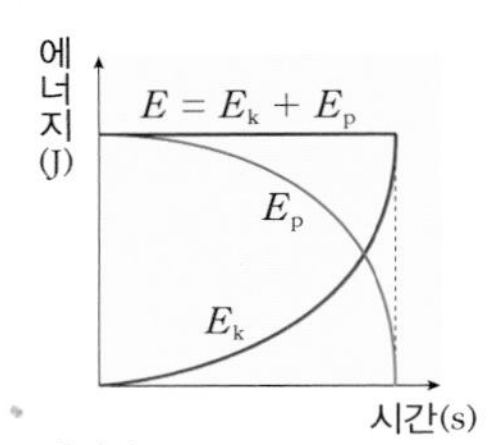

운동 에너지

$E_k = \frac{1}{2}mv^2$, $v = gt$ 이므로

$E_k = \frac{1}{2}m(gt)^2$ 이다.

퍼텐셜 에너지는

$E_p = E - E_k = E - \frac{1}{2}m(gt)^2$ 이다.

3. 역학적 에너지 보존 법칙 I

(1) 역학적 에너지의 보존

① **역학적 에너지(E)** : 물체가 가지는 운동 에너지(E_k)와 퍼텐셜 에너지(E_p)의 합이다.

$$E(\text{역학적 에너지}) = E_k + E_p$$

② **외부에서 해준 일이 0 일 때** : 운동 중 물체의 역학적 에너지는 보존된다.

③ **외부에서 해준 일이 0 이 아닐 때** : 외부에서 해준 일의 양만큼 역학적 에너지가 증가한다.

(2) 마찰이 없는 빗면에서의 운동

A 점의 역학적 에너지 = B 점의 역학적 에너지

$$\frac{1}{2}mv_1^2 + mgh_1 = \frac{1}{2}mv_2^2 + mgh_2$$

높이가 높아지면 퍼텐셜 에너지 증가, 운동 에너지 감소
속력이 증가하면 퍼텐셜 에너지 감소, 운동 에너지 증가

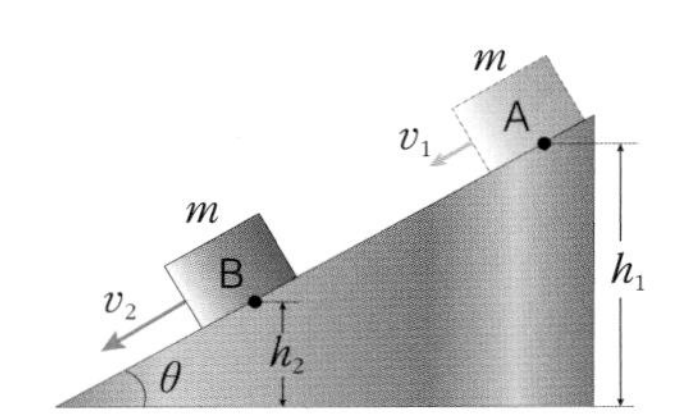

(3) 중력장 내의 운동 : 높이가 높아짐에 따라 위치 에너지는 증가하고 운동 에너지는 감소한다. 위치 에너지의 증가량(감소량)이 운동 에너지의 감소량(증가량)이다.

자유 낙하 운동	연직 상방 운동
A, m, $v_0=0$, E_k, E_p, h, B, v, E	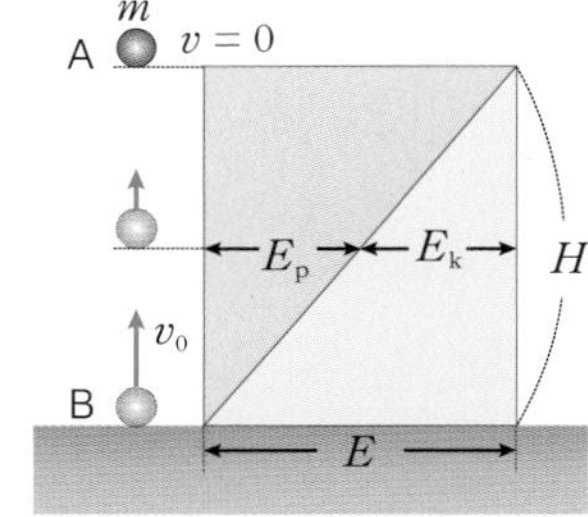
(예) A 점의 역학적 에너지 = B 점의 역학적 에너지 $0 + mgh = \frac{1}{2}mv^2 + 0,\ v^2 = 2gh$ ⇨ $v = \sqrt{2gh}$	(예) A 점의 역학적 에너지 = B 점의 역학적 에너지 $\frac{1}{2}mv_0^2 + 0 = 0 + mgH$ $v_0^2 = 2gH$ ⇨ $H = \frac{v_0^2}{2g}$ (최고점의 높이)

정답 및 해설 40

개념확인 3

높이 5 m 에서 자유 낙하시킨 물체의 운동 에너지와 퍼텐셜 에너지가 같게 될 때의 높이는 얼마인가? (단, 공기와의 마찰은 무시한다.)

( )m

확인 + 3

그림과 같은 마찰이 없는 면 위에서 움직이는 물체가 있다. A 점에서 정지 상태에서 출발한 질량 1 kg 의 물체는 B 점에 도달하였을 때 속력은 얼마인가? (단, g = 9.8 m/s² 이다.)

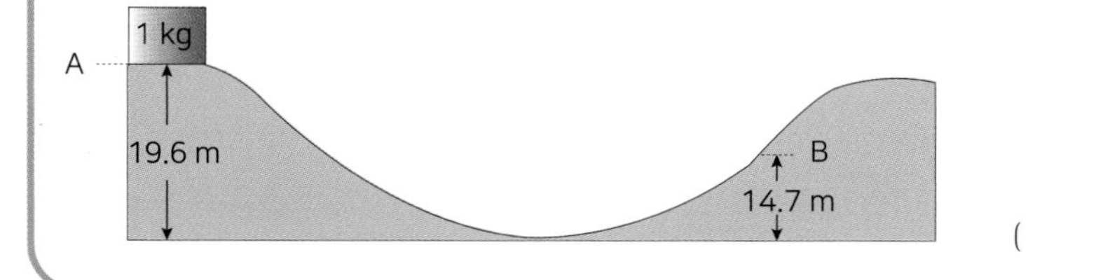

( ) m/s

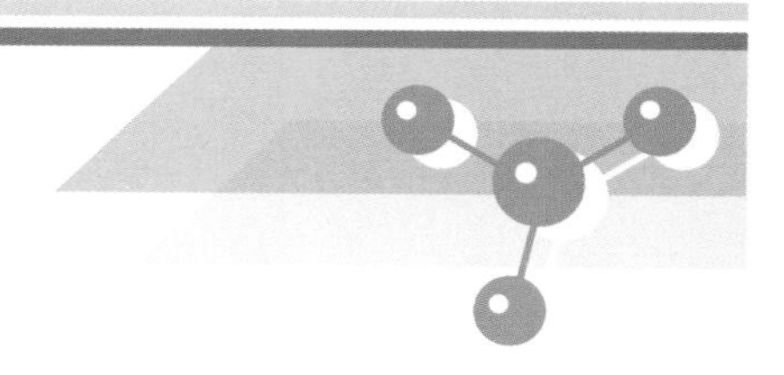

(4) 수평으로 던진 물체의 운동 : 높이 h 인 곳에서 질량이 m 인 물체를 수평 방향으로 v_0 의 속력으로 던졌다.

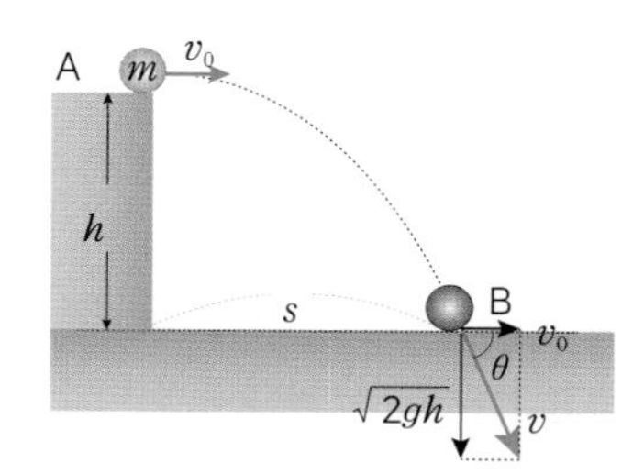

> **예** 지면 도달 속도 크기 구하기
>
> A점의 역학적 에너지 = B점의 역학적 에너지
>
> $$\frac{1}{2}mv_0^2 + mgh = \frac{1}{2}mv^2$$
>
> $$v_0^2 + 2gh = v^2,\ v = \sqrt{v_0^2 + 2gh}$$

① **수평 방향 운동** : 수평 방향으로는 힘을 받지 않으므로 v_0 의 등속 운동이다.

② **연직 방향 운동** : 연직 방향으로는 높이 h 에서 떨어뜨린 자유 낙하 운동이다. 이때 지면 도달 속도는 $\sqrt{2gh}$ 이다.

③ **수평으로 던진 물체의 지면 도달 속도 크기 v** : 수평 방향 속도와 연직 방향 속도를 합성해서 구한다. $v^2 = v_0^2 + (\sqrt{2gh})^2 = v_0^2 + 2gh,\ v = \sqrt{v_0^2 + 2gh}$ (방향: 접선 방향)이다. 이것은 위의 **예** 와 결과가 일치한다.

(5) 비스듬히 던진 물체의 운동 : 질량이 m 인 물체를 처음 속도 v_0 로, 지면과 θ 의 각을 이루도록 비스듬히 던져올렸다.

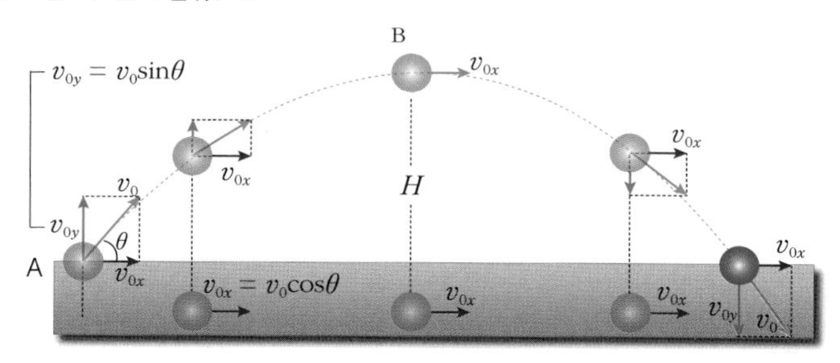

> **예** 최고점의 높이(H)구하기
>
> A점의 역학적 에너지 = B점의 역학적 에너지
>
> $$\frac{1}{2}mv_0^2 = \frac{1}{2}mv_{0x}^2 + mgH$$
>
> $$\therefore 2gH = v_0^2 - v_{0x}^2 = v_{0y}^2 \Rightarrow H = \frac{v_{0y}^2}{2g}\text{(최고점의 높이)}$$

① **수평 방향 운동** : $v_{0x} = v_0\cos\theta$ 의 등속 운동이다.

② **연직 방향 운동** : $v_{0y} = v_0\sin\theta$ 로 연직 위로 던진 물체의 운동이다.

③ **수평 방향의 속도** : 물체에 작용하는 힘은 연직 방향의 중력만 있기 때문에 수평 방향의 속도(v_{0x})는 변하지 않는다. 최고점에서는 v_{0y}가 0 이지만 v_{0x} 는 일정하게 유지되므로 최고점에서의 속도는 수평 방향으로 $v_{0x} = v_0\cos\theta$ 이다.

개념확인 4 정답 및 해설 40

높이 10 m 의 절벽에서 수평 방향으로 5 m/s 로 던진 물체가 지면에 닿는 순간의 속력은 얼마인가? (단, g = 10 m/s² 이다.)

( ) m/s

확인 + 4

지면과 30° 의 각도로 6 m/s 의 속력으로 던진 물체의 최고점 높이 H 는 얼마인가? (단, g = 10 m/s² 이다.)

( ) m

◉ **수평으로 던진 물체의 높이에 따른 운동 에너지(E_k)와 퍼텐셜 에너지(E_p)의 그래프**

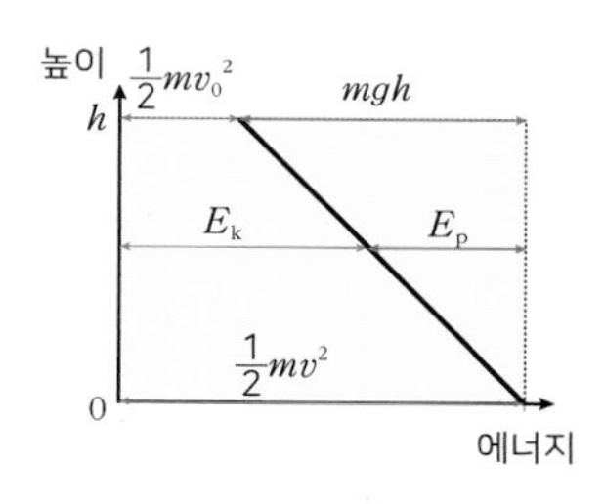

◉ **비스듬히 던진 물체의 최고점의 높이(H)**

물체를 $v_{0y} = v_0\sin\theta$ 로 연직 위로 던졌을 때의 최고점의 높이와 같다. 이 경우 처음 속도 v_{0y} 최고점의 속도 0(나중 속도), 가속도 $-g$ 이므로

$$-2gH = 0^2 - v_{0y}^2$$

$$H = \frac{v_{0y}^2}{2g}$$

이것은 **예** 와 결과가 일치한다.

◉ **역학적 에너지 보존의 예**

롤러코스터는 중력에 의한 퍼텐셜 에너지가 운동 에너지로 바뀌고 운동 에너지가 중력에 의한 퍼텐셜 에너지로 바뀌는 과정에서 역학적 에너지가 보존된다. 이때 퍼텐셜 에너지가 증가한 만큼 운동 에너지는 감소하며, 운동 에너지가 증가한 만큼 퍼텐셜 에너지는 감소한다.

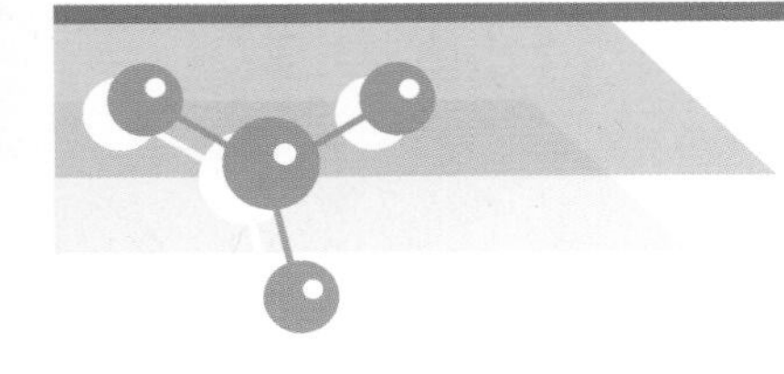

06강 일과 에너지

4. 역학적 에너지 보존 법칙 II

(1) 단진자에서의 역학적 에너지 보존

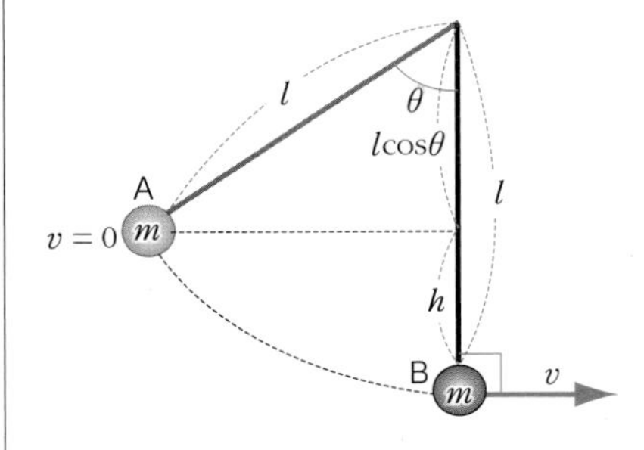

예 단진자의 최하점에서의 속도(접선 방향) 구하기

단진자에서의 최고점과 최하점의 연직 거리

$h = l - l\cos\theta = l(1-\cos\theta)$

A점의 역학적 에너지 = B점의 역학적 에너지

$0 + mgh = \frac{1}{2}mv^2 + 0,\ 2gh = v^2,\ v = \sqrt{2gh}$

◎ **단진자의 최하점에서 추에 작용하는 힘의 관계(추의 입장)**

추의 입장에서 작용하는 힘은 실의 장력(T), 중력(mg), 원심력($\frac{mv^2}{r}$) 이 있다.

⇨ $T = mg + \frac{mv^2}{r}$ $(r=l)$

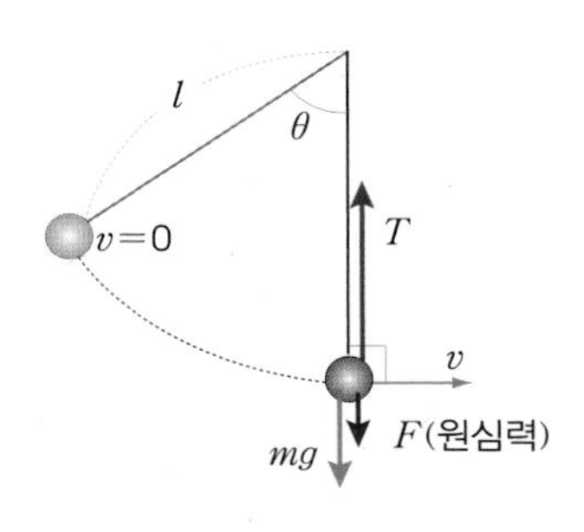

(2) 탄성력이 작용할 때의 역학적 에너지 보존

① **수평면 상에서 운동할 때의 역학적 에너지 보존** : 용수철에 물체를 매달아 운동을 시키면 운동 과정에서 용수철의 탄성 퍼텐셜 에너지와 물체의 운동 에너지의 합이 일정하게 유지된다.

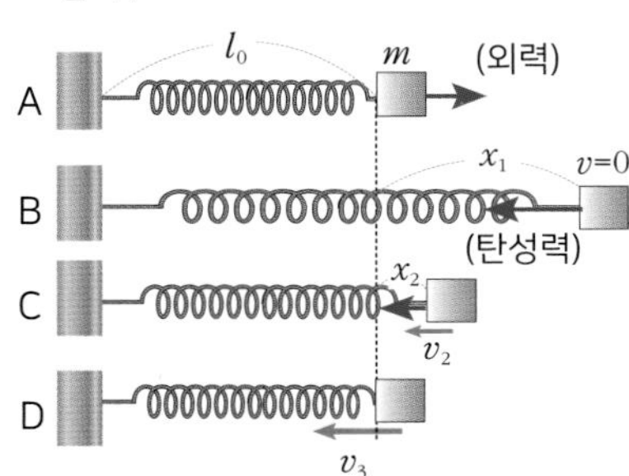

A : 처음 길이 l_0 이고 탄성 계수 k 인 용수철에 일을 하여 x_1 만큼 늘어나게 한다. 이때 해준 일이 역학적 에너지가 된다.
B : 용수철이 x_1 만큼 늘어난 상태에서 물체를 놓아 운동시킨다.
C : 용수철이 줄어들어 늘어난 길이가 x_2 로 되었고, 물체의 속력이 v_2 가 되었다.
D : 용수철의 늘어난 길이는 0 이 되었지만 물체의 속력은 v_3 로 최대이다.

㉠ B 상태 : 용수철의 퍼텐셜 에너지 $= \frac{1}{2}kx_1^2$, 물체의 운동에너지 $= 0$

㉡ C 상태 : 용수철의 퍼텐셜 에너지 $= \frac{1}{2}kx_2^2$, 물체의 운동 에너지 $= \frac{1}{2}mv_2^2$

㉢ D 상태 : 용수철의 퍼텐셜 에너지 $= 0$, 물체의 운동 에너지 $= \frac{1}{2}mv_3^2$

$$\frac{1}{2}kx_1^2 = \frac{1}{2}kx_2^2 + \frac{1}{2}mv_2^2 = \frac{1}{2}mv_3^2 \text{ (역학적 에너지 보존)}$$

◎ **매끈한 수평면 상에서 탄성력이 작용하는 물체가 운동할 때 용수철이 늘어난 길이에 따른 에너지의 관계(본문 그림)**

E_p : 용수철의 탄성 퍼텐셜 에너지
E_k : 물체의 운동 에너지

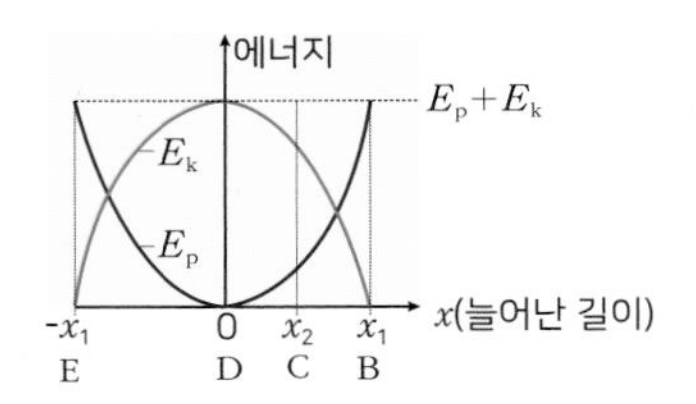

B : 용수철의 늘어난 길이는 x_1 이고 물체의 운동 에너지는 0 이며, 용수철의 탄성 퍼텐셜 에너지가 역학적 에너지와 같다.
C : B에서 줄어든 탄성 퍼텐셜 에너지가 물체가 얻은 운동 에너지와 같다.
D : 용수철의 늘어난 길이가 0 인 지점으로 역학적 에너지와 물체의 운동에너지는 같다.
E : 용수철의 줄어든 길이가 $-x_1$ 인 지점으로 물체의 운동 에너지는 다시 0 이 되며, 용수철의 탄성 퍼텐셜 에너지가 역학적 에너지와 같다.

정답 및 해설 40

개념확인 5

그림과 같이 최고점과 최하점의 높이 차이가 5 m 인 단진자가 있다. 이 단진자의 최하점에서의 속력은 얼마인가? (단, g = 10 m/s^2 이다.)

5m

( )m/s

확인 + 5

오른쪽 그림과 같이 용수철 상수가 100 N/m 인 용수철에 질량 1 kg 의 물체를 매달고 마찰이 없는 수평면 상에서 0.2 m 잡아 당겼다가 놓았다. 이 물체의 최대 속력은 얼마인가?

100 N/m 1 kg 0.2m

( )m/s

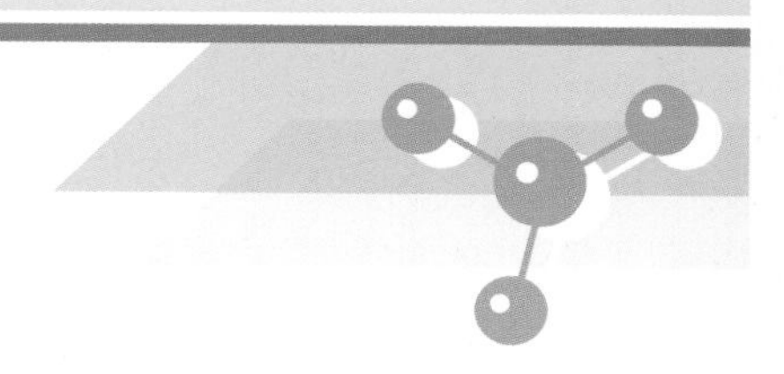

(3) 연직면 상에서 운동할 때의 역학적 에너지 보존 : 용수철의 탄성 퍼텐셜 에너지, 물체의 운동 에너지와 중력에 의한 퍼텐셜 에너지를 고려해야 한다.

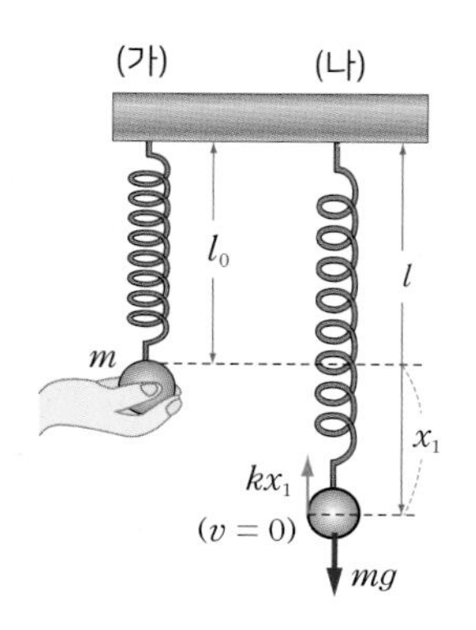

· (가) : 용수철이 늘어나지 않게 손으로 받치고 있다.

· (가) ⇨ (나) : 물체를 손으로 받치면서 천천히 내린다. 물체에 가하는 힘의 방향은 위쪽이고, 물체의 운동 방향은 아래쪽이므로 손은 물체에 (−)의 일을 한다.

· (나) : 용수철이 x_1만큼 늘어나서 정지하였다.(탄성력 : kx_1)

$$mg = kx_1, \quad x_1 = \frac{mg}{k} \text{ (평형 위치)}$$

➡ 평형 위치까지 한 일 : 손이 한 일(W_1) + 중력이 한 일(W_2)

$$= -\frac{1}{2}mgx_1 + mgx_1 = \frac{1}{2}kx_1^2 = \text{용수철의 탄성 퍼텐셜 에너지}$$

① **용수철의 평형 위치** : 물체의 무게 때문에 용수철이 늘어나서 한 점에서 정지하게 되는데 이 점을 평형 위치라고 한다.

② **용수철을 평형 위치에서 아래로 A 만큼 잡아당겼다 놓을 때의 운동** : 역학적 에너지는 용수철의 탄성 퍼텐셜 에너지 + 물체의 중력 퍼텐셜 에너지 + 물체의 운동 에너지이며 모든 지점에서 각각 같다. 이때 각 지점에서의 역학적 에너지 보존식을 정리하면 중력에 의한 퍼텐셜 에너지는 모두 상쇄된다.

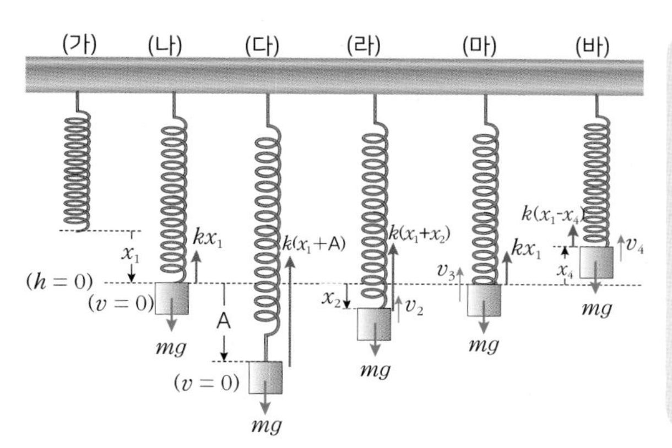

· 각 위치에서의 역학적 에너지

(나)⇨(다) : 물체에 중력이 일을 해줌

(다) : $\frac{1}{2}k\text{A}^2$ (중력이 해준 일)

(라) : $\frac{1}{2}kx_2^2 + \frac{1}{2}mv_2^2$

(마) : $\frac{1}{2}mv_3^2$

(바) : $\frac{1}{2}kx_4^2 + \frac{1}{2}mv_4^2$

• (다) = (라) = (마) = (바)

· 물체가 용수철에 매달려 연직 방향으로 왕복 운동할 때 용수철의 평형 위치를 중심으로 중력의 영향을 받지 않는 것처럼 각 지점에서 용수철의 탄성 퍼텐셜 에너지 + 물체의 운동 에너지가 일정하게 유지된다.

◎ 평형 위치까지 물체에 한 일

· 평형 위치까지 손이 물체에 작용한 힘 F :

물체의 속도가 0 이 되도록 천천히 내려야 하므로 위 방향으로 작용한다. F 의 크기는 처음엔 $-mg$ 이나 용수철이 늘어남에 따라 탄성력이 증가하므로 크기가 점점 줄어들다가 용수철의 늘어난 길이가 x_1 이 될 때 0 이 된다. 각 과정에서 힘의 평형 상태가 유지된다. 아래 방향을 (+)로 하여 늘어난 길이가 x 일 때

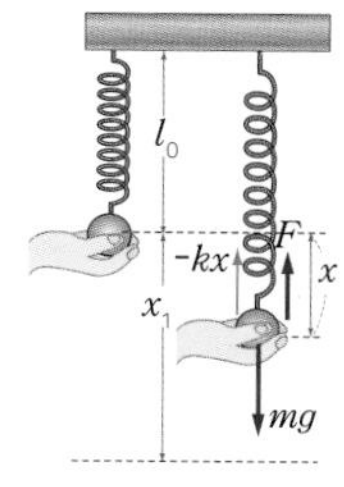

$$F - kx + mg = 0$$
$$F = kx - mg \ (0 < x < x_1)$$

이 식을 그래프로 그리면 다음과 같다.

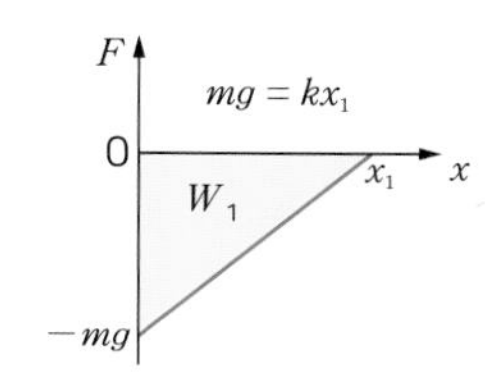

· 평형 위치까지 손이 한 일 W_1(넓이) :

$$W_1 = -\frac{1}{2}kx_1^2 = -\frac{1}{2}mgx_1$$

· 평형 위치까지 중력이 한 일

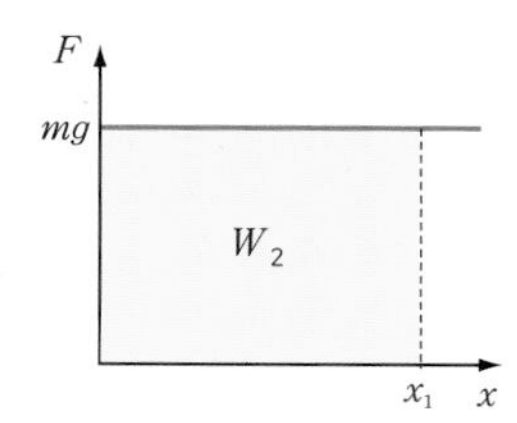

중력이 한 일(넓이) : $W_2 = mgx_1$

개념확인 6 정답 및 해설 40

용수철에 1 kg 인 추를 매달았더니 용수철이 10 cm 만큼 늘어나서 정지하였다. 이때 용수철의 탄성 퍼텐셜 에너지는 얼마인가? (단, g = 10 m/s² 이다.)

( )J

확인 + 6

오른쪽 그림과 같이 용수철 상수가 100 N/m 인 가벼운 용수철을 매달고 아래에 질량 1 kg 의 물체를 매달았더니 A 점에서 멈추었다. 이 상태에서 물체를 아래로 0.1 m 잡아당겼다가 놓았을 때 물체가 다시 A 점을 지나게 되었다. A 점을 지날 때 추의 속력은?

( )m/s

01 다음 일과 에너지의 특성에 대한 설명 중 옳은 것은 ○ 표, 옳지 않은 것은 × 표 하시오.

(1) 물체에 해준 일의 양은 물체의 에너지 변화량과 같다. (　　)
(2) 대기 중에서 물체가 자유 낙하할 때 역학적 에너지는 보존된다. (　　)
(3) 일률이 큰 기계일수록 짧은 시간 동안 많은 일을 한다. (　　)

02 질량 20 kg 의 물체를 바닥에서 선반으로 올려 놓는 데 392 J 의 일을 하였다. 선반의 높이는 얼마인가? (단, $g = 9.8$ m/s^2 이다.)

① 1 m ② 2 m ③ 3 m ④ 4 m ⑤ 5 m

03 그림은 마찰이 없는 수평면에 정지 상태로 놓여 있는 질량 2 kg 의 물체에 수평 방향으로 작용한 힘과 거리의 그래프이다. 이 물체가 5 m 이동하였을 때 속력은 몇 m/s 인가?

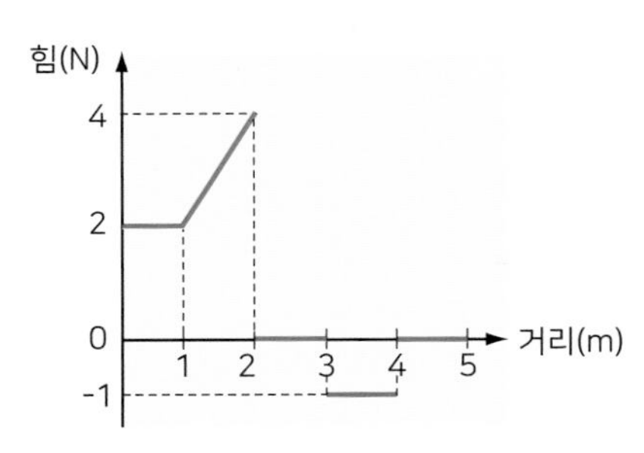

① 1 m/s ② 2 m/s ③ 3 m/s ④ 4 m/s ⑤ 5 m/s

04 처음 길이에서 0.2 m 늘이는 데 6 N 의 힘이 필요한 용수철이 있다. 이 용수철을 수평 방향으로 0.6 m 늘어나게 했을 때 이 용수철에 한 일은 얼마인가?

① 5.1J ② 5.4J ③ 5.7J ④ 6J ⑤ 6.3J

05

수평면에서 속력 10 m/s 로 공을 위로 던졌다. 이 공의 속력이 4 m/s 가 되는 곳은 지면에서 높이가 얼마나 되는 곳인가? (단, $g = 10\ m/s^2$ 이고, 공기와의 마찰은 무시한다.)

① 4 m ② 4.1 m ③ 4.2 m ④ 4.3 m ⑤ 4.4 m

06

그림처럼 마찰이 없는 반지름 10 cm 의 반구 모양의 용기의 꼭대기에서 물체를 미끄러뜨렸다. 이 물체가 용기의 가장 밑바닥을 지날 때의 속력은 몇 m/s 인가? (단, $g = 9.8\ m/s^2$ 이다.)

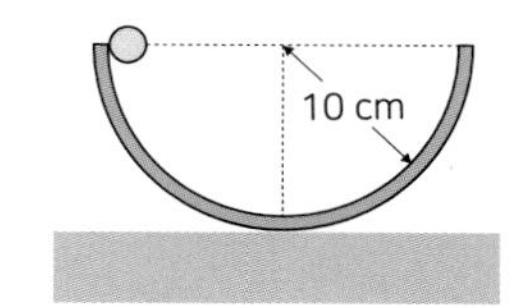

① 1 m/s ② 1.4 m/s ③ 1.96 m/s ④ 2.8 m/s ⑤ 3.92 m/s

07

질량이 0.5 kg 인 추가 달린 길이 2 m 인 단진자를 그림처럼 연직선과 60° 의 각도를 이루게 하여 추를 정지 상태에서 잡고 있다가 놓았다. 이에 대한 설명으로 옳은 것만을 <보기> 에서 있는 대로 고른 것은? (단, $g = 10\ m/s^2$ 이다.)

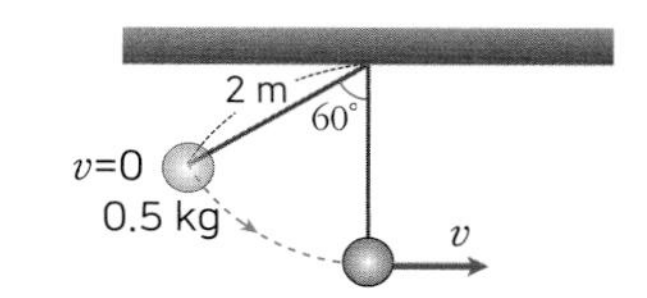

<보기>

ㄱ. 추가 운동할 때 최고점과 최하점 사이의 연직 높이는 1 m 이다.
ㄴ. 최하점의 높이를 기준으로 최고점에서 갖는 추의 퍼텐셜 에너지는 5 J 이다.
ㄷ. 추가 최하점을 지나는 순간의 속력은 $\sqrt{5}$ m/s 이다.

① ㄱ ② ㄴ ③ ㄷ ④ ㄱ, ㄴ ⑤ ㄱ, ㄴ, ㄷ

08

그림과 같이 마찰이 없는 수평면에 용수철 상수 k 인 용수철에 질량 m 의 추가 매달려 평형 상태에 있다. 이때 용수철을 수평 방향으로 A 만큼 잡아당겼다가 놓을 때 추가 평형 위치로부터 $\frac{1}{2}$A 인 지점을 지날 때 추의 운동 에너지는 얼마인가?

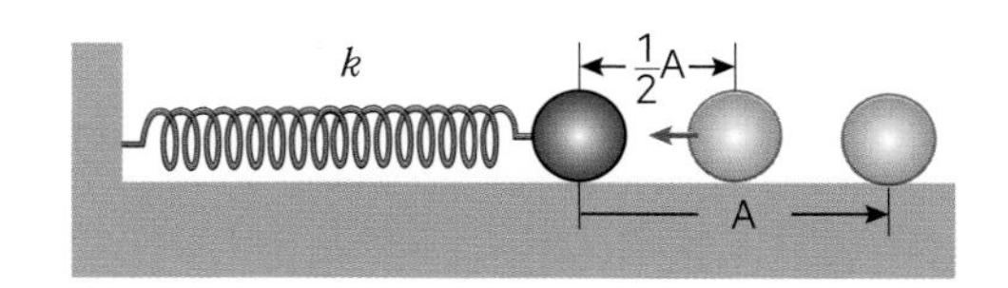

( )

유형 6-1 일과 일률

수평면 위에서 정지해 있는 물체에 오른쪽 방향으로 10 N, 왼쪽 방향으로 4 N 의 힘을 작용하면서 2 m 이동시켰다. 물체가 이동하는 중 마찰력이 1 N 작용하였다. 다음 물음에 답하시오.

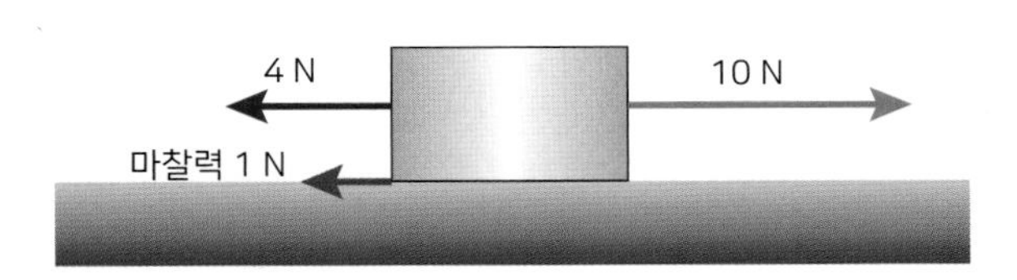

(1) 10 N 의 힘이 한 일은 얼마인가?

① 5 J ② 10 J ③ 15 J ④ 20 J ⑤ 25 J

(2) 마찰력이 물체에 해준 일은 얼마인가?

① 1 J ② −1 J ③ 2 J ④ −2 J ⑤ 10 J

(3) 합력이 물체에 한 일은 얼마인가?

① 5 J ② 10 J ③ 15 J ④ 20 J ⑤ 25 J

01 마찰이 없는 수평면 위에 놓인 나무도막에 수평 방향과 60° 의 방향으로 힘 F 를 작용하였더니 나무도막은 수평 방향으로 10 m 이동하였다. 이때 한 일이 50 J 이었다면 작용한 힘 F 는 얼마인가?

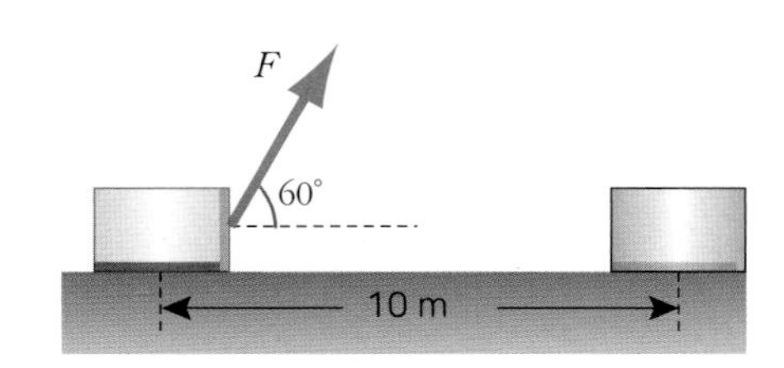

① 5 N ② 10 N ③ 15 N
④ 20 N ⑤ 25 N

02 최대 출력 500 W 인 전동기로 20 kg 의 물체 10 개를 5 m 높이까지 들어올리려고 한다. (단, $g = 10\ \mathrm{m/s^2}$ 이다.)

(1) 전동기가 해야 할 일은 얼마인가?

① 100 J ② 200 J ③ 500 J
④ 1000 J ⑤ 10000 J

(2) 물체를 들어올리는데 걸리는 최소 시간은 얼마인가?

① 2 초 ② 20 초 ③ 200 초
④ 2 시간 ⑤ 20 시간

유형 6-2 운동 에너지와 퍼텐셜 에너지

마찰이 없는 수평면에서 5 m/s 의 속력으로 운동하고 있는 질량 4 kg 의 물체가 있다. 이 물체가 7.5 m 진행하는 동안 20 N 의 힘을 운동 방향으로 작용하였다.

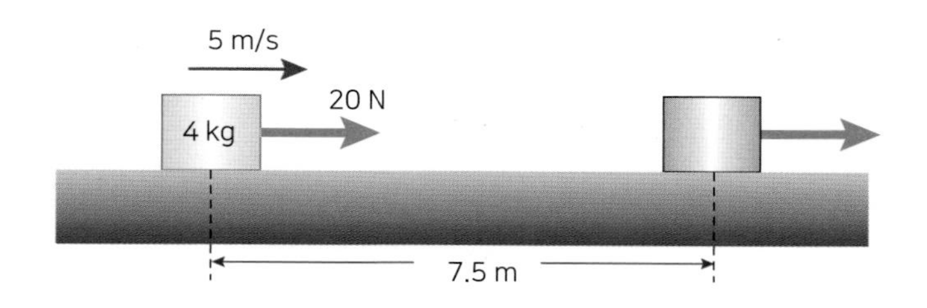

(1) 물체의 운동 에너지는 몇 J 증가하였는가?

① 100 J ② 120 J ③ 150 J ④ 250 J ⑤ 500 J

(2) 물체의 나중 속력은 얼마로 되었는가?

① 7.5 m/s ② 10 m/s ③ 20 m/s ④ 36 m/s ⑤ 75 m/s

03 지면으로부터 10 m 높이에 있는 1 kg 의 공을 자유 낙하시켰더니 지면과 충돌한 후 8 m 높이까지 튀어 올랐다. 다음 물음에 답하시오. (단, 공기의 저항은 무시하며, $g = 9.8\ m/s^2$ 이다.)

(1) 지면에 충돌하기 직전 공의 운동 에너지는 얼마인가?

① 9.8 J ② 19.6 J ③ 39.2 J
④ 78.4 J ⑤ 98 J

(2) 지면과 충돌하는 과정에서 공이 잃은 에너지는 얼마인가?

① 9.8 J ② 19.6 J ③ 39.2 J
④ 78.4 J ⑤ 98 J

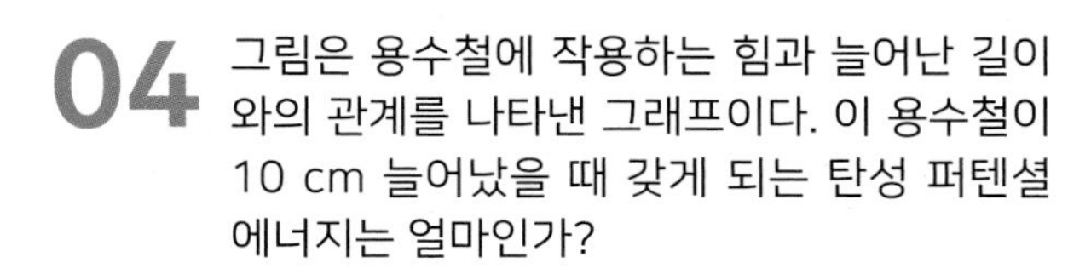

04 그림은 용수철에 작용하는 힘과 늘어난 길이와의 관계를 나타낸 그래프이다. 이 용수철이 10 cm 늘어났을 때 갖게 되는 탄성 퍼텐셜 에너지는 얼마인가?

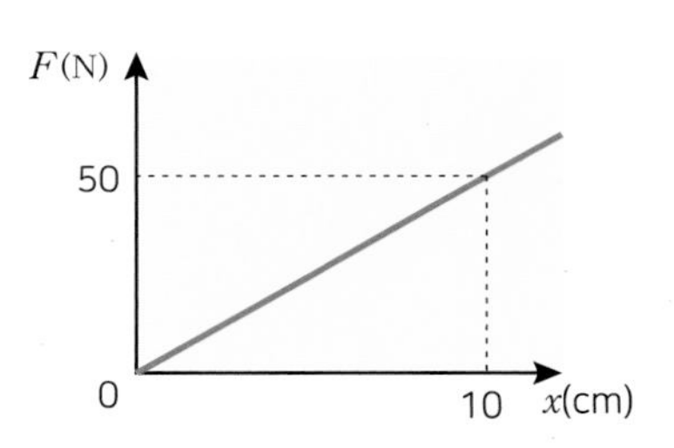

① 2.5 J ② 5 J ③ 10 J
④ 12.5 J ⑤ 15 J

유형 6-3 역학적 에너지 보존 법칙 Ⅰ

질량이 1 kg 인 공을 수평면에 대하여 θ 의 각을 이루도록 5 m/s 로 던졌다. 공이 최고점에 도달했을 때 운동 에너지는얼마인가? (단, $g = 10\ \text{m/s}^2$ 이고, 공기의 저항은 무시하며 $\cos\theta = \frac{4}{5}$ 이다.)

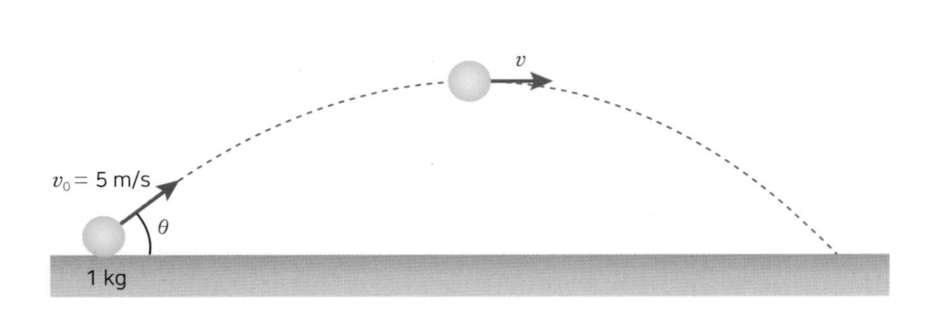

① 6 J ② 7 J ③ 8 J ④ 9 J ⑤ 10 J

05 그림과 같이 마찰이 없는 언덕길에서 썰매가 눈 위로 미끄러져 내려온다. A 점을 통과할 때의 속력은 4 m/s 였다. 높이가 5.8 m 인 다른 언덕 꼭대기 B 점에서의 속력은 얼마이겠는가? (단, $g = 10\ \text{m/s}^2$ 이다.)

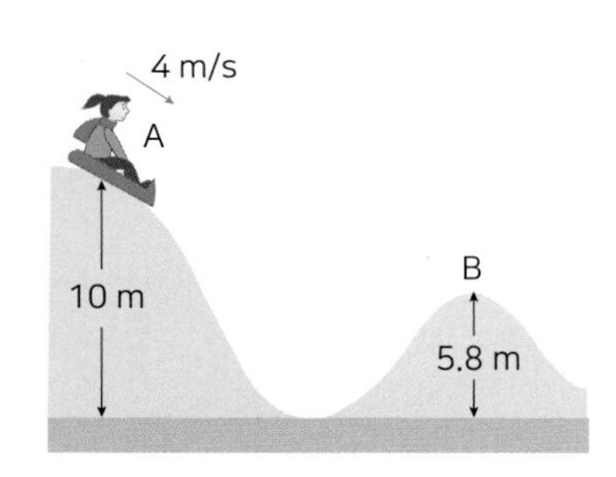

① 2 m/s ② 4 m/s ③ 6 m/s
④ 8 m/s ⑤ 10 m/s

06 높이 3 m 의 건물 위에서 수평 방향으로 2 m/s 로 등속 운동하던 질량 2 kg 인 물체가 건물 끝에서 떨어지기 시작하였다. 이 물체가 지면에 닿는 순간의 속력은 얼마인가? (단, $g = 10\ \text{m/s}^2$ 이다.)

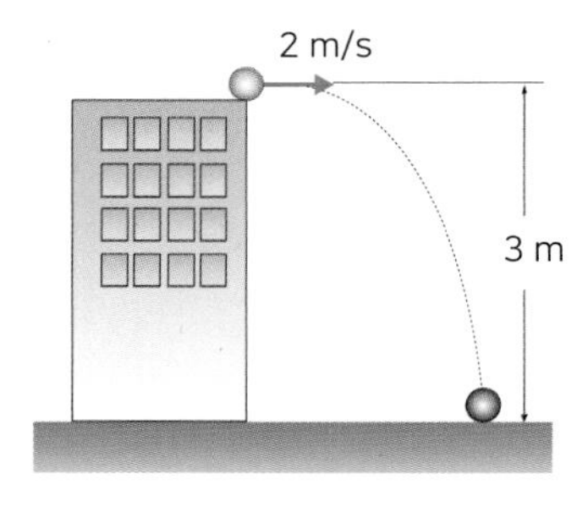

① 8 m/s ② 9 m/s ③ 10 m/s
④ 11 m/s ⑤ 12 m/s

유형 6-4 역학적 에너지 보존 법칙 II

그림과 같이 탄성 계수가 50 N/m 인 매우 가벼운 용수철이 천장에 매달려 있다. 이 용수철에 500 g 의 추를 매달자 h 만큼 늘어나서 추가 정지하였다. 다음 물음에 답하시오. (단, 중력 가속도 $g = 10\ \text{m/s}^2$ 이다.)

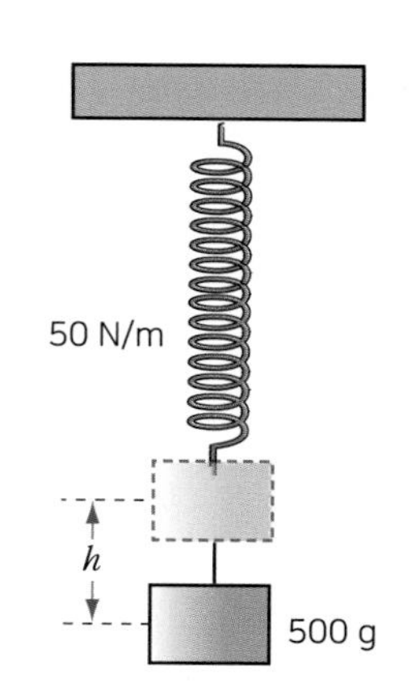

(1) 평형 위치에서 용수철에 의한 탄성 퍼텐셜 에너지는 얼마인가?

① 0.25 J ② 0.26 J ③ 0.27 J ④ 0.28 J ⑤ 0.29 J

(2) 용수철의 평형 위치에서 추를 아래로 0.1m 잡아당겼다가 놓았다. 용수철이 평형 위치를 지날 때 운동에너지는 얼마인가?

① 0.25 J ② 0.26 J ③ 0.27 J ④ 0.28 J ⑤ 0.29 J

07 무한이는 그림처럼 질량이 0.5 kg 인 A 지점의 추를 연직 방향과 60° 되는 위치 B 로 끌어올려 붙잡고 있다가 놓았다. 실의 길이는 2 m 라고 할 때 이에 대한 설명으로 옳은 것만을 <보기> 에서 있는 대로 고른 것은? (단, $g = 10\ \text{m/s}^2$ 이다.)

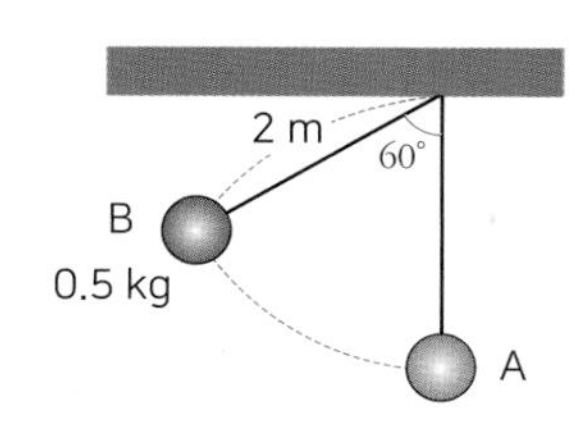

<보기>

ㄱ. 최하점을 기준으로 최고점이 갖는 퍼텐셜 에너지는 4 J 이다.

ㄴ. 추가 최하점을 지나는 순간 속력은 $2\sqrt{5}$ m/s 이다.

ㄷ. 무한이가 물체에 한 일은 4 J 이다.

① ㄱ ② ㄴ ③ ㄷ
④ ㄱ, ㄷ ⑤ ㄱ, ㄴ, ㄷ

08 용수철에 물체를 매달고 평형 위치에서 물체를 연직 아래로 잡아 당겨 용수철이 평형 위치에서 0.2 m 늘어나도록 할 때 용수철의 탄성 퍼텐셜 에너지를 E 라고 하면, 이 물체를 놓아 용수철의 평형 위치에서 늘어난 길이가 0.1 m 가 되었을 때 물체가 가지는 운동 에너지는 얼마인가?

① $0.25E$ ② $0.5E$ ③ $0.75E$
④ E ⑤ $2E$

A

01

다음 중 과학적인 일을 하는 경우는?

① 물건을 들고 등속으로 걸어갔다.
② 원운동하는 물체에 구심력이 작용한다.
③ 자유 낙하하는 물체에 중력이 작용한다.
④ 질량 5 kg 인 물체를 1 시간 동안 들고 서 있었다.
⑤ 마찰이 없는 수평면 위에서 물체가 등속 운동하고 있다.

02

그림과 같이 지면에 놓여 있는 물체에 5 N 의 수평 방향의 일정한 힘을 가하여 4 m 이동시켰다. 물체와 지면 사이의 마찰력이 3 N 일 때, 물체에 작용하는 알짜힘이 한 일은 얼마인가?

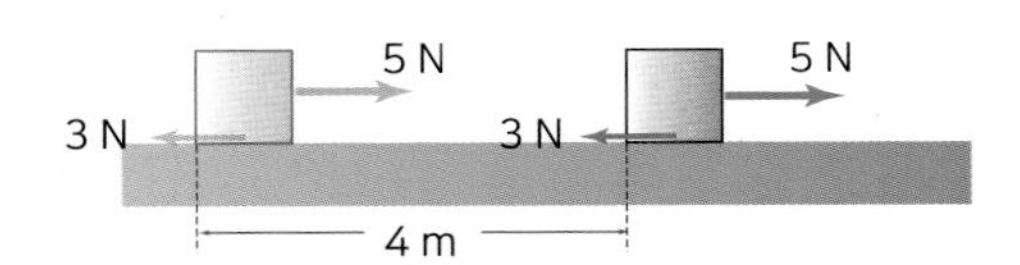

① 2 J　② 4 J　③ 6 J
④ 8 J　⑤ 10 J

03

무게가 50 N 인 물체를 기중기로 4 m 높이까지 일정한 속도로 들어 올리는데 5 초가 걸렸다면 기중기의 일률은 얼마인가?

① 20 W　② 40 W　③ 60 W
④ 80 W　⑤ 100 W

[04-05] 다음 그림은 수평면 상에서 용수철을 잡아 당겼을 때 늘어난 길이와 작용한 힘과의 관계를 나타낸 것이다. 다음 물음에 답하시오.

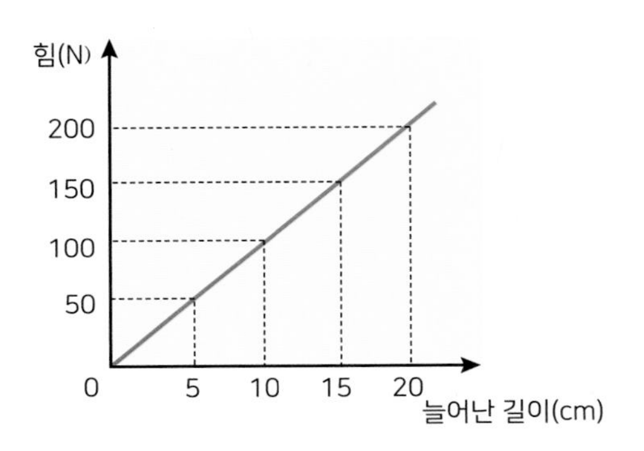

04

용수철에 무게 100 N 의 물체를 매달았을 때 용수철의 탄성 퍼텐셜 에너지는 몇 J 인가?

① 1 J　② 2 J　③ 3 J
④ 4 J　⑤ 5 J

05

용수철을 20 cm 늘어나게 했을 때 탄성 위치 에너지는 얼마인가?

① 10 J　② 20 J　③ 30 J
④ 40 J　⑤ 50 J

06

부피를 무시할 수 있는 질량이 1 kg 인 물체 A 가 수평면에서 10 m 높이에 정지해 있는 열기구로부터 자유 낙하하였다. 지표면에 충돌 직전 물체 A 의 운동 에너지는 얼마인가? (단, $g = 10\ m/s^2$ 이고, 공기의 저항은 무시한다.)

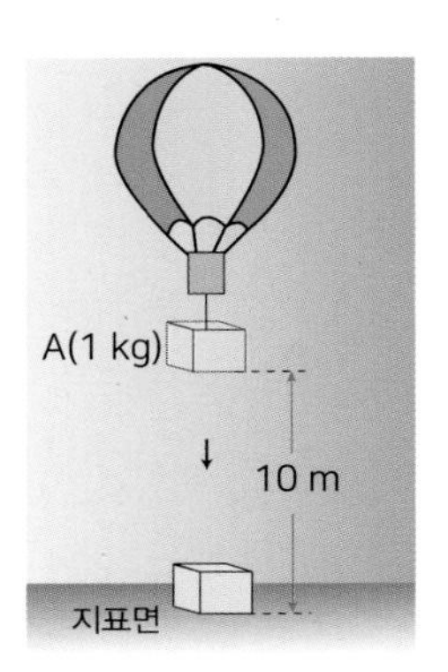

① 20 J　② 40 J　③ 60 J
④ 80 J　⑤ 100 J

07

그림과 같이 수평면에서 비스듬히 속력 6 m/s 로 공을 던졌다. 이 공의 속력이 2 m/s 가 되는 곳의 수평면에서의 높이는 얼마인가? (단, $g = 10 \text{ m/s}^2$ 이며, 공기의 저항은 무시한다.)

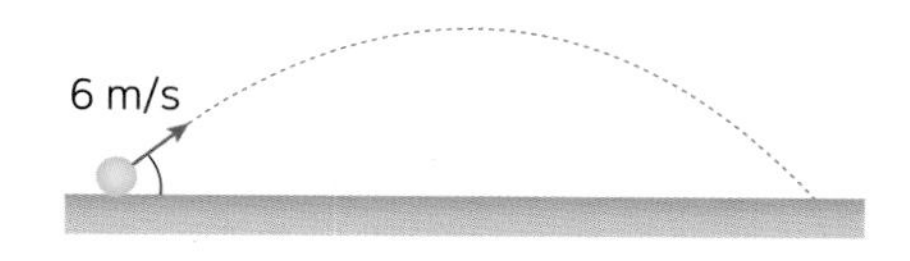

① 1 m ② 1.3 m ③ 1.6 m
④ 2 m ⑤ 3.2 m

08

그림과 같이 모터를 돌려 두레박으로 5 m 깊이에 있는 물을 퍼내려 하고 있다. 물이 담긴 두레박의 무게는 800 N 이고 2 m/s 의 일정한 속력으로 두레박을 끌어올릴 때 전동기의 일률은 몇 W 인가?

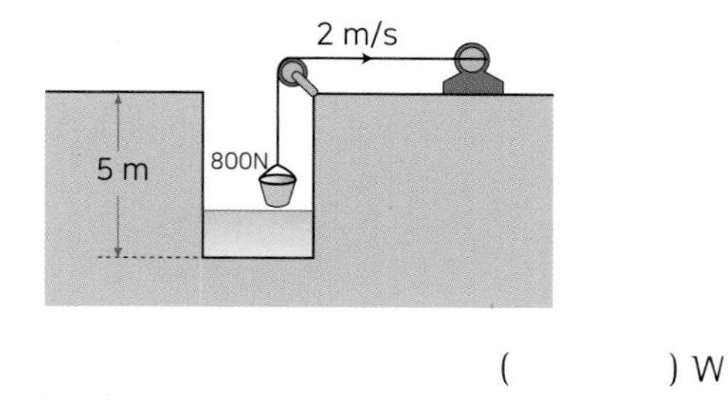

( ) W

09

그림과 같이 지면으로부터 5 m 높이에서 질량 8 kg 인 물체를 가만히 놓아 낙하시켰다. 이에 대한 설명으로 옳은 것만을 <보기> 에서 있는 대로 고른 것은? (단, 공기 저항은 무시하고, $g = 10 \text{ m/s}^2$ 이다.)

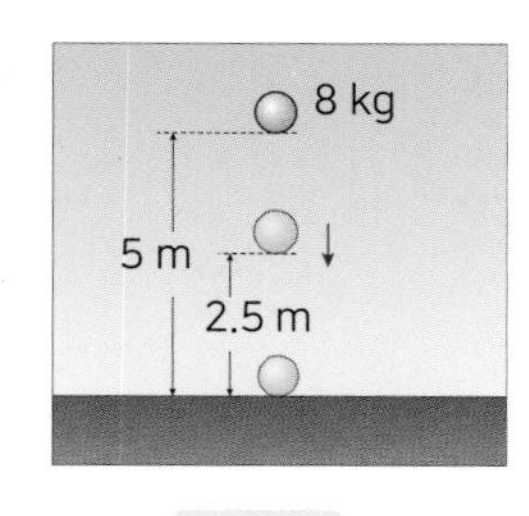

<보기>

ㄱ. 낙하하는 순간 물체의 역학적 에너지는 400 J 이다.
ㄴ. 지면으로부터 2.5 m 높이에 도달했을 때 물체의 운동 에너지는 100 J 이다.
ㄷ. 지면에 도달하는 순간 물체의 속력은 10 m/s 이다.

① ㄱ ② ㄴ ③ ㄷ
④ ㄱ, ㄷ ⑤ ㄱ, ㄴ, ㄷ

10

그림과 같이 용수철 상수가 200 N/m 인 용수철에 질량이 2 kg 인 물체를 매달고, 마찰이 없는 수평면에서 0.1 m 만큼 잡아당겼다가 놓았다. 이 물체의 최대 속력은 몇 m/s 인가?

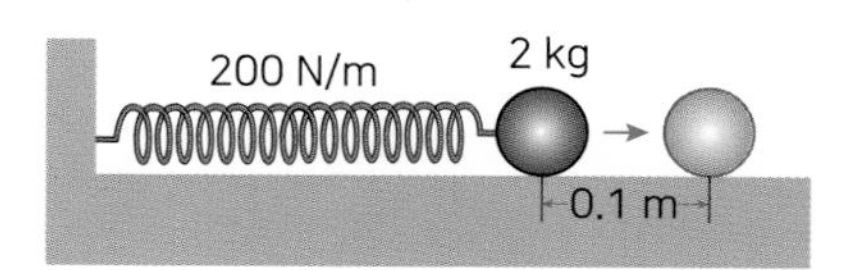

① 1 m/s ② 2 m/s ③ 3 m/s
④ 4 m/s ⑤ 5 m/s

B

11

그림과 같이 마찰이 없는 수평면 상에서 질량 30 kg 의 물체 A 와 질량 20 kg 의 물체 B 를 질량을 무시할 수 있는 끈으로 연결하여 수평 방향으로 50 N 의 힘으로 잡아당기고 있다. 이 상태로 10 m 이동하였을 때 물체 A 에 해준 일은 얼마인가?

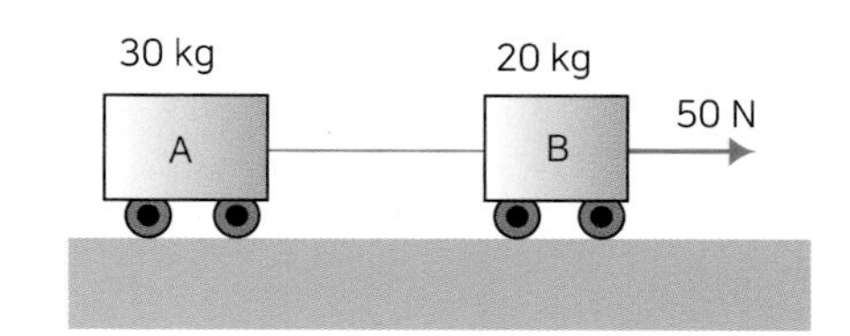

① 100 J ② 200 J ③ 300 J
④ 400 J ⑤ 500 J

12

물체를 얼음판 위에서 처음 속력 2 m/s 로 밀었다. 물체와 얼음판 사이의 운동 마찰 계수(μ)가 0.1 일 때 물체는 얼음판 위에서 얼마나 미끄러진 후 정지하겠는가? (단, $g = 10 \text{ m/s}^2$ 이다.)

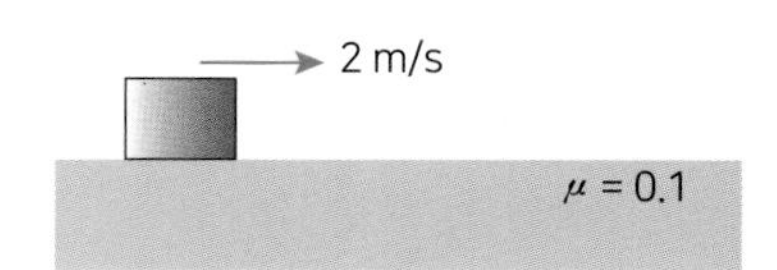

① 0.5 m ② 1 m ③ 1.5 m
④ 2 m ⑤ 2.5 m

13 그림과 같이 질량 4 kg 인 물체가 기구에 매달려 2 m/s 로 상승하다가 높이 5 m 인 지점에서 끈이 끊어진 후 땅에 떨어졌다. 이 물체는 끈이 끊어지는 순간 연직 상방 운동을 하게 된다. 이 물체가 땅에 떨어지는 순간의 운동 에너지는 얼마인가? (단, g = 9.8 m/s^2 이며, 공기의 저항은 무시한다.)

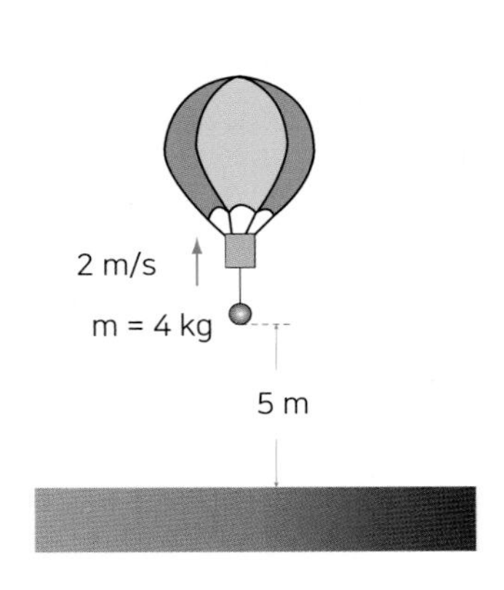

① 8 J ② 98 J ③ 196 J
④ 204 J ⑤ 302 J

14 그림과 같이 마찰이 없는 반원형으로 튀어나온 경로와 반원형으로 움푹 패인 경로를 따라 물체 A 와 B 가 각각 속도 v 로 동시에 출발하여 각각 같은 속력으로 운동하였다. 물체 A 가 P 점에 도달하는 시간과 물체 B 가 Q 점에 도달하는 시간을 비교하면 어느 것이 빠른가?

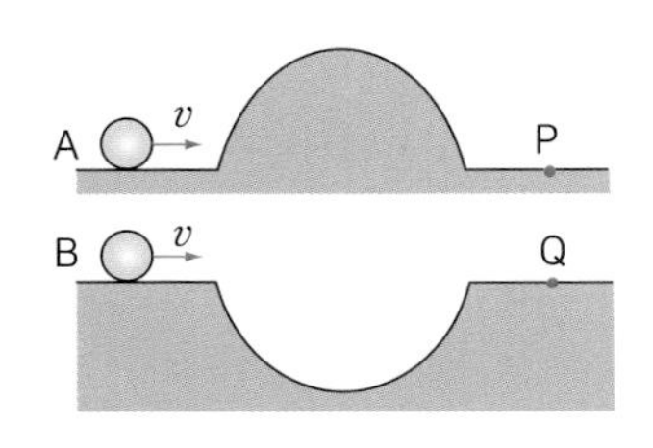

(   )

15 그림과 같이 질량 2 kg 의 물체가 수평 면에서 10 m/s 로 진행하여 용수철 상수 5000 N/m 인 용수철에 부딪쳤다. 이 용수철이 최대로 압축된 길이는 얼마인가? (단, 모든 마찰은 무시한다.)

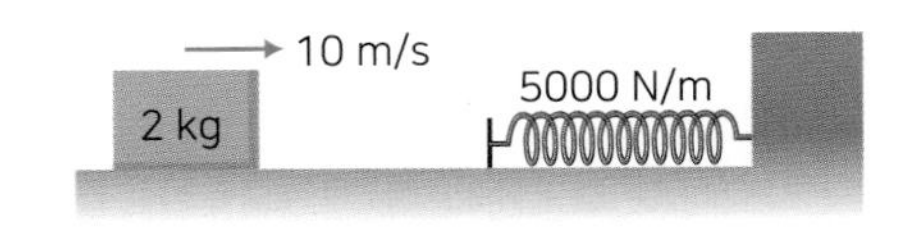

① 0.1 m ② 0.2 m ③ 0.3 m
④ 0.4 m ⑤ 0.5 m

16 그림은 질량이 같은 3 개의 물체 A, B, C 를 같은 높이에서 같은 속력으로 방향을 달리하여 던졌을 때 물체가 날아가는 경로를 나타낸 것이다. B 가 날아간 거리를 s 로, A 와 B 의 경로가 만나는 위치를 P 로 표시하였다. 이에 대한 설명으로 옳은 것만을 <보기> 에서 있는 대로 고른 것은? (단, 공기 저항은 무시한다.)

[경시대회 기출 유형]

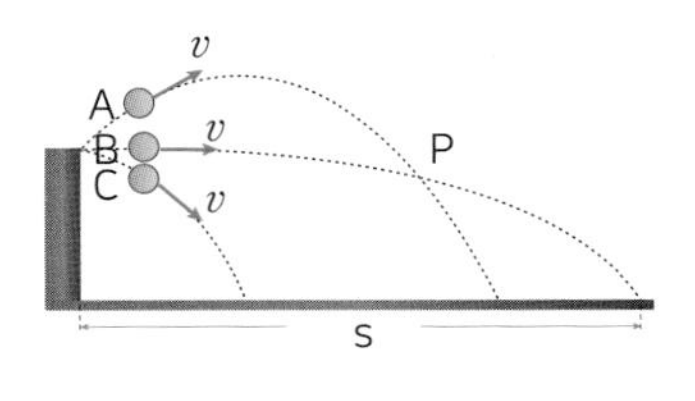

<보기>

ㄱ. P 점에서 A 의 속력이 B 의 속력보다 크다.
ㄴ. 질량이 증가해도 s 는 일정하다.
ㄷ. P 점에서 A 의 운동 에너지가 B 의 운동 에너지보다 크다.

① ㄱ ② ㄴ ③ ㄷ
④ ㄱ, ㄴ ⑤ ㄱ, ㄴ, ㄷ

17

그림은 질량 m 인 물체가 속력 v 로 수평면 위에서 직선 운동하다가 깊이 h 인 곡면을 따라 운동한 후 C 점을 지나는 것을 나타낸 것이다.

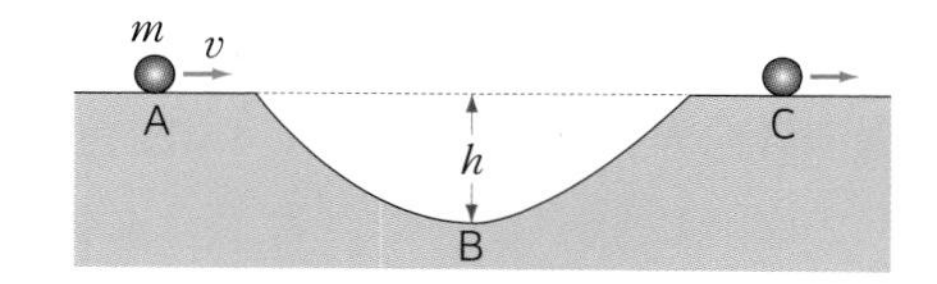

이에 대한 설명으로 옳은 것만을 <보기> 에서 있는 대로 고른 것은? (단, 면의 마찰은 무시하며, 물체의 크기는 높이 h 에 비해서 무시할 수 있을 만큼 작고, 중력 가속도는 g 로 한다.)

[수능 기출 유형]

<보기>

ㄱ. B 점과 C 점에서의 물체의 운동 에너지는 같다.
ㄴ. A 점에서 B 점까지 운동하는 동안 중력이 물체에 한 일의 양은 mgh 이다.
ㄷ. C 점에서 물체의 속력은 v 이다.

① ㄱ ② ㄴ ③ ㄷ
④ ㄴ, ㄷ ⑤ ㄱ, ㄴ, ㄷ

18

그림과 같이 경사 각이 30° 인 마찰이 없는 빗면에서 질량 1 kg 인 물체가 미끄러져 내려오다가 그림처럼 장치되어 있는 용수철에 부딪쳐서 용수철이 최대 0.4 m 압축되었다. 용수철 상수를 100 N/m 라고 할 때 물체가 미끄러져 내려온 거리는 몇 m 인가? (단, 물체의 크기는 무시하며, $g = 10$ m/s^2 이다.)

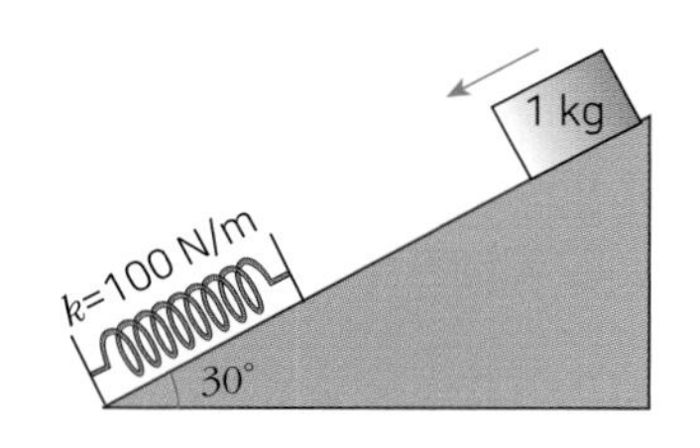

① 1 m ② 1.2 m ③ 1.4 m
④ 1.6 m ⑤ 2.0 m

C

19

그림과 같이 질량이 서로 다른 물체 A, B 가 실로 연결되어 각각 경사각이 θ_A, θ_B 인 경사면에 정지해 있다. A 를 가만히 놓았더니 A 가 경사면을 따라 등가속도 직선 운동을 하며 내려갔다. A 가 s 만큼 이동했을 때, 이에 대한 설명으로 옳은 것만을 <보기> 에서 있는 대로 고른 것은? (단, θ_A 는 θ_B 보다 작고, 모든 마찰은 무시한다.)

[수능 모의 평가 기출 유형]

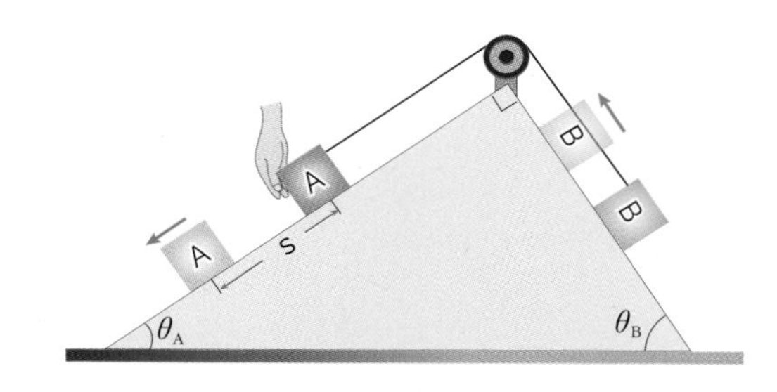

<보기>

ㄱ. A 의 운동량의 크기는 B 의 운동량의 크기보다 크다.
ㄴ. B 의 역학적 에너지 증가량은 A 의 역학적 에너지 감소량과 같다.
ㄷ. A 의 중력에 의한 퍼텐셜 에너지 감소량은 B 의 중력에 의한 퍼텐셜 에너지 증가량과 같다.

① ㄱ ② ㄴ ③ ㄷ
④ ㄱ, ㄴ ⑤ ㄱ, ㄴ, ㄷ

20 다음 그림은 A 점에서 가만히 놓은 질량 1 kg 인 물체가 낙하하는 모습을 나타낸 것이다. A 점과 C 점 사이에서 중력에 의한 퍼텐셜 에너지 차는 40 J 이고, B 점과 D 점 사이에서는 50 J 이다. 또한, C 에서의 속력은 B 에서의 2 배이다. 이에 대한 설명으로 옳은 것만을 <보기> 에서 있는 대로 고른 것은? (단, 중력 가속도 $g = 10\ \mathrm{m/s^2}$ 이고, 공기의 저항은 무시한다.)

[수능 기출 유형]

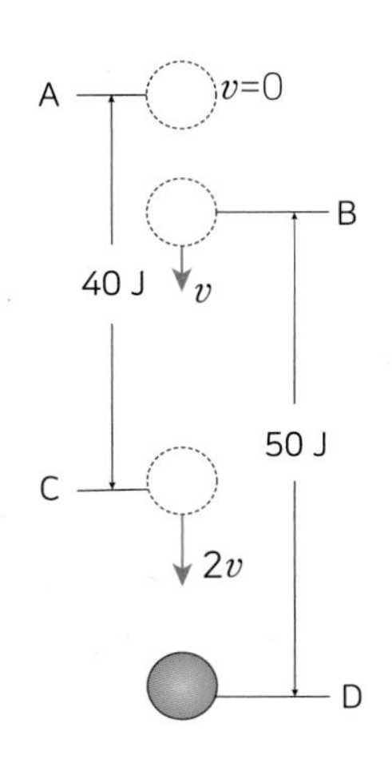

<보기>

ㄱ. A 와 B 사이의 거리는 1.5 m 이다.
ㄴ. C 와 D 사이에서 중력이 물체에 한 일은 18 J 이다.
ㄷ. D 에서 물체의 속력은 $2\sqrt{30}$ m/s 이다.

① ㄱ ② ㄴ ③ ㄷ
④ ㄱ, ㄴ ⑤ ㄱ, ㄴ, ㄷ

21 그림은 질량 1 kg 인 물체가 마찰이 없는 빗면의 점 A 를 지나 점 C 를 통과하여 최고점 B에 도달한 후, 다시 C 를 지나는 순간의 모습을 나타낸 것이다. 물체가 A 에서 B 를 거쳐 C 에 도달하는 데 걸린 시간은 3 초이고, A 에서 물체의 속력은 10 m/s 이며, C 에서 물체의 중력에 의한 퍼텐셜 에너지는 운동 에너지의 3 배이다.

[수능 평가원 기출 유형]

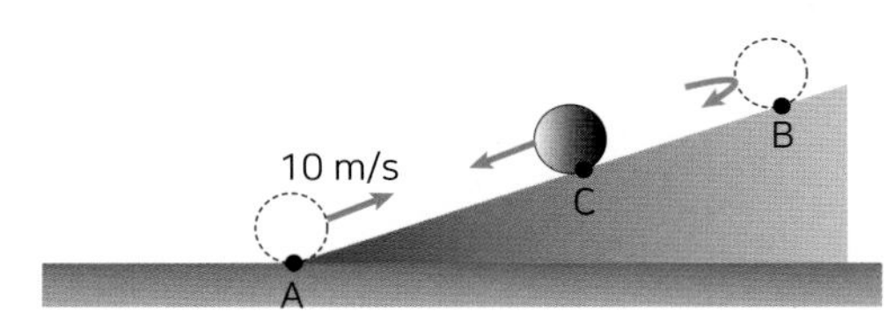

이에 대한 설명으로 옳은 것만을 <보기> 에서 있는 대로 고른 것은? (단, 점 A 에서 중력에 의한 퍼텐셜 에너지는 0 이며, 공기 저항과 물체의 크기는 무시한다.)

<보기>

ㄱ. C 에서 물체의 속력은 5 m/s 이다.
ㄴ. B 에서 물체의 가속도의 크기는 5 $\mathrm{m/s^2}$ 이다.
ㄷ. A 와 C 사이의 거리는 7 m 이다.

① ㄱ ② ㄷ ③ ㄱ, ㄴ
④ ㄴ, ㄷ ⑤ ㄱ, ㄴ, ㄷ

22 수평면으로부터 4 m 의 높이에서 공을 8 m/s 의 속력으로 연직 아래 방향으로 던졌다. 공과 바닥 사이의 반발 계수가 0.5 일 때, 공이 지면과 충돌한 후 올라가는 최대 높이는 몇 m인가? (단, $g = 10\ \mathrm{m/s^2}$ 이다.)

① 1.2 m ② 1.4 m ③ 1.6 m
④ 1.8 m ⑤ 2 m

[23-24] 수평면 위에 질량 5 kg 의 물체를 놓아두었다가 실로 묶어 연직 위 방향으로 잡아당겼더니 물체가 위로 끌려감에 따라 속력이 증가하여 높이 2 m 되는 지점에서 물체의 속력이 4 m/s 였다. (단, 중력 가속도는 9.8 m/s^2 이다.)

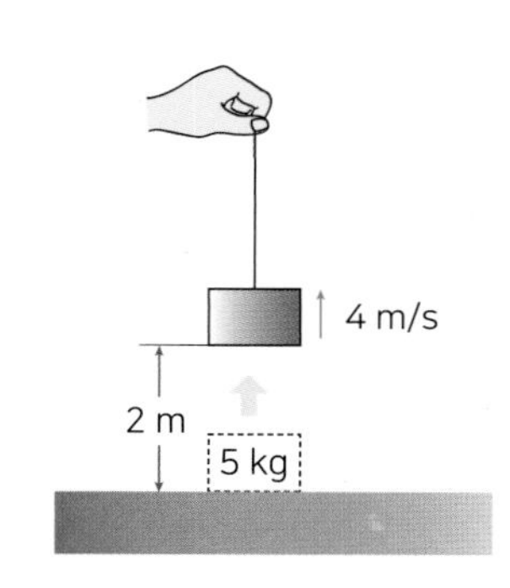

23

물체가 출발하여 높이 2 m 되는 지점까지 실이 물체에 작용한 평균 힘는 몇 N 인가?

① 67 N ② 68 N ③ 69 N
④ 70 N ⑤ 71 N

24

이와 같은 현상에 대한 설명으로 옳은 것은?

① 물체가 얻은 역학적 에너지는 98 J 이다.
② 물체가 올라가는 과정에서 중력이 한 일은 없다.
③ 물체가 갖는 역학적 에너지는 변하지 않고 일정하다.
④ 물체를 끌어올리기 위해서 사람이 물체에 해 준 일은 138 J 이다.
⑤ 물체가 위로 올라가는 과정에서 사람은 236 J 의 일을 하였고 중력은 물체에 - 98 J 의 일을 하였다.

심화

25

그림 (가) 는 정지해 있던 질량이 5 kg 인 물체를 수평면 위에서 수평 방향으로 끌어당기는 것을 나타낸 것이고, 그림 (나) 는 물체가 이동하는 동안 물체를 끌어당기는 힘의 세기 변화를 시간에 따라 나타낸 것이다.

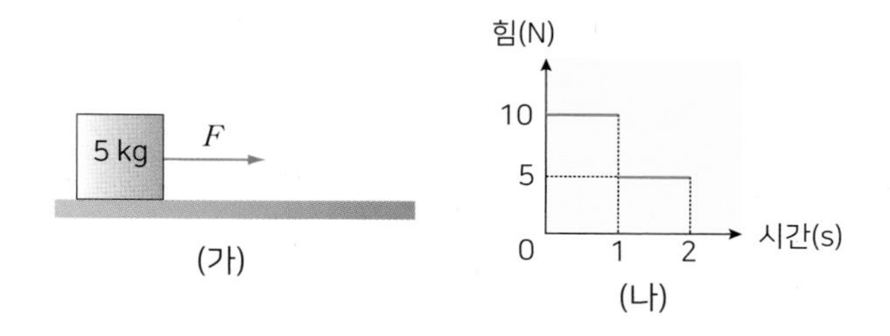

이에 대한 설명으로 옳은 것만을 <보기> 에서 있는 대로 고른 것은? (단, 모든 마찰은 무시한다.)

<보기>

ㄱ. 출발 후 1 초인 지점에서 물체의 운동 에너지는 10 J 이다.
ㄴ. 출발 후 2 초가 되는 순간 물체의 속력은 3 m/s 이다.
ㄷ. 출발 후 2 초까지 물체를 끌어당기는 힘이 한 일은 22.5 J 이다.

① ㄱ ② ㄴ ③ ㄷ
④ ㄱ, ㄷ ⑤ ㄱ, ㄴ, ㄷ

26

수평면 위에 정지해 있는 질량 4 kg 인 물체 B 에 질량 1 kg 인 물체 A 가 완전 비탄성충돌하여 10 m 만큼 이동한 후 정지하였다. 물체와 면 사이의 운동 마찰 계수가 0.1 일 때, 충돌 직후 B 의 속도의 크기는 얼마인가? (단, 중력 가속도는 10 m/s^2 이다.)

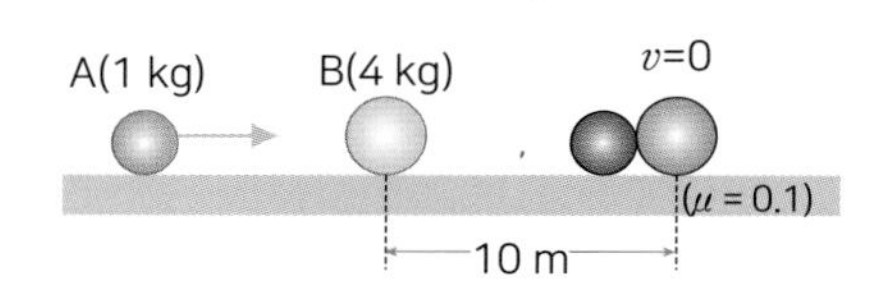

① 2 m/s ② 4 m/s ③ $2\sqrt{5}$ m/s
④ 6 m/s ⑤ $3\sqrt{5}$ m/s

27 그림과 같이 마찰 계수 0.1 인 책상 면에 길이 4 m, 질량 4 kg 의 밧줄의 절반이 책상 위에 있도록 걸쳐져 있다. 이 밧줄을 책상 위에서 수평 방향의 힘을 가하여 천천히 책상 면 위로 끌어올렸다. 이에 대한 설명으로 옳은 것만을 <보기> 에서 있는 대로 고른 것은? (단, 밧줄은 밀도와 굵기가 균일하고, 중력 가속도 g = 10 m/s^2 이다.)

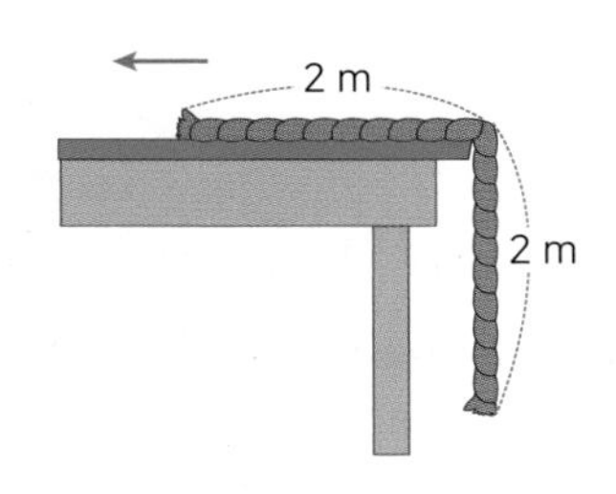

<보기>

ㄱ. 밧줄이 책상 위로 모두 끌려올 때까지 마찰력에 대해서 한 일은 6 J 이다.

ㄴ. 밧줄이 책상 위로 모두 끌려올 때까지 중력에 대해서 한 일은 10 J 이다.

ㄷ. 밧줄을 책상 위로 모두 끌어올리는데 필요한 일은 16 J 이다.

① ㄱ ② ㄴ ③ ㄷ
④ ㄱ, ㄴ ⑤ ㄱ, ㄴ, ㄷ

28 그림처럼 P 점에서 질량 m 의 물체가 마찰이 없는 곡면을 타고 미끄러져 내려와서 마찰이 없는 지면의 작은 원궤도를 따라 운동한다. 중력 가속도를 g 라고 할 때 물체가 원궤도에서 이탈하지 않으려면 물체가 운동을 시작하는 곳의 높이 h 는 최소한 얼마가 되어야 하는가?

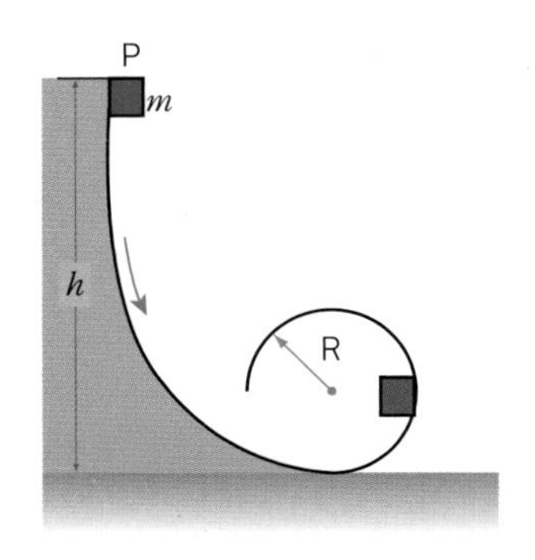

① R ② 1.5R ③ 2R
④ 2.5R ⑤ 3R

29 길이가 l 로 동일하고 추의 질량이 1 kg 으로 같은 두 진자가 그림과 같은 상태에 있다. 진자 A 는 진자 B 로부터 연직으로 높이 2 m 의 위치에 있다. 이때 진자 A 를 운동시켜 진자 B 와 완전 비탄성 충돌을 시킨다. 두 진자는 충돌 후 현재 진자 B 의 위치로부터 연직으로 얼마나 높이 올라가겠는가?

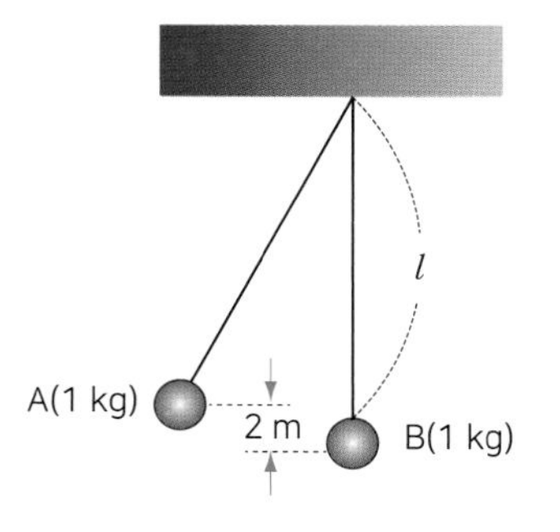

① 0.1 m ② 0.2 m ③ 0.3 m
④ 0.4 m ⑤ 0.5 m

30 길이 25 m 인 늘어나지 않는 끈에 0.5 kg 의 공을 매달아 그림처럼 단진동 운동을 시킨다. 추를 높이 10 m 인 A 점에서 끈이 팽팽해진 상태로 잡고 있다가 놓았더니 최저점인 B 점과 높이 5 m 인 C 점을 거쳐 운동하였다. 이에 대한 설명으로 옳은 것만을 <보기> 에서 있는 대로 고른 것은? (단, 중력 가속도 g = 10 m/s^2 이고, 공기의 저항과 끈의 무게는 무시할 수 있을 정도로 작다.)

[특목고 기출 유형]

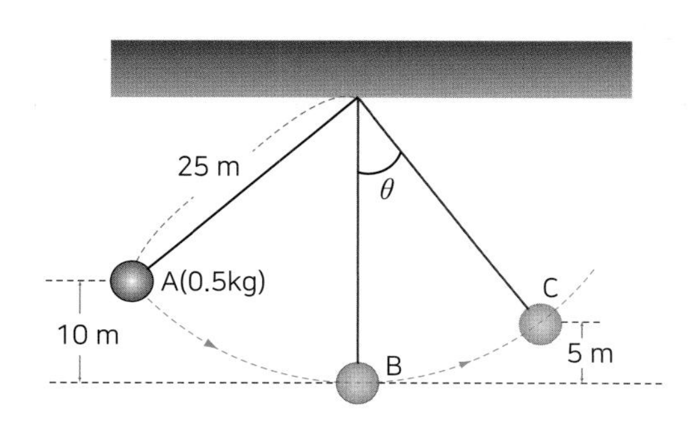

<보기>

ㄱ. B 점에서 물체의 가속도의 크기는 8 m/s^2 이다.
ㄴ. C 점에서의 속력은 10 m/s 이다.
ㄷ. C 점에서 끈의 장력은 6 N 이다.

① ㄱ ② ㄴ ③ ㄷ
④ ㄱ, ㄴ ⑤ ㄱ, ㄴ, ㄷ

31 그림은 높이 5 m 의 매끄러운 곡면 위에서 질량 1 kg 의 물체가 곡면 구간 A ~ E 를 내려오다가 일정한 마찰력이 작용하는 수평 구간 E ~ F 를 지나는 그림이다. 이 물체는 E 점을 지나면서 속도가 일정하게 줄어들어 E 점을 지난 5 초 후에 F 점에서 정지한다. 이에 대한 설명으로 옳은 것만을 <보기> 에서 있는 대로 고른 것은? (단, 중력 가속도 g = 10 m/s^2 이다.)

[특목고 기출 유형]

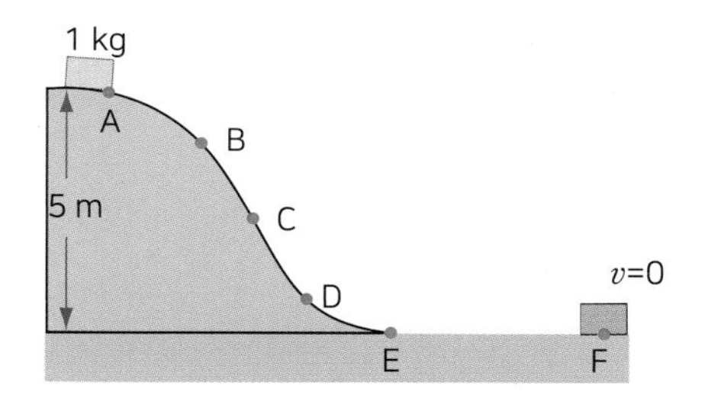

<보기>

ㄱ. E ~ F 구간에서 마찰력의 크기는 2 N 이다.
ㄴ. 마찰력에 의한 평균 일률은 10 W 이다.
ㄷ. E ~ F 구간의 거리는 20 m 이다.

① ㄱ ② ㄴ ③ ㄷ
④ ㄱ, ㄴ ⑤ ㄱ, ㄴ, ㄷ

32 그림은 높이 h 의 A 점에 놓여 있던 물체가 곡면을 미끄러져 내려와 C 점에서 용수철과 부딪혀 용수철을 최대로 L 만큼 압축시킨 모습을 나타낸 그림이다.

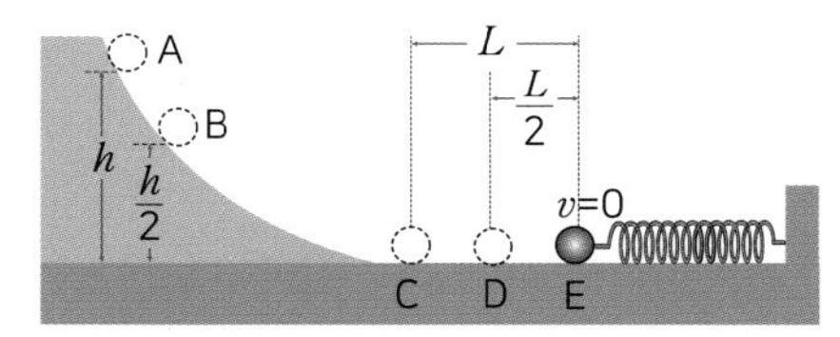

이에 대한 설명으로 옳은 것만을 <보기> 에서 있는 대로 고른 것은? (단, 모든 마찰과 공기 저항을 무시하고, 충돌 시 에너지 손실은 없다.)

[수능 기출 유형]

<보기>

ㄱ. C 점에서 물체의 속력은 B 점의 2 배이다.
ㄴ. D 점에서 물체의 운동 에너지와 탄성력에 의한 퍼텐셜 에너지는 같다.
ㄷ. A 점에서의 물체의 중력 퍼텐셜 에너지와 E 점에서 용수철의 탄성 퍼텐셜 에너지는 같다.

① ㄱ ② ㄷ ③ ㄱ, ㄴ
④ ㄴ, ㄷ ⑤ ㄱ, ㄴ, ㄷ

창의력

33

그림은 총알의 속력을 구하기 위한 간단한 장치이다. 만약 50 g 의 총알이 길이 2 m 의 끈에 매달려있는 450 g 의 나무 도막에 박히고 총알이 박힌 나무 도막이 반대 방향으로 올라가서 정지한 높이에서 연결된 끈이 연직선과 이루는 각이 60° 이다. (단, 중력 가속도 $g = 10$ m/s^2 이다.)

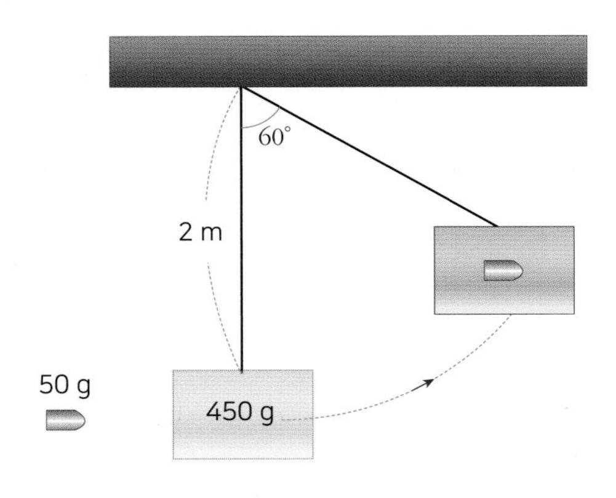

(1) 총알의 속력을 v 라고 하면 총알이 박힌 직후 나무 도막의 속력은 얼마인가?

(2) 총알이 박히는 과정에서 손실된 에너지는 얼마인가? (단, 답안에 총알의 속력 v 를 포함시키시오.)

(3) 최하점을 기준으로 총알이 박힌 나무 도막이 정지한 높이는 얼마인가?

(4) 총알의 속력은 얼마인가?

34

질량이 1 kg 인 물체를 수평면과 θ 의 각도를 이루는 빗면을 따라 바닥면으로부터 처음 속력 10 m/s 로 밀어 올렸다. 이 물체는 빗면을 따라 5 m 올라간 후 순간적으로 멈추었다가 방향을 바꿔서 밑바닥으로 미끄러져 내려왔다. (단, 중력 가속도 $g = 10$ m/s^2 이고, $\sin\theta = \frac{4}{5}$이다.)

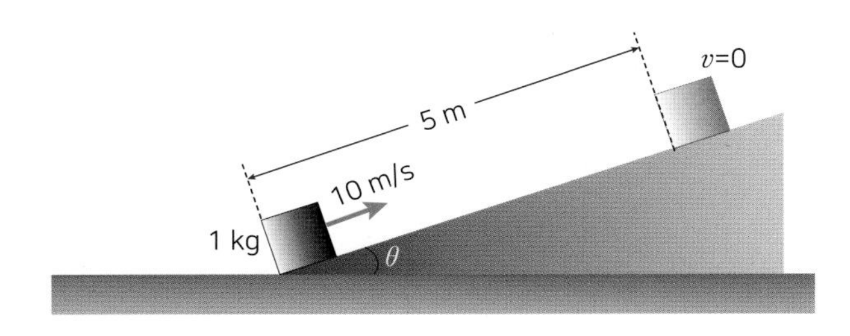

(1) 처음 위치와 최고점에서의 역학적 에너지는 각각 얼마인가?

(2) 물체가 빗면을 따라 올라가는 동안 마찰력의 크기와 마찰력이 한 일은 얼마인가?

(3) 물체가 다시 출발점에 돌아왔을 때의 속력은 얼마인가?

35

그림과 같이 질량이 서로 같은 물체 A, B 가 있다. 마찰이 없는 수평면에서 물체 A 는 정지해 있는 물체 B 를 향해 속도 v 로 다가오고 있고, 물체 B 에는 A 의 방향으로 용수철 상수 k 인 가벼운 용수철이 고정되어 있다. (단, 용수철이 압축되거나 늘어나는 과정에서 용수철에서 발생하는 열이나 소모되는 에너지는 없다.)

(1) 물체 A 가 용수철에 닿으면서 물체 B 의 운동이 시작되는데, 이때 용수철이 가장 많이 압축되었을 때 압축된 길이는 얼마인가?

(2) 충돌 후 두 물체가 다시 떨어지게 되는데 떨어진 후의 물체 A, B 의 속력은 각각 얼마인가?

36

매끄러운 수평면 위에 나무 도막을 놓고 총을 쏘아 총알이 박히는 상황을 생각하였다. 나무 도막은 재질이 균일하며 질량은 M 이고 길이는 L 이다. 나무 도막 속에서 총알이 받는 마찰력은 일종의 운동 마찰력이므로 총알의 속도에 관계없이 일정하다. 총알의 질량은 m, 처음 속도는 v 이다. 다음 물음에 답하시오.

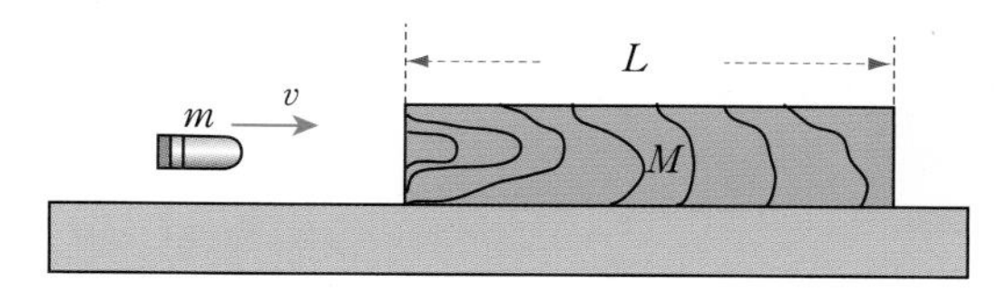

(1) 나무 도막을 수평면에 고정하고 나무 도막을 향하여 총을 쏘면 총알은 $\frac{L}{2}$ 의 깊이만큼 박힌다. 총알에 미치는 마찰력의 크기 f 를 구하시오.

(2) (1) 의 조건에서 나무 도막을 수평면에 고정시키고 총을 쏘았을 때 나무 도막을 관통하는 총알의 최소 속력 v_1을 구하시오.

(3) 나무 도막을 수평면에 고정시키고 총알의 속력을 $2v_1$으로 하면 총알은 나무 도막을 관통한다. 나무 도막을 관통하는데 필요한 시간 T 와 관통 후의 총알의 속력 v_2를 구하시오.

(4) 나무 도막을 고정시키지 않고 마찰이 없는 수평면에 놓은 상태에서 총알의 속력을 v_1(고정시켰을 때 관통하는 속력)으로 하여 총을 쏘면 총알은 나무 도막에 박히고 총알이 박힌 나무 도막은 속력 v_3로 운동한다.

① v_3를 구하시오.

② 총알이 박힌 깊이는 얼마인가?

07강 케플러 법칙과 만유인력

1. 케플러 법칙 2. 만유인력 법칙
3. 등속 원운동과 구심 가속도
4. 인공위성

1. 케플러 법칙

(1) 케플러 제1법칙(타원 궤도 법칙) : 행성들의 궤도는 태양을 한 초점으로 하는 타원이다.

① 행성이 태양으로부터 가장 가까이 있을 때가 근일점, 행성이 태양으로부터 가장 멀리 있을 때가 원일점이다.

② **행성의 공전 궤도** : 행성의 공전 궤도는 거의 식별할 수 없을 정도로 원에 가까운 타원 궤도이다. 왜소 행성이나 혜성 중에는 긴 타원형의 공전 궤도를 가지는 것도 있다.

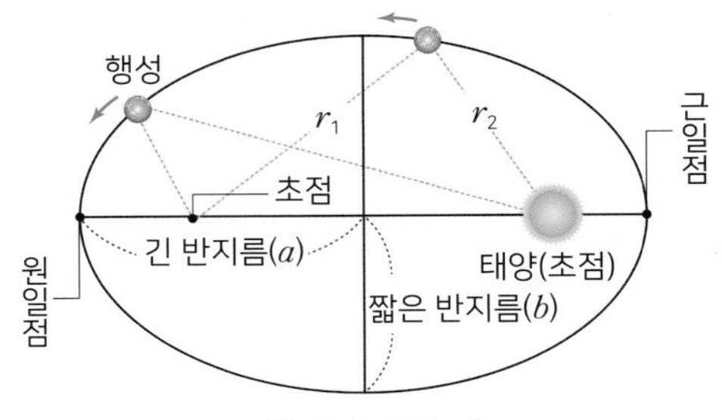

▲ 행성의 타원 궤도
궤도 상의 모든 점에서 $r_1 + r_2 = 2a$ 로 일정하다.

(2) 케플러 제2법칙(면적 속도 일정 법칙) : 행성이 태양 주위를 돌 때 행성과 태양을 잇는 선은 같은 시간에 같은 면적을 휩쓸고 지나간다.

① 태양에 가까워지면 행성의 속력이 빨라지고 태양에서 멀어지면 속력이 느려진다.(태양과 행성 사이의 거리를 r 이라 하고, 그 지점에서 행성의 속력을 v 라고 한다면 $r \times v$ 는 궤도 상에서 항상 일정한 값을 유지한다.)

② 행성의 속력은 근일점에서 가장 빠르고, 원일점에서 가장 느리다.

◀ 면적 속도 일정 법칙
공전 궤도 상에서 같은 시간 동안 태양-행성을 잇는 직선이 휩쓸고 지나간 면적은 같다.

(3) 케플러 제3법칙(조화 법칙)

① 행성의 공전 주기의 제곱은 공전 궤도의 긴 반지름(a)의 세제곱에 비례한다.

$$\left(\frac{a^3}{T^2}\right)_{수성} = \left(\frac{a^3}{T^2}\right)_{금성} = \cdots \left(\frac{a^3}{T^2}\right)_{해왕성} = k\ (일정)\quad [T(년),\ a(천문\ 단위:AU)]$$

② 태양으로부터 먼 행성일수록 공전 주기가 길어지고, 공전 속도가 느려진다.

개념확인 1 정답 및 해설 48

다음 빈칸에 알맞은 말을 각각 쓰시오.

모든 행성은 태양을 한 (　　　)으로 하는 (　　　) 궤도를 따라 운동한다. 한 궤도 내에서 태양에 가까워지면 행성의 속력이 (　　　)지고, 태양에서 멀어지면 행성의 속력이 (　　　)진다. 또한, 행성의 (　　　　)의 제곱은 공전 궤도의 긴 반지름의 세제곱에 비례한다.

확인 + 1

어떤 행성의 공전 궤도의 긴 반지름이 현재의 4 배가 되었을 때에도 계속 태양 주위를 공전한다면 이 행성의 공전 주기는 현재의 몇 배가 되겠는가?

(　　　　　　)배

◉ **케플러(1571 ~ 1630)**

독일의 천문학자인 케플러는 티코 브라헤가 남긴 화성 위치 변화의 관측 자료를 분석하여 화성의 궤도가 태양을 하나의 초점으로 하는 타원이라는 사실을 발견하였다.

◉ **천문 단위(AU, Astronomical Unit)**

지구와 태양의 평균 거리, 약 1억 5000 만 km 를 1 천문 단위(1 AU)로 한다.

◉ **행성 궤도 반지름에 따른 공전 속력**

물체들의 외부에서 힘이 작용하지 않는 한, 회전하는 물체의 각운동량(물체의 질량 × 속력 × 반지름)은 변하지 않는다. 즉, 행성의 질량은 변하지 않으므로 행성 궤도의 반지름이 클수록 속력은 느려진다.

반지름이 커지면 회전 속도가 느려진다. 반지름이 작아지면 회전 속도가 빨라진다.

◉ **태양계 행성의 공전 궤도 장반경과 공전 주기와의 관계**

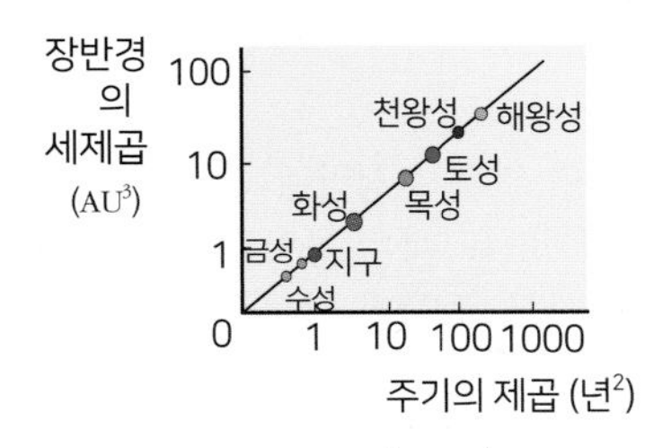

▲ $T^2 \propto a^3$
T : 공전 주기 a : 궤도 장반경

2. 만유인력 법칙

(1) 만유인력 : 질량을 가진 모든 물체 사이에 작용하는 힘으로 서로 잡아당기는 힘(인력)이다. 태양과 행성 사이에도 만유인력이 작용한다.

(2) 만유인력 법칙

① **만유인력의 크기** : 서로 잡아당기는 두 물체의 질량의 곱($M \times m$)에 비례하고 두 물체 사이의 거리의 제곱(r^2)에 반비례한다.

② **만유인력의 방향** : M 과 m 사이에 서로 만유인력이 작용하고 있다면, M 에 작용하는 만유인력의 방향은 m 쪽을 향하고, m 에 작용하는 만유인력은 M 쪽을 향한다.(작용 반작용)

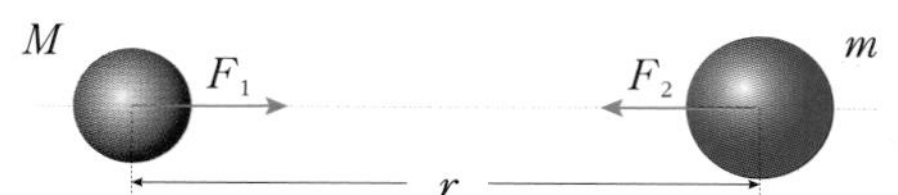

$$F_1 = F_2 = G\frac{mM}{r^2}$$

③ **지구 상에서 중력과 만유인력과의 관계** : 지구 상에서 물체가 받는 중력은 지구가 물체에 작용하는 만유인력이다.

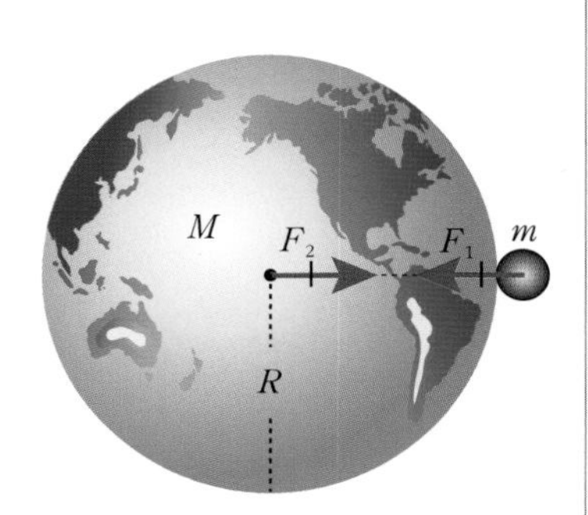

〈 물체가 지구 표면에 있을 때 〉

· 지표면 물체에 작용하는 만유인력 : F_1

$F_1 = G\frac{mM}{R^2}$
($G = 6.67 \times 10^{-11}$ N·m²/kg² : 만유인력 상수)
$= mg$ (물체에 작용하는 중력)

$\therefore g = \frac{GM}{R^2}$ (지구 또는 행성에서의 중력 가속도)

· 지구의 중력 가속도 $g = 9.8$ m/s²

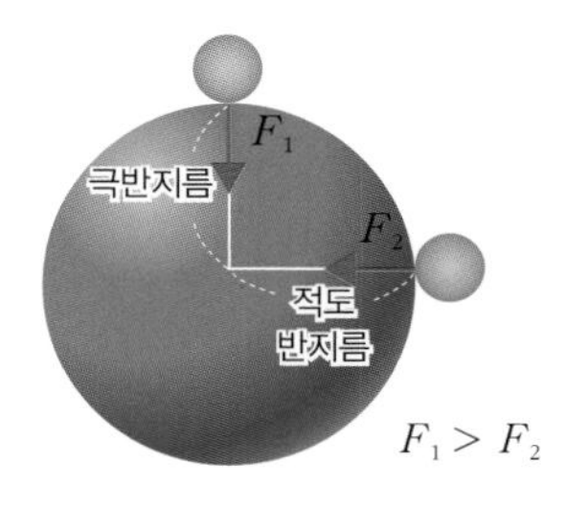

〈 지표면에서 극지방과 적도 지방의 만유인력 비교 〉

지구는 적도 반지름이 극반지름보다 크므로 극지방에서 적도 지방으로 갈수록 중력(만유인력)의 크기가 작아진다. 지구 상에서 만유인력의 방향은 어디서나 지구 중심을 향한다.

◉ **물체의 질량과 무게**

질량을 m 이라 했을 경우 질량 m 의 물체가 받는 중력(무게)은 mg 가 된다. 질량은 질량을 알고 있는 추와 비교한 값이므로 장소에 따라 변하지 않는 고유의 양이다

· 질량 1 kg인 물체의 무게
= 1 × 9.8 = 9.8 N
= 1 kgf

◉ **극지방과 적도 지방의 중력 가속도 값**

지표면에서의 중력 가속도 값은 9.8m/s² 으로 쓰고 있으나 극지방은 적도 지방보다 지구 반지름이 작으므로 중력 가속도 값이 조금 더 크다.

g(극지방) = 약 9.83 m/s²

g(적도 지방) = 약 9.78 m/s²

정답 및 해설 48

개념확인 2

두 물체 사이의 거리가 3 배로 될 때 두 물체 사이에 작용하는 만유인력의 크기는 몇 배가 되는지 쓰시오.

( )배

확인 + 2

다음 태양과 행성 간에 작용하는 만유인력에 대한 설명으로 옳지 않은 것은?

① 태양-행성 간 거리가 가까울수록 크다.
② 행성이 태양 둘레를 공전하는 원동력이다.
③ 지구 상의 물체에 작용하는 중력은 만유인력이다.
④ 행성의 질량이 작아져도 만유인력의 크기는 일정하다.
⑤ 행성은 태양뿐만 아니라 다른 행성으로부터의 만유인력도 받는다.

미니 사전

만유인력 [萬 매우 많은 물체 有 있다 引 끌다 力 힘] **만물 사이에 존재하는 서로 잡아당기는 힘**

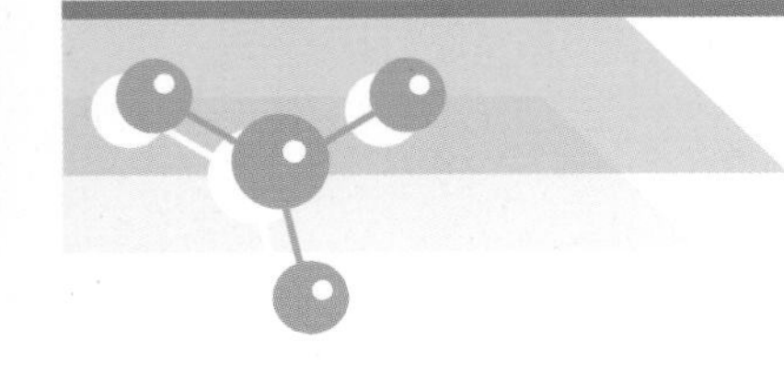

07강 케플러 법칙과 만유인력

◉ **그림의 1~2 위치 사이의 평균 가속도 구하기**

그림에서 1 위치와 2 위치에서의 속력은 각각 v 로 같지만 방향은 서로 수직이다.

1 위치에서 2 위치까지 걸린 시간은 $\frac{T}{4}$ 이다.

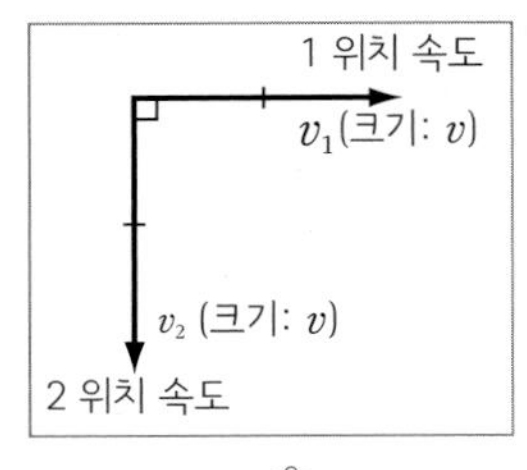

⇩

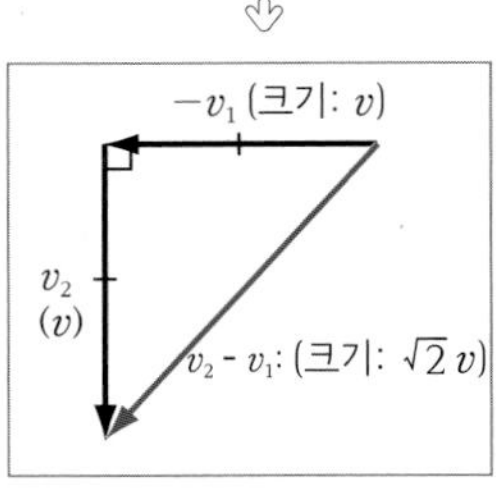

$v_2 + (-v_1) = v_2 - v_1$

$\therefore a$ (평균가속도)

$$= \frac{\text{속도 변화량}}{\text{시간}} = \frac{v_2 - v_1}{T/4}$$

$$= \frac{\sqrt{2}v}{T/4} = \frac{4\sqrt{2}v}{T} \text{ (남서쪽)}$$

◉ **물체의 원운동 조건**

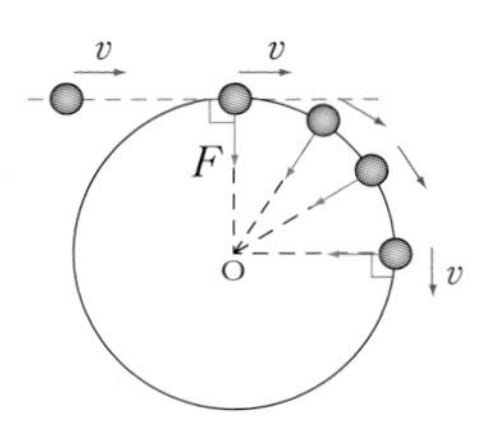

물체에 힘이 작용하지 않으면 계속 등속 운동할 것이다. 이때 운동 방향에 수직인 힘이 계속 작용하여 물체는 원운동을 하게 된다. 이 힘이 구심력(F)이다.

3. 등속 원운동과 구심 가속도

(1) 등속 원운동 : 가속도의 크기는 일정하나 가속도의 방향은 원의 중심 방향이므로 계속 변한다.

① 물체가 받는 힘(구심력)의 방향(원의 중심 방향)과 운동 방향이 수직인 운동이다.

② 원운동하는 물체의 속력(빠르기)이 일정하다.

③ 등속 원운동하는 물체의 운동 방향은 원의 접선 방향이다.

(1위치) v ($t=0$) F (2위치(t)) v

(2) 구심 가속도 : 등속 원운동하는 물체의 가속도이다.

① **원운동하는 물체의 속력**

$$v = \frac{\text{이동한 거리}(s)}{\text{걸린 시간}(t)} = \frac{2\pi r}{T} = 2\pi rf$$

r : 반지름 [m] T : 주기(한바퀴 도는데 걸린 시간) [s], f : 진동수(1초 동안 회전 수) $= \frac{1}{T}$ [s^{-1}: Herz]

② **등속 원운동하는 물체가 받는 힘** : 구심력이며, 원의 중심 방향이다.

$$F(\text{구심력의 크기}) = ma = \frac{mv^2}{r}, \quad a(\text{구심 가속도}) = \frac{v^2}{r} \text{ (원의 중심 방향)}$$

(3) 케플러 법칙과 만유인력 법칙 : 만유인력 법칙과 케플러 3법칙은 서로 유도할 수 있다. 태양과 지구 사이의 만유인력은 지구 공전 원운동의 구심력 역할을 한다.

$$F = \frac{GMm}{r^2} = \frac{mv^2}{r} \Rightarrow v = \sqrt{\frac{GM}{r}}$$

$$T(\text{주기}) = \frac{2\pi r}{v} = 2\pi r\sqrt{\frac{r}{GM}}$$

양변을 제곱하여 나타내면

$$T^2 = \frac{4\pi^2 r^3}{GM}, \quad \text{그러므로 } T^2 \propto r^3 \text{ 이다.}$$

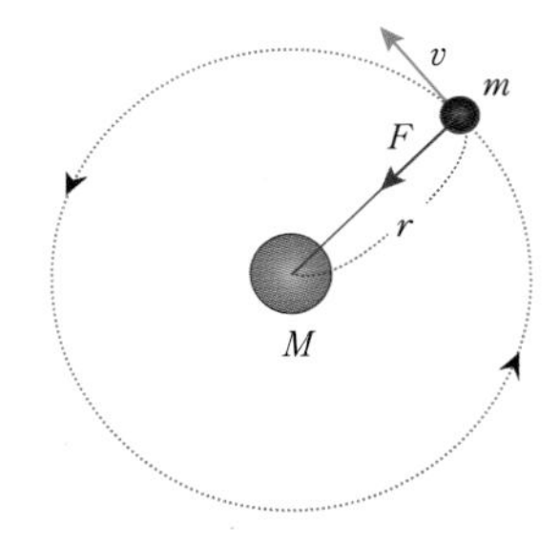

▲ 원운동하는 물체의 속도와 받는 힘

정답 및 해설 48

개념확인 3

질량이 2 kg 인 물체가 반경 10 m 인 원 둘레를 5 m/s 의 속력으로 등속 원운동하고 있다. 이때 구심 가속도의 크기(㉠)와 방향(㉡)을 쓰시오.

㉠ (   ) m/s², ㉡ (   ) 방향

확인 + 3

오른쪽 그림과 같이 행성이 태양 주위를 공전하고 있다. 이에 대한 다음 설명의 빈칸에 알맞은 말을 각각 쓰시오.

Q 점에서 행성에 작용하는 만유인력의 크기는 P 점에서 작용하는 만유인력의 크기의 ㉠(   )배이다. 또, Q 점에서 행성에 작용하는 구심력의 크기는 P 점에서 작용하는 구심력의 크기의 ㉡(   )배이다.

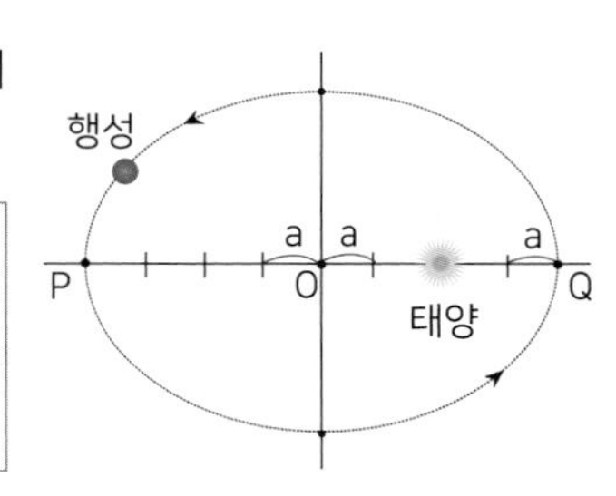

4. 인공위성

(1) 인공위성 : 인공적으로 만들어 지구나 행성 주위를 공전하도록 만든 물체

(2) 인공위성의 운동에 관련된 힘

① **만유인력(F_1)** : 지구나 행성이 인공위성을 잡아당기는 힘. 구심력의 역할을 한다.

$$F_1(\text{크기}) = \frac{GMm}{r^2}$$

② **구심력(F_2)** : 원운동시키기 위해 물체를 중심 방향으로 잡아당기는 힘

$$F_2(\text{크기}) = \frac{mv^2}{r}$$

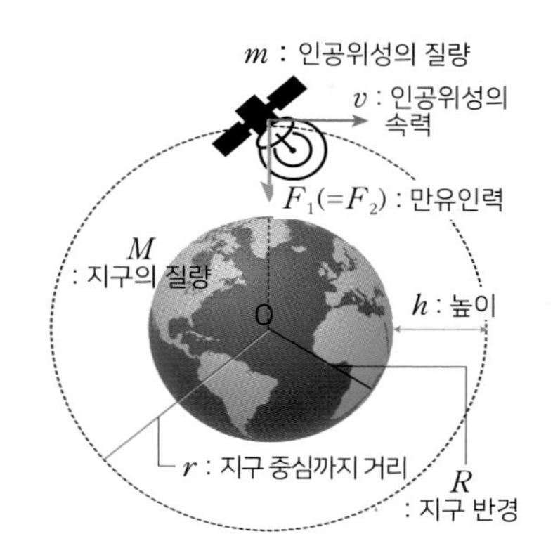

(3) 인공위성의 속력 : 인공위성의 질량과 관계없으며, 궤도 반지름의 제곱근에 반비례한다.

$$F_1 = F_2,\ \frac{GMm}{r^2} = \frac{mv^2}{r} \Rightarrow v = \sqrt{\frac{GM}{r}}$$

$$v(\text{인공위성 속력}) = \sqrt{\frac{GM}{r}}$$

(4) 인공위성의 주기 : 인공위성의 주기의 제곱은 궤도 반지름의 세제곱에 비례한다.

$$T(\text{주기}) = \frac{2\pi r}{v} = 2\pi r\sqrt{\frac{r}{GM}} = 2\pi\sqrt{\frac{r^3}{GM}}$$

(5) 인공위성(행성)의 역학적 에너지(E) 보존 : 지구 주위를 도는 인공위성(m)은 운동 에너지와 만유인력에 의한 위치 에너지를 동시에 가지며 그 합인 역학적 에너지는 보존된다.

① **운동 에너지(E_k)** : $\frac{1}{2}mv^2 \left(= \frac{GMm}{2r}\right)$

② **만유인력에 의한 위치 에너지(E_p)** : $r = \infty$ 인 지점에서 r 인 지점으로 인공위성을 등속도로 가져올 때 해준 일(W)이 r 인 지점에서의 인공위성의 위치 에너지가 된다.

$$E_p = -\frac{GMm}{r}$$

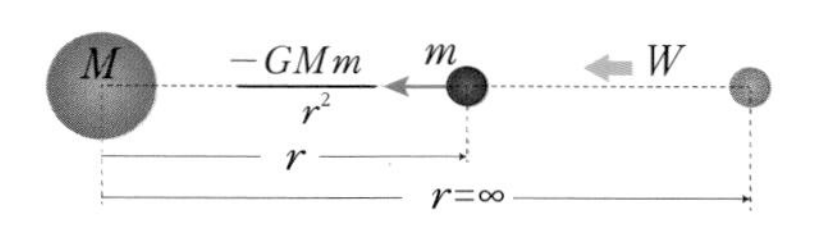

$$E = E_k + E_p = \frac{1}{2}mv^2 - \frac{GMm}{r} = -\frac{GMm}{2r} = \text{일정}$$

◉ **인공위성의 운동과 케플러 법칙**

$$T(\text{주기}) = 2\pi\sqrt{\frac{r^3}{GM}}$$

양변을 제곱하면, $T^2 = \frac{4\pi^2}{GM}r^3$

이므로, 인공위성의 운동에서도 케플러 3법칙이 성립한다.

◉ **뉴턴의 대포**

지구는 지표면에 수평하게 8 km 진행할 때마다 5 m 씩 낙하하는 구형이므로 대포를 수평 방향으로 8 km/s 로 쏜다면 지표면에 닿지 않고 지구 주위를 계속 원운동할 수 있다고 뉴턴은 생각하였다.

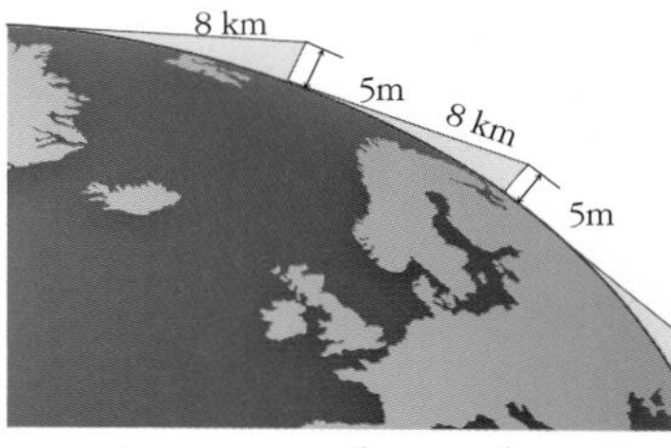

$s(\text{1초 간 낙하거리}) = \frac{1}{2}gt^2 = \frac{1}{2}\cdot 10\cdot 1$

$= 5$ m 이므로, 1 초에 8 km 를 수평 방향으로 진행한다면 땅으로 떨어지지 않고 운동할 수 있다.(g =10 m/s²)

◉ **만유인력에 의한 위치 에너지(E_p)**

지구와의 거리가 매우 멀($r = \infty$) 때 지구의 인력이 최소한이므로 인공위성의 위치 에너지를 0 으로 한다. $r = \infty$ 에서 r 로 인공위성을 운동에너지 변화없이 옮길 때의 일은 아래 그래프의 넓이이다. 이때 힘(외력)의 방향은 이동 방향과 반대이므로 일의 양은 (-)로 나타난다. 그래프의 넓이는 적분의 방식으로 구할 수 있다.

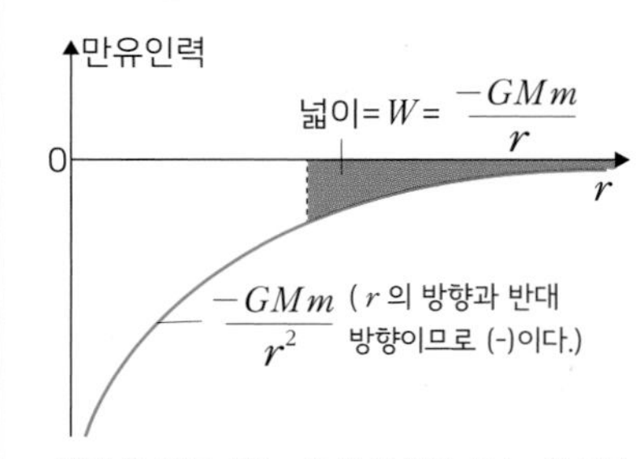

질량을 알고 있는 항성 주위를 도는 행성도 마찬가지 방식으로 위치에너지를 구할 수 있으며 역학적 에너지가 보존된다.

개념확인 4 정답 및 해설 48

다음 빈칸에 알맞은 말을 각각 쓰시오.

· 지구 주위를 도는 인공위성의 속력은 인공위성의 (　　　　　)(이)과 관계가 없으며, (　　　　　)의 제곱근에 반비례한다.
· 지구는 수평 방향으로 8 km 진행할 때 (　　　　)씩 낙하하는 구형이다.

확인 + 4

오른쪽 그림과 같이 질량이 같은 두 인공위성 A, B 가 각각 지구 주위의 원궤도를 공전하고 있다. 두 인공위성의 궤도 반지름은 각각 r, $4r$ 이다. 물음에 답하시오.

(1) 인공위성 A, B 의 속력의 비 $v_A : v_B$ 는?
(2) 인공위성 A, B 의 공전 주기의 비 $T_A : T_B$ 는?

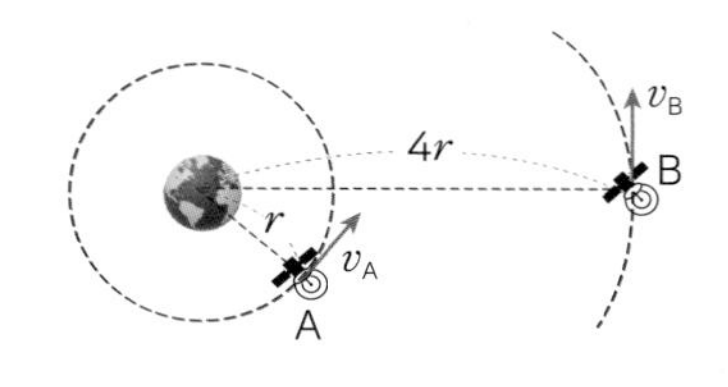

01

케플러 법칙과 관련된 설명으로 옳은 것만을 <보기> 에서 있는 대로 고른 것은?

<보기>

ㄱ. 행성은 태양을 한 초점으로 하는 타원 궤도를 돈다.
ㄴ. 행성은 태양으로부터 먼 곳에서 보다 가까운 곳에서 속력이 더 빠르다.
ㄷ. 태양에서 먼 곳에 있는 행성일수록 태양과 행성을 잇는 직선이 같은 시간 동안 휩쓸고 지나간 면적이 크다.

① ㄱ　　② ㄴ　　③ ㄱ, ㄴ　　④ ㄴ, ㄷ　　⑤ ㄱ, ㄴ, ㄷ

02

그림은 어떤 행성이 태양 주위의 타원 궤도를 공전하는 모습을 나타낸 것이다. 이 행성의 공전 주기는 300 일이다. 행성이 전체 공전 궤도 면적의 $\frac{1}{4}$ 을 지나는 시간 t 는 얼마인가?

(　　　　　　)일

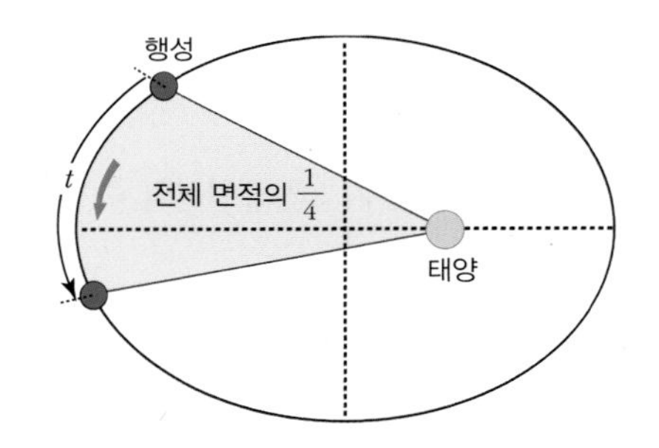

03

만유인력에 대한 설명으로 맞으면 ○ 표, 틀리면 × 표 하시오.

(1) 케플러 법칙과 만유인력은 서로 무관하다. (　　)
(2) 만유인력은 두 물체가 서로 밀어내는 힘이다. (　　)
(3) 만유인력은 두 물체의 거리가 가까울수록, 물체의 질량이 클수록 크다. (　　)
(4) 질량이 서로 다른 두 물체가 지구로부터 각각 같은 거리만큼 떨어져 있을 때, 두 물체가 받는 만유인력의 크기는 같다. (　　)

04

그림처럼 A는 극지방에서 B 는 적도 지방에서 각각 지구로부터 만유인력을 받고 있다. A 와 B 의 질량이 같을 때 이에 대한 설명으로 옳은 것을 있는대로 고르시오.

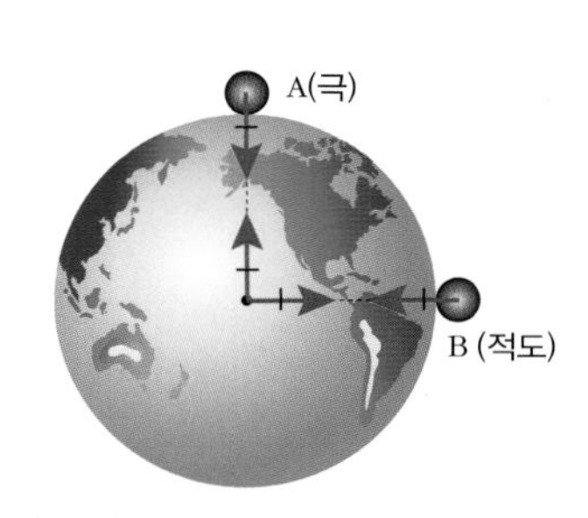

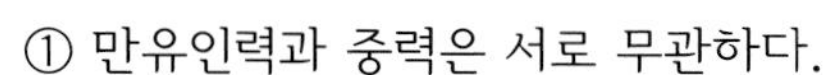
① 만유인력과 중력은 서로 무관하다.
② A 에 작용하는 만유인력이 B 보다 크다.
③ A 와 B 에 작용하는 만유인력 크기는 같다.
④ A 의 무게가 B 보다 커도 A 와 B 의 중력 가속도는 같다.
⑤ A 와 지구 사이에 서로 작용하는 만유인력은 작용·반작용 관계이다.

05

다음은 등속 원운동에 대한 설명이다. 빈칸에 들어갈 말을 바르게 짝지은 것은?

> 등속 원운동은 물체가 받는 힘(구심력)의 방향과 운동 방향이 (㉠)인 운동이며, 등속 원운동하는 물체의 (㉡)은 일정하고 운동 방향은 원의 (㉢) 방향이다.

	㉠	㉡	㉢		㉠	㉡	㉢
①	평행	속력	접선	②	평행	속도	수직
③	수직	속력	접선	④	수직	속력	수직
⑤	수직	속도	접선				

06

오른쪽 그림은 질량이 2 kg 인 물체가 반경 5 m 인 원 둘레를 30 m/s 의 속력으로 등속 원운동하고 있는 것을 나타낸 것이다. 이때 1 초당 회전수를 구하시오. (단, π 의 값은 3 으로 계산하시오.)

( ) s^{-1}

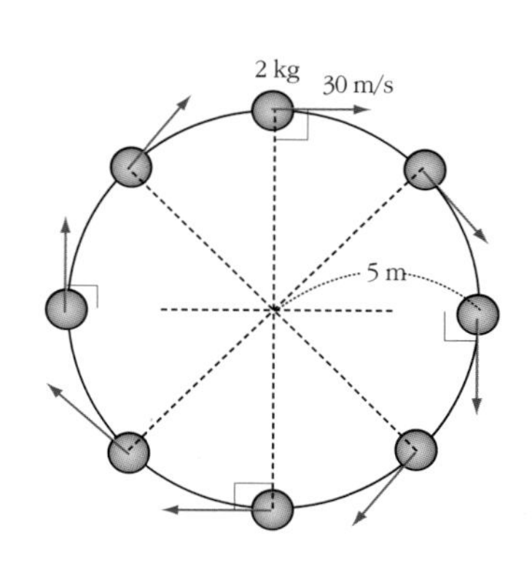

07

지구 주위를 공전하는 인공위성에 대한 설명으로 맞으면 ○ 표, 틀리면 × 표 하시오.

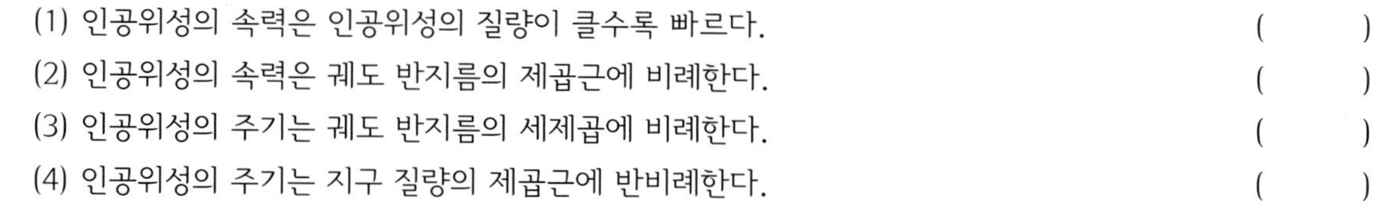
(1) 인공위성의 속력은 인공위성의 질량이 클수록 빠르다. ( )
(2) 인공위성의 속력은 궤도 반지름의 제곱근에 비례한다. ( )
(3) 인공위성의 주기는 궤도 반지름의 세제곱에 비례한다. ( )
(4) 인공위성의 주기는 지구 질량의 제곱근에 반비례한다. ( )

08

그림은 지구 주위를 공전하는 인공위성 모형을 나타낸 것이다. 인공위성 모형의 질량은 2 kg 이고 궤도 반지름은 4 m 일 때, 인공위성의 주기를 구하시오. (단, π = 3, GM = 1로 계산하시오.)

( ) s

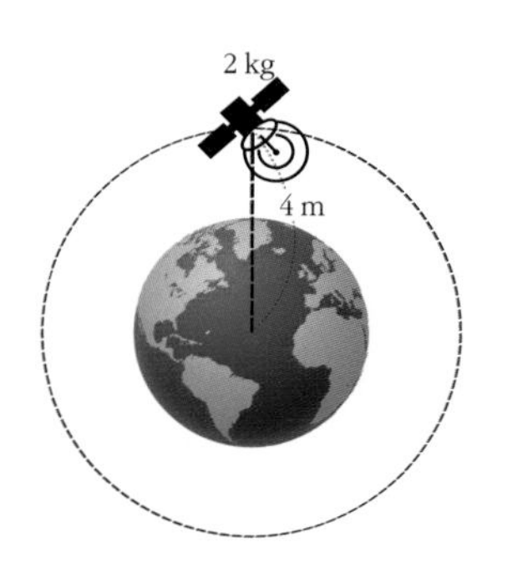

유형 익히기 & 하브루타

유형 7-1 케플러 법칙

그림은 어떤 행성이 태양 주위를 공전하고 있는 것을 나타낸 것이고 A, B 는 그 위치에서의 행성을 각각 나타낸 것이다. 다음 표에 두 행성의 위치가 A와 B에 있을 때 물리량을 비교하시오. (단, $t_1 = t_2$ 이고, v_A, v_B 는 각 위치의 속력, a_A, a_B 는 각 위치의 가속도, F_A, F_B 는 각 위치의 만유인력, $E_{k,A}$, $E_{k,B}$ 는 각 위치의 운동 에너지, E_A, E_B 는 각 위치의 역학적 에너지, $E_{p,A}$, $E_{p,B}$ 는 각 위치의 퍼텐셜 에너지이다.)

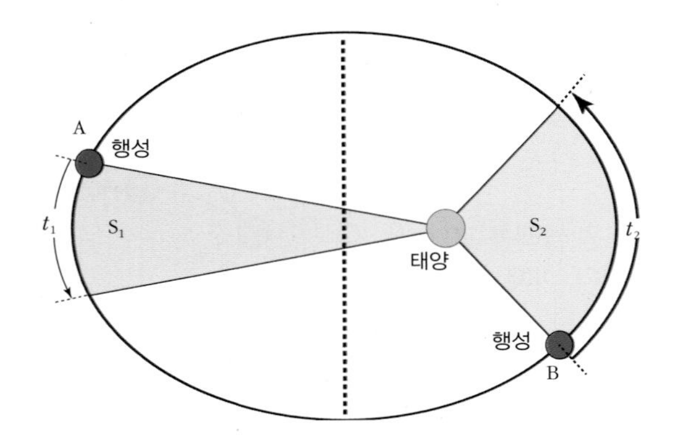

	물리량 비교
면적	S_1(　　)S_2
속력	v_A(　　)v_B
가속도	a_A(　　)a_B
만유인력	F_A(　　)F_B
운동에너지	$E_{k,A}$(　　)$E_{k,B}$
역학적 에너지	E_A(　　)E_B
퍼텐셜 에너지	$E_{p,A}$(　　)$E_{p,B}$

01 그림은 어떤 행성이 태양을 한 초점으로 타원 운동하는 것을 나타낸 것이다. 행성과 두 초점 사이의 거리가 각각 3 km, 2 km 라고 할 때, 타원 궤도의 긴 반지름은 얼마인지 고르시오.

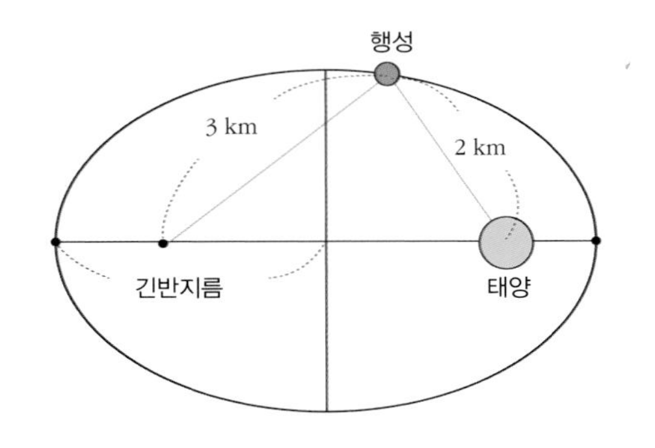

① 2.5 km　② 3 km　③ 3.5 km
④ 10 km　⑤ 12 km

02 그림은 어떤 행성을 한 초점으로 타원 궤도를 따라 운동하는 위성 A, B 를 나타낸 것이다. B 의 긴 반지름이 A 의 긴 반지름의 4 배이면 B 의 주기는 A 의 몇 배인지 고르시오.

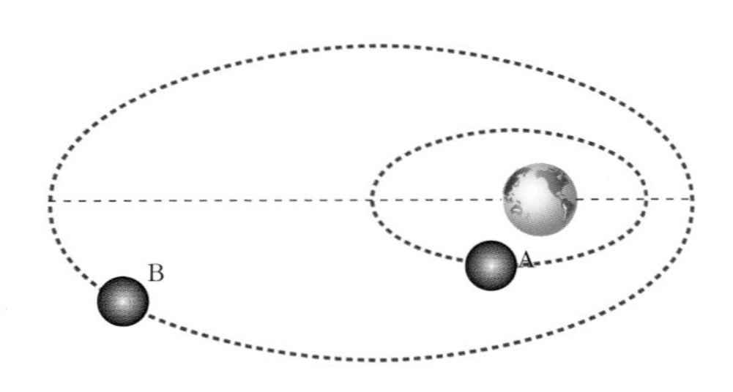

① 2 배　② 4 배　③ 8 배
④ 10 배　⑤ 12 배

유형 7-2 만유인력 법칙

그림은 질량을 가진 두 물체 사이에 작용하는 힘을 나타낸 것이다. 물음에 답하시오.

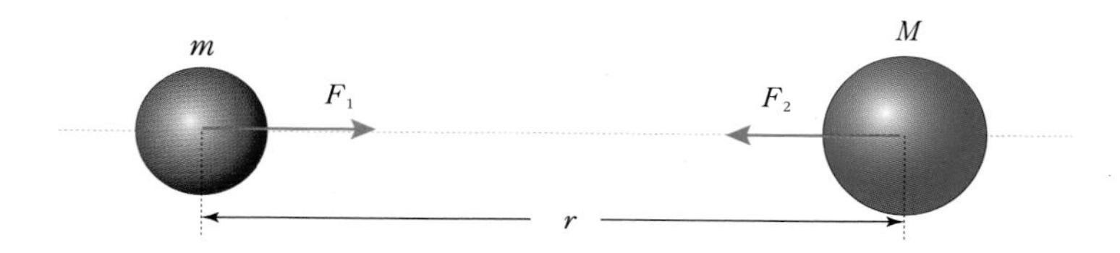

(1) F_1과 F_2의 힘의 크기를 부등호를 이용하여 비교하시오.

F_1 (   ) F_2

(2) 질량 m 이 1 kg, 질량 M 이 4 kg 이고 두 물체 사이의 거리가 2 m 일 때, 만유인력의 크기는 얼마인지 쓰시오. (단, $G = 1$ N·m²/kg² 로 계산하시오.)

(   ) N

03 그림은 지구 표면에 있는 물체 A 와 지구보다 질량과 반지름이 각각 0.5 배인 작은 어느 행성의 표면에 있는 물체 B 를 나타낸 것이다. 물체 B의 중력 가속도는 물체 A 의 중력 가속도의 몇 배인가? (단, 물체 A 와 물체 B 는 같은 물체이다.)

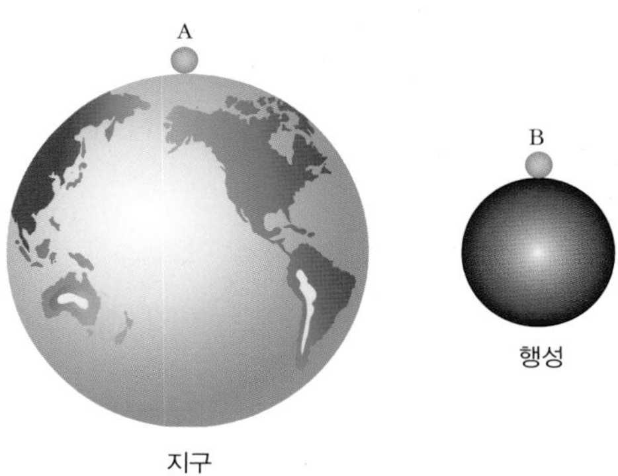

① 2 배 ② 4 배 ③ 8 배
④ 10 배 ⑤ 12 배

04 그림은 질량이 m, $4m$ 인 두 위성 A, B 가 지구 중심으로부터 각각 r, $2r$ 만큼 떨어져 있는 모습을 나타낸 것이다. 위성 A 에 작용하는 만유인력의 크기가 F 일 때, 위성 B 에 작용하는 만유인력의 크기는 얼마인가?

① 1 F  ② 2 F ③ 3 F
④ 4 F ⑤ 5 F

유형 7-3 등속 원운동과 구심 가속도

그림과 같이 등속 원운동하는 물체가 있다. 이에 대한 설명으로 옳은 것은?

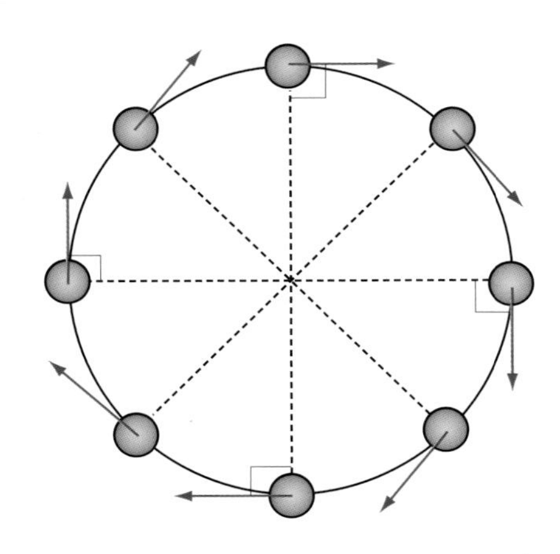

① 속력이 빨라지면 주기가 늘어난다.
② 구심력의 크기는 속력에 비례한다.
③ 원운동하는 물체의 속도는 일정하다.
④ 물체가 받는 구심력의 방향은 중심 방향이다.
⑤ 물체가 받는 구심력의 방향과 운동 방향은 평행하다.

05 그림은 질량이 각각 m, $2m$인 물체 A, B 가 같은 속력으로 원운동하는 것을 나타낸 것이다. 이에 대한 설명으로 옳은 것만을 <보기>에서 있는 대로 고른 것은? (단, R_A와 R_B는 각각 물체 A, B 의 회전 반경이다.)

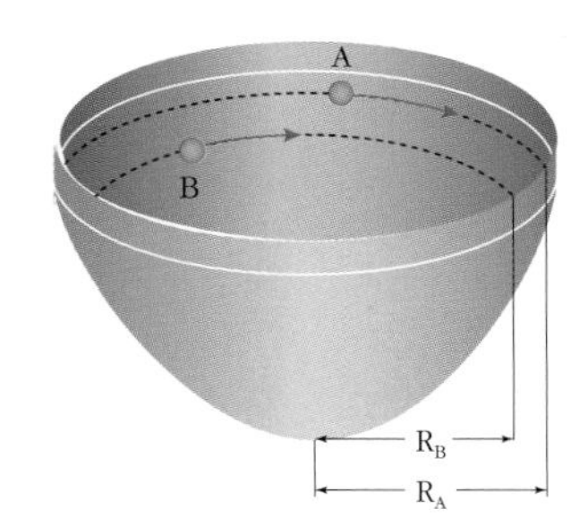

<보기>

ㄱ. 회전 진동수는 A 가 B 보다 작다.
ㄴ. 운동에너지는 A 가 B 보다 크다.
ㄷ. 구심력은 A 가 B 보다 크다.

① ㄱ ② ㄴ ③ ㄷ
④ ㄱ, ㄴ ⑤ ㄴ, ㄷ

06 그림은 질량이 각각 $2m$, m 이고, 행성으로부터 같은 크기의 구심력을 받는 위성 A, B 가 행성 주위를 원운동하는 것을 나타낸 것이다. 이에 대한 설명으로 옳은 것만을 <보기> 에서 있는 대로 고른 것은?

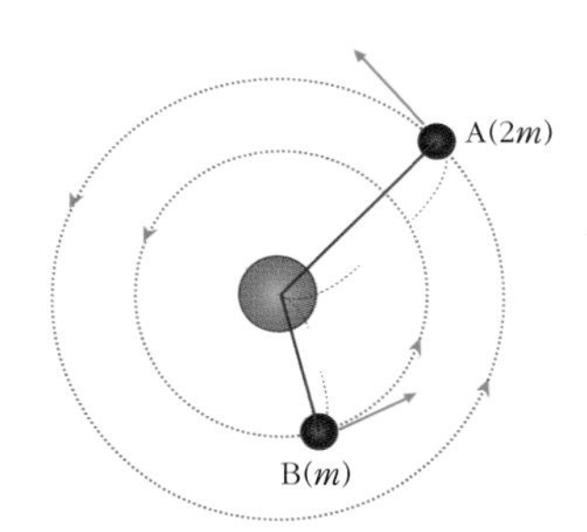

<보기>

ㄱ. A 의 주기가 B 보다 길다.
ㄴ. A 와 B 의 구심 가속도는 같다.
ㄷ. A 와 B 의 만유인력은 같다.

① ㄱ ② ㄱ, ㄴ ③ ㄱ, ㄷ
④ ㄴ, ㄷ ⑤ ㄱ, ㄴ, ㄷ

유형 7-4 인공위성

그림과 같이 인공위성이 원궤도를 따라 행성 주위를 등속 원운동하고 있다. 인공위성의 주기에 영향을 주는 요인을 <보기> 에서 모두 고르시오.

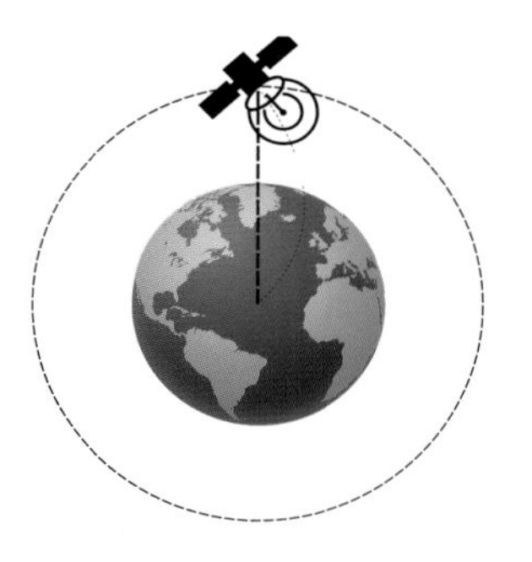

<보기>

ㄱ. 행성의 질량　　ㄴ. 행성의 부피
ㄷ. 인공위성의 질량　　ㄹ. 인공위성의 부피
ㅁ. 행성 중심에서 인공위성까지의 거리　　ㅂ. 인공위성의 속도

(　　　　　　　　)

07 그림 (가) 는 질량이 M 인 지구 주위를 질량이 m 인 인공 위성 A 가 궤도 반지름 r 로 등속 원운동을 하는 모습을 나타낸 것이고, 그림 (나) 는 질량이 $2M$ 인 행성 주위를 질량이 m인 인공 위성 B 가 궤도 반지름 $2r$ 로 등속 원운동하는 모습을 나타낸 것이다. 이에 대한 설명으로 옳은 것만을 <보기> 에서 있는 대로 고른 것은?

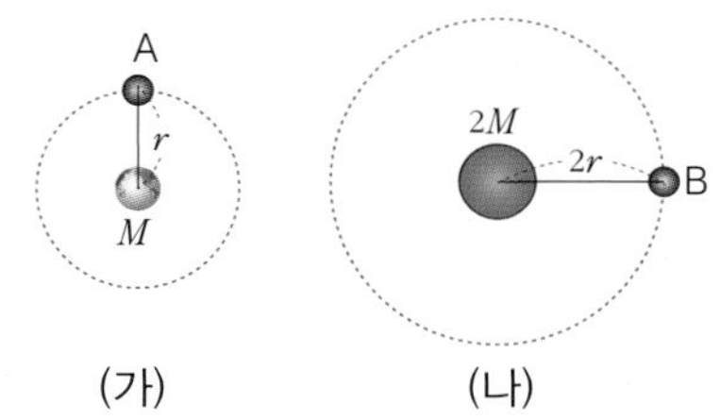

(가)　　(나)

<보기>

ㄱ. 공전 주기는 (나) 가 (가) 의 2 배이다.
ㄴ. A, B 에 작용하는 만유인력은 각각 같다.
ㄷ. A 와 B 의 구심 가속도의 크기는 각각 같다.

① ㄱ　② ㄱ, ㄴ　③ ㄱ, ㄷ
④ ㄴ, ㄷ　⑤ ㄱ, ㄴ, ㄷ

08 그림은 어떤 행성 주위를 인공위성이 등속 원운동하고 있는 것을 나타낸 것이다. 인공위성과 행성 사이의 거리는 변하지 않고 행성의 질량이 반으로 줄어들 때 인공위성의 물리량에 대한 대한 설명으로 옳은 것만을 <보기> 에서 있는 대로 고른 것은?

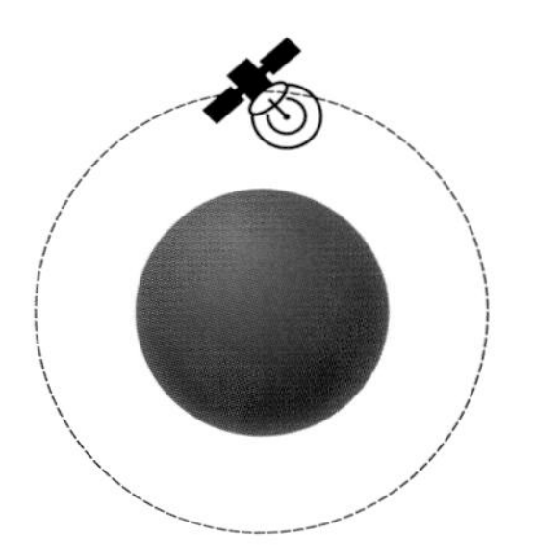

<보기>

ㄱ. 인공위성의 가속도는 커진다.
ㄴ. 인공위성의 속력은 작아진다.
ㄷ. 인공위성의 주기는 커진다.

① ㄱ　② ㄴ　③ ㄷ
④ ㄱ, ㄴ　⑤ ㄴ, ㄷ

A

01

케플러 법칙에 대한 설명 중 옳은 것은 ○ 표, 옳지 않은 것은 × 표 하시오.

(1) 모든 행성은 태양 주위를 등속 원운동한다. 이를 케플러 제 1 법칙이라 부른다. ( )

(2) 행성이 태양에 가장 가까이에 있을 때를 원일점, 가장 멀리 있을 때를 근일점이라 한다. ( )

(3) 행성의 속력은 근일점에서 가장 빠르고, 원일점에서 가장 느리다. ( )

(4) 행성의 공전 주기의 제곱은 공전 궤도의 짧은 반지름의 세제곱에 비례한다. ( )

02

그림은 태양계의 8개의 행성의 긴 반지름과 공전 주기의 관계를 나타낸 것이다. 이에 대한 설명으로 옳은 것은?

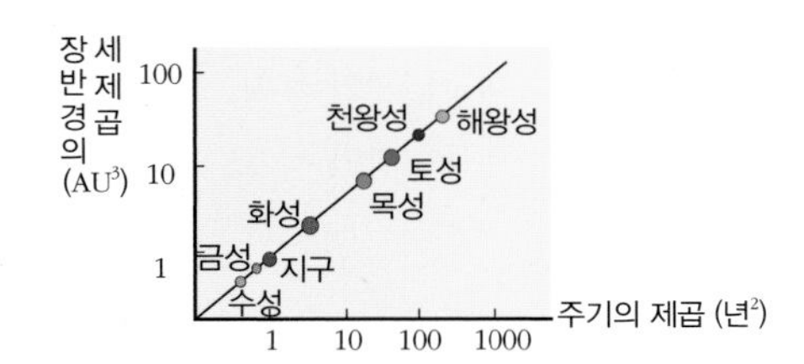

① 장반경은 주기의 제곱에 비례한다.
② 장반경의 제곱은 주기에 비례한다.
③ 장반경의 세제곱은 주기에 비례한다.
④ 장반경의 제곱은 주기의 제곱에 비례한다.
⑤ 장반경의 세제곱은 주기의 제곱에 비례한다.

03

그림은 공전 주기가 약 30 년인 토성의 궤도를 나타낸 것이다. 토성은 1800 년에 원일점 B 를 통과하였다. 이에 대한 설명으로 옳은 것만을 <보기> 에서 있는 대로 고른 것은?

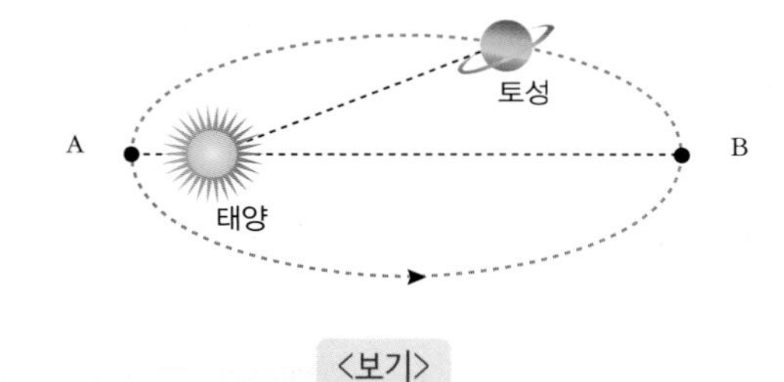

<보기>

ㄱ. 현재 토성의 속력은 1800 년일 때보다 빠르다.
ㄴ. 토성이 A 점을 통과하는 시기는 1830 년이다.
ㄷ. 토성은 태양으로부터 만유인력을 받아 타원 궤도 운동을 한다.

① ㄱ ② ㄴ ③ ㄱ, ㄷ
④ ㄴ, ㄷ ⑤ ㄱ, ㄴ, ㄷ

[04-05] 그림은 근일점에 있는 행성 A와 원일점에 있는 행성 B가 각각 태양 주위를 타원 궤도 운동하고 있는 모습을 나타낸 것이다. (단, 두 행성은 동일한 타원상에서 운동하며, 서로 부딪치지 않는다고 가정한다.)

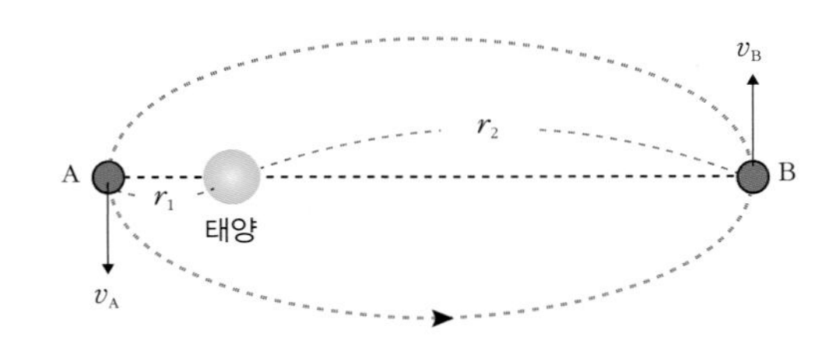

04

이에 대한 설명으로 옳은 것만을 <보기> 에서 있는 대로 고른 것은?

<보기>

ㄱ. $r_1 v_A = r_2 v_B$ 이다.
ㄴ. A 와 B 의 공전주기는 같다.
ㄷ. A 의 속력이 B 보다 빠르다.

① ㄱ ② ㄴ ③ ㄱ, ㄷ
④ ㄴ, ㄷ ⑤ ㄱ, ㄴ, ㄷ

05

태양 주위를 하루에 8 번 도는 행성 B 가 있고, 하루에 한 번 도는 행성 A 가 있다면 행성 A 의 장반경은 행성 B 의 장반경의 몇 배인가?

( ) 배

06

그림은 사과가 지구로 떨어지고 있는 모습과 달이 지구 주위를 돌고 있는 것을 나타낸 것이다. 이에 대한 설명으로 옳은 것만을 <보기> 에서 있는 대로 고른 것은?

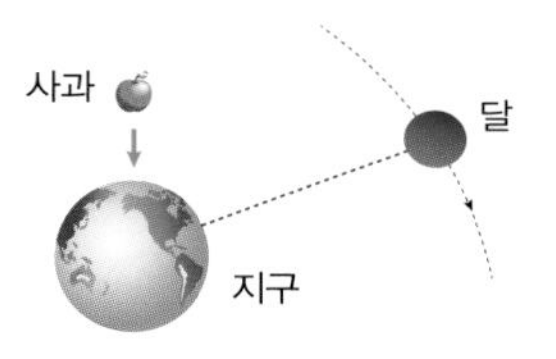

<보기>

ㄱ. 달의 가속도는 0 이 아니다.
ㄴ. 지구에 의한 만유인력은 사과에만 작용한다.
ㄷ. 사과가 지구와 가까워질수록 사과에 작용하는 만유인력은 약해진다.

① ㄱ ② ㄴ ③ ㄷ
④ ㄴ, ㄷ ⑤ ㄱ, ㄴ, ㄷ

07 그림은 지구보다 질량이 8 배, 반지름이 2 배 큰 행성을 나타낸 것이다. 이 행성 표면에서의 중력 가속도는 지구 표면에서의 몇 배인가?

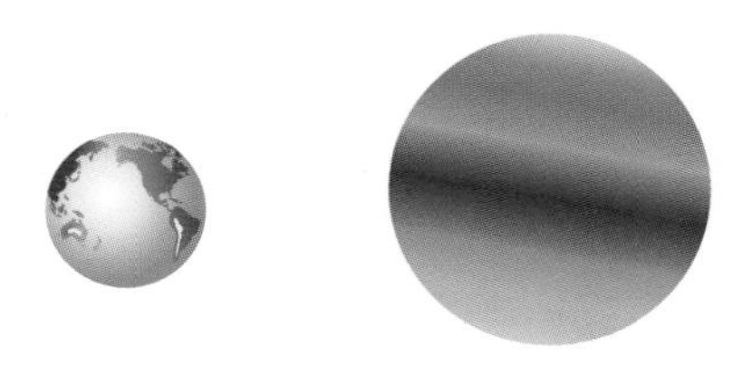

( ) 배

08 그림은 태양 주위를 도는 지구와 토성을 나타낸 것이다. 이에 대한 설명으로 옳은 것만을 <보기> 에서 있는 대로 고른 것은? (단, 토성의 공전 궤도 반지름은 지구의 10 배, 질량은 지구의 100 배이다.)

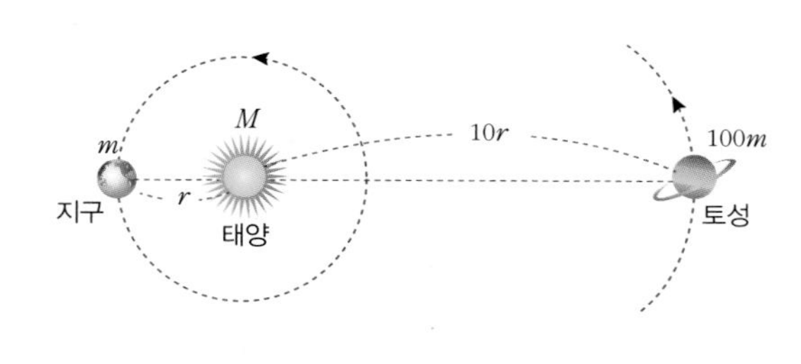

<보기>

ㄱ. 토성과 지구의 구심 가속도의 크기는 같다.
ㄴ. 토성의 공전 주기가 지구보다 길다.
ㄷ. 태양으로부터 받는 만유인력의 크기는 토성과 지구에서 같다.

① ㄱ ② ㄴ ③ ㄷ
④ ㄴ, ㄷ ⑤ ㄱ, ㄴ, ㄷ

09 다음 표는 어떤 행성의 질량(M) 행성으로부터 인공위성까지의 거리(r), 인공위성의 속력의 제곱(v^2)을 나타낸 것이다. 빈칸에 알맞게 짝지어진 것은?

	A	B	C	D
행성의 질량	M	(가)	$4M$	$8M$
인공 위성의 궤도 반경	r	r	(나)	2r
인공 위성 속력의 제곱	v^2	$4v^2$	v^2	(다)

	(가)	(나)	(다)
①	$1M$	$2r$	$4v^2$
②	$2M$	$2r$	$4v^2$
③	$2M$	$4r$	$4v^2$
④	$2M$	$4r$	$4v^2$
⑤	$4M$	$4r$	$4v^2$

10 그림은 질량 m 인 인공위성이 반지름 r 인 원 궤도를 따라 속력 v 로 질량 M 인 지구 주위를 운동하고 있는 것을 나타낸 것이다. 이에 대한 설명으로 옳은 것을 <보기> 에서 모두 고른 것은?

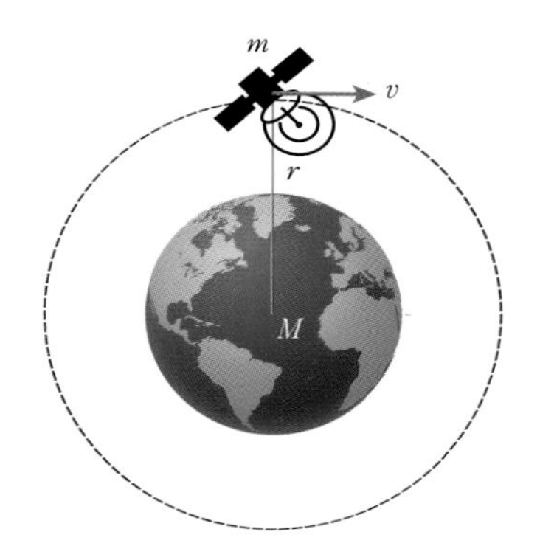

<보기>

ㄱ. 인공위성의 원심력은 행성과 인공위성 사이에 작용하는 만유인력이다.
ㄴ. 인공위성의 속도는 위성의 질량에 반비례한다.
ㄷ. 인공위성의 궤도 반경이 클수록 위성의 주기가 길다.

① ㄱ ② ㄴ ③ ㄷ
④ ㄴ, ㄷ ⑤ ㄱ, ㄴ, ㄷ

B

11 그림은 태양 주위의 행성 A, B 가 각각 근일점과 원일점이 모두 $(x-y)$ 좌표 상의 x 축 상에 있는 각각의 타원 궤도를 따라 공전하고 있는 모습이다. 이에 대한 설명으로 옳은 것만을 <보기> 에서 있는 대로 고른 것은?

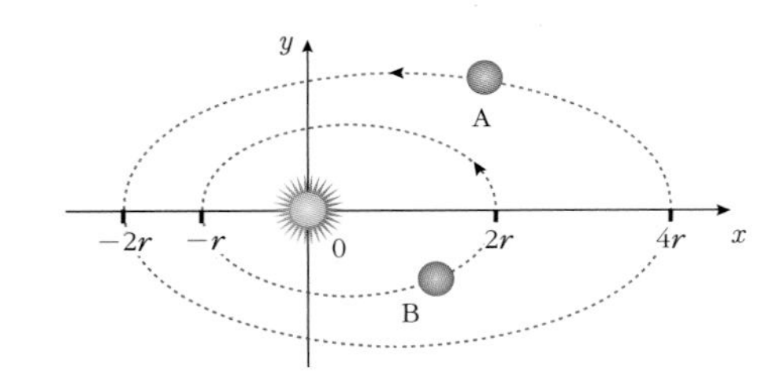

<보기>

ㄱ. A 의 공전 주기는 B 보다 길다.
ㄴ. A 의 공전 주기는 B 의 2 배이다.
ㄷ. B 의 속력은 $x = 2r$ 에서 가장 빠르다.

① ㄱ ② ㄴ ③ ㄷ
④ ㄴ, ㄷ ⑤ ㄱ, ㄴ, ㄷ

12 그림은 어떤 행성 주위를 질량이 m 인 위성이 타원 궤도를 따라 운동하는 것을 나타낸 것이다. 이에 대한 설명으로 옳은 것만을 <보기> 에서 있는 대로 고른 것은?

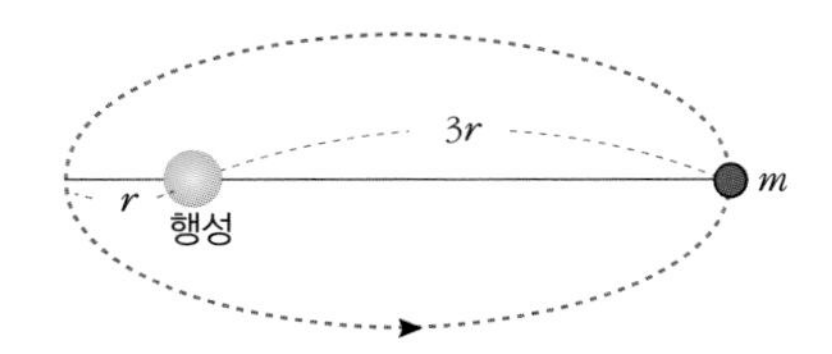

<보기>

ㄱ. 근일점에서의 속력은 원일점에서의 3 배이다.
ㄴ. 가속도의 크기는 근일점과 원일점에서 각각 같다.
ㄷ. 행성의 공전 주기의 제곱은 $(2r)^2$ 에 비례한다.

① ㄱ ② ㄴ ③ ㄷ
④ ㄴ, ㄷ ⑤ ㄱ, ㄴ, ㄷ

13 그림은 어느 행성 주위를 타원 궤도 운동하는 위성을 나타낸 것이다. 행성의 질량(M), 근일점 거리 r_1, 원일점 거리 r_2, 원일점에서 위성의 속력 v 를 알고 있을 때, 그림에 대한 설명으로 옳은 것은?

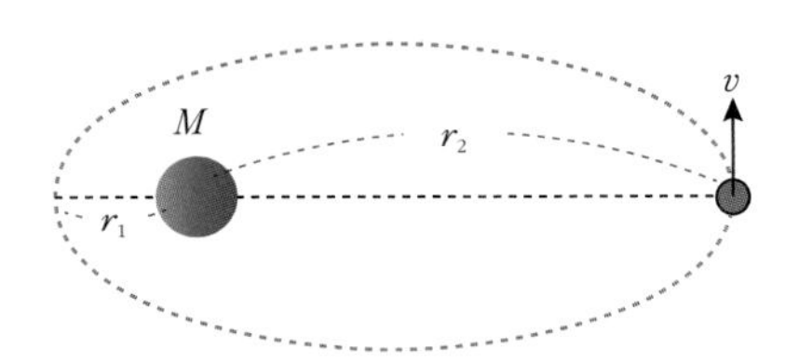

① 위성의 질량을 알 수 있다.
② 위성의 주기는 알지 못한다.
③ 위성의 긴반지름은 알 수 없다.
④ 근일점에서의 위성의 속력을 알 수 있다.
⑤ 원일점에서 위성이 받는 만유인력의 크기를 알 수 있다.

14 그림은 달이 지구 주위를 돌고 있을 때 사과가 지구의 인력에 의해 끌려 오고 있는 모습을 나타낸 것이다. 이에 대한 설명으로 옳은 것만을 <보기> 에서 있는 대로 고른 것은? (단, 달과 사과는 지구로부터 같은 거리만큼 떨어져 있다.)

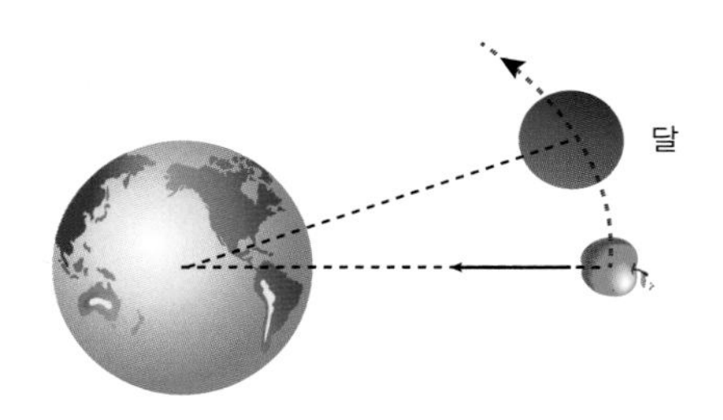

<보기>

ㄱ. 달과 사과의 가속도의 크기는 같다.
ㄴ. 달과 사과에 작용하는 중력의 크기는 같다.
ㄷ. 지구의 질량이 커지면 가속도의 크기는 커진다.

① ㄱ ② ㄴ ③ ㄱ, ㄷ
④ ㄴ, ㄷ ⑤ ㄱ, ㄴ, ㄷ

15 그림은 어느 행성 주위를 위성이 타원 궤도상의 네 점 a, b, c, d 를 지나 운동하고 있는 것을 나타낸 것이다. 이 위성의 공전 주기는 $6T$ 이고 a 에서 b 까지 이동하는데 걸린 시간은 $2T$이다. 이에 대한 설명으로 옳은 것만을 <보기> 에서 있는 대로 고른 것은?(단, O점은 타원의 중심이며, O를 중심으로 a, c 지점은 연직선 상으로, b, d 지점은 수평선 상으로 대칭이다.)

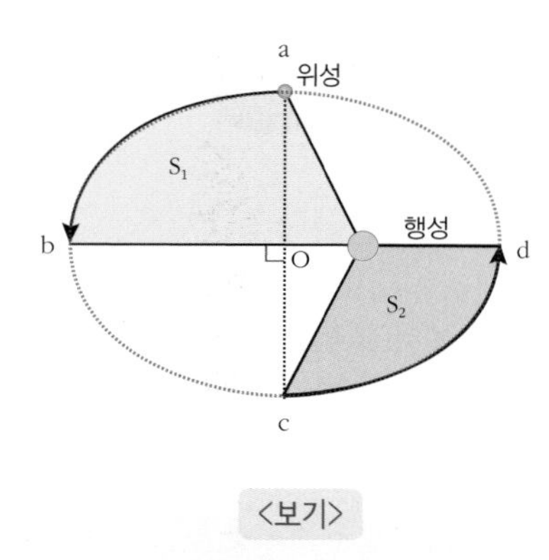

<보기>

ㄱ. c 에서 d 까지 이동하는 시간은 $1T$ 이다.
ㄴ. 만유인력의 크기는 a 위치와 c 위치에서 같다.
ㄷ. $S_1 : S_2 = 2 : 1$ 이다.

① ㄱ ② ㄴ ③ ㄷ
④ ㄴ, ㄷ ⑤ ㄱ, ㄴ, ㄷ

16 그림은 태양을 한 초점으로 a 점을 향해 궤도 운동하는 행성 A, B 를 각각 나타낸 것이다. A 의 장반경은 B 의 3 배이다. 이에 대한 설명으로 옳은 것만을 <보기> 에서 있는 대로 고른 것은?

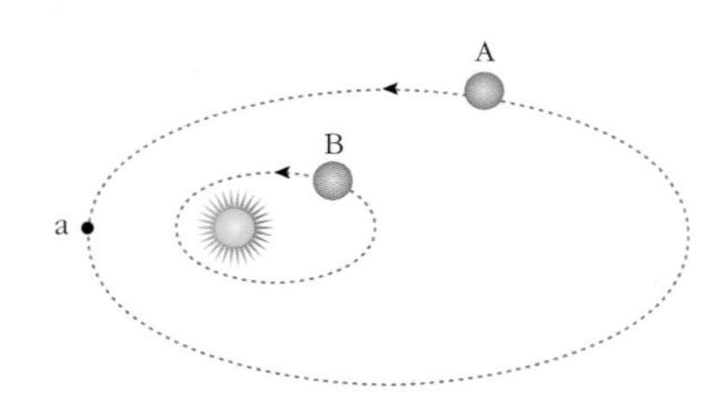

<보기>

ㄱ. A 의 공전 주기는 B 의 $2\sqrt{2}$ 배이다.
ㄴ. A 가 현재 위치에서 a 점 까지 운동하는 동안 속력은 점점 증가한다.
ㄷ. A 가 현재 위치에서 a 점까지 운동하는 동안 A 의 운동 에너지는 증가한다.

① ㄱ ② ㄴ ③ ㄱ, ㄷ
④ ㄴ, ㄷ ⑤ ㄱ, ㄴ, ㄷ

17 그림은 태양을 중심으로 원운동하는 행성 A 와 타원 운동을 하는 행성 B를 나타낸 것이다. 타원에 있어 색칠된 부분의 면적과 전체 면적의 비는 1 : 4 이고, A 의 공전 주기는 T 이다. 이에 대한 설명으로 옳은 것만을 <보기> 에서 있는 대로 고른 것은?

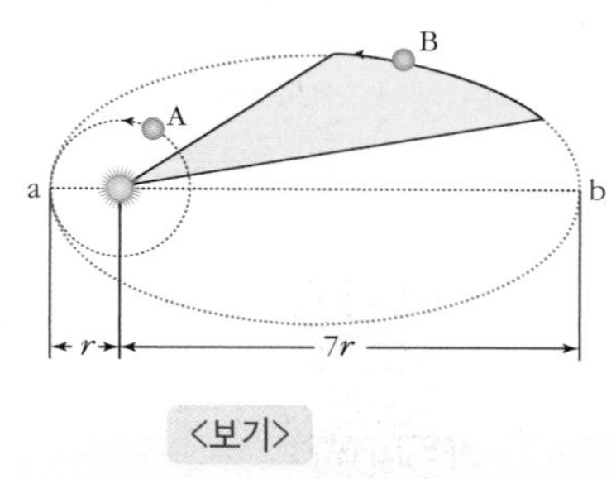

<보기>

ㄱ. 행성 A 와 B 의 공전 주기는 같다.
ㄴ. 행성 B 의 속력은 a 지점에 있을 때가 b 지점에 있을 때 보다 빠르다.
ㄷ. 행성 B 가 색칠된 면적만큼 움직이는데 걸리는 시간은 T 이다

① ㄱ ② ㄴ ③ ㄱ, ㄴ
④ ㄴ, ㄷ ⑤ ㄱ, ㄴ, ㄷ

18 그림은 태양을 중심으로 타원 궤도 운동을 하는 행성 A 와 반지름 r 로 원운동하는 행성 B 를 나타낸 것이다. 점 a 는 행성 A 의 근일점이며 태양으로부터 $2r$ 만큼 떨어져 있고 A의 긴반지름은 B 의 궤도 반지름의 4 배이다.

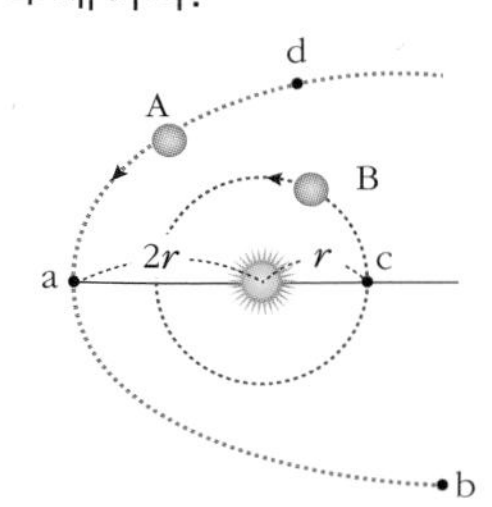

빈칸에 들어갈 말을 바르게 짝지은 것은?

(가) 행성 A 의 속력은 (㉠)에서 가장 빠르다.
(나) 행성 A 의 주기는 B 의 (㉡)배 이다.
(다) 행성 A, B가 각각 a, c 를 지나는 순간 가속도의 크기는 B 가 A 의 (㉢)배이다.

	㉠	㉡	㉢
①	a	4 배	2 배
②	a	8 배	4 배
③	b	4 배	2 배
④	b	8 배	4 배
⑤	d	4 배	2 배

C

19 다음은 뉴턴의 만유인력 법칙에서 케플러 제3 법칙을 유도하는 계산 과정을 정리한 것이다. 빈칸에 들어갈 말을 바르게 짝지은 것은?

> ·태양계의 행성은 타원 궤도를 따라 운동하지만 거의 원에 가깝기 때문에 등속 원운동으로 볼 수 있다.
> ·태양의 질량을 M, 행성의 질량을 m, 태양과의 거리 r, 행성의 속력 v라 할 때, 만유인력과 구심력이 같으므로 (가)☐ = (나)☐ 로부터 인공위성의 속력 $v = \sqrt{\frac{GM}{r}}$ 이다.
> ·주기 $T = \frac{2\pi r}{v}$ 이므로, T^2 = (다)☐이다.

	(가)	(나)	(다)
①	$\frac{GMm}{r}$	$\frac{mv}{r}$	$\frac{4\pi r^3}{GM}$
②	$\frac{GMm}{r}$	$\frac{mv^2}{r}$	$\frac{4\pi^2 r}{GM}$
③	$\frac{GMm}{r^2}$	$\frac{mv}{r}$	$\frac{4\pi^2 r^3}{GM}$
④	$\frac{GMm}{r^2}$	$\frac{mv^2}{r}$	$\frac{4\pi r^3}{GM}$
⑤	$\frac{GMm}{r^2}$	$\frac{mv^2}{r}$	$\frac{4\pi^2 r^3}{GM}$

20 그림은 속이 빈 구 a 와 물체 b, c 를 나타낸 것이다. 속이 빈 구와 물체 사이에 작용하는 만유인력의 크기를 알맞게 나열한 것을 고르시오.

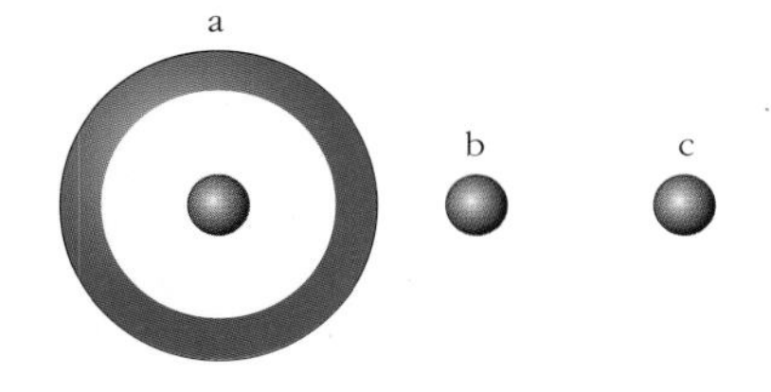

① a < b < c ② a < c < b
③ b < a < c ④ b < c < a
⑤ c < b < a

21 그림은 자전 시 회전수만 다르고 지구와 질량(M), 반경(r)이 같은 행성 A, B 를 나타낸 것이다. 이에 대한 설명으로 옳은 것은? (단, A 의 자전 시 회전수는 지구의 2 배이고 B 의 자전 시 회전수는 지구의 3 배이다.)

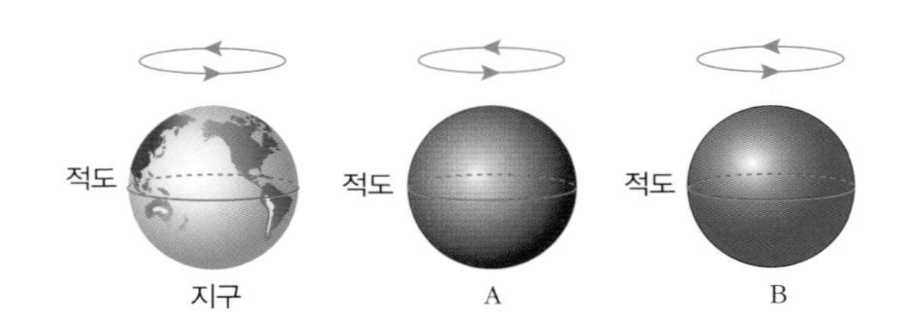

① 어느 행성에서 측정해도 몸무게는 같다.
② 행성 A 의 적도에서 몸무게를 측정하면 행성 B 의 적도에서 측정한 것과 같다.
③ 행성 A 의 적도에서 몸무게를 측정하면 지구의 적도에서 측정한 것보다 가볍다.
④ 행성 B 의 적도에서 몸무게를 측정하면 지구의 적도에서 측정한 것보다 무겁다.
⑤ 행성 A 의 적도에서 몸무게를 측정하면 행성 B의 적도에서 측정한 것보다 가볍다.

22 그림은 태양과 행성이 거리 r 만큼 떨어져 있는 모습을 나타낸 것이다. 이때 태양과 행성 사이에는 만유인력 F_1, F_2 가 작용한다. 이에 대한 설명으로 옳은 것만을 <보기> 에서 있는 대로 고른 것은?

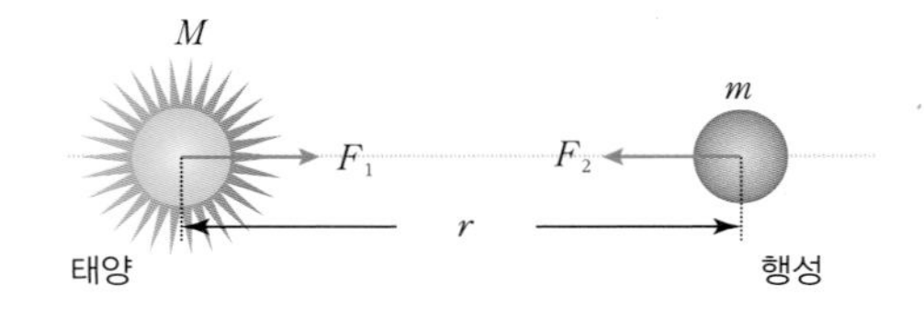

<보기>

ㄱ. F_1, F_2 는 작용·반작용 관계이다.
ㄴ. F_1, F_2 는 서로 크기가 다르고 방향이 반대이다.
ㄷ. F_1 은 $\frac{GMm}{r^2}$ 이다.
ㄹ. 행성이 태양에 작용하는 힘에 의해 태양의 운동도 영향을 받는다.

① ㄱ, ㄴ ② ㄴ, ㄷ ③ ㄷ, ㄹ
④ ㄱ, ㄴ, ㄷ ⑤ ㄱ, ㄷ, ㄹ

23 그림은 태양 주위를 타원 궤도로 운동하는 헬리혜성에 대해 나타낸 것이다. 핼리 혜성의 장반경은 900 km 이고, 근일점 거리는 300 km 라고 하자. 이에 대한 설명으로 옳은 것만을 <보기> 에서 있는 대로 고른 것은? (단, O점은 타원의 중심이며, F는 타원의 초점이다.

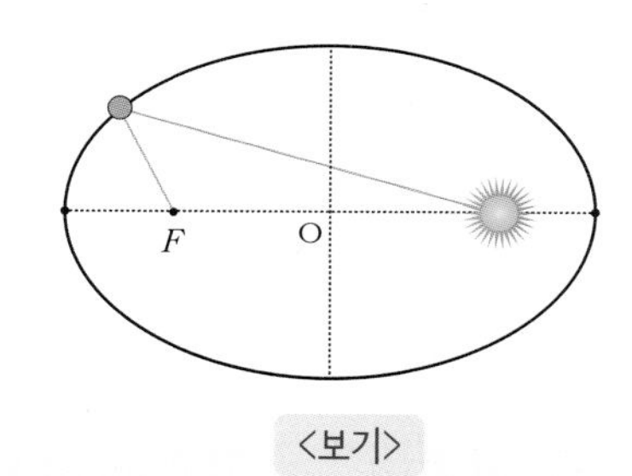

<보기>

ㄱ. 원일점 거리는 600 km 이다.
ㄴ. O 점에서 태양까지의 거리는 600 km 이다.
ㄷ. 초점에서 행성까지의 거리와 태양에서 행성까지 거리의 합은 항상 일정하다.

① ㄱ ② ㄴ ③ ㄱ, ㄷ
④ ㄴ, ㄷ ⑤ ㄱ, ㄴ, ㄷ

24 그림은 우주선이 점 a 에서 지구 주위를 실선을 따라 운동하다가 역추진하여 속력을 줄이기 위해 전방의 엔진을 잠깐 동안 점화했다. 이에 대한 설명으로 옳은 것만을 <보기> 에서 있는 대로 고른 것은?

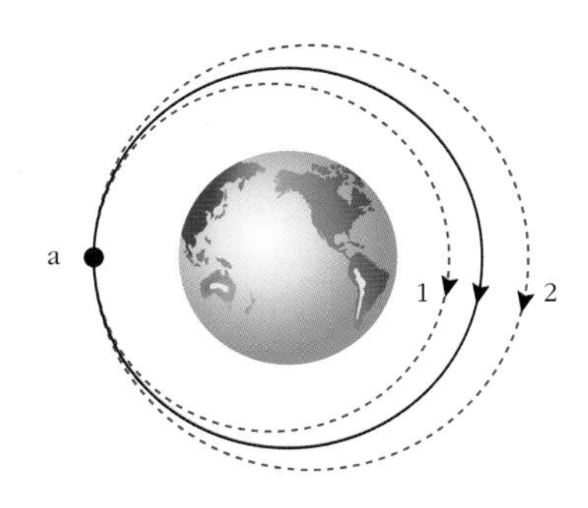

<보기>

ㄱ. 우주선은 2 번 점선 궤도를 따라 운동한다.
ㄴ. 우주선이 점 a 로 돌아가는 시간은 작아진다.
ㄷ. 궤도 1 이나 2 를 따라 운동하는 경우 점 a에서 만유인력의 크기는 두 경우 각각 같다.

① ㄱ ② ㄴ ③ ㄱ, ㄷ
④ ㄴ, ㄷ ⑤ ㄱ, ㄴ, ㄷ

심화

25 그림은 행성 O(질량 M)를 중심으로 반경 r 의 원운동하는 위성 A(질량 m)와 타원 운동을 하는 위성 B(질량 $3m$) 를 나타낸 것이다. 표는 위성 B 의 궤도 상의 두 지점에서 B 에 작용하는 만유인력의 크기를 나타낸 것이다. 이에 대한 설명으로 옳은 것만을 <보기> 에서 있는 대로 고른 것은?

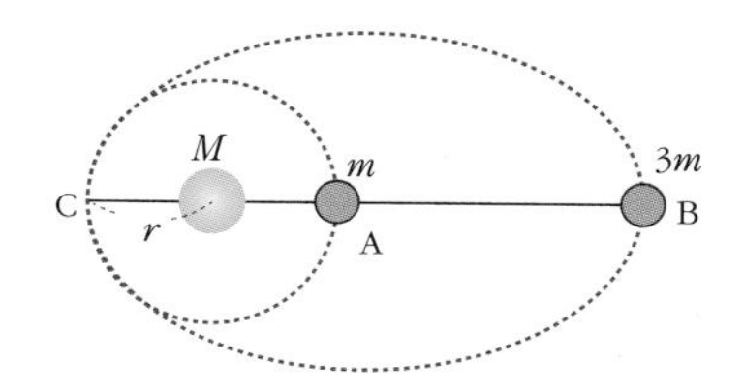

	근일점	원일점
만유인력의 크기	$\frac{3GMm}{r^2}$	$\frac{GMm}{3r^2}$

<보기>

ㄱ. 위성 B 궤도의 긴 반지름은 $4r$ 이다
ㄴ. 공전 주기는 위성 B 가 위성 A 의 2 배이다.
ㄷ. 두 위성 A, B 의 C 점에서 가속도의 크기가 같다.

① ㄱ ② ㄴ ③ ㄷ
④ ㄴ, ㄷ ⑤ ㄱ, ㄴ, ㄷ

26 그림은 태양을 한 초점으로 타원 궤도 운동하는 행성을 나타낸 것이다. 이에 대한 설명으로 옳은 것만을 <보기> 에서 있는 대로 고른 것은?

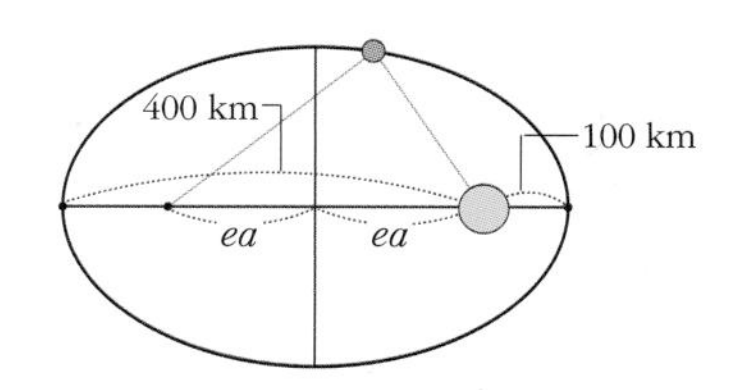

- e는 이심률, a는 장반경을 나타낸다.
- 이심률은 타원의 납작한 정도를 말한다.
- 태양에서 근일점까지의 거리는 100km이다.
- 태양에서 원일점까지의 거리는 400km이다.

<보기>

ㄱ. 타원의 이심률은 항상 1 보다 작다.
ㄴ. 두 초점 사이의 거리는 300 km 이다.
ㄷ. 이 타원의 이심률은 0.6 이다.

① ㄱ ② ㄴ ③ ㄱ, ㄷ
④ ㄴ, ㄷ ⑤ ㄱ, ㄴ, ㄷ

27 그림은 태양을 한 초점으로 하는 타원 궤도를 따라 공전하는 행성 A, B 를 나타낸 것이다. A 의 공전 주기는 B 의 $2\sqrt{2}$ 배이다. 이에 대한 설명으로 옳은 것만을 <보기> 에서 있는 대로 고른 것은?

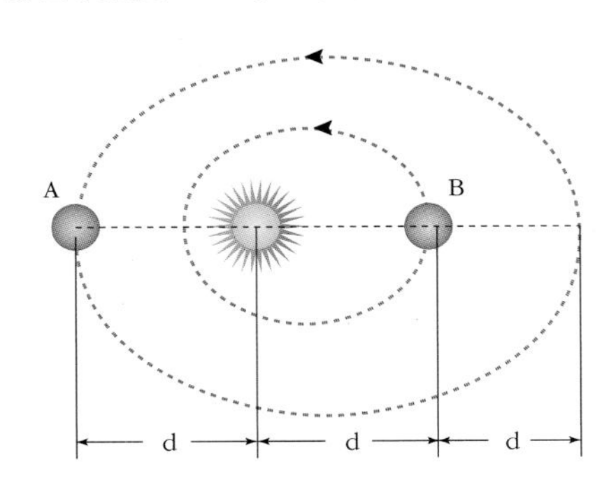

<보기>

ㄱ. 행성 A 의 속력은 현재의 위치에서 가장 빠르다.
ㄴ. 장반경의 비는 A : B = 1 : 2 이다.
ㄷ. 행성 B 의 장반경은 0.5 d 이다.

① ㄱ ② ㄴ ③ ㄱ, ㄷ
④ ㄴ, ㄷ ⑤ ㄱ, ㄴ, ㄷ

28 그림은 질량을 모르는 어느 행성 주위를 한 위성이 반지름 3 m 의 원궤도로 돌고 있는 것을 나타낸 것이다. 행성이 위성에 작용하는 중력의 크기는 60 N 이다. 이에 대한 설명으로 옳은 것만을 <보기> 에서 있는 대로 고른 것은? (단, 지구의 중력 가속도는 10 m/s^2 으로 한다.)

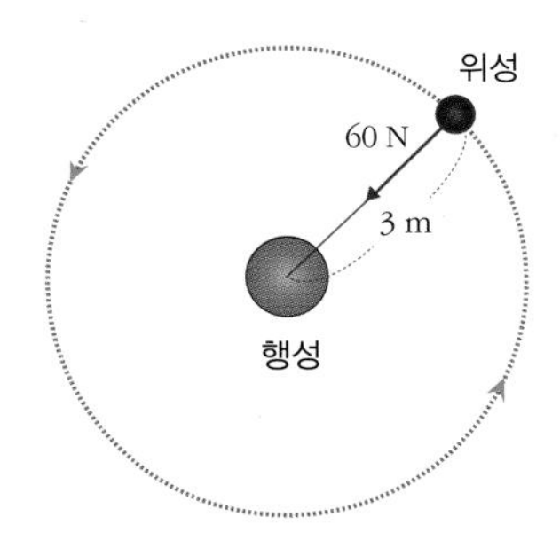

<보기>

ㄱ. 행성이 지구라면 위성의 질량은 6 kg 이다.
ㄴ. 위성의 운동 에너지는 90 J 이다.
ㄷ. 궤도 반지름을 증가시키면 중력은 줄어든다.

① ㄱ ② ㄴ ③ ㄱ, ㄷ
④ ㄴ, ㄷ ⑤ ㄱ, ㄴ, ㄷ

[29-30] 그림은 지구의 인공위성이 고도 30 km 의 원 궤도로 회전하고 있는 모습을 나타낸 것이다.

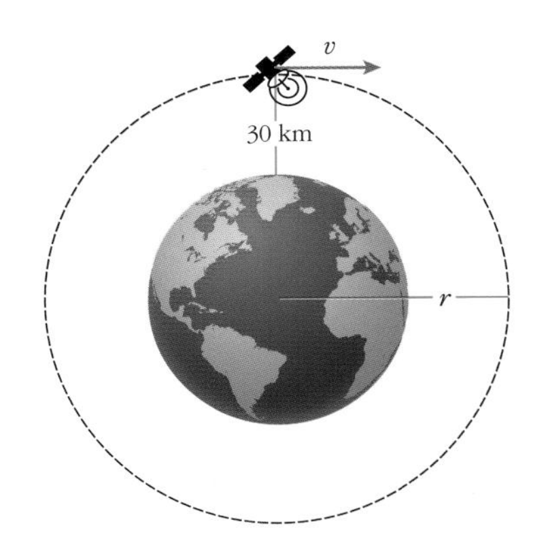

<조건>

① 지구의 반지름은 6370 km 이다.
② GM = 1km^3/s^2 로 계산한다.
③ r 은 지구 중심으로부터의 거리이다.

29 인공위성의 지구 중심으로부터의 거리(A), 선속력(B), 회전주기(C)의 값으로 바르게 짝지은 것은?

	A(km)	B(m/s)	C(s)
①	6340	12	$160\pi r$
②	6400	12.5	$160\pi r$
③	6400	13	$160\pi r$
④	6430	13.5	$320\pi r$
⑤	6430	14	$320\pi r$

30 그림에 대한 설명으로 옳은 것만을 <보기> 에서 있는 대로 고른 것은?

<보기>

ㄱ. 인공위성의 속도는 일정하다.
ㄴ. 인공위성에 작용하는 알짜힘은 0 이다.
ㄷ. 인공위성의 가속도와 속도의 방향은 서로 수직이다.
ㄹ. 인공위성의 가속도 방향은 지구 중심을 향하고 있다.

① ㄱ, ㄴ ② ㄴ, ㄷ ③ ㄷ, ㄹ
④ ㄱ, ㄴ, ㄹ ⑤ ㄴ, ㄷ, ㄹ

31

그림은 인공위성이 지구 주위를 돌고 있는 모습을 나타낸 것이다. 이에 대한 설명으로 옳은 것만을 <보기> 에서 있는 대로 고른 것은?

<보기>

ㄱ. 인공위성 내부는 무중력 상태이다.
ㄴ. 인공위성 내부의 물체가 받는 중력은 0이다.
ㄷ. 인공위성에 작용하는 중력과 구심력이 평형을 이룬다.

① ㄱ　② ㄴ　③ ㄱ, ㄷ
④ ㄴ, ㄷ　⑤ ㄱ, ㄴ, ㄷ

32

그림은 질량을 모르는 행성 주위를 질량 m인 위성이 속도 v 로 운동하는 것을 나타낸 것이다. 행성의 밀도를 ρ 라 했을 때 이 행성의 질량을 구하시오. (단, 위성은 행성의 지표면에 거의 닿을 듯이 운동하고 있다. 만유인력 상수는 G 이다.)

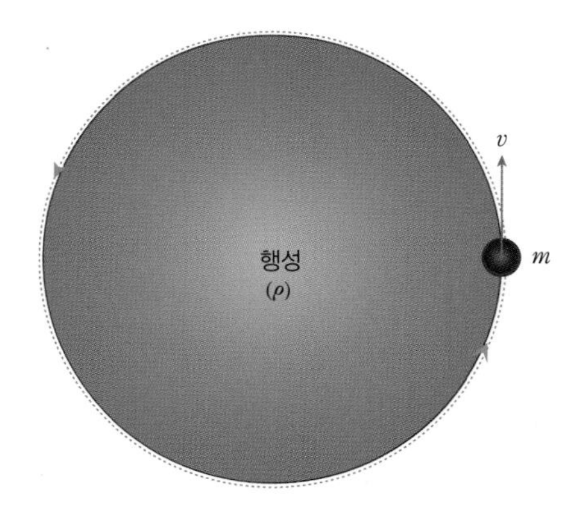

<조건>

① 만유인력 상수 G 를 포함하시오.
② 행성의 반지름과 위성의 궤도 반지름은 같다.
③ 행성의 질량을 ρ, G, π, v로 나타내시오.

(　　　　　　)

창의력

33

그림은 어느 혜성이 타원 궤도를 그리며 태양 주변을 공전하는 모습과 지구의 공전 궤도를 간단히 나타낸 것이다. 이 혜성의 공전 주기는 27 년이며 근일점에서 태양과의 거리는 0.6 AU 이다. 이 혜성 궤도에 있어서 태양과 원일점 사이의 거리는 몇 AU 인가? (단, T^2 은 kr^3 이고 $k = 1$ 로 하며, AU = 1 억 5000 만 km 이다.)

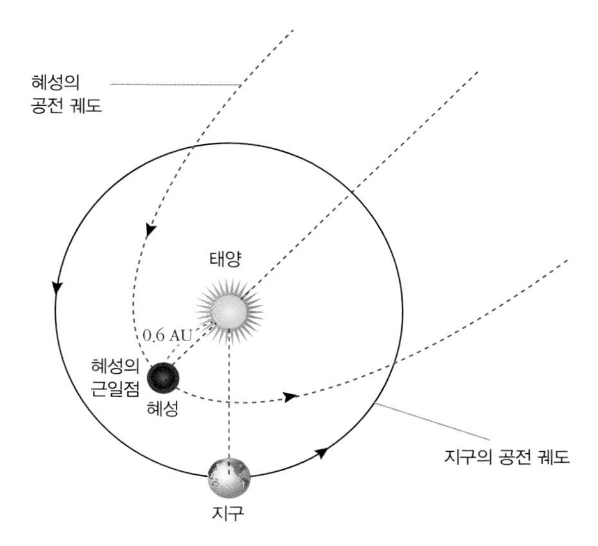

34 그림은 지구 주위를 원운동하는 인공위성을 나타낸 것이다. 자료를 참고하여 다음 물음에 답하시오.

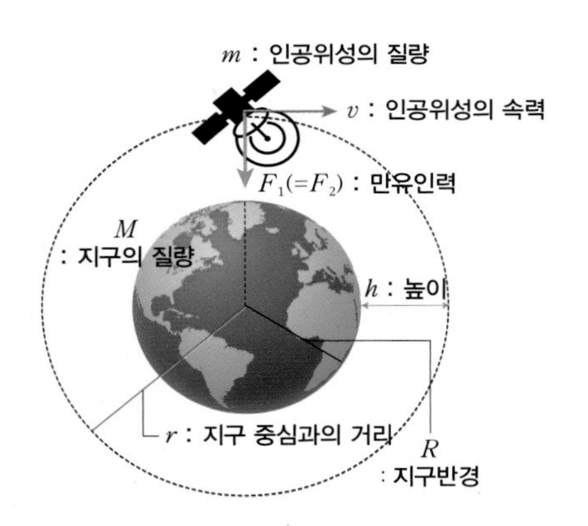

<보기>

- 만유인력 상수 $G = 6.67 \times 10^{-11}$ N·m^2/kg^2
- 지구 반경 $R = 6400$ km
- 지구 질량 $M = 6.0 \times 10^{24}$ kg

<자료>

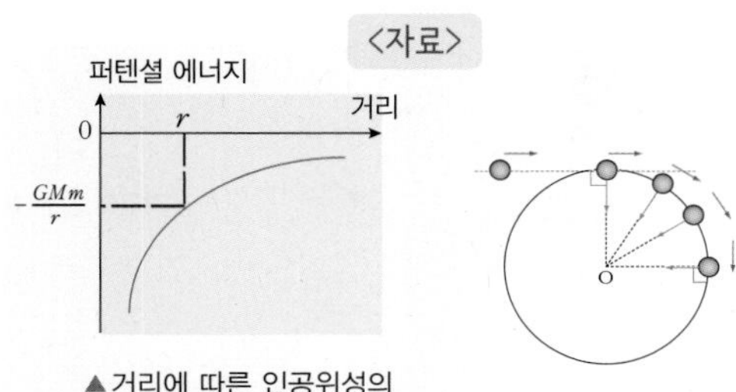

▲거리에 따른 인공위성의 퍼텐셜 에너지

1. 물체가 운동할 때 역학적 에너지(운동 에너지 + 위치 에너지)는 보존된다. 즉, 물체가 운동하고 있을 때는 역학적 에너지의 값은 어디에서나 같다.
2. 질량 m 인 물체가 속도 v 로 운동할 때의 운동 에너지는 $\frac{1}{2}mv^2$ 이다.
3. 지표면에서 높이 h 인 곳에 질량 m 인 물체가 있을 때 위치 에너지는 mgh 이나, 지구로부터 멀어져 가는 우주선이나 인공 위성 문제인 경우 만유인력에 의한 위치 에너지를 고려해야 정확한 계산을 할 수가 있다. 지구 중심으로부터 거리 r 만큼 떨어져 있는 질량 m 인 물체가 갖는 만유 인력에 의한 위치 에너지는 $-\frac{GMm}{r}$ 이다.
4. 반지름 r 의 원 궤도를 돌고 있는 질량 m 의 물체가 받는 구심력은 $\frac{mv^2}{r}$ 이다. 물체가 원운동하려면 반드시 구심력을 받아야 한다.
5. 지표면 가까이에서 원운동하는 인공위성의 속도를 제 1 우주 속도라 하고 탈출 속도를 제 2 우주 속도라 한다.

(1) 제 1 우주 속도(인공위성의 속도)를 구하시오.

(2) 제 2 우주 속도(탈출 속도)를 구하시오.

(3) 탈출 속도는 인공위성의 속도의 몇 배인지 구하시오.

(4) 인공 위성의 속도에 따른 궤도 유형을 그려보시오.

35

그림은 행성이 태양을 하나의 초점으로 운동을 하는 타원 궤도를 나타낸 것이다. 다음 내용을 참고하여 다음 물음에 답하시오.

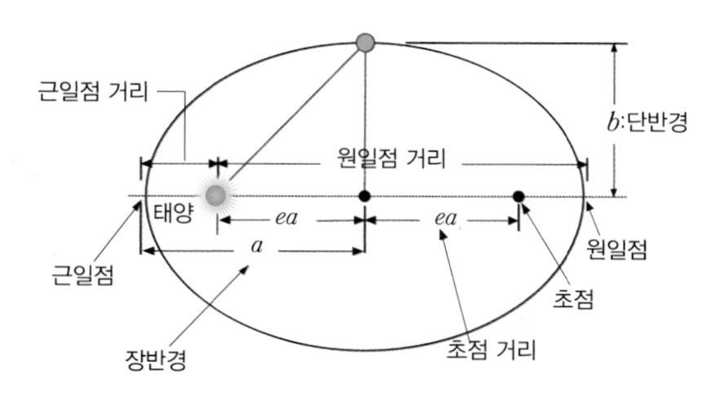

> 1. 이심률(e) : 타원의 장반경을 a 라고 했을 때 ae 는 타원의 중심과 초점 사이의 거리이다. 이심률은 원의 초점과 타원의 중심이 어긋나는 정도를 표현하는 값이다($0 \le e < 1$). 이심률이 작을수록 원에 가까운 타원이 된다.
> 2. 타원의 면적 : 반지름이 1인 원의 면적은 $\pi \cdot 1^2$ 이고, 타원은 이 원을 가로로 a배, 세로로 b 배 늘렸다고 생각할 수 있다.
> 3. 타원은 두 초점에서 나온 끈을 당기면서 선을 그릴 때 나오는 도형이다. 즉, 타원 상의 한 점에서 두 초점까지의 거리의 합은 타원 상의 모든 점에서 같다.

(1) 타원의 이심률 e 를 장반경 a, 단반경 b 로 표시해 보시오.

(2) 타원의 면적을 장반경 a, 단반경 b, 이심률 e 로 표시해 보시오.

(3) 근일점 거리를 장반경 a, 단반경 b, 이심률 e 로 표시해 보시오.

(4) 원일점 거리를 장반경 a, 단반경 b, 이심률 e 로 표시해 보시오.

36

그림은 뉴턴의 대포를 나타낸 것이다. 만약 지구의 질량만 2 배가 되면 대포는 몇 km/s 로 발사해야 하고 초당 몇 m 씩 낙하하는지 구하시오. (단, $\sqrt{2}$ = 1.414 이다.)

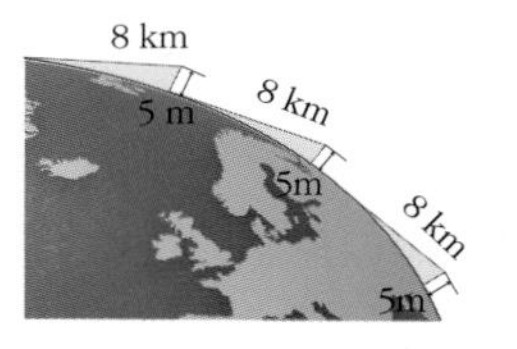

<조건>

- 만유인력 상수 $G = 6.67 \times 10^{-11}$ N·m²/kg²
- 지구 반경 $R = 6400$ km
- 지구 질량 $M = 6.0 \times 10^{24}$ kg
- 지표면 중력 가속도 $g = 10$ m/s²

37

그림은 자전하는 지구의 적도 상의 한 점 위에 인공위성이 계속 떠 있는 것을 나타낸 것이다. 이를 정지 궤도라 부른다. 이 정지 궤도의 지면으로 부터의 고도는 얼마인가? (단, $\pi = 3$ 으로 한다.)

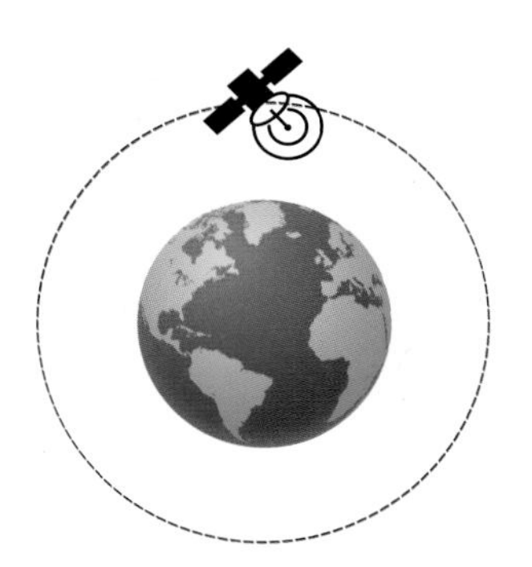

<조건>

- 만유인력 상수 $G = 6.67 \times 10^{-11}$ N·m²/kg²
- 지구 반경 $R = 6400$ km
- 지구 질량 $M = 6.0 \times 10^{24}$ kg

08강 특수 상대성 이론과 일반 상대성 이론

1. 특수 상대성 이론의 배경

(1) 갈릴레이의 상대성 이론 : 갈릴레이는 모든 관성 좌표계에서 모든 물리 법칙은 동일하게 적용된다고 하였다. 이는 정지해 있는 사람이거나 일정한 속도로 움직이고 있는 사람에게 물체의 운동 법칙은 동일하게 적용된다는 것이다. 그러므로 어디에서 관측하든 실험의 결과는 동일하게 나타난다. 그러나 빛의 속도에 근접하게 운동하는 관성 좌표계에서는 운동의 결과가 다른 경우가 발생하므로 그 때에는 아인슈타인의 특수상대성 이론을 적용해야 한다.

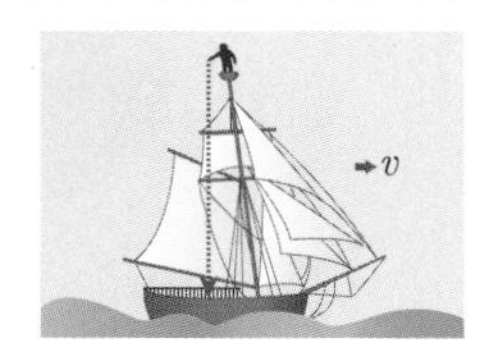

(a) 배와 함께 운동하는 사람이 관찰할 때

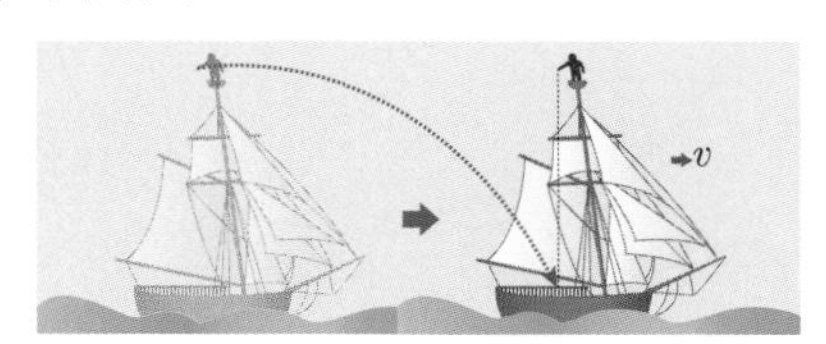

(b) 지상에 서 있는 사람이 관찰할 때

일정한 속도로 운동하는 배 위에서 돌을 떨어뜨리는 경우, 배에 타고 있는 사람에게 돌은 연직 아래 방향으로 떨어지는 것으로 보인다. 그러나 지상에 서 있는 사람에게 돌은 수평 방향으로 던져진 물체처럼 포물선 운동하는 것으로 보인다. 두 경우 운동 법칙은 동일하게 적용되므로 돌의 낙하 시간이나 지점은 같게 나타난다. 배에서의 관성 좌표계와 지상에서의 관성 좌표계는 서로 상대적인 운동을 하고 있을 뿐 운동 법칙은 동일하게 적용된다.

(2) 마이컬슨·몰리 실험

① **에테르** : 19 세기에 들어와 빛이 파동이라는 사실이 명확해짐에 따라 빛은 에테르라고 하는 매질 속을 움직인다고 하였다. 에테르는 정지해 있지 않는다. 에테르의 속력이 변하면 그에 따라 빛의 속력도 변한다고 하였다.

② **마이컬슨·몰리 실험** : 빛의 속력을 측정하는 실험을 통해 에테르의 존재를 증명하려고 하였다.

가정 흐르는 강물에서 배의 속도가 강물의 속도에 따라 변하는 것처럼 우주 전체에 가득 차 있는 에테르의 흐름으로 인해 빛의 속도도 변할 것이다. 따라서 진행 방향이 서로 다른 빛이 각각 빛 검출기에 도달하는 시간에 차이가 발생할 것이다.

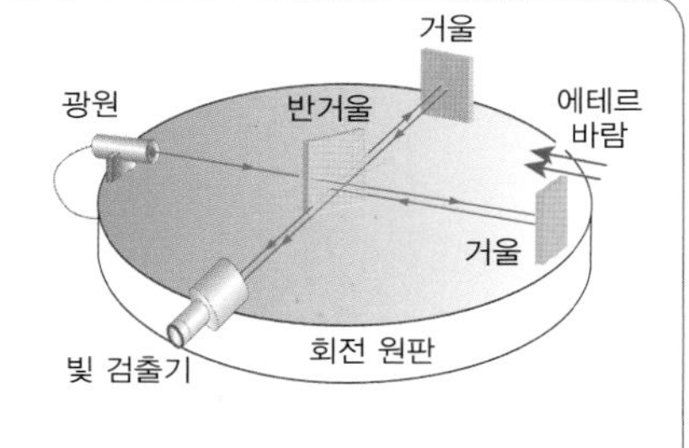

실험 과정 및 결과 광원에서 나온 빛은 반거울을 통해 일부는 반사하고 일부는 투과한다. 이때 반사된 빛과 투과된 빛이 검출기에 도달하는 시간의 차이로 인한 간섭 무늬의 변화를 확인한다.
⇒ 간섭 무늬의 변화가 관찰되지 않았다. 즉, 빛 검출기에 각각의 빛이 도달하는 시간 차이가 없다.

결론 빛을 전달하는 매질인 에테르는 존재하지 않으며, 광속은 일정하다.

(3) 특수 상대성 이론 : 1905 년 물리학자 알베르트 아인슈타인에 의해 발표된 이론으로 빛의 속도는 절대적이므로 변하지 않으며, 시간과 공간은 관찰자에 따라 각각 다르게 정의된다는 이론이다. 특수 상대성 이론에서는 빛의 속도에 근접하게 운동하는 관성 좌표계와 관련된 문제를 다룬다.

개념확인 1 정답 및 해설 54

갈릴레이의 상대성 이론에 대한 설명 중 옳은 것은 ○ 표, 옳지 않은 것은 × 표 하시오.

(1) 빛의 속도는 절대적인 것이 아니고 어떤 좌표계에서 측정하느냐에 따라 달라진다. ( )
(2) 모든 관성 좌표계에서 물리 법칙은 동일하게 적용된다. ( )
(3) 정지해 있는 물체에 적용되는 운동 법칙은 없다. ( )

확인 + 1

마이컬슨·몰리 실험에서 이 물질의 존재를 확인하기 위해 실험을 하였다. 이 물질은 무엇인가? ( )

◎ **갈릴레이 변환식**

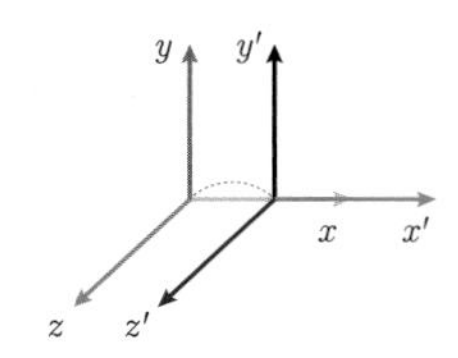

관성계에 속하는 시공간 좌표계(x, y, z, t)와 이 좌표계에 대해 x 방향으로 속도 v 로 움직이는 좌표계(x', y', z', t')에서 각 좌표 사이의 관계는 다음과 같다. 이를 갈릴레이 변환식이라고 한다.

$$x' = x - vt$$
$$y' = y$$
$$z' = z$$
$$t' = t$$

◎ **갈릴레이의 상대성 이론의 한계**

갈릴레이의 상대론에 따르면 빛의 속도는 절대적이 아니고, 어떤 좌표계에서 측정하느냐에 따라 달라진다. 하지만 전자기학 측면에서는 빛의 속도는 항상 $c = 3 \times 10^8$ m/s 로 같다. 갈릴레이의 상대론은 뉴턴의 운동 법칙에 적용하는 것은 가능하나, 광학이나 전자기학에서는 적용되지 않는다.

◎ **관성 좌표계**

뉴턴의 운동 제1법칙인 관성 법칙을 만족시키는 좌표계를 말한다. 즉, 정지해 있거나, 일정한 속도로 움직이는 좌표계이다. 모든 관성 좌표계에서 물리 현상에 적용하는 법칙은 동일하다. 그러므로 어디에서 관측하든 실험의 결과는 동일하다.

◎ **마이컬슨 · 몰리 실험 장치**

1887년 지하실에 설치한 마이컬슨·몰리 실험 장치이다.

미니사전

좌표계 [座 자리 標 나타내다 -계] 직선이나 평면, 공간 상의 임의의 점에 좌표를 도입하여 어떤 기준점에 대한 상대적 위치를 정확하게 나타내기 위해 사용한다.

2. 특수 상대성 이론의 기본 가설

(1) 특수 상대성 이론의 기본 가설 : 아인슈타인은 특수 상대성 이론을 설명하기 위해 '상대성 원리'와 '광속 불변의 원리'의 두 가지 가설을 제시하였다.

(2) 상대성 원리 : 갈릴레이의 상대론을 일반화한 것이다. 빛의 속도에 근접하게 운동하는 좌표계에서도 적용할 수 있는 것이다.

(가설 1) 상대성 원리
상대적으로 일정한 속도로 움직이는 모든 관성 좌표계에서 모든 물리 법칙은 동일하게 성립한다.

· 관성 좌표계 : 일정한 속도로 움직이는 곳과 정지해 있는 곳은 각각 동일한 물리 현상이 나타난다. 이러한 곳을 관성 좌표계라고 한다.

두 관측자 A 와 B가 각각 관찰했을 때 공이 움직이는 궤적은 서로 다르지만 공의 운동에 대한 뉴턴의 운동 법칙과 역학적 에너지 보존 법칙은 두 관찰자에게 모두 성립하며 그 운동의 결과는 같다.

(3) 광속 불변 원리(빛의 속도 일정 법칙): 갈릴레이는 빛의 속도가 상대적이라고 하여 적용에 한계가 있었으므로, 빛의 속도는 절대적이며 c 로 일정하다는 새로운 기준을 마련하였다.

(가설 2) 광속 불변 원리
모든 관성 좌표계에서 보았을 때, 진공 중에서 진행하는 빛의 속도는 관찰자나 광원의 속도와 관계 없이 $c = 3 \times 10^8$ m/s 로 일정하다.

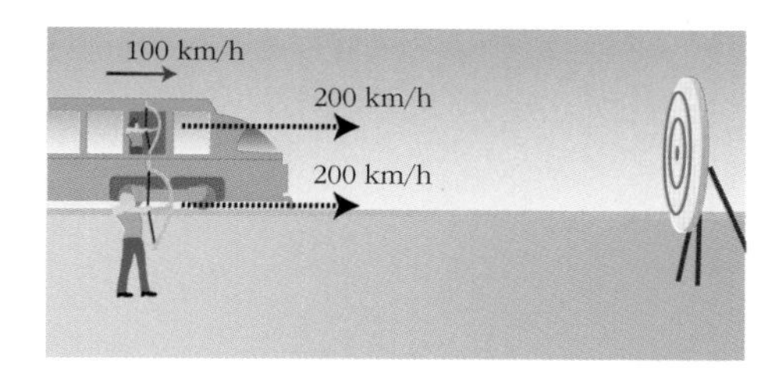

(일반적인 상대성 원리)
기차에서 쏜 화살의 속도
= 화살의 속도 + 기차의 속도

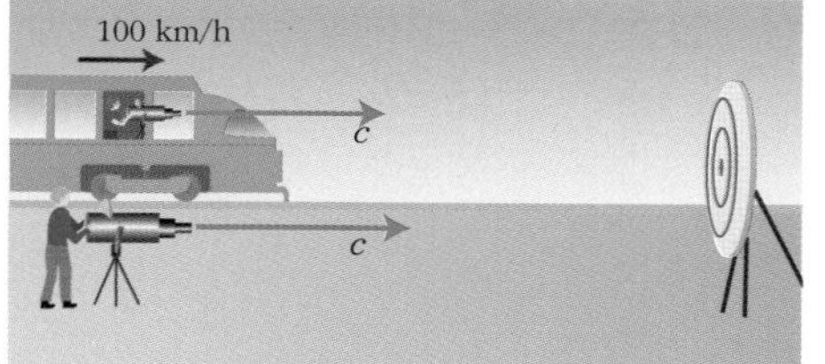

(특수 상대성 이론의 광속 불변 원리)
기차에서 쏜 빛의 속도(c)
= 지면 위에서 쏜 빛의 속도(c)

개념확인 2 정답 및 해설 54

다음 중 특수 상대성 이론의 기본 가설과 그에 대한 설명을 바르게 짝지으시오.

(1) 상대성 원리 • 　　　• ㉠ 진공 중에서 진행하는 빛의 속도는 어떤 상황에서도 항상 일정하다.

(2) 광속 불변의 원리 • 　　　• ㉡ 일정한 속도로 움직이는 관성 좌표계에서 모든 물리 법칙은 동일하게 성립한다.

확인 + 2

빛의 속력은 30만 km/s 이다. 만약 빛의 속력으로 등속 운동하면서 빛의 속력을 측정한다면, 빛의 속력은?

① 0　② 15만 km/s　③ 30만 km/s　④ 45만 km/s　⑤ 보이지 않는다.

◉ **'특수'의 의미**

특수 상대성 이론의 '특수'는 뉴턴의 운동 법칙이 성립하는 기준틀인 등속 운동하는 관성 좌표계만을 다룬다는 것을 의미한다.

◉ **지구는 관성 좌표계일까?**

지구는 태양 주위를 공전한다. 이때 지구의 운동은 방향이 바뀌므로 일정한 속도의 운동은 아니기 때문에 지구는 관성계라고 볼 수 없다.

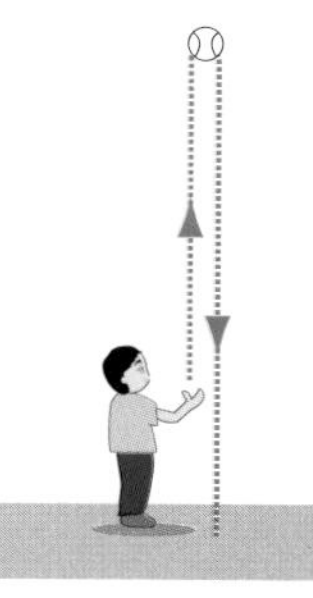

하지만 지구에서 공을 수직으로 던지면 똑바로 아래로 떨어진다. 이는 공이 떨어지는 동안 지구가 움직인 거리는 매우 짧기 때문에 그 시간 동안은 지구가 일정한 빠르기로 직선 운동을 하기 때문이다. 따라서 짧은 시간 동안의 물체의 운동을 다룰 때 지구는 관성 좌표계로 생각할 수 있다.

◉ **빛의 속도(c)**

빛의 속도(c)는 2.99792458×10^8 m/s 이며, 약 3×10^8 m/s 으로 나타낸다.

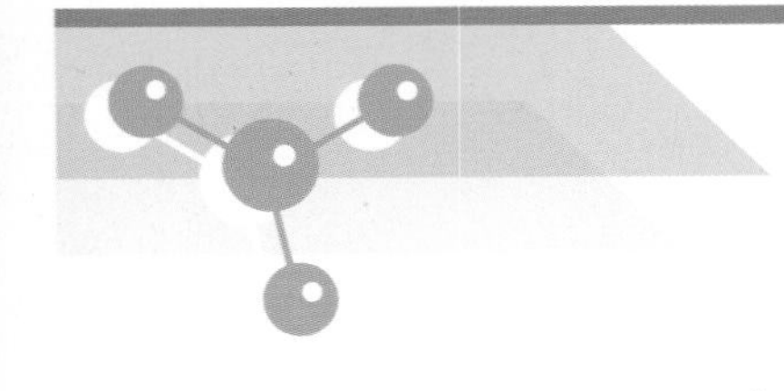

08강 특수 상대성 이론과 일반 상대성 이론

3. 특수 상대성 이론 적용 Ⅰ

◎ **시간과 위치의 설정(관성 좌표계)**

다양한 사건이 발생할 때(물리적 현상이 일어날 때) 사건이 발생한 시점은 사건을 관측한 시점과 다를 수 있다.
이러한 혼란을 피하기 위해 그림과 같이 공간을 격자로 채우고, 각 격자점마다 정확하게 똑같이 작동하는 시계가 붙어있다고 생각한다. 이때 사건이 발생한 가장 가까운 격자점의 위치와 그 시계의 시간이 사건이 발생한 시간과 위치가 된다.

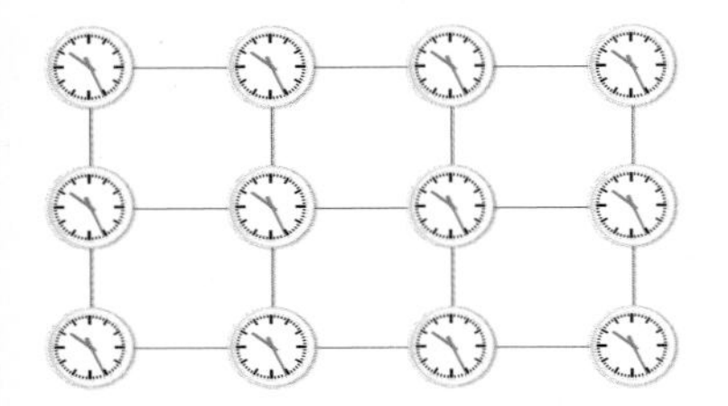

(1) 동시성의 상대성 사건이 동시에 일어난다는 것(동시성)은 절대가 아니다. 관측자의 운동 상태가 서로 다르다면 관측자에 따라 사건은 동시에 일어나지 않는다.

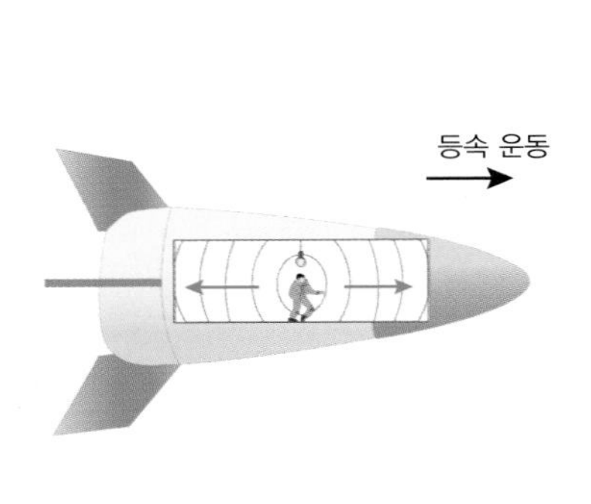

▲ 우주선 내부의 관측자

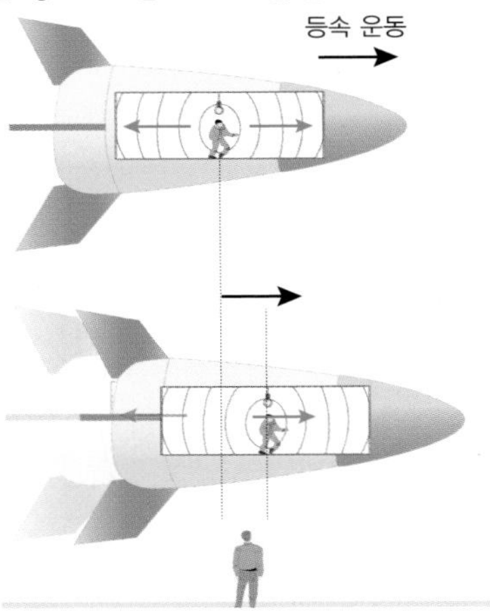

▲ 정지한 지구에 위치한 우주선 외부의 관측자

우주선 내부의 관측자에게 빛은 모든 방향으로 같은 속도(c)로 퍼져나간다. 즉, 우주선의 중심에서 같은 거리만큼 떨어진 오른쪽과 왼쪽, 양쪽 벽에 빛이 동시에 도달한다.	등속도로 오른쪽으로 운동하고 있는 우주선의 내부를 정지한 지구에서 관측할 경우, 빛이 가는 동안 우주선이 이동하므로 빛은 왼쪽 벽에 먼저 부딪치고, 오른쪽 벽에 나중에 도달한다.

특수 상대성 이론에 의하면 동시에 일어난 두 사건이라도 관측자에 따라 서로 다른 시각에 일어난 두 사건으로 관측될 수 있다는 것이다. 즉, 어떤 관성 좌표계에서 동시에 발생한 사건일지라도 그 관성 좌표계와 운동 상태가 다른 관성 좌표계에서는 동시에 발생하지 않는다.

정답 및 해설 54

개념확인 3

다음 설명의 빈칸에 알맞은 말을 각각 고르시오.

등속으로 오른쪽으로 운동하고 있는 우주선 중심에 있는 광원에서 나오는 빛은 우주선 내부의 관측자에게는 (㉠ 동시에 양쪽 벽에 ㉡ 왼쪽 벽에서 먼저) 도달하는 것으로, 정지한 지구에 위치한 우주선 외부의 관측자에게는 (㉠ 동시에 양쪽 벽에 ㉡ 왼쪽 벽에 먼저) 도달하는 것으로 보인다.

확인 + 3

다음 설명의 빈칸에 알맞은 말을 각각 쓰시오.

특수 상대성 이론의 (㉠)이란, 같은 (㉡)에서 동시에 발생한 사건이 다른 (㉡) 에서는 동시에 발생하지 않을 수 있다는 것이다. 즉, 어떤 관측자에게 동시에 일어난 두 사건이라도 상대적으로 운동 상태가 다른 관측자에게는 두 사건은 동시에 일어나지 않는다.

㉠ ( ), ㉡ ( )

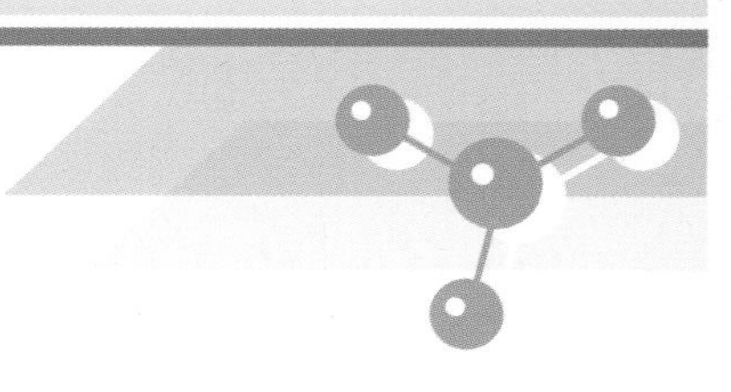

(2) 시간 팽창(Time Dilation) : 두 사건 사이의 시간 간격은 운동 상태가 서로 다른 관성 좌표계에서 측정할 때 각각 달리 나타난다. 아래는 손전등에서 빛이 나와서(사건 1)거울에 반사되어 손전등에 되돌아 오는(사건 2) 동안의 시간 간격이 관측자마다 다르게 측정되는 것을 설명한다.

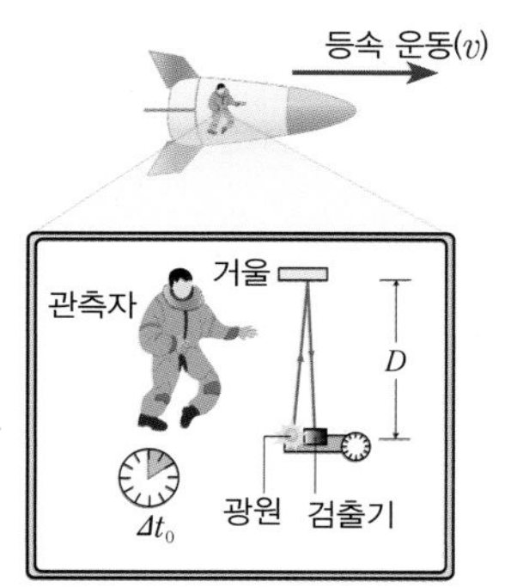

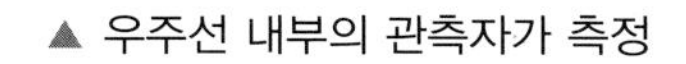

▲ 우주선 내부의 관측자가 측정

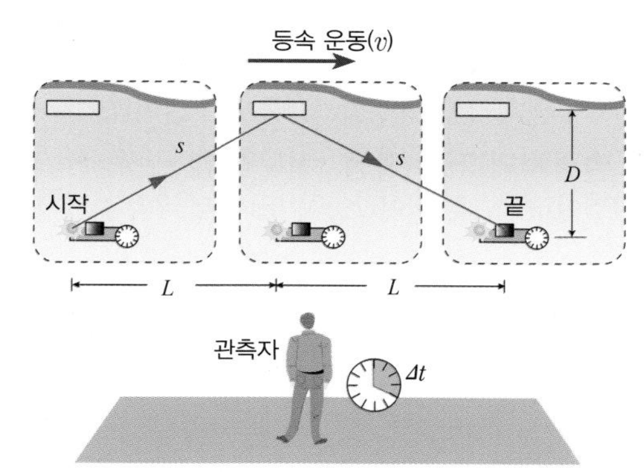

▲ 정지한 지구에 위치한 관측자가 측정

우주선 내부의 관측자가 측정한 빛이 왕복하는데 걸린 시간은 Δt_0(고유 시간)이다.

$$\Delta t_0 = \frac{2D}{c} \Rightarrow D = \frac{c\Delta t_0}{2}$$

정지한 지구의 관측자가 스스로의 시계로 측정한 빛(속도: c)이 왕복하는데 걸린 시간을 Δt 라고 할 때,

$$\Delta t = \frac{2L}{v} = \frac{2s}{c}, \quad s^2 = D^2 + L^2 \cdots ㉠$$

$s = \frac{c\Delta t}{2}$, $L = \frac{v\Delta t}{2}$, $D = \frac{c\Delta t_0}{2}$ 를 ㉠ 식에 넣고 정리하면

$$\Delta t = \frac{\Delta t_0}{\sqrt{1-\left(\frac{v}{c}\right)^2}} = \gamma\Delta t_0$$

시간 팽창이란 서로 다른 운동을 하는 관측자들에게 한 사건의 시간 간격이 각각 다르게 측정되는 것이다. 등속 운동하는 우주선 내부에서 사건이 일어날 때, 정지해 있는 외부의 관측자가 측정한 사건의 시간 간격(Δt)이 우주선 내부의 관측자(우주선과 같이 움직이는 관측자)가 측정한 사건의 시간 간격(Δt_0)보다 더 길게 측정된다.

※ 시간 팽창은 정지한 지구에서 우주선을 볼 때 뿐만 아니라 움직이는 우주선에서 지구를 볼 때에도 성립한다. 우주선에서 보면 우주선은 상대적으로 정지해 있고, 지구가 움직인다.

개념확인 4

정답 및 해설 54

특수 상대성 이론의 시간 팽창에 대한 설명 중 옳은 것은?

① 정지해 있는 시계는 움직이는 시계보다 느리게 간다.
② 고유 시간은 상대적으로 정지한 쪽에서 관찰한 경우의 시간이다.
③ 움직이는 물체의 속도가 광속에 가까워질수록 시간 팽창 정도가 작아진다.
④ 시간 팽창은 움직이는 우주선에서 우주선 밖의 정지해 있는 물체를 볼 때에만 성립한다.
⑤ 운동하고 있는 우주선 외부의 관측자가 측정한 시간은 우주선 내부의 관측자가 측정한 시간보다 더 짧게 측정된다.

확인 + 4

무한이가 $0.6c$ 의 속도의 우주선을 타고 우주를 여행하고 있다. 이때 무한이의 시계로 20 초가 지났다면, 정지한 지구에 있는 상상이의 시계는 몇 초가 지난 것으로 관측되겠는가?

(　　　　) 초

◉ **시간 팽창(시간 지연)**

정지한 관측자가 보았을 때 빠르게 움직이는 물체의 시간이 느리게 가는 현상을 말한다. 상대적으로 움직이는 시계는 상대적으로 정지해 있는 시계보다 느리게 간다.

◉ **고유 시간(Δt_0)**

사건이 발생한 좌표계에서 측정한 시간을 말한다. 즉, 사건에 대해 상대적으로 정지한 (사건과 같이 운동하는)관찰자가 잰 시간이다.

◉ **Δt**

상대적으로 정지한 관찰자가 스스로의 시계로 움직이는 좌표계에서 일어나는 사건 사이의 시간 간격을 잰 값이다. 우주선의 속도를 v, 빛의 속도를 c 라고 할 때, 그림에서 우주선은 속도 v 로 $2L$ 만큼 이동하는 동안 빛은 $2s$ 만큼 진행하여 나온 곳으로 되돌아 온다.

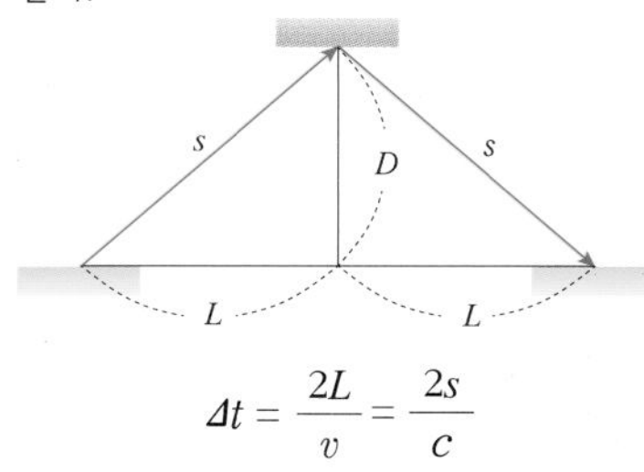

$$\Delta t = \frac{2L}{v} = \frac{2s}{c}$$

◉ **로런츠 인자 : γ**

$$\gamma = \frac{1}{\sqrt{1-\left(\frac{v}{c}\right)^2}}$$

γ 를 로런츠 인자라고 하며 항상 1보다 크다. 속도 v 가 광속 c 에 가까워질수록 값이 커진다. 일상 생활에서 v 는 광속 c 에 비해 매우 느리기 때문에 $\gamma \fallingdotseq 1$ 이 되어 상대론적 효과를 측정하기 어렵다.

◉ **물체의 속도와 시간 팽창**

속도 v 가, 광속 c 에 비해 아주 작을 때는 시간 팽창 정도가 매우 작지만, 광속 c 에 가까워지면, 시간 팽창 정도가 급격하게 커진다.

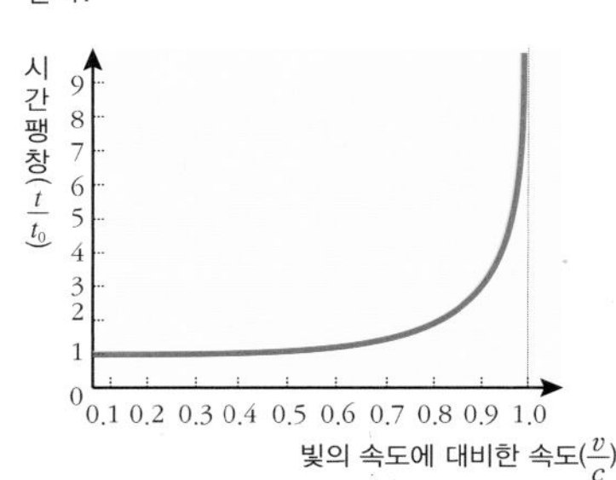

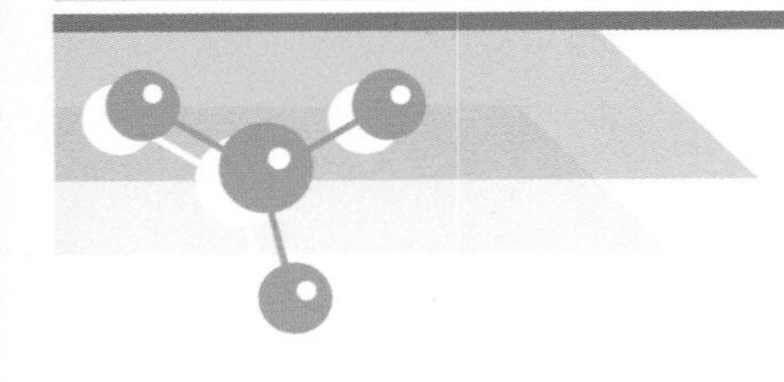

08강 특수 상대성 이론과 일반 상대성 이론

◎ 고유 길이(L_0)

물체에 대해 상대적으로 정지한 좌표계(물체와 같이 움직이는 좌표계)에 있는 관측자가 측정한 물체의 길이를 말한다. 별까지의 거리(길이)를 측정할 때에는 지구상의 관측자와 별은 정지해 있으므로 지구의 관측자가 측정한 길이가 고유 길이 L_0가 된다.

운동하는 우주선의 길이를 측정하는 경우 우주선과 같이 운동하는(우주선에 타고 있는) 관찰자가 측정한 우주선의 길이가 고유 길이 L_0가 된다.

◎ 물체의 속도에 따른 길이 수축

정지한 좌표계의 관찰자가 움직이는 물체(운동하는 좌표계의 물체)를 볼 때 운동 방향으로만 길이 수축이 일어난다.

$v = 0$ $v = 0.3c$

$v = 0.6c$ $v = 0.9c$

◎ 물체의 속도와 길이 수축

물체의 속도 v가, 광속 c에 비해 아주 작을 때는 길이 수축 정도가 작지만, 광속 c에 가까워지면, 길이 수축 정도가 급격하게 커진다.

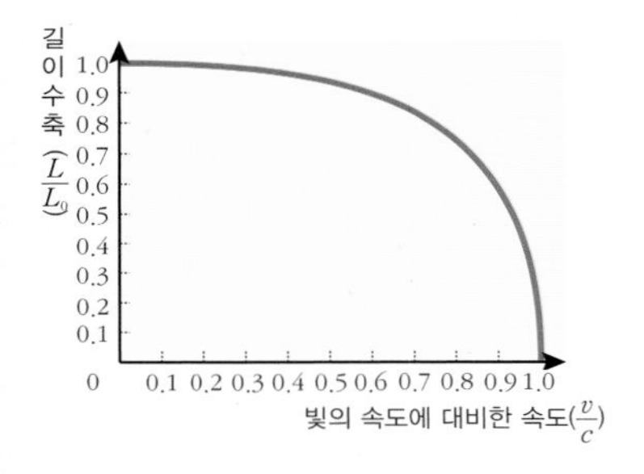

◎ 관찰자에 따른 시간 팽창과 길이 수축

시간 팽창과 길이 수축은 함께 일어난다.

광속 c와 가까운 속도로 등속 운동하고 있는 우주선을 정지한 지구의 관찰자가 보면 날아가는 우주선의 길이는 짧아지고(길이 수축), 우주선의 시계는 천천히 흐른다(시간 팽창).

또한 우주선에 타고 있는 사람이 보면 우주선 밖의 물체가 운동하므로 우주선 밖의 물체의 길이는 짧아지고(길이 수축), 우주선 밖의 시계는 천천히 흐른다(시간 팽창).

4. 특수 상대성 이론 적용 Ⅱ

(1) 길이 수축 : 어떤 물체의 고유 길이(L_0)는 물체에 대하여 정지해 있는 관측자(물체와 같이 운동하는 관측자)가 측정한 길이이다. 어떤 물체에 대하여 상대적으로 운동하는 좌표계의 관측자가 측정한 그 물체의 길이(L)는 고유 길이보다 짧다.

(2) 별까지의 거리 측정 : 지구와 별은 상대적으로 정지해 있으므로 지구에서 측정한 거리(길이)가 고유 길이(L_0)이다. 이때 우주선에서 측정한 시간은 고유 시간(Δt_0)이다.

ⓐ 지구에서 관측하는 경우 : $L_0 = v\Delta t$

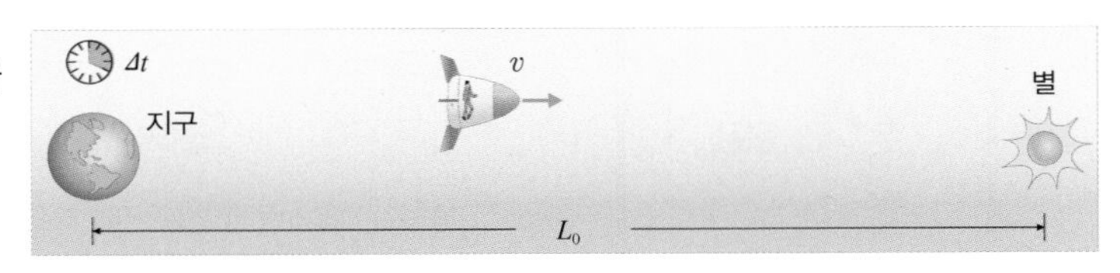

ⓑ 우주선에서 관측하는 경우 : $L = v\Delta t_0$

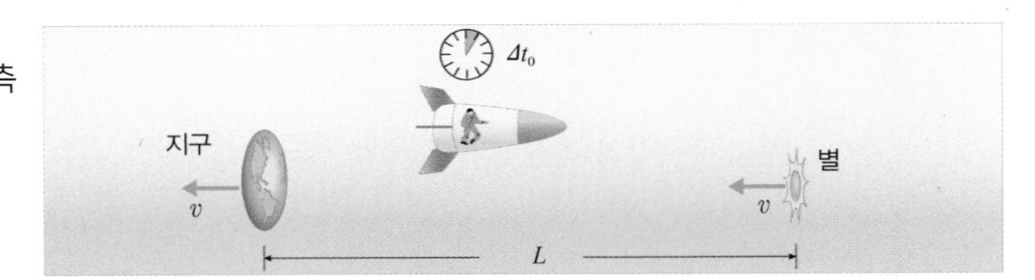

① **지구에서 정지해 있는 관측자가 우주선을 보았을 때 우주선이 이동한 거리** : $L_0 = v\Delta t$

② **속도 v로 운동하고 있는 우주선에서 보았을 때 우주선이 이동한 거리** : $L = v\Delta t_0$

지구에서 측정한 지구에서 별까지 이동하는데 걸리는 시간을 Δt, 우주선에서 측정한 지구에서 별까지 이동하는데 걸리는 시간을 Δt_0, 우주선이 별을 향하여 운동하는 속도를 v라고 할 때,

$$\Delta t = \gamma \Delta t_0 \Rightarrow L_0 = v\Delta t = v\gamma\Delta t_0 = \gamma L \quad \therefore L = L_0\sqrt{1-\left(\frac{v^2}{c^2}\right)}$$

길이 수축이란 물체에 대해 상대적으로 운동하는 좌표계에서 물체의 길이를 측정하면, 물체에 대해 정지 상태(물체와 같이 운동하는 상태)에서 측정한 길이보다 짧게 측정되는 것이다. 즉, 정지해 있는 관측자가 움직이고 있는 물체를 볼 때 물체의 길이가 짧아지는 것이다.(이 경우 물체의 고유 길이(L_0)는 물체와 같이 움직이는 관측자가 측정한 길이이다.)

정답 및 해설 54

개념확인 5

특수 상대성 이론의 길이 수축에 대한 설명 중 옳은 것은 ○표, 옳지 않은 것은 ×표 하시오.

(1) 운동하고 있는 관측자가 본 두 물체 사이의 거리는 정지한 관측자가 측정한 거리보다 짧다. (　　)

(2) 고유 길이는 관측자와 물체가 각각 서로 다른 좌표계에 있을 때 측정한 물체의 길이를 말한다. (　　)

(3) 길이 수축은 진행 방향에 대해서만 나타난다. (　　)

확인 + 5

상상이가 정지한 상태에서 길이가 1 m 인 자를 가지고 우주선을 탑승하였다. 이 우주선이 0.8c 의 속도로 운동한다고 했을 때, 지구에 있는 무한이가 본 상상이의 자는 몇 m 로 측정되는지 구하시오.(단, 우주선의 운동 방향과 자는 나란하게 놓여 있다.)

(　　　　) m

(3) 질량 증가와 질량 – 에너지 동등성

① **질량 증가** : 어떤 물체에 대하여 상대적으로 운동하는 좌표계의 관측자가 측정한 그 물체의 질량(m)은 그 물체에 대하여 정지한(물체와 같이 운동하는)관측자가 측정한 질량(m_0)보다 크다.

물체에 대하여 정지한 관측자가 측정한 질량을 m_0, 물체에 대하여 상대적으로 속도 v로 운동하는 좌표계의 관측자가 측정한 그 물체의 질량을 m 이라고 하면, 다음과 같은 식이 성립한다.

$$m = \frac{m_0}{\sqrt{1-\left(\frac{v}{c}\right)^2}} = \gamma m_0$$

물체의 속력이 증가하면 물체의 질량도 증가한다.

② **질량 – 에너지 동등성** : 질량은 에너지로 전환될 수 있고, 에너지도 질량으로 전환될 수 있으므로 질량과 에너지는 동등하다. 이를 질량 – 에너지 동등성이라고 한다. 물체가 빛의 속도에 가까워지면 질량이 무한대로 커지게 되며, 그러므로 아무리 에너지를 가해도 물체의 속도는 광속을 넘을 수 없다.

$$E = mc^2, \quad m = \frac{m_0}{\sqrt{1-\left(\frac{v}{c}\right)^2}}$$

㉠ 정지 에너지 : 관성 좌표계에서 정지해 있는 물체의 질량을 m_0 라고 할 때, 이 물체는 $E = m_0 c^2$ 만큼의 정지 에너지를 갖는다.

$$E_0(\text{정지 에너지}) = m_0 c^2$$

㉡ 질량 – 에너지 동등성의 이용 : 원자력 발전이나 원자 폭탄에는 핵분열 반응 시 발생하는 질량 결손에 의한 에너지를 이용한다. 중수소와 삼중수소가 핵융합 반응하여 헬륨 핵이 될 때도 핵반응 과정에서 핵의 질량이 줄어드는 질량 결손 현상이 나타난다. 이때 질량 결손이 일어난 만큼의 동등한 에너지가 발생하게 된다.

개념확인 6 정답 및 해설 54

특수 상대성 이론의 질량 증가와 질량 – 에너지 동등성과 관련된 설명 중 옳은 것은 ○ 표, 옳지 않은 것은 × 표 하시오.

(1) 물체의 속력이 증가하면 물체의 질량도 증가한다. ( )

(2) 에너지를 매우 크게 가하면 물체의 속도는 광속을 넘게 된다. ( )

(3) 정지해 있는 물체는 에너지를 갖지 않는다. ( )

확인 + 6

질량이 0.1 kg 인 물체의 정지 에너지를 구하시오. (단, $c = 3 \times 10^8$ m/s)

( ) J

◎ 질량 결손

양성자와 중성자가 결합하고 있을 때 원자핵의 질량은 양성자와 중성자가 각각 따로 떨어져 있을 때 핵자들 질량의 총합보다 작다. 이러한 질량의 차이를 질량 결손이라고 한다.

▲ 질량 결손

◎ 핵분열 반응

우라늄이나 플루토늄 등과 같은 무거운 원자핵이 두 개 이상의 새로운 원자핵으로 쪼개지는 현상이다. 핵이 분열되면서 새로운 원자핵이 생성됨과 동시에 2 ~ 3개의 중성자가 방출된다. 이 반응이 연쇄적으로 일어나는데 이때 반응 과정에서 질량 결손이 나타나고 이에 동등한 에너지가 방출된다.

$$^{235}_{92}\text{U} + ^{1}_{0}\text{n} \rightarrow ^{144}_{56}\text{Ba} + ^{92}_{36}\text{Kr} + 3^{1}_{0}\text{n} + 200\text{ MeV}$$

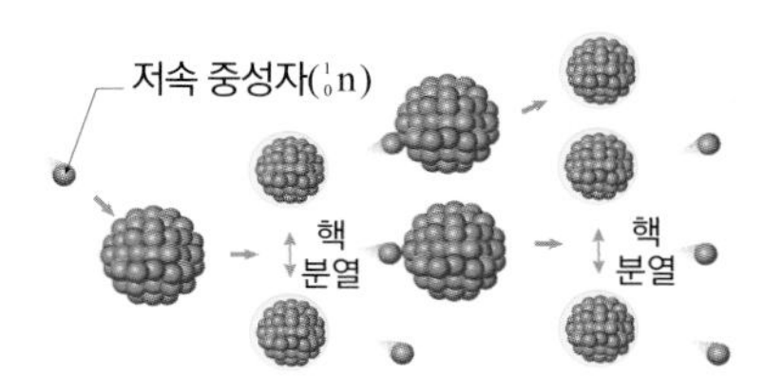

▲ 핵분열과 연쇄 반응

◎ 핵융합 반응

중수소와 삼중수소를 플라즈마 상태로 가열하면 핵융합 반응이 일어난다. 이때 일어나는 질량 결손에 의해 그에 동등한 에너지가 방출된다.

$$^{2}_{1}\text{H} + ^{3}_{1}\text{H} \rightarrow ^{4}_{2}\text{He} + ^{1}_{0}\text{n} + 17.6\text{ MeV}$$

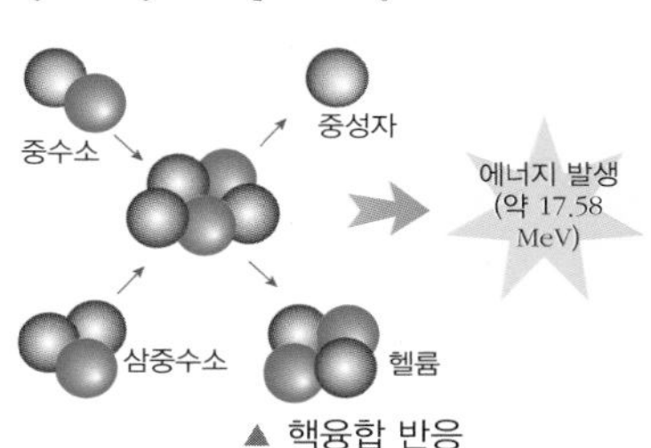

▲ 핵융합 반응

미니사전

중수소 [重 무겁다 - 수소] 질량수가 2인 수소의 동위원소

삼중수소 [三 셋 重 무겁다 - 수소] 원자핵의 인공 파괴로 만든 질량수 3인 인공 방사성 원소

플라즈마 [Plasma] 매우 높은 온도에서 원자가 음전하를 가진 전자와 양전하를 띤 이온으로 분리된 상태로 기체, 액체, 고체와 함께 '제4의 상태'로 불린다

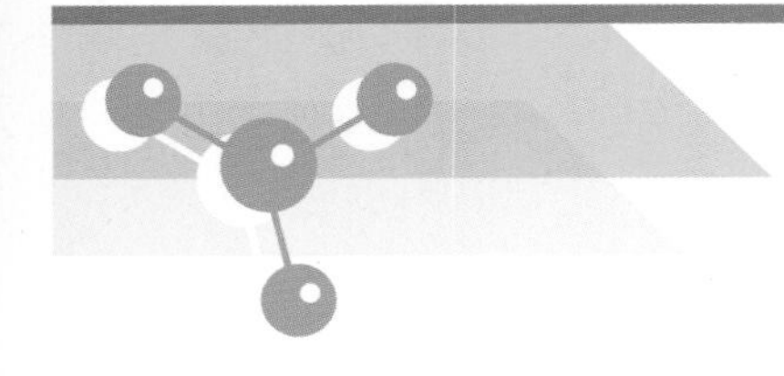

08강 특수 상대성 이론과 일반 상대성 이론

◎ **관성력**

가속도 운동하는 좌표계에서 관측자가 가속 좌표계의 가속도에 의해 느끼는 가상의 힘을 말한다. 관성력은 다음과 같이 표현할 수 있다.

·관성력을 느끼는 물체의 질량 : m
·가속 좌표계의 가속도 : a
·가속 좌표계에서 관측자가 느끼는 관성력 : F

$$F = -ma$$

예 가속도 운동하는 자동차에서의 관성력

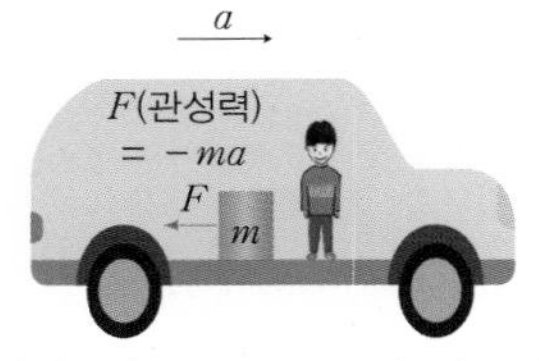

자동차가 가속도 a 로 운동할 때 : 자동차가 가속 좌표계이므로 자동차 포함 자동차와 같이 움직이는 질량 m 의 물체는 관성력 $-ma$를 받는다.

예 가속도 운동하는 승강기에서의 관성력

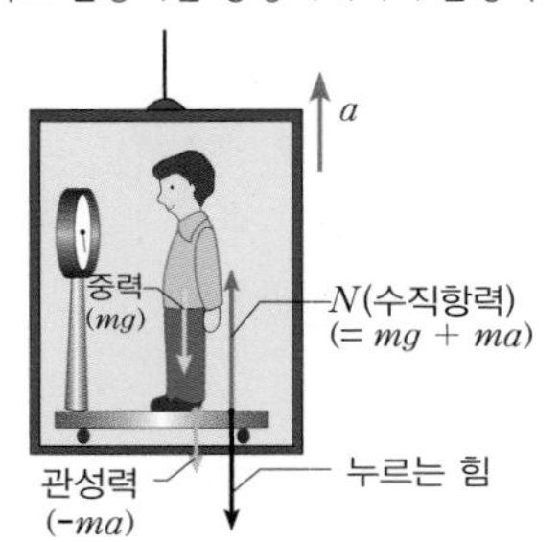

엘리베이터가 가속도 a 로 가속 상승할 때 : 저울의 눈금(N)은 몸무게 mg 와 사람의 관성력 ma 가 합쳐져 $mg + ma$ 를 나타낸다.

◎ **관성 질량과 중력 질량**

물체의 질량은 두가지 방법으로 측정할 수 있다.

① 중력 질량 : 만유인력을 이용하여 측정한다. $F = G\frac{Mm}{r^2}$ 에서 물체의 질량 m 을 측정할 수 있다.

② 관성 질량 : $F = ma$ 를 이용하여 물체의 질량 m 을 측정할 수 있다.

5. 일반 상대성 이론의 기본 원리

(1) 좌표계 : 물체의 운동을 나타내는 기준틀이다. 지면에 고정된 좌표계, 가속되고 있는 버스에 고정된 좌표계 등이 있을 수 있다. 관측자가 어떤 좌표계에 있는지에 따라 물체의 운동이 서로 다르게 관측된다.

관성 좌표계	가속 좌표계
정지하거나 등속 운동하는 좌표계이다. 관성 법칙 포함 뉴턴의 운동 법칙이 성립한다. 갈릴레이의 상대성 이론이 적용되는 좌표계이다.	한 관성 좌표계에 대해서 가속도 운동하는 좌표계이다. 가속 좌표계의 물체는 가상의 힘인 관성력을 받는다. 갈릴레이의 상대성 이론을 적용할 수 없다.

(2) 등가 원리 : 아인슈타인은 가속 좌표계에서 나타나는 관성력과 관성 좌표계에서의 중력은 본질적으로 같으며, 서로 구별할 수 없다고 하였다. 이를 등가 원리라고 한다.

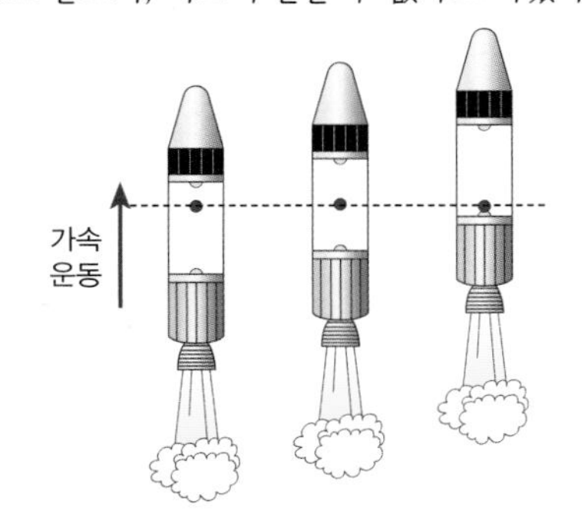

▲ 관성력에 의한 공의 운동

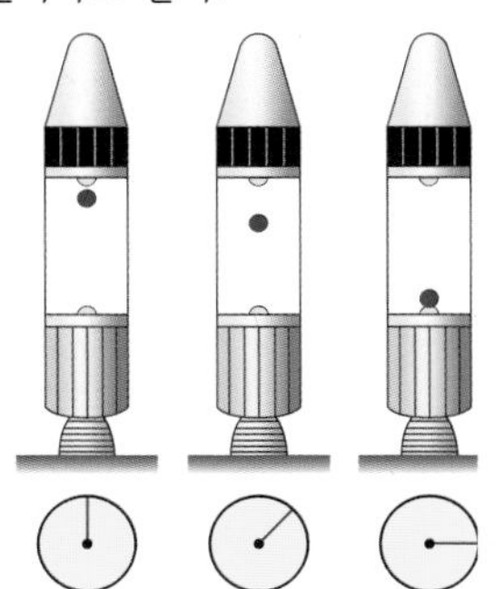

▲ 중력에 의한 공의 낙하

무중력 상태에서 위로 가속도 g 로 운동하는 우주선 안의 공은 관성력에 의해 반대 방향으로 가속도 g 로 낙하 운동한다. 우주선 안의 관찰자는 공이 관성력에 의한 운동을 하는 것인지 중력에 의해 공이 자유 낙하 운동하는 지를 구별할 수 없다.

등가 원리란 중력에 의한 현상과 관성력에 의한 현상은 서로 구분할 수 없으므로 관성력을 받는 물체의 운동과 같은 크기의 중력을 받는 물체의 운동은 서로 같다는 것이다. 따라서 관성력과 중력을 서로 구분할 수 없으며, 관성 질량과 중력 질량은 서로 같다.

(3) 일반 상대성 이론 : 1905 년 아인슈타인에 의해 완성된 이론으로 관성 좌표계와 가속 좌표계에 모두 적용되는 이론이다. 다음의 두 가지 가정에 근거한다.

① 어떤 좌표계이든 그 안의 관측자에게 자연의 모든 법칙는 같은 형태이며, 똑같이 적용된다.

② 어느 곳에서나 힘을 받는 물체의 운동에서 그 힘이 중력인지 관성력인지 구별할 수 없다.

개념확인 7 정답 및 해설 54

아인슈타인은 (㉠)과 (㉡)은 본질적으로 서로 구별할 수 없다고 해석하였다. ㉠ 과 ㉡ 은 무엇인가?

㉠ (　　　　　), ㉡ (　　　　　)

확인 + 7

각 설명에 해당하는 단어를 바르게 연결하시오.

(1) 가속 좌표계 •　　• ㉠ 관측자는 속도나 방향이 변하는 가속도 운동을 한다.

(2) 관성 좌표계 •　　• ㉡ 관측자는 속도와 방향이 일정한 등속 직선 운동을 한다.

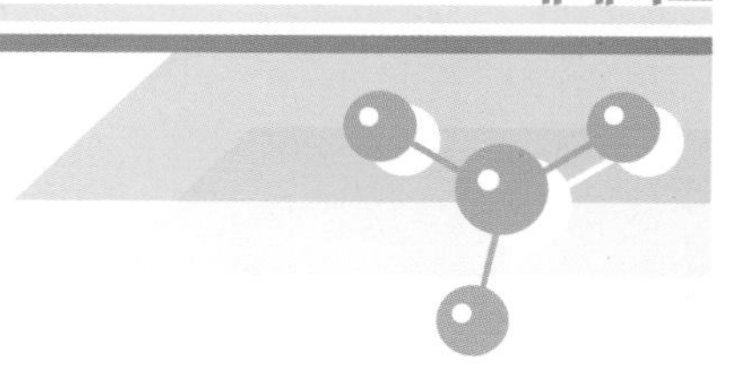

6. 일반 상대성 이론에 의한 현상

(1) 중력에 의한 빛의 휘어짐 : 가속 좌표계(우주선이 위로 가속 운동(ⓑ))에서 우주선 안의 관측자는 빛이 아래로 휘는 것을 보게 된다. 중력이 작용할 때에도 관측자는 빛이 아래로 휘는 것을 보게 된다. 관측자는 ⓑ 와 ⓒ 상황을 같은 것으로 생각한다.(등가 원리)

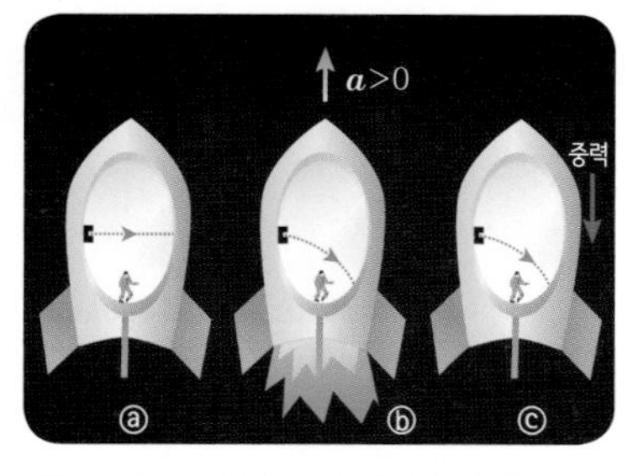

구분	ⓐ	ⓑ	ⓒ
로켓이 받는 힘	없음	아래 방향의 관성력	아래 방향의 중력
로켓 운동 상태	정지 or 등속도 운동	위쪽으로 가속도 운동	정지 or 등속도 운동
빛의 휘어짐 여부	휘어지지 않음	아래로 휘어짐	아래로 휘어짐

(2) 중력에 의한 공간의 휘어짐 : 아인슈타인은 중력을 힘으로 간주하지 않고 공간의 휘어짐과 관련이 있는 현상이라고 하였다. 즉, 질량을 가진 천체나 은하가 주위 공간을 휘게 하고, 이 휘어진 공간을 따라 빛이 움직인다고 해석한 것이다. 중력 렌즈 현상도 빛이 휘어진 공간을 따라 진행하는 것으로 생각할 수 있다.

A 위치에 있는 별에서 나온 빛은 태양 근처의 휘어진 공간을 따라 진행하여 지구에 도달한다. 따라서 지구에서는 별이 B 위치에 있는 것으로 보인다.

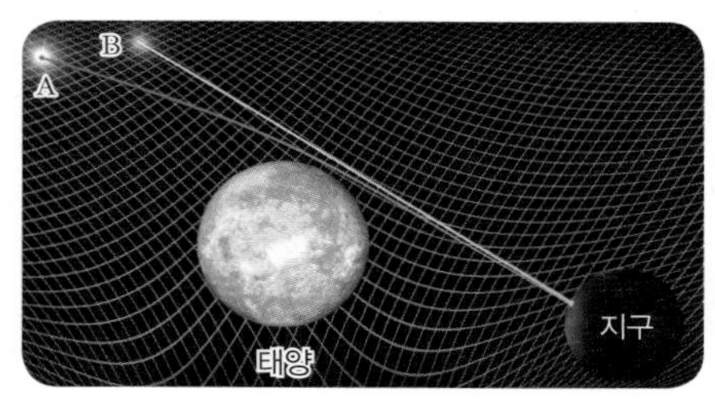

(3) 중력에 의한 시간 팽창 : 중력이 크게 작용하는 곳일수록 시간이 천천히 흐른다.

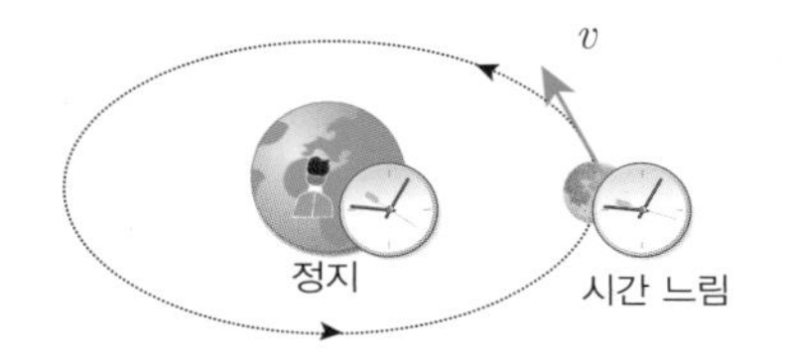

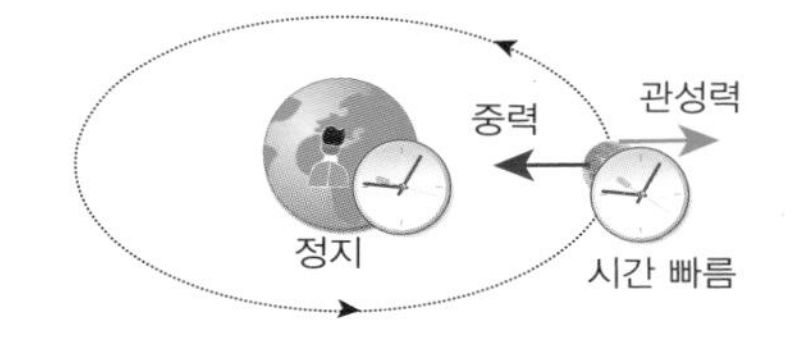

<달의 공전 속도에 의한 시간 팽창>
– 특수 상대성 이론
정지한 지구 위의 시계는 원운동의 중심에 있으므로 정지해 있고, 원운동하고 있는 달의 속력 때문에 달의 시간은 느려진다.

<달의 공전과 시간 편차 >– 일반 상대성 이론
달은 구심력(중력)과 관성력(원심력)을 동시에 받아 달에서의 중력 효과는 상쇄되며, 정지한 지구 표면에서 중력을 더 크게 받으므로 지표면에서의 시간이 달에서보다 느려진다.

개념확인 8 정답 및 해설 54

일반 상대성 이론에 의하면 이것에 의해 시공간이 휘어진다고 하였다. 이것은 무엇인가?

( )

확인 + 8

다음 설명의 빈칸에 알맞은 말을 고르시오.

일반 상대성 이론에 의하면 중력이 작용하는 곳에서는 시간이 (㉠ 천천히 ㉡ 빠르게) 흐른다.

◎ **중력 렌즈**

렌즈에 의해 빛이 굴절되는 것과 같이 빛의 경로가 천체나 은하의 강한 중력장에 의해 휘어지게 된다. 이때 은하와 은하단의 중력이 돋보기처럼 빛을 모으기 때문에 중력 렌즈라고 한다.

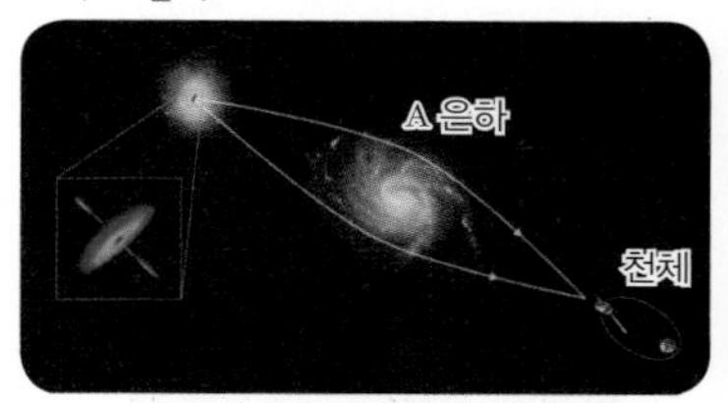

▲ 가려진 천체에서 나오는 빛이 A 은하의 중력에 의해 휘어져서 천체를 지구에서 관측할 수 있다.

◎ **아인슈타인 링**

허블나사에 의해 관측된 'SDSSJ1038 + 4849' 로 알려진 링처럼 보이는 '웃는 은하'는 노란색 눈을 이루는 두 은하 주위의 시공간이 왜곡되어 보이는 중력 렌즈 현상에 의한 것이다.

◎ **물체의 자유 낙하 운동 대한 아인슈타인의 해석**

아인슈타인은 물체가 중력의 영향으로 휘어진 공간을 따라 진행하기 때문에 지구 중심 방향으로 떨어지면서 서로 가까워진다고 설명하였다.

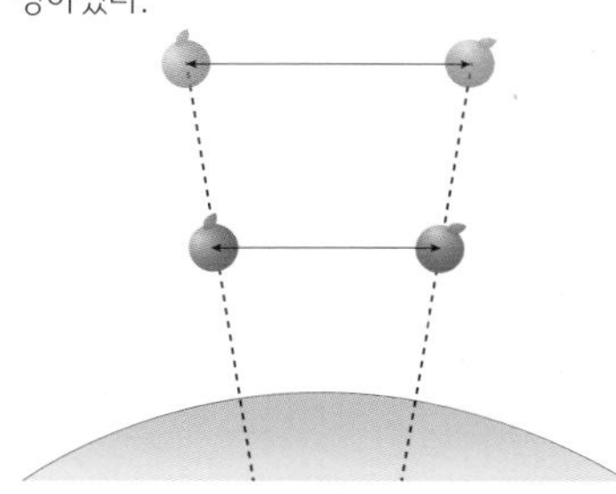

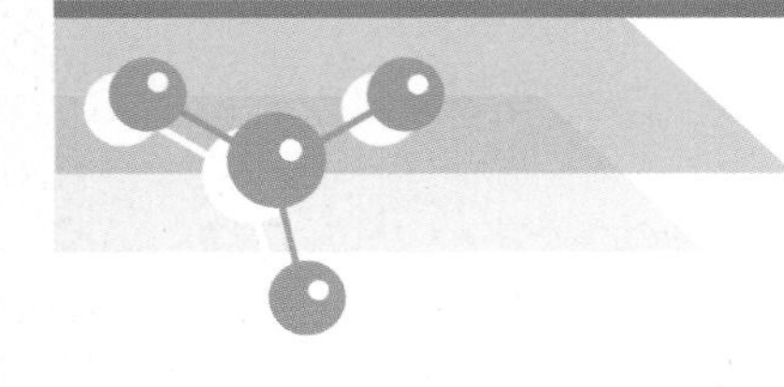

◉ 아인슈타인의 십자가

1985 년 허블 망원경으로 관찰한 퀘이사를 '아인슈타인의 십자가'라고 부른다.

실제로는 80 억광년 떨어진 퀘이사 하나와 4 억광년 떨어진 은하 하나로 이루어져 있다. 퀘이사에서 나오는 빛이 은하의 강한 중력에 의해 빛이 굴절되어 십자가처럼 보이는 것이다.

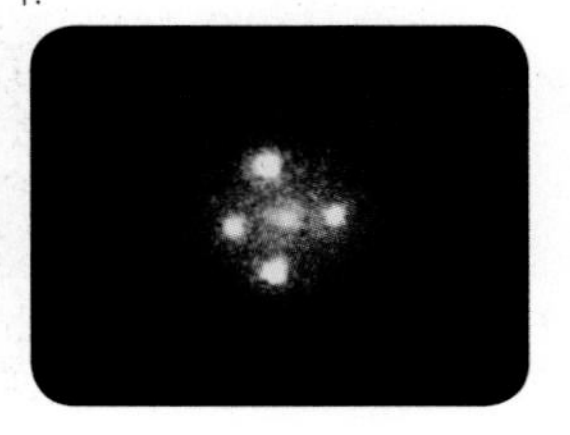

◉ 세차 운동

태양을 초점으로 타원 운동을 하는 태양계 행성들의 궤도의 회전축이 약간씩 변하여 근일점의 위치가 변하는 것을 말한다.

◉ ″ (초)

세차 운동의 단위 ″ (초)는 각도의 단위이다.

$1초(″) = 1분(′) \times \frac{1}{60} = 1도(°) \times \frac{1}{3600}$

$(1° = 60′ = 3600″)$

◉ GPS 시간 보정

2만 km 상공에서 시속 1만 4천 km 로 운동하는 GPS 위성의 시간은 다음과 같이 보정된다.

1. 일반 상대성 이론에 의한 보정 : 위성은 지구의 중력과 관성력(원심력)을 받아 무중력 상태를 유지하므로 GPS 위성에서의 시간은 중력이 작용하는 지구 표면에서 보다 45 ㎲(마이크로초 = 100 만분의 1 초) 빠르게 간다.
2. 특수 상대성 이론에 의한 보정 : 위성의 속도 때문에 GPS 위성에서 시간은 지구 표면에서보다 7 ㎲ 늦게 간다.

⇨ GPS 위성에서 시간이 지구에서의 시간보다 38 ㎲ 만큼 더 빨리 간다.

7. 일반 상대성 이론의 증거

(1) 빛의 휘어짐 관측 : 태양에 가려져 있는 별의 빛을 관찰할 수 있는 현상을 일반 상대성 이론에 의해 설명할 수 있게 되었다. 1919 년 영국의 천문학자 에딩턴 경에 의해 최초로 일식이 진행하는 동안 빛이 태양의 중력에 의해 휘어지는 현상이 관측되었다.

태양의 중력에 의한 빛의 휘어짐 ▶

(2) 수성의 세차 운동

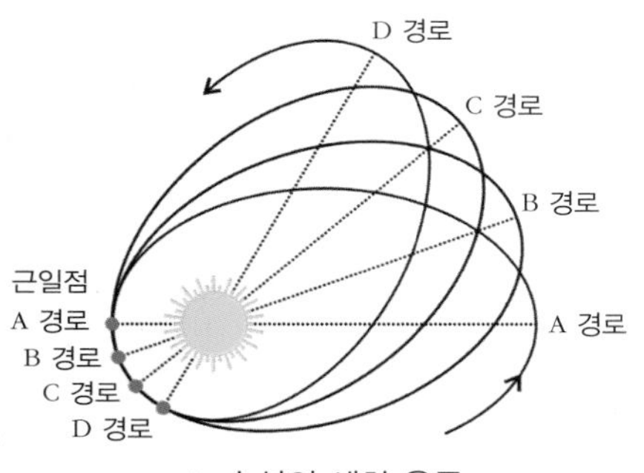

▲ 수성의 세차 운동

수성(태양에 가장 가까이 있어 태양 중력의 영향을 가장 많이 받는 행성으로 다른 행성보다 세차 운동을 관측하기 쉬움)의 세차 운동을 뉴턴 역학으로 계산한 결과(100 년에 531'' 만큼 변화)와 실제 관측 결과(100 년에 약 574'' 만큼 변화)의 차이가 발생한다.

⇨ 일반 상대성 이론을 적용하여 태양에 의해 시공간이 굽어지는 현상을 해석한 결과 실제 관측값과 일치하였다.

(3) 위성과 지상 시간의 오차 : 지구에 둔 시계보다 위성에 둔 같은 시계가 더 빨리 간다. 이는 위성이 지구의 중력과 관성력(원심력)을 동시에 받아 무중력 상태를 유지하기 때문에 나타나는 현상으로 일반 상대성 이론으로 설명할 수 있다. 따라서 GPS 인공위성에서 시간 정보를 지상으로 보낼 때에는 지상과 인공위성의 중력 차이를 고려하여 오차를 보정한 값을 보낸다.

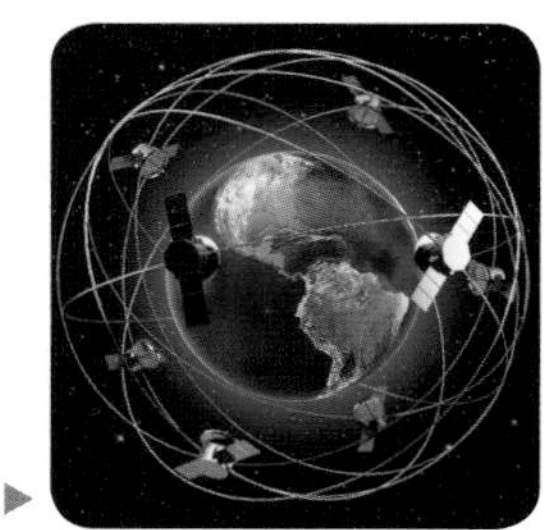

6 개의 지구 궤도에 배치되어 있는 24 개의 GPS 위성 ▶

(4) 중력에 의한 적색 편이 : 적색 편이란 스펙트럼 관측 시 관측자에게서 멀어지고 있는 광원의 빛은 정지한 광원의 빛보다 더 파장이 긴 쪽(붉은 색쪽)으로 치우치는 현상을 말한다. 중력에 의한 적색 편이란 천체 운동과는 상관없이 블랙홀, 은하, 은하단과 같이 중력이 매우 큰 천체 주변에서는 별빛의 진동수가 감소하고, 파장이 길어지므로 시간이 늦게 흐르는 것처럼 관측되기 때문에 그 공간을 지나오는 빛이 적색 편이를 일으키게 된다는 것을 말한다. 이는 중력 렌즈 현상과 함께 일반 상대성 이론을 증명하는 가장 확실한 현상이라 할 수 있다.

개념확인 9

정답 및 해설 54

중력이 큰 천체 주변을 지나오는 빛의 스펙트럼 관측 시 빛은 정지한 광원의 빛보다 파장이 더 긴 쪽으로 치우치는 현상을 무엇이라고 하는가?

( )

확인 + 9

일반 상대성 이론의 증거에 대한 설명 중 옳은 것은 ○ 표, 옳지 않은 것은 × 표 하시오.

(1) 수성의 세차 운동이 일어나는 원인을 설명할 수 있다. ( )
(2) 천체에 의해 가려져 있는 별이 보인다. ( )
(3) 인공 위성에서 보낸 시간과 지상에서 수신하는 시간은 정확하게 일치한다. ( )

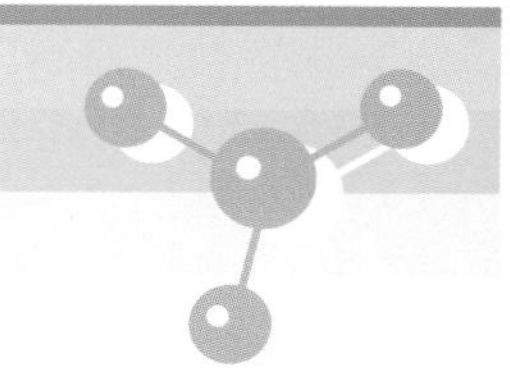

(3) **중력파** : 중력이 큰 물체들이 폭발이나 충돌에 의한 급격한 질량 변화가 발생할 때(중력이 큰 두 개의 별, 블랙홀이 하나로 합쳐지거나 초신성이 폭발할 때) 시공간의 흔들림이 파동의 형태로 사방으로 퍼져 나가는 것을 중력파라고 한다.

두 개의 블랙홀에 의해 발생하는 중력파에 대한 모식도 ▲

> 1916 년 아인슈타인은 일반 상대성 이론에서 중력파의 존재를 예측하며, 중력의 정체를 '시공간의 뒤틀림'으로 파악했고, 중력장에 따른 파동인 중력파도 존재는 하지만 중력은 매우 미세한 탓에 이론적으로만 가능하고, 찾아낼 수는 없을 것이라고 예상하였다. ⇨ 과학기술의 발달로 2016 년 LIGO 에서 중력파 탐지에 성공한 결과를 발표하였다. ⇨ 주로 가시광선과 같은 전자기파를 사용한 '전파 천문학' 시대에서 '중력파 천문학' 시대가 열리게 되었다.

(4) **블랙홀** : 질량이 매우 큰(밀도가 매우 큰) 천체 주변에 극단적인 시공간의 휘어짐이 발생하여 빛조차도 빠져 나올 수 없는 천체를 말한다.

① **블랙홀의 형성** : 블랙홀의 형성 원리에 대해서는 2 가지 가설이 있다.

(가설 1) 질량의 3~4 배를 넘는 별이 마지막 진화 단계(백색왜성)에 이른다. ⇨ 융합을 멈추면 중력에 의해 계속 수축하면서 폭발을 일으키며 초신성이 된다. ⇨ 바깥 물질은 우주 공간으로 날아가고 중심부의 물질은 내부를 향해 뭉쳐 중성자별이 된다. ⇨ 이렇게 뭉친 후에도 계속 수축하게 되면서 모든 물질이 한 점에 모이게 되어 부피가 0이 되고, 밀도는 무한대인 블랙홀이 형성되는 것이다.

(가설 2) 우주 대폭발 때 만들어진 물질들이 크고 작은 덩어리로 뭉쳐서 무수히 많은 블랙홀을 형성하였다(원시 블랙홀).

▲ 주변의 가스가 블랙홀로 빨려들어가면서 빛을 방출하고 있는 모습을 나타낸 모식도

② **블랙홀의 특성** : 블랙홀 주변의 매우 큰 중력에 의해 시간은 천천히 가고, 블랙홀의 경계에서는 시간이 거의 멈춘 것처럼 보인다(사건 지평).

③ **블랙홀의 발견** : 블랙홀 주변의 물질들이 블랙홀로 빠르게 빨려들어가면서 수백만 ℃ 로 가열되어 방출하는 강력한 X 선을 통해 블랙홀의 존재를 확인할 수 있다.

◉ LIGO(레이저 간섭계 중력파 관측소)에서 측정한 중력파 신호

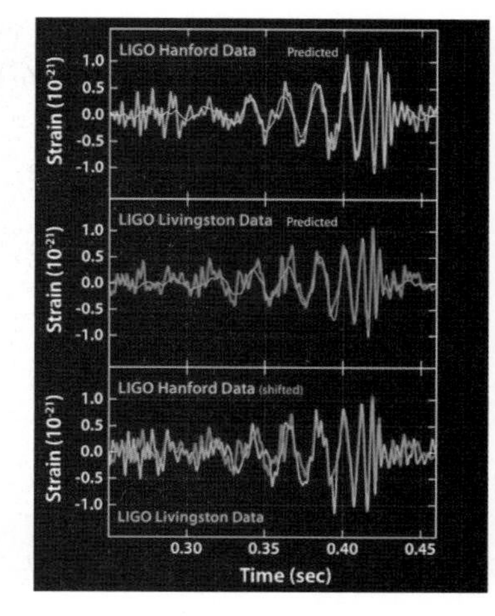

LIGO 에서 측정한 중력파는 약 13 억년 전에 각각 태양 질량의 36 배, 29 배인 블랙홀 두 개로 이뤄진 쌍성이 충돌해 합쳐지는 과정에서 약 0.15 초 간 발생한 것이다.
라이고는 한 변의 길이가 4 ㎞ 로 된 L 자 모양 장비로, 라이고 한쪽 끝에서 레이저 빛을 쏜 다음 그 빛이 다른 쪽 끝에 설치된 거울에 도달해 반사된 뒤 돌아오는 시간을 측정하여 두 군데에서 시간차를 두고 동시에 신호가 검출될 경우 중력파라고 볼 수 있다.

◉ LIGO(레이저 간섭계 중력파 관측소) 전경

◉ 최초로 발견한 블랙홀 "백조자리 X-1"

청색초거성의 물질이 백조자리 X-1 으로 빨려들어 가고 있는 모습을 그린 상상도이다

개념확인 10 정답 및 해설 54

중력이 큰 물체의 폭발이나 충돌에 의한 시공간의 흔들림이 파동의 형태로 사방으로 전파되어 나아가는 것을 무엇이라고 하는가?

( )

확인 + 10

블랙홀에 대한 설명 중 옳은 것은 ○ 표, 옳지 않은 것은 × 표 하시오.

(1) 밀도가 매우 큰 천체로, 빛조차 빠져 나올 수 없다. ( )
(2) 태양과 같은 질량의 별이 진화하면서 형성된다. ( )
(3) 블랙홀 경계에서 시간이 매우 빠르게 흐르는 것을 사건 지평이라고 한다. ( )

01 특수 상대성 이론에 대한 설명 중 옳은 것은 ○ 표, 옳지 않은 것은 × 표 하시오.

(1) 한 관성 좌표계에서 동시에 발생한 두 사건이 다른 관성 좌표계에서는 동시에 일어나는 사건이 아닐 수 있다. ( )

(2) 사건에 대하여 상대적으로 움직이는 관측자가 측정한 시간은 같은 사건에 대하여 상대적으로 정지한 관측자가 측정한 시간보다 길다. ( )

(3) 물체의 속력이 증가하면, 물체의 질량이 증가하며, 이때 물체의 속력은 빛의 속도를 넘을 수 없다. ( )

02 특수 상대성 이론의 기본 가설에 대한 설명으로 옳은 것만을 <보기> 에서 있는 대로 고른 것은?

<보기>

ㄱ. 정지해 있는 장소에서나 일정한 속도로 움직이는 장소에서나 같은 운동 법칙이 적용된다.
ㄴ. 광원이 움직이면, 정지해 있는 관측자가 측정한 광속은 더 빨라진다.
ㄷ. 특수 상대성 이론은 관성 좌표계와 관련된 현상들을 다룬다.

① ㄱ ② ㄴ ③ ㄷ ④ ㄱ, ㄴ ⑤ ㄱ, ㄷ

03 그림과 같이 빛의 속도에 가깝게 등속으로 날아가는 우주선 안에서 상상이가 비탈면 위에서 구슬을 굴렸을 때 이 구슬은 비탈면을 따라 운동하다가 비탈면과 이어진 지면을 따라 운동하였다. 상상이가 봤을 때 지면에서 구르는 구슬은 어떤 운동을 하겠는가? (단, 모든 마찰은 무시하고 중력은 지면과 수직 방향으로 작용한다.)

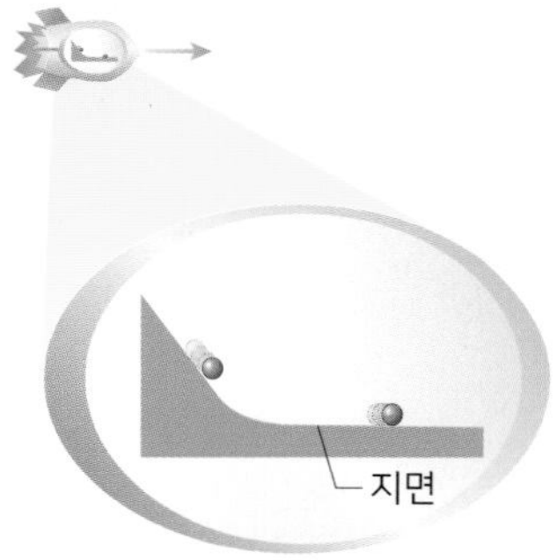

지면

① 등속 운동을 한다. ② 속력이 점점 느려진다
③ 속력이 점점 빨라진다. ④ 제자리에서 가만히 있는다.
⑤ 비탈면을 내려와서 멈춘다.

04 $0.6c$ 의 속력으로 이동하고 있는 우주선을 지구에 있는 무한이가 보고 있다. 무한이가 볼 때 우주선이 이동한 거리는 1080 km 였다. 물음에 답하시오.($c = 3 \times 10^8$ m/s)

(1) 우주선 조종사가 측정한 우주선이 이동한 거리는 얼마인가?

( ) km

(2) 이 거리를 이동하는데 걸리는 시간을 무한이가 측정했을 때(㉠)와 우주선 조종사가 측정했을 때(㉡)를 바르게 짝지은 것은?

	㉠	㉡
①	4.8×10^{-3} s	4.8×10^{-3} s
②	4.8×10^{-3} s	6×10^{-3} s
③	6×10^{-3} s	4.8×10^{-3} s
④	6×10^{-3} s	6×10^{-3} s
⑤	4.8 s	6 s

05

알콜 램프를 이용하여 비커의 물에 900 J 의 열을 가하였다. 이때 물의 질량 증가량은?(단, 열은 모두 물에만 가해지는 것으로 가정하며, $c = 3 \times 10^8$ m/s 이다.)

( ) kg

06

일반 상대성 이론과 관련된 설명 중 옳은 것은 ○표, 옳지 않은 것은 ×표 하시오.

(1) 가속 좌표계에서는 갈릴레이의 상대성 원리를 적용할 수 없다. ( )

(2) 관성력을 받는 물체는 중력을 받는 물체와 같다고 해석할 수 있으므로, 관성 질량과 중력 질량은 서로 같다.

(3) 우주 공간에서 중력은 시공간을 휘게 한다. ( )

07

오른쪽 그림은 지표면에서 수평한 원판 위의 중심과 가장자리에 시계 A, B 가 놓여 있는 것을 나타낸 것이다. 이때 원판이 회전하고 있다면, 원판과 같이 운동하는 원판 위의 관찰자가 측정한 시계에 대한 설명으로 옳은 것을 모두 고르시오.

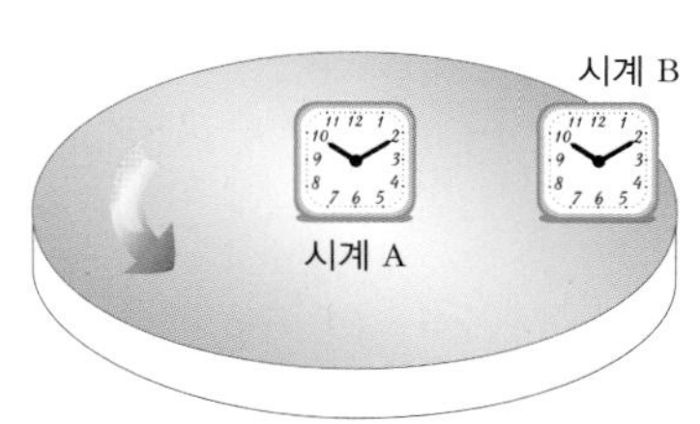

① 원판 위의 관찰자가 봤을 때 시계 A, B 모두 정지한 상태이다.
② 시계 A, B 에서 측정한 시간의 차이는 특수 상대성 이론에 의해 설명할 수 있다.
③ 시계 A, B 에는 모두 같은 중력이 연직 방향으로 작용하므로 두 시계의 시간 차이는 없다.
④ 시계 B 에는 원심력이 작용하여 마치 중력이 작용한 것과 같으므로 시계 A 보다 시간이 천천히 흐른다.
⑤ 시계 A 는 상대 운동이 없으므로 정지해 있고, 시계 B 는 운동을 하므로 시계 A보다 천천히 흐른다.

08

일반 상대성 이론의 증거되는 현상으로 옳은 것만을 <보기> 에서 있는 대로 고른 것은?

<보기>

ㄱ. 동시성의 상대성　　ㄴ.광속 불변의 원리　　ㄷ. 적색 편이
ㄹ. 중력 렌즈　　ㅁ. 블랙홀　　ㅂ. 길이 수축

① ㄱ, ㄴ, ㄷ　　② ㄴ, ㄷ, ㄹ　　③ ㄷ, ㄹ, ㅁ
④ ㄱ, ㅁ, ㅂ　　⑤ ㄱ, ㄷ, ㅁ

유형 8-1 특수 상대성 이론 I

오른쪽 그림은 마이컬슨 – 몰리 실험 모식도이다. 이에 대한 설명으로 옳은 것만을 <보기> 에서 있는 대로 고른 것은?

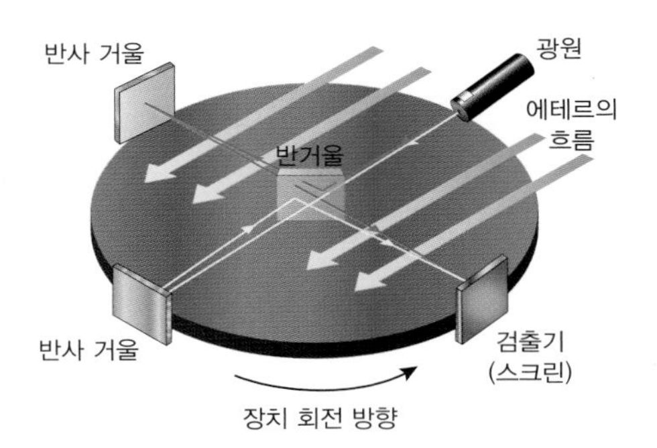

<보기>

ㄱ. 빛의 속력 측정을 최초로 성공하였다.
ㄴ. 빛을 전달해 주는 매질의 존재를 확인하려고 하였다.
ㄷ. 반사된 빛과 투과된 빛의 간섭 무늬의 변화가 발생하였다.
ㄹ. 빛의 속도는 관찰자의 운동 상태와 상관없이 항상 일정하다는 결론을 얻을 수 있었다.

① ㄱ, ㄷ ② ㄴ, ㄷ ③ ㄴ, ㄹ ④ ㄱ, ㄴ, ㄷ ⑤ ㄴ, ㄷ, ㄹ

01 만약 빛의 속력으로 운동하면서 빛을 관찰하였을 때 빛은 어떻게 보일까? (단, 빛의 속력은 30 만 km/s이다.)

① 빛을 볼 수 없을 것이다.
② 빛은 정지해 보일 것이다.
③ 30 만 km/s 로 운동하는 것으로 보일 것이다.
④ 30 만 km/s 보다 느리게 운동하는 것으로 보일 것이다.
⑤ 30 만 km/s 보다 빠르게 운동하는 것으로 보일 것이다.

02 그림과 같이 일정한 거리 d 만큼 떨어진 점전하 A 와 B 사이에 작용하는 힘의 측정값은 지구에서 10 N 이었다. 같은 실험을 빛의 속력으로 A 에서 B 방향으로 운동하고 있는 우주선 안에서 진행한다면, 두 전하 사이에 작용하는 힘의 크기는? (단, 두 점전하는 진행 방향과 나란하게 놓여 있다.)

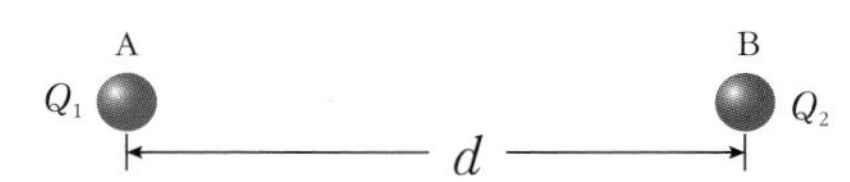

① 힘이 작용하지 않는다.
② 힘의 크기가 10 N 으로 같다.
③ 힘의 크기가 10 N 보다 작다.
④ 힘의 크기가 10 N 보다 크다.
⑤ 힘의 크기를 측정할 수 없다.

유형 8-2 특수 상대성 이론 II

오른쪽 그림은 달에 있는 상상이가 지구에서 행성으로 운동하고 있는 우주선을 탄 무한이를 보고 있는 것을 나타낸 것이다. 이때 우주선은 상상이에 대하여 $0.6c$ 의 일정한 속도로 운동하고 있으며, 상상이가 볼 때 지구에서 행성까지는 5 천만 km 떨어져 있다. 이에 대한 설명으로 옳은 것만을 <보기> 에서 있는 대로 고른 것은? (단, 지구와 행성은 달에 대하여 정지해 있으며. c 는 빛의 속력이다.)

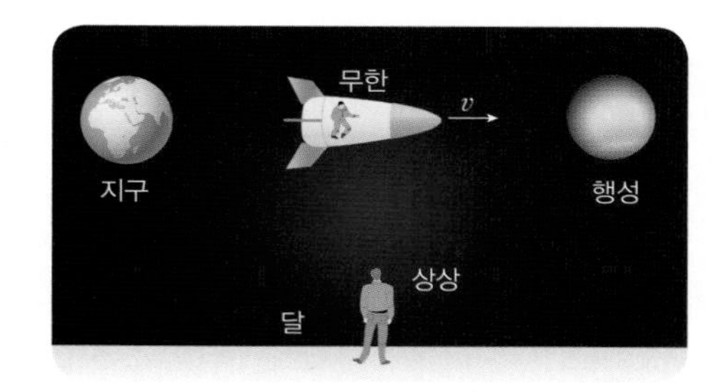

<보기>

ㄱ. 무한이가 볼 때 지구에서 행성까지의 거리는 5 천만 km 보다 짧다.
ㄴ. 무한이가 볼 때 지구는 $0.6c$ 의 속도로 우주선에서 멀어지고 있다.
ㄷ. 상상이가 볼 때 지구에서 행성까지 걸리는 시간을 t_1이라 하고, 무한이가 볼 때 지구에서 행성까지 걸리는 시간을 t_2 라고 할 때, $t_1 < t_2$ 이다.

① ㄱ　② ㄴ　③ ㄷ　④ ㄱ, ㄴ　⑤ ㄴ, ㄷ

03 갈릴레이의 상대성 이론에 대한 설명으로 옳은 것만을 〈보기〉 에서 있는 대로 고른 것은?

〈보기〉

ㄱ. 정지해 있는 사람이거나 일정한 가속도로 움직이고 있는 사람에게 물체의 운동 법칙은 동일하게 적용된다.
ㄴ. 특수 상대성 이론의 기본 가설이 된다.
ㄷ. 빛의 속도는 절대적인 값이다.

① ㄱ　② ㄴ　③ ㄷ
④ ㄱ, ㄴ　⑤ ㄴ, ㄷ

04 정지한 관측자에 대해서 v 의 속도로 운동하고 있는 우주선 내부에서 사건이 진행될 때 , 사건의 진행 시간을 우주선 내부의 관측자가 측정한 시간을 t_0 , 우주선 밖 정지한 관측자가 측정한 시간을 t 이라고 할 때, 어떤 것을 고유 시간이라고 하는가? 또한 t 를 t_0 로 나타내시오. (단, 빛의 속력은 c 로 한다.)

05 원자력 발전이나 원자 폭탄에 이용되는 에너지와 관련된 설명으로 옳은 것만을 <보기> 에서 있는 대로 고른 것은?

〈보기〉

ㄱ. 핵융합 반응이 일어나면 핵의 질량이 늘어난 만큼 에너지가 발생하게 된다.
ㄴ. 질량과 에너지는 동등하다.
ㄷ. 핵반응이 일어날 때 핵의 질량은 줄어들며, 줄어든 질량의 일부가 에너지로 전환된다.

① ㄱ　② ㄴ　③ ㄷ
④ ㄱ, ㄴ　⑤ ㄴ, ㄷ

유형 8-3 일반 상대성 이론 I

그림 (가) 는 무한이가 지구에 정지해 있는 우주선 안에서 공을 들고 있는 것이고, 그림 (나) 는 중력이 작용하지 않는 공간에서 화살표 방향으로 가속도 $g(>0)$로 운동하는 우주선 안에서 공을 들고 있는 것을 나타낸 것이다. 무한이가 공을 가만히 놓았을 경우 각각을 관찰한 결과에 대한 설명으로 옳은 것만을 <보기> 에서 있는 대로 고른 것은? (단, 지구 중력 가속도는 g 이고, 우주선 내부에서는 외부를 볼 수 없다.)

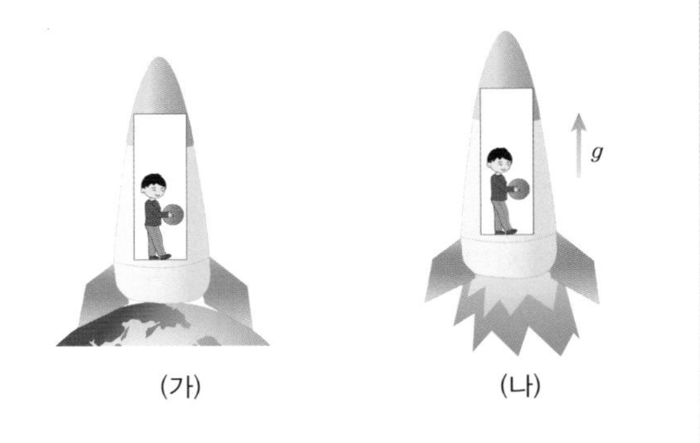

(가) (나)

<보기>

ㄱ. (가) 와 (나) 모두 공에 힘이 작용하지 않은 것으로 보인다.
ㄴ. (가) 의 경우는 공이 가속도 g 로 낙하하는 것으로 보이지만, (나) 의 경우는 공이 정지해 있는 것처럼 보인다.
ㄷ. 무한이는 자신이 운동하고 있는 우주선에 타고 있는지, 지구에 정지해 있는 우주선에 타고 있는지 구분할 수 없다.

① ㄱ ② ㄴ ③ ㄷ ④ ㄱ, ㄴ ⑤ ㄴ, ㄷ

06 다음 중 체중이 더 무겁게 측정되는 경우로 옳은 것만을 <보기> 에서 있는 대로 고른 것은? (단, 지구 중력 가속도는 g 이다.)

<보기>

ㄱ. 지구에 정지해 있는 우주선 안에서 체중을 측정할 때
ㄴ. 일정한 가속도(>0)로 상승하는 지구의 엘리베이터에서 체중을 측정할 때
ㄷ. 지표면에서 일정한 속도로 상승하는 우주선에서 체중을 측정할 때

① ㄱ ② ㄴ ③ ㄷ
④ ㄱ, ㄴ ⑤ ㄴ, ㄷ

07 그림 (가) 와 (나) 는 우주선 속 빛의 경로를 나타낸 것이다. 각 우주선의 운동 상태에 대한 설명으로 옳은 것만을 <보기> 에서 있는 대로 고른 것은? (단, 지구 중력 가속도는 g 이다.)

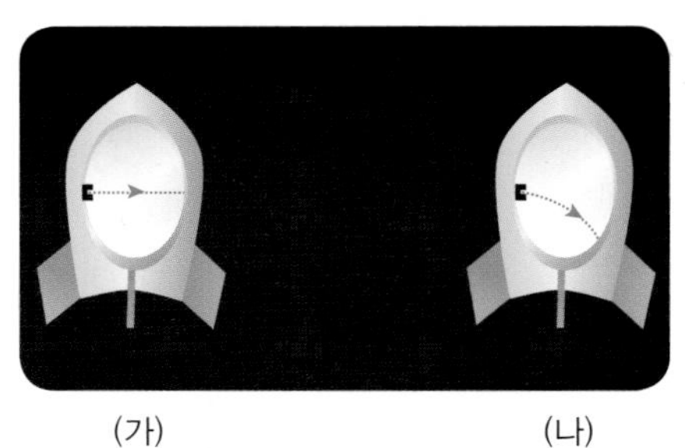
(가) (나)

<보기>

ㄱ. (가) 는 무중력 상태에서 정지해 있는 우주선이다.
ㄴ. (나) 는 지구에 정지해 있는 우주선이다.
ㄷ. (나) 는 무중력 상태에서 위쪽으로 가속도(>0) 운동하는 우주선이다.

① ㄱ ② ㄴ ③ ㄷ
④ ㄱ, ㄴ ⑤ ㄱ, ㄴ, ㄷ

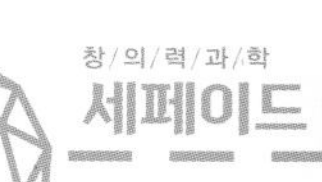

유형 8-4 일반 상대성 이론 II

오른쪽 그림은 태양계 밖의 별빛이 태양 근처를 지나 지구에 도달하는 것을 나타낸 것이다. 이와 관련된 설명으로 옳은 것만을 <보기> 에서 있는 대로 고른 것은?

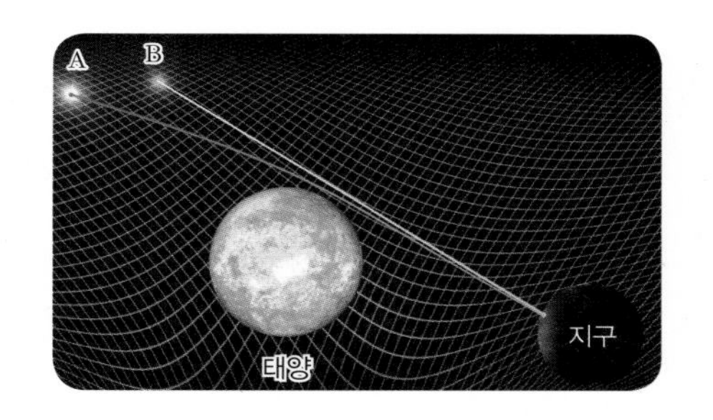

<보기>

ㄱ. 빛의 휘어짐이 큰 곳에서는 지구에서보다 시간이 느리게 흐른다.
ㄴ. 태양의 중력보다 더 큰 중력을 갖는 천체 근처를 지나는 빛은 그림보다 더 적게 휘어진다.
ㄷ. 실제 별의 위치는 A 이지만 지구에서는 B 의 위치에 있는 것으로 보인다.
ㄹ. 빛이 태양 근처의 휘어진 공간을 따라 이동하여 실제 위치와 보이는 위치가 달라진다.

① ㄱ, ㄷ ② ㄴ, ㄷ ③ ㄷ, ㄹ ④ ㄱ, ㄴ, ㄷ ⑤ ㄱ, ㄷ, ㄹ

08 다음 그림은 '아인슈타인의 십자가' 라 불리는 퀘이사이다. 실제로 은하 뒤에 있어서 은하에 가려져 있는 퀘이사로 이루어져 있지만, 퀘이사에서 나오는 빛은 십자가처럼 여러 군데에서 보인다. 이에 대한 설명으로 옳은 것은?

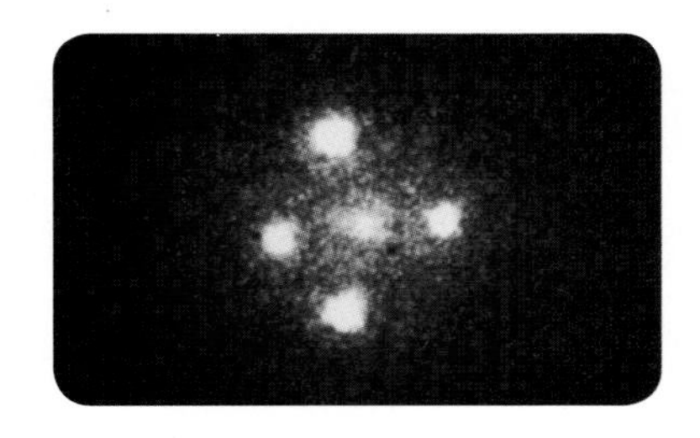

① 우주가 점점 커지고 있기 때문이다.
② 지구가 자전과 공전을 함께 하고 있기 때문이다.
③ 지구는 에테르라는 물질로 가득차 있기 때문이다.
④ 퀘이사에서 나오는 빛이 은하의 강한 중력에 의해 굴절되기 때문이다.
⑤ 퀘이사에서 나오는 빛이 은하의 빛보다 느린 속도로 지구에 도달하기 때문이다.

09 다음 그림은 청색초거성에서 백조자리 X-1 으로 물질이 빨려들어 가고 있는 모습을 그린 상상도이다. 이와 관련된 설명으로 옳은 것은?

① 청색 초거성의 중심에는 블랙홀이 있다.
② 물질은 모두 빨려들어가나 빛은 빠져나온다.
③ 백조자리 X-1 중심에서는 시간이 빨리 흐른다.
④ 태양 질량과 비슷한 천체에서 볼 수 있는 현상이다.
⑤ 물질이 빨려들어가면서 방출하는 X선을 통해 이 천체의 존재를 확인할 수 있다.

스스로 실력 높이기

A

01 갈릴레이의 상대성 이론의 한계에 대한 설명으로 옳은 것만을 <보기> 에서 있는 대로 고른 것은?

<보기>

ㄱ. 빛의 속도는 측정하는 좌표계에 따라 달라진다.
ㄴ. 뉴턴의 운동 법칙에는 적용 가능하나, 전자기학이나 광학에는 적용할 수 없다.
ㄷ. 서로 다른 관성좌표계에서의 물체의 운동은 각각 다르게 나타나지만 결과는 같다.

① ㄱ ② ㄴ ③ ㄷ
④ ㄱ, ㄴ ⑤ ㄴ, ㄷ

02 다음 설명의 빈칸에 알맞은 말을 각각 고르시오.

지구는 공전하면서 운동 방향이 계속 바뀌는 운동을 하므로 관성 좌표계라고 볼 수 (㉠ 있다 ㉡ 없다). 하지만 매우 짧은 시간 동안의 물체의 운동을 다룰 때 지구는 관성 좌표계라고 볼 수 (㉠ 있다 ㉡ 없다).

03 그림은 지구에 있는 상상이가 달을 떠나 금성을 향해 운동하는 우주선에 타고 있는 무한이를 보고 있는 것이다. 우주선은 상상이에 대하여 0.8c의 일정한 속도로 운동하고 있을 때 우주선이 이동한 시간을 측정한다면 누구의 시간이 고유 시간인가?

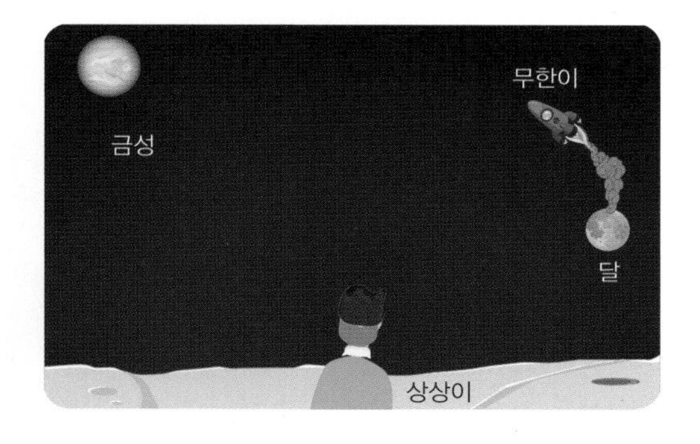

(㉠ 무한이 ㉡ 상상이)

04 다음 그래프는 특수 상대성 이론에 의한 현상을 각각 나타낸 것이다. 각 그래프의 y 축(세로축)에 들어갈 단어를 <보기> 에서 모두 골라 바르게 짝지으시오.

<보기>

ㄱ. 시간 팽창 비율
ㄴ. 길이 수축 비율
ㄷ. 질량 증가 비율

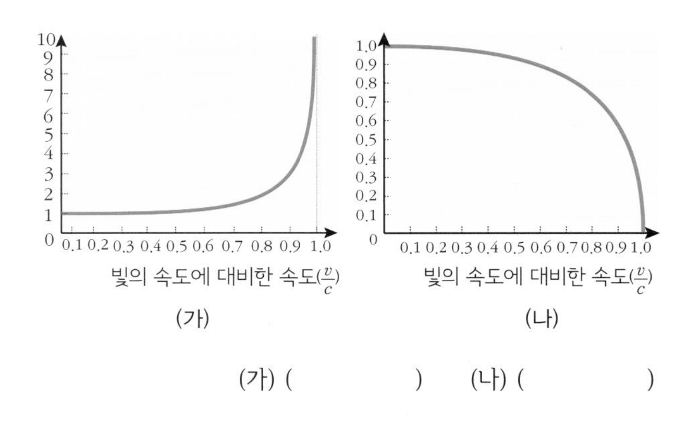

(가) (　　　　) (나) (　　　　)

05 다음 설명의 빈칸에 알맞은 말을 고르시오.

질량-에너지 동등성에 의하여 용수철 상수가 50 N/m, 질량이 0.5 kg 인 용수철에 힘을 가하여 10 cm 잡아 당겼을 때 용수철의 질량은 용수철을 늘이기 전과 비교할 때 (㉠ 감소한다 ㉡ 변함없다 ㉢ 증가한다).

06 다음 설명의 빈칸에 알맞은 말을 고르시오.

특수 상대성 이론에 의하면, 물체에 대해서 상대적으로 운동하는 좌표계에서 물체의 길이를 측정하면, 물체에 대해서 정지한 상태에서 측정한 길이보다 (㉠ 짧게 ㉡ 길게) 측정된다.(이때 운동의 방향과 물체의 길이의 방향은 같아야 한다.)

07 각 설명에 해당하는 단어를 바르게 연결하시오.

(1) 중력 질량 • • ㉠ 뉴턴의 운동 제2 법칙을 이용하여 질량을 계산할 때의 질량
(2) 관성 질량 • • ㉡ 만유인력을 이용하여 질량을 계산할 때의 질량

08

일정한 가속도 5 m/s^2 로 운동하고 있는 차에 무한이가 타고 있다. 이때 무한이에게 작용하는 관성력의 크기와 방향은? (단, 가속도의 방향은 오른쪽 (+) 이고, 무한이의 질량은 60 kg 이다.)

㉠ 크기 (　　　　　　) N　㉡ 방향 (　　　　　　)

09

매우 큰 중력에 의해 주변 공간을 휘게 하여 렌즈처럼 빛을 휘게 하는 현상을 무엇이라고 하는가?

(　　　　　　)

10

블랙홀 주변의 매우 큰 중력에 의해 블랙홀 주변의 시간은 천천히 흐른다. 이때 블랙홀과 주변 공간 사이의 경계에서는 시간이 거의 멈춘 것처럼 보인다. 이 경계를 무엇이라고 하는가?

(　　　　　　)

B

11

관성 좌표계에 대한 설명으로 옳은 것만을 <보기> 에서 있는 대로 고른 것은?

<보기>

ㄱ. 정지하거나 등속 운동하는 좌표계이다.
ㄴ. 갈릴레이의 상대성 이론을 적용할 수 있다.
ㄷ. 관성력이 나타나는 좌표계이다.

① ㄱ　② ㄴ　③ ㄷ
④ ㄱ, ㄴ　⑤ ㄴ, ㄷ

12

무한이는 실험실에서 물의 끓는점이 100 ℃ 라는 사실을 확인하였다. 빛의 속도와 가까운 속도로 운동하는 우주선 안에서 같은 실험 장치를 이용하여 물을 끓였다면, 물은 몇 ℃ 에서 끓을까? (단, 실험실과 우주선 안의 기압은 모두 1 기압이다.

① 물이 끓지 않는다.
② 똑같이 100 ℃ 에서 끓는다.
③ 물의 온도를 측정할 수 없다.
④ 100 ℃ 보다 낮은 온도에서 끓는다.
⑤ 100 ℃ 보다 높은 온도에서 끓는다.

13

그림은 지표면과 나란한 방향으로 $0.6c$ 의 일정한 속도로 운동하는 우주선에서 측정한 우주선의 가로 세로 길이를 나타낸 것이다.

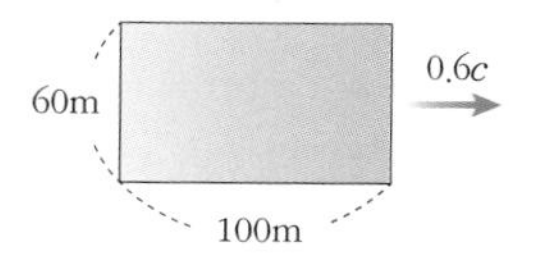

지면

지면에 정지해 있는 관측자가 측정한 우주선의 가로, 세로 길이를 바르게 짝지은 것은?

	가로	세로		가로	세로
①	60 m	48 m	②	80 m	48 m
③	80 m	60 m	④	80 m	100 m
⑤	100 m	48 m			

14

일정한 속도로 운동하는 우주선 안에서 천장으로 쏘아 올린 빛이 다시 바닥으로 돌아오기까지 시간을 측정하는데, 그림 (가) 는 우주선에 있는 관측자가, 그림 (나) 는 정지해 있는 지구의 관측자가 측정하는 것을 나타낸 것이다. 이에 대한 설명으로 옳은 것만을 <보기> 에서 있는 대로 고른 것은? (단, 우주선의 속도는 v, 빛의 속력은 c, 우주선의 천장과 바닥 사이의 높이는 D 이다.)

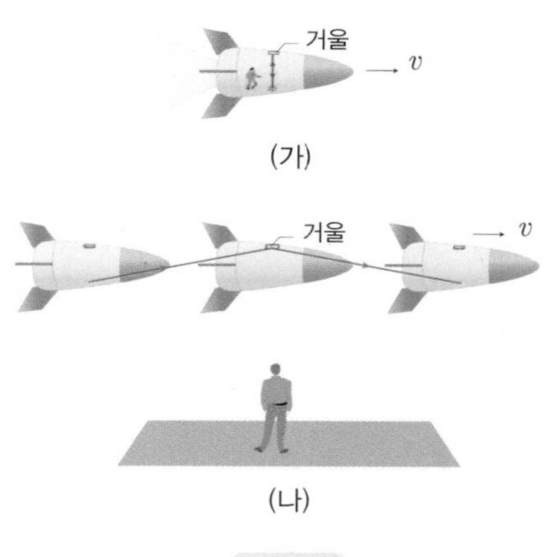

(가)

(나)

<보기>

ㄱ. (가)의 관측자가 관측한 빛의 속력은 (나) 의 관측자가 관측한 빛의 속력보다 느리다.
ㄴ. (가) 의 관측자가 관측한 시간은 $\frac{2D}{v}$ 이다.
ㄷ. (나) 의 관측자가 관측한 시간은 (가) 가 관측한 시간보다 길다.

① ㄱ　② ㄴ　③ ㄷ
④ ㄱ, ㄴ　⑤ ㄴ, ㄷ

15 다음 설명의 빈칸에 알맞은 말을 바르게 짝지은 것은?

광속과 가까운 속도로 운동하고 있는 우주선을 상대적으로 정지한 지구에서 바라보고 있는 사람의 입장에서 우주선의 길이는 (㉠), 우주선 안의 시계는 (㉡) 흐른다. 반면에 우주선에 타고 있는 사람의 입장에서는 지구 상의 물체의 길이는 (㉢), 지구의 시계는 (㉣) 흐른다.

	㉠	㉡	㉢	㉣
①	짧아지고	빠르게	길어지고	느리게
②	길어지고	빠르게	짧아지고	느리게
③	짧아지고	천천히	짧아지고	천천히
④	길어지고	천천히	길어지고	천천히
⑤	짧아지고	천천히	길어지고	빠르게

16 다음 그림은 '아인슈타인 링'이라 불리는 현상을 지구에서 관찰한 것이다. 노란색 눈은 두 개의 은하로 실제로는 서로 먼거리에 떨어져 있지만 중력이 매우 커서 주위의 시공간이 휘어지는 것이다. 은하 뒤에 가려진 천체에서 나오는 빛이 가장자리에 둥글게 형성되어 웃는 사람의 모습이 되었다. 이와 같은 현상에 대한 설명으로 옳은 것만을 <보기> 에서 있는 대로 고른 것은?

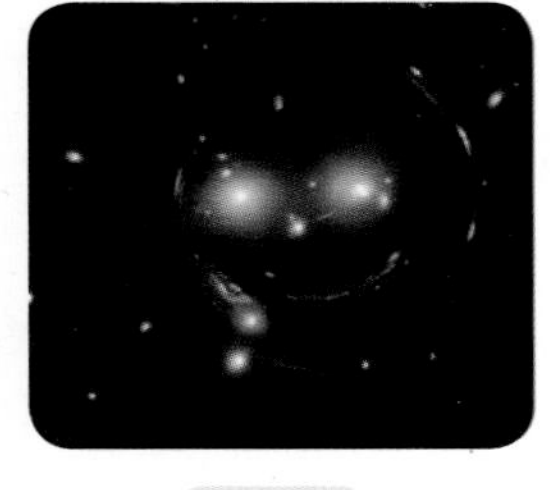

<보기>

ㄱ. 빛이 휘는 원리를 다른 시각으로 설명하였다.
ㄴ. 중력 렌즈도 같은 원리로 설명이 가능하다.
ㄷ. 중력이 강한 곳을 통과한 빛은 적색 편이 현상을 일으킨다.

① ㄱ ② ㄴ ③ ㄷ
④ ㄱ, ㄴ ⑤ ㄱ, ㄴ, ㄷ

17 일반 상대성 이론의 증거 또는 설명에 대해 옳지 않은 것만을 <보기>에서 있는 대로 고른 것은?

<보기>

ㄱ. 중력파의 존재를 예측하였다.
ㄴ. 수성의 세차 운동의 뉴턴 역학적 이론 값과 관측 값의 차이를 해석할 수 있다.
ㄷ. 중력이 강한 천체 주위 공간에서는 시간이 빨리 간다.
ㄹ. 물체가 받는 관성력과 중력은 서로 구분할 수 없다.

① ㄱ ② ㄴ ③ ㄷ
④ ㄱ, ㄹ ⑤ ㄴ, ㄷ, ㄹ

18 GPS 인공위성에서 시간 정보를 보낼 때에는 시간을 보정한 값을 보내야 정확한 시간을 적용할 수 있다. 그 이유에 대하여 세 학생이 대화를 나누고 있다. 바르게 설명한 학생을 있는 대로 고른 것은?

① 영희 ② 무한 ③ 순희
④ 영희, 무한 ⑤ 영희, 순희

19

진자에 대해 정지한 관성 좌표계에서 측정한 진자의 주기가 10 초였다. 이 진자에 대해 $0.99c$ 의 일정한 속도로 움직이는 관측자가 측정한 진자의 주기는? (단, c 는 빛의 속력이다.)

① 1.4 초　② 10 초　③ 11.4 초
④ 71 초　⑤ 99 초

20

그림은 일정한 속도 $0.8c$ 로 진행하고 있는 우주선 속 상상이를 정지한 지구에서 무한이가 지켜보고 있는 것을 나타낸 것이다. 이때 상상이가 우주선의 정중앙에서 거리가 서로 같은 앞쪽 벽과 뒤쪽 벽을 향해 동시에 빛을 발사하였다. 이에 대한 설명으로 옳은 것만을 <보기> 에서 있는 대로 고른 것은? (단, c 는 빛의 속력이다.)

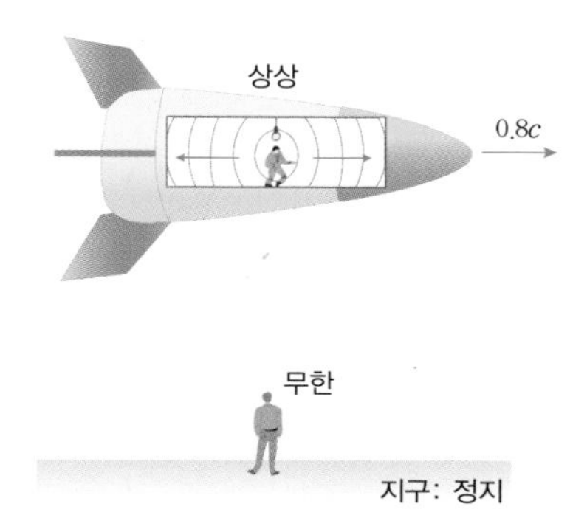

<보기>

ㄱ. 무한이가 측정한 빛의 속도와 상상이가 측정한 빛의 속도는 같다.
ㄴ. 상상이에게 빛은 벽의 앞쪽과 뒤쪽에 동시에 도달하는 것으로 보인다.
ㄷ. 상상이가 측정한 시간이 60 초가 지났을 때, 무한이의 시계는 100 초가 지났다.
ㄹ. 무한이에게 빛은 앞쪽 벽에 먼저 도달하는 것으로 보인다.

① ㄱ, ㄴ　② ㄴ, ㄷ　③ ㄷ, ㄹ
④ ㄱ, ㄴ, ㄷ　⑤ ㄱ, ㄴ, ㄹ

21

다음 그림은 중력이 작용하지 않는 곳에서 화살표 방향의 가속도 a (>0)로 운동하는 우주선의 천장에 매달려서 일정한 길이가 늘어난 용수철을 나타낸 것이다. 이와 관련된 설명으로 옳은 것만을 <보기> 에서 있는 대로 고른 것은?

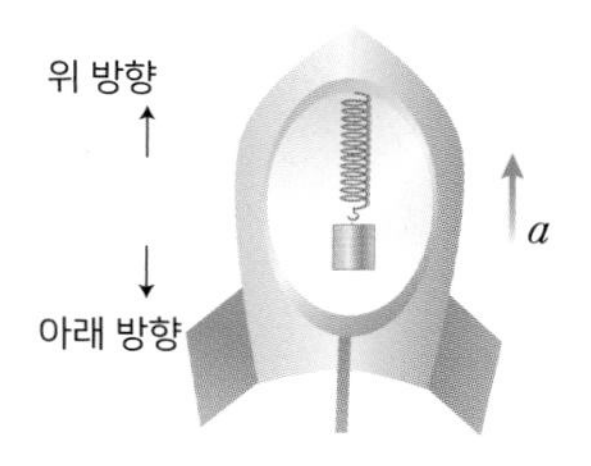

<보기>

ㄱ. 추에 작용하는 관성력의 방향과 우주선의 가속도의 방향은 같다.
ㄴ. 지구 지표면에 있는 실험실에서 동일한 용수철과 추를 천장에 매달 경우, 중력 가속도 g 가 a 보다 작으면 용수철의 늘어난 길이는 위의 그림에서 보다 작다.
ㄷ. 우주선이 등속 운동을 한다면, 용수철의 늘어난 길이는 더 길어진다.

① ㄱ　② ㄴ　③ ㄷ
④ ㄱ, ㄴ　⑤ ㄴ, ㄷ

22

다음 그림은 두 개의 블랙홀이 합쳐질 때 일어나는 현상을 상상한 모식도이다. 이와 관련된 설명으로 옳은 것만을 <보기> 에서 있는 대로 고른 것은?

<보기>

ㄱ. 두 블랙홀이 하나로 합쳐지면 중력파가 발생할 것이라고 예측했다.
ㄴ. 시공간의 흔들림이 파동의 형태로 사방으로 전파되어 나아가는 것을 나타낸 것이다.
ㄷ. 아인슈타인이 중력파를 최초로 발견하였다.
ㄹ. 중력파는 빛의 속력으로 진행한다.

① ㄱ, ㄴ　② ㄴ, ㄷ　③ ㄷ, ㄹ
④ ㄱ, ㄴ, ㄷ　⑤ ㄱ, ㄴ, ㄹ

23 우주선이 상대 속력 $0.99c$ 의 속력으로 지구를 스쳐 지나간다. 이때부터 우주선의 시간으로 10 년 동안 탐사 행성으로 간 후, 탐사 행성에 멈추어 섰다가 같은 속력으로 여행하여 지구로 돌아온다. 지구에서 측정할 때 우주선의 왕복 여행 시간을 구하시오. (단, 우주선이 정지하거나 회전, 다시 속력을 얻는 것 등과 관련되는 가속 효과와 행성에 멈추어 섰던 시간은 무시한다.)

( ) 년

24 그림은 일반 상대성 이론에 따른 시공간의 휘어짐을 2 차원 평면의 휘어짐으로 시각화한 모형을 나타낸 것이다. 중력이 있는 천체 주위의 시공간에 대한 설명으로 옳은 것만을 <보기> 에서 있는 대로 고른 것은?

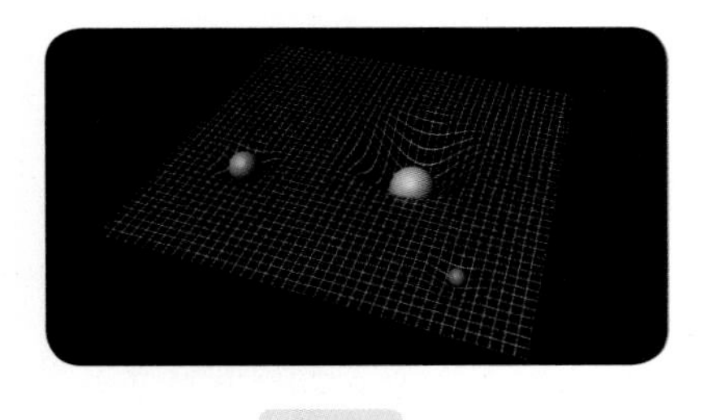

<보기>

ㄱ. 중력에 의해 시공간만 휘어지고 빛의 진행 방향은 영향을 받지 않는다.
ㄴ. 질량이 매우 큰 천체 주변을 통과하는 별빛의 진동수는 증가하고, 파장이 짧아져서 시간이 늦게 흐르는 것처럼 관측된다.
ㄷ. 중력이 크게 작용하는 곳일수록 시간은 천천히 흐른다.

① ㄱ ② ㄴ ③ ㄷ
④ ㄱ, ㄴ ⑤ ㄴ, ㄷ

25 그림은 정지해 있는 상상이에 대해 무한이가 탄 우주선과 뮤온이 지표면과 나란하게 일정한 속력 $0.9c$ 로 운동하고 있는 순간의 모습을 나타낸 것이다. 이에 대한 설명으로 옳은 것만을 <보기> 에서 있는 대로 고른 것은? (단, c는 빛의 속력이고, 중력에 의한 효과는 무시한다.)

[수능 기출 유형]

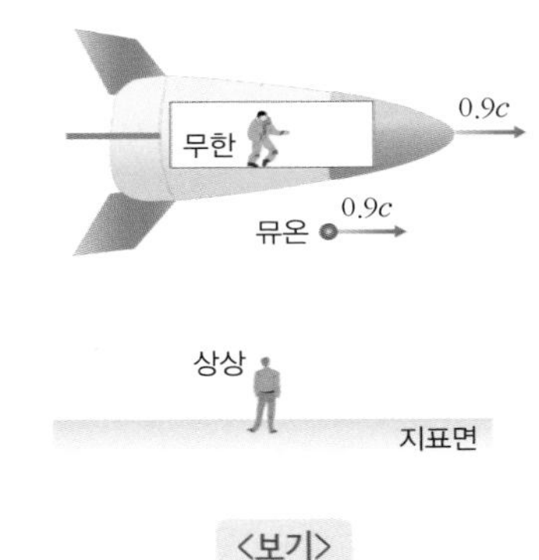

<보기>

ㄱ. 상상이가 보았을 때 운동하고 있는 뮤온의 수명은 늘어난다.
ㄴ. 무한이가 우주선 진행 방향으로 레이저 빛을 쏘았을 때 무한이와 상상이가 측정한 빛의 속력은 같다.
ㄷ. 상상이가 보았을 때 무한이의 시간이 자신의 시간보다 빠르게 가는 것으로 관측한다.
ㄹ. 우주선의 고유 길이가 L 이라면, 상상이가 관측한 우주선의 길이는 L 보다 짧다.

① ㄱ, ㄴ ② ㄴ, ㄷ ③ ㄷ, ㄹ
④ ㄱ, ㄴ, ㄷ ⑤ ㄱ, ㄴ, ㄹ

26 그림은 정지해 있는 무한이에 대해 구간 A 에서는 $0.8c$ 의 일정한 속력으로 이동하고, 구간 B 에서는 등가속 운동, 구간 C 에서는 $0.6c$ 의 일정한 속력으로 운동을 하는 우주선에 타고 있는 상상이를 나타낸 것이다. 이때 무한이가 측정한 우주선의 길이는 구간 A, C 에서 각각 L_A, L_C 이다.

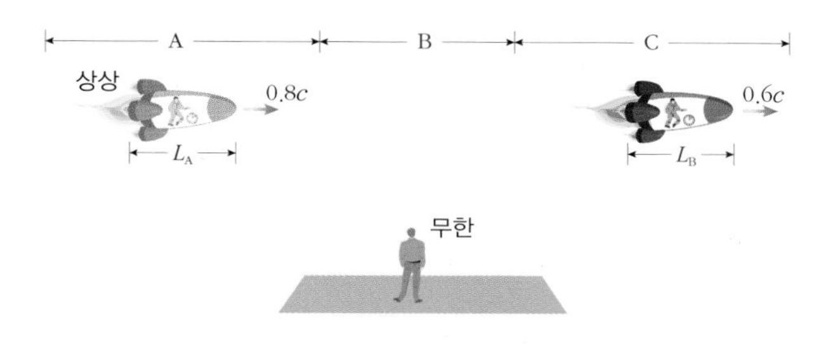

이에 대한 설명으로 옳은 것만을 <보기> 에서 있는 대로 고른 것은? (단, c 는 빛의 속력이다.)

[수능 기출 유형]

<보기>

ㄱ. 무한이가 측정할 때, 상상이의 시간은 구간 C 보다 구간 A 에서 더 느리게 간다.

ㄴ. L_A 가 L_C 보다 짧다.

ㄷ. 상상이가 측정할 때, 무한이의 시간은 구간 C 에서 측정할 때보다 구간 A 에서 측정할 때가 더 빠르게 간다.

① ㄱ　② ㄴ　③ ㄷ　④ ㄱ, ㄴ　⑤ ㄴ, ㄷ

27 그림과 같이 지표면에 정지해 있는 무한이에 대해 우주선 A, B, C 가 각각 $0.6c$, $0.8c$, $0.9c$ 의 일정한 속도로 운동하고 있다. 무한이에 대하여 정지해 있는 물체의 길이는 L 일 때, 물체의 길이가 L 보다 짧게 관측되는 우주선(㉠), 무한이가 보았을 때 우주선의 길이가 가장 짧게 관측되는 우주선(㉡)을 기호로 쓰시오. (단, 우주선 A, B, C 의 길이는 모두 같고, c 는 빛의 속력이다.)

[수능 평가원 기출 유형]

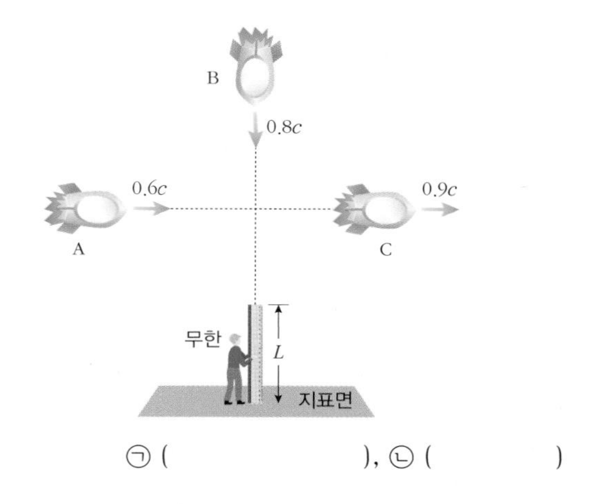

㉠ (　　　　　　), ㉡ (　　　　　)

28 그림과 같이 정지해 있는 상상이에 대해 지표면과 나란한 방향으로 일정한 속력 v 로 운동하는 우주선 안에 무한이가 있다. 무한이와 상상이가 측정한 우주선의 광원에서 나온 빛이 과녁에 도달한 시간을 각각 t_1, t_2, 광원과 과녁까지의 거리를 각각 L_1, L_2 라고 할 때, 각각의 크기를 부등호를 이용하여 비교하고, 무한이와 상상이가 각각 측정한 광속 c 를 각각 나타내시오.

[수능 평가원 기출 유형]

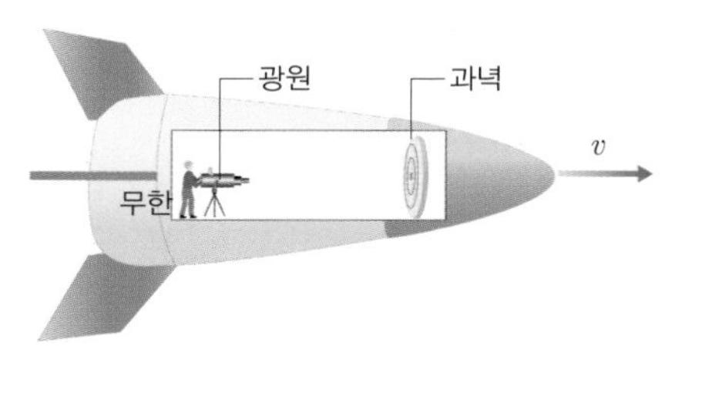

㉠ t_1 (　　) t_2　㉡ L_1 (　　) L_2

㉢ 무한이가 측정한 c = (　　　　　)

㉣ 상상이가 측정한 c = (　　　　　)

29 그림과 같이 정지해 있는 A 에 대해 B 와 C 가 탄 길이가 서로 같은 우주선이 행성 O 를 지나 행성 P 를 향해 각각 일정한 속력으로 서로 나란하게 직선 운동하고 있다. A 가 관측할 때, C 가 탄 우주선이 B 가 탄 우주선의 길이보다 짧아 보이고, 행성 O, P 는 A 에 대해 정지해 있다. 이에 대한 설명으로 옳은 것만을 <보기> 에서 있는 대로 고른 것은?

[수능 평가원 기출 유형]

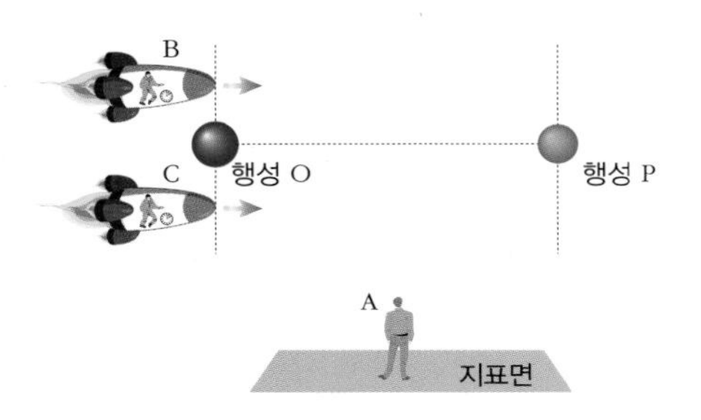

<보기>

ㄱ. C 가 탄 우주선이 행성 P를 먼저 지나간다.
ㄴ. A 가 관측할 때, B 가 탄 우주선의 속력이 C 가 탄 우주선의 속력보다 크다.
ㄷ. 행성 O 와 행성 P 사이의 거리는 B가 측정할 때가 C 가 측정할 때보다 크다.
ㄹ. C 가 측정할 때, A의 시간은 자신의 시간보다 느리게 간다.

① ㄱ, ㄴ ② ㄴ, ㄷ ③ ㄷ, ㄹ
④ ㄱ, ㄴ, ㄹ ⑤ ㄱ, ㄷ, ㄹ

30 그림은 정지해 있는 상상이에 대해 양성자가 일정한 속도 $0.8c$ 로 점 P 를 지나 점 Q 를 통과하는 것을 나타낸 것이다. 상상이가 측정한 점 P 와 점 Q 사이의 거리는 30 광년이고, 양성자와 같은 속도로 움직이는 우주선에 있는 무한이가 측정한 점 P 에서 점 Q 까지 이동하는 데 걸린 시간은 T 이다. 이에 대한 설명으로 옳은 것만을 <보기> 에서 있는 대로 고른 것은? (단, c 는 빛의 속력, 1 광년은 빛의 속도로 1 년 동안 진행한 거리이다.)

[수능 기출 유형]

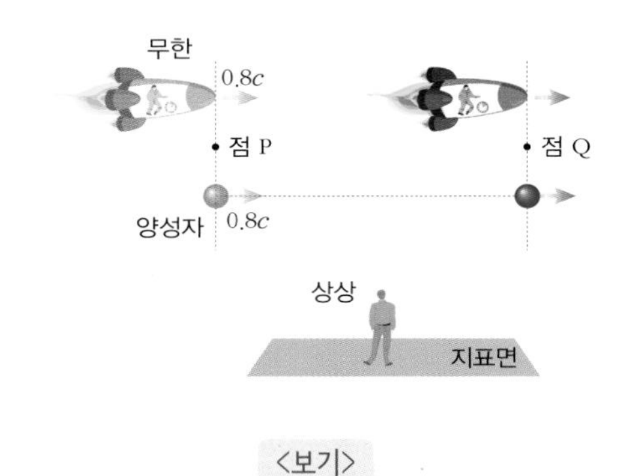

<보기>

ㄱ. 30 광년 > $0.8c$T 이다.
ㄴ. 상상이가 측정한 양성자의 정지 에너지는 0 이다.
ㄷ. 무한이가 측정한 양성자는 정지 에너지는 양성자의 정지 질량 × c^2 이다.
ㄹ. 무한이가 측정한 점 P 에서 점 Q 사이의 거리는 18 광년이다.

① ㄱ, ㄴ, ㄷ ② ㄱ, ㄴ, ㄹ ③ ㄱ, ㄷ, ㄹ
④ ㄴ, ㄷ, ㄹ ⑤ ㄱ, ㄴ, ㄷ, ㄹ

31 그림은 물체 A 가 폭발하여 정지 질량이 m 인 두 조각으로 쪼개지는 것을 나타낸 것이다. 이때 각각의 조각은 원래 정지해 있던 물체에 대해 $0.6c$ 의 속력으로 분리되었다. 물체 A 의 질량을 구하시오. (단, c 는 빛의 속력이다.)

32 다음은 2 만 km 상공에서 1 만 4 천 km/h 로 운동하는 GPS 위성의 시간 보정에 대한 설명이다. 각 빈칸에 들어갈 말을 바르게 짝지은 것은? (단, 1μs(마이크로 초)는 10^{-6}(백만분의 1)초이다.)

> GPS 위성의 속도 때문에 위성 속 시계는 지표면에 있는 것과 비교해 매일 7 μs 씩 (㉠). 이는 (㉡)에 의해 설명이 가능하다. (㉡)에 따르면 상대적으로 움직이는 시계는 정지해 있는 시계보다 느리게 가기 때문이다. 뿐만 아니라 위성은 지표면보다 (㉢)의 영향을 적게 받기 때문에 GPS 위성의 시계는 지표면에 있는 것보다 매일 45 μs 초가 (㉣) 흐른다. 결국 속도와 (㉢)의 효과로 인해 GPS 위성의 시계는 매일 지구에 있는 시계보다 (㉤)가 빨라진다. 큰 차이는 아니지만 이를 보정하지 않으면 큰 혼란이 벌어질 수 있다. 예를 들어 이 시간 동안 차량 네비게이션의 순간 오차가 10 m 발생할 수 있다고 한다. 따라서 초속 8 km 이상으로 움직이는 인공위성에는 시차 보정 장치가 장착된다.

	㉠	㉡	㉢	㉣	㉤
①	느려진다	일반 상대성 이론	중력	빠르게	38 μs
②	느려진다	특수 상대성 이론	관성력	느리게	52 μs
③	느려진다	특수 상대성 이론	중력	빠르게	38 μs
④	빨라진다	일반 상대성 이론	관성력	느리게	52 μs
⑤	빨라진다	특수 상대성 이론	중력	빠르게	38 μs

창의력

33 다음 그림은 우주선 내부의 관측자와 정지한 지구에 위치한 우주선 외부의 관측자가 우주선 내부의 빛의 이동을 관찰하고 있는 것을 나타낸 것이다.

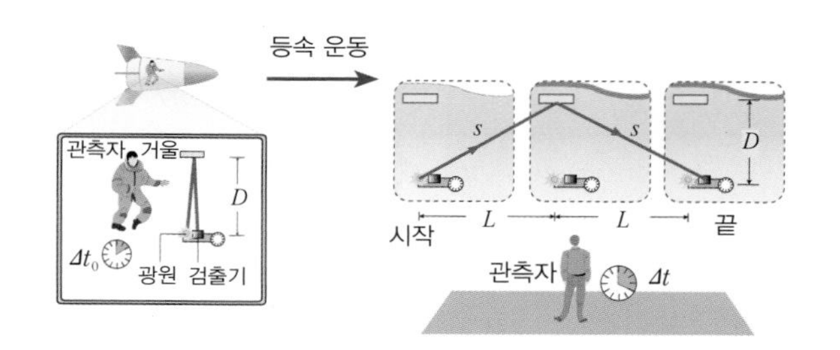

우주선 내부의 관측자가 측정한 빛이 왕복하는데 걸린 시간을 Δt_0, 우주선 외부의 관측자가 측정한 빛이 왕복하는데 걸린 시간을 Δt 라고 할 때 다음과 같은 식(A)이 성립한다.

$$\Delta t = \frac{\Delta t_0}{\sqrt{1-\left(\frac{v}{c}\right)^2}} = \gamma \Delta t_0 \quad \cdots\cdots\cdots \text{(A)}$$

이때 거울과 우주선 바닥과의 거리는 D, 빛이 왕복 운동하는 동안 우주선이 이동한 거리를 L, 외부의 관측자가 본 빛의 이동 거리를 $2s$, 우주선의 속도를 v 라고 할 때 식 (A)를 유도해 보시오.

34 다음은 NASA 에서 진행하고 있는 상대성 이론에 관한 연구와 관련된 기사이다. 기사를 읽고 물음에 답하시오.

우주에서는 천천히 늙는다?! - 쌍둥이 우주인 대상 실험

▲쌍둥이 우주인 스콧 켈리와 마크 켈리

지난해 3 월 28 일 소유즈호를 타고 국제우주정거장(ISS)으로 떠난 우주비행사 스콧 켈리가 다음 달 1일 귀환하면서 우주여행이 인간의 몸에 어떤 변화를 일으키는지에 대한 연구가 본격 시작된다.

340 일 간 우주에 머물면서 미국인 우주 최장기 체류 기록을 세운 스콧은 쌍둥이 형제이자 은퇴한 우주비행사인 마크 켈리와 미 항공우주국(NASA)의 '쌍둥이 연구'에 참여하였다.

스콧은 무중력 상태에서 골밀도·시력·심장·혈액 등의 검사를 받았고, 기분·스트레스·인지능력 등 정신의학 테스트도 받았으며, 같은 시간 지구에서 마크도 같은 검사를 받았다. 또한, 같은 독감 백신을 투여받아 면역 시스템이 우주와 지구에서 어떻게 작동하는지 비교하는 연구도 시행했다. NASA 에 따르면 우주에서는 면역력이 약화된다.

이번 실험과 관련해선 노화 속도 역시 관심을 끌고 있다. NASA 도 속도가 빨라지면 시간이 느리게 흐른다는 아인슈타인의 특수 상대성 이론을 거론하며 "우주를 여행하고 돌아온 스콧이 지구에 머물러 있던 마크보다 덜 늙게 될 것"이라고 밝힌 바 있다.

NASA 는 "시간의 흐름을 연구하지는 않는다"고 밝혔지만, 유전자 검사를 통해 '텔로미어(telomere, 염색체 말단의 염기서열 부위)' 길이를 비교할 경우 우주 환경에서 노화의 속도를 확인할 수 있다.

[출처: OO일보 2016.02.XX]

(1) 만약 스콧 켈리가 지구를 떠나 26광년 떨어져 있는 행성을 향하여 $0.8c$ 의 속력으로 움직였다면, 그가 행성에 도착한 순간(㉠)과 지구의 관측자가 스콧 켈리로부터 도착하였다는 연락을 수신한 순간(㉡)은 각각 지구의 시계로 출발 후 얼마의 시간이 흘렀을까?(단, 연락을 주고받는 라디오파 신호는 빛의 속도로 진행하며, 1 광년은 빛의 속도로 1 년 동안 진행한 거리이다.)

(2) 지구에 있는 마크가 보았을 때, 26 광년 떨어져 있는 행성에 도착하였을 때 스콧의 나이와 마크의 나이 차이는 얼마일까?

35 지구에는 다음 그림과 같이 우주로부터 우주선(cosmic ray)이 쏟아져 들어온다. 지구 자기장은 이중 해로운 우주선을 차단해 주지만, 일부 우주선은 지구 대기권(지표면으로부터 약 10 km)에 도달하여 공기 입자와 충돌하여 뮤온(muon 중성미자)을 발생시킨다. 이때 뮤온은 약 $0.999c$ 의 속도로 지표면으로 떨어지게 되며, 정지한 상태의 뮤온의 수명은 약 2.2×10^{-6} 초이다. 이와 같이 수명이 매우 짧은 뮤온은 지면에 도달하기 전에 수명이 다하기 때문에 지표면에서는 거의 발견되지 않아야 한다. 하지만 실제로는 많은 뮤온이 지표면에서 발견되고 있다.

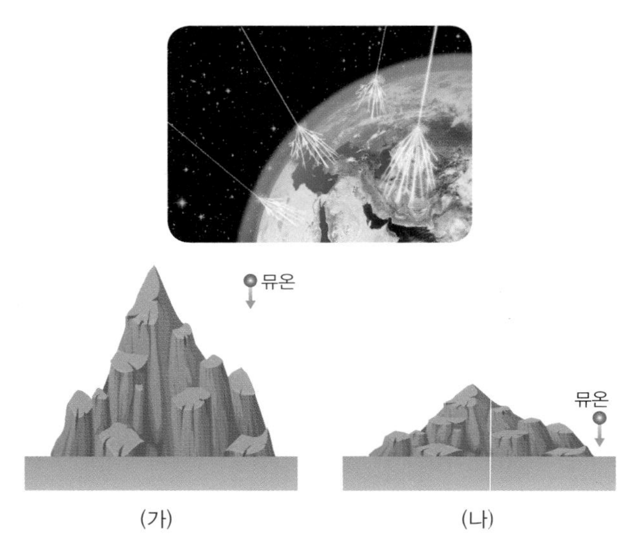

그림 (가)는 지표면의 정지 좌표계에서 뮤온을 관찰할 때, 그림 (나)는 뮤온과 함께 움직이는 좌표계에서 뮤온을 관찰할 때를 구분하여 나타낸 것이다.

(1) 특수 상대성 이론의 시간 팽창을 이용하여, 뮤온이 지표면에서 발견될 수 있는 이유를 서술해 보시오.

(2) 특수 상대성 이론의 길이 수축을 이용하여, 뮤온이 지표면에서 발견될 수 있는 이유를 서술해 보시오.

36 2014 년 개봉한 영화 '인터스텔라' 는 황폐해져 가는 지구를 대신할 새로운 행성을 찾기 위하여 새롭게 발견된 웜홀을 통해 우주를 여행하는 모습을 담고 있다.

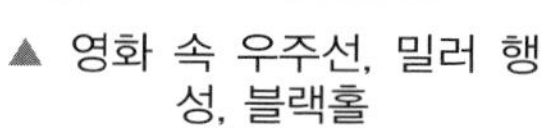

▲ 영화 속 23년이 흐른 우주선

영화 속에서 지구를 대신할 행성 '밀러'는 블랙홀 옆에 존재하는 행성이다. 두 주인공은 행성 탐사를 위해 3 시간을 밀러 행성에서 보낸 후 우주선에 돌아와보니 우주선 속의 시간은 23 년이라는 시간이 흘러 있었다. 이렇게 시간 차이가 난 이유를 일반 상대성 이론을 이용하여 설명해 보시오.

37 최근 전 세계 과학자들이 100 년 전 아인슈타인의 예측대로 우주에 존재하는 중력파를 발견해 냈다. 2 개의 거대한 블랙홀이 합쳐지는 과정에서 발견된 중력파로 인하여 지구와 블랙홀의 관계에 대한 궁금증도 더해지고 있다. 그중 지구가 블랙홀에 빨려 들어가면 인간과 지구에 어떤 일이 벌어질지도 그 가운데 하나이다. 블랙홀은 강력한 중력으로 빛조차 빠져나올 수 없다. 블랙홀에 빨려 들어간 인간의 변화에 대하여 자기 생각을 서술해 보시오.

▲ NGC 3783 은하 중심에 있는 블랙홀 상상도

지구 탈출하기!
- 제2 우주 속도

물체를 땅에 떨어지지 않도록 던지려면?!

물체를 수직으로 하늘을 향해 높이 던지는 경우를 생각해 보자. 이 물체는 던진 후 얼마 지나지 않아 땅으로 떨어질 것이다. 그러나 이 물체를 지면과 일정한 각도로 던지면 던진 곳에서 멀리 떨어진 곳에 떨어진다. 지구는 둥글므로 만약 이 물체를 더 빠르게 던지면 지구에 떨어지지 않는 운동을 할 수 있을까?

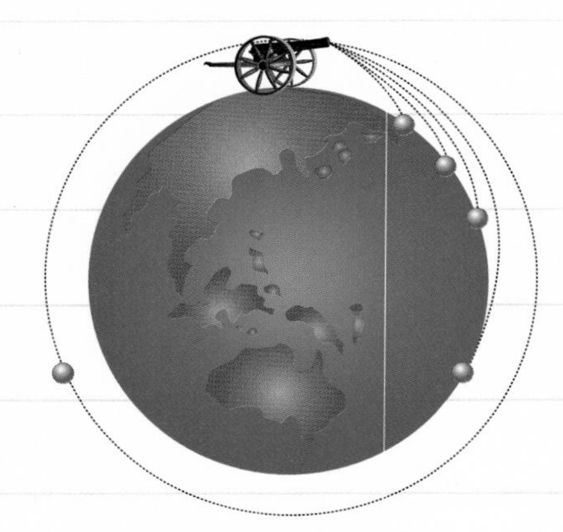

▲ 포탄을 지면에 떨어지지 않게 하려면?

이러한 의문을 아이작 뉴턴은 1687년에 지은 저서인 '자연철학의 수학적 원리'라는 책에서 처음으로 설명하였다. 오른쪽 그림처럼 둥근 지구는 수평거리 약 8 km 당 5 m 씩 내려가는 곡률을 가진다. 중력 가속도를 10 m/s^2 으로 할 때 수평 방향으로 던져진 물체 또는 자유 낙하하는 물체가 연직 방향으로 5 m 낙하하는데 걸리는 시간은 1초이다. 따라서 출발 속도 8 km/s 로 포탄을 수평 방향으로 발사하는 대포가 있다면 이 포탄은 지표면을 따라 원운동하며 땅에 떨어지지 않을 것이다. 이것 '뉴턴의 대포'라고 하는 현상이다. 현실적으로 초속 8km는 대단히 빠른 속도이므로 실험하기에는 한계가 있었다. 물체가 지표면을 스치며 땅에 떨어지지 않고 지구 주위를 계속 도는 속도를 '제1 우주 속도' 라고 하며, 지표면에서의 만유인력과 구심력을 같게 놓아 구할 수 있다. 그렇다면 '제2 우주 속도' 라고 불리는 탈출 속도는 무엇일까?

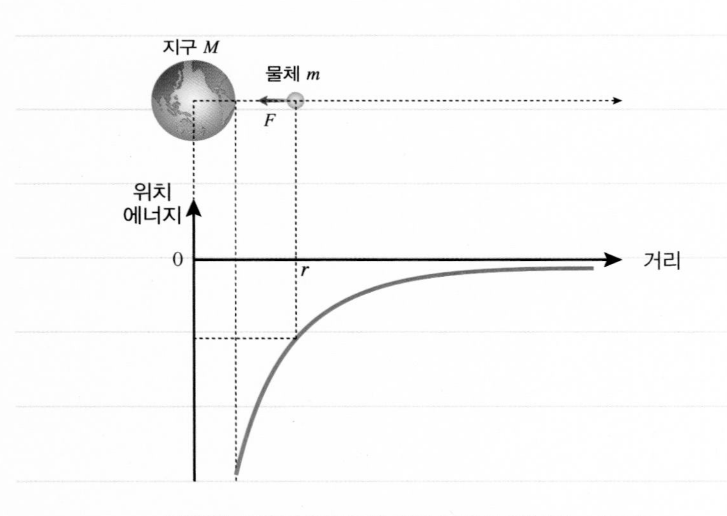

▲ 거리에 따른 만유인력에 의한 퍼텐셜 에너지 : 지구 중심과의 거리가 멀어질수록 물체의 위치 에너지는 증가하여 매우 먼 곳에서는 0에 가까워진다.

지구 탈출은 발사 속도가 결정한다.

대부분의 물체는 지구의 대기권을 벗어나도 지구의 인력에 의해 다시 지구로 돌아온다. 따라서 지구의 인력권을 벗어나 태양계로 나가기 위해서는 빠른 속도로 물체가 발사되어야 한다. 이 속도를 지구의 인력권에서 탈출한다는 의미의 '탈출 속도'라고 한다. 이 속도는 매우 빨라야 하므로 로켓 등의 발사에서는 단계적으로 몸체를 분리하면서 그 반작용으로 속도를 증가시키는 방법을 사용한다.

지표면에서 물체가 발사되어 몸체를 분리하지 않고 지구의 인력을 벗어날 수 있는 '탈출 속도(제 2 우주 속도)' 는 얼마나 될까?

이 속도를 구하기 위해서는 에너지 방법이 유효하다.

정답 및 해설 61 쪽

질량이 M 인 지구 중심에서 거리 r 만큼 떨어져 있는 질량 m 인 물체의 퍼텐셜 에너지(E_p)는 다음과 같다.

$$E_p = -G\frac{Mm}{r}$$

$[G(\text{중력상수}) = 6.673 \times 10^{-11}\text{N} \cdot \text{m}^2/\text{kg}^2]$

이때 지구 중심에서의 거리 r 이 매우 커지면 퍼텐셜 에너지가 0 이 되며, r 이 매우 큰 곳에서 속도가 0 이 되는 물체는 최소한 지구를 탈출한 것이라고 볼 수 있다.

∴ 지표면에서의 역학적 에너지 = 지구를 탈출했을 때의 역학적 에너지 = 0

$$\frac{1}{2}mv_E - \frac{GMm}{R} = 0 \Rightarrow v_E(\text{탈출 속도}) = \sqrt{\frac{2GM}{R}}$$

지구 반지름 R 은 약 6.38×10^6 m 이므로 지구에서 물체의 v_E(탈출 속도)는 약 11.2 km/s 가 되며, 이는 소리의 속도(음속) 340 m/s 의 약 33 배 이상이다. 즉, 물체의 질량과 관계 없이 로켓이든 가벼운 수소이든 탈출 속도 이상으로 움직이면 지구 중력을 벗어날 수 있다.
우주에 있는 다양한 천체들은 질량과 중력이 모두 다르기 때문에 물체의 탈출 속도도 모두 다르다.

	태양	수성	금성	달	화성	목성	토성	천왕성	중성자 별
질량(kg)	1.99×10^{30}	3.30×10^{23}	4.87×10^{24}	7.6×10^{22}	6.41×10^{23}	1.90×10^{27}	5.68×10^{26}	8.68×10^{25}	2×10^{30}
탈출 속도(km/s)	617.7	4.3	10.4	2.4	5.0	59.5	35.5	21.3	2×10^5

▲ 태양계 행성들의 질량과 탈출 속도

중력이 너무 커서 탈출 속도가 거의 무한대이어서 우주에서 속도가 가장 빠른 빛조차 빠져나오지 못하고, 주변의 모든 것을 구멍 속으로 빨아들이는 블랙홀은 빛을 내보내지 않기 때문에 1970년가 되어서야 흔적을 찾을 수 있었다.

▲ 블랙홀 가상 모형도

Q1 중력 가속도 g = 9.8 m/s^2 인 지표면에서 로켓을 탈출시키려면 얼마의 속도가 필요할지 구하는 과정을 서술해 보시오. 단, 로켓의 분리는 고려하지 않으며, 지구의 반경 R = 6.38×10^6 m 이고, 지구의 질량 M 은 모르는 상태이다.

Q2 우주 탐사선이 지구에서 발사하여 달에 착륙할 때까지 우주선이 운동하는 궤도의 모양은 대략 어떤 모양일까? 자신의 생각을 서술하시오.

Project _논/구술 B

우주 개발에 위협이 되는, 우주 쓰레기

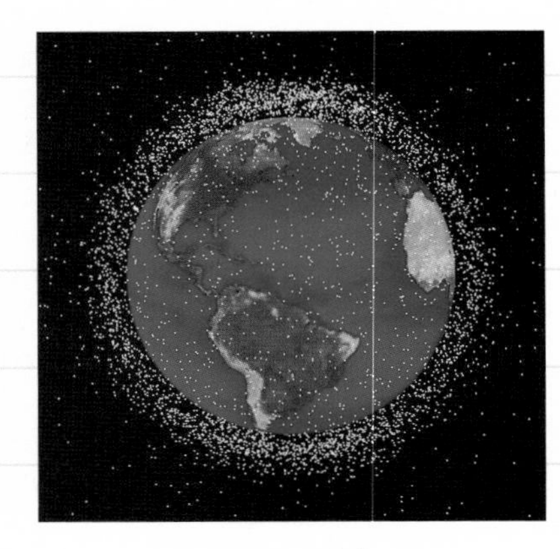
▲ 우주 쓰레기

인간이 우주에 첫발을 디딘 지 70여 년이 지났다. 다양한 연구 개발과 기술의 발전으로 우주 산업은 기하급수적으로 발달하였고, 그에 따라 필연적으로 발생하게 된 것이 우주 쓰레기이다.

우주 쓰레기란, 우주 공간 안에서 인간이 버린 모든 것이 해당된다. 다단식 로켓의 잔해, 수명이 다한 인공 위성들(공식적으로 알려진 인공 위성들 뿐만 아니라 군사 목적으로 비밀리에 쏘아 올린 것들도 있기 때문에 정확한 숫자는 아무도 알 수가 없다.), 운영 중인 인공 위성이나 로켓에서 떨어져 나간 페인트 조각, 작은 나사 하나까지도 모두 우주 쓰레기가 된다.

지구 주위의 우주 공간을 떠도는 우주 쓰레기는 현재 총중량이 약 6,000톤에 달하는 것으로 추정하고 있으며, 현재 추적이 가능한 지름 10cm 이상의 우주 쓰레기는 약 22,000개, 1cm ~ 10cm 사이의 우주 쓰레기는 약 60만 개, 지름 1cm 이하는 수백만 개에 달하는 것으로 추정된다.

이러한 우주 개발의 잔재들로 인하여 이제는 우주 개발에 지장을 초래하고 있다. 우주 상의 작은 페인트 조각 하나는 발사된 총알의 속도보다 7배 이상 빠른 초속 7 km 이상의 속도로 멀쩡한 우주 설비에 큰 피해를 줄 가능성이 크기 때문이다.

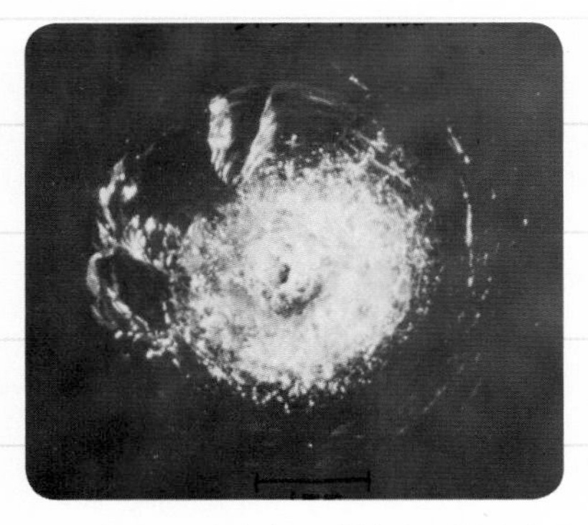
▲ 우주 쓰레기와 부딪혀 우주왕복선 챌린저의 창문에 난 흔적

▲ 영화 'Gravity'의 우주 쓰레기에 의한 사고

정답 및 해설 61 쪽

우주에서 작은 페인트 조각의 위력은 지구 상에서 250 kg 정도의 물체가 시속 100 km의 속도로 충돌하는 것과 같다.

이처럼 무시무시한 위력을 가진 우주 쓰레기들 간의 충돌로 인하여 그 양이 기하급수적으로 늘어나 결국 우주는 우주 쓰레기로 가득 차 인공위성 및 우주정거장 등 우주 설비를 사용할 수 없는 상태가 되고, 이것이 또 다시 쓰레기가 되는 과정이 반복된다는 것을 '케슬러(Kessler)증후군'이라고 한다.

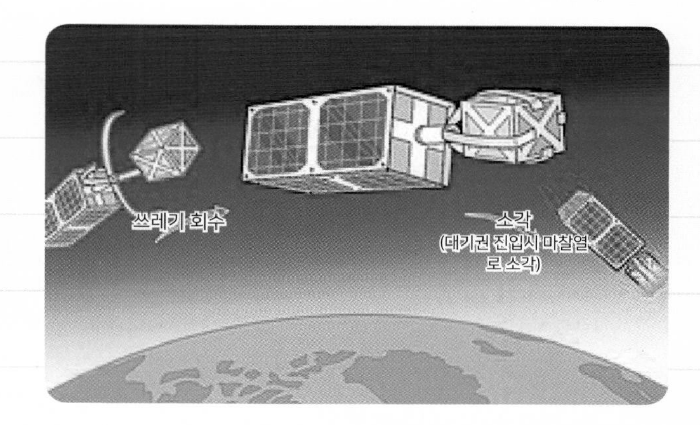

▲ 2017년 경에 쏘아올릴 예정으로 스위스에서 연구 중인 '클린스페이스 원'

인류의 인공위성 의존도는 갈수록 높아지고 있다. 인공위성 기능에 이상이 발생하면 통신 장비의 이상은 물론이고, 각국 군사 시스템에도 문제가 발생하면서 국제 정세에도 영향을 미치게 될 수 있다고 학자들은 전망하고 있다.

이에 현재 러시아 우주감시시스템(RSSS)과 미국 우주감시네트워크(USSSN) 측은 10 ㎝ 이상의 우주 쓰레기 2만여 개의 움직임과 위치를 추적하고 있으며, 일본 JAXA는 우주 쓰레기의 속도를 줄여 지상으로 떨어뜨려 연소시키는 청소 위성을 구상했으며, 영국 서리 대학 연구진은 5×5m 크기의 태양 돛을 가진 3 ㎏ 질량의 나노위성을 사용해 우주 쓰레기를 치우는 방식을 구상하고 있으며, 미국의 NASA에서는 우주 쓰레기에 레이저를 쏴서 경로를 바꾸어 지면에 돌입하도록 하는 방식 등을 구상하고 있다.

Q1 우주 쓰레기는 작은 파편임에도 불구하고 우주에서 큰 피해를 줄 수 있는 이유가 무엇인지 서술하시오.

Q2 많은 위험 요소와 큰 비용에도 불구하고 지구촌 각 나라에서는 위성을 계속 쏘아 올리는 이유는 무엇일까? 자신의 생각을 서술하시오.

Ⅱ 물질과 전자기장

어떻게 선도 없이 휴대폰으로 인터넷 신호가 올까?

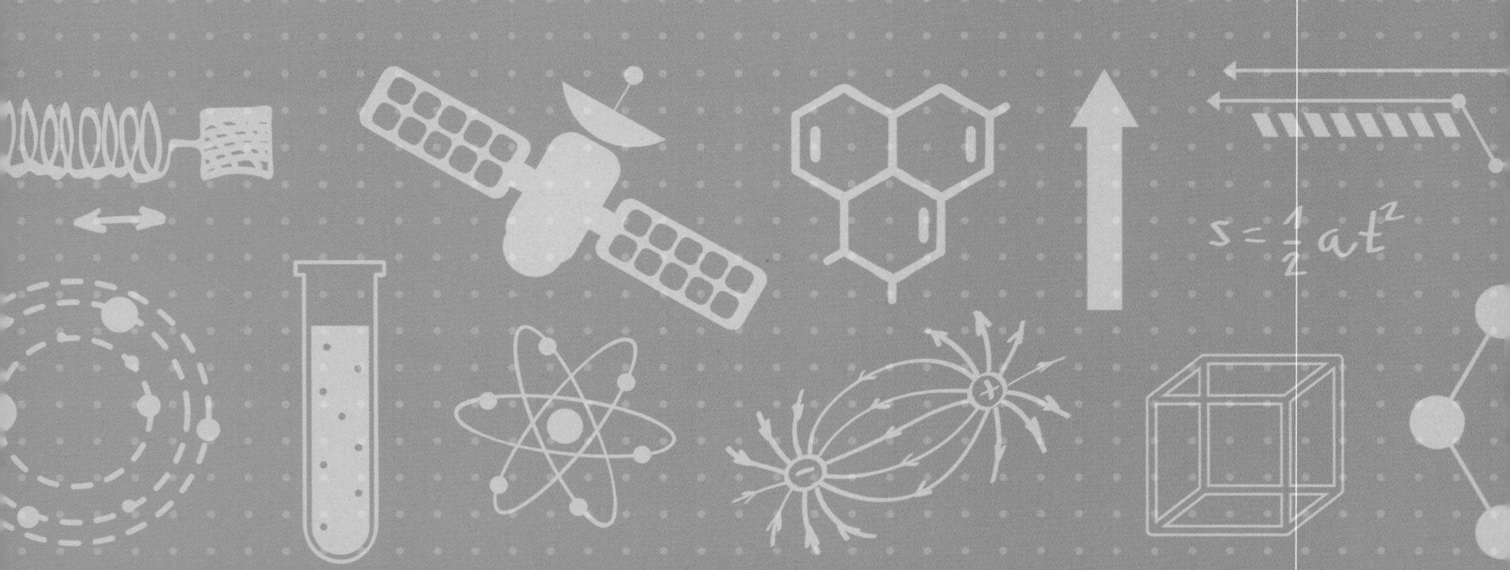

10강 전기장

◉ **원자의 구조**

원자 부피의 대부분은 전자들이 넓게 분포하여 차지하고 있으며, 원자핵은 크기가 매우 작지만 전체 질량의 99.9 % 를 차지한다.

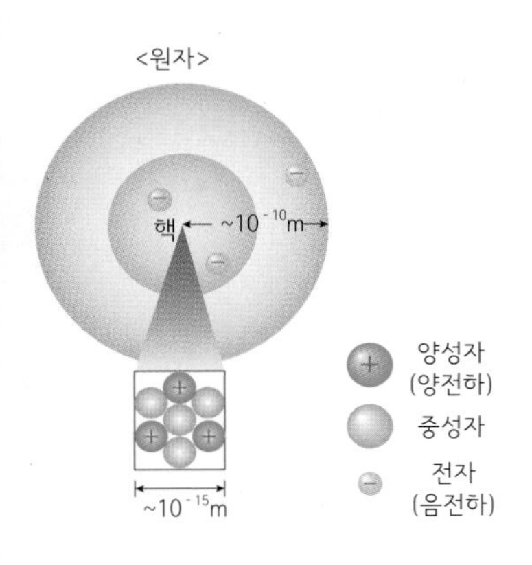

입자	기호	전하량	질량(kg)
양성자	p	$+e$	1.673×10^{-27}
중성자	n	0	1.675×10^{-27}
전자	e	$-e$	9.11×10^{-31}

$e = 1.6 \times 10^{-19}$ C

◉ **기본 전하 (e)**

양성자 1 개, 전자 1 개가 띤 전하량으로, 자연계에 존재하는 가장 작은 전하량이다. 전하를 띤 모든 입자의 전하량을 세는 기본 단위가 된다.

◉ **크기와 모양이 같은 재질의 두 대전체 (도체)를 접촉시켰을 때**

크기와 모양이 서로 같은 같은 재질의 두 대전된 도체의 전하량이 다를 경우 접촉 과정에서 전하가 고르게 분포된다.

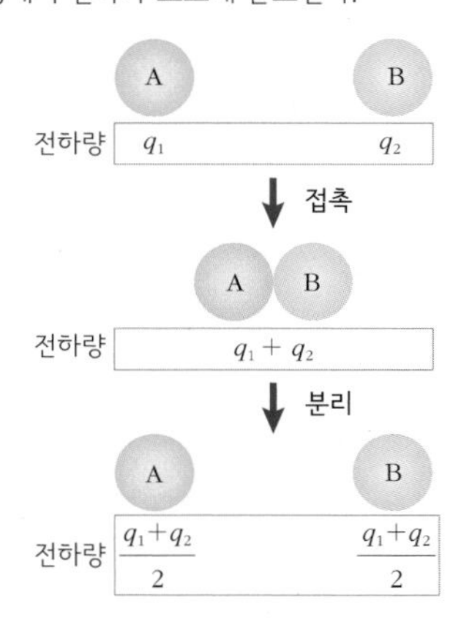

1. 전하와 전기력

(1) 전하

① **마찰 전기** : 서로 다른 두 물체를 마찰시킬 때 두 물체 사이에서 전자의 이동으로 발생하는 전기를 말한다.

② **대전과 대전체** : 전자의 이동으로 물체가 전기를 띠는 현상을 대전, 대전된 물체를 대전체라고 한다.

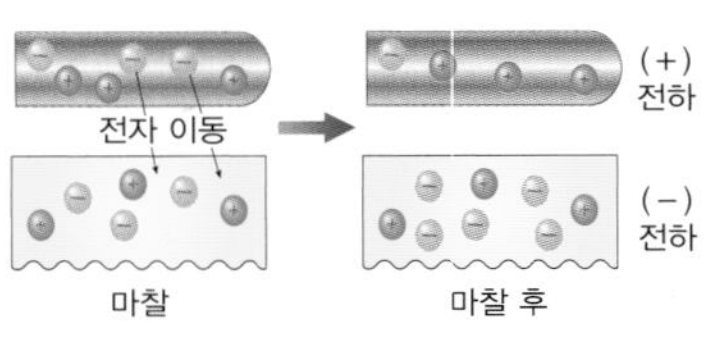

▲ 마찰 전기 발생 원리

③ **전하** : 대전체가 띤 전기를 전하라고 하며, 모든 전기적 현상의 원인이 된다.

(+) 전하	(-) 전하
전자를 잃은 물체는 (+) 전하를 띤다.	전자를 얻은 물체는 (−) 전하를 띤다.
물체가 띠는 전하의 양을 전하량이라고 하며, 단위는 C(쿨롱)이다.	

④ **전하량 보존 법칙** : 두 물체를 마찰시키거나 전류가 흐르는 과정에서 전하가 물체 사이 또는 도선을 따라 이동할 수는 있으나, 그 과정에서 전하가 새로 생겨나거나 없어지지 않고 그 총량은 일정하게 보존된다.

(2) 전기력

① **전기력** : 전하들 사이에 작용하는 힘을 말한다.

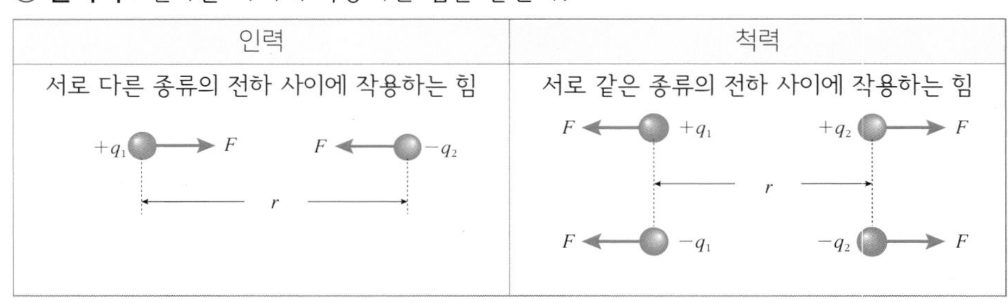

② **쿨롱 법칙** : 두 점전하 사이의 전기력(쿨롱의 힘)의 크기는 대전된 두 입자의 전하량 q_1, q_2 의 곱에 비례하고, 두 전하 사이의 거리의 제곱(r^2) 에 반비례한다.

$$F = k\frac{q_1 q_2}{r^2} \text{ [단위 N]}, \ k \text{ (쿨롱 상수)} = 9.0 \times 10^9 \ \mathrm{N \cdot m^2/C^2}$$

정답 및 해설 62

개념확인 1

다음 빈칸에 알맞은 말을 각각 쓰시오.

서로 다른 두 물체를 마찰시킬 경우 마찰 전기가 발생한다. 이와 같이 전자의 이동으로 물체가 전기를 띠는 것을 (　　　　)(이)라고 하고, 이러한 물체를 (　　　　)(이)라고 한다.

확인 + 1

크기와 모양이 같은 같은 재질의 두 대전된 도체 A, B 가 있다. 대전체 A 의 전하량은 +6 C 이고, 대전체 B 의 전하량은 +4 C 이다. 이때 두 대전된 도체 A, B 를 접촉시킨 후 분리하였을 때 각각의 대전체의 전하량은 얼마인가?

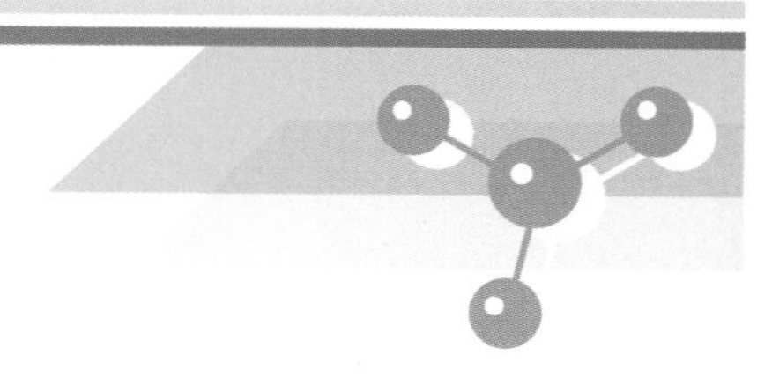

2. 전기장과 전기력선

(1) 전기장(E) : 원천 전하(source charge) 주위에 전기력이 작용하는 공간으로 전기력선으로 나타내며, 각 지점의 전기장의 크기와 방향을 다음과 같이 구한다.

① **방향** : 그 지점에 놓인 단위 양전하(+1C)가 받는 전기력의 방향과 같다.
② **크기** : 그 지점에 놓인 단위 양전하(+1C)가 받는 전기력의 크기와 같다.

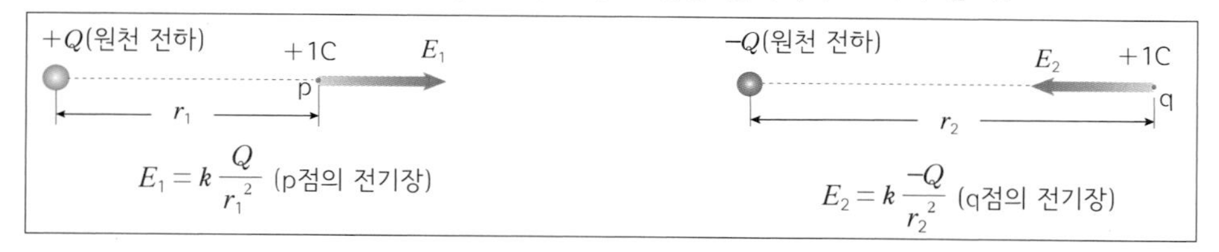

(2) 전기장(E)과 전기력(F)의 관계 : 원천 전하의 전기장 내의 한 점에 전하 q 를 놓았을 때 그 점의 전기장과 전하 q 가 받는 힘은 다음과 같은 관계가 성립한다.

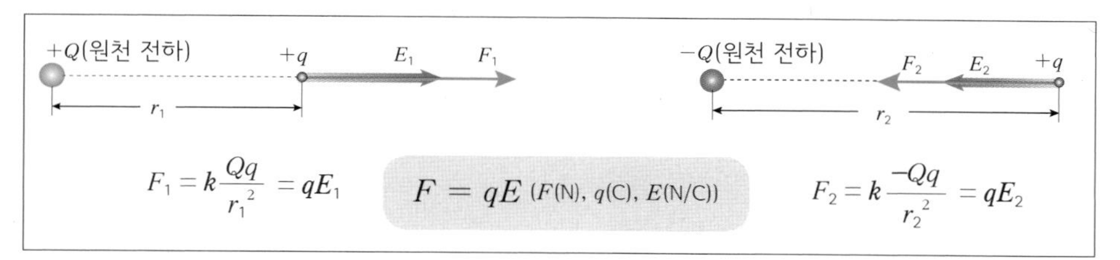

(3) 전기력선 : 전기장의 모양을 시각화한 것으로 전기장 내의 (+) 전하가 받는 힘의 방향을 연속적으로 이은 선이다.

① **방향** : (+) 전하에서 나와서 (−) 전하로 들어가는 방향이다.

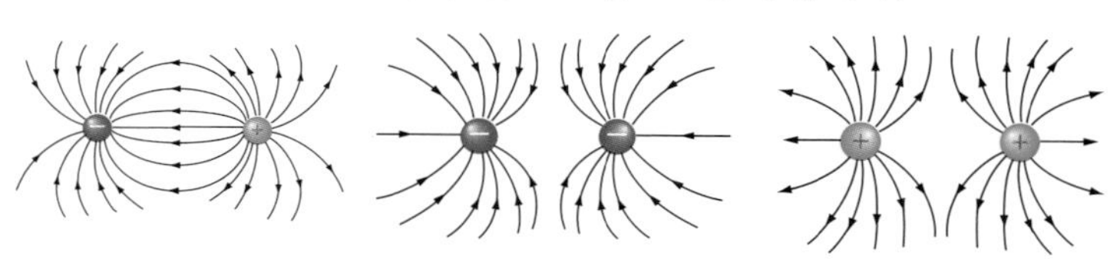

② **특징**

· 전하량이 같은 두 전하의 부호가 다를 때 (+) 전하에서 나오는 전기력선의 수와 (−) 전하로 들어가는 전기력선의 수는 같다.
· 전기력선의 수는 전하량에 비례한다.
· 전기력선은 중간에 끊어지거나 교차되거나 새로 생기지 않는다.
· 어느 지점의 전기장의 방향은 그 점을 통과하는 전기력선의 접선 방향이다.
· 전기력선의 밀도와 전기장의 크기 E 는 비례 관계이다.

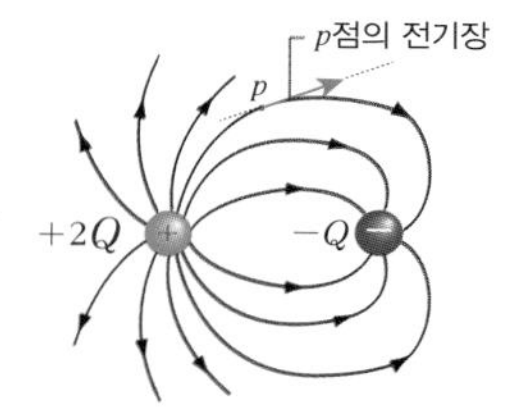

▲ 전하량이 다를 경우 전기력선 수는 전하량에 비례한다.

개념확인 2 정답 및 해설 62

전기장 속에 있는 +5 C 의 점전하에 작용하는 전기력의 크기가 20 N 일 때, 이 점전하의 위치에서 전기장의 세기는?

( ) N/C

확인 + 2

다음 중 전기력선에 대한 설명으로 옳은 것은 ○ 표, 옳지 않은 것은 × 표 하시오.

(1) 전기장의 모양을 눈으로 볼 수 있도록 선으로 나타낸 것이다. ( )
(2) (−) 전하에서 나와서 (+) 전하로 들어가는 방향이다. ( )
(3) 점전하에서 나오는 전기력선의 수는 전하량이 클수록 많다. ( )

◉ **점전하(원천 전하)에 의한 전기력선**

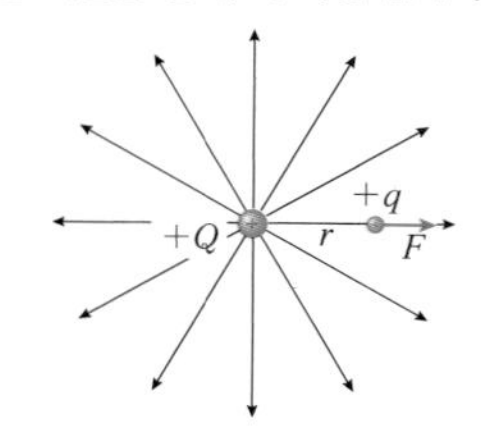

• 원천 전하 $+Q$ 로 부터 점전하 $+q$ 가 거리 r 만큼 떨어져 있을 때

점전하 $+q$ 에 작용하는 전기력의 크기
$$F = k\frac{Qq}{r^2}$$

점전하 $+q$ 위치에서의 전기장의 크기
$$E = \frac{F}{q} = k\frac{Q}{r^2}$$

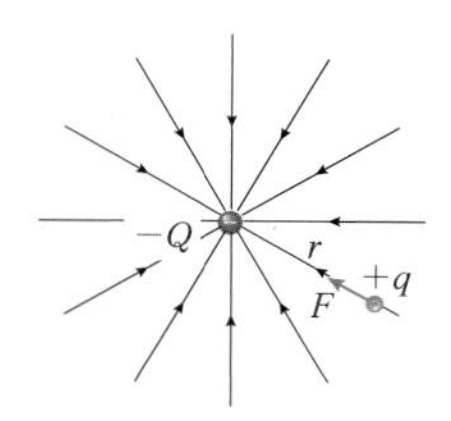

▲ 원천 전하 $-Q$ 주위의 전기력선

점전하 $+q$ 위치에서 전기장은 원천 전하가 $+Q$ 일 때의 전기장과 크기는 같고 방향만 반대이다.

◉ **평행한 두 금속판 사이의 전기력선**

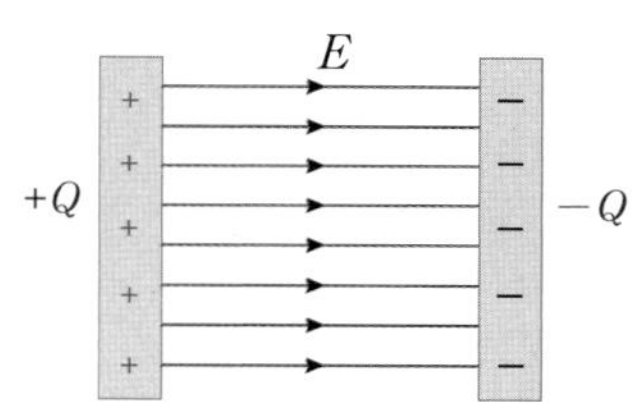

서로 다른 부호의 같은 양의 전하로 균일하게 대전된 두 평행판 사이의 전기력선은 일정한 간격으로 평행을 이룬다. 두 평행판 사이에서는 방향과 크기가 일정한 전기장이 형성된다.

미니사전

점전하 [點 점 -전하] 전하가 공간의 한 점에 집중되어 있는 하나의 점으로 취급할 수 있는 전하로 부피는 없고 전하량만 가지고 있다

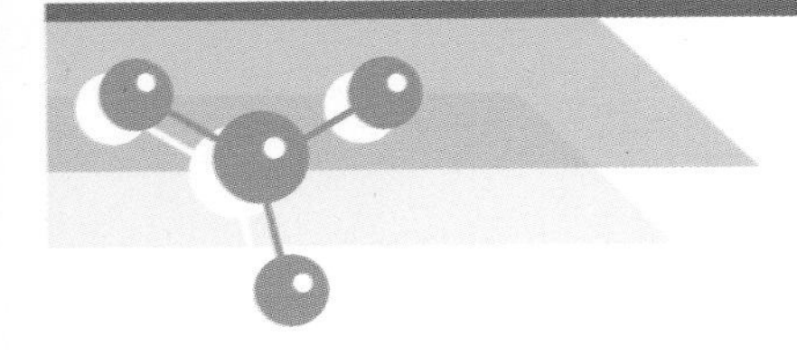

10강 전기장

3. 도체에서의 정전기 유도

(1) 도체 : 전류가 잘 흐르는 물질로 물질 내에서 전자의 이동이 자유롭다.

① 도체 내부에 자유 전자가 풍부하게 존재하여 (−)전하를 잘 이동시킨다.

② 도체 표면의 전기장은 표면에 수직하게 형성된다.

③ 도체 내부의 전기장의 세기는 0 이다.

④ 도체에 공급된 전하는 모두 도체 표면에 존재하며 뾰족한 부분일수록 많이 분포한다.

예 금속, 지구, 전해질 수용액, 탄소 등

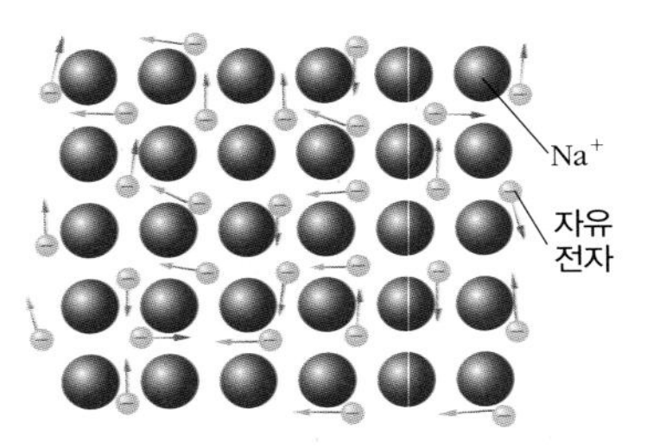

▲ 나트륨 금속 결정

(2) 도체에서의 정전기 유도

① **정전기 유도** : 전기적으로 중성인 도체에 대전체를 가까이 하면 대전체에 가까운 쪽에는 대전체와 반대 종류의 전하가, 먼 쪽에는 대전체와 같은 종류의 전하가 유도되는 현상을 말한다. 예 금속박 검전기

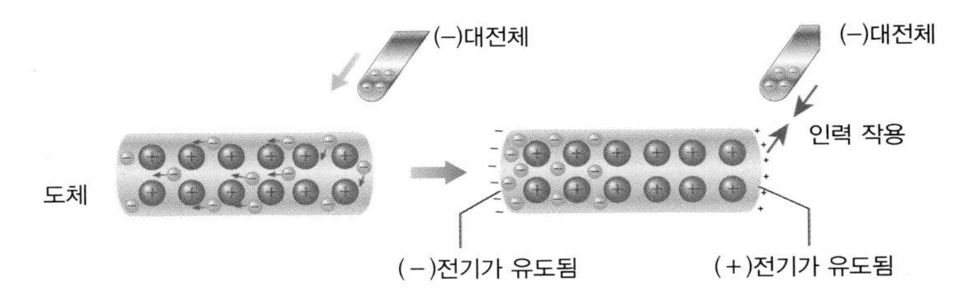

(−) 대전체를 도체에 가까이 한다. ⇨ (−) 대전체와 자유 전자 사이에 척력이 작용한다. ⇨ 자유 전자가 이동하여 (−) 대전체와 멀어진다. ⇨ 대전체와 가까운 쪽에는 (+) 전하가 많아져서 (+)전기가 유도되고, 먼쪽에는 (−) 전하가 많아져서 (−)전기가 유도된다. 이때 대전체와 도체 사이에는 인력이 작용하게 된다.

② 유도된 (+)전하량과 (−)전하량은 서로 같다.

③ 대전체를 치우면 다시 대전체를 가까이하기 전 상태로 돌아간다.

◉ **접지**

대전체와 지면을 도선으로 연결하여 누전에 의한 감전 등의 전기 사고를 예방하기 위한 것이다. 대표적인 예로 번개로 인한 피해를 막기 위해 건물 꼭대기에 설치하는 피뢰침이 있다.

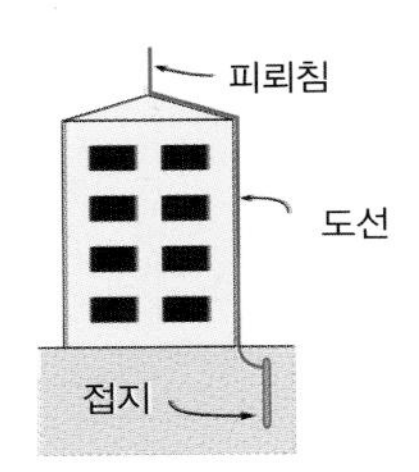

◉ **도체 표면과 내부의 전기장**

대전된 도체 표면의 전기장은 도체 표면에 수직한 방향이다. 대전된 도체의 전하는 서로 밀어내므로 도체 표면에서 내부의 전기장이 0 이 되도록 분포한다.

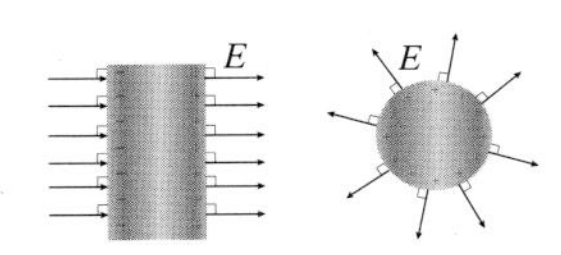

◉ **금속박 검전기**

정전기 유도 현상을 이용하여 물체의 대전 상태를 알아볼 수 있는 기구이다.

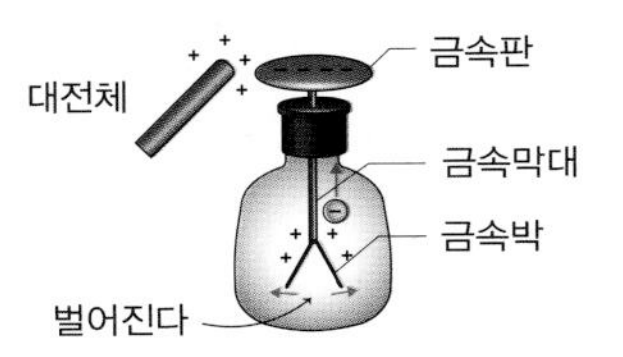

금속판에 대전체를 가까이 한다. ⇨ 금속판은 대전체와 반대 종류의 전기가, 금속박에는 같은 종류의 전기가 대전된다. ⇨ 금속박이 벌어진다.

<검전기 대전시키기>

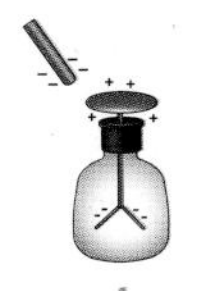

금속판에 대전체를 가까이 하여 금속박이 벌어지게 한다.

↓

대전체를 가까이 한 상태에서 금속판에 손을 대면 금속박의 전자가 손으로 이동하여 금속박이 오므라든다.

↓

손과 대전체를 동시에 치우면 금속판과 금속박 모두 (+) 전하로 대전되어 금속박이 벌어진 상태를 유지한다.

개념확인 3

정답 및 해설 62

다음은 정전기 유도에 대한 설명이다. 빈칸에 알맞은 말을 각각 고르시오.

정전기 유도란 대전된 물체를 전기적으로 중성인 도체에 가까이 하였을 때 대전체와 먼 쪽에는 대전체와 (㉠ 같은 ㉡ 반대) 종류의 전하가, 가까운 쪽에는 대전체와 (㉠ 같은 ㉡ 반대) 종류의 전하가 유도되는 현상을 말한다.

확인 + 3

오른쪽 그림과 같이 금속구 A 와 B 를 서로 접촉시킨 상태에서 (−)전하를 띠는 대전체를 가까이 하였다. 이 상태에서 금속구 A 와 B 를 뗀 후 대전체를 치웠을 때 금속구 A, B 는 각각 어떤 전하를 띠겠는가?

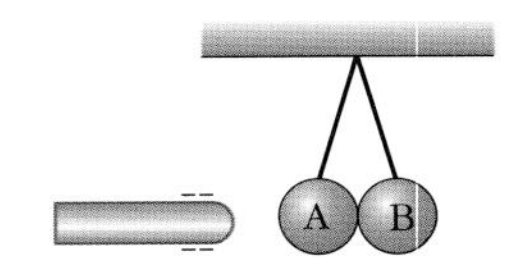

4. 절연체에서의 유전 분극

(1) 절연체(부도체) : 전류가 잘 흐르지 않는 물질로 원자나 분자 내에 전자가 속박되어 있어 전자가 이동하기 어렵다.

① 절연체에는 자유 전자가 거의 없다.
② 절연체의 한 곳에 공급된 전하는 그 곳에 오래 머물러 있는다.
예 소금, 고무, 유리, 종이, 플라스틱 등

▲ 소금 결정
전자가 Na^+ 이온과 Cl^- 이온 사이에 속박되어 있다.

(2) 절연체에서의 유전 분극

① **유전 분극** : 절연체 내에서 일어나는 정전기 유도 현상을 말한다.
예 흐르는 물줄기에 대전체를 가까이 가져가면 물줄기가 휘어지는 현상

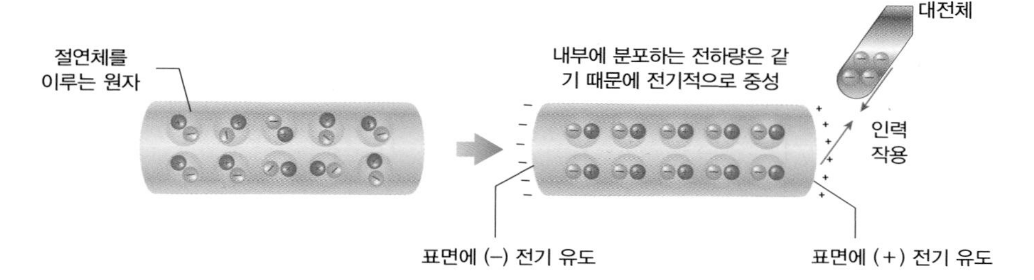

절연체를 이루는 원자 내부는 동일한 양의 (+) 전하와 (−) 전하가 분포 → 전기적으로 중성

대전체를 가까이 하면 원자 내의 (+) 전하와 (−) 전하가 서로 반대쪽으로 전기력을 받아 원자 또는 분자가 회전하거나 찌그러짐 → 양쪽 표면 부분에만 정전기가 유도된다. 이때 절연체와 대전체 사이에는 인력이 작용한다.

② 유도된 (+) 전하량과 (−) 전하량은 서로 같다.
③ 대전체를 치우면 다시 대전체를 가까이하기 전 상태로 돌아간다.
④ **분극** : 대전체에 의해 (+) 전하와 (−) 전하의 평균적 위치가 변화하거나 분리되어 한쪽은 (+) 전기, 다른 한쪽은 (−) 전기를 띠어 극이 나누어지는 현상이다.
⑤ **유전체** : 대전체에 의해 분극 현상을 일으키는 물질이라는 뜻으로 절연체를 유전체라고도 한다.

◉ **물의 유전 분극 현상**

(−) 전하로 대전된 물체를 물줄기에 가까이 하면 물 분자를 구성하고 있는 (+) 전하를 띤 수소 원자가 대전체 쪽으로 정렬되면서 대전체와 물줄기 사이에 인력이 작용하면서 물줄기가 대전체 쪽으로 휘게 된다.

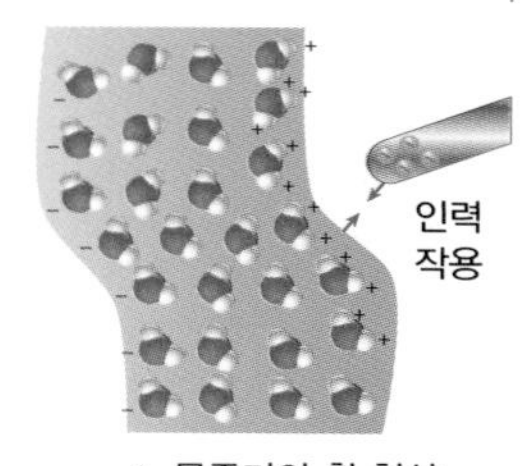

▲ 물줄기의 휨 현상

◉ **물 분자**

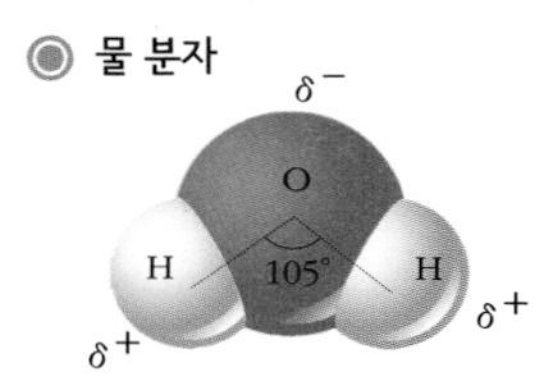

물 분자는 전체적으로 전기적 중성 상태이지만, 전자의 불균형 분포로 인해 물 분자를 구성하고 있는 산소 원자는 약간의 (−) 전하, 수소 원자는 약간의 (+) 전하를 각각 띠고 있어 물 분자에 전기적인 극이 형성된 상태이므로 극성 분자라고 한다.

◉ **방전**

대전체가 전하를 잃는 과정을 방전이라고 한다.
대표적인 예로는 겨울철 문손잡이를 잡을 때 발생하는 스파크, 번개 방전 현상을 들 수 있다.

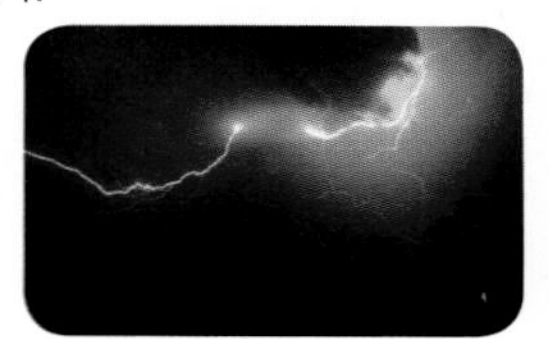

▲ 번개 : 번개는 대전된 구름의 아랫 부분에 있는 (−) 전하가 지면으로 한꺼번에 이동하는 방전 현상이다.

개념확인 4 정답 및 해설 62

다음 빈칸에 알맞은 말을 각각 쓰시오.

절연체 내에서 일어나는 정전기 유도 현상을 (   )(이)라고 하며, 이와 같이 전기적으로 유도 작용을 일으키는 물질이라는 뜻으로 절연체를 (   )(이)라고도 한다.

확인 + 1

다음 중 절연체에 대한 설명으로 옳은 것은 ○ 표, 옳지 않은 것은 × 표 하시오.

(1) 전기는 잘 통하지 않지만, 열은 잘 통하는 물질이다. (   )
(2) 절연체도 대전체에 의해 전자가 다른 물체로 이동하여 전기가 유도된다. (   )
(3) 절연체 또는 유전체에는 자유 전자가 거의 없다. (   )

01

다음 <보기> 중 전하와 관련된 설명으로 옳은 것을 있는대로 고른 것은?

<보기>

ㄱ. 전하는 모든 전기적 현상의 원인이 된다.
ㄴ. 전자를 잃은 물체는 (−)전하를 띠게 된다.
ㄷ. 원자핵의 이동으로 물체가 전기를 띠는 현상을 대전이라고 한다.

① ㄱ ② ㄱ, ㄴ ③ ㄱ, ㄷ ④ ㄴ, ㄷ ⑤ㄱ, ㄴ, ㄷ

02

오른쪽 그림 (가) 는 전하량이 각각 $+q$ 로 동일한 두 전하가 거리 r 만큼 떨어져있는 것을 나타낸 것이다. 이때 두 전하 사이에 작용하는 전기력의 크기가 F 일 때, 그림 (나)와 같이 두 전하 사이의 거리가 2 배로 멀어졌을 때, 두 전하 사이에 작용하는 전기력의 크기 F' 은?

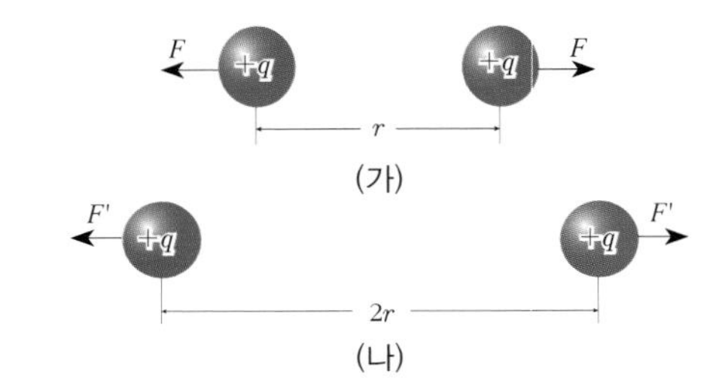

( ) F

03

전기력선에 대한 설명으로 옳은 것은?

① 전기력선의 수는 전하량과는 상관이 없다.
② 전기력선의 간격이 빽빽할수록 전기장의 크기는 작다.
③ 전기장의 방향은 그 점을 지나는 전기력선의 접선 방향이다.
④ (−) 전하에서 나와서 (+) 전하로 들어가는 방향이 전기력선의 방향이다.
⑤ 전기장 내의 (−) 전하가 받는 힘의 방향을 연속적으로 이은 선을 전기력선이라고 한다.

04

오른쪽 그림은 두 전하 A, B 사이에 형성된 전기장을 전기력선을 이용하여 나타낸 것이다. 이에 대한 설명으로 옳은 것은?

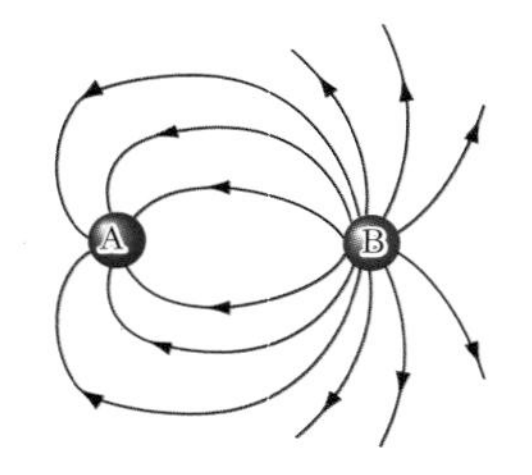

① A는 (+)전하이다.
② 두 전하의 부호는 같다.
③ 두 전하의 전하량은 같다.
④ A 의 전하량이 −1 C 일 때 B 의 전하량은 +2 C 이다.
⑤ B 의 전하량이 −1 C 일 때 B 의 전하량은 −2 C 이다.

05

다음은 대전된 도체에 대한 설명이다. 빈칸에 들어갈 말을 바르게 짝지은 것은?

> 도체 표면의 전기장은 표면에 (㉠)하게 형성되며, 도체에 공급된 전하는 모두 도체 (㉡)에 존재하며 (㉢) 부분일수록 많이 분포한다.

	㉠	㉡	㉢
①	평행	내부	편평한
②	평행	표면	뾰족한
③	수직	내부	뾰족한
④	수직	표면	편평한
⑤	수직	표면	뾰족한

06

오른쪽 그림과 같이 금속구 A 와 B 를 서로 접촉시킨 상태에서 (−) 전하를 띠는 대전체를 가까이 한 후, 손가락을 금속구 B 에 접촉시켰다. 이때 손과 대전체를 동시에 치울 경우 금속구 A, B 가 각각 띠는 전하와 금속구 사이에 작용하는 힘을 바르게 짝지은 것은?

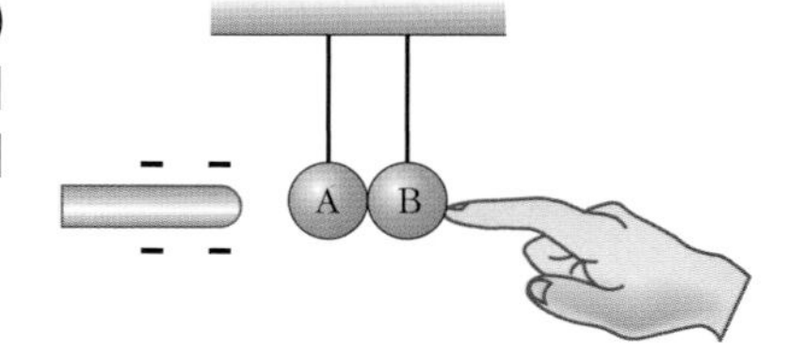

	A	B	힘
①	(−)전하	(−)전하	척력
②	(−)전하	(+)전하	인력
③	(+)전하	(+)전하	척력
④	(+)전하	(−)전하	인력
⑤	(−)전하	(−)전하	인력

07

도체와 절연체의 공통점에는 ○ 표, 차이점에는 × 표 하시오.

(1) 대전체를 가까이 했을 때 유도된 (+) 전하량과 (−) 전하량은 서로 같다. ( )

(2) 대전체를 치우면 다시 대전체를 가까이하기 전 상태로 돌아간다. ( )

(3) 내부에 자유 전자가 풍부하게 존재하여 (−) 전하를 잘 이동시킨다. ( )

(4) 대전체에 의한 전기력의 영향으로 원자 또는 분자가 회전하거나 찌그러져서 부분적으로 표면에만 대전이 된다. ( )

08

오른쪽 그림은 어떤 물체에 (−)전기를 띤 대전체를 가까이 하였을 때 전하의 분포 상태를 나타낸 것이다. 이에 대한 설명으로 옳은 것은?

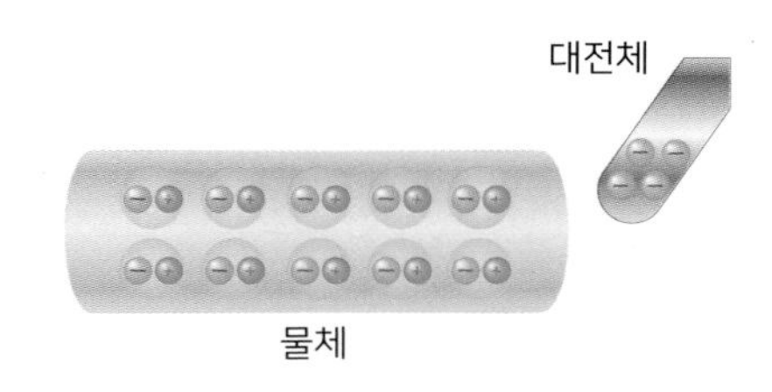

① 물체는 도체이다.
② 대전체와 물체 사이에는 척력이 작용한다.
③ 대전체에 의해 물체의 오른쪽은 (−)전기를 띤다.
④ 대전체의 영향으로 인해 물체에는 유전 분극 현상이 일어났다.
⑤ 대전체에 있던 전자의 이동으로 인한 정전기 유도 현상이다.

유형 10-1 전하와 전기력

다음 그림은 고정된 두 지점에 전하량이 －1 C 인 점전하 A와 전하량이 ＋2 C 인 점전하 B 가 서로 1 m 떨어진 상태로 있는 것을 나타낸 것이다. 점 p 에 ＋1 C 을 띠는 점전하를 놓았을 때 점전하 A 에 의해 받는 힘의 크기가 F 이다. 다음 물음에 답하시오.

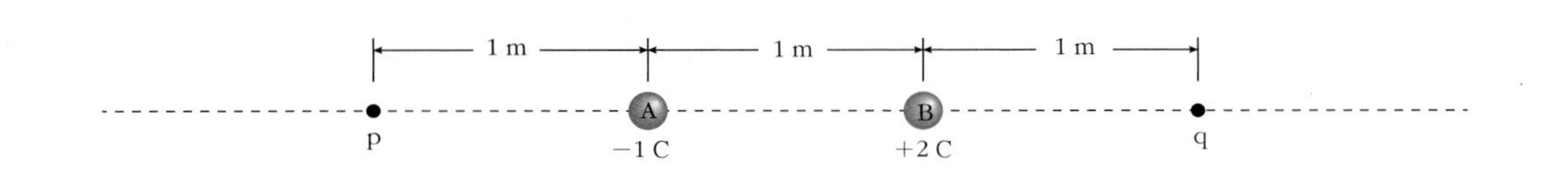

(1) 점 p 에 ＋2 C 을 띠는 점전하를 놓았을 때 B 로 부터 받는 힘의 크기와 힘의 방향을 쓰시오.

힘의 크기 (　　　　　) F,　힘의 방향 (　　　　　)

(2) 점 q 에 ＋4 C 을 띠는 점전하를 놓았을 때 A 와 B 로 부터 받는 힘의 크기와 힘의 방향을 쓰시오.

힘의 크기 (　　　　　) F,　힘의 방향 (　　　　　)

01 그림과 같이 명주실에 크기와 모양이 같고 같은 재질의 가벼운 금속구 A, B, C가 그림과 같이 매달려 있다. 금속구는 각각 8C, -4C, 2C의 전기량을 띠고 있다. 이때 다음과 같은 과정을 거친 후 금속구 A, B, C 가 띠게 되는 전기량은 각각 얼마인가?

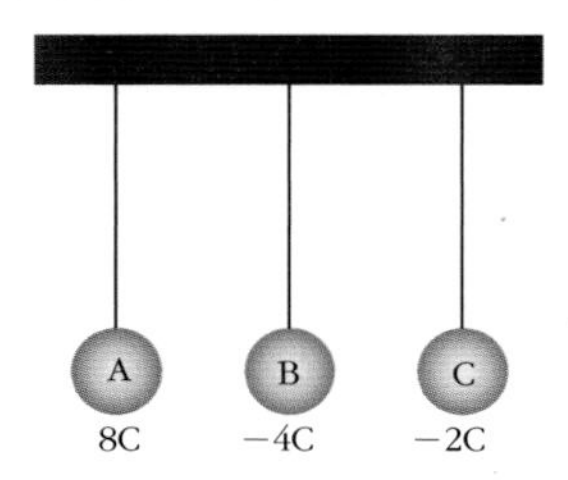

<과정 1> 금속구 C를 접지한 후 접지 상태를 제거한다.
<과정 2> 금속구 A와 B를 접촉시킨 후 다시 떼어 놓는다.
<과정 3> 금속구 B와 C를 접촉시킨 후 다시 떼어 놓는다.

A : (　　) B : (　　) C : (　　)

02 다음 그림은 전하량이 각각 $+q$ 로 동일한 두 전하가 거리 r 만큼 떨어져 있는 것을 나타낸 것이다. 이때 두 전하 사이에 작용하는 전기력의 크기가 F 일 때, 전하량은 변화시키지 않고 두 전하 사이의 거리가 변하여 전기력의 크기가 $4F$ 가 되었다면 두 전하 사이의 거리는 얼마가 되었는가?

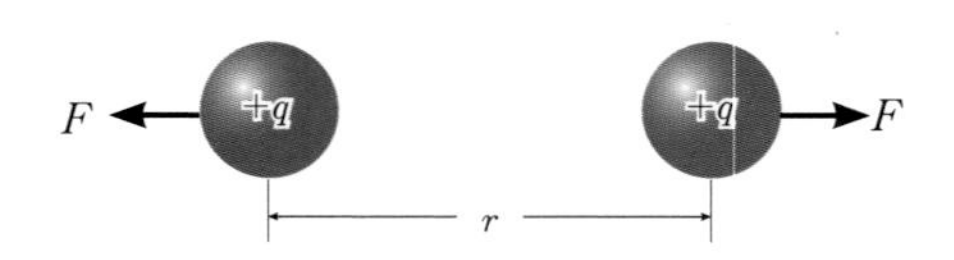

① $\frac{1}{4}r$　② $\frac{1}{2}r$　③ r
④ $2r$　⑤ $4r$

유형 10-2 전기력과 전기력선

다음 그림은 전하를 띠고 있는 두 입자 A 와 B 에 의한 전기력선을 나타낸 것이다. 물음에 답하시오.

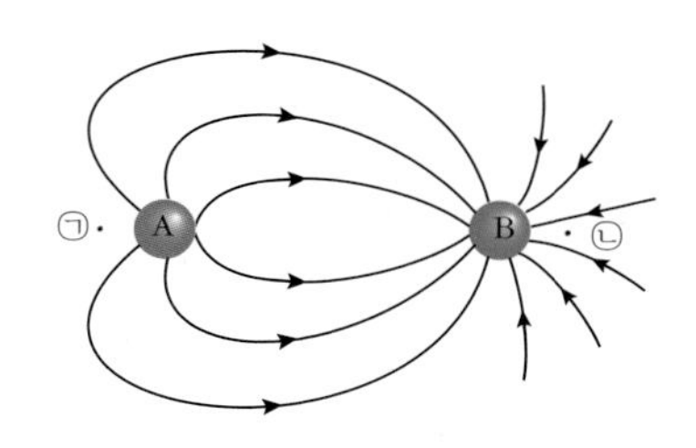

(1) A 와 B 가 띠고 있는 전하의 종류를 각각 쓰시오. A (　　　　), B (　　　　)

(2) A 의 전하량과 B 의 전하량의 절대값을 부등호를 이용하여 비교하시오.

A 의 전하량 절대값 (　　　　) B 의 전하량 절대값

(3) 점 ㉠ 과 점 ㉡ 에서의 전기장의 크기를 부등호를 이용하여 비교하시오.

점 ㉠ 에서 전기장의 크기 (　　　　) 점 ㉡ 에서 전기장의 크기

03 다음 중 전기력선을 바르게 나타낸 것은?

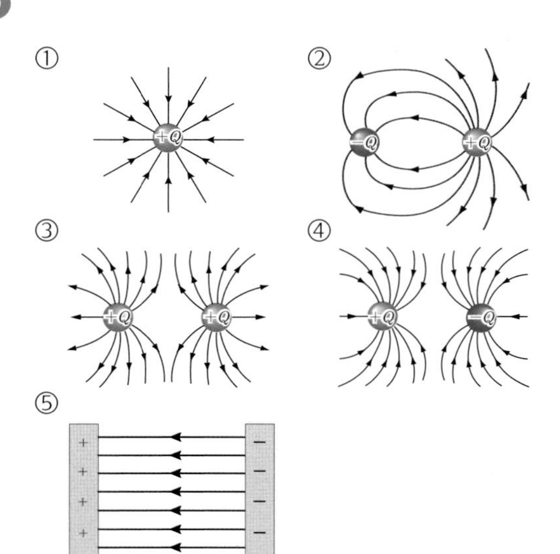

04 다음 <보기> 에서 전기장과 전기력선에 대한 설명으로 옳은 것을 있는대로 고른 것은?

<보기>

ㄱ. 전기장 내에 있는 (+)전하는 전기력을 받아 가속도 운동을 한다.
ㄴ. 전기장의 방향은 (+)전하가 받는 전기력의 방향이다.
ㄷ. 전기력선이 밀할수록 전기장의 세기는 약하다.

① ㄱ　② ㄴ　③ ㄷ
④ ㄱ, ㄴ　⑤ ㄴ, ㄷ

유형 10-3 도체에서의 정전기 유도

다음 그림과 같이 금속박 검전기가 대전되어서 금속박이 벌어져 있다. 이 검전기에 대전체 A, B, C 를 각각 가까이 하였더니 다음과 같은 현상이 일어났다. 이에 대한 설명으로 옳은 것은?

대전체 A : 금속박이 더 벌어짐
대전체 B : 금속박이 닫힘
대전체 C : 금속박이 닫혔다가 다시 열림

① 대전체 A, C 는 검전기와 같은 종류의 전하, 대전체 B 는 다른 종류의 전하로 대전되었다.
② 대전체 A, C 는 검전기와 다른 종류의 전하, 대전체 B 는 같은 종류의 전하로 대전되었다.
③ 대전체 A 는 검전기와 같은 종류의 전하, 대전체 B, C 는 다른 종류의 전하로 대전되었다.
④ 대전체 A 는 검전기와 다른 종류의 전하, 대전체 B 는 같은 종류의 전하로 대전되었다.
⑤ 대전체 A 는 검전기와 같은 종류의 전하, 대전체 B, C 는 다른 종류의 전하로 대전되었으나 B 의 전하량이 C 의 전하량보다 크다.

05 다음 그림과 같이 (+) 전하로 대전된 대전체를 금속구 A 에 가까이 가져간 후 금속구를 뗌과 동시에 대전체를 치웠다. 이에 대한 설명으로 옳은 것을 <보기> 에서 있는대로 고른 것은?

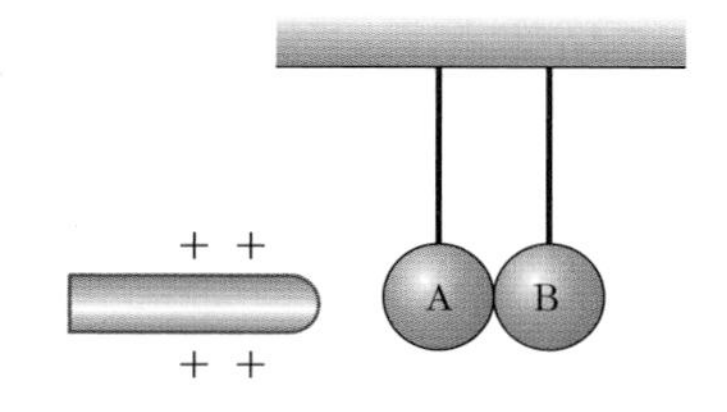

<보기>

ㄱ. 두 금속구를 접촉시킨 후 (+)대전체를 가까이 가져가면 A 의 전자가 B 로 이동한다.
ㄴ. 최종적으로 금속구 A 는 (−) 로 대전되고, 금속구 B 는 (+) 전기로 대전된다.
ㄷ. 두 금속구 사이에는 인력이 작용하게 된다.

① ㄱ　② ㄴ　③ ㄷ　④ ㄱ, ㄴ　⑤ ㄴ, ㄷ

06 다음 <보기> 에서 도체에 대한 설명으로 옳은 것을 있는대로 고른 것은?

<보기>

ㄱ. 지구는 커다란 도체이다.
ㄴ. 전하량 Q로 대전된 반지름 r 인 도체구 내부의 전기장은 $k\frac{Q}{r^2}$ 이다.
ㄷ. 도체에 공급된 전하는 뾰족한 부분일수록 많이 분포한다.

① ㄱ　② ㄱ, ㄴ　③ ㄱ, ㄷ　④ ㄴ, ㄷ　⑤ ㄱ, ㄴ, ㄷ

절연체에서의 유전 분극

다음 그림 (가) 와 (나) 는 물체 A 와 B 에 (+) 로 대전된 대전체를 각각 가까이 하였을 때 전하 분포 상태를 나타낸 것이다. 이에 대한 설명으로 옳은 것을 <보기> 에서 있는대로 고르시오.

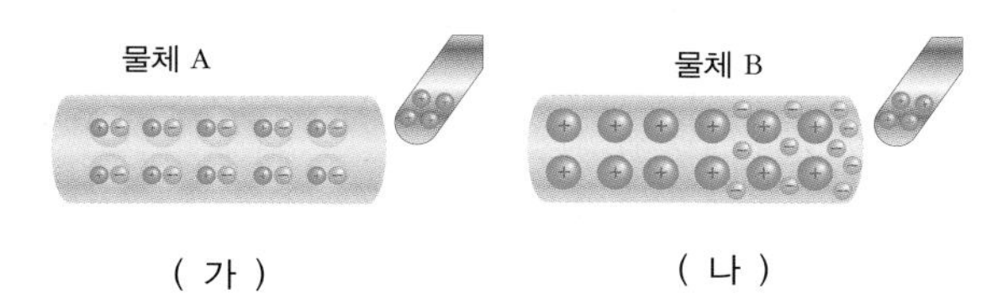

(가)　　(나)

<보기>

ㄱ. 물체 A 는 절연체, 물체 B 는 유전체이다.
ㄴ. 그림 (가) 와 (나) 모두 외부 전기장에 의해 전기가 유도되는 현상이다.
ㄷ. 물체 B 와 (+) 로 대전된 대전체 사이에는 인력이 작용한다.
ㄹ. 물체 B 내부는 전기적으로 중성이며, 표면에만 부분적으로 대전된다.

( )

07 종잇조각에 (−)전하로 대전된 플라스틱 빗을 가까이 하였더니 다음 그림과 같이 빗에 종잇조각이 달라붙었다. 이때 종잇조각 내부 모습으로 바른 것은?

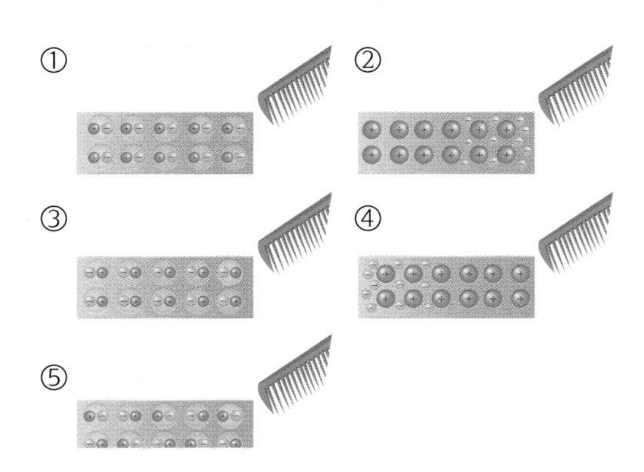

08 다음 <보기> 에서 절연체에 대한 설명으로 옳은 것을 있는대로 고른 것은?

<보기>

ㄱ. 절연체에서도 전기가 유도된다.
ㄴ. 절연체로 이루어진 구의 한 곳에 전하를 공급하면 한 곳에 전하가 머물러 있는다.
ㄷ. 절연체에 대전체를 가까이 한 후 대전체를 제거하여도 절연체는 계속 대전된 상태로 있는다.

① ㄱ　② ㄴ　③ ㄷ
④ ㄱ, ㄴ　⑤ ㄱ, ㄷ

01

전기력에 대한 설명 중 옳은 것은 ○ 표, 옳지 않은 것은 × 표 하시오.

(1) 전하들 사이에 작용하는 힘을 말한다. (　　)

(2) 전기장 내에 있는 (−) 전하가 받는 전기력의 방향은 전기장의 방향과 반대이다. (　　)

(3) 대전된 두 입자 사이의 전기력의 크기는 두 입자의 전하량의 곱에 비례하고, 두 전하 사이의 거리에 반비례한다. (　　)

02

아래 그림은 전하량이 각각 $+q$ 로 동일한 두 전하가 거리 r 만큼 떨어져있는 것을 나타낸 것이다. 이때 두 전하 사이에 작용하는 전기력이 F 라면, 전하량은 변하지 않고 두 전하 사이의 거리가 $\frac{1}{3}r$ 로 줄어들었을 때 두 전하 사이에 작용하는 전기력의 크기는?

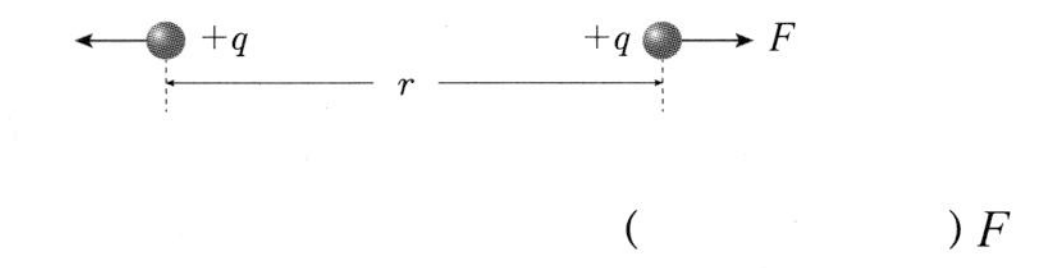

(　　　　) F

03

다음 그림과 같이 전하 A 가 고정된 (+)전하 B 에 의해 오른쪽 방향으로 전기력을 받고 있다. 이때 A가 띠고 있는 전하의 종류를 쓰고, B전하에 의해 A가 있는 곳에 형성된 전기장의 방향을 쓰시오.

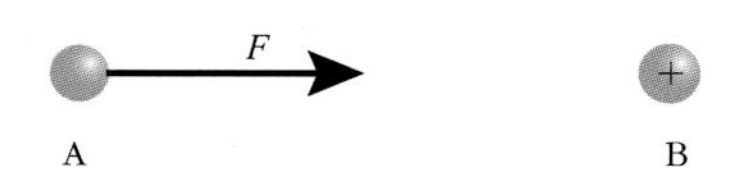

A 가 띠고 있는 전하의 종류 (　　　　)
전기장의 방향 (　　　　)

04

같은 재질의 크기와 모양이 서로 같은 금속구 A, B가 있다. 처음에 금속구 A의 전하량은 +7 C 이다. 이 금속구 A 에 전하량을 알 수 없는 금속구 B 를 붙였다 떼어놓았더니 각각 +1 C 의 전하량을 띠게 되었다. 금속구 B 의 처음 전하량은?

(　　　　) C

05

어떤 점에서의 전기장의 세기가 8 N/C 일 때 그 점에 놓인 +7 C 의 점전하에 작용하는 전기력의 세기는?

(　　　　) N

06

오른쪽 그림은 어떤 전하에 의한 전기장의 한 부분을 전기력선으로 나타낸 것이다. A지점과 B 지점에서의 전기장의 세기를 부등호를 이용하여 비교하시오.

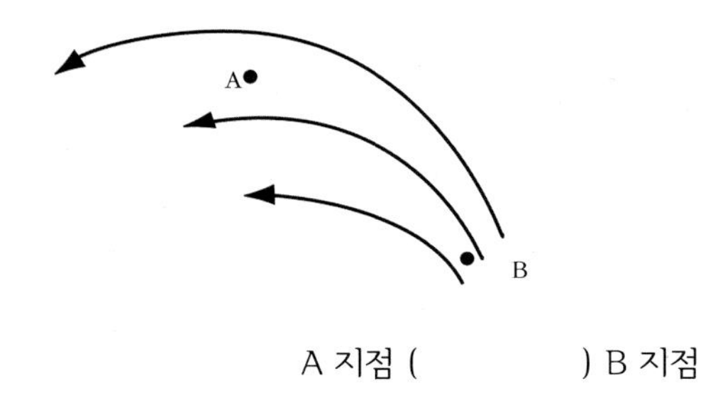

A 지점 (　　　　) B 지점

07

다음 그림은 전하의 종류를 알 수 없는 두 점전하 주위의 전기력선을 나타낸 것이다. 두 점전하 A 와 B 의 전하량의 비는?

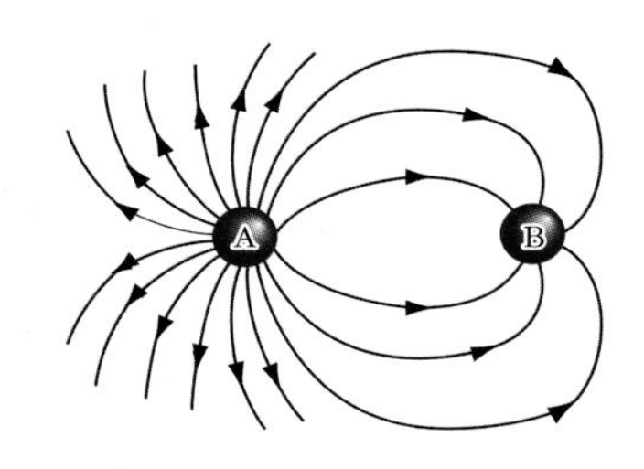

A 의 전하량 : B 의 전하량 = (　　:　　)

08

다음 그림과 같이 (+)로 대전시킨 고무 풍선을 매달아 놓고, (−)로 대전시킨 막대를 고정시킨 금속 막대에 가까이 할 때 고무 풍선과 고정시킨 금속 막대 사이에 작용하는 힘(인력, 척력)을 쓰시오.

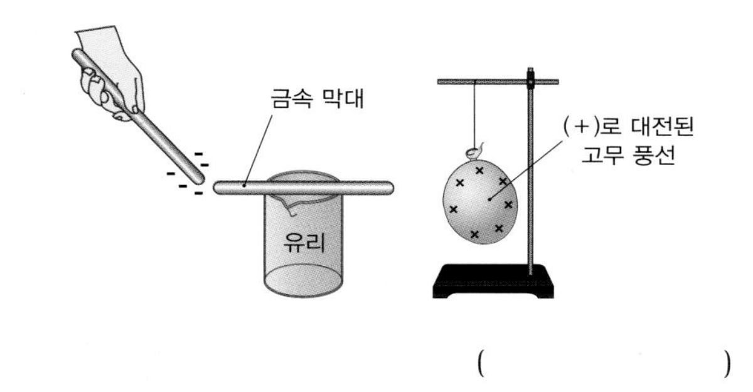

(　　　　)

09

다음 그림은 어떤 대전체를 도체의 B 부분에 가까이 가져간 상태에서의 도체 내부 전하 분포를 나타낸 것이다. 대전체에 대전된 전하의 종류(㉠)와 도체 A(㉡)와 B(㉢) 부분이 띠는 전기의 종류를 바르게 짝지은 것은?

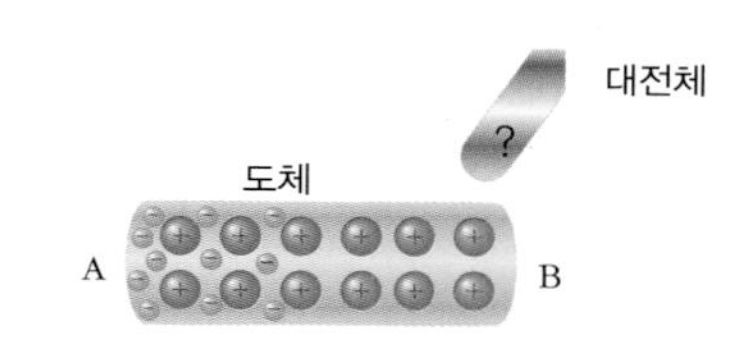

	㉠	㉡	㉢
①	(−)전하	(+)전기	(−)전기
②	(+)전하	(−)전기	(+)전기
③	(−)전하	(−)전기	(+)전기
④	(+)전하	(+)전기	(−)전기
⑤	(−)전하	(−)전기	(−)전기

10

다음 그림과 같이 스티로폼 구를 가벼운 은박지로 싸서 만든 도체구 A, B 를 매달아 놓은 다음 (−) 전기로 대전된 막대를 가까이 가져갔다. 막대를 가져간 상태에서 도체구 A 와 B 를 떼어놓은 후 막대를 치웠다. 이때 도체구 A 에 분포된 전하의 모습으로 옳은 것은?

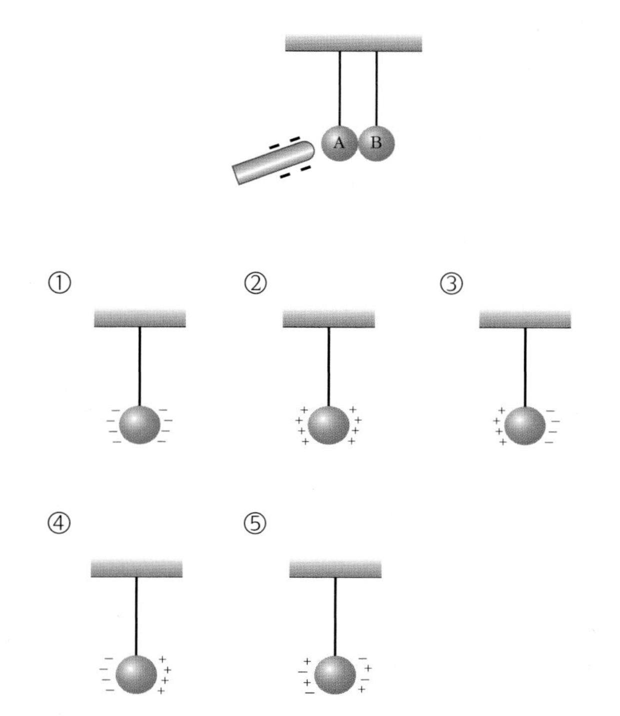

B

11

다음 그림의 두 물체는 서로 마찰시킨 후 각각 대전된 상태를 나타낸 것이다. 이에 대한 설명으로 옳은 것은?

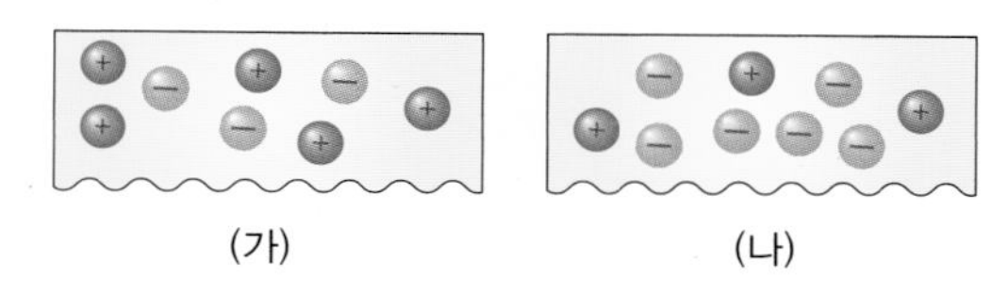

① (가)는 (−)전기로 대전되었다.
② (나)는 중성 상태가 되었다.
③ (나)에서 (가)로 (+)전하가 이동하였다.
④ (가)와 (나)에 대전된 전하량은 동일하다.
⑤ 그림은 정전기 유도 현상을 보여주고 있다.

12

진공 속에서 +5 C 의 점전하와 −3 C 의 점전하가 50 cm 떨어져 있다. 이때 한 전하에 대한 다른 전하의 전기력의 크기는? (진공 중 쿨롱 상수 k 를 포함시키시오.)

( ) N

[13-14] 다음 그림은 전하의 종류를 알 수 없는 두 점전하 A, B 사이에 형성된 전기장을 전기력선으로 나타낸 것이다. 물음에 답하시오. (단, a 점과 c 점이 각각 전하 A, B 와 떨어져 있는 거리는 같고, A와 B를 중심으로 전기력선의 모양은 서로 대칭을 이룬다.)

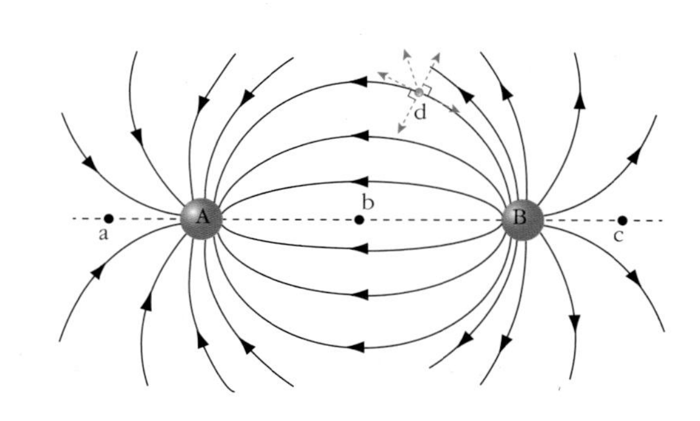

13

그림에 대한 설명으로 옳은 것은?

① 점 a 의 전기장이 점 c 의 전기장보다 세다.
② A 와 B 는 같은 종류의 전하로 대전되어 있다.
③ 점 b 위치에 (+) 전하를 놓으면 등가속도 운동을 한다.
④ 점 a 위치에 (+) 전하를 놓으면 왼쪽으로 전기력을 받는다.
⑤ 점 c 위치에 (−) 전하를 놓으면 왼쪽으로 전기력을 받는다.

14 다음 그림은 d 지점에 놓인 (+) 전하의 모습을 확대해 놓은 것이다. 이때 (+) 전하가 받는 힘의 방향은?

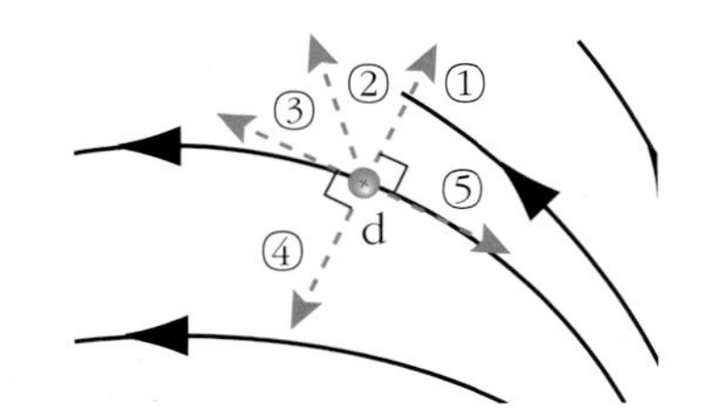

15 $+Q$ 전하(원천 전하)에 의해 발생한 전기장 내의 한 지점에 질량이 m 이고 전기를 띤 입자 a 를 놓았더니 오른쪽 그림과 같이 움직였다. 이에 대한 설명으로 옳은 것은? (단, 입자 a 위치에서의 전기장의 크기는 E 이다.)

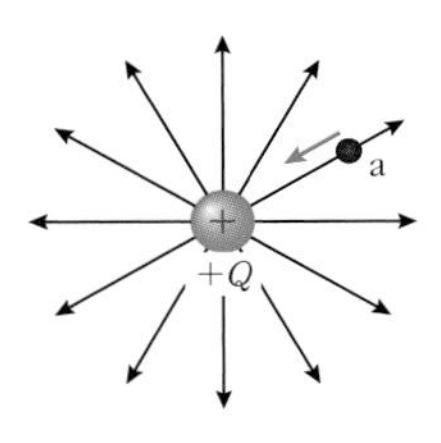

① 입자 a 는 (+)전기를 띠고 있다.
② 입자 a 는 전기장의 방향과 같은 방향으로 움직이고 있다.
③ 입자 a 의 전하량이 q 일 때 입자의 가속도 $a = \frac{qE}{m}$ 이다.
④ 입자 a 의 질량만 2 배가 되면 속도의 변화가 더 커진다.
⑤ 입자 a 와 다른 종류의 전기를 띤 다른 입자를 같은 위치에 놓아도 움직이는 방향은 같다.

16 동일한 모양과 크기, 재질인 금속구 A, B, C 가 있다. 이 금속구 들은 처음에 각각 10 C, −14 C, 30 C 의 전기로 대전되어 있다. 이 금속구를 이용하여 다음과 같은 과정대로 실험을 진행하였다. 최종적인 금속구 A, B, C 의 전하량이 바르게 짝지어진 것은?

<실험 과정>

① 금속구 A 와 금속구 B 를 접촉시킨 후 뗀다.
② ① 과정을 거친 금속구 B 와 금속구 C 를 접촉시킨 후 뗀다.
③ ② 과정을 거친 금속구 C 를 ① 과정을 거친 금속구 A 와 접촉시킨 후 뗀다.

	금속구 A	금속구 B	금속구 C
①	−2 C	−2 C	14 C
②	−2 C	14 C	14 C
③	6 C	6 C	14 C
④	6 C	14 C	6 C
⑤	14 C	- 2 C	6 C

17 다음 그림과 같이 5 C 의 원천 전하의 전기장 속에 원천 전하로부터 30 cm 떨어진 곳에 질량이 0.1 g 이고 전하량이 10^{-6} C 인 전하 A 가 위치해 있다. 다음 물음에 답하시오.(단, 쿨롱상수 $k = 9\times 10^9$ N·m²/C² 이다.)

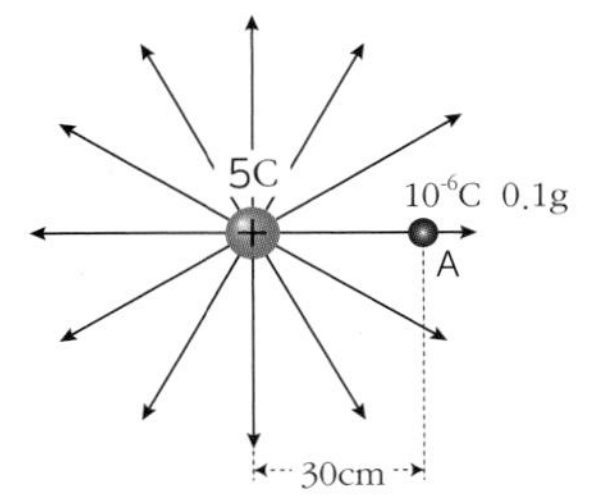

(1) 전하 A 위치에서의 전기장의 방향과 크기를 구하시오.

(2) 전하 A의 가속도의 방향과 크기를 구하시오.

18 금속박 검전기를 이용하여 다음과 같은 실험을 진행하였다. 이때 빈칸에 알맞은 말이 바르게 짝지어진 것은?

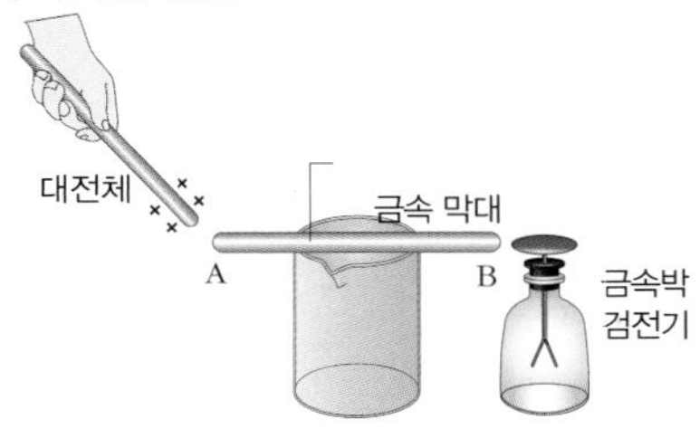

<실험 과정>

① 금속 막대를 절연체 위에 고정시킨다.
② 금속 막대의 B 쪽과 가깝게 검전기를 둔다.
③ 금속 막대의 A 쪽에 (+)전기로 대전된 막대를 가까이 한다.
④ 검전기의 금속박은 (㉠)전하로 대전되어 (㉡)
⑤ 금속 막대 대신 유리 막대를 놓은 후 ② ~ ③의 과정을 반복한다.
⑥ 검전기의 금속박은 (㉢)

	㉠	㉡	㉢
①	(+)	오므라든다	벌어진다
②	(−)	벌어진다	오므라든다
③	(+)	벌어진다	벌어진다
④	(−)	벌어진다	벌어진다
⑤	(+)	오므라든다	오므라든다

C

19 작은 스타이로폼 공 4 개를 얇은 금속박으로 싸서 그림처럼 매달고 다음과 실험하여 결과를 적어 보았다. (단, 털가죽으로 문지른 에보나이트 막대는 (−)전기를 띤다.)

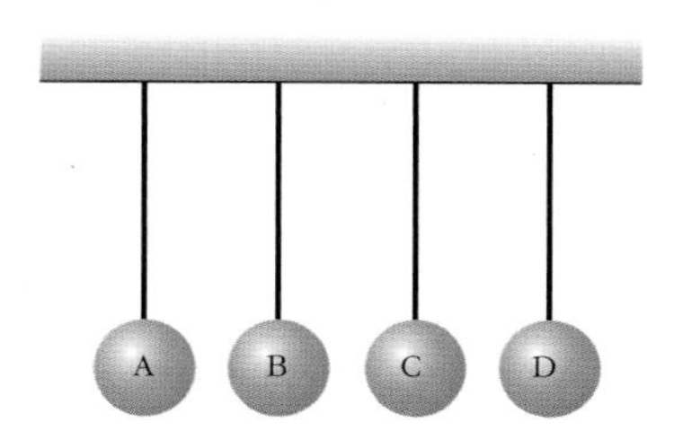

<실험 및 결과>
(가) 털가죽으로 문지른 에보나이트 막대를 가까이 가져갔더니 A 는 멀어지고 B, C, D 는 끌려왔다.
(나) 공 B 를 A, C, D 에 가까이 하였더니 모두 끌려왔다.
(다) 공 C 를 A, B, D 에 가까이 하였더니 A, B 는 끌려왔으나 D 는 움직이지 않았다.

스타이로폼 도체 구 A, B, C, D 에 대전된 전하의 종류를 바르게 짝지은 것은?

	A	B	C	D
①	(−)전하	0	(+)전하	(+)전하
②	(+)전하	(+)전하	(−)전하	(−)전하
③	(−)전하	0	(+)전하	0
④	(−)전하	(+)전하	0	0
⑤	(−)전하	(+)전하	(−)전하	(+)전하

20 모양과 크기와 재질이 같은 금속구 A, B, C 가 있다. 처음에 A 와 B 는 같은 전하량으로 대전되어 있고, C 는 대전되어 있지 않았다. B 와 C 를 접촉시켰다가 떼어놓은 후 A 와 B, B 와 C 사이의 거리를 같게 하였다. 이때 A 와 B 사이에 작용하는 힘을 F_1, B 와 C 사이에 작용하는 힘을 F_2 라고 한다면, $F_1 : F_2$ 는?

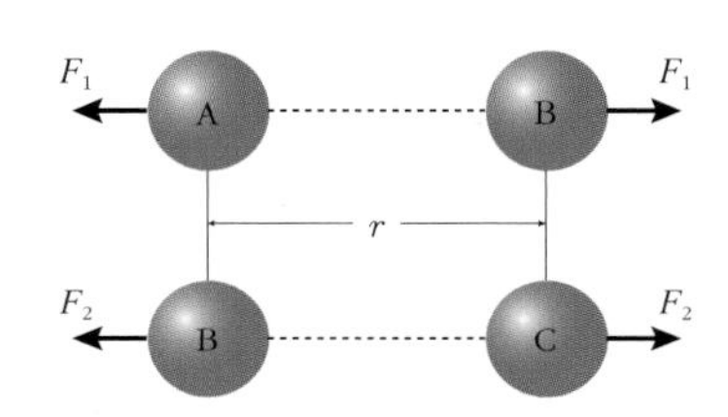

① 1 : 1 ② 1 : 2 ③ 1 : 4
④ 2 : 1 ⑤ 4 : 1

21 다음 그림과 같이 전하량이 9 C, 1 C 인 두 점전하 A, B 가 일직선 상에 놓여있다. 두 지점 사이의 거리는 80 cm 이다. 두 지점 사이의 직선 상에서 전기장의 세기가 0 이 되는 곳은?

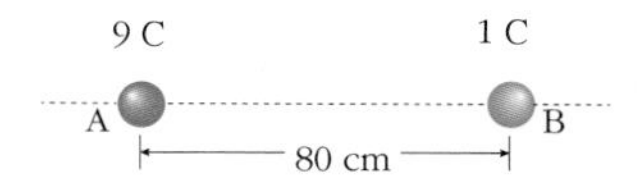

① A 에서 왼쪽으로 20 cm 인 곳
② A 에서 오른쪽으로 20 cm 인 곳
③ A 에서 왼쪽으로 60 cm 인 곳
④ A 에서 오른쪽으로 60 cm 인 곳
⑤ A 와 B 의 중간 지점인 40 cm 인 곳

22 다음 그림과 같이 중성 상태의 검전기에 (−) 전하로 대전된 에보나이트 막대를 금속판에 가까이 가져간 후 검전기를 접지시켰다. 이에 대한 설명으로 옳은 것을 <보기> 에서 있는대로 고른 것은?

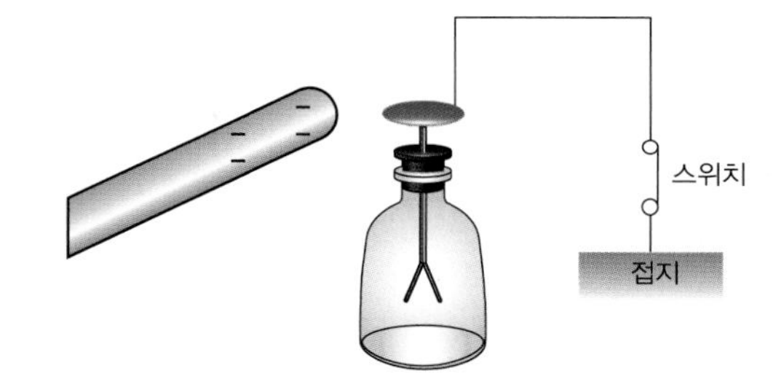

<보기>

ㄱ. 막대를 가까이 가져간 후 검전기를 접지시키기 전에 금속판은 (−) 전기를 띠게 된다.
ㄴ. 막대를 가까이 가져간 후 검전기를 접지시키기 전에 금속박은 (+) 전기를 띠고 벌어진다.
ㄷ. 검전기를 접지시키면 금속박의 (−) 전기가 접지를 통해 빠져나가 금속박이 오므라든다.
ㄹ. 접지 상태에서 스위치를 연 후 에보나이트 막대를 치우면 금속박은 (+) 전기를 띠고 벌어진다.

① ㄱ, ㄴ ② ㄴ, ㄷ ③ ㄷ, ㄹ
④ ㄱ, ㄴ, ㄷ ⑤ ㄴ, ㄷ, ㄹ

23

전기를 띠지 않는 종잇조각도 대전된 유리막대에 이끌린다. 이러한 사실을 설명하기 위해 필요한 과학적 사실을 <보기> 에서 있는대로 고른 것은? [수능 기출 유형]

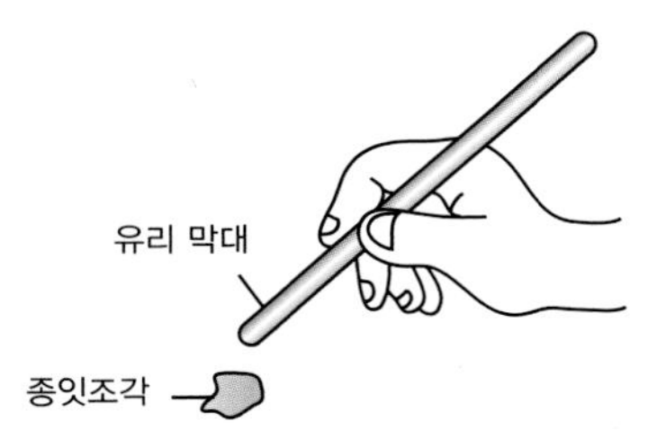

<보기>

ㄱ. 중성인 종잇조각도 대전된 물체에 가까이 가져가면 (−)전기를 띠는 부분과 (+)전기를 띠는 부분이 생긴다.
ㄴ. 서로 같은 부호의 전하 사이에는 척력이 작용하며, 다른 부호의 전하 사이에는 인력이 작용한다.
ㄷ. 두 점전하 사이의 전기력의 세기는 전하 간의 거리가 가까우면 강하고, 멀면 약하다.
ㄹ. 전하의 움직임으로 전류가 생기면 주변에 자기장이 생긴다.

① ㄱ, ㄴ ② ㄱ, ㄷ ③ ㄴ, ㄹ
④ ㄱ, ㄴ, ㄷ ⑤ ㄱ, ㄴ, ㄹ

24

부호가 다르고 같은 전하량으로 대전되어 있고, 면적이 같은 두 금속판이 서로 마주보고 있을 때, 두 금속판 사이에서는 균일한 전기장이 형성된다. 다음 그림과 같이 두 평행 금속판 A, B 사이에 전자가 있을 때 전자의 운동에 있어 가속도의 크기와 방향을 구하시오. (단, 전자의 전하량(q)은 -1.6×10^{-19} C, 전자의 질량(m)은 9.1×10^{-31} kg, 전기장의 세기(E)는 1.0×10^{4} N/C 이다.)

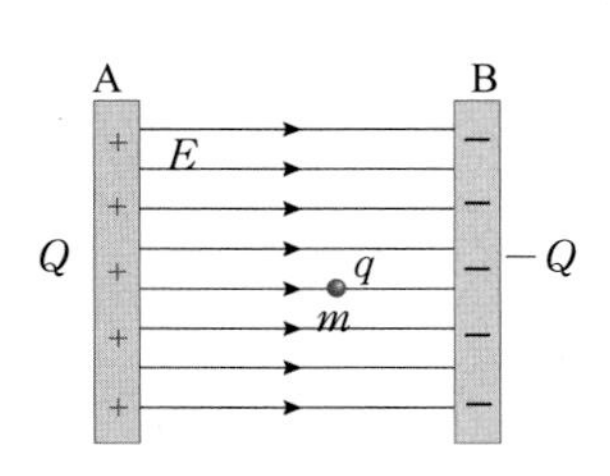

가속도의 크기 : (   ), 방향 : (   )

심화

25

다음 그림은 전하의 종류를 알 수 없는 크기와 모양이 같은 두 대전된 도체구 A 와 B 주위의 전기력선을 나타낸 것이다. 두 도체구를 접촉시켰다가 떼어 낸 후 도체구 A 와 B 에 대전된 전하의 종류를 각각 쓰고, 도체구 A 와 B 주위의 전기력선을 그리시오. [수능 기출 유형]

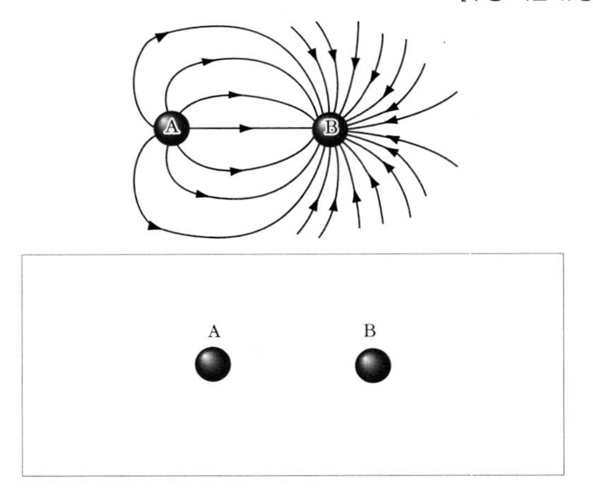

26

그림 (가) 는 수평면 위에 (+) 전하로 대전된 전하량이 Q 인 물체가 용수철 상수 k 인 용수철에 연결되어 정지해 있는 것을 나타낸 것이다. 그림 (나) 는 그림 (가) 의 상태에서 오른쪽 방향으로 크기가 E 인 균일한 전기장이 걸렸을 때, 용수철이 d 만큼 늘어나 물체가 힘의 평형 상태로 정지해 있는 모습을 나타낸 것이다. 다음 조건이 성립한다면 용수철이 늘어난 길이 d 는? [수능 기출 유형]

<조건>

- 전기장이 E 인 경우 전하 Q 는 전기장의 방향으로 QE 의 힘을 받는다.
- 용수철은 탄성 한계 내에서 늘어났다.
- 물체의 전하량은 일정하다.
- 용수철의 질량과 모든 마찰은 무시한다.

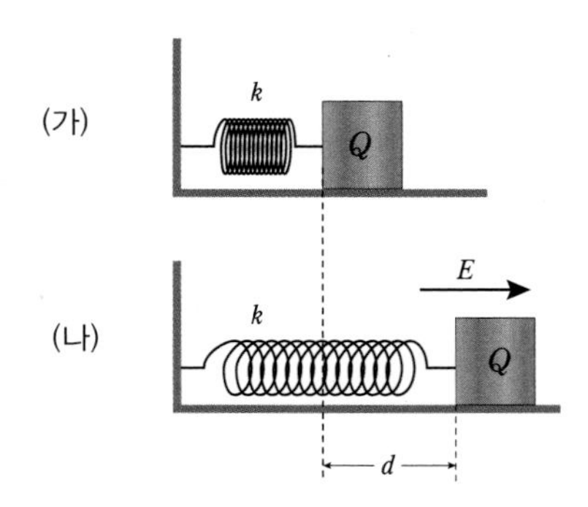

① $\frac{QE}{3k}$ ② $\frac{QE}{2k}$ ③ $\frac{QE}{k}$
④ $\frac{2QE}{k}$ ⑤ $\frac{3QE}{k}$

27

(+) 전기로 대전된 도체구 A 와 (+) 점전하 B 가 거리 d 만큼 떨어져서 놓여 있다. 옳은 것을 <보기> 에서 있는대로 고른 것은?

[kpho 기출 유형]

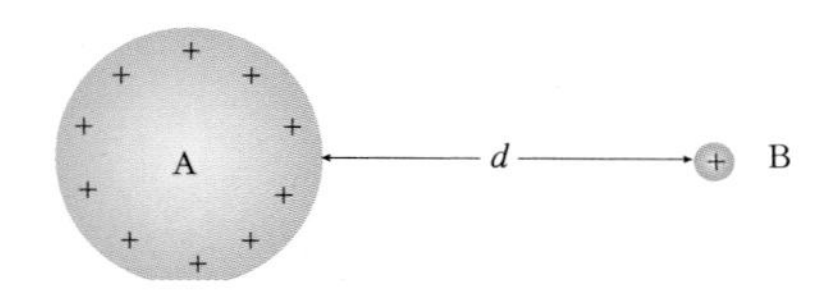

<보기>

ㄱ. d 가 증가하면 B 가 받는 힘이 감소한다.
ㄴ. d 와 관계없이 A 의 전하 분포는 일정하다.
ㄷ. d 와 관계없이 A 와 B 에 작용하는 힘은 척력이다.

① ㄱ ② ㄴ ③ ㄴ, ㄷ
④ ㄱ, ㄷ ⑤ ㄱ, ㄴ, ㄷ

28

그림 (가) 와 같이 크기와 모양이 같은 스타이로폼 공에 은박지를 싼 가벼운 두 공 A, B 가 기울어진 채 힘의 평형을 이루고 있다. 두 공을 접촉시켰다가 놓았더니 그림 (나) 와 같은 상태가 되었다. 이 결과로 알 수 있는 것을 <보기> 에서 있는대로 고르시오.

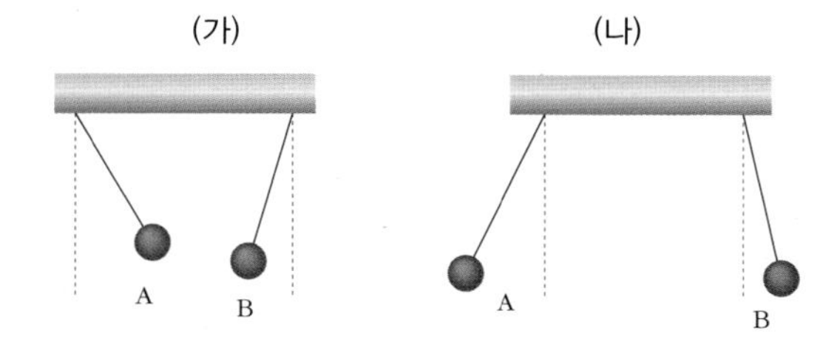

<보기>

ㄱ. 처음 상태 (가) 에서 공 A 의 전하량이 공 B 의 전하량보다 크다.
ㄴ. 처음 상태 (가) 에서 두 공은 서로 같은 종류의 전기를 띠고 있다.
ㄷ. 공 A 의 질량이 공 B 의 질량보다 작다.
ㄹ. 접촉 후 두 공은 서로 같은 종류의 전기를 띠게 되었다.

( )

29

도체구 A 에 도체구 B 와 C 를 각각 가까이 하였더니 A 와 B, A 와 C 사이에 미는 전기력이 작용하였다. 다음 그래프는 각 경우에 도체구 사이의 전기력과 $\frac{1}{(거리)^2}$ 과의 관계를 나타낸 것이다. 이에 대한 설명으로 옳은 것을 <보기> 에서 있는대로 고른 것은?

[수능 기출 유형]

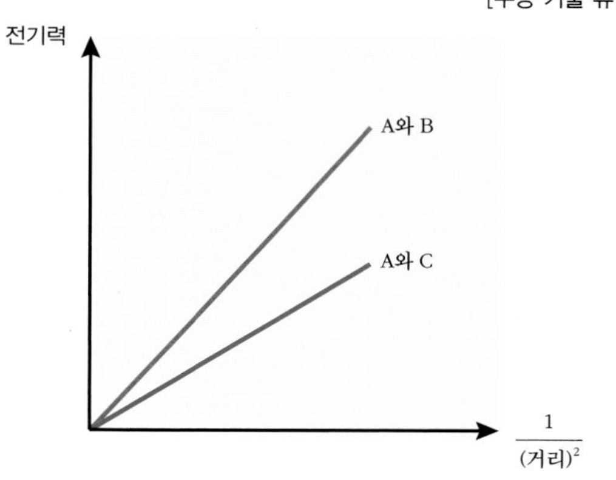

<보기>

ㄱ. B 의 전하량이 C 보다 크다.
ㄴ. B 와 C 는 같은 종류의 전하로 대전되어 있다.
ㄷ. 거리가 2 배가 되면 전기력의 크기는 $\frac{1}{2}$ 배가 된다.

① ㄱ ② ㄴ ③ ㄱ, ㄴ
④ ㄴ, ㄷ ⑤ ㄱ, ㄴ, ㄷ

30

다음 그림과 같이 정사각형의 각 꼭지점 마다 점전하 A, B, C, D 가 놓여있다. 이때 정사각형의 중심 O 에서 전기장의 방향은?(각각의 전하량은 A = 6 C, B = 2 C, C = 2 C, D = −2 C 이다.

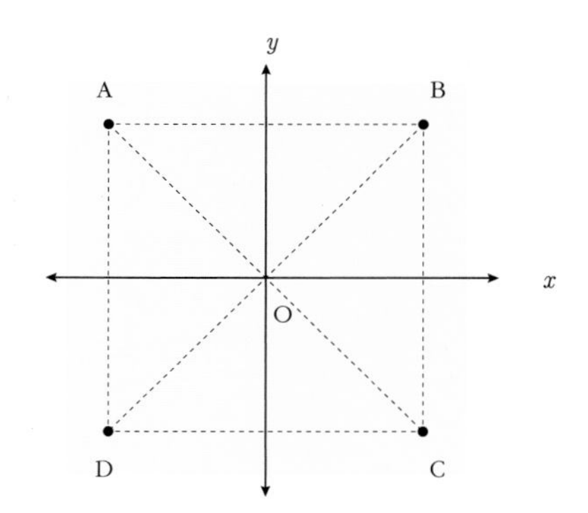

① $+x$ 방향 ② $-x$ 방향 ③ $+y$ 방향
④ $-y$ 방향 ⑤ 지면으로 나오는 방향

31 다음 그림 (가) 와 (나) 는 각각의 균일한 전기장 속에 전하량이 $-2Q$ 인 전하 A 와 전하량이 $+Q$ 인 전하 B 가 놓여 있는 것을 나타낸 것이다. 이때 두 전하 A 와 B 에 각각 작용하는 전기력 F 는 같다. 이에 대한 설명으로 옳은 것을 <보기> 에서 있는대로 고른 것은?

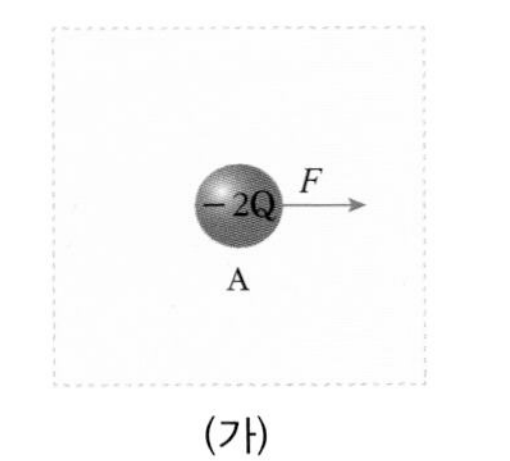

(가)

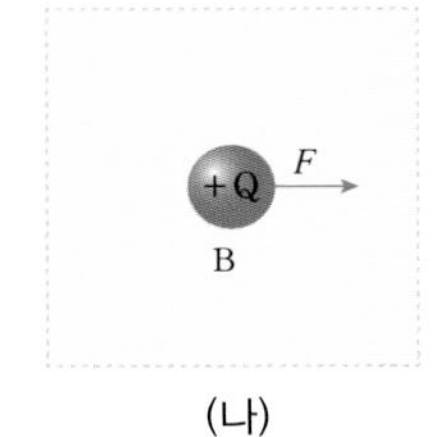

(나)

<보기>

ㄱ. (가) 에서 전기장의 방향은 왼쪽이다.
ㄴ. 전기장의 세기는 (나) 가 (가) 보다 크다.
ㄷ. 전하 B 가 (가) 의 전기장 내에 있더라도 전하 B 에 작용하는 전기력은 변하지 않는다.
ㄹ. 두 전하 A 와 B 를 (나) 의 전기장 속에 함께 놓아두면 두 전하 사이에 인력이 작용한다.

① ㄱ, ㄴ ② ㄴ, ㄷ ③ ㄷ, ㄹ
④ ㄱ, ㄴ, ㄹ ⑤ ㄴ, ㄷ, ㄹ

32 다음 그림과 같이 대전되지 않은 넓은 금속판의 오른쪽에 전하 A 를 가까이 하였을 때 만들어진 전기력선을 나타낸 것이다. 물음에 답하시오.

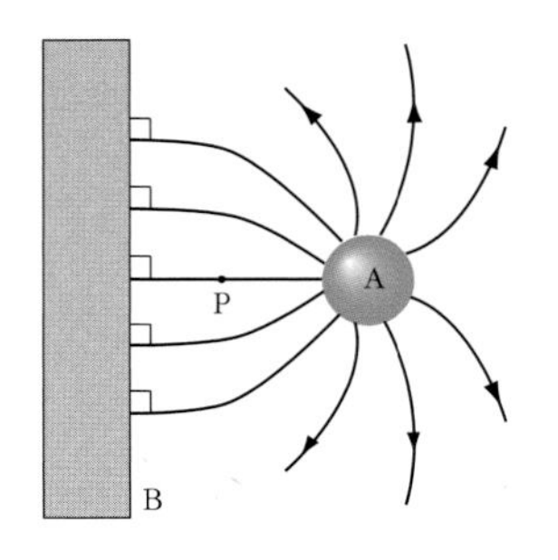

(1) 전하 A 가 띠고 있는 전하의 종류와 금속판의 표면 B 가 띠게 된 전하의 종류를 각각 쓰시오.

전하 A (　　　　　　　)
금속판 표면 B (　　　　　　　)

(2) 금속판을 없앴을 때 P 점에서의 전기장의 세기의 변화에 대하여 쓰시오.

창의력

33 다음 그림은 전하량이 같은 (+) 점전하가 3 개가 정삼각형을 이루고 있는 모습을 나타낸 것이다. 다음 물음에 답하시오.

(1) 각 전하가 받는 전기력(알짜힘)을 화살표로 그려보시오.

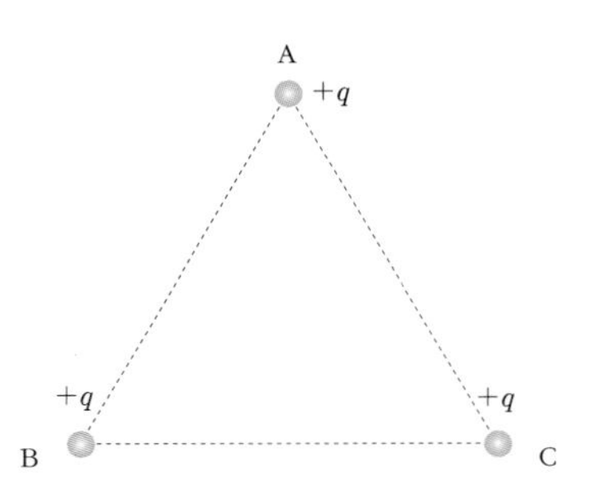

(2) 만약 점전하 A 의 위치에 전하량이 같은 (−)전하로 바꿔 놓았을 때 각 전하가 받는 전기력(알짜힘)을 화살표로 그려보시오.

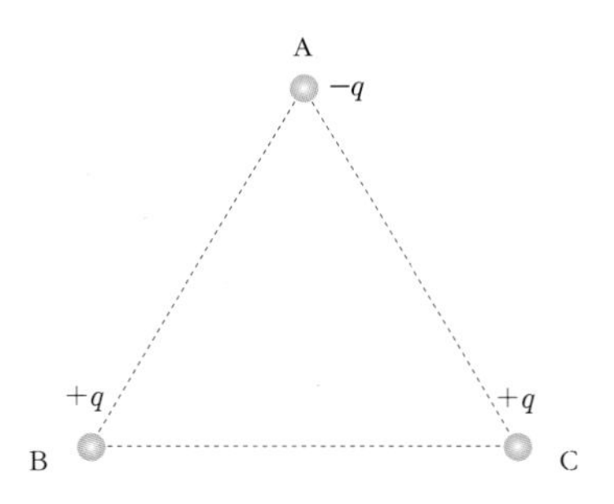

34

다음 그림과 같인 네 변의 길이가 같은 정사각형의 꼭지점에 $+3q$, $-2q$, $+q$, $-2q$ 의 전하를 각각 놓고 정사각형의 정중앙에 $-q$ 의 전하량을 띠고 있는 점전하 P 를 놓았다.

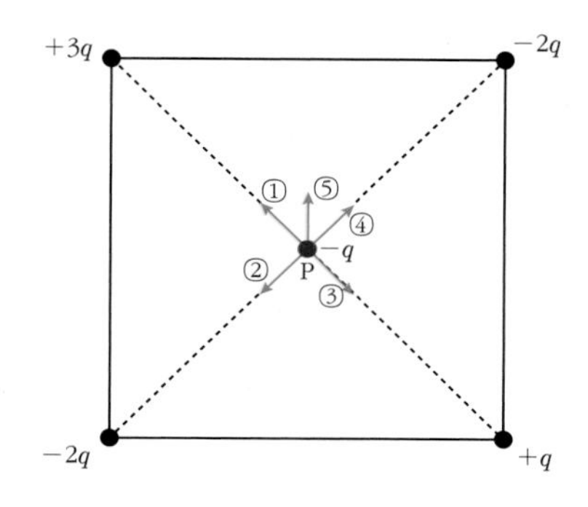

(1) 점전하 P 가 받는 힘의 방향은?

(2) 점전하 P 가 받는 힘의 크기를 구하시오. (비례상수 k 를 포함시키시오.)

35

다음 그림은 x 축 위의 두 점전하가 거리 r 만큼 각각 반대 방향으로 떨어져 있는 것을 나타낸 것이다. 이때 A 지점에 있는 점전하의 전하량은 1 C 이고 B 지점에 있는 점전하의 전하량과 대전된 전기의 종류는 알 수 없다. 원점에서 $2r$ 만큼 떨어져 있는 C 에서의 전기장의 세기와 방향은 원점 O 에서의 전기장의 세기와 방향이 같다고 할 때, B 지점에 있는 점전하의 전하량을 구하시오.

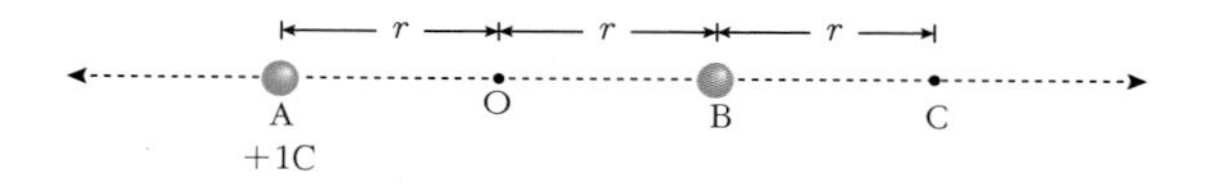

36

그림 (가)는 원점 O 에서 같은 거리만큼 떨어져 x 축 위의 점에 고정되어 있는 두 점전하 A, B 가 만드는 전기장의 전기력선을 방향을 표시하지 않고 나타낸 것이다. 그림 (나) 는 (가) 의 두 점전하 A, B 를 서로 접촉시켰다가 떼어 낸 후 x 축의 원점에서 각각 같은 거리만큼 떨어뜨려 고정시켜 놓은 것이다. 이에 대한 아래 설명의 옳은 것을 고르시오. (단, 점 P 에서 A 와 B 에 의한 전기장의 방향은 왼쪽 방향이다.)

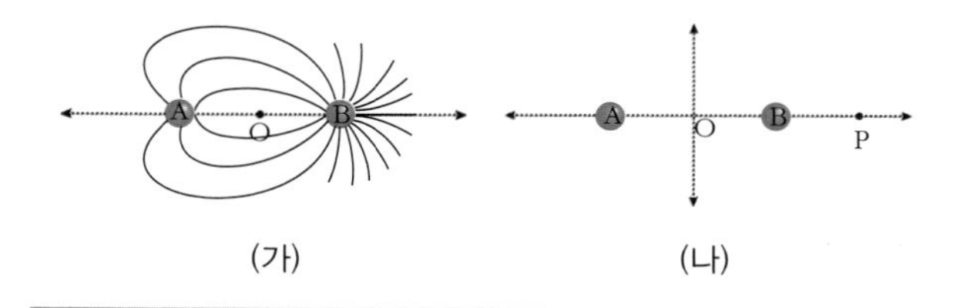

(가) (나)

① 그림 (가)에서 전하량은 A가 B보다 (㉠ 크다 ㉡ 작다)
② 점전하 A는 (㉠ (+) ㉡ (−))전하로 대전되어 있고, 점전하 B 는 (㉠ (+) ㉡ (−))로 대전되어 있다.
③ 원점 O 에서 A 와 B 에 의한 전기장의 방향은 (㉠ 오른쪽, ㉡ 왼쪽)이다.
④ 그림 (나) 에서 A 와 B 사이에는 (㉠ 인력, ㉡ 척력)이 작용하고 있다.

11강 옴의 법칙

1. 전류와 전압

(1) 전류 : 도선의 자유 전자는 전압이 걸리면 전기 회로 내에서 일제히 일정한 방향으로 흐르는데, 이러한 전하의 흐름이 전류이다.

① **전류의 방향** : (+)전하의 흐름 방향이므로 전지의 (+)극에서 (-)극으로 흐르며, 자유 전자의 흐름과 반대 방향이다. 자유 전자는 (-) 전기를 띠기 때문이다.

② **전류의 세기** : 1 초 동안 도선의 한 단면을 지나는 자유 전자의 총전하량으로 나타낸다.

$$I = \frac{Q}{t}$$ I : 전류[A], Q : 자유 전자의 총전하량[C], t : 시간[s,초]

③ **전류의 단위** : A[암페어], mA[밀리암페어] , 1A = 1000 mA

1 A = 1 초 동안 도선의 한 지점을 6.25×10^{18} 개의 전자가 지나갈 때의 전류의 세기 = 1 초 동안 1 C 의 전하량이 도선의 한 지점을 지나갈 때의 전류의 세기

(2) 전류와 전자의 이동 속도 : 도선의 단면을 통과한 자유전자의 총 전하량을 걸린 시간으로 나누어 전류를 구할 수 있다.

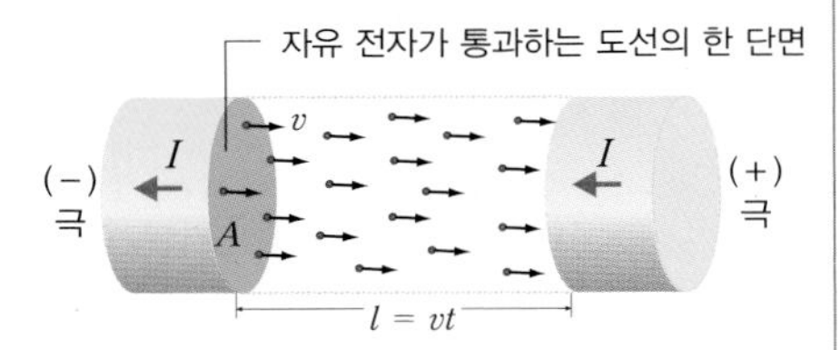

※ 부피 Al 속의 모든 자유 전자가 시간 t 동안 도선의 한 단면을 통과하였다.
· 도선의 단면적 A · 단위 부피당 전자수 n
· 자유 전자의 속력 v
· 자유 전자의 전하량 e $(=1.6 \times 10^{-19})$C

· 도선의 단면을 통과한 부피 Al 속의 총 자유 전자의 수 : nAl $(l = vt)$
· 도선의 단면을 시간 t 동안 통과한 자유 전자의 총 전하량 Q : $nAle$

$$I(\text{전류}) = \frac{Q}{t} = \frac{nAle}{t} = Aevn$$

(3) 전압 : 닫힌 전기 회로에서 전류를 흐르게 하는 능력을 전압이라고 한다.(단위 : V[볼트])

① 두 전하 분포 사이의 전위차이며, 전압이 걸려있다고 표현한다.

② **전위(V)** : 단위 전하당 전기적 위치 에너지이다. 지면의 전위를 0 으로 하여 상대적으로 전위가 결정된다. 두 지점 간의 전위의 차(전위차)가 전압이다.

③ **전압 강하** : 전류는 전위차(전압)에 의해 전위가 높은 곳에서 낮은 곳으로 흐른다. 이 때 전류가 저항을 통과하면 전위가 낮아지는데 이를 전압 강하라고 한다.

④ **전지의 연결과 전압** : 전기 회로에 전지를 연결하면 기전력이 발생해 전기 회로에 전압(전위차)이 발생한다. 전지를 여러 개 연결하여 기전력을 변화시켜 사용할 수 있다.

직렬 연결	직렬연결한 각 전지의 기전력(전압)을 모두 합하면 전체 기전력(전압)이 된다.	병렬 연결	전체 기전력(전압)은 전지 한 개일 때와 같으나 전지를 오래 사용할 수 있다.

개념확인 1 정답 및 해설 69

도선의 한 지점을 1 초 동안 3.125×10^{18} 개의 전자가 통과하였을 때 이 도선에 흐르는 전류의 세기는 얼마인가?

확인 + 1

단면적이 S, 길이가 l 인 도선에 전자들이 평균 속력 v 로 이동하고 있다. 도선의 단위 부피당 전자수를 n, 자유 전자의 전하량을 e 라고 할 때, 전류의 세기를 각 기호를 이용하여 나타내시오.
( )

◉ **전구의 연결 방법과 전류**

직렬 연결

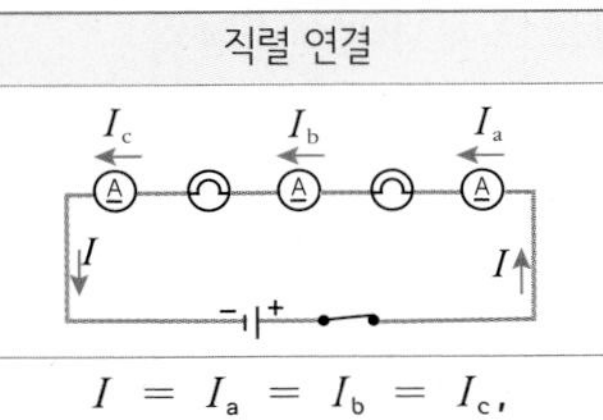

$I = I_a = I_b = I_c$,
회로 전체에 같은 양의 전류가 일제히 흐른다.
전류계 Ⓐ에 측정되는 전류값은 모두 같다.

병렬 연결

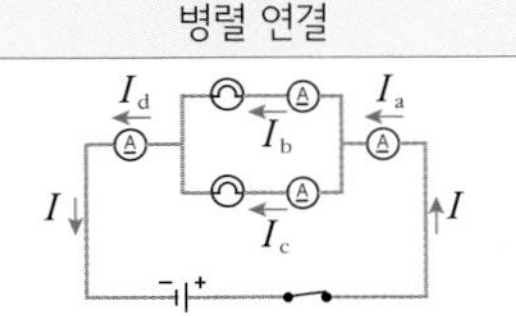

$I = I_a = I_d$, $I_b + I_c = I$,
전류 I_a는 I_b와 I_c로 나누어져 흐른다.

◉ **전류-시간 그래프와 전하량**

시간에 따른 전류의 변화를 나타낸 그래프에서 그래프가 이루는 면적은 전하량과 같다.

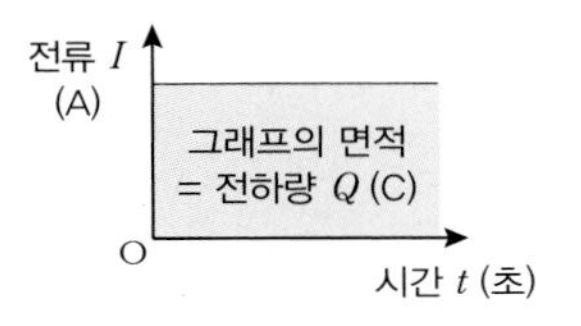

◉ **전지의 기전력**

기전력은 emf(electromotive force)로 표기하며, 단위는 V이다. 배터리, 전지 같은 전원(電源)에 의해 생성되는 전위차를 뜻한다. 전지에 표시된 전압이 기전력이다.

◉ **직류와 교류**

직류(D.C. : Direct Current)는 건전지와 같이 회로에 흐르는 전류의 방향과 세기가 일정한 것을 말한다.

교류(A.C. : Alternating Current)란 가정용 전원과 같이 전류의 세기와 방향이 주기적으로 변하는 것을 말한다. 우리나라의 경우 1 초 동안 전류의 흐르는 방향이 60 회 변하는 60 Hz 교류를 사용한다.

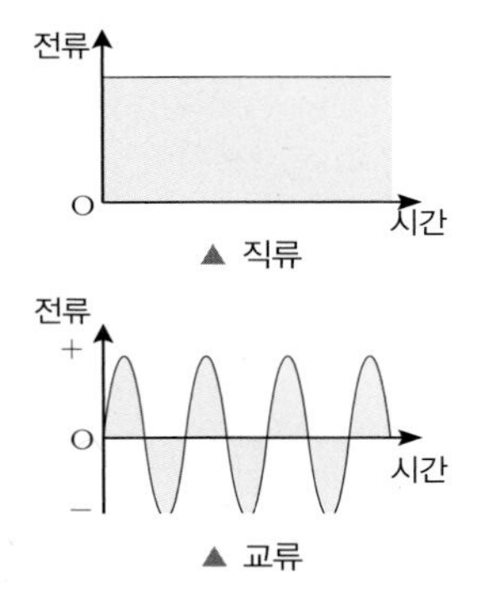

▲ 직류

▲ 교류

2. 전기 저항과 비저항

(1) 전기 저항 : (Ω[옴])

① 전류가 흐를 때 전류의 흐름을 방해하는 정도를 수치화한 것이다.

② **전기 저항이 생기는 이유** : 자유 전자가 이동하면서 고정되어 있는 원자와 충돌하기 때문이다.

(2) 전기 저항에 영향을 주는 요인들

① **물질의 종류** : 물질의 종류에 따라 자유 전자의 수와 고정된 원자의 배열 상태가 달라서 전자들의 충돌 정도가 달라지므로 전기 저항값이 달라진다.

② **저항체의 길이** : 같은 종류의 물질로 이루어진 저항체일 때 저항체의 길이가 길수록 전자가 더 많이 충돌하므로 전기 저항은 커진다.

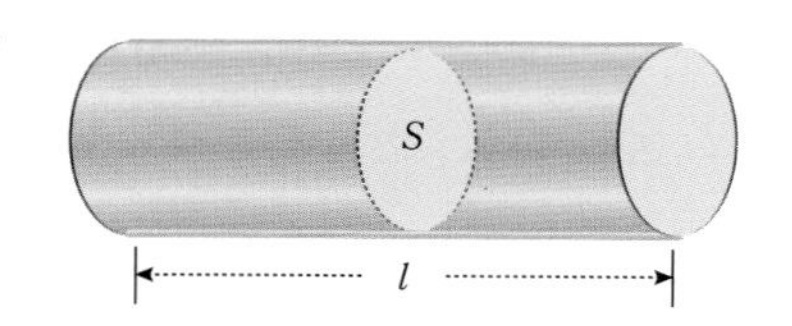

③ **저항체의 굵기** : 같은 종류의 물질로 이루어진 저항체일 때 저항체의 굵기가 굵을수록 전자가 빠져나가기 쉬우므로 전기 저항은 작아진다.

$$R = \rho\frac{l}{S}$$ R : 저항[Ω], ρ : 비저항[Ω·m], l : 길이[m], S : 단면적[m²]

④ **온도** : 같은 종류의 물질로 이루어진 저항체일 때 도체의 경우 온도가 높을수록 전기 저항이 커지며, 부도체의 경우 전기 저항이 작아진다. 이는 물질에 따른 비저항의 차이 때문이다.

(3) 비저항(고유 저항) ρ : 단위 단면적 당, 단위 길이당 저항(길이가 1 m, 단면적이 1 m² 일 때의 전기 저항)으로 물질마다 고유한 값을 갖는다.

① **도체** : 온도가 높아질수록 물질의 비저항은 증가한다. ⇨ 전기 저항 증가

② **부도체** : 온도가 높아질수록 물질의 비저항은 작아진다. ⇨ 전기 저항 감소

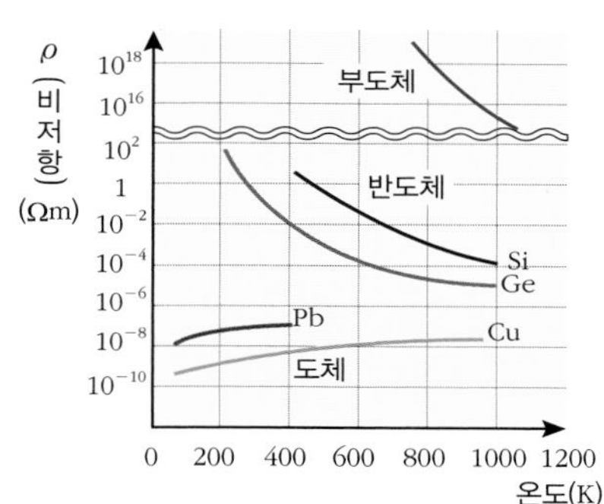

▲ 온도에 따른 물질의 비저항(ρ)

(4) 비저항(ρ)에 따른 물질의 구분

① **도체** : 비저항이 작아 전류가 잘 흐르는 물질로 대부분 금속이다.

② **부도체(절연체)** : 비저항이 커서 전류가 잘 흐르지 않는 물질로 대부분 비금속이다.

③ **반도체** : 비저항이 도체와 부도체의 중간 정도인 물질로 대표적으로 규소(Si)와 저마늄(Ge)이 있다. 온도가 낮을 때는 전류가 흐르지 않지만, 온도가 높아지면 전류가 흐르는 성질이 있다.

④ **초전도체** : 매우 낮은 온도에서 전기 저항이 0 에 가까워지는 현상인 초전도 현상이 나타나는 물질로 나이오븀(Nb), 바나듐(V) 등이 있다.

◉ 저항에 영향을 주는 요인들

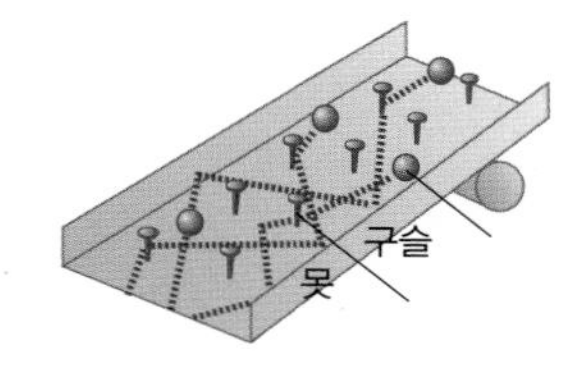

빗면	도선
기울기	전압
구슬	전자
못	원자
구슬의 흐름	전류
못과 구슬 충돌	저항

① 빗면이 길어질수록 구슬이 못과 충돌하는 경우가 늘어나는 것과 같이 도선의 길이가 길어질수록 저항은 커진다.

② 빗면이 넓어질수록 구슬이 못과 충돌하는 경우가 줄어드는 것과 같이 도선의 단면적이 커질수록 저항은 작아진다.

◉ 실온(20 ℃)에서 물질의 비저항 ρ

물질		비저항 ρ (Ω·m)
도체	은	1.62×10^{-8}
	구리	1.69×10^{-8}
	금	2.35×10^{-8}
	알루미늄	2.75×10^{-8}
	철	9.68×10^{-8}
반도체	실리콘	2.50×10^{3}
	저마늄	4.60×10^{-1}
부도체	유리	$10^{10} \sim 10^{14}$
	PET	$10.0 \sim 10^{20}$
	수정	$\sim 10^{16}$

◉ 초전도체의 저항-온도 그래프

저항이 0 이 되는 온도를 임계 온도(T_C)라고 하며, 임계 온도 이하가 되면 초전도 현상(저항이 0 이 되는 현상)이 일어난다.

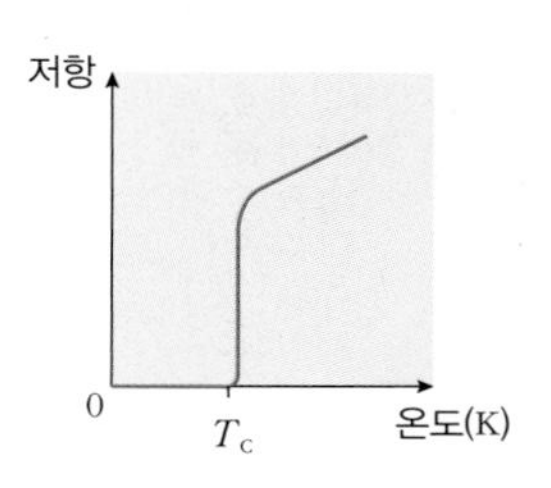

개념확인 2 정답 및 해설 69

길이가 1 m 이고 단면적이 1 mm² 인 구리선의 전기 저항이 1 Ω 이라면, 길이가 3 m 이고, 단면적이 6 mm² 인 구리선의 전기 저항은?

( ) Ω

확인 + 2

길이가 l 이고 단면적이 S 인 도선의 저항이 R 일 때, 이 도선을 균일하게 잡아당겨서 길이를 $2l$ 로 늘였다면 저항값은 얼마가 되겠는가?

( ) R

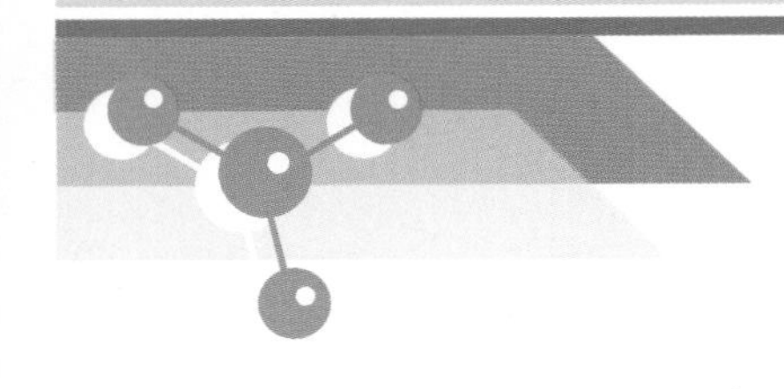

11강 옴의 법칙

3. 옴의 법칙

(1) 전기 회로도에서의 전압, 전류, 저항

· 전지의 전체 전압 V
= 저항 R 의 양끝 사이의 전압 V
· 전류는 전지의 (+)극에서 (−)극으로 회로 전체에 일제히 동일한 세기로 흐른다.

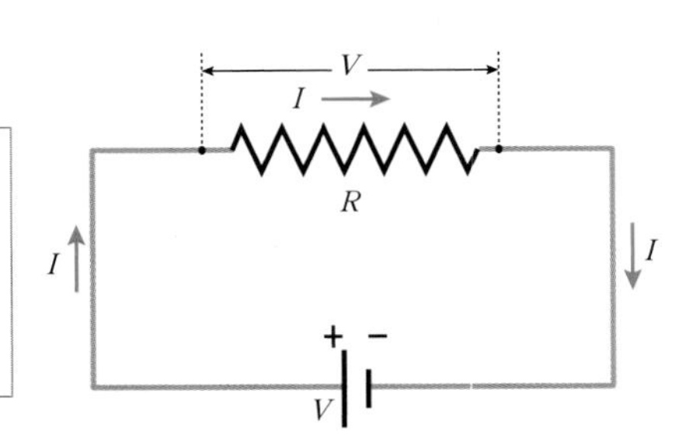

(2) 옴의 법칙 : 전기 회로에서 전류, 전압, 저항 사이의 관계에 관한 법칙이다.

$$I = \frac{V}{R}, \ V = IR, \ R = \frac{V}{I}$$

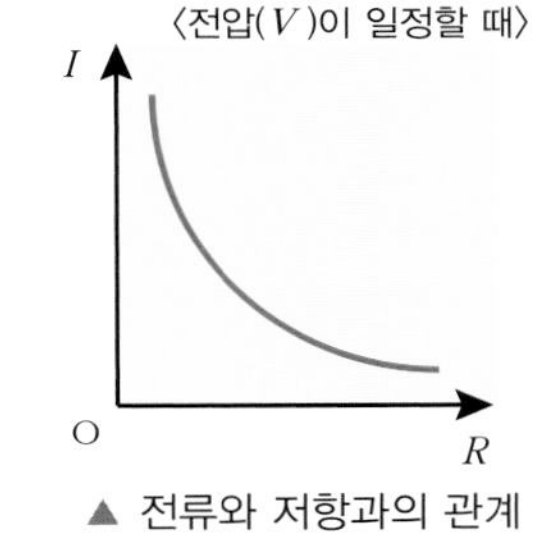

▲ 전류와 전압과의 관계

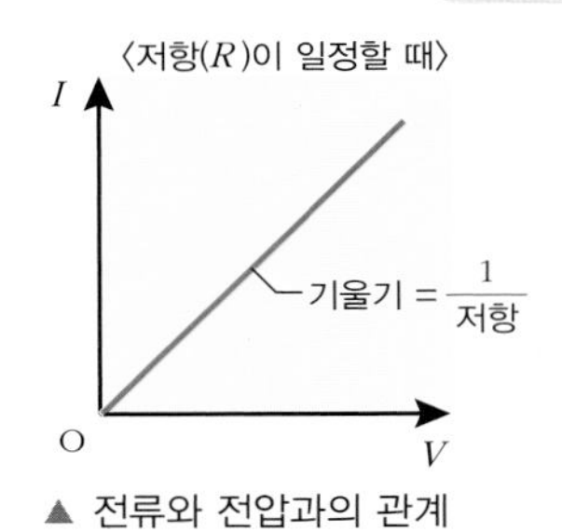

▲ 전류와 저항과의 관계

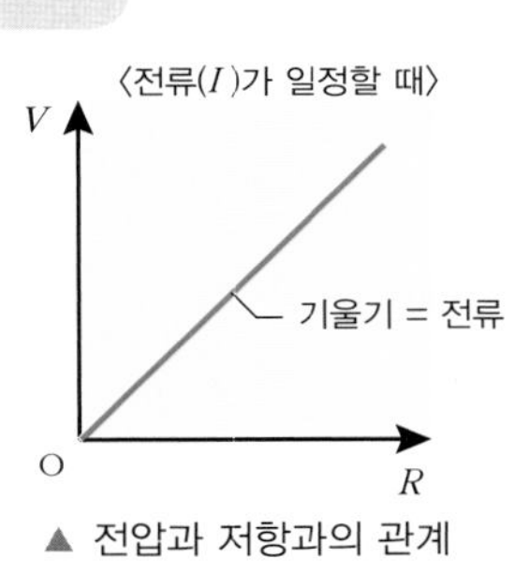

▲ 전압과 저항과의 관계

전기 회로에 흐르는 전류(I)는 전압(V)에 비례하고, 저항(R)에 반비례한다.

(3) 전압 강하

저항 R 의 양끝 a 와 b 의 전위를 각각 V_a, V_b라고 할 때, a 와 b 사이의 전위차(전압)는 다음과 같다.

$V_a - V_b = IR$ ⇨ $V_b = V_a - IR$

즉, 전류가 저항 R 을 통과하는 과정에서 점 b 의 전위는 점 a 보다 IR 만큼 낮아졌다. 이때 IR 을 저항 R 에 의한 전압 강하라고 한다.

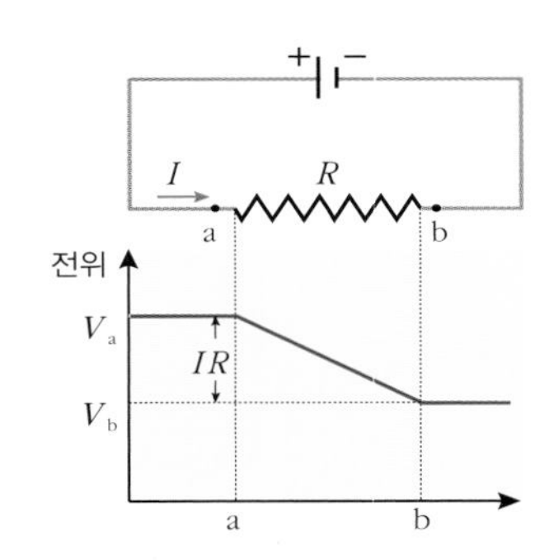

◉ 기전력(E)

전기를 일으키는 능력이라는 뜻으로 힘을 의미하는 것이 아니라 전지의 두 극 사이에 생기는 전위차를 의미한다. 전압과 같은 의미로 사용되며, 단위 전하당 공급할 수 있는 에너지를 나타낸다.

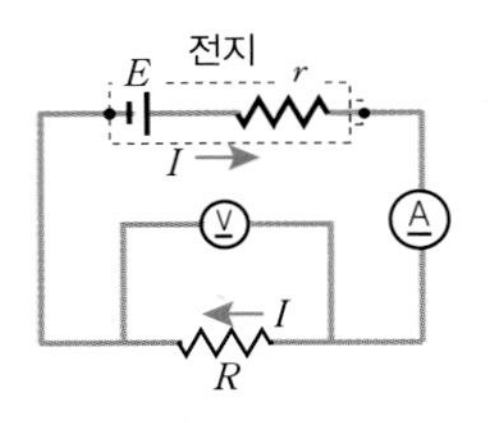

위의 전기 회로에서 전지의 기전력(E)은 다음과 같다.

$$E = IR + Ir$$

E : 기전력 I : 회로 전류
IR : 단자 전압
(저항 R 에 의한 전압 강하)
Ir : 전지 내부 저항 r 에 의한 전압 강하

미니사전

전위차 [電 전기 位 위치 差 다르다] 두 점 사이의 전위의 차로 전압과 같은 의미이다. 한 점에서 다른 한 점으로 단위 (+)전하가 이동하는 데 필요한 일과 같다.

저항체 [抵 막다 抗 막다 - 체] 전기 저항을 갖는 물체

합성 저항 [合 합하다 成 이루다 - 저항] 전기 회로에서 여러 개의 연결된 저항들을 같은 효과를 내는 하나의 저항으로 봤을 때의 저항

정답 및 해설 69

개념확인 3

전기 저항이 15 Ω 인 니크롬선 양단에 3 V 의 전압을 걸어 주었다. 이 니크롬선에 흐르는 전류의 세기는?

( ) A

확인 + 3

오른쪽 그림과 같은 전기 회로도 상에 두 점 a 와 b 가 있다. 다음 빈칸에 알맞은 말을 쓰시오.

3 V 전압이 걸려있는 6 Ω 의 저항의 ( )점에서 ( )점으로 전압 강하가 ( )V 일어났다.

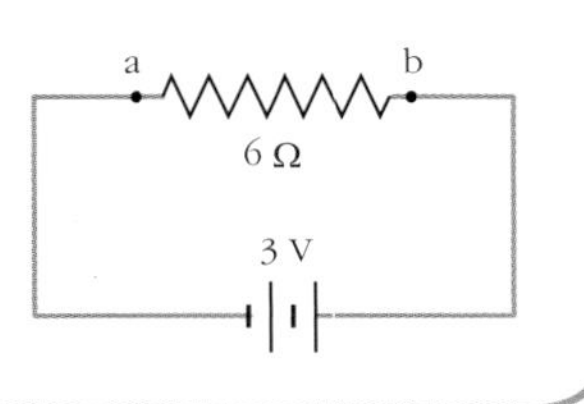

4. 저항의 연결

(1) 저항의 직렬 연결과 병렬 연결

	직렬 연결★	병렬 연결★★
회로도		
전압	$V = V_1 + V_2$ 전체 전압과 각 저항에 걸리는 전압의 합은 같다.	$V = V_1 = V_2$ 전체 전압과 각 저항에 걸리는 전압은 같다.
전류	$I = I_1 = I_2$ 각 저항에 흐르는 전류는 회로 전류와 같다.	$I = I_1 + I_2$ 각 저항에 흐르는 전류의 합이 회로 전류이다.
합성 저항	$R = R_1 + R_2$ 합성 저항은 각 저항의 합이다.	$\frac{1}{R} = \frac{1}{R_1} + \frac{1}{R_2}$, $R = \frac{R_1 \times R_2}{R_1 + R_2}$ 합성 저항의 역수는 각 저항의 역수의 합과 같다.

(2) 저항의 혼합 연결

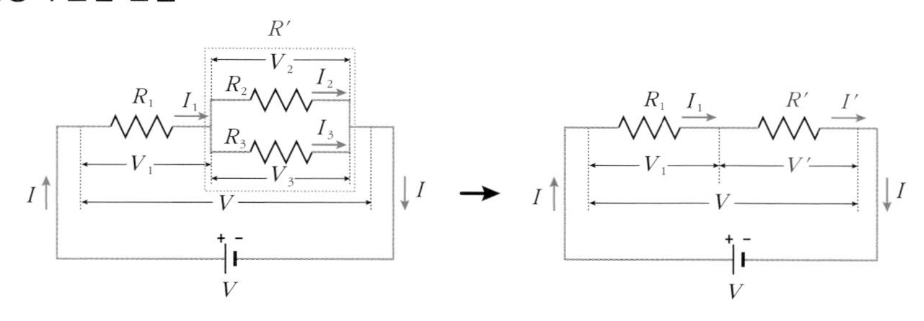

합성 저항을 구할 때는 병렬 연결된 부분을 하나의 저항으로 보고 저항값을 구한다.

⇨ R_2 와 R_3 두 저항의 합성 저항을 R' 이라고 하면, $\frac{1}{R'} = \frac{1}{R_2} + \frac{1}{R_3}$, $R' = \frac{R_2 \times R_3}{R_2 + R_3}$

⇨ R_1 와 R' 두 저항의 합성 저항을 R(전체)이라고 하면, $R(\text{전체}) = R_1 + R' = R_1 + \frac{R_2 \times R_3}{R_2 + R_3}$

⇨ $I(\text{전체}) = I_1 = I' = I_2 + I_3$, $V(\text{전체}) = V_1 + V' = V_1 + V_2 = V_1 + V_3$ $(V' = V_2 = V_3)$

개념확인 4

정답 및 해설 69

다음 빈칸에 알맞은 말을 고르시오.

저항을 직렬로 연결하면 합성 저항은 (㉠ 커지고 , ㉡ 작아지고), 저항을 병렬로 연결하면 합성 저항은 (㉠ 커 , ㉡ 작아)진다.

확인 + 4

오른쪽 그림과 같이 저항이 연결되어 있을 때 합성 저항을 구하시오.

( ) Ω

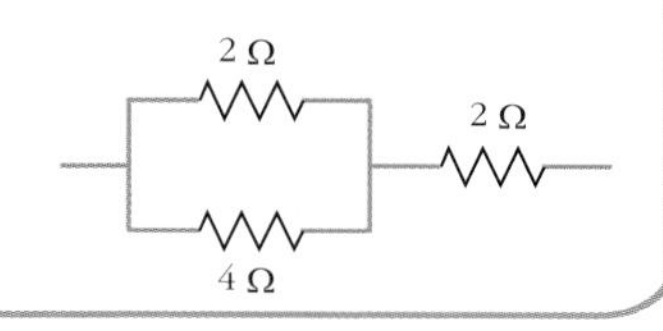

◉ **저항의 직렬 연결★시 합성 저항**

저항을 직렬로 연결하면 저항체의 길이가 길어지는 것과 같다. → 저항 증가 효과

$V = V_1 + V_2$ … ❶

$V_1 = I_1 R_1 = IR_1$,
$V_2 = I_2 R_2 = IR_2$

회로 전류를 I, 전체 저항을 R이라고 할 때

$V = IR$이므로, ❶ 식으로부터

→ $IR = I_1 R_1 + I_2 R_2$

→ $IR = I(R_1 + R_2)$

∴ R(합성 저항) $= R_1 + R_2$

$V_1 : V_2 = R_1 : R_2$ (비례)

◉ **저항의 병렬 연결★★시 저항**

저항을 병렬로 연결하면 저항체의 단면적이 넓어지는 것과 같다. ⇨ 저항 감소 효과

$I = I_1 + I_2$ … ❷

$I_2 = \frac{V_2}{R_2} = \frac{V}{R_2}$ $I_1 = \frac{V_1}{R_1} = \frac{V}{R_1}$

회로 전류를 I, 전체 저항을 R이라고 할 때

$I = \frac{V}{R}$ 이므로, ❷ 식으로부터

⇨ $\frac{V}{R} = \frac{V_1}{R_1} + \frac{V_2}{R_2}$

⇨ $\frac{V}{R} = V\left(\frac{1}{R_1} + \frac{1}{R_2}\right)$

∴ R(합성 저항) $= \frac{R_1 \times R_2}{R_1 + R_2}$

$I_1 : I_2 = R_2 : R_1$ (반비례)

◉ **가전 제품의 연결**

가정용 가전 제품들은 같은 전압이 걸리도록 병렬로 연결한다.

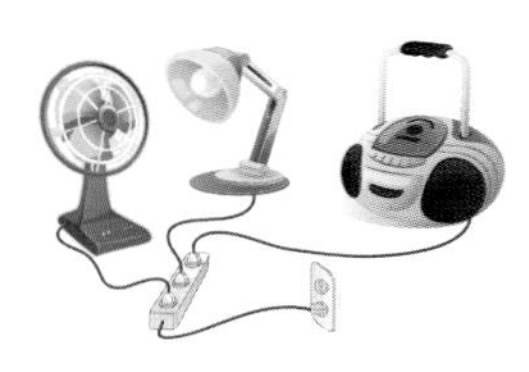

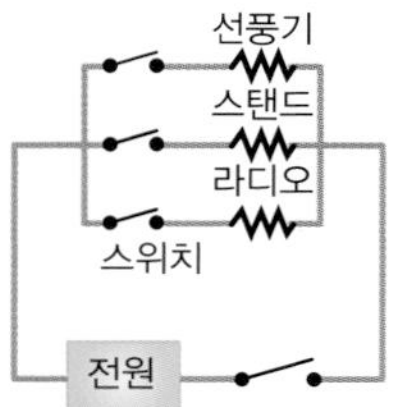

01

동일한 전구 2 개를 오른쪽 그림과 같이 연결하였다. 이 전기 회로도의 ㉡ 지점의 전류계의 눈금이 2 A 였다면, ㉠, ㉢ 지점에 연결된 각 전류계의 눈금과 1 분 동안 각각의 지점을 통과한 전하량을 바르게 짝지은 것은?

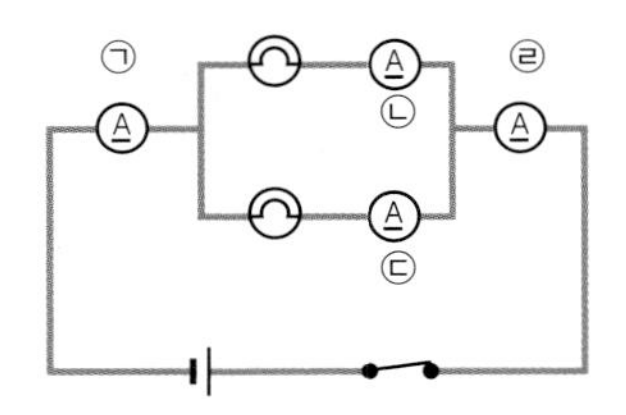

	㉠	㉢		㉠	㉢
①	2 A, 2 C	2 A, 2 C	②	2 A, 120 C	2 A, 120 C
③	4 A, 4 C	2 A, 2 C	④	4 A, 240 C	2 A, 120 C
⑤	4 A, 4 C	4 A, 4 C			

02

다음 그림은 길이가 l 인 도선에 전류가 흐르고 있는 것을 나타낸 것이다. 이에 대한 설명으로 옳은 것은?

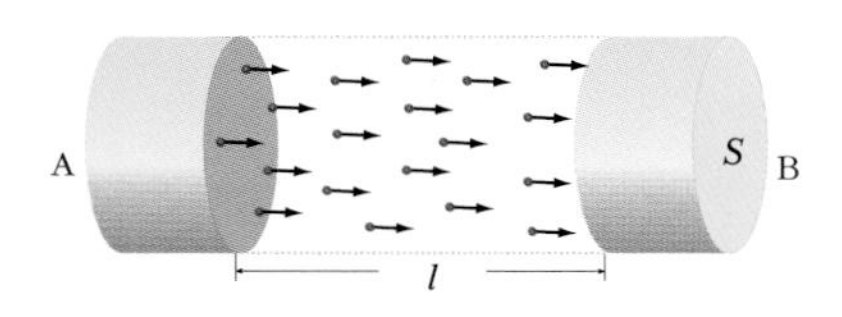

·도선의 단면적 S ·단위 부피당 전자수 n
·자유 전자의 전하량 e
·자유 전자가 길이 l 을 이동하는 데 걸린 시간 t

① 전류는 A 에서 B 로 흐르고 있다.
② 전류의 세기는 $nSle$ 로 나타낼 수 있다.
③ 주어진 자료만으로는 전자의 이동 속도를 알 수 없다.
④ 도선을 통과한 자유 전자의 수는 nS 로 나타낼 수 있다.
⑤ 도선의 단면을 통과한 자유 전자의 총 전하량은 $nSle$ 로 나타낼 수 있다.

03

다음 그림과 같이 길이가 각각 10 cm, 30 cm, 20 cm 이고, 단면적이 2 cm², 3 cm², 4 cm² 인 서로 같은 물질로 만들어진 원통형 도선 A, B, C 가 있다. 도선 A 의 저항이 20 Ω 일 때 도선 B 와 C 의 저항은 각각 얼마인가?

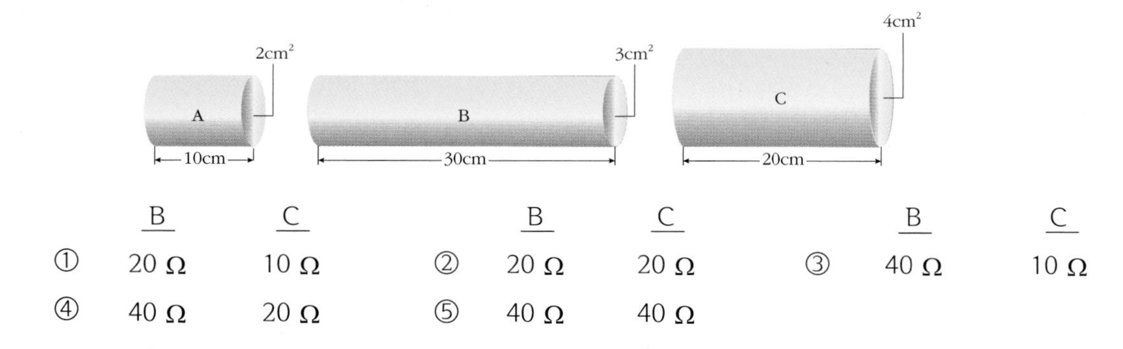

	B	C		B	C		B	C
①	20 Ω	10 Ω	②	20 Ω	20 Ω	③	40 Ω	10 Ω
④	40 Ω	20 Ω	⑤	40 Ω	40 Ω			

04

오른쪽 그래프는 재질과 단면적이 같고 길이가 다른 세 니크롬선 A, B, C 에 걸리는 전압과 전류의 관계를 측정하여 나타낸 것이다. 세 도선의 길이의 비 $l_A : l_B : l_C$ 는?

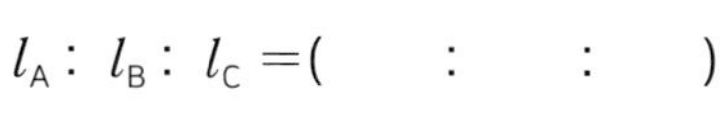

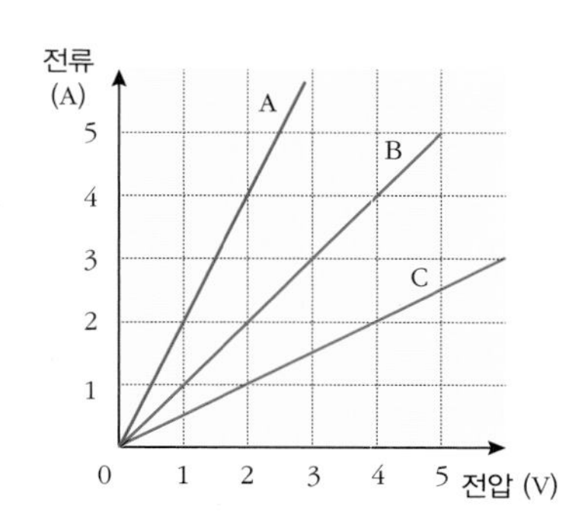

05

오른쪽 그림과 같이 회로를 꾸미고 스위치를 닫았을 때 전압계의 눈금이 6 V, 전류계의 눈금이 0.5 A 였을 때 저항(R)의 저항값은 얼마인가?

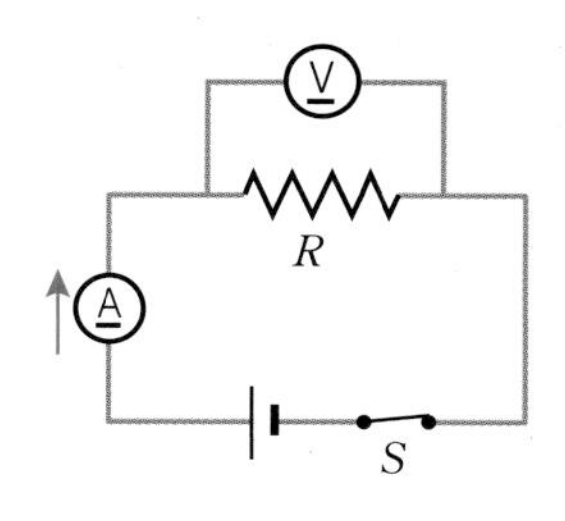

① 3 Ω ② 6 Ω ③ 9 Ω ④ 12 Ω ⑤ 15 Ω

06

오른쪽 그림과 같이 1.5 V 전지 3 개를 5 Ω 의 저항에 연결하였을 때 저항에 흐르는 전류의 세기는?

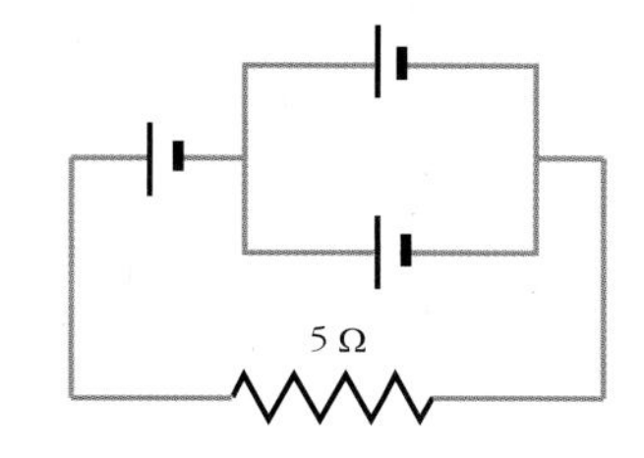

① 0.3 A ② 0.6 A ③ 0.9 A ④ 1.2 A ⑤ 1.5 A

07

오른쪽 그림과 같이 1 Ω 의 저항과 2 Ω 의 저항을 연결하여 6 V 전원에 연결하였다. 이때 A-B 사이의 전압은?

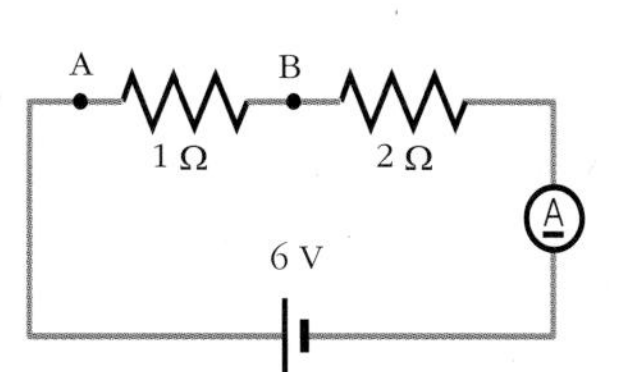

① 1 V ② 2 V ③ 3 V ④ 4 V ⑤ 5 V

08

2 Ω, 4 Ω, 4 Ω 의 저항이 오른쪽 그림과 같이 연결되었을 때 합성 저항은?

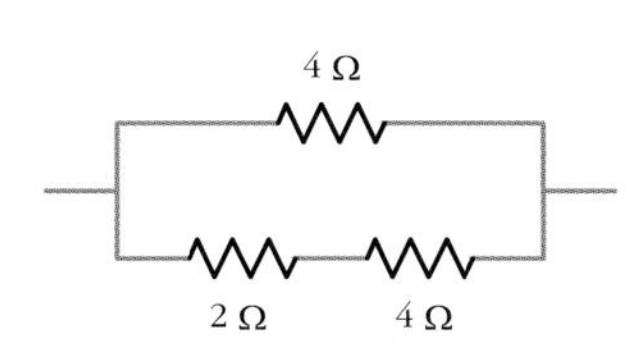

① 0.6 Ω ② 1.2 Ω ③ 2.4 Ω ④ 4.8 Ω ⑤ 9.6 Ω

유형 11-1 전류와 전압

다음 그림과 같은 전기 회로에서 C 점을 흐르는 전류는 1 A 이고, D 점을 흐르는 전류는 5 A 이다. 물음에 답하시오.

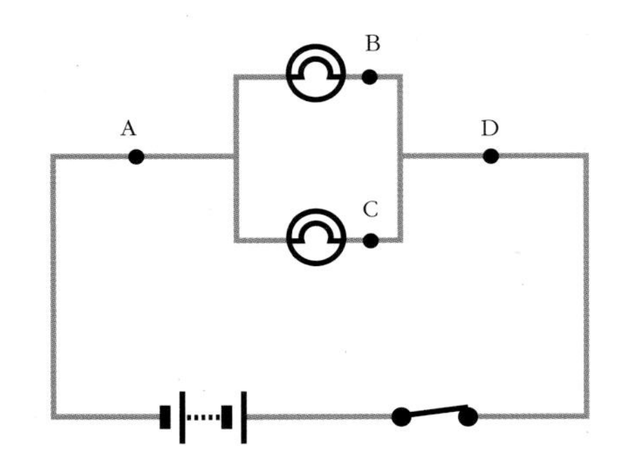

(1) A 점과 B 점을 2 분 동안 통과한 전하량은 몇 C 인가?

A 점 : (   ) C , B 점 : (   ) C

(2) A 점과 B 점을 4 초 동안 통과하는 전자의 개수는 몇 개인가? (단, 1 C 은 6.25×10^{18} 개의 전자가 가지는 총전하량이다.)

A 점 : (   ) C , B 점 : (   ) C

01 다음 그래프는 회로 도선의 한 지점 P 에 흐르는 전류의 변화량을 시간에 따라 나타낸 것이다. 이때 9초 동안 P점을 지나간 전하량은?

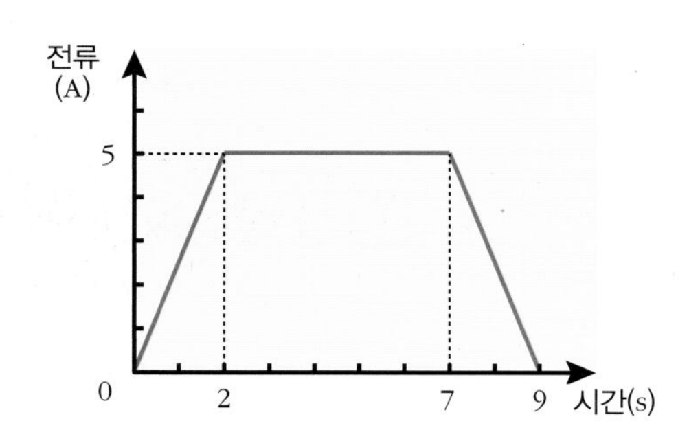

① 25 C ② 35 C ③ 45 C
④ 70 C ⑤ 90 C

02 다음 <보기> 의 전류와 전압과 관련된 설명 중 옳은 것만을 있는 대로 고른 것은?

<보기>

ㄱ. 1 C 의 전하량은 전자 6.25×10^{18} 개가 가지는 총전하량과 같다.
ㄴ. 도선의 한 지점을 통과한 전하량과 그 지점을 흐르는 전류는 비례한다.
ㄷ. 전류가 저항을 통과하면 전위가 높아진다.
ㄹ. 전류는 흐른다고 하고, 전압은 두 점 사이에 걸려있다고 표현한다.

① ㄴ, ㄷ ② ㄱ, ㄴ, ㄷ ③ ㄱ, ㄴ, ㄹ
④ ㄱ, ㄷ, ㄹ ⑤ ㄴ, ㄷ, ㄹ

유형 10-2 전기 저항과 비저항

다음 그래프는 네 가지 물질의 온도에 따른 비저항의 변화를 나타낸 것이다. 각 그래프에 해당하는 물질이 바르게 짝지어진 것은?

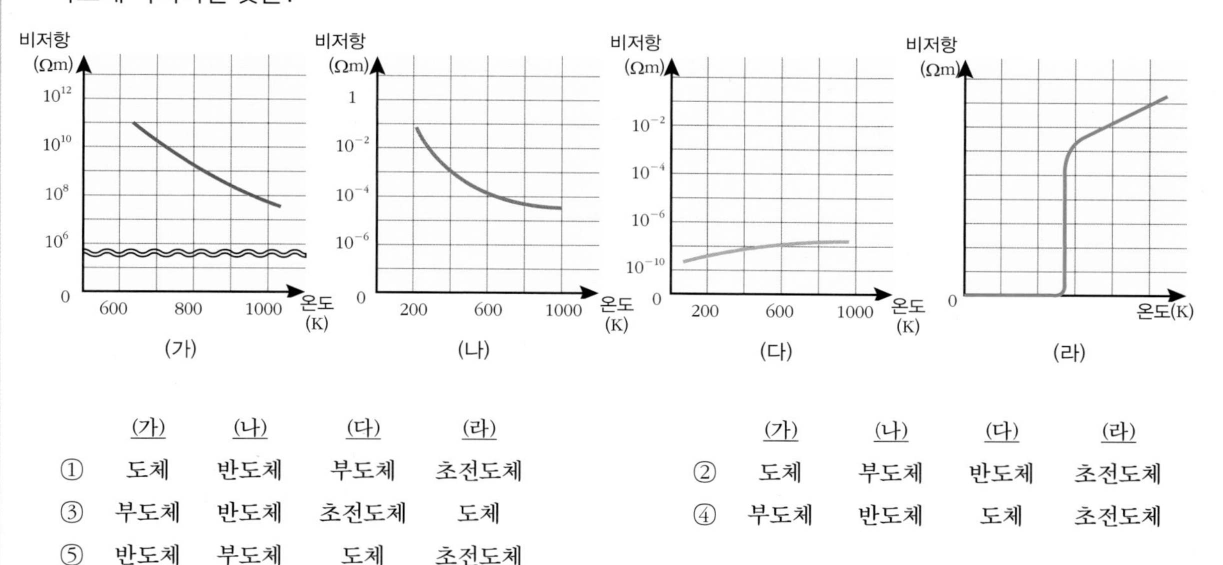

	(가)	(나)	(다)	(라)
①	도체	반도체	부도체	초전도체
②	도체	부도체	반도체	초전도체
③	부도체	반도체	초전도체	도체
④	부도체	반도체	도체	초전도체
⑤	반도체	부도체	도체	초전도체

03

그림 (가) 는 단면적이 a 와 b 이고 길이는 l 인 재질이 같은 두 구리 도선을 붙여 놓은 것이고, 그림 (나) 는 길이가 $2l$ 이고 단면적은 알 수 없지만 재질은 그림 (가) 와 같은 구리 도선을 나타낸 것이다. 이때 두 경우 모두 길이 방향으로 동일한 세기의 전류를 흘려보내주었더니 저항이 같게 나타났다면 그림 (나) 의 구리 도선의 단면적 S 는?

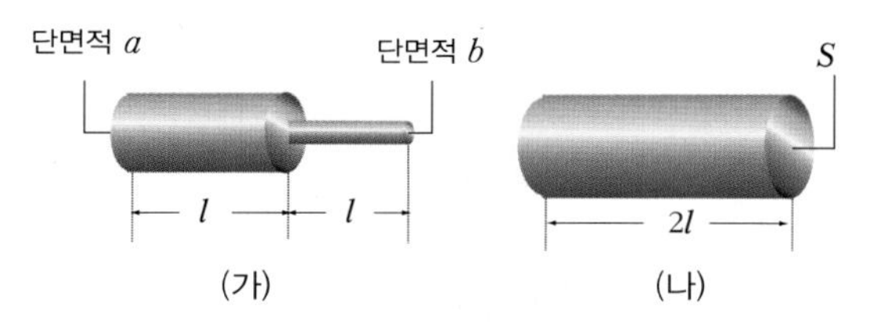

① $\dfrac{ab}{a+b}$　② $\dfrac{2ab}{a+b}$　③ $\dfrac{ab}{2(a+b)}$

④ $\dfrac{a+b}{2ab}$　⑤ $\dfrac{2(a+b)}{ab}$

04

단면적이 S, 길이가 l, 비저항이 ρ 인 저항체의 저항이 R 이라고 할 때, 다음 <보기> 에서 저항이 $4R$ 인 경우를 있는 대로 고른 것은?

<보기>

ㄱ. 단면적이 S, 길이가 l, 비저항이 4ρ 인 저항체

ㄴ. 단면적이 $\frac{1}{2}S$, 길이가 $2l$, 비저항이 ρ 인 저항체

ㄷ. 단면적이 S, 길이가 $4l$, 비저항이 ρ 인 저항체

ㄹ. 단면적이 S, 길이가 l, 비저항이 ρ 인 저항체 4 개를 병렬 연결할 때의 합성 저항

① ㄱ, ㄴ　② ㄴ, ㄷ　③ ㄷ, ㄹ

④ ㄱ, ㄴ, ㄷ　⑤ ㄴ, ㄷ, ㄹ

유형 11-3 옴의 법칙

다음 그래프는 두 저항체 A 와 B 에 걸리는 전압과 전류의 관계를 나타낸 것이다. 물음에 답하시오.

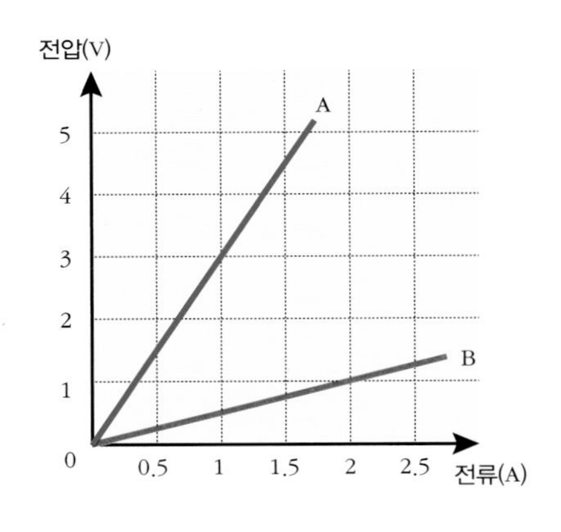

(1) 두 저항체의 저항비(R_A : R_B)는?

R_A : R_B = (　　 : 　　)

(2) 저항체 A 의 단면적이 2 mm^2, 길이가 0.1 m 라면, 저항체 A 의 비저항은?

(　　　　　) Ω·m

05 다음 그래프는 두 저항체 A 와 B 에 걸리는 전압과 흐르는 전류의 관계를 나타낸 것이다. 이에 대한 설명으로 옳은 것은?

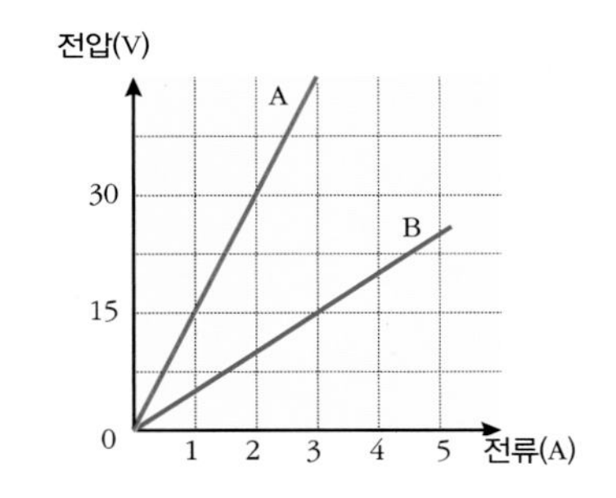

① 저항체 B 의 저항은 0.2 Ω 이다.
② A 의 저항이 B 의 저항보다 더 작다.
③ A 와 B 의 단면적이 같다면 B 의 길이가 더 짧다.
④ A 와 B 의 길이가 같다면 A 의 단면적이 더 넓다.
⑤ 두 저항체의 양 끝에 같은 전압을 걸어주면 A 가 B 보다 더 많은 전류가 흐른다.

06 다음 그림은 저항을 변화시켜 줄 수 있는 가변 저항기와 전압을 변화시켜 줄 수 있는 가변 전원 그리고 전류계를 연결한 회로를 나타낸 것이다. 가변 저항기의 저항을 일정하게 할 때, 전류계에 흐르는 전류를 전압에 따라 나타낸 그래프로 옳은 것은?

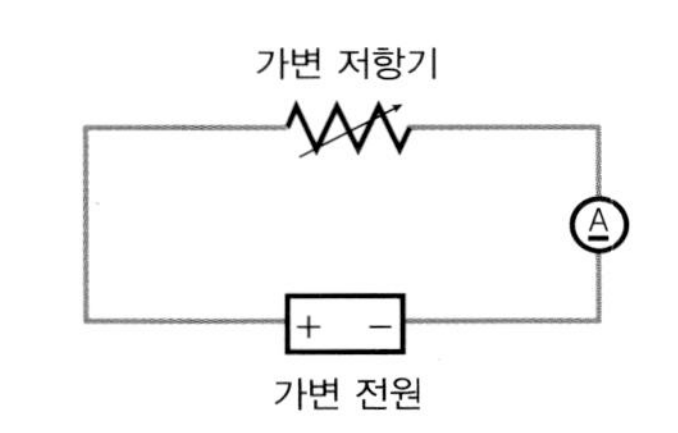

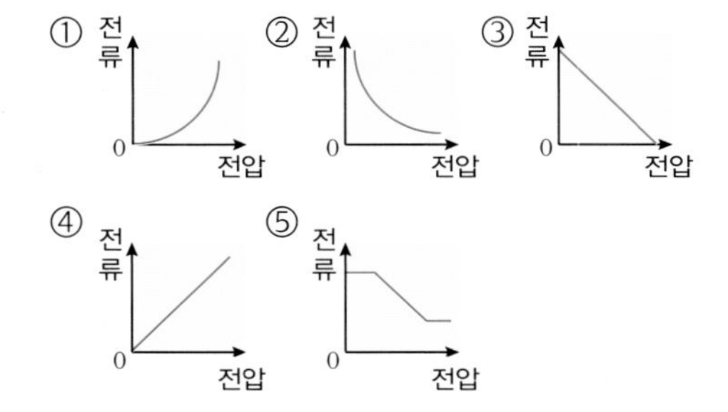

유형 11-4 저항의 연결

5 개의 저항과 전압계, 전류계를 이용하여 다음과 같은 전기 회로를 구성하였다. 회로 전체에 6 V 의 전압을 걸어준 후 스위치 S 를 닫았다. 물음에 답하시오.

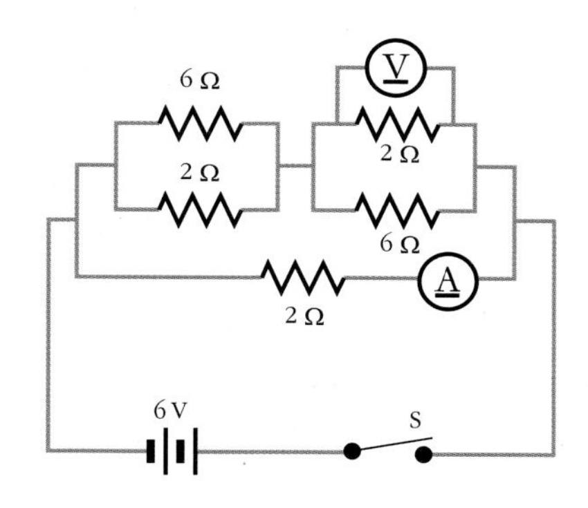

(1) 전기 회로의 합성 저항은? ( ) Ω

(2) 전류계가 나타내는 전류는? ( ) A

(3) 전압계가 나타내는 전압은? ( ) V

07 다음 그림과 같이 세 개의 저항을 연결하고 전지를 연결한 다음 스위치를 닫았다. 이때 전류계에 측정된 전류값이 2 A 였다면 회로에 걸어준 전체 전압 V 는?

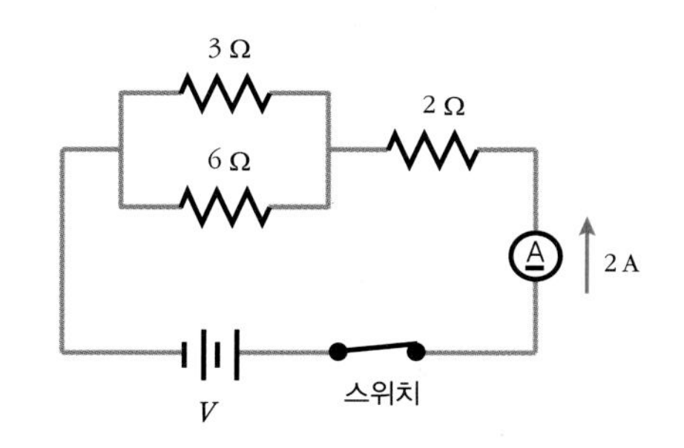

① 1 V ② 2 V ③ 4 V
④ 6 V ⑤ 8 V

08 저항값이 R 인 저항 3 개가 있다. 이를 모두 이용하여 얻을 수 없는 저항값은?

① $\frac{1}{3}R$ ② $\frac{1}{2}R$ ③ $\frac{2}{3}R$
④ $\frac{3}{2}R$ ⑤ $3R$

01

다음 중 전류, 전압, 저항에 대한 설명 중 옳은 것은 ○ 표, 옳지 않은 것은 × 표 하시오.

(1) 도선에 흐르는 전류의 방향과 전자의 이동 방향은 서로 반대이다. ( )

(2) 1 A 의 전류가 흐를 때 도선의 한 단면을 1 초 동안 6.25×10^{18} 개의 전자가 지나간다. ( )

(3) 같은 물질로 된 도선의 길이가 같을 때 단면적이 클수록 저항은 커진다. ( )

(4) 도체의 비저항은 부도체보다 작다. ( )

(5) 전류는 전위차에 의해 전위가 높은 곳에서 낮은 곳으로 흐르며, 이때 전류가 저항을 통과하면 전위가 높아진다. ( )

02

전류 5 A 가 4 분 동안 도선에 흘렀다. 이 시간 동안 도선의 단면을 통과한 전하량과 전자의 개수를 각각 쓰시오. 단, 전자의 전하량 $e = -1.6 \times 10^{-19}$ C)이다.

전하량 ( ) C

전자의 개수 ( )

03

다음의 주어진 자료를 참고로 하여 도선을 흐르는 전류(I)를 나타내시오.

· 도선의 단면적 : S · 도선의 길이 : l
· 도선의 단위 부피당 자유 전자 수 : n
· 자유 전자의 전하량 : e · 자유 전자의 속력 : v

I = ( )

04

다음 그림은 동일한 전압(기전력)의 건전지를 이용하여 전기회로도를 각각 만든 것이다. 전체 전압(전압계에 측정되는 전압)을 바르게 비교한 것은?

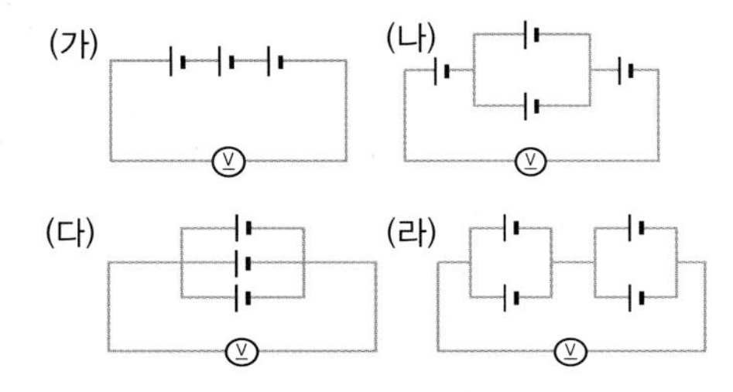

① (가) > (나) > (다) > (라)
② (가) = (나) > (다) > (라)
③ (가) = (나) > (라) > (다)
④ (가) = (나) = (다) > (라)
⑤ (가) = (나) > (다) = (라)

05

저항이 5 Ω 인 도선을 일정하게 늘려서 단면적이 처음의 $\frac{1}{3}$ 이 되게 하였다. 이때 전기 저항은?

① 2.5 Ω ② 5 Ω ③ 10 Ω
④ 20 Ω ⑤ 45 Ω

06

다음 그림은 같은 물질로 이루어진 세 도선의 길이와 지름을 각각 나타낸 것이다. 전류가 길이 방향으로 흐를 때 저항이 큰 순서대로 쓰시오.

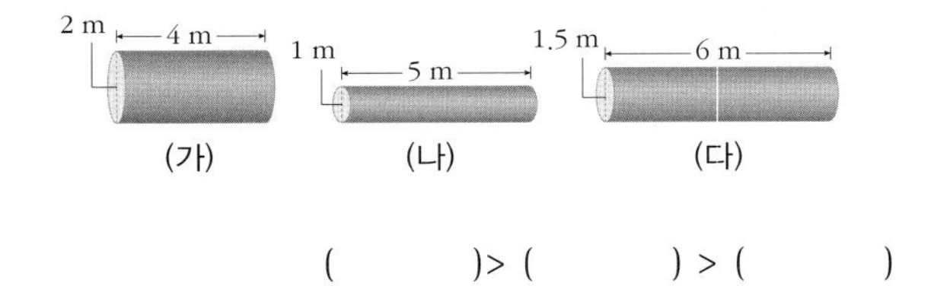

( ) > ( ) > ( )

07

물체의 비저항에 대한 설명이다. 빈칸에 알맞은 말을 고르시오.

물체의 길이가 (㉠ 1 mm ㉡ 1 m), 단면적이 (㉠ 1 mm² ㉡ 1 m²)일 때의 전기 저항을 그 물체의 비저항(ρ)이라고 한다. 도체는 온도가 높아질수록 비저항이 (㉠ 증가 ㉡ 감소)하고, 부도체는 (㉠ 증가 ㉡ 감소)한다.

08

다음 중 옴의 법칙을 바르게 나타낸 그래프를 있는대로 고르시오.

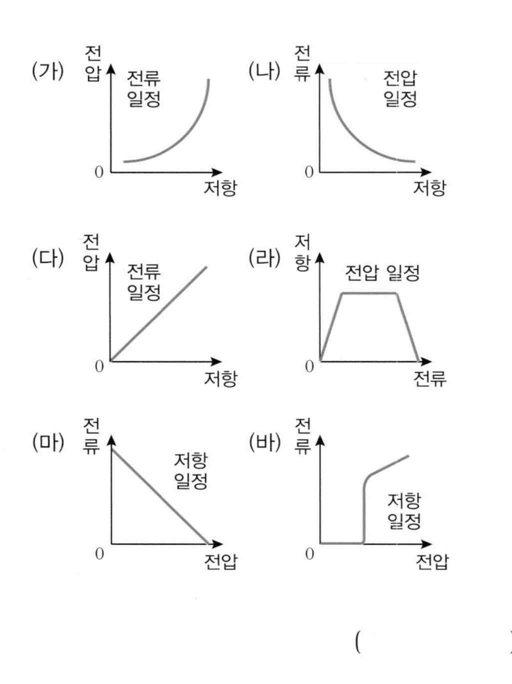

( )

09 그래프는 두 니크롬선 A 와 B 에 걸리는 전압에 따른 전류의 세기를 나타낸 것이다. 이에 대한 설명으로 옳은 것만을 <보기> 에서 있는 대로 고른 것은?

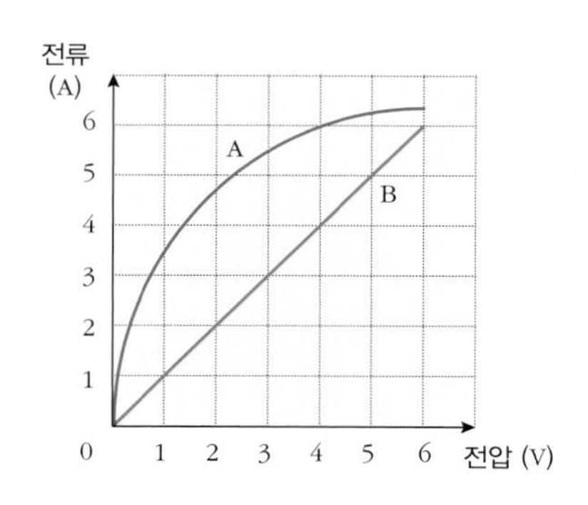

<보기>

ㄱ. A 와 B 모두 옴의 법칙을 만족한다.
ㄴ. B 의 저항은 1 Ω 이다.
ㄷ. 4 V 에서 A 의 저항은 4 V 에서 B 의 저항보다 작다.

① ㄱ ② ㄴ ③ ㄷ
④ ㄱ, ㄴ ⑤ ㄴ, ㄷ

10 다음 그림과 같이 저항 3 개가 12 V 의 전원에 연결되어 있다. 이 회로의 합성 저항(A)과 4 Ω 의 저항에 흐르는 전류의 세기(B)가 바르게 짝지어진 것은?

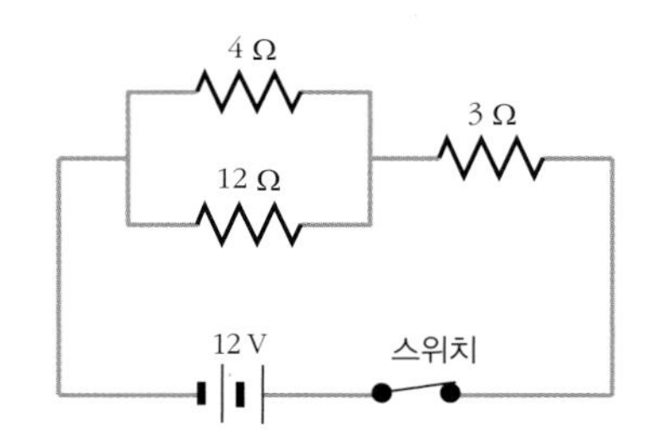

	(A)	(B)		(A)	(B)
①	3 Ω	1 A	②	6 Ω	1 A
③	3 Ω	1.5 A	④	6 Ω	1.5 A
⑤	6 Ω	2 A			

B

11 같은 물질로 만든 길이가 같은 두 도체가 있다. 이때 그림 (가) 는 지름이 1 m 인 속이 꽉 찬 도선의 단면이고, 그림 (나) 는 바깥 지름이 2 m, 안쪽 지름이 1 m 인 속이 빈 도선의 단면이다. 이 두 도선의 저항비를 쓰시오.

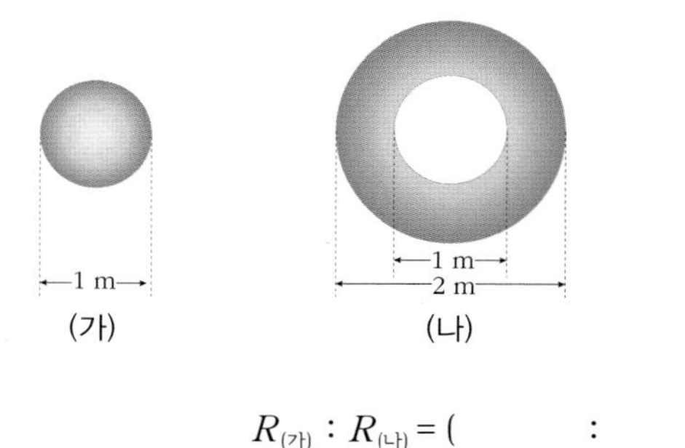

$R_{(가)} : R_{(나)}$ = (:   )

12 다음 그림은 재질이 서로 같고, 길이가 각각 $2l$, $3l$, 단면적이 각각 $2S$, S 인 두 저항 A, B 를 병렬 연결한 회로를 나타낸 것이다. 이 회로의 전류계의 바늘이 3 A 를 가리켰다면, 저항 B 에 흐르는 전류는?

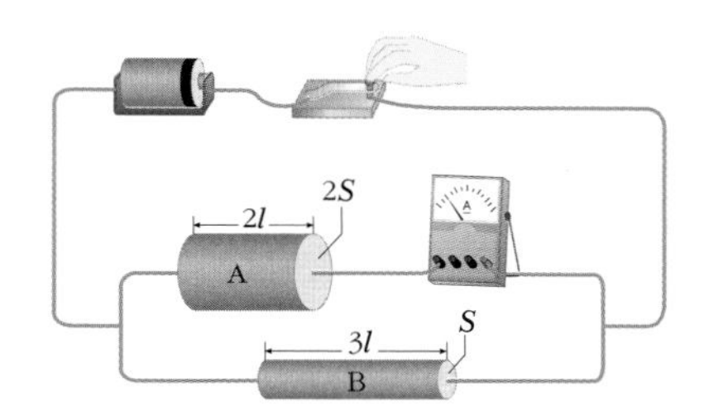

① 0.5 A ② 1 A ③ 1.5 A
④ 2 A ⑤ 2.5 A

13 기전력과 내부 저항이 각각 E, r 로 같은 전지 2 개와 저항(R) 1 개를 이용하여 그림 (가) 는 전지를 직렬 연결한 것이고, 그림 (나) 는 전지를 병렬 연결한 것이다. 그림 (가) 에 흐르는 전류 I_1 이 그림 (나) 에 흐르는 전류 I_2 의 $\frac{2}{3}$ 배라고 할 때, 전지의 내부 저항 r 은?

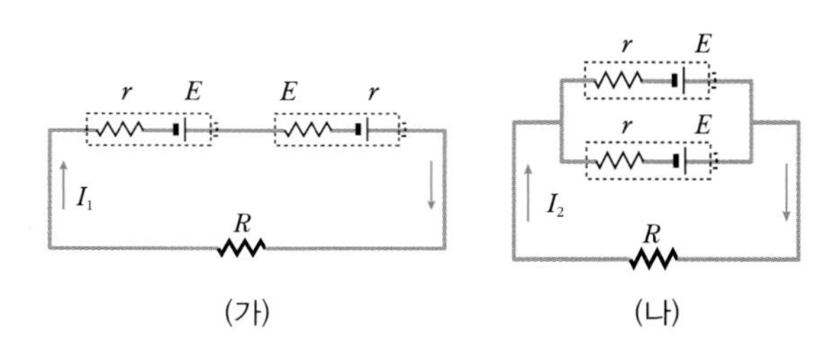

① $\frac{1}{2}R$ ② $1R$ ③ $2R$
④ $3R$ ⑤ $4R$

[14-15] 다음 그림과 같이 저항이 7 Ω 인 저항 2 개를 병렬 연결하고 전압계와 전류계를 이용하여 전압과 전류를 측정하려고 한다. 이때 회로 전체에 걸어준 전압이 21 V 이다. 물음에 답하시오.

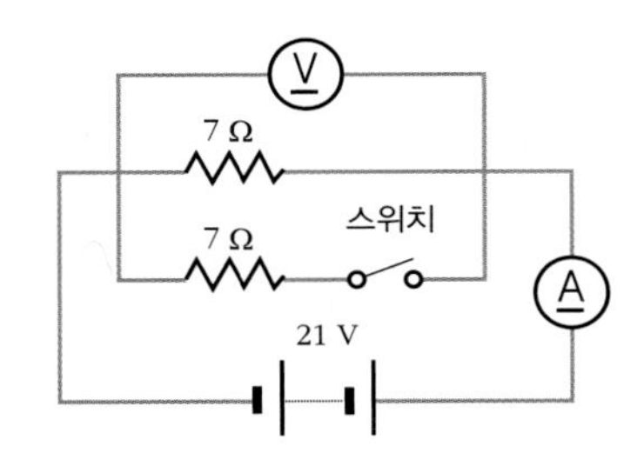

14 스위치를 열었을 때의 전압계가 나타내는 전압(V_A)과 닫았을 때의 전압(V_B)를 바르게 짝지은 것은?

	V_A(V)	V_B(V)		V_A(V)	V_B(V)
①	10.5	10.5	②	10.5	21
③	21	10.5	④	21	21
⑤	10.5	42			

15 스위치를 열었을 때의 전류계가 나타내는 전류(I_A)과 닫았을 때의 전류(I_B)를 바르게 짝지은 것은?

	I_A(A)	I_B(A)		I_A(A)	I_B(A)
①	3	3	②	3	6
③	6	3	④	6	6
⑤	6	9			

16 다음 그림과 같이 저항 4 개와 전압이 일정한 전원을 이용하여 전기 회로도를 꾸몄다. 이때 스위치(S)를 열었을 때와 닫았을 때의 전체 합성 저항비($R_a : R_b$)와 A 점에 흐르는 전류비($I_a : I_b$)가 바르게 짝지어진 것은?

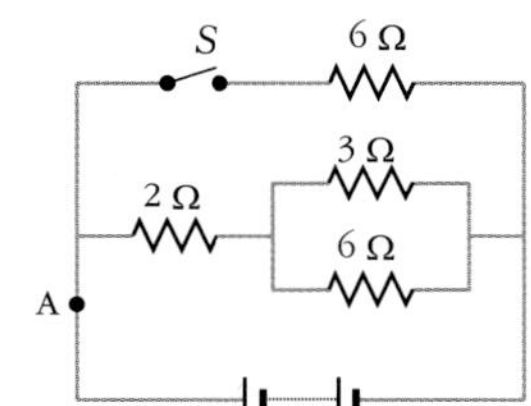

	$R_a : R_b$	$I_a : I_b$		$R_a : R_b$	$I_a : I_b$
①	3 : 5	3 : 5	②	5 : 3	5 : 3
③	3 : 5	5 : 3	④	5 : 3	3 : 5
⑤	3 : 3	5 : 5			

17 다음 그림과 같은 전기 회로에서 스위치 S_1 만 닫으면 전류계에 2 A 의 전류가 흐르고, 스위치 S_2 만 닫으면 전류계에 3 A 의 전류가 흐른다. 스위치 S_1 과 S_2 모두 닫았을 때 전류계에 흐르는 전류는?

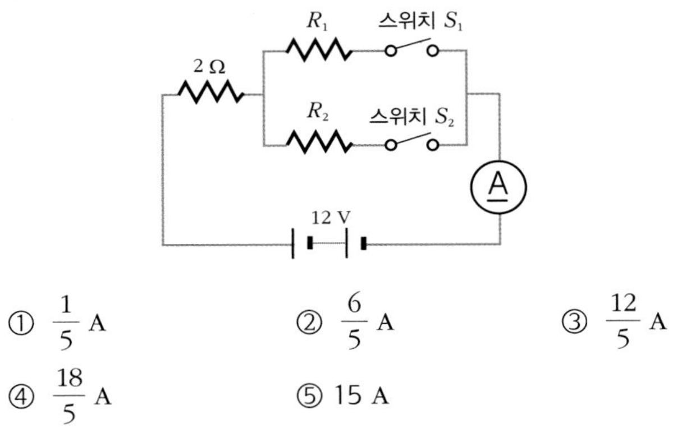

① $\frac{1}{5}$ A　② $\frac{6}{5}$ A　③ $\frac{12}{5}$ A
④ $\frac{18}{5}$ A　⑤ 15 A

18 다음 그림과 같이 저항 4 개를 연결하고, 300 V 의 전압을 걸어 주었다. 이때 22 Ω 의 저항에 걸리는 전압과 24 Ω 의 저항에 흐르는 전류가 바르게 짝지어진 것은?

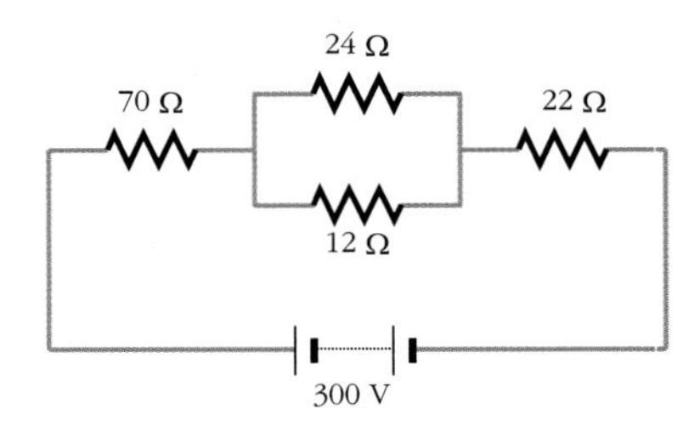

	전압(V)	전류(A)		전압(V)	전류(A)
①	24	1	②	24	2
③	66	1	④	66	2
⑤	66	3			

19 길이가 L, 저항이 R 인 도선이 있었다. 이 도선의 중앙 부분이 끊어져서 그림과 같이 겹치도록 하여 연결한 후 다시 회로에 연결하였다. 다시 연결한 도선의 전체 저항은? (단, 접촉 저항은 무시한다.)

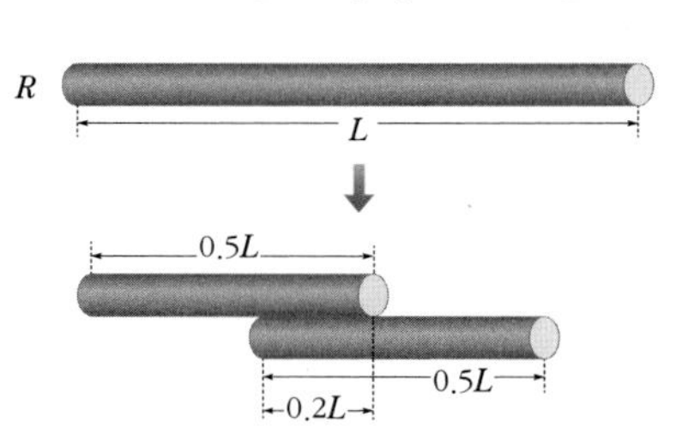

① 0.35 R　② 0.7 R　③ 1 R
④ 2 R　⑤ 4 R

20

다음 그림과 같이 기전력이 E, 내부 저항이 r인 전지를 저항 R에 연결하였더니 전체 회로에 흐르는 전류가 I 였다. 이에 대한 설명으로 옳은 것을 있는대로 고르시오.

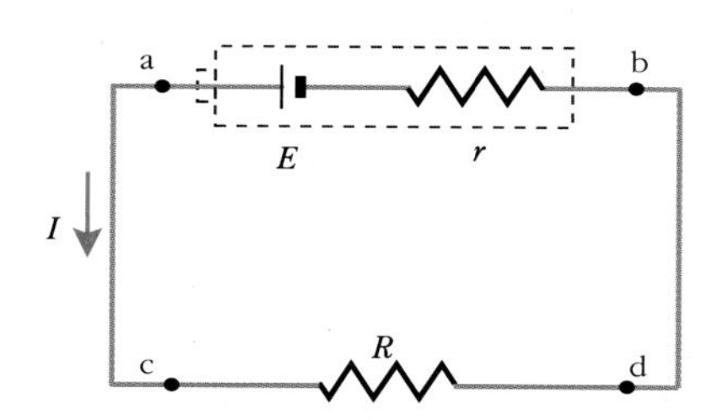

① ab 사이의 전압은 E 와 같다.
② R 이 증가하면 I 는 감소한다.
③ R 이 증가하면 E 는 증가한다.
④ I 가 증가하면 cd 사이의 전압은 감소한다.
⑤ ab 사이의 전압은 cd 사이의 전압보다 높다.

21

다음 그림과 같이 저항값이 각각 다른 저항 4개를 전압이 18 V 인 전원 장치에 연결하였다. 이 전기 회로에서 스위치를 모두 열었을 때 전류계에 흐르는 전류의 세기와 스위치를 모두 닫았을 때의 전류계에 흐르는 전류의 세기가 같았다. 이때 스위치 S_2 만 닫았을 때 전류계에 흐르는 전류의 세기(A)와 저항 R 의 값을 바르게 짝지은 것은?

[수능 기출 유형]

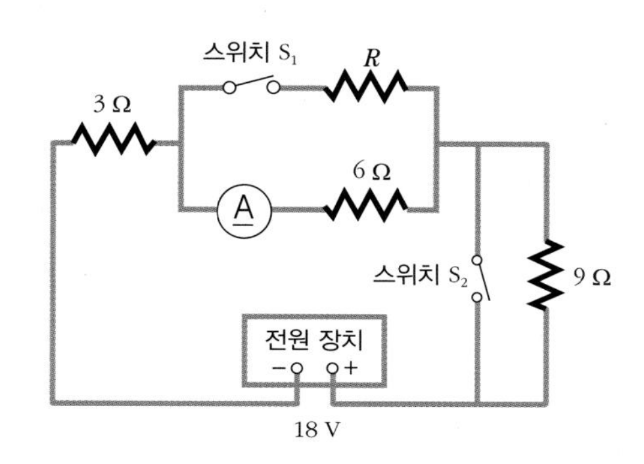

	전류	R		전류	R
①	1 A	2 Ω	②	2 A	2 Ω
③	1 A	3 Ω	④	2 A	3 Ω
⑤	1 A	4 Ω			

22

다음 그림과 같이 구성한 전기 회로도에서 전압계에 측정된 전압이 56 V 일 때, A 점과 B 점 사이를 흐르는 전류의 세기는?

[특목고 기출 유형]

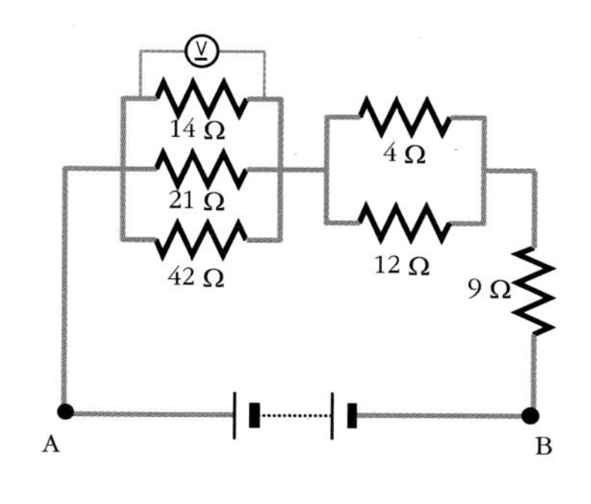

① 2 A ② 4 A ③ 6 A
④ 8 A ⑤ 10 A

23

그림 (가) 는 저항 R_a, R_b, 가변 저항을 일정한 전압의 전원 장치에 연결한 것을 나타낸 것이다. 그림 (나) 는 (가) 의 스위치를 a 나 b 에 연결한 후 가변 저항의 저항값을 변화시킬 때 전류계와 전압계에 측정된 전류와 전압 사이의 관계를 나타낸 것이다. 저항값의 비 $R_a : R_b$ 는?

[수능 기출 유형]

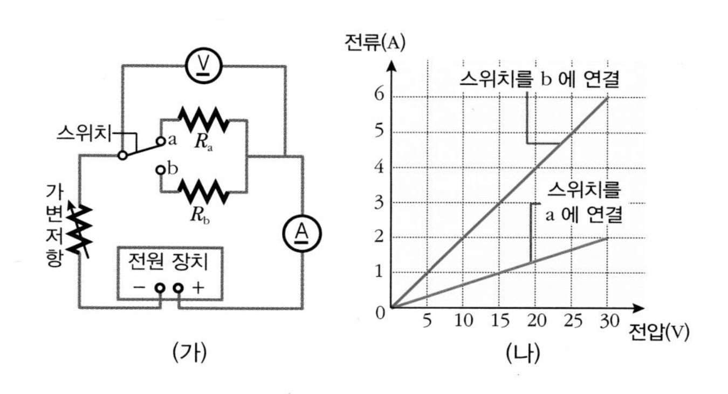

① 1 : 2 ② 1 : 3 ③ 2 : 1
④ 2 : 3 ⑤ 3 : 1

24 다음의 전기 회로는 전지 1 개의 전압이 1.5 V 인 전지 2개, 4개, 2개 와 4Ω, 8Ω 의 저항을 모두 직렬 연결한 것이다. 이때 회로에 흐르는 전류의 방향과 전류의 세기가 바르게 짝지어진 것은?

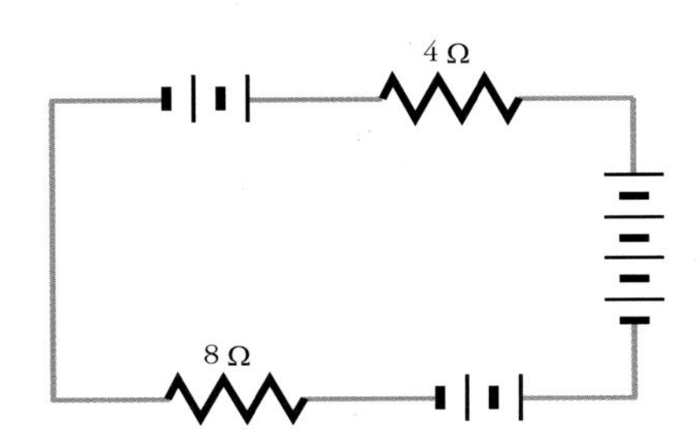

	방향	세기(A)		방향	세기(A)
①	시계 방향	0.5	②	시계 방향	1
③	반시계 방향	0.5	④	반시계 방향	1
⑤	시계 방향	2			

25 다음 그림 (가) 와 같이 단면적이 같고 길이가 각각 $4L$, L 인 원통형 금속 막대 A 와 B 를 길이 방향으로 연결시킨 후, A 의 왼쪽 지점 P 에 저항 측정기의 한 쪽 집게를 고정시키고 다른 쪽 집게를 P 로 부터 x 만큼 떨어진 지점에 접촉한 후 x 를 변화시키며 저항값을 측정하였다. 그림 (나) 는 x 에 따른 저항값을 나타낸 것이다. A 와 B 의 비저항의 비 $\rho_A : \rho_B$ 는?

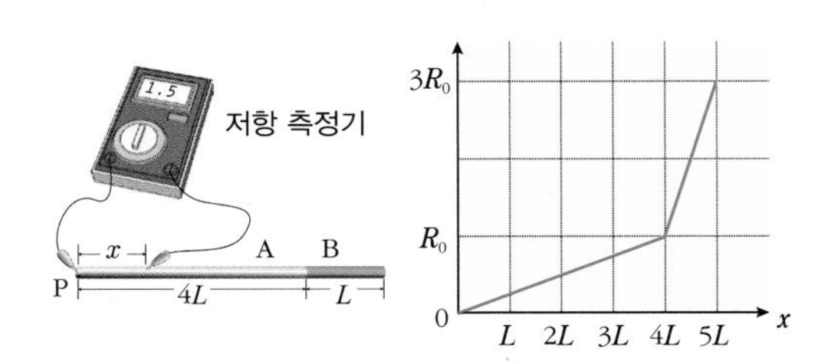

① 1 : 2　② 1 : 3　③ 1 : 8
④ 4 : 1　⑤ 8 : 1

26 저항값이 3 Ω 으로 동일한 저항 4 개를 이용하여 그림과 같은 저항 장치를 만들었다. 이 저항 장치에는 a, b, c, d 의 네 단자가 있고, 임의의 두 단자를 연결하여 저항값을 변화시킬 수 있다. 이때 얻을 수 있는 저항값이 아닌 것은?

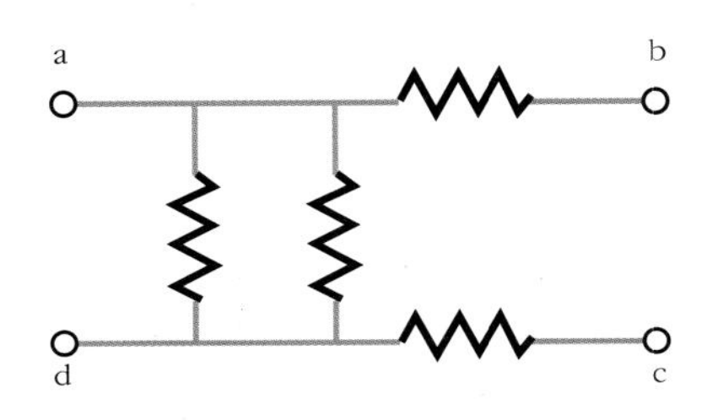

① 1.5 Ω　② 3 Ω　③ 4.5 Ω
④ 6 Ω　⑤ 7.5 Ω

27 다음 그림은 5 개의 저항을 전압이 일정한 전원을 내는 전원 장치와 스위치 2 개를 이용하여 꾸민 전기 회로도이다. 이때 스위치를 모두 열 경우의 합성 저항(R)과 스위치 S_1 만 닫았을 경우의 합성 저항(R_1), 스위치 S_2 만 닫았을 경우의 합성 저항 (R_2)의 저항비를 구하시오.

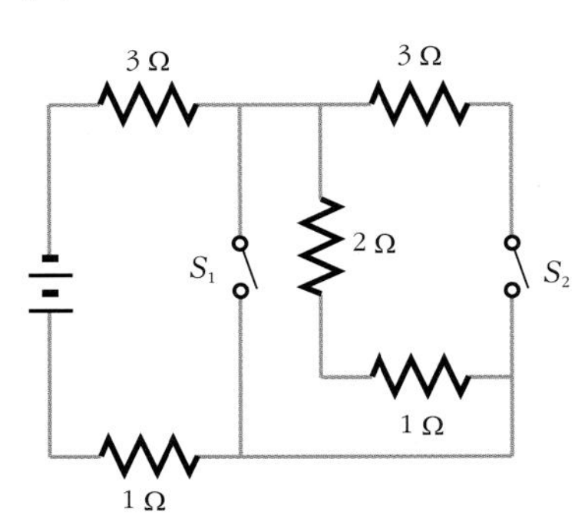

$R : R_1 : R_2 = (\quad : \quad : \quad)$

28

다음 그림은 5 개의 저항을 연결하여 양단에 12 V 의 전압을 걸어준 전기 회로도를 나타낸 것이다. 전류계에 흐르는 전류는?

[특목고 기출 유형]

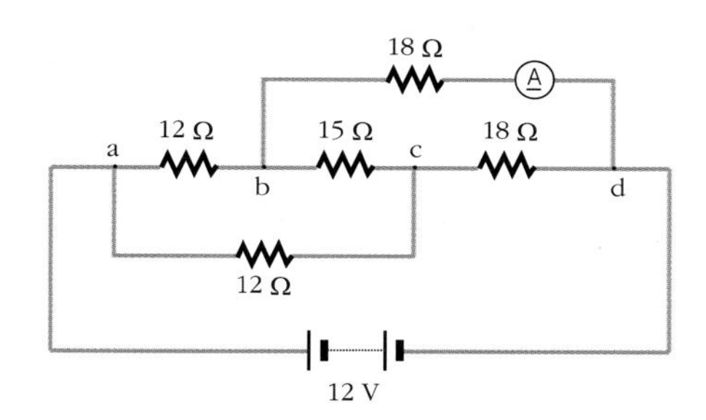

① 0.2 A ② 0.4 A ③ 0.6 A
④ 0.8 A ⑤ 1.0 A

[29-30] 그림 (가) 는 내부 저항이 있는 전지, 가변 저항, 전압계, 전류계, 스위치를 연결하여 꾸민 전기 회로도이다. 이때 가변 저항 R 을 변화시키면서 전압계와 전류계의 눈금을 확인하여 그림 (나) 와 같은 그래프를 얻었다. 물음에 답하시오.

[특목고 기출 유형]

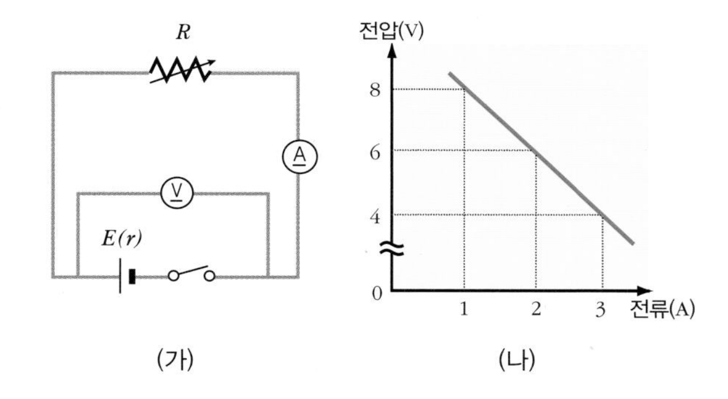

(가) (나)

29

전지의 기전력(E)을 구하시오.

( ) V

30

전지의 내부 저항(r)을 구하시오.

( ) Ω

[31-32] 동일한 두 저항 A 와 B 를 그림 (가) 와 같이 연결하였다. 이때 스위치가 열린 상태에서 전원 장치를 이용하여 회로의 전압을 변화시키면서 전류를 측정한 값을 나타낸 그래프가 그림 (나) 이다. 물음에 답하시오.

[영재교육원 기출 유형]

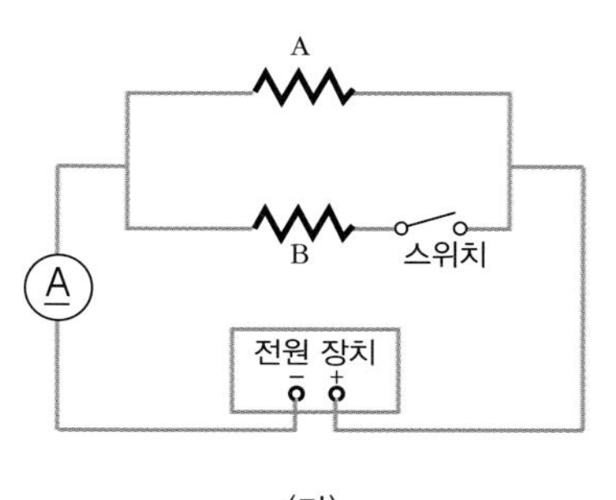

(가)

전압(V)
8
6
4
2
0
0.1 0.2 0.3 0.4 0.5
전류(A)

(나)

31

그림 (나) 에서 기울기가 일정하지 않은 것을 통해 알 수 있는 사실을 서술하시오.

32

스위치를 닫았을 때 전류계에 0.8 A 의 전류가 흘렀다면 회로에 걸린 전체 전압의 크기는 얼마인가?

( ) V

창의력

33

다음 그림과 같이 저항 5 개가 연결되어 있다. 각 저항값이 R_1 = 1 Ω, R_2 = 2 Ω, R_3 = 3 Ω, R_4 = 4 Ω, R_5 = 5 Ω 일 때, 물음에 답하시오.

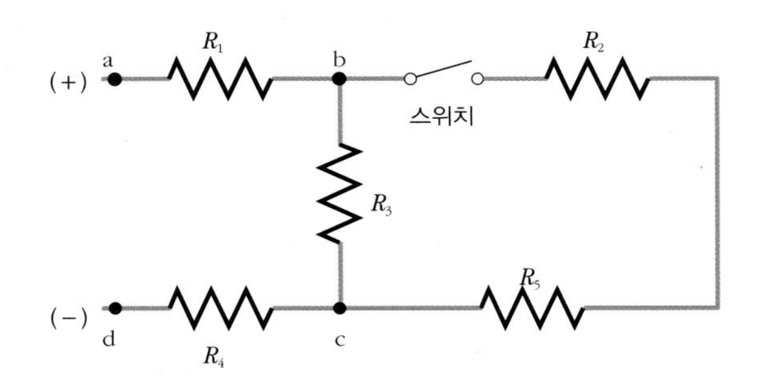

(1) 스위치를 닫았을 때 합성 저항을 구하시오.

(2) 스위치를 열었을 때 합성 저항을 구하시오.

34

다음 그림과 같이 저항 5 개를 이용하여 회로를 꾸몄다. A 와 B 사이의 합성 저항을 구하기 위해서는 직렬 연결과 병렬 연결을 이용하여 회로의 모양을 변화시켜 줘야 한다. 합성 저항을 구하기 위한 회로를 그리고, 합성 저항을 구하시오.

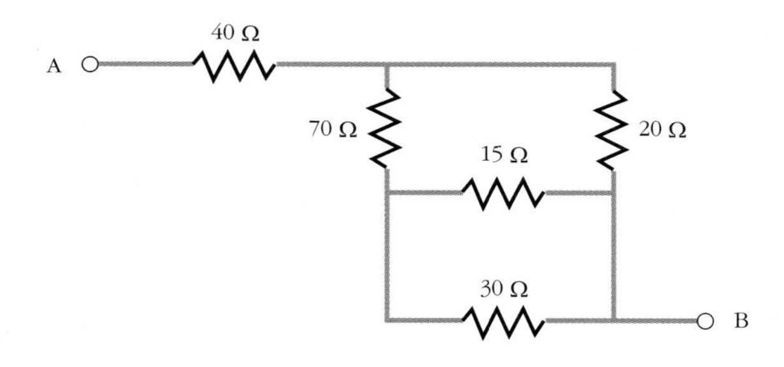

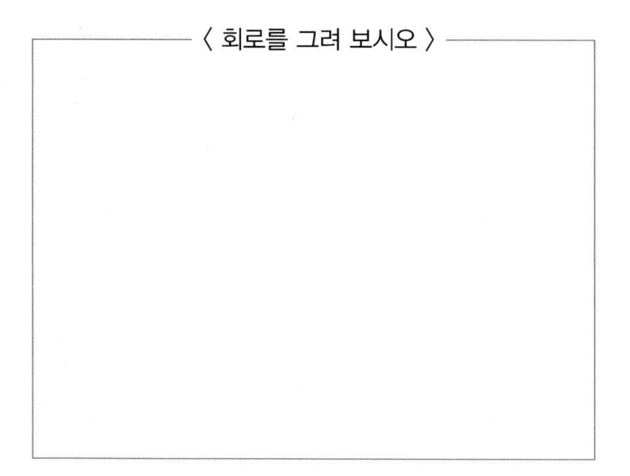

35

다음 그림과 같은 직육면체의 금속이 있다. 세 변의 길이는 각각 a, b, c 이고, $a > b > c$ 이다. 이때 전류를 서로 마주 보는 면 방향으로 흘려 주었을 때 저항이 가장 클 경우와 가장 작을 경우의 저항값의 비를 구하시오.

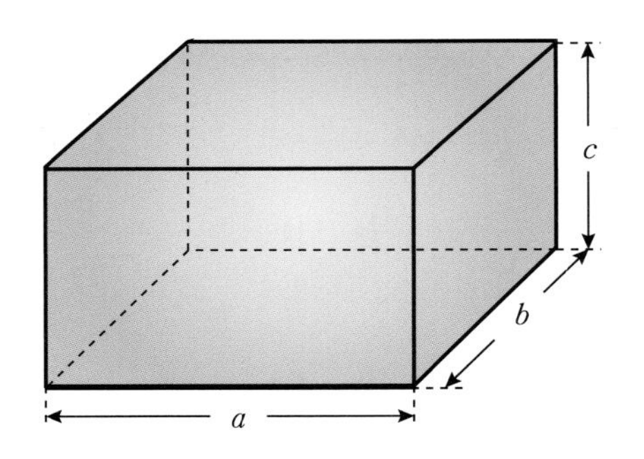

36 어떤 전기 제품을 조사하여 전기 회로도를 그려 보았더니 다음 그림과 같았다. A 와 B 사이의 합성 저항을 구하기 위해서는 직렬 연결과 병렬 연결을 이용하여 회로의 모양을 변형시켜 줘야 한다. 합성 저항을 구하기 위한 회로를 그리고, A 와 B 사이의 합성 저항을 구하시오.

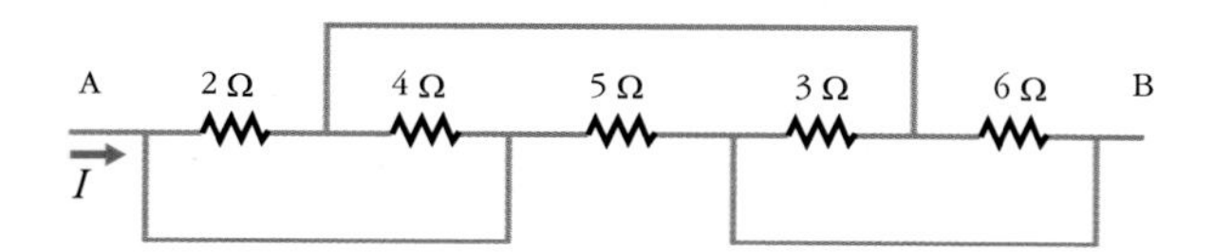

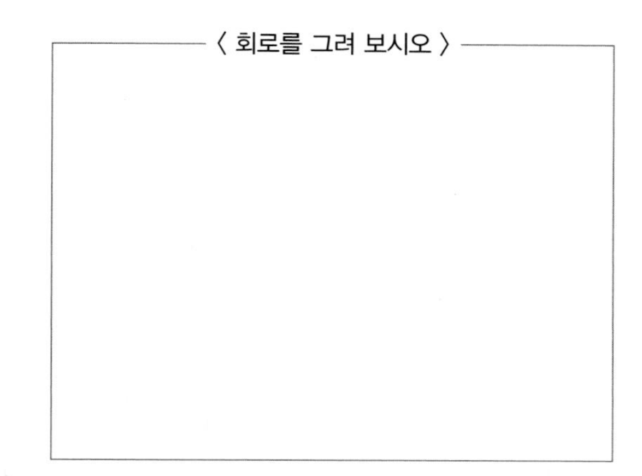

37 다음과 같은 회로도로 전류계의 원리를 알아보고자 한다. 전류계의 눈금판인 (가) 부분은 내부 저항값이 2 Ω 이며, 그림처럼 최대 눈금을 가리키기 위해서는 항상 100 mA 의 전류가 눈금판 부분을 통과해야 한다. S 단자를 (+)로 하여 a, b, c 단자는 각각 최대로 15 A, 5 A, 500 mA 의 전류를 측정할 수 있다.

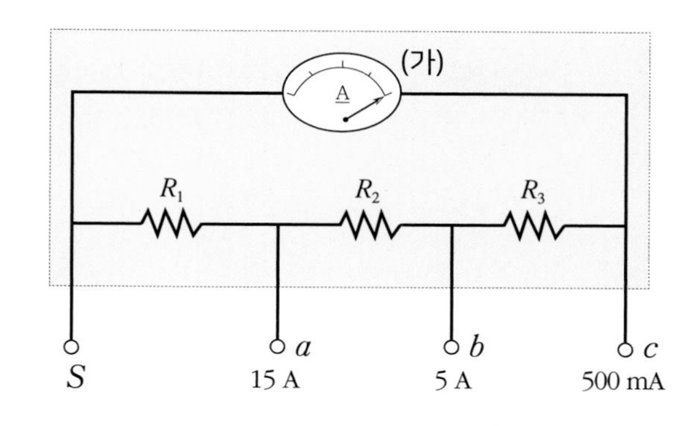

위 회로도가 전류계로서 위의 조건대로 작동하기 위해서 저항값 R_1, R_2, R_3는 각각 얼마이겠는가?

자기장과 자기력선

1. 자기장과 자기력선

(1) 자기력 : 자석과 같이 자성을 가진 물체 사이에 작용하는 힘으로, 자석에 존재하는 두 극 (N 극과 S 극) 사이에는 서로 같은 극끼리는 척력, 서로 다른 극끼리는 인력이 작용한다. 자석과 강자성체(Fe, Ni, Co) 사이에는 서로 인력이 작용한다.

(2) 자기장과 자기력선

① **자기장** : 자성을 가진 물체 주위에 자기력이 작용하는 공간을 말한다. 자석뿐만 아니라 전류가 흐르는 도선 주위에도 만들어진다.

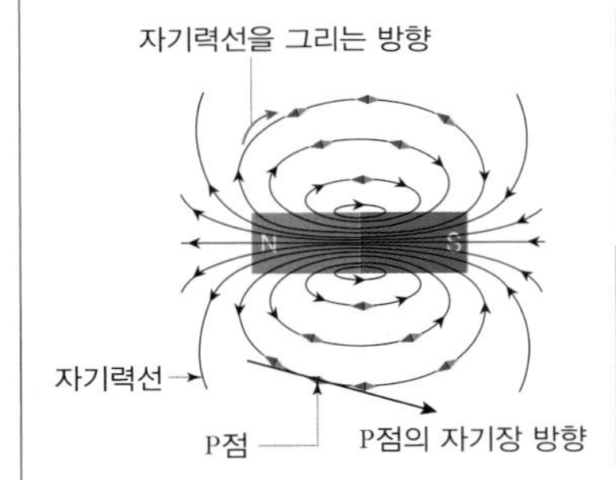

자기장의 방향 : 자기장의 한 점에서의 자기장의 방향은 그 지점에 자침을 놓았을 때 자침의 N극이 가리키는 방향으로 자기력선의 접선 방향이다. 자석 내부에서는 자석의 S극 → N극 방향이다.

자기장의 세기 : 자석의 양 끝부분인 자극에서 가장 세고, 자극에서 멀어질수록 약해진다. ⇨ 자기력선의 간격이 좁을수록(빽빽할수록) 자기장의 세기가 세다.

② **자기력선** : 나침반 N 극이 가리키는 방향을 연결하여 이으면 그려지는 선으로 자기장의 모양을 알기 쉽게 나타낸 폐곡선이다.

· 자기력선은 자석 외부에서 N 극에서 나와 S 극으로 들어간다. 자석 내부에서는 S 극 쪽에서 N 극 쪽을 향한다.
· 자기력선은 겹쳐지거나 끊어지지 않은 상태로 연결되어 있다.
· 자기력선 상의 어느 P 점에서 자기장의 방향은 P 점에서 그은 접선의 S 극 방향이다.

(3) 자기장의 세기와 자기력선속

① **자기력선속(자속)Φ** : 자기장에 수직인 단면 S 를 지나는 자기력선의 총 개수를 자기력선속 또는 자속이라고 한다. 자기력선속은 Φ(파이)로 표시하고, 단위는 Wb(웨버)를 사용한다.

② **자기장의 세기(자속 밀도)B** : 자기장에 수직인 단위 면적($1m^2$)을 통과하는 자기력선속을 자기장의 세기 또는 자속 밀도라고 한다.

$$B = \frac{\Phi}{S} \ [Wb/m^2 = N/A \cdot m = T(테슬라)]$$

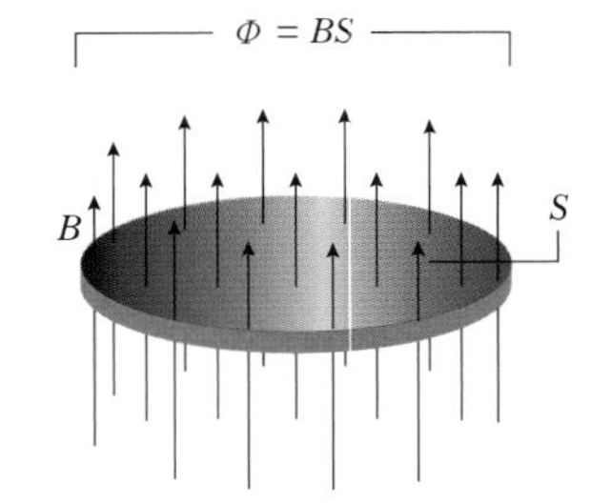

▲ 단면적 S 를 수직으로 지나는 자속이 Φ 일 때 $\Phi = BS$ 이다.

◎ 자석 주위의 자기력선

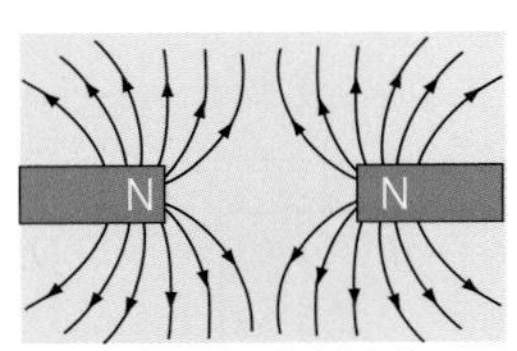

▲ 같은 극 사이(척력)

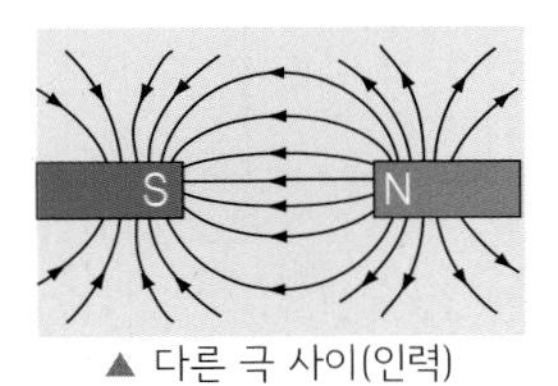

▲ 다른 극 사이(인력)

◎ 단면적 S 가 자기장 B 에 대해 θ 만큼 기울어져 있을 경우

자기력선속 Φ 는 다음과 같다.

$\Phi = BS\cos\theta$ [단위 : Wb]

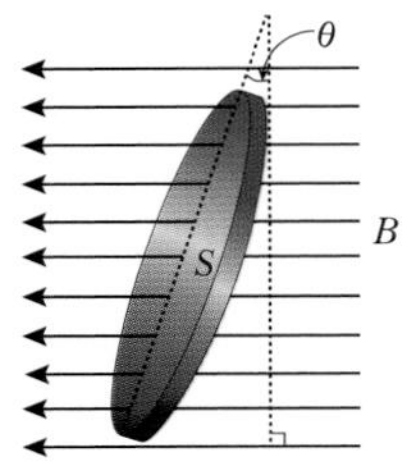

◎ 삼각비

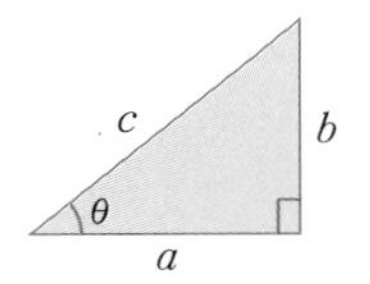

$\sin\theta = \frac{b}{c}$, $\cos\theta = \frac{a}{c}$, $\tan\theta = \frac{b}{a}$

$b = c\sin\theta$, $a = c\cos\theta$, $b = a\tan\theta$

예 $\sin 30^\circ = \frac{1}{2}$, $\tan 45^\circ = 1$

$\cos 60^\circ = \frac{1}{2}$

미니사전

폐곡선 [閉 닫다 - 곡선] 곡선 위의 한 점이 한 방향으로 출발하여 다시 출발점으로 되돌아 오는 시작점과 끝점이 같은 곡선으로 연필을 떼지 않고 한번에 그릴 수 있다.

개념확인 1 정답 및 해설 77

다음 빈칸에 알맞은 말을 각각 고르시오.

자석 주위의 자기장은 나침반 자침 (㉠ N극, ㉡ S극)이 가리키는 방향으로 형성되며, 자극 주위에서 가장 (㉠ 세고, ㉡ 약하고) 자극에서 멀어질수록 (㉠ 강해진다, ㉡ 약해진다)

확인 + 1

면적이 3 m^2 인 곳을 수직으로 통과하는 자기력선의 수가 1 Wb 짜리 21개였다면 이 면에서의 자기장의 세기는?

( ) T

2. 직선 전류에 의한 자기장

(1) 전류에 의한 자기장 : 도선에 전류가 흐르면 도선을 중심으로 하는 동심원 모양의 자기장이 생긴다.

(2) 자기장의 방향

① **오른손 법칙** : 오른손 엄지손가락을 전류가 흐르는 방향으로 향하게 하고, 나머지 네 손가락으로 도선을 감아쥐었을 때 네 손가락이 향하는 방향이 자기장의 방향이다.

② **앙페르 법칙** : 전류의 방향으로 오른나사를 진행시킬 때 나사가 회전하는 방향이다.

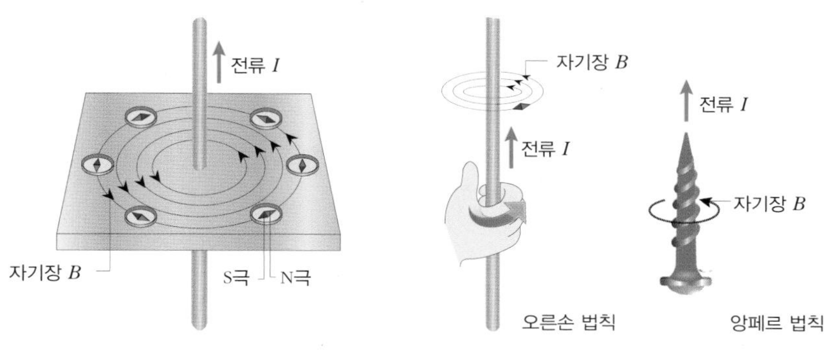

▲ 직선 전류에 의한 자기장

(3) 자기장의 세기 : 직선 전류에 의한 자기장의 세기 B 는 직선 도선에 흐르는 전류의 세기 I 에 비례하고, 도선으로부터의 거리 r 에 반비례한다.

$$B(\text{직선 전류 주위}) = k\frac{I}{r} = 2\times10^{-7}\frac{I}{r}\ [\text{T(테슬라)}]$$

(4) 두 직선 전류 사이의 합성 자기장 : 각각의 도선에 의한 자기장의 방향과 크기를 고려하여 합성 자기장을 구한다. (⊗ : 자기장이 지면에 수직으로 들어가는 방향, ⊙ : 자기장이 지면에 수직으로 나오는 방향)

두 도선에 흐르는 전류의 방향이 서로 반대이면 도선 사이에서 각각의 자기장의 방향이 같다.		두 도선에 흐르는 전류의 방향이 서로 같으면 도선 사이에서 각각의 자기장의 방향이 반대이다.	
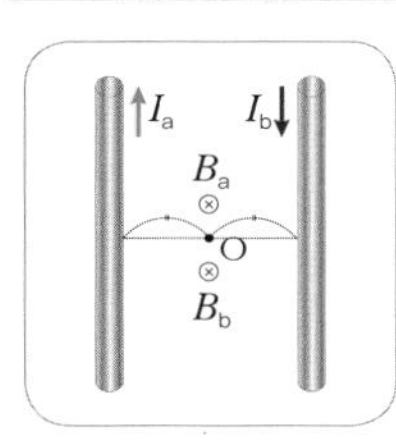	두 도선 사이의 중심 O 에서 합성 자기장 $= B_a + B_b$ (B_a : I_a 에 의한 자기장 B_b : I_b 에 의한 자기장)	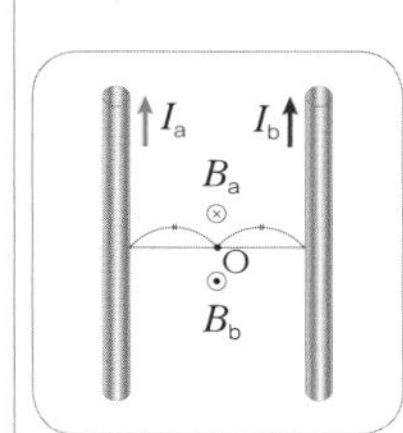	두 도선 사이의 중심 O 에서 합성 자기장의 세기 $= \lvert B_a - B_b \rvert$ 합성 자기장의 방향 : B_a, B_b 중 더 큰 것의 방향과 같다.

개념확인 2 정답 및 해설 77

오른손 법칙을 이용하여 자기장의 방향을 확인할 때 각각이 가리키는 것을 바르게 연결하시오.

(1) 엄지손가락 • • ㉠ 자기장의 방향

(2) 나머지 네 손가락 • • ㉡ 전류가 흐르는 방향

확인 + 2

오른쪽 그림과 같이 직선 도선으로부터 각각 r, $2r$, $3r$ 만큼 떨어져 있는 지점 a, b, c 에서의 자기장의 세기 B_a, B_b, B_c 의 비를 구하시오.

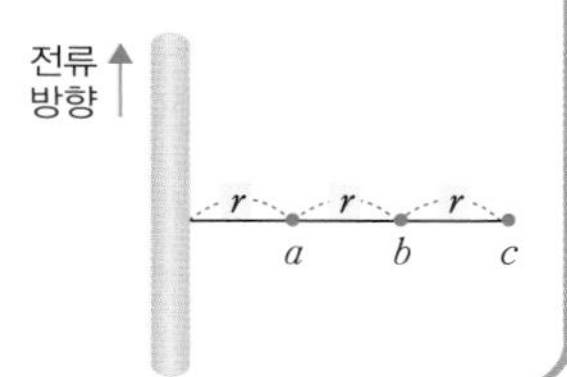

◎ **직선 전류에 의한 자기장 방향 변화**

직선 전류의 방향이 반대로 바뀌면 자기장의 방향도 반대로 바뀐다.

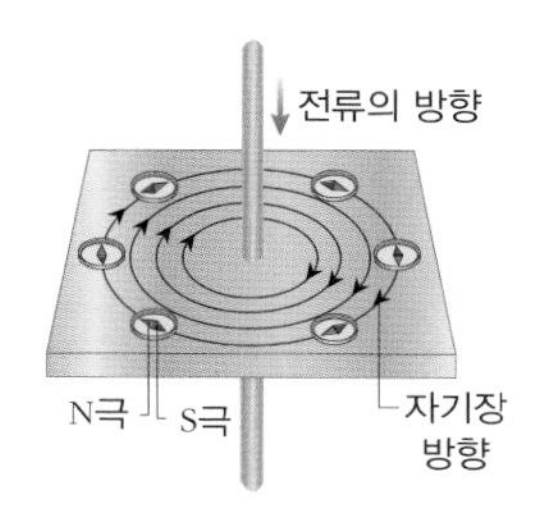

◎ **지면에서의 자기장의 방향 표시**

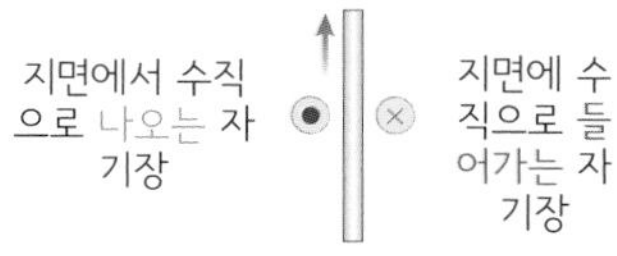

▲ 위로 흐르는 전류

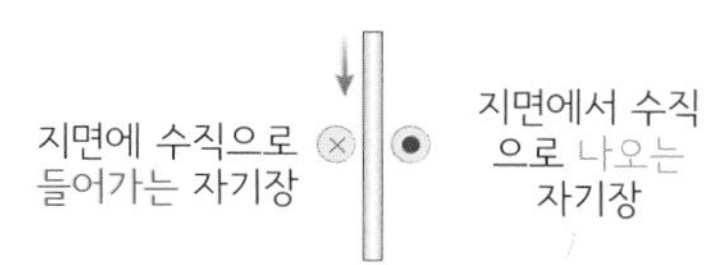

▲ 아래로 흐르는 전류

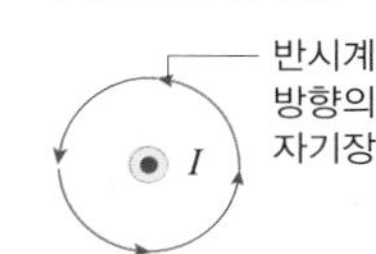

▲ 지면에서 수직으로 나오는 전류

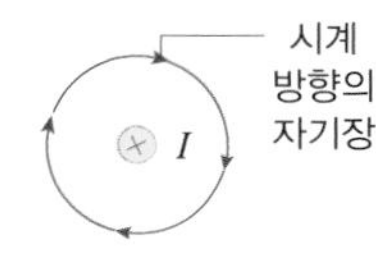

▲ 지면에 수직으로 들어가는 전류

◎ **앙페르**

프랑스의 물리학자이자 수학자로 전류가 흐르는 도선 사이에 힘이 작용하는 것을 발견하고 이것을 수학적으로 설명하여 전류와 자기에 관한「앙페르 법칙」을 발표했다.

미니사전

지면 [紙 종이 - 면] 책의 종이 면. 우리가 보고 있는 책의 면을 뜻한다.

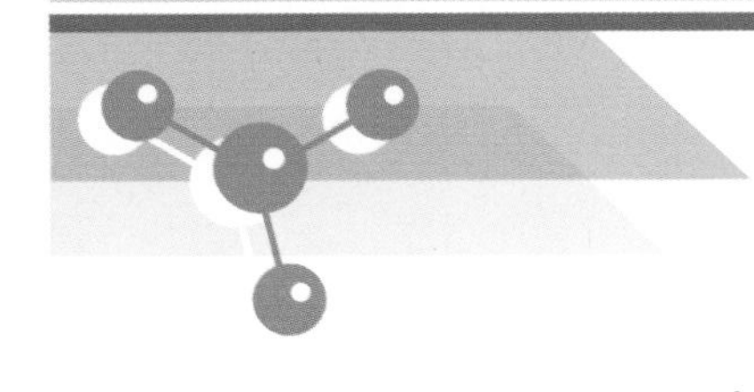

12강 자기장과 자기력선

3. 원형 전류에 의한 자기장

(1) 자기장의 모양 : 원형 도선은 매우 짧은 직선 도선을 둥글게 이어 놓은 것과 같다. 따라서 원형 도선에 전류가 흐를 때 도선 주위의 자기력선은 도선을 중심으로 하는 동심원 모양을 이루고, 도선의 중심에서의 자기력선은 원의 중심을 지나가는 직선 모양이다.

(2) 자기장의 방향

① 오른손 엄지손가락을 전류의 방향으로 하고, 나머지 네 손가락으로 원형 도선을 감아쥘 때 네 손가락이 가리키는 방향이 자기장의 방향이다. (직선 전류의 오른손 법칙과 같다.)

② 오른나사를 전류의 방향으로 회전시킬 때 나사가 진행하는 방향이 원형 전류의 중심에서 자기장의 방향이다.

③ 원형 전류의 중심에서 자기장의 방향 : 전류의 방향으로 오른손의 네 손가락을 감아쥘 때 엄지손가락이 가리키는 방향이다.

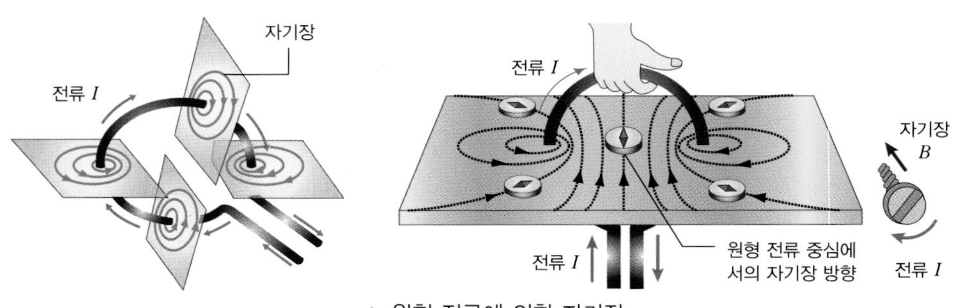

▲ 원형 전류에 의한 자기장

(3) 자기장의 세기 : 원형 전류의 중심에서만 고려한다.

① 원형 전류의 중심에서의 자기장의 세기 B 는 전류의 세기 I 에 비례하고, 원형 도선의 반지름 r 에 반비례한다.

$$B(\text{원형 전류 중심}) = k'\frac{I}{r} = \pi k\frac{I}{r}$$
$$= (2\pi \times 10^{-7})\frac{I}{r}\ [\text{단위 T(테슬라)}]$$

② 원형 도선의 중심에서 가장 세며, 중심에서 멀어질수록 자기장의 세기는 약해진다.

정답 및 해설 77

개념확인 3

다음 중 원형 전류에 의한 자기장에 대한 설명 중 옳은 것은 ○표, 옳지 않은 것은 ×표 하시오.

(1) 직선 전류의 오른손 법칙과 같은 방법으로 자기장의 방향을 알 수 있다. ( )

(2) 원형 도선의 중심 부분과 바깥 부분의 자기장의 방향은 서로 같다. ( )

(3) 원형 도선에 의한 자기장은 원형 도선의 중심에서 가장 세다. ( )

확인 + 3

오른쪽 그림과 같이 원형 도선에 전류가 흐를 때 원형 도선의 중심 O 에서 자기장의 방향을 아래에서 고르시오.

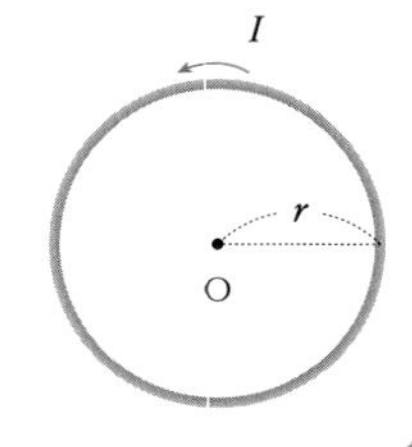

(종이면에서 수직으로 ㉠ 나오는 방향 ㉡ 들어가는 방향)

◉ **원형 전류에 의한 자기장 방향 찾기**

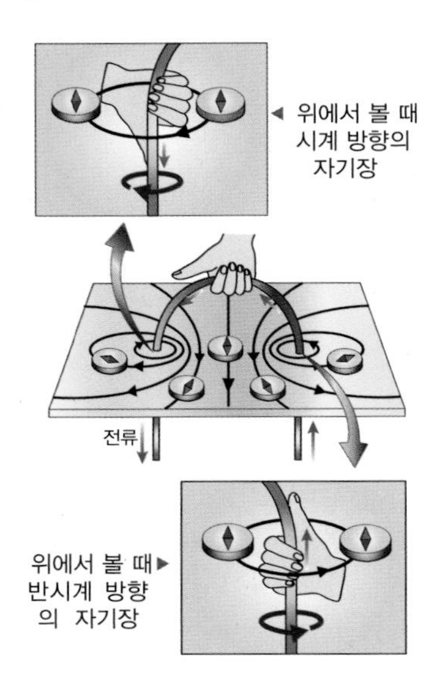

◉ **원형 전류 중심 O 에서의 자기장 방향**

전류의 방향으로 오른손의 네 손가락을 감아쥘 때 엄지손가락이 가리키는 방향이다.

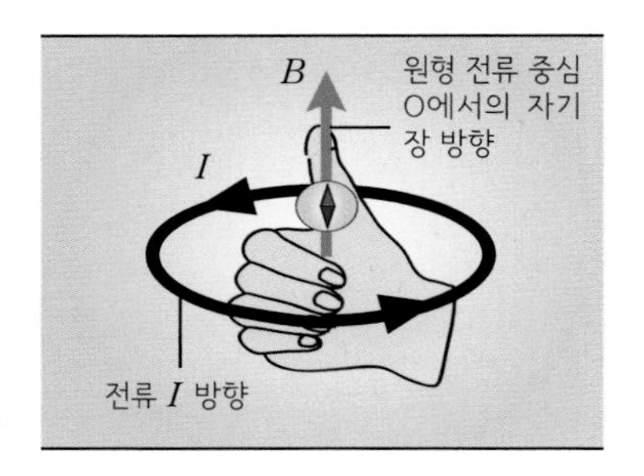

◉ **원형 전류의 안쪽 부분과 바깥 부분의 자기장 방향**

원형 도선의 면을 평면과 일치시킬 때 지면 기준 원형 도선의 안쪽 부분과 바깥 부분의 자기장은 서로 반대 방향으로 형성된다.

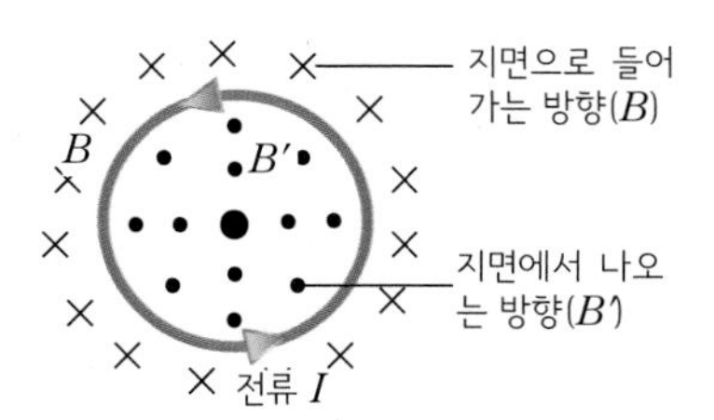

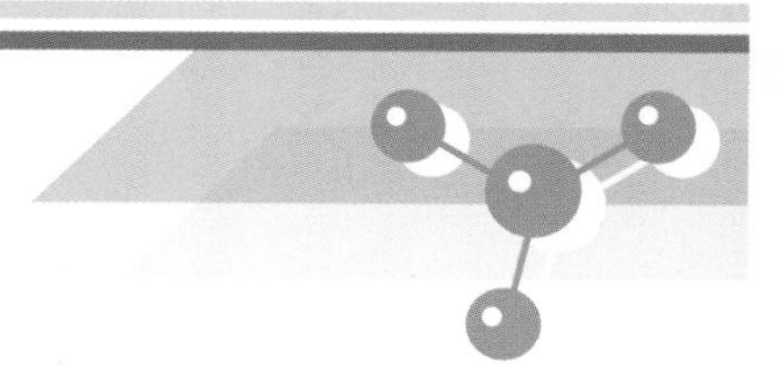

4. 솔레노이드에 의한 자기장

(1) 솔레노이드에 의한 자기장의 모양 : 코일에 전류가 흐르면 전자석이 되는데, 이것을 솔레노이드(Solenoid)라고 한다.

① **솔레노이드 내부** : 중심축에 평행한 직선 모양의 균일한 자기장이 형성된다.

② **솔레노이드 외부** : 막대 자석이 만드는 자기장과 같은 모양의 자기장이 형성된다.

(2) 자기장의 방향 : 오른손의 네 손가락을 전류가 흐르는 방향으로 감아쥐었을 때 엄지손가락이 향하는 방향이 솔레노이드 내부에 생기는 자기장의 방향이다. 즉, 엄지손가락이 가리키는 방향이 자석의 N 극에 해당한다.

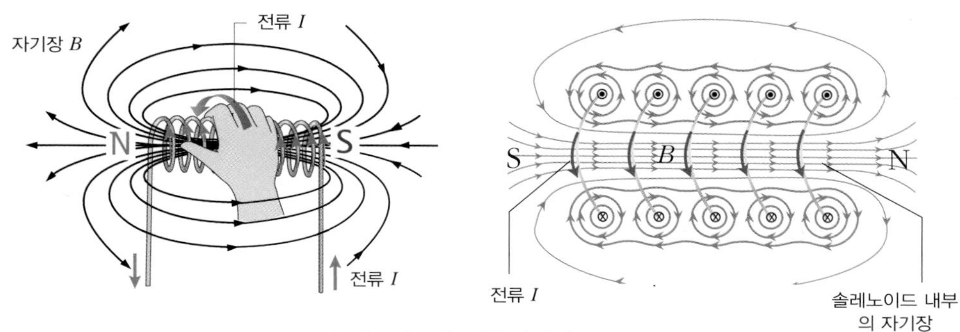

▲ 솔레노이드에 의한 자기장

(3) 솔레노이드 내부의 자기장의 세기 : 솔레노이드 내부에는 균일한 자기장이 만들어진다. 따라서 솔레노이드 내부에서는 자기장의 세기(B)가 어디에서나 같다. 이때 자기장의 세기 B 는 전류의 세기 I 에 비례하고, 단위 길이당 감긴 코일의 수 n 에 비례한다.

$$B(\text{솔레노이드 내부}) = k''nI = 2\pi knI \quad \left(n = \frac{\text{총 감은 횟수}(N)}{\text{솔레노이드의 길이}(l)} \right)$$

$$= (4\pi \times 10^{-7})nI \ [\text{T}]$$

(4) 솔레노이드의 이용 : 솔레노이드 내부에 철심을 넣고 전류를 흐르게 하면 더욱 강한 전자석이 만들어진다. 전자석은 전류의 방향과 세기로 자석의 극과 자석의 세기를 조절할 수 있기 때문에 다양한 곳에 활용된다.

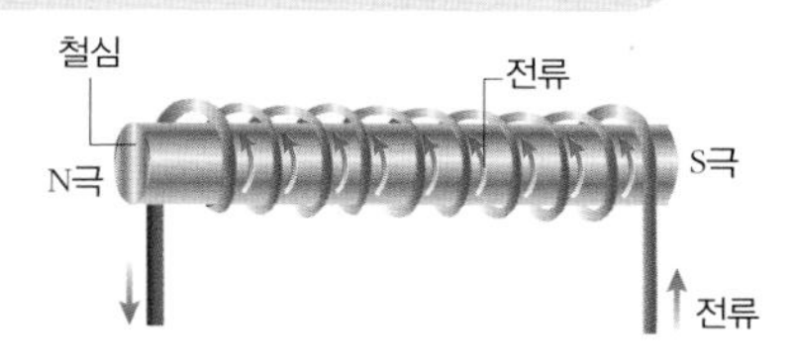

▲ 철심을 넣으면 자기장이 더 강해진다.

정답 및 해설 77

개념확인 4

다음 중 솔레노이드에 의한 자기장에 대한 설명 중 옳은 것은 ○ 표, 옳지 않은 것은 × 표 하시오.

(1) 솔레노이드에 의한 자기장의 세기는 코일을 많이 감을수록 세진다. ( )

(2) 솔레노이드 내부에는 중심축에 평행한 직선 모양의 자기장이 형성된다. ( )

(3) 솔레노이드에 흐르는 전류의 방향으로 오른손의 네 손가락을 감아쥐었을 때 엄지손가락이 가리키는 방향이 자석의 S극에 해당한다. ( )

확인 + 4

솔레노이드 A와 B에 오른쪽 그림과 같은 방향으로 전류가 흐르고 있다. 이때 두 솔레노이드 사이에 작용하는 힘을 고르시오.

(㉠ 인력 ㉡ 척력)

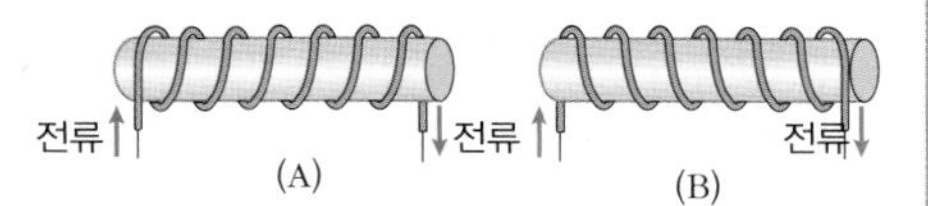

◉ **솔레노이드의 이용**

스피커, 초인종, 전화기, 자기 부상 열차, MRI(자기 공명 영상 장치), 도난 경보기, 전자석 기중기, 토로이드 등

▲ 전자석을 이용한 초인종

◉ **MRI(자기 공명 영상 장치)에 이용**

사람을 강한 자기장 속에 넣은 후 전자기파를 이용하여 인체 내의 원자 분포 등을 알려주는 신호를 컴퓨터로 처리하여 영상을 만들어 주는 장치를 말한다. 강한 자기장을 만드는 데 솔레노이드를 이용한다.

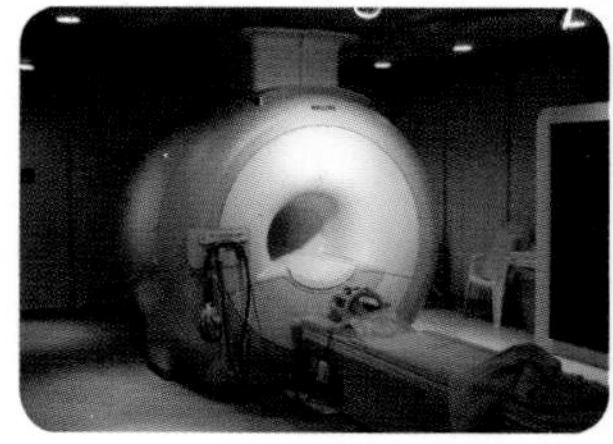

▲ MRI

◉ **토로이드(toroid)**

솔레노이드를 도넛 모양으로 구부려 놓은 것으로 이상적인 경우 토로이드 내부에는 자기장이 형성되지만 외부에는 자기장이 0이다.

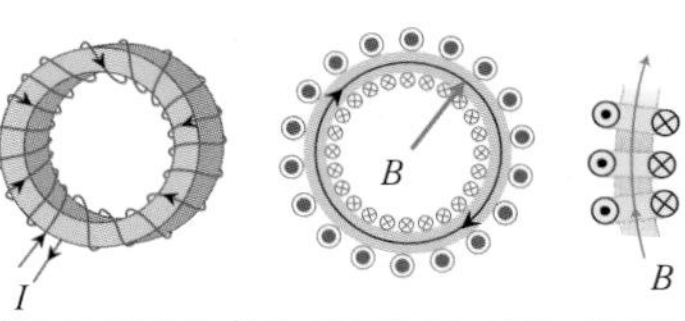

핵융합 발전용 연료 기체를 담아두는 용기인 토카막에 이용된다.

▲ 토카막 내부

01

다음은 자기장의 방향에 대한 설명이다. 빈칸에 들어갈 말을 바르게 짝지은 것은?

> 자석 밖에서의 자기장은 (㉠)방향이고, 자석 내부에서의 자기장은 (㉡)방향이다.

	㉠	㉡		㉠	㉡
①	N 극 → S 극	N 극 → S극	②	S 극 → N 극	S 극 → N 극
③	N 극 → S 극	S 극 → N 극	④	S 극 → N 극	N 극 → S 극
⑤	N 극 → N 극	S 극 → S 극			

02

전기력선과 자기력선의 공통점에는 ○ 표, 차이점에는 × 표 하시오.

(1) 도중에 만나거나 끊어지지 않는다. (　　)
(2) 한 점에서의 전(자)기장의 방향은 그 점을 지나는 전(자)기력선의 접선 방향이다. (　　)
(3) 전기력선/자기력선의 밀도가 빽빽할수록 전기장/자기장의 세기가 세다. (　　)
(4) 나침반 N 극이 가리키는 방향을 연결하여 이은 선이다. (　　)

03

오른쪽 그림과 같이 반지름 20 cm 의 원형 면적에 자기장 $B = 2$ T 가 통과하고 있다. 이 단면을 지나는 자속 Φ 는?($\pi = 3$으로 한다.)

(　　　　) Wb

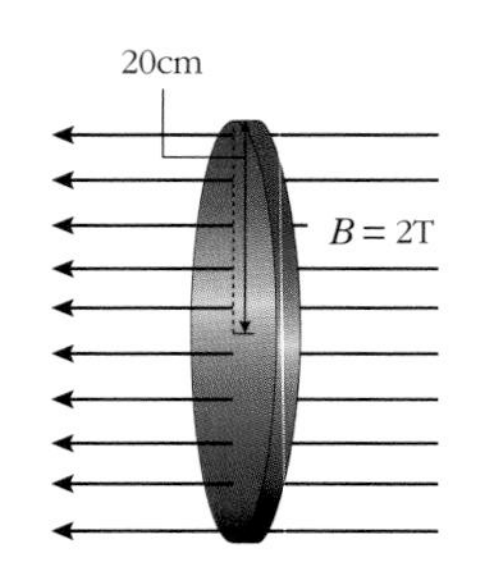

04

다음 그림은 전류의 세기가 같고, 방향이 반대인 두 직선 도선에 전류가 흐르고 있는 것이다. 이에 대한 설명으로 옳은 것은?

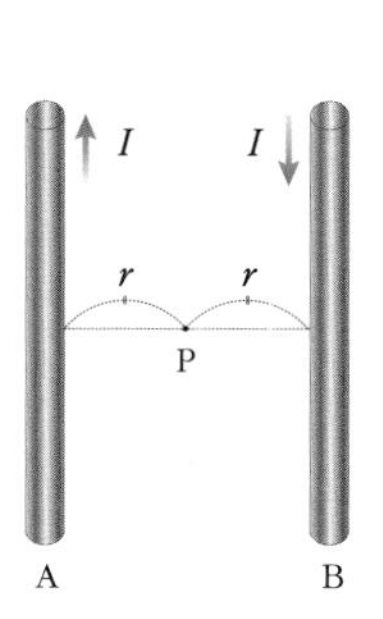

① P 점에서 두 도선에 의한 자기장의 세기는 0 이다.
② 주어진 자료에서는 P 점에서 자기장의 세기와 방향은 알 수 없다.
③ 도선 A 에 의한 P 점에서의 자기장의 방향은 지면에서 나오는 방향이다.
④ 도선 B 에 의한 P 점에서의 자기장의 방향은 지면에서 나오는 방향이다.
⑤ P 점에서 두 도선에 의한 자기장의 세기는 각 도선에 의한 자기장의 합과 같다.

05

반지름이 0.2 m 인 원형 도선에 전류를 흐르게 하였더니 원형 도선의 중심에서의 자기장의 세기가 $8\pi \times 10^{-7}$ T 였다. 원형 도선에 흐르는 전류의 세기는?(단, $k' = \pi k = 2\pi \times 10^{-7}$ N/A^2 이다)

( ) A

06

오른쪽 그림은 원형 도선에 의한 자기장에 의해 형성된 자기력선을 방향없이 표시한 것이다. 이에 대한 설명으로 옳은 것은?

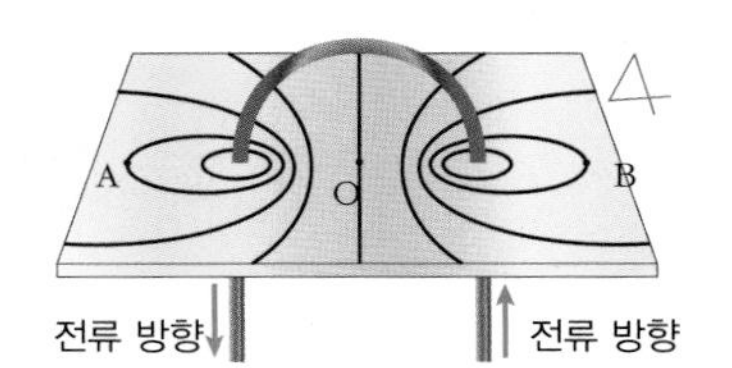

① A 점과 B 점에서 자기장의 방향은 반대이다.
② A 점에 나침반을 두면 N 극은 서쪽을 향한다.
③ B 점에 나침반을 두면 N 극은 동쪽을 향한다.
④ O 점에 나침반을 두면 N 극은 남쪽을 향한다.
⑤ O 점에서 원형 도선에 의한 자기장의 세기가 가장 작다.

07

오른쪽 그림은 솔레노이드에 의한 자기장의 방향을 알아보기 위해 오른손으로 감아쥔 모습이다. 이에 대한 설명으로 옳은 것은?

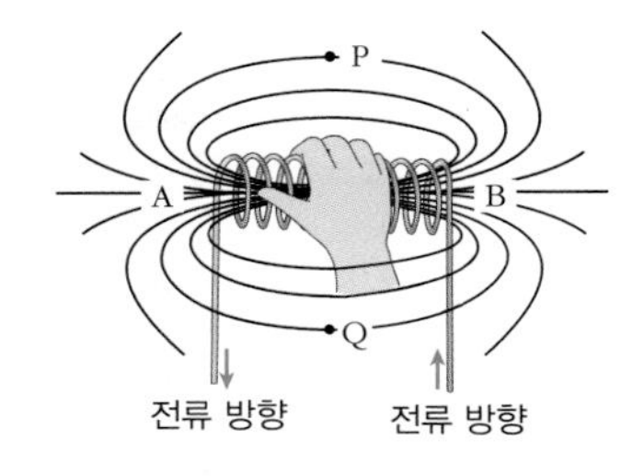

① A 는 S 극, B 는 N 극이다.
② 솔레노이드 내부에는 자기장이 형성되지 않는다.
③ P 점에 나침반을 두면 자침의 N 극은 왼쪽을 향한다.
④ 오른손의 네 손가락이 가리키는 방향이 내부의 자기장의 방향이다.
⑤ P 점과 Q 점에 나침반을 두면 자침의 N 극은 각각 같은 방향을 가리킨다.

08

다음 <보기> 중 전류에 의한 자기장에 대한 설명으로 옳은 것만을 <보기>에서 있는 대로 고른 것은?

<보기>

ㄱ. 솔레노이드에 의한 자기장의 방향도 직선 전류의 오른손 법칙을 이용하여 알 수 있다.
ㄴ. 도선에 흐르는 전류가 클수록 도선으로부터 같은 거리에 형성되는 자기장의 세기가 크다.
ㄷ. 원형 도선의 바깥쪽으로 점점 멀어져도 자기장의 세기는 일정하다.

① ㄱ　② ㄴ　③ ㄷ　④ ㄱ, ㄴ　⑤ ㄴ, ㄷ

유형 12-1 자기장과 자기력선

오른쪽 그림은 극을 알 수 없는 자석에 의한 자기력선을 나타낸 것이다. 이에 대한 설명으로 옳은 것만을 <보기> 에서 있는 대로 고른 것은?(단, P점과 Q점은 자석에 대해서 대칭인 두 점이다.)

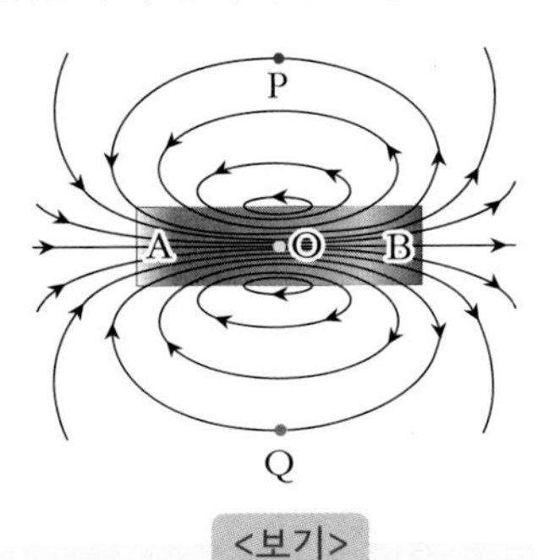

<보기>

ㄱ. A 는 자기력선이 들어가는 곳으로 S 극임을 알 수 있다.
ㄴ. P 점에서 자기장의 세기는 O 점에서 자기장의 세기보다 크다.
ㄷ. P 점과 Q 점에 나침반을 놓으면 나침반 자침의 N 극은 모두 왼쪽을 가리키게 된다.
ㄹ. O 점에서 자기력선을 그리는 방향은 P점에서 자기력선을 그리는 방향과 반대이다.

① ㄱ, ㄴ ② ㄱ, ㄴ, ㄷ ③ ㄱ, ㄷ, ㄹ ④ ㄴ, ㄷ, ㄹ ⑤ ㄱ, ㄴ, ㄷ, ㄹ

01 다음 그림과 같이 5 m^2 의 면적을 가진 금속판을 통과하는 자속이 40 Wb 였다. 이때 금속판이 자기장의 방향과 60° 기울어졌다. 이때 자기장의 세기 B (㉠)와 금속판이 기울어졌을 때 통과하는 자속(㉠)을 바르게 짝지은 것은?

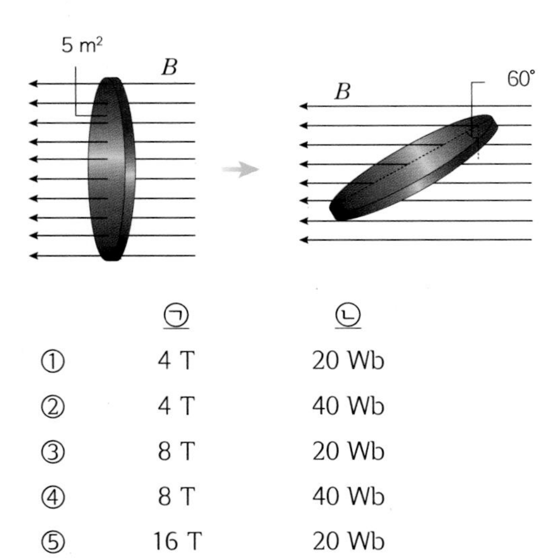

	㉠	㉡
①	4 T	20 Wb
②	4 T	40 Wb
③	8 T	20 Wb
④	8 T	40 Wb
⑤	16 T	20 Wb

02 다음 중 자기장과 자기력선에 대한 설명으로 옳은 것만을 <보기> 에서 있는 대로 고른 것은?

<보기>

ㄱ. 자기장은 자성을 가진 물체 주위에만 만들어진다.
ㄴ. 자석에서 자기장의 세기는 자극에서 가장 세다.
ㄷ. 자기장에 수직인 단위 면적 1 m^2 를 통과하는 자속이 1 Wb 일 때를 1 T 라고 한다.
ㄹ. 자속은 자기장의 방향과 자기장이 지나가는 단면이 수직일 때만 알 수 있다.

① ㄱ, ㄴ ② ㄴ, ㄷ ③ ㄷ, ㄹ
④ ㄱ, ㄴ, ㄷ ⑤ ㄴ, ㄷ, ㄹ

유형 12-2 직선전류에 의한 자기장

다음 그림은 지면에 수직으로 들어가는 방향으로 전류가 흐르는 직선 도선 주위의 자기장을 나타낸 것이다. 각 지점에 나침반을 놓았을 때 정렬되는 모습을 <보기> 에서 각각 찾아 바르게 짝지은 것은? (단, 지구 자기장에 의한 영향은 무시한다.)

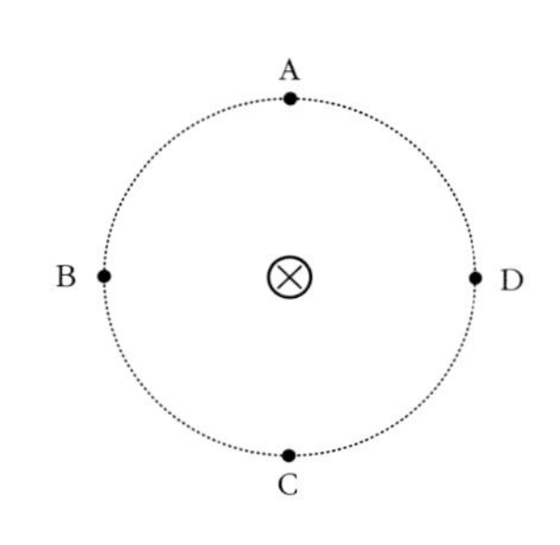

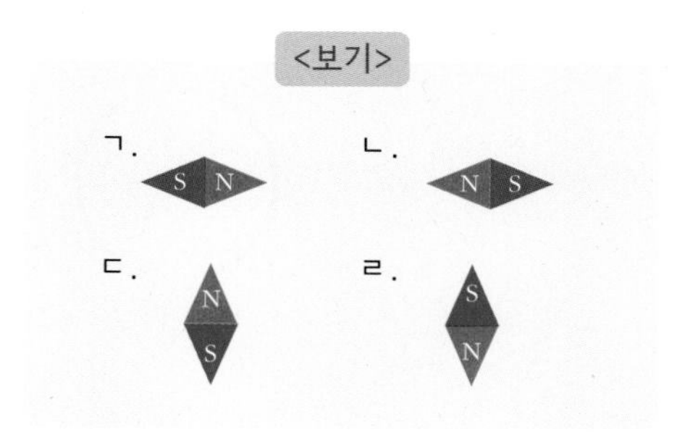

	A	B	C	D
①	ㄱ	ㄴ	ㄷ	ㄹ
②	ㄱ	ㄷ	ㄴ	ㄹ
③	ㄷ	ㄴ	ㄱ	ㄹ
④	ㄷ	ㄱ	ㄹ	ㄴ
⑤	ㄹ	ㄷ	ㄴ	ㄱ

03 그림 (가) 와 같이 전류가 흐르고 있는 직선 도선으로부터 거리가 r 인 지점 P 에서 자기장의 세기가 B 이었다. 이때 그림 (나) 와 같이 전류의 세기를 2 배로 하였을 때, 도선으로부터 거리가 $4r$ 인 지점 Q 에서의 자기장의 세기는?

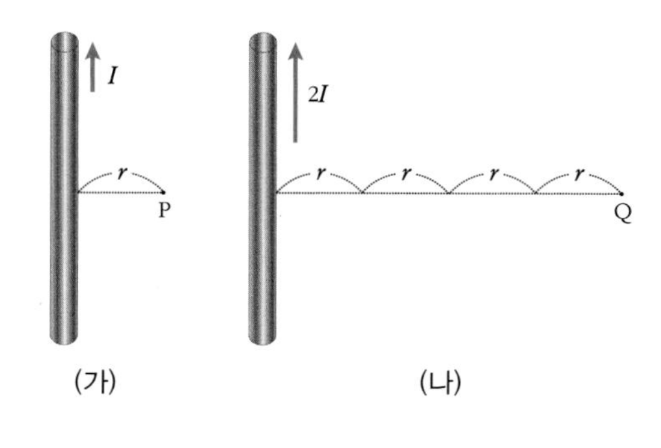

① $\frac{1}{4}B$ ② $\frac{1}{2}B$ ③ B
④ $2B$ ⑤ $4B$

04 다음 그림과 같이 직선 도선에 전류가 흐르고 있다. 이때 P 점과 Q 점은 각각 직선 도선과 같은 거리만큼 떨어져 있다. 이에 대한 설명으로 옳은 것만을 <보기> 에서 있는 대로 고른 것은?

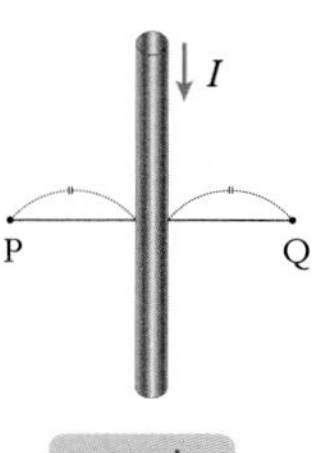

<보기>

ㄱ. P 점과 Q 점에서 자기장의 방향은 서로 같다.
ㄴ. P 점과 Q 점에서 자기장의 세기는 같다.
ㄷ. P 점에서 자기장의 방향은 지면에 수직으로 들어가는 방향이다.
ㄹ. 현재의 도선과 동일한 세기의 전류가 서로 같은 방향으로 흐르는 또다른 직선 도선을 Q점을 지나도록 현재 도선과 평행하게 놓으면 P 점에서 자기장의 세기는 증가한다.

① ㄱ, ㄴ ② ㄴ, ㄷ ③ ㄷ, ㄹ
④ ㄱ, ㄴ, ㄷ ⑤ ㄴ, ㄷ, ㄹ

유형 12-3 원형 전류에 의한 자기장

그림 (가) 는 반지름이 r 인 원형 도선에 전류 I 가 흐르는 것을 나타낸 것이고, 그림 (나) 는 반지름 r, $2r$ 인 원형 도선에 각각 전류 I, $3I$ 가 흐르는 것을 나타낸 것이다. 물음에 답하시오.

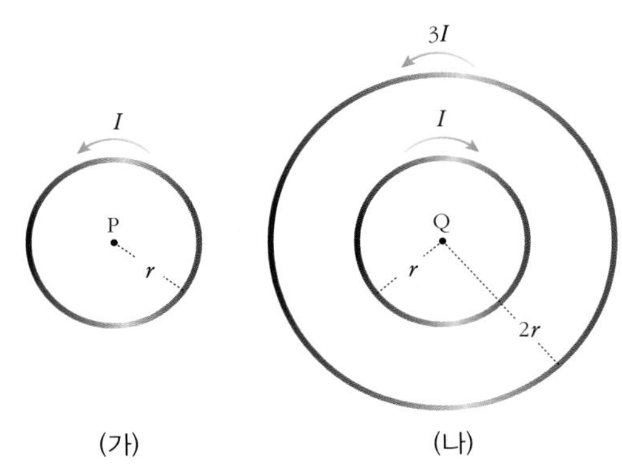

(1) P 점에서와 Q 점에서의 자기장 방향을 각각 고르시오.

P 점 : (종이면에 수직으로 ㉠ 나오는 방향 ㉡ 들어가는 방향)
Q 점 : (종이면에 수직으로 ㉠ 나오는 방향 ㉡ 들어가는 방향)

(2) P 점에서와 Q 점에서의 자기장의 세기를 각각 쓰시오. (단, k' 을 써서 나타내시오.)

P점 (   ) , Q점 (   )

05 다음 같이 반지름이 각각 a, $2a$, $3a$ 인 원형 도선에 각각 전류 I 가 흐르고 있다. 이때 중심점 O 에서 자기장의 세기(B_O)는?(단, k'을 써서 나타내며, 지면에서 나오는 방향을 (+), 지면으로 들어가는 방향을 (−)로 한다.)

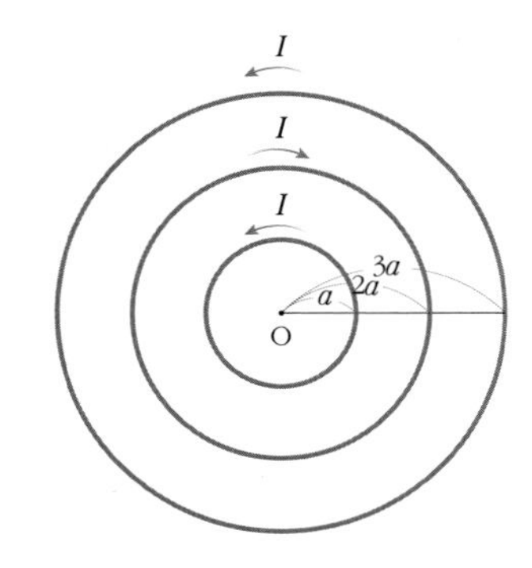

① $-k'\frac{11I}{6a}$ ② $-k'\frac{5I}{6a}$ ③ 0
④ $k'\frac{5I}{6a}$ ⑤ $k'\frac{11I}{6a}$

06 다음 그림과 같은 원형 도선에 전류 I 가 흐르고 있을 때 원형 전류 중심에 나침반을 놓았더니 나침반 자침 N 극이 북쪽을 가리켰다. 이에 대한 설명으로 옳은 것만을 <보기> 에서 있는 대로 고른 것은?

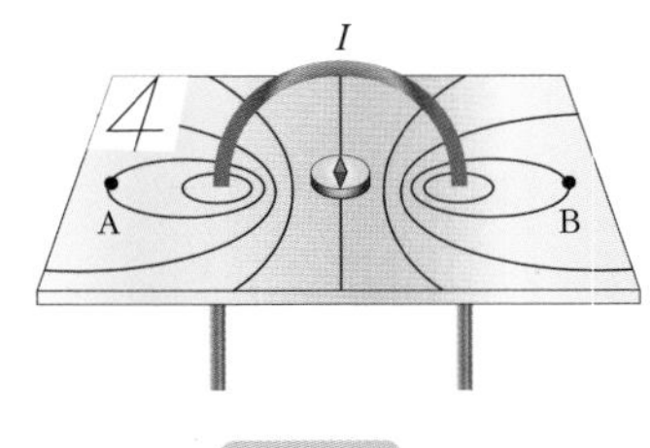

<보기>

ㄱ. 원형 전류의 중심에서 자기장의 방향은 북쪽이다.
ㄴ. A 점에 나침반을 두면 나침반 자침 N 극은 북쪽을 가리킨다.
ㄷ. A 점과 B 점에서 나침반 자침 N 극이 가리키는 방향은 반대이다.
ㄹ. 원형 도선에서 전류는 정면에서 봤을 때 시계 방향으로 흐르고 있다.

① ㄱ, ㄴ ② ㄱ, ㄷ ③ ㄱ, ㄹ
④ ㄴ, ㄷ, ㄹ ⑤ ㄱ, ㄴ, ㄷ, ㄹ

유형 12-4 솔레노이드에 의한 자기장

전류 I 가 흐르는 솔레노이드에 길이 l 인 철심을 넣어 전자석을 만들었다. 이때 전자석의 양쪽 극 부분에 나침반을 두었더니 그림과 같은 방향으로 배열되었다. 이에 대한 설명으로 옳은 것은?

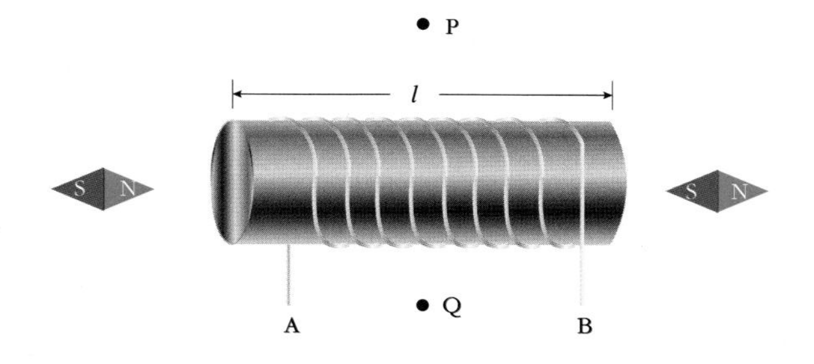

① 전류는 B 에서 A 로 흐른다.
② P 점과 Q 점에 나침반을 놓으면 나침반 자침의 N 극의 방향은 서로 반대이다.
③ 솔레노이드 내부에 나침반을 놓으면 나침반 자침의 N 극은 오른쪽을 가리킨다.
④ 철심의 길이는 고정시키고 코일의 감은 수를 증가시키면 솔레노이드 내부 자기장의 세기는 감소한다.
⑤ 코일의 감은 수는 고정시키고 철심과 솔레노이드의 길이를 $2l$ 로 증가시키면 솔레노이드 내부 자기장의 세기는 증가한다.

07 다음 중 솔레노이드에 의한 자기장에 대한 설명 중 옳은 것만을 <보기> 에서 있는 대로 고른 것은?

<보기>

ㄱ. 솔레노이드 내부에서 자기장의 세기는 양 끝으로 갈수록 세진다.
ㄴ. 솔레노이드를 이용한 전자석의 극은 솔레노이드에 흐르는 전류의 방향에 따라 결정된다.
ㄷ. 솔레노이드와 비슷한 크기의 막대 자석이 만드는 자기장과 솔레노이드 외부에 형성되는 자기장의 모양은 비슷하다.
ㄹ. 솔레노이드는 MRI, 토로이드, 자기 부상 열차 등에 이용된다.

① ㄱ, ㄴ ② ㄴ, ㄷ ③ ㄷ, ㄹ
④ ㄱ, ㄴ, ㄷ ⑤ ㄴ, ㄷ, ㄹ

08 다음 그림과 같이 솔레노이드에 전류 I 가 흐르고 있다. 이에 대한 설명으로 옳은 것만을 <보기> 에서 있는 대로 고른 것은?

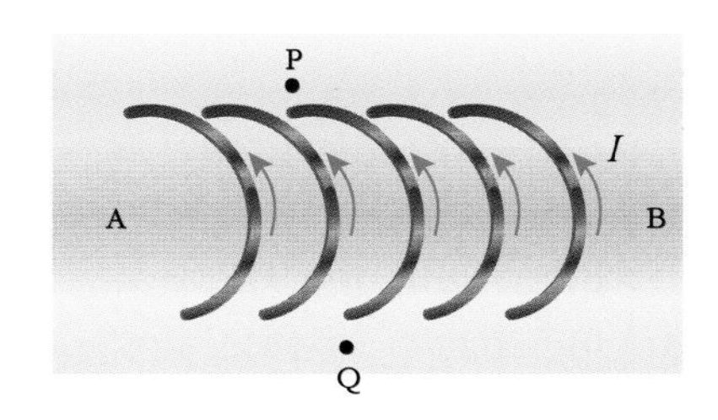

<보기>

ㄱ. P 점과 Q 점에서 자기장의 방향은 반대이다.
ㄴ. 솔레노이드의 내부에서 자기장의 방향은 오른쪽에서 왼쪽으로 형성된다.
ㄷ. A 점에 나침반을 놓으면 나침반 자침 N극은 왼쪽을 향한다.
ㄹ. 솔레노이드 내부에 철심을 넣고 전자석을 만들면 B 쪽이 N 극이 된다.

① ㄱ, ㄴ ② ㄴ, ㄷ ③ ㄷ, ㄹ
④ ㄱ, ㄴ, ㄷ ⑤ ㄴ, ㄷ, ㄹ

스스로 실력 높이기

A

01 자기장의 세기(A)와 자속(B)의 단위를 바르게 짝지은 것은?

	A	B		A	B
①	Wb	T	②	T	Φ
③	T	Wb	④	Wb/m^2	T
⑤	N/Am	T			

02 정사각형 금속판에 수직으로 7 T 의 자기장이 형성되어 있다. 이때 단면을 지나는 자속이 112 Wb 일 때 정사각형 한 변의 길이는?(단위도 함께 쓰시오.)

(　　　　　)

03 다음 빈칸에 알맞은 말을 쓰시오.

> 자기장 방향에 수직인 단면적 S 를 지나는 자기력선의 총 수를 (㉠)이라고 하고, 자기장 방향에 수직인 단위 면적(1 m^2)을 통과하는 자기력선의 수를 자기장의 세기 또는 (㉡) 라고 한다.

㉠ (　　　　　), ㉡ (　　　　　)

04 다음 그림과 같이 직선 도선에 전류가 흐르고 있다. 이때 ㉠ 에서 자기장의 방향은?

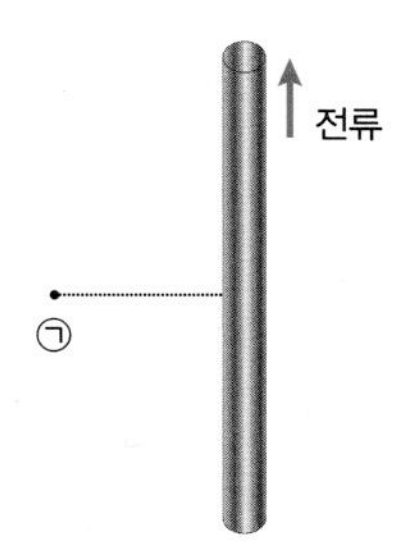

① 도선과 나란한 방향
② 도선에서 왼쪽 방향
③ 도선에서 오른쪽 방향
④ 지면에서 수직으로 나오는 방향
⑤ 지면에 수직으로 들어가는 방향

05 다음 그림과 같이 직선 도선에 전류가 흐르고 있다. 이때 A 와 B 지점에 각각 나침반을 놓았을 때 나침판 자침의 모양이 바르게 짝지어진 것은?(단, 지구 자기장에 의한 영향은 무시한다.)

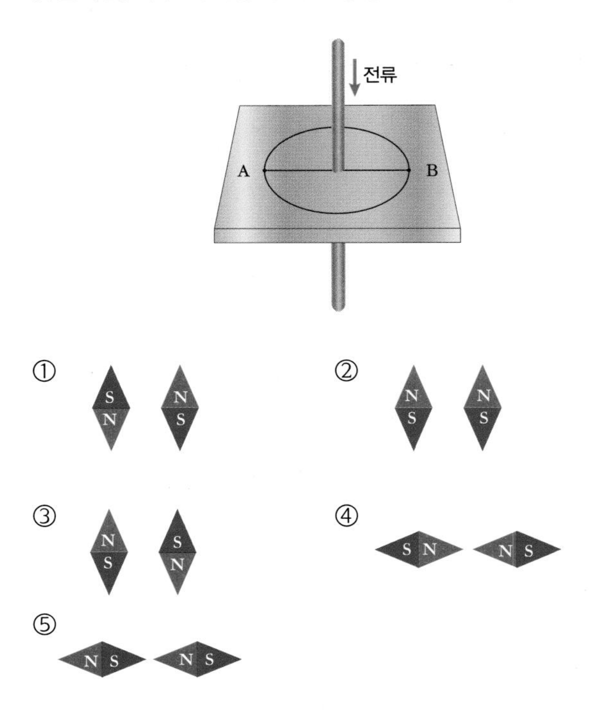

06 다음 그림과 같이 두 직선 도선에 서로 반대 방향으로 전류가 흐르고 있다. 도선 A 에 의해 O 지점에 형성된 자기장의 세기는 3T, 도선 B 에 의해 O 지점에 형성된 자기장의 세기는 2T 이다. 이때 O 지점에서 두 도선에 의해 형성되는 합성 자기장의 세기는?

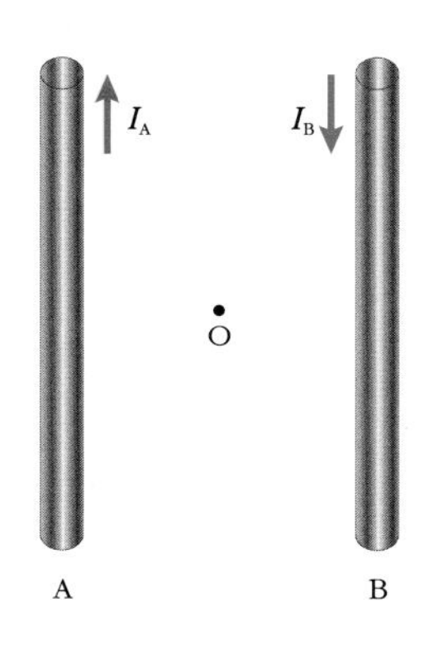

(　　　　) T

[07~08] 그림 (가) 는 원형 도선에 전류가 흐르고 있는 것이고, 그림 (나) 는 솔레노이드에 전류가 흐르고 있는 것이다. 다음 <보기> 를 보고 물음에 답하시오.

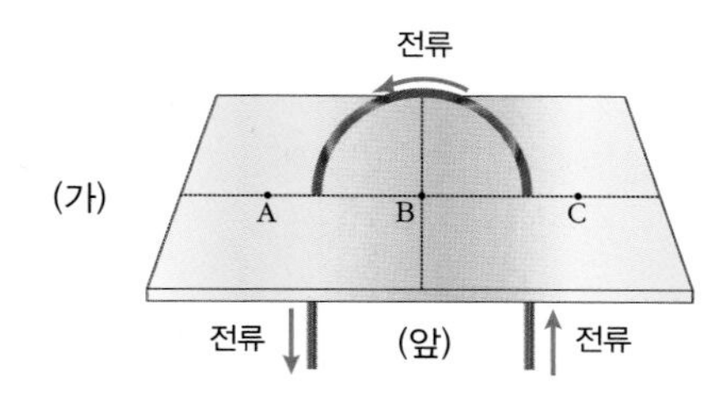

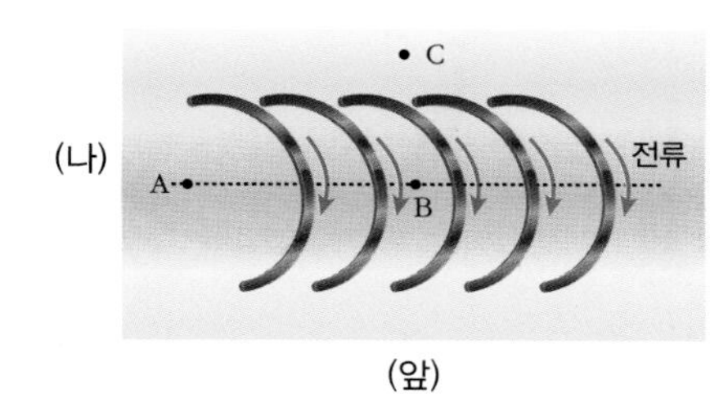

<보기>

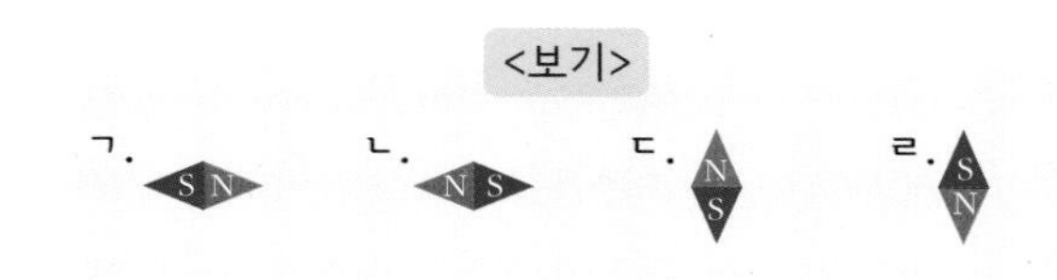

07

그림 (가) 에서 지점 A, B, C 에 나침반을 놓았을 때 앞에서 본 나침반 자침의 모양을 <보기> 에서 골라 각각 쓰시오.(단, 지구 자기장에 의한 영향은 무시한다.)

A (　　　　), B (　　　　), C (　　　　)

08

그림 (나) 에서 지점 A, B, C 에 나침반을 놓았을 때 앞에서 본 나침반 자침의 모양을 <보기> 에서 골라 각각 쓰시오.(단, 지구 자기장에 의한 영향은 무시한다.)

A (　　　　), B (　　　　), C (　　　　)

09

전류 I 가 흐르는 반지름 r 인 원형 도선의 중심에서 자기장의 세기가 B 일 때, 반지름이 $0.2r$ 이고, 전류 $1.2I$ 가 흐르는 원형 도선의 중심에서 자기장의 세기는?

(　　　　) B

10

코일을 100 번 감은 길이 50 cm 의 솔레노이드에 전류 300 mA 가 흐르는 경우 솔레노이드 내부에서 자기장의 세기는? ($\pi = 3$ 으로 하며, k 를 써서 나타낸다.)

(　　　　) T

B

11

다음 그림은 극을 알 수 없는 자석에 의한 자기력선을 방향 없이 나타낸 것이다. 이때 자기력선 위의 나침반의 자침이 그림과 같이 배열되었다. 이에 대한 설명으로 옳은 것을 <보기> 에서 있는대로 고르시오.

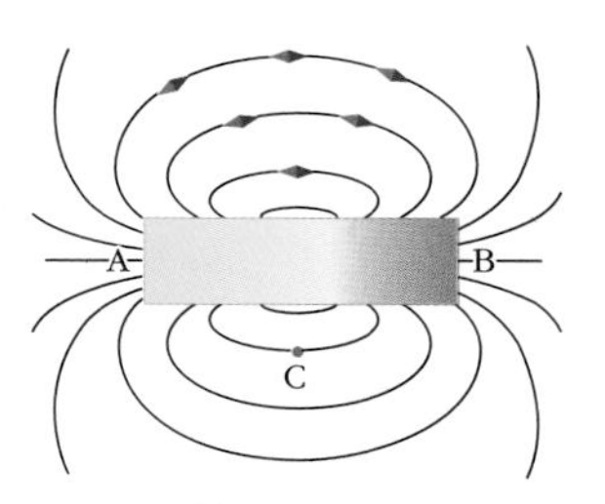

<보기>

ㄱ. A 는 자석의 S 극, B 는 N 극이다.

ㄴ. A 쪽 자기력선은 A 점을 향해 들어가는 방향으로 그릴 수 있다.

ㄷ. C 점에 나침반을 두면 자침 N 극은 오른쪽을 향한다.

ㄹ. 그림을 통해 자기력선은 열린 곡선인 것을 알 수 있다.

① ㄱ, ㄴ　② ㄴ, ㄷ　③ ㄷ, ㄹ
④ ㄱ, ㄴ, ㄷ　⑤ ㄴ, ㄷ, ㄹ

12

다음 그림과 같이 같은 방향으로 평행한 두 도선 A, B 에 각각 전류가 화살표 방향으로 흐르고 있다. 도선 A 에 흐르는 전류의 세기는 7 A, 도선 B 에 흐르는 전류의 세기는 2 A 일 때 P 점에서 자속밀도가 0 이었다. P 점과 도선 B 사이의 거리 r 은?

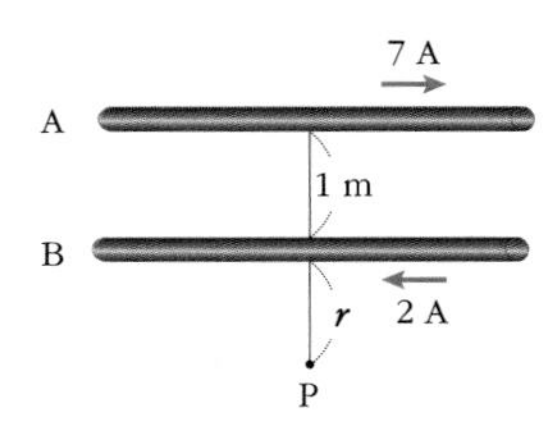

(　　　　) m

13 서로 같은 방향으로 전류가 흐르는 두 직선 도선이 나란하게 놓여 있다. 이때 도선 (가)에는 5 A, 도선 (나)에는 3 A 의 전류가 그림과 같은 방향으로 흐르고 있으며, ㉠, ㉡, ㉢ 각 지점이 그림처럼 위치해 있다. 각 지점에 만들어진 자기장의 세기가 가장 작은 곳(A)과 가장 큰 곳(B)이 바르게 짝지어진 것은?

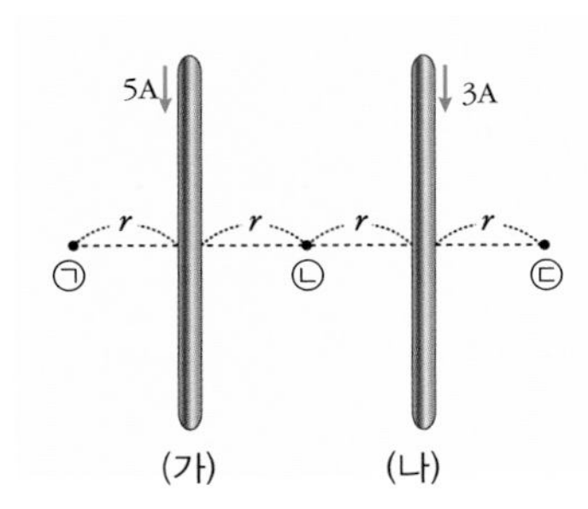

	A	B		A	B
①	㉠	㉡	②	㉠	㉢
③	㉡	㉢	④	㉡	㉠
⑤	㉠	㉠			

14 다음 그림과 같이 동일한 전류 I 가 흐르는 나란한 두 도선 사이에 나침반을 두었더니 나침반 자침의 N 극이 북쪽을 향하였다. 이때 두 도선 (가) 와 (나) 에 흐르는 전류의 방향이 바르게 짝지어진 것은?(단, 지구 자기장에 의한 영향은 무시한다.)

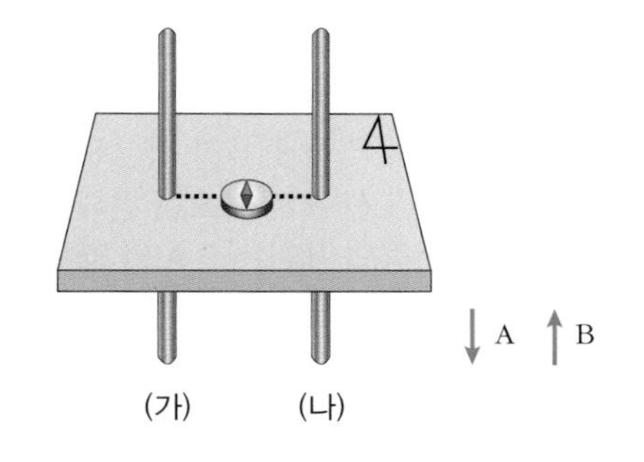

	(가)	(나)		(가)	(나)
①	A	A	②	B	B
③	A	B	④	B	A
⑤	알 수 없다				

15 다음 그림과 같이 직선 도선과 반지름이 10 cm인 원형 도선이 10 cm거리를 두고 같은 평면 상에 놓여 있다. 직선 도선에는 2 A 의 전류가 아래에서 윗 방향으로 흐르고 있고, 원형 도선에는 3 A 의 전류가 시계 방향으로 흐르고 있다. 이때 원형 도선의 중심인 O점에서 자기장의 세기(A)와 방향(B)이 바르게 짝지어진 것은?(단, k를 써서 나타내시오. $k' = \pi k$ 이고 $\pi = 3$ 으로 한다.)

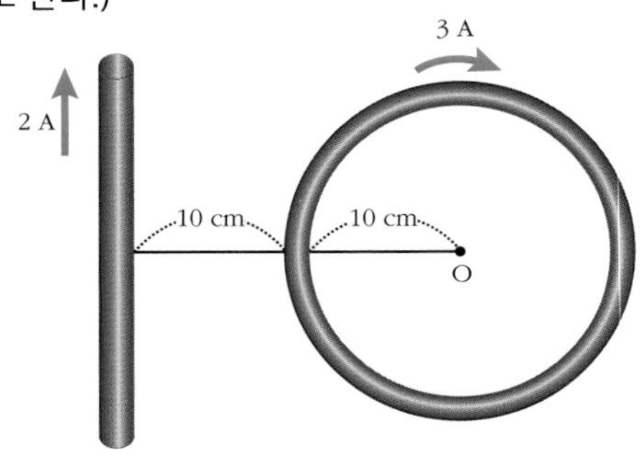

	A	B
①	$80k$ T	지면에서 수직으로 나오는 방향
②	$100k$ T	지면에서 수직으로 나오는 방향
③	$80k$ T	지면에 수직으로 들어가는 방향
④	$100k$ T	지면에 수직으로 들어가는 방향
⑤	$80k$ T	원점을 중심으로 한 시계 방향

16 다음 그림과 같이 원형 도선 주위에 같은 세기의 전류가 흐르는 직선 도선 A, B, C, D 가 중심 O 로 부터 같은 거리 만큼 떨어져서 원형 도선의 면과 각각 수직으로 놓여 있다. 원형 도선에도 같은 세기의 전류가 흐를 때 중심 O 에서 자기장의 방향은?(⊗ : 전류가 지면에 수직으로 들어가는 방향, ⊙ : 전류가 지면에서 수직으로 나오는 방향으로 흐르는 것을 나타낸다.)

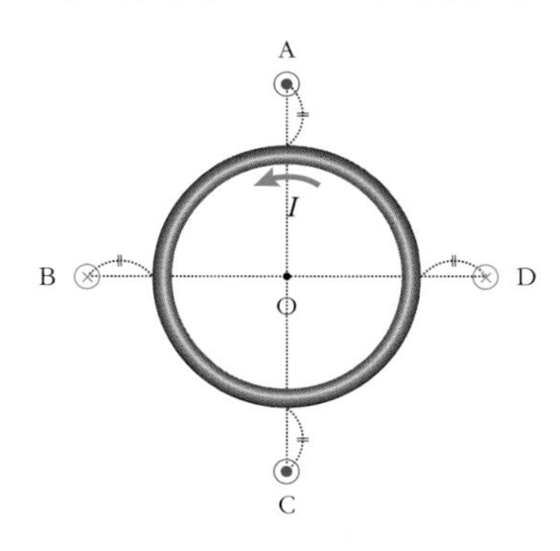

① A 쪽 방향 ② B쪽 방향
③ C 쪽 방향 ④ D 쪽 방향
⑤ 지면에서 수직으로 나오는 방향

17

다음 그림 (가), (나), (다) 와 같이 동일한 철심에 코일을 감고 전지에 연결하여 전자석을 만들었다. 스위치를 닫았을 때 내부의 자기장이 센 순서대로 바르게 나열한 것은?

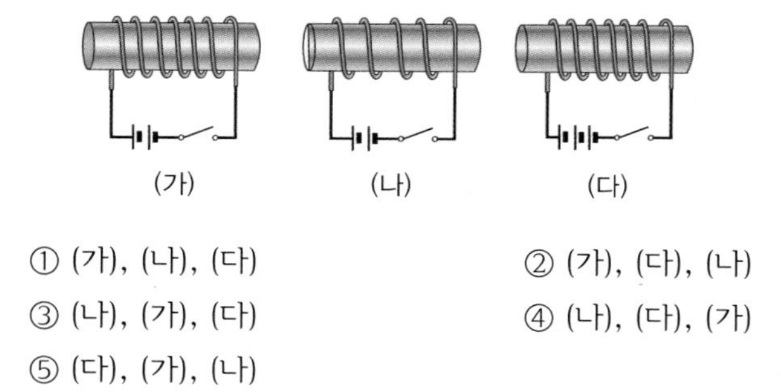

① (가), (나), (다) ② (가), (다), (나)
③ (나), (가), (다) ④ (나), (다), (가)
⑤ (다), (가), (나)

18

다음 그림은 전원 장치에 연결한 솔레노이드(전자석)를 나타낸 것이다. 솔레노이드 사이에 인력이 작용하는 것끼리 바르게 묶인 것은?

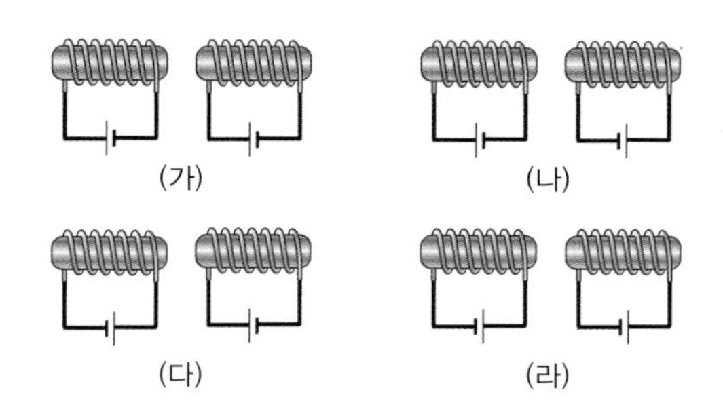

① (가), (나) ② (가), (다) ③ (가), (라)
④ (나), (다) ⑤ (나), (라)

19

다음 그림 (가), (나)와 같이 직선 도선에 각각 전류가 흐르고 있을 때 A 점과 B 점에서의 자기장 세기의 비는?

[KPHO 기출 유형]

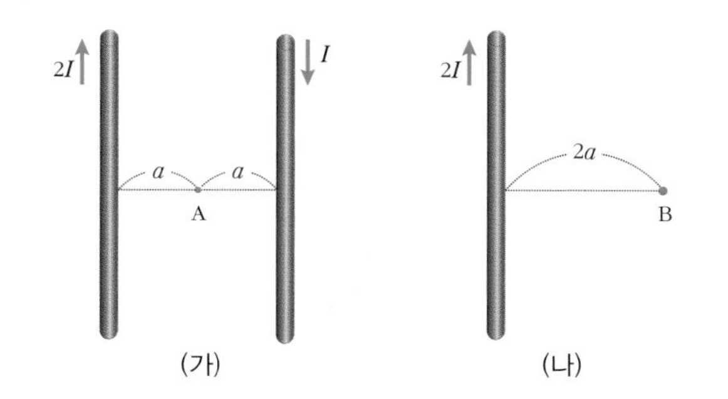

① 1 : 1 ② 1 : 2 ③ 1 : 4
④ 3 : 1 ⑤ 4 : 1

20

다음 그림과 같이 고정된 직선 도선 A, B, C 가 서로 같은 거리만큼 떨어져 있다. 도선 A 에는 I, 도선 B 에는 $2I$, 도선 C 에는 $3I$ 의 전류가 같은 방향으로 흐르고 있을 때 자기장의 세기가 0 인 점이 존재하는 구간을 바르게 짝지은 것은?

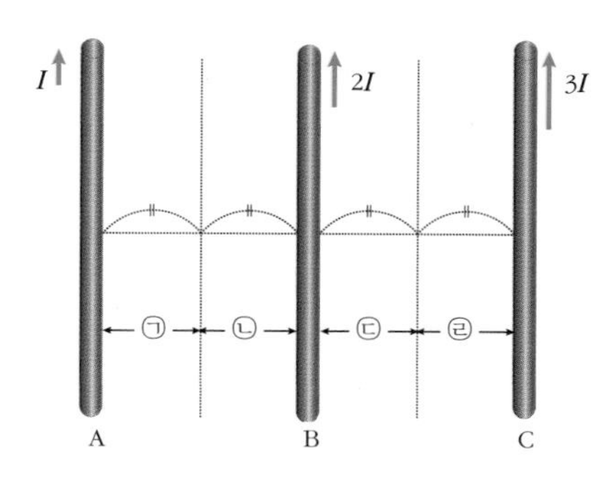

① ㉠, ㉡ ② ㉠, ㉢ ③ ㉡, ㉢
④ ㉡, ㉣ ⑤ ㉢, ㉣

21

도선 A 는 O 점을 기준으로 왼쪽으로 a만큼 떨어진 곳에서 지면에서 수직으로 나오는 방향으로 전류가 흐르고 있고, 도선 B 는 O 점을 기준으로 오른쪽으로 a만큼 떨어진 곳에서 지면으로 수직으로 들어가는 방향으로 전류가 흐르고 있다. 두 도선에 흐르는 전류의 세기는 I 로 같다. 그림은 각 지점의 좌표이다. 그림에서 P, Q, R 지점의 자기장 (B_P, B_Q, B_R)의 방향과 세기를 바르게 비교한 것은?

[KPHO 기출 유형]

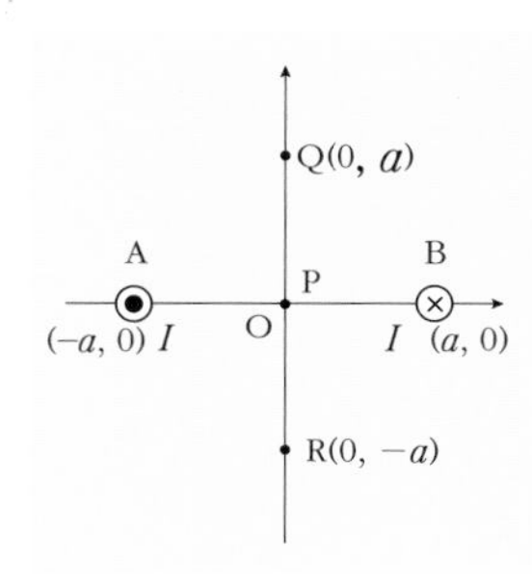

① 세 지점의 자기장의 방향과 세기는 모두 같다.
② 세 지점 모두 자기장의 방향은 같고 세기는 B_P 가 가장 작다.
③ 세 지점 모두 자기장의 방향은 같고 세기는 B_P 가 가장 크다.
④ Q 지점과 R 지점에서의 자기장의 방향은 같고, $B_P = 0$ 이다.
⑤ Q 지점과 R 지점에서의 자기장의 방향은 반대이고, $B_P = 0$이다.

22 다음 그림과 같이 중심을 공유한 두 원형 도선이 있다. 도선 A 의 반지름은 a 이고, 흐르는 전류는 I 이고, 도선 B 의 반지름은 $3a$, 흐르는 전류는 $2I$ 이다. 이때, 두 도선에 흐르는 전류의 방향이 같을 때 도선 중심 O 에 서 자기장의 세기를 B_A, 두 도선에 흐르는 전류의 방향이 서로 반대일 때 중심 O 에서 자기장의 세기를 B_B 라고 하면 두 자기장의 세기의 비 $B_A : B_B$ 는?

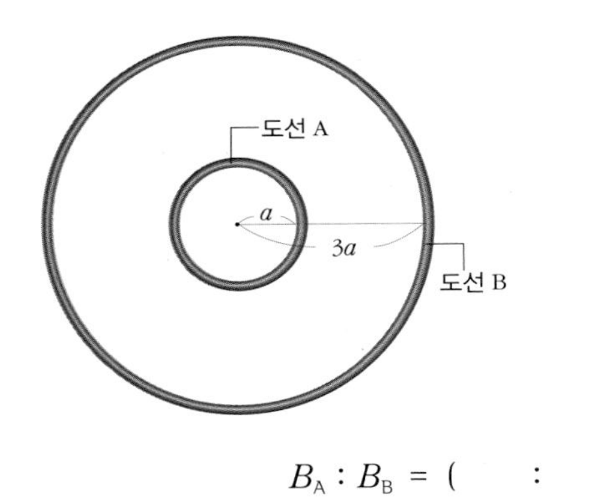

$B_A : B_B$ = (　　:　　)

23 그림 (가) 는 반지름이 $2a$ 인 원형 도선에 전류의 세기가 I 인 전류가 화살표 방향으로 흐르는 것을 나타낸 것이다. 그림 (나) 는 중심이 동일하고, 반지름이 각각 a, $2a$ 인 원형 도선에 전류의 세기가 I 인 전류가 서로 반대 방향으로 흐르는 것을 나타낸 것이다. 점 P 에서 자기장의 세기가 B 일 때, 점 Q 에서 전류에 의한 자기장의 세기와 방향을 바르게 짝지은 것은?(단, 모든 원형 도선은 종이 면에 놓여져 있다.)

[수능 기출 유형]

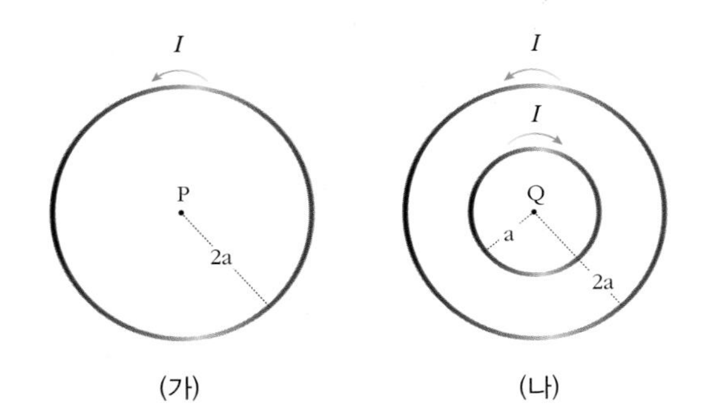

	자기장 세기	자기장의 방향
①	B	종이 면에 수직으로 나오는 방향
②	B	종이 면에 수직으로 들어가는 방향
③	$2B$	종이 면에 수직으로 나오는 방향
④	$2B$	종이 면에 수직으로 들어가는 방향
⑤	$4B$	종이 면에 수직으로 나오는 방향

24 다음 그림과 같이 철심 주위에 일정한 간격으로 코일을 감아 만든 전자석에 전원 장치를 연결하였다. 이때 전자석 내부에서 나침반 자침 N 극의 방향이 왼쪽을 향하였다. 이에 대한 설명으로 옳은 것을 <보기> 에서 있는대로 골라 쓰시오.

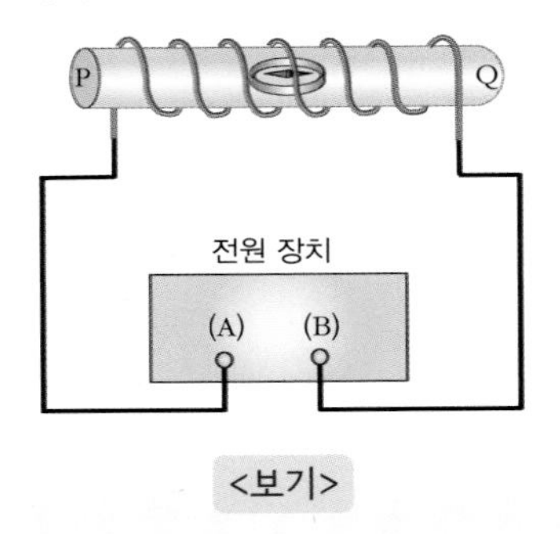

<보기>

ㄱ. 전원 장치에서 (A)는 (+), (B)는 (−) 이다.
ㄴ. 전자석의 P 는 자석의 N 극과 같다.
ㄷ. 현재 상태에서 코일의 감은 수만 늘리면 전자석 내부의 자기장의 세기도 커진다.
ㄹ. 전류의 방향을 반대로 해도 나침반 자침 N 극의 방향은 변함이 없다.
ㅁ. 전자석의 Q 에 자석의 S 극을 가져가면 전자석과 자석 사이에는 인력이 작용한다.

(　　　　　　)

심화

25 다음 그림과 같이 직교하는 도선 A 와 B 에 전류가 흐르고 있을 때 P 점에서의 자속 밀도를 구하시오. (단, k 를 써서 나타내시오.)

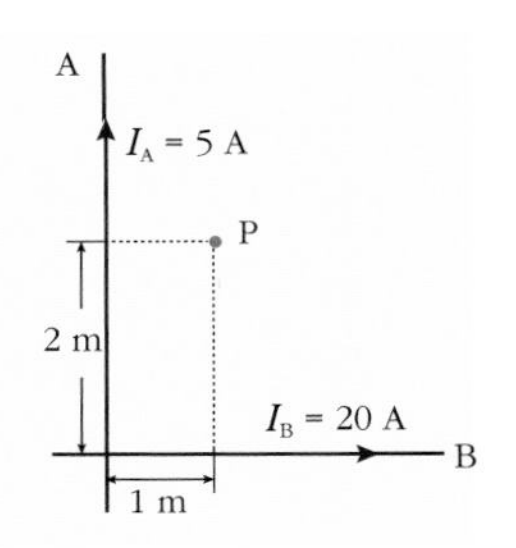

(　　　　) T

26 다음 그림은 종이면에 수직으로 들어가는 방향으로 전류 I 가 흐르는 도선 A 와 방향과 크기를 알 수 없는 도선 B 가 나란하게 놓여 있는 것을 나타낸 것이다. 이때 점 P 에서 자기장의 세기는 0 이다. 이에 대한 설명으로 옳은 것을 <보기> 에서 있는대로 고른 것은?

<보기>

ㄱ. P 점과 도선 A 사이에서 자기장의 방향은 도선 A 를 중심으로 시계 방향이다.
ㄴ. 도선 A 에 흐르는 전류의 세기와 도선 B 에 흐르는 전류의 세기는 같다.
ㄷ. 도선 A 에 흐르는 전류의 방향과 도선 B 에 흐르는 전류의 방향은 반대이다.
ㄹ. 도선 B 에 흐르는 전류에 의해 자기장은 도선 B 를 중심으로 시계 방향으로 생긴다.

① ㄱ, ㄴ ② ㄱ, ㄹ ③ ㄴ, ㄷ
④ ㄱ, ㄴ, ㄷ ⑤ ㄴ, ㄷ, ㄹ

27 다음 그림은 정사각형의 각 꼭지점에 지면에 수직으로 놓인 도선 A, B 와 나침반을 나타낸 것이다. 도선 A 와 B 에 같은 세기의 전류가 흐르고 있을 때 나침반의 자침 N 극이 그림과 같이 나타났다. 도선 A 와 B 의 전류의 방향이 바르게 짝지어진 것은?(단, 지구 자기장의 영향은 무시하며, (⊗ : 전류가 지면에 수직으로 들어가는 방향, ⊙ : 전류가 지면에서 수직으로 나오는 방향으로 흐르는 것을 나타낸다.)

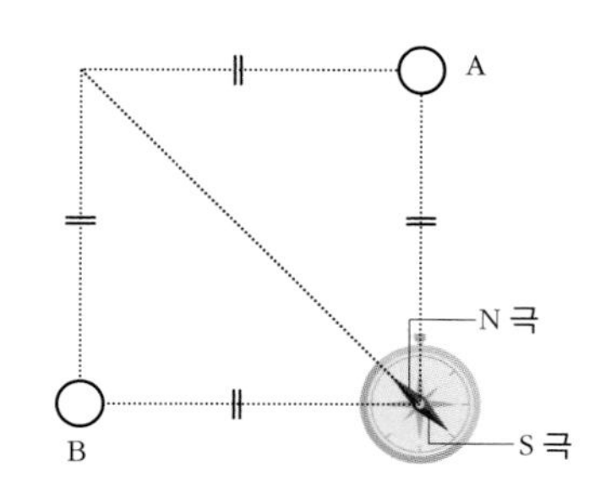

	A	B		A	B		A	B
①	⊗	⊗	②	⊗	⊙	③	⊙	⊗
④	⊙	⊙	⑤	0	⊙			

28 다음 그림과 같이 직선 도선을 나침반 위 일정한 높이에 남북 방향으로 설치한 후 직선 전류에 의한 자기장을 알아보려고 한다. 이에 대한 설명으로 옳은 것을 <보기> 에서 있는대로 고른 것은?

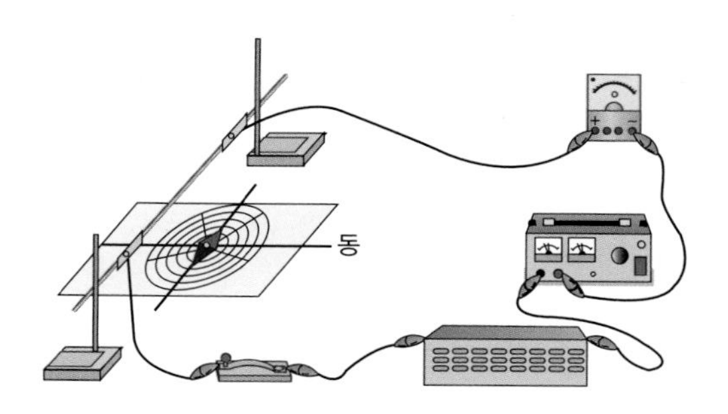

<보기>

ㄱ. 실험 장치의 스위치를 닫으면 나침반의 N 극은 서쪽으로 돌아간다.
ㄴ. 실험 장치에서 전원 장치의 전압만 더 높이면 나침반은 시계 방향으로 회전한다.
ㄷ. 가변 저항을 감소시키면 나침반의 N 극은 서쪽으로 더 돌아간다.
ㄹ. 전원에 연결된 (+), (−) 단자를 바꾸어 연결하면 나침반은 180° 회전하게 된다.
ㅁ. 직선 도선과 나침반 사이의 거리를 더 가깝게 하면 나침반이 돌아가는 각도가 더 커진다.

① ㄱ, ㄴ, ㄷ ② ㄱ, ㄷ, ㅁ ③ ㄴ, ㄷ, ㄹ
④ ㄴ, ㄹ, ㅁ ⑤ ㄷ, ㄹ, ㅁ

29 다음 그림과 같이 전류가 흐르고 있을 때, A, B, C 지점의 자기장의 세기의 비 $B_A : B_B : B_C$ 를 구하시오.

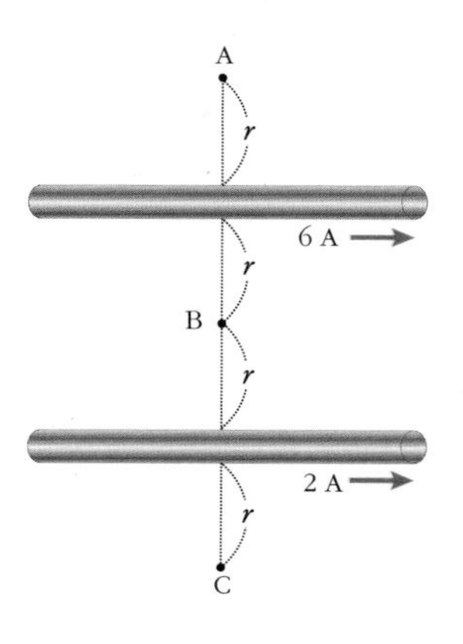

$B_A : B_B : B_C$ = (:   :   )

30 반지름이 r 인 반원형 도선에 흐르는 전류의 세기가 I 일 때 반원형 도선의 중심에서의 자기장의 세기가 B 라고 한다. 이때 다음 그림과 같은 모양의 반원형 도선의 중심 O 에서 자기장의 세기와 방향을 쓰시오.(단, 종이면에서 수직으로 나오는 방향(⊙)을 (+), 종이면에 수직으로 들어가는 방향(⊗)을 (−)로 쓴다.)

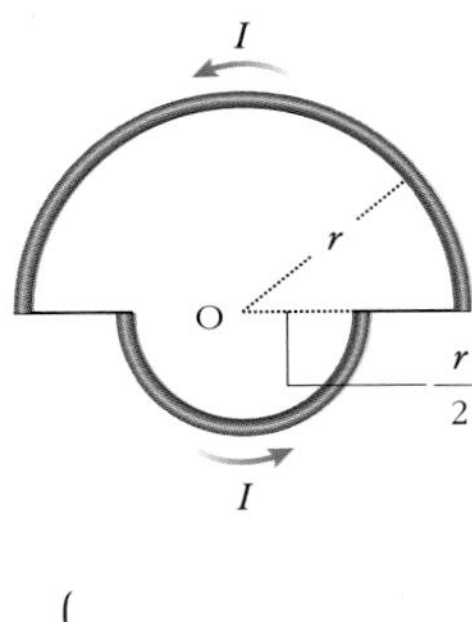

( )

31 다음 그림은 중심에 놓인 원형 도선과 직선 도선 A 와 B 가 같은 거리만큼 떨어진 상태로 종이면에 고정되어 있는 것이다. 이때 세 도선에 흐르는 전류의 세기는 I 로 같고, 원형 전류의 중심 O 에서 세 도선에 흐르는 전류에 의한 자기장의 세기는 B 이다. 이에 대한 설명으로 옳은 것을 <보기> 에서 모두 고르시오.

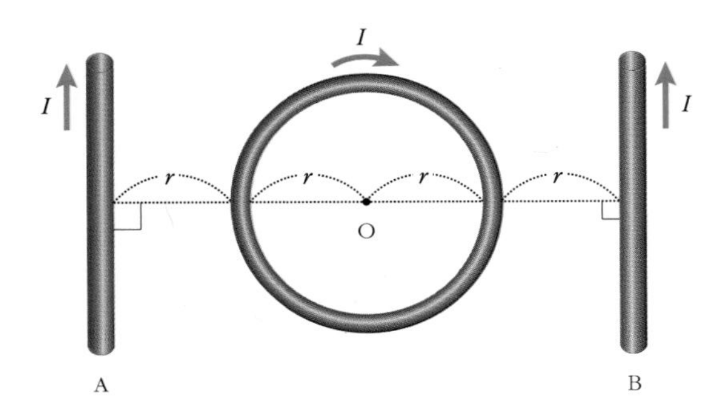

<보기>

ㄱ. 중심 O 에서 자기장의 방향은 지면으로 들어가는 방향이다.
ㄴ. 도선 B 에 흐르는 전류의 세기를 $2I$ 로 하면 중심 O 에서 자기장의 방향은 반대로 바뀐다.
ㄷ. 원형 도선에 흐르는 전류의 세기를 2 배로 하면 자기장의 세기는 $2B$ 가 된다.
ㄹ. 도선 A 에 흐르는 전류의 방향을 반대로 하여도 중심 O 에서 자기장의 방향은 바뀌지 않는다.

① ㄱ, ㄴ ② ㄴ, ㄷ ③ ㄷ, ㄹ
④ ㄱ, ㄷ, ㄹ ⑤ ㄴ, ㄷ, ㄹ

32 동일한 세 개의 솔레노이드 A, B, C 를 이용하여 다음 그림과 같은 전기 회로도를 만들었다. 이때 솔레노이드 A, B, C 내부의 자속 밀도의 비는?

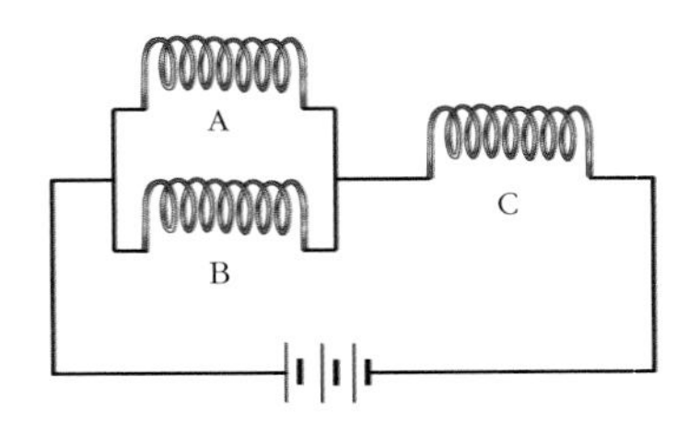

① 1 : 1 : 1 ② 1 : 1 : 2 ③ 2 : 1 : 1
④ 2 : 2 : 1 ⑤ 4 : 2 : 1

창의력

33 다음 그림과 같이 나침반의 자침은 지구 자기의 영향을 받아 북쪽을 가리키고 있다. 이때 아래에서 위쪽 방향으로 전류가 흐르는 직선 도선을 나침반 자침의 S극에 가까이 가져갔을 때 나침반의 변화를 쓰고, 자침이 돌아가는 방향을 이와 반대로 할 수 있는 방법에 대하여 서술하시오.

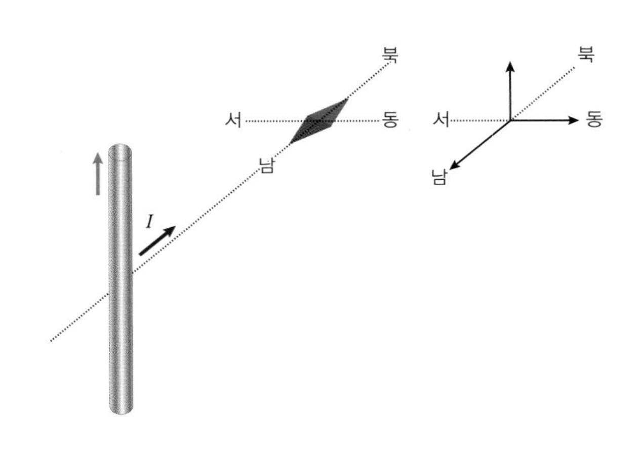

34 다음 그림은 솔레노이드가 들어 있는 고정된 상자 앞에 용수철을 고정시킨 후 바퀴가 달린 자석 수레를 일정한 속력으로 용수철에 충돌시키는 것을 나타낸 것이다. 스위치를 열어 놓은 상태에서 자석 수레에 의해 용수철은 x 만큼 압축된 후 다시 튕겨 나왔다.(단, 자동차 바퀴와 바닥과의 마찰력은 무시한다.)

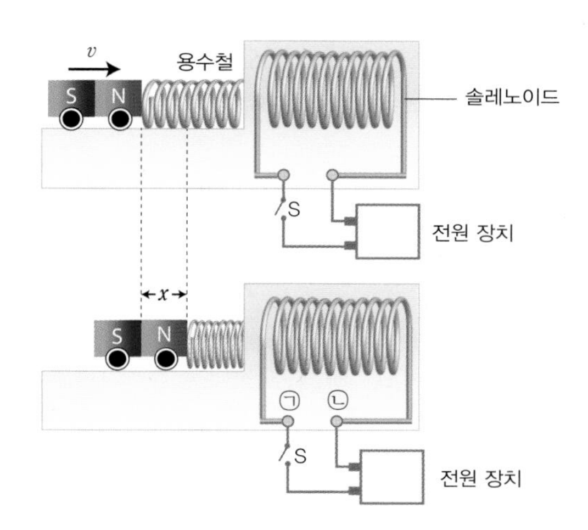

(1) 같은 속력으로 막대 자석 수레가 용수철에 충돌할 때 용수철이 압축되는 길이가 x 보다 커지기 위해서 스위치를 닫은 상태에서 솔레노이드의 ㉠ 과 ㉡ 에는 각각 어떤 극이 연결되어야 할까?

(2) 다음은 실험에 대한 설명이다. 빈칸에 알맞은 말을 각각 넣거나 고르시오.

> 스위치를 닫은 상태에서 막대 자석 수레가 상자에 고정된 용수철에 부딪쳐 압축될 때 때 막대 자석 수레의 운동 에너지는 용수철의 (㉠) 에너지와 (㉡) 의 합이 된다. 이때 막대 자석 수레의 가속도의 방향은 운동 방향과 (㉢ 같다, ㉣ 반대이다)

35 도선에 흐르는 전류가 다음 그림과 같이 지면에서 수직으로 나오는 방향(⊙)으로 촘촘히 겹쳐져 있을 때 A 지역과 B 지역에서의 자기장의 방향을 화살표로 각각 그려보시오.

[Kpho 기출 유형]

36 다음 그림과 같이 한 변의 길이가 모두 같은 정사각형의 꼭지점마다 직선 도선들이 놓여져 있다. 각 도선에 흐르는 전류의 세기는 같고, 방향은 다음과 같을 때 각 정사각형의 중심에서 자기장의 세기를 부등호를 이용하여 비교하고, 각각의 자기장의 방향을 서술하시오. (⊗ : 전류가 지면에 수직으로 들어가는 방향, ⊙ : 전류가 지면에 수직으로 나오는 방향으로 흐르는 것을 나타낸다.)

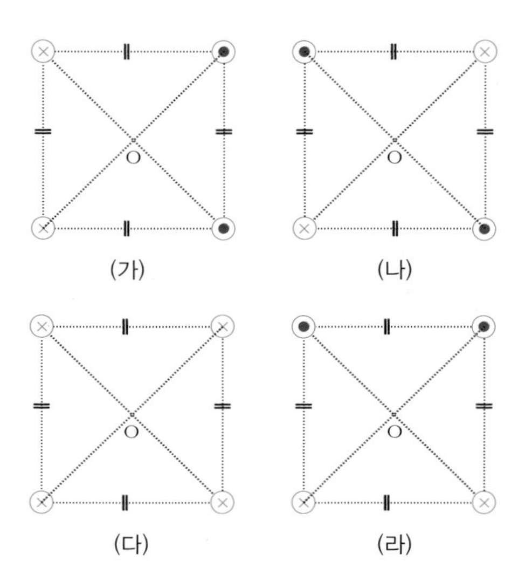

전자기 유도 I

◉ 전자의 스핀

전자(e^-)는 마치 자전하는 것처럼 고유의 각운동량을 가지므로 이를 전자의 스핀이라고 하며 질량, 전하처럼 전자 고유의 물리적 성질이다. 그러나 전자는 물리적으로 자전하지 않는다. 전자는 거의 점에 가까운 입자이므로 회전을 고려할 수 없기 때문이다.

◉ 전자의 궤도 운동

보어가 제안한 원자 모형에서 전자는 원자핵을 중심으로 회전하고 있는데 이를 전자의 궤도 운동이라고 한다.

◉ 원자 자석(atomic magnet)

원자 내 전자의 궤도 운동과 스핀에 의해 형성된 자기장으로 인하여 원자는 매우 작은 자석의 역할을 하게 된다. 이를 원자 자석이라고 한다.

◉ 외부 자기장이 없을 때 원자 자석 배열

강자성체와 상자성체의 경우 그림과 같이 물질 내의 원자 자석들이 무질서하게 배열되어 자기장의 방향도 무질서하게 된다. 따라서 자성이 나타나지 않는다.

반자성체는 물질을 구성하는 원자들의 총 자기장이 0이 되어(원자 내의 모든 전자가 스핀 방향이 반대인 전자끼리 쌍을 이루므로) 원자 자석이 존재하지 않는다.

◉ 자기 구역(magnetic domain)

강자성체의 내부는 그 안의 원자 자석이 한 방향으로 정렬된 여러 자기 구역으로 나누어진다. 처음엔 각 자기 구역의 자화의 방향이 아무 방향을 향하고 있어 전체적으로 자성이 나타나지 않으나, 외부 자기장 B가 존재하면 B와 같은 방향으로 자화의 방향을 가지는 구역이 많아지고 물체는 자성을 띠게 된다. 한 자기 구역 내의 원자의 개수는 대략 10^{17}~10^{21} 개이다.

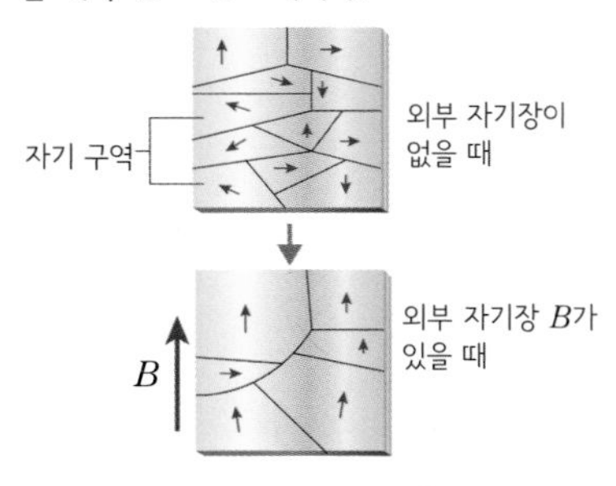

◉ 자기 유도

강자성체에 자석을 가까이 할 때 자석과 가까운 쪽에는 다른 자극이 먼쪽에는 같은 자극이 유도되는 현상이다.

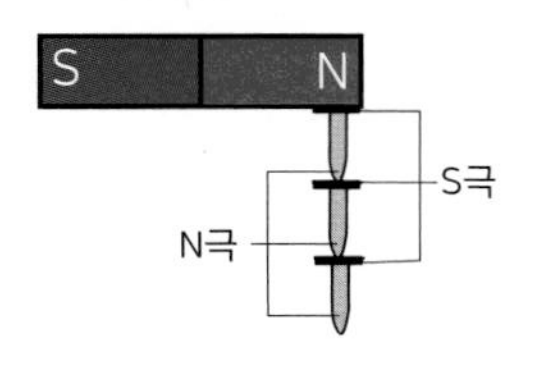

1. 물질의 자성

(1) 자화와 자성

① **자화(자기화)** : 물체가 외부 자기장에 의해 자성을 지니는 현상으로 원자 자석들이 일정한 방향으로 정렬되어 나타난다.

② **자성** : 물질이 자석에 반응하는 성질로 자성을 지닌 물체를 자성체라고 한다.

③ **자성의 원인** : 원자 내의 원자핵 주위를 도는 전자의 궤도 운동과 전자의 스핀에 의해 자기장이 형성되기 때문에 하나의 원자를 작은 자석(원자 자석)으로 생각할 수 있다.

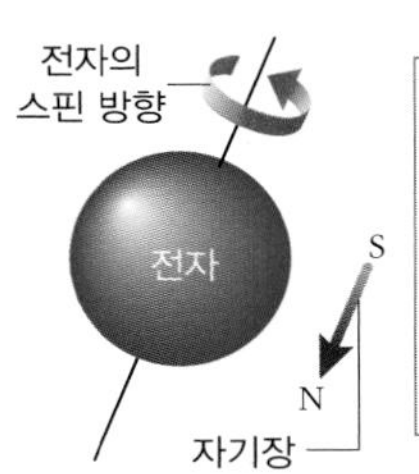

·전자의 스핀을 원형 전류에 비유
·전자의 스핀 방향과 전류의 방향은 반대 ⇨ 오른손 법칙에 의해 아래쪽에 N극, 위쪽에 S극이 형성

▲ 전자의 스핀에 의한 자기장

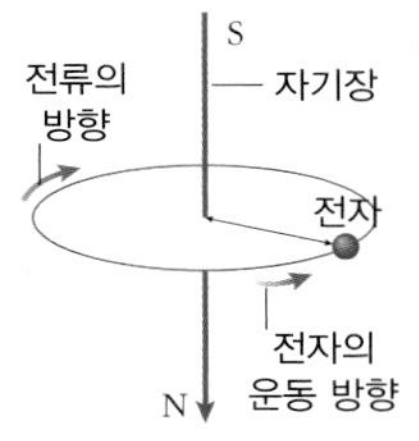

·원자핵 주위를 회전하는 전자의 운동은 반대 방향으로 전류가 흐른다고 할 수 있다.
⇨ 오른손 법칙에 의해 아래쪽에 N극, 위쪽에 S극이 형성

▲ 전자의 궤도 운동에 의한 자기장

(2) 물질의 자성

(2) 물질의 자성 : 외부 자기장의 영향을 받아 자화되는 정도에 따라 강자성, 상자성, 반자성으로 구분한다.

① **강자성** : 물질이 자기장 내에 있을 때 자화되어 자석에 강하게 끌리는 성질을 말하며, 이러한 성질을 띠는 물체를 강자성체(강자성 물질)라고 한다. ㉡ 철, 니켈, 코발트 등

② **상자성** : 물질이 자기장 내에 있을 때 자기장의 방향으로 약하게 자화되는 성질을 말하며, 이러한 성질을 띠는 물체를 상자성체(상자성 물질)라고 한다. ㉡ 액체 산소, 종이, 백금, 우라늄, 마그네슘, 알루미늄, 텅스텐 등

③ **반자성** : 외부 자기장과 반대 방향으로 자화되는 성질을 말하며, 이러한 성질을 띠는 물체를 반자성체(반자성 물질)이라고 한다. ㉡ 대부분의 물질들(금, 구리, 물, 유리, 나무 등), 기체들(수소, 이산화 탄소, 질소 등), 플라스틱, 초전도체(마이스너 효과) 등

	외부 자기장(B)을 가했을 때	외부 자기장을 제거했을 때
강자성	원자 자석들이 외부 자기장 B의 방향으로 정렬된다.	자석의 효과를 오래 유지하지만 영원히 유지하지는 않는다.
상자성	원자 자석들이 외부 자기장 B의 방향으로 약하게 자화된다.	자석의 효과가 바로 사라진다.
반자성	원자 자석들이 외부 자기장 B의 반대 방향으로 약하게 자화된다.	자석의 효과가 바로 사라진다.

개념확인 1 정답 및 해설 86

외부 자기장에 의해 물체 내 원자 자석들이 일정한 방향으로 정렬되는 현상을 무엇이라고 하는가?

( )

확인 + 1

물질이 자성을 띠는 이유는 원자 내 전자의 (㉠) 과 원자핵 주위의 (㉡) 때문에 자기장이 형성되기 때문이다.

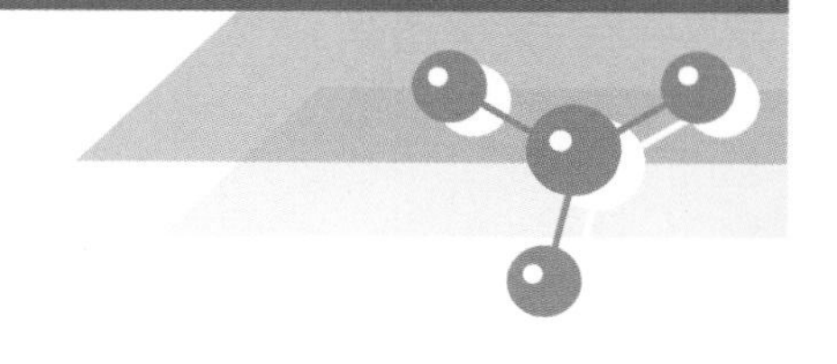

2. 전자기 유도

(1) 전자기 유도 : 코일(솔레노이드) 주위에서 자석이 움직이거나 자석 주위에서 코일이 움직일 때 코일을 지나는 자속(자기력선속)이 변하여 코일에 전류가 발생하는 현상을 말한다.

(2) 유도 전류 : 전자기 유도에 의한 유도 기전력(전압)에 의해 코일에 흐르는 전류를 말한다.

① **유도 기전력** : 코일과 자석이 상대적인 운동을 하면 코일을 통과하는 자속이 변화하고 코일 스스로 자속 변화를 방해하는 기전력(전압)이 발생하게 된다. 이를 유도 기전력이라고 하며, 유도 기전력에 의해 코일에 유도 전류가 발생하는 것이다.

② **유도 전류의 방향** : 유도 기전력(전압)에 의한 전류의 방향이다. 코일이나 원형 도선의 내부를 통과하는 외부 자속의 변화를 방해하는 방향으로 흐른다.

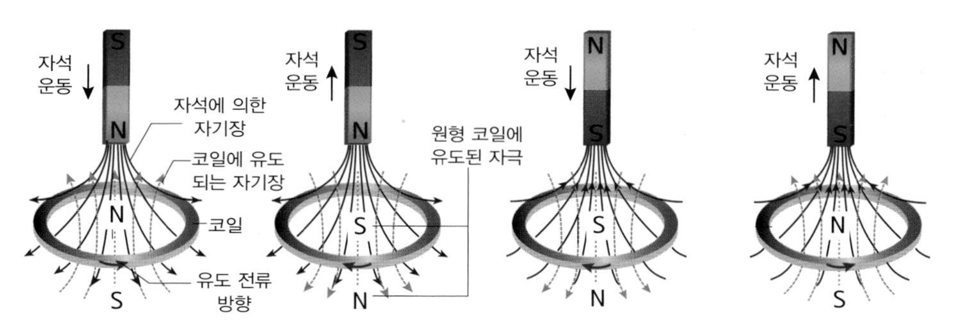

〈 N 극이 도선에 가까워 질 때(멀어질 때)〉

원형 코일 내부에 아래 방향으로 자석에 의한 외부 자속 증가(감소)
⇨ 자속의 증가(감소)를 방해하기 위해 원형 코일 스스로 위(아래) 방향으로 자기장을 발생시킴
⇨ 원형 코일에는 시계 반대 방향(시계 방향)으로 유도 전류가 흐름

〈 S 극이 도선에 가까워 질 때(멀어질 때)〉

원형 코일 내부에 위 방향으로 자석에 의한 외부 자속 증가(감소)
⇨ 자속의 증가(감소)를 방해하기 위해 원형 코일 스스로 이 아래(위) 방향으로 자기장을 발생시킴
⇨ 원형 코일에는 시계 방향(시계 반대 방향)으로 유도 전류가 흐름

③ **유도 전류의 크기** : 자석이 코일에 빠르게 접근할수록(멀어질수록), 코일의 감은 수가 많을수록, 자기력이 센 자석일수록 유도 기전력이 커져서 유도 전류가 증가한다.

(3) 렌츠 법칙 : 독일의 과학자 렌츠는 유도 전류가 만드는 자기장의 방향이 솔레노이드를 통과하는 자속의 변화를 방해하는 방향으로 형성된다는 것을 발견하였다.

〈 렌츠 법칙 〉

유도 전류는 코일을 통과하는 자속의 변화를 방해하는 방향으로 흐른다.

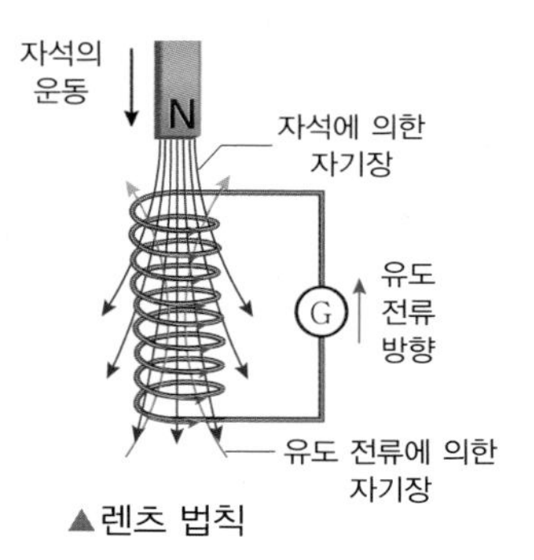

▲렌츠 법칙

◉ 전류에 의한 자기장

원형 고리에 전류가 흐르면 오른손 법칙에 의해 원형 고리의 주변에서는 그림과 같은 모양의 자기장이 형성된다.

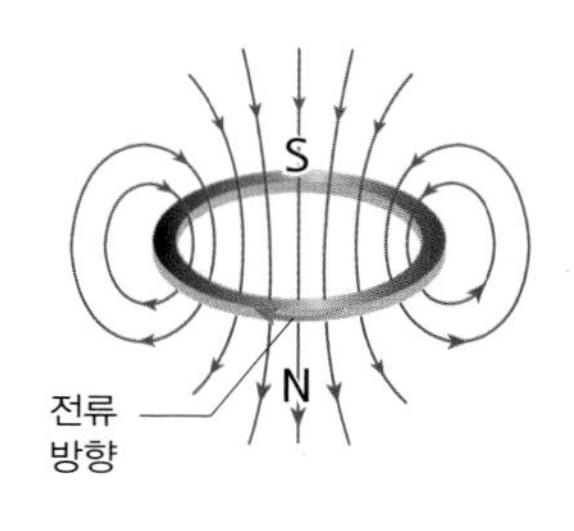

◉ 유도 전류의 방향

N극을 가까이 할 때

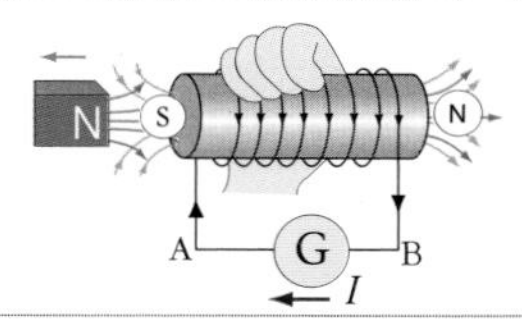

자석과 코일 사이의 힘 : 척력
유도 전류의 방향 : A → Ⓖ → B

N극을 멀리 할 때

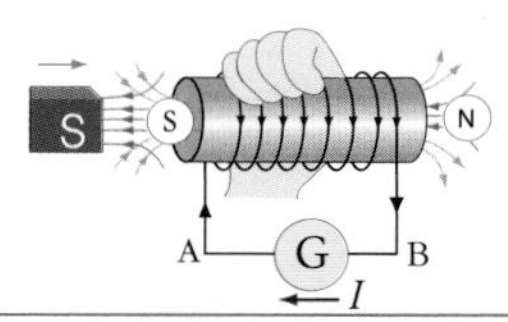

자석과 코일 사이의 힘 : 인력
유도 전류의 방향 : B → Ⓖ → A

S극을 가까이 할 때

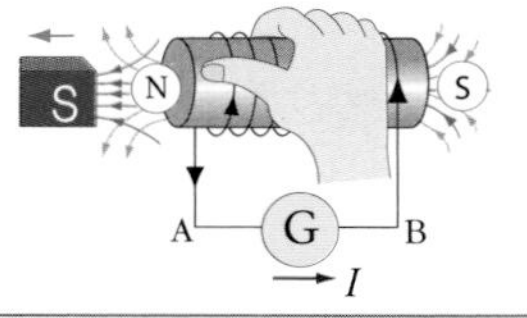

자석과 코일 사이의 힘 : 척력
유도 전류의 방향 : B → Ⓖ → A

S극을 멀리 할 때

자석과 코일 사이의 힘 : 인력
유도 전류의 방향 : A → Ⓖ → B

개념확인 2 정답 및 해설 86

코일과 자석의 상대적인 운동에 의해 코일에 유도되어 발생하는 이것으로 인하여 유도 전류가 흐르게 된다. 이것을 무엇이라고 하는가?

( )

확인 + 2

오른쪽 그림과 같이 막대 자석의 N 극을 코일 쪽으로 가까이 가져갈 경우, 유도 전류의 방향을 A 와 B 를 이용하여 완성하시오.

( ) ⇨ Ⓖ ⇨ ( )

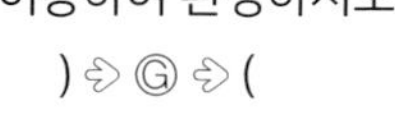

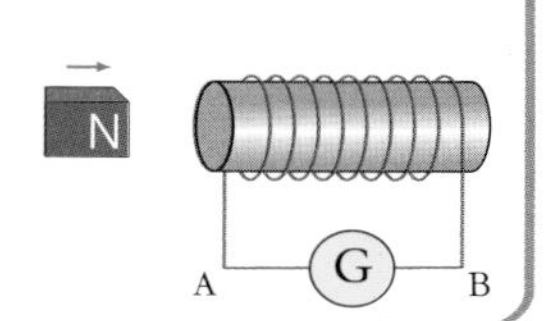

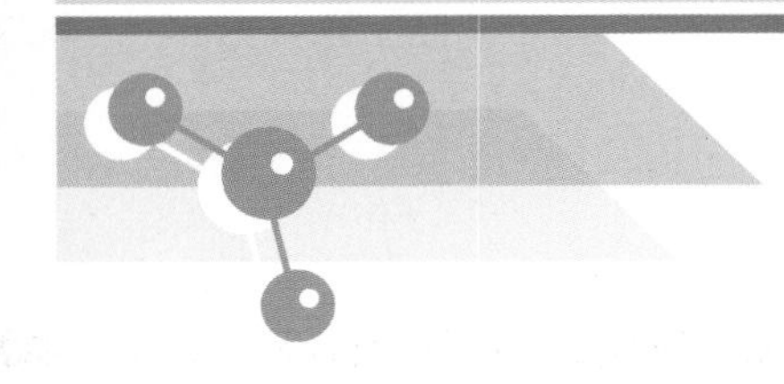

13강 전자기 유도 I

3. 패러데이 법칙

(1) 유도 기전력과 유도 전류 : 코일(닫힌 회로) 내부의 자속이 변하면 유도 기전력이 발생한다.

① **유도 기전력** : 닫힌 회로에서 유도 전류를 흐르게 하며, 유도 전압이라고도 한다.

② **유도 기전력과 유도 전류** : 유도 전류의 크기는 유도 기전력의 크기와 비례하며, 유도 기전력에 의해 전위가 높은 곳에서 낮은 곳으로 유도 전류가 흐른다.

(2) 패러데이 법칙 : 전자기 유도에 의해 발생하는 유도 기전력을 정의한 법칙이다.

① 코일에 발생하는 유도 기전력의 크기는 코일의 단면을 지나는 자속(Φ)의 변화율과 코일의 감은 횟수(N)에 비례한다.

<패러데이 법칙>

$$V = -N\frac{\Delta\Phi}{\Delta t} \text{ (V)}$$

코일의 단면(S)과 외부 자기장(B) 방향이 수직일 때 : $\Phi = BS$

> V : 유도 기전력(V), N : 코일의 감은 수, B : 코일 통과하는 자기장(T)
> S : 코일 단면적(m^2), Δt : 자속 변화 시간(초), $\Delta\Phi$: 코일 통과하는 자속의 변화량(wb),
> (−)부호 : 코일 자속 변화를 방해하는 방향으로 유도 기전력이 발생한다는 의미 → 렌츠의 법칙

② 코일 면과 자기장의 방향이 수직이 아닐 때의 유도 기전력

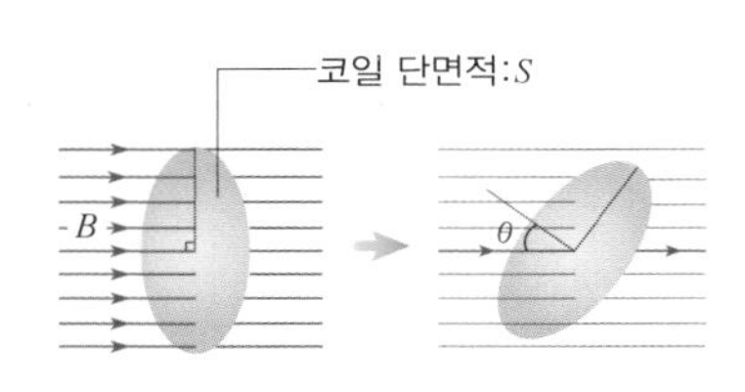

코일 면의 법선과 자기장이 이루는 각이 θ 일 때, 코일 면을 통과하는 자속 Φ 는 다음과 같다.

$$\Phi = BS\cos\theta$$

자속 Φ 가 시간에 따라 변하는 경우, 코일에 유도 기전력(V)이 발생한다.

$$V\text{(유도 기전력)} = -N\frac{\Delta\Phi}{\Delta t} = -N\frac{\Delta(BS\cos\theta)}{\Delta t}$$

③ 코일의 단면적(S)이 일정하고 자기장의 세기(B)만 변할 때의 유도 기전력

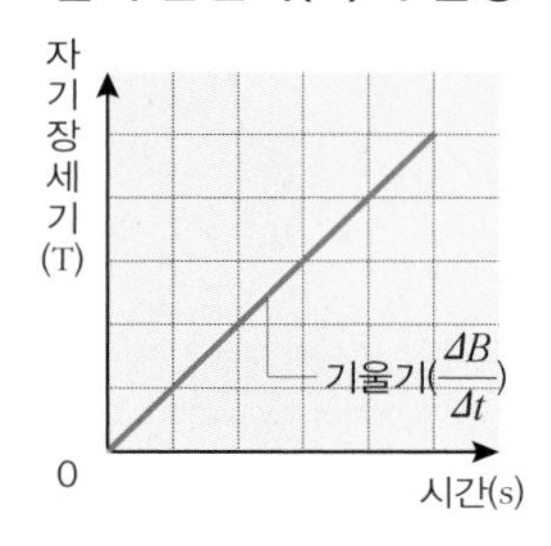

자기장(B)-시간(t) 그래프에서 기울기는 자기장의 변화율($\frac{\Delta B}{\Delta t}$)을 의미한다. 따라서 코일의 단면적이 변하지 않을 경우, 유도 기전력은 다음과 같다.

$$V\text{(유도 기전력)} = -N\frac{\Delta\Phi}{\Delta t} = -N\frac{\Delta(BS)}{\Delta t} = -N\frac{S\Delta B}{\Delta t}$$

정답 및 해설 86

개념확인 3

다음은 패러데이 법칙에 대한 설명이다. 단어를 쓰거나 선택하여 문장을 완성하시오.

> 패러데이 법칙은 (　　　　　　)에 의해 발생하는 유도 기전력의 크기와 관련된 법칙이다. 이때 유도 기전력의 크기는 코일의 단면을 지나는 (　　　　　　)의 변화율과 코일의 감은 수에 각각 (㉠ 비례, ㉡ 반비례) 한다.

확인 + 3

감은 수가 100 회인 코일에 0.1 초당 2 Wb 의 자속이 변하였다. 이때 코일에 유도되는 기전력의 크기는 몇 V 인가?

(　　　　　) V

◉ 전자기 유도 실험

코일 속으로 자석을 넣었다 뺐다 할 때 코일에 유도되는 전류를 검류계 Ⓖ 로 측정한다.

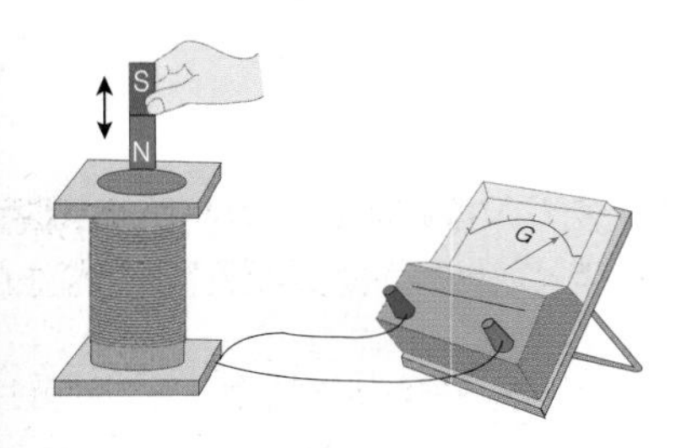

코일 속으로 넣을 때　　코일 밖으로 뺄 때

자석의 극을 바꾸면 유도 전류가 반대로 흐르며, 자석을 정지시키면 유도 전류는 흐르지 않는다.

◉ 전자기 유도의 이용

코일이 움직이거나 자석이 움직일 때 발생하는 유도 전류를 이용하여 물체의 운동을 전기 신호로 변환하는 방법은 다양한 곳에서 이용되고 있다.

예 발전기, 금속 탐지기, 마이크, 마그네틱 신용 카드 판독기, 버스 카드 판독기, 킥보드 발광장치, 태블릿 컴퓨터, 인덕션 레인지, 열차의 제동 시스템, 무선 충전기, 하이브리드 자동차 충전 시스템 등

◉ 발전기 원리

터빈 등으로 자석 속 코일을 회전시켜서 유도 전류를 발생시킨다. 코일이 회전을 하게 되면 사각형 코일 내부를 통과하는 자속의 변화가 생기면서 사각형 코일에 세기가 계속 변하는 전류가 흐르게 된다.

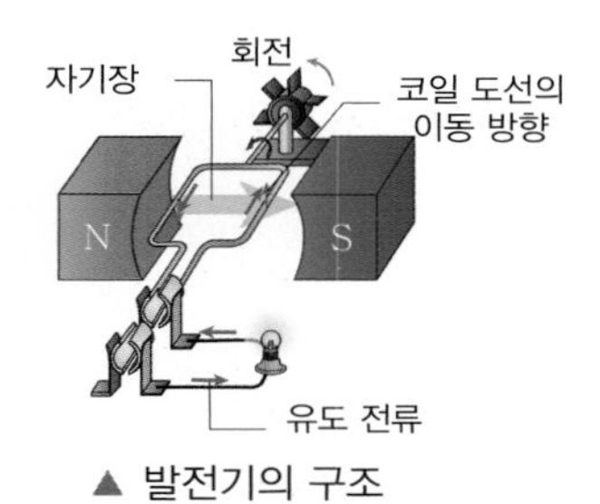

▲ 발전기의 구조

미니사전

기전력 [起 일어나다 電 전기 力 힘] 전위차를 일으켜 전류를 흐르게 하는 원동력으로 전압과 같은 의미로 사용한다.

4. 전자기 유도의 응용

(1) 균일한 자기장(B) 속의 ㄷ 자형 레일 위를 움직이는 도선

· Δt 동안 도선 운동으로 인한 도선 사이 면적 변화량(ΔS)
$\Delta S = l \cdot v\Delta t$

· 도선 운동으로 인한 도선 사이 영역의 자속 변화량($\Delta\Phi$)
$\Delta\Phi = \Delta(BS) = B\Delta S = Blv\Delta t$ (B : 균일(일정))

· 사각 도선은 1회 감긴 코일로 볼 수 있다.(N=1)

$$\therefore |V_{ab}| = N\frac{\Delta\Phi}{\Delta t} = \frac{Blv\Delta t}{\Delta t} = Blv$$

(움직이는 도선 ab 가 발생시키는 유도 기전력 크기는 $|V_{ab}|$이며, b점의 전위가 a점의 전위보다 Blv 만큼 높다. 도선 ab는 사각형 닫힌 회로에서 전지 역할을 한다.)

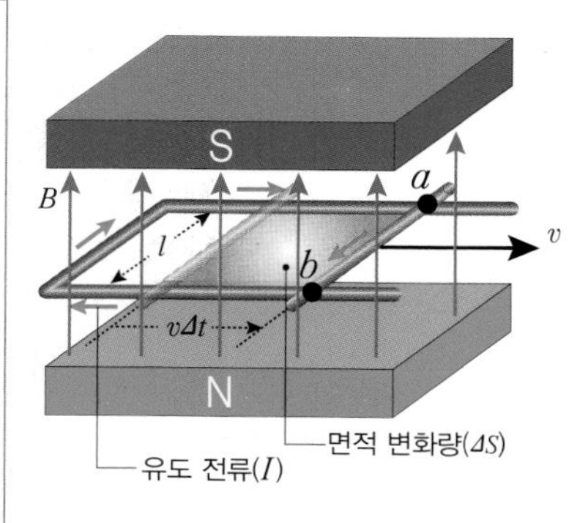

▲ 균일한 자기장 속의 ㄷ 자형 레일 위를 움직이는 도선

(2) 균일한 자기장 속에서 움직이는 닫힌 도선에 발생하는 전류

·균일한 자기장 속을 사각 도선이 통과할 때 사각 도선 면을 지나는 자속이 변하기 때문에 사각 도선이 지나는 위치에 따라 유도 전류의 세기와 방향이 변하게 된다.

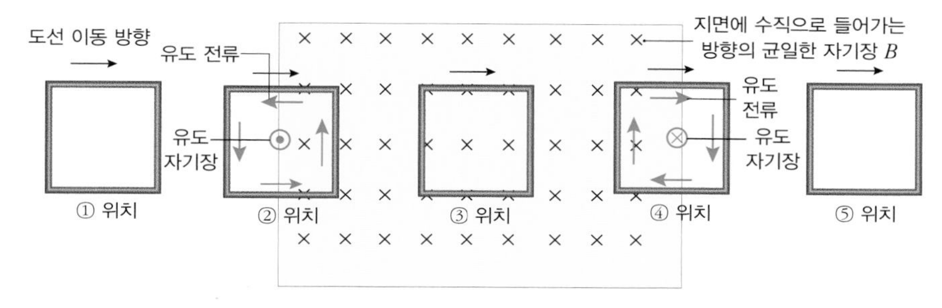

· 위치 ①, ③, ⑤ : 사각 도선의 면을 지나는 자속의 변화($\Delta\Phi$) = 0 이다.
⇨ 유도 전류가 흐르지 않는다.

· 위치 ② : 자기장 속으로 사각 도선이 들어가면서 도선 내부에 들어가는 방향(⊗)의 자속이 증가하게 된다. 자속의 증가를 막기 위해서 나오는 방향(⊙)의 자속(자기장)이 유도된다.(렌츠 법칙) ⇨ 반시계 방향의 유도 전류가 흐른다.

· 위치 ④ : 자기장 속에 있던 도선이 자기장 밖으로 나오면서 도선 내부에는 들어가는 방향(⊗)의 자속이 감소하게 된다. 자속의 감소를 막기 위해서 들어가는 방향(⊗)의 자속(자기장)이 유도된다.(렌츠 법칙) ⇨ 시계 방향의 유도 전류가 흐른다.

개념확인 4 정답 및 해설 86

다음은 자기장 내에서 플레밍 오른손 법칙으로 유도 전류의 방향을 알 수 있는 방법에 대한 설명이다. 빈칸에 알맞은 말을 고르시오.

> 플레밍 오른손 법칙을 이용하면 유도 전류의 방향을 쉽게 알 수 있다. 오른손 엄지손가락을 (㉠ 도선 이동 방향, ㉡ 자기장 방향)으로 하고, 검지 손가락을 (㉠ 도선 이동 방향, ㉡ 자기장 방향)에 일치시켰을 때 가운데 손가락이 가리키는 방향이 유도 전류의 방향이 된다.

확인 + 4

오른쪽 그림과 같이 지면으로 수직하게 들어가는 방향으로 균일하게 형성된 자기장 영역 속으로 사각 도선을 A에서 B로 이동시켰을 때, B 사각 도선에 흐르는 유도 전류의 방향을 고르시오.

(㉠ 시계 방향, ㉡ 반시계 방향)

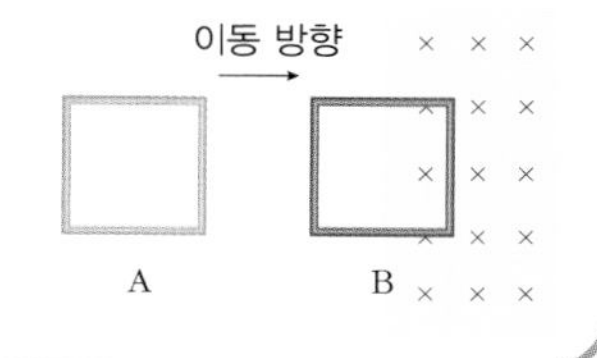

◉ **원형, 사각형 코일에서 유도 전류 방향**

코일 내부의 유도 자기장의 방향(N극 방향)을 엄지 손가락 방향으로 하여 나머지 네 손가락으로 코일을 감아쥐었을 때, 감아쥐는 방향이 유도 전류의 방향이다.

코일 내부의 유도 자기장 방향(N극 방향)

유도 전류 방향

◉ **플레밍 오른손 법칙(유도 전류의 방향)**

플레밍의 오른손 법칙을 이용하면 자기장 내에서 도선이 이동할 때 유도 전류의 방향을 쉽게 알 수 있다.

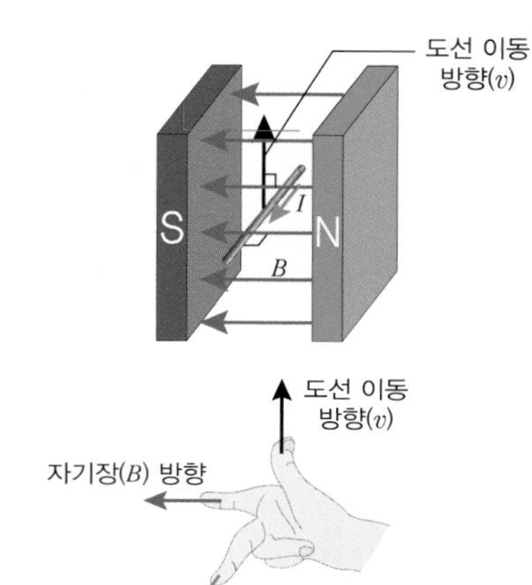

▲플레밍 오른손 법칙

◉ **미시적으로 본 유도 전류의 방향**

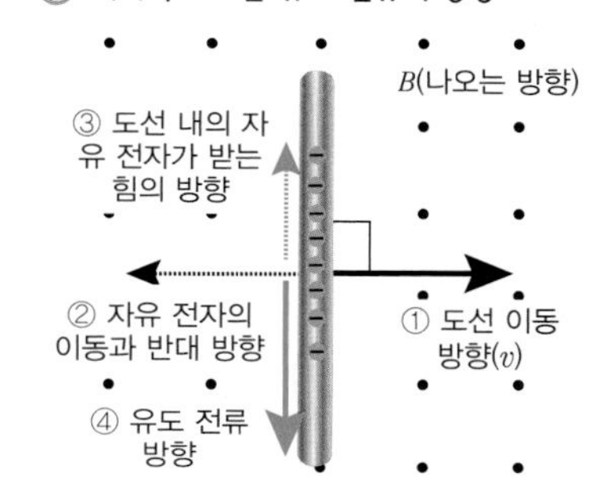

자기장 내에서 도선이 이동하면(①) 도선 속의 자유 전자도 같이 이동하게 되고, 이것은 전류의 흐름과 반대 방향이며(②), 자유 전자는 자기장으로부터 힘을 받게 된다(③). 자유 전자는 받는 힘 방향으로 이동하게 되는데, 이것은 반대 방향으로 전류가 흐르는 것(④)과 같고, 이 전류가 유도 전류이다.

01

다음 중 물질마다 자성이 다르게 나타나는 이유를 바르게 설명한 것은?

① 물질마다 원자의 모양이 다르기 때문이다.
② 물질마다 원자 자석의 수가 다르기 때문이다.
③ 물질마다 원자 내 전자들의 궤도 운동과 스핀이 다르기 때문이다.
④ 원자 내 전자의 스핀과 그것에 의한 전류의 방향이 같기 때문이다.
⑤ 원자 내 전자의 궤도 운동 방향과 그것에 의한 전류의 방향이 같기 때문이다.

02

오른쪽 그림은 어떤 물체에 외부 자기장을 걸어주었다가 외부 자기장을 제거하였을 때 내부 원자 자석들의 배열을 나타낸 것이다. 이러한 성질을 나타내는 물체와 그 예를 바르게 짝지은 것은?

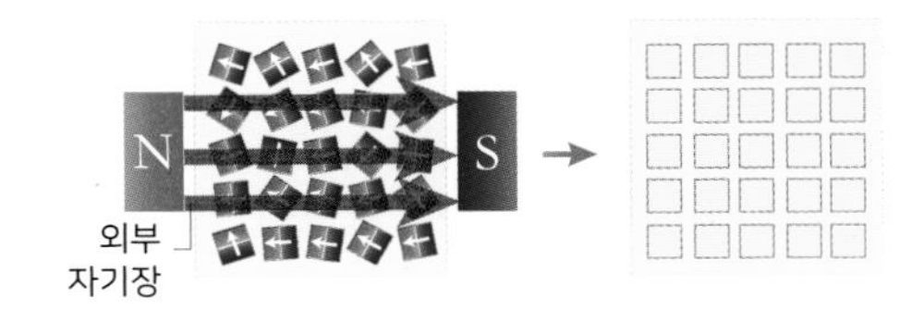

① 강자성체 - 금
② 상자성체 - 물
③ 상자성체 - 산소
④ 반자성체 - 철
⑤ 반자성체 - 플라스틱

03

오른쪽 그림과 같이 막대 자석의 S 극을 코일 쪽으로 가까이 가져갈 경우, 유도 전류의 방향(가)과 자석과 코일 사이에 작용하는 힘(나)이 바르게 짝지어진 것은?

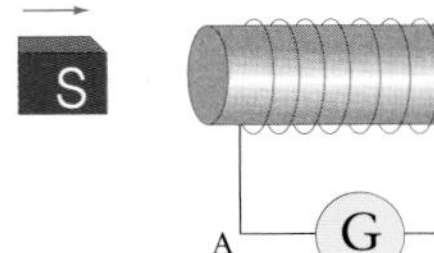

	(가)	(나)		(가)	(나)
①	A → Ⓖ → B	인력	②	A → Ⓖ → B	척력
③	B → Ⓖ → A	인력	④	B → Ⓖ → A	척력
⑤	전류가 흐르지 않음				

04

오른쪽 그림은 전자기 유도 실험 장치이다. 검류계에 흐르는 전류를 세게 하기 위한 방법을 있는대로 고르시오.

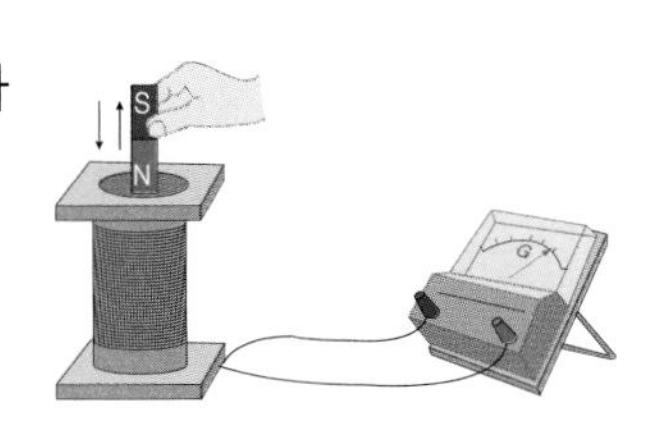

① 코일의 감은 수를 늘려준다.
② 막대 자석의 움직임을 더 느리게 한다.
③ 막대 자석을 코일 안에 정지시켜 놓는다.
④ 막대 자석을 자기력이 더 센 것으로 바꾼다.
⑤ 막대 자석을 자기력이 더 약한 것으로 바꾸고, 막대 자석의 움직임도 느리게 한다.

05

감은 수가 200 회인 코일에 1 초당 3 Wb 의 자속이 변하고 있을 때 유도 기전력을 V_1 이라고 한다. 감은 수를 2 배로 늘이고, 자속의 변화를 0.5 초당 3 Wb 로 하였을 때 유도 기전력을 V_2 라고 할 때, 유도 기전력의 크기 비는?

$V_1 : V_2$ = (　　　:　　　)

06

오른쪽 그래프는 단면이 외부 자기장에 수직으로 놓여 있는 감긴 수가 일정한 코일 속을 지나는 자기장의 세기 변화를 시간에 따라 나타낸 것이다. 각 구간 중 유도 전류가 가장 큰 곳(가)과 가장 작은 곳(나)을 바르게 짝지은 것은?

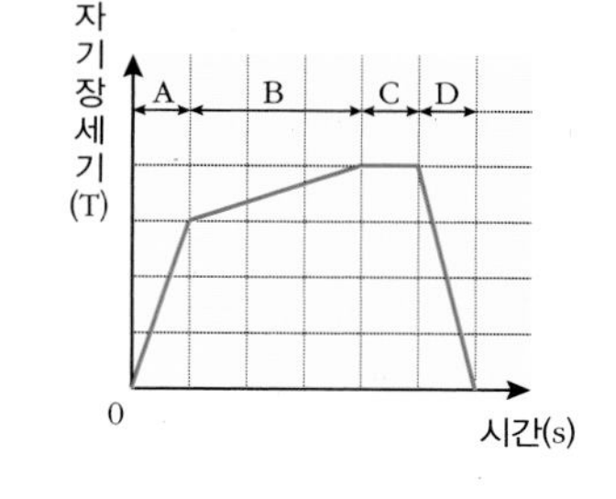

	(가)	(나)
①	A	B
②	B	C
③	C	D
④	D	C
⑤	B	A

07

오른쪽 그림과 같이 지면으로 수직으로 나오는 방향의 균일한 자기장 속에서 직선 도선이 움직이고 있다. 이때 직선 도선에 흐르는 전류의 방향은?

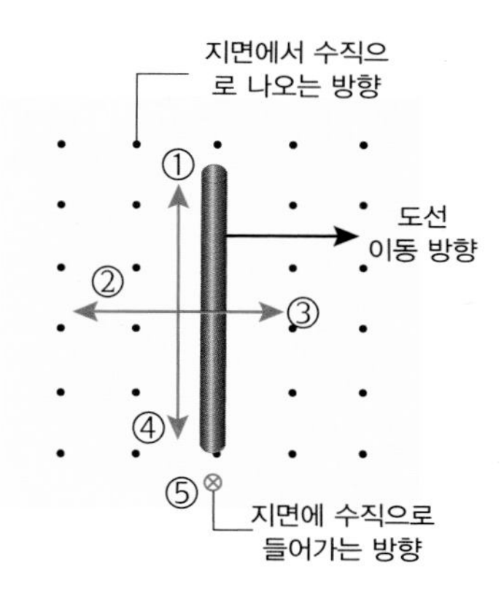

08

오른쪽 그림과 같이 자기장 세기가 6 T 인 균일한 자기장 속에 수직으로 놓인 ㄷ 자형 도선 위에서 도체 막대를 5 m/s 의 속도로 잡아당길 때, ㄷ 자형 도선에서 발생하는 유도 기전력의 크기는?(ㄷ 자형 도선의 폭은 10 cm 이다.)

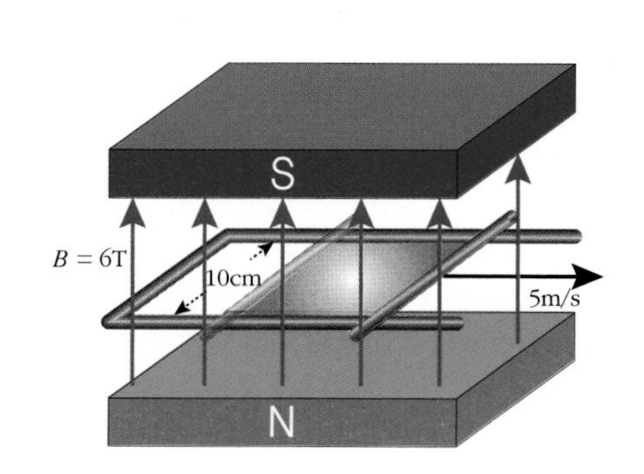

(　　　　　) V

유형 13-1 물질의 자성

다음 그림은 물체에 외부 자기장을 걸어주었다가 외부 자기장을 제거하였을 때 내부 원자 자석들의 배열을 나타낸 것이다. 이에 대한 설명으로 옳은 것만을 <보기> 에서 있는 대로 고른 것은?

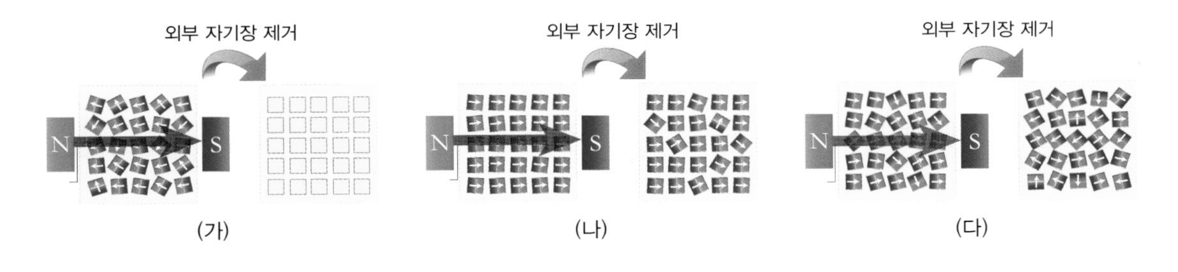

(가) (나) (다)

<보기>

ㄱ. (가) 의 경우 물체에 자석을 가까이 하면 자석을 밀어낸다.
ㄴ. (나) 의 경우 외부 자기장을 제거하면 자석의 효과가 바로 사라지는 상자성체이다.
ㄷ. 알루미늄이나 종이에 자기장을 걸어주면 (다) 와 같은 원자 자석들의 배열을 볼 수 있다.

① ㄱ ② ㄴ ③ ㄷ ④ ㄱ, ㄴ ⑤ ㄱ, ㄷ

01 그림 (가) 는 원형 고리에 전류가 흐를 때 형성된 자기장을 방향없이 나타낸 것이다. 그림 (나) 는 원자핵을 중심으로 회전하고 있는 전자의 궤도 운동 모습을 나타낸 것이다. 이에 대한 설명으로 옳은 것만을 <보기> 에서 있는 대로 고른 것은?

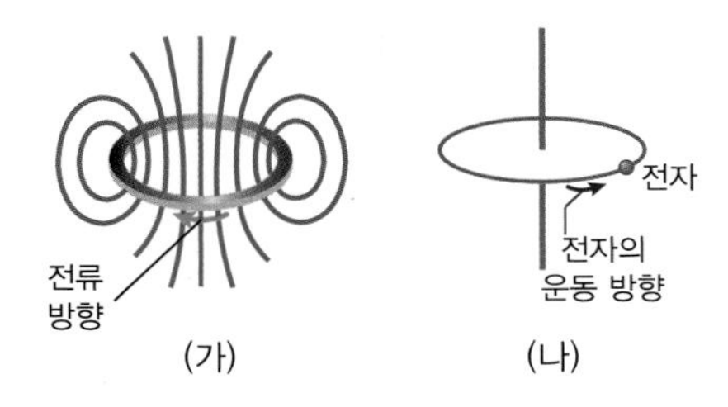

(가) (나)

<보기>

ㄱ. (가) 에서 원형 고리 중심에서 자기장의 방향은 위에서 아래 방향이다.
ㄴ. (나) 에서 전자의 운동 방향과 그로 인한 전류의 방향은 반대이다.
ㄷ. (나) 에서 오른손 법칙에 의해 위쪽에는 N 극이 형성된다.

① ㄱ ② ㄴ ③ ㄷ ④ ㄱ, ㄴ ⑤ ㄴ, ㄷ

02 다음 <보기> 는 물질의 자성에 대한 설명이다. 옳은 것만을 있는 대로 고른 것은?

<보기>

ㄱ. 금은 자기장 내에 있을 때 자기장의 방향으로 약하게 자화된다.
ㄴ. 철은 외부 자기장을 가한 후 자기장을 제거한 후에도 자석의 효과를 유지한다.
ㄷ. 유리는 외부 자기장을 가하면 자기장의 반대 방향으로 자화된다.
ㄹ. 물질의 자성은 전자의 궤도 운동과 스핀에 의해 나타나는 성질이다.

① ㄱ, ㄴ ② ㄴ, ㄷ ③ ㄷ, ㄹ
④ ㄱ, ㄴ, ㄷ ⑤ ㄴ, ㄷ, ㄹ

유형 13-2 전자기 유도

다음 그림은 동일한 원형 고리 위에 동일한 자기력을 가진 자석을 화살표 방향으로 움직이고 있는 것을 나타낸 것이다. 물음에 답하시오.

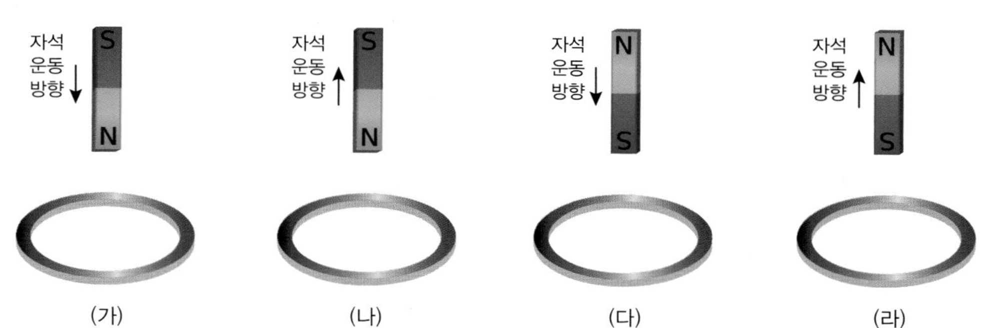

(1) 원형 고리에 유도된 전류의 방향이 같은 것끼리 바르게 묶인 것은?

① (가), (나)　② (가), (다)　③ (가), (라)　④ (나), (라)　⑤ (다), (라)

(2) 원형 고리와 자석 사이에서 인력이 작용하는 경우끼리 바르게 묶인 것은?

① (가), (나)　② (가), (라)　③ (나), (다)　④ (나), (라)　⑤ (다), (라)

03 오른쪽 그림과 같이 코일에 자석을 멀리할 때 일어나는 현상에 대한 설명으로 옳은 것만을 <보기> 에서 있는 대로 고른 것은?

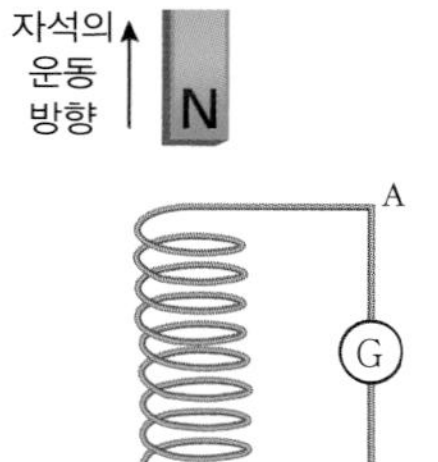

<보기>

ㄱ. 전류는 A → Ⓖ → B 로 흐른다.
ㄴ. 자석과 코일 사이에는 인력이 작용한다.
ㄷ. 코일 내부에는 아래 방향으로 자석에 의한 자속이 증가하고 있다.
ㄹ. 자석이 코일에 접근하다가 정지한 순간 검류계 Ⓖ 의 바늘이 0 을 가리킨다.

① ㄱ, ㄴ　② ㄴ, ㄷ　③ ㄷ, ㄹ
④ ㄱ, ㄴ, ㄷ　⑤ ㄱ, ㄴ, ㄹ

04 다음 그림과 같이 아래에서 위로 향하는 균일한 자기장 속에 원형 도선이 있다. 원형 도선에 유도 전류가 흐르는 경우는?

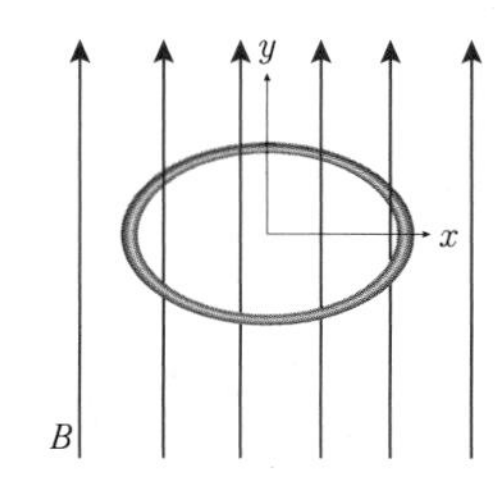

① 원형 도선이 x 축을 중심으로 회전할 때
② 원형 도선이 y 축을 중심으로 회전할 때
③ 원형 도선이 x축 방향으로 평행 이동할 때
④ 원형 도선이 y 축 방향으로 평행 이동할 때
⑤ 원형 도선이 x 축 방향으로 평행 이동하다가 멈출 때

유형 13-3 패러데이 법칙

그림 (가) 는 지면에 수직으로 들어가는 방향으로 균일하게 형성된 자기장 영역 안에 사각형 도선이 놓여 있는 것을 나타낸 것이고, 그림 (나) 는 자기장의 세기를 시간에 대하여 나타낸 것이다. 이에 대한 설명으로 옳은 것은?

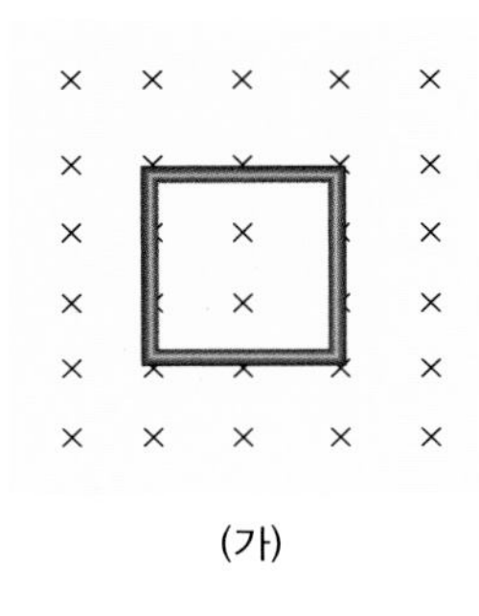
(가)

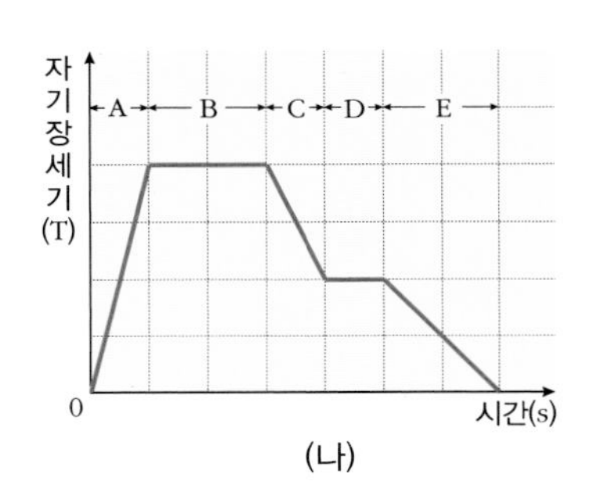

(나)

① A ~ E 구간에서 사각형 도선에는 모두 유도 전류가 흐른다.
② B 구간에서 유도 전류의 세기가 가장 세다.
③ C 와 E 구간에서는 (가)의 자기장과 같은 방향의 유도 자기장이 형성되도록 유도 전류가 흐른다.
④ D 구간에서 유도 기전력의 세기가 가장 세다.
⑤ E 구간에서 유도 전류의 방향은 A구간에서 유도 전류의 방향과 같다.

05 다음 그림과 같이 구리로 된 원형 도선에서 자석을 멀리하였다. 이때 구리로 된 원형 도선 내부를 통과하는 자속이 처음에는 30 Wb 였다가 0.5 초 후에 5 Wb 가 되었다. 원형 도선의 전체 저항이 0.1 Ω 일 때, 원형 도선에 유도된 전류(A)와 자석 쪽(오른쪽)에서 봤을 때 원형 도선에 유도된 전류의 방향(B)을 바르게 짝지은 것은?

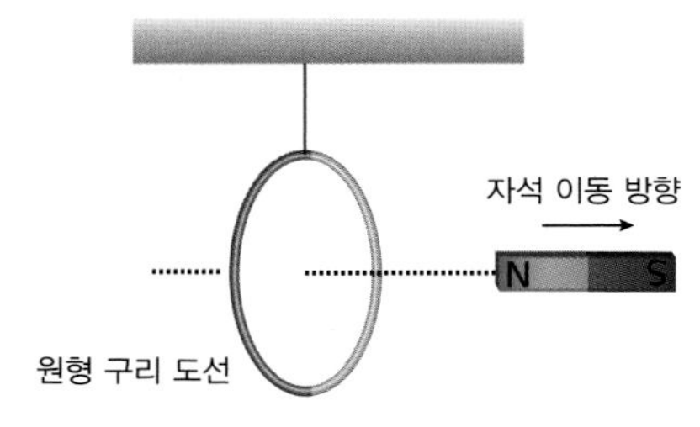

	A	B
①	50 A	시계 방향
②	500 A	시계 방향
③	600 A	시계 방향
④	50 A	반시계 방향
⑤	500 A	반시계 방향

06 다음 그림과 같이 자기장 세기(B)가 0.2 T 이고, 지면에 수직으로 들어가는 방향으로 일정하게 형성되어 있다. 이때 자기장 영역 안에 반지름이 0.5 m 인 원형 도선이 놓여 있다. 이때 자기장의 세기를 변화시키기 시작하여 3 초 동안 7 T 로 만들었다면 원형 도선에 유도되는 유도 기전력은 몇 V 인가?(단, π 는 3 으로 계산한다.)

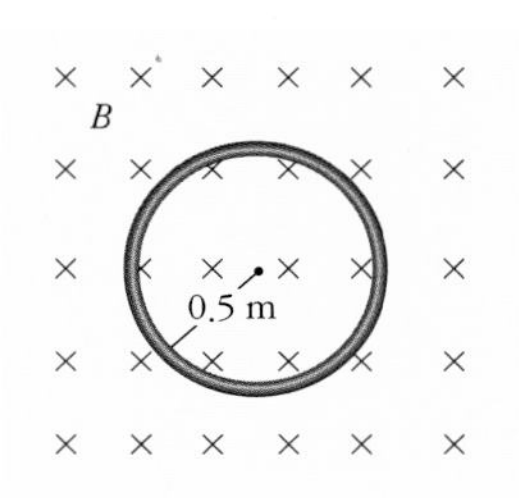

① 0.15 V ② 1.5 V ③ 1.7 V
④ 2.5 V ⑤ 4.2 V

유형 13-4 전자기 유도의 응용

다음 그림은 지면으로 수직하게 들어가는 방향의 균일한 자기장이 형성되어 있는 사각형 영역 위를 사각 도선이 A 위치에서 D 위치로 일정한 속도로 이동하고 있는 것을 나타낸 것이다. 이에 대한 설명으로 옳은 것만을 <보기> 에서 있는 대로 고른 것은?

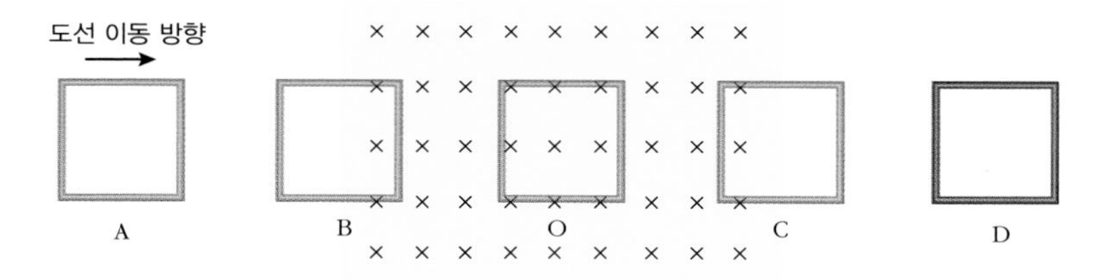

<보기>

ㄱ. 도선이 O 위치에 있을 때 유도 전류의 세기는 점점 커진다.
ㄴ. 도선의 세로 길이가 더 길어지면 유도 전류가 증가한다.
ㄷ. 도선이 B 위치일 때와 C 위치일 때의 유도 전류의 방향은 반대이다.
ㄹ. 도선이 더 빠른 속도로 이동하여도 도선에 발생하는 유도 전류의 세기는 변하지 않는다.

① ㄱ, ㄴ ② ㄴ, ㄷ ③ ㄷ, ㄹ ④ ㄱ, ㄴ, ㄷ ⑤ ㄴ, ㄷ, ㄹ

07

오른쪽 그림과 같이 자기장이 지면에 수직하게 들어가는 방향으로 일정하게 형성되어 있는 영역으로 직사각형 금속 고리 A 와 B 가 같은 속도로 들어가고 있는 순간의 모습을 나타낸 것이다. 이때 B 의 세로 길이는 A 의 2 배일 때, 금속 고리 A 와 B 에 발생하는 유도 기전력의 크기 비는?

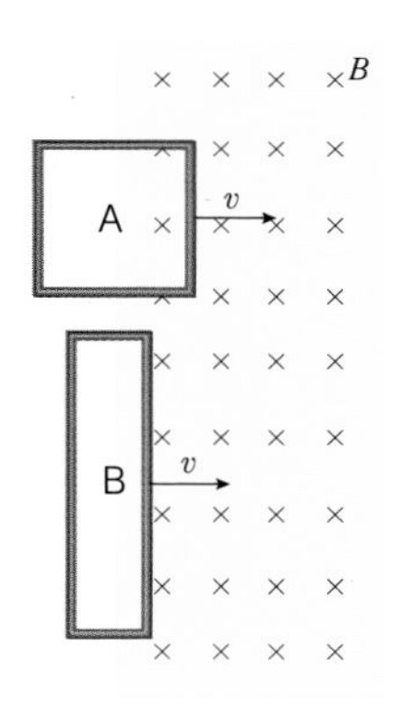

① 1 : 1 ② 1 : 2 ③ 1 : 4
④ 2 : 1 ⑤ 4 : 1

08

다음 그림과 같이 세기가 3 T 로 균일하고 지면에 수직하게 들어가는 방향의 자기장 속에 저항이 연결된 ㄷ자형 도선을 지면에 고정시키고, 그 도선 위를 길이가 40 cm 인 직선 도선이 5 m/s 의 일정한 속도로 움직이고 있다. 이때 2 Ω 의 저항에 흐르는 전류의 세기(A)와 직선 도선에 생기는 유도 기전력의 크기(B)가 바르게 짝지어진 것은?

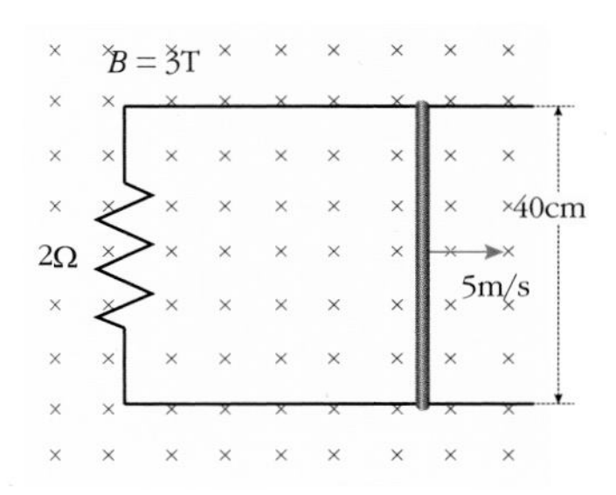

	A	B		A	B
①	1 A	2 V	②	2 A	4 V
③	3 A	6 V	④	4 A	2 V
⑤	6 A	3 V			

A

01 자성과 자화와 관련된 설명으로 옳은 것은 ○ 표, 옳지 않은 것은 × 표 하시오.

(1) 모든 물질은 외부 자기장에 의해 자화되는 정도가 같다. (　　)

(2) 물질을 이루는 원자들은 각각 작은 자석으로 생각할 수 있다. (　　)

(3) 강자성체 내부에는 자화의 방향이 같은 여러 구역이 있으며, 외부 자기장을 걸어주면 외부 자기장의 방향과 같은 방향으로 자화되는 구역이 많아진다. (　　)

02 물질의 자성과 관련된 설명으로 옳은 것은 ○ 표, 옳지 않은 것은 × 표 하시오.

(1) 강자성체에 자기장을 가한 후 자기장을 제거하여도 영구적으로 자석의 효과를 유지한다. (　　)

(2) 유리, 물, 나무 등과 같은 대부분의 물질들은 상자성체이다. (　　)

(3) 반자성체에 자석을 가까이 하면 자석은 끌려오게 된다. (　　)

03 다음 그림은 어떤 물체에 외부 자기장을 걸어주었다가 외부 자기장을 제거하였을 때 내부 원자 자석들의 배열을 나타낸 것이다. 이에 대한 설명으로 옳은 것만을 <보기> 에서 있는 대로 고른 것은?

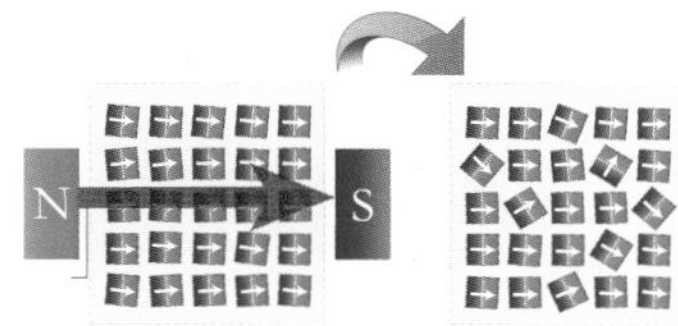

<보기>

ㄱ. 물체는 상자성체이다.
ㄴ. 철, 알루미늄, 백금 등에 자기장을 걸어주면 같은 형태의 내부 원자 자석들의 배열을 볼 수 있다.
ㄷ. 자석과 물체 사이에는 인력이 작용한다.

① ㄱ　② ㄴ　③ ㄷ
④ ㄱ, ㄴ　⑤ ㄴ, ㄷ

04 다음 빈칸에 들어갈 힘의 종류를 각각 쓰시오.

> 자석을 코일에 가까이 할 때는 자석과 코일 사이에 (㉠ 　　　)이 작용하고, 자석을 멀리 할 때는 (㉡ 　　　)이 작용한다. 즉, 운동과 반대 방향으로 힘이 작용하기 때문에 코일은 자석의 운동을 방해하게 된다.

05 그림은 자기력 세기가 같은 자석 4개와 동일한 코일 4개를 이용하여 실험하는 모습이다. (가), (다) 는 극을 달리하여 자석을 코일을 향해 가까이 접근시키고 있는 것이고, (나), (라) 는 멀리 운동시키고 있는 것을 나타낸 것이다. 이때 검류계에 흐르는 전류의 방향이 같은 것끼리 바르게 묶인 것은?

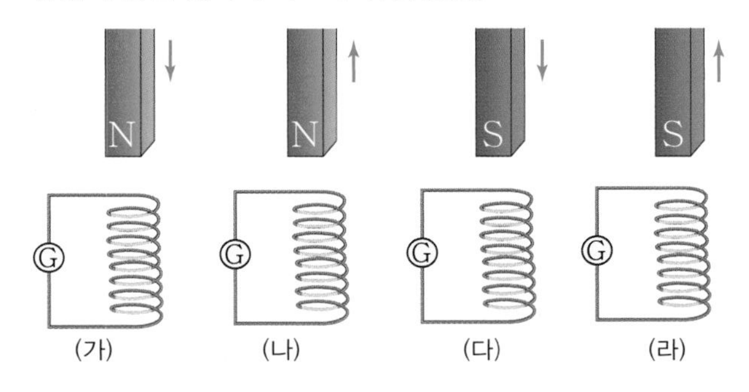

① (가), (나)　② (가), (다)　③ (가), (라)
④ (나), (라)　⑤ (가), (나), (다), (라)

06 다음 그림은 동일한 자석의 N 극을 코일 쪽으로 각각 가까이 접근시키는 것을 나타낸 것이다. 그림 (가) 는 자석의 속도는 v, 코일의 감은 수는 4 번, 그림 (나) 는 자석의 속도는 $2v$, 코일의 감은 수는 8 번, 그림 (다) 는 자석의 속도는 v, 코일의 감은 수는 8 번 일때, 검류계에 측정되는 전류가 큰 순서대로 쓰시오.

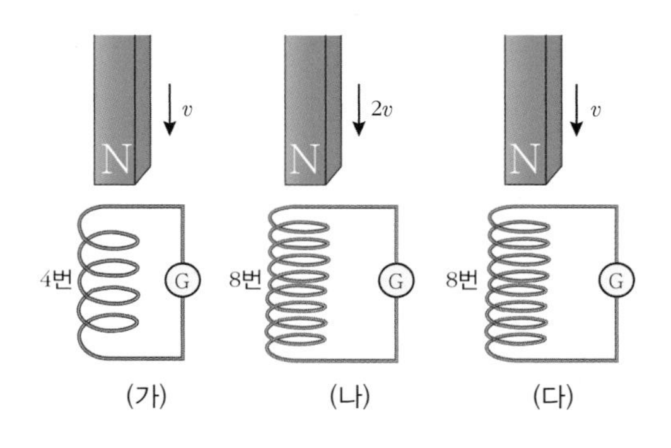

(　　　,　　　,　　　)

07 얇은 원형 도선이 자기장 속에 그림과 같이 놓여져 있다. 원형 도선 내부를 통과하는 자속은 0.2 초당 50 Wb 만큼씩 변한다. 원형 도선의 반지름이 0.4 m 이고, 자기장의 방향과 원형 도선의 면이 이루는 각이 60° 일 때, 원형 도선에 발생하는 유도 기전력의 크기는 몇 V 인가? (단, $\pi = 3$ 으로 계산한다.)

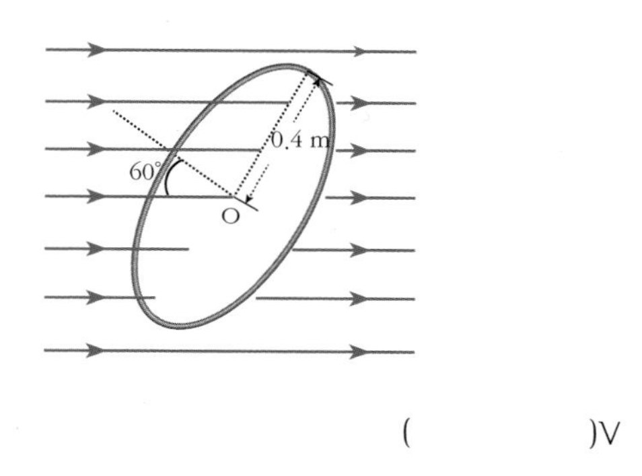

( )V

[08-09] 그림처럼 지면에 수직으로 들어가는 방향으로 균일하게 형성되어 있는 자기장(자기장의 세기 : 4 T) 방향에 수직으로 ㄷ 자 형 도선 레일을 놓고 2Ω 의 저항을 연결하였다. 이때 도선 레일 위로 길이 20 cm 의 직선 도선을 레일에 수직하게 놓고 오른쪽으로 1 m/s 의 일정한 속도로 잡아 당겼다. (단, 연결된 저항 외 다른 저항은 고려하지 않는다.)

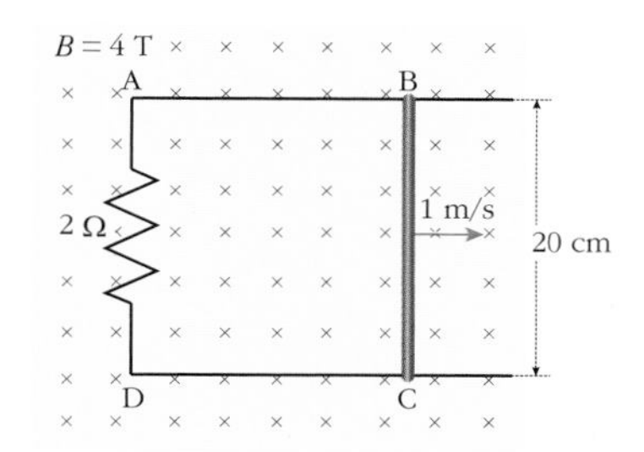

08 사각형 도선 ABCD 의 유도 기전력의 세기와 유도 전류를 각각 구하시오.(단, 도선 BC 가 운동을 시작할 때 B 는 A 점에서 20 cm 떨어져 있었다.)

유도 기전력의 세기 : ( ) V
유도 전류 : ( ) A

09 사각형 도선 ABCD 에 발생한 유도 전류에 의한 자기장의 방향을 고르시오.

㉠ 지면에서 수직으로 나오는 방향
㉡ 지면에서 수직으로 들어가는 방향

10 그림과 같이 xy 평면에서 정사각형 금속 고리가 자기장 내에 놓여있다. 이때 자기장은 xy 평면에 수직으로 들어가는 방향으로 형성되어 있고, 오른쪽으로 갈수록 자속 밀도가 감소하고 있다. 이때 금속 고리에 유도 전류가 흐르는 경우를 있는대로 고르시오.

① 금속 고리가 $+x$ 방향으로 일정한 속도로 운동할 때
② 금속 고리가 $+y$ 방향으로 일정한 속도로 운동할 때
③ 금속 고리가 $-y$ 방향으로 일정한 속도로 운동할 때
④ 금속 고리가 $+x$ 방향으로 점점 속도가 빨라지는 운동을 할 때
⑤ 금속 고리가 $+y$ 방향으로 점점 속도가 빨라지는 운동을 할 때

11 그림 (가) 는 전자의 스핀, 그림 (나) 는 원자핵을 중심으로 회전하고 있는 전자의 궤도 운동 모습을 나타낸 것이다. 이에 대한 설명으로 옳은 것만을 <보기> 에서 있는 대로 고른 것은?

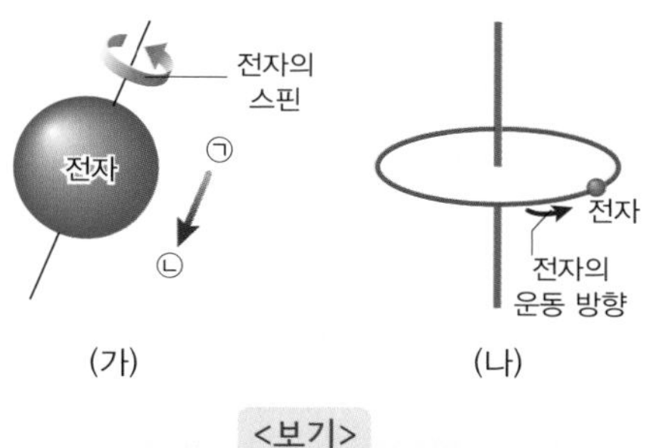

(가) (나)

<보기>

ㄱ. (가)에서 전자의 ㉠ 쪽은 N극, ㉡쪽은 S극이 형성된다.
ㄴ. (나)에서 전자의 운동 방향과 그것에 의한 전류의 방향은 반대이므로 위쪽에 S극이 형성된다.
ㄷ. 전자의 스핀과 전자의 궤도 운동에 의해 물질이 자성을 띠게 된다.

① ㄱ ② ㄴ ③ ㄷ ④ ㄱ, ㄴ ⑤ ㄴ, ㄷ

12

다음 중 유도 전류가 발생하지 않는 경우는?

① 자석 위로 코일이 떨어질 때
② 자석이 코일 중심으로 떨어질 때
③ 원형 코일 위로 자석의 N 극을 가까이 할 때
④ 마주 보고 있는 두 코일이 있을 때 한 쪽 코일의 전류를 변화시켜 줄 때
⑤ 코일 중심에 자석이 놓여있는 상태에서 자석과 코일이 같은 속도로 이동할 때

13

그림 (가) 는 강자성체에 코일을 감고 전원 장치에 연결하여 전류를 흘려주고 있는 모습이다. 그림 (나) 는 (가) 에서 자화된 막대를 꺼내어 S 면이 위쪽으로 가도록 한 후 원형 도선을 향해 떨어뜨렸더니 도선에 시계 방향으로 전류가 흘렀다. 이때 전원 장치의 단자의 극과 S 면이 띠는 극을 바르게 짝지은 것은?

[수능 기출 유형]

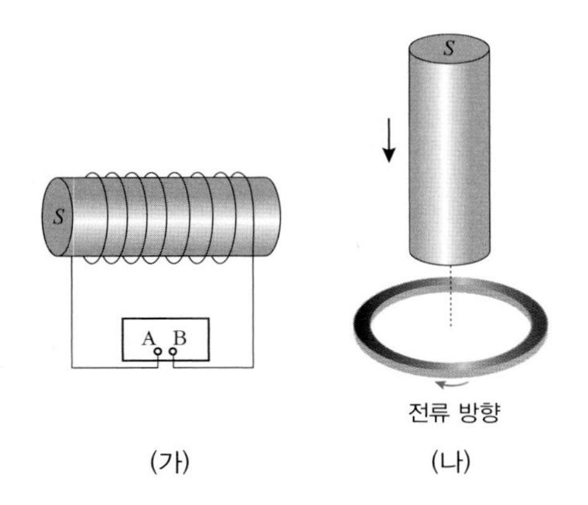

	A 단자	B 단자	S면이 띠는 극
①	(+)극	(−)극	N 극
②	(+)극	(−)극	S 극
③	(−)극	(+)극	N 극
④	(−)극	(+)극	S 극
⑤	(+)극	(−)극	(+)극

14

다음 그림과 같이 반지름이 다른 두 원형 도선이 하나의 축을 중심으로 놓여져 있다. 이때 도선 (가) 에 전류가 시계 방향으로 흐르며 도선 (나) 에 가까이 다가갈 때 도선 (나) 에 흐르는 전류의 방향(A)과 두 도선 사이에 작용하는 힘(B)을 바르게 짝지은 것은? (단, 전류의 방향은 오른쪽에서 봤을 때를 기준으로 한다.)

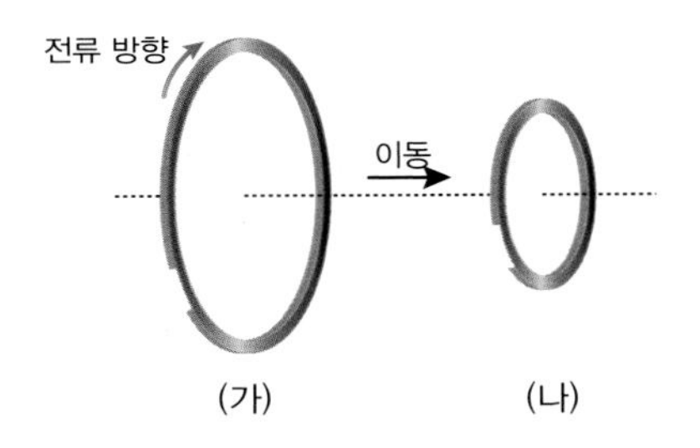

	A	B		A	B
①	시계 방향	인력	②	시계 방향	척력
③	반시계 방향	인력	④	반시계 방향	척력
⑤	전류가 흐르지 않는다				

15

다음 그림과 같이 같은 세기의 전류가 흐르는 두 도선의 중심에 사각 도선이 놓여져 있다. 두 도선과 사각 도선은 같은 평면 상에 있다. 이때 B 도선에 흐르는 전류의 세기만 점점 증가시켰을 때 사각 도선에 유도된 전류에 대한 설명으로 옳은 것은?

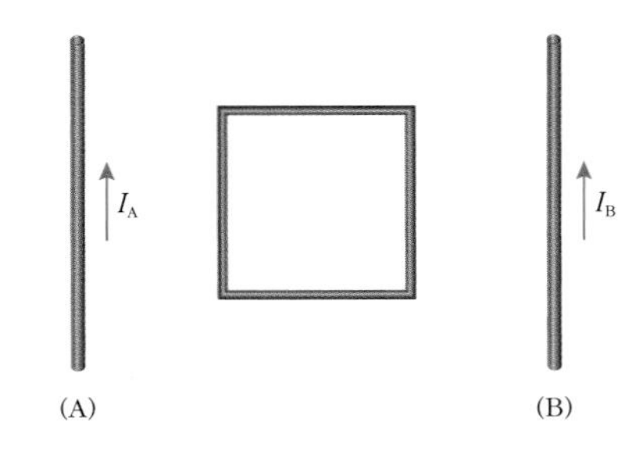

① 시계 방향으로 흐른다.
② 시계 반대 방향으로 흐른다.
③ 유도된 전류의 세기는 0 이다.
④ 시계 방향으로 흐르다, 시계 반대 방향으로 흐른다.
⑤ 시계 반대 방향으로 흐르다, 시계 방향으로 흐른다.

16 그림 (가) 는 종이면에 수직으로 들어가는 방향으로 균일한 자기장(B)이 형성된 영역에 저항 R 이 연결된 사각형 도선이 종이면에 고정되어 있는 것을 나타낸 것이다. 그래프 (나)는 자기장의 세기 B 를 시간에 따라 나타낸 것이다. 2 초, 4 초일 때 저항 R 에 흐르는 전류의 세기를 각각 I_2, I_4 라고 할 때, $I_2 : I_4$ 는?

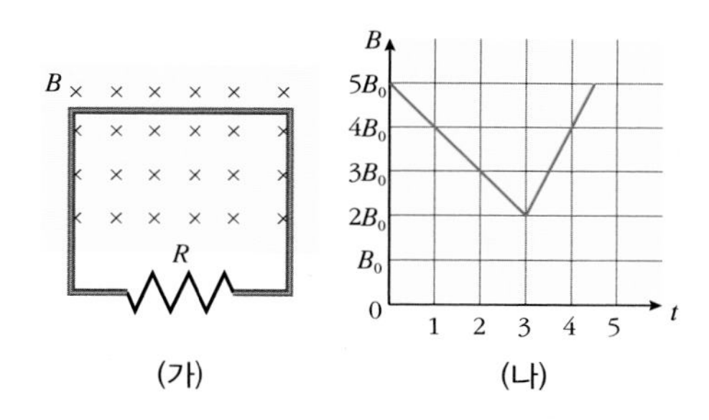

(가) (나)

① 1 : 1 ② 1 : 2 ③ 1 : 3
④ 2 : 1 ⑤ 3 : 1

17 다음 그림과 같이 사각형 코일이 지면으로 들어가는 방향으로 균일하게 형성되어 있는 자기장 영역 속으로 일정한 속도 v 로 들어가는 것을 나타낸 것이다. 이때 도선의 오른쪽 변이 자기장 영역에 도달하는 순간부터 시간에 따른 사각 도선에 흐르는 전류의 세기 그래프로 옳은 것은? (단, 전류의 방향은 시계 방향을 (+)로 한다.)

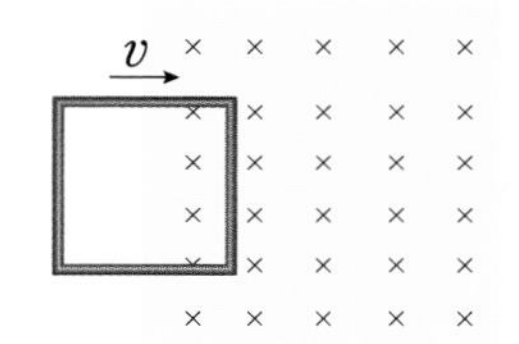

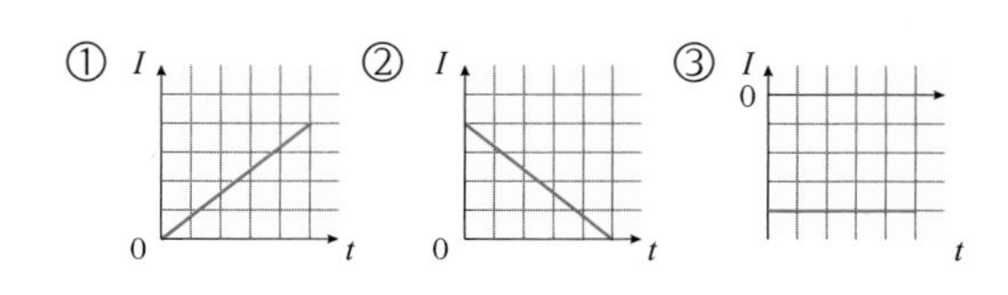

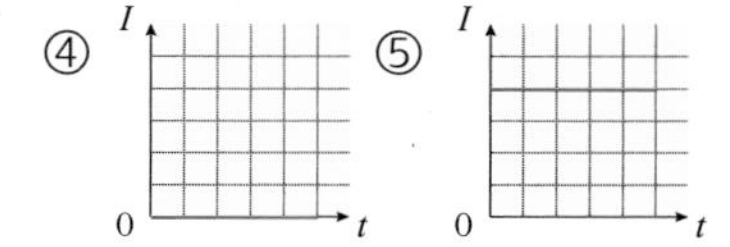

18 다음 그림과 같이 자기장이 지면으로 수직하게 들어가는 방향으로 일정하게 형성되어 있는 지면 위에서 직사각형 금속 고리 A, B, C 가 자기장 영역으로 들어가고 있는 순간의 모습을 나타낸 것이다. A 는 $+x$ 방향으로 $2v$, B 는 $+x$ 방향으로 v, C 는 $-x$ 방향으로 $2v$ 의 속도로 각각 등속 운동하고 있다. A, B, C 의 세로 길이 비는 2 : 4 : 1 이며, 각 도선의 전체 저항값은 각각 같다. 이때 세 금속 고리에 발생하는 유도 기전력의 비 ($V_A : V_B : V_C$)는?

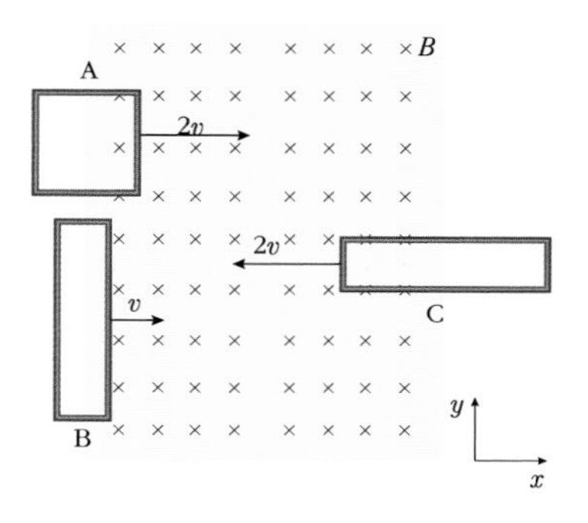

① 1 : 1 : 1 ② 1 : 2 : 4 ③ 2 : 2 : 1
④ 2 : 4 : 1 ⑤ 4 : 2 : 1

19 그림은 지면 위에 놓인 솔레노이드 위에서 상자성체를 실에 연결하여 천장에 매달아 정지시킨 모습이다. 솔레노이드에는 일정한 세기의 전류가 흐르고 있을 때 이에 대한 설명으로 옳은 것만을 <보기> 에서 있는 대로 고른 것은?

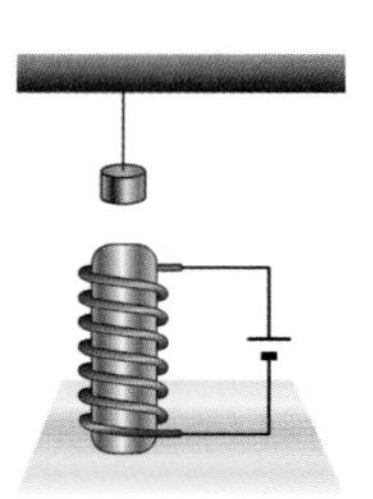

<보기>

ㄱ. 전류가 흐르고 있는 솔레노이드의 위쪽에는 N 극이 형성되어 있다.
ㄴ. 상자성체와 솔레노이드 사이에는 인력이 작용한다.
ㄷ. 실에 연결한 물체를 반자성체로 바꾸면 솔레노이드와 반자성체 사이에는 척력이 작용한다.
ㄹ. 천장의 실이 상자성체에 작용하는 힘의 크기는 상자성체의 무게와 같다.

① ㄱ, ㄴ ② ㄴ, ㄷ ③ ㄷ, ㄹ
④ ㄱ, ㄴ, ㄷ ⑤ ㄴ, ㄷ, ㄹ

20

오른쪽 그림은 자석을 실에 매달아서 고정된 원형 도선의 중심을 따라 일정한 속력으로 화살표 방향으로 움직이고 있는 모습을 나타낸 것이다. 이에 대한 설명으로 옳은 것만을 <보기> 에서 있는 대로 고른 것은? (점 a, b, c 는 원형 도선의 중심축 상의 점이고, 자석의 크기는 무시한다.)

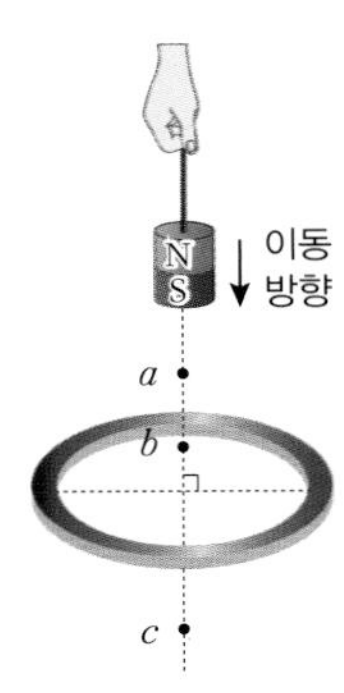

<보기>

ㄱ. a 점을 지날 때와 c 점을 지날 때 원형 도선에 유도되는 전류의 방향은 같다.

ㄴ. b 점을 지날 때의 원형 도선에 유도되는 전류의 는 a 점을 지날 때보다 크다.

ㄷ. c 점을 지날 때 실이 자석을 당기는 힘의 크기는 자석에 작용하는 중력보다 작다.

① ㄱ　② ㄴ　③ ㄷ　④ ㄱ, ㄴ　⑤ ㄴ, ㄷ

21

다음 그림과 같이 지면과 수평인 한 변의 길이가 l 인 정사각형 도선과, 지면에 수직으로 들어가는 방향의 일정한 크기의 자기장 영역이 지면에 형성되어 있다. 이때 정사각형 도선이 l / s(초) 의 일정한 속도로 자기장 영역을 향해 운동을 시작하였다. 자기장 영역의 한 변의 길이는 $4l$ 일 때, 정사각형 도선에 유도된 전류의 세기를 시간에 따라 바르게 나타낸 그래프는? (단, 정사각형 도선에 위에서 볼 때 시계 방향으로 흐르는 전류의 방향이 (+)이다.)

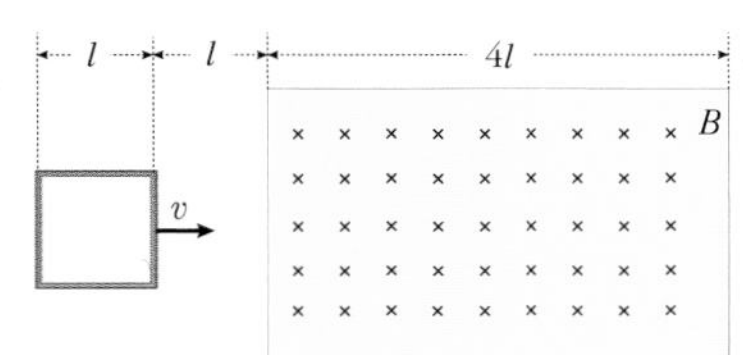

① I, 0, 1 2 3 4 5 6, t(s)

② I, 0, 1 2 3 4 5 6, t(s)

③ I, 0, t(s), 1 2 3 4 5 6

④ I, 0, t(s), 1 2 3 4 5 6

⑤ I, 0, 1 2 3 4 5 6, t(s)

[22-23] 다음 그림은 균일한 자기장 B 속에 놓여있는 ㄷ자형 도선 위에 도체 막대가 움직이고 있는 것을 나타낸 것이다. 도체 막대의 길이는 l 이고, ㄷ자형 도선과 도체 막대로 이루어진 면적은 S 이다. 물음에 답하시오.

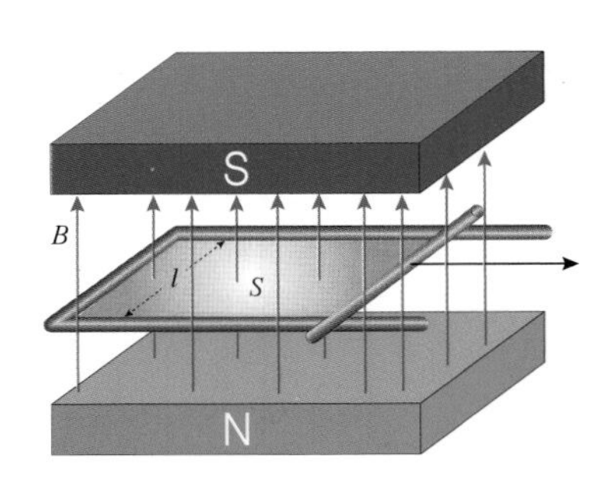

22

도체 막대를 일정한 속도 v 로 이동시킬 때, 도체 막대의 양단에 걸리는 전압 V 와 S 사이의 관계를 나타낸 그래프로 옳은 것은? (단, 도체 막대와 도선의 저항은 무시한다.)

[수능 기출 유형]

①
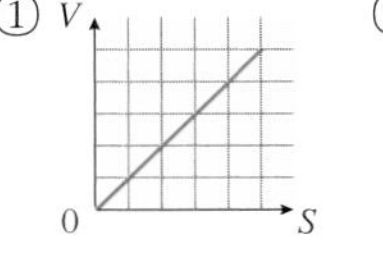

②
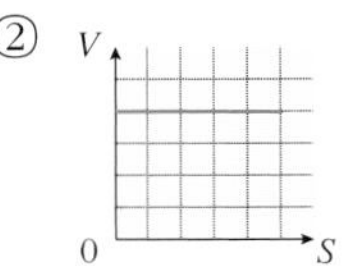

③
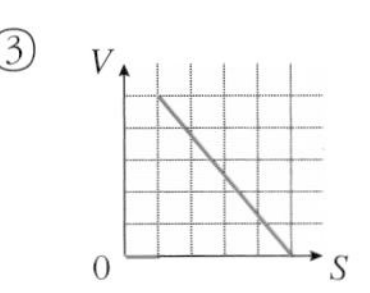

④
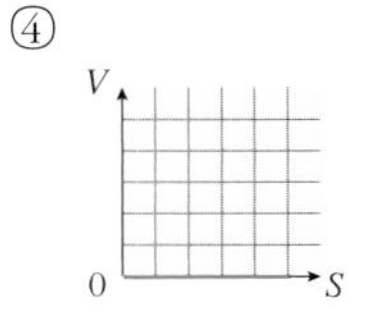

⑤
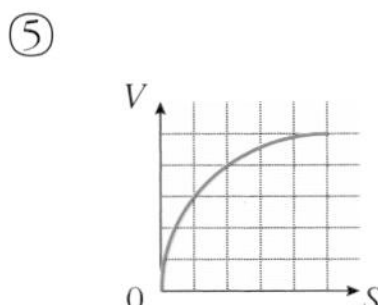

23

도체 막대의 속도가 시간에 따라 일정하게 증가할 때, 유도 전류의 세기(I)와 시간(t)의 관계 그래프로 가장 적절한 것은?

①
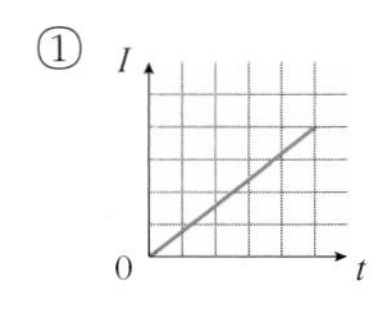

②
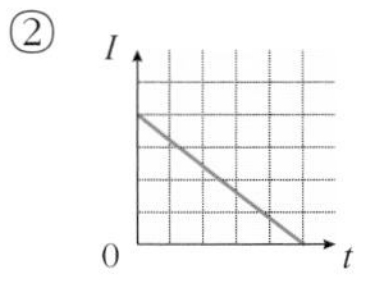

③
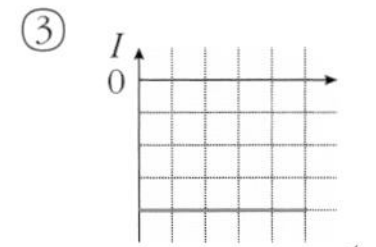

④
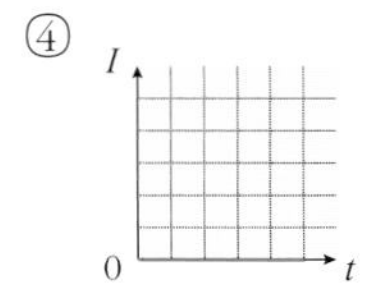

⑤
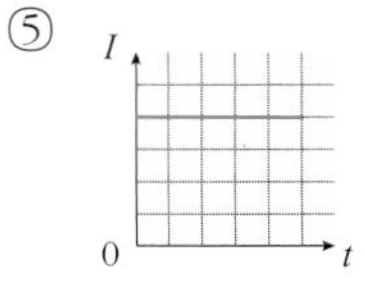

24 다음 그림은 두 자기장 영역의 가운데에 함께 걸쳐진 상태에서 정지한 모습의 정사각형 도선을 나타낸 것이다. 자기장 영역 (가) 와 (나) 에는 자기장의 세기가 각각 $2B$, B 로 균일하고, 모두 지면에 수직으로 들어가는 방향의 자기장이 형성되어 있다. 이때 정사각형 도선을 움직이는 순간 도선에 유도된 전류가 A 에서 오른쪽 방향으로 B 방향 쪽으로 흘렀다면 도선의 운동 방향으로 옳은 것만을 <보기> 에서 있는 대로 고른 것은?

[수능 기출 유형]

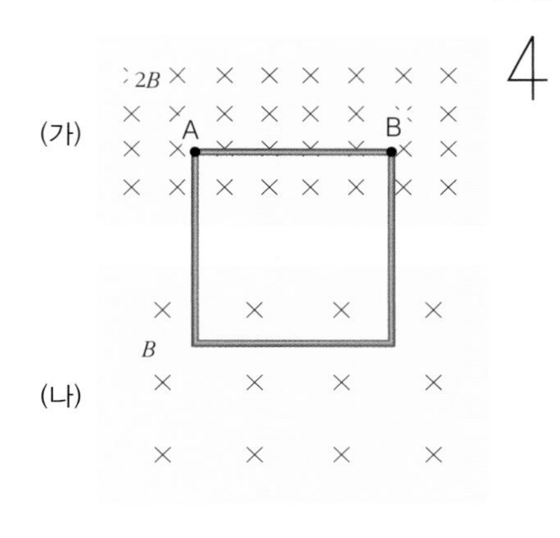

4

<보기>

ㄱ. 동쪽　　ㄴ. 서쪽　　ㄷ. 남쪽　　ㄹ. 북쪽

① ㄱ　　② ㄷ　　③ ㄹ
④ ㄱ, ㄷ　　⑤ ㄴ, ㄹ

26 다음 그림은 상자성체와 강자성체에 코일을 감고 전원 장치를 연결한 후 일정한 세기의 전류 I 를 흐르게 하여 자화시키는 것을 나타낸 것이다. 이에 대한 설명으로 옳은 것만을 <보기> 에서 있는 대로 고른 것은 (a, b, c 점은 모두 중심축 위에 있다.)

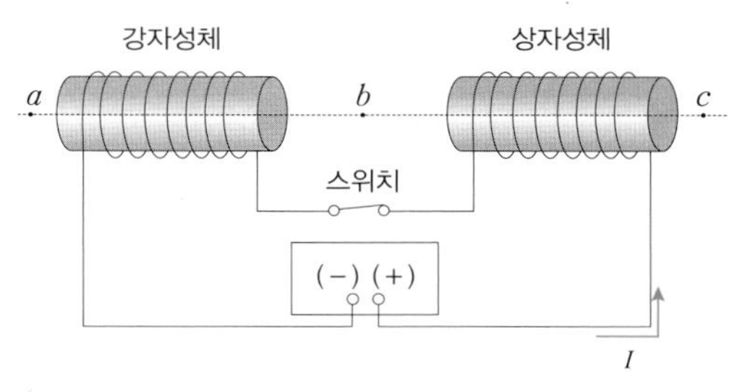

<보기>

ㄱ. 강자성체와 상자성체 사이에는 인력이 작용한다.
ㄴ. 전류를 흐르게 하면 강자성체 내부의 자기장의 방향은 a 에서 b 방향이다.
ㄷ. 상자성체 대신 반자성체를 같은 위치에 놓고 같은 과정을 반복하였을 때, c 점에 자석의 N 극을 두면 자석과 반자성체 사이에는 척력이 작용한다.
ㄹ. 스위치를 열고 b 위치에 막대 자석의 N 극을 왼쪽 방향을 향하게 하여 놓으면 자석과 강자성체 사이에는 척력이 작용한다.

① ㄱ, ㄴ　　② ㄴ, ㄷ　　③ ㄷ, ㄹ
④ ㄱ, ㄴ, ㄷ　　⑤ ㄱ, ㄴ, ㄹ

심화

25 다음 그림은 특정 온도 이하에서 자석 위에 물체가 떠 있는 것을 나타낸 것이다. 이 물체를 초전도체라고 한다. 초전도체는 강자성체, 상자성체, 반자성체 중 무엇일까? 그 이유와 함께 서술하시오.

27 다음 그림은 태블릿 컴퓨터의 구조이다. 태블릿 컴퓨터의 전기가 필요 없는 전자 펜을 이용하여 화면에 글을 쓸 수 있는 원리를 전자기 유도를 이용하여 설명하시오.

28 다음 그림은 질량이 m 인 자석이 N 극을 아래로 하여 코일의 중심을 향해 떨어지는 것을 나타낸 것이다. 코일은 원통형 나무에 감겨 있으며 검류계에 연결되어 있다. 자석이 높이 h 만큼 떨어지는 동안 검류계의 바늘이 움직였다. 이에 대한 설명으로 옳은 것만을 <보기> 에서 있는 대로 고른 것은? (단, 중력 가속도는 g 이며, 공기의 저항은 무시한다.)

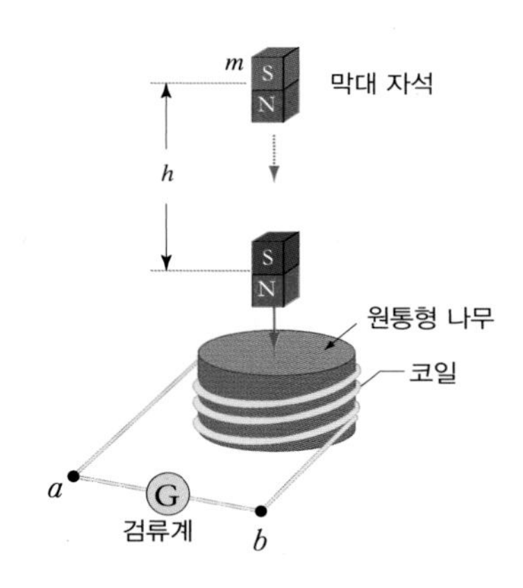

<보기>

ㄱ. 유도 전류는 $a \rightarrow$ Ⓖ $\rightarrow b$ 로 흐른다.
ㄴ. 코일의 유도 전류에 의한 자기력선은 코일 내부에서 위쪽 방향으로 형성된다.
ㄷ. 자석이 h 만큼 떨어졌을 때 자석의 운동 에너지의 증가량은 mgh 보다 크다.
ㄹ. 코일과 자석 사이에는 척력이 작용한다.

① ㄱ, ㄴ ② ㄴ, ㄷ ③ ㄷ, ㄹ
④ ㄱ, ㄴ, ㄹ ⑤ ㄴ, ㄷ, ㄹ

29 그림 (가)는 균일한 자기장 영역 A 에 있던 한 변의 길이가 l 인 정사각형 도선이 균일한 자기장 영역 B 를 향해 오른쪽으로 이동하는 것을 나타낸 것이다. 그림 (나) 는 시간에 따른 P 점의 위치를 나타낸 것이다. 자기장 영역 A 에서 자기장의 방향은 지면에 수직으로 들어가는 방향, 자기장 영역 B 에서는 지면에서 수직하게 나오는 방향의 자기장이 형성되어 있고, 두 영역의 자기장의 세기는 같다. p → q → r 방향으로 흐르는 전류의 방향을 (+) 라고 할 때, 사각형 도선에 흐르는 전류를 p 의 위치에 따라 나타낸 그래프로 옳은 것은?

[수능 기출 유형]

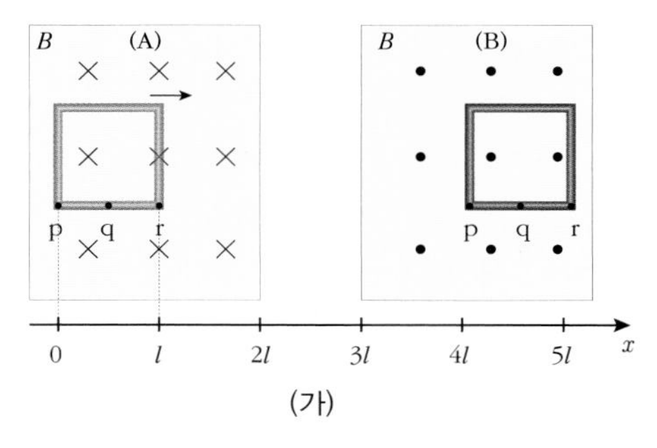

(가)

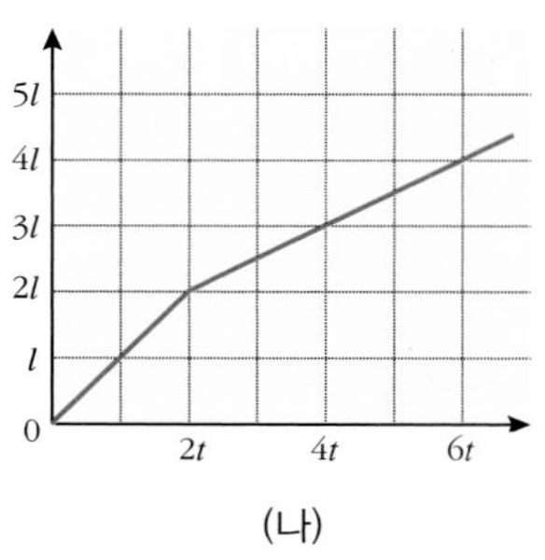

(나)

①
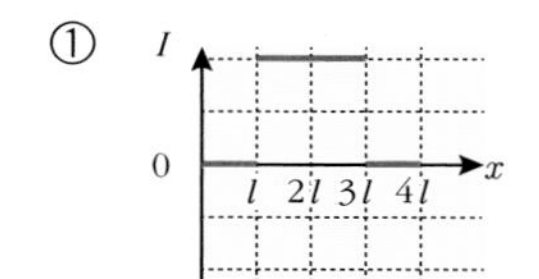

②
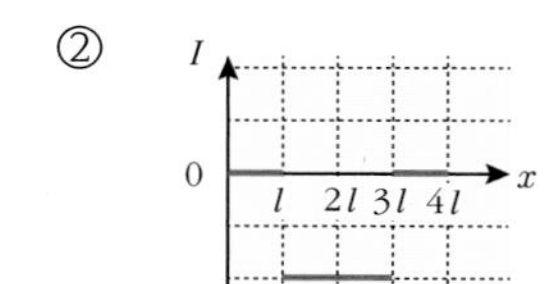

③
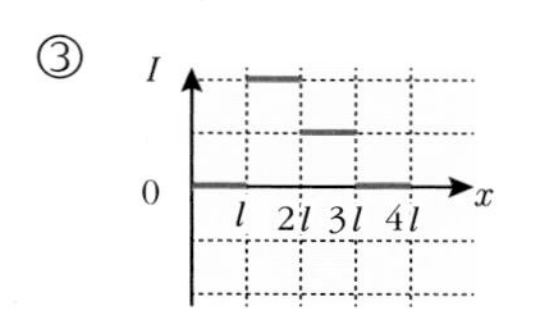

④
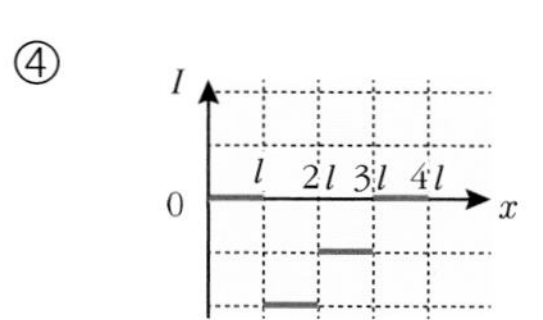

⑤
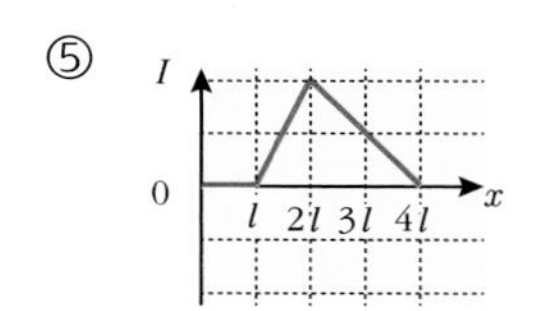

정답 및 해설 89 쪽

30

다음 그림은 강한 전류가 흐르는 직선 도선 위를 사각형 도선이 왼쪽에서 오른쪽으로 일정한 속도로 이동한 것을 나타낸 것이다. 이에 대한 설명으로 옳은 것만을 <보기> 에서 있는 대로 고른 것은?

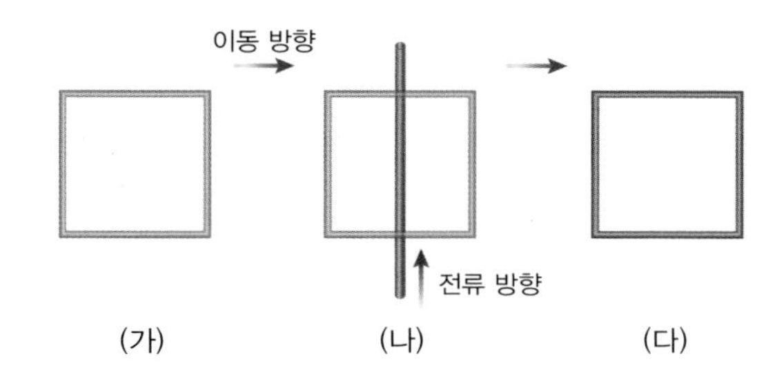

<보기>

ㄱ. (가) 와 같이 사각형 도선이 직선 도선에 가까워질수록 사각형 도선을 통과하는 지면에서 나오는 방향의 자속이 증가한다.
ㄴ. (가) 와 같이 사각형 도선이 직선 도선에 가까워질수록 사각형 도선에 흐르는 유도 전류의 세기는 증가한다.
ㄷ. (나) 와 같이 사각형 도선이 직선 도선 위를 통과할 때 유도 전류의 방향이 바뀐다.
ㄹ. (다) 에서 사각형 도선에 흐르는 유도 전류의 방향은 시계 방향이며, (가) 에서의 유도 전류의 방향과 반대이다.

① ㄱ, ㄴ ② ㄴ, ㄷ ③ ㄷ, ㄹ
④ ㄱ, ㄴ, ㄷ ⑤ ㄴ, ㄷ, ㄹ

31

다음 그림과 같이 자기장 영역 (가), (나) 가 있는 xy 평면에서 정사각형 금속 고리 4 개가 운동하고 있는 순간의 모습을 나타낸 것이다. A 는 $+y$ 방향, B 는 $+x$ 방향, C 와 D 는 $-x$ 방향으로 모두 같은 속도로 운동한다. 자기장 영역 (가) 에서 자기장의 세기는 $2B$, (나) 에서는 B 로 균일하며 xy 평면에서 지면에 수직으로 들어가는 방향이다. 이때 금속 고리에 흐르는 유도 전류의 방향이 같은 것끼리 바르게 묶인 것은?

[수능 기출 유형]

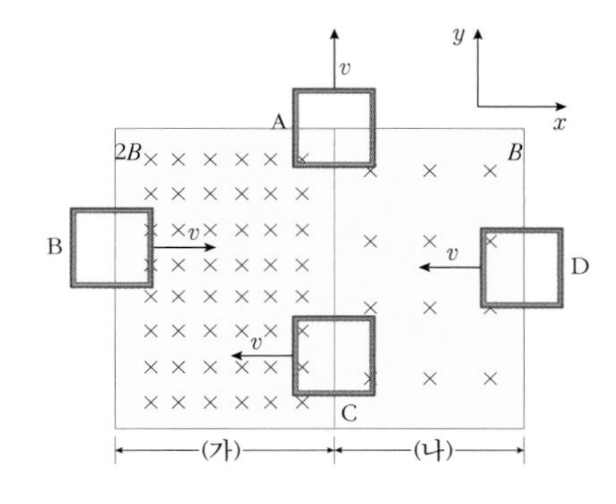

	시계 방향	반시계 방향
①	A	B, C, D
②	A, B	C, D
③	A, B, C	D
④	B, C	A, D
⑤	C, D	A, B

32

다음 그림과 같이 한 변의 길이가 a 인 정사각형 도선 고리가 자기장에 수직한 면에 놓여 있다. 자속 밀도는 전 영역에서 B 로 균일하고, 지면에 수직하게 나오는 방향으로 형성되어 있다. 이때 정사각형 도선 고리를 포함한 전 회로의 저항이 R 이라고 할 때, 그림과 같이 정사각형 도선 고리를 양 쪽으로 같은 힘으로 잡아당겨 직선처럼 될 때까지 걸린 시간이 t 라면, 그 과정에서 검류계를 지나는 전류의 세기를 구하시오.

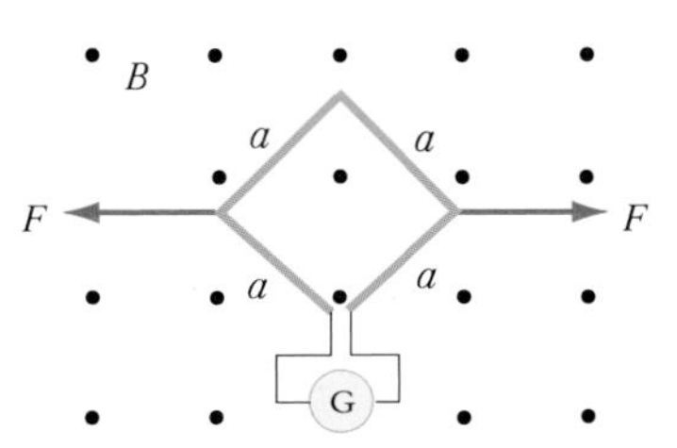

창의력

33

자동차나 기차 등을 정확한 위치에 안전하게 정지시키는 것은 중요한 일이다. 대부분의 차량들은 마찰력을 이용한 제동 방법을 사용하고 있지만, 고속 열차나 놀이 기구 등에서 마찰을 이용하지 않는 제동 방법이 사용되고 있다. 바로 전자기 유도 현상을 응용한 제동 장치이다. 이를 자기 브레이크 혹은 와전류 브레이크라고 한다. 물음에 답하시오.

(1) 서울의 한 놀이공원에는 자이로드롭이라는 놀이기구가 있다. 자이로드롭은 중앙 타워의 높이는 78 m 이고, 562 kW 의 강한 전기 모터에 의해 최고 높이 지상 70 m 까지 올라간다. 여기서 3 초 동안 정지한 후 탑승 의자가 평균 시속 97 km 로 약 45 m 의 거리를 자유 낙하하다가 지상 25 m 높이에 오면 브레이크가 작동하면서 멈추기 시작한다.

▲ 자이로드롭

자이로드롭에는 탑승 의자 뒤에 12 개의 긴 말굽 모양의 자석과 타워 중앙에 12 개의 금속판이 각각 장치되어 있는데, 이 두 물체는 지상 25 m 높이에서 서로 만나게 되며 이때부터 서서히 제동이 되면서 자이로드롭이 정지하게 된다. 이렇게 정지할 수 있는 원리에 대하여 전자기 유도를 이용하여 설명하시오.

(2) 다음 그림은 열차에 사용하는 자기 브레이크의 내부 구조를 나타낸 것이다. 열차가 브레이크용 자석 내부로 들어올 때 멈추는 원리를 전자기 유도를 이용하여 설명하시오.

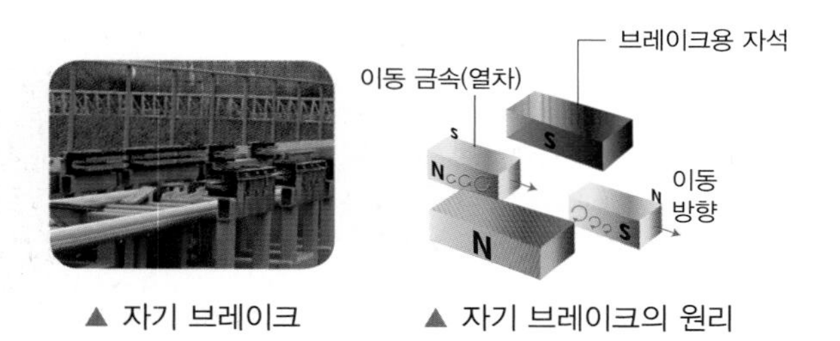

▲ 자기 브레이크　　▲ 자기 브레이크의 원리

34

다음 그림은 원형 도선이 균일한 자기장 속에서 실에 매달려 일정한 주기로 진동하고 있는 모습을 나타낸 것이다. 이때 자기장은 지면으로 들어가는 방향으로 형성되어 있다. 이때 원형 코일에서 일어나는 변화를 이유와 함께 서술하시오.

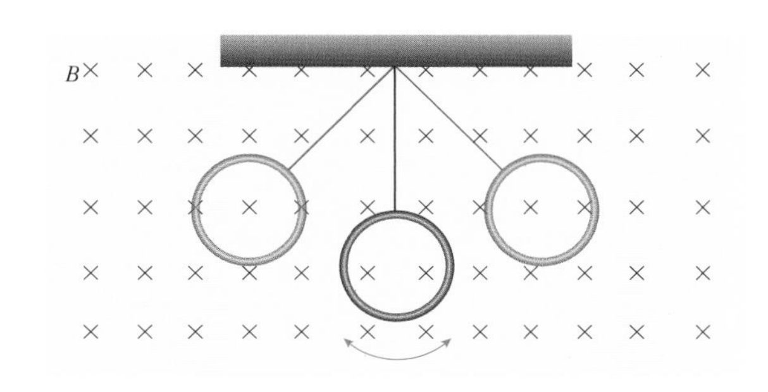

35

다음 그림은 수평면에 놓인 원형 도선 위에 S 극을 아래로 한 자석의 중심이 A, B, C 점을 따라 회전하지 않고 일정한 속도로 수평 운동하는 것을 나타낸 것이다. A 에서 B 로 이동할 때, B 점을 통과하는 순간, B 에서 C 로 이동할 때의 유도 전류에 대하여 각각 서술하시오.(단, 유도 전류의 방향을 ① 과 ② 를 이용하여 설명하시오.)

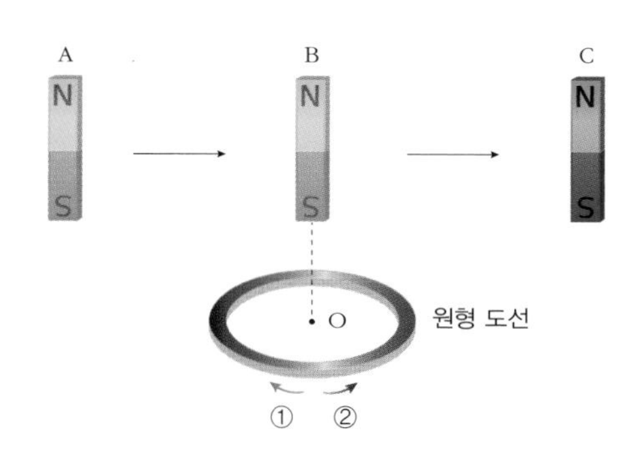

36 다음 그림은 가로 길이는 동일하지만 세로 길이는 다른 균일한 자기장 영역 (A), (B), (C) 가 나란하게 놓여 있는 것을 나타낸 것이다. 세로 길이의 비는 4 : 2 : 1 이고, 자기장의 방향은 모두 지면으로 수직하게 들어가는 방향이다. 이 자기장 영역으로 사각형 도선이 왼쪽에서 오른쪽으로 일정한 속도로 이동할 때, 자기장 영역 A 에 들어갈 때부터 C 의 오른쪽으로 나갈 때까지 사각형 도선에 흐르는 유도 전류의 세기를 시간에 따른 그래프로 나타내 보시오. (단, 사각형 도선의 가로 길이는 자기장 영역의 가로 길이보다 작고, 세로 길이는 길며, 시계 방향으로 흐르는 전류를 (+)로 한다.)

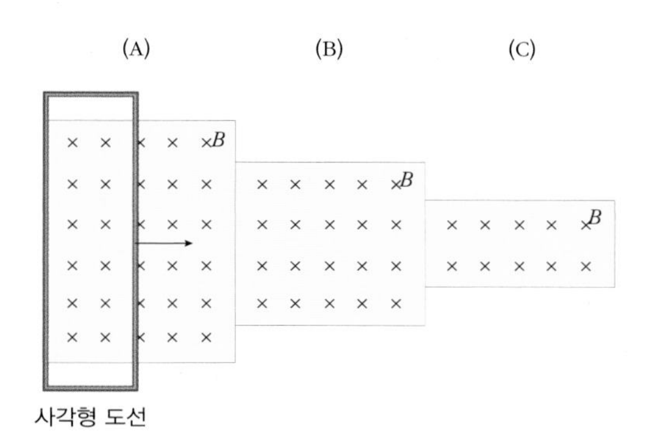

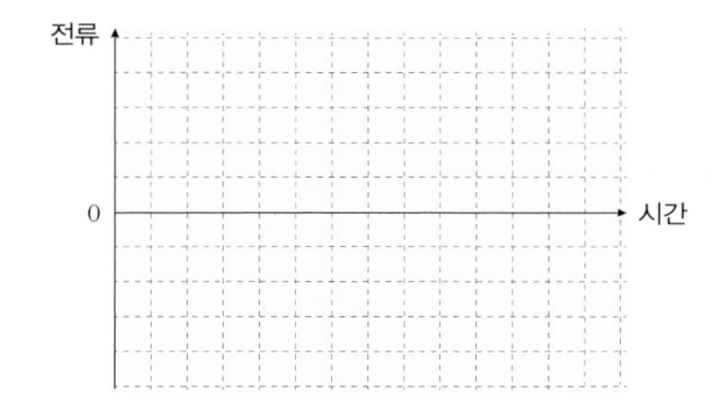

37 다음 그림은 용수철에 매달려 균일한 자기장 속에서 진동하고 있는 사각형 코일을 나타낸 것이다. (가) 는 사각형 코일이 자기장 영역의 경계면을 지나고 있는 상태, (나) 는 사각형 코일이 자기장 영역 속에서 운동하고 있는 상태를 나타낸다. 자기장의 방향은 지면에 수직으로 들어가는 방향이다. 물음에 답하시오. (단, 공기 저항은 무시한다.)

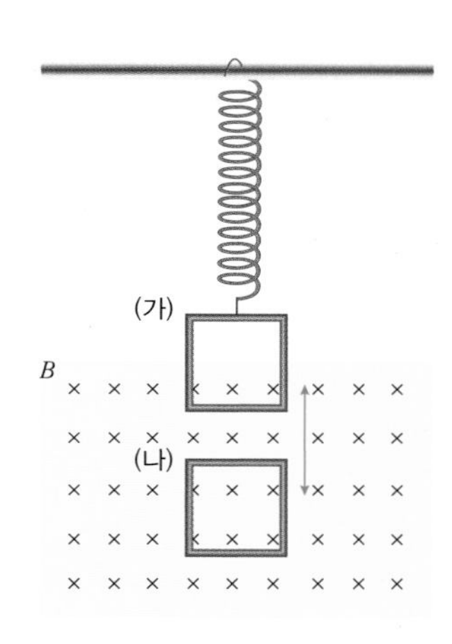

(1) (가) 와 (나) 의 상태에서 유도 전류의 방향에 대하여 각각 서술하시오.

(2) 사각형 코일의 진동 운동이 향후 어떻게 될지 전자기 유도 현상을 이용하여 설명하시오.

14강 전자기 유도 Ⅱ

1. 자기력　2. 로런츠 힘
3. 자체 유도　4. 상호 유도

1. 자기력

(1) 자기력 : 자기장 속에서 전류가 흐르는 도선이 받는 힘을 자기력이라고 한다.

① **자기력의 방향** : 자기력의 방향은 전류 방향, 자기장 방향에 각각 수직이다.

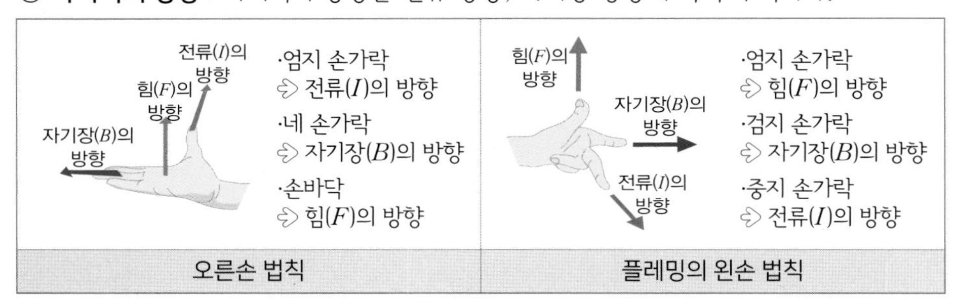

오른손 법칙	플레밍의 왼손 법칙

② **자기력의 세기** : 전류의 세기(I), 자기장의 세기(B), 자기장 속에 들어 있는 도선의 길이(l)에 비례한다.

$$F = BIl\sin\theta \text{ (단위 : N)}$$

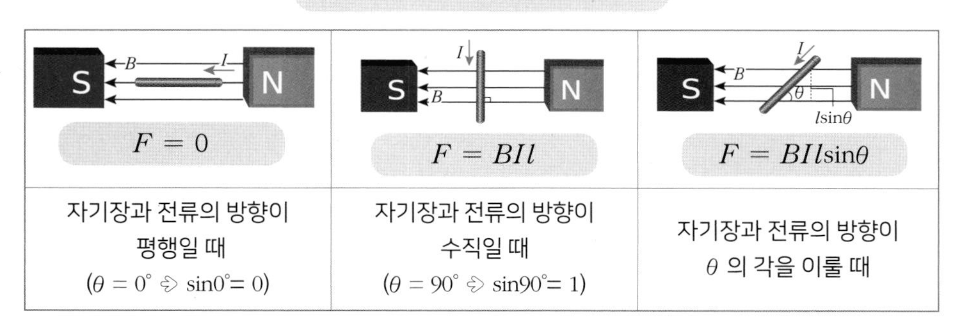

자기장과 전류의 방향이 평행일 때 ($\theta = 0°$ ⇨ $\sin0° = 0$)	자기장과 전류의 방향이 수직일 때 ($\theta = 90°$ ⇨ $\sin90° = 1$)	자기장과 전류의 방향이 θ 의 각을 이룰 때

(2) 나란하게 놓인 두 평행한 도선 사이의 힘 : 전류가 흐르는 두 도선(I_1, I_2)사이에 작용하는 힘은 두 도선에 흐르는 전류의 세기의 곱(I_1I_2)과 도선의 길이(l)에 비례하고, 두 도선 사이의 거리(r)에 반비례한다. 이때 두 도선이 받는 자기력의 크기는 같고, 방향은 반대이다.

$$F = k\frac{I_1I_2}{r}l \quad \text{(단위 : N, } k = 2\times10^{-7}\text{ N/A}^2\text{)}$$

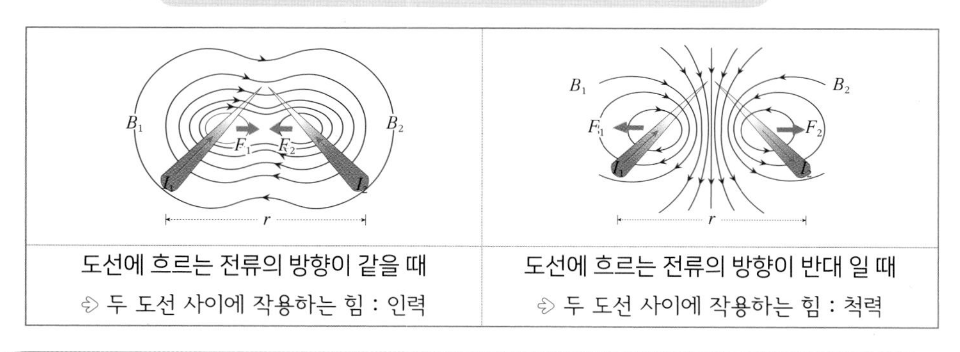

도선에 흐르는 전류의 방향이 같을 때 ⇨ 두 도선 사이에 작용하는 힘 : 인력	도선에 흐르는 전류의 방향이 반대 일 때 ⇨ 두 도선 사이에 작용하는 힘 : 척력

개념확인 1　정답 및 해설 94

균일한 자기장 속에서 자기장 방향에 대해 90° 의 각을 이룬 도선에 전류가 흐르고 있을 때의 도선이 받는 자기력을 F 라고 할 때, 이 도선이 자기장에 대해 30° 기울어 졌을 때의 자기력은?

(　　　　)F

확인 + 1

나란하게 놓은 두 평행한 도선이 있다. 이때 두 도선에 흐르는 전류의 방향이 같을 때 두 도선 사이에 작용하는 힘은 인력일지 척력일지 쓰시오.

(　　　　)

◉ **자석 사이에 전류가 흐르는 도선이 받는 힘**

자석에 의한 자기장과 전류에 의한 자기장이 서로 상쇄되거나 보강된다. 자기력선이 빽빽한 곳에서 희박한 곳으로 도선을 밀어내는 힘이 발생한다.

⊗ 지면에서 들어가는 방향의 전류가 흐르는 도선
⊙ 지면으로 나오는 방향의 전류가 흐르는 도선
→ 도선이 받는 힘의 방향

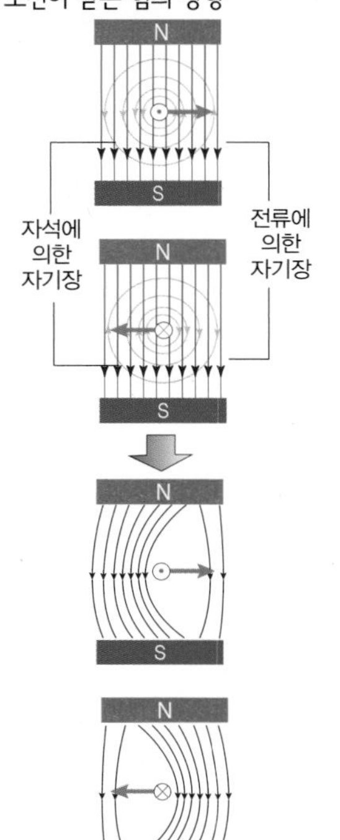

◉ **두 평행한 도선 사이의 힘**

전류 I_1이 흐르는 도선은 I_2가 만드는 자기장 B_2에 의해 자기력 F_1을 받는다. 따라서 I_1이 흐르는 도선이 받는 자기력의 크기는

$$F_1 = B_2I_1l = k\frac{I_2}{r}I_1l = k\frac{I_1I_2}{r}l$$

전류 I_2가 흐르는 도선은 I_1이 만드는 자기장 B_1에 의해 자기력 F_2를 받는다. 따라서 I_2가 흐르는 도선이 받는 자기력의 크기는

$$F_2 = B_1I_2l = k\frac{I_1}{r}I_2l = k\frac{I_1I_2}{r}l$$

두 힘은 작용 반작용이므로 서로 크기가 같다.

⇨ $F_1 = F_2$

2. 로런츠 힘

(1) 로런츠 힘 : 자기장 속에서 운동하는 대전 입자가 받는 힘을 로런츠 힘이라고 한다.

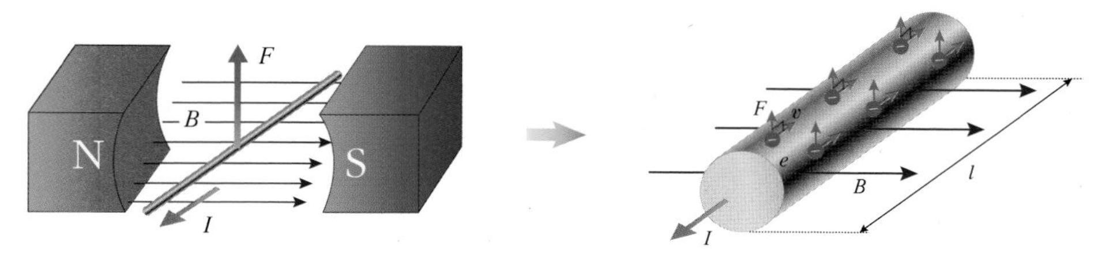

① **로런츠 힘의 방향** : 균일한 자기장 B 속에 놓여 있는 도선에 전류 I 가 흐르면 도선은 힘 F 를 받게 되고, 그 방향은 전류가 흐르는 방향과 자기장의 방향에 각각 수직이다. 이때 도선 안에는 전류의 이동 방향과 반대 방향으로 자유 전자가 이동하고, 이 전자는 도선이 받는 힘과 같은 방향으로 힘을 받는다.

② **로런츠 힘의 크기** : 자기장 B 에 수직한 방향으로 속도 v 로 운동하는 전하량 q 인 입자가 받는 힘 F 는 다음과 같다.

$$F = qvB \quad (\text{단위 : N})$$

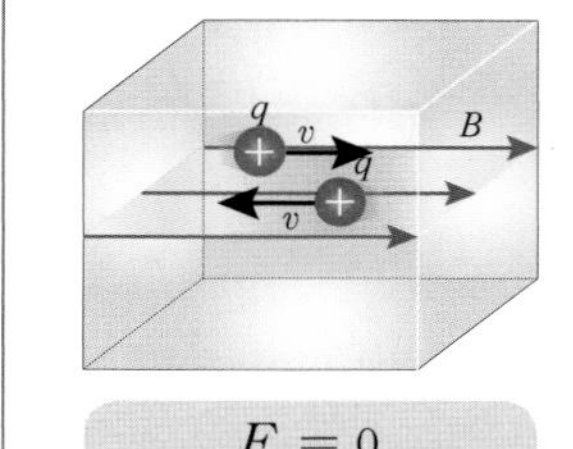	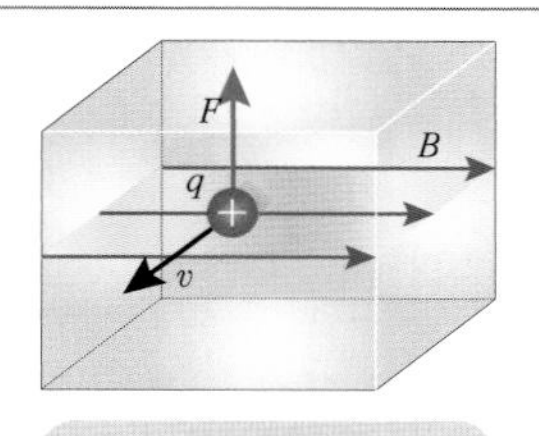	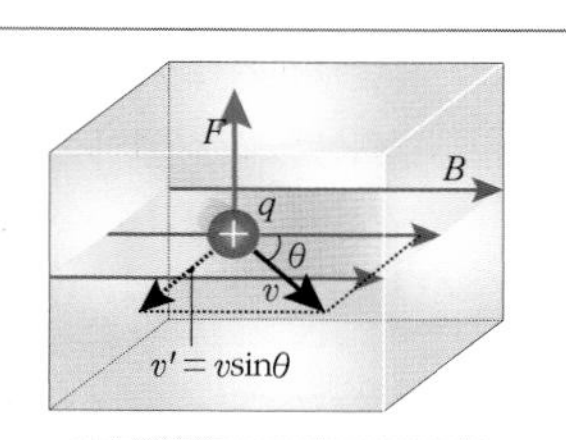
$F = 0$	$F = qvB$	$F = qvB\sin\theta$
자기장과 대전 입자의 운동 방향이 평행일 때	자기장과 대전 입자의 운동 방향이 수직일 때	자기장과 대전 입자의 운동 방향이 θ 의 각을 이룰 때

(2) 균일한 자기장 내에서 대전 입자의 운동 : 질량 m, 전하량 q 인 대전 입자를 일정한 속도 v 로 균일한 자기장 B 에 수직하게 입사시키면 로런츠 힘이 구심력의 역할을 하여 대전 입자는 등속 원운동을 하게 된다.

① **대전 입자에 작용하는 자기력** $F(=qvB)$: 항상 운동 방향에 수직한 방향으로 일정한 크기로 작용하며, 이 힘이 구심력의 역할을 하여 대전입자는 등속 원운동을 한다.

$$F = \frac{mv^2}{r} = qvB$$

② **원운동의 반지름** : 질량 m, 전하량 q, 속도 v, 자기장 B 일때, 반지름 r 은 다음과 같다.

$$F = \frac{mv^2}{r} = qvB \Rightarrow r = \frac{mv}{qB}$$

③ **원운동의 주기** : 대전 입자가 1 회전 하는데 걸리는 시간 T 는 다음과 같다.

$$T = \frac{2\pi r}{v} = \frac{2\pi m}{qB}$$

개념확인 2 정답 및 해설 94

균일한 자기장 B 속에 전하량이 q 인 대전 입자가 자기장 방향과 나란한 방향으로 속도 v 로 운동하고 있다. 이때 입자가 받는 힘의 크기는?

( ) N

확인 + 2

균일한 자기장 속으로 질량이 m 인 입자가 속도 v 로 자기장에 수직으로 입사하면 ( )힘이 ( )의 역할을 하여 입자는 등속 원운동을 하게 된다. 빈칸에 각각 알맞은 말을 쓰시오.

◉ **로런츠 힘의 방향**

·엄지 손가락 ⇨ (+)전하의 운동 방향: (−) 전하의 운동 방향과 반대 방향
·네 손가락 ⇨ 자기장(B)의 방향
·손바닥 ⇨ 힘(F)의 방향

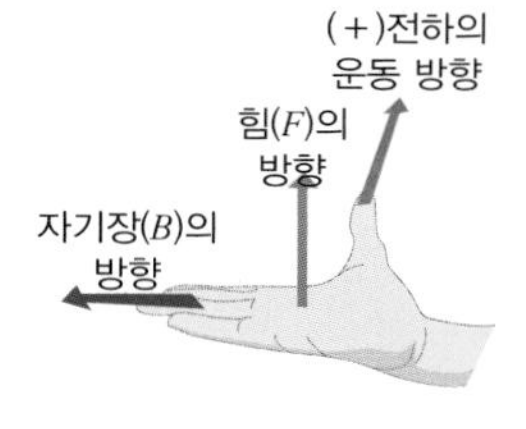

▲ 오른손 법칙

◉ **로런츠 힘의 크기**

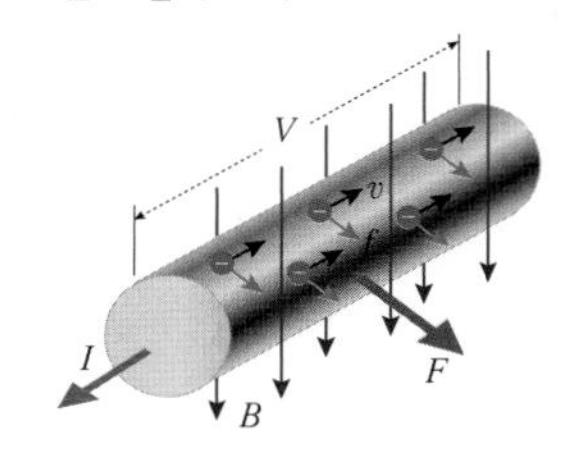

·자기장 B 에 수직으로 놓인 길이 l 인 도선에 전류 I 가 흐를 때 자유 전자는 t 초 동안 l 만큼 이동하였다.
·도선이 받는 힘 $F = BIl$
·전류 I (단위 시간에 도선의 단면적을 지나는 전하량)

$$\Rightarrow I = \frac{Q}{t} = \frac{Ne}{t}$$

[N : 자유 전자의 개수
e : 자유 전자의 전하량]

∴ 도선이 받는 힘

$$F = BIl = B\frac{Ne}{t}l = BNe\frac{l}{t} = NevB$$

따라서 도선 안을 지나는 자유 전자 한 개가 받는 힘 f 는

$$f = \frac{F}{N} = evB$$

◉ **자기장 속에서 전하의 운동**

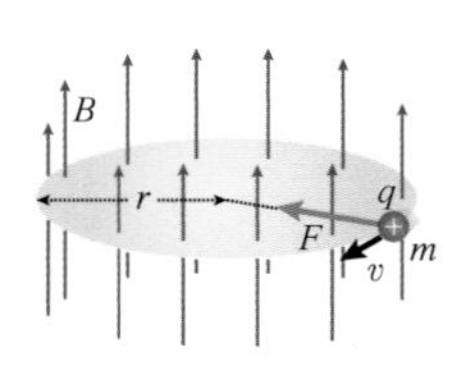

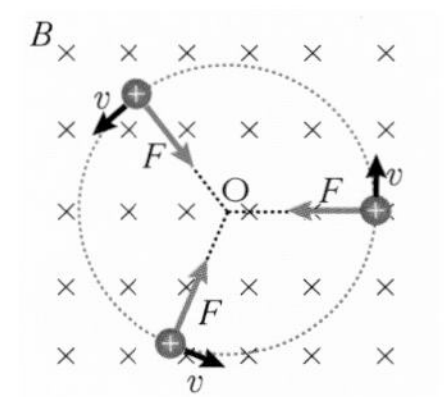

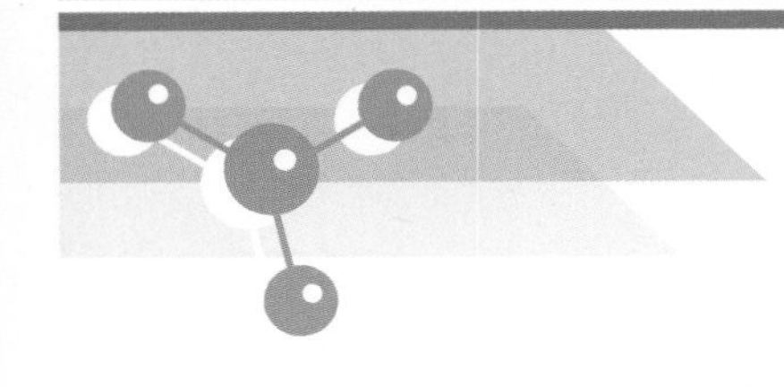

14강 전자기 유도 II

◉ 1 H(헨리)

1 H 는 1 초 동안 1 A 의 전류가 변할 때 1 V 의 유도 기전력을 유도할 수 있는 코일의 자체 유도 계수(L)의 값을 의미한다.

$$1\text{ H} = 1\text{ Wb/A} = 1\text{ T}\cdot\text{m}^2\text{/A}$$

◉ 자체 유도 기전력 그래프

·스위치를 닫을 때(on) : 전지 전압이 V 이고 전체 저항이 R일 때 스위치를 닫는 순간 코일의 전류(I)는 바로 $\frac{V}{R}$ 가 되지 않고, 점차 증가하여 $\frac{V}{R}$ 로 된다. 이는 전지의 기전력과 반대 방향의 자체 유도 기전력(V')이 코일에 발생하기 때문이다.

·스위치를 열 때(off) : 스위치를 여는 순간 바로 회로 전류가 바로 0 이 되지 않고, 짧은 시간 동안 감소하면서 0 이 된다. 이는 전지의 기전력과 같은 방향의 유도 기전력(V')이 코일에 발생하기 때문이다.

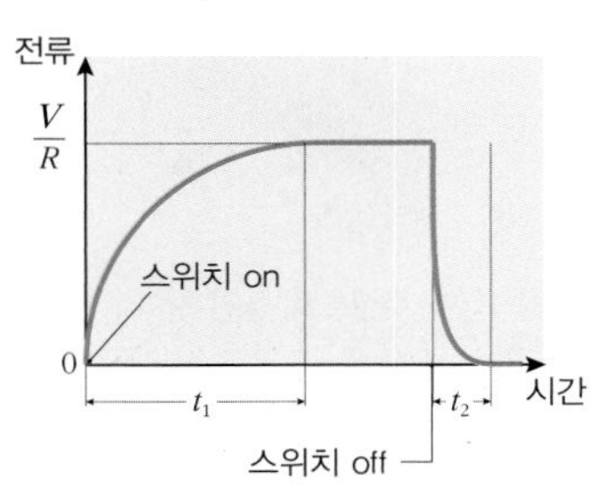

▲ 코일에 흐르는 전류 변화

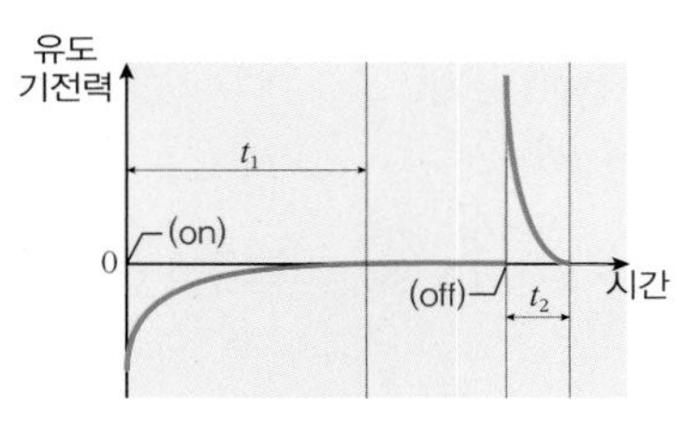

▲ 자체 유도 기전력(V')의 변화

1. 자체 유도(self - induction)

(1) 자체 유도 : 코일이 자체적으로 발생시키는 유도 기전력으로 자체적인 전류 변화에 대응한다. 따라서 코일의 전류는 갑자기 흐르거나, 갑자기 끊어질 수 없다.

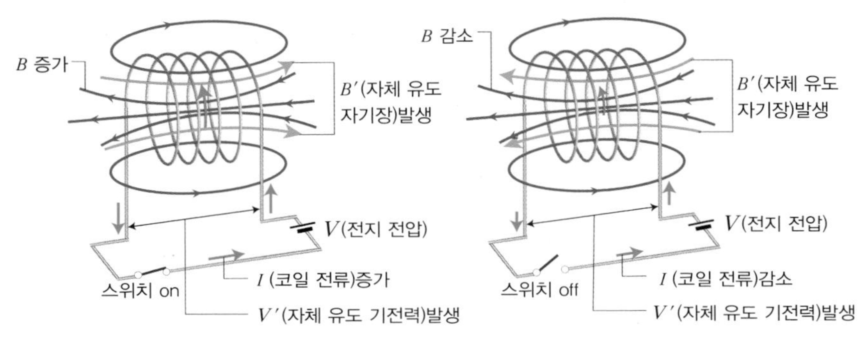

〈전원 스위치 on〉 〈전원 스위치 off〉

전원 스위치 켜(on) ⇨ 코일에 흐르는 전류(I) 증가 ⇨ 전류에 의한 자기장(B)도 증가 ⇨ 자기장의 증가를 방해하는(억제시키는) 방향으로 자체적인 유도 기전력(V') 발생 (전지 전압과 반대 방향)	전원 스위키 끔(off) ⇨ 코일에 흐르는 전류(I) 감소 ⇨ 전류에 의한 자기장(B)도 감소 ⇨ 자기장의 감소를 방해하는(억제시키는) 방향으로 유도 기전력(V') 발생 (전지 전압과 같은 방향)

(2) 자체 유도 계수(L) : 코일마다 서로 다른 값을 가진다. 자체 유도에 의한 유도 기전력이 크게 발생하는 코일일수록 자체 유도 계수가 크다. 자체 유도 계수는 코일의 감은 수 N 와 자속 Φ 에 비례하고, 전류의 세기 I 에 반비례한다. 작은 전류로 큰 자속을 발생시키는 코일일수록 L이 크다.

$$L = \frac{N\Phi}{I} \quad \text{[단위 : H(헨리)]}$$

(3) 자체 유도 기전력(V) : 자체 유도에 의한 유도 기전력으로 회로 전류의 시간적 변화율 ($\frac{\Delta I}{\Delta t}$)에 비례한다. 이때 비례상수가 L 이다. (-)부호는 렌츠 법칙에 따른 방향을 뜻한다.

$$V = -N\frac{\Delta\Phi}{\Delta t} = -L\frac{\Delta I}{\Delta t} \quad \text{[단위 : V]}$$

정답 및 해설 94

개념확인 3

그림과 같이 기전력이 V 인 전지, 자체 인덕턴스가 L 인 코일, 저항값이 R 인 저항 그리고 전류계와 스위치를 연결하였다. 이때 스위치를 닫은 직후 자체 유도 기전력의 방향을 고르시오.

(㉠ 시계 방향, ㉡ 반시계 방향)

확인 + 3

코일의 전류가 30 mA 였다가 2 초 후 70 mA 의 세기로 전류가 증가하였을 때 전류가 변하는 동안 이 코일의 양끝에 걸리는 유도 기전력은?(단, 이 코일의 자체 유도 계수 L 은 5.0 H 이다.)

( ) V

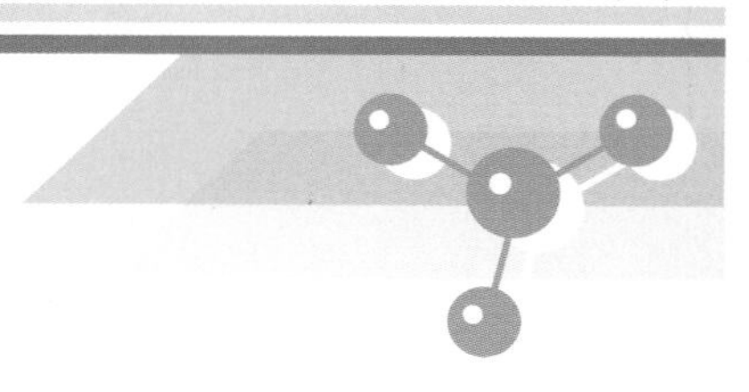

2. 상호 유도(mutual induction)

(1) 상호 유도 : 코일이 서로 근접해 있을 때, 한쪽 코일(1 차 코일)에 흐르는 전류의 세기가 변하면 다른 코일(2 차 코일)에 유도 기전력이 발생하는 현상을 상호 유도라고 한다. 교류처럼 전류의 세기가 계속 변하는 경우 지속적으로 상호 유도 현상이 발생한다.

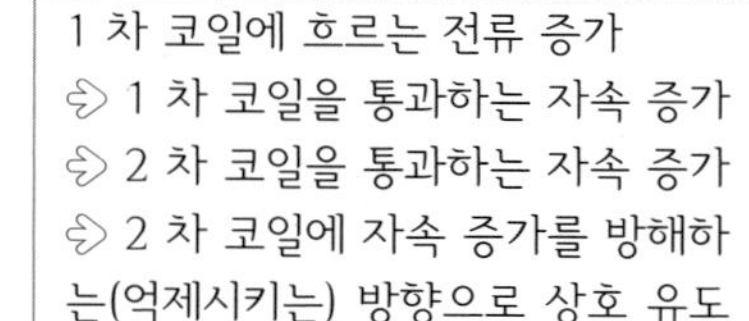

1 차 코일에 흐르는 전류 증가
⇨ 1 차 코일을 통과하는 자속 증가
⇨ 2 차 코일을 통과하는 자속 증가
⇨ 2 차 코일에 자속 증가를 방해하는(억제시키는) 방향으로 상호 유도 기전력/유도 전류 발생
(1차 코일 전류 감소 시는 반대)

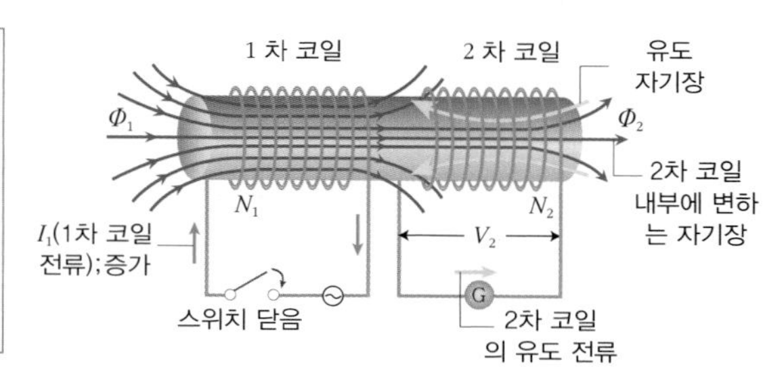

(2) 상호 유도 기전력 : 1 차 코일에 흐르는 전류의 변화에 의해 2 차 코일에 다음과 같이 유도 기전력이 발생한다.

$$V_2 = -N_2\frac{\Delta\Phi_2}{\Delta t} = -M\frac{\Delta I_1}{\Delta t}\ \text{[단위 : V]}(\ M : \text{상호 유도 계수(H)})$$

(3) 변압기 : 같은 철심을 공유한 1차 코일과 2차 코일 사이에서 상호 유도 원리에 의해 전압과 전류를 변환시키는 장치이다. 교류처럼 전압이 계속 변하는 경우에 주로 사용된다.

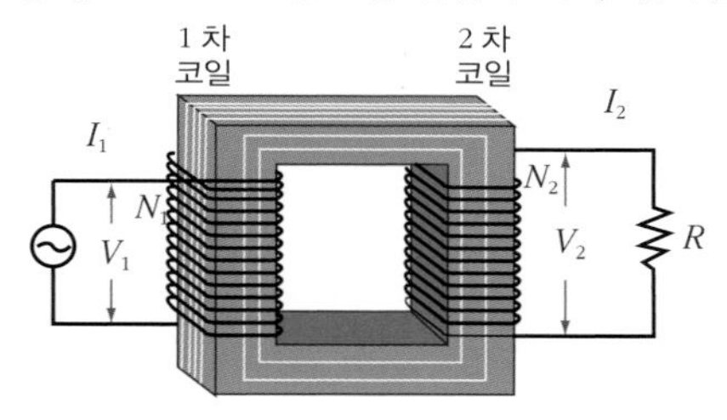

동일한 철심에 1 차 코일(감은 수 N_1)과 2 차 코일(감은 수 N_2)을 감는다. 이때 동일한 철심을 공유하여 자기장이 철심을 따라 형성되므로 두 코일을 통과하는 자속의 변화량은 같다.

1차 코일 공급 기전력 $V_1 = -N_1\frac{\Delta\Phi_1}{\Delta t}$, 2차 코일 유도 기전력 $V_2 = -N_2\frac{\Delta\Phi_2}{\Delta t}$

$\frac{\Delta\Phi_1}{\Delta t} = \frac{\Delta\Phi_2}{\Delta t}$ 이므로, $\frac{V_1}{N_1} = \frac{V_2}{N_2}$, $V_1 : V_2 = N_1 : N_2$

즉, 2차 코일의 감은 수를 증가시키면 그에 비례하여 높은 전압을 얻을 수 있다.

개념확인 4

정답 및 해설 94

다음 빈칸에 들어갈 알맞은 말을 각각 쓰시오.

> 코일 두 개가 나란하게 있을 때, 1차 코일에 흐르는 전류가 증가하면 1차 코일을 통과하는 (㉠)이 증가하게 된다. 이에 의해 2차 코일을 통과하는 (㉠)이 증가하게 되어 이를 방해하는 방향으로 (㉡)이 발생한다. 이를 (㉢)현상이라고 한다.

㉠(　　　　), ㉡(　　　　), ㉢(　　　　)

확인 + 4

코일 A 에 전지를 연결하여 스위치를 닫는 순간 0.1 초 만에 전류가 6 A 가 되었다. 이때 근처에 있던 코일 B 에 유도된 기전력이 30 V 였다면 두 코일 A 와 B 사이의 상호 유도 계수는 몇 H 인가?

(　　　　) H

◉ **상호 유도 계수(M) 단위: H**

두 코일의 위치, 모양, 감은 수, 철심의 종류 등에 의해 결정된다.
전류의 세기 I_1, 감은 수 N_1, 길이 l_1 인 1차 코일 내부에서 자기장의 세기 (B_1)는

$B_1 = k''\frac{N_1}{l_1}I_1$ 이다.

따라서 코일의 단면적을 S 라 할 때, Δt 동안 1 차 코일 속 자속의 변화 ($\Delta\Phi_1$)는

$\frac{\Delta\Phi_1}{\Delta t} = \frac{\Delta(B_1S)}{\Delta t} = k''S\frac{N_1}{l_1}\frac{\Delta I_1}{\Delta t}$

자속의 변화는 1차 코일과 2차 코일 내부에서 동일하므로, N_2번 감은 2 차 코일에 생기는 유도 기전력(V_2)은

$V_2 = -N_2\frac{\Delta\Phi_2}{\Delta t} = -N_2\frac{\Delta\Phi_1}{\Delta t}$

$= -N_2 k''S\frac{N_1}{l_1}\frac{\Delta I_1}{\Delta t}$

한편, $V_2 = -M\frac{\Delta I_1}{\Delta t}$ 이므로,

M(상호 유도 계수) $= \frac{k''SN_1N_2}{l_1}$ 이다.

◉ **변압기에서 전력과 전류의 전환**

변압기의 1차, 2차 코일 사이에서 전압, 전류의 변환 과정에서 에너지 손실이 0 인 경우, 1차 코일에 공급되는 전력(P_1)과 2차 코일에서 발생하는 전력(P_2)은 같다.

$P_1 = P_2$

$P_1 = V_1I_1,\ P_2 = V_2I_2$ 이므로

$V_1I_1 = V_2I_2$ 이고, $V_1 : V_2 = N_1 : N_2$ 이므로

$I_1 : I_2 = V_2 : V_1 = N_2 : N_1$

즉, 감은 수가 증가하면 그에 비례해 전압은 높아지나 전류는 그에 반비례하여 감소한다.

◉ **교류전류와 직류 전류**

발전기에서 만들어지는 전류는 자속이 시간에 따라 변하여 만들어지는 기전력에 의한 전류로 시간에 따라 세기와 방향이 변하는 전류이다. 가정에서도 교류 전류를 사용하며 전기 기구에 따라 정류기를 이용하여 직류로 변환시키기도 한다.

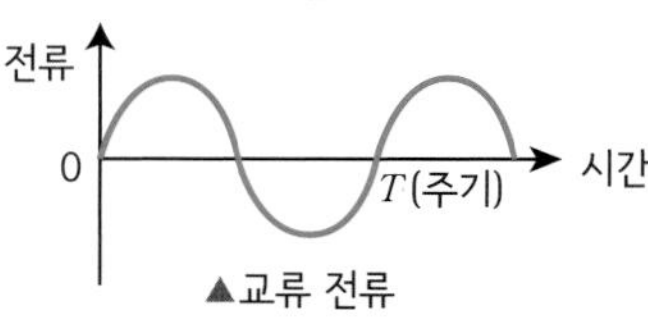

▲교류 전류

반면 직류 전류는 각종 전지를 연결할 때 흐르는 전류로 시간에 따라 세기가 일정하다.

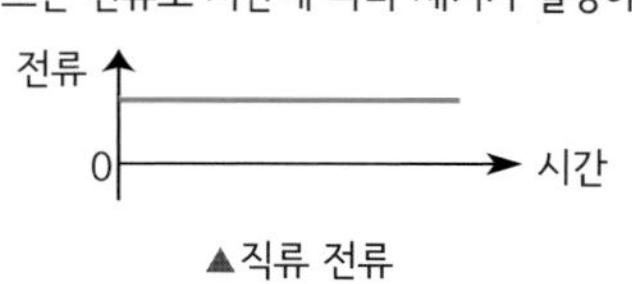

▲직류 전류

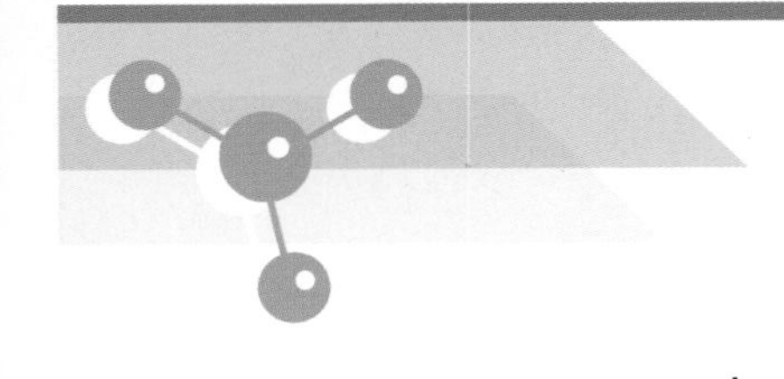

14강 전자기 유도 Ⅱ

3. 전자기 유도의 생활 속 이용

(1) 발전기 : 외부의 여러 에너지를 이용하여 터빈을 회전시키고, 터빈에 연결된 코일을 자기장 속에서 회전시켜 전자기 유도에 의한 유도 전류를 발생시켜 전기 에너지를 얻는 장치이다. 이때 터빈의 운동 에너지가 전기 에너지로 전환된다.

① **발전기 구조** : 터빈과 터빈에 연결된 자석과 자석 사이에 회전하는 코일로 구성된다.

② **발전기 원리** : 코일을 회전시키면 코일의 단면을 수직으로 통과하는 자기장이 시간에 따라 변하고, 전자기 유도에 의해 유도 전류가 흐른다.

0° 일 때	45° 회전했을 때	90° 회전했을 때	135° 회전했을 때	180° 회전했을 때

자기장이 수직으로 통과하는 코일의 단면적 증가 ⇨ 유도 전류(+방향) 발생(전구에 불이 켜짐)			자기장이 수직으로 통과하는 코일의 단면적 감소 ⇨ 유도 전류(-방향) 발생(전구에 불이 켜짐)	

(2) 마이크 : 외부의 소리 에너지(공기의 진동)에 따라 코일이 자석 내부에서 진동하여 코일에 유도 전류가 발생하고 이 전기 신호가 음향 기기, 스피커로 전달된다.

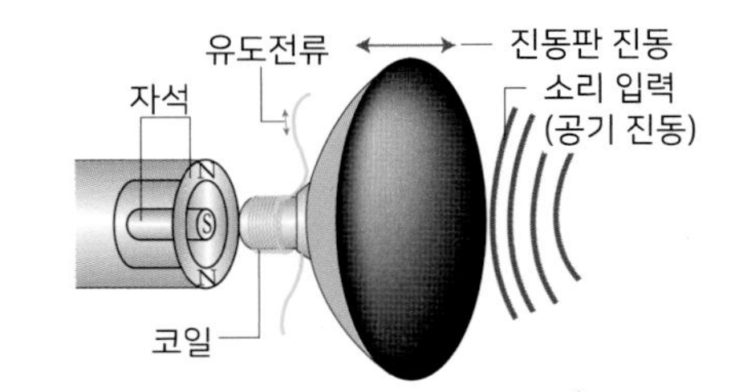

(3) 도난 방지 장치 : 사람이 통과할 수 있는 문의 형태로 되어 있는 도난 방지 장치는 문 가장 자리에 코일을 설치하여 닫힌 회로로 만든 장치이다. 얇은 자기 테이프(자석)가 붙어 있는 상품을 들고 도난 방지 장치 사이를 통과하면 코일에 유도 전류가 흐르게 되고, 이를 전자 장치가 감지하여 경고음이 울린다.

(4) 금속 탐지기 : 교류 전류가 흐르는 코일에는 시간에 따라 변하는 자기장이 발생한다. 이 코일이 들어간 장치(발신기)를 금속 가까이서 운동시키면 금속에 맴돌이 전류가 발생하고, 이 전류에 의해 발생하는 진동수가 작은 전파를 수신기에서 감지한다.

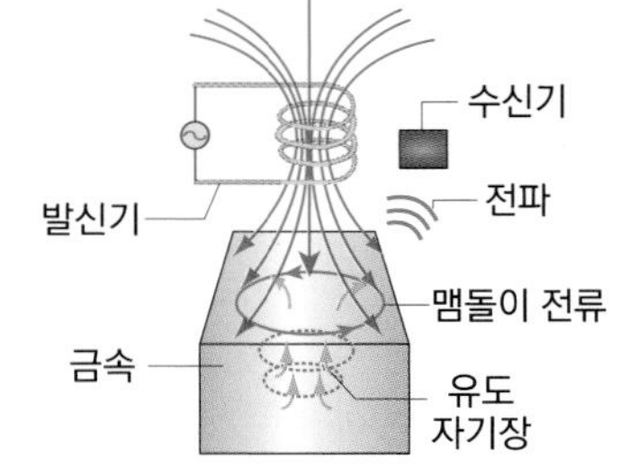

정답 및 해설 94

개념확인 5

그림은 전지 없이 불을 켤 수 있는 자가발전 손전등이다. 다음 설명의 (　　)에 알맞은 말을 넣으시오.

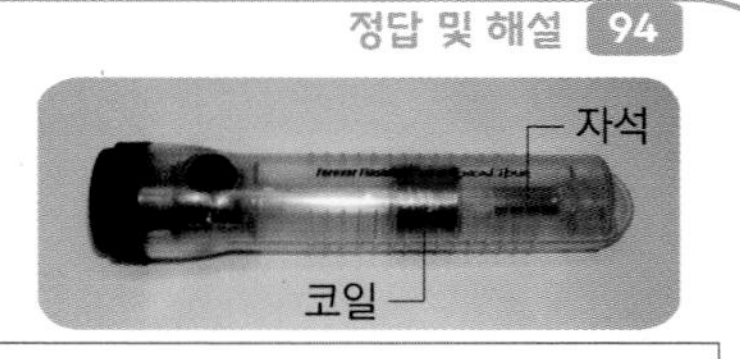

손전등을 흔들면 손전등 내부의 자석이 (㉠　　　　)을 통과하면서 (㉡　　　　)현상에 의해 코일에 발생하는 (㉢　　　　)가 전구를 통해 흐르면서 불이 켜지는 것이다.

◎ **터빈을 회전시키는 에너지원**

터빈을 회전시키는 에너지원에 따라 여러 가지 발전 방식이 있다.

① **화력 발전** : 화석 연료로 물을 끓여 고온, 고압의 수증기를 만든 다음 이 수증기로 풍차 모양의 터빈을 돌린다.
(화학 에너지→운동 에너지→전기 에너지)

② **수력 발전** : 높은 곳의 물을 떨어뜨려 터빈을 돌려 전기를 만든다.
(위치 에너지→운동 에너지→전기 에너지

③ **핵 발전** : 우라늄의 핵 분열 시 나오는 열을 이용하여 물을 끓여 고온, 고압의 수증기를 만들어 터빈을 돌린다.
(화학 에너지→운동 에너지→전기 에너지)

④ **풍력, 조력, 파력 발전** : 터빈을 돌리기 위해 각각 바람, 밀물/썰물, 파도의 힘을 이용한다.

◎ **발전기와 전동기**

전동기와 발전기는 비슷한 구조를 갖지만 에너지 전환 방식은 정반대이다.
발전기는 자석 속 코일을 회전시켜 유도 전류를 얻는 것이고(운동 에너지→전기 에너지), 전동기는 자석 속에서 전류가 흐르는 코일이 힘을 받아 회전하도록 한 것이다. (전기 에너지→운동 에너지)

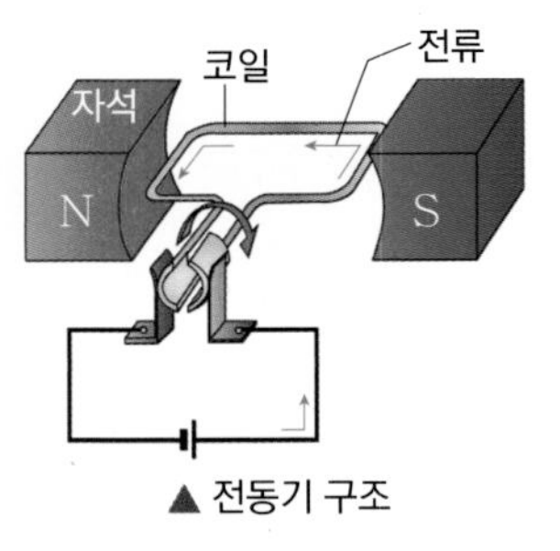

▲ 전동기 구조

코일에 전류가 흐르면 코일이 자석의 자기장으로부터 힘을 받아 회전하여 날개가 돌아간다. 모터, 선풍기 등에 이용된다.

◎ **스피커**

코일이 붙어 있는 진동판과 코일 내부 자석으로 만들어진다.
마이크에서 발생한 전류가 코일에 흐르면 코일이 전자석이 되며 전류의 세기에 따라 자석으로부터 힘을 받아 코일과 코일에 붙어 있는 진동판이 앞뒤로 진동하면서 공기를 진동시켜 소리를 발생시킨다. 따라서 스피커는 전자기 유도 현상을 이용한 것이라고 볼 수 없다.

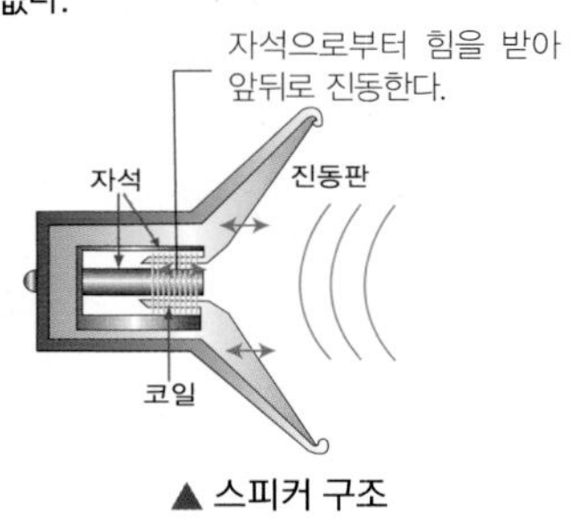

▲ 스피커 구조

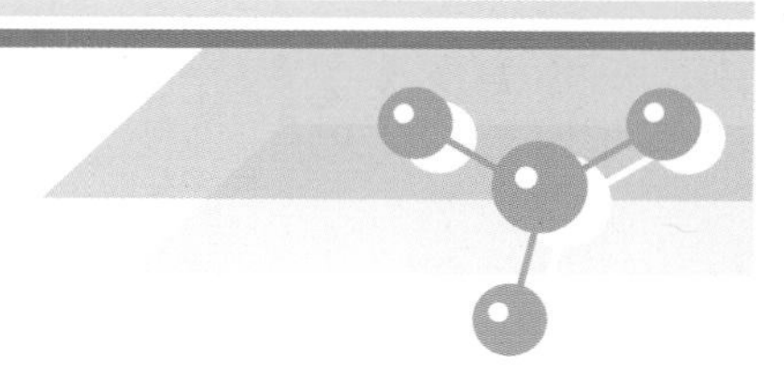

(5) 교통 카드 : 버스나 지하철에 설치된 교통 카드 단말기에 코일이 들어 있는 교통 카드를 가까이 하면 코일 내부를 지나는 자기장이 변하면서 유도 전류가 흐른다. 이 유도 전류가 교통 카드 속의 메모리 칩을 작동시켜 요금 등의 정보가 전송된다.

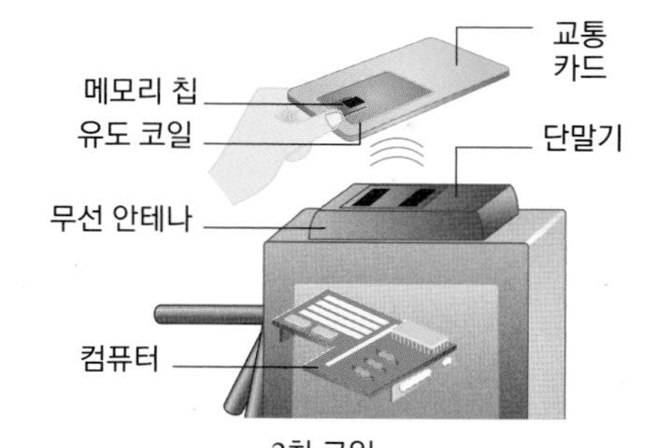

(6) 무선 충전기 : 충전 패드 안에 있는 1차 코일에 교류 전류가 흐르면 시간에 따라 변하는 자기장이 발생하고, 스마트폰 내의 수신 회로에 있는 2차 코일에 유도 전류가 흐르게 되어 충전이 된다.

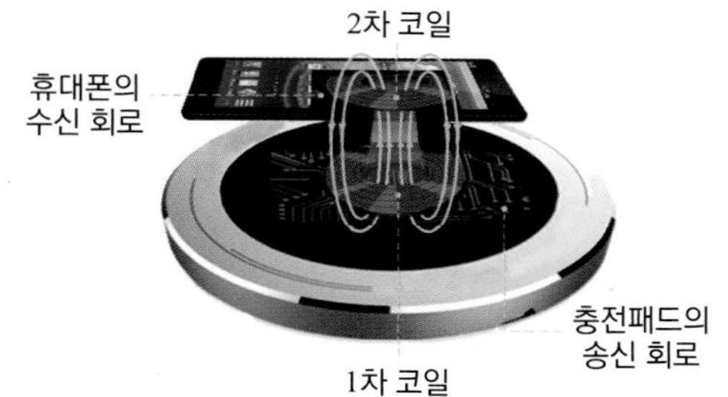

(7) 인덕션 레인지 : 인덕션 레인지의 탑플레이트에는 교류 전류가 흐르는 코일이 설치되어 있다. 이 코일에 20,000 Hz 이상의 교류 전류가 흐르면 시간에 따라 변하는 자기장이 형성되어 조리 기구 밑바닥에 유도 전류가 흐르게 되고 이때 발생하는 열로 음식을 가열한다.

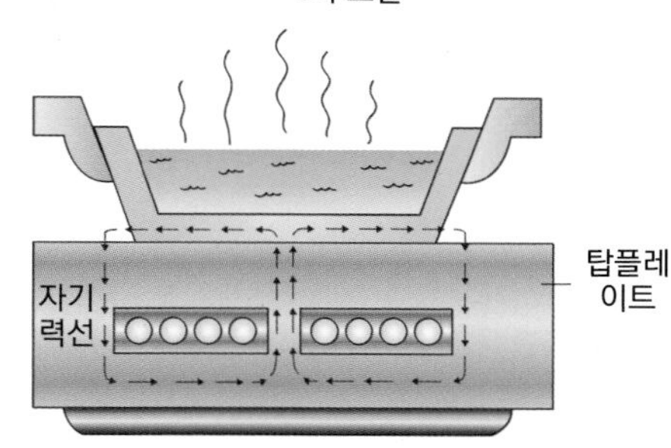

(8) 하이브리드 자동차 : 엔진과 배터리를 함께 사용하는 하이브리드 자동차는 언덕을 내려올 때 자동차의 바퀴 회전을 이용하여 전자기 유도를 일으켜 발생하는 유도 전류로 배터리에 저장하고, 출발할 때나 자동차를 가속시킬 때 배터리의 전기 에너지를 이용해 전동기를 작동시켜 연료를 절약한다.

모터 주행	엔진-모터 주행	엔진 주행	배터리 충전	엔진 정지
출발이나 서서히 가속할 때에는 전기 모터를 사용하여 연료를 절약	큰 구동력이 필요할 때에는 전기 모터가 엔진을 보조하여 연료를 절약	엔진 효율이 가장 좋은 고속 정속 주행시는 엔진만 사용	감속이나 제동 시 전자기 유도를 이용하여 배터리 충전	신호 대기 등 정차 시에는 엔진이 자동으로 정지

◉ 놀이기구의 자기 브레이크 장치

열차나 자이로드롭은 금속으로 되어 있고, 멈추는 곳의 플랫폼에는 강한 자석이 설치되어 있다. 열차 등이 빠른 속도로 접근하면 금속에 유도되는 자기장에 의해 열차 등이 운동을 방해하는 힘을 받게 되어 멈춘다.

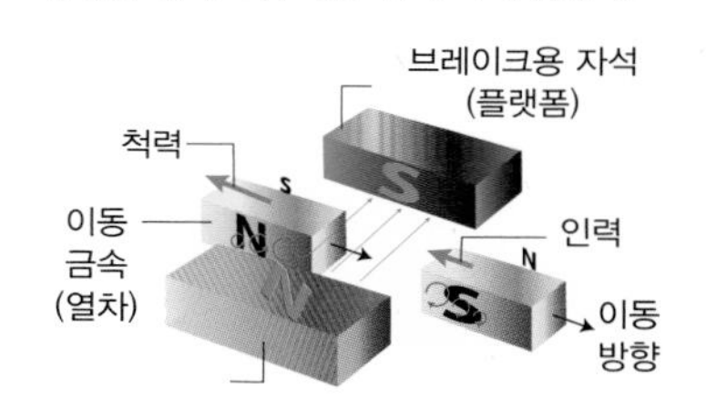

▲ 자기 브레이크의 원리

▲ 놀이기구 열차의 자기 브레이크

정답 및 해설 94

개념확인 6

오른쪽 그림은 자전거 바퀴에 달린 소형 발전기이다. 자전거를 타고 달리면 바퀴가 회전하면서 바퀴에 접촉해 있는 회전축을 회전시키고 전조등에 불이 들어온다. 물음에 답하시오.

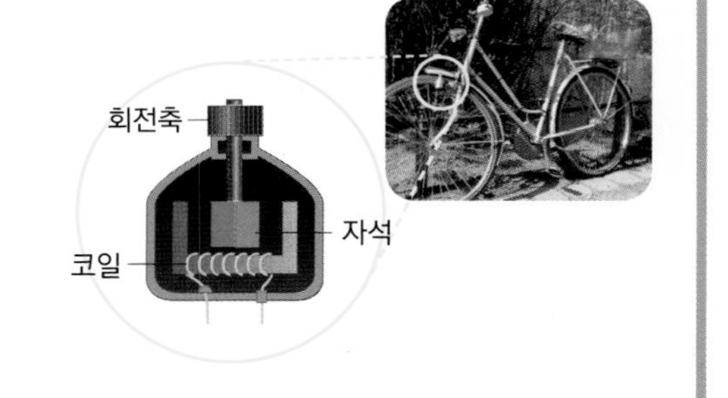

(1) 자전거 전조등에 불이 들어오는 원리를 전자기 유도를 이용하여 설명하시오.

(2) 전조등이 켜질 때까지 일어나는 에너지 전환 과정을 쓰시오.

01

자기장 속에서 전류가 흐르는 직선 도선에 작용하는 힘의 크기에 영향을 주는 요인이 아닌 것은?

① 전류의 세기
② 자기장의 세기
③ 자기장과 도선 사이의 각도
④ 자기장 속에 있는 도선의 길이
⑤ 자기장 영역과 도선과의 거리

02

다음 <보기> 에서 전류가 흐르는 평행한 두 도선 사이에 작용하는 힘의 크기에 영향을 주는 요인들만을 있는 대로 고른 것은?

<보기>

ㄱ. 두 도선의 길이
ㄴ. 두 도선의 두께
ㄷ. 두 도선 사이의 거리
ㄹ. 각 도선에 흐르는 전류의 세기

① ㄱ, ㄴ
② ㄴ, ㄷ
③ ㄷ, ㄹ
④ ㄱ, ㄴ, ㄷ
⑤ ㄱ, ㄷ, ㄹ

03

균일한 자기장 속에 자기장 방향과 수직한 방향으로 길이가 10 cm 인 직선 도선이 놓여져 있다. 이때 0.1 A 의 전류가 흐를 때 직선 도선이 1.0×10^{-2} N 의 힘을 받고 있다면 자기장의 세기는?

① 1.0×10^{-3} T
② 1.0×10^{-2} T
③ 1.0×10^{-1} T
④ 1.0 T
⑤ 1.0×10 T

04

오른쪽 그림은 $+z$ 축 방향으로 세기가 2.0 T 인 균일한 자기장 속에서 전하량이 5×10^{-3} C 인 입자가 $+y$ 축 방향으로 3 m/s 로 운동하는 것을 나타낸 것이다. 이 입자가 받는 힘의 방향과 크기가 바르게 짝지어진 것은?

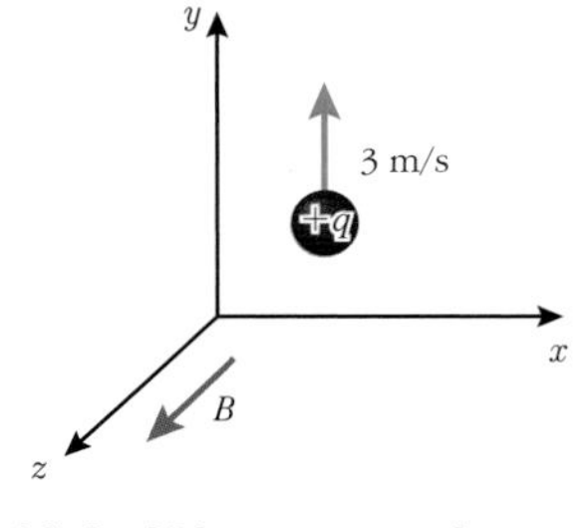

	힘의 방향	크기
①	+x	3.0×10^{-2} N
②	+y	3.0×10^{-2} N
③	+z	3.0×10^{-2} N
④	-x	3.0×10^{-2} N
⑤	-y	3.0×10^{-2} N

05

오른쪽 그림은 자기장이 지면에 수직으로 들어가는 방향으로 균일하게 형성되어 있는 영역에서 대전된 입자가 반지름이 r , 주기 T 인 등속 원운동을 하고 있는 것을 나타낸 것이다. 이때 순간적으로 자기장의 세기가 두 배로 증가한다면 원운동의 반지름과 주기는?

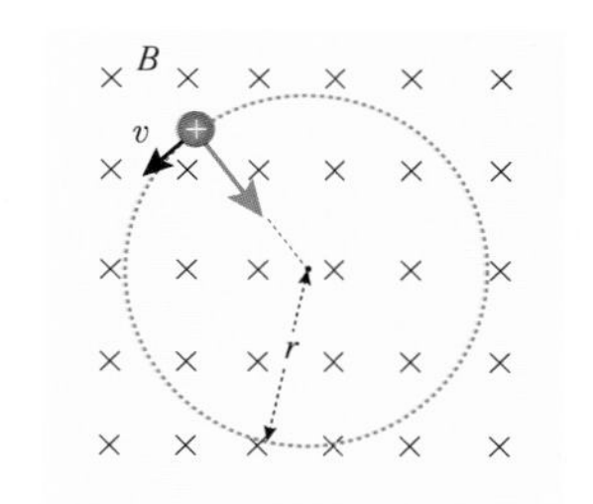

	반지름	주기		반지름	주기		반지름	주기
①	$0.5r$	$0.5T$	②	$0.5r$	T	③	r	T
④	$2r$	T	⑤	$2r$	$2T$			

06

오른쪽 그림과 같이 기전력이 V 인 전지, 자체 인덕턴스가 L 이 2.0 H 인 코일, 저항값이 R 인 저항 그리고 전류계와 스위치를 연결하였다. 회로에 50 mA 의 전류가 시계 방향으로 흐르고 있을 때 스위치를 열었다. 연 순간 이후 0.1 초 동안 전류가 더 흘렀다면, 스위치를 여는 순간 유도 기전력의 방향과 크기를 바르게 짝지은 것은?

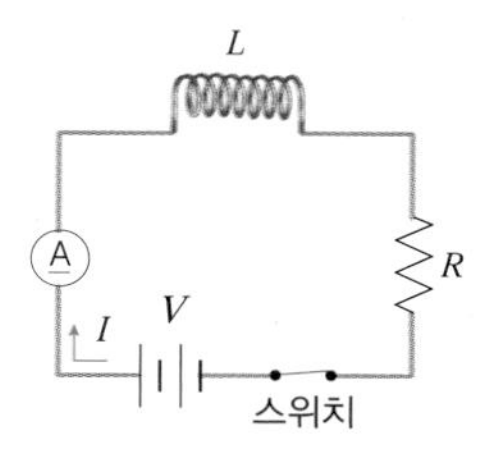

	방향	크기		방향	크기		방향	크기
①	시계 방향	0.01 V	②	시계 방향	0.1 V	③	시계 방향	1 V
④	반시계 방향	0.1 V	⑤	반시계 방향	1 V			

07

다음은 상호 유도에 의한 유도 전류의 방향에 대한 설명이다. 빈칸에 들어갈 말이 바르게 짝지어진 것은?

> 1, 2차 코일의 감긴 방향이 서로 같을 때, 1 차 코일에 흐르는 전류가 I_1, 2 차 코일에 유도된 전류가 I_2 라면 I_1 이 증가할 때 I_2 의 방향은 I_1 의 방향과 (㉠), I_1 이 감소할 때 I_2 의 방향은 I_1 의 방향과 (㉡).

	㉠	㉡		㉠	㉡		㉠	㉡
①	같다	같다	②	같다	반대이다	③	반대이다	반대이다
④	반대이다	같다	⑤	같다	수직이다			

08

다음 중 발전 방식이 나머지와 다른 하나는?

① 풍력 발전　　② 원자력 발전　　③ 수력 발전
④ 조력 발전　　⑤ 태양광 발전

유형 익히기 & 하브루타

유형 14-1 자기력

구리선과 나란하게 말굽자석을 놓고, 말굽자석 사이에 구리선과 수직한 방향으로 알루미늄 막대를 놓은 후 전원 장치, 스위치, 가변 저항을 연결하였다. 물음에 답하시오.

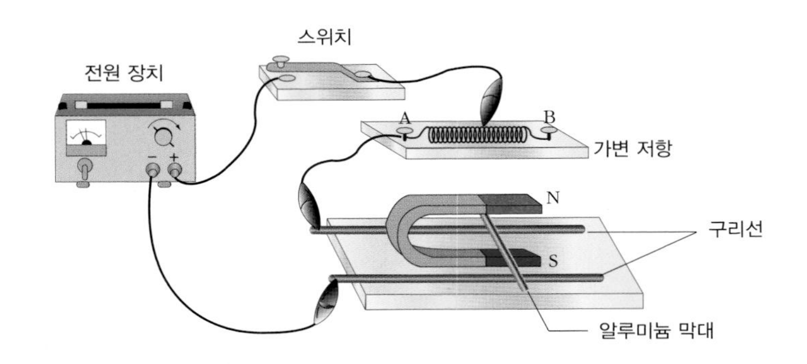

(1) 스위치를 닫았을 때 알루미늄 막대가 어느 쪽으로 움직일까?

(㉠ 왼쪽 방향 ㉡ 오른쪽 방향)

(2) 알루미늄 막대를 더 빠르게 이동시키기 위해서는 저항기의 집게를 어느 쪽으로 옮겨야 할까?

(㉠ A 쪽 방향 ㉡ B 쪽 방향)

01 균일한 자기장 B 속에 시계 방향으로 전류 I 가 흐르는 사각 도선이 실에 매달려서 자기장의 방향과 평행하게 놓여 있다. 이 사각 도선에 나타나는 현상으로 옳은 것만을 <보기> 에서 있는 대로 고른 것은?

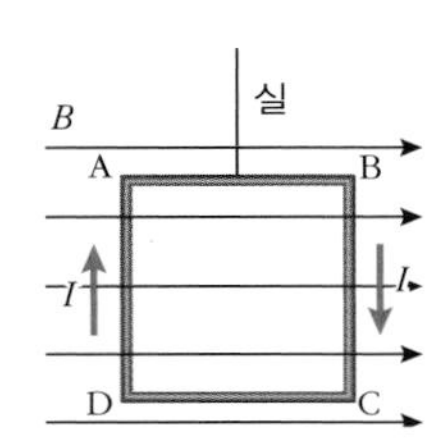

<보기>

ㄱ. 도선 AB 는 왼쪽 방향으로 힘을 받는다.
ㄴ. 도선 BC 는 지면에 수직으로 들어가는 방향으로 힘을 받는다.
ㄷ. 도선 CD 는 힘을 받지 않는다.
ㄹ. 도선 DA 는 지면에 수직으로 들어가는 방향으로 힘을 받는다.

① ㄱ, ㄴ ② ㄴ, ㄷ ③ ㄷ, ㄹ
④ ㄱ, ㄴ, ㄷ ⑤ ㄴ, ㄷ, ㄹ

02 평행하게 놓여진 길이가 같은 두 직선 도선 A 와 B 에 동일한 방향으로 전류가 각각 2 A, 1 A 가 흐르고 있는 것을 나타낸 것이다. 이때 A 와 B 도선에 작용하는 힘을 각각 F_A 와 F_B 라고 할 때, 두 도선에 흐르는 전류의 세기가 각각 2 배로 증가하고, 동시에 두 도선 사이의 거리도 2 배로 증가하면 도선 A, B 에 작용하는 힘의 크기는 각각 몇 배가 되겠는가?

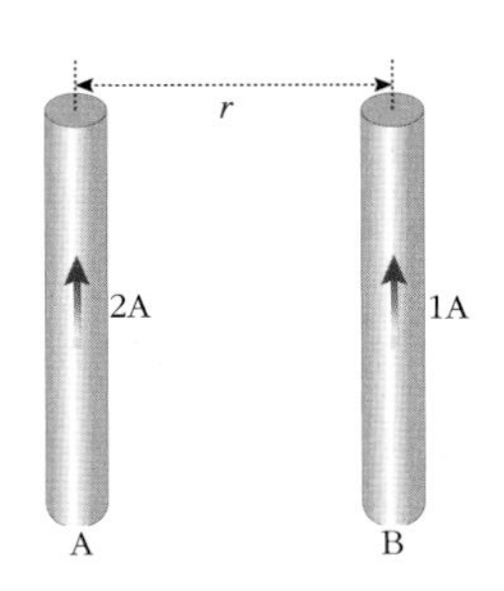

	A	B		A	B
①	F_A	F_B	②	$2F_A$	$2F_B$
③	$4F_A$	$4F_B$	④	$4F_A$	$2F_B$
⑤	$4F_A$	F_B			

유형 14-2 로런츠 힘

다음 그림은 균일한 자기장이 지면에 수직으로 들어가는 방향으로 형성된 영역에 전하량 Q 인 입자가 자기장에 수직인 방향으로 일정한 속도로 입사하는 것을 나타낸 것이다. 물음에 답하시오.

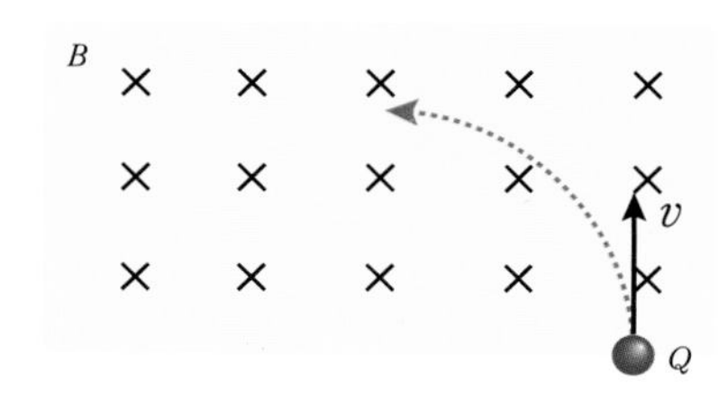

(1) 입자가 1 회전 하는데 걸리는 시간이 길어지는 경우를 <보기> 에서 있는대로 고르시오.

〈 보기 〉

ㄱ. 입자의 질량이 커지는 경우 　ㄴ. 입자의 전하량이 커지는 경우
ㄷ. 입자의 속도가 빨라지는 경우 　ㄹ. 자기장의 세기가 세지는 경우

(2) 자속 밀도가 0.8 T, 입자의 전하량 2 C, 입자의 질량이 0.2 g, 입자의 입사 속력이 400 m/s 라고 할 때, 이 입자가 그리는 원궤도의 반지름과 원운동의 주기를 각각 구하시오. (단, r = 3 으로 계산한다.)

반지름 (　　　　) m, 주기 (　　　　) s

03 균일한 자기장 B 가 지면에 수직으로 들어가는 방향으로 형성되어 있는 영역 A, B 가 있다. 자기장과 수직인 방향으로 동일한 양이온을 영역 A, B 에 각각 입사시켰더니 그림과 같이 운동을 하였다. A 영역에서 원운동의 반지름은 $2R$ 이었고, B 영역에서 원운동의 반지름은 R 이었다면, A 와 B 영역에서 양이온의 속력의 비($v_A : v_B$)는?

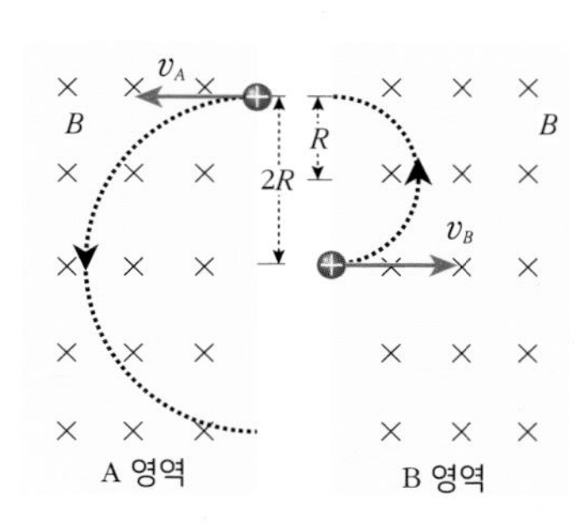

① 1 : 1 　② 1 : 2 　③ 1 : 4
④ 2 : 1 　⑤ 4 : 1

04 전류 I 가 흐르고 있는 도선과 수직한 방향으로 전자가 접근하고 있다. 이 전자가 받는 힘의 방향은?

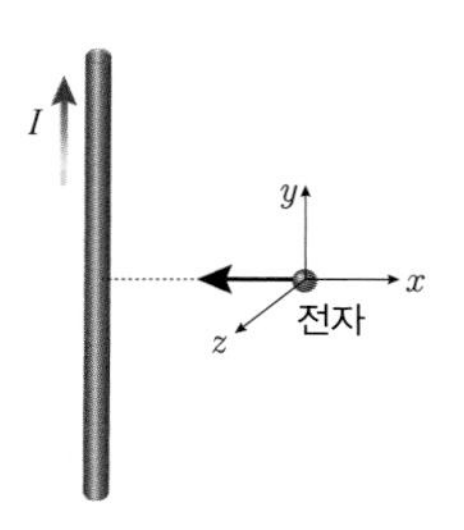

① $+x$ 방향 　② $+y$ 방향 　③ $+z$ 방향
④ $-x$ 방향 　⑤ $-y$ 방향

유형 14-3 자체 유도(self-induction)

그림 (가) 는 기전력이 V 인 전지, 자체 유도계수가 L 인 코일, 저항값이 R 인 저항 그리고 전류계와 스위치가 연결되어 있는 모습을 나타낸 것이다. 그림 (나) 는 스위치에 변화를 주었을 때 저항에 흐르는 전류를 시간에 따라 나타낸 것이다. 이에 대한 설명으로 옳은 것은?

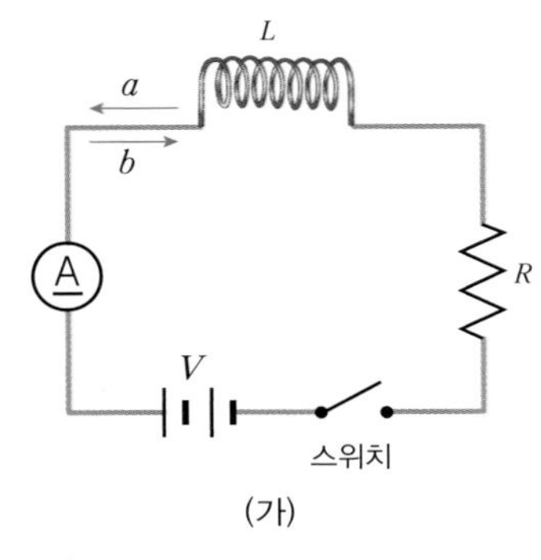

(가)

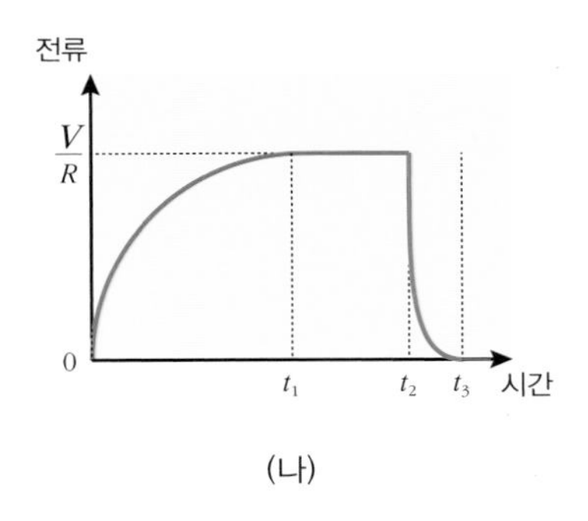

(나)

① t_1일 때 스위치를 닫고, t_2일 때 스위치를 열었다.
② $t_2 \sim t_3$ 에서 코일에 흐르는 전류의 방향은 a 방향이다.
③ $0 \sim t_1$ 에서 코일에 발생하는 자체 유도 기전력의 크기는 증가한다.
④ $t_1 \sim t_2$ 에서 코일을 통과하는 자기장의 세기는 점차 증가한다.
⑤ $0 \sim t_1$ 에서 자체 유도 기전력의 방향과 $t_2 \sim t_3$ 의 자체 유도 기전력의 방향은 서로 반대이다.

05 다음 그림은 자체 유도 기전력이 코일에 발생한 것을 나타낸 것이다. 자체 유도 기전력의 방향이 오른쪽을 향할 때 코일에 흐르는 전류에 대한 설명으로 옳은 것은? (단, A→B(오른쪽) 방향으로 전류가 흐르면 B 쪽에서 보았을 때 시계 방향으로 전류가 흐르게 된다.)

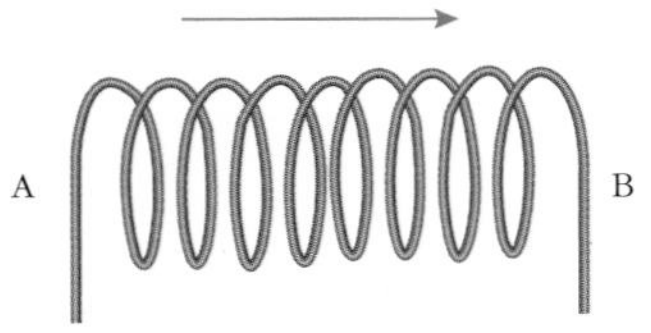

자체 유도 기전력 방향

A B

① 왼쪽으로 감소하는 전류
② 오른쪽으로 감소하는 전류
③ 오른쪽으로 증가하는 전류
④ 왼쪽 방향으로 일정하게 흐르는 전류
⑤ 오른쪽 방향으로 일정하게 흐르는 전류

06 다음 그림은 가변 저항기와 코일, 기전력이 일정한 전지를 연결한 회로이다. 이때 저항에 연결된 전선의 위치를 P 에서 Q 로 3 초 동안 이동하는 동안 전류가 600 mA 변하였다면, 이때 코일에 발생하는 자체 유도 기전력의 방향과 크기를 바르게 짝지은 것은? (단, 이 코일의 자체 유도 계수 L 은 4.0 H 이다.)

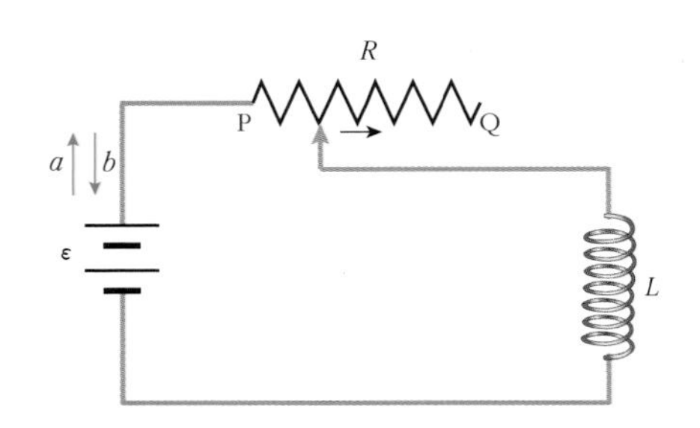

	방향	크기		방향	크기
①	a	0.8 V	②	a	800 V
③	b	0.8 V	④	b	800 V
⑤	a	2.4 V			

유형 14-4 상호 유도(mutual induction)

그림 (가) 는 전원 장치가 연결된 1 차 코일과 검류계가 연결된 2 차 코일이 나란하게 놓여있는 것을 나타낸 것이고, 그림 (나) 는 2 차 코일에 유도된 전류의 세기를 시간에 따라 나타낸 것이다. 이때 1 차 코일에 흐르는 전류를 시간에 따라 나타낸 그래프로 옳은 것은? (단, 1 차 코일에 흐르는 전류의 방향이 (+)이다.)

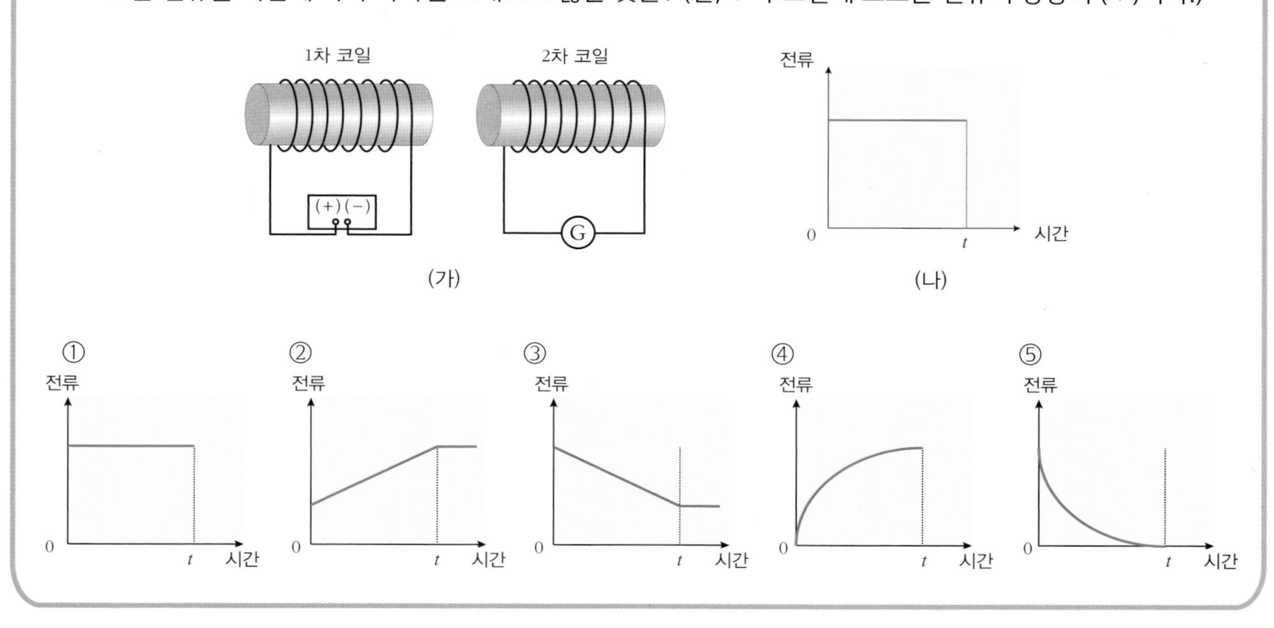

07 다음 그림은 전원 장치가 연결된 1 차 코일과 검류계가 연결된 2 차 코일이 하나의 철심에 감겨 있는 모습을 나타낸 것이다. 이에 대한 설명으로 옳은 것은?

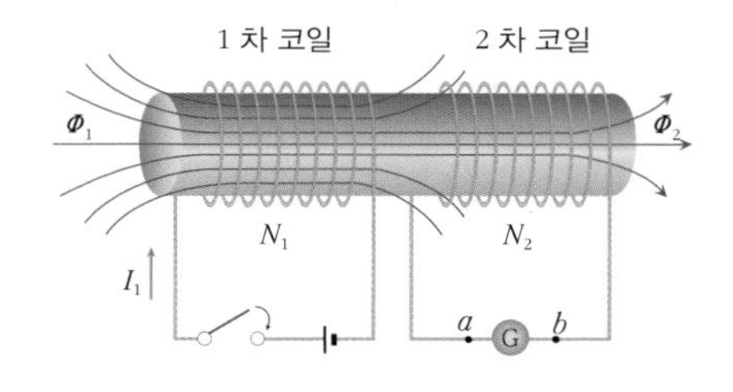

① 스위치를 닫으면 2 차 코일을 통과하는 자속은 감소하게 된다.
② 스위치를 닫으면 1 차 코일에는 오른쪽에서 왼쪽 방향으로 자속이 증가한다.
③ 스위치를 닫는 순간 2 차 코일에는 a → 검류계 → b 방향으로 유도 전류가 흐른다.
④ 2 차 코일의 감은 수를 늘리면 1 차 코일에 의해 발생하는 유도 기전력은 작아진다.
⑤ 스위치를 닫았다가 여는 순간 2 차 코일에 유도된 전류의 방향은 1 차 코일에 흐르는 전류의 방향과 반대이다.

08 오른쪽 그림은 같은 수평면 상에 중심이 일치하도록 고정시킨 원형 도선과 금속 고리를 나타낸 것이다. 전류가 화살표의 방향으로 흐르고 있을 때 이에 대한 설명으로 옳은 것만을 <보기> 에서 있는 대로 고른 것은?

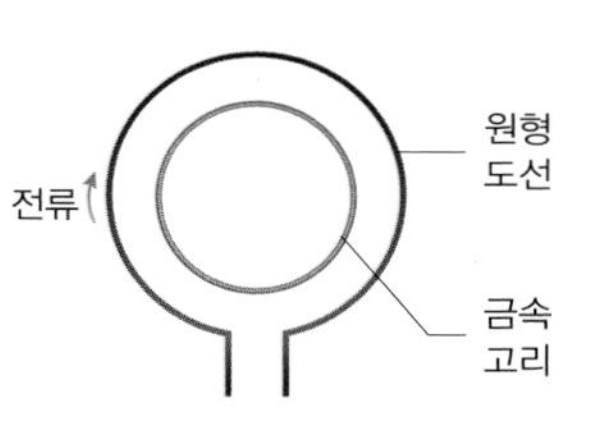

<보기>

ㄱ. 원형 도선에 전류가 일정하게 흐르면 금속 고리에 같은 방향으로 전류가 유도된다.
ㄴ. 원형 도선에 전류가 흐르면 내부에 지면에서 나오는 방향의 자속이 발생한다.
ㄷ. 원형 도선에 흐르는 전류가 증가하면 금속 고리에 반대 방향으로 유도 전류가 흐른다.
ㄹ. 원형 도선에 흐르는 전류가 변하면 금속 고리에 상호 유도 기전력이 발생한다.

① ㄱ, ㄴ ② ㄴ, ㄷ ③ ㄷ, ㄹ
④ ㄱ, ㄴ, ㄷ ⑤ ㄴ, ㄷ, ㄹ

A

01

그림은 균일한 자기장 속에서 같은 세기의 전류가 흐르고 있는 도선을 나타낸 것이다. 도선의 길이가 모두 같다고 할 때 도선에 작용하는 자기력의 세기가 가장 큰 것과 가장 작은 것을 순서대로 쓰시오.

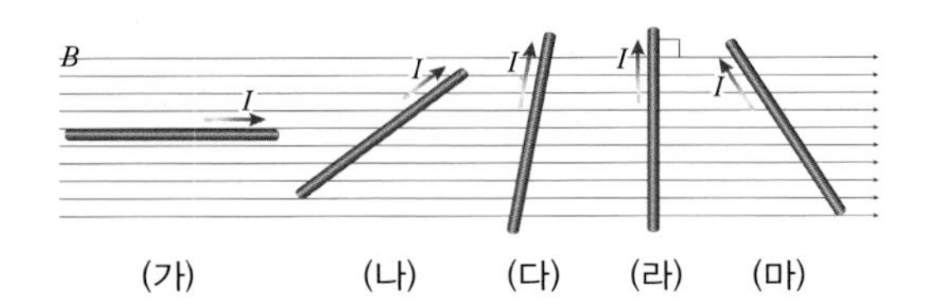

02

그림은 중심에서 각각 10 cm 씩 떨어진 평행한 도선 A 와 B 에 각각 9 A, 7 A 의 전류가 서로 반대 방향으로 흐르고 있는 것을 나타낸 것이다. 이때 도선 A 는 무한히 긴 도선, 도선 B 의 길이는 40 cm 라고 할 때, 두 도선 사이에 작용하는 힘의 종류와 힘의 세기를 구하시오. (단, 비례 상수 k 를 포함시켜 쓰시오.)

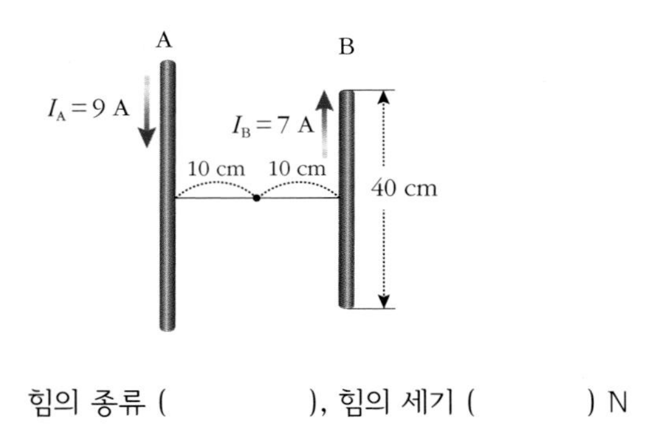

힘의 종류 (　　　　), 힘의 세기 (　　　　) N

03

그림은 영구 자석 사이의 자기장의 모습과 지면에서 수직으로 들어가는 전류가 흐르는 도선 주위의 자기장의 모습을 나타낸 것이다. 두 자기장을 합하였을 때 A ~ D 중 자기장의 세기가 가장 센 곳(가)과 자기력의 방향(나)이 바르게 짝지어진 것은?

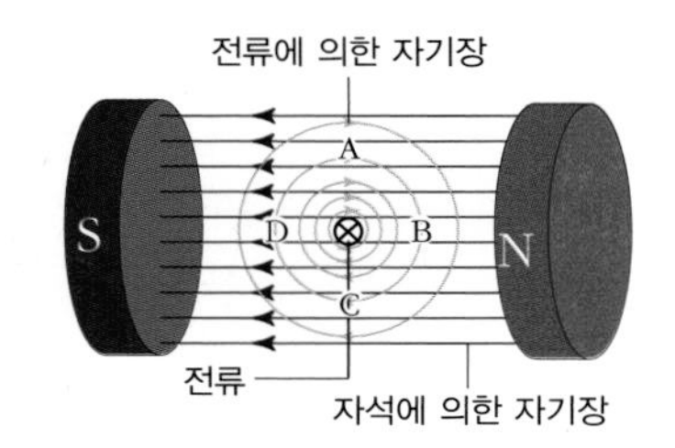

	(가)	(나)		(가)	(나)
①	A	오른쪽	②	C	왼쪽
③	B	아래쪽	④	D	위쪽
⑤	C	위쪽			

04

그림과 같이 말굽자석 사이로 사각형 코일의 한 변을 넣고 코일에 전류를 흘려주었다. 전류의 방향에 따라 사각형 코일이 힘을 받는 방향을 각각 쓰시오.

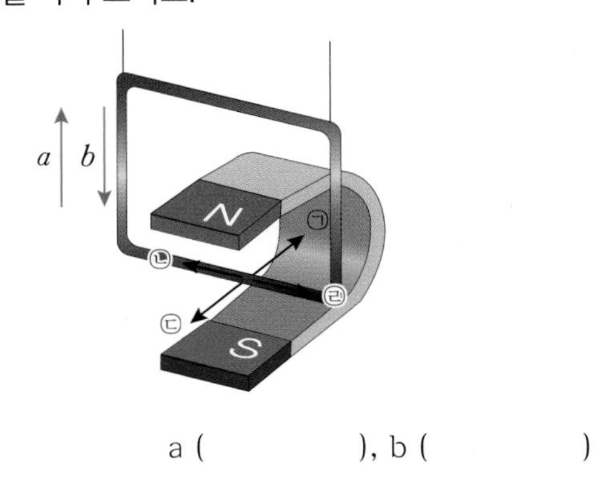

a (　　　　), b (　　　　)

05

다음 <보기> 에서 자기장 속에서 운동하는 전하가 받는 로런츠 힘의 크기에 영향을 주는 요인들만을 있는 대로 고른 것은?

<보기>

ㄱ. 전하량의 크기　　　ㄴ. 전하의 속도
ㄷ. 자기장의 세기　　　ㄹ. 전하의 질량
ㅁ. 전하의 운동 방향과 자기장 방향 사이의 각도

① ㄱ, ㄴ, ㄷ　② ㄴ, ㄷ, ㄹ　③ ㄷ, ㄹ, ㅁ
④ ㄱ, ㄴ, ㄷ, ㄹ　⑤ ㄱ, ㄴ, ㄷ, ㅁ

06

그림은 $+x$ 방향으로 형성된 동일한 자기장 속을 전하량과 질량이 같은 대전 입자들이 이동하는 모습을 나타낸 것이다. 대전 입자가 받는 로런츠 힘의 크기를 부등호를 이용하여 비교하시오.

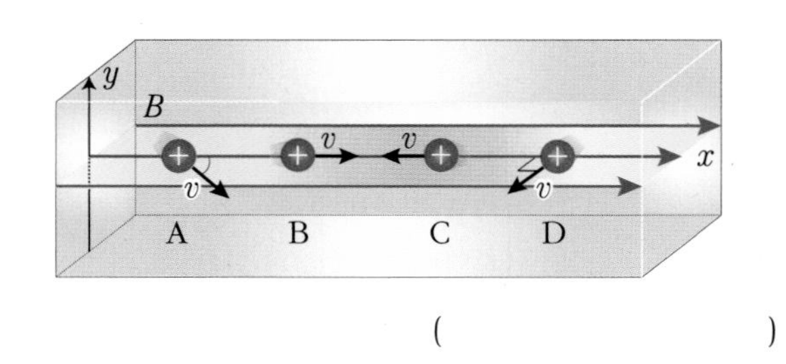

(　　　　　　)

07

코일에 500 mA 의 전류가 흐르고 있다가 전류의 세기가 변하기 시작하여 0.6 초 후 전류의 세기가 400 mA 가 되었을 때 이 코일의 양 끝에 0.4 V 의 유도 기전력이 걸렸다면 이 코일의 자체 유도 계수 L 은? (단위까지 쓰시오.)

(　　　　　　)

08

그림은 전지와 코일, 스위치가 연결된 회로를 나타낸 것이다. 스위치를 닫을 때 회로에 나타나는 변화에 대한 설명의 빈칸에 들어갈 알맞은 방향을 A 또는 B 를 사용하여 각각 차례대로 쓰시오.

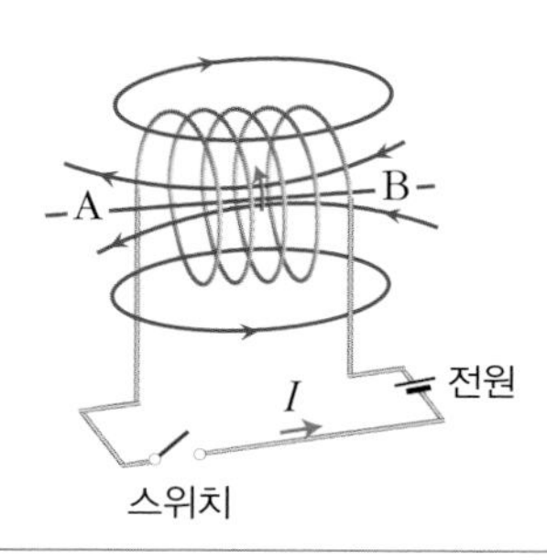

> 스위치를 닫는 순간 코일에 흐르는 전류 증가
> ⇨ 전류에 의해 코일 내부에는 (　　)에서 (　　) 방향으로 자속 증가
> ⇨ 코일 내부의 자속의 증가를 억제시키기 위해 코일에서는 (　　)에서 (　　) 방향으로 자체 유도 기전력 발생

09

그림과 같이 나란하게 놓여 있는 두 코일이 있다. 코일 A 에 전원 장치를 연결하였더니 전류가 흐르지 않던 코일 A 에 0.3 초 후 전류의 세기가 7 A 가 되었다. 이 동안 코일 B 에 유도된 기전력은 얼마인가?(단, 상호 인덕턴스 M 은 0.9 H 이다.)

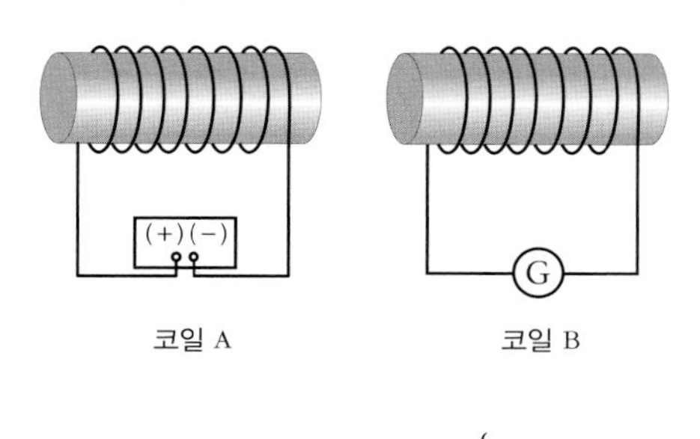

(　　　　　　　)

10

빈칸에 알맞은 말을 각각 쓰시오.

> 코일에 흐르는 전류가 변하면 그에 따른 자기장이 변하게 되는데 이 자기장의 변화를 억제시키는 방향으로 자체적으로 유도 기전력이 발생하는 현상을 (㉠)(이)라고 한다. 이때 이 코일 근처에 있는 다른 코일에도 유도 기전력이 발생하는데 이러한 현상을 (㉡)(이)라고 한다.

㉠ (　　　　　　　), ㉡ (　　　　　　　)

B

11

다음 <보기> 중 자기장 속의 전류가 흐르는 도선에 작용하는 자기력에 대한 설명으로 옳은 것만을 있는 대로 고른 것은?

<보기>

ㄱ. 자기장의 방향과 전류의 방향이 수직일 때 자기력이 가장 세다.
ㄴ. 나란하게 놓인 두 평행한 도선 사이의 주고 받는 두 힘은 평형 관계이다.
ㄷ. 나란하게 놓인 두 평행한 도선에 흐르는 전류의 방향이 반대일 때 두 도선은 서로 밀어낸다.
ㄹ. 플레밍의 왼손 법칙에 따르면 전류의 방향을 엄지 손가락을 향하게 하였을 때 검지 손가락의 방향이 자기장의 방향, 중지 손가락이 자기력의 방향이 된다.

① ㄱ, ㄴ　　② ㄱ, ㄷ　　③ ㄴ, ㄷ
④ ㄱ, ㄴ, ㄹ　　⑤ ㄴ, ㄷ, ㄹ

12

다음 그림과 같이 자석 사이에 놓인 도선에 전류가 $-y$ 방향으로 흐르고 있을 때 이 도선이 받는 힘의 방향은?

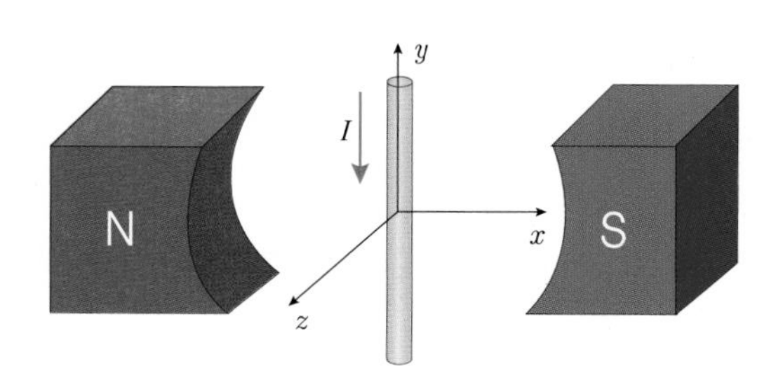

① $+x$ 방향　　② $+y$ 방향　　③ $+z$ 방향
④ 전류가 흐르는 방향　　⑤ 전류가 흐르는 반대 방향

13

다음 그림은 지면에서 수직으로 들어가는 방향으로 자기장이 균일하게 형성된 영역에 실에 매달린 사각형 도선의 절반이 들어가 있는 것을 나타낸 것이다. 전지를 그림과 같이 연결하여 스위치를 닫았을 때 전류가 그림과 같이 흘렀다. 이때 사각형 도선에 나타나는 현상으로 옳은 것만을 <보기> 에서 있는 대로 고른 것은?

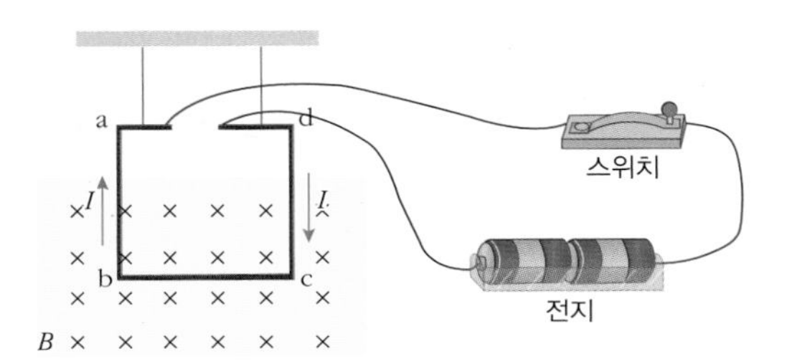

<보기>

ㄱ. 도선 ab 부분은 왼쪽으로 힘을 받는다.
ㄴ. 도선 bc 부분은 위쪽 방향으로 힘을 받는다.
ㄷ. 도선 ad 부분은 힘을 받지 않는다.
ㄹ. 도선 cd 부분이 받는 힘과 도선 ab 부분이 받는 힘의 크기는 서로 같고, 방향은 서로 반대이다.

① ㄱ, ㄴ ② ㄴ, ㄷ ③ ㄷ, ㄹ
④ ㄱ, ㄴ, ㄷ ⑤ ㄱ, ㄷ, ㄹ

14

다음 그림은 y 축 상에 고정되어 있는 무한 직선 도선 A 와 xy 평면에서 x 방향으로 놓여 있는 도선 B 속에서 $+x$ 방향으로 운동하는 (−) 전하인 전자 e 를 나타낸 것이다. 이때 일정한 전류 I 가 $+y$ 방향으로 흐를 때 이에 대한 설명으로 옳은 것은?

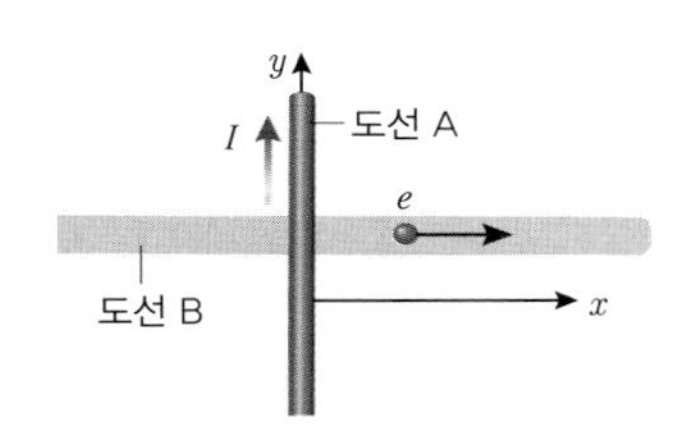

① 전자에 작용하는 자기력의 방향은 $-x$ 방향이다.
② 도선 A에서 멀어질수록 전자의 운동 에너지는 증가한다.
③ 전자에 작용하는 로런츠 힘에 의해 전하의 속력이 점점 빨라진다.
④ 도선 A에 의해 전자는 지면에서 나오는 방향의 자기장 영역 속에서 운동한다.
⑤ 전자에 작용하는 자기력의 크기는 도선과 전자 사이의 거리가 멀어질수록 작아진다.

15

다음 그림은 지면에 수직으로 들어가는 방향으로 균일하게 형성된 자기장 속에서 전하량 $-q$ 이고 질량 m 인 입자가 속력 v 로 자기장에 수직하게 입사되었을 때 시계 방향으로 반지름 r 인 원운동을 하는 것을 나타낸 것이다. 만일 전하량이 $+q$ 이고, 질량이 $2m$ 인 입자가 자기장에 수직 방향으로 같은 속력으로 입사되었다면 이 원운동의 반지름과 방향이 바르게 짝지어진 것은?

[KPHO 기출 유형]

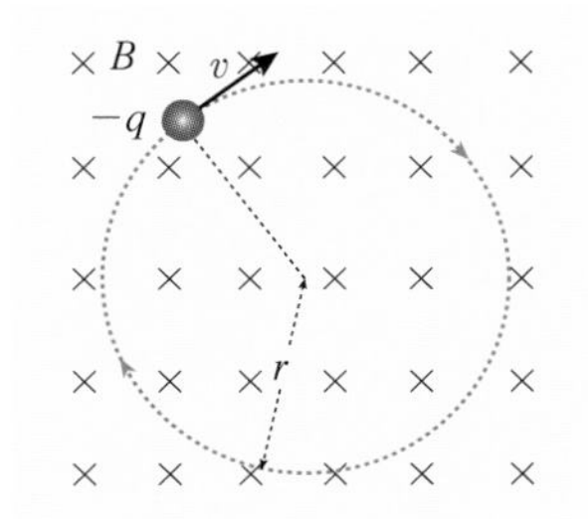

	반지름	방향		반지름	방향
①	$\frac{1}{2}r$	시계	②	r	시계
③	$2r$	시계	④	r	반시계
⑤	$2r$	반시계			

16

다음 그림은 로런츠 힘을 이용한 전동기의 구조를 나타낸 것이다. 이에 대한 설명으로 옳은 것만을 <보기> 에서 있는 대로 고른 것은?

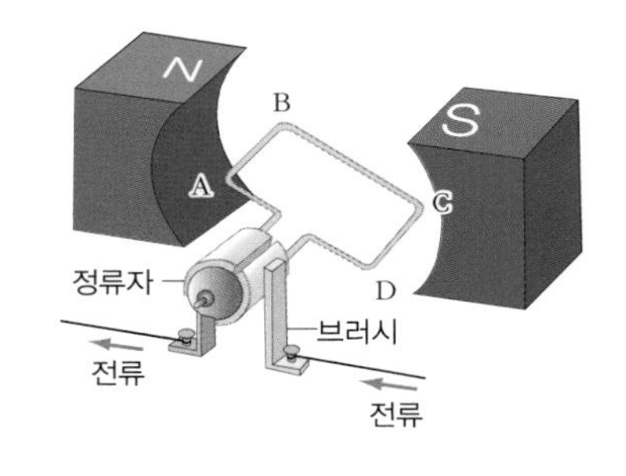

<보기>

ㄱ. AB 부분은 위로 힘을 받는다.
ㄴ. CD 부분은 위로 힘을 받는다.
ㄷ. 전류의 세기가 셀수록 회전 속도가 빨라진다.
ㄹ. 사각형 도선은 정류자 방향에서 봤을 때 시계 방향으로 회전한다.

① ㄱ, ㄴ ② ㄴ, ㄷ ③ ㄷ, ㄹ
④ ㄱ, ㄴ, ㄷ ⑤ ㄱ, ㄷ, ㄹ

17 그림 (가) 는 기전력이 V 로 일정한 전지, 자체 유도 계수가 L 인 코일, 저항값이 R 인 저항 그리고 전류계와 스위치가 연결되어 있는 회로를 나타낸 것이다. 그림 (나) 는 스위치에 변화를 주었을 때 저항에 흐르는 전류를 시간에 따라 나타낸 것이다. 코일에 생기는 자체 유도 기전력을 시간에 따라 나타낸 그래프로 옳은 것은? (단, 전지 내부의 저항은 무시한다.)

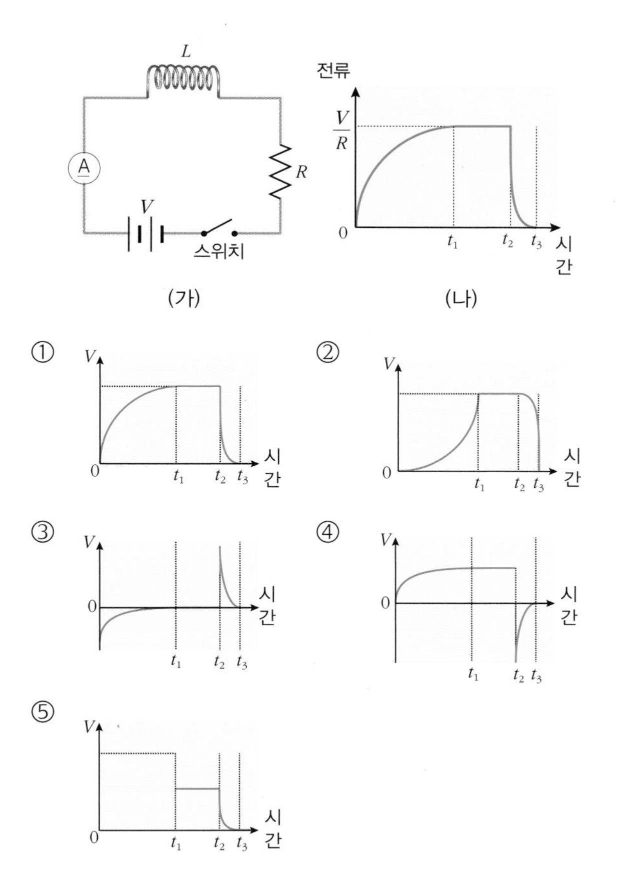

18 그림은 변압기의 기본 구조를 나타낸 것이다. 변압기의 1 차 코일은 감은 수가 600 회이며 150 V 의 교류 전원에 연결되어 있고, 감은 수가 24 회인 2 차 코일에는 저항 2 Ω 이 연결되어 있다. 이때 2 차 코일에 흐르는 전류의 세기(I_2)는? (단, 변압기에서의 에너지 변환 과정에서 에너지 손실은 없고, 1 차 코일 내부의 모든 자속이 2 차 코일 내부를 지나간다고 가정한다.)

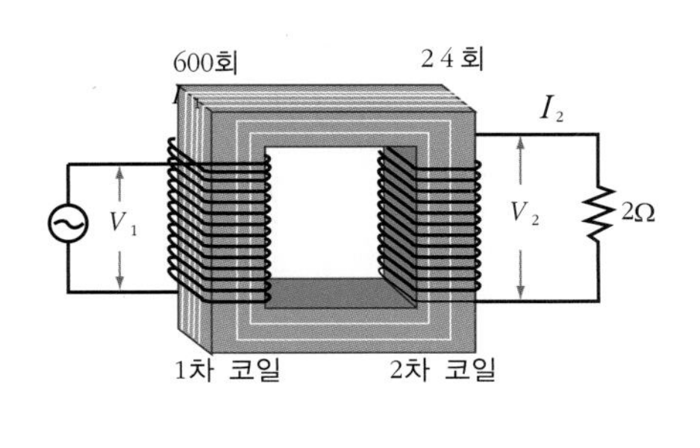

(　　　　　) A

C

19 저항이 R 인 금속 막대가 그림과 같이 세기가 B 이고 지면에 수직으로 들어가는 방향의 균일한 자기장 안에 폭이 l 인 ㄷ 자 도선 위에 놓여져 있다. 이때 금속 막대를 오른쪽 방향으로 일정한 속도 v 로 운동하도록 하기 위해 금속 막대에 작용해야 할 힘의 크기와 방향을 바르게 짝지은 것은? (단, ㄷ 자 도선의 저항과 마찰은 무시한다.)

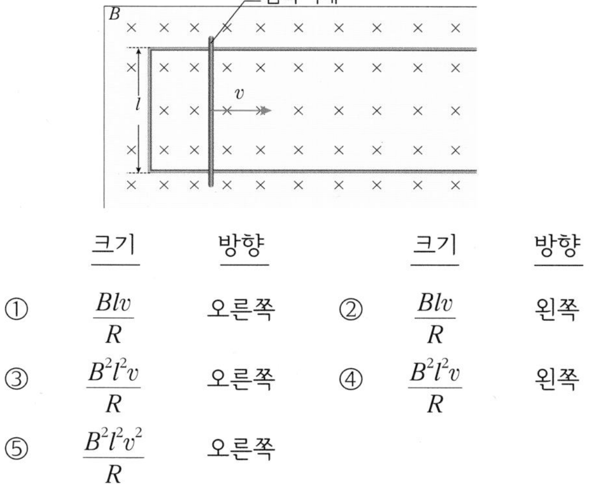

	크기	방향		크기	방향
①	$\frac{Blv}{R}$	오른쪽	②	$\frac{Blv}{R}$	왼쪽
③	$\frac{B^2l^2v}{R}$	오른쪽	④	$\frac{B^2l^2v}{R}$	왼쪽
⑤	$\frac{B^2l^2v^2}{R}$	오른쪽			

20 다음 그림은 서로 평행한 두 직선 도선에 흐르는 전류에 의한 자기장을 자기력선으로 나타낸 것이다. 이에 대한 설명으로 옳은 것만을 <보기> 에서 있는 대로 고른 것은? (단, O 점은 두 도선으로부터 같은 거리에 있다.)

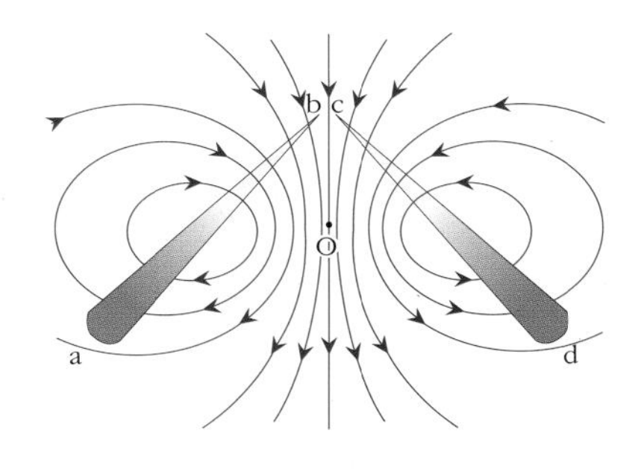

<보기>

ㄱ. 점 O 에서 자기장의 세기는 0 이다.
ㄴ. 왼쪽 직선 도선에서 전류는 a → b 로 흐르고 있다.
ㄷ. 두 도선에 흐르는 전류의 세기는 같다.
ㄹ. 두 도선 사이에 작용하는 힘은 척력이다.

① ㄱ, ㄴ　　② ㄴ, ㄷ　　③ ㄷ, ㄹ
④ ㄱ, ㄴ, ㄷ　　⑤ ㄴ, ㄷ, ㄹ

21

다음 그림은 평면에서 대전 입자가 운동하고 있는 것을 나타낸 것이다. 대전 입자는 자기장이 없는 영역에서 직선 운동을 하고, 균일한 자기장 영역 A 와 B 에서는 원 궤도를 따라 운동하게 된다. 이때 자기장 영역 A 에서의 원 궤도 반지름은 B 에서 보다 작다. 이에 대한 설명으로 옳은 것만을 〈보기〉 에서 있는 대로 고른 것은?(단, 자기력 이외의 힘은 무시한다.)

[PEET 기출 유형]

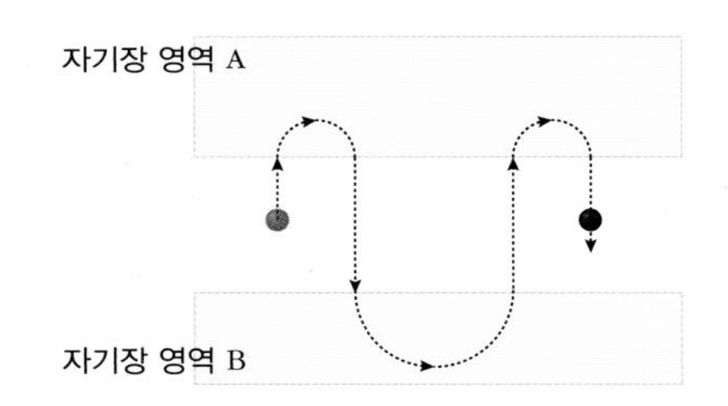

<보기>

ㄱ. 운동하는 입자가 (+)전하일 경우 자기장 영역 A 에서 자기장의 방향은 지면에서 나오는 방향이다.
ㄴ. 대전 입자의 가속도의 크기는 자기장 영역 A 와 B 에서 같다.
ㄷ. 자기장 영역 A 에서 자기장의 세기가 자기장 영역 B 에서의 자기장의 세기보다 세다.
ㄹ. 자기장 영역 A 와 B 에서 자기장 방향은 서로 반대이다.

① ㄱ, ㄴ ② ㄱ ,ㄷ ③ ㄷ, ㄹ
④ ㄱ, ㄴ, ㄷ ⑤ ㄱ, ㄷ, ㄹ

22

솔레노이드(코일) 형태의 저항기가 있다. 이때 저항기의 자체 유도 현상을 없애기 위한 방법으로 옳은 것은?

① 솔레노이드 안에 철심을 넣는다.
② 솔로노이드를 같은 방향으로 이중으로 감는다.
③ 솔레노이드를 같은 방향으로 감은수를 2 배로 하여 한 번 더 감는다.
④ 솔레노이드를 서로 방향이 반대가 되는 방향으로 바깥에 한 번 더 감는다.
⑤ 솔레노이드 주위에 동일한 크기와 감은수로 된 솔레노이드를 놓는다.

23

그림 (가) 는 자체 유도 인덕턴스가 L 인 코일과 전류계, 스위치, 기전력이 12 V 인 전지가 연결되어 있는 것을 나타낸 것이다. 그림 (나) 는 스위치를 닫는 순간 시간에 따른 전류계 Ⓐ 에 나타나는 전류(I)의 관계를 나타낸 것이다. 스위치를 닫은 후 회로의 전체 저항과 자체 유도 계수의 크기가 바르게 짝지어진 것은?

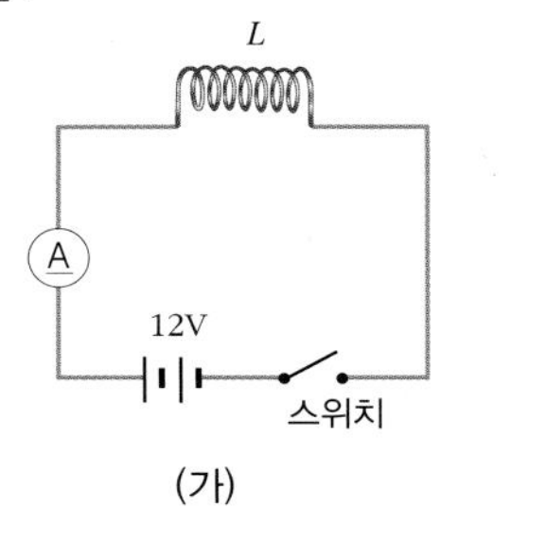

(가)

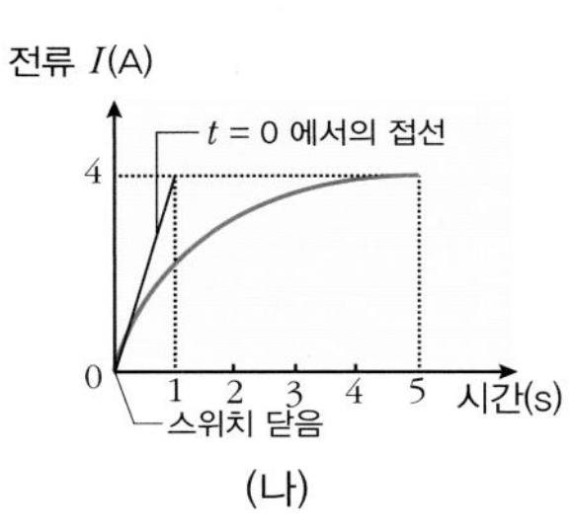

(나)

	전체 저항	L		전체 저항	L
①	1 Ω	1 H	②	1.5 Ω	3 H
③	3 Ω	1.5 H	④	3 Ω	3 H
⑤	6 Ω	6 H			

24

그림과 같이 원형 코일 A 는 교류 신호 발생기에 연결하고, 원형 코일 B 를 교류 전압계의 입력 단자에 연결한 후 두 코일의 중심축을 일치시켰다. 신호 발생기의 전원을 켜면 교류 전압계에서 전압이 측정된다. 이에 대한 설명으로 옳은 것은?

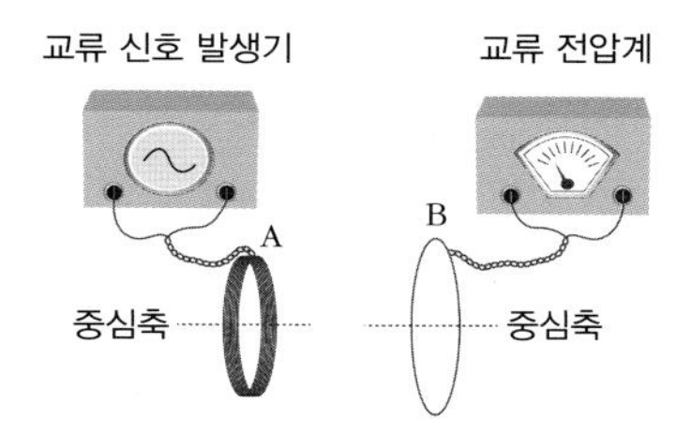

<보기>

ㄱ. 원형 코일 A 에 직류 전류가 흐르고 있을 때에도 교류 전압계에 전압이 측정된다.
ㄴ. 신호 발생 중 코일 A 와 B 를 서로 가까이하면, 교류 전압계에 측정되는 전압이 커진다.
ㄷ. 코일 B 의 감은 수만 2 배로 늘리면, 전압계에 측정되는 전압이 커진다.
ㄹ. 코일 A 의 감은 수만 2 배로 늘리면, 전압계에 측정되는 전압이 커진다.

① ㄱ, ㄴ ② ㄴ, ㄷ ③ ㄷ, ㄹ
④ ㄱ, ㄴ, ㄷ ⑤ ㄴ, ㄷ, ㄹ

심화

25

그림과 같이 두 도체 막대 A, B 가 나란하게 놓여 있다. 이때 막대 A 에는 일정한 전류 I 가 아래 방향으로 흐르도록 하고, 막대 B 에는 그림과 같이 저항값이 3 Ω, 15 Ω 인 저항과 가변 저항 R, 전압 36 V 인 전원 장치를 연결하였다. 이에 대한 설명으로 옳은 것만을 <보기> 에서 있는 대로 고른 것은?

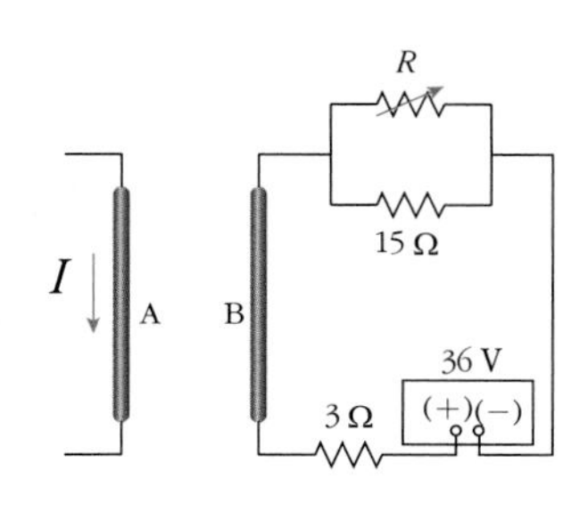

<보기>

ㄱ. 도선 A 는 왼쪽 방향으로 자기력을 받는다.
ㄴ. 가변 저항값이 3 Ω 일 때의 도체 막대 B 가 받는 자기력의 세기는 가변 저항 값이 6 Ω 일 때의 2 배이다.
ㄷ. 가변 저항값을 증가시킬 때, 도체 막대 B에 흐르는 전류의 세기는 감소한다.
ㄹ. 두 도선의 중심에서 자기장의 세기는 보강되어 자기장이 세진다.

① ㄴ, ㄷ ② ㄱ, ㄴ, ㄹ ③ ㄱ, ㄷ, ㄹ
④ ㄴ, ㄷ, ㄹ ⑤ ㄱ, ㄴ, ㄷ, ㄹ

26

그림과 같이 질량이 300 g, 길이가 20 cm 인 금속 막대가 고정된 두 도선에 연결되어 전류가 흐르는 상태에서 매달려 있다. 이때 아래 그림처럼 방향을 알 수 없는 5 T 의 균일한 자기장을 걸어주었을 때 도선의 장력이 0 이 되었다. 자기장 B의 방향과 전류의 세기를 단위까지 쓰시오.(단, g = 10 m/s^2 이다.)

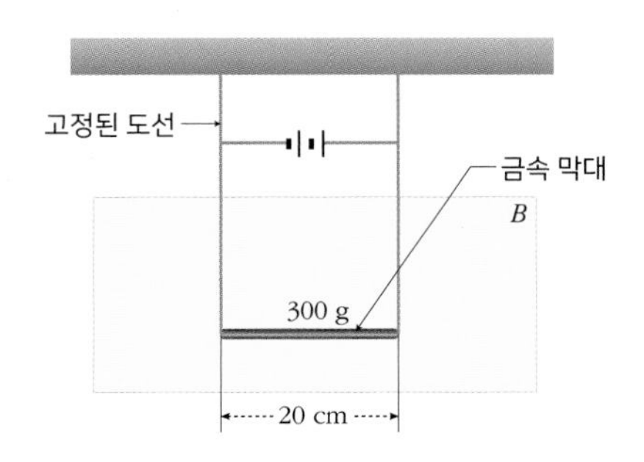

(지면으로 수직하게 ㉠ 들어가는 ㉡ 나오는 방향)
전류의 세기 (   )

27

그림과 같이 $+y$ 방향으로 운동하던 (+)전하가 xy 평면의 점 P, Q, R 을 지난다. 이때 자기장 영역 A, B에서 자기장의 세기는 각각 $2B$, B 이고, OP 와 OQ 의 거리는 같다. 전하가 P 에서 Q 까지 운동하는데 걸리는 시간이 T_0 일 때, 전하가 Q 에서 R 까지 운동하는데 걸리는 시간은?

[수능 평가원 기출 유형]

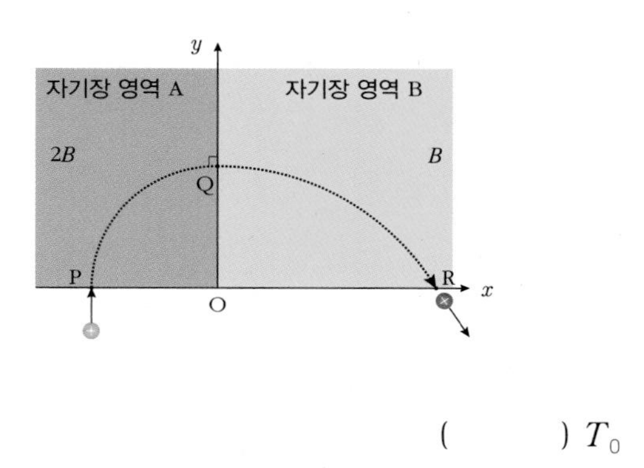

(   ) T_0

28

그림과 같이 질량 m, 전하량 $+q$ 인 대전 입자를 지면에 수직으로 들어가는 방향의 균일한 자기장 영역에 일정한 속력 v 로 자기장 방향에 수직으로 입사시켰더니, 입자가 점 O 를 중심으로 등속 원운동을 하면서 점 B 와 C 를 차례대로 지나 자기장 영역을 통과하였다. 이때 점 O, A, B, C 는 동일한 수평면 상에 있고, A 와 B 사이의 거리는 x, A 와 C 사이의 거리는 $3x$ 일 때, 자기장의 세기와 입자의 가속도를 각각 쓰시오.

[수능 기출 유형]

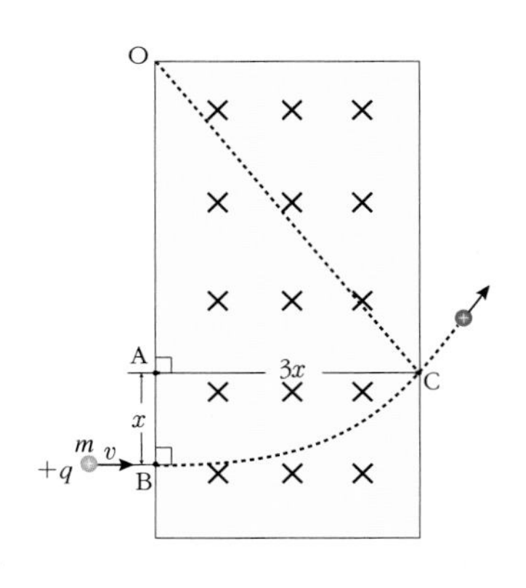

자기장의 세기 (   )
입자의 가속도 (   )

29

그림과 같이 지면에 수직으로 들어가는 방향으로 세기가 B 인 균일한 자기장이 xy 평면에 형성되어 있다. 자기장 영역 B 에만 균일한 전기장이 $+y$ 방향으로 형성되어 있을 때, 전하량이 q, 질량이 m 인 (+)전하가 $+x$ 방향으로 자기장 영역 A 에 입사하여 등속 직선 운동을 한 후 자기장 영역 B 에서는 반지름이 r 인 원운동을 하였다. 이에 대한 설명으로 옳은 것만을 <보기> 에서 있는 대로 고른 것은? (단, 중력 가속도는 g 이고, 입자의 크기, 전자기파의 발생은 무시한다.)

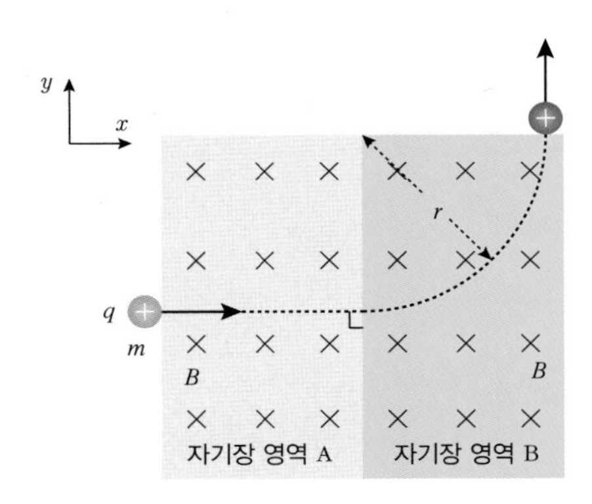

<보기>

ㄱ. (+)전하의 속도는 자기장 영역 A 를 지날 때가 더 빠르다.

ㄴ. 자기장 영역 B 에서 (+)전하의 속도는 $\frac{mg}{qB}$ 이다.

ㄷ. 자기장 영역 B 에서 전기력과 중력이 힘의 평형을 이룬다.

ㄹ. 자기장 영역 B 에서 (+)전하의 가속도의 크기는 중력 가속도와 같다.

① ㄱ, ㄴ ② ㄴ, ㄷ ③ ㄴ, ㄹ
④ ㄱ, ㄴ, ㄷ ⑤ ㄱ, ㄷ, ㄹ

30

그림 (가) 는 저항값 R 인 동일한 저항 2 개와 코일을 기전력 V 인 전지와 스위치에 연결한 회로를 나타낸 것이고, 그림 (나) 는 스위치를 닫는 순간부터 코일에 유도된 유도 기전력을 시간에 따라 나타낸 것이다. 코일을 연결하지 않은 저항에 흐르는 전류의 세기를 I_A, 코일을 연결한 저항에 흐르는 전류의 세기를 I_B 라고 할 때, 0~t_1 구간과 t_1~t_2 구간에서 전류의 세기를 바르게 비교한 것은?

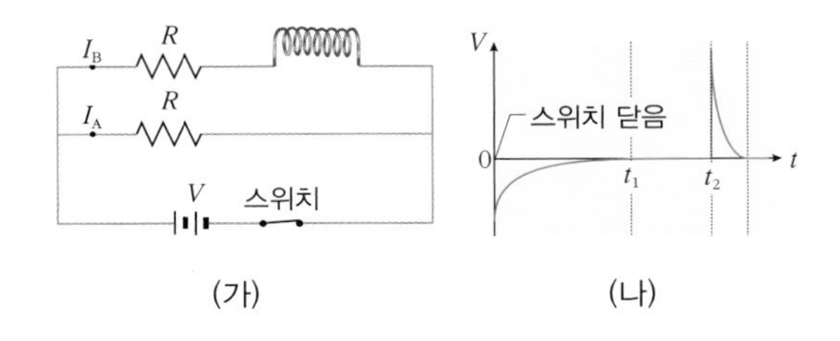

(가) (나)

	$0 \sim t_1$ 구간	$t_1 \sim t_2$ 구간
①	$I_A > I_B$	$I_A > I_B$
②	$I_A < I_B$	$I_A < I_B$
③	$I_A > I_B$	$I_A = I_B$
④	$I_A = I_B$	$I_A < I_B$
⑤	$I_A = I_B$	$I_A = I_B$

31

길이가 25.0 cm, 단면적이 4.0 cm^2 , 그리고 도선의 감은 수가 300 회인 코일의 자체 유도 계수를 구하시오. (단, k 를 포함시켜 나타내시오. $k'' = 2\pi k$ 이고 $\pi = 3$ 으로 한다.)

32

그림 (가) 는 동일한 원형 도선을 마주 보게 놓고, 원형 도선 A 에는 검류계를, 원형 도선 B 에는 가변 전원 장치와 저항을 연결한 것을 나타낸 것이다. 원형 도선 B 에 연결한 가변 전원 장치의 전압을 그림 (나) 와 같이 변화 시켰다. 이에 대한 설명으로 옳은 것만을 <보기> 에서있는 대로 고른 것은?

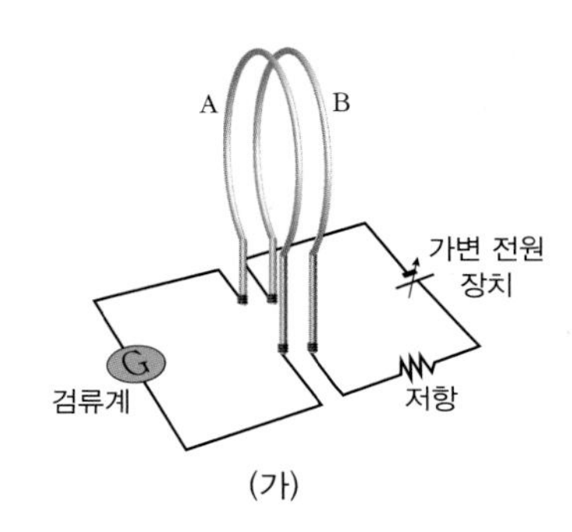

(가)

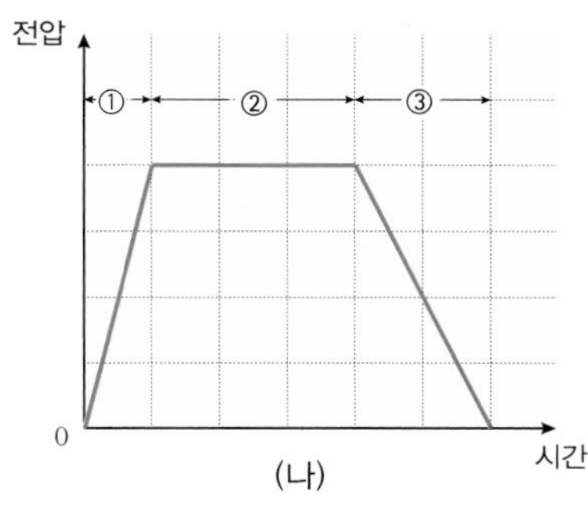

(나)

<보기>

ㄱ. ① 구간에서 원형 도선 B 에는 원형 도선 A 쪽 방향으로 자속이 증가한다.

ㄴ. ①, ②, ③ 구간 중 ① 구간에서 원형 도선 A 에 가장 큰 유도 기전력이 생긴다.

ㄷ. ② 구간에서 원형 도선 B 에는 전류가 흐르지 않는다.

ㄹ. ①, ③ 구간에서 원형 도선 A 에 흐르는 전류의 방향은 반대이다.

① ㄱ, ㄴ ② ㄴ, ㄷ ③ ㄷ, ㄹ
④ ㄱ, ㄴ, ㄹ ⑤ ㄱ, ㄷ, ㄹ

창의력

33

그림 (가) 는 균일한 자기장 영역에서 도체 막대가 ㄷ 자 도선을 따라 일정한 속력(v) 4 m/s 으로 운동하고 있는 것을 나타낸 것이다. ㄷ 자 도선은 폭이 25 cm 이고 경사각은 30° 인 빗면에 고정되어 있으며, 자기장의 세기(B)는 2 T 로 일정하고, 방향은 $+y$ 방향이다. 그림 (나) 는 그림 (가) 의 측면 모습을 나타낸 것이다. 물음에 답하시오. (단, 도선 사이의 마찰은 무시한다.)

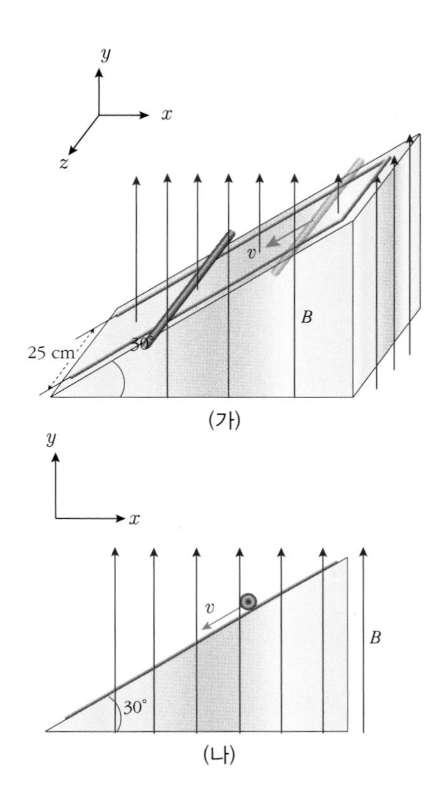

(1) 도체 막대에 흐르는 유도 전류의 방향과 도체 막대 양단에 걸리는 유도 기전력의 크기를 각각 쓰시오.

(2) 도선에 작용하는 모든 힘의 종류와 방향을 아래 그림에 그리시오.

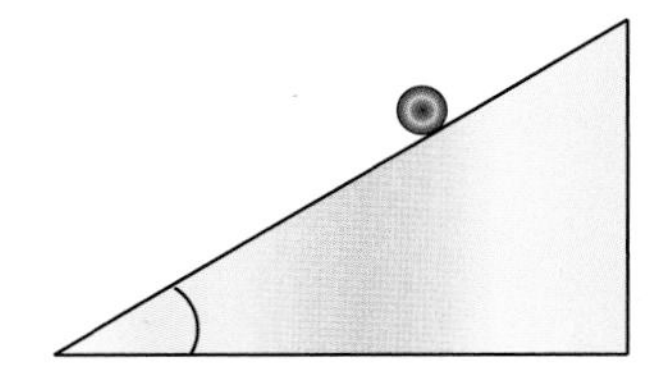

34 다음 그림처럼 xy 평면에서 전하량 $+q$, 질량 m 인 물체를 지면과 60° 의 각으로 속도 v 로 쏘아올렸다. 이때 물체가 최고점일 때 xy 평면에 수직으로 들어가는 방향의 균일한 자기장 영역으로 수직으로 입사한 후, 등속도 운동을 하였다. 물음에 답하시오.

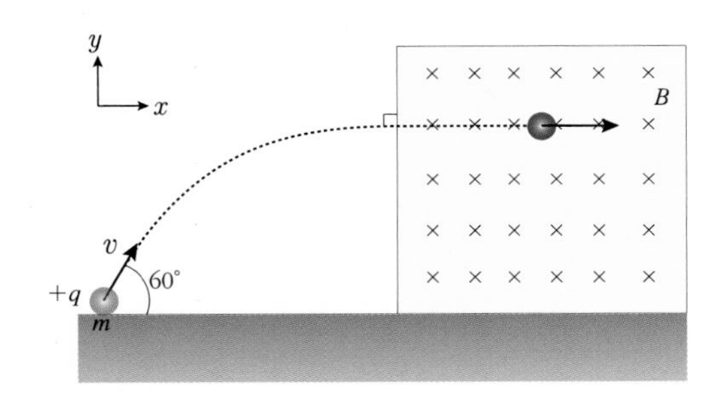

(1) 자기장의 세기를 구하고, 그 풀이 과정을 서술하시오.

(2) 만약 자기장의 방향이 지면으로 나오는 방향으로 바뀐다면 물체의 운동은 어떻게 변할까?

(3) 만약 물체의 질량과 전하량이 각각 2 배로 변하고, 발사 각도와 속도는 각각 동일하다면 자기장 속에서 물체의 움직임은 어떻게 변할까?

35 다음 그림은 액체 수소 상자 안 균일한 자기장이 지면과 수직 방향으로 형성되어 있는 영역 속에서 운동하는 전자의 운동 궤적을 나타낸 것이다. 이를 통해 전자는 출발하여 반지름이 점점 증가하는 원운동을 하고 있다는 것을 알 수 있다.

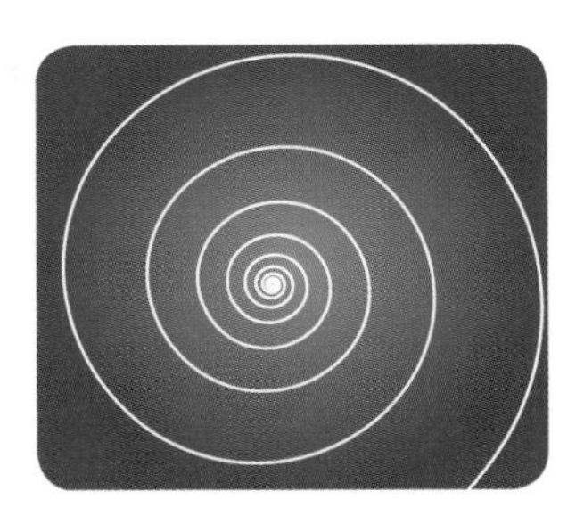

(1) 자기장의 방향은 지면에 수직으로 나오는 방향인가? 들어가는 방향인가? 그렇게 생각한 이유와 함께 서술하시오.

(2) 전자의 속력은 어떻게 변하고 있는가? 그렇게 생각한 이유와 함께 서술하시오.

36 그림과 같이 자기장이 중력 방향과 수직으로 형성되어 있는 공간에서 한 변의 길이가 l인 정사각형 도선이 중력 방향으로 낙하할 때, 자기장 영역의 경계에서 도선이 속도가 일정한 등속 운동을 하였다. 자기장의 세기는 B 로 균일하고 정사각형 도선의 전체 저항을 R, 질량을 m, 중력 가속도는 g 일 때, 도선에 유도되는 (1) 유도 전류의 방향과 (2) 그 세기를 구하시오.

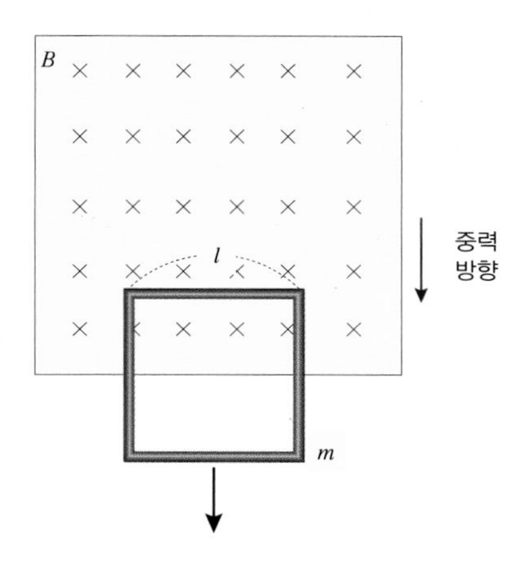

37 다음 그림은 각각 (+)전하와 (−)전하를 띤 두 금속판이 평행하게 놓여져있어서 그 사이에 세기가 E 인 전기장을 형성하고 있고, 동시에 그 사이에 지면으로 수직하게 들어가는 방향으로 세기가 B 인 균일한 자기장을 걸어준 것을 나타낸 것이다. 이때 이 속으로 전기장과 자기장 모두와 수직인 방향으로 전하량이 q 인 전자가 속력 v 로 입사하였다. 물음에 답하시오.

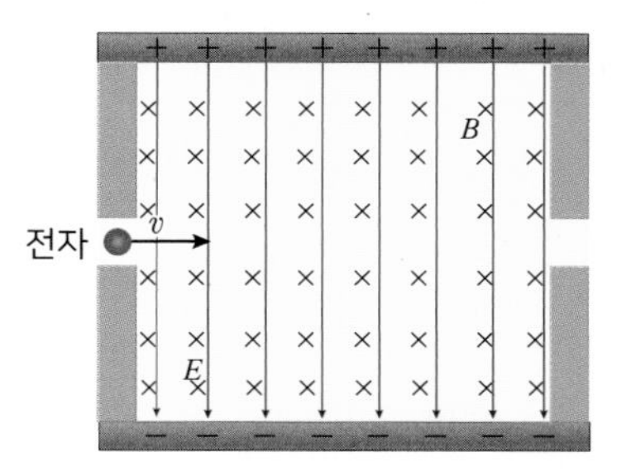

(1) 전자가 등속 직선 운동하기 위한 속력 v 를 구하시오.

(2) 만약 등속 직선 운동을 하던 전자의 속력이 작아진다면 전자는 어떤 운동을 할까?

15강 전기 에너지의 사용

1. 전기 에너지의 발생

(1) 기전력 : 전압을 발생시켜 전류를 흐르게 하는 능력이며, 전압과 같은 단위(V)를 쓴다.

① **기전력(E)** : 단위 전하($+1\text{C}$)당 해 준 일(W)이다. 전압과 같은 값이다.

$$E = \frac{W}{q} \quad (\text{단위 : V [볼트], 1V = 1J/C})$$

② **기전력을 발생시키는 방법**

	화학 전지	발전기	태양 전지	열전대
종류				
원리	산화와 환원 반응에 의해 기전력이 발생	운동 에너지를 이용하여 자석이나 코일을 회전시켜서 전자기 유도 현상에 의해 기전력이 발생	태양 전지판에 태양빛을 쪼여서 기전력을 발생	열전대 양쪽의 온도 차이에 의한 기전력이 발생
에너지 전환	화학 에너지 ⇨ 전기 에너지	역학적 에너지 ⇨ 전기 에너지	빛에너지 ⇨ 전기 에너지	열에너지 ⇨ 전기 에너지

(2) 발전기 : 역학적 에너지를 전기 에너지로 전환시키는 발전기는 자기장 속에서 코일이 회전할 때 코일을 이루는 면을 지나는 자속이 변함에 따라 패러데이 전자기 유도 법칙에 의해 회로에 기전력이 발생하여 전류가 흐르게 된다.

① **직류 발전과 교류 발전**

	구조	자속의 변화에 의한 기전력의 발생
직류 발전기	정류자, 회전자, 브러시	E(기전력): 정류자에 의해 (+)값만 발생, Φ(자속)
교류 발전기	집전 고리, 회전자, 브러시	E(기전력): 주기마다 크기와 방향이 변함, Φ(자속)

◉ 중력장과 전기장에서 전하를 이동시키는 일의 비교(위치 에너지 증가)

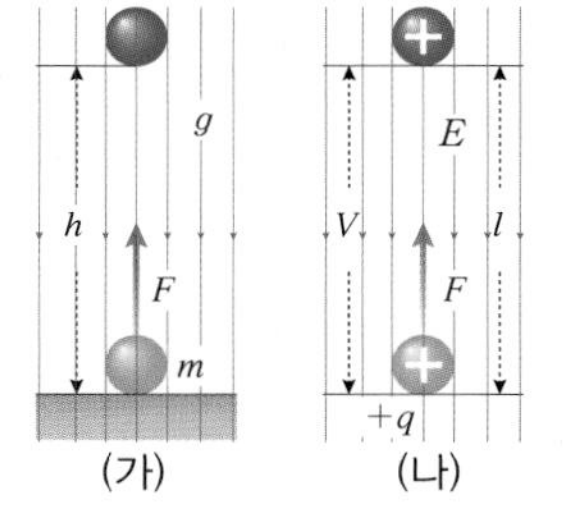

(가) 질량 m 인 물체를 높이 h 까지 끌어올릴 때
⇨ 필요한 힘 $F = mg$
⇨ 물체에 해 준 일 $W = mgh$

(나) $+q$ 의 전하를 전위가 V 만큼 높은 곳으로 이동시킬 때(전기장 E 균일, 이동거리 l)
⇨ 필요한 힘 $F = qE$
⇨ 물체에 해 준 일 $W = Fl = qEl = qV\ (V = El)$

◉ 열전대

두 종류의 금속을 붙여 놓은 상태에서 양쪽의 온도를 달리해 주면 온도 차에 비례하여 기전력이 발생하는(제베크 현상) 장치를 말한다. 주로 발전소, 제철소 등 극한 환경에서 온도를 측정하는데 사용된다.

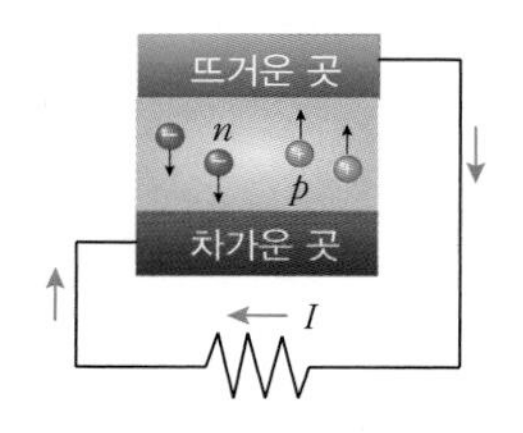

n형 반도체의 경우, 고온단에 있는 전자들은 저온단에 있는 전자들보다 더 높은 운동에너지를 가지게 되어 고온단에 있는 전자들은 에너지를 낮추기 위해 저온단으로 확산하게 된다. 전자들이 저온단으로 이동함에 따라 저온단은 (-)로 대전되고 고온부는 (+)로 대전되어 금속 막대의 양단간에 전위차가 발생하는데 이를 제베크 전압이라 한다.

미니사전

직류 [直 곧다 流 흐르다] 전지를 사용할 때와 같이 한쪽 방향으로만 흐르는 전류로 항상 (+)극에서 (−)극으로 전류가 흐르고, 세기도 거의 일정하다.

교류 [交 오고 가다 流 흐르다] 발전소로부터 가정에 공급되는 전류와 같이 전류의 방향과 세기가 주기적으로 변하는 전류

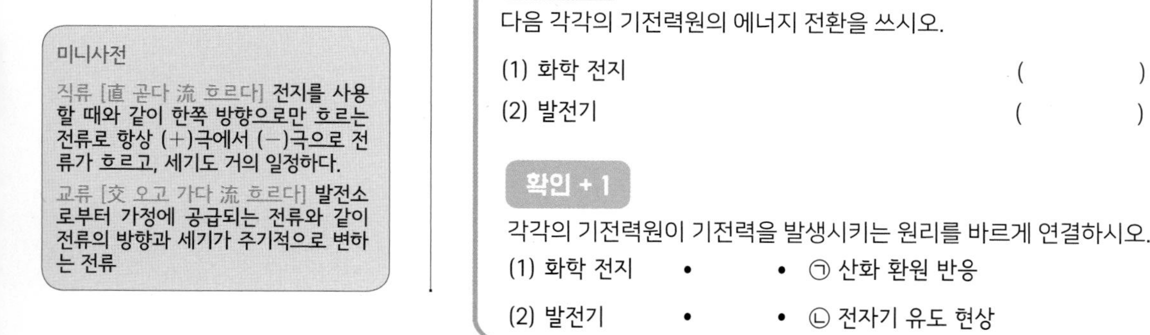

개념확인 1 정답 및 해설 102

다음 각각의 기전력원의 에너지 전환을 쓰시오.

(1) 화학 전지 (　　　) → (　　　)

(2) 발전기 (　　　) → (　　　)

확인 + 1

각각의 기전력원이 기전력을 발생시키는 원리를 바르게 연결하시오.

(1) 화학 전지 • • ㉠ 산화 환원 반응

(2) 발전기 • • ㉡ 전자기 유도 현상

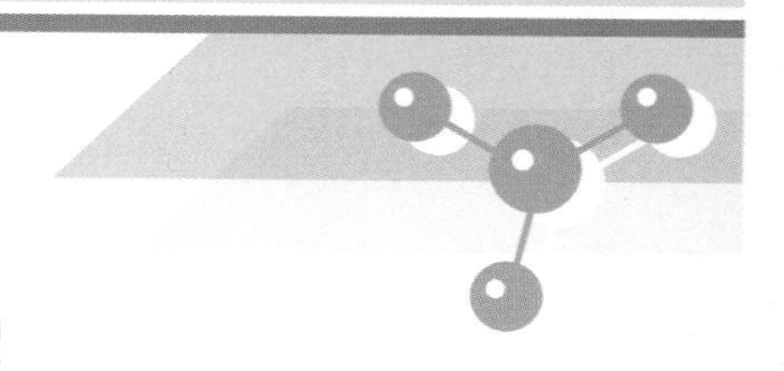

② **발전기의 발전 원리** : 각종 에너지를 이용하여 터빈을 회전시키고, 여기에 연결된 코일을 자기장 속에서 회전시켜 전류(유도 전류)를 생산한다.

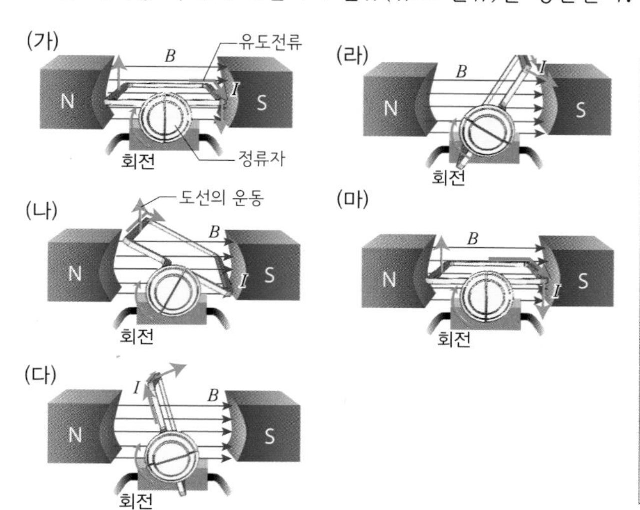

(가) → (나) → (다) 과정
: 코일 내부를 통과하는 자속이 증가하는 과정으로 화살표 방향으로 유도 전류가 흐른다.

(다) → (라) → (마) 과정
: 코일 내부를 통과하는 자속이 감소하지만, 정류자에 의해 유도 전류의 방향은 변하지 않는다.

(3) 맴돌이 전류 : 도체를 지나는 자속이 변할 때 도체 내부에 발생하는 유도 기전력에 의해 소용돌이 모양의 유도 전류가 흐르게 되는데 이 전류를 맴돌이 전류(eddy current)라고 한다.

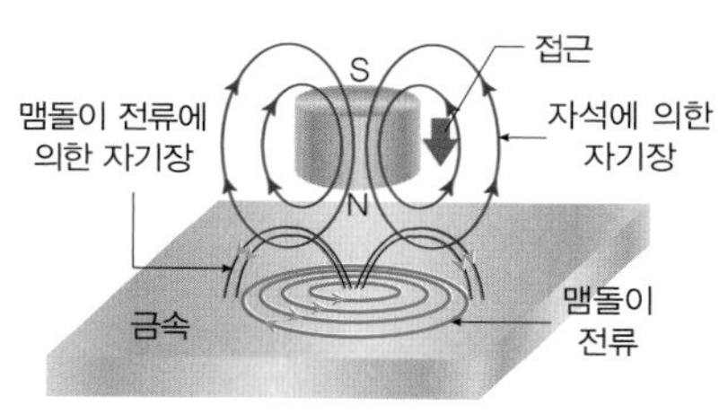

▲ 맴돌이 전류의 발생

· **맴돌이 전류의 이용**

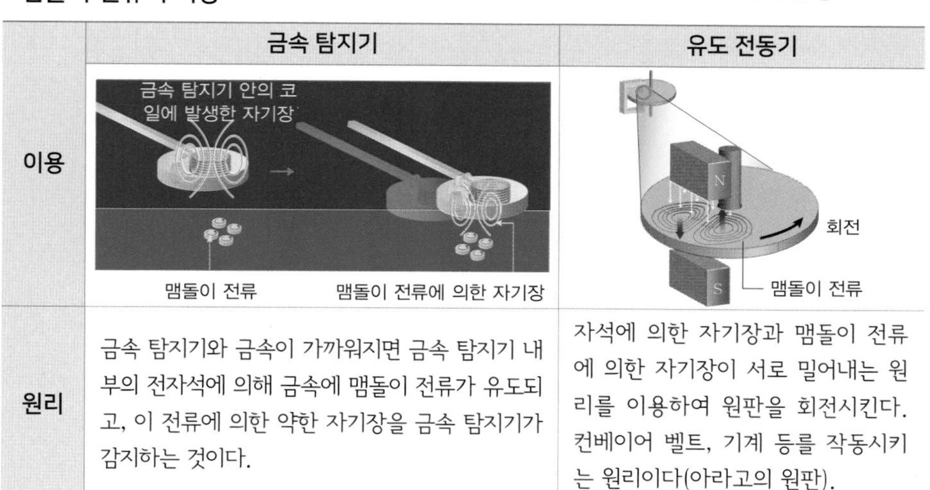

	금속 탐지기	유도 전동기
이용		
원리	금속 탐지기와 금속이 가까워지면 금속 탐지기 내부의 전자석에 의해 금속에 맴돌이 전류가 유도되고, 이 전류에 의한 약한 자기장을 금속 탐지기가 감지하는 것이다.	자석에 의한 자기장과 맴돌이 전류에 의한 자기장이 서로 밀어내는 원리를 이용하여 원판을 회전시킨다. 컨베이어 벨트, 기계 등을 작동시키는 원리이다(아라고의 원판).

개념확인 2 정답 및 해설 102

자석이 오른쪽 그림과 같이 두 개의 코일 위를 오른쪽으로 이동하고 있다. 이때 오른쪽 코일에 발생하는 유도 전류의 방향은?

(A , B)

확인 + 2

오른쪽 그림은 발전기의 구조를 모식적으로 나타낸 것이다. 코일을 화살표 방향으로 회전시켰을 때 코일에 흐르는 전류의 방향을 고르시오.

(A , B)

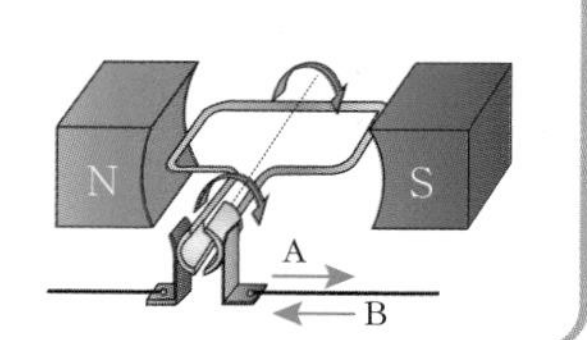

◎ **직류(AC)와 교류(DC) 비교**

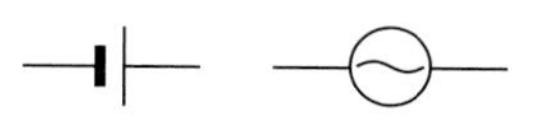

▲ 직류 전원 ▲ 교류 전원

우리나라에서 사용하는 교류는 1초에 60번 진동하는 60Hz 교류이고, 1초에 전류의 방향이 60번 바뀐다.

◎ **교류를 직류로 바꾸기(정류 작용)**

다이오드(Diode)는 전류를 한쪽 방향으로만 흐르게 하는 반도체로 교류를 직류로 바꿔주는 정류 작용을 한다.

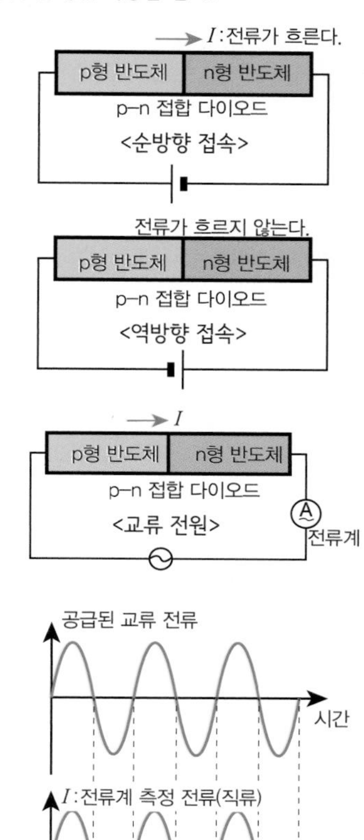

▲ 정류 작용 : p-n 접합 다이오드에 교류 전원을 연결하면 (-)방향의 전류는 흐르지 않으므로 전류계에는 (+)방향의 전류(직류)가 측정된다.

◎ **아라고(arago)의 원판**

영구 자석 사이에 전류가 흐를 수 있는 원판을 놓고 영구 자석을 회전시키면, 자석의 이동으로 맴돌이 전류가 발생하게 된다. 이 맴돌이 전류에 의한 자기장과 자석에 의한 자기장이 상호 작용하여 원판이 자기력을 받아 회전하게 된다. 이를 발명자 아라고의 이름을 따서 아라고의 원판이라고 한다.

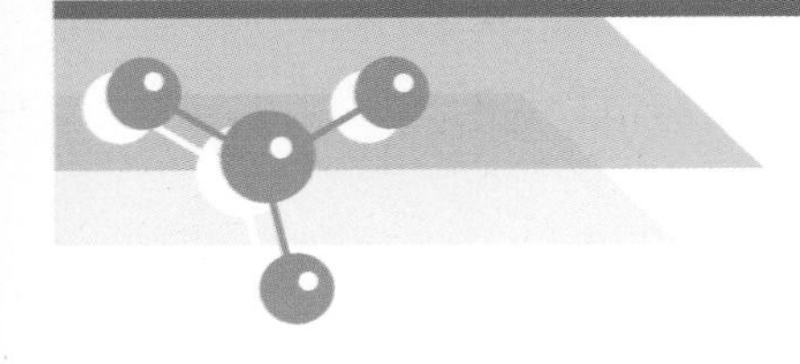

15강 전기 에너지의 사용

2. 전류의 열작용

◎ 저항에서 열이 발생하는 이유

자유 전자가 도선 속을 이동하면서 원자와 충돌이 일어나기 때문에 열이 발생한다. 전류가 셀수록 더 많은 열이 발생한다.

◎ 열량 Q 를 나타내는 다른 방법

질량이 m 비열이 c 인 물체의 온도 변화가 Δt 일 때 이 물체가 흡수하거나 방출하는 열량 (Q)는 다음과 같다.

$$Q = cm\Delta t$$

◎ 저항에서 발생하는 전기 에너지

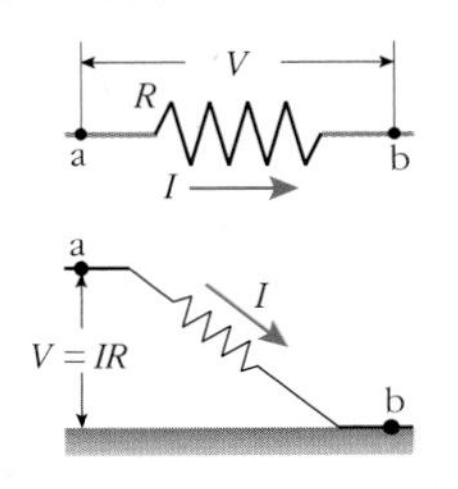

a 지점보다 전위가 $V = IR$ 만큼 낮은 b 지점으로 전류가 흐르면 저항을 통과하는 전하 q 의 전기적 위치 에너지는 감소한다. 이때 감소한 만큼의 전기 에너지가 저항에서 외부로 방출되며, 이 에너지가 열로 전환되면서 발열량으로 나타난다.

(1) 전기 에너지 : 전류가 공급하는 에너지로, 전류가 흐르는 저항에서 전기 에너지가 열에너지나 빛에너지 등 여러 형태의 에너지로 변환되어 발생한다.

·저항 $R(\Omega)$ 의 양단에 전압 V(V) 를 걸어주었을 때 전류 I(A) 가 흐르면, 저항에서 시간 t(s) 동안 소비(발생)하는 전기 에너지 E 는 다음과 같다.

$$E(\text{전기 에너지}) = VIt = I^2Rt = \frac{V^2}{R}t \quad (\text{단위 : J [줄]})$$

(2) 전류의 열작용 : 저항에 전류가 흐르면 열이 발생한다.

① **발열량** : 전류가 흐를 때 도선에서 발생하는 열량이다.

$$\text{발열량}(Q) \propto \text{전기 에너지}(E) \quad ⇨ \quad Q \propto VIt$$

② **저항의 연결 방법에 따른 발열량의 크기**

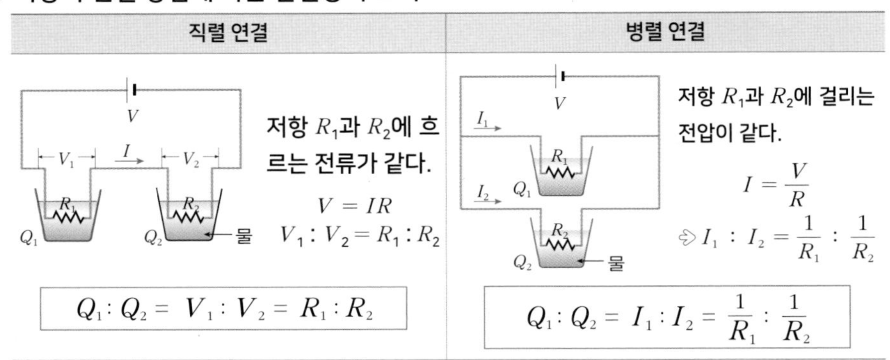

직렬 연결	병렬 연결
저항 R_1과 R_2에 흐르는 전류가 같다. $V = IR$, $V_1 : V_2 = R_1 : R_2$	저항 R_1과 R_2에 걸리는 전압이 같다. $I = \frac{V}{R}$ ⇨ $I_1 : I_2 = \frac{1}{R_1} : \frac{1}{R_2}$
$Q_1 : Q_2 = V_1 : V_2 = R_1 : R_2$	$Q_1 : Q_2 = I_1 : I_2 = \frac{1}{R_1} : \frac{1}{R_2}$

(3) 줄(Joule)의 법칙

① **줄열** : 저항에 전류가 흐를 때 발생하는 열을 줄열이라고 하며, 이는 전자의 전기 에너지가 열에너지로 전환되어 발생하는 열이다.

② **줄의 법칙** : 전기 에너지가 모두 열에너지로 전환될 때 저항에서 발생하는 열량 Q 를 cal 단위로 나타내면 다음과 같으며, 이를 줄의 법칙이라고 한다.

$$Q = \frac{E}{J} = \frac{1}{J}VIt = \frac{1}{J}I^2Rt = \frac{1}{J}\frac{V^2}{R}t \ (\text{cal})$$

(J(비례상수) : 열의 일당량, 단위 : J/cal)

③ **열의 일당량** : 줄은 실험을 통해 1 cal 의 열량이 4.2 J 의 에너지에 해당한다는 것을 밝혀냈다.

$$J \cong 4.2 \text{ J/cal} \quad (1 \text{ cal} = 4.2 \text{ J}, \ 1 \text{ J} = \frac{1}{4.2} \text{ cal} \cong 0.24 \text{ cal})$$

정답 및 해설 102

개념확인 3

전기 저항이 50 Ω 인 저항에 0.7 A 의 전류가 흘렀다. 이때 10 초 동안 소비된 전기 에너지는 몇 J 인가?

(　　　　　) J

확인 + 3

저항의 비가 2 : 3 인 두 니크롬선 A 와 B 를 동일한 전원에 직렬로 연결할 때와 병렬로 연결할 때 각 니크롬선에서의 발열량의 비($Q_A : Q_B$) 를 각각 쓰시오.

직렬 연결 (　　　　), 병렬 연결 (　　　　)

미니사전

열량 [熱 열 量 양] 열에너지의 양으로 순수한 물 1 g 의 온도를 1 ℃ 높이는 데 필요한 열량을 1 cal 의 열량으로 정의

비열 [比 비교하다 熱 열] 어떤 물질 1 g 의 온도를 1 ℃ 만큼 올리는 데 필요한 열량으로 단위는 cal/g·℃

3. 전력과 전력량

(1) 전력 : 전기 기구가 단위 시간(1초) 동안 소비하는 전기 에너지를 말하며, 소비 전력이라 고도 한다.

$$P(\text{전력}) = VI = I^2R = \frac{V^2}{R} \quad (\text{단위 : W [와트] = J/s})$$

① **1 W** : 1초당 1J 의 에너지가 소비될 때의 전력. 1 kW =1000 W

② **저항의 연결 방법에 따른 각 저항에서의 소비 전력**

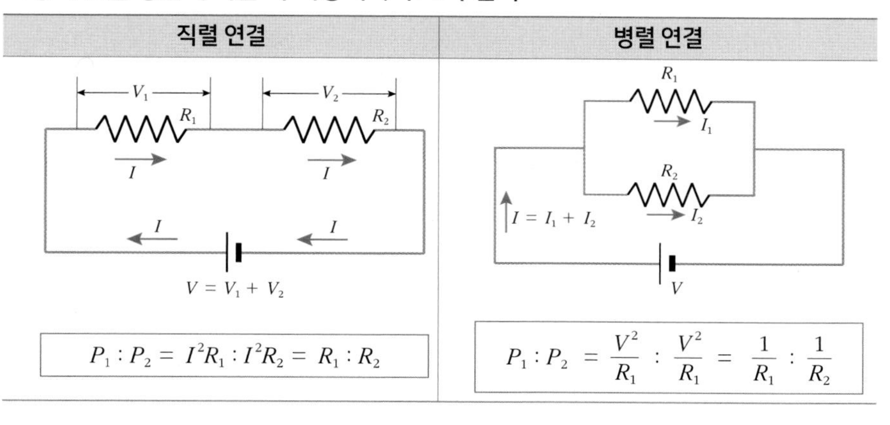

(2) 전력량 : 전기 기구가 일정 시간 동안 소비하는 전기 에너지의 총량을 말한다.

$$\text{전력량} : Pt = VIt = I^2Rt = \frac{V^2}{R}t \quad (\text{단위 : Wh [와트시], J})$$

·**1 Wh** : 1 W 의 전력으로 1 시간 동안 사용한 전기 에너지의 양, 1 kWh =1000 Wh
1 Wh = 1 W × 1 h = 1 J/s × 3600 s = 3600 J

(3) 정격 전압과 정격 소비 전력

① **정격 전압** : 전기 기구를 정상적으로 안전하게 사용할 수 있도록 정해진 전압으로 정격 전압 이상의 전압을 가하면 전기 기구가 고장날 수도 있다.

② **정격 소비 전력** : 정격 전압으로 사용할 때 전기 기구에서 매초 당 소비되는 전기 에너지의 양이다.

(예) 100 V - 100 W 전구의 의미 : 정격 전압이 100 V 인 전원에서 사용해야 하며, 100 V 의 전원에서 사용하면 100 W 의 정격 전력을 소비한다.

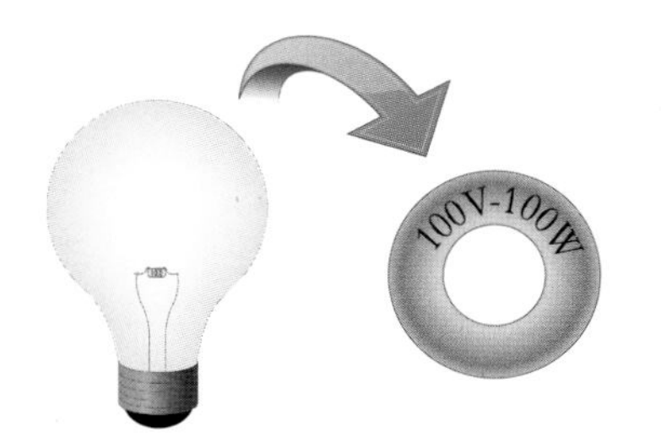

▲ 전구의 정격 전압과 정격 소비 전력

◉ 전기 에너지와 전력량 비교

구분	시간 단위	단위
전기 에너지	초(s)	J
전력량	시간(h)	Wh

· 전기 에너지 (J) = VIt(초) = Pt(초)
· 전력량 (Wh) = Pt(h)

둘 모두 전기 에너지 양이나 전력량은 시간(h)를 사용한다.

◉ 가정에서의 배선

가정의 전기 배선은 병렬로 연결되어 있기 때문에 각 전기 기구에 걸리는 전압이 동일하다.

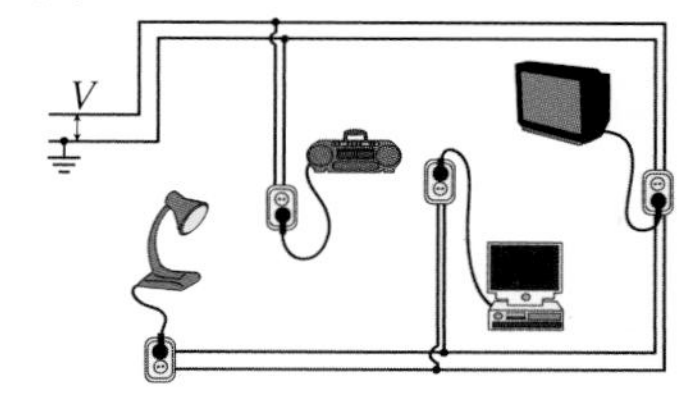

만약 병렬로 연결되어 있지 않으면 각 전기 기구에 정격 전압을 공급하기 위해 외부에서 걸어주는 전압이 굉장히 높아야 한다.

정답 및 해설 102

개념확인 4

저항의 비가 2 : 3 인 두 니크롬선 A 와 B 를 동일한 전원에 직렬로 연결할 때와 병렬로 연결할 때 니크롬선에서의 소비 전력의 비($P_A : P_B$)를 각각 쓰시오.

직렬 연결 (　　　　　), 병렬 연결 (　　　　　)

확인 + 4

소비 전력이 1,200 W 인 전구를 10 분 동안 사용하였을 때, 이 전기 기구가 소비한 전력량은 몇 kWh 인가?

(　　　　　) kWh

미니사전

정격 [定 정하다 格 격식] 전자기기 등에서 지정된 조건 하에서 안전하게 사용 가능한 한도

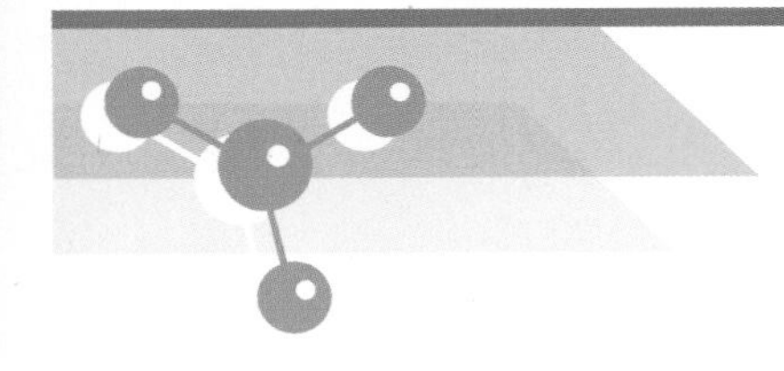

(4) 소비 전력과 전구의 밝기 : 전구의 밝기는 정격 소비 전력이 아니라 전구가 실제로 소비하는 전력($P = VI$)에 비례한다.

① **전구의 직렬 연결** : 전구 A 에 흐르는 전류 = 전구 B 에 흐르는 전류

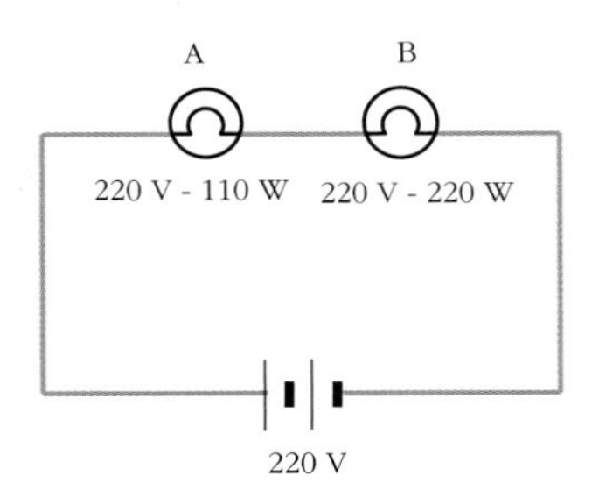

·전구 A 의 저항 $R_A = \dfrac{V_{정격}^2}{P_{정격}} = \dfrac{(220\ V)^2}{110\ W} = 440\ \Omega$

·전구 B 의 저항 $R_B = \dfrac{(220\ V)^2}{220\ W} = 220\ \Omega$

⇨ 소비 전력의 비 = $R_A : R_B$ = 440 : 220 = 2 : 1

⇨ 전구의 밝기 : A 가 B 보다 2 배 밝다.

⇨ 정격 전압이 같은 두 전구를 직렬 연결하면 정격 전력이 더 큰 B 가 A 보다 밝다.

② **전구의 병렬 연결** : 전구 A 에 걸리는 전압 = 전구 B 에 걸리는 전압

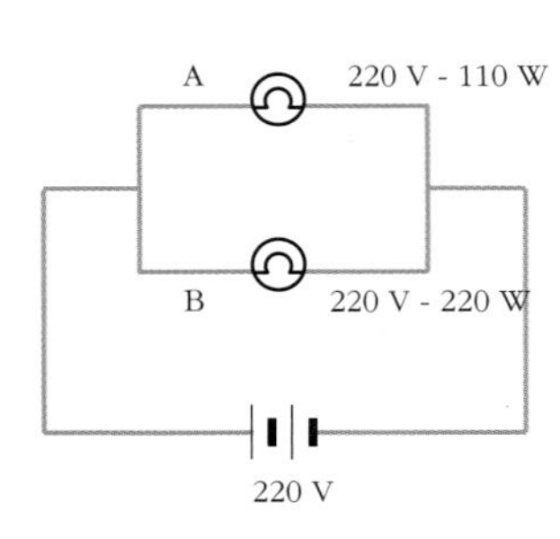

·전구 A 의 저항 $R_A = \dfrac{V_{정격}^2}{P_{정격}} = \dfrac{(220\ V)^2}{110\ W} = 440\ \Omega$

·전구 B 의 저항 $R_B = \dfrac{(220\ V)^2}{220\ W} = 220\ \Omega$

⇨ 소비 전력의 비 = $\dfrac{1}{R_A} : \dfrac{1}{R_B} = \dfrac{1}{440} : \dfrac{1}{220}$ = 1 : 2

⇨ 전구의 밝기 : B 가 A 보다 2 배 밝다.

⇨ 정격 전압이 같은 두 전구를 병렬 연결하여 같은 전압(정격 전압)이 걸리도록 하면 각각의 밝기의 비는 정격 전력의 비와 같다.

(5) 전구의 연결 개수에 따른 전구의 밝기 : 동일한 전구를 사용할 경우

① **전구의 직렬 연결** : 직렬 연결하는 전구의 수가 많아질수록 각각의 전구의 밝기는 어두워진다. 각각의 전구에 걸리는 전압이 작아지기 때문이다.

② **전구의 병렬 연결** : 병렬 연결하는 전구의 수에 관계없이 전구의 밝기는 일정하다. 각각의 전구에 걸리는 전압은 일정하기 때문이다.

개념확인 5

정답 및 해설 102

저항이 R, $3R$ 인 전구 A 와 B 를 직렬 연결할 때와 병렬 연결할 때 전구의 밝기를 부등호를 이용하여 비교하시오.

직렬 연결 : A (　　) B,　병렬 연결 : A (　　) B

확인 + 5

동일한 전구의 연결 방법과 그에 따른 전구의 밝기에 대한 설명을 바르게 연결하시오.

(1) 직렬 연결 •　　　• ㉠ 연결하는 전구의 수와 상관없이 밝기는 일정하다.

(2) 병렬 연결 •　　　• ㉡ 연결하는 전구의 수가 많아질수록 각각의 전구의 밝기는 어두워진다.

◎ **전력과 전구의 밝기**

·전구 A 의 저항 : $2R$
·전구 B 의 저항 : $2R$
·전구 C 의 저항 : R 일 때,

< 저항의 직렬 연결>

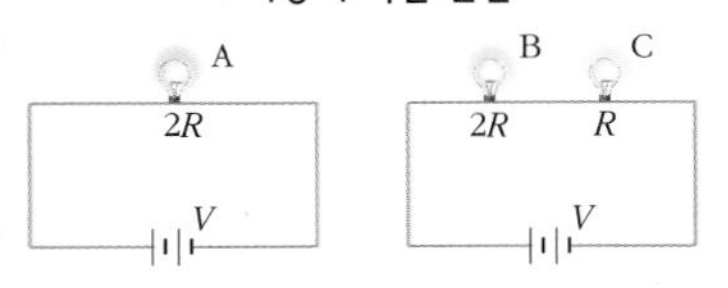

전구의 밝기 비교 : A > B > C
⇨ B, C 전구를 서로 비교하면 전력은 저항에 비례하므로 저항이 큰 B 전구가 더 밝다.

< 저항의 병렬 연결>

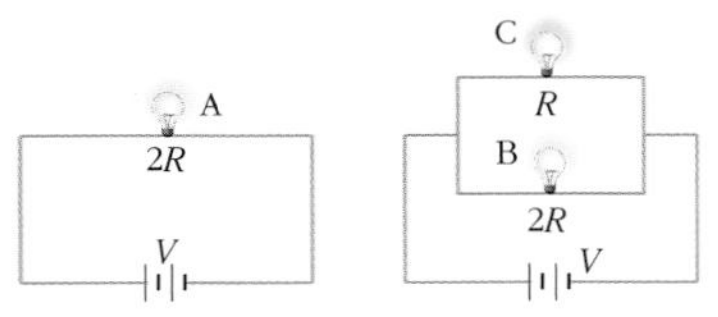

전구의 밝기 비교 : C > B = A
⇨ B, C 전구를 서로 비교하면 전력은 저항에 반비례하므로 저항이 작은 C 전구가 더 밝다.

◎ **전구의 직렬 연결**

전구를 직렬 연결할수록 전체 저항이 커지기 때문에 회로에 흐르는 전체 전류의 세기가 작아진다지므로 전구 한 개의 밝기는 어두워진다.
⇨ 각 전구의 소비 전력($P = I^2R$)이 작아진다.

◎ **전구의 병렬 연결**

병렬 연결하는 전구의 수가 늘어나도 각 전구에 걸리는 전압은 일정하므로 각 전구의 밝기도 변하지 않는다.
⇨ 각 전구의 소비 전력($P = \dfrac{V^2}{R}$)이 일정하다.

4. 송전과 가정에서의 승압

(1) 송전 : 발전소에서 생산한 전기를 전기 에너지를 소비하는 가정이나 공장으로 보내는 과정을 말한다.

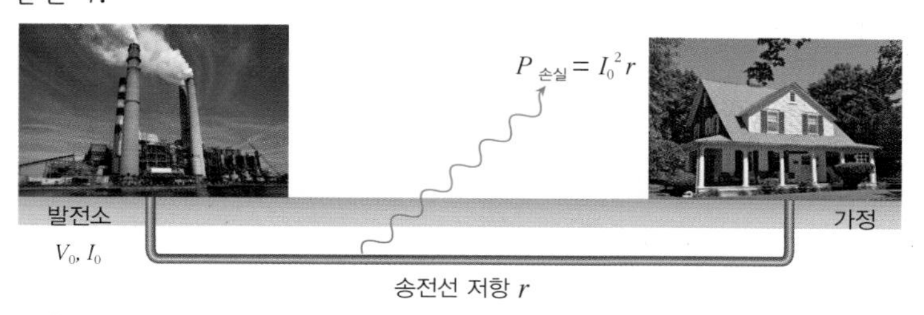

① **발전소에서 소비지에 공급하는 전기 에너지** : 송전 전압을 V_0, 송전 전류를 I_0 라고 할 때, P_0(송전 전력) = $V_0 I_0$ 는 일정하다.

② **손실 전력($P_{손실}$)** : 송전을 할 때 송전선의 저항(r)때문에 발생하는 열로 인하여 손실되는 전력을 말한다.

$$P_{손실} = I_0^2 r = (\frac{P_0}{V_0})^2 r$$

③ **손실 전력을 줄이는 방법**(발전소에서 내보내는 송전 전력 P_0 는 일정)

i) **송전 전압(V_0)을 높인다.** : 송전 전류(I_0)를 줄이기 위해 고전압 송전을 한다.

⇨ 송전 전압(V_0)을 n 배 높이면, 송전 전류(I_0)가 $\frac{1}{n}$ 배로 감소하기 때문에 손실 전력($P_{손실}$)은 $\frac{1}{n^2}$ 배로 감소한다.

ii) **송전선의 저항(r)을 줄인다.**

⇨ $r = \rho$(비저항) $\frac{l(\text{도선의 길이})}{S(\text{도선의 단면적})}$ 이므로, 비저항이 작은 물질로 송전선을 만들거나, 송전 거리를 줄이거나, 송전선에 더 굵은 도선을 사용한다.

(2) 가정에서의 승압 : 가정에서 사용하는 전력을 최대로 사용할 수 있도록 하기 위해 전압을 높이는 것을 말한다.

① **최대 허용 전류($I_{최대}$)** : 옥내 도선에 전류가 안전하게 흐를 수 있는 최대 전류를 말하며, 도선을 교체하지 않는 한 최대 허용 전류 $I_{최대}$ 는 가정마다 일정한 값으로 정해진다.

② **가정에서의 승압과 최대 사용 전력($P_{최대}$)** : 가정에 공급되는 전압을 V 라고 할 때, 도선을 교체하지 않는 한 $P_{최대} = VI_{최대}$ 이다. 전력을 n 배 사용하고자 할 때, 전류는 최대 허용 전류 $I_{최대}$ 이상이 될 수 없으므로 V 를 n 배 높여서 $P_{최대}$ 를 n 배로 만들어 사용하면 된다.

개념확인 6 정답 및 해설 102

발전소에서 송전 전압이 300 kW 일 때 송전선에서 발생한 손실 전력이 3200 W 였다. 이때 송전 전압을 4배로 높였을 때 송전선에서 손실되는 전력은 몇 W 인가?

( )W

확인 + 6

최대 허용 전압이 300 V, 최대 허용 전류가 20 A 인 멀티 콘센트가 있다. 이 멀티 콘센트를 110 V 의 전원에 연결하여 사용할 때 최대로 사용할 수 있는 전력은 몇 W 이겠는가?

( )W

◉ **옥내 배선(가정)에 공급하는 전압을 2 배로 승압시킬 때 손실 전력**

① 옥내 배선에 흐르는 전류 : 가정에서 사용되는 전력($P_0 = I_0 V_0$)이 일정할 때 전압을 2 배로 높이면, 가정에 흐르는 전류는 $\frac{1}{2}$ 배가 된다.

② 옥내 배선에서의 손실 전력 : 옥내 배선의 저항(r)은 일정하므로 손실되는 전력

$P_{손실} = I^2 r = (\frac{P_0}{V_0})^2 r$ ⇨ $P_{손실} \propto \frac{1}{V_0^2}$

따라서 손실 전력은 $\frac{1}{4}$ 배로 줄어든다.

◉ **변압기**

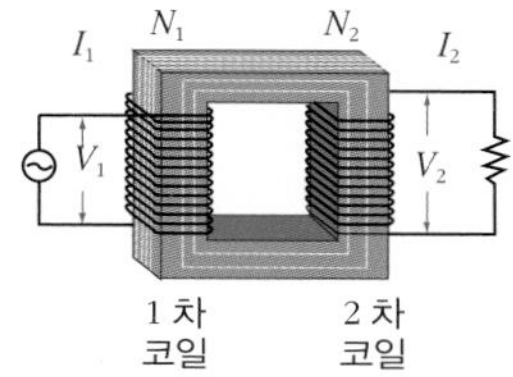

전자기 유도 현상을 이용하여 교류 전압을 변환시키는 장치가 변압기이다.
동일한 철심에 1 차 코일(감은 수 N_1)과 2 차 코일(감은 수 N_2)을 감는다. 1 차 코일에 주어진 전압 V_1, 2 차 코일에 유도되는 전압을 V_2 라고 할 때, 에너지 손실이 없는 이상적인 변압기에서는 에너지 보존 법칙에 의해 1 차 코일에 공급되는 전력($P_1 = I_1 V_1$)과 2 차 코일에 유도되는 전력($P_2 = I_2 V_2$)이 같다.

$$\therefore \frac{V_1}{V_2} = \frac{N_1}{N_2} = \frac{I_2}{I_1}$$

01

다음 전기 에너지와 관련된 설명 중 옳은 것은 ○ 표, 옳지 않은 것은 × 표 하시오.

(1) 전류를 흐르게 할 수 있는 능력을 기전력이라고 한다. ( )
(2) 발전기는 역학적 에너지를 전기 에너지로 전환시킨다. ( )
(3) 교류 발전기에는 정류자가 있어서 전류가 한쪽 방향으로만 흐른다. ( )

02

다음 중 기전력을 발생시키는 방법에 대한 설명으로 옳지 않은 것은?

① 건전지에서는 산화와 환원 반응에 의해 기전력이 발생한다.
② 발전기에서는 전자기 유도 현상에 의해 기전력이 발생한다.
③ 열전대에서는 열전대 양쪽의 온도 차이에 의해 기전력이 발생한다.
④ 태양 전지에서는 태양 전지판에 태양 빛을 쪼이면 기전력이 발생한다.
⑤ 도체를 지나는 자속이 일정할 때 도체 내부에 유도 기전력이 발생한다.

03

오른쪽 그림과 같이 같은 질량의 물이 담긴 스티로폼 컵 A 와 B 에 전기 저항이 각각 3 Ω, 5 Ω 인 니크롬선을 넣고 전압이 8 V 인 전원에 연결하였다. 스티로폼 컵 B 의 니크롬선에서 30 초 동안 소비한 전기 에너지는 몇 J 인가?

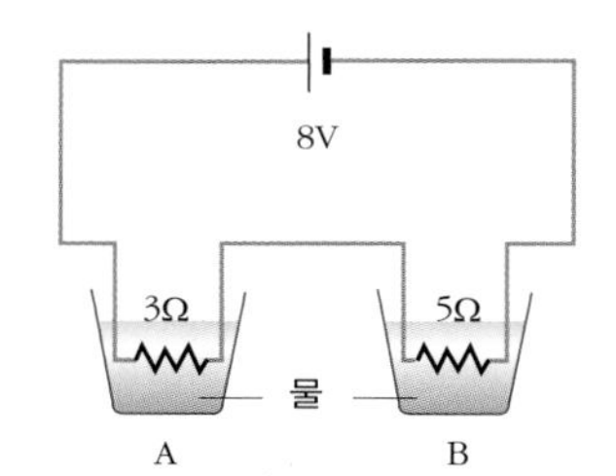

① 5 J ② 8 J ③ 16 J ④ 150 J ⑤ 240 J

04

저항값이 7 Ω 인 전열선에 400 mA 의 전류가 3 초 동안 흘렀다. 이 전열선에서 발생한 열량은 몇 cal 인가?(단, 열의 일당량 J = 4.2 J/cal 이다.)

① 0.8 cal ② 1.6 cal ③ 3.2 cal ④ 3.36 cal ⑤ 8.4 cal

05

200 V – 100 W 의 규격을 가진 전구가 있다. 이 전구를 100 V 의 전원에 연결할 경우, 전구의 저항과 소비 전력이 바르게 짝지어진 것은?

	저항	소비 전력
①	100 Ω	25 W
②	100 Ω	50 W
③	100 Ω	100 W
④	400 Ω	25 W
⑤	400 Ω	100 W

06

동일한 전구 A, B, C 를 오른쪽 그림과 같이 연결하였다. 세 전구의 밝기를 바르게 비교한 것은?

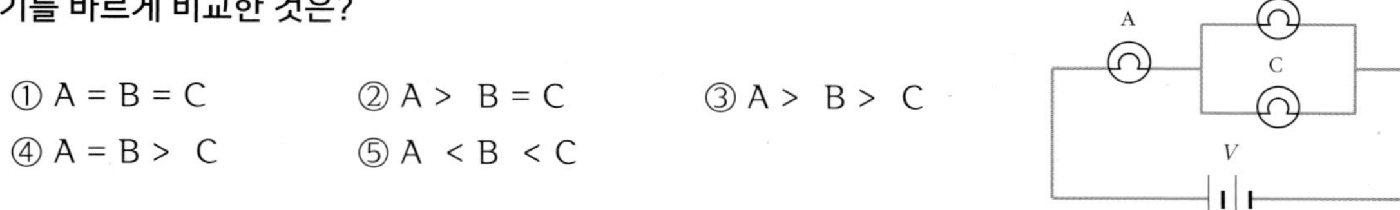

① A = B = C ② A > B = C ③ A > B > C
④ A = B > C ⑤ A < B < C

07

다음 중 발전소에서 내보내는 송전 전력이 일정할 때, 송전선에 의한 손실 전력을 줄이는 방법으로 옳은 것은 ○ 표, 옳지 않은 것은 × 표 하시오.

(1) 발전소에서 고전압 송전을 한다. ( )
(2) 송전선을 비저항이 작은 물질로 만든다. ( )
(3) 송전 거리를 늘리거나, 송전선을 더 얇은 도선으로 사용한다. ( )

08

다음 설명은 발전소에서 송전을 할 때 고전압 송전을 하는 이유를 나타낸 것이다. 빈칸에 들어갈 말이 바르게 짝지어진 것은?

> 송전 전압 V_0를 n 배 높이면, 송전 전류 I_0가 (㉠)배가 되기 때문에, 송전선에서의 손실 전력 $P_{손실}$은 (㉡)배가 된다.

	㉠	㉡
①	n	n
②	n	$\frac{1}{n}$
③	$\frac{1}{n}$	$\frac{1}{n}$
④	$\frac{1}{n}$	$\frac{1}{n^2}$
⑤	$\frac{1}{n^2}$	$\frac{1}{n^2}$

유형 익히기 & 하브루타

유형 15-1 전기 에너지의 발생

다음 그림은 발전기의 발전 원리를 나타낸 것이다. 이에 대한 설명으로 옳은 것은?(단, 사각 도선은 그림과 같은 방향으로 회전하고 있다.)

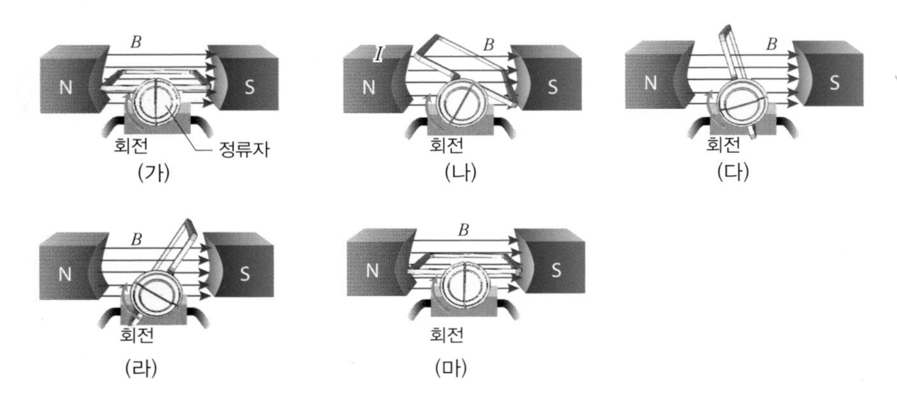

① 그림은 교류 발전기의 발전 원리를 나타낸 것이다.
② (가) 에서 (나) 과정으로 갈 때 사각 도선 내부를 통과하는 자속이 감소한다.
③ (다) 에서 (라) 과정으로 갈 때 사각 도선 내부를 통과하는 자속은 일정하다.
④ (다) 에서 (마) 과정으로 갈 때와 (가) 에서(가 (다) 과정으로 갈 때 전류의 방향은 반대이다.
⑤ (가) 에서 (마) 과정으로 갈 때 정류자에 의해 전류의 방향은 변하지 않고 한쪽 방향으로만 흐른다.

01 다음 <보기> 중 기전력원의 에너지 전환 관계로 옳은 것을 있는 대로 고른 것은?

<보기>

ㄱ. 열전대 : 열에너지 ⇨ 전기 에너지
ㄴ. 건전지 : 화학 에너지 ⇨ 전기 에너지
ㄷ. 발전기 : 운동 에너지 ⇨ 전기 에너지
ㄹ. 태양 전지 : 열에너지 ⇨ 전기 에너지

① ㄱ, ㄴ　② ㄴ, ㄷ　③ ㄷ, ㄹ
④ ㄱ, ㄴ, ㄷ　⑤ ㄱ, ㄴ, ㄷ, ㄹ

02 다음 그림은 유도 전동기의 원리를 나타낸 것이다. 이와 관련된 설명으로 옳은 것만을 <보기> 에서 있는 대로 고른 것은?

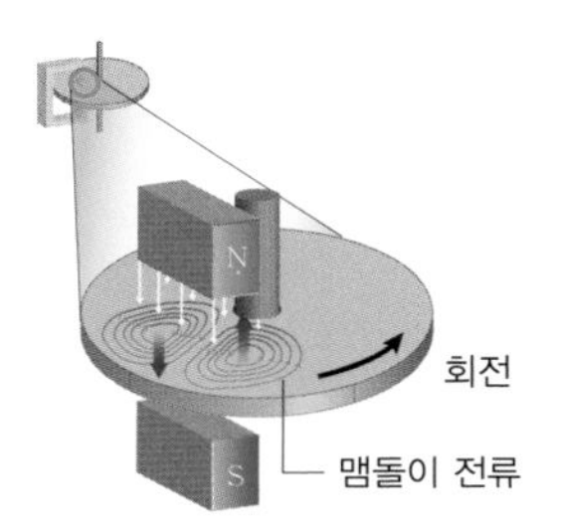

<보기>

ㄱ. 유도 전동기는 컨베이어 벨트, 기계 등을 움직이는데 사용된다.
ㄴ. 맴돌이 전류를 이용한 예이다.
ㄷ. 정지해 있는 자석의 자기장 속의 금속에는 맴돌이 전류가 발생한다.

① ㄱ　② ㄴ　③ ㄷ
④ ㄱ, ㄴ　⑤ ㄴ, ㄷ

유형 15-2 전류의 열작용

다음 그림은 4 Ω, 6 Ω 인 저항 4 개를 스티로폼 컵 A, B, C 에 넣어서 만든 회로이다. 물음에 답하시오. (단, 스티로폼 컵 A, B, C 에 들어 있는 물의 질량과 처음 온도는 모두 같으며, 전기 에너지가 모두 열에너지로 전환된다.)

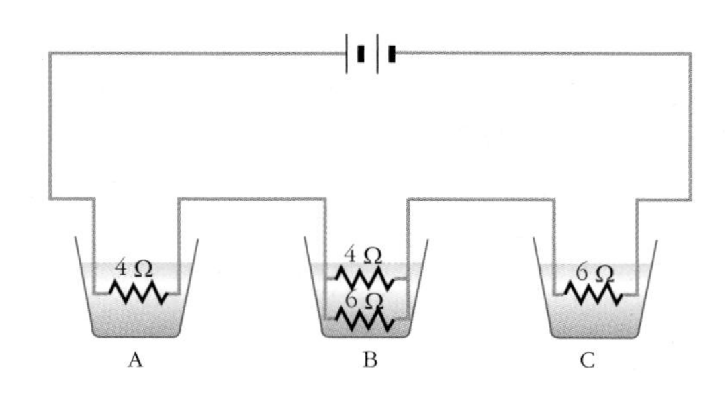

(1) 회로의 전체 저항을 쓰시오.

( ) Ω

(2) 10 분 후 스티로폼 컵 A 의 온도가 40 ℃ 증가하였다면, 스티로폼 컵 B 와 C 의 온도 변화를 바르게 짝지은 것은?

	B	C
①	24 ℃	40 ℃
②	24 ℃	60 ℃
③	40 ℃	60 ℃
④	100 ℃	60 ℃
⑤	100 ℃	100 ℃

03

전류의 열작용에 대한 설명으로 옳은 것만을 <보기> 에서 있는 대로 고른 것은?

<보기>

ㄱ. 4.2 cal 의 열량은 1 J 의 에너지에 해당한다.
ㄴ. 저항에 전류가 흐를 때 발생하는 열을 줄열이라고 한다.
ㄷ. 저항을 직렬 연결하는 경우 각 저항의 발열량의 비는 각 저항값의 비와 같다.
ㄹ. 전류가 흐를 때 도선 내부에서는 전자끼리 서로 충돌하여 열이 발생한다.

① ㄱ, ㄴ ② ㄴ, ㄷ ③ ㄷ, ㄹ
④ ㄱ, ㄴ, ㄷ ⑤ ㄱ, ㄴ, ㄷ, ㄹ

04

100 g 의 동일한 질량의 물이 각각 담긴 열량계 A 와 B 를 다음 그림과 같이 연결하였다. 이때 열량계 A 에 전기 저항값이 12 Ω 인 저항을 넣고 10 초 동안 온도 변화를 측정하였더니 10 ℃ 가 증가하였다. 같은 시간 동안 열량계 B 의 온도는 15 ℃ 증가하였다면, 열량계 B 에 들어 있는 전기 저항 값과 열량계 B 에서 소비한 전기 에너지를 바르게 짝지은 것은? (단, 물의 비열은 1 cal/g·℃ 이고, 전기 에너지가 모두 열에너지로 전환된다.)

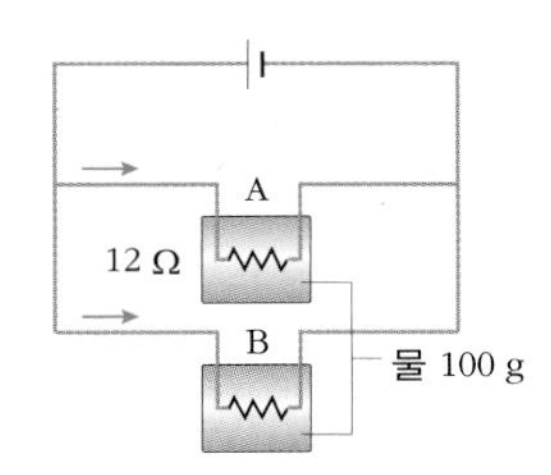

	저항	전기 에너지
①	8 Ω	3,150 J
②	8 Ω	4,200 J
③	8 Ω	6,300 J
④	18 Ω	4,200 J
⑤	18 Ω	6,300 J

유형 15-3 전력과 전력량

전구 A 와 B 의 저항은 각각 2 Ω, 전구 C 와 D 의 저항은 각각 3 Ω 이다. 이와 같은 전구 4 개를 그림과 같이 일정한 전압 V 에 연결하였다. 물음에 답하시오.

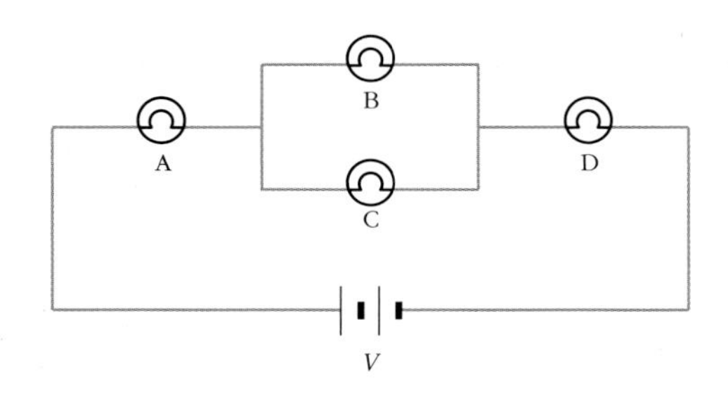

(1) 전구의 밝기를 부등호를 이용하여 비교하시오.

( )

(2) (1) 과 동일한 전기 회로에서 310 V 의 전원을 연결한 후, 30 분 동안 각 전구에서 소비한 전력량을 각각 구하시오.

A : ( ) Wh, B : ( ) Wh, C : ( ) Wh, D : ( ) Wh

05 전력과 전력량에 대한 설명으로 옳은 것만을 〈보기〉 에서 있는 대로 고른 것은?

<보기>

ㄱ. 전력의 단위는 일률의 단위와 같다.
ㄴ. 가정에서 사용한 전기 에너지는 전력량으로 나타낸다.
ㄷ. 1 Wh 는 1 V 의 전압에서 1 A 의 전류가 1 초 동안 흐를 때의 전력이다.
ㄹ. 1 W 의 전력으로 1 시간 동안 사용한 전기 에너지의 양은 3,600 J 이다.

① ㄱ, ㄴ ② ㄴ, ㄷ ③ ㄷ, ㄹ
④ ㄱ, ㄴ, ㄷ ⑤ ㄱ, ㄴ, ㄹ

06 다음은 각각 동일한 전원 장치에 그림 (가) 는 저항값이 18 Ω 인 전구를 연결한 회로이고, 그림 (나) 는 저항값이 9 Ω, 18 Ω 인 전구를 병렬 연결한 회로를 나타낸 것이다. 각 전구의 밝기를 바르게 비교한 것은?

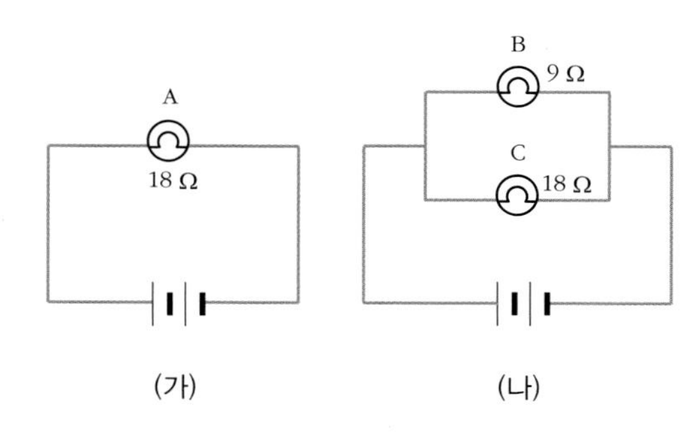

① A > B > C ② A = B > C
③ A = C > B ④ B > A = C
⑤ C > B > A

유형 15-4 송전과 가정에서의 승압

다음 그림은 발전소에서 생산한 전기를 가정이나 공장으로 보내기 위해 설치된 고압 송전탑을 나타낸 것이다. 이와 관련된 설명으로 옳은 것만을 <보기> 에서 있는 대로 고른 것은?

<보기>

ㄱ. 송전을 할 때 송전선에 걸리는 높은 전압으로 인하여 손실되는 전력이 발생한다.

ㄴ. 가정에 공급하는 전압을 2 배로 승압시키면, 옥내 배선에서의 손실 전력은 $\frac{1}{4}$ 로 줄어든다.

ㄷ. 송전선에서 손실되는 전력을 줄이기 위해서는 송전선에 더 굵은 도선을 사용하면 된다.

① ㄱ ② ㄴ ③ ㄷ ④ ㄱ, ㄴ ⑤ ㄴ, ㄷ

07 다음 그림과 같이 감은 수가 각각 100 회, 200 회인 1 차 코일과 2 차 코일로 이루어진 변압기가 있다. 변압기의 2 차 코일에 30 Ω 의 저항을 연결하였더니 7 A 의 전류가 흘렀을 때, 1 차 코일의 전압과 전류의 세기를 바르게 짝지은 것은? (단, 변압기에서 에너지 손실은 없다.)

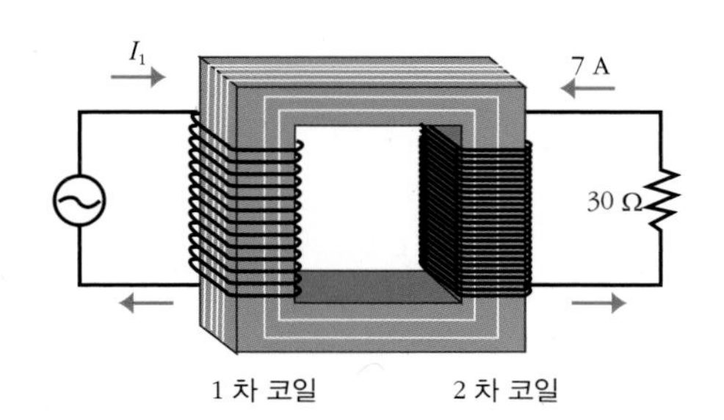

	전압	전류		전압	전류
①	105 V	3.5 A	②	420 V	3.5 A
③	105 V	14 A	④	210 V	14 A
⑤	420 V	14 A			

08 가정으로 들어가는 전압을 높이는 이유로 가장 적절한 것은?

① 송전 전압을 높일수록 최대 허용 전류가 줄어든다.
② 송전 전압을 높일수록 송전 전류도 커지기 때문이다.
③ 송전 전압이 높을수록 전선의 저항이 감소하기 때문이다.
④ 110 V 가전 제품보다 220 V 가전 제품이 더 안전하기 때문이다.
⑤ 도선을 교체하지 않고 더 큰 전력을 사용하기 위해서이다.

01

다음 <보기> 중 기전력에 대한 설명으로 옳은 것만을 있는 대로 고른 것은?

<보기>

ㄱ. 기전력의 단위는 J(줄)이다.
ㄴ. 기전력은 단위 시간당 발생한 에너지이다.
ㄷ. 기전력원이 단위 전하당 한 일이다.

① ㄱ ② ㄴ ③ ㄷ
④ ㄱ, ㄴ ⑤ ㄴ, ㄷ

02

다음 그림과 같이 자석이 사각 도선 위를 왼쪽에서 도선 중심까지 이동하고 있다. 이때 도선에 발생하는 유도 전류의 방향은?

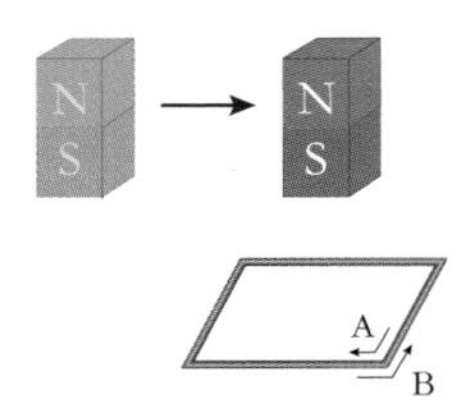

(A , B)

03

다음 설명에 해당하는 단어를 쓰시오.

> 두 종류의 금속을 붙여 놓은 상태에서 양쪽에 온도를 달리해 주면 온도 차에 비례하여 기전력이 발생하는 제베크 현상이 일어나는 장치를 말하며, 극한 상황에서 온도를 측정하기 위해 사용된다.

( )

04

다음은 발전기에서 전기 에너지가 생산되는 원리를 나타낸 것이다. 빈칸에 알맞은 말을 각각 쓰시오.

> 발전기는 자기장 속에서 코일이 회전할 때 코일의 단면을 지나는 (㉠)이 변함에 따라 패러데이 전자기 유도 법칙에 의해 회로에 (㉡)이 발생하여 전류가 흐르게 된다.

㉠ ( ), ㉡ ( )

05

0.8 A 의 전류가 흐르는 전구가 30 초 동안 소비한 전기 에너지는 192 J 이었다. 이 전구의 저항과 이때 소비한 에너지가 모두 열로 전환될 때 전구에서 발생한 열량을 구하시오.(단, 1 J = 0.24 cal 이다.)

( )Ω, ( )cal

[06-07] 같은 양의 물이 들어 있는 열량계 A, B, C 와 전류계, 스위치, 전원 장치를 그림과 같이 연결하였다. 열량계 A, B, C 에는 각각 1 Ω, 3 Ω, 5 Ω 의 니크롬선을 물속에 잠기게 하였다. 물음에 답하시오.

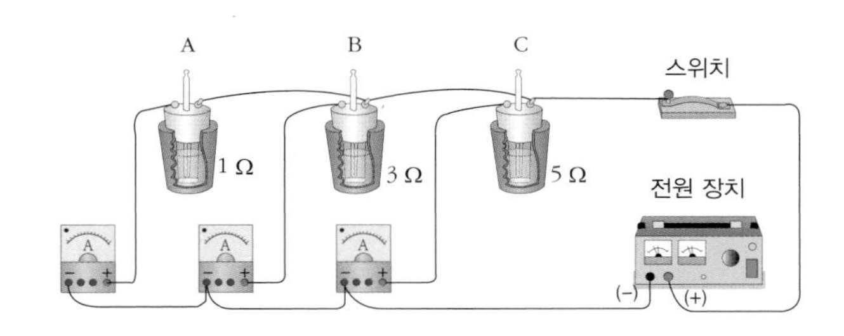

06

장치를 통해 알 수 있는 사실을 그래프로 바르게 나타낸 것은?

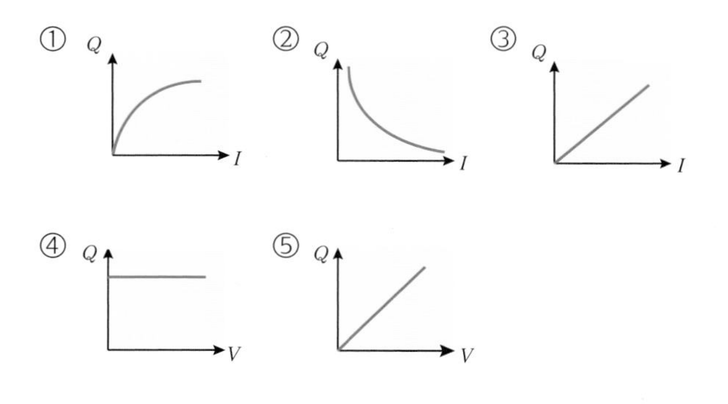

07

열량계 A, B, C에 들어 있는 1 Ω, 3 Ω, 5 Ω 의 니크롬선에 걸리는 전압의 비(㉠), 흐르는 전류의 비(㉡), 저항의 발열량의 비(㉢)를 바르게 짝지은 것은?

	㉠	㉡	㉢
①	1 : 1 : 1	1 : 3 : 5	1 : 3 : 5
②	1 : 1 : 1	3 : 5 : 15	3 : 5 : 15
③	1 : 1 : 1	15 : 5 : 3	15 : 5 : 3
④	1 : 3 : 5	1 : 3 : 5	1 : 1 : 1
⑤	1 : 3 : 5	15 : 5 : 3	15 : 5 : 3

08

다음 그림과 같은 200 V -100 W 전구를 50 V 의 전원 장치에 연결하였다. 전구의 저항과 전구가 단위 시간 동안 소비하는 전기 에너지를 바르게 짝지은 것은?

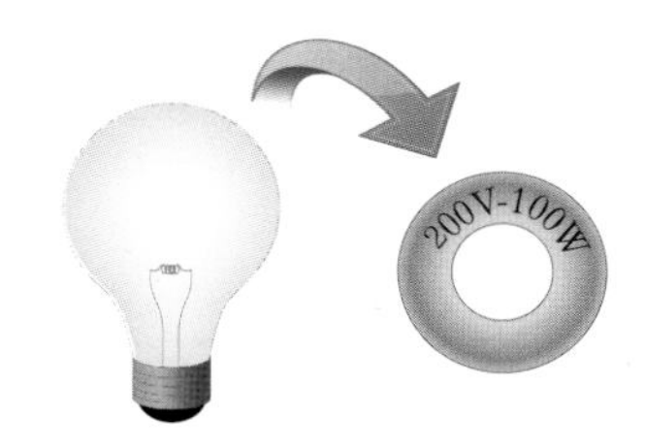

	저항	전력		저항	전력
①	25 Ω	6.25 W	②	400 Ω	6.25 W
③	25 Ω	12.5 W	④	400 Ω	12.5 W
⑤	25 Ω	100 W			

09

가정에서 전기를 사용할 때 110 V 전압 대신 220 V 전압을 사용하면 전선을 교체하지 않고도 사용 가능 전력이 2 배로 증가한다. 그 이유에 대한 설명으로 가장 옳은 것은?

① 전압을 높이면 도선의 저항이 감소하기 때문이다.
② 전기 기구의 정격 전압이 대부분 220 V 이기 때문이다.
③ 전류가 일정할 때 전압과 사용 전력은 비례하기 때문이다.
④ 전압을 높이면 도선을 흐르는 최대 전류의 양이 2 배로 증가하기 때문이다.
⑤ 220 V 일 때가 110 V 일 때보다 더 많은 전류를 흐르게 할 수 있기 때문이다.

10

발전소에서 40,000 V 의 전압을 120,000 V 로 올려서 송전하였다. 이 송전선에서 전력 손실은 승압 전의 몇 배인가?

① 1 배 ② 3 배 ③ 9 배
④ $\frac{1}{3}$ 배 ⑤ $\frac{1}{9}$ 배

B

11

다음 그림은 발전기의 내부 구조에서 코일과 자기장이 이루는 각도에 따라 달라지는 기전력(V)과 자속(Φ)에 대한 그래프이다. 이에 대한 설명으로 옳은 것만을 <보기> 에서 있는 대로 고른 것은?

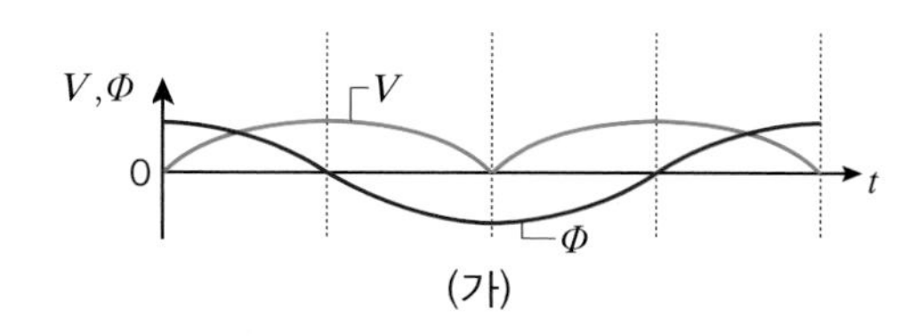

(가)

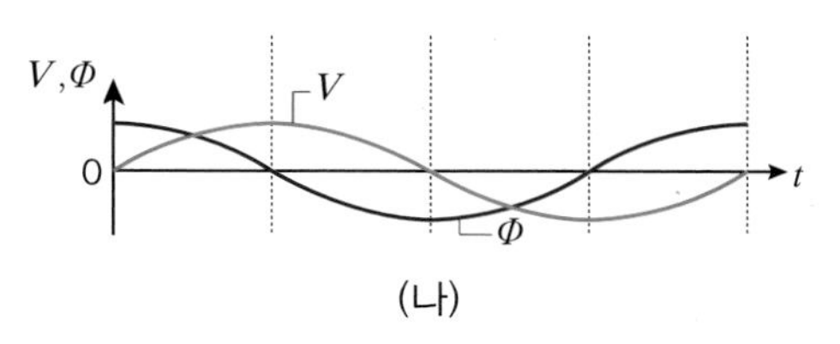

(나)

<보기>

ㄱ. 그림 (가)는 직류 발전기의 기전력 변화를 나타낸 것이다.
ㄴ. 그림 (나)를 관찰할 수 있는 발전기에서는 전류의 방향과 세기가 주기적으로 변하는 전류가 발생한다.
ㄷ. 발전기는 자속이 변함에 따라 패러데이 전자기 유도 법칙에 의해 회로에 기전력이 발생하여 전류가 흐르게 되는 것이다.

① ㄱ ② ㄴ ③ ㄷ
④ ㄱ, ㄴ ⑤ ㄱ, ㄴ, ㄷ

12

발전소에서 소비지까지 전기를 송전하는 과정에 대한 설명으로 옳은 것은?

① 송전선은 비저항이 작은 금속일수록 좋다.
② 송전 전압을 2 배로 승압하여 송전하면 손실 전력은 0.5 배가 된다.
③ 송전 전압을 2 배로 승압하여 송전하면 송전선의 저항은 4배가 된다.
④ 대규모 공장으로 송전할 때에는 일반 가정보다 낮은 전압으로 송전해도 된다.
⑤ 가정으로 공급하는 전압을 2 배로 높이면 가정의 최대 사용 전력은 반으로 줄어든다.

13 다음 그림은 두 종류의 발전기의 구조를 나타낸 것이다. 이에 대한 설명으로 옳은 것만을 <보기> 에서 있는 대로 고른 것은?

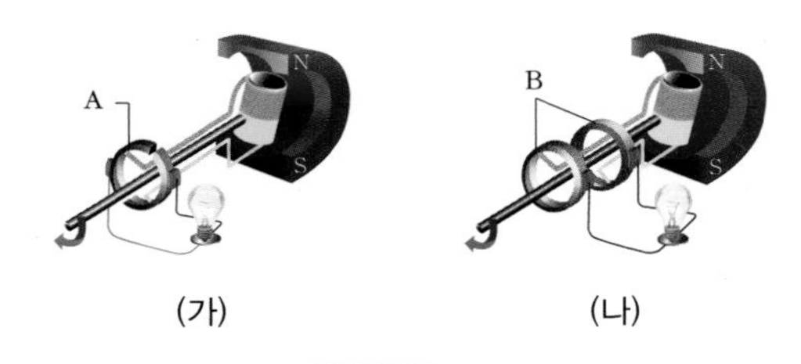

(가) (나)

<보기>

ㄱ. 그림 (가) 는 직류 발전기의 구조를 나타낸 것이다.
ㄴ. 그림 (나) 의 B 에 의해 전류의 방향이 일정하게 흐르게 된다.
ㄷ. 두 발전기 모두 운동 에너지를 전기 에너지로 전환시켜 준다.
ㄹ. 발전소로부터 가정에 공급되는 전류는 그림 (나) 에 의해 발생한 전류이다.

① ㄱ, ㄴ ② ㄴ, ㄷ ③ ㄷ, ㄹ
④ ㄱ, ㄴ, ㄷ ⑤ ㄱ, ㄷ, ㄹ

14 다음 그림은 저항이 R 로 같은 니크롬선을 같은 양의 물에 넣고, 물의 온도를 측정하여 발열량을 비교하기 위해 연결한 전기 회로도이다. 그림 (가) 에서 전압계와 전류계에 측정된 전압과 전류를 V_A, I_A 라고 하고, 그림 (나) 에서 전압계와 전류계에 측정된 전압과 전류를 V_B, I_B 라고 할 때, 이에 대한 설명으로 옳은 것은? (단, 그림 (가)와 (나)는 같은 전원에 연결되어 있고, 스티로폼 컵 A의 온도 변화를 ΔT_A, 스티로폼 컵 B의 온도 변화를 ΔT_B 로 한다.)

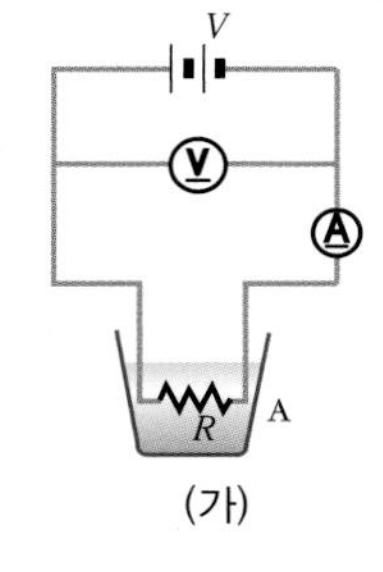

(가)

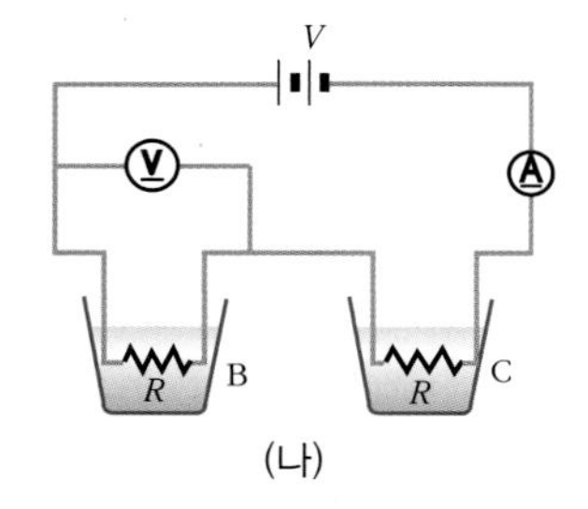

(나)

① $I_A < I_B$ ② $V_A < V_B$ ③ $\Delta T_A = \Delta T_B$
④ $\Delta T_A < \Delta T_B$ ⑤ $\Delta T_A > \Delta T_B$

15 같은 질량의 물이 각각 담긴 열량계 A, B, C 가 있다. 열량계 A 에는 전기 저항값이 4 Ω 인 저항을, 열량계 B 에는 각각 2 Ω, 3 Ω 인 저항을, 열량계 C 에는 6 Ω 인 저항을 넣고 15 V 의 전원에 다음 그림과 같이 연결하였다. 이때 열량계 A 의 온도가 10 초 동안 24 ℃ 증가하였다면 같은 시간 동안 열량계 B 와 C 의 온도 변화를 바르게 짝지은 것은? (단, 모든 열량계의 처음 온도는 같다.)

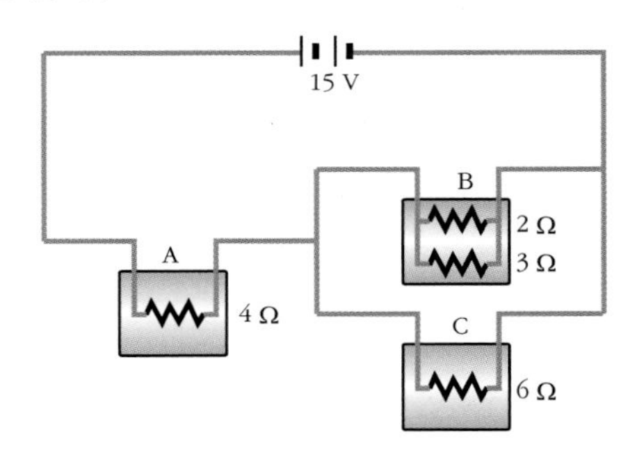

	B	C
①	1 ℃	5 ℃
②	5 ℃	1 ℃
③	1 ℃	36 ℃
④	5 ℃	36 ℃
⑤	30 ℃	36 ℃

16 100 V-50 W 의 전구와 100 V-100 W 의 전구를 그림 (가) 와 (나) 와 같이 연결한 후 100 V 의 같은 세기의 전압을 걸어주었다. 이때 전구의 밝기가 밝은 순서대로 바르게 나열한 것은?

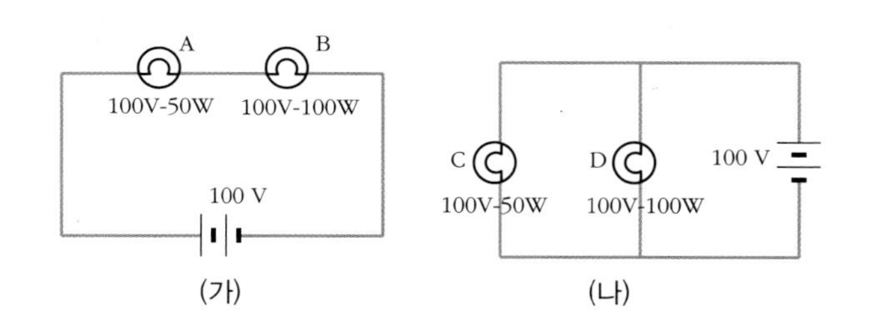

(가) (나)

① A, B, C, D ② B, C, D, A ③ C, D, A, B
④ D, C, A, B ⑤ D, C, B, A

17 저항값이 각각 1 Ω, 2 Ω, 2 Ω, 3 Ω 인 전구 A, B, C, D 를 28 V 의 전압에 그림과 같이 연결하였다. 전구 B 와 C 가 15 분 동안 소비한 전력량을 바르게 짝지은 것은?

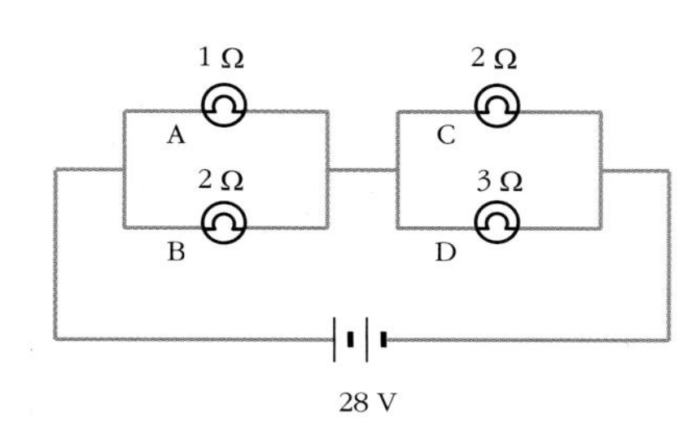

	B(Wh)	C(Wh)		B(Wh)	C(Wh)
①	12.5	40.5	②	25	81
③	50	81	④	50	162
⑤	750	2430			

18 그림 (가) 는 정격 전압이 220 V 인 어떤 가정에서 사용하는 전기 제품들의 연결을 나타낸 것이고, 표 (나) 는 해당 전기 제품들의 정격 전력과 하룻동안 사용한 시간을 나타낸 것이다. 이 제품을 동시에 사용할 경우 가정으로 들어가는 총 전류(A)와 이 가정에서 하룻동안 사용한 전력량(B)을 바르게 짝지은 것은?

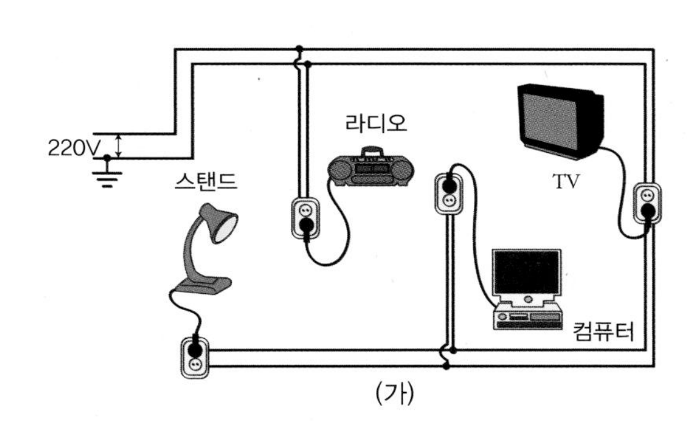

(가)

구분	정격 전력(W)	사용 시간(h)
스탠드	30	2
라디오	40	4
TV	150	3
컴퓨터	110	12

(나)

	A	B		A	B
①	1.5 A	1.99 kWh	②	3 A	1.99 kWh
③	1.5 A	1990 kWh	④	3 A	1.99 kWh
⑤	330 A	1990 kWh			

C

19 다음 그림은 가벼운 실에 매달려 있는 금속판이 전류가 흐르는 도선이 감겨 있는 철심 사이에서 단진동하고 있는 모습을 나타낸 것이다. 이와 같은 단진자 운동에 대한 설명으로 옳은 것만을 <보기> 에서 있는 대로 고른 것은? (단, 모든 저항은 무시한다.)

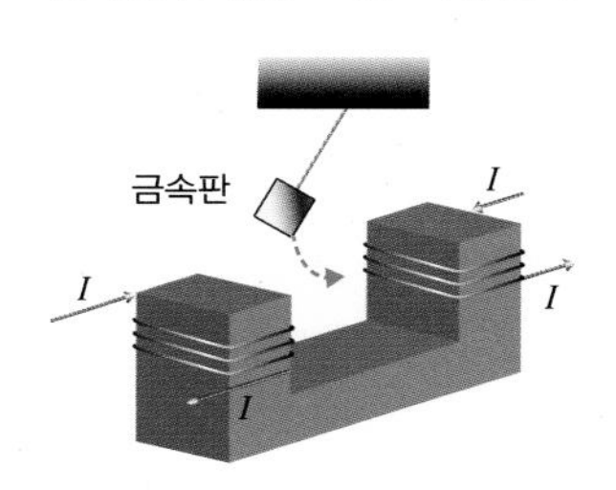

<보기>

ㄱ. 전류가 흐르는 동안 금속판은 진폭이 일정한 단진자 운동을 한다.
ㄴ. 코일에 흐르는 전류의 방향을 모두 바꾸면 금속판이 더 빠르게 멈추게 될 것이다.
ㄷ. 코일에 흐르는 전류의 세기를 세게 할 경우, 금속판은 더 빠르게 멈추게 된다.
ㄹ. 금속판은 곧 정지하게 되며, 온도가 조금 올라갈 것이다.

① ㄱ, ㄴ　② ㄴ, ㄷ　③ ㄷ, ㄹ
④ ㄱ, ㄴ　⑤ ㄱ, ㄴ, ㄷ

20 같은 양의 식용수와 물이 들어 있는 비커에 저항이 R, $2R$ 로 같은 니크롬선을 담그고 그림과 같이 회로를 꾸며서 스위치를 닫았더니 일정한 시간이 지난 후 식용유와 물의 온도가 변하였다. 비커 A, B, C, D 의 온도 변화(ΔT)의 비를 쓰시오. (단, 식용유와 물의 비열 비는 1 : 2 이다.)

[특목고 기출 유형]

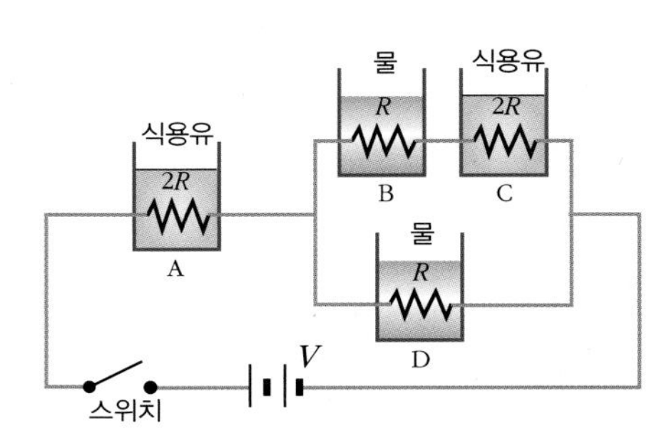

$\Delta T_A : \Delta T_B : \Delta T_C : \Delta T_D =$ (　　　　　)

21

저항값이 동일한 전구 A, B, C, D 와 스위치를 전압이 일정한 전원 장치에 다음 그림과 같이 연결하였다. 이에 대한 설명으로 옳은 것만을 <보기> 에서 있는 대로 고르시오.

[수능 모의 평가 기출 유형]

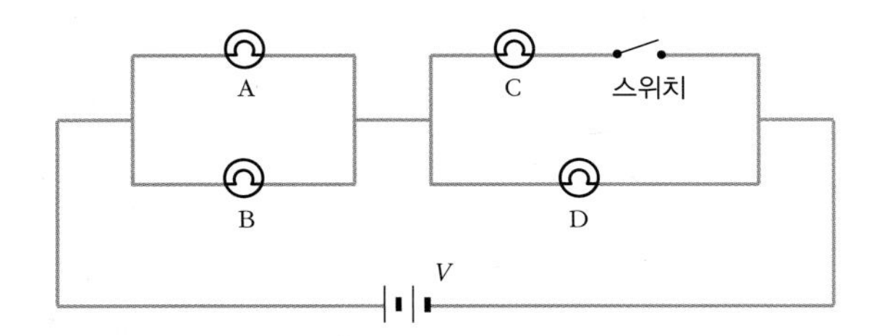

<보기>

ㄱ. 스위치를 닫으면, 회로에 흐르는 전체 전류는 증가한다.
ㄴ. 스위치를 열었을 때 전구 A 에 걸리는 전압은 스위치를 닫았을 때보다 크다.
ㄷ. 스위치를 닫으면, 전구 B 가 소모하는 전력은 증가한다.
ㄹ. 스위치를 열었을 때, 전구 A 가 소모하는 전력은 전구 D 가 소모하는 전력보다 작다.

(　　　　　　　　)

22

서로 다른 종류의 전구 3 개와 전지를 이용하여 다음 그림과 같이 전기 회로를 꾸몄다. 전구 A 의 밝기를 증가시키는 방법을 <보기> 에서 있는 대로 고르시오.

[한국과학창의력대회 기출 유형]

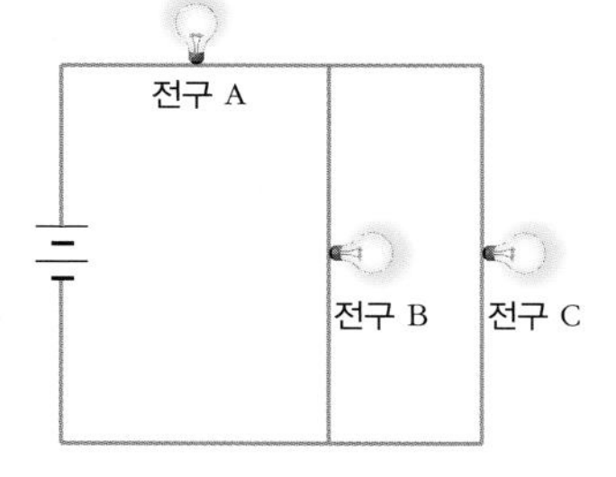

<보기>

ㄱ. 전구 A 의 저항을 크게 한다.
ㄴ. 전구 B 의 저항을 크게 한다.
ㄷ. 전구 C 의 저항을 크게 한다.
ㄹ. 전구 A 와 전구 B 의 저항을 모두 작게 한다.
ㅁ. 전구 B 와 전구 C 의 저항을 모두 작게 한다.

(　　　　　　　　)

23

그림 (가) 는 정격 전압이 220 V 인 어떤 가정에서 사용하는 전기 제품들의 연결을 나타낸 것이고, 표 (나) 는 전기 기구 사용 내역을 나타낸 것이다. 이에 대한 설명으로 옳은 것만을 <보기> 에서 있는 대로 고른 것은?

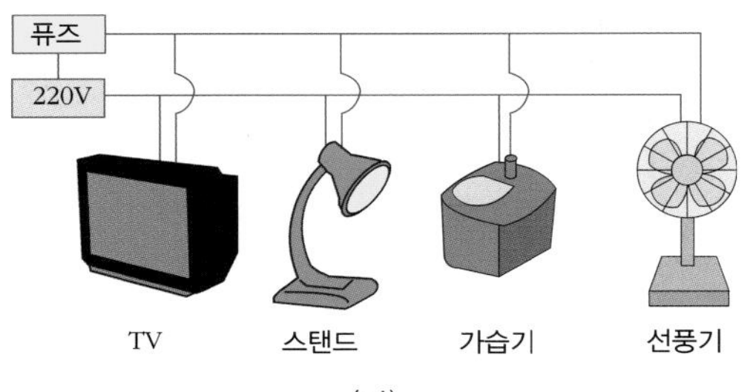

(가)

구분	소비 전력(W)	하루 사용 시간(h)
스탠드	80	2
TV	200	4
가습기	150	8
선풍기	100	5

(나)

<보기>

ㄱ. TV 를 연결하는 회로가 고장나면 집안 전체의 가전 제품에도 전류가 흐르지 않는다.
ㄴ. 이 가정의 퓨즈 용량은 2 A 이다.
ㄷ. 전기 제품 중 가장 전기 저항값이 큰 제품은 스탠드이다.
ㄹ. 이 가정에서 하룻동안 소비하는 전력량은 2660 Wh 이다.

① ㄱ, ㄴ　② ㄴ, ㄷ　③ ㄷ, ㄹ
④ ㄱ, ㄴ, ㄷ　⑤ ㄱ, ㄷ, ㄹ

24 다음 그림은 변압기 2 개가 연결되어 있는 것을 나타낸 것이다. 변압기 A 의 1 차 코일에 걸린 전압이 300 V 이고, 흐르는 전류가 50 A 이고, 각각의 감은 수는 그림과 같다. 이때 변압기 A 와 변압기 B 사이에 흐르는 전류 I_1, 변압기 B 와 전기 제품 사이에 흐르는 전류 I_2, 전기 제품에 걸린 전압 V 를 각각 구하시오. (단, 변압기에서 발생하는 전류는 무시하며, 변압기에서 에너지 손실은 없다.)

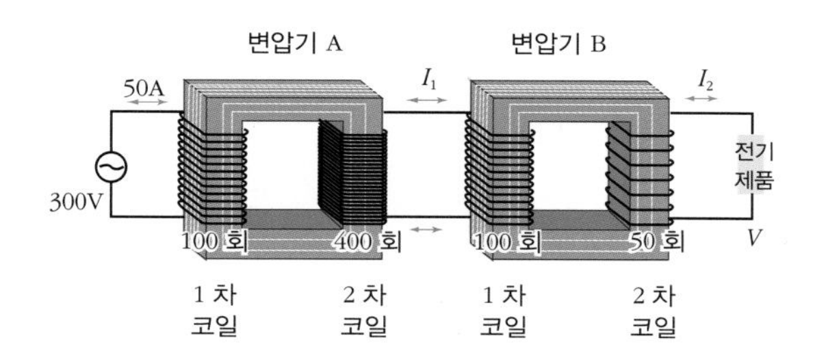

I_1 : (   ) A
I_2 : (   ) A
V : (   ) V

심화

25 다음 그림은 가변 저항과 전구, 전압이 12 V 인 전원 장치를 연결한 것이다. 가변 저항이 3 Ω 일 때, 회로에 흐르는 전류가 2 A 였다. 가변 저항을 12 Ω 으로 바꾼 후, 50 초 동안 전구에서 소비되는 전기 에너지는 몇 J 인가? (단, 전구의 저항은 일정하다.)

[수능 기출 유형]

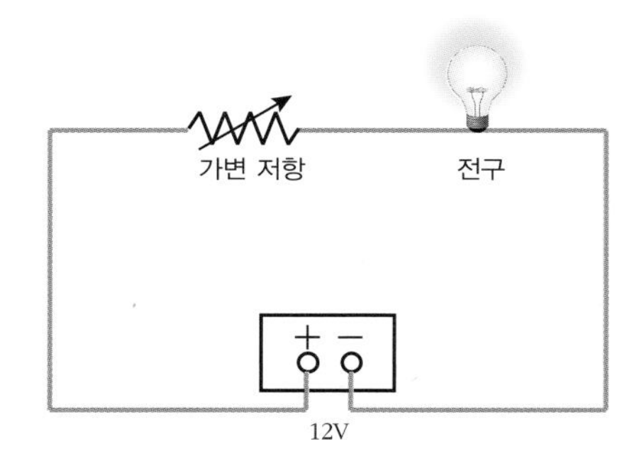

(   ) J

26 동일한 저항값을 갖는 저항 6 개를 이용하여 다음 그림과 같이 전기 회로를 꾸미고 특정 저항만 물속에 담갔다. A 의 물은 200 g, B 의 물은 100 g 이다. 회로에 전류를 흐르게 한 뒤 5 분 동안 놓아두었더니 B 의 온도가 20 ℃ 에서 22 ℃가 되었다. A 의 처음 온도도 20 ℃ 였다면, 5 분 후 몇 ℃ 가 되겠는가? (단, 물의 비열은 1 cal/g℃ 이다.)

[특목고 기출 유형]

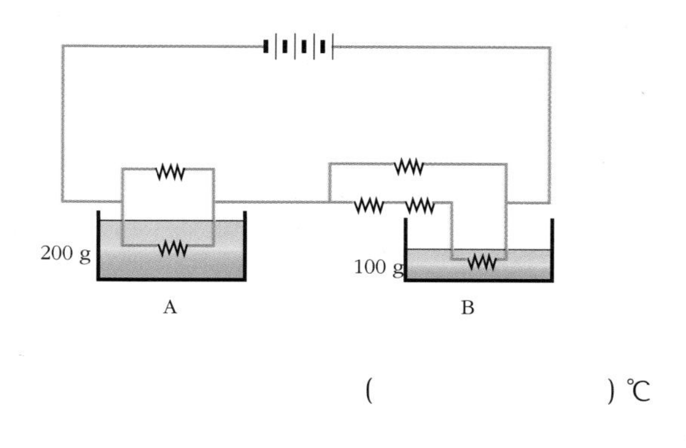

(   ) ℃

27 그림 (가)와 같이 저항 R_1과 R_2, 저항값이 6 Ω 인 저항, 스위치 S_1, S_2, 전압이 30 V 인 전원 장치를 연결한 회로에서 스위치를 모두 닫았을 때를 0 초라 하고, 5 초가 흘렀을 때 스위치 S_2 만 열었다. 그림 (나) 는 회로를 연결한 후부터 점 P 에 흐르는 전류를 시간에 따라 나타낸 것이다. 이에 대한 설명으로 옳은 것만을 <보기> 에서 있는 대로 고른 것은?

[수능 기출 유형]

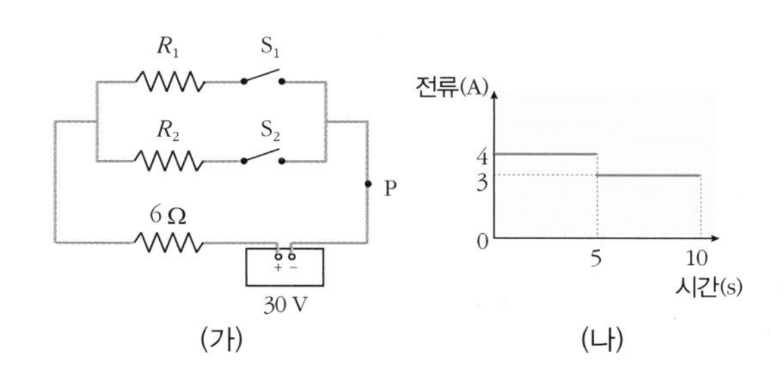

<보기>

ㄱ. R_1 의 저항값은 4 Ω 이다.
ㄴ. 3 초 일때 저항 R_2 에 흐르는 전류는 4 A 이다.
ㄷ. 0 초 ~ 10 초까지 저항 R_2 에서 소비되는 전기 에너지는 225 J 이다.

① ㄱ ② ㄴ ③ ㄷ
④ ㄱ, ㄴ ⑤ ㄱ, ㄴ, ㄷ

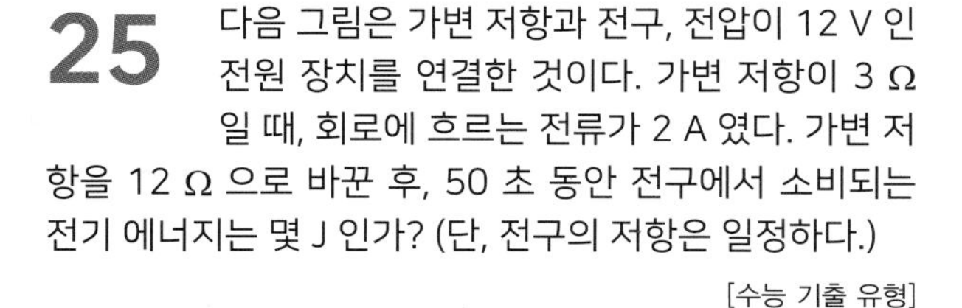

[28-29] 저항값이 R 로 같은 3 개의 저항을 같은 온도, 같은 질량의 물이 들어 있는 열량계 A 와 B 에 그림과 같이 각각 넣고, 모두 동일한 전원 장치에 연결하였다. 물음에 답하시오. (단, 온도에 따른 저항의 변화는 무시한다.)

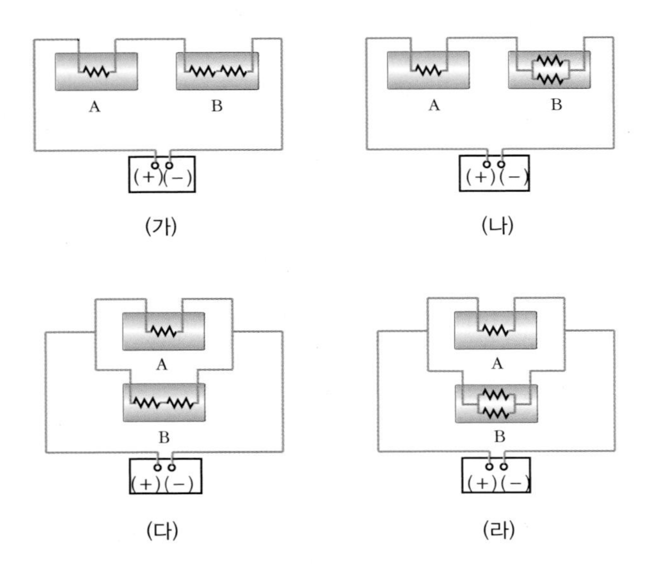

28 열량계 A 의 온도가 열량계 B 의 온도보다 높은 경우를 바르게 짝지은 것은?

① (가), (나) ② (가), (다) ③ (가), (라)
④ (나), (다) ⑤ (다), (라)

29 (가) ~ (라) 에 모두 전압 V 를 걸어주었을 경우 소비 전력이 가장 큰 열량계(㉠)와 가장 작은 열량계(㉡)를 쓰시오.

㉠ (　　　　　　)
㉡ (　　　　　　)

30 그림과 같이 정격 전압과 정격 전력이 같은 전구 5 개를 그림과 같이 연결하였다. 이때 각각의 스위치(S_1 ~ S_4)를 열고 닫으면서 전구의 전력을 측정하였다. 모든 스위치를 닫고 그 중 하나를 열 때 가장 많은 전력을 소비하는 경우(A)와 가장 적은 전력(0 보다는 크다.)을 소비하는 경우(B) 각각 여는 스위치를 바르게 짝지은 것은?

[특목고 기출 유형]

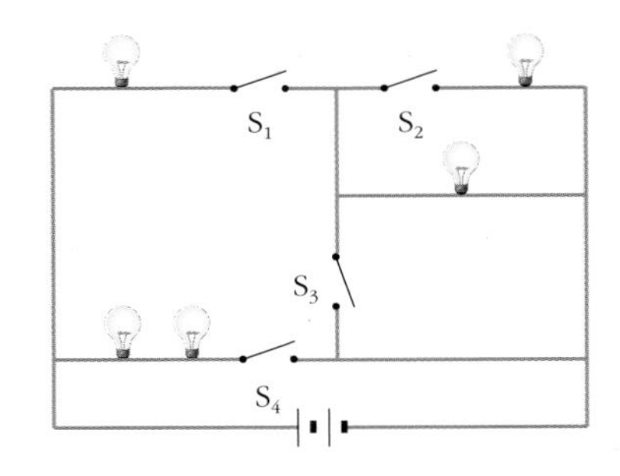

	A	B
①	S_1	S_2
②	S_2	S_3
③	S_3	S_4
④	S_2	S_1
⑤	S_4	S_3

31 소비 전력이 30 W, 60 W, 90 W 인 전구 A, B, C 를 회로에 병렬 연결하여 일정한 전압을 걸어 주면 세 전구의 밝기는 A > B > C 순서가 된다. 만약 전구 B 를 가장 밝게, 전구 A 를 가장 어둡게 하기 위해서 회로를 변화시킬 수 있는 방법으로 옳은 것만을 <보기> 에서 있는 대로 고른 것은?

<보기>

ㄱ. 전구를 모두 직렬로 연결한다.
ㄴ. A 와 B 를 병렬 연결, C 와는 직렬 연결을 한다.
ㄷ. A 와 C 를 병렬 연결, B 와는 직렬 연결을 한다.
ㄹ. B 와 C 를 병렬 연결, A 와는 직렬 연결을 한다.

① ㄱ ② ㄴ ③ ㄷ
④ ㄱ, ㄴ ⑤ ㄷ, ㄹ

32 다음 그래프는 지역 A 와 B 에서 각각 같은 전력을 송전할 때 송전 전압에 따른 손실 전력을 나타낸 것이다. 지역 A , B 의 송전선의 저항을 각각 R_A, R_B 라고 할 때, $R_A : R_B$ 를 바르게 나타낸 것은?

[수능 모의 평가 기출 유형]

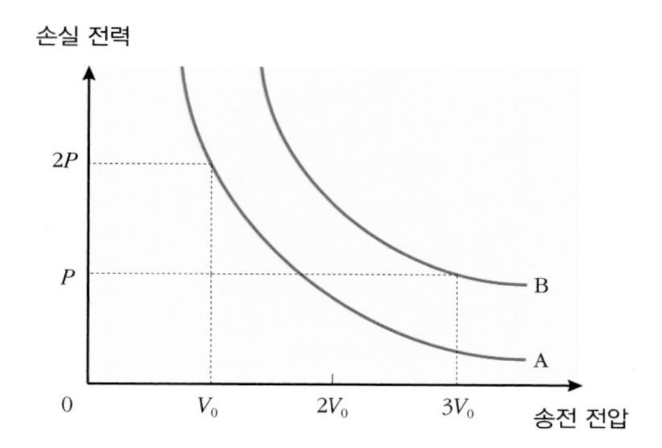

① 1 : 3 ② 2 : 3 ③ 2 : 9
④ 4 : 9 ⑤ 9 : 2

창의력

33 어떤 가정에 공급되는 전기의 정격 용량이 220 V - 15 A 이다. 이러한 가정에서 정격 용량 220 V - 13 A 짜리 멀티탭을 벽면에 있는 콘센트에 연결하였다. 이 멀티탭에 다음 표와 같은 정격 규격이 정해진 가전 제품들을 꽂아 사용하고 있다. 물음에 답하시오.

	냉장고	에어컨	보온 밥솥	냉온수기
정격 규격	220 V - 380 W	220 V - 1,300 W	220 V - 500 W	220 V - 500W

(1) 사용하고 있는 멀티탭에 정격 용량이 220 V - 300 W 인 전자레인지를 하나 더 꽂아 사용하고자 한다. 이때 안전하게 사용이 가능할 지를 그 이유와 함께 서술하시오. (단, 멀티탭과 가정에는 과도한 전류의 흐름을 막는 전원 차단 장치가 각각 설치되어 있으며, 제시된 전자 제품 이외의 다른 모든 저항은 무시한다.)

(2) 표 (가) 는 일반 가정용 전기 요금표이다. 전기 요금은 사용양에 따라 표 (가) 와 같이 누진적으로 적용된다. 표 (나) 는 일반적인 가정에서 사용하는 가전 제품의 소비 전력과 사용 시간을 나타낸 것이다. 이와 같은 가정에서 이번 달 청구되는 전기 요금을 계산하시오. (이번 달은 총 30 일로 한다.)

기본 요금	(원)	전력량 요금	원/kWh
100 kWh 이하 사용	370	처음 100kWh 까지	55.10
101 ~ 200kWh 사용	820	101 ~ 200kWh 까지	113.80
201 ~ 300kWh 사용	1,430	201 ~ 300kWh 까지	168.30
301 ~ 400kWh 사용	3,420	301 ~ 400kWh 까지	248.60
401 ~ 500kWh 사용	6,410	401 ~ 500kWh 까지	366.40
500kWh 초과 사용	11,750	500kWh 초과 사용	643.90

(가)

	TV	컴퓨터	냉장고
소비 전력	105 W	475 W	385 W
사용 시간(1일)	5 h	5 h	24 h
사용일	30 일	30 일	30 일
	세탁기	청소기	형광등
소비 전력	550 W	500 W	25W
사용 시간(1일)	1 h	0.2 h	5 h
사용일	10 일	30 일	30일

(나)

34 다음 그림은 발전소에서 생산된 전기가 소비지까지 공급되는 과정을 나타낸 것이다.

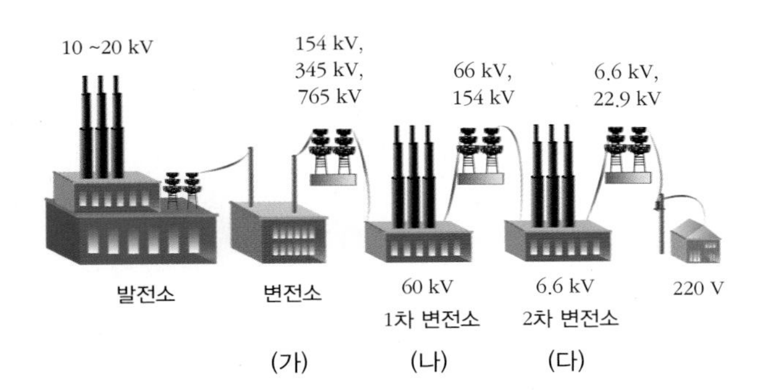

(1) 변전소 (가), (나), (다) 에서 사용되는 변압기의 구조를 <보기> 에서 각각 고르고, 그 이유를 쓰시오.

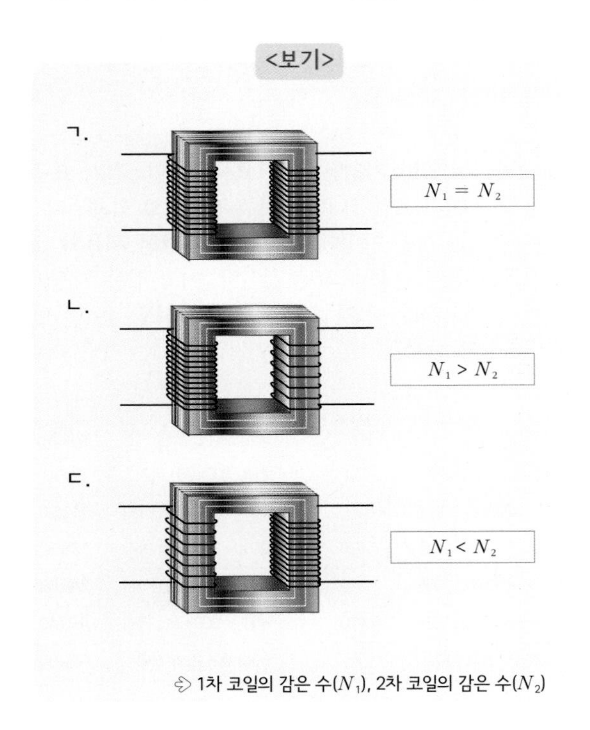

(2) 변전소를 거치면서 발생하는 전류와 전력 변화에 대하여 서술하시오.

35 전기 전도도란 물질이 전하를 운반할 수 있는 정도를 말하며, 전기가 통하기 쉬운 정도를 나타낸 값으로 비저항의 역수이다. 금속은 일반적으로 전기 저항이 적어 전기 전도도가 좋다. 길이(l)와 단면적(S)이 같은 금속 막대 금, 은, 알루미늄, 철이 있다. 그림 (가) 는 이들을 서로 직렬 연결한 회로, 그림 (나) 는 병렬 연결한 회로를 나타낸 것이다. 물음에 답하시오.

금속	전기 전도도(온도 20℃ 기준)$(\Omega\cdot m)^{-1}$
금	4.52×10^7
은	6.30×10^7
알루미늄	3.77×10^7
철	0.99×10^7

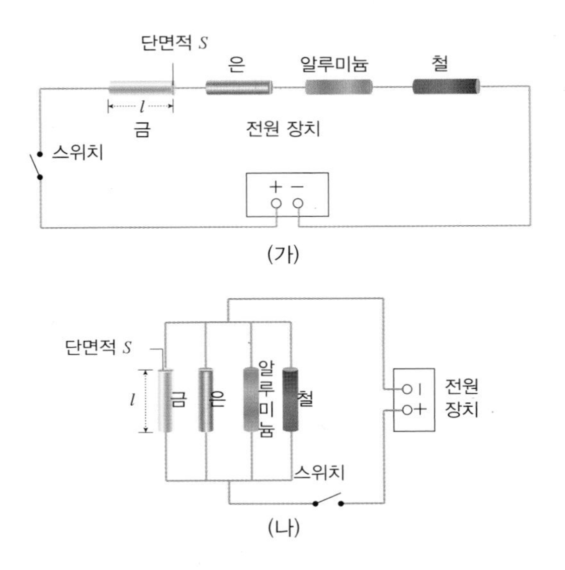

(1) 그림 (가) 와 같이 금속 막대를 연결할 경우 가장 많은 열이 발생하는 금속 막대는 어느 것인가?

(2) 그림 (나) 와 같이 금속 막대를 연결할 경우 가장 많은 열이 발생하는 금속 막대는 어느 것인가?

36

길이 100 cm, 단면적 0.1 cm^2, 저항 4 Ω 인 니크롬선으로 이루어진 전열기가 170 V 의 직류 전원에 연결되어 있다. 이 전열기를 사용하던 중 니크롬선의 중간 부분이 끊어져 전열기가 고장이 났다. 이때 끊어진 니크롬선을 아래 그림과 같이 10 cm 가 겹쳐지도록 수리를 하였다. 수리 이후의 니크롬선의 전체 저항값을 구하고, 고장 이전과 수리 이후의 니크롬선에서 소비되는 전력을 각각 구하시오. (단, 저항은 단면적과 길이에 의해서만 결정된다.)

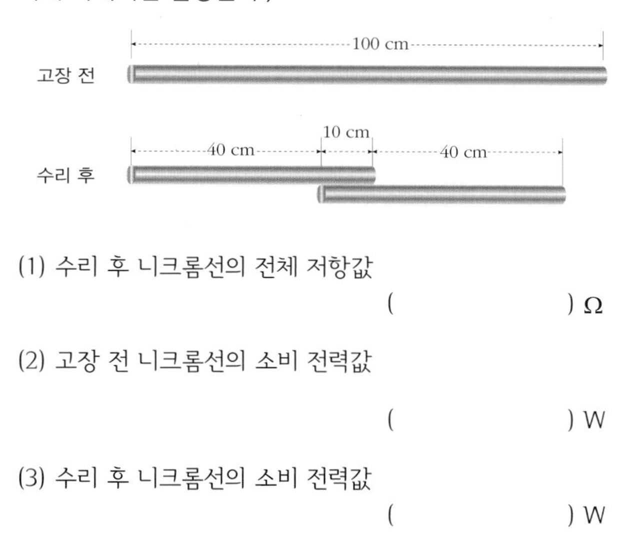

(1) 수리 후 니크롬선의 전체 저항값

( ) Ω

(2) 고장 전 니크롬선의 소비 전력값

( ) W

(3) 수리 후 니크롬선의 소비 전력값

( ) W

37

자기 공명 영상 장치라고 하는 MRI는 자기장과 고주파를 이용하여 인체의 한 단면을 영상으로 볼 수 있는 장치를 말한다. 그림은 MRI의 구조를 나타낸 것이다.

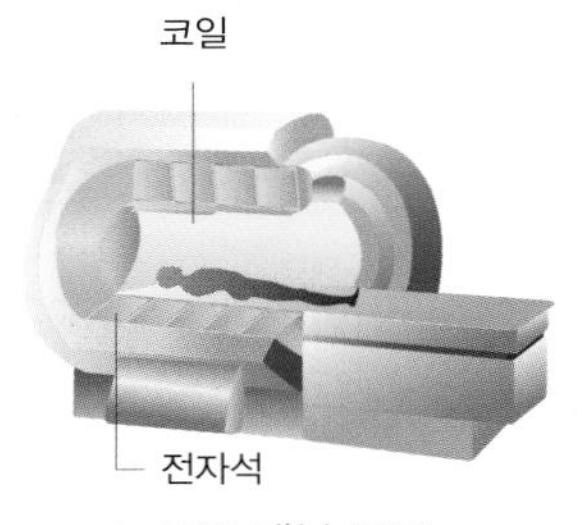

▲ MRI 내부 구조

MRI 속 환자는 크기가 일정하고 센 자기장과 사인 파동으로 변하는 약한 자기장이 형성되어 있는 장치 속에 마취가 되어 있는 상태로 눕게 된다. 마취된 환자의 맥박 상태를 알기 위해 환자의 손가락에 탐침(산소 농도계)을 붙이게 되는데, 이 탐침은 MRI 장비 바깥에 있는 모니터로 연결되어 있다. 이때 탐침과 모니터를 연결하고 있는 전선이 팔에 닿게 되면 화상을 입게 된다. 일반적인 가전제품의 전선이 닿는 경우에는 화상을 입지 않지만, MRI속에서는 화상을 입는 이유에 대하여 자신의 생각을 서술하시오. (단, 전선은 피복이 벗겨져 있지 않은 온전한 상태이다.)

38

저항값이 10 Ω, 20 Ω, 30 Ω 인 저항을 15 V 의 전압에 그림과 같이 연결하였다. 스위치를 열었을 때 전지가 완전히 방전되기까지는 15 시간이 걸렸다. 이때 동일한 조건에서 스위치를 닫았다면 전지가 완전히 방전되기까지의 시간은 얼마나 걸리는지 구하시오. (단, 전지가 완전히 방전될 때까지 전지의 전압은 일정하게 유지된다.)

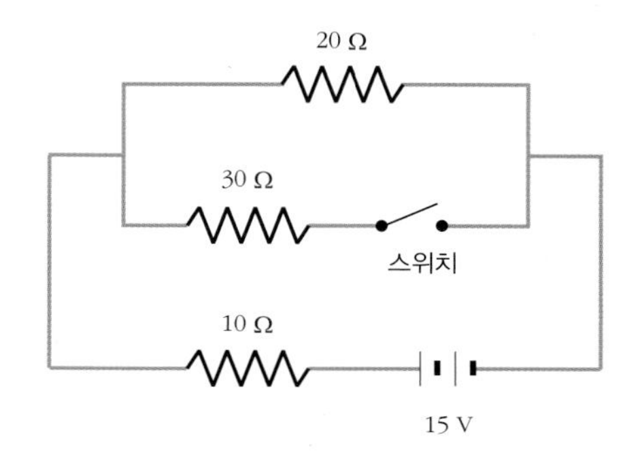

16강 물질의 구조와 성질, 다이오드

1. 원자의 구조

(1) 원자 : '더 이상 나누어질 수 없다'라는 뜻을 갖고 있는 원자는 물질을 구성하는 기본 입자를 말하며, 화학 원소로서의 특성을 갖고 있다.

(2) 원자 모형의 발전

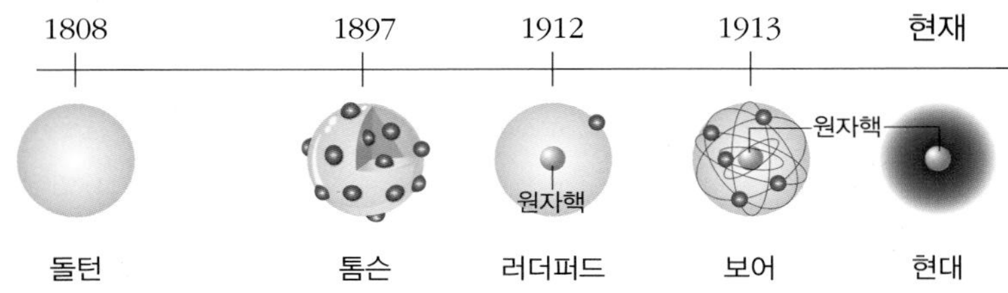

돌턴	더 이상 쪼갤 수 없는 가장 기본이 되는 입자인 원자는 단단한 공과 같다.
톰슨	푸딩 위에 건포도가 박혀 있듯이 원자는 많은 전자가 (+)전하 물질 사이에 듬성듬성 박혀 있다.
러더퍼드	(+)전하를 띤 밀도가 매우 큰 원자핵이 중심에 있고, 그 주위를 전자가 회전한다(태양계 모형).
보어	전자가 원자핵 주위에서 일정한 에너지 준위를 갖는 불연속적인 궤도를 원운동하고 있다.
현대의 전자 모형	전자의 위치를 확률 분포에 따라 나타낸 전자 구름 모형이다.

(3) 보어의 원자 모형 : 러더퍼드 모형의 문제점을 해결하려는 시도를 하였다.

① **첫 번째 가설 :** 전자는 특정한 조건을 만족하는 안정한 궤도에서만 존재하며, 이 궤도를 따라 운동하는 전자는 전자기파를 방출하지 않는다.

㉠ **물질파 :** 프랑스 과학자 드브로이는 물질 입자도 파동성을 가질 것이라고 예상하였으며, 질량이 m 인 물질이 속도 v 로 운동할 때 입자가 나타내는 파장 λ 는 다음과 같다.

$$\lambda\ (\text{물질파 파장}) = \frac{h}{mv} \quad (h : \text{플랑크 상수})$$

㉡ **양자 조건 :** 전자는 다음과 같은 양자 조건을 만족할 때 전자기파를 방출하지 않고 안정하다. 즉, 전자의 궤도 둘레가 전자 물질파 파장의 정수배가 되어야 한다.

$$2\pi r = n\lambda \Rightarrow 2\pi rmv = nh$$

(m : 전자의 질량, r : 궤도 반경, v : 전자의 속력, n : 양자수, λ : 전자의 물질파 파장)

② **두 번째 가설 :** 전자는 일정한 궤도를 돌다가 궤도를 전이할 수 있으며, 궤도를 이동할 때는 두 궤도의 에너지 차이만큼 에너지를 방출하거나 흡수한다. 전자가 전이할 때 흡수되거나 방출하는 광자 한 개의 에너지는 진동수에 비례한다.

$$E_{\text{광자}} = E_f - E_i = hf$$

(E_f : 나중 궤도의 에너지, E_i : 처음 궤도의 에너지, h : 플랑크 상수, f : 광자 한 개의 진동수)

정답 및 해설 111

개념확인 1

전자가 전이될 때 흡수되거나 방출하는 광자 한 개의 에너지는 □□□에 비례한다.

확인 + 1

다음 전자의 궤도 조건 중 안정한 상태의 조건이 아닌 것은?

① $2\pi r = 1\lambda$ ② $2\pi r = 1.5\lambda$ ③ $2\pi r = 2\lambda$ ④ $2\pi r = 3\lambda$ ⑤ $2\pi r = 4\lambda$

◉ **러더퍼드 모형의 문제점**

① 원자의 안정성 : 원자핵 주위를 회전하는 전자는 전기력이 구심력으로 작용하여 원운동을 한다. 이때 궤도가 정해지지 않는다면 전자는 점점 원자핵과 가까워지는 가속 운동을 하여 연속적으로 전자기파를 방출하고 원자핵과 충돌하여 붕괴하여야 한다. ⇨ 실제 원자는 특정 전자 궤도를 가지며 안정하다.

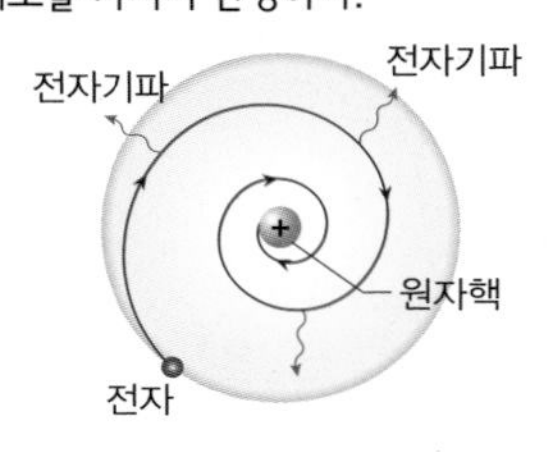

② 기체의 스펙트럼 : 궤도가 정해지지 않은 상태에서 원운동하는 전자는 연속적인 에너지를 방출하므로 가열된 기체에서 방출된 빛의 스펙트럼은 연속 스펙트럼이 관찰되어야 한다. ⇨ 실제로는 선스펙트럼이 관찰된다.

◉ **양자수**

전자가 운동하는 궤도는 원자핵에서 가장 가까운 궤도부터 $n = 1$, $n = 2$, $n = 3$, ⋯ 인 궤도라고 하며, n 값 1, 2, 3, ⋯ 을 양자수라고 한다.

◉ **보어의 원자 모형**

원 둘레가 전자의 물질파 파장의 정수배일 때 전자는 제자리 진동을 하며, 에너지를 방출하지 않고 안정한 상태(정상 상태)를 유지한다.

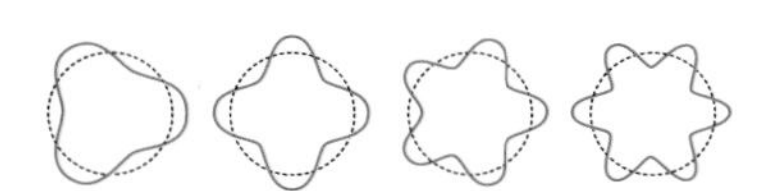

▲ $2\pi r = 3\lambda, 4\lambda, 5\lambda, 6\lambda$

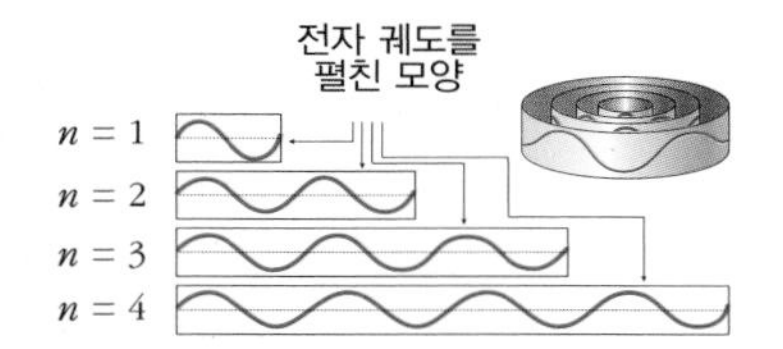

미니사전

전이 [轉 옮기다 移 옮기다] 전자가 에너지가 다른 궤도로 이동하는 것

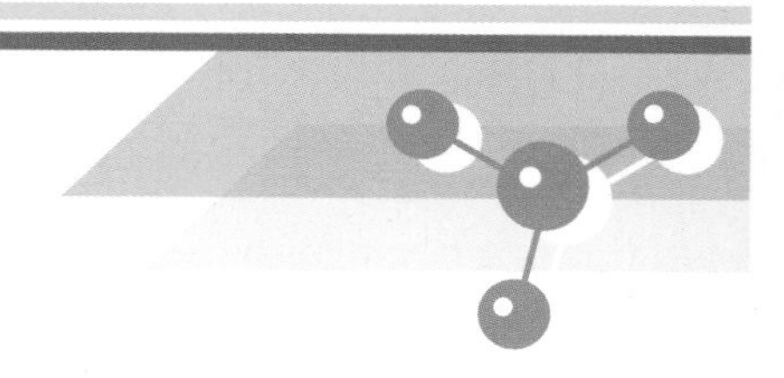

2. 원자의 에너지 준위

(1) 에너지 준위 : 원자 내 전자가 가질 수 있는 에너지 값 또는 그러한 에너지 상태를 말한다.

(2) 에너지 양자화 : 전자는 양자수(n)에 따라 불연속적인 에너지 준위에 있게 된다.

① **바닥 상태** : 전자가 에너지가 가장 낮은 안정한 상태의 에너지 준위에 있을 때이다.

② **들뜬 상태** : 전자가 에너지를 흡수하여 바닥 상태보다 높은 에너지 준위로 올라가 있는 상태를 말한다.

③ **에너지의 방출과 흡수** : 전자가 전이할 때 에너지 준위 차이에 해당하는 광자가 방출되거나 흡수된다. 이때 광자 1 개의 에너지는 다음과 같다.

(전자가 양자수 m, 에너지 준위 E_m 인 궤도에서 양자수 n, 에너지 준위 E_n 인 궤도로 전이할 때)

$$E_{광자} = |E_m - E_n| = hf = \frac{hc}{\lambda}$$ (h(플랑크 상수) : 6.6×10^{-34} J·s, c : 빛의 속력)

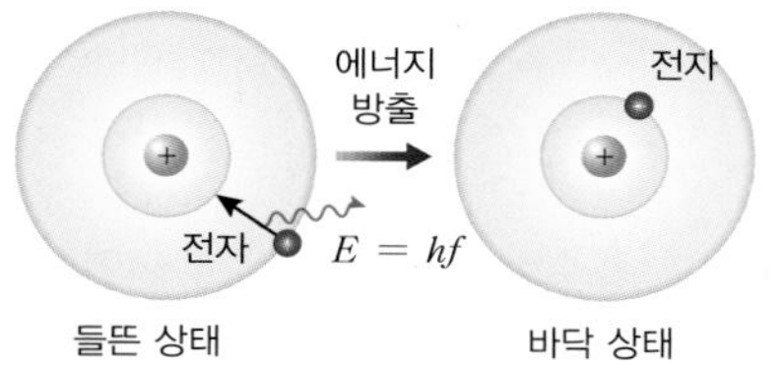

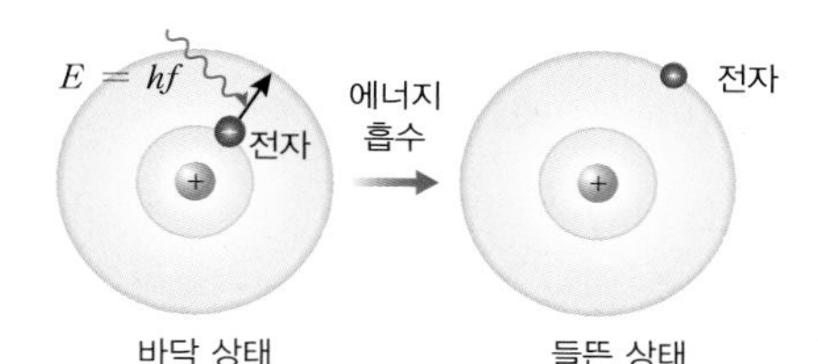

▲ 에너지 방출(들뜬 상태 ⇨ 바닥 상태) : $m > n$ ▲ 에너지 흡수(바닥 상태 ⇨ 들뜬 상태) : $m < n$

(3) 수소 원자의 궤도와 에너지 준위 : 원자의 전자 궤도 반지름(r)과 속력(v), 에너지는 모두 양자화된다. (k 는 비례 상수, e 는 전자 1 개의 전하량이다.)

① **전자의 궤도 반지름** : 수소 원자에서 안정한 상태의 n번째 궤도의 반지름은 다음과 같다.

$$r_n = \frac{n^2h^2}{4\pi^2mke^2} = 5.3 \times 10^{-11} n^2 \text{ (m)}$$

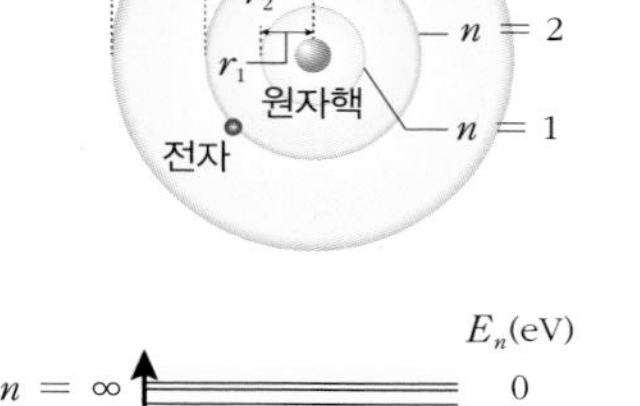

② **전자의 속력** : 수소 원자에서 안정한 상태의 n번째 궤도에서 전자의 속력은 다음과 같다.

$$v_n = \frac{2\pi ke^2}{nh} = 2.2 \times 10^6 \frac{1}{n} \text{ (m/s)}$$

③ **수소 원자의 에너지 준위** : 수소 원자에서 안정한 상태의 n번째 궤도에 전자가 있을 때 수소 원자의 에너지 준위는 다음과 같다.

$$E_n = -\frac{2\pi^2mk^2e^4}{n^2h^2} \cong -\frac{13.6}{n^2} \text{ (eV)}$$

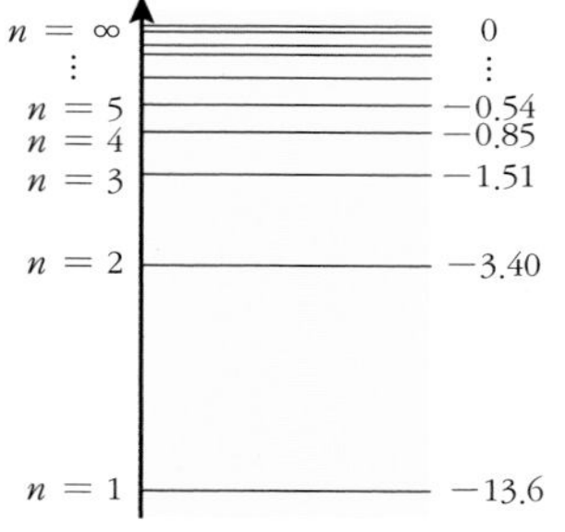

▲수소 원자의 양자화된 전자 궤도와 에너지 준위

◉ **eV(전자 볼트), J(줄)**
1 eV = 1.6×10^{-19} J 이다.
1 eV 는 정지한 전자 1 개를 1 V 의 전위차로 가속시켰을 때 전자가 가지게 되는 운동 에너지이다.

◉ **빛의 진동수와 파장**
빛의 진동수를 f, 파장을 λ, 속력을 c 라고 할 때 다음과 같은 식이 성립한다.
$c = f\lambda$

◉ **광자(photon, 光子)**
빛은 파동성과 입자성 두 가지 성질을 지니고 있다. 파동의 성질로 본다면 빛은 전자기파에 해당하며, 입자의 성질로 볼 때 광자(광양자)로 명명한다. 광자 한 개의 에너지(E)와 빛의 진동수(f)는 다음과 같은 관계를 가진다.
$E = hf$ (h : 플랑크 상수)

◉ **비례 상수 k : 쿨롱 상수**
$k = 9 \times 10^9$ N·m²/C²

◉ **양자화**
연속적으로 보이는 물리량을 불연속적인 정수 값으로 재해석하는 것을 말한다.

◉ **(-) 에너지**
수소 원자의 에너지 준위가 (-)값을 가진다는 것은 전자가 원자에 속박되어서 붙잡혀 있다는 것을 뜻한다. 이때 원자에 에너지를 공급해 주면 전자는 에너지 준위가 점점 높은 상태로 전이하여, 자유 전자(에너지 준위가 0 인 상태)가 될 수 있다.

개념확인 2 정답 및 해설 111

안정한 상태의 원자의 전자 궤도 반지름, 속력, 에너지는 모두 □□□ 되어 있다.

확인 + 2

전자가 에너지가 가장 낮은 상태인 에너지 준위에 있을 때(㉠)와 에너지를 흡수하여 높은 에너지 준위로 올라가 있는 상태(㉡)를 각각 무엇이라 하는지 쓰시오.

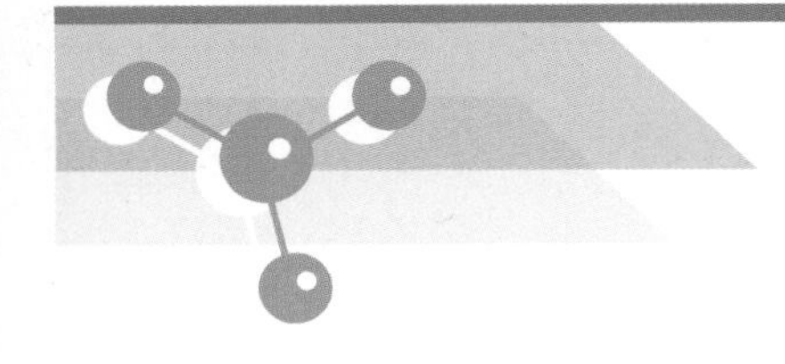

16강 물질의 구조와 성질

3. 기체의 선 스펙트럼

(1) 스펙트럼 : 프리즘을 통과한 빛이 파장에 따라 분산되어 생긴 색의 띠를 말한다.

① **연속 스펙트럼 :** 여러 가지 파장의 빛이 연속적으로 보이는 스펙트럼을 말한다.

② **선 스펙트럼 :** 특정한 파장의 빛만이 띄엄띄엄 불연속적으로 선으로 보이는 스펙트럼을 말한다.

③ **흡수 스펙트럼 :** 모든 파장을 갖는 빛(연속 스펙트럼을 나타내는 빛)을 특정 기체에 통과시켰을 때 기체 원자의 전자가 높은 에너지 준위로 전이하는 데 필요한 에너지에 해당하는 파장을 흡수하여, 흡수한 파장에 해당하는 부분이 어두운 색으로 나타나는 스펙트럼을 말한다.

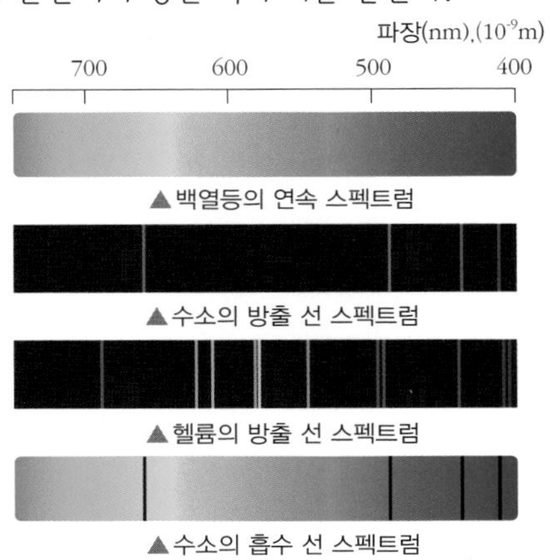

▲백열등의 연속 스펙트럼

▲수소의 방출 선 스펙트럼

▲헬륨의 방출 선 스펙트럼

▲수소의 흡수 선 스펙트럼

(2) 수소 원자 스펙트럼

① **수소 원자 선 스펙트럼 :** 수소 원자들이 에너지를 흡수하여 들뜬 상태가 되면 이후에 전자들이 빛을 방출하여 안정한 상태로 전이하면서 선 스펙트럼을 형성한다. 이때 에너지 준위 차이만큼 방출하는 빛의 파장을 구하는 식은 다음과 같다.

$$\frac{1}{\lambda} = \frac{13.6}{hc}\left(\frac{1}{n^2} - \frac{1}{m^2}\right) = R\left(\frac{1}{n^2} - \frac{1}{m^2}\right)$$

(단, $m > n$, R : 뤼드베리 상수, h : 플랑크 상수, c : 광속)

② **수소 원자 스펙트럼 계열 :** 수소 원자의 스펙트럼에서 들뜬 상태의 전자가 n=1 인 궤도로 전이할 때 방출되는 스펙트럼 영역을 라이먼 계열, n=2 인 궤도로 전이할 때를 발머 계열, n=3 인 궤도로 전이할 때를 파셴 계열이라고 한다.

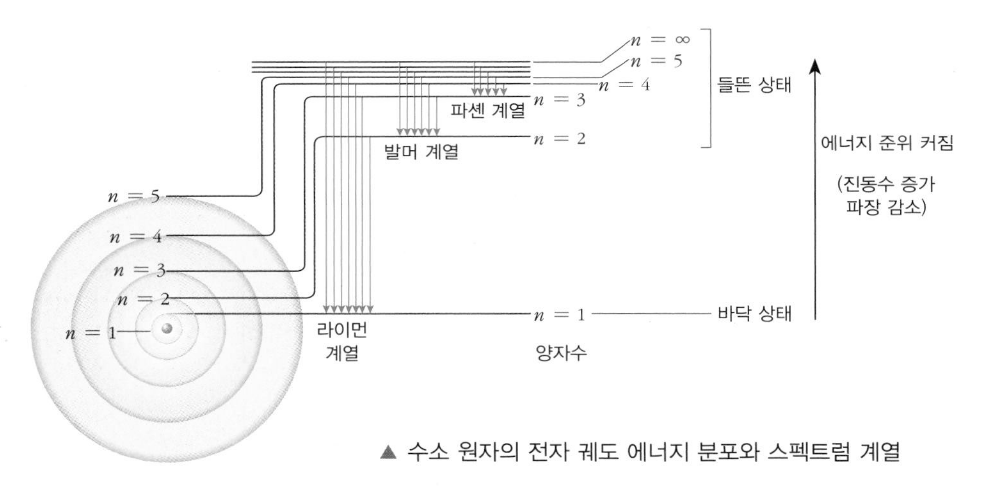

▲ 수소 원자의 전자 궤도 에너지 분포와 스펙트럼 계열

개념확인 3 정답 및 해설 111

들뜬 상태의 전자가 n = 3 인 궤도로 전이할 때 방출되는 스펙트럼 영역을 무엇이라고 하는가? (　　　　)

확인 + 3

전자가 들뜬 상태에서 안정한 상태로 전이할 때, 눈에 보이는 영역의 빛을 방출하는 스펙트럼의 계열은 무엇인가? (　　　　)

◎ **방출 스펙트럼**

원자 내의 전자가 열이나 빛 등에 의해 에너지를 얻어 들뜬 상태가 되었다가 다시 바닥 상태로 되면서 에너지 준위 차에 해당하는 파장의 빛을 방출하여 밝은색 선으로 나타나는 선 스펙트럼을 말한다.

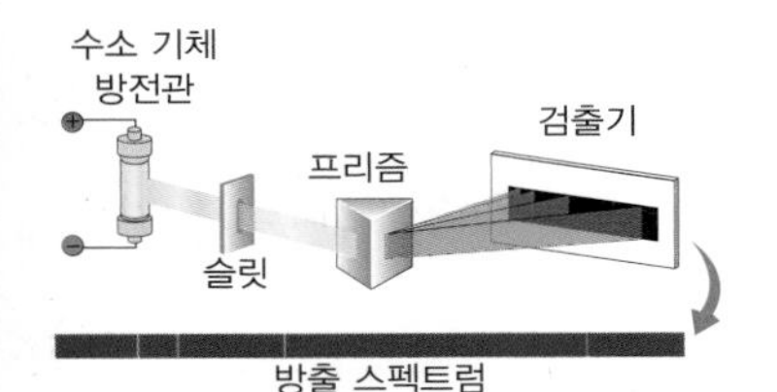

◎ **흡수 스펙트럼과 방출 스펙트럼**

백열전구에서 나오는 빛을 온도가 낮은 수소 기체에 통과시키면 검은 선으로 이루어진 스펙트럼(흡수 스펙트럼)이 나타난다. 검은 선은 수소 기체에서 나오는 방출 스펙트럼의 선과 일치한다.

◎ **원자의 종류와 스펙트럼**

기체의 종류가 다르면 기체를 이루는 원자의 종류에 따라 전자 궤도의 에너지 준위 분포가 다르다. 따라서 선스펙트럼에서 선의 위치와 수, 선의 굵기가 다르다.

◎ **뤼드베리 상수(R)**

여러 원소의 스펙트럼의 규칙성을 나타내는 공식에 공통으로 사용되는 상수값으로 초기에는 분광 관측의 실험값을 이용하여 정했으나 후에 보어의 원자 모형을 이용하여 계산값을 구하였다.

$$R = 1.097 \times 10^7 \text{m}^{-1}$$

◎ **계열 별 방출되는 빛의 영역**

	방출되는 빛의 영역
라이먼 계열	자외선 영역
발머 계열	가시 광선 영역
파셴 계열	적외선 영역

가시 광선 영역인 발머 계열이 가장 먼저 발견되었다.

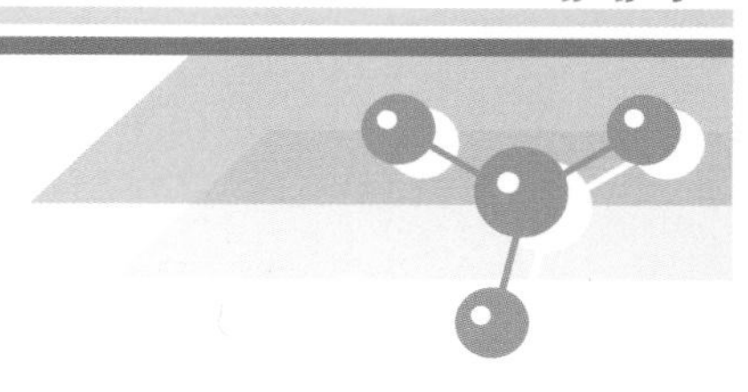

4. 에너지 띠

(1) 기체 원자의 에너지 준위 : 기체의 입자 사이의 간격은 원자의 크기에 비해 매우 멀리 떨어져 있어서 원자들 간에 서로 영향을 주지 않는다. 따라서 같은 종류의 원자들로 이루어진 기체의 에너지 준위 분포는 원자 1개의 에너지 분포와 같다.

(2) 고체 원자의 에너지 준위 : 고체는 원자 사이의 간격이 매우 가까워 에너지 준위가 겹친다. 하지만 파울리 배타 원리에 의해 하나의 양자 상태에 두 개 이상의 전자가 존재할 수 없으므로 각각의 원자의 에너지 준위는 서로 겹치지 않도록 미세한 차이로 갈라지게 된다. 따라서 아주 많은 원자로 이루어진 고체의 에너지 준위는 띠의 형태로 나타나게 된다.

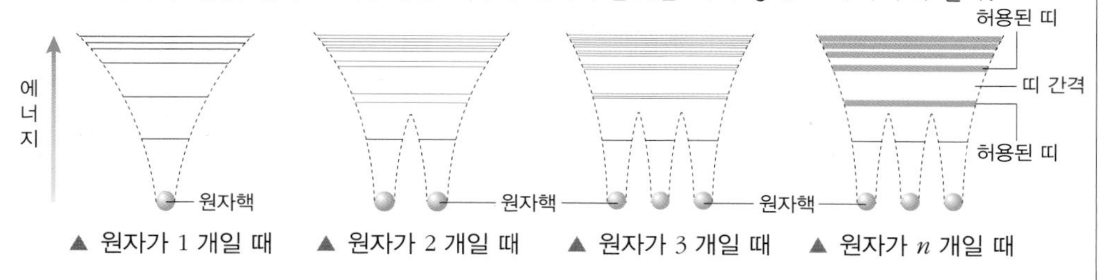

▲ 원자가 1 개일 때 ▲ 원자가 2 개일 때 ▲ 원자가 3 개일 때 ▲ 원자가 n 개일 때

(3) 에너지 띠 : 다수의 원자에 의해 에너지 준위가 매우 가깝게 위치하여 연속적인 것(띠)으로 취급할 수 있는 에너지 준위 영역을 말한다.

① **허용된 띠 :** 에너지 띠에서 전자가 존재할 수 있는 영역으로 전자는 허용된 띠에만 존재할 수 있다.

② **띠 간격 :** 허용된 띠 사이에 어떠한 전자도 존재할 수 없는 간격으로 에너지 간격이라고도 한다.

③ **원자가 띠 :** 0 K 온도 상태에서 원자의 가장 바깥쪽에 자리잡은 전자(원자가 전자)가 차지하는 에너지 띠를 말한다.

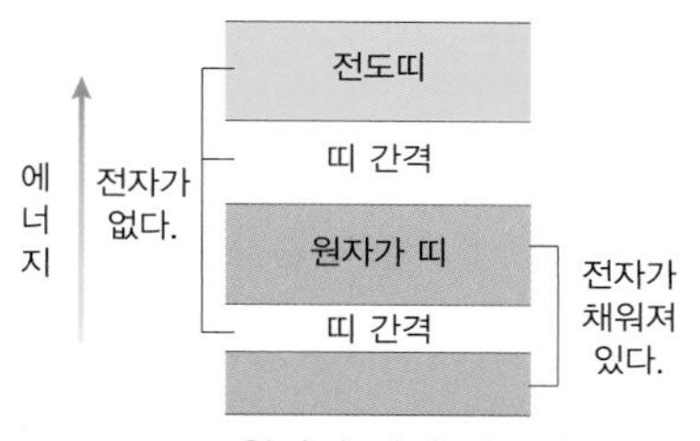

▲ 원자가 띠와 전도띠

④ **전도띠 :** 원자가 띠의 전자가 에너지를 흡수하여 이동할 수 있는, 원자가 띠 위에 있는 에너지 띠를 말한다. 0 K 온도 상태에서는 비어있으므로 전기 전도도가 0 이다.

(4) 고체의 종류와 전기 전도도 : 전도띠로 전이된 전자(자유 전자)는 전류를 흐를 수 있게 한다. 이때 에너지 띠 구조의 차이에 따라 전기가 통하는 정도가 달라지고 이에 따라 고체의 종류를 구분한다.

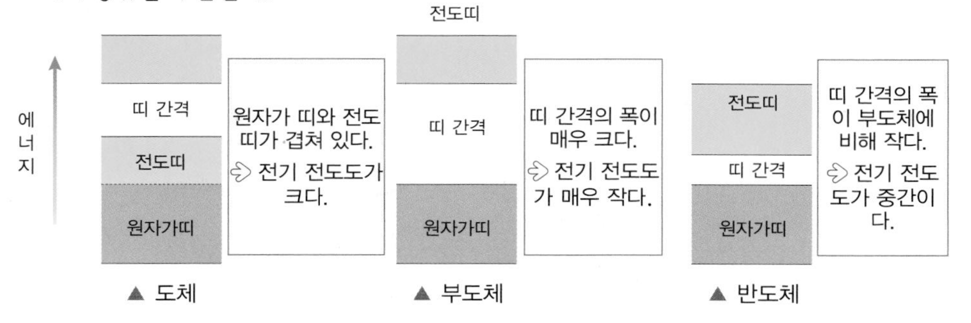

▲ 도체 ▲ 부도체 ▲ 반도체

정답 및 해설 111

개념확인 4

전도띠와 원자가 띠의 간격이 매우 커서 전자가 전도띠로 올라갈 수 없는 성질을 가진 고체를 무엇이라고 하는가?

( )

확인 + 4

에너지 띠에서 전자가 존재할 수 있는 영역(㉠)과 어떠한 전자도 존재할 수 없는 영역(㉡)을 각각 쓰시오. ㉠( ), ㉡( )

◉ 속박 전자

기체 원자의 전자는 충분한 에너지를 흡수하지 못하면 원자핵의 인력에 의해 벗어나지 못하고 원자핵 주위를 회전하게 된다. 이 상태의 전자를 속박 전자라고 하며, 속박 전자의 에너지 준위는 양자화되어 불연속적으로 나타난다.

◉ 속박 전자의 에너지 준위

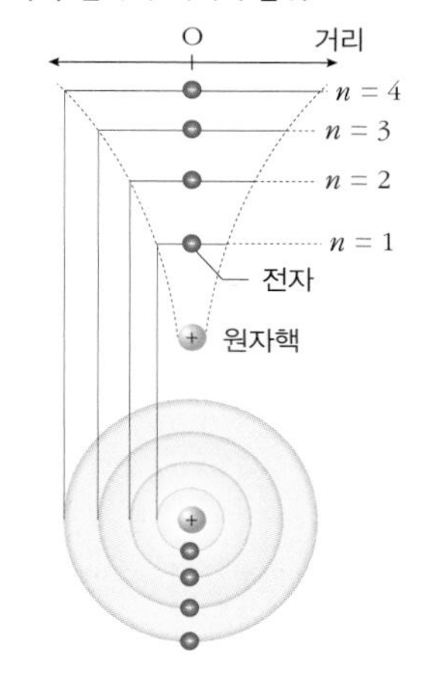

◉ 에너지 띠

원자핵에서 멀어질수록 에너지띠의 폭이 넓어지고 띠 간격이 좁아지며 에너지가 증가한다.

◉ 자유 전자와 양공

·자유 전자 : 띠 간격보다 큰 에너지를 흡수하여 원자가 띠에서 전도띠로 전이된 전자로 작은 에너지 공급에 의해서도 원자 사이를 옮겨다니며 전류를 흐르게 한다.

·양공 : 자유 전자가 전도띠로 전이할 때 원자가 띠에 생긴 구멍을 말하며, (+)전하처럼 옮겨다닐 수 있다.

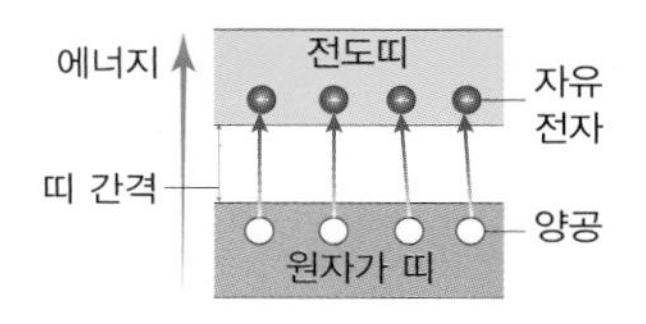

미니사전

전기 전도도 [전기 - 傳 전하다 導 이끌다 度 정도] 전기가 통하기 쉬운 정도로 전기 저항의 역수이다.

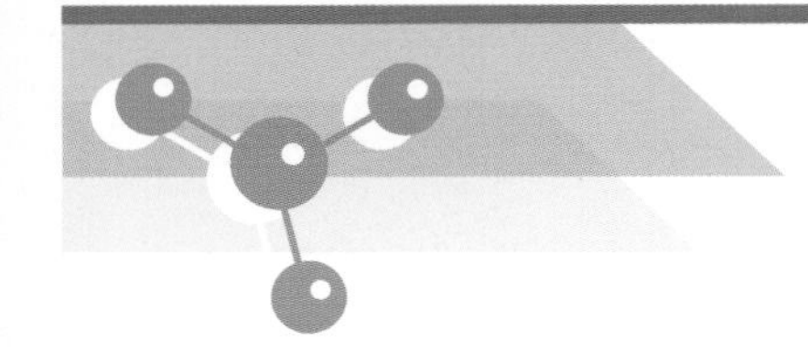

5. 다이오드

1. 반도체(semiconductor) : 저마늄(Ge)이나 규소(Si)와 같이 도체와 절연체의 중간 정도의 전기적 성질을 갖는 물질이다. 도핑을 통해 그 전기적 성질을 변화시킬 수 있다.

(1) 순수한(고유) 반도체 : 다른 불순물 없이 순수하게 정제된 반도체이다. 에너지를 가하면 전자가 원자가 띠에서 전도띠로 옮겨가면서 자유 전자가 되고, 전자와 같은 수의 양공이 발생하여 전기 전도성을 가지게 된다. 원자가 전자가 4개인 규소(Si), 저마늄(Ge) 등이 있으며 원자가 전자 4개가 이웃하는 원자와 공유 전자쌍 4개를 이룬다(4중 공유 결합).

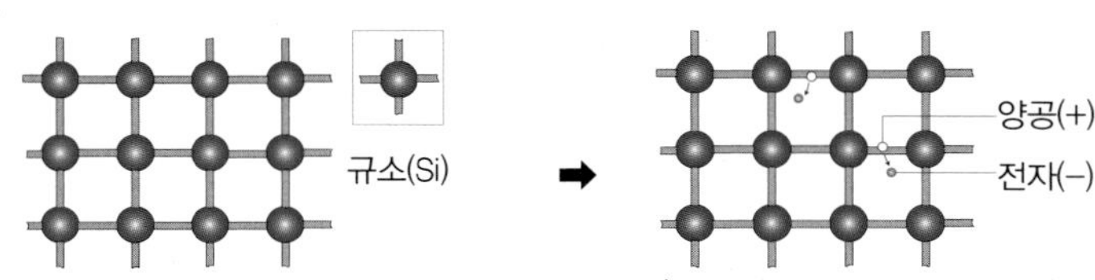

〈온도가 0 K 일 때 : 전기 전도성이 없다.〉 〈온도가 300 K 일 때 : 양공과 전자가 생성되어 전기 전도성을 가진다.〉

(2) 도핑(doping) : 순수 반도체에 불순물(인(P), 비소(As), 붕소(B) 등)을 첨가하여 전기전도성이 커진 불순물 반도체를 만드는 과정을 도핑이라고 한다.

(3) 불순물 반도체 : 순수 반도체를 도핑하여 불순물 반도체를 만든다. p형과 n형이 있다.

① **p형**(positive type) **반도체 :** 순수 반도체 결정에 원자가 전자가 3개인 13족 원소인 붕소(B), 알루미늄(Al), 갈륨(Ga), 인듐(In)을 도핑하여 만든다. 이러한 종류의 원자는 순수한 반도체 원자인 규소(Si), 저마늄(Ge)등과 공유 결합 시 전자가 1개 부족하여 전자를 공급받으므로 '받개 원자'라고 한다. 주로 양공이 전하 운반자가 된다.

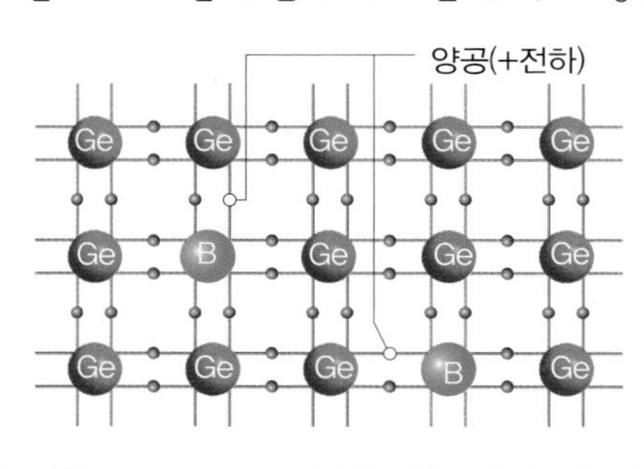

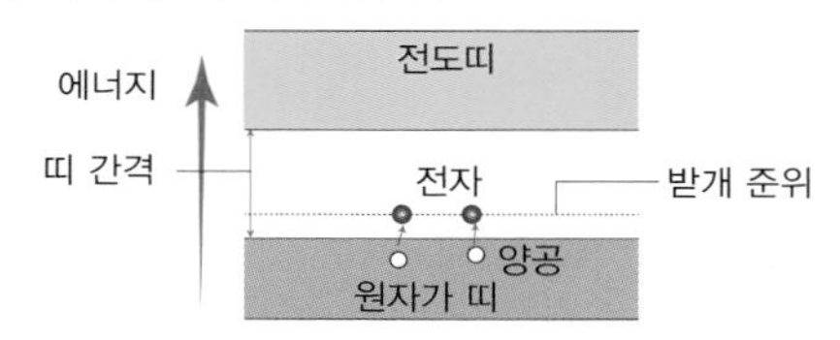

▲ 붕소(B)에 의해 받개 준위가 원자가 띠 가까이에 형성되어 적은 에너지로도(온도 50K) 전자가 전이하여 양공이 쉽게 생성된다. 이때 받개 원자인 붕소는 전자를 받으므로 음이온이 된다.

② **n형**(negative type) **반도체:** 순수 반도체 결정에 원자가 전자가 5개인 15족 원소인 인(P), 비소(As), 안티모니(Sb)를 도핑하여 만든다. 이러한 종류의 원자는 순수한 반도체 원자인 규소(Si), 저마늄(Ge)등과 공유 결합 시 전자가 1개 남아서 전자를 공급하므로 '주개 원자'라고 한다. 주로 자유 전자가 전하 운반자가 된다.

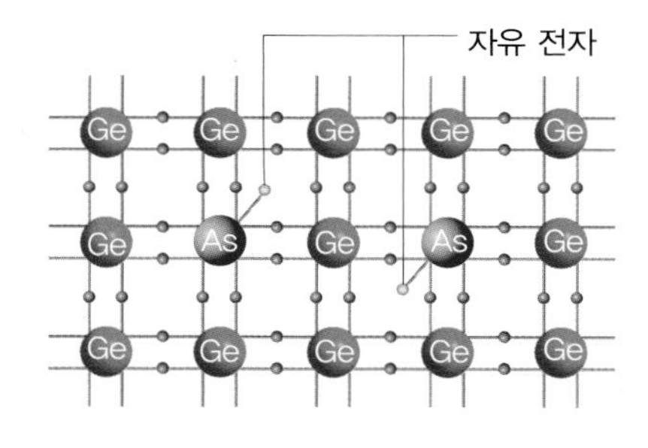

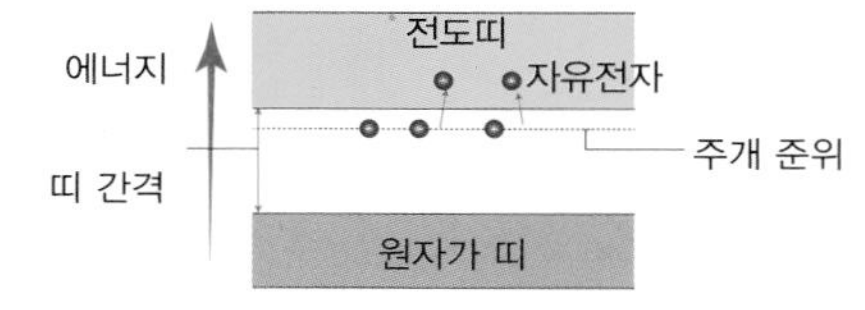

▲ 비소(As)에 의해 주개 준위가 전도띠 가까이에 형성되어 적은 에너지로도(온도 50K) 전자가 전도띠로 쉽게 전이하여 자유 전자가 된다. 이때 주개 원자인 비소는 전자를 잃으므로 양이온이 된다.

개념확인 5 정답 및 해설 111

순수 반도체에 불순물을 첨가시켜 전기 전도성을 크게 하는 과정을 무엇이라 하는가?

확인 + 5

n형 반도체와 p형 반도체의 전하 운반자는 각각 무엇이지 쓰시오.

n형: ( ), p형: ( )

◉ 반도체의 전기적 성질과 사용

- 빛을 비추면 전류가 흐른다. ⇨ 태양 전지, 광센서, 적외선 감지기
- 전류가 흐르면 빛을 방출한다. ⇨ 레이저의 광원, 발광 다이오드
- 조건에 따라 전기 저항이 변한다. ⇨ 압력 센서, 온도 센서

◉ 순수한 반도체에 에너지를 가했을 때

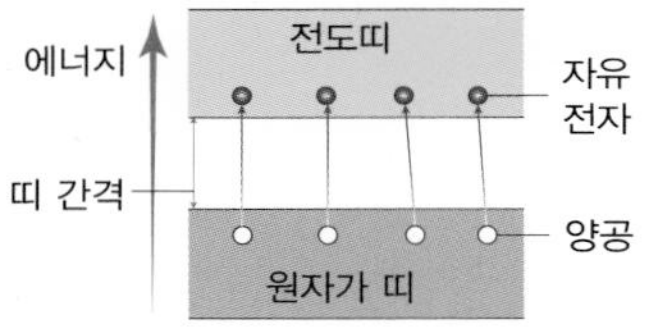

▲온도가 300 K 이상일 때

온도가 0 K 일 때 규소(Si)원자의 4개의 원자가 전자 모두 공유 결합하고 있어 전기 전도성이 나타나지 않으나 온도가 300 K 로 높아지면 일부 전자가 띠 간격 이상의 에너지를 갖게 되어 전도띠로 빠져 나와 자유 전자와 양공의 쌍이 생성되어 전기 전도성을 갖게 된다.

◉ p형 반도체의 전하 운반자 - 양공

p형 반도체는 50 K 가 되면 전도띠로 전자가 전이하여 생긴 양공, 불순물의 받개 준위로 전자가 전이하여 생긴 양공이 발생한다. 이때 전도띠의 자유 전자 수보다 원자가 띠의 양공의 수가 훨씬 많아서 원자가 띠의 양공(+전하)이 주로 전하 운반자가 된다.

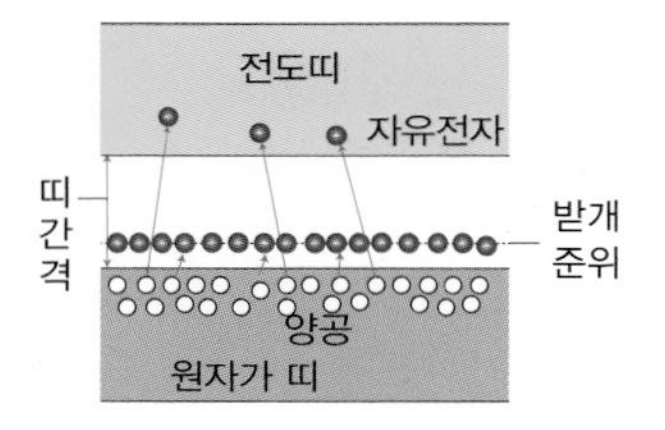

◉ n형 반도체의 전하 운반자 - 자유 전자

n형 반도체는 50 K 가 되면 불순물의 주개 준위의 전자와 원자가 띠의 전자가 모두 전도띠로 전이하여 자유 전자가 되므로 자유 전자의 수가 많아져 전하 운반자는 전도띠의 자유 전자(-전하)가 된다.

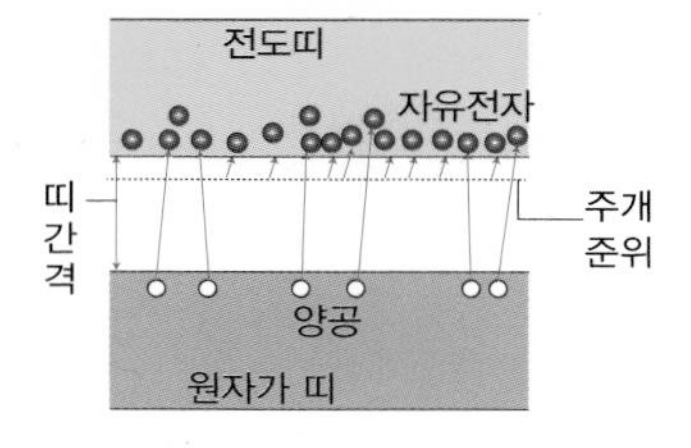

2. p-n 접합 다이오드 : 가장 간단한 반도체 소자이다. p형 반도체와 n형 반도체를 접합시켜 만들며, 한쪽 방향으로만 전류가 흐르게 하는 성질이 있다. 정류기, 발광 다이오드(LED) 광 다이오드(태양 전지) 등에 이용한다.

(1) p-n 접합 : 접합 시 다음과 같은 현상이 일어난다.

① **양공과 자유 전자의 접합면을 통한 확산** : 접합면에서 밀도 차에 의해 p형 반도체의 양공 중의 일부가 n형 반도체로 확산되고 n형 반도체의 일부 자유 전자는 p형 반도체로 확산된다(그림 (가)).

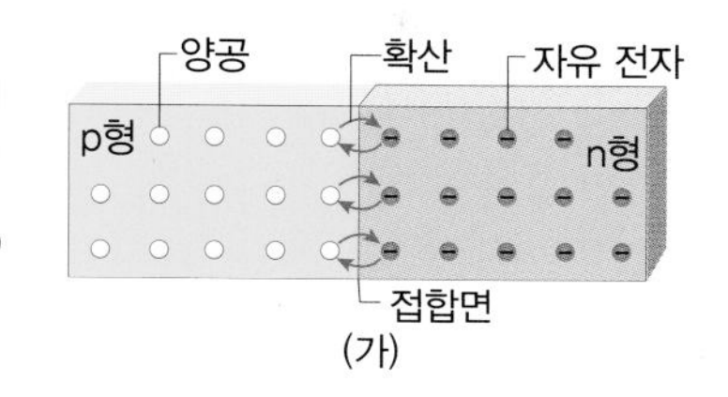

② **공핍층과 전위 장벽의 형성**

ⅰ) **공핍층** : 접합면 근처에서 확산된 양공과 자유 전자가 재결합하여 소멸되면 접합면 근처에는 전하 운반자의 밀도가 상대적으로 적어지는 영역이 생기는데 이를 공핍층(결핍층)이라고 한다.

ⅱ) **전위 장벽 형성** : 접합면 근처의 공핍층에는 양공과 자유 전자가 소멸되어 불순물에 의한 전하만 남게 되는데, n형 반도체는 불순물이 전자를 잃어 양이온 상태, p형 반도체는 불순물이 전자를 얻어 음이온 상태가 된다. 따라서 공핍층에는 n형 반도체에서 p형 반도체 쪽으로 전기장이 형성되어 에너지 준위의 차이가 발생하는데, 이를 전위 장벽이라고 한다. 전위 장벽에 의해 양공과 자유 전자는 이동을 멈추게 된다.

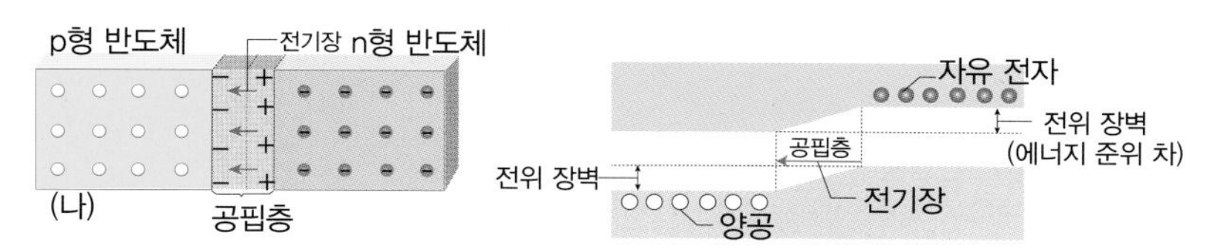

(2) 외부 기전력을 가했을 때

① **순방향 바이어스** : p-n 접합 다이오드의 p형 반도체에 (+)극, n형 반도체에 (-)극을 연결하면 p형 반도체에서 n형 반도체 쪽으로 큰 전기장이 생겨 접합 시 생겼던 공핍층이 얇아지면서 전위 장벽이 낮아지고, 양공은 (-)극 쪽으로, 자유 전자는 (+)극 쪽으로 이동하여 서로 만나 소멸되면서 전류가 흐르는데 이를 '순방향 바이어스' 라고 한다.

② **역방향 바이어스** : n형 반도체에 (+)극, p형 반도체에 (-)극을 연결하면 n형 반도체에서 p형 반도체 쪽으로 접합 시 생겼던 공핍층이 더 두꺼워지면서 전위 장벽이 높아져 자유 전자와 양공이 이동하지 못하므로 거의 전류가 흐르지 못하는데 이를 '역방향 바이어스' 라고 한다.

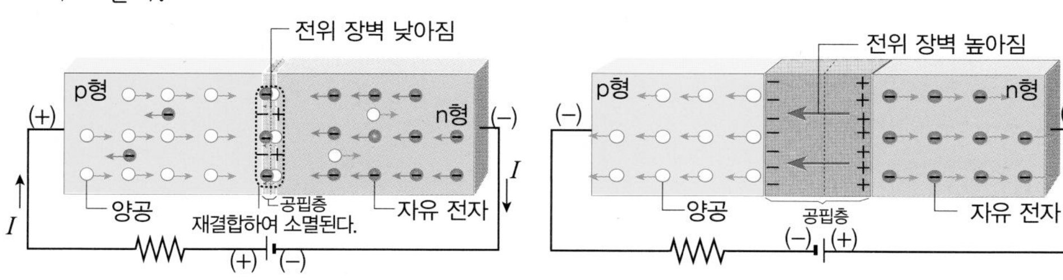

〈순방향 바이어스 : 전류가 흐른다〉 〈역방향 바이어스 : 전류가 흐르지 않는다〉

◉ **p-n 접합 다이오드 모습과 기호**

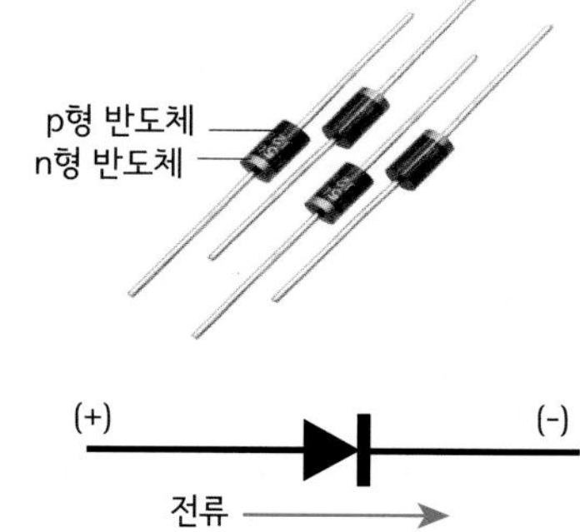

화살표 방향은 전류가 흐를 수 있는 방향이다.

◉ **자유 전자와 양공의 재결합**

자유 전자가 전도띠로 올라가면서 원자가띠에는 전자의 빈자리인 양공이 발생하는데, 순방향 바이어스가 걸리면 다시 자유 전자와 양공이 만나 함께 소멸된다. 이것을 재결합이라고 한다. 재결합 시에는 에너지가 방출된다. LED는 재결합 시 에너지가 빛의 형태로 방출되는 것이다.

◉ **전위 장벽의 변화**

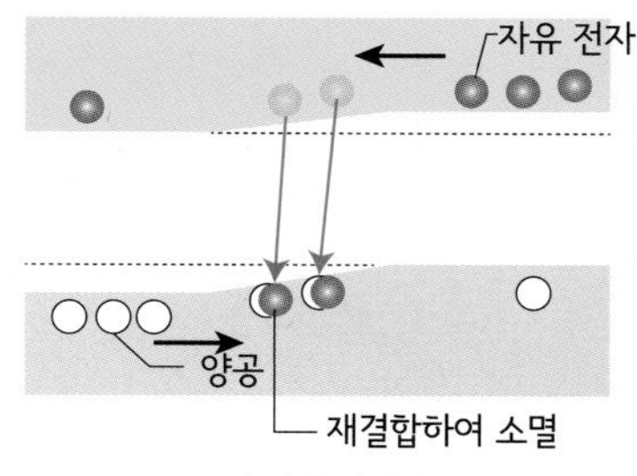

▲ 순방향 바이어스

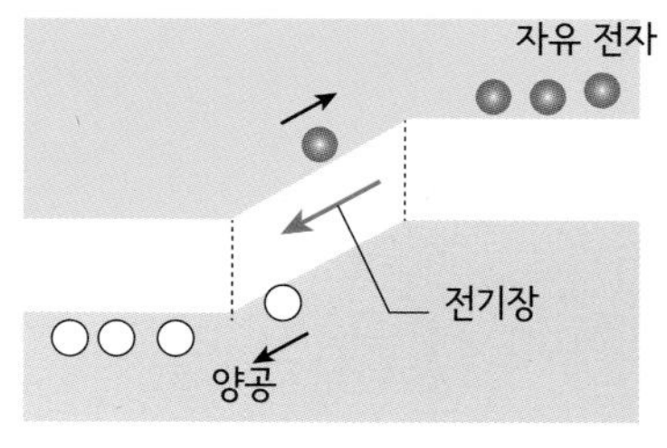

▲ 역방향 바이어스

정답 및 해설 111

개념확인 6

n형 반도체와 p형 반도체를 접합시켰을 때 접합면 근처에서 전하 운반자의 밀도가 상대적으로 적어지는 영역을 무엇이라 하는가? (   )

확인 + 6

p-n 접합 다이오드에 순방향 바이어스가 걸리게 하려면 n형 반도체에 (   )극, p형 반도체에 (   )극을 연결한 회로를 만들어야 한다.

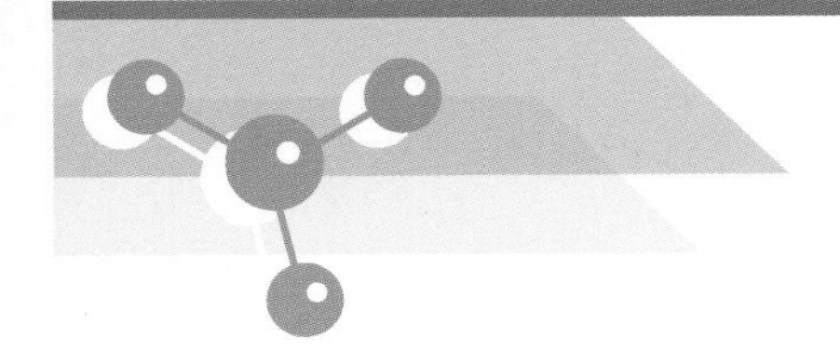

◎ 직류(AC)와 교류(DC) 비교

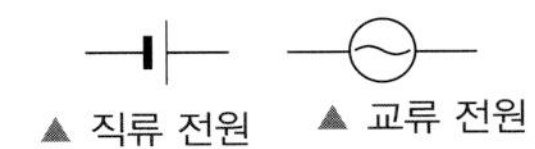

우리나라에서 사용하는 교류는 1초에 60번 진동하는 60Hz 교류이고, 1초에 전류의 방향이 60번 바뀐다. 직류는 전류의 방향이 바뀌지 않는다.

◎ 누설 전류

역방향 바이어스일 때 전류가 흐르지 않아야 하나 기본적인 전하 운반자의 운동은 막을 수 없기 때문에 아주 약간의 누설 전류가 흐른다.

◎ 전파 정류 회로에서의 전류의 흐름

전류가 A(+)방향으로 흐를 때: D_2, D_4에 순방향 바이어스가 걸려 아래와 같이 전류가 흐른다. 출력 전류는 아래 방향이다.

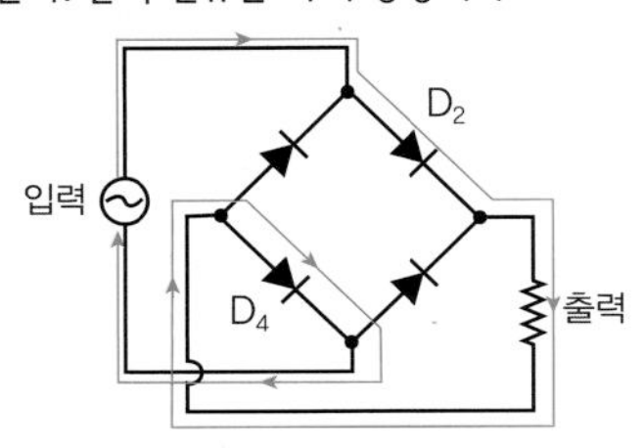

전류가 B(-)방향으로 흐를 때: D_3, D_1에 순방향 바이어스가 걸려 아래와 같이 전류가 흐른다. 출력 전류는 언제나 아래 방향이다.

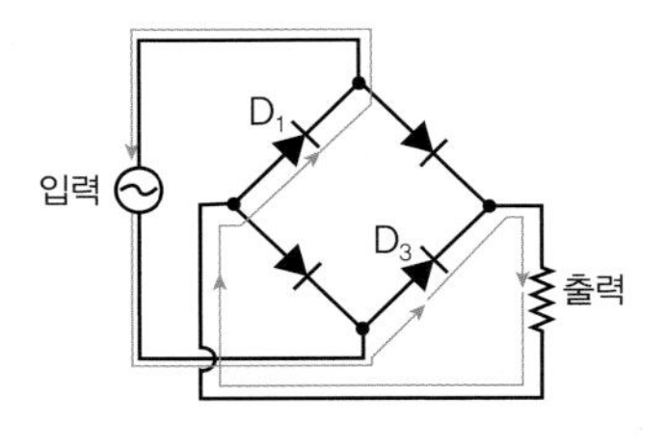

(3) p-n 접합 다이오드의 전류-전압 특성 : 순방향 바이어스는 접합 반도체의 종류에 따라 다르나 전압이 0.3~1.5 V 일 때 전류의 흐름이 급격히 증가한다. 역방향 바이어스 전압이 걸리면 전류가 아주 조금씩 흐르다가 전압이 증가하여 임계점에 도달하면 역방향으로 급격한 전류가 흐르는데, 이때는 접합 파괴가 일어난 경우이다.

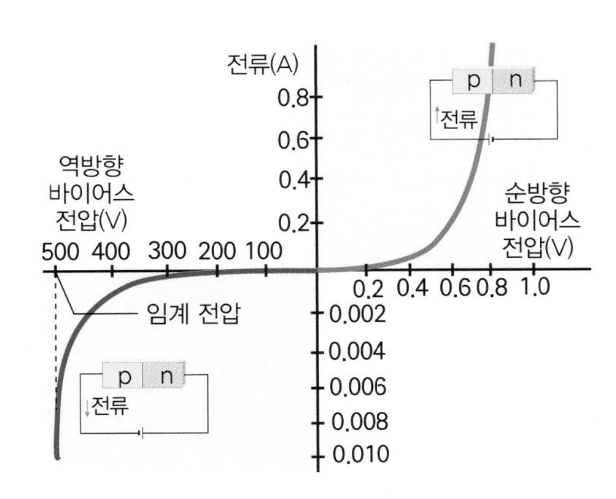

(4) 정류 회로 : p-n 접합 다이오드는 한쪽 방향으로만 전류를 흐르게 하므로 교류를 직류로 바꾸는 정류작용을 할 수 있다. 일반 가정에는 전류의 방향이 초당 60회(60Hz)바뀌는 교류가 공급되는데, 전기 기구 내에 다이오드를 설치하여 직류로 바꾸어 사용한다.

① **반파 정류 회로** : 다이오드에 교류를 입력시키면 순방향 전류는 통과할 수 있으나 역방향 전류는 통과하지 못하므로 출력 전압은 순방향 전류만 반파장씩 남는 모습이 된다.

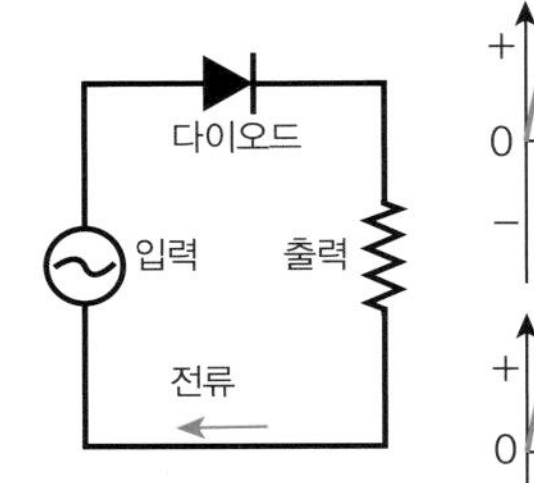

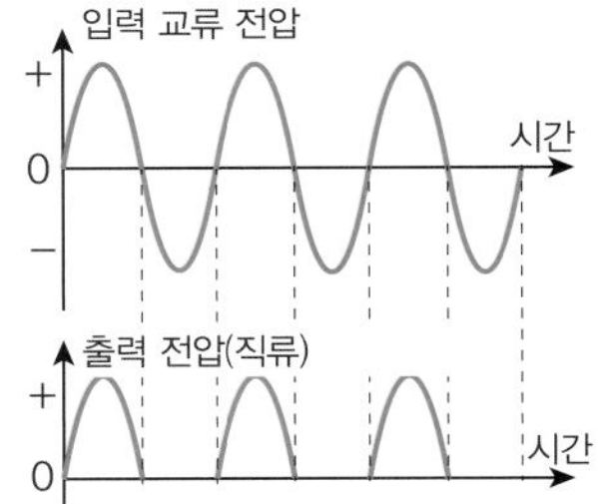

② **전파 정류 회로** : 반파인 경우 역방향 전류가 손실되어 에너지 손실이 크므로 다이오드를 여러 개 사용하여 신호 전체를 한 방향으로 흐르게 한다.

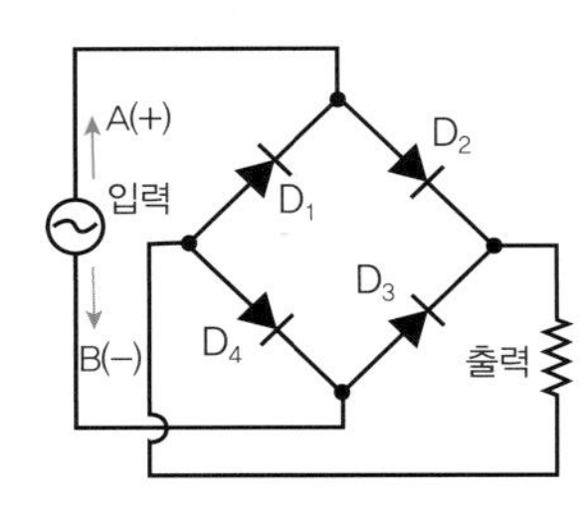

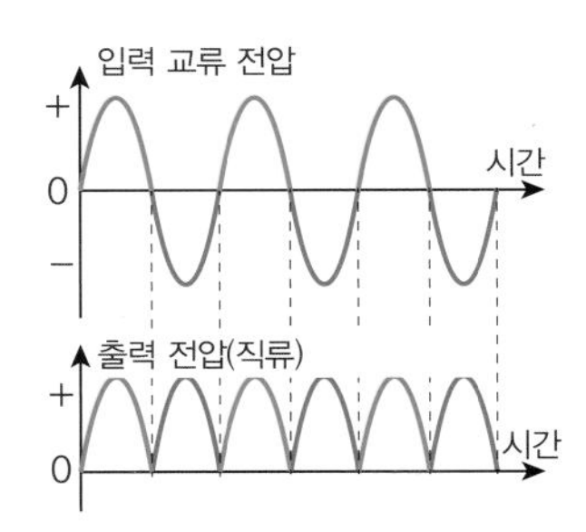

정답 및 해설 111

개념확인 7

오른쪽 그림은 불순물 반도체를 나타낸 것이다. 이 불순물 반도체의 종류는 무엇인지 쓰시오. 또 불순물의 원자가 전자는 몇 개인지 쓰시오.

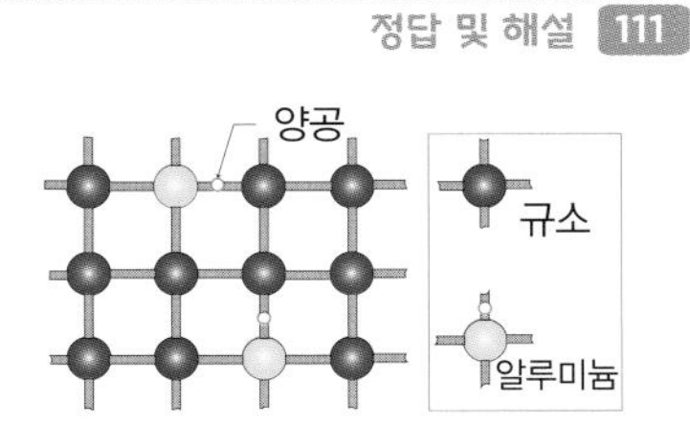

종류: (　　　　　　), 원자가 전자의 수 : (　　　　　　)

확인 + 7

그림(가), (나)는 p-n접합 다이오드와 그 기호를 각각 나타낸 것이다. (가)의 A, B 와 (나)의 a, b 를 각각 짝지으시오.

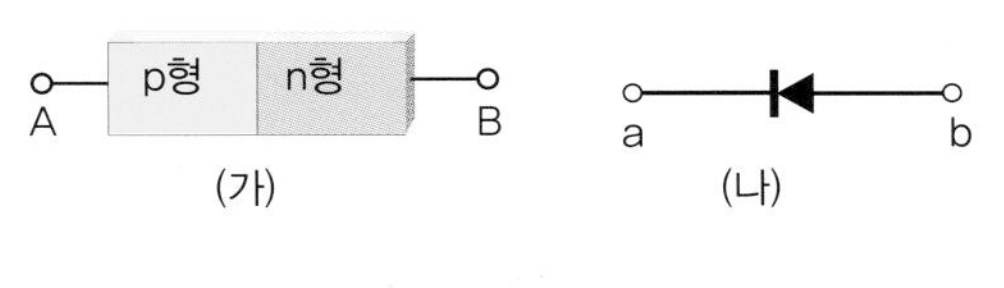

A : (　　　　　　), B : (　　　　　　)

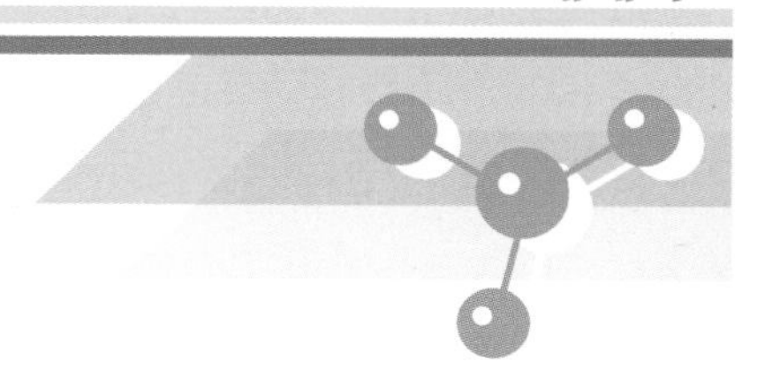

6. 다이오드의 활용

(1) 발광 다이오드(LED) : 전류가 흐르면 빛을 방출하는 다이오드이다. 작은 크기로 제작이 가능하며, 소모 전력이 작다. 각종 영상 표시 장치, 리모컨, 전자 제품의 표시등, 조명 장치 등에 널리 사용된다.

① **작동 원리** : p-n 접합 다이오드에 순방향 바이어스를 걸면 접합면 근처에서 전자와 양공이 재결합하면서 에너지를 방출한다. 이때 전자는 전도띠에 해당하는 에너지를 가지나, 양공은 원자가 띠에 해당하는 에너지를 가지므로 재결합 시 띠 간격에 해당하는 에너지가 방출된다.

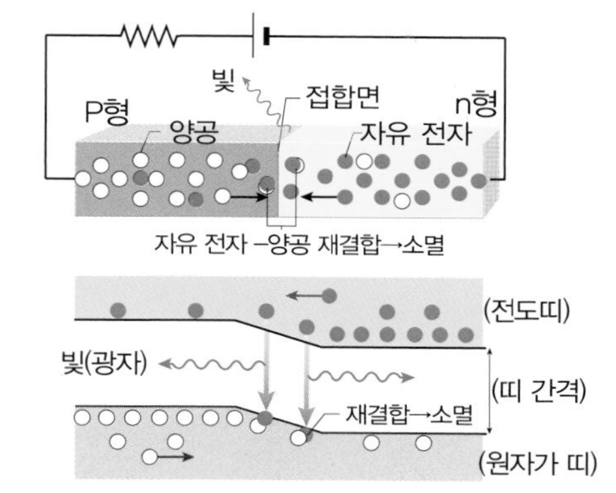

② **발광 다이오드에서 방출하는 빛의 파장** : p-n 접합 다이오드에 순방향 바이어스를 걸면 접합면에서 전자 1개와 양공 1개가 재결합하여 광자 1개(에너지 hf)를 방출하며 소멸된다. 다이오드에 사용한 반도체 물질의 띠 간격이 E_g라면 방출되는 빛의 파장(λ)을 다음과 같이 구할 수 있다.

$$E_g = hf = \frac{hc}{\lambda}, \quad \lambda = \frac{hc}{E_g}$$

(E_g: 띠 간격, λ: 빛의 파장, f: 빛의 진동수, h : 플랑크 상수, c : 빛의 속력)

◉ 발광 다이오드
(LED, Light Emitting Diode)

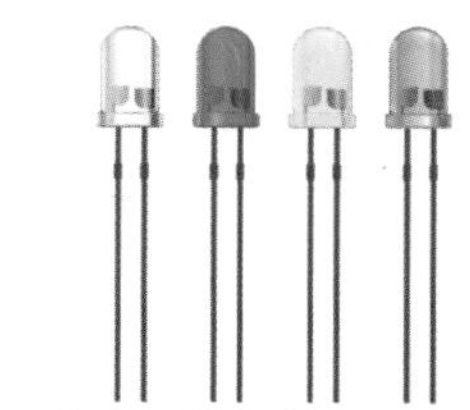

반도체 재료의 띠 간격에 따라 빛의 색깔이 정해진다.

반도체 재료	파장(nm)/ 색
GaAsP (갈륨비소인)	650 / 빨강
GaP (갈륨 인)	555 / 녹색
SiC (탄화 규소)	480 / 파랑
GaN(갈륨 질소)	450 / 파랑

(2) 광 다이오드 : 발광 다이오드와 반대로 빛을 비추면 전류가 발생하는 다이오드이다.

· **작동 원리** : p-n 접합 다이오드의 접합면에 띠 간격 이상의 에너지를 가지는 빛을 비추면 원자가 띠의 전자가 광자를 흡수하여 전도띠로 전이하며 자유 전자-양공의 쌍이 생긴다. 접합면에 존재하는 전기장에 의해 양공은 p형 반도체 쪽으로, 자유 전자는 n형 반도체 쪽으로 이동하며 기전력이 형성되어 회로를 연결하면 전류가 흐르게 된다.

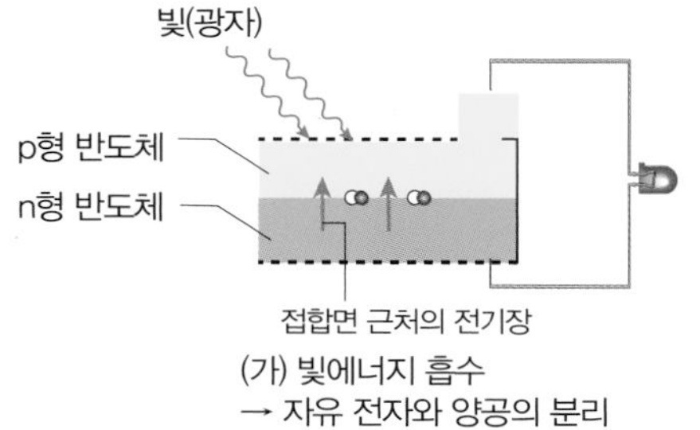

(가) 빛에너지 흡수
→ 자유 전자와 양공의 분리

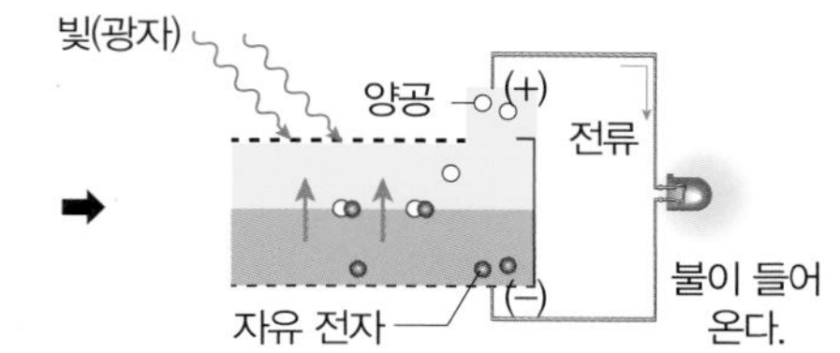

(나) 접합면의 전기장에 의해 자유 전자는 n형 반도체, 양공은 p형 반도체 쪽으로 이동 → 전압(전류) 발생

◉ 광 다이오드

LED가 전류를 흘리면 빛이 발생하는 장치라면, 광 다이오드는 빛을 비추면 전류가 발생하는 다이오드이다. 태양 전지, 리모컨 수신 장치, 광감지 센서, 자동문, 화재 경보기 등에 널리 사용된다.

▲ 태양 전지(박막형)

개념확인 8 정답 및 해설 111

다음에 설명하는 것이 무엇인지 쓰시오.

> p-n 접합 다이오드로 만들며, 접합면에 태양광선을 쬐면 자유 전자와 양공이 쌍으로 생성되어 각각 n형, p형 반도체 쪽으로 이동하여 기전력이 발생한다.

( )

확인 + 8

다음 설명은 발광 다이오드 또는 광 다이오드에 대한 설명이다. 발광 다이오드는 '발', 광 다이오드는 '광'으로 답하시오.

(1) p-n 접합 다이오드에 빛을 쬐면 전류가 흐른다. ( )
(2) p-n 접합 다이오드에 전류가 흐르면 빛이 방출된다. ( )

01

<보기> 는 현대의 원자 모형이 나오기까지 다양한 원자 모형에 대한 설명을 순서없이 나타낸 것이다. 오래된 순서대로 바르게 나열한 것은?

<보기>

ㄱ. 전자의 위치를 확률 분포에 따라 나타낸 전자 구름 모형이다.
ㄴ. 원자는 더 이상 쪼갤 수 없는 가장 기본이 되는 입자로 단단한 공과 같다.
ㄷ. 원자는 다수의 전자가 (+)전하 물질 사이에 듬성듬성 박혀 있을 것이다.
ㄹ. 전자가 원자핵 주위에서 일정한 에너지 준위를 갖는 불연속적인 궤도를 원운동하고 있다.

① ㄱ - ㄴ - ㄷ - ㄹ ② ㄴ - ㄷ - ㄹ - ㄱ ③ ㄷ - ㄹ - ㄱ - ㄴ
④ ㄹ - ㄱ - ㄴ - ㄷ ⑤ ㄹ - ㄷ - ㄴ - ㄱ

02

러더퍼드 모형의 문제점에 대한 설명이다. 빈칸에 들어갈 말이 바르게 짝지어진 것은?

1. 원자핵 주위를 회전하는 전자는 점점 원자핵과 가까워지는 가속 운동을 하며 연속적으로 (㉠)를 방출하므로 에너지를 잃어버리고, 원자핵과 충돌하여 붕괴하여야 한다. 하지만 실제 원자는 붕괴되지 않고 안정하게 유지된다.
2. 가열된 기체에서 방출되는 (㉡)을 설명하지 못한다.

	㉠	㉡
①	물질파	선 스펙트럼
②	전자기파	연속 스펙트럼
③	전자기파	선 스펙트럼
④	물질파	연속 스펙트럼
⑤	음극선	선 스펙트럼

03

그림은 수소 원자에 대한 보어의 원자 모형을 모식적으로 나타낸 것이다. ㉠ ~ ㉣ 은 전자가 서로 다른 에너지 준위 사이에서 화살표 방향으로 전이하는 경우를 나타낼 때 에너지가 흡수되는 경우를 바르게 짝지은 것은?

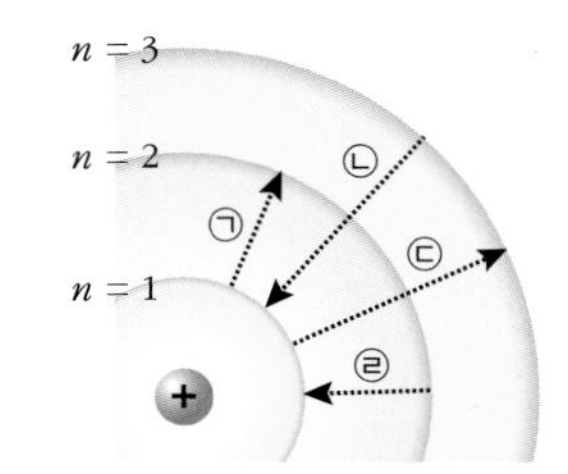

① ㉠, ㉡ ② ㉠, ㉢ ③ ㉠, ㉣ ④ ㉡, ㉣ ⑤ ㉢, ㉣

04

그림은 수소 원자의 에너지 준위를 나타낸 것이다. 전자가 n = 3인 상태에서 n = 1 인 상태로 전이될 때 일어나는 현상으로 옳은 것은?

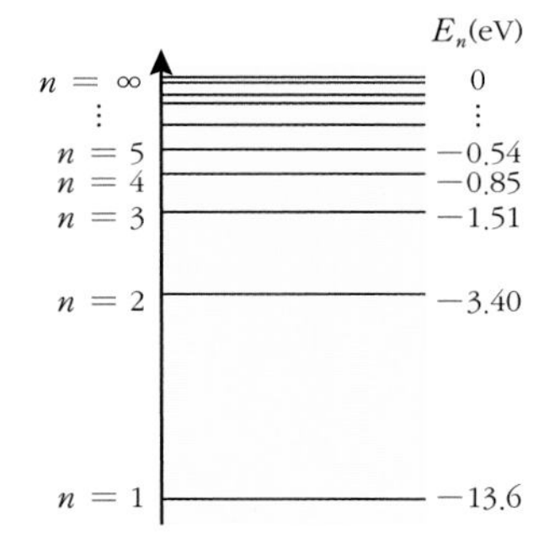

① 1.51 eV 에너지 방출 ② 1.51 eV 에너지 흡수
③ 12.09 eV 에너지 방출 ④ 12.09 eV 에너지 흡수
⑤ 13.6 eV 에너지 방출

05

수소 원자의 선 스펙트럼과 에너지 준위에 대한 설명으로 옳은 것만을 <보기>에서 있는 대로 고른 것은?

<보기>

ㄱ. 수소 원자핵과 가까울수록 높은 에너지 상태를 갖는다.
ㄴ. 전자 껍질의 양자수 n 이 커질수록 에너지 준위 사이의 간격이 좁아진다.
ㄷ. 전자가 양자수가 다른 전자껍질 사이를 이동할 때 선 스펙트럼이 생긴다.

① ㄱ ② ㄴ ③ ㄷ ④ ㄱ, ㄴ ⑤ ㄴ, ㄷ

06

그림은 수소 원자 모형을 모식화하여 나타낸 것이다. 전자가 화살표 방향으로 전이할 때에 해당하는 스펙트럼 계열을 각각 쓰시오.

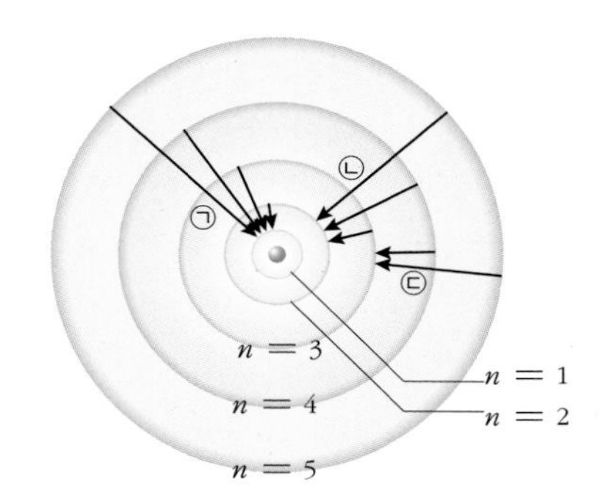

㉠ (　　　　　), ㉡ (　　　　　), ㉢ (　　　　　)

07

각 에너지 띠와 그에 대한 설명을 바르게 연결하시오.

(1) 허용된 띠 • • ㉠ 원자의 가장 바깥쪽의 전자가 에너지를 흡수하여 이동할 수 있는 에너지 띠

(2) 원자가 띠 • • ㉡ 0 K 온도 상태에서 원자의 가장 바깥쪽에 자리잡은 전자가 차지하는 에너지 띠

(3) 전도띠 • • ㉢ 전자가 존재할 수 있는 에너지 띠

08

그림은 어떤 고체의 에너지띠 구조를 나타낸 것이다. 이에 대한 설명으로 옳은 것은?

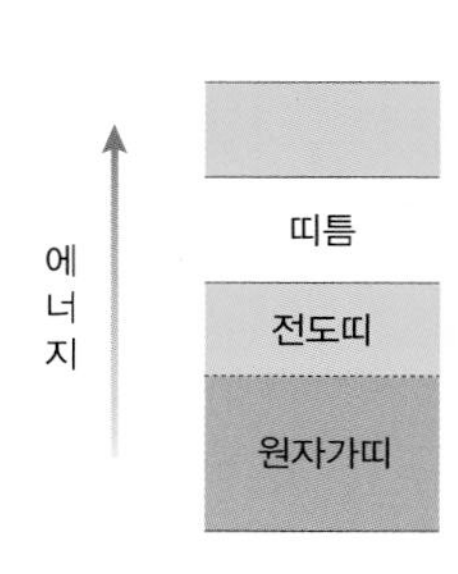

① 전기 저항이 작다.
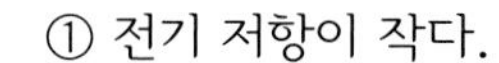
② 전기가 통하지 않는다.
③ 전기 전도도가 부도체보다 작다.
④ 원자가 띠의 전자가 전도띠로 이동할 수 없다.
⑤ 원자가 띠의 양공이 전도띠로 이동하여 전류가 흐른다.

09

그림 (가)와 (나)는 기체 원자의 에너지 준위와 고체의 에너지 띠를 각각 나타낸 것이다.
이에 대한 설명으로 옳은 것만을 <보기>에서 있는 대로 고르시오.

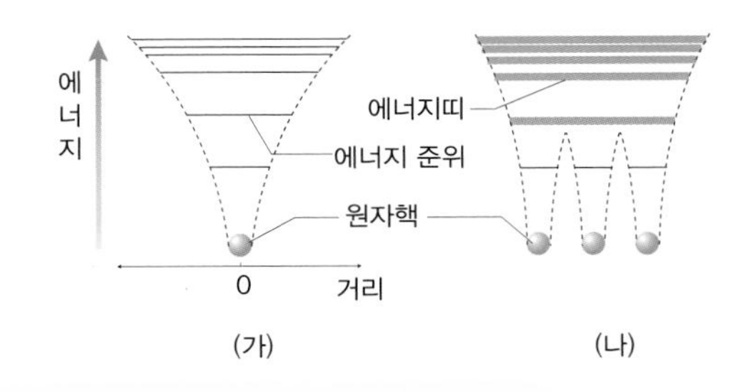

<보기>

ㄱ. (가)에서 원자핵에서 멀어질수록 에너지 준위는 높아진다.
ㄴ. (나)에서 에너지 띠 사이에 전자가 존재한다.
ㄷ. (나)에서 각 에너지 띠에는 에너지 준위가 하나씩만 존재한다.

10

그림은 반도체에서 전하의 운반자가 만들어지는 모습이다. 이에 대한 설명 중 옳은 것만을 <보기>에서 있는 대로 고른 것은?

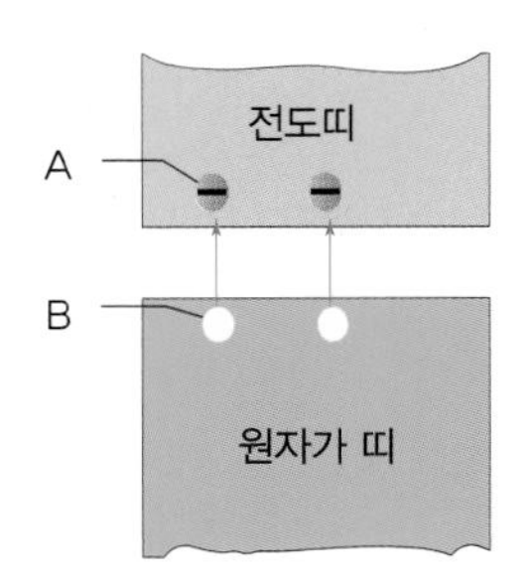

<보기>

ㄱ. A의 개수는 B의 개수보다 적다.
ㄴ. B가 이동하면 (+) 전하가 이동하는 것과 같다.
ㄷ. 전류가 흐를 때 A의 이동 방향과 B의 이동 방향은 같다.

① ㄱ ② ㄴ ③ ㄱ, ㄴ ④ ㄴ, ㄷ ⑤ ㄱ, ㄴ, ㄷ

11

그림은 순수한 반도체인 규소(Si)의 결합 모습을 나타낸 것이다. 다음 물음에 답하시오.

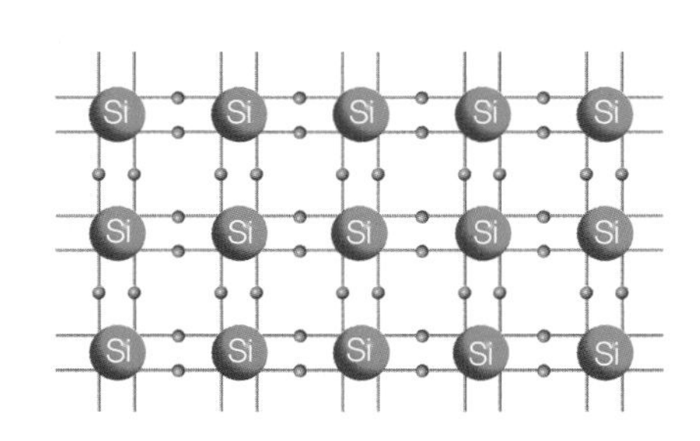

(1) 규소 원자끼리 결합한 결합의 종류와 공유 전자쌍의 개수를 쓰시오.

(2) 규소 원자의 원자가 전자는 몇 개인가?

12

그림 (가), (나)는 두 종류의 불순물 반도체의 구조를 모식적으로 나타낸 것이다.

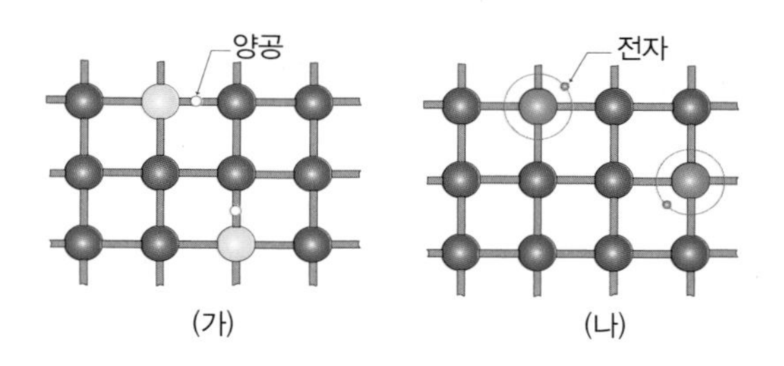

(1) (가)와 (나)에 해당하는 불순물 반도체의 종류를 각각 쓰시오.

(2) (가)와 (나)의 주 전하 운반자는 각각 무엇인지 이름을 쓰시오.

13

그림 (가), (나)는 50 K 일 때 두 종류의 불순물 반도체의 에너지띠 모습을 각각 나타낸 것이다. p형 반도체의 에너지띠 모습을 나타낸 것은?

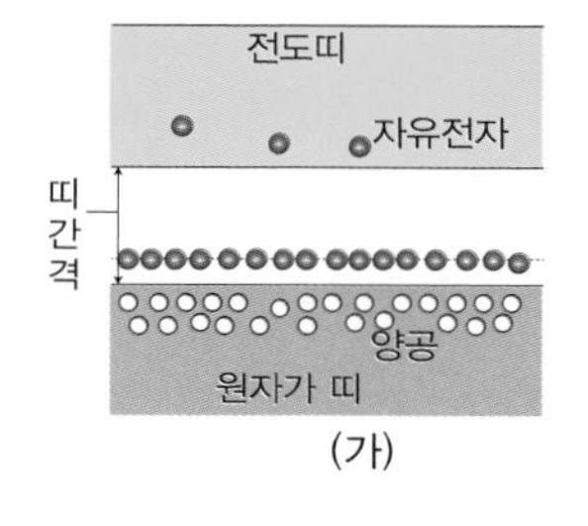

(가)

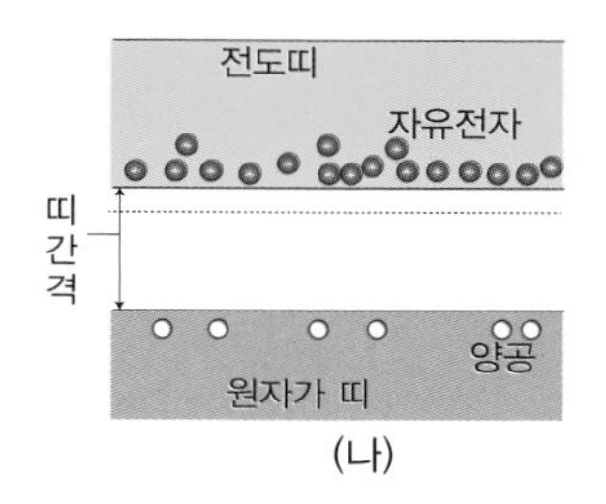

(나)

14

그림과 같이 p-n 접합 다이오드를 직류 전원과 저항에 연결하였더니 저항에 전류가 흐르지 않았다.

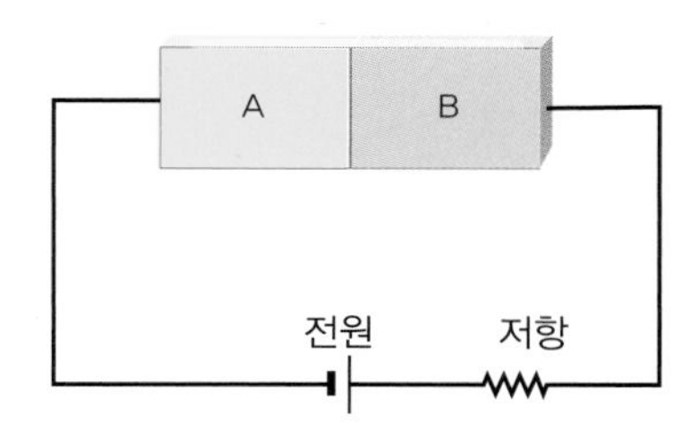

(1) A 와 B 에 해당하는 불순물 반도체의 종류를 각각 쓰시오.

(2) p-n 접합 다이오드에 걸린 바이어스의 종류를 쓰시오.

15

띠 간격이 E 인 반도체 물질로 만든 발광 다이오드(LED)에 전류를 통했을 때 방출되는 빛의 파장을 구하시오. 단, 플랑크 상수는 h, 빛의 속력은 c 이다.

유형 16-1 원자의 구조

다음 그림은 현대의 원자 모형이 나오기 전까지의 원자 모형을 시간과 상관없이 나열한 것이다.

㉠

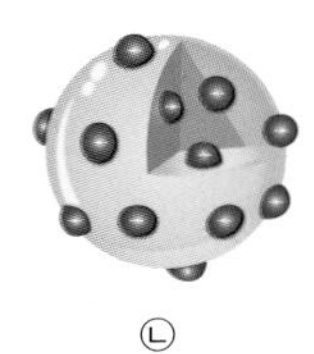

㉡

㉢

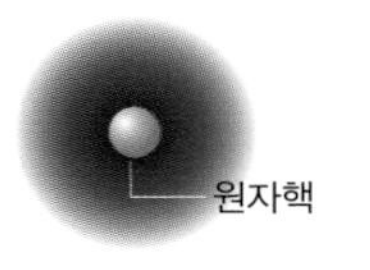

㉣

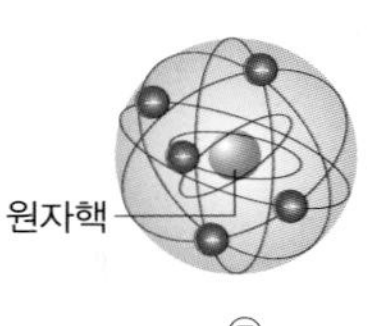

㉤

(1) 각 원자 모형을 발전 순서대로 바르게 나열하시오. (　　　　　　　　　　)

(2) 다음 각 원자 모형에 대한 설명이 바르게 된 것을 있는 대로 고르시오.

① ㉠ - 전자가 일정한 에너지 준위를 갖는 불연속적인 궤도를 원운동하고 있다.
② ㉡ - 원자핵의 개념이 없고, 푸딩에 건포도가 박혀 있는 것처럼 전자가 (+)전하 물질의 사이에 박혀 있다.
③ ㉢ - 물질이 일정한 비율의 원자의 결합으로 이루어져 있으며, 원자는 단순한 구형 모양을 이루고 있다.
④ ㉣ - 원자의 중심에 원자 질량의 대부분을 차지하는 원자핵이 있고 그 주변을 전자가 전기력에 의해 회전하고 있다.
⑤ ㉤ - 행성이 태양 주위를 돌고 있는 것과 같이 원자핵을 중심에 두고 그 주위를 전자가 회전하고 있다.

01 다음 설명에 해당하는 원자 모형은 무엇인가?

> 전자가 원운동하고 있는 궤도의 원둘레의 길이가 전자의 물질파 파장의 정수배일 때에만 전자는 제자리 진동을 하며, 에너지를 방출하지 않고 안정한 상태를 유지한다.

① 돌턴의 원자 모형
② 톰슨의 원자 모형
③ 보어의 원자 모형
④ 현대의 원자 모형
⑤ 러더퍼드의 원자 모형

02 러더퍼드 원자 모형으로 설명할 수 없는 내용을 <보기> 에서 있는 대로 고른 것은?

<보기>

ㄱ. 가열된 기체에서 방출된 빛에서 선스펙트럼이 관찰된다.
ㄴ. 원자핵 주위를 회전하는 전자는 전자기파를 방출한다.
ㄷ. 원자 내의 전자의 궤도 둘레가 물질파 파장의 정수배일 때 안정한 상태를 유지한다.
ㄹ. 원자는 더 이상 쪼갤 수 없는 가장 기본이 되는 입자이다.

① ㄱ, ㄴ　② ㄱ, ㄷ　③ ㄴ, ㄹ
④ ㄱ, ㄴ, ㄷ　⑤ ㄴ, ㄷ, ㄹ

유형 16-2 원자의 에너지 준위

다음 그림은 수소 원자에 대한 보어의 원자 모형을 모식적으로 나타낸 것이다. 그림 (가)와 (나)는 전자의 전이 과정이 각각 다른 경우이다. 이에 대한 설명으로 옳은 것만을 <보기>에서 있는 대로 고른 것은?(단, h는 플랑크 상수, f는 이 과정에서 방출하거나 흡수하는 광자 한 개의 진동수이다.)

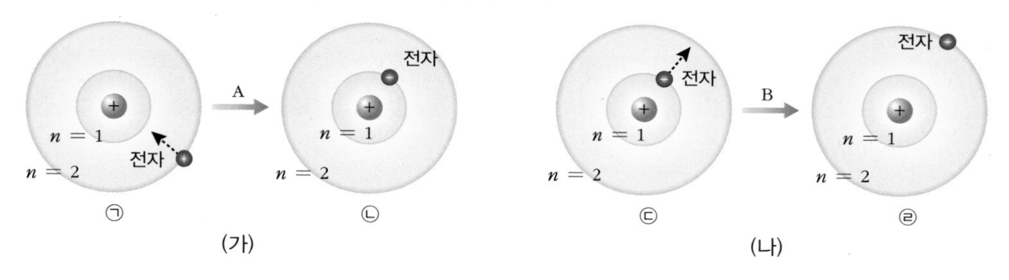

<보기>

ㄱ. A 과정에서 $E = hf$ 만큼의 에너지를 가진 광자가 방출된다.
ㄴ. ㉠, ㉢ 은 바닥 상태, ㉡, ㉣ 은 들뜬 상태이다.
ㄷ. B 과정에서 전자는 $E_2 = -3.40$ eV 의 에너지 준위로 이동하였다.
ㄹ. (나)에서 전자는 $n = 1$ 과 $n = 2$ 인 에너지 준위 사이의 에너지를 갖는다.

① ㄱ, ㄴ ② ㄱ, ㄷ ③ ㄴ, ㄹ ④ ㄱ, ㄴ, ㄷ ⑤ ㄴ, ㄷ, ㄹ

03 그림은 수소 원자를 보어의 원자 모형을 이용하여 나타낸 것이다. 이에 대한 설명으로 옳은 것만을 <보기> 에서 있는 대로 고른 것은?

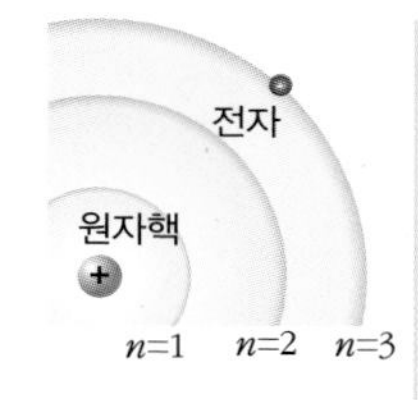

<보기>

ㄱ. 수소 원자는 들뜬 상태이다.
ㄴ. 전자가 $n = 1$ 인 궤도로 전이할 때 방출하는 전자기파의 진동수는 $n = 2$ 인 궤도로 전이할 때 방출하는 전자기파의 진동수보다 크다.
ㄷ. 수소 원자는 $-\frac{13.6}{3^2}$ (eV)의 에너지를 가진다.

① ㄱ ② ㄴ ③ ㄷ
④ ㄱ, ㄴ ⑤ ㄱ, ㄴ, ㄷ

04 원자의 전자 궤도 반지름과 속력, 에너지는 모두 양자수 n 의 값에 따라 양자화된다. 이에 대한 설명으로 옳은 것만을 <보기> 에서 있는 대로 고른 것은?

<보기>

ㄱ. 전자의 궤도 반지름은 n 에 비례한다.
ㄴ. 전자의 속력은 n 에 반비례한다.
ㄷ. 전자의 에너지 준위는 n^2 에 반비례한다.

① ㄱ ② ㄴ ③ ㄷ
④ ㄱ, ㄴ ⑤ ㄴ, ㄷ

유형 16-3

기체의 선스펙트럼

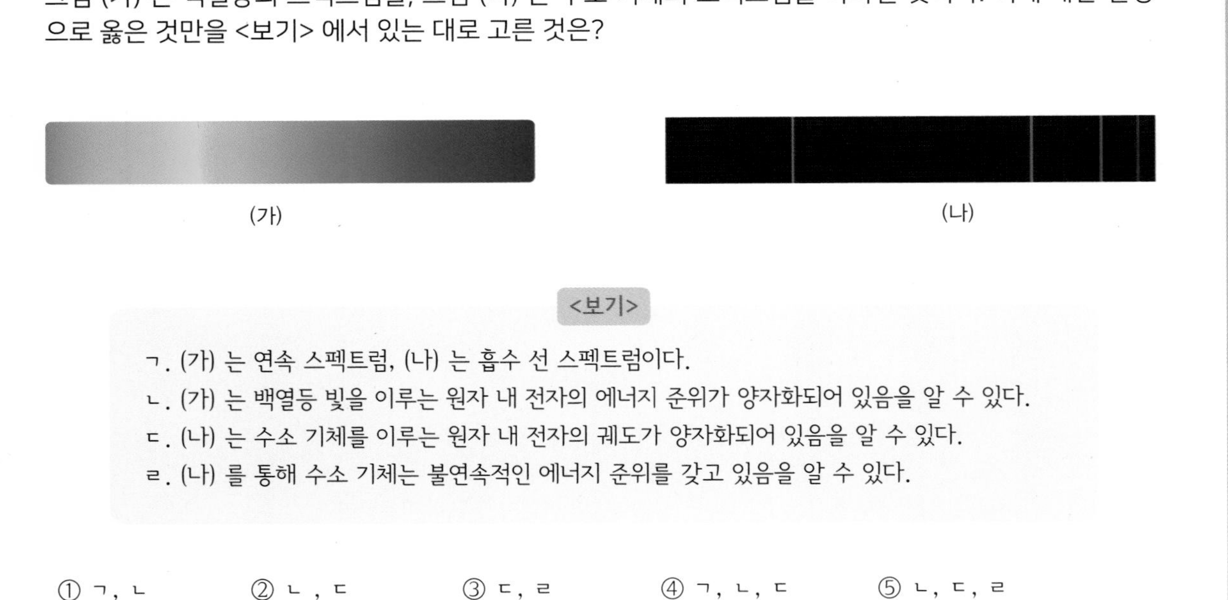

그림 (가) 는 백열등의 스펙트럼을, 그림 (나) 는 수소 기체의 스펙트럼을 나타낸 것이다. 이에 대한 설명으로 옳은 것만을 <보기> 에서 있는 대로 고른 것은?

(가)　　　(나)

<보기>

ㄱ. (가) 는 연속 스펙트럼, (나) 는 흡수 선 스펙트럼이다.
ㄴ. (가) 는 백열등 빛을 이루는 원자 내 전자의 에너지 준위가 양자화되어 있음을 알 수 있다.
ㄷ. (나) 는 수소 기체를 이루는 원자 내 전자의 궤도가 양자화되어 있음을 알 수 있다.
ㄹ. (나) 를 통해 수소 기체는 불연속적인 에너지 준위를 갖고 있음을 알 수 있다.

① ㄱ, ㄴ　② ㄴ, ㄷ　③ ㄷ, ㄹ　④ ㄱ, ㄴ, ㄷ　⑤ ㄴ, ㄷ, ㄹ

05 다음 그림은 수소 기체의 선 스펙트럼이다. 수소 원자는 하나의 궤도 전자를 갖지만 그림과 같이 여러 개의 선 스펙트럼을 관찰할 수 있다. 그 이유를 바르게 설명한 것은?

① 수소 원자의 원자핵이 질량이 매우 크기 때문이다.
② 수소 원자는 양성자수와 중성자수가 같기 때문이다.
③ 수소 원자의 들뜬 상태의 전자가 $n = 3$ 인 궤도로만 전이하기 때문이다.
④ 수소 기체 속에 있는 많은 수소 원자들이 각각 다른 에너지 준위 사이를 전이하기 때문이다.
⑤ 수소 기체 원자의 전자가 높은 에너지 준위로 전이하는 데 필요한 에너지에 해당하는 파장을 흡수하기 때문이다.

06 다음 그림은 수소 원자의 에너지 준위와 선스펙트럼 계열의 일부를 나타낸 것이다. 각 계열별 방출되는 빛을 바르게 짝지은 것은?

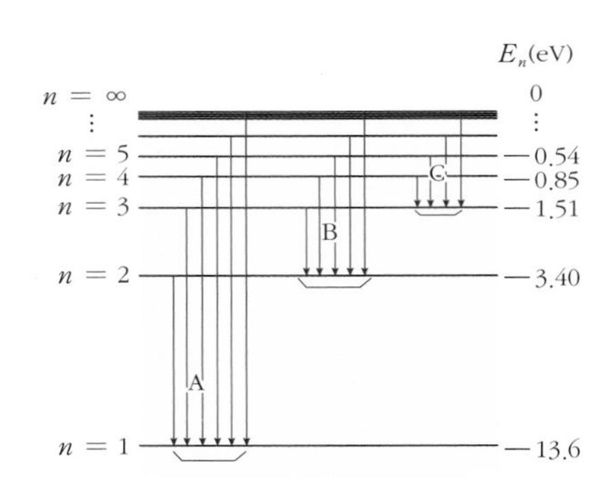

	A	B	C
①	적외선	자외선	가시광선
②	자외선	적외선	가시광선
③	가시광선	자외선	적외선
④	적외선	가시 광선	자외선
⑤	자외선	가시광선	적외선

유형 16-4 원자의 에너지 준위

그림은 어떤 물질의 상태에 따른 에너지 준위를 나타낸 것이다. 이에 대한 설명으로 옳은 것만을 <보기> 에서 있는 대로 고른 것은? 단, 그림(나)의 색의 띠는 에너지 띠를 나타낸 것이다.

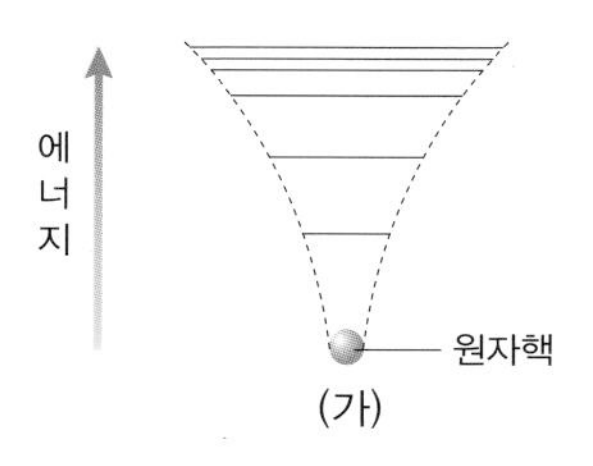

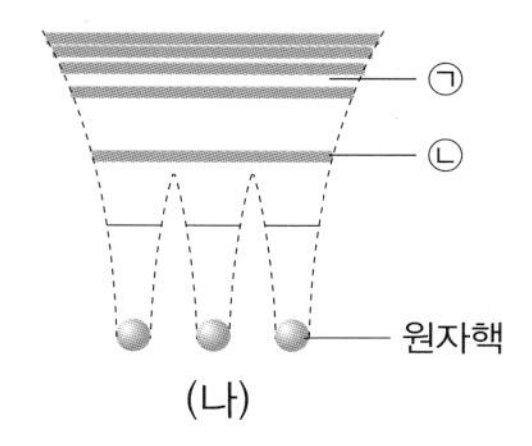

<보기>

ㄱ. (가) 상태의 원자는 연속 스펙트럼이 나타난다.
ㄴ. (나) 의 ㉠ 에는 전자가 존재하고, ㉡ 에는 전자가 존재할 수 없다.
ㄷ. (가) 는 기체 상태일 때, (나) 는 고체 상태일 때 원자의 에너지 준위를 나타낸다.
ㄹ. (나) 에서 에너지 준위는 파울리 배타 원리에 의해 연속적인 띠의 형태를 나타낸다.

① ㄱ, ㄴ ② ㄴ , ㄷ ③ ㄷ, ㄹ ④ ㄱ, ㄴ, ㄷ ⑤ ㄴ, ㄷ, ㄹ

07 오른쪽 그림은 어떤 고체의 에너지띠 구조를 모식적으로 나타낸 것이다. 이에 대한 설명으로 옳은 것만을 <보기> 에서 있는 대로 고른 것은?

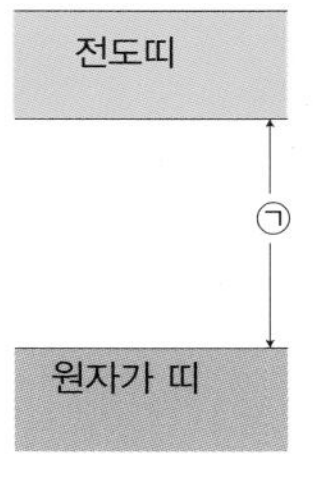

<보기>

ㄱ. ㉠ 에만 전자가 존재할 수 있다.
ㄴ. 전도띠에는 전자가 가득차 있다.
ㄷ. ㉠ 이 클수록 전기 전도도가 작아 전류가 잘 흐르지 않는다.
ㄹ. 전자의 에너지 준위가 미세한 차이로 갈라져서 띠 형태이다.

① ㄱ, ㄴ ② ㄴ, ㄷ ③ ㄷ, ㄹ
④ ㄱ, ㄴ, ㄷ ⑤ ㄴ, ㄷ, ㄹ

08 다음은 자유 전자와 양공에 대한 설명이다. 빈칸에 들어갈 말을 바르게 짝지은 것은?

·자유 전자는 (㉠)보다 큰 에너지를 흡수하여 (㉡)에서 (㉢)로 전이된 전자이다.
·양공은 자유 전자가 (㉢)로 전이할 때 (㉡)에 생긴 구멍을 말하며, (㉣) 전하의 성질을 띤다.

	㉠	㉡	㉢	㉣
①	허용된 띠	띠 간격	원자가 띠	(−)
②	띠 간격	원자가 띠	전도띠	(+)
③	원자가 띠	전도띠	허용된 띠	(−)
④	전도띠	띠 간격	원자가 띠	(+)
⑤	띠 간격	전도띠	원자가 띠	(−)

유형 16-5 다이오드

그림은 어느 불순물 반도체의 에너지 띠와 양공의 생성을 모식적으로 나타낸 것이다. 이에 대한 <보기>의 설명 중 옳은 것을 있는 대로 고른 것은?

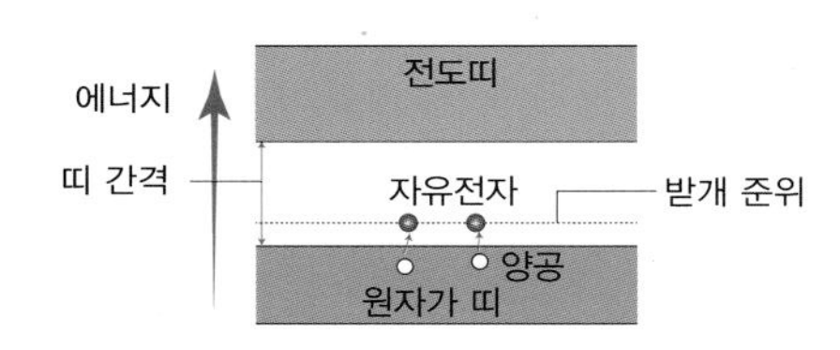

<보기>

ㄱ. 그림은 p형 반도체를 나타낸 것이다.
ㄴ. 그림이 나타내는 반도체의 전하 운반자는 주로 양공이다.
ㄷ. 전도띠의 자유 전자 수 보다 원자가 띠의 양공의 수가 더 적어지게 된다.
ㄹ. 받개 준위를 형성할 수 있는 불순물은 15족 원소인 인(P), 비소(As), 안티모니(Sb) 등이 있다.

① ㄱ, ㄴ ② ㄴ, ㄷ ③ ㄷ, ㄹ ④ ㄱ, ㄴ, ㄷ ⑤ ㄴ, ㄷ, ㄹ

09 그림처럼 p-n 접합 다이오드에 전원을 연결하였더니 저항에 전류가 흘렀다. 이에 대한 설명으로 옳은 것만을 보기에서 있는 대로 고른 것은?

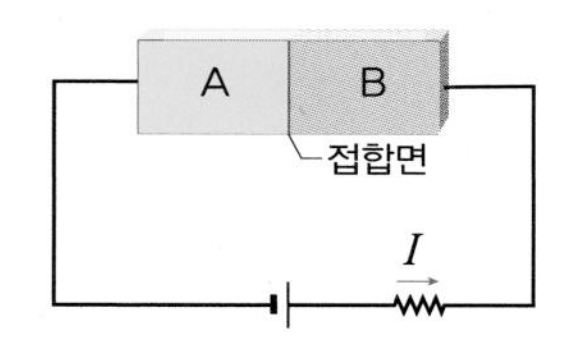

<보기>

ㄱ. A는 n형 반도체이다.
ㄴ. B의 전하 운반자는 자유 전자이다.
ㄷ. 접합면 근처에서 자유 전자와 양공이 재결합한다.
ㄹ. 전원에 연결하면 공핍층이 두꺼워진다.

① ㄱ, ㄷ ② ㄴ, ㄷ ③ ㄷ, ㄹ
④ ㄱ, ㄴ, ㄷ ⑤ ㄴ, ㄷ, ㄹ

10 그림처럼 p-n 접합 다이오드에 전원을 연결하였더니 저항에 전류가 거의 흐르지 않았다. 이에 대한 설명으로 옳은 것만을 보기에서 있는 대로 고른 것은?

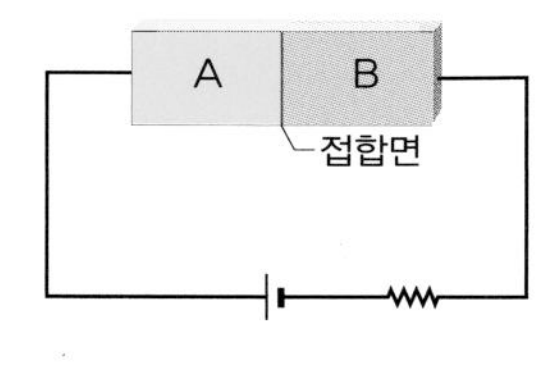

<보기>

ㄱ. A는 n형 반도체이다.
ㄴ. 자유 전자는 A에서 B쪽으로 이동한다.
ㄷ. 전압이 매우 큰 전원을 사용하면 큰 전류가 흐를 수 있다.
ㄹ. 전원을 연결하면 접합면 근처의 전위 장벽이 증가한다.

① ㄱ, ㄷ ② ㄴ, ㄷ ③ ㄷ, ㄹ
④ ㄱ, ㄷ, ㄹ ⑤ ㄴ, ㄷ, ㄹ

유형 16-6 다이오드 회로

그림 (가)와 같이 4개의 다이오드와 교류 전원, 저항으로 회로를 꾸미고 전원에는 그림 (나)와 같이 시간에 따라 변하는 입력 전압 V_0을 걸어주었다. 이때 저항 R 에 걸리는 전압(출력 전압) V_1을 시간에 대해 옳게 나타낸 그래프는?(단, 저항 R 에서 화살표 방향으로 전류가 흐를 때의 출력 전압을 (+)로 한다.)

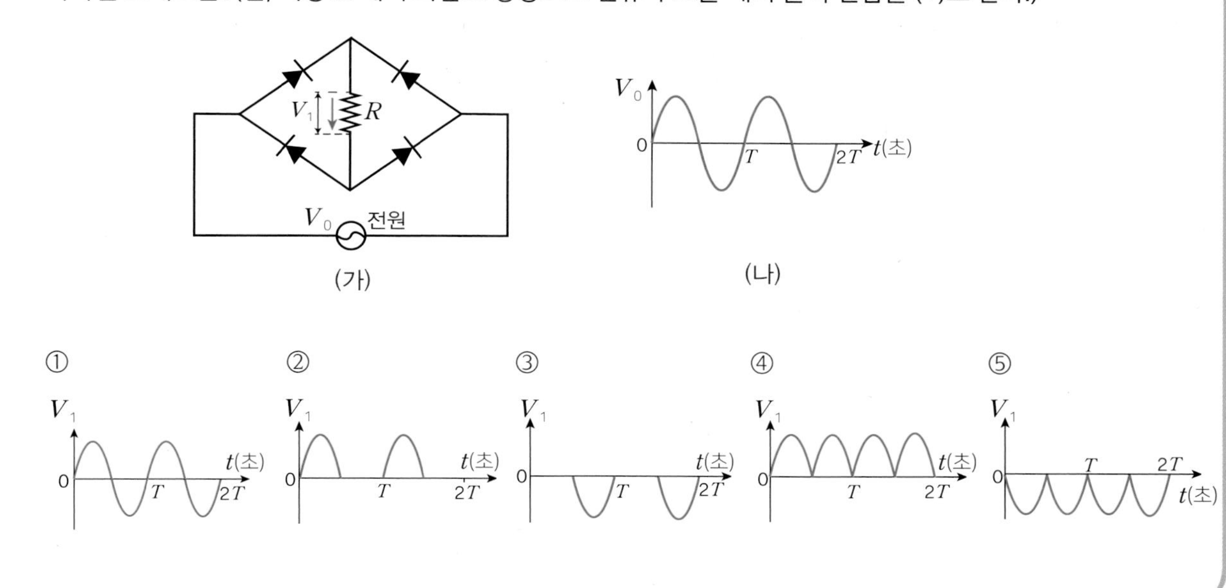

11

그림은 p-n 접합 다이오드를 전지, 스위치, 저항에 연결한 회로이다. 이에 대한 설명으로 옳은 것만을 <보기>에서 있는 대로 고른 것은?

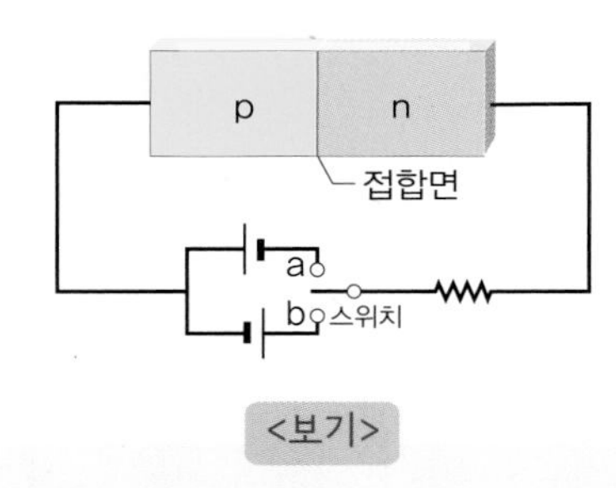

<보기>

ㄱ. 스위치를 a 에 연결하면 다이오드에는 순방향 바이어스가 걸린다.

ㄴ. 스위치를 b 에 연결하면 n형 반도체의 자유 전자가 p형 반도체로 이동한다.

ㄷ. 스위치를 a 에 연결하면 자유 전자와 양공이 재결합한다.

① ㄱ ② ㄷ ③ ㄱ, ㄴ
④ ㄱ, ㄷ ⑤ ㄱ, ㄴ, ㄷ

12

그림은 p-n 접합 다이오드 회로를 나타낸 것이다. 이에 대한 설명으로 옳은 것만을 <보기>에서 있는 대로 고른 것은?

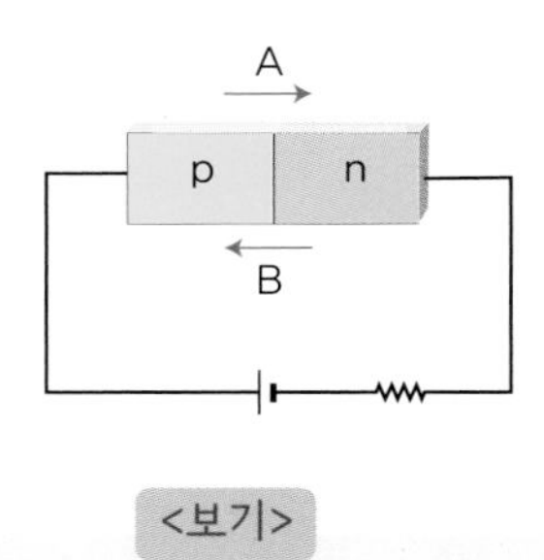

<보기>

ㄱ. 다이오드 내에서 양공의 이동 방향은 A이다.

ㄴ. 전지를 연결하기 전과 비교해서 공핍층의 두께가 얇아진다.

ㄷ. 전지를 연결하기 전과 비교해서 전위 장벽이 낮아진다.

① ㄱ ② ㄴ ③ ㄱ, ㄷ
④ ㄴ, ㄷ ⑤ ㄱ, ㄴ, ㄷ

스스로 실력 높이기

A

01 다음 빈칸에 들어갈 말을 바르게 짝지은 것은?

> 러더퍼드는 (+)전하를 띤 밀도가 매우 큰 (㉠) 이(가) 중심에 있고, 그 주위를 (㉡) 이(가) 행성들이 태양계를 돌고 있듯이 회전하고 있다는 원자 모형을 제시하였다.

	㉠	㉡		㉠	㉡
①	양성자	중성자	②	중성자	양성자
③	원자핵	전자	④	전자	원자핵
⑤	원자핵	양성자			

02 보어의 원자 모형에서 제시한 양자 조건으로 바른 것은? (단, r, v, m 은 각각 전자의 궤도 반경, 속력, 질량이고, n 은 양자수, λ 은 전자의 물질파 파장, h 는 플랑크 상수 이다.)

① $2\pi n = r\lambda$ ② $2\pi r = nh$ ③ $2\pi r = n\lambda$
④ $2\pi rv = mnh$ ⑤ $2\pi r = vmnh$

03 수소 원자의 전자가 에너지 준위가 높은 궤도에서 낮은 궤도로 전이할 때 방출하는 입자를 무엇이라고 하는가?

( )

04 다음 그림은 에너지 준위를 나타낸 것이다. 이 에너지 준위로부터 얻을 수 있는 방출 선 스펙트럼의 종류는 모두 몇 가지인가?

	E_n(eV)
$n = 5$	-0.54
$n = 4$	-0.85
$n = 3$	-1.51
$n = 2$	-3.40
$n = 1$	-13.6

( )

05 수소 원자가 바닥 상태일 때 전자의 에너지 준위는 -13.6 eV 이다. 양자수 $n = 4$ 일 때 전자의 에너지 준위는 얼마인가?

( ) eV

06 다음 빈칸에 들어갈 말을 <보기> 에서 골라 각각 쓰시오.

> 원자의 에너지 준위가 커질수록 (㉠) 은(는) 증가하고, (㉡) 은(는) 감소한다.

<보기>

ㄱ. 전자의 궤도 반지름　　ㄴ. 플랑크 상수
ㄷ. 전자의 속력　　ㄹ. 전자의 질량

㉠ ( ), ㉡ ( )

07 그림은 수소 원자 모형을 모식화하여 나타낸 것이다. 전자가 화살표 방향으로 전이할 때에 해당하는 스펙트럼의 계열을 A, B, C 라고 할 때, 각 계열별로 방출되는 빛의 영역을 바르게 연결하시오.

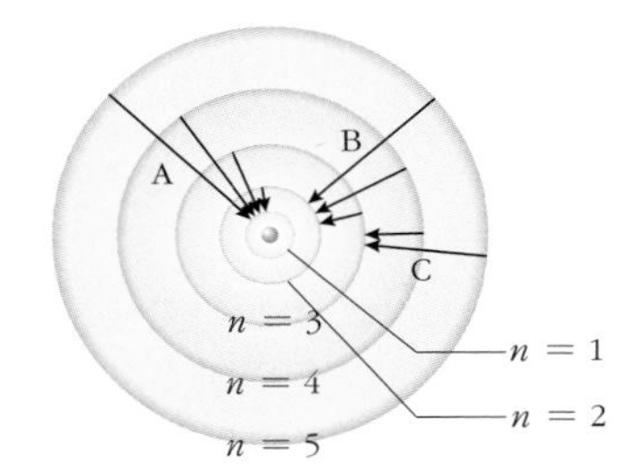

(1) A • 　　• ㉠ 적외선 영역
(2) B • 　　• ㉡ 가시광선 영역
(3) C • 　　• ㉢ 자외선 영역

08 다음 빈 칸에 알맞은 말을 각각 쓰시오.

> 수소 원자의 스펙트럼에서 들뜬 상태의 전자가 양자수 $n =$ (㉠) 인 궤도로 전이할 때 방출되는 스펙트럼 영역을 파셴 계열, $n =$ (㉡) 인 궤도로 전이할 때를 발머 계열, $n =$ (㉢) 인 궤도로 전이할 때를 (㉣) 계열이라고 한다.

㉠ ( ), ㉡ ( )
㉢ ( ), ㉣ ( )

09

기체 원자의 전자는 충분한 에너지를 흡수하지 못하면 원자핵의 인력을 벗어나지 못하고 원자핵 주위를 회전하게 된다. 이 상태의 전자를 무엇이라고 하는가?

( )

10

그림은 고체의 에너지 띠를 모식적으로 나타낸 것이다. 이에 대한 설명으로 옳은 것은?

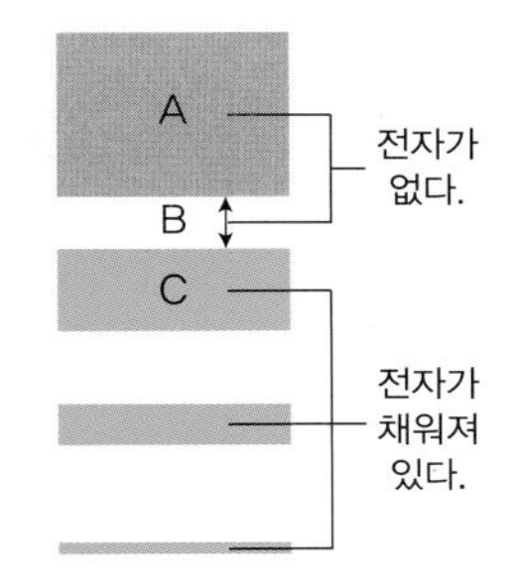

① A에서는 양공이 이동한다.
② B에는 자유 전자가 존재한다.
③ B가 크면 반도체의 특성을 가진다.
④ C에서 자유 전자가 이동하여 전류가 흐를 수 있다.
⑤ C의 전자가 B 이상의 에너지를 얻으면 A로 이동할 수 있다.

11

금속에 전류가 흐를 때 자유 전자(㉠)와 양공(㉡)이 존재하는 에너지 영역을 각각 쓰시오.

㉠ ( ), ㉡ ( )

12

그림 (A), (B) 는 두 종류의 불순물 반도체의 원자 배열을 모식적으로 나타낸 것이다.

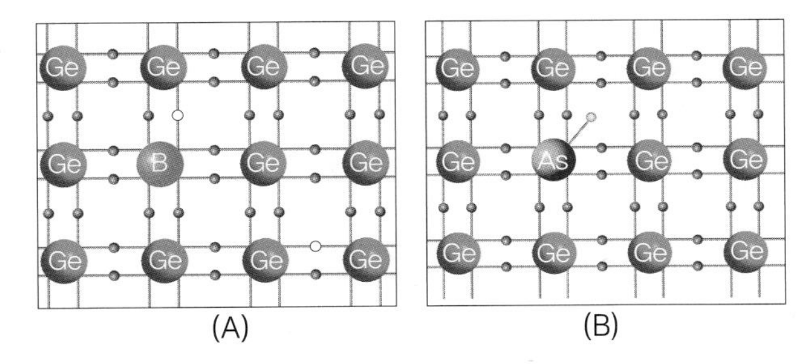

(A) (B)

(1) (A), (B)에서 주요 전하 운반자는 무엇인지 각각 쓰시오.

(2) 불순물 반도체의 종류 중 (B)에 해당하는 것은 무엇이겠는가?

13

그림은 발광 다이오드(LED)를 연결한 회로도이며, A, B는 각각 p형 반도체와 n형 반도체 중 하나이다. 스위치를 a 에 연결하였더니 발광 다이오드에 불이 켜지지 않았다.

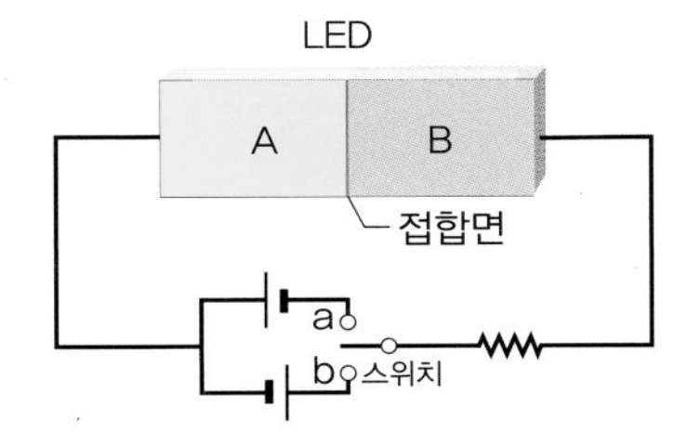

이에 대한 <보기>의 설명 중 옳은 것을 있는 대로 고른 것은?

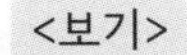
<보기>

ㄱ. A는 불순물이 전자를 생성한다.
ㄴ. 스위치를 a에 연결했을 때 B 의 전하 운반자는 접합면 쪽으로 이동한다.
ㄷ. 스위치를 b 에 연결하면 전위 장벽이 낮아진다.

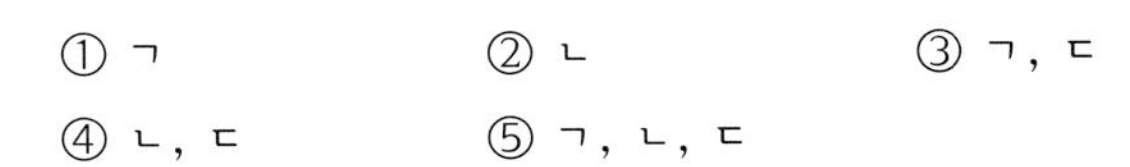
① ㄱ ② ㄴ ③ ㄱ, ㄷ
④ ㄴ, ㄷ ⑤ ㄱ, ㄴ, ㄷ

B

14

그림은 현대의 원자 모형이 나오기 전까지의 원자 모형의 구조를 시간과 상관없이 나열한 것이다. 이에 대한 설명으로 옳은 것만을 <보기> 에서 있는 대로 고른 것은?

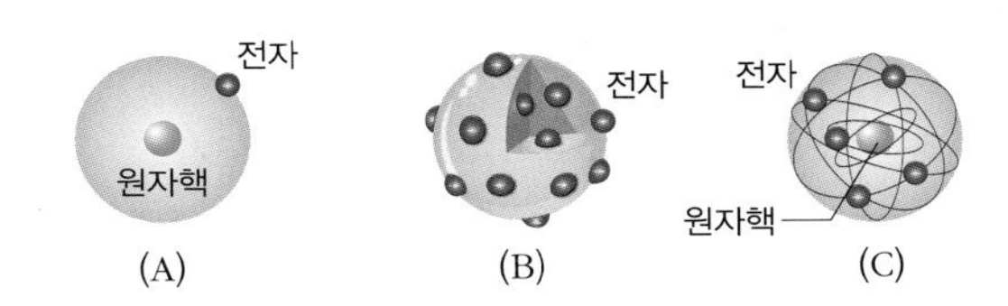

(A) (B) (C)

<보기>

ㄱ. A 의 원자 모형으로는 선 스펙트럼을 설명할 수 없다.
ㄴ. 원자 모형의 발전 순서를 시간 순서대로 나타내면 B - A - C 이다.
ㄷ. C 의 원자 모형에 의하면 전자는 궤도를 이동할 때 궤도의 에너지 차이만큼 에너지를 방출하거나 흡수한다.

① ㄱ ② ㄴ ③ ㄱ, ㄴ
④ ㄴ, ㄷ ⑤ ㄱ, ㄴ, ㄷ

15 광자 1개의 에너지 E를 빛의 파장 λ과 플랑크 상수 h, 빛의 속력 c를 이용하여 바르게 나타낸 것은?

① $hc\lambda$ ② $\frac{\lambda}{hc}$ ③ $\frac{hc}{\lambda}$ ④ $\frac{\lambda c}{h}$ ⑤ $\frac{c}{h\lambda}$

16 수소 원자의 에너지 준위는 $E_n = -\frac{R}{n^2}$ 식으로 표현할 수 있다. 전자가 $n = 1$ 에서 $n = 3$인 궤도로 전이했다면 이 원자가 흡수하거나 방출하는 에너지의 양은? (단, R은 상수이고, n은 자연수이다.)

① R ② $\frac{R}{9}$ ③ $\frac{8R}{9}$ ④ $\frac{10R}{9}$ ⑤ 2R

17 그림은 세 가지 종류의 스펙트럼을 나타낸 것이다. 이에 대한 설명으로 옳은 것만을 <보기>에서 있는 대로 고른 것은?

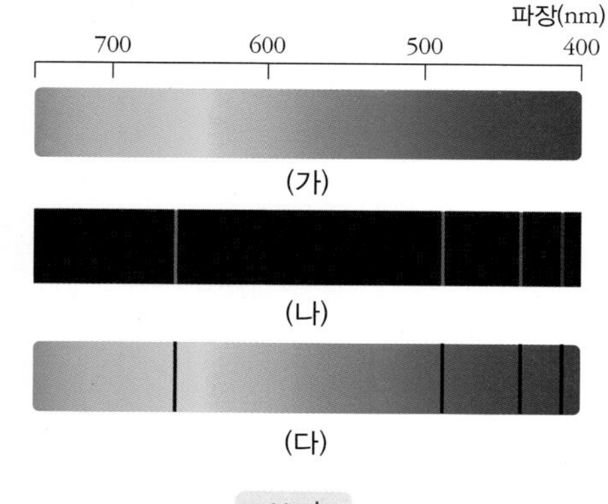

<보기>

ㄱ. (가)는 여러 가지 파장의 빛이 연속적으로 보이는 스펙트럼이다.
ㄴ. (나)와 (다)는 다른 종류의 기체이다.
ㄷ. (다)는 기체 원자의 전자가 높은 에너지 준위로 전이할 때 필요한 에너지에 해당하는 파장이 어두운 색으로 나타난다.

① ㄱ ② ㄴ ③ ㄱ, ㄴ
④ ㄱ, ㄷ ⑤ ㄴ, ㄷ

18 그림 (가)는 보어의 수소 원자 모형에서 선 스펙트럼의 계열, 그림 (나)는 발머 계열의 스펙트럼을 나타낸 것이다. ㉠ 계열과 ㉡ 계열의 파장 영역에 대한 설명으로 옳은 것은?

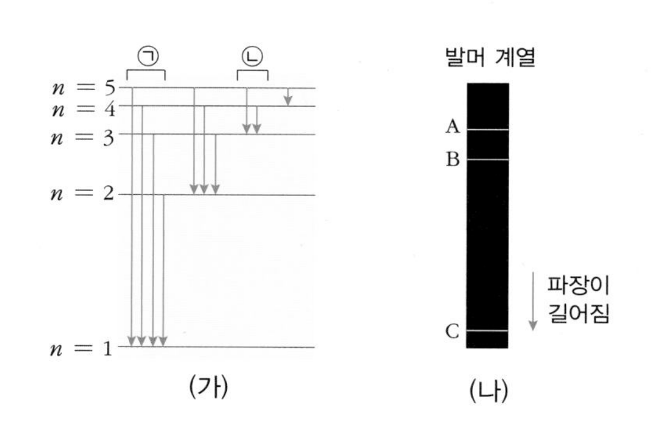

① A 보다 짧은 파장 영역에서는 ㉠ 계열이 나타난다.
② A 보다 짧은 파장 영역에서는 ㉡ 계열이 나타난다.
③ C 보다 긴 파장 영역에서는 ㉠ 계열이 나타난다.
④ A와 B 사이의 파장 영역에서는 ㉠ 계열이 나타난다.
⑤ B 와 C 사이의 파장 영역에서는 ㉡ 계열이 나타난다.

19 그림은 고체의 종류에 따른 에너지띠의 구조를 나타낸 것이다. 고체의 종류와 전기 전도도의 크기 비교가 바르게 짝지어진 것은?

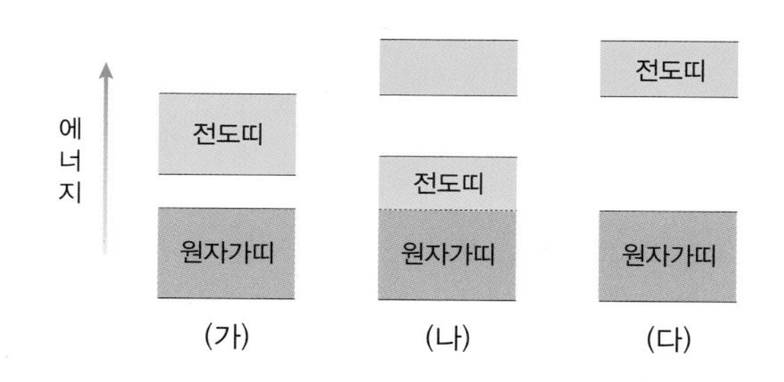

	(가)	(나)	(다)	전기 전도도
①	도체	부도체	반도체	(가)> (나)> (다)
②	도체	부도체	반도체	(나)> (가)> (다)
③	부도체	도체	반도체	(다)> (나)> (가)
④	반도체	도체	부도체	(가)> (나)> (다)
⑤	반도체	도체	부도체	(나)> (가)> (다)

20

다음 중 에너지띠에 대한 설명으로 옳은 것만을 <보기> 에서 있는 대로 고른 것은?

<보기>

ㄱ. 띠 간격은 전자들이 가질 수 있는 에너지 영역이다.
ㄴ. 전도띠는 원자가 띠 위에 완전히 비어 있어 전자가 이동할 수 있는 에너지 띠이다.
ㄷ. 원자핵에서 멀어질수록 에너지 띠의 폭이 넓어진다.

① ㄱ ② ㄴ ③ ㄷ
④ ㄱ, ㄴ ⑤ ㄴ, ㄷ

21

그림은 실리콘과 다이아몬드의 에너지 띠 구조를 나타낸 것이다.

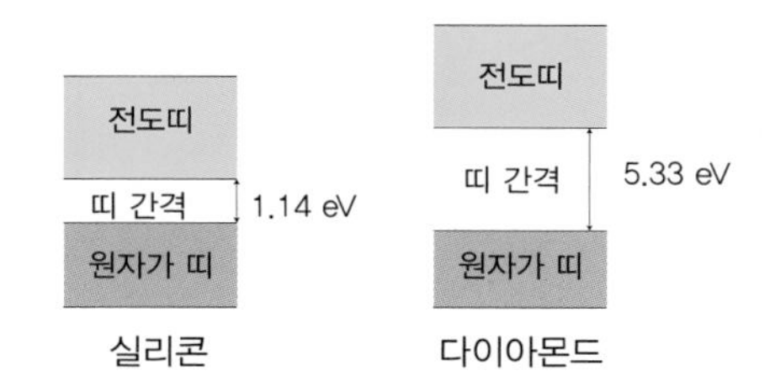

이에 대한 설명으로 옳은 것만을 <보기>에서 있는 대로 고른 것은?

<보기>

ㄱ. 원자가 띠에 있는 각 전자의 에너지는 모두 같다.
ㄴ. 다이아몬드는 실리콘보다 전기 전도성이 좋다.
ㄷ. 원자가 띠에 있던 전자가 전도띠로 이동하면 물질의 전기 전도도가 크게 증가한다.

① ㄱ ② ㄴ ③ ㄷ
④ ㄱ, ㄴ ⑤ ㄴ, ㄷ

22

그림 (가), (나)는 저마늄(Ge)에 각각 인듐(In)과 비소(As)를 첨가하였더니 A 와 B 가 각각 생긴 모습을 나타낸 것이다.

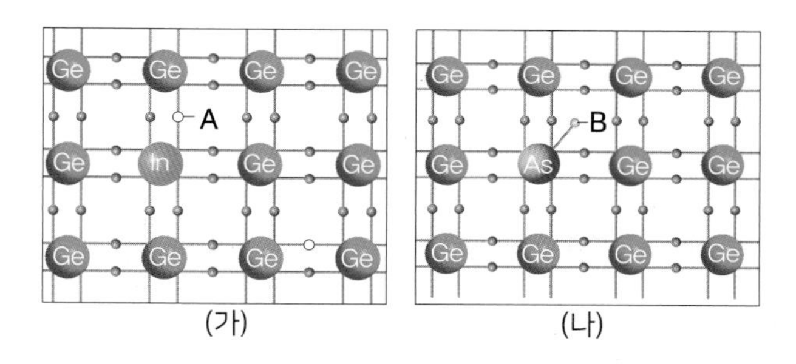

이에 대한 설명으로 옳은 것만을 <보기>에서 있는 대로 고른 것은?

<보기>

ㄱ. A는 양공이고 B는 전자이다.
ㄴ. (가)에서 A는 에너지를 흡수하여 전도띠로 전이할 수 있다.
ㄷ. 비소(As)의 원자가 전자의 수는 인듐(In)의 원자가 전자 수보다 2개 더 많다.

① ㄱ ② ㄴ ③ ㄴ, ㄷ
④ ㄱ, ㄷ ⑤ ㄱ, ㄴ, ㄷ

23

그림은 p형 반도체와 n형 반도체를 접합한 직후의 모습이다. a, b는 각 반도체의 주요 전하 운반자를 나타낸 것이다.

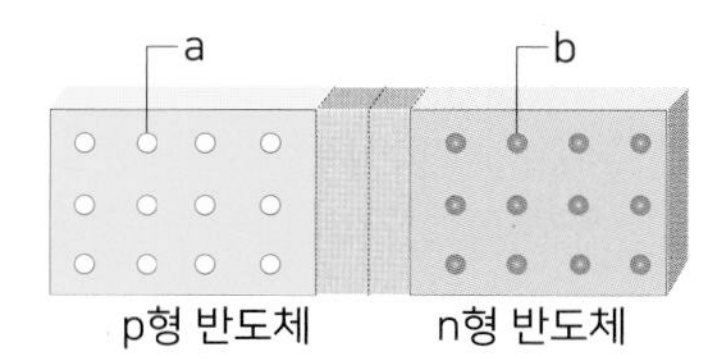

이에 대한 설명으로 옳은 것만을 <보기>에서 있는 대로 고른 것은?

<보기>

ㄱ. b는 전도띠에 존재한다.
ㄴ. 접합면 근처에서 n형 반도체 쪽에서 p형 반도체 쪽으로 전기장이 형성된다.
ㄷ. 전기장으로 인해 a와 b는 서로를 향해 이동하면서 접합 이후 계속 재결합하여 소멸된다.

① ㄱ ② ㄴ ③ ㄴ, ㄷ
④ ㄱ, ㄴ ⑤ ㄱ, ㄴ, ㄷ

C

24 다음 그림은 보어의 원자 모형의 가설 중 양자 조건과 드브로이 물질파 이론을 적용한 수소 원자 모형을 개략적으로 나타낸 것이다. 이에 대한 내용으로 옳은 것만을 <보기>에서 있는 대로 고른 것은?

[올림피아드 기출 유형]

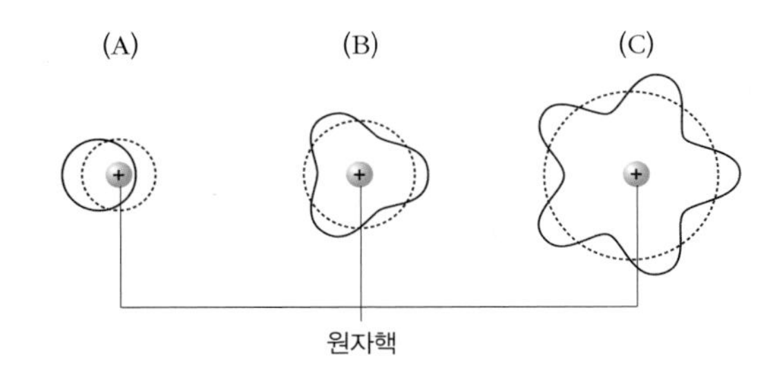

<보기>

ㄱ. (A), (B), (C) 의 양자수는 각각 1, 3, 5 이다.
ㄴ. 양자수가 증가할수록 전자의 궤도 반지름이 커진다.
ㄷ. (C) 의 경우 궤도의 원둘레는 드브로이의 물질파 파장의 5^2 배이다.

① ㄱ ② ㄴ ③ ㄷ
④ ㄱ, ㄴ ⑤ ㄴ, ㄷ

25 다음 그림은 어떤 원자의 에너지 준위를 나타낸 것이다. 전자가 E_4 에서 E_2 인 궤도로 전이할 때, 570 nm 파장 근처의 녹색 빛을 방출한다면 700 nm 파장 근처의 빨간색 빛을 방출하는 경우는?

[올림피아드 기출 유형]

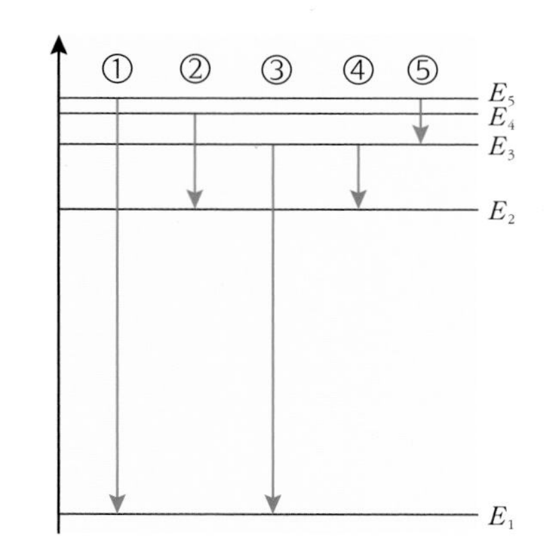

26 그림은 수소 원자 내의 전자가 전이하는 과정을 에너지 준위로 나타낸 것이다. a 과정에서 진동수 f_a 를 흡수, b 과정에서 f_b 를 방출한다. 이에 대한 설명으로 옳은 것만을 <보기> 에서 있는 대로 고른 것은?

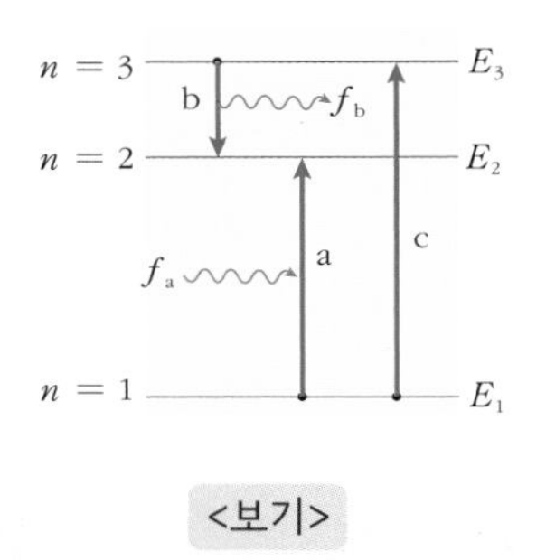

<보기>

ㄱ. $n=3$ 궤도에 있는 전자의 에너지 준위 E_3 가 $n=1$ 궤도에 있는 전자의 에너지 준위 E_1 보다 크다.
ㄴ. c 과정에서 방출하는 진동수는 $f_a + f_b$와 같다.
ㄷ. a 과정에서 전자가 진동수가 f_a 의 절반의 진동수를 가진 빛을 흡수하면 $n = 1$ 궤도와 $n = 2$ 궤도의 중간 상태로 전이한다.

① ㄱ ② ㄴ ③ ㄷ
④ ㄱ, ㄴ ⑤ ㄴ, ㄷ

27 그림 (가) 는 어떤 원자의 에너지 준위를 나타낸 것이고, 그림 (나) 는 이 원자에서 방출되는 스펙트럼을 나타낸 것이다. 이에 대한 설명으로 옳은 것만을 <보기> 에서 있는 대로 고른 것은?

[올림피아드 기출 유형]

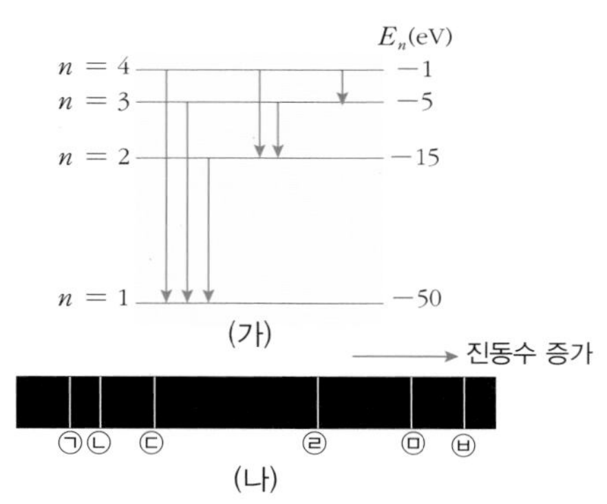

<보기>

ㄱ. 선 ㉠ 은 파셴 계열에서 방출되는 스펙트럼이다.
ㄴ. 선 ㉡, ㉢ 은 눈에 보이는 빛을 방출한다.
ㄷ. 선 ㉣ 은 $n = 2$ 인 에너지 준위로 전이하면서 방출하는 것이다.

① ㄱ ② ㄴ ③ ㄷ ④ ㄱ, ㄴ ⑤ ㄴ, ㄷ

28 그림은 기체 원자의 에너지 준위를 나타낸 것이다. 이에 대한 설명으로 옳은 것만을 <보기>에서 있는 대로 고른 것은?

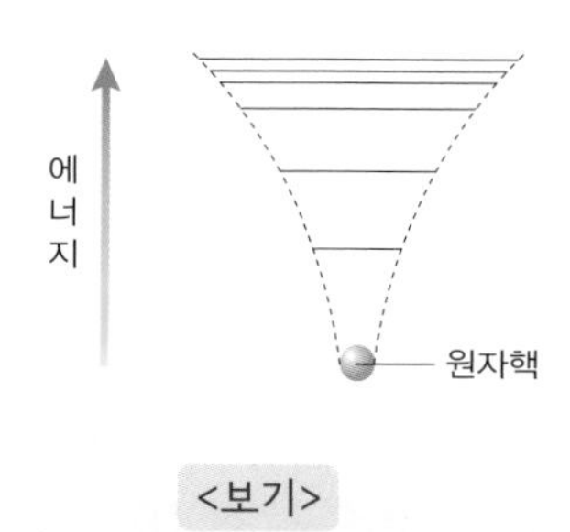

<보기>

ㄱ. 에너지 준위가 듬성듬성 떨어져 있다.
ㄴ. 원자핵 주위의 전자는 원자핵의 인력에 의해 속박되어 있다.
ㄷ. 에너지 준위가 양자화되어 연속적으로 나타난다.
ㄹ. 띠 간격이 매우 넓다.

① ㄱ, ㄴ ② ㄴ, ㄷ ③ ㄷ, ㄹ
④ ㄱ, ㄴ, ㄷ ⑤ ㄴ, ㄷ, ㄹ

29 다음 그림은 대표적인 반도체인 실리콘의 가장 바깥 쪽 에너지 띠 구조를 모식적으로 나타낸 것이다. 이에 대한 설명으로 옳은 것만을 <보기> 에서 있는 대로 고른 것은?

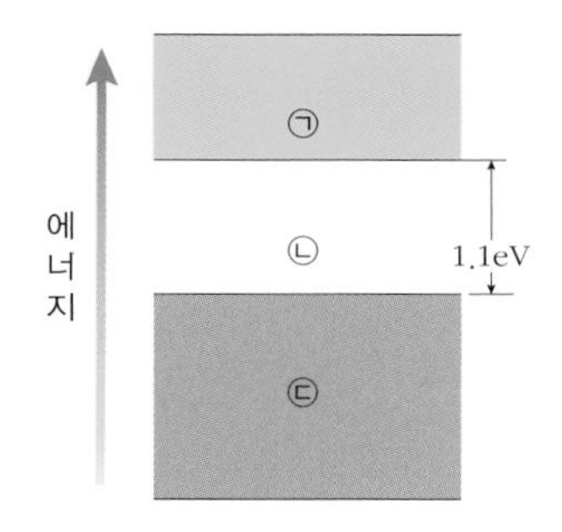

<보기>

ㄱ. ㉠ 에 있는 자유 전자는 1 eV 의 에너지를 흡수하면 ㉡으로 전이된다.
ㄴ. ㉢ 은 0 ℃ 온도 상태에서 원자가 전자가 차지하는 에너지 띠이다.
ㄷ. 부도체의 에너지 띠 구조에서 띠 간격은 1.1 eV 보다 크다.

① ㄱ ② ㄴ ③ ㄷ
④ ㄱ, ㄴ ⑤ ㄴ, ㄷ

30 그림 (가)는 다이오드 회로이고, 그림 (나)는 다이오드에 흐르는 전류를 전원 장치의 전압에 따라 나타낸 것이다.

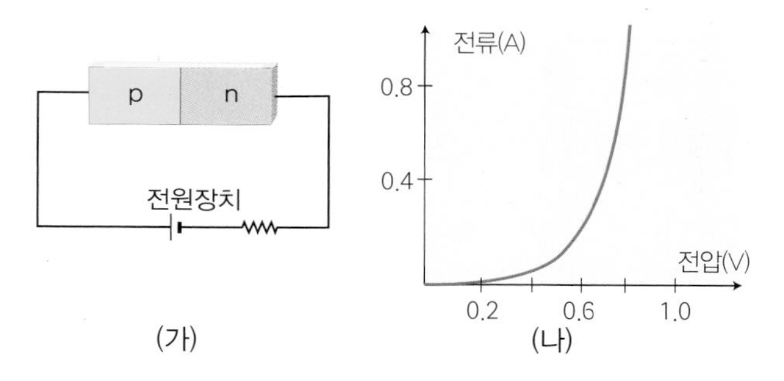

이에 대한 설명으로 옳은 것만을 <보기>에서 있는 대로 고른 것은?

<보기>

ㄱ. (가)의 다이오드에는 순방향 바이어스가 걸린다.
ㄴ. 전압이 작게 걸릴수록 다이오드의 저항이 작다.
ㄷ. 전압이 증가할수록 공핍층의 두께가 두꺼워진다.

① ㄱ ② ㄴ ③ ㄴ, ㄷ
④ ㄱ, ㄴ ⑤ ㄱ, ㄴ, ㄷ

31 그림 (가), (나)는 서로 다른 불순물 반도체의 에너지 띠를 나타낸 것이다.

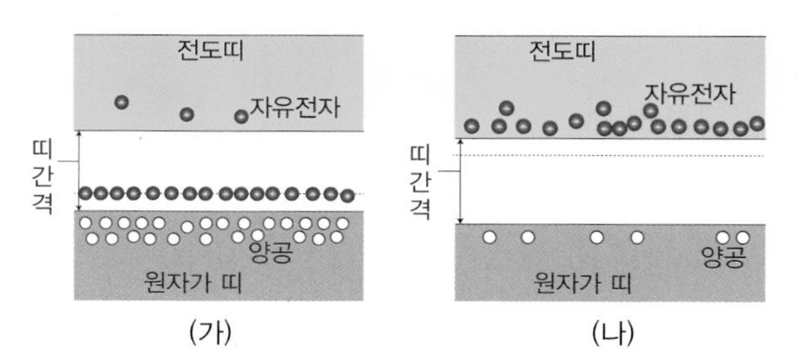

이에 대한 설명으로 옳은 것만을 <보기>에서 있는 대로 고른 것은?

<보기>

ㄱ. (가)는 p형 반도체이다.
ㄴ. (나)는 불순물의 전자보다 순수한 반도체의 전자가 더 쉽게 전도띠로 이동할 수 있다.
ㄷ. 불순물은 순수한 반도체의 띠 간격을 좁혀 준다.

① ㄱ ② ㄴ ③ ㄴ, ㄷ
④ ㄱ, ㄴ ⑤ ㄱ, ㄴ, ㄷ

32 그림 (가) 는 다이오드를 이용한 정류 회로를 나타낸 것이고, 그림 (나)는 정류 회로의 교류 전원의 입력 전압을 나타낸 것이다.

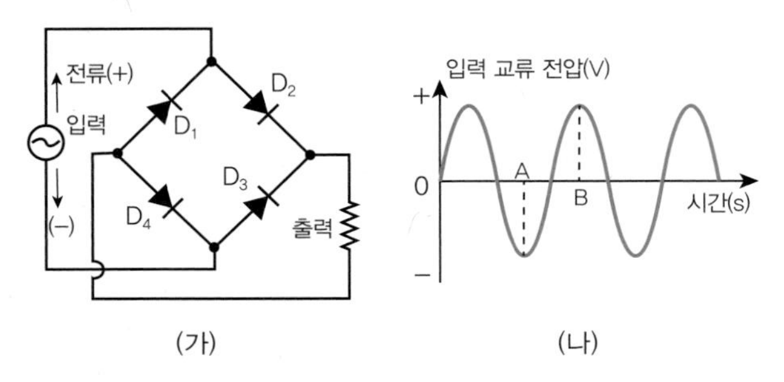

(가) (나)

이에 대한 설명으로 옳은 것만을 <보기>에서 있는 대로 고른 것은?

<보기>

ㄱ. 교류 전류의 방향은 일정 주기마다 반대로 바뀐다.

ㄴ. (나)의 A점에서는 D_4에 순방향 바이어스가 걸린다.

ㄷ. (나)의 B점에서는 D_2에 순방향 바이어스가 걸린다.

① ㄱ ② ㄴ ③ ㄴ, ㄷ
④ ㄱ, ㄷ ⑤ ㄱ, ㄴ, ㄷ

심화

33 다음 그림은 수소 원자의 에너지 준위(E_n)와 선 스펙트럼 계열의 일부를 나타낸 것이다. 이에 대한 설명으로 옳은 것만을 <보기> 에서 있는 대로 고른 것은?

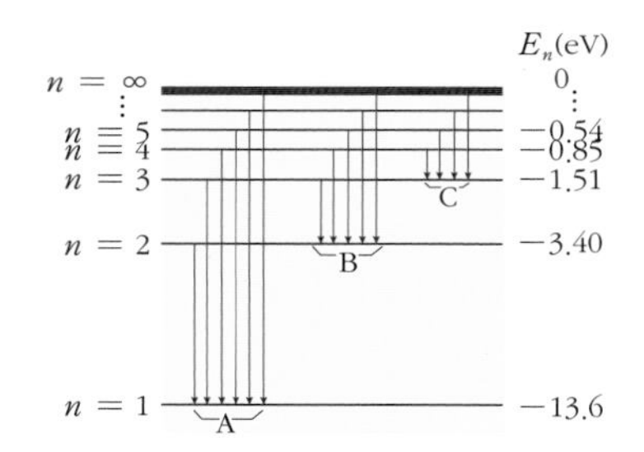

<보기>

ㄱ. 전자가 전이할 때 방출하는 에너지가 가장 큰 경우는 A 에 속한다.

ㄴ. B 는 라이먼 계열로 적외선 영역의 빛을 방출한다.

ㄷ. 전자들이 안정한 상태로 전이될 때 방출하는 전자기파 중 진동수가 가장 작은 것은 C 에 속한다.

① ㄱ ② ㄴ ③ ㄱ, ㄴ ④ ㄱ, ㄷ ⑤ ㄴ, ㄷ

34 수소 원자의 에너지 준위는 $E_n = -\frac{|E_1|}{n^2}$ 식으로 표현할 수 있다. 수소 원자가 $n = 3$ 인 상태에서 방출하는 빛 중에서 가장 파장이 짧은 빛의 파장을 λ_1, 흡수하는 빛 중에서 가장 파장이 긴 빛의 파장을 λ_2 라고 할 때, $\lambda_1 : \lambda_2$는?

$\lambda_1 : \lambda_2 = ($: $)$

35 그림 (가) 는 전자가 $n = 4$ 인 궤도에서 $n = 3$ 인 궤도로 전이하고 있는 것을, 그림 (나) 는 전자가 $n = 4$ 인 궤도에서 $n = 1$ 인 궤도로 전이하고 있는 것을 보어의 수소 원자 모형에 따라 모식적으로 나타낸 것이다. 이에 대한 설명으로 옳은 것만을 <보기> 에서 있는 대로 고른 것은?

[수능 모의 평가 기출 유형]

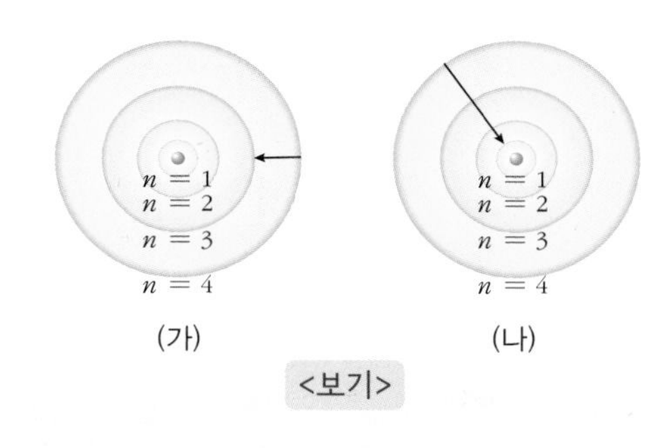

(가) (나)

<보기>

ㄱ. (가) 보다 (나) 에서 방출되는 전자기파의 파장이 더 짧다.

ㄴ. (나) 는 세 번째 들뜬 상태에서 바닥 상태로 전이하는 것이다.

ㄷ. (가) 는 두 궤도 사이의 에너지 차이만큼 전자기파를 흡수한다.

ㄹ. $n = 1$ 궤도에 있는 전자의 물질파 파장은 $n = 4$ 궤도에 있는 전자의 물질파 파장보다 길다.

① ㄱ, ㄴ ② ㄴ, ㄷ ③ ㄱ, ㄹ
④ ㄱ, ㄴ, ㄷ ⑤ ㄱ, ㄷ, ㄹ

36 다음 그림은 불꽃 반응으로 구별하기 어려운 원소들을 분석하기 위해 각 물질의 불꽃을 분광기로 분산시켜 얻은 선 스펙트럼이다. 원소 A, B 의 선 스펙트럼과 물질 (가)~(라)의 선 스펙트럼을 비교하여 분석하였다.

[특목고 기출 유형]

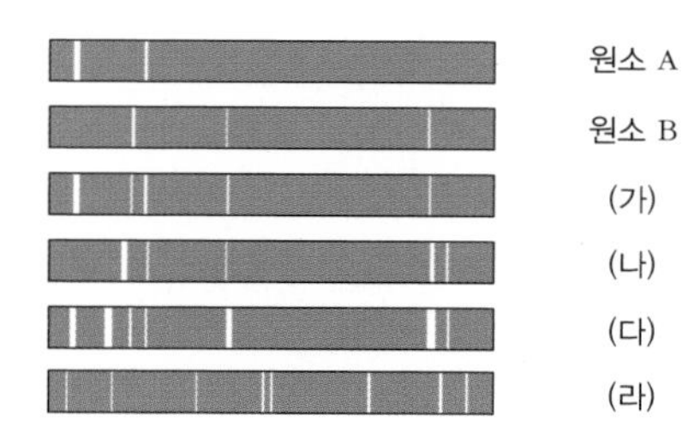

(1) 원소 A 와 B 가 모두 들어 있는 물질은 (가)~(라)중 어느 것인지 있는 대로 고르시오.

(2) 원소 A 와 B 가 모두 들어 있지 않은 물질은 (가)~(라) 중 어느 것인지 있는 대로 고르시오.

37 그림 (가) 는 양자수 n 에 따른 수소 원자의 에너지 준위 E_n 을, 그림 (나) 는 각각 라이먼 계열과 발머 계열의 스펙트럼을 나타낸 것이다. 단, λ_3, λ_6 는 각각 라이먼 계열과 발머 계열에서 가장 긴 파장이다.

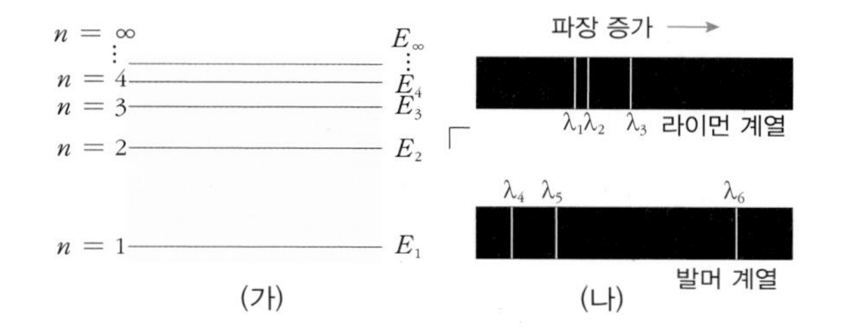

이에 대한 설명으로 옳은 것만을 <보기> 에서 있는 대로 고른 것은?

<보기>

ㄱ. $\lambda_2 > \lambda_5$

ㄴ. 파장이 λ_6 인 광자 한 개의 에너지는 $E_3 - E_2$ 이다.

ㄷ. 백열등의 스펙트럼도 (나)와 같은 형태이다.

ㄹ. 라이먼 계열에서 방출되는 빛의 파장은 발머 계열에서 방출되는 빛의 파장보다 짧다.

① ㄱ, ㄴ ② ㄴ, ㄷ ③ ㄴ, ㄹ
④ ㄱ, ㄴ, ㄷ ⑤ ㄴ, ㄷ, ㄹ

38 수소 원자의 바닥 상태의 에너지 준위가 -2.0×10^{-18} J 이다. 이때 $n = 3$ 인 상태에서 $n = 2$ 인 상태로 전자가 전이할 때 방출하는 빛의 파장을 구하시오.(단, 플랑크 상수 $h = 6 \times 10^{-34}$ J·s, 빛의 속력 $c = 3.0 \times 10^8$ m/s이다.)

( ) m

39 그림 (가) 는 수소 원자의 선스펙트럼의 일부를 파장에 따라 나타낸 것이고, 그림 (나) 는 전자가 A, B, C 로 각각 전이하는 과정을 모식적으로 나타낸 것이다. 이에 대한 설명으로 옳은 것만을 <보기> 에서 있는 대로 고른 것은?

[수능 기출 유형]

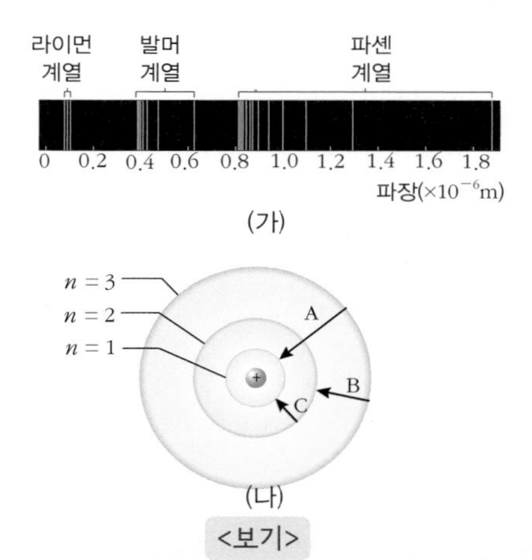

<보기>

ㄱ. A 에서 방출하는 전자기파는 라이먼 계열에 속한다.

ㄴ. A 에서 방출하는 광자 한 개의 에너지는 B 에서 방출하는 광자 한 개의 에너지보다 작다.

ㄷ. 방출된 전자기파의 파장은 C 에서가 B 에서보다 짧다.

ㄹ. 전자와 원자핵 사이에 작용하는 전기력의 크기는 $n = 2$ 인 상태에서가 $n = 3$ 인 상태에서보다 작다.

① ㄱ ② ㄱ, ㄷ ③ ㄴ, ㄷ
④ ㄱ, ㄴ, ㄷ ⑤ ㄴ, ㄷ, ㄹ

40 그림 (가)는 수소 원자의 에너지 준위를 나타낸 것이고, 그림 (나)는 어떤 고체의 에너지 띠를 나타낸 것이다. (나)의 띠 간격은 E_4-E_3 이고 원자가 띠에만 전자가 차 있다.

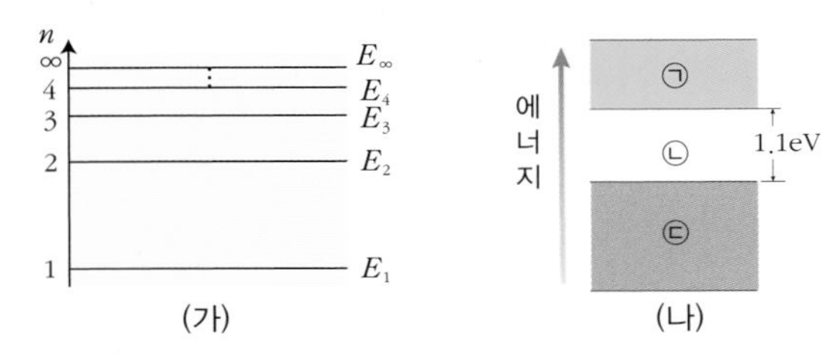

이에 대한 설명으로 옳은 것만을 <보기> 에서 있는 대로 고른 것은?

<보기>

ㄱ. (가)에서 전자가 n=1 에서 n=2 로 전이하면 수소 원자에서 빛이 방출된다.
ㄴ. (나)는 도체의 에너지 띠이다.
ㄷ. 고체 (나)가 E_3-E_2 만큼의 빛을 흡수하면 전기 전도도가 증가한다.

① ㄱ　② ㄴ　③ ㄷ　④ ㄱ, ㄷ　⑤ ㄴ, ㄷ

41 그림 (가)는 수소 원자의 에너지 준위를 나타낸 것이고, 표는 규소와 저마늄의 0 K와 300 K일 때의 띠 간격을 나타낸 것이다.

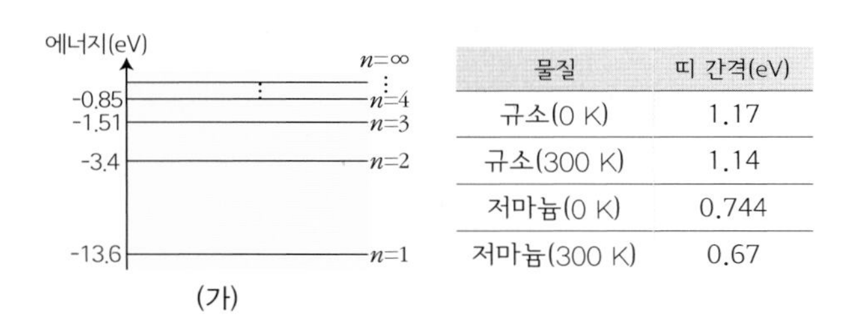

물질	띠 간격(eV)
규소(0 K)	1.17
규소(300 K)	1.14
저마늄(0 K)	0.744
저마늄(300 K)	0.67

이에 대한 설명으로 옳은 것만을 <보기> 에서 있는 대로 고른 것은?

<보기>

ㄱ. 규소는 온도가 높아질수록 비저항이 증가한다.
ㄴ. 수소 원자에서 전자가 n=3 에서 n=2 로 전이할 때 방출하는 빛을 규소가 흡수하면 비저항이 작아진다.
ㄷ. 파센 계열의 빛은 위 물질 모두의 비저항을 감소시킬 수 있다.

① ㄱ　② ㄴ　③ ㄷ　④ ㄱ, ㄷ　⑤ ㄴ, ㄷ

42 그림은 발광 다이오드(LED)를 교류와 직류 전원에 연결한 회로도이며, A, B 는 각각 p형 반도체와 n형 반도체 중 하나이다. 스위치를 a 에 연결하였더니 발광 다이오드에 불이 켜졌다.

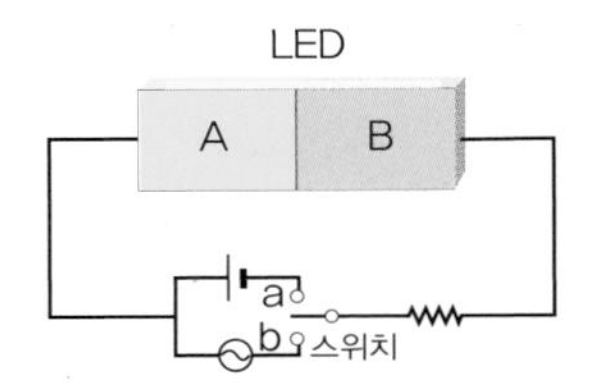

이에 대한 <보기>의 설명 중 옳은 것을 있는 대로 고른 것은?

<보기>

ㄱ. A는 p형 반도체이다.
ㄴ. 스위치를 a에 연결했을 때 다이오드의 공핍층이 두꺼워진다.
ㄷ. 스위치를 b 에 연결하면 불이 켜지지 않는다.

① ㄱ　② ㄴ　③ ㄱ, ㄷ　④ ㄴ, ㄷ　⑤ ㄱ, ㄴ, ㄷ

43 그림은 발광 다이오드(LED)를 연결한 회로도이며, 이때 에너지 띠에서 자유 전자와 양공이 재결합하는 모습을 모식적으로 나타낸 것이다. (가)와 (나)는 각각 p형 반도체와 n형 반도체 중 하나이다.(단, h 는 플랑크 상수이다.)

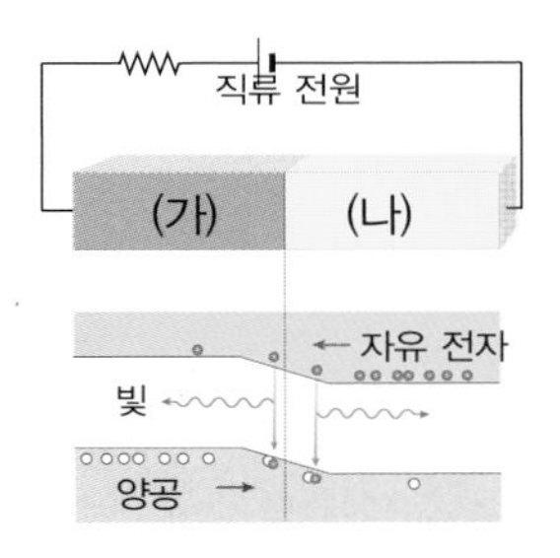

이에 대한 <보기>의 설명 중 옳은 것을 있는 대로 고른 것은?

<보기>

ㄱ. 현재 다이오드에는 역방향 바이어스가 걸렸다.
ㄴ. 파란 빛을 빨간 빛으로 만들기 위해서는 띠 간격이 더 작은 반도체를 사용해야 한다.
ㄷ. 직류 전원의 단자를 바꾸어 연결하면 저항에 걸리는 전압이 커진다.

① ㄱ　② ㄴ　③ ㄱ, ㄷ　④ ㄴ, ㄷ　⑤ ㄱ, ㄴ, ㄷ

창의력

44

원자의 전자 궤도 반지름(r)과 속력(v), 에너지(E)는 모두 양자화된다. 즉, 양자수에 따라 각각 에너지 준위를 갖는다. 수소 원자에서 안정한 상태의 n 번째 궤도의 반지름 r_n, 전자의 속력 v_n, 에너지 준위 E_n 는 다음과 같다. (k 는 쿨롱 상수로 9.0×10^9 $N \cdot m^2/C^2$, e 는 전자 1 개의 전하량으로 1.6×10^{-19} C, h 는 플랑크 상수이다.)

$$r_n = \frac{n^2h^2}{4\pi^2mke^2} \quad \cdots\cdots\cdots ㉠$$

$$v_n = \frac{2\pi ke^2}{nh} \quad \cdots\cdots\cdots ㉡$$

$$E_n = -\frac{2\pi^2mk^2e^4}{n^2h^2} \quad \cdots\cdots ㉢$$

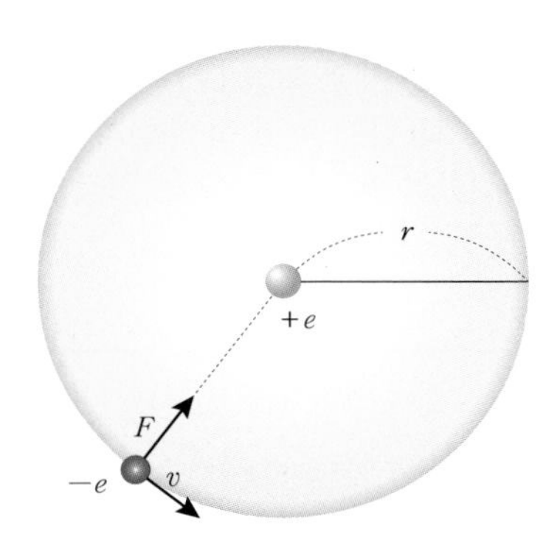

위 그림은 중심에 전하 $+e$를 가진 원자핵과 그 주위를 반지름 r, 속력 v 로 원운동하고 있는 질량이 m, 전하 $-e$ 의 전자로 구성되어 있다고 생각한 수소 원자 모형을 나타낸 것이다.

이때 궤도 전자의 운동 에너지 $E_k = \frac{1}{2}mv^2$, 궤도 전자의 전기력에 의한 위치 에너지 $E_p = -\frac{ke^2}{r}$ 라고 할 때, 식 ㉠, ㉡, ㉢ 을 각각 유도해 보시오.

45

수소 기체를 방전관에 넣고 충분한 에너지를 가하면 수소 분자가 원자로 분해되고 수소 원자는 (가) 에너지를 흡수하여 불안정한 들뜬 상태로 되었다가 안정한 상태로 되면서 빛에너지를 방출한다. 이때 방출하는 에너지를 프리즘에 통과시키면 검출기에 선 스펙트럼이 나타난다.

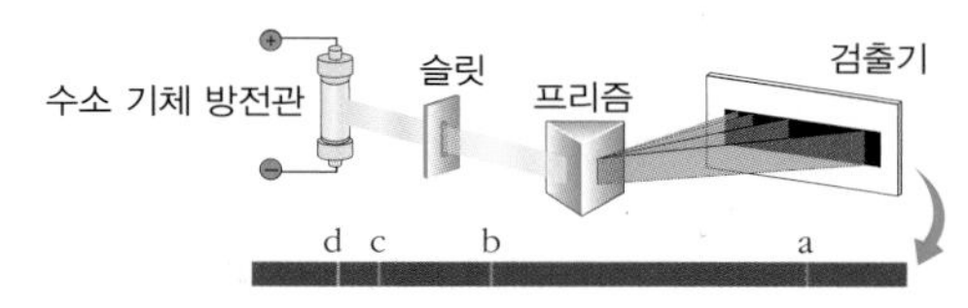

아래는 러더퍼드의 원자 모형으로는 설명할 수 없는 수소 원자의 선 스펙트럼을 설명하기 위해 보어가 제안한 가설의 일부이다.

> ① 전자는 원자핵 주위의 특정한 에너지 준위의 궤도를 따라 원운동을 한다.
> ② 각 양자수에 따른 에너지의 준위는 다음과 같다.
> $E_n = -\frac{1312}{n^2}$ (kJ/mol) (n = 1, 2, 3, 4 ...)
> ③ 허용된 원궤도를 운동하는 전자는 에너지를 방출 또는 흡수하지 않는다.
> ④ 전자가 다른 에너지 준위로 이동할 때에는 두 궤도 사이의 에너지 차이만큼의 에너지를 흡수 또는 방출한다.

(1) 밑줄 친 (가) 에서 에너지를 흡수하는 것은 수소 원자의 구성 입자 중 무엇인가?

(2) 선스펙트럼의 a ~ d 는 전자가 n = 2 인 에너지 준위로 이동할 때 나타나는 선스펙트럼이다. a 가 n = 3 에 있던 전자가 n = 2 로 이동할 때 방출하는 빛 에너지이라면 c 의 선스펙트럼은 언제 나타나겠는가?

(3) a ~ b, b ~ c 사이의 선스펙트럼의 간격이 다른 이유는 무엇인가?

46

수소 원자의 속박 전자가 에너지를 흡수하여 자유 전자가 되면 수소 원자는 수소 양이온이 된다. 이때 자유 전자의 에너지는 수소 원자에 속박된 전자의 에너지보다 13.6 eV 이상 높다면, 수소 양이온이 되기 위해 필요한 빛의 진동수를 구하시오. (단, 1 eV = 1.6×10^{-19} J, h 는 플랑크 상수로 6.6×10^{-34} J·s 이다.)

47

그림 (가)는 상온(300 K)에서 순수한 반도체인 저마늄(Ge)의 에너지 띠를, 그림 (나)는 저마늄에 원소 X 를 도핑하였을 때의 원자 구조를 모식적으로 나타낸 것이다.

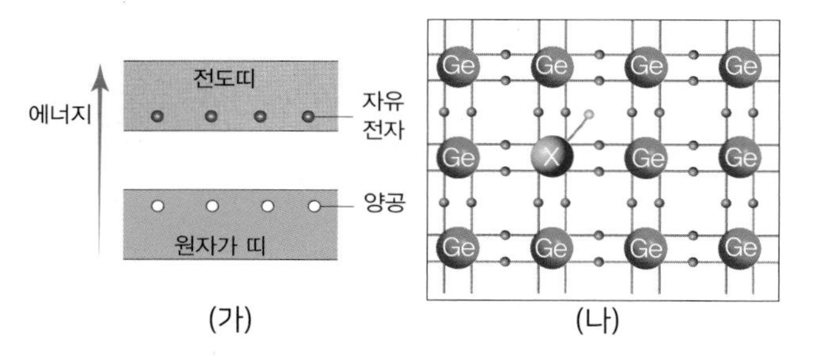

이에 대한 설명으로 옳은 것만을 <보기> 에서 있는 대로 고른 것은?

<보기>

ㄱ. 0 K에서는 (가)의 양공이 생기지 않는다.
ㄴ. X 의 원자가 전자는 5개이다.
ㄷ. (나)의 에너지 띠에서는 전도띠의 자유전자의 수가 원자가 띠의 양공 수보다 많다.

① ㄱ ② ㄴ ③ ㄱ, ㄷ
④ ㄴ, ㄷ ⑤ ㄱ, ㄴ, ㄷ

48

보어의 원자 모형에서 수소 원자의 에너지 준위는 양자수 n 에 따라 $E_n = -\frac{13.6}{n^2}$ eV, n = 1, 2, 3, ⋯ 으로 주어진다. 진동수 f 를 가진 광자 하나가 운동을 하다가 정지되어 있던 바닥 상태의 수소 원자에 흡수되면 수소 원자의 에너지 준위는 E_1 에서 E_2 로 증가하게 된다. 이때 흡수된 직후 수소 원자의 속력 v 를 구하시오. (단, 1 eV = 1.6×10^{-19} J, h 는 플랑크 상수로 6.6×10^{-34} J·s , 빛의 속도 c = 3×10^8 m/s, 수소 원자의 질량 m 은 2×10^{-27} kg, 진동수가 f 인 광자의 운동량은 $\frac{hf}{c}$ 이다.)

49

그림 (가)는 발광 다이오드(LED)회로이고, A, B 는 각각 불순물 반도체 (w, x), (y, z)를 접합시켜 만든 서로 다른 LED 이다. 그림 (나)는 전압을 걸지 않았을 때 LED A, B 의 에너지 띠 모습이다. 그림 (가)처럼 연결했을 때 LED A, B 는 각각 빨간색과 파란색 빛 중 하나를 방출하였다.

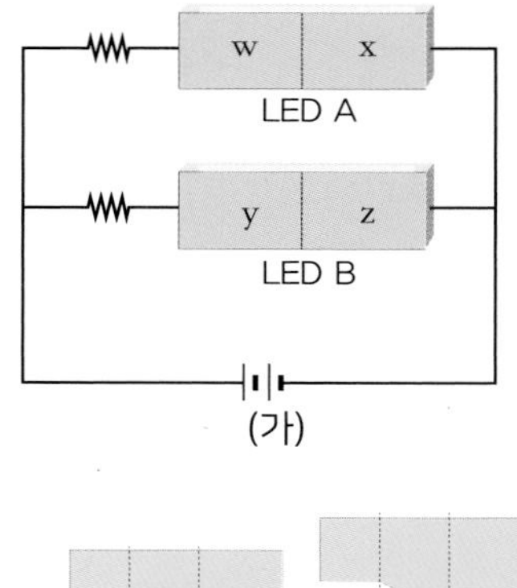

(가)

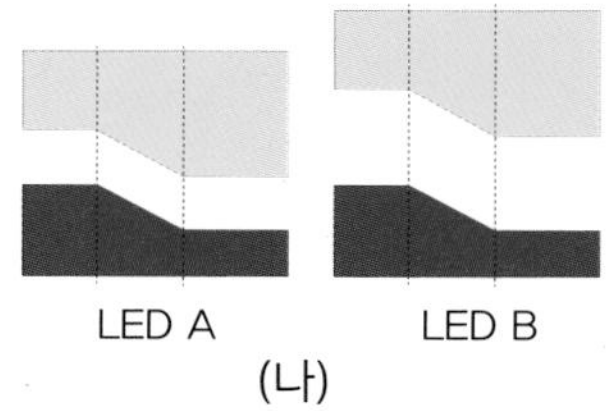

(나)

이에 대한 설명으로 옳은 것만을 <보기> 에서 있는 대로 고른 것은?

<보기>

ㄱ. w 와 z 는 p형 반도체이다.
ㄴ. y 반도체의 불순물은 원자가 전자가 5개이다.
ㄷ. (가)의 LED A 에서 빨간색 빛이 방출된다.

① ㄱ ② ㄴ ③ ㄷ
④ ㄱ, ㄷ ⑤ ㄴ, ㄷ

50

다음은 발광 다이오드(LED)에 대한 설명이다.

p-n 접합 다이오드에 (㉠) 바이어스가 걸리면 접합면에서 자유 전자와 양공이 재결합하여 소멸되면서 에너지가 방출된다. 이때 방출되는 에너지가 가시광선의 에너지 영역에 해당되면 발광 다이오드(LED)의 역할을 할 수 있게 된다.

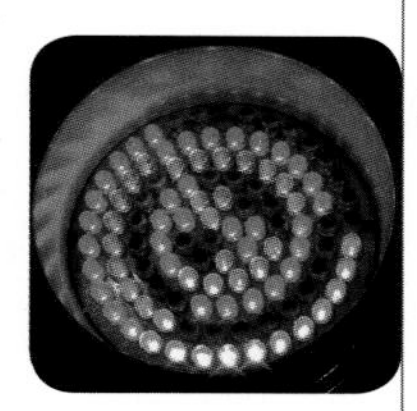

▲ 발광 다이오드

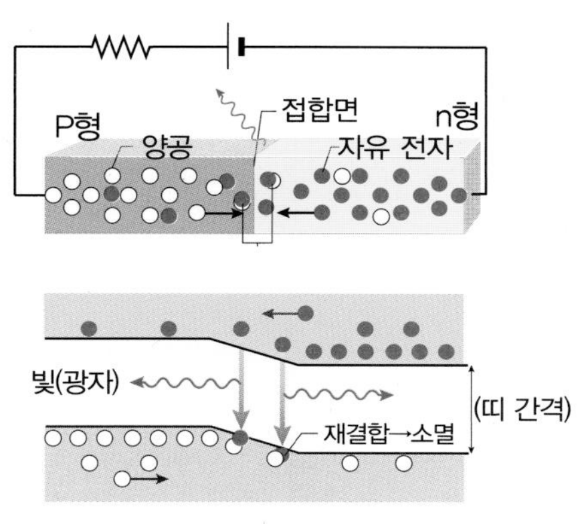

▲ 발광 다이오드 회로와 에너지 띠 구조

(1) ㉠에 들어갈 알맞은 말을 쓰시오.

(2) 위 회로에서 방출되는 빛이 파란색으로 파장이 500 nm 이었다. 이때 다이오드에 사용한 반도체의 띠 간격(eV)을 구하시오. (단, 플랑크 상수 h 는 6.6×10^{-34} J·s , 빛의 속도 c 는 3×10^{8} m/s, 1 nm 는 10^{-9} m 이다.)

51

다음 글은 태양 전지(solar cell)에 관한 글이다.

빛에너지가 전기로 바뀌는 현상을 광기전 효과(photovoltaic effect)라고 하는데 이는 p-n 접합 다이오드에 빛을 쬐면 나타나는 현상이다. p-n 접합 다이오드에 띠 간격 이상의 빛을 쬐면 자유 전자와 양공이 분리되어 서로 다른 극으로 이동하여 기전력을 발생시킨다. 이때 두 극을 LED에 연결하면 불이 켜지게 된다.

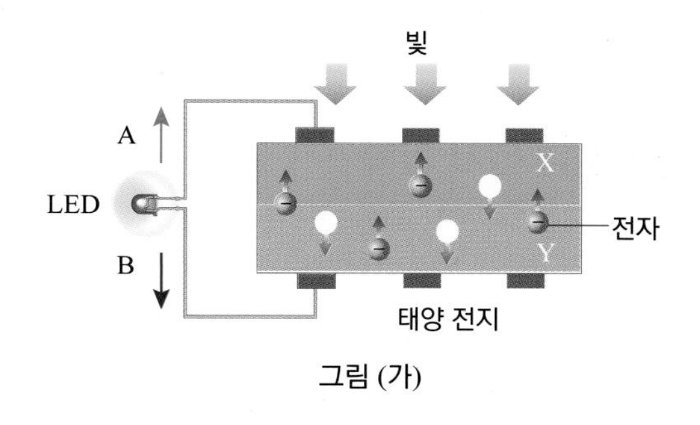

그림 (가)

(1) 그림 (가)에서 전류의 방향으로 옳은 것을 A, B 중에서 고르시오.

(2) X 에 해당하는 불순물 반도체의 종류를 쓰시오.

(3) 다이오드 내에서 전자와 양공의 이동이 일어나는 이유를 설명하시오.

우주 최초의 입자 찾기 - 입자 가속기

세계 최대 입자 가속기가 블랙홀을 만든다?!

물질의 가장 기본이 되는 물질을 찾기 위한 과학자들의 연구는 계속되고 있다. 이러한 연구를 뒷받침하기 위한 중요한 과학실험장치가 '입자 가속기'이다. 입자 가속기에 의해 큰 운동에너지를 얻은 입자들은 다른 입자들과 충돌하여 새로운 소립자들을 만들어 내며, 이때 생성된 소립자들의 물리량을 분석하면 입자를 구성하는 물질들을 알아낼 수 있다.

▲ **유럽가속기연구소의 전체 전경** I 그림 속 원형이 LHC 이다. 지름이 9km, 둘레가 27km 규모이다.

세계 최대 입자 가속기는 스위스 유럽가속기연구소(CERN)의 LHC(거대강입자 가속기)이다. 우주 탄생의 순간인 빅뱅의 신비를 풀기 위해 44억 파운드를 들여 스위스 제네바 근처 지하에 건설된 LHC 는 둘레가 27 ㎞ 이며 두 개의 입자 빔을 광속에 가까운 속도로 충돌시켜 우주 탄생의 이론적 기원인 빅뱅 직후의 상황을 재현하는 실험을 진행한다. 1964년 가설로 제시됐으나 그간 증명할 수 없었던 우주 창조 빅뱅 초기의 아원자인 힉스 소립자의 존재를 LHC가 2013년 입증했다. LHC 의 가동을 앞두고 '가속기 내에서 양성자가 충돌할 때 아주 작은 인공 블랙홀이 만들어지고 이 블랙홀이 4년 안에 지구를 완전히 삼킬만한 크기로 팽창할 수 있다.'고 하며 과학자들이 우려하였지만 그런 일은 발생하지 않았다. LHC 는 매초 수많은 미니 블랙홀을 만든다. 양성자끼리의 충돌 때문에 미니 블랙홀이 만들어지더라도 이 블랙홀은 나노(1나노 초 = 10^{-9}초)의 나노의 나노 초만큼 존재하며, 지구나 태양계를 집어삼킬 만한 거대한 블랙홀이 만들어지기까지는 수십억 년 ~ 수백억 년이 걸리기 때문에 아무런 문제가 발생하지 않는다고 과학계에서 설명하였다.

▲ **캐나다 국립입자핵물리연구소(TRIUMF)의 사이클로트론**

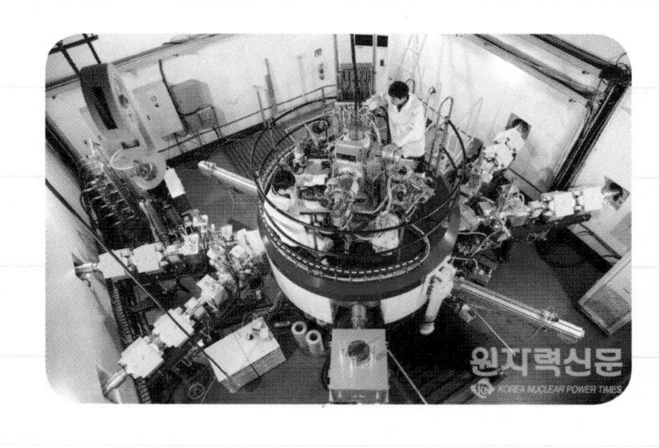

▲ **한국원자력연구원(KAERI)의 사이클로트론** I 30MeV(메가 일렉트론 볼트)급 중형 사이클로트론 'RFT-30' (사진 출처 : 원자력 신문)

정답 및 해설 120 쪽

입자 가속기는 입자를 가속하는 방법에 따라 선형 가속기와 원형 가속기로 나눌 수 있다. 이 중 원형 가속기에 속하는 '사이클로트론'은 전하를 띤 입자가 균일한 자기장 속에서 로런츠 힘을 받아 원운동을 하는 현상을 이용한 것이다.

속이 빈 D자형 금속통 두 개를 금속통과 수직 방향으로 형성된 균일한 자기장 속에 마주 보게 놓은 후 가속된 입자가 금속통 속에 입사하게 되면 입자는 로런츠 힘에 의해 원운동을 하게 된다. 이때 입자가 다른 금속통으로 이동하는 중에 전기장에 의해 가속되며, 원운동의 반지름도 커지게 된다. 원운동의 주기는 반지름의 크기와 속력과는 상관이 없이 일정하므로 같은 주기의 고주파 전압을 걸어주면 통 사이를 왕복할 때마다 전기력에 의해 조금씩 더 큰 원을 그리며 가속되어 매우 큰 운동 에너지를 가지게 된다.

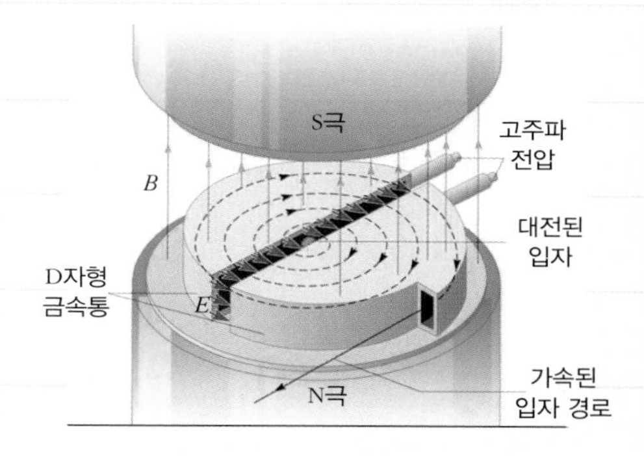

▲ 사이클로트론의 원리

방사선 치료에도 사용되는 입자 가속기

입자 가속기를 이용한 연구 분야는 매우 다양하다. 기본적으로 물질의 근본과 우주의 근원을 알기 위한 입자 물리 분야 뿐만 아니라 바이러스 및 암 발생 과정 연구와 단백질 구조 연구를 통한 신약 개발, 반도체, 재료공학 분야, 의학 분야 등 활용 분야가 매우 다양하다. 이 중 의학 분야에서는 주로 암치료에 활용되고 있다. 빛의 속도 정도로 입자를 가속시킨 뒤 환자에게 쏘아주면 정상 조직에는 피해를 주지 않고 암세포를 파괴시킬 수 있다.

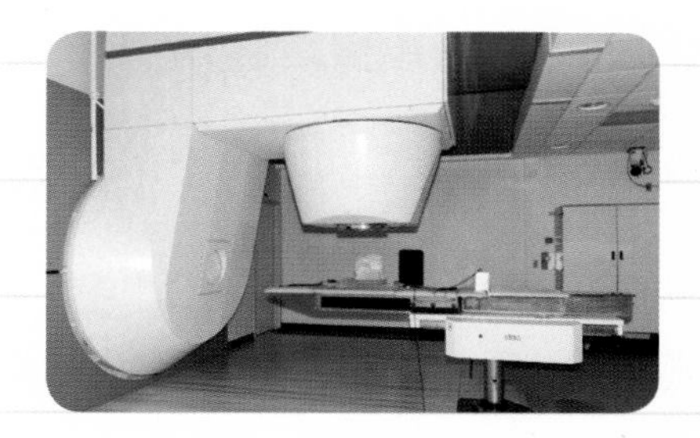

▲ **중성자 방사 치료** | 사이클로트론과 선형 가속기를 이용하여 방출된 중성자 빔을 쏘여 환자를 치료한다.

Q1 사이크로트론의 원리에서 원운동하는 입자의 주기는 반지름이나 속력과는 상관없이 일정하다. 이를 식을 이용하여 설명하시오.

Q2 D자형 금속통의 반지름이 53cm 이고, 균일한 자기장 1.57 T 의 균일한 자기장 속에 놓여 있는 사이클로트론이 있다. 이 사이클로트론에서 가속된 중양성자의 운동 에너지는 얼마인가?(단, 중양성자의 질량 m = 3.34 × 10^{-27} kg, 전하량은 1.60 × 10^{-19} C 이다.)

Project _ 논/구술 B

[탐구] 자석(가우스) 가속기 만들기

준비물 폴대, 네오디뮴 자석, 쇠구슬, 글루건

목 표 자기력에 의한 입자의 가속 원리를 이해한다.

탐구과정

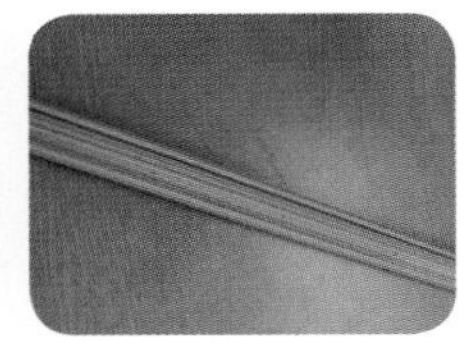

① 폴대와 네오디뮴 자석을 준비한다.

② 폴대 사이에 일정 간격으로 네오디뮴 자석을 글루건으로 고정시킨다.

③ 위의 그림과 같이 일정한 거리 간격으로 네오디뮴 자석을 고정시키고 각 자석의 오른쪽에 쇠구슬 2개를 붙여 놓는다.

④ 장치의 가장 왼쪽에서 오른쪽 방향으로 다른 쇠구슬을 네오디뮴 자석 쪽으로 굴린다.

주 의 쇠구슬의 반대편에 사람이 서 있으면 안되며, 깨질 위험이 있는 물건을 놓지 않는다.

논/구술

1. 굴린 쇠구슬이 네오디뮴 자석에 붙는 순간 어떤 현상이 일어나는가?

2. 위 과정과 입자 가속기의 원리 사이의 공통점을 서술하시오.

정답 및 해설 120 쪽

[과학 논술] 문제 해결력 키우기

사이클로트론은 균일한 자기장 내에 자기장과 수직으로 입사한 대전 입자에 작용하는 로런츠 힘이 구심력의 역할을 하여 등속 원운동을 하는 원리를 이용한 것이다.

▲ 자기장 속 음극선에서 방출된 전자가 그리는 원

만약 속도가 v, 전하량 q 인 대전 입자가 균일한 자기장 B 속에 수평면과 각 θ 를 이루도록 비스듬히 입사하였다면 대전 입자는 어떤 운동을 할까? 이때 대전 입자는 자기장과 수직한 방향으로 구심력을 받게 되므로 연직 방향으로는 원운동을 하고, 수평 방향으로는 등속 직선 운동을 하게 된다. 따라서 대전 입자는 다음 그림과 같이 두 방향의 운동이 동시에 일어나는 나선 운동을 하게 된다.

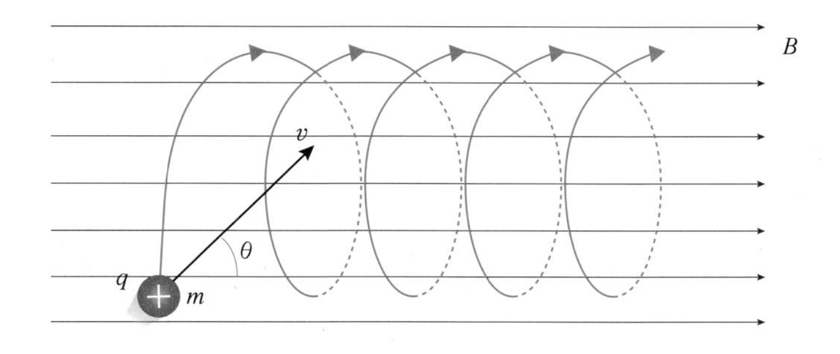

1. 대전 입자의 운동에 대하여 자기장에 수직인 속도 성분 v_y 와 평행한 속도 성분 v_x 를 이용하여 설명하고, 이 대전 입자가 받는 자기력을 구하시오.

2. 위와 같은 동일한 상황에서 자기장 B 가 균일하지 않고 점점 세지는 경우 대전 입자의 운동에 대하여 서술하시오.

http://cafe.naver.com/creativeini

무한 상상하는 법

1. 고개를 숙인다.
2. 고개를 든다.
3. 뛰어간다.
4. 무한상상한다.

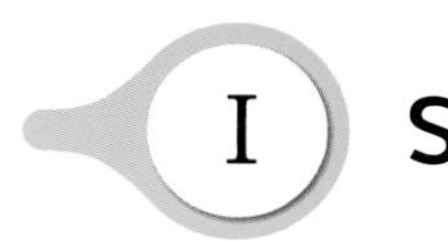

Appendix I

I SI 단위계

SI 기본 단위

다음과 같이 7개의 물리량의 단위를 기본 단위로 한다.

물리량	명칭	단위	정의
길이	미터(meter)	m	1 m = 빛이 진공 중에서 1/299.792.458 초 동안 진행한 경로의 길이
질량	킬로그램 (kilogram)	kg	1 kg = 국제 킬로그램 원기의 질량 국제 킬로그램 원기 : 프랑스의 무게와 측정에 관한 국제 사무국의 Serveres 지하실에 보관되어 있는 백금과 이리듐의 합금으로 특수 제작한 원기둥
시간	초 (second)	s	1 s = 세슘-133 원자의 바닥 상태에 있는 두 개의 초미세 준위 사이의 전이에 해당하는 복사선이 가지는 주기의 9,192,631,770 배에 해당하는 시간
전류	암페어 (ampere)	A	1 A = 진공 중에서 1 m 떨어져 있고, 단면적을 무시할 수 있는 무한히 긴 평행 도체 사이에 미터당 2×10^{-7} N 의 힘이 작용하도록 하는 정상 전류
열역학적 온도	켈빈(Kelvin)	K	1 K = 물의 삼중점의 열역학적 온도의 1/273.16 인 온도(열역학적 온도 단위)
물질의 양	몰 (mole)	mol	1 mol = 질량수 12 인 탄소 0.012 kg 에 있는 탄소 원자의 수와 같은 실체들을 포함하고 있는 계에 있는 물질의 양
광도	칸델라 (candeka)	cd	1 cd = 임의의 방향으로 진동수 540×10^{12} Hz 인 단색 복사선을 방출하고 그 방향으로 스테라디안당 1/683 W 의 복사 세기를 가지는 광원의 발광 강도

SI 유도 단위

7개의 물리량의 단위를 기본 단위로 하여 다음과 같은 물리량의 단위가 정의된다.

물리량	명칭	기호		SI 단위계에 바탕을 둔 단위
속력(속도)	초당 미터	m/s		m/s
각속도	초당 라디안	rad/s		s^{-1}
힘	뉴턴(newton)	N	$1\ N = 1\ kg \cdot m/s^2$	$kg \cdot m/s^2$
일, 에너지, 열량	줄(joule)	J	$1\ J = 1\ N \cdot m$	$kg \cdot m^2/s^2$
일률, 전력	와트(watt)	W	$1\ W = 1\ J/s$	$kg \cdot m^2/s^3$
진동수	헤르츠(hertz)	Hz	$1\ Hz = 1 s^{-1}$	s^{-1}
압력	파스칼(pascal)	Pa	$1\ pa = 1N/m^2$	$kg/m \cdot s^2$
전기 저항	옴(ohm)	Ω	$1\ \Omega = 1\ V/A$	$kg \cdot m^2/A^2 \cdot s^3$
전위차, 기전력	볼트(volt)	V	$1\ V = 1\ W/A = 1\ J/C$	$kg \cdot m^2/A \cdot s^3$
전하량	쿨롬(coulomb)	C	$1\ C = 1\ A \cdot s$	$A \cdot s$
전기 용량	패럿(farad)	F	$1\ F = 1\ A \cdot s/V$	$A^2 \cdot s^4/kg \cdot m^2$
전기력선속, 자기력선속	웨버(weber)	Wb	$1\ Wb = 1\ V \cdot s$	$kg \cdot m^2/A \cdot s^2$
자기장, 자속 밀도	테슬라(tesla)	T	$1\ T = 1\ Wb/m^2$	$kg/A \cdot s^2$
유도 계수(인덕턴스)	헨리(henry)	H	$1\ H = 1\ V \cdot s/A$	$kg \cdot m^2/A^2 \cdot s^2$
엔트로피	줄/켈빈	J/K		

SI 추가 단위

물리량	단위명	기호	정의
각도	라디안(radian)	rad	1 rad = 원둘레에서 반지름의 길이와 같은 호를 자르는 두 반지름 사이의 평면각
입체각	스테라디안(steradian)	sr	1 sr = 구의 반지름의 제곱과 넓이가 같은 구면 위의 넓이에 대하여 구의 중심으로부터 잘리는 입체각

SI 접두사

10의 지수	접두사	기호(약자)	10의 지수	접두사	기호(약자)
10^{-24}	약토(yocto)	y	10^{1}	데카(deka)	da
10^{-21}	젭토(zepto)	z	10^{2}	헥토(hecto)	h
10^{-18}	아토(atto)	a	10^{3}	킬로(kilo)	k
10^{-15}	펨토(femto)	f	10^{6}	메가(mega)	M
10^{-12}	피코(pico)	p	10^{9}	기가(giga)	G
10^{-9}	나노(nano)	n	10^{12}	테라(tera)	T
10^{-6}	마이크로(micro)	μ	10^{15}	페타(peta)	P
10^{-3}	밀리(milli)	m	10^{18}	엑사(exa)	E
10^{-2}	센티(centi)	c	10^{21}	제타(zetta)	Z
10^{-1}	데시(deci)	d	10^{24}	요타(yotta)	Y

그리스 알파벳

이름	대문자	소문자	영문 이름	대문자	소문자
알파(Alpha)	A	α	뉴(Nu)	N	ν
베타(Beta)	B	β	크사이(Xi)	Ξ	ξ
감마(Gamma)	Γ	γ	오미크론(Omicron)	O	o
델타(Delta)	Δ	δ	파이(Pi)	Π	π
엡실론(Epsilon)	E	ε	로(Rho)	P	ρ
제타(Zeta)	Z	ζ	시그마(Sigma)	Σ	σ
에타(Eta)	H	η	타우(Tau)	T	τ
시타(Theta)	Θ	θ	입실론(Upsilon)	Υ	υ
이오타(Iota)	I	ι	파이(Phi)	Φ	ϕ
카파(Kappa)	K	κ	카이(Chi)	X	χ
람다(Lambda)	Λ	λ	프사이(Psi)	Ψ	ψ
뮤(Mu)	M	μ	오메가(Omega)	Ω	ω

Ⅱ 주요 상수와 자료

주요 물리 상수

물리량	기호	상수값
원자 질량 단위(atomic mass unit)	u	$1.660\ 538\ 782 \times 10^{-27}$ kg
전자의 정지 질량(electron rest mass)	m_e	$9.109\ 382\ 15 \times 10^{-31}$ kg
중성자의 정지 질량(neutron rest mass)	m_n	$1.674\ 927\ 211 \times 10^{-27}$ kg
양성자의 정지 질량(proton rest mass)	m_p	$1.672\ 621\ 637 \times 10^{-27}$ kg
전자의 비전하(electron specific charge)	e/m_e	$1.758\ 819\ 62 \times 10^{11}$ C/kg
기본 전하량(elementary electric charge)	e	$1.602\ 176\ 487 \times 10^{-19}$ C
보어 반지름(Bohr radius)	a_0, r_B	$5.291\ 772\ 085\ 9 \times 10^{-11}$ m
플랑크 상수(Planck constant)	h	$6.626\ 075\ 5 \times 10^{-34}$ J·s
볼츠만 상수(Boltzmann constant)	k	$1.380\ 650\ 4 \times 10^{-23}$ J/K
슈테판-볼츠만 상수(Stefan Boltzmann constant)	σ	$5.670\ 51 \times 10^{-8}$ W/m²·K⁴
리드베리 상수(Rydberg constant)	R_∞	$1.097\ 373\ 153\ 4 \times 10^{7}$ m⁻¹
패러데이 상수(Faraday constant)	F	$9.648\ 530\ 9 \times 10^{4}$ C/mol
아보가드로수(Avogadro constant)	N_A	$6.022\ 141\ 79 \times 10^{23}$ mol⁻¹
기체 상수(molar gas costant)	R	8.314 472 J/mol·K
만유인력 상수(universal gravitational constant)	G	$6.674\ 28 \times 10^{-11}$ N·m²/kg²
중력 가속도(gravitational acceleration)	g	9.806 65 m/s
열의 일당량(mechanical equivalent of heat)	J	4.1855×10^{3} J/kcal
진공에서 빛의 속력(speed of light in vacuum)	c	$2.997\ 924\ 58 \times 10^{8}$ m/s
진공 유전율(permittivity of vacuum)	ε_0	$8.854\ 187\ 817 \times 10^{-12}$ C²/N·m²
진공 투자율(permeability of vacuum)	μ_0	$1.256\ 637\ 06 \times 10^{-6}$ H/m

태양계 자료

태양/행성	질량(kg)	평균 반지름(m)	태양으로부터의 평균 거리(m)
태양	1.989×10^{30}	6.96×10^{8}	-
수성	3.30×10^{23}	2.44×10^{6}	5.79×10^{10}
금성	4.87×10^{24}	6.05×10^{6}	1.08×10^{11}

물체	질량(kg)	평균 반지름(m)	태양으로부터의 평균 거리(m)
지구	5.97×10^{24}	6.37×10^{6}	1.496×10^{11}
화성	6.42×10^{23}	3.39×10^{6}	2.28×10^{11}
목성	1.90×10^{27}	6.99×10^{7}	7.78×10^{11}
토성	5.68×10^{26}	5.82×10^{7}	1.43×10^{11}
천왕성	8.68×10^{25}	2.54×10^{7}	2.87×10^{11}
해왕성	1.02×10^{26}	2.46×10^{7}	4.50×10^{11}
달	7.35×10^{22}	1.74×10^{6}	-

자주 사용되는 과학 자료

지구 - 달 평균 거리	3.84×10^{8} m
지구 - 태양 평균 거리	1.496×10^{11} m
공기 밀도(20℃, 1 atm)	1.20 kg/m^3
공기 밀도(0℃, 1 atm)	1.29 kg/m^3
물의 밀도(20℃, 1 atm)	1×10^{3} kg/m^3

Ⅲ 자주 사용되는 수학 공식

간단한 수학 공식

❶ 인수분해

$ax + ay + az = a(x + y + z)$ $a^2 + 2ab + b^2 = (a + b)^2$ $a^2 - b^2 = (a + b)(a - b)$

❷ 이차 방정식의 근

이차 방정식의 일반적인 형태 $ax^2 + bx + c = 0 \Rightarrow x = \dfrac{-b \pm \sqrt{b^2 - 4ac}}{2a}$

❸ 무리수 간단 계산

$\sqrt{2} \fallingdotseq 1.4$ $\sqrt{3} \fallingdotseq 1.7$ $(\sqrt{2})^2 = \sqrt{2} \times \sqrt{2} = 2$ $(\sqrt{3})^2 = \sqrt{3} \times \sqrt{3} = 3$

$\sqrt{2} \times \sqrt{3} = \sqrt{6}$ $\sqrt{6} = \sqrt{2 \times 3} = \sqrt{2} \times \sqrt{3}$ $\sqrt{8} = \sqrt{2 \times 2 \times 2} = 2\sqrt{2}$

$\dfrac{1}{\sqrt{2}} = \dfrac{1 \times \sqrt{2}}{\sqrt{2} \times \sqrt{2}} = \dfrac{\sqrt{2}}{2}$ $\dfrac{1}{\sqrt{3}} = \dfrac{1 \times \sqrt{3}}{\sqrt{3} \times \sqrt{3}} = \dfrac{\sqrt{3}}{3}$

삼각 함수 / 지수 함수와 대수 함수

❶ 직각 삼각형의 세 변의 길이 사이의 관계

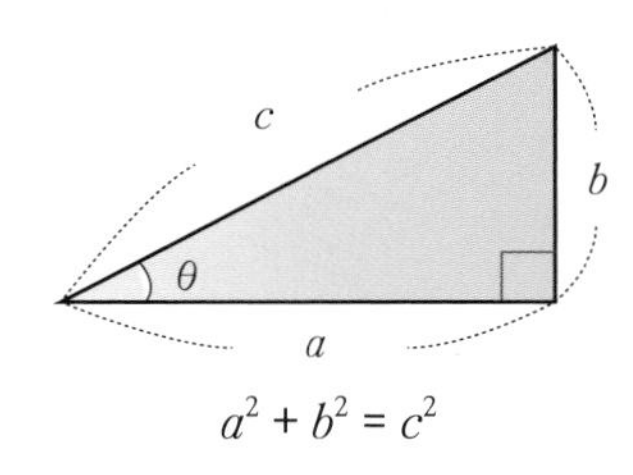

$a^2 + b^2 = c^2$

$\sin\theta = \dfrac{b}{c} \Rightarrow b = c\sin\theta$

$\cos\theta = \dfrac{a}{c} \Rightarrow a = c\cos\theta$

$\tan\theta = \dfrac{b}{a} \Rightarrow b = a\tan\theta$

θ	$30° = \frac{\pi}{6}$	$45° = \frac{\pi}{4}$	$60° = \frac{\pi}{3}$
$\sin\theta$	$\frac{1}{2}$	$\frac{\sqrt{2}}{2}$	$\frac{\sqrt{3}}{2}$
$\cos\theta$	$\frac{\sqrt{3}}{2}$	$\frac{\sqrt{2}}{2}$	$\frac{1}{2}$
$\tan\theta$	$\frac{\sqrt{3}}{3}$	1	$\sqrt{3}$

※ $360° = 2\pi$ (rad) 이므로 $30° = \frac{\pi}{6}$, $45° = \frac{\pi}{4}$, $60° = \frac{\pi}{3}$, $90° = \frac{\pi}{2}$, $180° = \pi$ (rad) 이 된다.

❷ 삼각비 증명

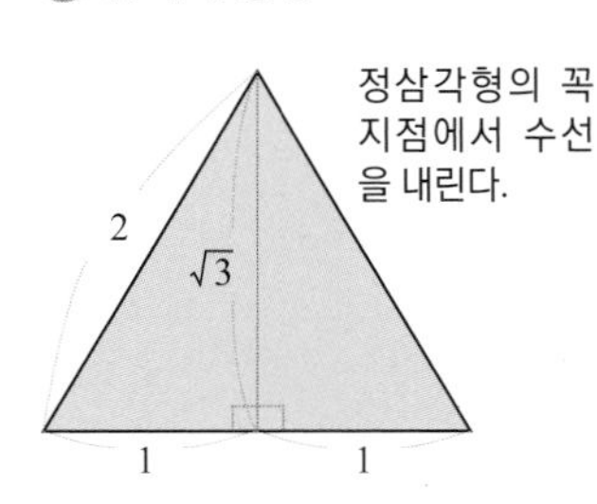

정삼각형의 꼭지점에서 수선을 내린다.

2(c) 1(b) 30° √3 (a)

$\sin30° = \dfrac{b}{c} = \dfrac{1}{2}$, $\cos30° = \dfrac{a}{c} = \dfrac{\sqrt{3}}{2}$,

$\tan30° = \dfrac{b}{a} = \dfrac{1}{\sqrt{3}} = \dfrac{\sqrt{3}}{3}$

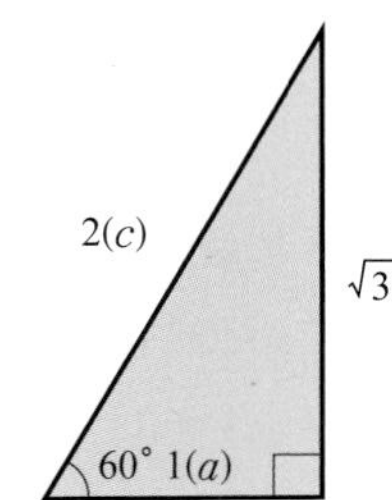

√3 (b)

$\sin60° = \dfrac{b}{c} = \dfrac{\sqrt{3}}{2}$,

$\cos60° = \dfrac{a}{c} = \dfrac{1}{2}$,

$\tan60° = \dfrac{b}{a} = \sqrt{3}$

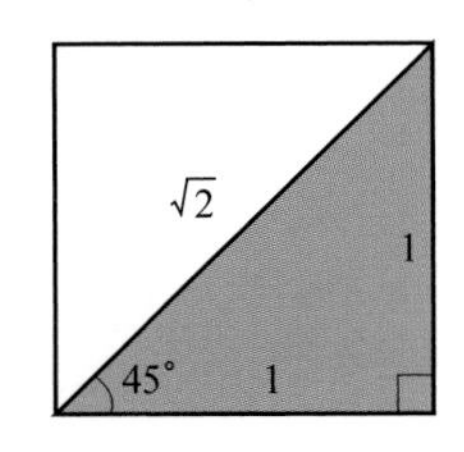

한 변의 길이가 1인 정사각형의 대각선의 길이는 $\sqrt{2}$ 이다.

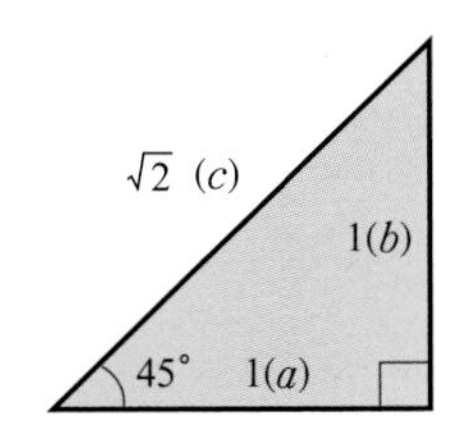

$\sin 45^\circ = \frac{b}{c} = \frac{1}{\sqrt{2}} = \frac{\sqrt{2}}{2}$

$\cos 45^\circ = \frac{a}{c} = \frac{1}{\sqrt{2}} = \frac{\sqrt{2}}{2}$

$\tan 45^\circ = \frac{b}{a} = 1$

❸ 삼각 함수의 여러 관계식

$\sin^2\theta + \cos^2\theta = 1\csc^2\theta - \cot^2\theta = 1$ $\quad$ $\sec^2\theta - \tan^2\theta = 1$

$\tan\theta = \frac{\sin\theta}{\cos\theta}$ $\quad$ $\csc\theta$ (코시컨트) $= \frac{1}{\sin\theta}$ $\quad$ $\sec\theta$ (시컨트) $= \frac{1}{\cos\theta}$ $\quad$ $\cot\theta$ (코탄젠트) $= \frac{1}{\tan\theta}$

$\sin\theta = \cos(90^\circ - \theta)$ $\quad$ $\cos\theta = \sin(90^\circ - \theta)$ $\quad$ $\cot\theta = \tan(90^\circ - \theta)$

$\sin(-\theta) = -\sin\theta$ $\quad$ $\cos(-\theta) = \cos\theta$ $\quad$ $\tan(-\theta) = -\tan\theta$

$\sin\left(\frac{\pi}{2} - \theta\right) = \cos\theta$ $\quad$ $\sin\left(\frac{\pi}{2} + \theta\right) = \cos\theta$ $\quad$ $\sin\left(\theta \pm \frac{\pi}{2}\right) = \mp\cos\theta$

$\cos\left(\frac{\pi}{2} - \theta\right) = \sin\theta$ $\quad$ $\cos\left(\frac{\pi}{2} + \theta\right) = -\sin\theta$ $\quad$ $\sin\left(\theta \pm \frac{\pi}{2}\right) = \mp\sin\theta$

$\sin(\pi - \theta) = \sin\theta$ $\quad$ $\sin(\pi + \theta) = -\sin\theta$ $\quad$ $\sin(\theta \pm \pi) = -\sin\theta$

$\cos(\pi - \theta) = -\cos\theta$ $\quad$ $\cos(\pi + \theta) = -\cos\theta$ $\quad$ $\cos(\theta \pm \pi) = -\cos\theta$

$\sin(\alpha \pm \beta) = \sin\alpha\cos\beta \pm \cos\alpha\sin\beta$ $\quad$ $\cos(\alpha \pm \beta) = \cos\alpha\cos\beta \mp \sin\alpha\sin\beta$

$\tan(\alpha \pm \beta) = \frac{\tan\alpha \pm \tan\beta}{1 \mp \tan\alpha\tan\beta}$

$\sin 2\theta = 2\sin\theta\cos\theta$ $\quad$ $\cos 2\theta = \cos^2\theta - \sin^2\theta = 2\cos^2\theta - 1 = 1 - 2\sin^2\theta$ $\quad$ $\tan 2\theta = \frac{2\tan\theta}{1 - \tan^2\theta}$

$\sin^2\frac{\theta}{2} = \frac{1}{2}(1 - \cos\theta)$ $\quad$ $\cos^2\theta = \frac{1}{2}(1 + \cos\theta)$ $\quad$ $\tan^2\theta = \frac{1 - \cos\theta}{1 + \cos\theta}$

$\sin\alpha\cos\beta = \frac{1}{2}[\sin(\alpha + \beta) + \sin(\alpha - \beta)]$ $\quad$ $\cos\alpha\cos\beta = \frac{1}{2}[\cos(\alpha + \beta) + \cos(\alpha - \beta)]$

$\sin\alpha\sin\beta = -\frac{1}{2}[\cos(\alpha + \beta) - \cos(\alpha - \beta)]$

$\sin\alpha + \sin\beta = 2\sin\frac{\alpha + \beta}{2}\cos\frac{\alpha - \beta}{2}$ $\quad$ $\sin\alpha - \sin\beta = 2\cos\frac{\alpha + \beta}{2}\sin\frac{\alpha - \beta}{2}$

$\cos\alpha + \cos\beta = 2\cos\frac{\alpha + \beta}{2}\cos\frac{\alpha - \beta}{2}$ $\quad$ $\cos\alpha - \cos\beta = -2\sin\frac{\alpha + \beta}{2}\sin\frac{\alpha - \beta}{2}$

❹ 지수 함수와 대수 함수의 기본 공식

$e = 2.718281\cdots$ $\quad$ $e^0 = 1$ $\quad$ $e^\infty = \infty$ $\quad$ $e^{\ln x} = x$

$e^{-\ln x} = \frac{1}{x}$ $\quad$ $e^x e^y = e^{x+y}$ $\quad$ $(e^x)^y = e^{xy} = (e^y)^x$ $\quad$ $y = e^x$ 이면 $x = \ln y$

$\log 1 = 0$ $\quad$ $\log 10 = 1$ $\quad$ $\log 10^x = x$

$\log x^n = n\log x$ $\quad$ $\log(x^m \times y^n) = m\log x + n\log y$

$\ln e = 1$ $\quad$ $\ln 1 = 0$ $\quad$ $\ln e^x = x$

$\ln(xy) = \ln x + \ln y$ $\quad$ $\ln\left(\frac{x}{y}\right) = \ln x - \ln y$

미분과 적분

❶ 미분

y 의 x 에 대한 P점에서의 도함수는 Δx 가 0 으로 접근할 때 x–y 곡선 위의 P, Q 두 점 사이에 그린 직선의 기울기의 극한값이다.

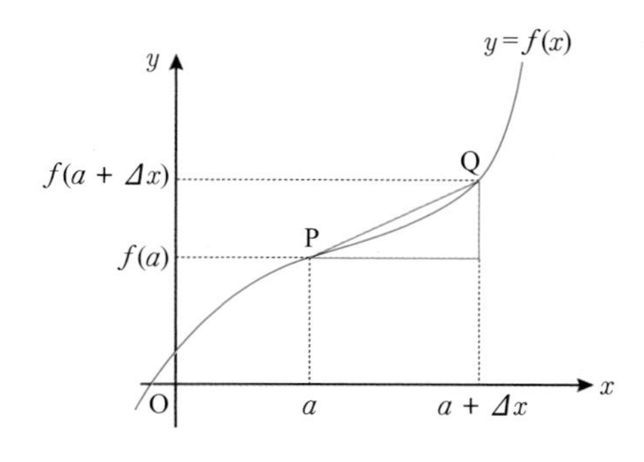

함수 $y=f(x)$ 의 평균 변화율의 극한값

$$\lim_{\Delta x \to 0}\frac{\Delta y}{\Delta x} = \lim_{\Delta x \to 0}\frac{f(a+\Delta x)-f(a)}{\Delta x} = \lim_{\Delta x \to a}\frac{f(x)-f(a)}{x-a}$$

가 존재하면 함수 $y=f(x)$ 는 $x=a$ 에서 미분 가능하다고 한다.

이 극한값을 함수 $f(x)$ 의 $x=a$ 에서의 순간 변화율 또는 미분 계수라고 하고, 기호로 $f'(a)$, $\frac{dy}{dx}$ 로 나타낸다.

함수 $y=ax^n$ (a, n 은 상수)를 미분하면, $\frac{dy}{dx}=nax^{n-1}$

❷ 여러 함수의 미분 (a, n 은 상수)

$\frac{d}{dx}(a)=0$

$\frac{d}{dx}(ax^n)=nax^{n-1}$

$\frac{d}{dx}(\sin ax)=a\cos ax$

$\frac{d}{dx}(\cos ax)=-a\sin ax$

$\frac{d}{dx}(\tan ax)=a\sec^2 ax$

$\frac{d}{dx}(\cot ax)=-a\csc^2 ax$

$\frac{d}{dx}(\sec x)=\tan x\sec x$

$\frac{d}{dx}(\csc x)=-\cot x\csc x$

$\frac{d}{dx}(e^{ax})=ae^{ax}$

$\frac{d}{dx}(\ln ax)=\frac{1}{x}$

$\frac{d}{dx}(a^x)=a^x\ln a$

❸ 적분

연속 함수 $f(x)$ 에 대하여 적분은 곡선 $f(x)$ 와 오른쪽 그림과 같이 x 축의 두 점 x_1, x_2 로 둘러싸인 넓이로 나타낼 수 있다.

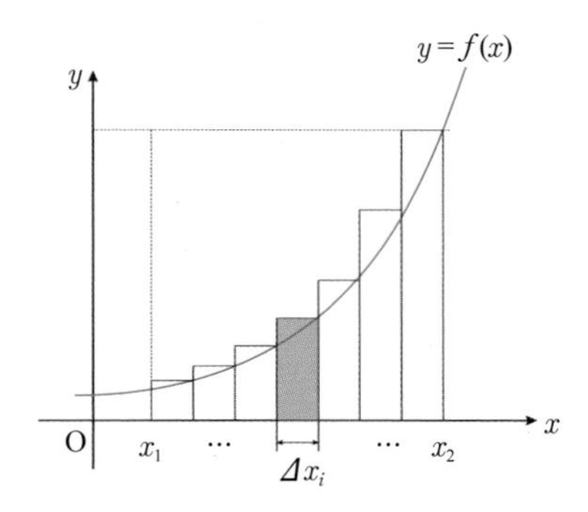

파란색 부분의 넓이는 대략 $f(x_i)\Delta x_i$ 이며, x_1 과 x_2 사이의 이런 모든 넓이를 더하고, 이 합을 $\Delta x_i \to 0$ 의 극한을 취하면 $f(x)$ 와 x_1 과 x_2 사이의 x 축에 둘러싸인 실제 넓이를 얻게 된다.

$$\text{넓이} = \lim_{\Delta x_i \to 0}\sum_i f(x_i)\Delta x_i = \int_{x_1}^{x_2} f(x)dx$$

❹ 적분 공식

$\int x^n dx = \frac{x^{n+1}}{n+1} + C$ ($n \neq -1$ 인 경우)

$\int x^{-1} dx = \ln x + C$

$\int \sin ax\, dx = -\frac{1}{a}\cos ax + C$

$\int \cos ax\, dx = \frac{1}{a}\sin ax + C$

$\int \tan ax\, dx = -\frac{1}{a}\ln(\cos ax) + C$

$\int e^{ax}dx = \frac{1}{a}e^{ax} + C$

$\int \ln ax\, dx = (x\ln ax) - x + C$

$\int a^x\, dx = \frac{a^x}{\ln a} + C$

MEMO

세상은 재미난 일로
가득 차 있지요!

무한상상

새 교과과정 +α

세페이드

고등학교 물리학 I 상

정답 및 해설

무한상상

세페이드 변광성은 지구에서
은하까지의 거리를 재는 기준별이며
우주의 등대라고 불린다.

과학 학습의 지평을 넓히다!

창의력과학의 대표 브랜드

창의력과학 세페이드 시리즈 !

세페이드

고등학교 물리학 I

정답 및 해설

무한상상

I 시공간과 우주

1강 운동의 분석

개념확인

10 ~ 13 쪽

01. 평균 속도의 크기 : 1 km/h, 평균 속력 : 1.4 km/h
02. 힘 03. 9 m (+방향) 04. <해설 참조>

01. 답 평균 속도의 크기 : 1 km/h, 평균 속력 : 1.4 km/h
해설 이동 거리는 3 km + 4 km = 7 km 이고, 피타고라스 정리를 이용하면 변위의 크기는 5 km 이다. 5초가 걸렸으므로, 평균 속도의 크기는 $\frac{5}{5}$ = 1 km/h 이다. 평균 속력은 $\frac{7}{5}$ = 1.4 km/h 이다.

02. 물체가 힘을 받으면 힘의 방향으로 가속도가 발생한다.

03. 답 9 m
해설 물체가 2 m/s² 의 등가속도 직선 운동하고 있고, 처음에 정지해있었으므로 처음 속도가 0 이다. 따라서 변위는
$s = v_0t + \frac{1}{2}at^2 = 0 + \frac{1}{2} \times 2 \times 3^2 = 9$ m (+ 방향)

04. 답 아래 그림 (다)처럼 그린다.
해설

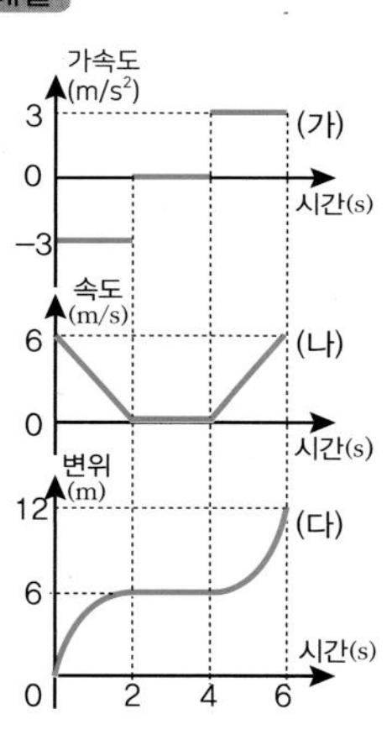

처음 속도(v_0)는 6 m/s 이고, 그래프 (가)에서 2초 동안 속도는 그래프 면적 2×(-3)=-6(m/s) 만큼 줄어 2초 때의 속도는 0 이고, 물체는 정지한다. 2~4초 에는 가속도=0 이므로 속도의 변화가 없이 정지 상태이다. 4~6초는 그래프(가)에서 속도가 2×3=6 만큼 증가하여 6초 때 속도는 6m/s이다. 그래프 (나)의 면적이 변위이고, 0~2초는 6m, 2~4초는 0, 4~6초는 6m 변위가 발생하여 최종 변위는 12m 이다. 그래프 (다)에서 0~2초는 그래프 기울기 감소, 4~6초는 기울기가 증가한다.

확인 +

10 ~ 13 쪽

01. 서쪽 140 km/h 02. 1 m/s² 03. 12 m, 0.5 m/s²

01. 답 서쪽 140 km/h
해설 동쪽을 + 로 하면 트럭의 속도는 - 80 km/h 이며, 자동차가 바라본 트럭의 속도 = - 80 - (60) = - 140 km/h, 서쪽으로 140 km/h이다.

02. 답 1 m/s²
해설 그래프의 기울기가 속도이다. 처음 속도(t=0 에서의 기울기)는 1 m/s 이고, 2초에는 기울기(속도)가 - 1 m/s 이므로,
평균 가속도 = $\frac{v_2 - v_1}{\Delta t} = \frac{-1-1}{2}$ = - 1 m/s² (크기 1 m/s²) 이다.

03. 답 12 m, 0.5 m/s²
해설 속도 - 시간 그래프의 기울기는 가속도이고 그래프의 기울기가 일정하므로 등가속도 운동이다.
가속도 = $\frac{4-3}{4-2}$ = 0.5 m/s²
속도 - 시간 그래프의 아래 면적은 변위가 된다. 가속도(=그래프의 기울기)는 0.5 m/s²이고, 2초 때 속도는 3 m/s 이므로, 처음 속도는 다음과 같이 구할 수 있다.
$v = v_0 + at$ ⇨ $3 = v_0 + (0.5 \times 2)$, $\therefore v_0 = 2$ m/s
변위 = 사다리꼴의 넓이 = 12 m

개념 다지기

14 ~ 15 쪽

01. 50 m 02. ③ 03. 평균 04. C
05. ② 06. ③ 07. ② 08. ⑤

01. 답 50 m
해설 P점에서 Q점까지의 직선 거리는 50 m 이고, 이것이 변위의 크기이다.

02. 답 ③
해설 변위의 크기는 원점에서 마지막 도착 지점까지의 직선 거리이다. 5² + 12² = 13² 이므로 변위의 크기 = 13 m 이다.
이때 걸린 시간이 13초이므로 속도의 크기는 1m/s 이다.

03. 답 평균
해설 평균 속도의 크기(파란색 선의 기울기) : 원점에서 A초에서의 변위를 이은 선의 기울기이다.
순간 속도의 크기(녹색 선의 기울기) : A초에서의 접선의 기울기이다.
파란색 선의 기울기가 녹색 선의 기울기보다 크므로, 평균 속도가 더 크다.

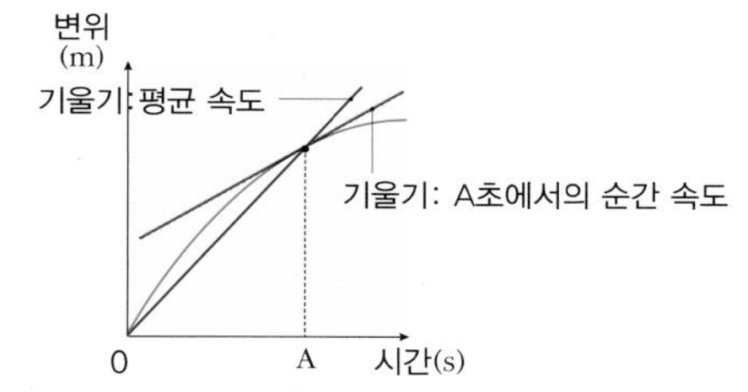

04. 답 C
해설 오른쪽 방향을 + 로 정하면.
A가 본 B의 상대 속도 = - 80 - (- 60) = - 20(km/h)(속력 20)
A가 본 C의 상대 속도 = 50 - (- 60) = 110(km/h)(속력 110)
자동차 A가 봤을 때 C 자동차가 B보다 속력이 빠르다.

05. 답 ②
해설 가속도와 속도는 모두 +값으로 같은 방향이다. 가속도 a는 1 m/s²이고, 처음 속도(v_0)는 3m/s 이다. 따라서 4초일 때의 속도는 $v = v_0 + at = 3 + 1 \times 4 = 7$ m/s.

06. 답 ③

해설 오른쪽 방향을 + 로 했을 때, 가속도는 $-2\ m/s^2$이고, 처음 속도는 1 m/s 로 쓸 수 있다.

$s = v_0t + \frac{1}{2}at^2 = 1 \times 5 + \frac{1}{2} \times (-2) \times 5^2 = -20$ m(변위)

∴ 5초 후 물체의 위치는 왼쪽 20 m 이다.

07. 답 ②

해설 6초 동안 속도가 2 m/s 에서 11 m/s 로 증가하였고, 가속도는 일정하지 않을 수도 있다. 이런 경우 평균 가속도는

$\frac{\Delta v(\text{나중 속도 - 처음 속도})}{\Delta t(\text{걸린 시간})}$ 로 구한다.

∴ 평균 가속도 (크기) = $\frac{11-2}{6} = 1.5\ m/s^2$(방향 +)

08. 답 ⑤

ㄱ, ㄷ. 변위가 증가하고, 그래프의 접선의 기울기(= 순간 속도)가 점점 증가하므로 가속도의 방향과 운동 방향이 같음을 알 수 있다.

ㄴ. 관측자로부터 변위가 점점 증가한다.

유형 익히기 & 하브루타

16 ~ 19 쪽

유형 1-1	(1) 50 m (2) $10\sqrt{17}$ m (3) 0		
		01. ②	02. ③
유형 1-2	③	03. ④	04. ①
유형 1-3	⑤	05. ②	06. ④
유형 1-4	③	07. ④	08. ④

[유형1-1] 답 (1) 50 m (2) $10\sqrt{17}$ m (3) 0

해설 (1) P~Q 화살표의 길이가 변위의 크기이다. 50 m 이다.

(2) P~Q~O 경로의 변위는 화살표 PO이다. 출발점은 P점, 도착점은 O점이다. 변위의 크기는 화살표의 길이 $\sqrt{40^2+10^2} = 10\sqrt{17}$ m 이다.

(3) 원 위치로 다시 돌아와 위치의 변동이 없으므로 변위는 0 이다.

01. 답 ②

해설 5초 동안 오른쪽으로 25 m 운동하였고, 7초 동안 왼쪽으로 28 m 운동하였으므로, 최종적으로 12초 후에 출발점에서 왼쪽으로 3 m 위치에 있다.

02. 답 ③

해설 위치의 변동량(변위)는 출발 지점과 도착 지점의 직선 거리이므로 20 m 이다. 이동 거리는 반원의 둘레 $\pi r = 3 \cdot 10 = 30$ m 이다.

[유형1-2] 답 ③

해설 속도 - 시간 그래프에서 그래프와 시간축 사이의 넓이가 변위이다. 직선 운동이므로 변위의 크기가 이동 거리와 같다.

ㄱ. A가 움직인 거리(변위의 크기)는 A 그래프의 아래 넓이 이다.
A의 이동 거리(변위의 크기) = $vt = 4 \times 2 = 8$ m

ㄴ. 시간이 t 일 때 B의 변위 = $-2t$ 이다. 시간이 지날수록 B의 변위의 크기는 커지기 때문에 B의 이동 거리는 증가한다.

ㄷ. 2초 때 A와 B 사이의 거리는 8 - (- 4) = 12m이고, 3초 때 A와 B 사이의 거리는 12 - (- 6) = 18 m이므로 둘의 차이는 6 m 이다.

03. 답 ④

해설 두 기차가 만날 때는 신호등으로부터의 변위가 같을 때이다. 만날 때까지 파란 기차가 걸린 시간을 t 라고 할 때, 빨간 기차는 파란 기차보다 10초 먼저 신호등을 통과했으므로 $(t+10)$초 동안 이동했다. $25(t+10) = 30t$, $t = 50$초

04. 답 ①

해설 걸린 시간 = $\frac{240}{4} + \frac{300}{1}$ = 360초 = 6분

[유형1-3] 답 ⑤

해설 ㄱ. 자유 낙하는 정지해 있는 물체를 낙하시키는 것이므로 처음 속도(v_0)가 0 이다. 자유 낙하 거리를 s 라고 할 때

$s = v_0t + \frac{1}{2}at^2$, $v_0 = 0$ 이므로 $s = \frac{1}{2}at^2$ 이다.

같은 시간 동안 낙하 거리는 가속도와 비례한다. 즉, 쇠구슬의 자유 낙하 거리의 비는 가속도의 비와 같다.

지구에서의 낙하 가속도 : 달에서의 낙하 가속도 = 9.8 : 1.7 ≅ 6 : 1

즉, 지구에서의 10초 동안 자유 낙하한 거리는 달에서 10초 동안 자유 낙하한 거리의 약 6배이다.

ㄴ. 달에서 5초 동안 자유 낙하했을 때의 속도를 v 라고 하면

$v = at = 1.7 \times 5 = 8.5$ m/s

ㄷ. $v_0 = 0$ 이고, 같은 방향으로 기차는 20초 동안, 자동차는 5초 동안 등가속도 운동하였다. 변위(s)의 차를 구하면 기차와 자동차 사이의 거리를 구할 수 있다. $s = v_0t + \frac{1}{2}at^2$ 이므로

기차의 변위 = $\frac{1}{2} \times 0.2 \times 20^2 = 40$ m

자동차의 변위 = $\frac{1}{2} \times 5.2 \times 5^2 = 65$ m

따라서, 자동차가 기차보다 25 m 앞서 있다.

05. 답 ②

해설

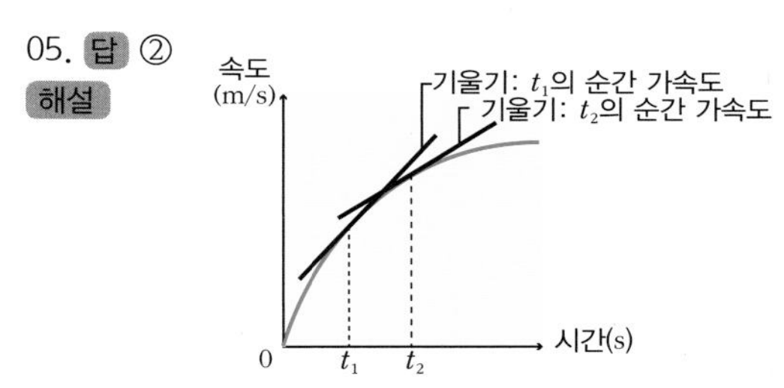

ㄱ. 직선 상에서 운동하므로 속력은 속도의 크기이다. t_1에서보다 t_2에서 속력(속도의 크기)이 더 크다.

ㄴ. 순간 가속도의 크기는 속도 - 시간 그래프의 접선의 기울기이다. t_2에서 접선 기울기가 더 작기 때문에 t_2에서 순간 가속도의 크기가 t_1 일 때보다 작다.

ㄷ. 속도 - 시간 그래프 아래의 넓이가 변위이다. t_2 는 $2t_1$ 이므로 넓이는 $0 \sim t_1$에서보다 $t_1 \sim t_2$ 이 더 넓다. 따라서 0 에서 t_1까지 변위가 $t_1 \sim t_2$ 의 변위보다 작다.

06. 답 ④

해설 ㄱ. 오른쪽을 (+) 방향으로 할 때, A가 기준선을 2 m/s 로 통과하였고 B는 정지 상태에서 같은 방향으로 출발하므로 A의 처음 속도는 2 m/s 이고, B의 처음 속도는 0 이다. 속력이 증가하는 가속도 운동이므로 두 물체의 가속도는 (+)이다. A, B의 가속도를 각각 a, $5a$ 라고 할 때, 5초 후의 각각의 속도는 다음과 같다.

A : $v_A = v_0 + at = 2 + 5a$ B : $v_B = 0 + 5at = 25a$

∴ $2 + 5a = 25a$, $a = 0.1(m/s^2)$

A의 가속도 = 0.1 m/s², B의 가속도 = 0.5 m/s² 이다.

ㄴ. B는 오른쪽으로 속도가 증가하는 등가속도 운동을 하고 있으므로 운동 방향과 가속도의 방향이 오른쪽으로 같고, 작용하는 힘의 방향은 가속도의 방향이다.

ㄷ. 6초까지의 변위는 $s = v_o t + \frac{1}{2}at^2$ 식에 의해 다음과 같다.

A의 변위 : $s = 2\times6 + \frac{1}{2}\times0.1\times6^2 = 13.8$(m)

B의 변위 : $s = \frac{1}{2}\times0.5\times6^2 = 9$(m)

직선 운동을 하기 때문에 변위와 이동 거리가 같다. 따라서 A와 B 사이의 거리의 차이는 13.8 - 9 = 4.8 m 이다.

[유형1-4] 답 ③

해설 가속도 - 시간 그래프에서 넓이는 속도 변화량과 같다. 이 물체의 처음 속도(v_o)는 4 m/s 이다.

0 ~ 2초 동안 속도 변화량 : $\frac{1}{2}\times(-2)\times2 = -2$ (m/s)

2 ~ 4초 동안 속도 변화량 : $\frac{1}{2}\times2\times2 = 2$ (m/s)

∴ 2초에서의 속도는 4 + (-2) = 2(m/s)

4초에서의 속도는 4 + (-2) + 2 = 4(m/s) 이다.

여기서 속도 - 시간 그래프는 다음과 같다. 0~4 초에서 가속도가 증가하므로 접선의 기울기가 증가하며, 4 초 이후는 가속도가 일정하므로 속도는 일정하게 증가하므로 직선이다. 4~10 초 에서 가속도-시간 그래프 면적은 12 이므로 이동안 12 m/s의 속도가 증가하여 10초에서의 속도는 4+12 = 16m/s 이다.

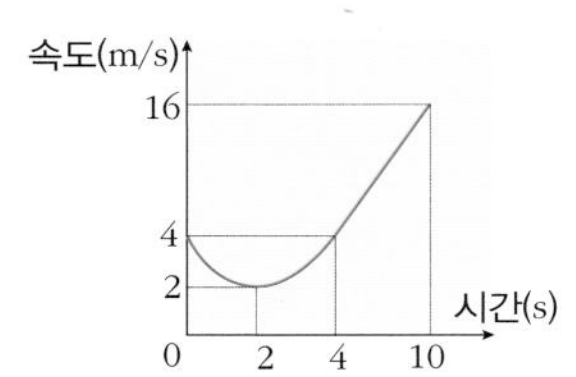

ㄱ. 속도가 감소하는 부분(가속도가 (-)인 부분인 0 ~ 2초)의 속도 감소량이 처음 속도인 4 보다 작기 때문에, 운동 방향은 바뀌지 않는다.

ㄴ. 변위는 속도 - 시간 그래프의 아래 부분의 넓이이다. 0 ~ 4초 사이에 이 물체는 계속 + 방향으로 운동하였고, 따라서 변위는 0 이 아니다.

ㄷ. 4초 이후에 2m/s²의 등가속도 운동을 한다. 4초에서의 속도는 4m/s 이다. 따라서 4초 이후 10초까지(6초 동안) 변위(+)는

$s(4\sim6초) = v_o t + \frac{1}{2}at^2 = 4\times6 + \frac{1}{2}\times2\times6^2 = 60$ m

07. 답 ④

해설 0 ~ 2초까지 속도 감소량 : 2×(-2) = -4(m/s)

처음 속도가 2 m/s 이므로 2초에서의 속도는 2 + (-4) = -2(m/s)

2~4초에는 속도 변화가 없으므로 속도는 -2(m/s)로 유지된다.

4 ~ 6초의 속도 증가량 : 2×2 = 4(m/s)이고, 4초 때의 속도가 -2(m/s)이므로 6초에서의 속도는 2m/s 이다. 다음과 같이 속도 - 시간 그래프를 그릴 수 있다.

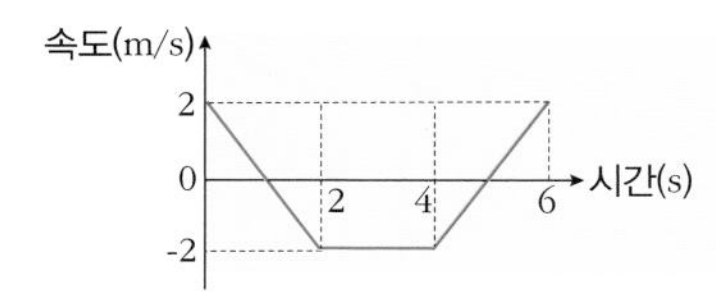

ㄱ. 직선 운동이고 0초에서 2초까지 속도는 2→ 0→ -2(m/s)로 감소하므로 속력(빠르기)은 느려졌다가 다시 빨라진다.

ㄴ. 2~4초에서 속도가 -2(m/s) 이기 때문에 물체는 뒤로 4 m 이동한다.

ㄷ. 속도 - 시간 그래프의 시간축과의 넓이가 변위이다. 0~6초 사이의 넓이 (= 변위) = -4 m 이므로 6초 때 물체는 출발점으로부터 출발 방향과 반대 방향으로 4m 의 위치에 있다.

08. 답 ④

해설 직선 운동에서 가속도의 방향과 속도의 방향이 같으면 속도가 증가하고, 가속도의 방향과 속도의 방향이 반대이면 속도가 감소한다. 속도가 일정할 때에는 가속도가 0이다.

ㄱ. B의 속도의 방향을 (+)라고 하면, B는 0 ~ 2초 동안은 속도는 (+)이고, 속도가 감소하므로 가속도의 방향은 (-)이다. 2 ~ 4초 동안은 가속도가 0이고, 4 ~ 6초 동안도 속도가 감소하므로 가속도의 방향(-)이다. 따라서, B는 가속도의 방향이 바뀌지 않는다.

ㄴ. a(가속도) = $\frac{\Delta v}{\Delta t}$ 이고 Δt 가 2초로 동일하므로 A와 B의 가속도의 크기는 속도의 변화량과 비례한다. 0 ~ 2초에서 A의 속도 변화량이 B의 속도 변화량보다 크기 때문에 가속도의 크기도 A가 B보다 더 크다.

ㄷ. 평균 속도는 물체의 변위를 걸린 시간으로 나눈 것이다. 변위는 속도-시간 그래프에서 그래프 아래 넓이이다. A, B 모두 걸린 시간은 6초로 동일하므로 변위가 클수록 평균 속도가 더 크다. A가 B보다 그래프 아래 면적이 더 크기 때문에 6초까지의 평균 속도의 크기도 A가 B보다 크다.

스스로 실력 높이기

20 ─ 29 쪽

01. 130, -30		02. (1) 4.2 (2) 3		03. 서, 6
04. 남서, $4\sqrt{2}$		05. ②	06. ①	07. ⑤
08. ④	09. ①	10. ③	11. ④	12. ④
13. ③	14. ①	15. ①	16. ③	17. ③
18. ②	19. ②	20. ⑤	21. ③	22. ②
23. ②	24. ④	25. ④	26. ④	27. ④
28. ①	29. ①	30. ④	31. ④	32. ⑤

33.(1) 3 : 1 (2) 1 : 3 　 34. (1) 10 (2) 150

35. (1) 0.41 m/s (2) 0.5 m/s, 0.41 m/s

36. (1) 86.25m (2) 토끼

37. (1) v_o = 50 m/s , $\tan\theta = \frac{3}{4}$(지면과의 각 : θ)

(2) a = 200 m/s², $-y$ 방향

38. 14 m/s

39. (1) $v_A = v_B > v_C = v_D$ 　 (2) $a_B > a_A > a_D > a_C$

01. 답 130, -30

해설 이동 거리는 무한이가 이동한 총 거리를 뜻하기 때문에 집에서 서점을 간 거리와 서점에서 학교까지의 거리를 다 더해야 한다.

이동 거리 = 50 + 50 + 30 = 130(m)

변위는 출발점인 집에 대한 학교의 위치이다. 따라서 변위 = -30(m)이다.

02. 답 (1) 4.2 m/s (2) 3 m/s

해설 평균 속력은 이동 거리를 시간으로 나눈 값이고, 평균 속도는 변위를 시간으로 나눠서 구한다. A→B→C 운동하는 동안, 시간은 5초가 걸렸고, 이동 거리는 21 m, 변위는 A와 C를 잇는 직선 거리로

15m 이다.

∴ 평균 속력 = $\frac{21}{5}$ = 4.2 m/s, 평균 속도(크기)= $\frac{15}{5}$ = 3 m/s

03. 답 서, 6

해설 A가 바라본 B의 속도는 v_B - v_A 이다. 동쪽 방향을 + 로 했을 때, v_B - v_A = - 4 - 2 = - 6(m/s) (서쪽 6 m/s)

04. 답 남서, $4\sqrt{2}$

해설 A가 바라본 B의 속도는 v_B - v_A 이다. 방향이 다른 경우는 평행사변형법을 이용한다. v_B - v_A = v_B +(- v_A) 이다.

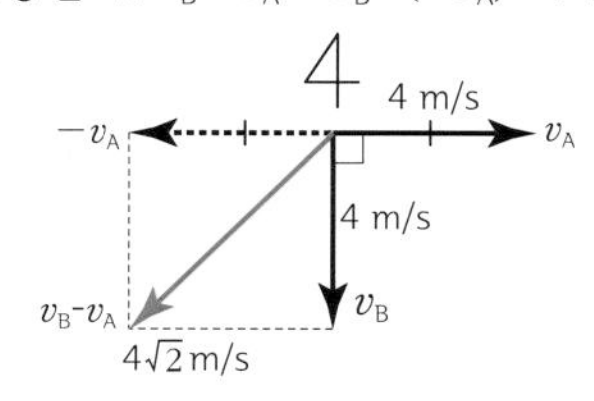

05. 답 ②

해설 속도 변화량 $\Delta v = v - v_0$ 이다. 방향이 다른 경우는 평행사변형법을 이용한다. $v - v_0 = v + (- v_0)$ 이다.

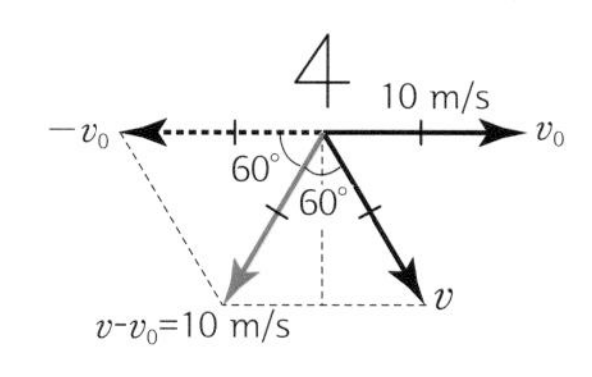

06. 답 ①

해설 처음 속도 36 km/h = $\frac{36000\text{m}}{3600\text{s}}$ = 10 m/s

나중 속도 72 km/h = $\frac{72000\text{m}}{3600\text{s}}$ = 20 m/s

평균 가속도 = $\frac{v_2 - v_1}{\Delta t}$ = $\frac{20 - 10}{10}$ = 1 m/s^2 이다.

07. 답 ⑤

해설 ㄱ. 가속도는 속도 변화량(Δv)을 걸린 시간으로 나눈 것이다. 이 경우는 등속 직선 운동으로 속도 변화량 = 0 이므로 가속도는 0 이다.

ㄴ, ㄷ. 속도 - 시간 그래프에서 그래프 아래의 넓이는 변위이다. 이때 직선 경로이기 때문에 변위의 크기와 이동 거리는 같다.

변위의 크기 = 이동 거리 = vt = 3 × 4 = 12(m)

08. 답 ④

해설 속도 - 시간 그래프의 기울기는 가속도이다. A, B의 가속도는 각각 다음과 같다.

$a_A = \frac{0 - 24}{4}$ = - 6(m/s^2), $a_B = \frac{0 - 20}{5}$ = - 4(m/s^2)

ㄱ. 자동차 A와 B의 가속도의 크기의 차이는 6 - 4 = 2 (m/s^2) 이다.

ㄴ. 속도 - 시간 그래프에서 그래프 아래 면적이 변위이다.

자동차A, B가 정지할 때(v=0)까지 각각의 변위는 다음과 같다.

$s_A = \frac{1}{2} \times 4 \times 24$ = 48(m), $s_B = \frac{1}{2} \times 5 \times 20$ = 50(m)

따라서, B가 A보다 2m 더 이동하였다.

ㄷ. 두 차의 속도가 같아지는 때의 속도를 v_1, 시간을 t 라 하면

$v_1 = v_0 + at = 24 + (-6)t = 20 + (-4)t$, t = 2(s)

09. 답 ①

해설 처음에 정지해 있었으므로 처음 속도는 0 이다.

ㄱ. 10초 후 물체의 속도를 v 라 하면

$v = at = 2 \times 10 = 20$(m/s)

ㄴ. 직선 운동이고 속도가 (-)인 구간이 없으므로 출발 후 10초 동안 이동한 거리는 변위의 크기와 같다.

$s = \frac{1}{2}at^2 = \frac{1}{2} \times 2 \times 10^2 = 100$(m)

ㄷ. 물체가 1m 진행했을 때의 속도는 $v^2 - v_0^2 = 2as$ 에 의해

$v^2 = 2 \times 2 \times 1$, $v = 2$(m/s)

10. 답 ③

해설 위치 - 시간 그래프에서 접선의 기울기는 그 시간에서의 순간 속도의 크기이다.

그래프에서 접선의 기울기가 점차 감소하고 있는데, 이것은 순간 속도의 크기가 감소한다는 것이다.

ㄱ. 순간 속도의 크기가 감소하고 있다. 이것을 통해 가속도의 방향과 물체의 속도의 방향(= 이동 방향)이 반대인 것을 알 수 있다.

ㄴ. 이 그래프에서 가속도의 크기(기울기의 변화율)는 알 수 없다.

ㄷ. 물체의 순간 속도의 크기는 점점 작아진다.

11. 답 ④

해설 자유 낙하 운동은 처음 속도가 0 인 운동이다.

따라서 낙하한 거리 $s = v_0 t + \frac{1}{2}at^2 = \frac{1}{2}gt^2$ 로 주어진다. 따라서

지구에서의 낙하 거리 = $\frac{1}{2} \times 9.8 \times 2^2$ = 19.6(m)

달에서의 낙하 거리 = $\frac{1}{2} \times 1.7 \times 2^2$ = 3.4(m)

12. 답 ④

해설 ㄱ. 배 A에서 바라본 배 B 의 상대 속도는 v_B - v_A 이다. 방향이 다른 경우는 평행사변형법을 이용한다. $v_B - v_A = v_B + (-v_A)$ 이다. 아래 그림처럼 북서쪽으로 5 m/s 의 속력이다.

ㄴ. B의 실제 속력 4 m/s 보다 빠르다.

ㄷ. 배 B에서 바라본 배 A 의 상대 속도는 v_A - v_B 이다. 남동쪽으로 5 m/s 의 속력이다.

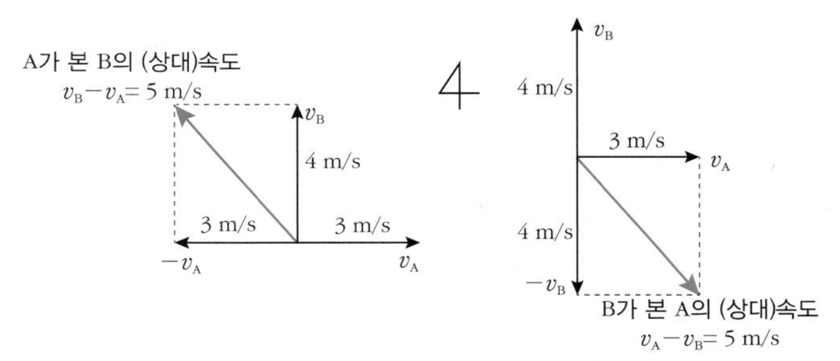

13. 답 ③

해설 트랙의 길이가 300 m 이므로 이 선수의 이동 거리는 300 m 이고 변위의 크기는 출발점과 도착점 사이의 직선 거리로 210 m 이다.

평균 속력 = $\frac{300}{30}$ = 10 m/s, 평균 속도의 크기 = $\frac{210}{30}$ = 7 m/s

14. 답 ①

해설 위 방향을 + 로 할 때, 운동 방향이 바뀌는 곳은 속도가 0 이 되는 지점인 최고점이다. 출발 후 최고점까지의 시간을 t_1 이라 할 때, 중력 가속도(g)의 방향(중력의 방향과 같다)은 아래 방향(-)이고, 처음 속도(v_0)는 10 m/s 이다.

$v = v_0 + gt$, $0 = 10 + (-10)t_1$ ∴ t_1 = 1(s)

15. 답 ①

해설 40 방울이 낙하하는데 18초가 걸렸고, 한 방울이 떨어지고 난 후 다른 물방울이 낙하를 시작하므로 한방울이 낙하하는 시간은 $\frac{18}{40}$ = 0.45초이다.

ㄱ. 한 방울이 떨어지는 시간과 낙하 거리가 각각 0.45초, 1 m 이므로

$1 = \frac{1}{2}at^2 = \frac{1}{2}a \times 0.45^2$, $a = \frac{2}{0.45^2} \fallingdotseq 9.9$ m/s² 이다.

ㄴ. 가속도는 같고 낙하 거리만 0.5 m 로 바꾸고, 한 방울의 낙하 시간을 t_1으로 하면

$0.5 = \frac{1}{2} \times 9.9 \times t_1^2$, $t_1 = \frac{1}{\sqrt{9.9}}$

40방울이 떨어질 때 걸리는 시간은 $\frac{1}{\sqrt{9.9}} \times 40 \fallingdotseq 12.7$ 초이다.

ㄷ. 같은 시간 간격으로 질량이 물보다 큰 수은 방울을 떨어뜨리더라도 중력 가속도는 같으므로 낙하 거리는 같게 나타난다.

16. 답 ③

해설 자동차의 운동을 (속도 - 시간) 그래프로 나타내면 다음과 같다. 일정한 가속도이므로 기울기가 일정한 직선 그래프가 된다.

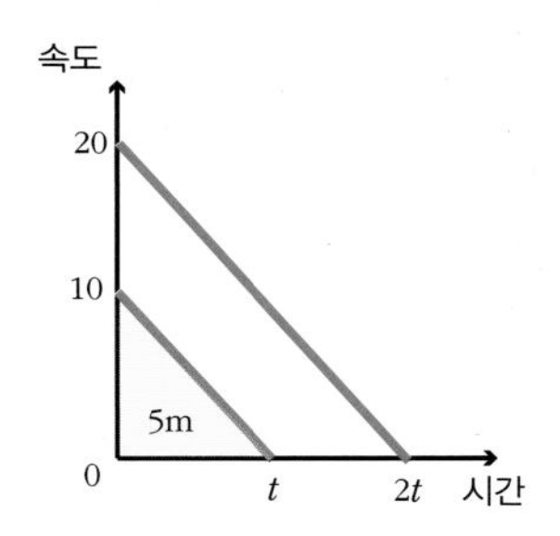

기울기(가속도)가 같으므로 10m/s로 달리다가 정지할 때까지 걸린 시간을 t 라고 하면 20m/s로 달리다가 정지하려면 $2t$ 의 시간이 걸린다. 10m/s로 달리다 멈출 때까지의 거리는 그래프 아래 넓이이다.

넓이1 = $\frac{1}{2} \times 10 \times t = 5$, $t = 1$(s)

20m/s로 달리다 멈출 때까지 시간은 $2t$ 이므로 2초이고 이동한 거리는 그래프 아래 넓이이다.

넓이2 = $\frac{1}{2} \times 20 \times 2 = 20$ m

또는 $2as = v^2 - v_0^2$ 을 사용하여 처음 조건에서 가속도를 구한다.

$2a5 = 0^2 - 10^2$, $a = -10$ m/s²

$2(-10)s' = 0^2 - 20^2$, $s' = 20$ m

17. 답 ③

해설 ㄱ. 가속도 - 시간 그래프에서 그래프 아래 넓이는 속도 변화량이다. 0~1초에서 속도는 0→3 m/s 로 일정하게 증가하고, 1초 이후에 속도는 1초에 2 m/s 씩 일정하게 감소하므로 1~2.5초에서 속도는 3m/s→0 이 된다. 이후의 속도는 (-)이므로 2.5초에 운동 방향이 바뀐다. 이 운동을 속도 - 시간 그래프로 나타내면 다음과 같다.

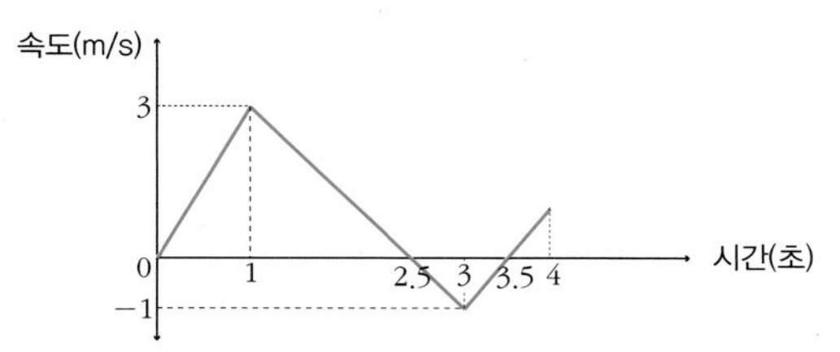

ㄴ. 0~4초 간 총 변위는 그래프 아래 넓이의 합이다.

변위 = $\frac{1}{2} \times 2.5 \times 3 + \frac{1}{2} \times (3.5-2.5) \times (-1) + \frac{1}{2} \times (4-3.5) \times 1$

$= \frac{1}{2} \times (7.5 + 0.5 - 1) = \frac{7}{2}$ (m)

ㄷ. 출발점 외에 물체의 속도가 0 인 지점은 2번 나타난다.

18. 답 ②

해설 종이가 s 만큼 자유 낙하할 때 걸린 시간을 반응 시간이라고 할 수 있다. 중력 가속도는 10 m/s² 이므로

$s = \frac{1}{2}gt^2 = \frac{1}{2}10\,t^2 = 0.2$, $t^2 = 0.04$ $\therefore t = 0.2$(s)

19. 답 ②

해설 속도 - 시간의 그래프에서 그래프의 기울기는 가속도이다. 0~5초 동안 A의 속도 변화는 16 - 10 = 6 m/s 이고, B의 속도 변화는 8 m/s 이다.

∴ A의 가속도 = $\frac{6}{5}$ = 1.2 m/s², B의 가속도 = $\frac{8}{5}$ = 1.6 m/s²

ㄱ. A와 B의 변위가 같아지는 시간 이후에 B가 A를 추월한다.

A와 B의 변위가 같아지는 시간을 t_1으로 하면 $s = v_0t + \frac{1}{2}at^2$ 에서

$10t_1 + \frac{1}{2} \times 1.2\,t_1^2 = \frac{1}{2} \times 1.6\,t_1^2$ $\therefore t_1 = 50$(s)

ㄴ. A와 B의 속도가 같아지는 시간을 t_2 라고 하면 $v = v_0 + at$ 에서 $10 + 1.2t_2 = 1.6t_2$, $t_2 = 25$(s)

ㄷ. A가 본 B의 속도는 $v_B - v_A$ 이다. 직선 운동이고, 방향도 같으므로 속도의 크기와 속력은 같다. 0초에서 5초까지 속도의 차이($v_B - v_A$)가 줄어들기 때문에 A가 본 B의 속도(속력)는 점차 느려진다.

20. 답 ⑤

해설 자동차의 처음 속도(v_0)는 0 이고, ($a-t$)그래프에서 그래프 아래 넓이는 속도 변화량이다. ($v-t$)그래프는 다음과 같다. 0~2초는 접선의 기울기가 증가하고, 2~4초는 접선의 기울기가 감소한다.

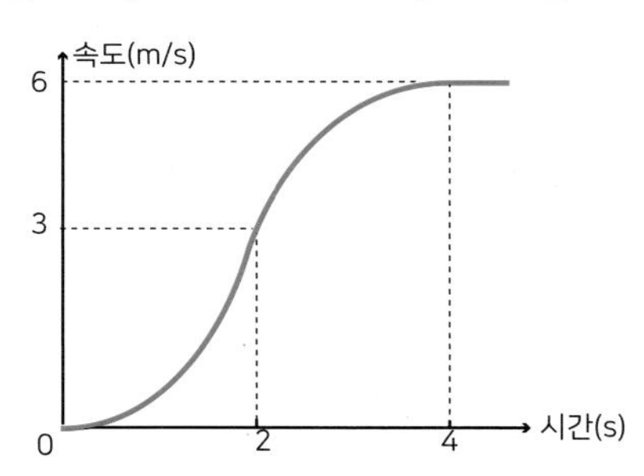

ㄱ. 처음 속도가 0 이므로 0~4초의 ($a-t$) 그래프 아래 넓이인 속도의 변화량 = $\frac{1}{2} \times 4 \times 3$ = 6(m/s)이 4초 때의 속도이다.

ㄴ. 평균 가속도의 크기 = $\frac{\text{속도의 변화량}}{\text{걸린 시간}} = \frac{v - v_0}{t}$

$= \frac{6}{4}$ = 1.5(m/s²)

ㄷ. 4초 이후는 가속도가 0 이므로 6 m/s의 속도로 등속 직선 운동한다.

21. 답 ③

해설 직선 운동이고, 크기가 같은 가속도이다. 중간에서 같은 속력이 되므로 A의 속력은 감소해야 하고, B의 속력은 증가해야 한다. 따라서 두 자동차의 가속도의 방향은 모두 왼쪽이 되며 크기는 같다. 즉, 오른쪽으로 진행하는 A는 속력(빠르기)이 감소하고, 왼쪽으로 진행하는 B는 속력이 증가한다. t초 후의 속력(속도의 크기)이 같다고 하고, 가속도의 크기를 a 라고 하면,

$v = v_0 + at$ 에서 $20 - at = at$ $\rightarrow at = 10$

t초 동안 A의 이동 거리와 B의 이동 거리의 합은 100(m)이다.

$100 = 20t - \frac{1}{2}at^2 + \frac{1}{2}at^2 = 20t$, $t = 5$초

$at = 10$ 이므로, $a = 2$ m/s^2 이다.

22. 답 ②

해설 위치 - 시간 그래프에서 접선의 기울기가 순간 속도이다. $(v-t)$그래프는 다음과 같다. 등가속도 운동한다면 가속도는 -1 m/s^2 이다.

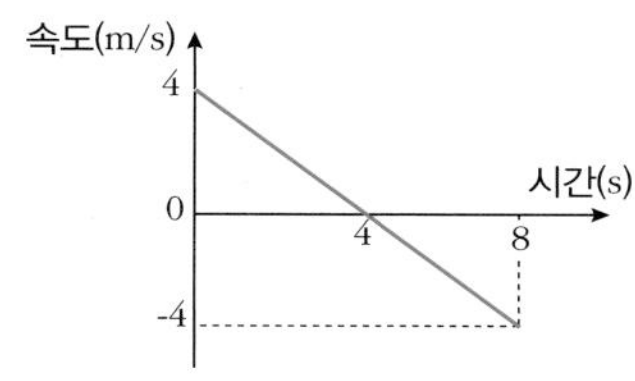

ㄱ. 4초일 때 접선의 기울기가 0이므로 순간 속도의 크기는 0이다.
ㄴ. 출발 후 4초까지 접선의 기울기가 작아지기 때문에 순간 속도의 크기는 작아진다.
ㄷ. 4 ~ 8초까지 속도는 0 → -4 m/s로 감소하나 속도의 크기는 0 → 4 m/s 로 커지는 것이다.

23. 답 ②

해설 배에서 보았을 때 바람의 속도는 $v_{바람} - v_{배}$ 이다.

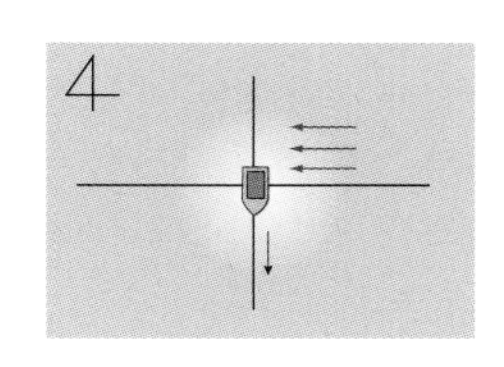

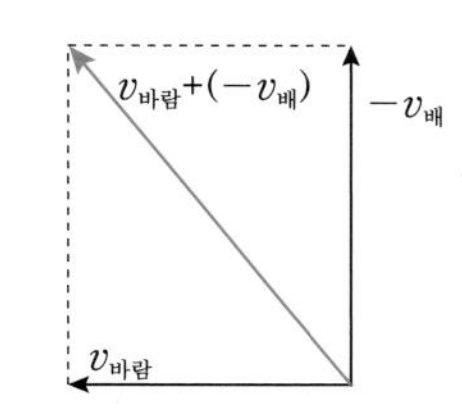

따라서 배에서 봤을 때 바람은 북서쪽을 향해서 부는 것처럼 보이므로 배 위에서 볼 때 연기는 북서쪽으로 굽어 나가는 것으로 보인다.

24. 답 ④

해설 속도 - 시간 그래프에서 그래프 아래 면적은 변위이고, 기울기는 가속도이다.
ㄱ. 이 물체의 속도 - 시간 그래프가 직선이므로 등가속도 직선 운동임을 알 수 있다.

가속도 $= \frac{0-10}{20} = -0.5$(m/s^2)(크기 : 0.5 m/s^2)

ㄴ. 출발 후 30초 동안 이 물체의 변위는 그래프의 시간 축과의 면적이다.

변위 $= \frac{1}{2}\times10\times20 + \frac{1}{2}\times10\times(-5) = 100 - 25 = 75$(m)

ㄷ. 처음 속도가 10 m/s 로 (+) 방향이라면 가속도는 (-)이므로 처음 운동 방향과 가속도의 방향은 반대이다.

25. 답 ④

해설 빗방울은 연직 방향으로 7 m/s 로 운동하고, 기차의 속력은 수평 방향으로 24 m/s 이다.
기차 안의 사람의 사람이 보는 빗방울의 속도(상대 속도)는 그림과 같이 $v_{빗방울} - v_{기차} = v_{빗방울} + (-v_{기차})$ 이다.

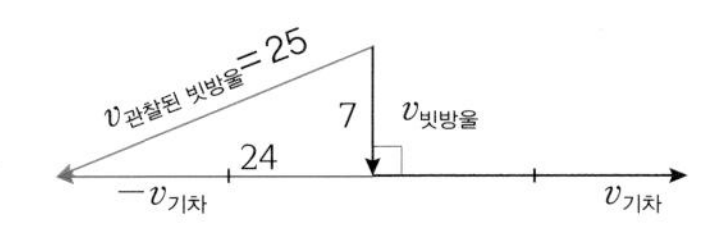

ㄱ. 관찰된 빗방울의 속력은 다음과 같다.
$(v_{관찰된\ 빗방울})^2 = 24^2 + 7^2 = 25^2$, $\therefore v_{관찰된\ 빗방울} = 25$ m/s
ㄴ. 기차는 오른쪽으로 움직이고 있으므로 빗방울은 왼쪽으로 비스듬한 속도를 갖게 된다.
ㄷ. 기차에서 관찰할 때 빗방울은 5초 후에 연직 아래 방향으로 7 m/s 의 속력(나중 속도)을 가진다.

평균 가속도 $= \frac{속도\ 변화량}{걸린\ 시간} = \frac{v_{빗방울} - v_{관찰된빗방울}}{\Delta t}$ 이다.

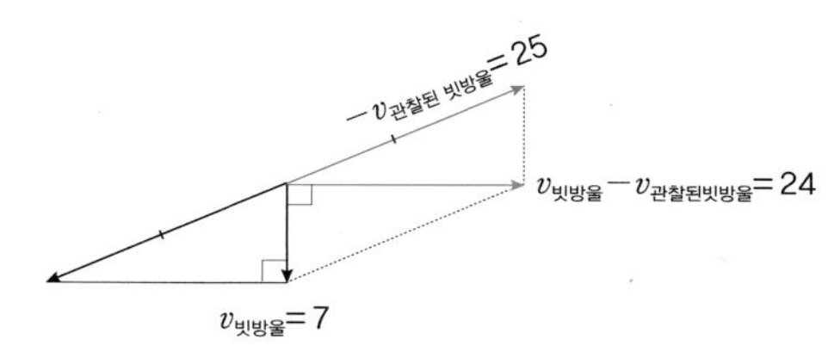

그림처럼 속도 변화량은 24 m/s 이므로 평균 가속도의 크기는 4.8 m/s^2 이다.

26. 답 ④

해설 등가속도 운동일 때 $(s-t)$그래프는 곡선으로 나타난다. 속도가 증가할 때는 아래로 볼록이며, 속도가 감소할 때는 위로 볼록하다. 그리고 속도가 + 에서 - 로 바뀌는 순간에는 속도가 0이므로 $(s-t)$그래프에서 기울기가 0인 지점이 생긴다 $(v-t)$그래프에서 면적은 변위이므로, 물체는 앞으로 운동하여 다시 되돌아오는 운동을 한다.(물체의 변위는 + 가 되었다가 다시 0 이 된다.)

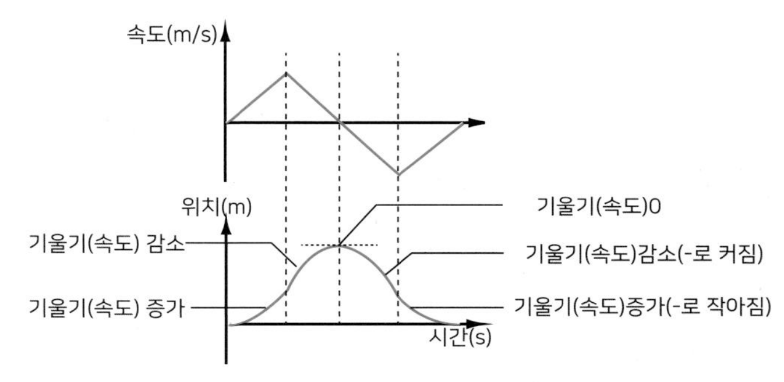

27. 답 ④

해설 평균 가속도 $= \frac{속도\ 변화량}{걸린\ 시간} = \frac{v_2 - v_1}{\Delta t}$

ㄱ. 직선상 운동이므로 처음 속도는 0이고 4초일 때의 속도도 0이므로 0 ~ 4초 사이의 속도 변화량은 0이다. 따라서 0 ~ 4초에서의 평균 가속도는 0이다.
ㄴ. 3초일 때의 (순간)가속도는 3초일 때의 점을 지나는 직선의 기울기 또는 곡선의 접선의 기울기이다.

3초일 때의 순간 가속도 $= \frac{-40-0}{4-2} = -20$(m/s^2)(크기 20 m/s^2)

ㄷ. 0~6초의 평균 가속도 $= \frac{-40-0}{6} = -\frac{20}{3}$(m/s^2)

(크기: $\frac{20}{3}$m/s^2)

28. 답 ①

해설 정지 상태에서 출발하므로 A의 속도 : 0 ~ 5분은 가속도가 8m/분^2 이므로, $v = v_0 + at$에 의해 5분에서의 속도 = 5 × 8 = 40(m/분), 5분 ~ 10분 : 40 m/분 으로 일정하다. 10분에서 20분에서 가속도가 - 3m/분^{2}이므로 10분 동안 총 30m/분의 속도가 감소하여 10m/분이 된다. 그 후에는 10m/분으로 등속 직선 운동한다.
B의 속도 : 0 ~ 15분은 2 m/분^{2}으로 운동하였으므로 15분에서 B의

속도는 2 × 15 = 30m/분이고 이후에 가속도가 0이므로 등속 직선 운동을 한다.

C의 속도 : 꾸준히 1m/분^{2}으로 등가속도 직선 운동을 한다. 따라서 t 분 이후 C의 속도는 t 이다.

A, B, C의 시간(분)당 속도 그래프는 다음과 같다.

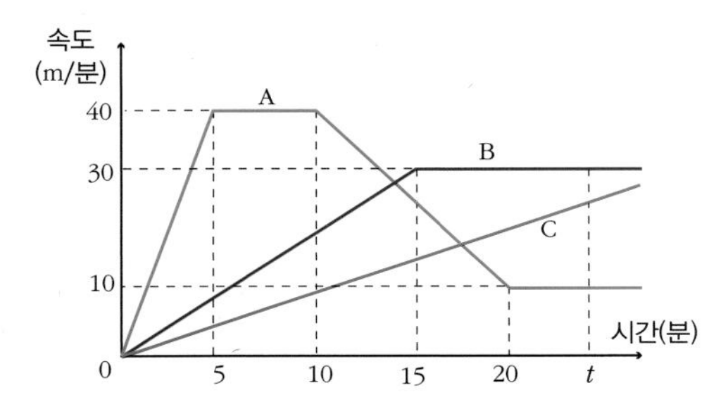

20분 이후의 시간 t(분)까지 이동 거리

A : 100 + 200 + 250 + 10(t - 20) = 10t + 350

B : 225 + 30(t - 15) = 30t - 225

C : $\frac{t^2}{2}$

ㄱ. 출발 후 40분 까지(t=40) A의 이동 거리는 750m이고 C의 이동 거리는 800m이다. C는 A를 앞서 있다.

ㄴ. B가 1시간(t=60) 걸렸으므로, 코스의 거리는 1575m이다. C의 경우 t^2 > 3150인 시간 t 는 60분보다 작으므로, C가 B보다 먼저 결승점을 통과하였다.

ㄷ. 30분일 때(t=30)의 변위는 A = 650m, B = 675m, C = 450m이다. 따라서 가장 작은 경우는 C이다.

29. 답 ①

해설 위치-시간 그래프에서 구간의 처음 점과 나중 점을 이은 직선의 기울기는 그 구간의 평균 속도의 크기이며, 어느 시점에서의 접선의 기울기는 그 시점의 순간 속도의 크기이다.

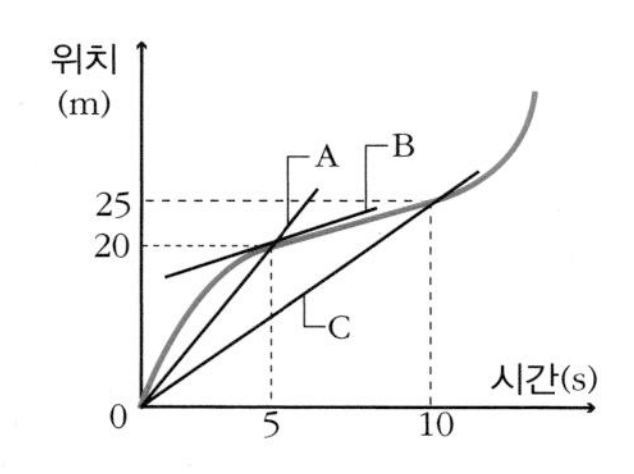

ㄱ. 0 ~ 5초를 잇는 직선 A의 기울기와 5초에서의 접선 B의 기울기 중에서 직선 A의 기울기가 더 크기 때문에 평균 속력이 더 크다.

ㄴ. 0 ~ 5초까지 접선의 기울기(= 순간 속도)가 작아지므로 운동 방향과 가속도의 방향이 반대이다. 하지만 10초 이후로는 접선의 기울기가 점차 커지므로 운동 방향과 가속도의 방향이 같다. 따라서 운동하는 동안 가속도의 방향이 바뀐다.

ㄷ. 0 ~ 5초까지의 평균 속도의 크기(직선 A의 기울기)보다 0 ~ 10초까지의 평균 속도의 크기(직선 C의 기울기)가 더 작다.

30. 답 ④

해설 가속도 - 시간 그래프에서 시간축과의 넓이는 속도 변화량이다. 처음 속도(v_0)는 3 m/s 이고, 각 구간에서 등가속도 운동이다.

0 ~ 1초 동안 속도 변화량(넓이)은 -1 이고 처음 속도가 3m/s이다. 따라서, 1초에서 속도는 2m/s이다.

1 ~ 3초 동안 속도 증가량(넓이)가 6이므로 3초에서 속도 = 8(m/s)

3 ~ 4초 동안 속도의 변화량(넓이)이 - 1 × 1 = - 1 이다. 따라서 4초에서 속도는 8 - 1 = 7m/s

따라서 속도 - 시간 그래프는 다음과 같다.

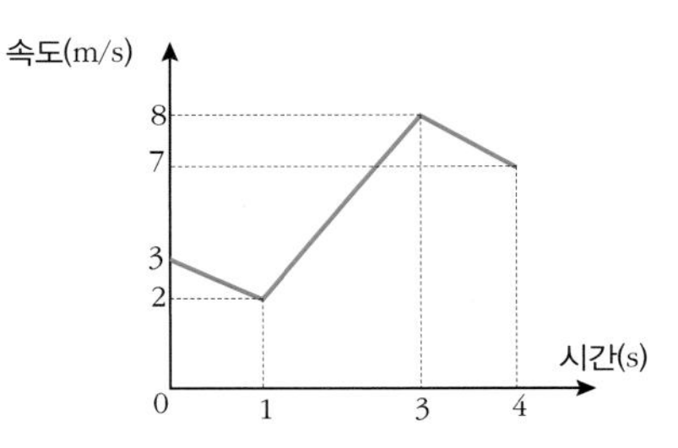

ㄱ. 속도는 계속 (+)이므로 물체의 운동 방향은 바뀌지 않는다.

ㄴ. 0초 때 속도(처음 속도)는 3m/s, 4초 때 속도는 7m/s 이다.

평균 가속도(0~4초) = $\frac{\text{속도의 변화량}}{\text{걸린 시간}} = \frac{7-3}{4}$ = 1(m/s^2)

ㄷ. 3초 때 속도는 8m/s 이다.

평균 가속도(0~3초) = $\frac{8-3}{3} = \frac{5}{3}$ (m/s^2)

1초와 4초에서 속도는 각각 2m/s, 7m/s이므로

평균 가속도(1~4초) = $\frac{7-2}{3} = \frac{5}{3}$ (m/s^2)

따라서, 두 구간에서 평균 가속도의 크기는 같다.

31. 답 ④

해설 오른쪽 방향을 (+)로 하여 생각한다. A와 B는 서로 반대 방향으로 운동한다. B가 출발하여 A와 B가 서로 만날 때까지 두 물체의 이동 거리의 합은 96m 이다. B는 8초 후 속도의 크기가 8m/s이고, 왼쪽 방향으로 운동한다. B의 가속도는

8 = 0 + 8a_B, a_B = 1m/s^2 (왼쪽 방향)이다.

B의 8초 동안 이동거리 $s_B = v_0 t + \frac{1}{2}a_B t^2 = 0 + \frac{1}{2} \times 1 \times 8^2 = 32$m

B는 왼쪽으로 이동했으므로 A의 이동거리는 오른쪽으로 64m 이다.

$s_A = 64 = v_0 t + \frac{1}{2}a_A t^2 = 12 \times 8 + \frac{1}{2} \times a_A 8^2 = 96 + 32a_A$

a_A= -1m/s^2(왼쪽 방향) 이다. A와 B의 가속도 방향은 왼쪽 방향으로 같지만, 서로 반대 방향으로 운동하므로 A는 속력이 일정하게 감소하는 운동, B는 속력이 일정하게 증가하는 운동을 한다.

ㄱ. A의 가속도 방향은 왼쪽 방향이다.

ㄴ. A, B 모두 가속도의 크기는 1m/s^{2}이다.

ㄷ. 두 물체가 만날 때까지 A의 이동 거리가 B보다 32m 더 크다.

32. 답 ⑤

해설 ($a-t$)그래프에서 시간축과의 면적은 속도 변화량이다. 물체의 처음 속도는 0 이다. ($v-t$) 그래프에서 어느 시점의 접선의 기울기는 그 시점의 가속도이다. 다음처럼 ($v-t$) 그래프를 나타낼 수 있다.

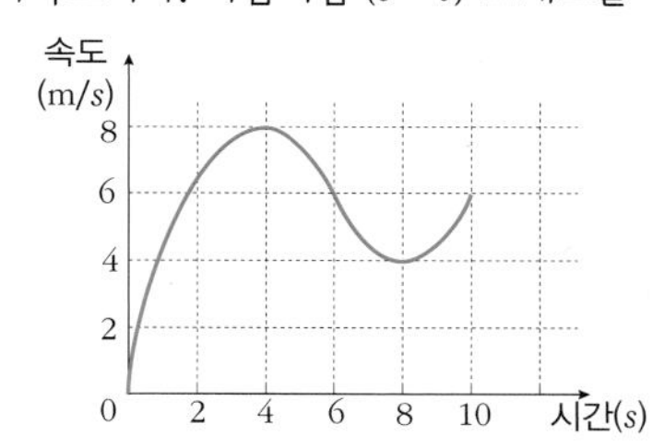

① 4초일 때의 속력은 10m/s 이고, 10초 일 때의 속력은 6m/s이다.

② 8초일 때 물체의 속력(속도의 크기)가 가장 작다.

③ 속도가 전 구간에 걸쳐 (+)이므로, 물체의 운동 방향은 바뀌지 않는다.

④ 처음 4초 동안 가속도가 (+)이므로 속력이 증가한다.
⑤ 4초 때 가속도가 (-)로 되므로 물체의 속력(속도의 크기)가 감소하기 시작한다.

33. 답 (1) 3 : 1 (2) 1 : 3
해설 구간 PQ에서의 가속도 크기를 a_1, 구간 QR에서의 가속도 크기를 a_2 라고 하면 다음과 같이 쓸 수 있다.
구간 PQ : $2a_1s = v^2 - 0$, 구간 QR : $2a_2s = (2v)^2 - v^2$
$a_1 = \frac{v^2}{2s}$ $a_2 = \frac{3v^2}{2s}$ $\therefore a_1 : a_2 = 1 : 3$
구간 PQ를 지나는 시간을 t_1, 구간 QR을 지나는 시간을 t_2 라고 하면 다음과 같이 쓸 수 있다. 구간 PQ에서의 가속도를 a, 구간 QR에서의 가속도는 그 3배인 $3a$ 로 한다.
구간 PQ : $v = 0 + at_1$, 구간 QR : $2v = v + 3at_2$
$t_1 = \frac{v}{a}$ $t_2 = \frac{v}{3a}$ $\therefore t_1 : t_2 = 3 : 1$
<또 다른 풀이>
(1) 시간과 가속도가 주어지지 않았고, 이동거리와 속력만 주어졌으므로 평균 속력×시간 = 이동거리 개념을 이용하면 좋다. 등가속도 운동이므로 PQ 사이의 평균 속력은 $\frac{0+v}{2} = \frac{v}{2}$ 이다.
따라서 $\frac{v}{2} \times t_1 = s$, $t_1 = \frac{2s}{v}$
QR 사이에서의 평균 속력은 $\frac{v+2v}{2} = \frac{3v}{2}$ 이다.
따라서 $\frac{3v}{2} \times t_2 = s$, $t_2 = \frac{2s}{3v}$ $\therefore t_1 : t_2 = \frac{2s}{v} : \frac{2s}{3v} = 3 : 1$
(2) 가속도는 $\frac{\text{속도변화량}}{\text{시간}}$ 이며, 가속도의 크기만 묻고 있으므로, 이 문제에서는 속도 변화량은 속력 변화량으로 대신할 수 있다. PQ 사이에서와 QR 사이에서의 속력 변화는 v 로 같다.
따라서 $a_1 : a_2 = \frac{v}{t_1} : \frac{v}{t_2} = t_2 : t_1 = 1 : 3$

34. 답 (1) 10 cm (2) 150 cm/s²
해설 (물체의 가속도 구하기) A점에서의 속도를 v, 전체 운동의 가속도를 a 라고 하면, A점으로부터 각각 C점은 0.2초, E점은 0.4초, G점은 0.6초가 지난 순간이다. 거리는 cm, 속도는 cm/s 단위로 한다.
C점의 속도 $v_C = v + 0.2a$, E점의 속도 $v_E = v + 0.4a$ 이다.
$s = v_0t + \frac{1}{2}at^2$ 를 활용하여 다음과 같이 쓸 수 있다.
A~C 거리 = 4 = $v \times 0.2 + \frac{1}{2}a \times 0.2^2 = 0.2v + 0.02a$
E~G 거리 = 16 = $(v+0.4a) \times 0.2 + \frac{1}{2}a \times 0.2^2 = 0.2v + 0.1a$
정리하면 $0.2v + 0.02a = 4$ --①, $0.2v + 0.1a = 16$ --②
이므로 ①② 에서
$a = 150 \text{ cm/s}^2 = 1.5 \text{ m/s}^2$, $v = 5$ cm/s = 0.05 m/s 이다.
(CE 사이의 거리 구하기)
C점의 속도 $v_C = v + 0.2a$ =35 cm/s 이고, E점은 C점에서 0.2초가 지난 지점이다.
구간 C~E ; 변위 = $35 \times 0.2 + \frac{1}{2} \times 150 \times 0.2^2 = 7+3 = 10$ cm 이다.
(검증)
A~G구간에서 처음 속도 v = 5cm/s, 시간 0.6초, a=150cm/s²이므로,
구간 A~G 거리 = $5 \times 0.6 + \frac{1}{2} \times 150 \times 0.6^2$ = 30cm 이다.
∴ C~E 구간의 거리는 10cm 이다.
<또 다른 풀이>
(1) 물체는 등가속도 운동을 하고, 등시간 간격이므로 AC 사이의 평균 속력은 B의 속력과 같다. 마찬가지로 EG 사이의 평균 속력은 F의 속력과 같다.
· AC 사이의 평균 속력 = $\frac{\text{구간 거리}}{\text{시간}} = \frac{4}{0.2}$ = 20 cm/s
= 0.2 m/s = B의 속력
· EG 사이의 평균 속력 = $\frac{16}{0.2}$ = 80 cm/s = 0.8 m/s = F의 속력
· CE 사이의 평균 속력 = D의 속력 = B의 속력과 F의 속력의 평균
$\frac{0.2+0.8}{2}$ = 0.5 m/s
∴ CE 사이의 거리 = CE 사이의 평균 속력 × 0.2 초
= 0.5 m/s × 0.2 초 = 0.1 m = 10 cm
(2) D의 속력 = B의 속력 + 가속도 × 0.2 초 이다.
0.5 = 0.2 + 가속도×0.2 , 가속도(크기) = 1.5 m/s² = 150 cm/s²

35. 답 (1) 0.41 m/s (2) 0.5 m/s, 0.41 m/s
해설 (1) B는 10초 동안 1m 진행한다. 따라서 잠자리가 이동한 거리는 다음 그림과 같이 구할 수 있다. 또한 A와 B는 직선 경로로 운동하므로 변위의 크기와 이동 거리는 같다.

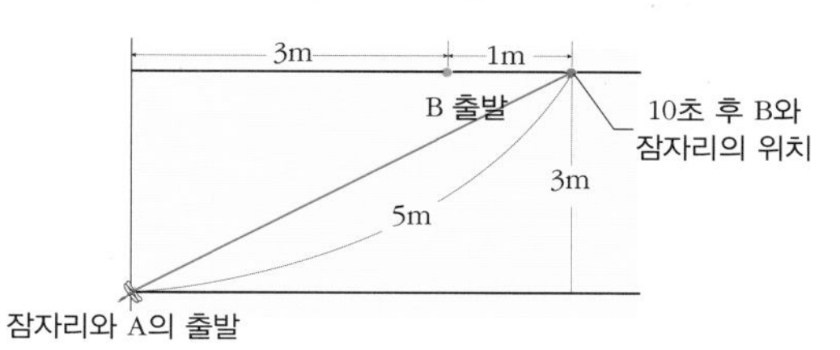

잠자리는 5m의 거리를 10초 동안 이동했으므로 속력은 0.5m/s이다. 이후 다음 그림과 같이 같은 속력으로 또 다시 잠자리가 12초 후에 A에게 도달했으므로 이동한 거리는 0.5m/s × 12s = 6m이고, A가 이동한 거리는 삼각비에 따라 다음과 같다.

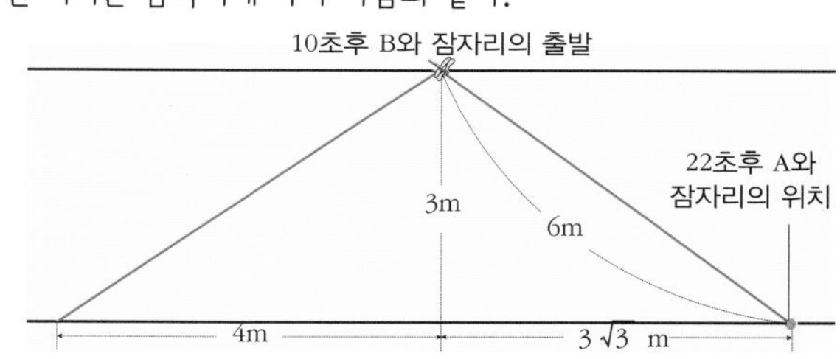

따라서 잠자리가 다시 A에게 도착할 때까지 A의 이동 거리는 (4 + $3\sqrt{3}$)이다. A의 총 이동 거리 = 4 + 3 × 1.7 = 9.1(m)
A는 22초 동안 9.1m를 이동하였으므로
A의 속력 = $\frac{9.1}{22} \fallingdotseq 0.41$(m/s)
(2) 잠자리의 변위와 이동 거리는 서로 다르다.
잠자리가 다시 A에게 도착할 때까지 22초 걸렸다. 잠자리의 이동 거리 = 5 + 6 = 11(m)이다. 출발 후 잠자리의 변위는 처음 위치와 나중 위치가 A와 같기 때문에 A의 변위와 같다.
잠자리의 평균 속력 = $\frac{11}{22}$ = 0.5(m/s)
잠자리의 평균 속도의 크기 = $\frac{9.1}{22} \fallingdotseq 0.41$(m/s)

36. 답 (1) 86.25m (2) 토끼
해설 모든 동물은 직선 운동을 한다는 조건이다.
(1) 치타는 10초가 되면 더이상 달리지 못하기 때문에 치타가 10초 동안의 이동 거리와 가젤의 10초 동안의 이동 거리의 차이보다 더 가깝

게 접근해야 치타가 10초 안에 가젤을 따라잡을 수 있다. 다음과 같이 속도 - 시간 그래프를 이용한다.

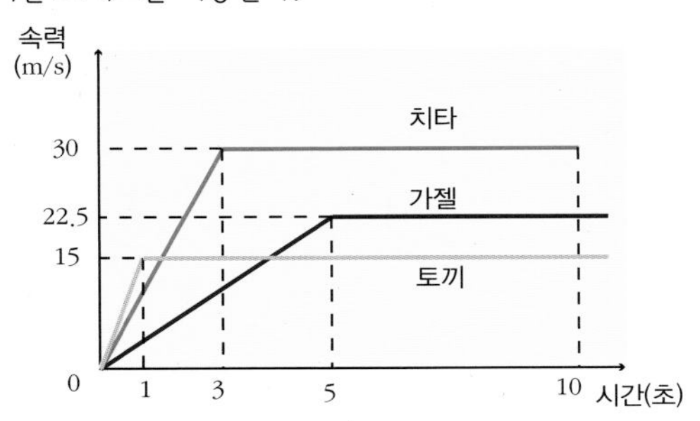

치타의 최대 속력은 $\frac{108000\text{m}}{3600\text{s}}$ = 30m/s이며, 10초 동안 지속된다.

가젤의 최대 속력은 $\frac{81000\text{m}}{3600\text{s}}$ = 22.5m/s 이다.

속력-시간 그래프 아래 면적이 이동 거리이다.

치타의 10초 간 이동 거리 = $\frac{1}{2}\times3\times30 + 7\times30 = 255$m

가젤의 10초 간 이동 거리 = $\frac{1}{2}\times5\times22.5 + 5\times22.5 = 168.75$m

10초 동안 치타와 가젤의 이동 거리의 차이 : 86.25m

따라서 치타는 가젤과의 거리가 86.25m안으로 접근해야 사냥에 성공할 수 있다.

(2) 토끼의 10초 동안 이동 거리와 가젤의 10초 동안 이동 거리를 비교해 보았을 때 더 적은 거리를 이동할 수 있는 동물이 더욱 사냥하기 쉽다.

토끼의 최대 속력은 $\frac{54000\text{m}}{3600\text{s}}$ = 15m/s이고

토끼의 10초 동안 이동 거리 = $\frac{1}{2}\times1\times15 + 9\times15 = 142.5$m

가젤에 비해 토끼는 치타가 더 먼 거리에서 출발해도 사냥할 수 있으므로, 토끼가 가젤보다 사냥하기 쉽다.

37. **답** (1) v_o = 50 m/s , $\tan\theta = \frac{3}{4}$(지면과의 각 : θ)

(2) a = 200 m/s^2, $-y$ 방향

해설 (1), (2)

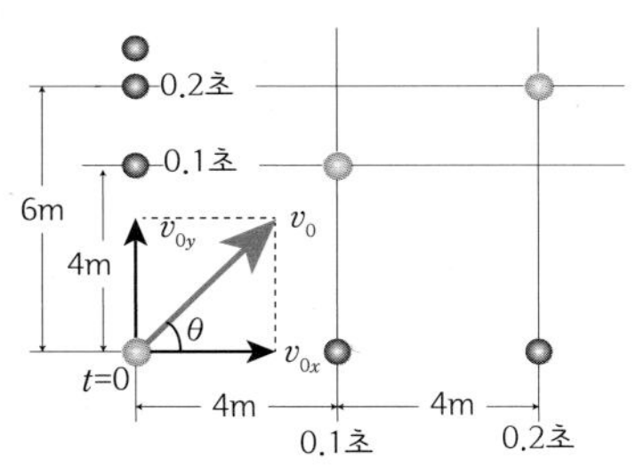

x 방향과 y 방향으로 나누어 생각한다.

(x 방향) $\frac{4}{0.1}$ = 40 m/s 로 등속 운동하며 처음 속도(v_o)의 x 성분 (v_{ox})= 40 m/s 이다.

(y 방향) 0.1초 동안 y 방향으로 4 m 의 변위가, 0.2초 동안에는 6 m의 변위가 일어났으므로 $y = v_o t + \frac{1}{2}at^2$ 을 이용하여

$v_{oy}\times0.1 + \frac{1}{2}a\times0.1^2 = 4,\ \ v_{oy}\times0.2 + \frac{1}{2}a\times0.2^2 = 6$

(v_{oy} : 처음 속도(v_o)의 y 성분, a : 가속도(y 방향))

두 식에서 v_{oy} = 30 m/s, a = -200 m/s^2 이다. 따라서

$v_o^2 = v_{ox}^2 + v_{oy}^2 = 40^2 + 30^2$, v_o = 50m/s 이고, 지면과의 각을 θ 라고 하면, $\tan\theta = \frac{3}{4}$ 인 방향이다.

38. **답** 14 m/s

해설 하류 방향을 + 로 정한다.

배의 처음 속도는 배가 떠 있는 강물의 속도인 2 m/s이다. 처음에 배는 0.1 m/s^{2}의 가속도로 운동한다.

강둑에 대해서 배의 속도가 6 m/s 가 될 때까지의 시간 t 를 구하면

$v = v_0 + at$ ⇨ 2 + 0.1 × t = 6, t = 40(s)

출발 후 40초까지 움직인 변위를 구한다.

$s = v_0 t + \frac{1}{2}at^2$ ⇨ $2\times40 + \frac{1}{2}\times0.1\times40^2 = 160$(m)

강둑에서 봤을 때 다시 출발점으로 돌아가기 위한 변위가 - 160이고, 처음 속도는 6m/s, 가속도는 - 0.5m/s^{2}이므로,

$2as = v^2 - v_0^2$식에 의해 출발점에 다시 도착하였을 때 v 를 구할 수 있다.

$2\times(-0.5)\times(-160) = v^2 - 6^2$, $v^2 = 196$

∴ v = ±14(m/s) 강의 상류 방향의 속도이므로 v = -14(m/s)(속력 14m/s)이다. 이것은 강둑에서 봤을 때의 배의 속도이므로 실제 배가 내고 있는 속도는 -16 m/s이다.

39. **답** (1) $v_A = v_B > v_C = v_D$

(2) $a_B > a_A > a_D > a_C$

해설 (1) 각 굽은 곡면을 통과하는 시간은 다음과 같다. A와 B는 4분원, C와 D는 2분원이고, 속력은 v 이므로

$t_A = \frac{2\pi(2r)}{4v} = \frac{\pi r}{v},\quad t_B = \frac{2\pi r}{4v} = \frac{\pi r}{2v}$

$t_C = \frac{2\pi(3r)}{2v} = \frac{3\pi r}{v},\quad t_D = \frac{2\pi(2r)}{2v} = \frac{2\pi r}{v}$

굽은 곡면의 시작점에서 끝나는 점까지의 직선 화살표가 변위이다.

A의 경우 기차가 오른쪽으로 진행할 때 변위는 다음과 같다.

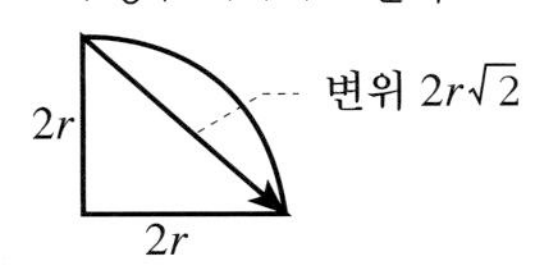

같은 방법으로 B, C, D의 변위의 크기는 각각 $\sqrt{2}\,r$, $6r$, $4r$ 이다.

평균 속도의 크기 = $\frac{\text{변위의 크기}}{\text{걸린 시간}}$ 이므로

A의 평균 속도의 크기 = $\frac{2r\sqrt{2}}{t_A} = 2r\sqrt{2}\ /\ \frac{\pi r}{v} = \frac{2\sqrt{2}\,v}{\pi}$

같은 방법으로 B, C, D의 평균 속도의 크기는 각각

$\frac{2\sqrt{2}\,v}{\pi}$, $\frac{2v}{\pi}$, $\frac{2v}{\pi}$ 이다. ∴ $v_A = v_B > v_C = v_D$

(2) A의 경우 굽은 곡면 전후의 속도 변화량($v_2 - v_1$)은 $\sqrt{2}\,v$ 이다.

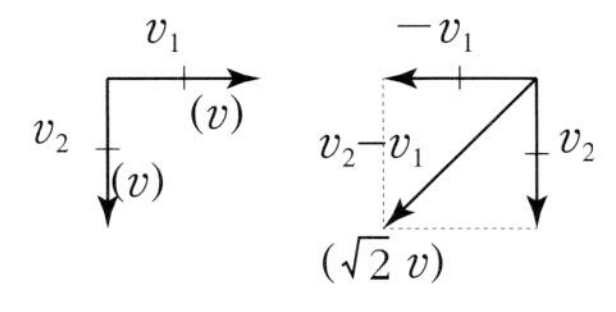

A의 평균 가속도

$= \frac{\text{속도 변화량}}{\text{시간}} = \frac{\sqrt{2}\,v}{t_A} = \sqrt{2}\,v\ /\ \frac{\pi r}{v} = \frac{\sqrt{2}\,v^2}{\pi r}$

같은 방법으로 B, C, D 곡면 운동에서의 속도 변화량은 각각 $\sqrt{2}\,v$, $2v$, $2v$ 이므로 평균가속도 크기는 각각 $\frac{2\sqrt{2}\,v^2}{\pi r}$, $\frac{2v^2}{3\pi r}$, $\frac{v^2}{\pi r}$ 이다.

∴ $a_B > a_A > a_D > a_C$

2강 운동 법칙

개념확인

30 ~ 33 쪽

1. ㉠, ㉡　2. ㉡　3. (1) O (2) X (3) O
4. (1) O (2) O (3) X

03. 답 (1) O (2) X (3) O
해설 (2) 물체에 일정한 힘이 가해질 때 질량이 작을수록 가속도의 크기는 커진다.

04. 답 (1) O (2) O (3) X
해설 (3) 두 자석 사이에는 서로 주고 받는 한 쌍의 힘이 작용하므로 작용과 반작용의 한 예이다.

확인 +

30 — 33 쪽

1. ①　2. ①　3. 왼, 3　4. 0.3 m/s^2

01. 답 ①
해설 길을 달리다가 돌부리에 걸려 넘어지는 것은 운동 관성에 의해 몸이 앞으로 가려고 하기 때문이다. ②, ③, ④의 경우 힘을 받았을 때 가속도가 발생하여 생기는 현상이다.

02. 답 ①
해설 수레가 오른쪽으로 가속도 운동을 하기 때문에 정지 관성에 의해서 물은 왼쪽으로 쏠린다. 물의 작은 부피 단위의 질량을 m 이라 하면 관성력 $F = -ma$ 인 힘이 각 부피 단위에 같은 크기로 각각 작용하므로 수면은 직선 모양이 된다.

03. 답 왼, 3
해설 힘의 방향과 가속도의 방향은 같다. $F = ma$ 식에 의해 3 = 1 × a, a = 3 m/s^2 이다.

04. 답 0.3 m/s^2
해설 사람이 벽을 18 N 의 힘으로 밀었기 때문에 이에 대한 반작용으로 벽도 같은 크기의 18 N 의 힘으로 사람을 밀게 된다. 따라서 스케이트 보드를 탄 사람이 받는 힘은 18 N 이다. 따라서 스케이트 보드와 사람은 같이 운동하므로 사람의 가속도(a)는 다음과 같다.

$$a = \frac{F}{m} = \frac{18\ \text{N}}{60\ \text{kg}} = 0.3\ \text{m/s}^2$$

개념 다지기

34 — 35쪽

01. (1) O (2) X (3) X　02. ④　03. ④　04. ③
05. ③　06. ①　07. ①　08. ①

01. (1) O (2) X (3) X
해설 (1) 질량이 큰 물체는 질량이 작은 물체에 비해 운동하기도 어렵고, 정지하기도 어렵다. 이것은 관성이 큰 것이다.
(2) 작용하는 힘의 크기가 0일 때 물체는 등속 직선 운동한다.
(3) 속력에 관계없이 질량이 같으면 관성은 같다.

02. 답 ④
해설 물체는 버스와 같이 움직이므로 버스 가속도의 반대 방향으로 관성력을 느낀다. 관성력은 $F = -ma$ 로 나타낼 수 있으므로 버스의 가속도가 10 m/s^2 이고, 물체의 질량이 5 kg 일 때, 물체 A 가 느끼는 관성력의 크기 F = 5 × 10 = 50 N(버스 가속도와 반대 방향)이다.

03. 답 ④
해설 버스의 운동 방향은 오른쪽이고, 손잡이의 운동 방향을 볼 때, 관성력의 방향은 오른쪽이다. 따라서 버스의 가속도의 방향은 왼쪽이다. 이는 움직이고 있던 버스가 갑자기 정지하는 경우 볼 수 있는 현상이다.(운동 관성)
ㄱ. 버스의 가속도 방향은 버스의 운동 방향과 반대이다.
ㄴ. 손잡이의 관성력의 방향과 버스의 운동 방향은 같다.
ㄷ. 달리던 사람이 돌부리에 걸려 넘어지는 것도 운동 관성 때문이다.

04. 답 ③
해설 3초가 지난 순간, 속도가 0 이다. $v = v_0 + at$ 에 의해 0 = 6 + a×3, a = 2 m/s^2 , $F = ma$ 에 의해 이 공이 받고 있는 힘의 크기(F) = 2 kg × 2 m/s^2 = 4 N(왼쪽 방향) 이다.

05. 답 ③
해설 1 kg 의 물체에 2 N 의 힘을 작용하였으므로 이 물체의 가속도는 2 = 1 × a 에서 a = 2 m/s^2 이다. 따라서 이 물체가 이동한 거리 s 는 다음과 같다.

$$s = v_0 t + \frac{1}{2}at^2 \Rightarrow s = \frac{1}{2} \times 2 \times 2^2 = 4\ \text{m}$$

06. 답 ①
해설 $v = v_0 + at$ 이므로, 11 = 2 + 3a, a = 3m/s^2
$F = ma = 3m = 3$, m = 1kg 이다.

07. 답 ①
해설 작용 반작용에 의해 B 역시 100 N 의 힘을 받는다.
100 = a × 50 이므로 a = 2 m/s^2 이다.

08. 답 ①
1kgf = 10N이므로 60kgf = 600N, 50kgf = 500N이다. 600N의 무게가 표시된 상태에서 A가 B를 10N의 힘으로 누르면, B로부터 떠받치는 힘 10N의 반작용을 받기 때문에 A의 무게는 590N으로 표시되며 이것을 kgf 단위로 바꾸면 59kgf 이다.

유형 익히기 & 하브루타

36 ~ 39 쪽

유형 2-1	④	01. ④	02. ②
유형 2-2	④	03. ⑤	04. ②
유형 2-3	③	05. ④	06. ②
유형 2-4	②	07. ②	08. ②

[유형2-1] 답 ④

해설 자동차 앞을 왼쪽이라고 하면, 자동차가 의자에 머리를 부딪혔기 때문에 운전자의 관성력이 오른쪽으로 작용한것을 알 수 있다. 자동차의 운동 방향과 반대 방향의 관성력을 받았으므로 자동차의 가속도는 운동 방향과 같은 방향이다.

ㄱ. 운전자는 오른쪽 방향으로 관성력을 받는다.

ㄴ. 자동차의 가속도의 방향은 관성력과 반대 방향이므로 왼쪽이다.

ㄷ. 무게가 클수록 질량도 크며, 관성력도 커진다.

01. 답 ④

해설 ㄱ. 100원짜리 동전보다 더 무거운 500원짜리 동전을 이용하면 관성이 커지므로 이 현상을 관찰하기 쉬워진다.

ㄴ. 이불의 먼지도 정지해 있으려 하므로 정지 관성이다.

ㄷ. 카드를 치우는 데 걸리는 시간이 증가하면 가속도가 작아지고, 동전의 관성력 ma 도 작아지므로 마찰력에 의해 동전이 카드와 같이 이동하여 동전이 컵에 떨어지지 않을 수도 있다.

02. 답 ②

해설 ㄱ. 쇠공은 중력과 실의 장력이 평형을 이루어 움직이지 않으므로 정지 관성을 가진다. 따라서 계속 정지해 있으려고 한다.

ㄴ. 빠르게 줄을 잡아당기면, 추의 정지 관성 때문에 아래쪽 실이 끊어진다.

ㄷ. 실을 천천히 당기는 경우에는 추의 무게 때문에 위쪽 실이 끊어진다.

[유형2-2] 답 ④

해설 A의 질량은 60kg이다. 위 방향을 +로 하는 경우, 엘리베이터의 가속도는 출발하고 1초까지 $2m/s^2$, 1~3초는 0, 3~5초는 $-1 m/s^2$ 이다. A가 받는 관성력은 출발하고 1초까지 $F = -ma = -(60 \times 2) = -120$N(12kgf), 1~3초는 0, 3~5초는 60N(6kgf)이다.

ㄱ. 0 ~ 1초 동안 가속도의 방향이 위쪽이므로, 관성력의 방향은 아래쪽 방향이므로 관성력 만큼(12kgf) 무게가 증가한다. 따라서 60 + 12 = 72kgf의 무게가 측정된다.

ㄴ. 2 ~ 3초 동안 관성력은 0이므로 60kgf의 무게가 측정된다.

ㄷ. 4 ~ 5초 동안 가속도의 방향은 아래쪽이므로 관성력의 방향은 위쪽이다. 따라서 A의 몸무게에서 6kgf 만큼 줄어든 54kgf의 무게로 측정된다.

03. 답 ⑤

해설 구심력은 원운동하는 물체에 작용하는 힘이다. 원운동하는 물체는 바깥으로 쏠리는 힘인 관성력(원심력)을 느낀다.

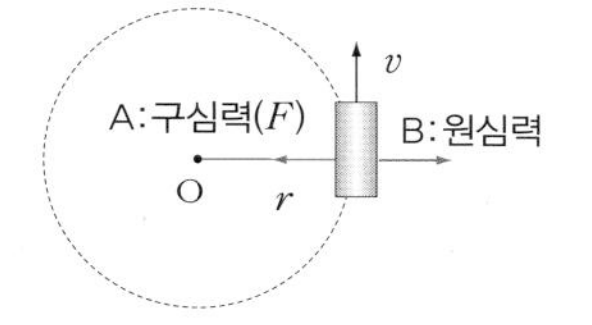

ㄱ. F(구심력) $= m\dfrac{v^2}{r}$ 으로 나타나므로 속력이 증가하면 힘 A의 크기가 커진다. 원심력은 구심력과 크기가 같고 반대 방향으로 나타나므로 힘 B의 크기도 커진다.

ㄴ. 힘 A는 물체가 원운동을 하도록 만들어주는 힘인 구심력이다.

ㄷ. 회전 세탁기에서 빨래들은 힘 B인 원심력에 의해서 원통 바깥으로 향하는 힘을 느낀다. 따라서 벽면에 빨래가 치우치게 된다.

04. 답 ②

해설 버스의 바닥에 마찰이 없으므로 무한이와 물체는 정지하고 버스만 운동하게 된다.

ㄱ. 무한이는 버스에 대해서 상대적인 운동을 할 뿐 관성력을 느끼지는 않는다.

ㄴ, ㄷ. 바닥의 마찰력이 없으므로 버스 안에서 물체와 무한이는 같은 운동을 하며, 밖에서 보면 둘 다 정지해 있는 상태를 유지한다.

[유형2-3] 답 ③

해설 가속도를 구하기 위해서는 물체에 작용하는 알짜힘을 구해야 한다. 그림의 물체에는 두 힘이 작용한다.

① 물체를 위로 끌어 올리는 힘 = 200(N)(위 방향)

② 물체에 작용하는 중력 = mg = 10 × 9.8 = 98(N)(아래 방향)

두 힘은 직선 상에서 작용하고, 방향이 반대이므로 두 힘의 합력 = 200 - 98 = 102(N)(위 방향)

$F = ma$ 이므로 $102 = 10a$, $a = 10.2$ (m/s^2)(위 방향)

05. 답 ④

해설 7초 후 두 물체는 같은 위치에 있게 된다. B는 4m/s의 속도로 등속 직선 운동을 했기 때문에 B가 움직인 변위 $s_B = 4 \times 7 = 28$(m)이며, A는 B보다 21m 뒤에서 출발하였으므로, A는 7초 동안 28 + 21 = 49 m 만큼 이동해야 한다.

A는 등가속도 직선 운동을 하고 있으므로 A의 가속도가 a 일 때

$s_A = \dfrac{1}{2} a \times 7^2 = 49$, $a = 2(m/s^2)$ 이다.

ㄱ. 처음에 A는 정지해 있었으므로, $v = v_0 + at$ 에 의해 7초인 순간(= A와 B가 만나는 순간) A의 속도는 = 2 × 7 = 14(m/s)

ㄴ. A에 작용한 힘을 F 라고 하면, $F = ma = 2 \times 2 = 4$ (N) 이다.

ㄷ. 같은 조건이므로 1kg인 C에 4N의 힘이 작용한다. C의 가속도를 a 라고 하면, $F = ma$ ⇨ $4 = 1a$, $a = 4(m/s^2)$

4초까지 C의 변위는 $s_C = \dfrac{1}{2} \times 4 \times 4^2 = 32$(m)

4초까지 B의 변위 $s_B = 4 \times 4 = 16$m, B가 C보다 21m 앞서 출발하므로 C의 출발점 기준 B의 변위는 16 + 21 = 37m이다. 그러므로 C가 아직 B를 따라잡지 못했다.

06. 답 ②

해설 이 행성의 중력 가속도를 g' 이라고 하면, 속도가 0 이 되는 순간은 최고점(속도=0)이고, 다시 자기 자리로 돌아오는데 4초가 걸렸기 때문에 최고점에 도달하는 시간은 2초이다.

$v = v_0 + at = v_0 - g't$ 이므로, $0 = 16 - g'2$, ⇨ $g' = 8(m/s^2)$

무게는 공이 받은 중력의 크기이다. $F = mg' = 0.5 \times 8 = 4$(N)

[유형2-4] 답 ②

해설 A는 B에게 180N의 힘을 화살표 방향으로 작용하고, B는 반작용으로 A에게 같은 크기의 힘을 반대 방향으로 작용한다. A는 수평 방향으로 운동하므로 A에 작용하는 힘의 수평 방향 성분을 구해서 운동 방정식에 적용한다.

A에 작용하는 힘의 수평 성분 = $180\cos60^\circ = 180 \times \dfrac{1}{2} = 90$N

$\therefore a(A) = \dfrac{F}{m} = \dfrac{90}{60} = 1.5(m/s^2)$

07. 답 ②

해설

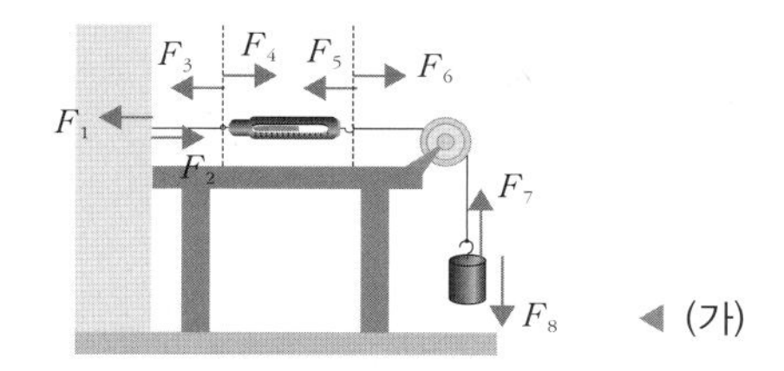

◀ (가)

F_1 : 벽이 왼쪽 끈을 당기는 힘= 10N
F_2 : 왼쪽 끈이 벽을 잡아당기는 힘(장력) = 10N
⇨ F_1과 F_2는 작용 반작용
F_3 : 왼쪽 끈이 용수철 저울을 잡아당기는 힘(장력)= 10N
F_4 : 용수철 저울이 왼쪽 끈을 잡아당기는 힘(용수철 저울의 탄성력)
⇨ F_3과 F_4는 작용 반작용
F_5 : 용수철 저울이 오른쪽 끈을 잡아당기는 힘(용수철 저울의 탄성력)
F_6 : 오른쪽 끈이 용수철 저울을 잡아당기는 힘(장력)= 10N
⇨ F_5와 F_6는 작용 반작용
F_7 : 위쪽 끈이 물체를 잡아당기는 힘(장력)(10N)
F_8: 물체가 위쪽 끈을 잡아당기는 힘(10N)
⇨ F_7과 F_8는 작용 반작용

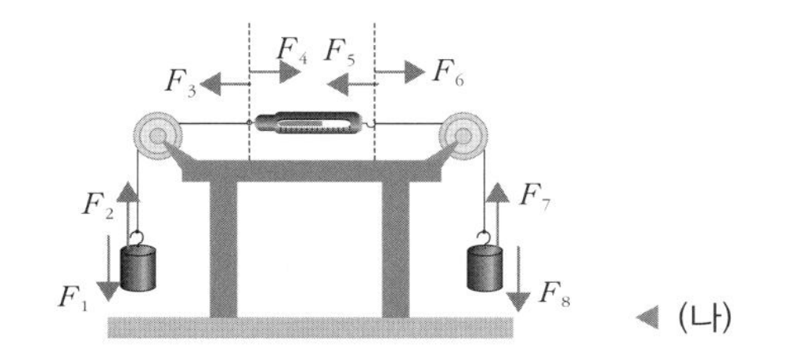

◀ (나)

F_1 : 왼쪽 물체가 줄을 잡아당기는 힘(10N)
F_2 : 위쪽 끈이 왼쪽 물체를 잡아당기는 힘(장력) = 10N
⇨ F_1과 F_2는 작용 반작용
F_3 : 왼쪽 끈이 용수철 저울을 잡아당기는 힘(장력)= 10N
F_4 : 용수철 저울이 왼쪽 끈을 잡아당기는 힘(용수철 저울의 탄성력)
⇨ F_3과 F_4는 작용 반작용
F_5 : 용수철 저울이 오른쪽 끈을 잡아당기는 힘(용수철 저울의 탄성력)
F_6 : 오른쪽 끈이 용수철 저울을 잡아당기는 힘(장력)= 10N
⇨ F_5와 F_6는 작용 반작용
F_7 : 위쪽 끈이 오른쪽 물체를 잡아당기는 힘(장력)(10N)
F_8: 오른쪽 물체가 위쪽 끈을 잡아당기는 힘(10N)
⇨ F_7과 F_8는 작용 반작용

(가), (나)에서 용수철에 작용하는 힘(용수철 저울의 눈금) F_3, F_6는 10N 으로 같게 나타난다.

08. 답 ②

해설 무한이와 상상이는 작용 반작용으로 서로 받은 힘의 크기가 같다. 같은 시간 동안 이동한 거리(= $\frac{1}{2}at^2$)는 가속도와 비례하므로 무한이가 이동한 거리가 상상이의 2배일 때, 무한이의 가속도는 상상이 가속도의 2배이다. 같은 크기의 힘이 작용할 때 가속도와 질량은 반비례하므로 무한이의 질량은 상상이의 질량의 0.5배이다.

스스로 실력 높이기

40 − 49 쪽

01.(1) X (2) O (3) O 02. ④ 03. ②
04. ② 05. ① 06. ③ 07. ② 08. ②
09. ② 10. ③ 11. ② 12. ① 13. ④
14. ④ 15. ③ 16. ① 17. ① 18. ⑤
19. ⑤ 20. ③ 21. ④ 22. ⑤ 23. ②
24. ① 25. ⑤ 26. ④ 27. ②, ③, ④
28. ⑤ 29. ④ 30. ③ 31. ⑤ 32. ④
33. ⑤ 34. (1) 증가한다. (2) <해설 참조>
35. (1) 48000 N (2) 1920 N, 동쪽
36. (1) 10 N (2) $t_2 = \sqrt{5}\ t_1$
37. (1) 4초 (2) 8초 (3) 256 m 로 같다.
38. <해설 참조> 39. <해설 참조> 40. ㄴ, ㄷ

01. 답 (1) X (2) O (3) O

해설 (1)(3) 관성은 물체가 외부에서 그것의 운동 상태, 즉 운동의 방향이나 속력에 변화를 주려고 하는 작용에 대해 저항하려고 하는 물체의 속성을 말하며, 이 속성은 물체의 질량이 클수록 증가한다. 질량이 클수록 물체의 운동 상태를 변화시키기 어렵기 때문이다. 이에 비해 관성력은 관성때문에 느껴지는 힘이며, 관성과 구별된다.
(2) 알짜힘의 크기가 0 이면 등속 직선 운동한다.

02. 답 ④

해설 운동 관성에 의해서 나타나는 현상이다. 후추는 후추통과 함께 계속 운동하려고 하므로 통을 멈추는 순간 떨어지는 것이다.
ㄱ. 후추는 계속 운동하려고 한다.
ㄴ. 통을 흔드는 힘이 약해지면 후추의 속력도 작아지므로 통을 멈추었을 때 후추가 빠져나오기 힘들다.
ㄷ. 달리던 사람이 돌부리에 걸려 넘어지는 것은 운동 관성에 관련된 내용이다.

03. 답 ②

해설 자동차의 가속도 방향은 왼쪽이다. 공의 관성력 방향은 자동차의 가속도 방향과 반대인 오른쪽이다. F(관성력 크기) $= ma$ 이다.

04. 답 ②

해설 $F = ma$ 식에 의해 $4 = 2a$, 가속도 $a = 2$ m/s^2

05. 답 ①

해설 $F = ma$ 식에 의해
① $10 = 4a$, $a = 2.5$m/s^2 ② $6 = 2a$, $a = 3$m/s^2,
③ $4 = 2a$, $a = 2$m/s^2 ④ $4 = 4a$, $a = 1$m/s^2,
⑤ $3 = 2a$, $a = 1.5$m/s^2

06. 답 ③

해설 정지한 물체가 일정한 힘을 받아 운동할 때 가속도 a가 발생한다.

$s = v_0t + \frac{1}{2}at^2$, $8 = \frac{1}{2}a \times 4^2$, $a = 1(m/s^2)$

$F = ma$ 에 의해 $F = 3 \times 1 = 3N$

07. 답 ②

해설 $F = ma$ 에 의해 $6 = 3a$, $a = 2$ m/s^2 이다. 5초 후 물체의 속도를 v 라고 하면 $v = 2 \times 5 = 10$m/s

08. 답 ②

해설 힘도 2배로 늘었고 질량도 2배로 늘었다. 따라서 $F=ma$ 에 의해 가속도는 그대로 2 m/s^2 이다.

09. 답 ②

해설 $F = ma$ 에 의해 (무한이의 질량 + 스케이트 보드의 질량) = m 이라고 하면, 무한이가 벽으로부터 받는 힘도 600N이다. 600 = m × 10, m = 60 kg 이다. 따라서 무한이의 질량은 55 kg 이다.

10. 답 ③

해설 무한이에게 작용하는 힘은 중력과 물의 부력이 있다. 물의 부력은 물이 무한이에게 작용하는 힘이고, 이 힘은 무한이가 물에 작용하는 힘과 작용과 반작용의 관계이다. 저울에 나타나는 몸무게는 중력에서 부력을 뺀 값이다. 무한이에게 작용하는 중력은 500N이고, 물의 부력을 F 라고 하면 500 - F = 200N, F = 300(N) 물은 무한이에게 윗 방향으로 300N의 힘(부력)을 작용하며, 반작용으로 무한이가 물에 300N의 힘을 가한다.

11. 답 ②

해설 ① 이불을 두드려 이불이 움직이면 먼지는 정지해 있으려고 하므로 먼지가 떨어지게 된다.(정지 관성)

② 삽으로 흙을 파서 던지면 흙은 계속 움직이려고 하기 때문에 삽을 멈춰도 흙이 멀리 날아간다. (운동 관성)

③ 버스가 갑자기 출발하면 원래 멈춰 있던 사람은 계속해서 정지해 있으려고 하기 때문에 반대 방향으로 몸이 쏠린다. (정지 관성)

④ 식탁보를 재빨리 당기면 식탁 위의 물건은 계속 정지해 있으려고 하므로 식탁 위의 물건은 딸려오지 않는다. (정지 관성)

⑤ 나무 도막을 쌓아놓고 가운데를 갑자기 치면 다른 나무 도막은 계속 정지해 있으려 하기 때문에 가운데 나무 도막만 빠져나간다. (정지 관성)

12. 답 ①

해설 체중계에 가하는 힘은 사람의 무게와 관성력을 고려한다. 올라갈 때에는 가속도의 방향이 위쪽이므로 관성력의 방향은 아래쪽이다. 따라서, 체중계에 가하는 힘은 (mg + 관성력)이다. 내려갈 때에는 가속도의 방향이 아래쪽이므로 관성력의 방향은 위쪽이다. 따라서, 체중계에 가하는 힘은 (mg−관성력)이다. 두 경우의 차이는 (mg + 관성력) - (mg - 관성력) = 2×관성력 이다. 관성력(F) = ma = 3 × 50 = 150(N), 그러므로 두 경우의 차이는 300N이 된다.
중력 가속도가 10m/s^{2}이므로, 300N = 30kgf 이다.

13. 답 ④

해설 O~P 구간에서 가속도를 a 라고 하고, 수레와 물체의 질량의 합은 1 + 3 = 4kg, 작용한 힘 8 N 이므로, 8 = 4a, a = 2 m/s^2

ㄱ. O~P 구간에서 A의 관성력의 크기(F) = ma = 1 × 2 = 2(N)

ㄴ. 1초일 때는 등가속도 운동하므로 관성력의 크기는 2N이고, 4초일 때에는 등속 직선 운동을 하고 있기 때문에 수레의 가속도는 0이므로 관성력은 나타나지 않는다.

ㄷ. 출발부터 P점까지의 이동 거리(직선 운동이므로 변위와 같다.)

$s = v_0 t + \frac{1}{2}at^2$에서 $s = \frac{1}{2} \times 2 \times 2^2$ = 4(m)(O~P 사이 거리)

3 m 일 때는 P점에 도착하기 전이므로 수레는 가속도 운동을 하고 있으며, 물체가 느끼는 관성력의 방향은 수레의 가속도 방향과 반대 방향이다. 따라서 수레가 남쪽으로 가속도 운동하므로 물체에는 관성력이 북쪽으로 작용한다.

14. 답 ④

해설 속도 - 시간 그래프에서 기울기는 가속도를 의미한다.

$a = \frac{6}{12} = 0.5(\text{m/s}^2)$, $F = ma$ 에 의해 $6 = m \times 0.5$, $m = 12\text{kg}$

15. 답 ③

해설 아래 그림에서 힘의 평형: $F_1 + F_3$ = 0(자석 A에 대해), $F_2 + F_4 + N$ = 0((자석 B + 장치)에 대해) 저울이 물체를 떠받치는 수직 항력만큼 그 반작용으로 저울이 힘을 받으며 힘을 받는 만큼 저울의 눈금이 나타난다. $F_2 + F_4 + N$ = 0 이므로 수직 항력은 그 크기가 ($F_2 + F_4$)와 같고, F_2는 자석 A의 무게와 같다. 결국 저울의 눈금은 (자석A + 자석B + 장치)의 무게(400g중)를 나타낸다.

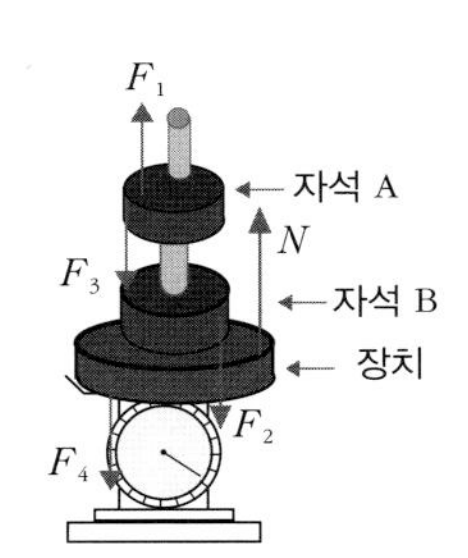

자석 B와 장치를 한 물체로 생각한다.
F_1 : 자석 B가 자석 A를 미는 힘
F_2 : F_1의 반작용, 자석 A가 자석 B를 미는 힘
F_3 : 자석 A의 무게
F_4 : (자석 B + 장치)의 무게
N : 저울면이 물체를 떠받치는 수직 항력

16. 답 ①

해설 가운데의 사람을 장력을 측정하는 기구라고 생각하면 된다. 말 한마리가 끄는 힘을 T 라고 하면, (가)와 (나)에는 양쪽 팔에 동일하게 장력 T 가 측정되고, (다)에는 장력 $2T$ 가 측정된다.

ㄱ. 말이 오른쪽에 있더라도 작용 반작용에 의해 왼쪽, 오른쪽의 장력이 같은 크기로 나타나므로 양팔이 받는 힘의 세기는 같다.

ㄴ. (나)는 T, (다)는 $2T$ 이다.

ㄷ. 사람에게 작용하는 힘의 평형으로 생각하면 두 경우 사람이 받는 알짜힘(합력)은 0 이다.

17. 답 ①

해설 ㄱ. 철수가 벽에, 벽이 철수에게 힘이 작용하므로 작용 반작용의 관계이다.

ㄴ. 지구가 책을 당기는 힘의 반작용은 책이 지구를 당기는 힘이다. 책상이 책을 떠받치는 힘의 반작용은 책이 책상을 누르는 힘이다.

ㄷ. 야구 방망이가 공을 미는 힘의 반작용은 공이 야구방망이를 미는 힘이다.

18. 답 ⑤

해설 아래 그림에서 처럼 각 용수철 저울은 10 N 의 같은 크기의 힘으로 잡아당겨지고 있다.

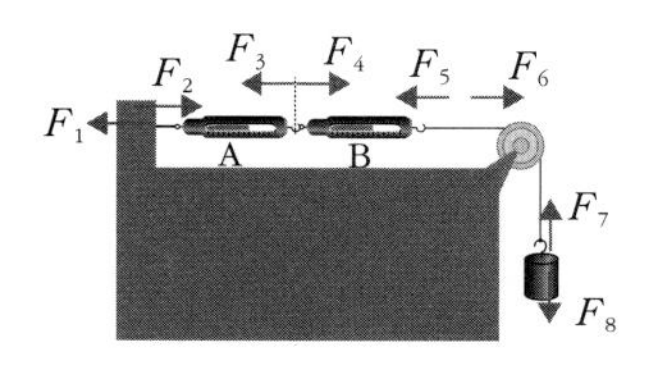

F_1 : 벽이 용수철 A를 잡아당기는 힘(10N)
F_2 : 용수철 A가 벽을 잡아당기는 힘(탄성력)(10N)
⇨ F_1과 F_2는 작용 반작용
F_3 : 용수철 A가 용수철 B를 잡아당기는 힘(용수철 A의 탄성력)(10N)
F_4 : 용수철 B가 용수철 A를 잡아당기는 힘(용수철 B의 탄성력)(10N)
⇨ F_3과 F_4는 작용 반작용
F_5 : 용수철 B가 끈을 잡아당기는 힘(용수철 B의 탄성력)(10N)
F_6 : 끈이 용수철 B를 잡아당기는 힘(장력)(10N)
⇨ F_5와 F_6는 작용 반작용
F_7 : 끈이 물체를 잡아당기는 힘(장력)(10N)
F_8 : 물체가 끈을 잡아당기는 힘(10N)
⇨ F_7과 F_8은 작용 반작용

19. 답 ⑤

해설 질량 m 의 물체가 느끼는 관성력의 방향은 물체의 가속도 방향과 반대이다. 위치 - 시간 그래프에서 그래프의 기울기는 속도이다.
속도-시간 그래프는 다음과 같다.(오른쪽을 + 방향으로 하여 생각하자.)

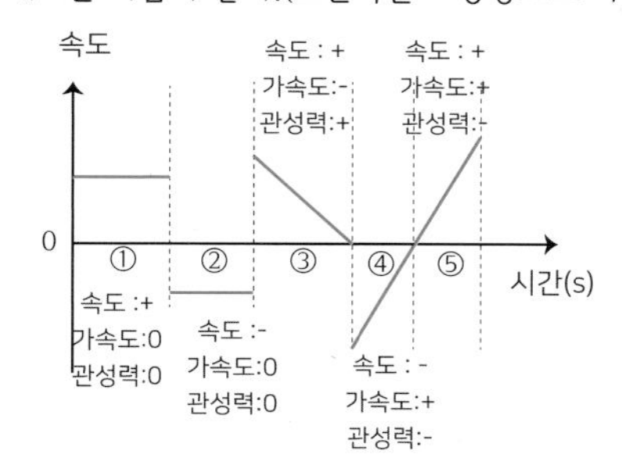

①, ② 등속 직선 운동 구간이다. 관성력이 0이다.
③ 접선의 기울기가 점차 작아진다. 이는 속도가 점점 줄어드는 것이다. 운동 방향(+)과 가속도의 방향(-)이 반대이다. 따라서 운동 방향과 관성력의 방향이 같다.
④ 접선의 기울기(속도)가 점점 커진다.(기울기가 -3→ -2 → 0으로 커진다.) 가속도(+)와 운동 방향(-)이 반대이고, 운동 방향과 관성력의 방향이 같다.
⑤ 접선의 기울기(속도)가 점차 커진다(0→1→2). 운동 방향과 가속도의 방향이 같고, 관성력과 운동 방향이 반대이다.

20. 답 ③

해설

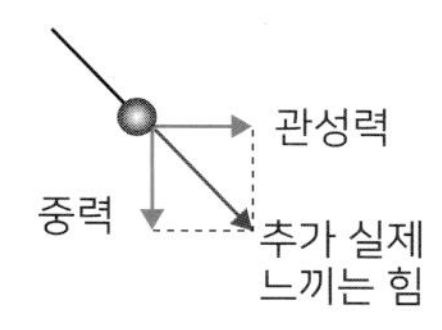

추가 자동차 앞쪽으로 기울어져 있으므로 자동차는 달리다가 감속하는 운동이거나 뒤쪽으로 가속하는 운동이다. 차 내부에서 관찰하였을 때 추에는 앞쪽 방향의 관성력과 연직 아래 방향의 중력이 작용하고 있으므로 추는 두 힘의 합력을 받고 있고, 이때 실이 끊어지면 합력의 방향으로 등가속도 운동을 한다. 따라서 그림 ③처럼 기울어진 쪽으로 직선 운동하며 떨어진다.

21. 답 ④

해설 물체는 수평면에서 등가속도 운동을 하고, P점에서 낙하를 시작하면 포물선 운동을 한다.
(출발점 ~ P)의 가속도를 a 라고 하면 $F = ma$ 에 의해
$2 = 1\,a$, 가속도 $a = 2\ m/s^2$
P점에서의 속도는 $v^2 - v_0^2 = 2as$, $v^2 = 2\times2\times9 = 36$, $v = 6$(m/s)
P점에 도착할 때까지의 시간은 $v = v_0 + at$, $6 = 2t$, $t = 3$(s)
P ~ Q까지는 포물선 운동이다. 이때 작용하는 힘은 연직 방향의 중력 뿐이다. 따라서, 수평 방향의 속력은 변하지 않으므로 건물에서 Q점까지의 거리(수평으로 이동한 거리)는 6m/s의 속도로 등속 직선 운동을 한 거리와 같다. 낙하 시간을 t 라고 하면, $12 = 6t$, $t = 2$(s)
ㄱ. h 는 2초 동안 자유 낙하한 거리이므로

$$h = \frac{1}{2} \times 10 \times 2^2 = 20(\text{m})$$

ㄴ. 출발하고 3초가 되는 순간은 P점을 지나는 순간이다. P점 이전은 무한이가 미는 수평 방향의 힘이 작용하고, P점 이후는 중력에 의해 연직 방향의 힘이 작용한다.
ㄷ. 힘의 방향과 운동 방향이 수직인 경우는 원운동이다. 포물선 운동은 경로의 접선 방향이 운동 방향(속도의 방향)이며, 물체에 작용하는 힘의 방향은 연직 아래 방향의 중력이므로 수직하지 않다.

22. 답 ⑤

해설 위 방향이 (+)로 나타난다. 무한이의 무게는 60×10 = 600N
1초 때 속도는 $v = v_0 + at$ 에 의해 $v = 2 \times 1 = 2$(m/s)
1 ~ 4초에서는 가속도가 0 이므로 2m/s 로 등속 직선 운동을 한다.
6초 때 속도는 $v = 2 + (-1) \times 2 = 0$(m/s)
따라서 속도 - 시간 그래프는 다음과 같다.

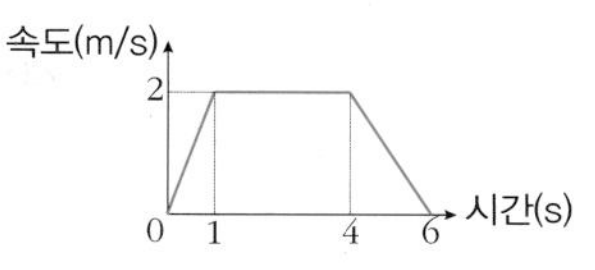

ㄱ. 5초에서 가속도의 방향이 (-)이므로 관성력의 방향은 위쪽이다. 관성력의 크기(F) = ma = 60 × 1 = 60(N)이다. 관성력의 방향이 윗쪽이므로 체중계에는 무게에서 60N을 뺀 값으로 측정된다. 따라서, 측정값은 600 - 60 = 540(N) = 54 kgf
ㄴ. 엘리베이터가 출발 후 멈출 때까지의 변위는 속도 - 시간 그래프의 6초 간 시간축과의 넓이인 9 m 이다.
한층의 높이가 3m이고 엘리베이터가 9 m 올라갔으므로 엘리베이터는 4층에서 멈추었다.
ㄷ. 한층의 높이가 3 m 이므로, 엘리베이터가 2층을 지나는 경우는 3 ~ 6 m 인 구간이고 그 때는 등속 직선 운동을 하고 있다. 등속 직선 운동에서는 작용하는 알짜힘이 0 이다.

23. 답 ②

해설 오른쪽을 (+)로 하고, 위치(변위)-시간 그래프의 접선의 기울기는 속도이고 속도-시간 그래프의 접선의 기울기는 가속도이다. 속도-시간 그래프는 다음과 같다.

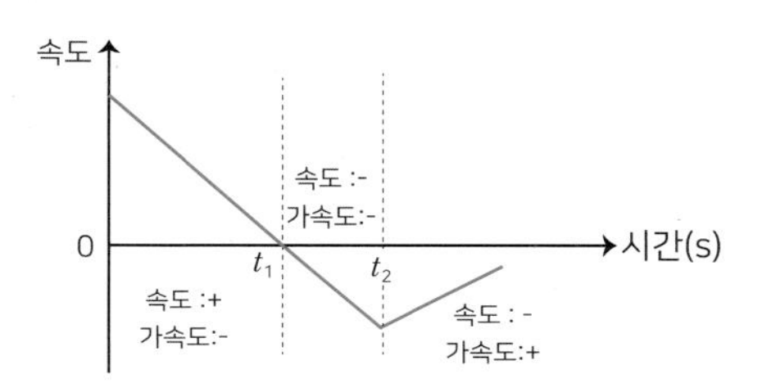

ㄱ. 출발 후 t_1까지는 변위가 증가하고, 접선의 기울기(속도)가 감소한다. 이 때는 가속도와 운동 방향이 반대이다.
ㄴ. t_1 ~ t_2에서는 변위가 감소하고 접선의 기울기인 속도도 (-)로감소한다.(-1→ -2→ -3) 따라서 운동 방향은 (-)이고, (-) 방향으로 속력이 증가하므로 운동 방향과 힘 또는 가속도의 방향이 (-)로 같다.
ㄷ. t_2 이후에는 (+)변위가 감소하고 속도가 증가하므로(-3→ -2→ -1) 운동 방향은 (-)이고, 힘과 가속도의 방향은 (+)이다.

24. 답 ①

해설

<영희>
W : 영희→철봉(당기는 힘), F_1 : 철봉→영희(W의 반작용)
F_2 : 영희의 무게(지구→영희), N_1 : 지면→영희(수직항력)
$F_1 + N_1 + F_2 = 0$ (영희에 대한 힘의 평형)
<철수>
F_4 : 철수→역기(미는 힘), F_3 : 역기→철수(F_4 의 반작용)
W : 역기의 무게(지구→역기), F_5 : 철수의 무게(지구→철수)
N_2 : 지면→철수(수직항력)
$F_3 + F_5 + N_2 = 0$ (철수에 대한 힘의 평형)
$W + F_4 = 0$ (역기에 대한 힘의 평형)

ㄱ. 철봉이 영희를 당기는 힘은 영희가 철봉을 당기는 힘 W와 크기가 같다. 철수는 무게 W인 역기를 들어올렸으므로 철수가 역기를 받치는 힘 F_4 는 W 와 크기가 같다.
ㄴ. 위 그림에서 지면이 영희를 떠받치는 힘 N_1 은 영희의 무게 - W이다. 지면이 철수를 떠받치는 힘 N_2 는 철수의 무게 +W 이다. 두 힘의 크기는 다르다.
ㄷ. 지면이 철수를 떠받치는 힘은 철수의 무게+ W이고, 역기가 철수를 누르는 힘은 W이다. 힘의 크기도 다르고 작용 반작용의 관계

도 아니다.

25. 답 ⑤

해설 가속도 a 의 버스와 같이 운동하는 질량 m 의 물체가 받는 관성력의 크기(F) = ma 이므로 관성력의 크기는 수소 기체 < 공기 < 크립톤 기체 순이다.

ㄱ, ㄴ. 관성력을 받은 공기가 왼쪽으로 쏠리므로 가벼운 수소 풍선은 오른쪽으로 관성력을 받아 쏠리며, 버스 안의 관찰자가 볼 때, 실이 끊어지면 관성력 + 부력을 받아 오른쪽 위로 운동한다.

ㄷ. 크립톤 기체는 공기보다 무겁기 때문에 풍선을 크립톤 기체로 채우면 풍선은 왼쪽으로 쏠린다.

26. 답 ④

해설 ㄱ. 배의 갑판에 마찰이 없기 때문에 공에 작용하는 힘은 관성력 뿐이다. 무한이가 봤을 때 공은 동쪽으로 관성력을 받아 $1 m/s^2$ 의 가속도 운동을 하며, 가속도 크기는 질량과 무관하다.

ㄴ. 관성력이 동쪽으로 작용하기 때문에 무한이가 봤을 때 공은 동쪽 방향으로 힘을 받은 것처럼 운동한다.

ㄷ. 강물의 가속도의 크기가 증가하면 물체가 받는 동쪽 방향의 관성력이 증가하여 무한이가 본 공의 가속도의 크기가 증가한다.

27. 답 ②, ③, ④

해설 오른쪽 기름면이 더 높게 기울어져 있다. 평면 위에서 이는 관성력이 오른쪽으로 작용하고 있는 것이므로, 수레의 가속도는 왼쪽으로 +인 운동(왼쪽으로 점점 빨라지거나, 오른쪽으로 점점 느려지는 운동)을 하는 것이다.

④, ⑤ 빗면에서 수레가 운동할 때도 기름면이 기울어짐을 볼 수 있다.

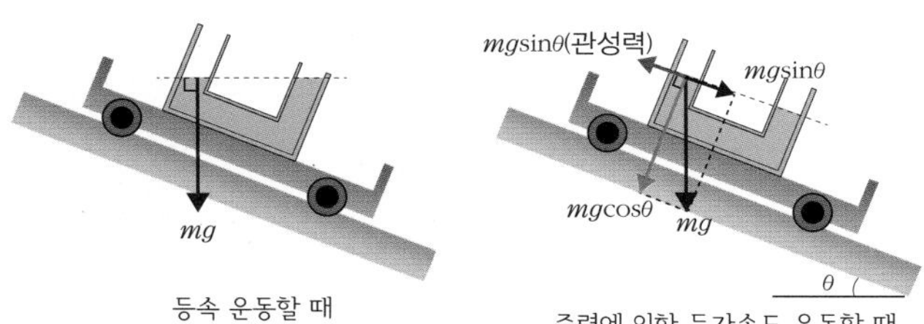

등속 운동할 때　　　중력에 의한 등가속도 운동할 때

빗면에서 수레가 정지하거나 등속 운동하면 내려올 때는 기름면은 중력만을 받아 지면에 평행이므로 수레에서는 기름면이 기울어진다. 그러나 빗면에서 중력을 받아 가속도 운동할 때는 빗면 방향으로는 관성력 때문에 힘을 받지 않고, 빗면에 수직인 방향으로만 힘($mg\cos\theta$)을 받게 되어 기름면이 빗면에 평행하게 유지된다.

28. 답 ⑤

해설 $F = ma$ 이므로 힘-시간 그래프와 가속도-시간 그래프는 모양이 같다. 다음과 같이 그래프가 나타난다.

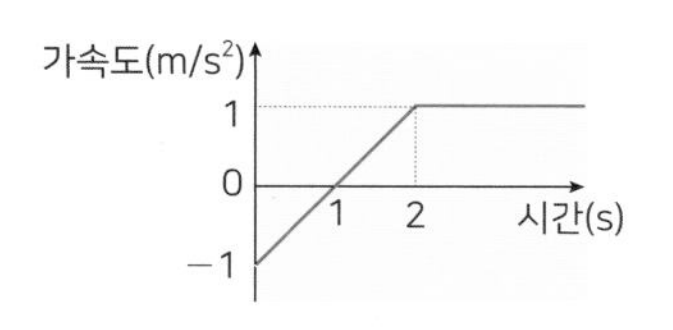

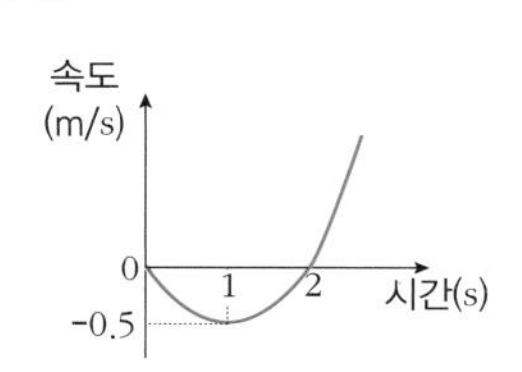

ㄱ. 가속도-시간 그래프의 시간축과의 넓이가 속도 변화량과 같기 때문에 0~2초 에서 속도 변화량이 0이다. 처음 물체는 정지해 있었기 때문에 2초에서 물체의 속도는 0이다.

ㄴ. 0~2초에서 속도-시간 그래프의 시간축과의 넓이(변위)가 (-)로 가장 크다. 따라서 왼쪽으로 이동 거리가 가장 크다.

ㄷ. 1.5초에서의 물체의 운동 방향은 (-)이고 가속도는 (+)이다. 따라서 관성력은 왼쪽(-)이기 때문에 관성력의 방향과 운동 방향은 같다.

29. 답 ④

해설 일정한 가속도로 감속하여 50m를 더 가서 정지하였다고 하므로, 아래 방향을 (+)로 할 때, $v^2 - v_0{}^2 = 2as$ 에 의해
$-10^2 = 2a \times 50$, $a = -1 m/s^2$이다.

엘리베이터의 가속도가 윗 방향이므로 관성력은 아래 방향이며, 관성력의 크기는 120×1=120N이다. 케이블의 장력은 다음과 같다.

케이블의 장력 = 관성력 + 중력 = 120 + 1200 = 1320 N = 132 kgf

30. 답 ③

해설 평균 속도 = $\frac{\text{변위}}{\text{걸린 시간}}$ 이고, 속도-시간 그래프의 아래 넓이는 변위이며, 접선의 기울기는 가속도이다. 질량이 같으므로 가속도의 크기가 크면 힘의 크기도 커진다.

ㄱ. t초까지 넓이가 A가 B보다 작기 때문에 평균 속도는 A가 더 작다.

ㄴ. t초일 때, 접선의 기울기(순간 가속도)는 A가 B보다 더 크다. 따라서 물체 A에 작용하는 힘의 크기가 물체 B보다 크다.

ㄷ. B의 속도는 오른쪽으로 증가하므로 관성력의 방향은 왼쪽이다.

31. 답 ⑤

해설 처음 2초 동안 연직 위로 60N의 힘이 작용하나 30N의 무게가 반대로 작용하므로 물체가 받는 알짜힘은 연직 위 방향으로 30 N 이다. 가속도 법칙에서 $30 = 3a$, $a = 10 m/s^2$(연직 위 방향)이다.

출발 후 2초가 되는 순간의 속도 $v = at = 10 \cdot 2 = 20 m/s$ 이고, 2~4초에는 물체에 작용하는 알짜힘은 중력 때문에 0 이 되므로, 등속도 운동을 한다. 4초 이후에 물체는 아래 방향의 중력만을 받아 물체의 속도가 0 이 될 때까지 더 올라간다.

0~2초에 올라간 높이 $h_1 = \frac{1}{2}at^2 = \frac{1}{2} \cdot 10 \cdot 2^2 = 20 m$

2~4초에 올라간 높이 $h_2 = 20 \cdot 2 = 40 m$

4초 이후에 올라간 높이 $h_3 = \frac{v^2}{2g} = \frac{10^2}{20} = 5 m$

물체가 올라간 총 높이 = $h_1 + h_2 + h_3 = 20 + 40 + 5 = 65 m$ 이다.

32. 답 ④

해설 사과의 관성력은 아래쪽으로 향하고 책상을 누르는 힘은 커지고 그 반작용인 수직항력도 커진다. 하지만 중력은 변하지 않는다.

ㄱ. F_1은 사과의 무게이다. 무게 = mg 이므로 관성력과 관계없이 일정하다.

ㄴ, ㄷ. F_3과 F_4는 작용 반작용이고, 관성력에 의해 F_4의 크기가 증가하므로 동시에 F_3의 크기도 증가한다.

33. 답 ⑤

해설

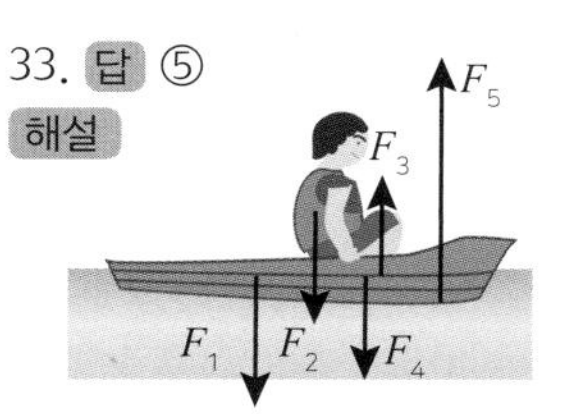

F_1 : 배의 무게　F_2 : 무한이의 무게
F_3 : 배가 무한이를 떠받치는 힘(수직항력)
F_4 : 무한이가 배를 누르는 힘(F_3의 반작용)
F_5 : 배가 물로부터 받는 부력
힘의 평형 : $F_4 + F_1 = F_5$ (배에 대하여)

ㄱ. 무한이가 배를 누르는 힘(F_4)에 대한 반작용은 배가 무한이를 떠받치는 수직 항력(F_3)이다.

ㄴ. 무한이에 작용하는 힘은 지구로부터 받는 중력(F_2)과 배가 떠받치는 수직 항력(F_3)이고, 두 힘은 평형을 이루어 무한이는 정지할 수 있다. 따라서 두 힘의 크기는 같다.(방향은 반대이다.)

ㄷ. (무한이+배)도 정지해 있으므로 힘의 평형 상태이다. (무한이+배)를 한덩어리로 생각하면, 아래 방향으로는 중력의 합이 작용하고, 윗방향으로는 부력이 작용하여 평형을 이룬다. 따라서 중력의 크기의 합과 부력의 크기는 서로 같다.

34. 답 (1) 증가한다. (2) <해설 참조>

해설 (1)

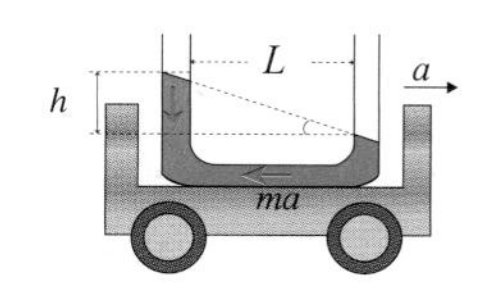

높이 차 h에 해당하는 액체(밀도ρ)의 무게와 U자관(단면적 A)의 길이 L의 액체가 받는 관성력이 평형을 이룬다.

$\rho hAg = \rho LAa \rightarrow gh = LA$

U자 관의 폭과 양쪽관 액체의 높이 차는 비례한다.

(2) ① 마찰력을 무시할 때 물이 든 U자관은 빗면 아래 방향으로 $g\sin\theta$ 의 가속도 운동을 한다. 따라서 U자관 내의 물은 반대 방향으로 관성력을 받게 된다.

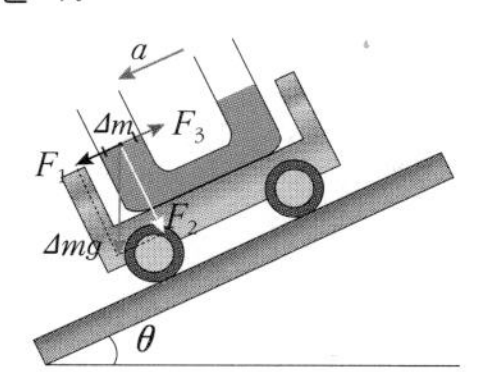

빗면 방향으로 수면 상의 작은 질점 Δm은 중력에 의해 $F_1(\Delta mg\sin\theta)$의 힘을 받고, 반대 방향으로 $F_3(\Delta mg\sin\theta)$의 관성력을 받아 느껴지는 힘이 0 인 상태가 되지만, 빗면에 수직 방향으로 $F_2(\Delta mg\cos\theta)$의 힘을 받으므로 수면은 빗면에 평행한 모습이 된다.

② 수레를 빗면 위에서 등속 운동시키면 작은 질점 Δm에는 그림의 관성력(F_3)이 나타나지 않고 중력만을 받게 되므로 수면은 지면에 평행한 모습이 된다.(수면은 Δm이 받는 힘에 수직인 상태를 유지한다.)

35. 답 (1) 48000 N (2) 1920 N, 동쪽

해설 (1) 자동차가 이동한 거리는 페달을 밟기 전까지 자동차가 등속으로 이동한 거리와 페달을 밟아 속도가 일정하게 감소하는 제동 거리의 합이다. 속도-시간 그래프의 아래 넓이가 이동한 거리이고, 자동차가 140m 간 뒤 정지하였으므로,

$80t + \frac{1}{2}\times 80 \times (3 - t) = 140,\ t = 0.5(s)$

따라서 2.5초 동안 속도 변화가 80 m/s 이 되므로 가속도 $a = \frac{80}{2.5} = 32\ (m/s^2)$

∴ 자동차가 받은 힘(F)의 크기 = 1500 × 32 = 48000 (N)

(2) 속도가 감소하고 있고, 자동차의 운동 방향이 동쪽이었으므로 가속도의 방향은 서쪽이다. 자동차의 가속도와 반대 방향인 관성력의 방향은 동쪽이며, 운전자가 느끼는 관성력의 크기 = 60 × 32 = 1920 N 이다.

36. 답 (1) 10 N (2) $t_2 = \sqrt{5}\ t_1$

해설 (1) 추의 관성력은 엘리베이터의 가속도 방향과 반대 방향이므로 위쪽이고, 관성력의 크기는 다음과 같다.

$F = -ma = 5 \times \frac{4}{5}g = 4\times 10 = 40(N)$

추는 아래 방향으로 중력 50N 을 받고 있고, 반대 방향으로 관성력이 40N 이므로 추에 작용하는 실의 장력은 윗방향으로 10 N 이다.

(2) 엘리베이터가 정지하고 있을 때 실을 끊어 낙하하는 시간을 t_1 이라고 할 때,

$h = \frac{1}{2}gt_1^2$ 이므로 $t_1 = \sqrt{\frac{2h}{g}} = \sqrt{\frac{h}{5}}$

엘리베이터가 운동 중에 실을 끊어 낙하하는 시간을 t_2 라고 하면, 실을 끊었을 때 추는 아래 방향으로 10 N 의 힘을 받는다.

$10 = 5a,\ a = 2\ m/s^2$ (엘리베이터 내부에서 관찰할 때)

$\therefore t_2 = \sqrt{\frac{2h}{a}} = \sqrt{h} = \sqrt{5}\ t_1$

37. 답 (1) 4초 (2) 8초 (3) 256 m 로 같다.

해설 오른쪽 방향을 + 로 정한다.

(1) 자동차 안에서 볼 때 축구공은 관성력을 받아 $-3\ m/s^2$ 의 가속도 운동을 한다. 멈출 때까지 시간을 t_1 이라고 하면,

$v = v_0 + at$ 에 의해 $0 = 12 - 3t_1,\ t_1 = 4(s)$

(2) 자동차 안에서 볼 때 처음 속도가 12 m/s 이고 $-3\ m/s^2$ 의 가속도 운동을 한다. 공이 다시 사람에게 되돌아 왔으므로 변위가 0 이다. 되돌아 온 시간을 t_2 라고 하면,

$0 = 12\ t_2 + \frac{1}{2}\times(-3)t_2^2,\ t_2 = 8(s)$

(3) 자동차가 20 m/s 로 운동하고, 자동차 내부에서의 축구공의 속도가 12 m/s 이므로 밖에서 보면 축구공은 32m/s 로 출발하여 등속 운동을 한다. 자동차는 처음 속도 20 m/s, 가속도 3 m/s^2 로 8 초 동안 등가속도 운동을 한다.

축구공의 이동 거리 : 32×8 = 256m

자동차의 이동 거리 : $20\times 8 + \frac{1}{2}\times 3\times 8^2 = 256$m 으로 서로 같다.

38. 답 <해설 참조>

해설 마차의 운동 여부는 마차에 작용점을 둔 힘(마차가 받는 힘)만을 따져야 한다. 마차에 작용하는 힘은 오른쪽으로 향하는 힘(말이 끄는 힘)과 마찰력이므로 말이 끄는 힘이 마찰력보다 크면 마차는 운동을 한다. 작용 반작용의 두 힘은 두 물체 사이에 주고 받는 힘이며, 한 물체에 작용하는 힘이 아니므로 힘의 평형이 될 수 없다.

39. 답 <해설 참조>

해설

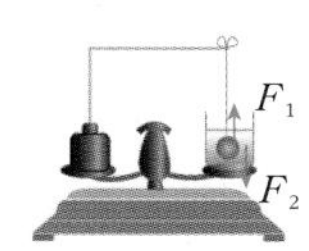

쇠공이 물에 잠기면 같은 크기의 힘 F_1과 F_2가 작용과 반작용으로 동시에 발생한다.

F_1 : 부력(물이 쇠공을 떠받치는 힘)

F_2 : 부력의 반작용(쇠공이 물을 아래로 미는 힘)

(A)에서 (추 + 쇠공)의 무게와 물이 든 비커의 무게는 같다. (B)에서 쇠공은 위로, 물이 든 비커는 아래로 힘을 받으므로 저울은 오른쪽으로 기울어진다.

40. 답 ㄴ, ㄷ

해설 ㄱ. 작용 반작용에 의해 무한이가 물체를 오른쪽으로 밀면 물체는 무한이를 왼쪽으로 민다. 따라서 무한이의 운동 방향과 물체의 운동 방향은 반대이다.

ㄴ. (나) 그래프에서 그래프의 기울기는 가속도이고 당기는 동안 상상이의 가속도는 1m/s^2 이므로, 상상이가 받는 알짜힘의 크기 $F_{상상} = 50 \times 1 = 50(N)$ 이며, 이 힘이 줄이 상상이를 당기는 힘이다.

ㄷ. (나) 그래프에서 무한이의 가속도의 크기는 2 m/s^2 이므로, 무한이가 받는 힘 = 55 × 2 = 110(N) 이며 이 힘은 무한이가 물체를 미는 힘이기도 하다.

물체가 받는 알짜힘 = 무한이가 물체를 미는 힘 + 상상이가 물체를 당기는 힘 = 110 + 50 = 160(N)이다. 따라서 물체의 가속도

$a = \frac{160}{80} = 2\ m/s^2$ 가 되며 무한이의 가속도 크기와 같다.

03강 여러 가지 힘

개념확인

50 — 53 쪽

1. (1) X (2) X 2. 수직 항력 3. 7 m/s² 4. 1 N

1. 답 (1) X (2) X

해설 (1) 중력은 만유 인력의 다른 표현이며 지구가 물체를 잡아당기는 힘이다. 하지만 전기력이나 자기력과는 달리 척력(밀어내는 힘)은 없고, 인력(잡아당기는 힘)만 있다.
(2) 만유 인력은 두 물체 사이의 거리가 멀어질수록 약해진다. 지표면에서 높이 올라가면 지구 중심으로부터 거리가 멀어지므로 중력의 크기는 작아진다.

3. 답 7 m/s²

해설 수평면 위의 공의 무게는 $1\times10 = 10$ N 이고 이는 수직 항력의 크기와 같다. 따라서, 공에 작용하는 운동 마찰력은 $10\times0.5 = 5$ N 이다. 공에 작용하는 알짜힘은 $12-5 = 7$ N 이므로 $F = ma$ 에 의해 $7 = 1\times a$, $a = 7$(m/s²)

4. 답 1 N

해설 $F = kx$ 에서 용수철 상수는 10 N/m 이고 10 cm 가 늘어났으므로, 탄성력의 크기 $F = 10\times0.1 = 1$(N)

확인 +

50 — 53 쪽

1. $\frac{1}{4}F$ 2. $10\sqrt{3}$ N 3. 0.4 4. 2.5 cm

01. 답 $\frac{1}{4}F$

해설 $F = k\frac{q_1q_2}{r^2}$ 에 의해 거리 r 이 두배가 되면 전기력 F는 $\frac{1}{4}$ 배로 줄어든다.

02. 답 $10\sqrt{3}$ N

해설 빗면에서의 수직 항력의 크기는 $mg\cos\theta$ 이다.
수직 항력 크기(N) $= 2\times10\times\cos30^\circ = 20\times\frac{\sqrt{3}}{2} = 10\sqrt{3}$ (N)

03. 답 0.4

해설 움직이기 시작한 순간에 작용한 힘인 4 N 이 최대 정지 마찰력의 크기와 같다.
수평면 위에 놓여 있으므로 수직 항력의 크기는 무게와 같다.
f(최대 정지 마찰력) $= \mu_sN$, $N=10$ N 이므로
$4 = \mu_s\times10$, $\mu_s = 0.4$

04. 답 2.5 cm

해설 고무줄을 반으로 자르면 길이가 절반이 되므로 늘어나는 길이도 절반이 된다(탄성계수가 2 배로 되는 것과 같음). 또 두 겹으로 하면 용수철의 병렬 연결일 때와 같이 탄성계수가 2 배가 되어 같은 힘에 대해서 늘어난 길이는 절반이 된다. 따라서 고무줄을 반으로 접어서 두 겹으로 하면 같은 힘에 대하여 늘어난 길이는 $\frac{1}{4}$ 이 된다.

개념 다지기

54 — 55 쪽

01. (1) O (2) X (3) O 02. 1
03. 오른쪽, 3 N 04. 49 05. (1) X (2) X (3) O
06. 0.6 07. 100 08. ①

01. 답 (1) O (2) X (3) O

해설 (2) 극지방으로 갈수록 중력 가속도의 크기가 커진다.

02. 답 1

해설 지구의 질량을 M, 지구의 반지름을 R 이라고 하면
지구 표면의 중력 가속도 $g = \frac{GM}{R^2}$
행성 질량은 4 배이고, 반지름이 2 배이므로
행성 표면의 중력 가속도$= \frac{G\times4M}{(2R^2)} = \frac{4GM}{4R^2} = \frac{GM}{R^2} = g$
행성 표면의 중력 가속도는 지구 표면의 중력 가속도와 크기가 같다.

03. 답 오른쪽, 3 N

해설 A 와 B 사이의 전기력 $F_1 = 4$ N ⇨ 서로 척력이 작용하므로 B는 오른쪽으로 4 N 의 힘을 받는다.
B 와 C 사이의 전기력 $F_2 = k\frac{q^2}{(2r)^2} = \frac{F_1}{4} = 1$ N ⇨ 서로 척력이 작용하므로 B 는 왼쪽으로 1 N 의 힘을 받는다.
B는 오른쪽으로 4 N, 왼쪽으로 1 N 의 힘을 받으므로 합력은 오른쪽으로 3 N 이 된다.

04. 답 49

해설 수평면에서 수직 항력의 크기는 무게와 같다. 따라서 $N = 5\times9.8 = 49$ N 이다.

05. 답 (1) X (2) X (3) O

해설 (1) 운동 마찰력은 최대 정지 마찰력보다 작다.
(2) 마찰 계수는 접촉면의 넓이와 관계 없다.
(3) f (마찰력 크기) = μN 이고, μ는 마찰계수로 상수이다. (N : 수직 항력 크기)

06. 답 0.6

해설 무게와 수직 항력의 크기는 10N으로 같다. 외력이 6 N 인 순간 움직이기 시작하였으므로 최대 정지 마찰력의 크기는 6 N 이다.
최대 정지 마찰력(크기) $= \mu_sN = 6$, $\mu_s = 0.6$ 이다.

07. 답 100

해설 물체가 액체나 기체 속에 들어갔을 때 받는 부력의 크기는 물체가 밀어낸 액체나 기체의 무게와 같다. 따라서 무한이가 물속에서 측정한 몸무게는 부력의 크기인 400 N 만큼 줄어든 100 N 이 된다.

08. 답 ①

해설 물체의 가속도가 2 m/s² 이고 물체의 질량이 1 kg 이므로 물체에 작용하는 힘은 $F = ma = 2\times1 = 2$ N 이다. 이 힘은 용수철에 의해 물체에 작용한 탄성력의 크기와 같다.
탄성력의 크기 $F = kx$ ⇨ $2 = 200\times x$, $x = 0.01$ m $= 1$ cm 이다.

유형 익히기 & 하브루타 56 — 59쪽

유형 3-1	④	01. ⑤	02. ⑤
유형 3-2	④	03. ①	04. ①
유형 3-3	⑤	05. ⑤	06. ④
유형 3-4	⑤	07. ②	08. ⑤

[유형3-1] 답 ④

해설 A와 B, B와 C, A와 C 사이의 만유 인력을 각각 F_1, F_2, F_3 이라고 하면 $F = G\dfrac{Mm}{R^2}$ 에 의해

$$F_1 = G\frac{2{,}000{,}000 \times 300{,}000}{50^2} = G \times 800 \times 300{,}000$$

$$F_2 = G\frac{300{,}000}{1^2},\ F_3 = G\frac{2{,}000{,}000}{51^2}$$

ㄱ. B 에 작용하는 알짜힘의 크기는 $F_1 - F_2$이다. 이때 F_1이 더 크기 때문에 B 의 가속도의 방향은 A 쪽이다.
ㄴ. A 에 작용하는 F_1 와 F_3 중에서 F_3 가 F_1 에 비해 매우 작기 때문에 F_3 은 무시할 수 있다. 따라서 A 의 가속도의 크기는

$$\frac{F_1}{m_A} \fallingdotseq \frac{G \times 300{,}000}{50^2}$$

C 에 작용하는 두 힘 F_2 와 F_3 중에서 F_3 는 F_2 에 비해 매우 작기 때문에 F_3 는 무시하고, C 에 작용하는 힘은 F_2 로 생각할 수 있다.

C 의 가속도의 크기는 $\dfrac{F_2}{m_C} \fallingdotseq 300{,}000\,G$

∴ C 가 A보다 가속도가 더 크다.
ㄷ. B 가 C 에 작용하는 힘은 F_2 이고, A가 C에 작용하는 힘은 F_3 이다. $F_2 > F_3$ 이다.

01. 답 ⑤

해설 ㄱ. 공기의 저항이 없으면 모든 물체의 가속도는 중력 가속도 g 로 같다.
ㄴ. 자유 낙하 속도 $v = gt$ 로 구한다. 속도와 변위 모두 질량과는 관계없으며 가속도가 g 로 같기 때문에 두 물체의 1 초 후 속도는 같다.
ㄷ. 자유 낙하 변위 $s = \dfrac{1}{2}gt^2$ 로 구한다. 두 물체의 가속도가 g 와 낙하한 높이가 같기 때문에, 질량에 관계없이 떨어지는데 같은 시간이 걸린다.

02. 답 ⑤

해설 ㄱ. 손가락을 접촉시켜도 도체구 A 의 (+) 전하는 대전체 B 가 잡아당기므로 옮겨가지 않는다.
ㄴ. A 와 B 가 가까워질수록 정전기 유도 현상이 강하게 일어나 (−) 전하와 (+) 전하의 잡아당기는 힘이 세진다.
ㄷ. 전기력 $F = k\dfrac{q_1q_2}{r^2}$ 에서 q_1 이 2 배로, r 이 2 배로 되면, 전기력 F 는 작아진다.

[유형3-2] 답 ④

해설 Q 의 질량을 m 으로 하면

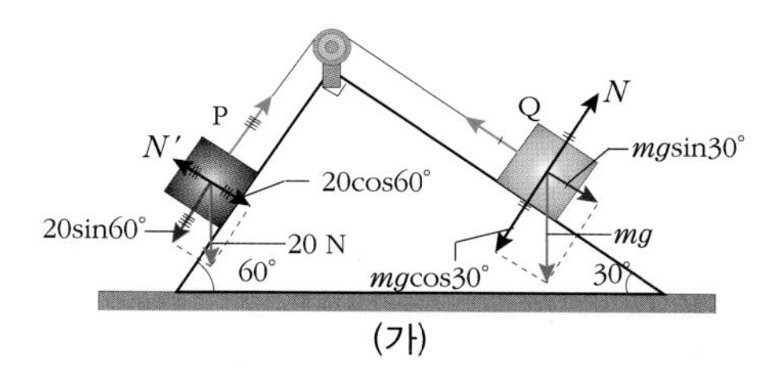

(가)

빗면과 물체 사이에 마찰이 없고, 두 물체에 작용하는 힘이 평형을 이루므로 빗면 양쪽으로 미끄러지려는 힘도 같다. 따라서
$20\sin60° = m \times 10 \times \sin30°$

$2 \times \dfrac{\sqrt{3}}{2} = m \times \dfrac{1}{2}$, $m = 2\sqrt{3}$ (kg)이다.

ㄱ. (가)에서 Q 에 작용하는 수직 항력(N)은 $mg\cos30°$ 이다.
$N = 2\sqrt{3} \times 10 \times \dfrac{\sqrt{3}}{2} = 30$(N)이다.

ㄴ. 그림과 같이 (나)에서 Q 에 작용하는 빗면 아래 방향의 힘이 P 에 작용하는 빗면 아래 방향의 힘보다 크므로 P는 빗면 위 방향의 가속도 운동을 한다. 이때 운동 방정식은 다음과 같다.

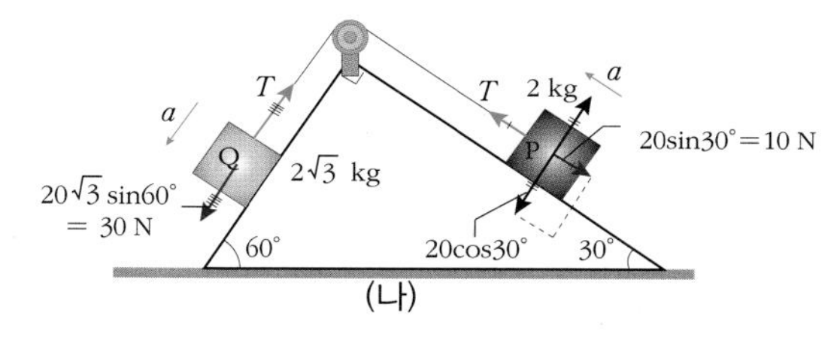

(나)

(물체 Q) $30 - T = 2\sqrt{3}\,a$, (물체 P) $T - 10 = 2a$

⇨ $20 = (2 + 2\sqrt{3})a$ ∴ $a = \dfrac{10}{\sqrt{3}+1}$ m/s^2

ㄷ. (나) 에서 P 에 작용하는 수직 항력은 $20\cos30° = 10\sqrt{3}$ N 이고, (나) 에서 Q 에 작용하는 수직 항력은 $20\sqrt{3}\cos60° = 10\sqrt{3}$ N 으로 서로 같다.

03. 답 ①

해설

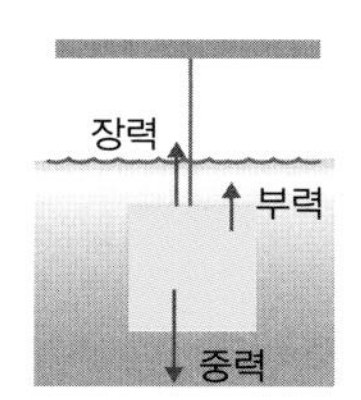

끈의 장력이 저울 눈금으로 나타난다. 물체가 받은 힘은 그림과 같이 장력, 무게(= 중력), 부력 세 힘이다. 이때 물체는 물체가 밀어낸 물의 무게만큼 부력을 받는다. 물체의 부피는 8 m^3 이고 이 부피의 물의 무게는 8,000 kgf 이므로 물체가 받는 부력은 8,000 kgf 이다. 물체의 무게는 10,000 kgf 이고, 부력은 8,000 kgf 이므로 끈의 장력은 2,000 kgf 이다. 따라서, 저울의 눈금은 2,000 kgf 를 나타낸다.

04. 답 ①

해설 물체에 작용하는 힘을 다음과 같이 나타낼 수 있다.

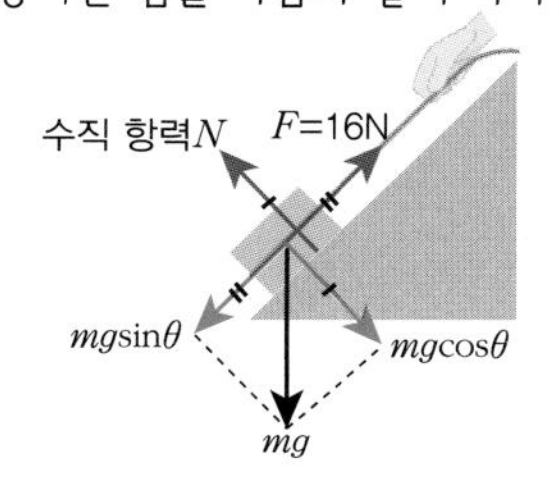

수직 항력 N 과 $mg\cos\theta$, 힘 F 와 $mg\sin\theta$ 가 각각 평형을 이룬다.
$mg\sin\theta = 20\times\sin\theta = 16$ N,
$\sin\theta = \frac{4}{5}$, 이때 $\cos\theta = \frac{3}{5}$이다.
∴ 수직 항력 $N = 20\cos\theta = 20\times\frac{3}{5} = 12$(N)이다.

[유형3-3] 답 ⑤
해설 ㄱ, ㄴ. A 가 B 를 당기는 자기력과 B 가 A 를 당기는 자기력은 작용 반작용 관계이므로 크기가 같다. A 와 B 가 멈추어 있기 때문에 두 자석에 각각 작용하는 마찰력은 두 자석에 각각 작용하는 자기력과 크기가 같다. 따라서 두 자석의 마찰력의 크기도 같다.
ㄷ. 최대 정지 마찰력 f는 두 자석이 지면으로 부터 받는 수직항력(=무게)에 비례한다. 거리를 점점 가깝게 하면 인력이 커지고, 정지 상태를 유지하기 위한 마찰력도 같이 증가한다. 그러나 자석 A의 무게가 가벼우므로 최대 정지 마찰력이 B보다 작으며, 결국 A가 먼저 운동을 시작하게 된다.

05. 답 ⑤
해설 ㄱ. 물체에 작용하는 빗면 방향의 알짜힘(F)은 중력에 의해 빗면 방향으로 작용하는 힘 $mg\sin\theta$ 에서 운동 마찰력 f 를 빼서 구한다.
$F= ma =2\times5 =mg\sin\theta - f,\ \ f = \mu_k mg\cos\theta$
$\cos\theta = \frac{3}{5}\ (\sin\theta = \frac{4}{5})$
⇨ $10 = 20\times\frac{4}{5} - f,\ f = 6 = \mu_k 20\times\frac{3}{5}\ \ \therefore \mu_k = 0.5$
ㄴ. $\theta = 90°$ 일 때 $\cos\theta = 0$, 수직 항력 $N = mg\cos\theta = 0$, 운동 마찰력 $= \mu_k N = 0$ 이다.
ㄷ. 나무 도막의 가속도는 $F = ma$ 에 의해
$$a = \frac{(mg\sin\theta - \mu_k mg\cos\theta)}{m} = g\sin\theta - \mu_k g\cos\theta = 5(\text{m/s}^2)$$
나무 도막의 가속도는 질량에 관계없이 5 m/s^2 으로 일정하다.

06. 답 ④
해설 ㄱ. 7N 의 힘(외력)을 가했을 때 물체는 정지해 있으므로 외력과 같은 크기의 정지 마찰력이 작용한다.
ㄴ. 쇠구슬에 10 N 의 외력을 작용하면 물체는 운동하며, 운동 마찰력은 4 N 이므로 쇠구슬에 작용하는 알짜힘은 6 N 이다. 따라서 질량 2kg인 물체의 가속도는 3 m/s^2 이고, 출발 후 4초 간 이동 거리
$s = \frac{1}{2}at^2 = \frac{1}{2}\times3\times4^2 = 24$ m 이다 (v_0=0)
ㄷ. 정지 마찰 계수가 커지기 때문에 최대 정지 마찰력이 증가한다.

[유형3-4] 답 ⑤
해설 (나)에서 기울기가 물체의 가속도이다.
물체의 가속도 $= \frac{8}{2} = 4(\text{m/s}^2)$

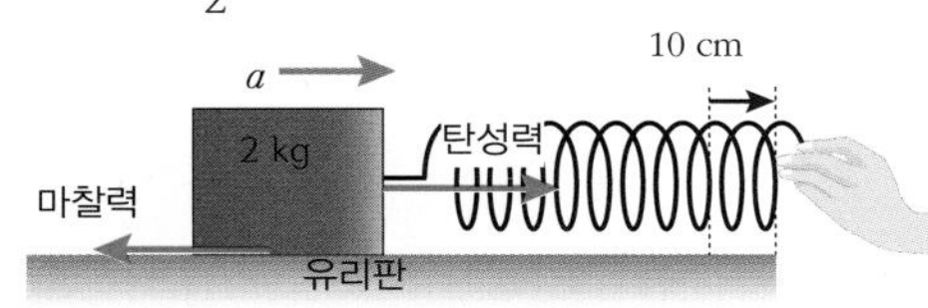

물체에 작용하는 힘은 용수철의 탄성력과 마찰력이다. 알짜힘은 두 힘의 합이다.
탄성력의 크기 $= kx = 200\times0.1 = 20$ N
$20 - f$(마찰력) $= ma = 2\times4 = 8$(N) ∴ $f = 12$(N)
ㄱ. 마찰력 크기 $12 = \mu_k N = \mu_k mg = \mu_k\times20,\ \mu_k = 0.6$
ㄴ. 물체가 용수철에 작용하는 힘은 작용 반작용에 의해 용수철이 물체에 작용하는 탄성력과 크기가 같은 20 N 이다.

ㄷ. 용수철을 직렬 연결하면 두 용수철에 같은 힘이 작용반작용하여 각각 10 cm 씩 늘어난다.

07. 답 ②
해설 그래프(가)에서 $F = kx$ 에 의해 $8 = k\times0.04$, 이 용수철의 탄성 계수 $k = 200$ N/m 이다. (나) 는 용수철의 병렬 연결이다.
따라서, 용수철 상수는 $k = k_A + k_B\ \ k = 400$ N/m 가 된다.
추의 무게는 $2\times10 = 20$(N)이고,
$F = kx$ 에 의해 $20 = 400\times x,\ x = 5$(cm)
따라서 두 용수철은 각각 5 cm 늘어난다.

08. 답 ⑤
해설 ㄱ, ㄴ 물체가 정지해 있을 때 용수철을 위로 끄는 힘은 물체의 무게인 50N 이며, 이것이 탄성력으로 나타난다.
$F = kx$ 에 의해 $50 = 100\times x,\ x = 50$(cm)
ㄷ. 7 kg 인 물체를 매달면 용수철에 물체의 무게인 70 N 의 힘이 작용하여, 용수철을 위로 끈다. 이 힘은 용수철의 탄성 한계(60N)를 넘는 힘이기 때문에 용수철의 탄성이 사라지고 소성이 나타난다.

스스로 실력 높이기

60 — 69 쪽

01. (1) O (2) O (3) O			02. ①	03. ②
04. ⑤	05. 3 : 2	06. 0.4	07. 0.15	08. 12
09. 16	10. 10	11. ④	12. 16	13. ⑤
14. ④	15. ①	16. ①	17. ①	18. ⑤
19. ④	20. ⑤	21. ⑤	22. ⑤	23. ④
24. ④	25. ③	26. ⑤	27. ⑤	28. ③
29. 120	30. ⑤	31. 2.8	32. ⑤	
33. 16 cm		34. ④	35. ㄴ	
36. <해설 참조>				
37. (1) $50\sqrt{3}$ N (2) $100\sqrt{3}$ N (3) <해설 참조>				
38. (1) 50 N (2) 20 N				
39. 15 cm		40. ④		

02. 답 ①
해설 ①,② 중력은 만유 인력이며, 인력만 존재한다.
③ 지표면에서 물체의 중력 가속도는 질량과 관계없이 같은 값이다.
④ 지표면에서 높이 올라갈수록 중력의 크기는 작아진다.
⑤ 중력은 적도 지방보다 극지방에서 더 크다.

03. 답 ②
해설 쇠구슬에 작용하는 힘은 다음 그림과 같다.
연직 아래 방향으로 중력과 자기력을 받으며, 연직 윗방향으로 저울의 눈금인 탄성력을 받는다.
탄성력의 크기 = (중력 + 자기력)의 크기
자기력의 크기 $= 15 - 5 = 10$(N)

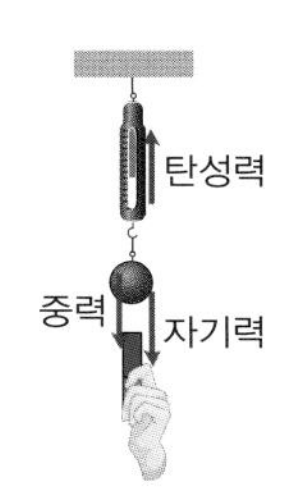

04. 답 ⑤
해설 ㄱ. 물체에 작용하는 수직 항력(N)은 $mg\cos\theta$ 이다.
$N = mg\cos\theta = 1\times10\times\frac{4}{5} = 8$(N)

최대 정지 마찰력 $= \mu_s N = 0.8\times8 = 6.4$(N)
ㄴ. 빗면 아래 방향으로 받는 힘은 $mg\sin\theta = 10\times\frac{3}{5} = 6$(N)
이 힘은 최대 정지 마찰력보다 작으므로 물체는 정지한 상태를 유지한다.
ㄷ. $\mu_s = 0.5$ 일때 최대 정지 마찰력의 크기 $= 0.5\times8 = 4$(N)
빗면 아래 방향으로 작용하는 힘의 크기는 6N 이므로 물체는 빗면 아래 방향으로 등가속도 운동을 시작한다.

05. **답** 3 : 2
해설 물체는 밀어낸 물의 부피에 해당하는 무게만큼 부력을 받는다. 물의 밀도는 일정하므로 물이 넘친 부피의 비가 부력의 비와 같다.
넘친 물의 부피의 비 = 30 : 20 = 3 : 2 = 부력의 비

06. **답** 0.4
해설 수평면 위에서 운동하므로 수직 항력과 무게는 크기가 같다. 물체에 외력이 12 N 작용했을 때 움직이기 시작하였으므로 최대 정지 마찰력은 12 N 이다.
$12 = \mu_s N = \mu_s\times30$, $\mu_s = 0.4$

07. **답** 0.15
해설 평면 위의 물체(질량 2kg)이므로 수직 항력과 무게(20N)는 크기가 같다. 물체에 외력이 15 N 작용했을 때 움직이기 시작하였으므로 최대 정지 마찰력의 값은 15 N 이다.
16 N 의 힘을 가했을 때에는 물체는 운동하므로 운동 마찰력이 작용한다. 물체가 운동할 때, 알짜힘 $= ma = 2\times2 = 4$ (N) 이다.
∴ 16 − 운동 마찰력 =알짜힘= 4 (N) ∴ 운동 마찰력 = 12 (N)
최대 정지 마찰력 $15 = \mu_s N = \mu_s\times20$, $\mu_s = \frac{3}{4}$

운동 마찰력 $12 = \mu_k N = \mu_k\times20$, $\mu_k = \frac{3}{5}$

$\mu_s - \mu_k = 0.75 - 0.6 = 0.15$ 이다.

08. **답** 12
해설 빗면에 물체가 정지해 있을 때는 중력에 의해 빗면 방향으로 작용하는 힘($= mg\sin\theta$)과 정지 마찰력이 서로 평형을 이룬다.
$\cos\theta = \frac{4}{5}$ 일 때 $\sin\theta = \frac{3}{5}$ 이다.

정지 마찰력(크기) $f = mg\sin\theta = 20\times\frac{3}{5} = 12$(N)

09. **답** 16
해설 물체가 멈추었기 때문에 용수철의 탄성력과 물체의 무게가 평형을 이루며 크기가 서로 같다.
늘어난 길이는 탄성력의 크기(=물체의 무게)에 비례하므로
무게가 1.5배가 되면 늘어난 길이도 1.5배가 되어 6cm 늘어난다.
∴ 용수철의 길이 = 10+6 = 16 (cm)

10. **답** 10
해설 물체가 정지해 있으므로 상상이 쪽으로 10 N 의 마찰력이 작용해야 힘의 평형을 이룬다.

11. **답** ④
해설 중력 $= mg$ 이다.
ㄱ. 깃털과 쇠구슬의 질량이 다르기 때문에 깃털과 쇠구슬에 작용하는 중력의 크기는 다르다.
ㄴ. 진공 중에서는 중력만을 받으므로 어느 물체나 가속도의 크기는 중력 가속도로 일정하다.
ㄷ. 공기 중에서는 공기 저항력을 깃털이 쇠구슬보다 더 많이 받으므로 깃털이 쇠구슬보다 늦게 떨어진다. 진공 중에서는 공기 저항력을 받지 않기 때문에 깃털과 쇠구슬이 동시에 떨어진다.

12. **답** 16
해설 질량이 M이고 반지름이 R인 지구 표면에서의 중력 가속도 $g = \frac{GM}{R^2}$ 이다. 지구의 반지름을 R, 질량을 M 이라고 하면

행성 표면의 중력 가속도 $g' = G\frac{4M}{(\frac{R}{2})^2} = 16G\frac{M}{R^2} = 16g$

13. **답** ⑤
해설 ㄱ. 태양의 질량을 M, 거리의 단위를 AU 로 하여 계산한다.
지구가 태양에게 작용하는 힘 $= G\frac{6.0\times10^{24}M}{1^2} = 6.0\times10^{24}GM$

토성이 태양에게 작용하는 힘 $= G\frac{6.0\times10^{26}M}{10^2} = 6.0\times10^{24}GM$

따라서 두 힘의 크기는 같다.

ㄴ. 화성이 지구에 작용하는 힘 $= G\frac{6.4\times10^{23}\times6.0\times10^{24}}{0.5^2}$

화성이 토성에 작용하는 힘 $= G\frac{6.4\times10^{23}\times6.0\times10^{26}}{8.5^2}$

$6.4\times10^{23}\times6.0\times10^{24}G$ 를 A로 치환하면,
화성이 지구에게 작용하는 힘 = 4 A
화성이 토성에게 작용하는 힘 $= \frac{100}{(8.5)^2}$ A ≒ 1.38 A
따라서 화성이 지구에 작용하는 힘이 더 크다.
ㄷ. 행성이 위성을 가지기 위해 행성 주위를 도는 위성과 행성 사이의 인력이 위성과 태양 사이의 인력보다 커야 한다. 질량이 클수록, 거리가 가까울수록 만유인력이 크므로, 화성보다 질량이 크고, 태양에서 멀리 떨어져 있는 토성이 화성보다 위성을 가지기 쉽다.

14. **답** ④
해설 ㄱ. 물체가 정지하고 있으므로 물체에 작용하는 알짜힘은 0 이다.
ㄴ. 정지 마찰력은 외력과 크기가 같다. 외력이 10 N 이므로 정지 마찰력의 크기도 10 N 이다.
ㄷ. 마찰 계수를 알 수 없기 때문에 최대 정지/운동 마찰력이 얼마인지 알 수 없다. 따라서12 N 으로 당겼을 때, 물체가 운동을 시작하는지, 운동 중의 가속도는 얼마인지를 계산할 수 없다.

15. **답** ①
해설 물체에 외력을 수평 방향으로 10 N 작용했을 때 움직이기 시작하였으므로 최대 정지 마찰력은 10 N 이다.
ㄱ.10 N의 힘을 가했을 때 물체가 운동하면 운동 마찰력이 작용한다.
이때 운동 마찰력 크기 $f = \mu_k N = \mu_k mg = 40\mu_k$
물체는 1 m/s^2 의 가속도 운동을 하므로
물체가 받는 알짜힘 $F = 10 - f = ma = 4\times1 = 4$,
운동 마찰력 $f = 6 = 40\mu_k$, $\mu_k = 0.15$
ㄴ. 물체 사이의 접촉 면적은 마찰력을 변화시키지 않는다.
ㄷ. 최대 정지 마찰력은 10 N 이다.

16. **답** ①
해설 다음 그림과 같이 무한, 수레, 상상은 각각 힘의 평형 상태에 있다.

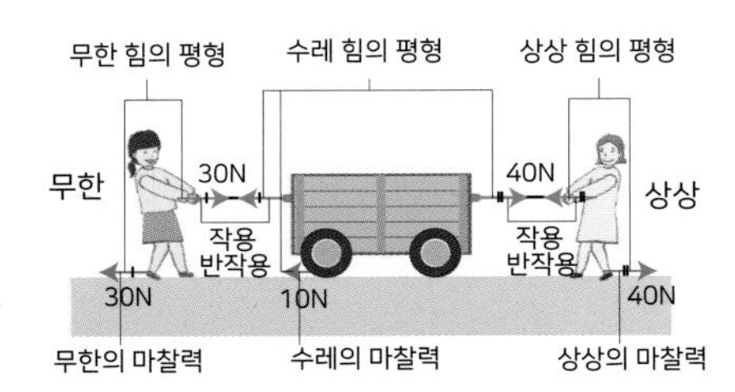

ㄱ. 작용 반작용에 의해 무한이는 수레로부터 30N의 힘을 받으므로 무한이에게 작용하는 마찰력은 30 N 이다.
ㄴ. 상상이도 정지해 있으므로 힘의 평형 상태이며, 상상이에게 작용하는 마찰력은 40 N 이다.
ㄷ. 그림처럼 수레에 작용하는 마찰력은 상상이에게 작용하는 마찰력의 방향과 반대이다.

17. 답 ①
해설 질량이 2 배가 되었으므로 용수철에 가해지는 힘(= 무게)가 2 배가 되었다. 그리고 고무줄을 반으로 자르면 길이가 절반이 되므로 늘어나는 길이도 절반이 된다(탄성계수가 2 배로 되는 것과 같음). 또 두겹으로 하면 용수철의 병렬 연결일 때와 같이 탄성계수가 2 배가 되어 같은 힘에 대해서 늘어난 길이는 절반이 된다. 따라서 고무줄을 반으로 접어서 두 겹으로 하면 같은 힘에 대하여 늘어난 길이는 $\frac{1}{4}$ 배가 된다. 따라서 $F = kx$ 에서 k 가 4 배가 되었고 F 가 2 배가 되었으므로 늘어난 길이 x 는 $\frac{1}{2}$ 배가 된다.

18. 답 ⑤
해설 용수철의 탄성력의 크기는 추의 중력과 같다.
추의 중력 $mg = 1 \times 10 = 10$(N)이다.
ㄱ. $F = kx$ 에 의해, $10 = k \times 0.1$, $k = 100$ N/m
ㄴ. 용수철에 질량이 5 kg 인 추를 달면 용수철에 작용하는 중력(= 힘)이 5 배가 되고 늘어난 길이도 5 배가 되므로 50 cm 늘어난다.
ㄷ. 10kg(중력 100N)의 물체가 매달리는 순간의 탄성력은 100 N 이 용수철의 탄성 한계이다. 따라서, 110N 의 힘을 가하면 용수철은 탄성이 사라지고 소성이 나타난다.

19. 답 ④
해설 ④ 중력은 지구 중심을 향하며, O점을 지날 때 중력의 방향이 반대가 되므로 중력 가속도 방향도 반대로 된다. 가속도(그래프 (나)의 기울기)의 방향은 O 점을 지나며 반대로 된다.
① 속력(속도의 크기)가 가장 큰 부분은 그래프 (나)에서 O 점이다.
② 그래프(나)에서 O 점에서 기울기가 0 이므로 가속도 = 0 이며 중력의 크기도 0 이다.
③ 속도-시간 그래프의 기울기가 중력 가속도이다. O 점에서 기울기가 0 이므로 중력 가속도가 0이다.
⑤ 그래프(나)에서 B 점의 속도가 0 인 것으로 보아 물체는 지구 중심 방향의 중력을 받아 B점에서 방향을 바꿔 A 점을 향할 것이다.

20. 답 ⑤
해설 우주선(질량 m)이 발사대에 있을 경우의 중력 가속도 $= g_1$
우주선이 200 km 상공에 있을 경우의 중력 가속도 $= g_2$

지구의 반경과 질량이 각각 R, M일 때

우주선의 중력 $mg = G\frac{Mm}{R^2}$ 이므로

$mg_1 = \frac{GMm}{6400^2}$, $mg_2 = \frac{GMm}{6600^2}$

mg_1 과 mg_2 는 거의 차이나지 않는다. 200 km 상공에 우주선이 있을 경우 우주선에 작용하는 중력은 지표면의 중력과 비슷하며 중력의 차이가 나긴 하지만 그 범위가 10 % 이내이다.

21. 답 ⑤
해설

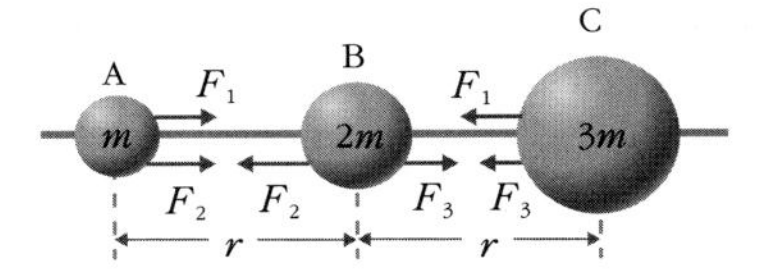

물체 A, C 사이의 만유 인력 $F_1 = G\frac{m \times 3m}{(2r)^2} = G\frac{m^2}{r^2} \times \frac{3}{4}$

물체 A, B 사이의 만유 인력 $F_2 = G\frac{m \times 2m}{r^2} = G\frac{m^2}{r^2} \times 2$

물체 B, C 사이의 만유 인력 $F_3 = G\frac{3m \times 2m}{r^2} = G\frac{m^2}{r^2} \times 6$

$F_A = F_1 + F_2 = G\frac{m^2}{r^2} \times \frac{11}{4}$ (오른쪽)

$F_B = F_3 - F_2 = G\frac{m^2}{r^2} \times 4$ (오른쪽)

$F_C = F_1 + F_3 = G\frac{m^2}{r^2} \times \frac{27}{4}$(왼쪽)

그러므로 $F_A : F_B : F_C = \frac{11}{4} : 4 : \frac{27}{4} = 11 : 16 : 27$ (크기 비)

22. 답 ⑤
해설 물체에 작용하는 힘은 다음과 같다.

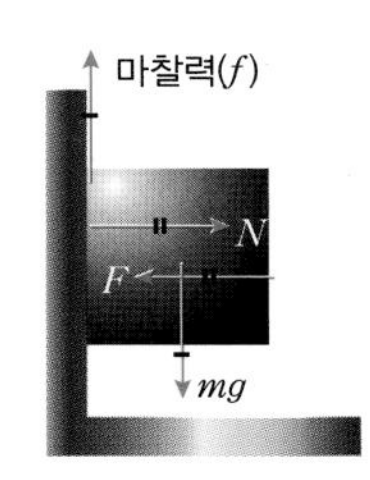

물체는 벽을 수평 방향으로 F 의 힘으로 누르게 되고 작용과 반작용에 의해 벽으로 부터 받는 수직 항력의 크기(N)도 수평 방향으로 F 이다. 면에 정지한 경우 중력(= mg)과 마찰력(f)의 크기가 서로 같아서 서로 평형을 이룬다.
$f = \mu_s N = 0.1F$
(연직 방향) $f = mg = 9.8 = 0.1F$ ⇨ $F = 98$ N

23. 답 ④
해설 빗면각이 θ 일 때 질량 m 의 공이 내려갈 때 빗면으로부터 받는 수직항력(N)은 $mg\cos\theta$ 이고, 빗면 방향으로 받는 힘은 $mg\sin\theta$ 이다. 빗면과 공 사이의 운동 마찰 계수가 μ_k 라고 할 때,
운동 마찰력(f) $= \mu_k N = \mu_k mg\cos\theta$ 이므로,

물체의 가속도 $a = \frac{(mg\sin\theta - \mu_k mg\cos\theta)}{m} = g\sin\theta - \mu_k g\cos\theta$

ㄱ. 물체의 질량은 가속도에 영향을 미치지 않는다. 두 경우 가속도는 같다.
ㄴ.운동 마찰력의 크기는 $\mu_k mg\cos\theta$ 이므로 질량이 큰 B 의 운동 마찰력의 크기가 더 크다.
ㄷ. A 와 B 의 가속도는 같고, 같은 위치에서 처음 속도도 0 이므로 같은 빗면을 내려오는 시간도 동일하다.

24. 답 ④

해설 용수철 A 에는 (3+5) = 8 kgf 에 해당하는 무게가 작용하고, 용수철 B 에는 3 kgf 에 해당하는 무게가 작용한다.
A 는 1 kgf(10 N)의 힘이 작용하면 2 cm 가 늘어나므로, 8 kgf 가 작용하면 16cm 가 늘어난다.
B 는 1 kgf(10 N)의 힘이 작용하면 4 cm 가 늘어나므로, 3 kgf 가 작용하면 12cm 가 늘어난다.
따라서 용수철이 늘어난 전체 길이는 16+12 = 28 cm 이다.

25. 답 ③

해설 ㄱ. (가)에서 물체는 부력 크기 = (탄성력 + 중력)크기 로 힘의 평형 상태이다. 탄성력 크기 = (부력 크기- 중력 크기)이다.
달에서는 부력(물체가 밀어낸 물의 무게)이 $\frac{1}{6}$ 이 되고, 물체의 중력도 $\frac{1}{6}$ 이 되므로 탄성력 크기=$\frac{1}{6}$(부력-중력)이 되므로 늘어난 길이도 $\frac{1}{6}$ 로 줄어든다.
ㄴ. (나)에서 부력(얼음이 밀어낸 물의 무게)과 얼음의 무게가 평형을 이룬다. 달로 가져가면 얼음의 무게와 부력이 모두 같은 비율로 줄어들므로 평형이 유지되고 얼음이 잠기는 수위도 변하지 않는다.
ㄷ. 얼음이 밀어낸 물의 무게(부력)는 얼음의 무게와 같다. 얼음이 녹으면 같은 질량의 물의 무게가 되므로 물의 수위는 변하지 않는다.

26. 답 ⑤

해설 질량이 m 인 물체를 F 의 힘으로 수평 방향과 θ 의 각으로 끌 때, 물체는 지면을 $mg - F\sin\theta$ 의 힘으로 누르게 되고, 작용과 반작용에 의해 지면으로부터 수직 항력 $N = mg - F\sin\theta$ 를 받는다. 이때 최대 정지 마찰력 $f = \mu N = \mu(mg - F\sin\theta)$이고, 수평 방향으로 작용하는 힘은 $F\cos\theta$ 이다. 이때 수평 방향의 힘이 최대 정지 마찰력보다 큰 경우 물체는 움직이기 시작한다. 물체에 작용하는 힘은 다음과 같다.

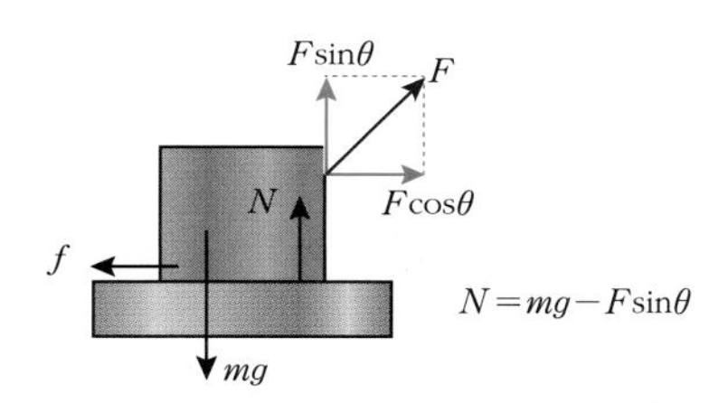

$F\cos\theta \geq \mu(mg - F\sin\theta) = \mu mg - \mu F\sin\theta$, ($\sin\theta = \frac{3}{5}$)
$F(\cos\theta + \mu\sin\theta) \geq \mu mg$

$$F \geq \frac{\mu mg}{\cos\theta + \mu\sin\theta} = \frac{0.1\times2\times10}{0.8 + 0.1\times0.6} = \frac{100}{43} \text{ (N)}$$

27. 답 ⑤

해설 수평면이므로 수직 항력의 크기 = mg =1×10 = 10N, 그래프에서 외력이 4 N 일 때 움직이기 시작하므로 최대 정지 마찰력은 4 N 이다. 외력이 6 N 일 때 가속도가 4m/s^2 이다. 가속도가 4 m/s^2 이라는 것은 물체에 수평 방향으로 작용하는 알짜힘 F =1×4=4(N)이라는 것인데, 물체에는 수평 방향으로 6 N 의 힘(외력)을 작용하고 있다. 따라서 외력과 반대 방향의 2(N)의 운동 마찰력이 존재한다.
ㄱ. 운동 마찰력 $f = \mu N$, $2 = \mu_k 10$, $\mu_k = 0.2$ 이다.
ㄴ. 외력이 6 N 일 때는 2 N 의 운동 마찰력이 작용하며, 외력이 3 N 일 때 물체는 정지해 있기 때문에 정지 마찰력이 작용한다. 정지 마찰력 크기는 외력과 평형이기 때문에 3 N 이다. 따라서 외력이 3 N 일 때의 마찰력의 크기가 더 크다.
ㄷ. 1 kg 일 때 최대 정지 마찰력 크기 = 4 = $\mu_s 10$, μ_s(정지 마찰계수) = 0.4 이다. 정지 마찰계수는 일정하므로 질량 2 kg(무게 20 N)인 물체의 최대 정지 마찰력 크기는 $\mu_s \times 20$ = 8(N)이다.

28. 답 ③

해설 공에 작용하는 힘을 나타내면 다음과 같다.

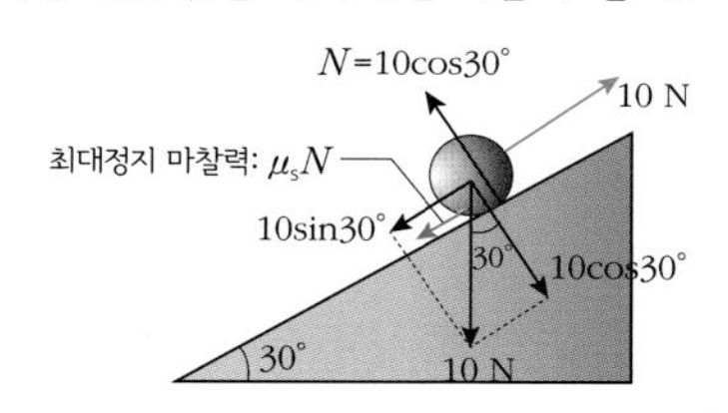

ㄱ. 빗면 방향으로 10 N 을 작용할 때 물체는 움직이기 시작했으므로 빗면 위 방향으로 끄는 힘 크기 = 빗면 아래 방향으로 작용하는 힘(= 10sin30°) + 최대 정지 마찰력(= μ_s10cos30°)이 성립한다.

$10 = 5 + \mu_s \times 5\sqrt{3}$, $\mu_s = \frac{1}{\sqrt{3}}$ 이다.

ㄴ. 물체가 움직인 이후에는 운동 마찰력이 작용하며, 운동 마찰력은 최대 정지 마찰력(5N)보다 작으므로 물체에는 빗면 위 방향으로 알짜힘이 발생하여 물체는 빗면 위 방향으로 등가속도 운동을 한다.
ㄷ. 빗면 아래로 내려가려는 힘은 5 N 이고 당기는 힘이 4 N 이므로 마찰력이 빗면 위 방향으로 1 N 이 작용하는 상태에서 힘의 평형을 이뤄 물체는 정지해 있는다. 즉, 마찰력의 방향과 무한이가 당기는 힘의 방향이 서로 같다.

29. 답 120

해설 수레가 물체에 작용하는 최대 정지 마찰력은 50×0.4 = 20 N 이다. 수레가 오른쪽으로 가속도 운동하므로 물체는 수레 위에서 왼쪽으로 관성력을 받고, 관성력의 크기가 20 N 이상이 될 때 수레 위에서 A 가 미끄러지기 시작한다. 물체가 받는 관성력의 크기는 (물체의 질량 × 수레의 가속도)이다. 물체가 미끄러지는 조건의 수레의 가속도를 a 라고 하면, 20 ≤ 5a, a ≥ 4(m/s^2)
수레의 가속도가 4 m/s^2 일 때 물체는 미끄러지기 시작한다. (물체+수레) 의 질량이 30 kg 이므로 F = 30×4 = 120(N)
<또다른 풀이>

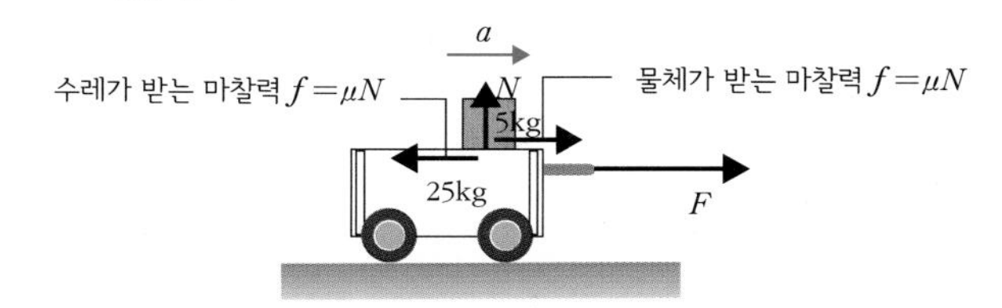

물체에 작용하는 힘은 위과 같고, 물체는 미끄러지기 직전이다. 물체는 최대 정지마찰력 20N을 수레의 운동 방향으로 받고 있으며, 수레는 그 반작용으로 물체로부터 같은 크기의 힘을 수레의 운동 방향과 반대로 받고 있다. (물체+수레)는 한 덩어리로 가속도 a 의 운동을 한다. 운동 방정식은 다음과 같다.
(수레) $F - f = 25a$ (물체) $f = 5a = 20$ (N)
∴ a = 4 (m/s^2), F = 120 (N)

30. 답 ⑤

해설 (가) 그래프에서 외력이 10 N 일 때 가속도가 발생하기 시작하였으므로 최대 정지 마찰력이 10 N 인 것을 알 수 있다. 수직 항력 N은 무게와 크기가 같으므로 정지 마찰 계수(μ_s)는 다음과 같다.
$10 = \mu_s 50$, $\mu_s = 0.2$ 이다.

(나) 그래프에서 외력이 4 N 일 때 가속도가 발생하였으므로 최대 정지 마찰력의 크기는 4 N 이며, 같은 재질의 구슬과 면이므로 정지 마찰계수는 0.2 이므로 유리 구슬 B 의 질량 m 을 알 수 있다.

$f = \mu N$ ⇨ $4 = 0.2mg = 0.2\,m10$, $m = 2$ kg 이다.

이때 유리구슬 B가 6 N 의 힘을 받으면 다음과 같은 운동을 한다.

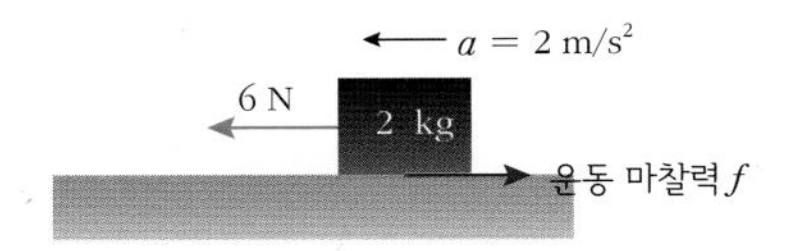

$6 - f = ma = 4$ ∴ f (운동 마찰력 크기) $= 2$ N 이다.

$f = \mu_k N$ ⇨ $2 = \mu_k 20$ ∴ μ_k (운동 마찰 계수) $= 0.1$ 이다.

유리판의 정지 마찰 계수는 0.2, 운동 마찰 계수는 0.1 이다.

ㄴ. 6 N 의 힘을 가하면 A 는 (−) 방향의 마찰력이 작용하며, B 는 (+) 방향의 마찰력이 작용한다. 두 구슬의 마찰력의 방향은 서로 반대이다.

ㄷ. 12 N 의 외력이 작용하면 A는 운동하므로 운동 마찰력이 작용한다. 이때 A 의 운동 마찰력은 $f = 0.1 \times 50 = 5$ N 이다. 따라서 12 N 의 힘을 작용하면 A 에 작용하는 알짜힘은 $12 - 5 = 7$ N 이다. ∴ 알짜힘 $= 7 = 5a$, $a = 1.4$ m/s^2 이다.

31. 답 2.8

해설

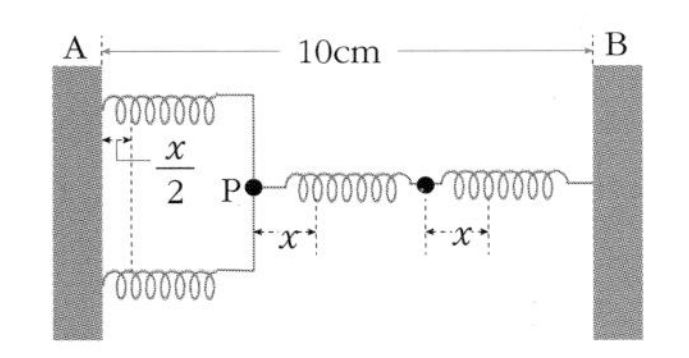

병렬 연결된 용수철을 용수철 상수가 2배인 하나의 용수철로 볼 때, 세 용수철은 서로 같은 힘을 작용하여, 탄성력의 크기가 각각 같다. 전체를 늘려서 10 cm 로 만들었으므로 총 늘어난 길이는 4 cm이다.

그림에서 총 늘어난 길이 $= x + x + \frac{x}{2} = \frac{5x}{2} = 4$, $x = 1.6$ cm

∴ P 점은 A 면에서 (원래 길이 $+ \frac{x}{2}$) $= 2.8$ cm 만큼 떨어져 있다.

32. 답 ⑤

해설 작용반작용에 의해 용수철의 탄성력과 같은 크기의 힘이 두 물체에 작용한다. 10cm 늘인 상태에서 용수철의 탄성력 $F = 50 \times 0.1 = 5$ N 이다. 수직 항력(N)의 크기는 무게와 같으므로,

A 의 최대 정지 마찰력 크기 $= 0.3 \times 20 = 6$ N 이다.

B 의 최대 정지 마찰력 크기 $= 0.3 \times 15 = 4.5$ N 이다.

ㄱ. 외력(탄성력)이 최대 정지 마찰력보다 커야 물체가 움직인다. 따라서 A 는 정지해 있고, B 는 운동하게 된다.

ㄴ. 운동 중 B의 운동 마찰력 크기는 $0.2 \times 15 = 3$ N 이다.

ㄷ. 용수철을 8cm 만큼 늘리면 탄성력 $= 50 \times 0.08 = 4$ N 이 되고 두 물체에 4 N 의 힘이 동시에 작용한다. 그러나 두 물체 각각의 최대 정지 마찰력 크기보다 작기 때문에 A, B 모두 정지하여 움직일 수 없다. 따라서 용수철의 길이도 줄어들지 않는다.

33. 답 16 cm

해설 물체 자체의 높이는 0 으로 한다. 전체 길이가 40 cm 로 유지되므로 위의 두 용수철이 늘어난 만큼 아래 용수철은 압축된다.

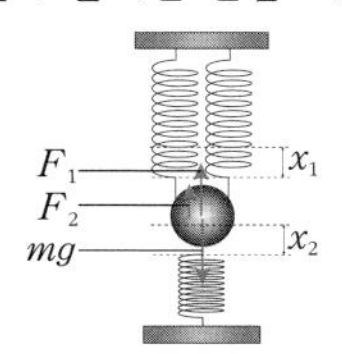

x_1 : 물체 위 용수철이 늘어난 길이 x_2 : 물체 아래 용수철이 줄어든 길이

F_1 : 위의 두 용수철이 물체를 위로 당기는 힘

F_2 : 아래 용수철이 물체를 위로 미는 힘

mg : 물체가 받는 중력

용수철에 무게 10 N 의 물체를 매달면 6 cm 가 늘어나므로 탄성계수 k는 다음과 같이 구한다.

$F = mg = kx$, $10 = 0.06k$ $k = \frac{10}{0.06} = \frac{500}{3}$(N/m)

물체는 힘의 크기에 있어 $F_1 + F_2 = mg$ 의 힘의 평형 상태이다.

이때 F_1은 $2kx$, F_2는 kx 이다.

∴ $F_1 + F_2 = 3kx = 20$

$x = \frac{2g}{3k} = \frac{1}{25} = 0.04$ m $= 4$ cm

따라서 지면으로부터 높이는 $20 - 4 = 16$(cm)이다.

34. 답 ④

해설 물체와 각 줄에 작용하는 힘은 다음과 같다.

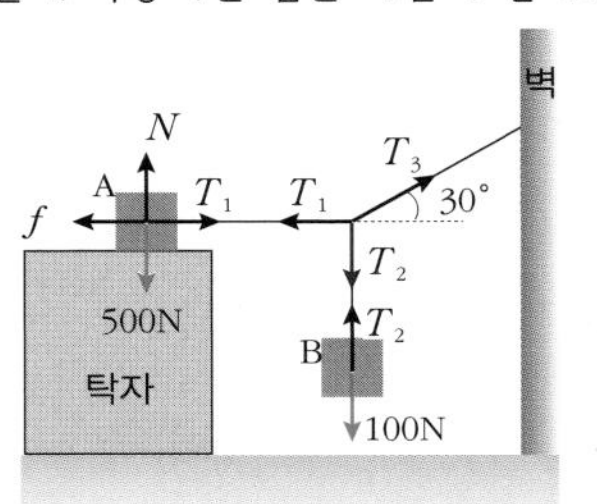

(물체 A) 수직 항력을 N 이라 할 때

수평 방향 : $T_1 = f$(마찰력)··· ㉠ 연직 방향 : $N = m_A g$··· ㉡

(물체 B) $T_2 = m_B g$ ··· ㉢

(매듭 점)

수평 방향 : $T_1 = T_3\cos30°$··· ㉣ 연직 방향 : $T_2 = T_3\sin30°$··· ㉤

ㄱ. 매듭과 벽을 연결하는 줄의 장력 T_3는 ㉢과 ㉤에서 구한다.

$m_B g = T_3\sin30°$ ⇨ $T_3 = \frac{m_B g}{\sin30°} = \frac{10 \times 10}{1/2} = 200$(N)

ㄴ. 물체 A와 탁자 사이의 마찰력 f는 ㉠과 ㉣에 의해 다음과 같다.

$f = T_3\cos30° = 200 \times \cos30° = 100\sqrt{3}$ (N)

ㄷ. 평형 상태를 유지하는 경우 물체와 탁자 사이의 마찰력 f가 최대 정지 마찰력일 때, 물체 B의 질량은 최대값이 된다. m_B가 최대일 때

$m_B g = T_3\sin30°$ ⇨ $T_3 = \frac{m_B g}{\sin30°}$ 이므로

∴ f(최대)$= \mu N_A = \mu m_A g = T_3\cos30° = \frac{m_B g}{\tan30°}$

∴ $\mu m_A g = \frac{m_B g}{\tan30°}$,

⇨ $m_B = \mu m_A \tan30° = 0.6 \times 50 \times \frac{1}{\sqrt{3}} = 10\sqrt{3}$ (kg)

35. 답 ㄴ

해설 수레와 물체 A에 작용하는 힘은 다음과 같다.

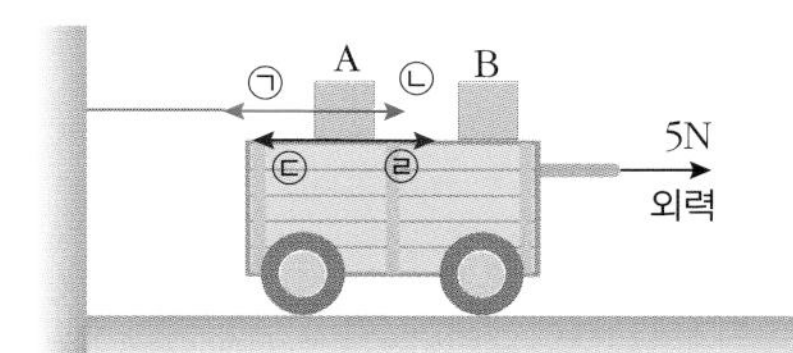

ㄱ. 수레는 오른쪽으로 5 N 의 힘(외력)을 받고 A 로부터 왼쪽으로

5 N 의 마찰력(ⓒ)을 받아 힘의 평형 상태가 유지되어 등속 운동을 한다. 수레와 물체 B는 등속 운동하므로 물체 B 가 받는 알짜힘 = 0 이고, 마찰력 = 0 이다.

ㄴ. 물체 A 가 수레에 왼쪽으로 5 N 의 마찰력(ⓒ)을 작용하므로 그 반작용으로 수레는 물체 A에 오른쪽 방향으로 5 N 의 마찰력(ⓔ)을 작용한다. 즉, 물체는 수레로부터 5 N 의 마찰력을 받고, 왼쪽 방향의 장력 5 N 과 평형 상태를 이루므로 끈의 장력은 5 N 이다.

ㄷ. 물체 A 가 수레에 작용하는 운동 마찰력은 크기가 변하지 않아 왼쪽으로 5 N 으로 유지되고, 수레에 오른쪽으로 작용하는 외력도 5 N 이므로 물체 B를 들어올리더라도 수레에 대한 힘의 평형 상태는 변하지 않고, 수레는 계속 등속 운동한다.

36. 답 <해설 참조>

해설 물체에 커다란 원형 구멍이 있는 경우에 외부 물체와의 만유인력을 구하려면 일단 구멍이 없다고 가정하여 만유인력을 계산하고 구멍에 의한 만유인력을 빼면 된다.

그림 (가)와 (나)에서 물체 B에 작용하는 만유인력은 각각 다음과 같다.

그림 (가) : $G\frac{m_A m_B}{b^2} - G\frac{m_B m_C}{a^2}$

그림 (나) : $G\frac{m_A m_B}{b^2} - G\frac{m_B m_C}{a^2}$

물체 B 에 작용하는 만유인력의 크기는 두 경우 서로 같다.

37. 답 (1) $50\sqrt{3}$ N (2) $100\sqrt{3}$ N (3) <해설 참조>

해설 (1) 정지 상태이므로 추에는 중력과 장력이 작용하고 있다. 그림(가)처럼 장력 T 와 $mg\cos 60°$은 합해서 0이 되고, 알짜힘은 운동 방향으로 $mg\sin 60°$ 이다.

∴ 추에 작용하는 알짜힘 $= mg\sin 60° = 100 \times \frac{\sqrt{3}}{2} = 50\sqrt{3}$ N

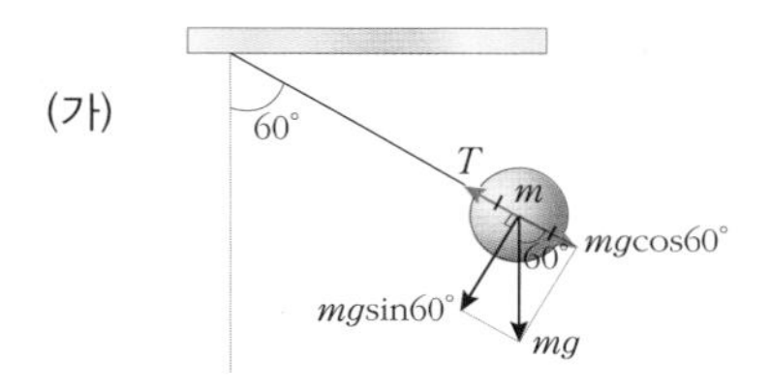

(2) 그림 (나)처럼 추에 작용하는 알짜힘은 운동 방향으로 $mg\sin 60°$ 이므로 추가 멈춰있기 위해서는 $F\cos 60° = mg\sin 60°$ 의 조건이 성립한다. $F = 100\sqrt{3}$ N (수평 방향)이다.

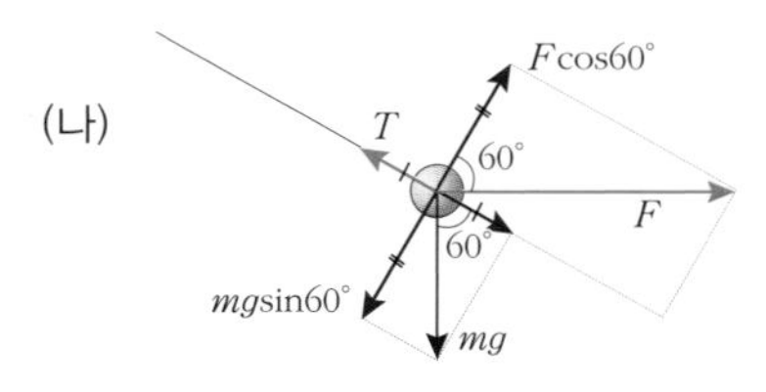

(3) 최하점에서 물체의 속력 v는 가장 크고 원운동을 하는 순간이다. 장력(T)은 물체의 무게(mg)와 구심력을 합한 값이다. 이 순간 물체에 작용하는 알짜힘은 연직 위 방향의 구심력이다.

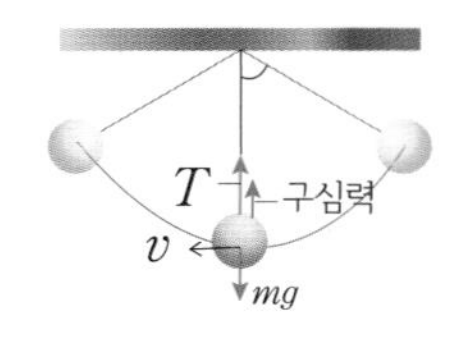

38. 답 (1) 50 N (2) 20 N

해설 (1) 물체가 일정한 속도로 미끄러져 내려갈 때 물체가 받는 힘은 0 이다. 따라서 마찰력과 $mg\sin\theta$ 가 평형을 이룬다.

$mg\sin\theta = 50 \times \frac{1}{2} = 25$ N 이다. 마찰력의 방향은 $mg\sin\theta$ 와 반대이다. 물체를 빗면 위 방향으로 등속으로 밀어올릴 때 운동 방향과 반대 방향으로 25 N 의 운동 마찰력이 작용하므로, 빗면 아래로 작용하는 힘의 크기는 $mg\sin\theta + 25 = 25 + 25 = 50$(N)이다. 따라서 50 N 으로 빗면 위로 밀어야 물체가 등속 운동한다.

(2) 빗면 위로 밀어올려 움직이기 시작할 때 물체에 가해야 하는 힘의 크기는 (최대 정지 마찰력 + $mg\sin\theta$) 이다. $mg\sin\theta = 100 \times \frac{1}{2}$ $= 50$ N 이다. 물체가 움직이기 시작할 때 빗면 위 방향으로 120N 의 힘을 작용했다고 했으므로, 최대 정지 마찰력을 f 라고 하면 $120 = f + mg\sin\theta$, $f = 70$ N 이다. 물체를 밀어내릴 때 마찰력은 운동 방향과 반대인 빗면 윗방향을 향하고, $mg\sin\theta$ 의 방향은 변하지 않으므로 $70 - mg\sin\theta = 20$ N 의 힘을 빗면 아래 방향으로 더 작용시켜야 물체가 운동을 시작한다.

39. 답 15 cm

해설 원기둥 물체에 작용하는 힘은 중력, 부력, 탄성력이다. 정지해 있으므로, 현재 힘의 평형 상태이다.

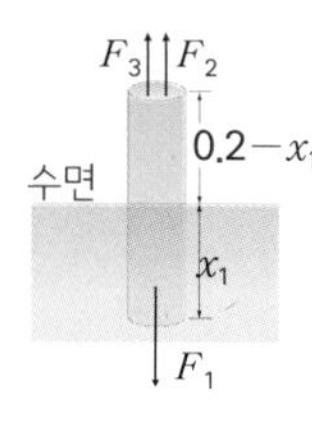

∴ 중력 크기 F_1 = 부력 크기 F_2 + 탄성력 크기 F_3

물에 잠긴 길이를 x_1 (m) 라고 하면, 용수철의 늘어난 길이도 x_1 (m) 이다.

부력 크기 F_2 = 밀어낸 물의 무게 = 질량 × 9.8 = 부피×밀도× 9.8

$= [0.001\ m^2 \times x_1] \times 1\ g/cm^3 \times 9.8\ m/s^2$

$= [0.001\ m^2 \times x_1] \times 1{,}000\ kg/m^3 \times 9.8\ m/s^2 = 9.8x_1$ (N)

조건 1) 에서, $g = 9.8\ m/s^2$ 일 때 100 g 의 물체의 무게는 0.98 N 이므로, $F = kx$ ⇨ 0.98 N = $k \times 0.1$m, $k = 9.8$ N/m

원기둥에 작용하는 탄성력 크기 $F_3 = kx_1 = 9.8x_1$ (N)

원기둥의 중력 크기 $F_1 = 0.3 \times 9.8 = 2.94$(N)

그러므로 $9.8x_1 + 9.8x_1 = 2.94$, $x_1 = 0.15$ m = 15 cm 이다.

40. 답 ④

해설 ㄱ. 물이 추에 부력을 작용하여 들어올리면 작용 반작용으로 물은 같은 크기 만큼 아래 방향으로 힘을 받아 저울의 눈금이 증가한다. 저울의 눈금이 2kgf 증가했다는 것은 추에 부력이 2kgf 작용한 것이다. 그러므로 나머지 3kgf의 힘만 용수철에 작용한다.

2kgf : 10 = 3kgf : x, x(용수철의 늘어난 길이) = 15 cm

ㄴ. 부력은 2kgf = 2 × 9.8N = 19.6 N 이다.

ㄷ. 부력의 크기 = 밀어낸 유체의 무게(같은 부피)이다. 부력이 2kgf 이었으므로 추가 밀어낸 유체의 무게는 2kgf이고, 질량은 2kg이며 부피는 추의 부피와 같다.

추의 부피는 밀어낸 물의 부피와 같으므로 물의 질량을 물의 밀도로 나눠서 구한다.

V(추의 부피 = 밀어낸 물의 부피) $= \frac{m}{\rho} = \frac{2}{1000} = 0.002\ m^3$

04강 운동 방정식의 활용

개념확인

70 - 73 쪽

01. 2 m/s² 02. 2 N 03. 4 04. 2

01. 답 2 m/s²
해설 수직 항력 N 의 크기는 중력 10N 과 같다. 운동 마찰력 = 0.1×10 = 1 N 이다. 나무 토막에 작용한 알짜힘은 3−1 = 2(N)
$a = \frac{F}{m} = \frac{2}{1} = 2(m/s^2)$

02. 답 2 N
해설 $F = ma$ 에 의해 6 = (1 + 2) × a, a = 2(m/s²)
A 물체가 B 물체를 끄는 힘의 크기를 F 라고 하면
B 물체에 대한 운동 방정식 : 6−F = 2 × 2, F = 2 (N)

03. 답 4
해설 물체 A의 운동 방정식 : $T = 3a$
물체 B의 운동 방정식 : $2g - T = 2a$
∴ 20 = (2 + 3)a, a = 4(m/s²)(A, B의 가속도 크기는 같다.)
T = 12 N

04. 답 2
해설 물체 A 의 운동 방정식 : $T - 20 = 2a$
물체 B 의 운동 방정식 : $30 - T = 3a$
∴ a = 2(m/s²), T = 24 N

확인 +

70 - 73 쪽

01. 3 m/s² 02. 1 m/s² 03. 20 4. 1 kg

01. 답 3
해설 수평 방향으로의 힘(F)은 $2\sqrt{3} \times \cos 30° = 2\sqrt{3} \times \frac{\sqrt{3}}{2}$
= 3(N), 따라서 $a = \frac{F}{m} = \frac{3}{1} = 3(m/s^2)$

02. 답 1 m/s²
해설 $F = ma$ 에 의해 4 = (2 + 2) × a, a = 1 m/s² 이다.

03. 답 20
해설 물체 A 는 정지해 있으므로 장력과 마찰력의 크기가 같다. 이때 장력은 마찰이 없는 도르래를 통하여 서로 주고 받으므로 물체 A, B가 받는 장력의 크기는 서로 같다. 물체 B에는 장력과 중력이 평형을 이루므로 장력 T = 20 N 이다.

04. 답 1 kg
해설 B 의 질량을 m 이라고 하면,
물체 A 의 운동 방정식 : 30 − T = 3 × 5 = 15,
물체 B 의 운동 방정식 : $T - mg = 5m$
⇨ $T = 15m = 15$ ∴ m = 1 kg

개념 다지기

74 - 75 쪽

01. ③ 02. 1 03. 8 04. 2, 2 05. ④
06. ④ 07. ③ 08. ①

01. 답 ③
해설 물체의 질량이 m 이라면, 처음 20 N 으로 끌었을 때 마찰력이 반대 방향으로 5 N 작용하고 있으므로 가속도 $a = \frac{15}{m}$ 이다. 가속도를 2 배로 하면 $a' = \frac{30}{m}$ 으로, 물체에 작용하는 알짜힘 $F = ma' = 30$ N 이 되어야 한다. 운동 마찰력은 왼쪽 방향으로 5 N 으로 유지되므로 35 N 으로 당겨야 한다. 따라서 처음에 20 N 의 힘으로 당겼으므로 15 N 의 힘이 더 필요하다.

02. 답 1
해설 수평 방향으로 작용하는 힘은 $6 \times \cos 60° = 6 \times \frac{1}{2}$ = 3(N), $F = ma$ 에 의해 3 = 3a, a =1(m/s²)

03. 답 8
해설 끈이 물체에 작용하는 힘을 장력 T 로 놓는다. 두 물체의 가속도 크기는 같으므로
(3kg) : 20 − T = 3a, (2kg) : T = 2a,
20 = (2 + 3)a, a = 4(m/s²), ∴ $T = 2a$ = 8 N

04. 답 F_1 : 2, F_2 : 2
해설 두 물체의 가속도는 같고 F_1 (크기) = F_2 (크기)이다. 둘 모두 F 로 놓으면
(3kg) : 8 − F = 3a, (1kg) : F = a
a = 2(m/s²), F = 2N 따라서 F_1, F_2 모두 크기가 2 N 이다.

05. 답 ④
해설

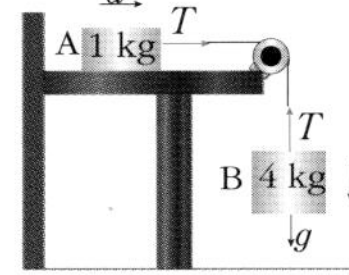

물체 A : $T = 1a$
물체 B : $4g - T = 4a$
∴ 40 = 5a, a = 8(m/s²)

06. 답 ④
해설 물체 A가 받는 장력을 T_1 이라 하면 A가 실에 작용하는 힘도 T_1 이다.

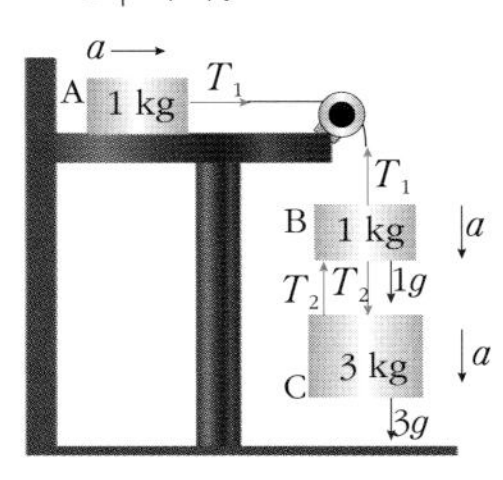

물체 A : $T_1 = a$
물체 B : $T_2 + g - T_1 = a$
⇨ $T_2 = 2a - 10$
물체 C : $3g - T_2 = 3a$
⇨ 30 − (2a − 10) = 3a,
∴ a = 8 m/s² ⇨ T_1 = 8 N

07. 답 ③
해설

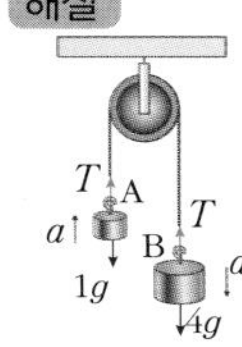

물체 A : $T - g = a$
물체 B : $4g - T = 4a$
⇨ 30 = 5a ∴ a = 6 m/s²

08. 답 ①

해설 g = 10 m/s² 이다.

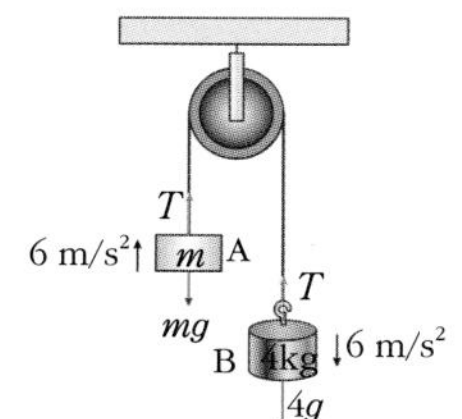

물체 A : $T - mg = 6m$

물체 B : $4g - T = 6 \times 4$

$\therefore T = 16$ N ⇨ $m = 1$ kg

유형 익히기 & 하브루타

76 - 79 쪽

유형 2-1	②	01. 4	02. ①
유형 2-1	⑤	03. ③	04. ②
유형 2-1	(1) 0.5 (2) 15	05. ①	06. ④
유형 2-1	(1) b, 4 (2) 12	07. 16	08. ⑤

[유형4-1] 답 ②

해설

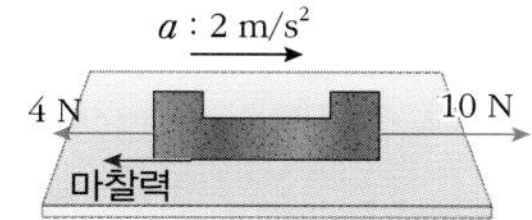

(가)에서 물체에 작용하는 외력은 오른쪽으로 6 N 이다. 이때 물체가 2 m/s² 으로 이동하였으므로 물체에 작용하는 알짜힘은 4 N 이다. 따라서 운동 마찰력이 반대 방향으로 2 N 으로 나타난다.

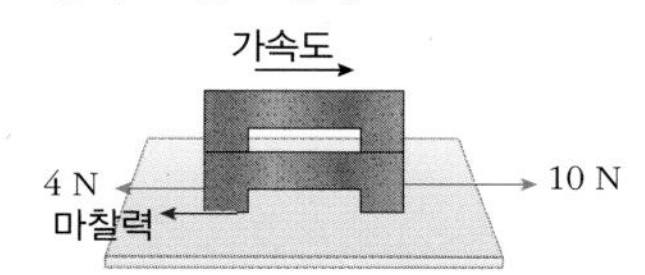

(나)에서 작용하는 외력은 6 N 으로 같고, 수직 항력이 2 배이므로, 마찰력도 2 배로 나타난다. 따라서 운동 방정식에 의해 $10 - (4 + 4) = 4a$, $a = 0.5$ m/s²이다.

01. 답 4

해설 6 N 의 힘을 작용하여 물체의 가속도가 1 m/s² 이 되도록 하였으므로 이때 물체에 작용한 마찰력을 f 로 하였을 때, 물체의 운동 방정식은 다음과 같다.

$6 - f = 2 \times 1 \quad \therefore f = 4$ N

02. 답 ①

해설 물체는 수평 방향으로 8cos60° = 4N 의 힘을 받는다.
따라서 $F = ma$ ⇨ $4 = 2 \times a$, $a = 2$(m/s²)

[유형4-2] 답 ⑤

해설

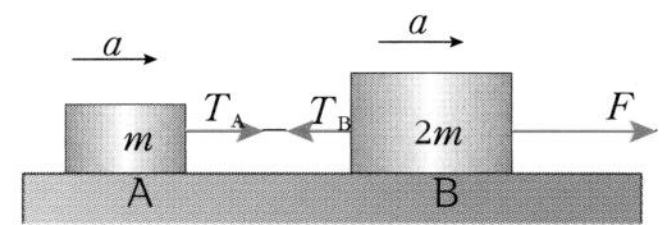

T_A : 실이 A 에 작용하는 힘(= 장력)

T_B : 실이 B 에 작용하는 힘(= 장력), $T_A = T_B = T$(크기)

$T_A = ma, F - T_B = 2ma, \quad T_A = T_B$

$F - ma = 2ma$ ⇨ $a = \dfrac{F}{3m}$

ㄱ. 물체 A 에 작용하는 알짜힘은 $F = ma = m \times \dfrac{F}{3m} = \dfrac{F}{3}$

ㄴ. 물체 A와 B의 가속도는 같고 $a = \dfrac{F}{3m}$ 이다.

ㄷ. 실의 장력 $T = ma = \dfrac{F}{3}$ 이다.

03. 답 ③

해설 세 물체가 끈으로 연결되어 같이 움직인다. 즉, 세 물체의 가속도 a 는 같다.

$F = ma$ 에 의해, $6 = (2 + 4 + m) \times 0.5$, $m = 6$ kg 이다.

04. 답 ②

해설 물체에 작용한 알짜힘은 6 − 운동 마찰력($\mu N = \mu mg$)이다.

알짜힘 $= 6 - \mu(2m + m + 3m) \times 10 = 6 - 0.1 \times 6m \times 10 = 6 - 6m$이다.

$F = ma$ ⇨ $(6 - 6m) = 6m \times 1.5 \quad \therefore m = \dfrac{2}{5}$ (kg)

[유형4-3] 답 (1) 0.5 (2) 15

해설

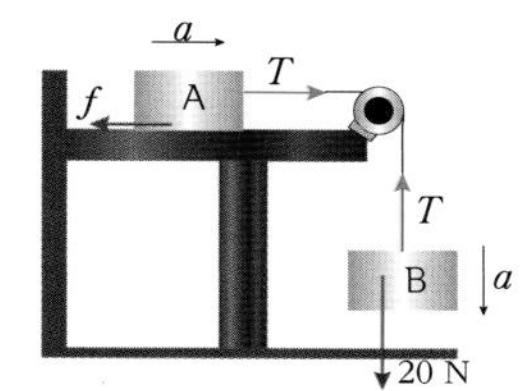

물체 A : $T - f = 2a = 2 \times 2.5 = 5$

물체 B : $2g - T = 2a = 5$

⇨ $20 - T = 5 \quad \therefore T = 15$ N

$f = 10 = \mu mg = \mu \times 20, \mu = 0.5$

05. 답 ①

해설 마찰력($f = \mu N$)은 책상과 접하고 있는 물체 B에만 나타난다.
각 물체에는 다음과 같은 힘이 작용한다.

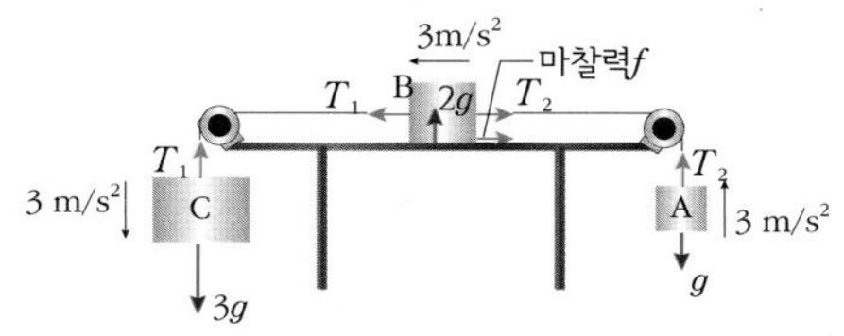

물체 A : $T_2 - 10 = m_A a = 1 \times 3 = 3 \quad \therefore T_2 = 13$ N

물체 C : $30 - T_1 = m_C a = 3 \times 3 = 9 \quad \therefore T_1 = 21$ N

물체 B : $(21 - 13) - f = m_B a = 2 \times 3 = 6$

$\therefore f = 2$ N ⇨ $f = 2 = \mu mg = \mu 20, \ \mu = 0.1$

06. 답 ④

해설

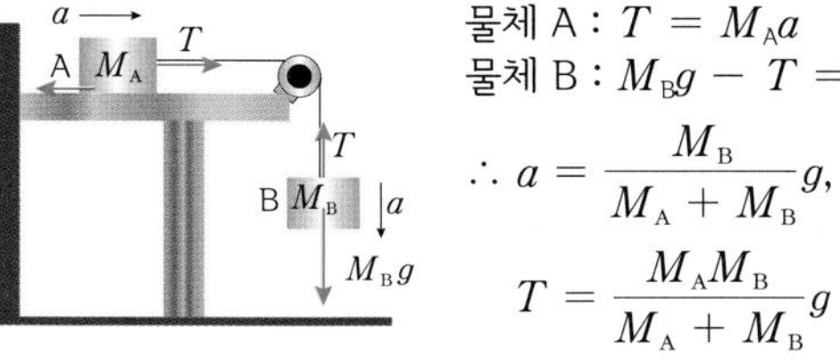

물체 A : $T = M_A a$

물체 B : $M_B g - T = M_B a$

$\therefore a = \dfrac{M_B}{M_A + M_B} g,$

$T = \dfrac{M_A M_B}{M_A + M_B} g$

ㄱ. B 의 질량을 두 배로 하면 가속도는 $\dfrac{2M_B g}{M_A + 2M_B}$ 이 되므로 2 배가 되지 않는다.

ㄴ. A, B 의 질량을 모두 두 배로 하면 가속도 $a = \dfrac{2M_B g}{2M_A + 2M_B}$ 이므로 운동 가속도의 크기가 변하지 않는다.

ㄷ. B 가 A 를 당기는 힘이 장력(T)이다. $T = M_A a$

A 와 B 의 질량이 각각 두 배가 되었을 경우 가속도는 변하지 않고 a 로 유지되므로 A 가 B 로부터 받는 힘(장력) $= 2M_A a = 2T$

즉 장력은 2배가 된다.

[유형4-4] 답 (1) b, 4 (2) 12

해설 도르래에 마찰이 없으므로 끈의 장력의 크기는 모두 같고, A 의 가속도 크기는 B의 2배로 나타난다.

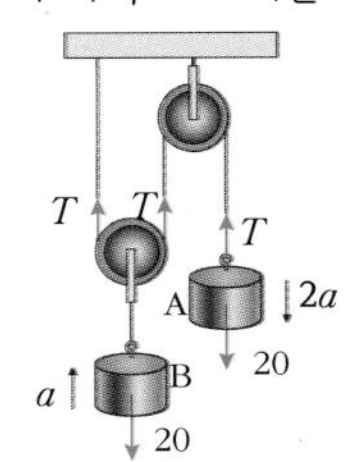

실의 장력을 T, A 의 가속도를 $2a$, B 의 가속도를 a 라고 한다.

(1) 정지 상태에서 출발하고, T 는 20 N 보다 작으므로 운동 방향은 b 이다.

물체 A : $20 - T = 2a \times 2$

물체 B : $2T - 20 = 2a$

$\therefore$ $T = 12$N, $a = 2$m/s^2 이므로, A의 가속도$= 2a = 4$ m/s^2 이다.

07. 답 16

해설

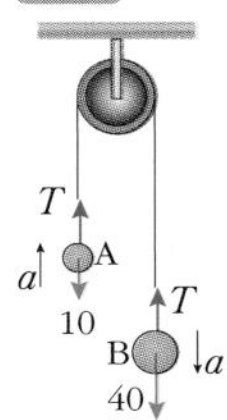

실의 장력 T, 가속도 a

물체 A : $T - 10 = a$,

물체 B : $40 - T = 4a$

$\therefore a = 6$ m/s^2, $T = 16$ N

08. 답 ⑤

해설 두 추의 가속도 크기와 실의 장력의 크기는 서로 같다.

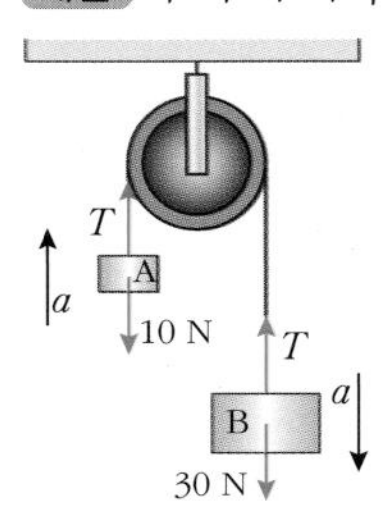

실의 장력 T, 가속도 a

ㄱ, ㄴ. 물체 A : $T - 10 = a$

물체 B : $30 - T = 3a$

$\therefore a = 5$ m/s^2, $T = 15$ N

ㄷ. 속도의 변화량 = 가속도×시간 = 5 × 3 = 15(m/s)

스스로 실력 높이기

80 - 89 쪽

01. 오른쪽, 3		02. $\frac{1}{2}$	03. 2	04. ③
05. 2	06. $\frac{9}{2}$	07. ⑤	08. ②	09. ①
10. ④	11. ②	12. ④	13. ②	14. ④
15. 2, 3	16. ②	17. ①	18. ③	19. ③
20. ③	21. ②	22. ①	23. ②	24. ②
25. 40, 10		26. ⑤	27. ⑤	28. ④
29. ③	30. ②	31. ②	32. 48, 32	

33. 8 m/s^2　34. (1) 바닥과 분리되어 $8\sqrt{10}$ m/s^2 의 등가속도 운동한다. (2) 0, $\frac{40}{3}$m/s^2

35. (1) $\frac{F}{3}$ (2) A : $\frac{2F}{3}$, B : $\frac{F}{3}$　36. 132 N

37. (1) 16 N (2) 20 N　38. 100 N

01. 답 오른쪽, 3

해설 알짜힘은 오른쪽으로 9 N 이다. 물체의 질량이 3 kg 이므로 $9 = 3a$, $a = 3$ m/s^2 (오른쪽)이다.

02. 답 $\frac{1}{2}$

해설 수평 방향의 힘은 $2 \times \cos 45° = 2 \times \frac{\sqrt{2}}{2} = \sqrt{2}$ N 이다.

질량이 $2\sqrt{2}$ kg이므로 $\sqrt{2} = 2\sqrt{2} \times a$, $a = \frac{1}{2}$ m/s^2 이다.

03. 답 2

해설 두 물체의 가속도는 같다.

물체 A : $T = 2a$, 물체 B : $6 - T = a$ $\therefore a = 2$ m/s^2

04. 답 ③

해설 물체 A : $T = 3a$, 물체 B : $4 - T = a$

$\therefore a = 1$ m/s^2, $T = 3$ N

05. 답 2

해설

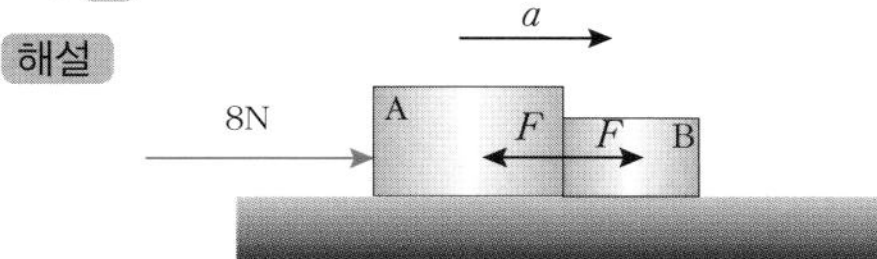

물체 A : $8 - F = 3a$, 물체 B : $F = a$ $\therefore a = 2$ m/s^2

06. 답 $\frac{9}{2}$

해설 물체 A, B 가 서로 주고받는 힘을 F로 한다.

물체 A : $9 - F = 3a$, 물체 B : $F = 3a$ $\therefore a = \frac{3}{2}$ m/s^2

A 가 B 에 가하는 힘 $F_2 = \frac{3}{2} \times 3 = \frac{9}{2}$ N

07. 답 ⑤

해설 A를 잡아당기는 장력은 마찰력과 크기가 같아서 물체 A는 힘의 평형 상태이다. A를 잡아당기는 장력은 B를 잡아당기는 장력과 크기가 같고, B를 잡아당기는 장력은 B의 무게와 크기가 같아서 물체 B도 힘의 평형 상태이다. 따라서 장력의 크기는 물체 B의 무게와 같다.

$\therefore f = 10$ N

08. 답 ②

해설 $mg\sin\theta$ 가 운동 방향의 힘이다.

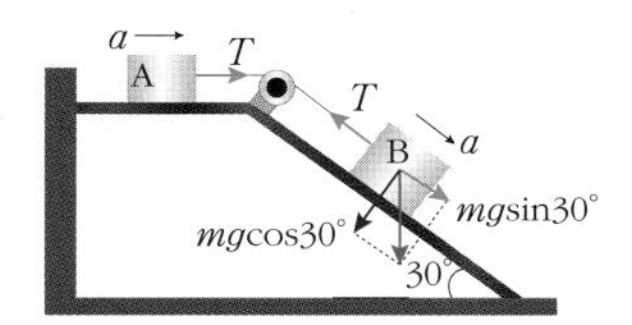

물체 A : $T = 2a$

물체 B : $mg\sin\theta - T = 2a$

⇨ $20\sin30^\circ - 2a = 2a$

$\therefore a = 2.5$ m/s²

09. 답 ①

해설 (2kg 물체) : $T - 20 = 2a$, (3kg 물체) : $30 - T = 3a$

$\therefore a = 2$ m/s²

10. 답 ④

해설 09 풀이 식에서 $30 - T = 3 \times 2$, $T = 24$ N

11. 답 ②

해설 A : $F = 3m_A$, $m_A = \dfrac{F}{3}$, B : $F = 6m_B$, $m_B = \dfrac{F}{6}$

C : $F = (m_A + m_B)a = (\dfrac{F}{3} + \dfrac{F}{6})a = \dfrac{F}{2}a$

$\therefore a = 2$ m/s²

12. 답 ④

해설 무한이와 상상이가 작용하는 힘의 합력은 $80\cos60^\circ + 80\cos60^\circ = 80$ N

⇨ $80 = 40a$, $a = 2$ m/s² 이다.

$s = \dfrac{1}{2}at^2$, $s = \dfrac{1}{2} \times 2 \times 3^2 = 9$ m 이다.

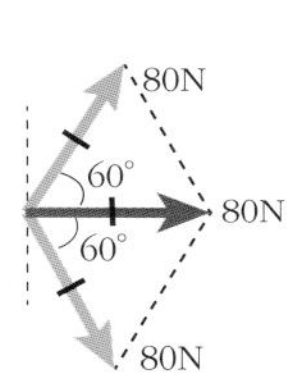

13. 답 ②

해설 용수철은 탄성력의 같은 크기로 두 물체를 잡아당긴다.

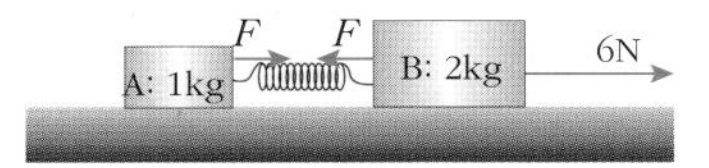

물체 A : $F = a$, 물체 B : $6 - F = 2a$

$\therefore a = 2$ m/s², $F = 2$ N

$F = kx$ 이므로 $2 = 100 \times x$, $x = 0.02$ m $= 2$ cm 이다.

14. 답 ④

해설 N 극과 N 극 사이에는 서로 밀어내는 힘인 척력이 작용하고 이에 의해 용수철이 압축된다.

ㄱ. 압축되었을 때 용수철의 탄성력의 크기는 $100 \times 0.04 = 4$ N 이다. 따라서, B 가 없어졌을 때 자석 A 는 4 N 의 힘을 받게 된다. 따라서 자석 A의 운동 방정식 $4 = 1a$, $a = 4$ m/s² 이다.

ㄴ. 바닥과의 마찰이 없고 질량이 2 배가 되었으므로 $4 = 2a'$, $a' = 2$ m/s² 으로 맞는 진술이다.

ㄷ. 자석 사이의 거리가 2배가 된 순간, 자기력은 $\dfrac{1}{4}$ 배가 된다. 그러므로 자석 A가 받는 자기력은 1 N 이 되고, 탄성력도 자기력과 크기가 같게 나타나므로 자석 A의 운동 방정식 $1 = 1a_1$, $a_1 = 1$ m/s² 가 된다.

15. 답 2, 3

해설 F_1, F_2 은 각각 용수철의 탄성력이다. $F = kx$ 이다.

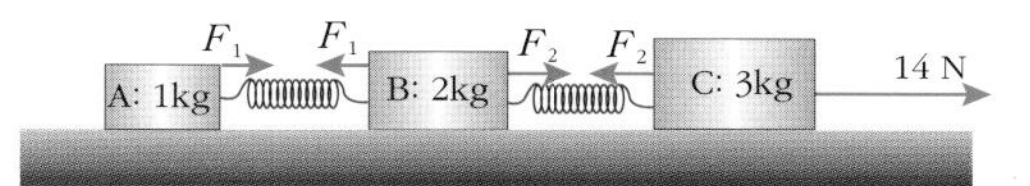

물체 A : $F_1 = a$

물체 B : $F_2 - F_1 = 2a$ ⇨ $F_2 = 3a$

물체 C : $14 - F_2 = 4a$

$\therefore a = 2$ m/s², $F_1 = 2$ N, $F_2 = 6$ N

$F_1 = 2 = 100x$, $x = 0.02$ m

$F_2 = 6 = 200x'$, $x' = 0.03$ m 이다.

16. 답 ②

해설 A가 오른쪽으로 운동하므로 A는 B로부터 오른쪽 방향으로 마찰력을 받는다. 그 반작용으로 B는 A로부터 왼쪽 방향으로 같은 크기의 마찰력을 받는다.

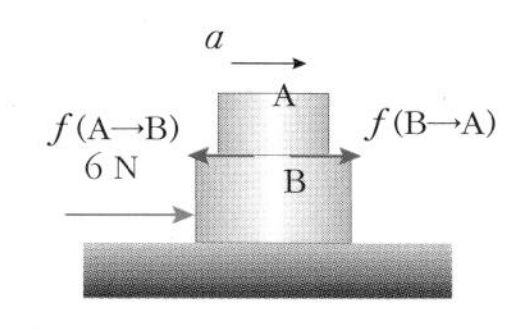

물체 A : $f = 1a$

물체 B : $6 - f = 2a$

$\therefore a = 2$ m/s², $f = 2$ N

17. 답 ①

해설 작용반작용에 의해 두 물체의 접촉면에서는 같은 크기의 힘을 주고 받는다.

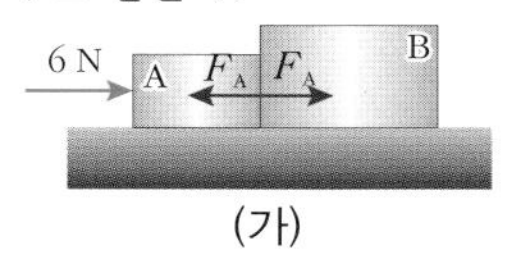

(가) A : $6 - F_A = 2a$, B : $F_A = 4a$ (오른쪽 방향 (+))

$\therefore a = 1$ m/s², $F_A = 4$ N

(나) A : $F_B = 2a$, B : $6 - F_B = 4a$ (왼쪽 방향 (+))

$\therefore a = 1$ m/s², $F_B = 2$ N

18. 답 ③

해설 끈에 걸리는 장력의 크기는 모두 같고, 물체 B가 아래 방향의 가속도로 운동하며 가속도 크기가 A의 2배이다.

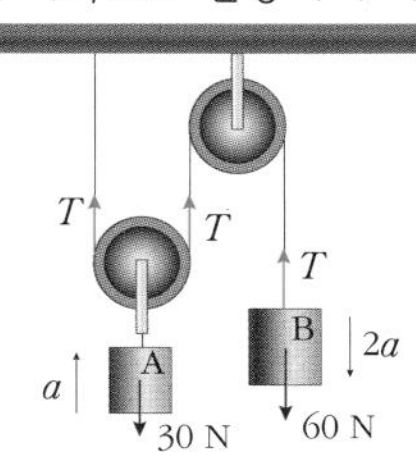

물체 B : $60 - T = 6 \times 2a$,

물체 A : $2T - 30 = 3 \times a$

$\therefore T = 20$ N

a(A의 가속도)$= \dfrac{10}{3}$ m/s² 이다.

19. 답 ③

해설 ㄱ. 속도-시간 그래프에서 기울기는 가속도$= 2$ m/s² 이다. 따라서 질량 2 kg 인 물체에 작용한 수평 방향의 알짜힘은 $F = ma = 2 \times 2 = 4$ N 이다.

이때 외력 10 N 의 수평 방향 성분 $10\cos\theta = 10 \times \dfrac{4}{5} = 8$ N 이므로 알짜힘이 4N 이기 위해 물체에 작용한 운동 마찰력 f 는 반대 방향으로 4 N 이다.

물체에 작용하는 수직 항력 $N = mg' - 10\sin\theta$ 이므로

$f = \mu_k N = \mu_k(mg' - 10\sin\theta) = 0.4(2g' - 10 \times \dfrac{3}{5}) = 4$ (N)

$\therefore g' = 8$ m/s² 이다.

ㄴ. g(지구) $= \frac{GM}{R^2}$, g'(행성) $= \frac{GM'}{R^2}$에서 부피가 같으므로 반경 R이 서로 같고, G는 상수이다. 이때 중력 가속도 비가 질량의 비이므로 행성 A의 질량은 지구 질량의 약 $\frac{4}{5}$ 배이다.

ㄷ. $s = \frac{1}{2}g't^2$에서 $16 = \frac{1}{2} \times 8t^2$, $t = 2$ s 이다.

20. 답 ③

해설 용수철을 $F= kx$ =100×0.05 = 5(N)의 힘으로 잡아당기므로 용수철이 물체를 잡아당기는 탄성력의 크기는 5 N 이다. 이때 아래 그림과 같이 수직 항력(N)은 $20-5\sin\theta = 20-5\times\frac{4}{5} = 16$N 이다.

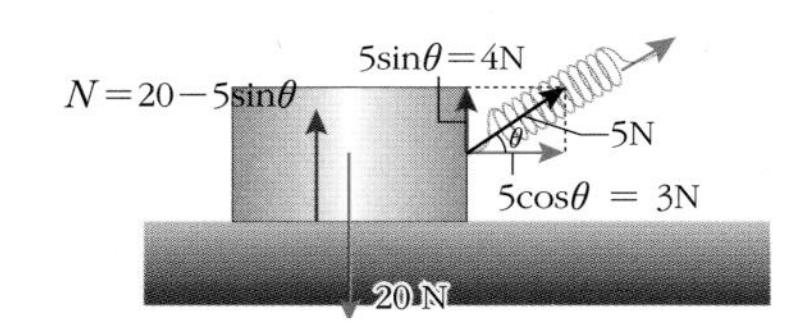

물체의 최대 정지 마찰력 $= \mu_s N = 0.1\times16 = 1.6$ (N)이고, 수평 방향으로 끄는 힘 $5\cos\theta = 3$ N 이므로 물체는 수평 방향으로 운동한다. 물체가 운동하고 있을 때 운동 마찰력이 작용하므로 물체가 받는 알짜힘은 $5\cos\theta - \mu_k N = 5\cos\theta - 0.05\times16 = 2.2$ N 이다.

ㄱ. $F = ma$ 에서 $2.2 = 2a$, $a = 1.1$ m/s² 이다.

ㄴ. $s = \frac{1}{2}at^2$ 에서 $s = \frac{1}{2} \times 1.1 \times 4^2 = 8.8$ m 이다.

ㄷ. 물체의 질량이 1.6 kg 늘어나면 물체의 무게는 36 N 이다. 이때 수직 항력(N)은 (36 − 4) = 32 N 이 되고, 최대 정지 마찰력 $= \mu_s N = 0.1\times32 = 3.2$ N 이고, 물체가 받는 수평 방향 힘(3 N)보다 크므로 물체는 움직이지 않는다.

21. 답 ②

해설 $s = \frac{1}{2}at^2$ 에서 $9 = \frac{1}{2}a\times3^2$, $a = 2$ m/s² 이다.

따라서 물체에 작용한 알짜힘 F 는 $F = ma$ 로부터 $F = 2 \times 2 = 4$ N 이다. 물체가 운동하고 있을 때 물체에 가한 외력이 8 N 이므로 운동 마찰력은 외력과 반대 방향으로 4 N 이다. 수직 항력 N의 크기는 무게와 같은 20 N 이다. $\therefore 4 = \mu \times 20$, $\mu = 0.2$

22. 답 ①

해설 사슬끼리 같은 힘(T)을 주고 받는다. 각 고리에는 동일한 중력이 작용한다. 윗 방향을 (+)로 할 때

(1) $F-T_1-mg=ma$, (2) $T_1-T_2-mg=ma$,

(3) $T_2-T_3-mg=ma$, (4) $T_3-T_4-mg=ma$,

(5) $T_4 - mg = ma$,

⇨ $F = 5m(g+a)$, $T_1 = 4m(g+a)$

$T_2 = 3m(g+a)$, $T_3 = 2m(g+a)$

$T_4 = m(g+a)$

에서 $m = 0.1$, $a = 2$ m/s², $g = 10$ m/s²이다.

$F = 6$ N 이다.

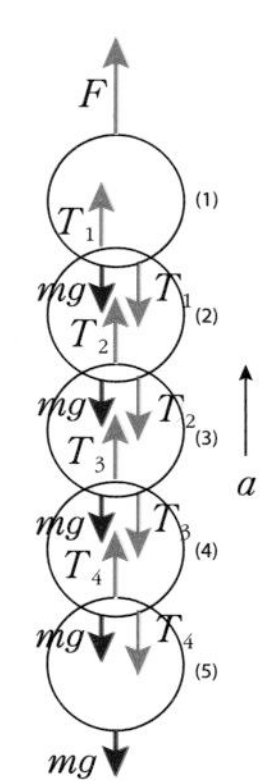

23. 답 ②

해설 물체 1개의 질량을 m, 경사각을 θ 라고 할 때 다음 두 경우의 운동 방정식에서 가속도를 비교한다.

(1) 물체 한 개만 빗면에 있을 때 : $mg\sin\theta = 2ma$, $2a=g\sin\theta$

(2) 물체가 미끄러져 물체 두 개가 모두 빗면에 있을 때 : $2mg\sin\theta = 2ma'$, $a' = g\sin\theta$

물체 두 개 모두 빗면에 있을 때의 가속도 a'가 물체 1 개만 빗면에 있을 때의 가속도 a 의 2 배가 된다. $v-t$ 그래프에서 그래프의 중간부터 기울기가 갑자기 증가한 모양인 ② 이다.

24. 답 ②

해설 사람이 T 의 힘으로 끈을 잡아당기면 반작용으로 끈으로부터 T 의 힘을 받고 (사람+바구니)에는 줄 1 개당 T 의 힘이 작용하므로 위 방향으로 총 $3T$ 의 힘이 작용하고 있다. 가속도가 1 m/s² 이고, (사람+바구니)(질량 100kg)의 무게는 1000N 이므로 다음과 같이 운동 방정식이 성립한다.

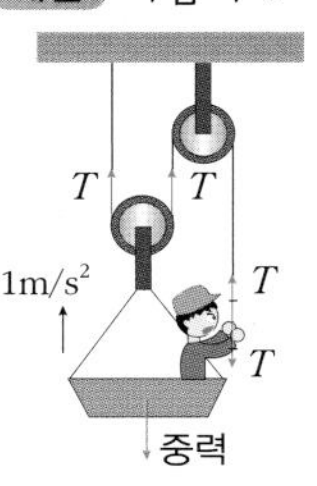

$$3T - 1000 = 100\times1 \quad \therefore T\ (\text{장력}) = F = \frac{1100}{3}\ (\text{N})$$

25. 답 40, 10

해설 각 면에서 마찰력 = 0 이다. 힘 F 는 C 에 작용하며, B와 C 사이에는 주고 받는 힘(마찰력)이 존재하지 않는다. A와 C 사이에는 작용 반작용 F_1 이 존재한다.

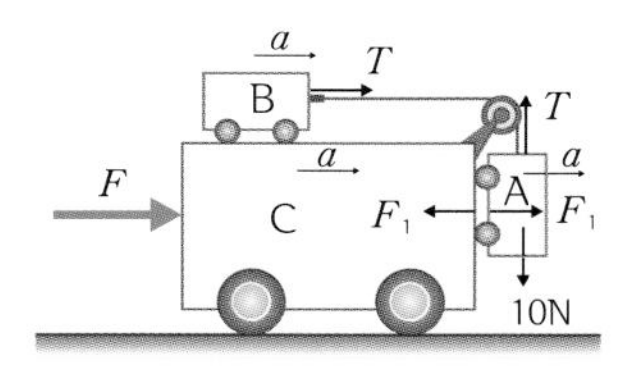

연직 방향, 수평 방향에서 각 물체에 대한 운동 방정식을 세운다.

(연직 방향) 물체 A : $T=10$ (N)

(수평 방향) 물체 A : $F_1 = 1a$,

물체 B : $T = 4a$, ($T=10$ (N)이므로 $a = 2.5$ m/s²)이다.

물체 C : $F-F_1 = 15a$

물체 A에서 $a = 2.5$ m/s² 이므로 F_1 은 2.5 N 이다.

∴ 물체 C에서 $F-2.5 = 15\times2.5 = 37.5$, $F = 40$(N)

<또 다른 풀이>

B 에 작용하는 관성력 크기 = 실의 장력(T) = A 의 중력(10N)인 경우 A 와 B 가 C 에 대해 정지한다. A와 C 는 힘 F 를 받아 가속도 a 로 운동한다.

$F = (15+1)a$, $a = \frac{F}{16}$ 이다.

B 의 관성력 크기 = B 의 질량 × 가속도 $= 4 \times \frac{F}{16} = \frac{F}{4}$,

$\therefore \frac{F}{4} = T = 10$(N)(A의 중력) $\therefore F = 40$ N, $T = 10$ N 이다.

26. 답 ⑤

해설 빗면이 등가속도 운동할 때 물체는 반대 방향으로 관성력을 받는다.

ㄱ. 빗면이 정지해 있을 때 물체 A가 받는 힘은 다음과 같다.

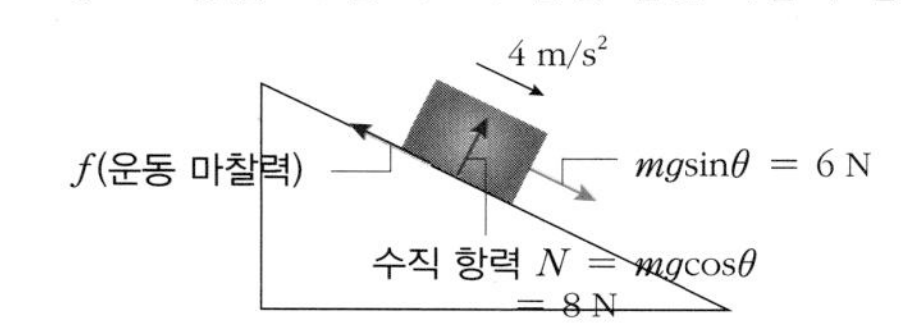

물체 A의 운동 방정식 : $6 - f = 4 \times 1$, $f = 2$ N

$f = \mu N$ ⇨ $2 = \mu \times 8$, $\mu = 0.25$ 이다.

ㄴ.

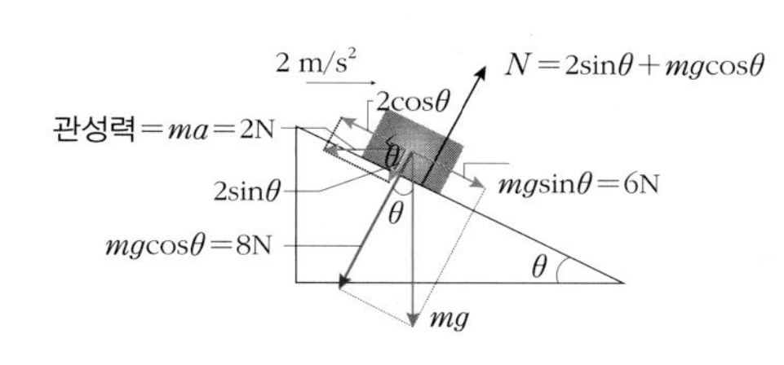

A 에게는 중력 외에 $ma=1\times2=2\text{N}$ 의 관성력이 빗면의 가속도 방향과 반대 방향으로 작용한다. 수직 항력은 관성력 × $\sin\theta$ 와 $mg-\cos\theta$ 의 합력만큼 발생한다.

$$N = 2\sin\theta + mg\cos\theta = 2\times\frac{3}{5} + 10\times\frac{4}{5} = 9.2\text{ N}$$

ㄷ. 빗면 B가 가속도 운동할 때 빗면 B에 대하여 빗면 A에는 관성력과 중력, 마찰력이 작용한다. 빗면 위에서 관찰할 때 물체 A 의 운동 방정식은 다음과 같다.

$$6 - 2\cos\theta - \mu N = 1a \Rightarrow 6 - 1.6 - \frac{9.2}{4} = a$$

$a = 2.1\text{ m/s}^2$ (B 에 대한 A 의 가속도)

27. **답** ⑤

해설

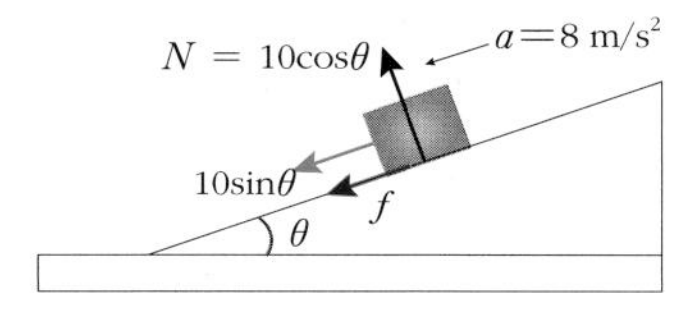

처음 속도 $v_0 = 16\text{ m/s}$ 이고, 2 초 후 속도 = 0 이므로, $a = -8\text{ m/s}^2$(빗면 위 방향) 이다.

ㄱ. 물체 A의 운동 방정식은 다음과 같다. (빗면 아래 방향 +)

$f + mg\sin\theta = 1\times8,\ f + 6 = 8,\ f = 2\text{ (N)}$(운동 마찰력)

$\therefore f = 2 = \mu_k N = \mu_k mg\cos\theta = \mu_k\cdot 8,\ \mu_k = 0.25$

ㄴ. 최고점까지 2 초 동안 이동한 빗면 거리 s 는 다음과 같다.

$$s = v_0 t + \frac{1}{2}at^2$$

$$\Rightarrow s = 16\times2 + \frac{1}{2}\times(-8)\times2^2 = 16\text{ m}$$

높이 $h = s\sin\theta = 16\times\frac{3}{5} = \frac{48}{5} = 9.6\text{ m}$ 이다.

ㄷ. 최고점에서 P 점 까지는 16 m 이고, 내려올 때 운동 마찰력은 반대로 작용하므로 운동 방정식은 다음과 같다.

$6-2 = 1a',\ a' = 4\text{ m/s}^2$ 이다.(최고점에서 내려올 때)

$\therefore 16 = \frac{1}{2}\times4\times(t')^2,\ t' = 2\sqrt{2}$ (초)

28. **답** ④

해설

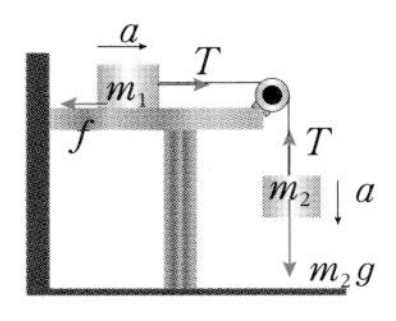

m_2 의 운동 방정식 : $m_2 g - T = m_2 a$

m_1 의 운동 방정식 : $T - f = m_1 a,\ f = \mu m_1 g$

$$\therefore a = \frac{(m_2 - \mu m_1)g}{m_1 + m_2},\ T = \frac{m_1 m_2}{m_1 + m_2}(1+\mu)g \text{ 이다.}$$

m_1 이 크게 증가하면 $T = (1+\mu)m_2 g$(일정)로 수렴하고, $m_1 = 0$ 이면 $T = 0$ 이다. 유사한 것은 ④ 이다.

29. **답** ③

해설 운동 방정식을 세워본다.

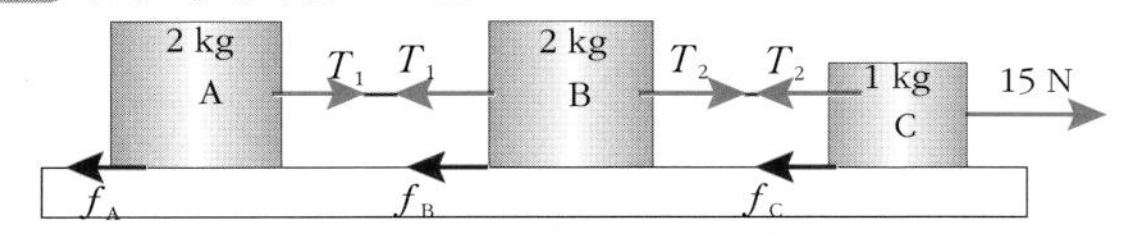

물체 A : $T_1 - f_A = 2a,\ f_A = \mu_k N_A = 0.1\times20 = 2$

$\therefore T_1 = 2a + 2$

물체 B : $T_2 - T_1 - f_B = 2a,\ f_B = \mu_k N_B = 0.1\times20 = 2$

$T_2 - (2a+2) - 2 = 2a\ \therefore T_2 = 4a + 4$

물체 C : $15 - T_2 - f_C = a,\ f_C = \mu_k N_C = 0.1\times10 = 1$

$15 - (4a+4) - 1 = a\ \ \therefore a = 2\text{ m/s}^2$

4 초일 때 A, B, C 모두의 속도는 $v = at$에서, $v = 2\times4 = 8\text{ m/s}$ 실이 끊어지면 물체 A 에 작용하는 힘은 운동 마찰력 밖에 없다. 운동 마찰력은 2 N 이므로, 실이 끊어진 후 가속도는 $-2 = 2a,\ a = -1\text{ m/s}^2$ 이다. 따라서 $v = v_0 + at$ 에서 나중 속도 v 가 0 이므로, $0 = 8 + (-1)t,\ t = 8$ (초)

30. **답** ②

해설 두 물통이 움직이기 시작하는 순간, 책상 위 물통에서 빠져나간 물의 양을 m' 라고 하면, 아래쪽 물통 속의 물의 양은 m' 이다. 책상 위의 물통에 작용하는 장력과 마찰력이 같아지는 순간 물통이 움직이므로 두 물통의 운동 방정식을 세우면

아래쪽 물통 : $m'g = T$

위쪽 물통 : $T = \mu(m - m')g = 0.4(m - m')g$

$0.4(m - m')g = m'g$에서 $m' = \frac{2m}{7}$ 이다.

31. **답** ②

해설

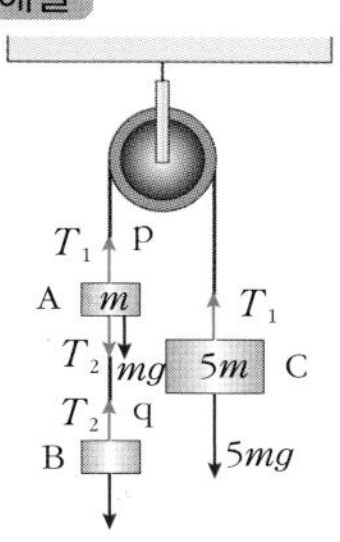

정지해 있으므로 $T_1 = 5mg,\ T_2 = 4mg$

ㄱ. 그림에서 p가 A를 당기는 힘은 T_1 이고, q가 A를 당기는 힘은 T_2이다. $T_1 = 5mg$ 이고, $T_2 = 4mg$ 이므로 서로 다르다.

ㄴ. q 가 B 를 당기는 힘은 A를 당기는 힘과 같은 T_2 이며, $4mg$ 이다.

ㄷ. 위치를 바꾸어도 평형 상태가 유지되므로 T_1 의 크기는 변하지 않는다.

32. **답** 48, 32

해설

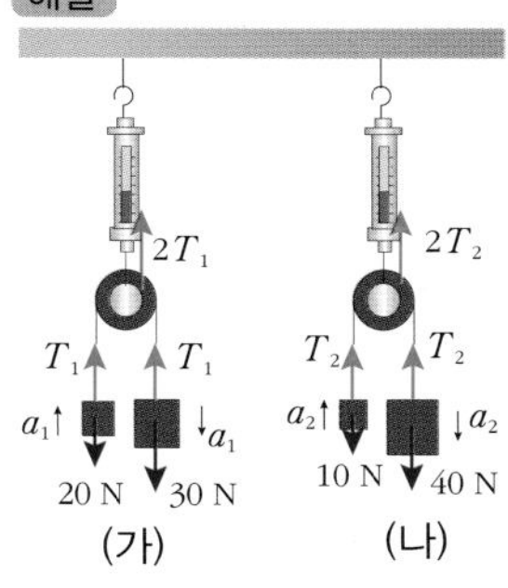

그림처럼 장력 T_1, T_2 가 작용하며,

그림(가), (나) 의 용수철 저울은 각각 $2T_1$, $2T_2$ 의 눈금을 가리킨다.

운동 방정식을 세우면

(가) $30 - T_1 = 3a_1,\ T_1 - 20 = 2a_1,\ a_1 = 2\text{ m/s}^2,\ T_1 = 24\text{ N}$

(나) $40 - T_2 = 4a_2,\ T_2 - 10 = 1a_2,\ a_2 = 6\text{ m/s}^2,\ T_2 = 16\text{ N}$

∴ 용수철 저울 (가) : 48 N, 용수철 저울 (나) : 32 N

33. **답** 8 m/s^2

해설 손을 뗀 순간 용수철에 작용하는 힘은 다음과 같다.

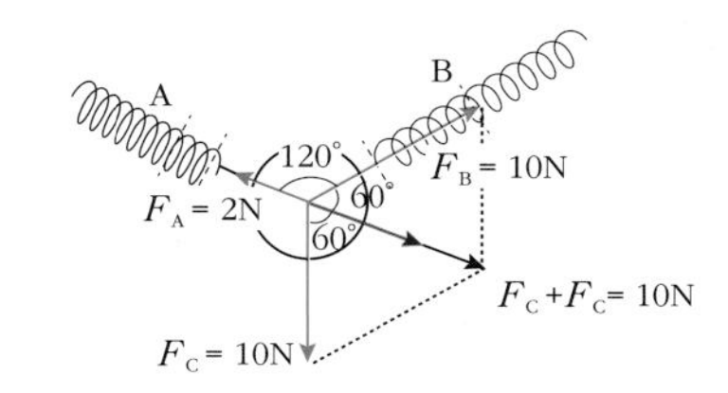

용수철 A 의 탄성력 $F_A = 200 \times 0.01 = 2$ N
용수철 B 의 탄성력 $F_B = 200 \times 0.05 = 10$ N
물체의 중력 $F_C = 10$ N
물체에 작용하는 알짜힘은 용수철 A 아래 방향으로 8 N 이다.
$\therefore 8 = 1a,\ a = 8$ m/s^2

34. 답 (1) $N=0$, 바닥과 분리되어 $8\sqrt{10}$ m/s^{2}의 등가속도 운동한다.
(2) 0, $\dfrac{40}{3}$ m/s^2

해설 (1) $F\sin\theta = 60\times\dfrac{3}{5} = 36$ N, $F\cos\theta = 60\times\dfrac{4}{5} = 48$ N

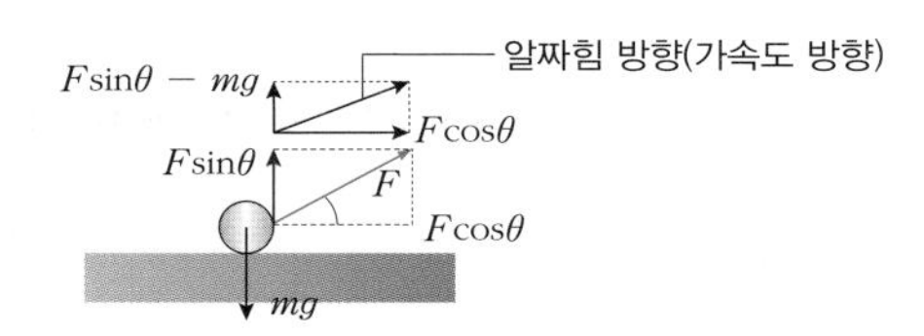

구 A 에 작용하는 연직 방향 힘은 중력과 $F\sin\theta$ 가 있다. 이 경우 중력(= 20N)보다 $F\sin\theta$(= 36N) 이 더 크므로 물체는 바닥에서 분리되고, 공중으로 등가속도 운동을 하게 된다. 이때 수직 항력(N)=0 이다. A 에는 (36−20) N 의 연직 방향의 힘, $F\cos\theta$(= 48N)의 수평 방향의 힘이 작용한다. 따라서, A 에 작용하는 알짜힘의 크기는 $(36-20)^2 + 48^2 = (\text{알짜힘})^2$, 알짜힘 $= 16\sqrt{10}$ N
A 의 질량이 2 kg 이므로 A 의 가속도의 크기는 $8\sqrt{10}$ m/s^2 이다.
(2) 수직 항력은 A 가 바닥면을 누르는 힘과 작용 반작용의 관계이다. (나) 에서 무게는 36 N 이고, $F\sin\theta$ 도 36 N 이다. 따라서 물체가 바닥에 작용하는 힘이 0 이므로 수직 항력도 0 이다. 마찰력은 마찰 계수와 수직 항력의 곱이므로 마찰력도 0 이다. 따라서 B 에 작용하는 알짜힘은 수평 방향으로 $F\cos\theta$ 이다.
$60\cos\theta = 3.6\,a,\ a = \dfrac{40}{3}$ m/s^2 (수평 방향)이다.

35. 답 (1) $\dfrac{F}{3}$ (2) A : $\dfrac{2F}{3}$, B : $\dfrac{F}{3}$

해설

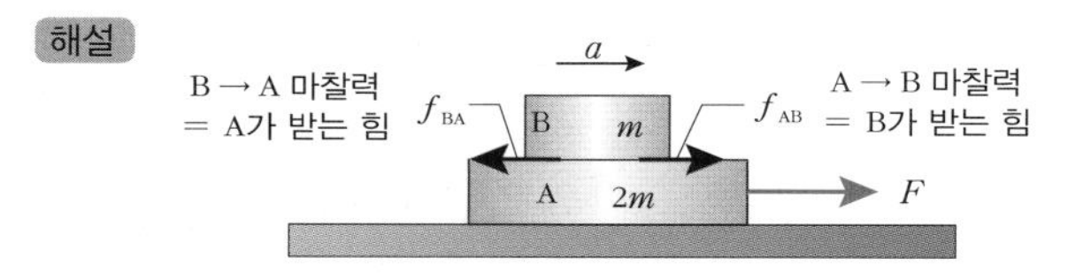

물체 A, B는 한덩어리로 운동하므로 가속도가 같다. 물체 A, B 는 작용반작용으로 마찰력 f를 주고받는다.
물체 A , B의 운동 방정식 : $F - f = 2ma,\ f = ma$
$\therefore a = \dfrac{F}{3m},\ f = \dfrac{F}{3}\ (= f_{AB} = f_{BA}$; 크기)
물체 A 에 작용하는 알짜힘 : $F - f = F - \dfrac{F}{3} = \dfrac{2F}{3}$
물체 B 에 작용하는 알짜힘 : $f = \dfrac{F}{3}$

36. 답 132 N
해설 해설

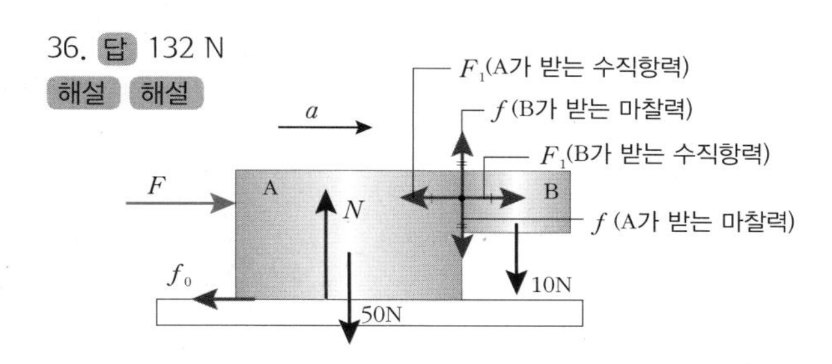

F_1은 A, B 사이의 접촉면에서 서로 미는 힘이다. 이 힘은 접촉면이 A, B에 각각 작용하는 수직 항력이기도 하므로 접촉면의 정지 마찰계수와의 곱은 최대 정지 마찰력이 된다.
<B가 미끄러지지 않을 때>
B가 면으로 받는 마찰력이 최소한 중력과 같을 때이다.
① f(B가 받는 마찰력) $= \mu F_1 = 0.5F_1 = 10$ N
이므로 $F_1 = 20$ N 이다.
② 물체 A 에는 연직 아래 방향으로 중력 50N, B로부터의 마찰력 f (연직 아래 방향)를 받고 있으므로 A가 면으로부터 받는 수직항력 $N = 50 + f = 60$N 이다. 따라서
f_0 (물체 A와 면 사이의 마찰력) = 0.2×60 = 12 N 이다.
③ 수평 방향 운동 방정식
(물체 A) $F - F_1 - f_0 = 5a$ (물체 B) $F_1 = 1a$
F_1=20 N 이고, f_0 = 12 N 이므로 a = 20 m/s^2, F = 132 N 이다.

37. 답 (1) 16 N (2) 20 N
해설 (1) 그림 (가) 의 경우 물체가 움직이는 순간(최대 정지 마찰력이 작용) A, B에 작용하는 힘은 다음과 같다.

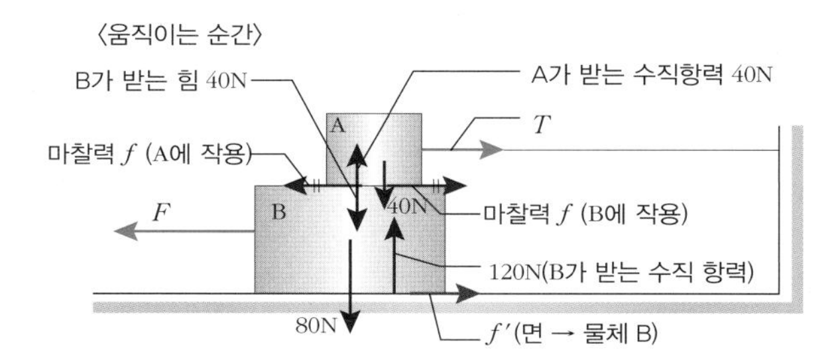

물체 A : $f = 0.1 \times 40 = T$ (수평 방향 힘의 평형)
물체 B : $F = f + f'$ (수평 방향 힘의 평형)
$f = 4$ N, $f' = 120 \times 0.1 = 12$ N
$\therefore F = 16$ N (움직이는 순간)
(2) 그림 (나) 의 경우 물체에 작용하는 힘들은 다음과 같다.

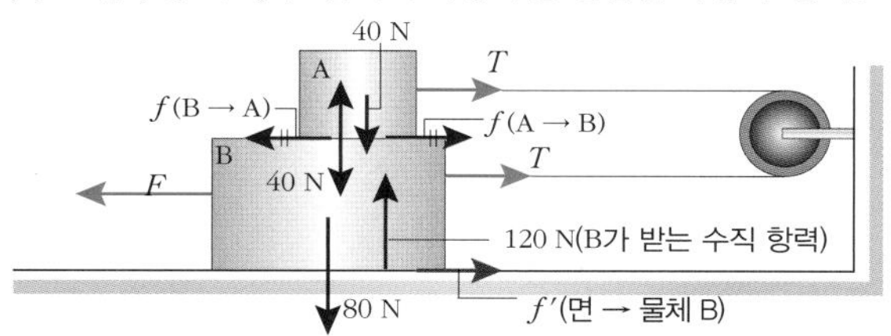

물체 A 의 수평 방향 힘의 평형 : $f = 0.1 \times 40 = T$
물체 B 의 수평 방향 힘의 평형 : $F = f + f' + T$
$f = 4$ N, $f' = 12$ N
$\therefore F = 4 + 12 + 4 = 20$ N

38. 답 100 N
해설 장력(T)은 양쪽 줄에 같은 크기로 발생하며 $T \geq 200$(N) 일 때 상자가 끌려 올라가기 시작한다. 힘 F 를 원숭이가 잡아당기는 힘이라 할 때
$T = 100$ N(원숭이의 무게) $+ F$ 이므로,
$\therefore F \geq 100$ (N)
원숭이는 최소 100 N 의 힘을 줄에 가해야 상자를 지면으로부터 끌어 올릴 수 있다. (힘을 가하는 방법은 여러 가지가 있을 수 있다.)

05강 운동량과 충격량

개념확인

90 - 93 쪽

01. 4	02. 4	03. 8	04. 4

01. 답 4
해설 물체의 운동량 $p = mv = 2 \times 2 = 4$ kg·m/s 이다.

02. 답 4
해설 정지해 있던 물체가 일정한 힘을 받아 나중 운동량이 p 인 상태가 되었다면, 충격량이 p 이므로 나중 운동량은 다음과 같다.
나중 운동량 = 충격량 = 힘 × 시간 = 2 × 2 = 4 kg·m/s

03. 답 8
해설 운동량 보존 법칙에 따라 충돌 전후의 운동량의 합은 같다.
운동량은 $p = mv$ 이므로
$4 \times 2 = m \times 1$, $m = 8$ kg

04. 답 4
해설 왼쪽 파편의 속도를 v 라고 하면 운동량 보존 법칙에 따라
$6 \times 1 = 3 \times 6 + 3v$, $v = -4$ m/s (속력: 4 m/s)이다.

확인 +

90 - 93 쪽

01. −4	02. ①	03. 0	04. 0

01. 답 −4
해설 방향을 반드시 고려해야 한다. 오른쪽을 (+)방향으로 했으므로 왼쪽 방향은 (-)로 한다.
충격량 = 운동량의 변화량 = $1 \times (-1) - 1 \times 3 = -4$ N·s

02. 답 ①
해설 ① 비오는 날에는 도로의 마찰력이 작아져서 차가 많이 미끄러지게 된다. 충돌과는 관련이 없다.
②, ③ , ④는 충돌 시간이 늘어나면 충격력이 작아지는 원리이다.

03. 답 0
해설 운동량 보존 법칙에 따라 충돌 전후의 운동량의 합은 같다.
운동량 $p = mv$ 이므로
$2 \times 4 + 2 \times 1 = 2v + 2 \times 5$, $v = 0$ 이므로 물체 A 는 정지한다.

04. 답 0
해설 반발 계수(e) $= \dfrac{0}{3+0} = 0$ 으로, 두 물체는 완전 비탄성 충돌을 하였다.

개념 다지기

94 - 95 쪽

01. (1) X (2) O (3) O		02. 12	03. 6
04. 0.18	05. 6	06. ①	07. ①	08. ⑤

01. 답 (1) X (2) O (3) O
해설 (1) 운동량의 방향과 속도의 방향은 같다.

02. 답 12
해설 야구공의 질량은 300 g, 야구공의 속력은 40 m/s 이므로
$p = 0.3 \times 40 = 12$(kg·m/s)

03. 답 6
해설 충격량은 운동량의 변화량과 같다. 골프공의 질량은 0.12 kg 이고 충돌 전에는 정지해 있었고 충돌 후의 속도는 50 m/s 이므로 골프공의 운동량의 변화량은 다음과 같다.
$$충격량 = \Delta p = 0.12 \times 50 - 0 = 6(\text{N·s})$$

04. 답 0.18
해설 충격량은 운동량의 변화량과 같다. 물체의 질량은 0.3 kg 이고 충돌 전의 속도는 2 m/s 이고 충돌 후의 속도는 5 m/s 이므로 골프공의 운동량의 변화량은 다음과 같다.
충격량$= \Delta p = 0.3 \times 5 - 0.3 \times 2 = 0.9$(N·s) = F(충격력)×t(시간)
$$충격력\ F = \frac{충격량}{시간} = \frac{0.9}{5} = 0.18\ \text{N}$$

05. 답 6
해설 충돌 전 운동량의 합 $= 10 \times 2 + 4 \times 3 = 32$
충돌 후 운동량의 합 $= 2 \times 7 + 3v = 14 + 3v$
운동량 보존 법칙에 의해 충돌 전후의 운동량의 합은 같다. 따라서
$32 = 14 + 3v$, $v = 6$(m/s)

06. 답 ①
해설 자유 낙하를 시작하고 2 초가 되는 순간 공의 속도는 $v = gt$ 에 의해 $v = 2 \times 10 = 20$ m/s 이다. 따라서 자유 낙하 후 2 초가 된 순간 운동량의 크기는 다음과 같다.
$$p = 0.5 \times 20 = 10\ \text{kg·m/s}$$

07. 답 ①
해설 운동량 보존 법칙에 의해 충돌 전후의 운동량의 합은 같다. 운동량 보존 법칙에 따라 한 덩어리가 된 물체의 속도를 v_f 라고 한다면 $mv = (m+2m)v_f$, $v_f = \dfrac{1}{3}v$

08. 답 ⑤
해설 반발계수는 충돌 전의 두 물체의 속도 차에 대한 충돌 후 두 물체의 속도 차의 비이다. 방향을 고려할 때 충돌 전 두 물체의 속도 차는 4-0 = 4m/s 이고, 충돌 후 속도 차는 2.5-(-1)= 3.5m/s 이다.
반발 계수(e) $= -\dfrac{-1-2.5}{4-0} = \dfrac{7}{8}$ 이다.

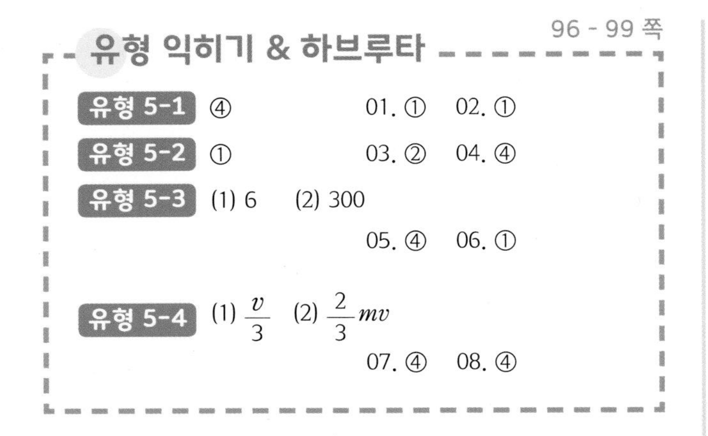

유형 익히기 & 하브루타

96 - 99 쪽

유형 5-1	④	01. ①	02. ①
유형 5-2	①	03. ②	04. ④
유형 5-3	(1) 6 (2) 300	05. ④	06. ①
유형 5-4	(1) $\frac{v}{3}$ (2) $\frac{2}{3}mv$	07. ④	08. ④

[유형5-1] 답 ④

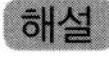

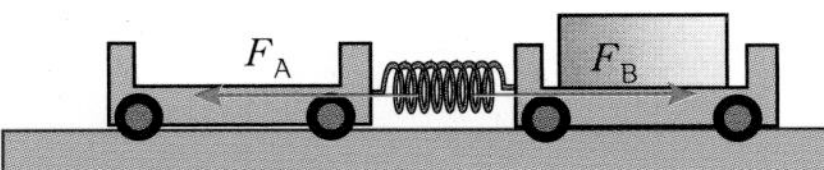

F_A(수레 A 가 받는 힘)과 F_B(수레 B 가 받는 힘)의 크기는 작용 반작용의 관계이므로 같다. 또한, 충돌 시간(용수철로 부터 힘을 받는 시간)도 동일하므로 A 와 B 가 받는 충격량의 크기도 서로 같다. 두 수레 모두 정지 상태에서 출발하므로 나중 운동량 크기(질량×속력)가 서로 같다. 용수철에서 떨어지면 두 수레 모두 힘을 받지 않으므로 등속 운동하는데, 동시에 충돌했으므로 이동 시간이 같고, 이동 거리가 2 : 1 이므로 속력의 비가 2 : 1이다. 따라서 질량의 비는 1 : 2 이다.
ㄱ. 수레 A 와 B 의 운동량의 크기는 같고 수레 A 가 수레 B 보다 속력이 2 배이므로, (수레 B + 물체의 질량)은 수레 A 의 질량의 2 배이다. 따라서 수레 B 의 질량이 m 이므로, 물체의 무게는 m 이다.
ㄴ. 수레 A 는 수레 B 에 비해 같은 시간 동안 이동한 거리가 2 배이므로, 수레 A 의 속력이 수레 B에 비해 2 배이다.
ㄷ. 두 수레가 받은 충격량의 크기와 걸린 시간이 같으므로, 두 수레의 나중 운동량의 크기는 같다.

01. 답 ①
해설 그래프를 분석해 보면 A 는 충돌 시간이 작고 유리컵에 가해진 힘(충격력)의 최대값이 크며, B 는 충돌 시간이 길고 유리컵에 가해진 힘의 최대값이 작다. A, B 경우 모두 유리컵은 바닥에 닿을 때 같은 속력이며, 최종적으로 정지하므로 바닥으로부터 받은 충격량은 같다.
① 힘이 가해지는 최대값(충격력)이 B 보다 A 가 크므로 A 의 경우 유리컵이 깨지기 쉽다.
② 충격량이 같으므로 운동량의 변화량도 같다.
③ 질량이 같은 유리컵이 같은 높이에서 떨어져 바닥에서 정지했으므로 바닥으로부터 받은 충격량은 같다. 힘－시간 그래프의 면적은 충격량을 뜻하므로 그래프의 면적은 같다.
④ 그래프에서 y 축의 힘은 충격력을 의미하므로 최대값이 큰 A 가 B 보다 충격력이 더 크다.
⑤ x 축 시간을 보면 B 에서 힘이 작용한 시간이 길다.

02. 답 ①

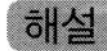

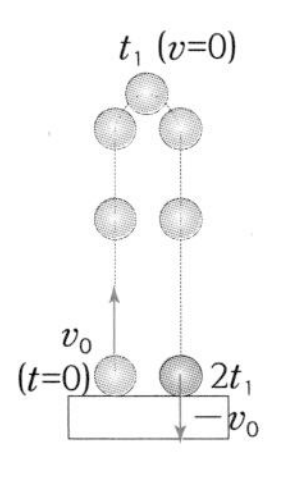

연직 위로 던져서 속력이 0 이 되는 순간(최고점)까지의 시간을 t_1 이라고 하면, 최고점에서 원위치로 내려올 때까지의 시간도 t_1 이다.
$0 = v_0 - gt_1$, $v_0 = gt_1$이다.
최고점에서 연직 아래로 자유 낙하하여 제자리로 돌아왔을 때의 속력 v_1 는 $v_1 = 0 - gt_1$, $v_1 = -gt_1$ 이다. 따라서, $v_1 = -v_0$ 이다.
처음 운동량은 mv_0 이고, 나중 운동량은 $m(-v_0)$ 이므로 충격량은 $m(-v_0) - mv_0 = -2mv_0$ 이다. (여기서 －는 아래 방향이라는 뜻)
또는, 충격량은 Ft 이고, $F=mg$, 힘을 받은 시간 $t = 2t_1 = \frac{2v_0}{g}$ 이므로
충격량 $= Ft = mg \times \frac{2v_0}{g} = 2mv_0$ (아래 방향 : mg 와 같은 방향)

[유형5-2] 답 ①
해설 같은 높이에서 같은 사람이 뛰어내리기 때문에 사람의 충돌 직전 운동량은 같고, 바닥과 충돌 후 사람은 정지하게 된다. 따라서, 운동량의 변화량(＝충격량)은 두 경우 모두 같다. 이때 무릎을 굽히면 무릎이 펴지는 동안 충돌 시간이 증가한다.
ㄱ. 무릎을 굽히지 않은 경우의 충돌 시간(힘을 받는 시간)이 더 작기 때문에 충격력이 더 크다.
ㄴ. 충격량은 운동량의 변화량이 같기 때문에 두 경우 모두 같다.
ㄷ. 같은 사람이 같은 높이에서 뛰어내리기 때문에 충돌 직전 운동량은 두 경우 모두 같다.

03. 답 ②
해설 운동량의 변화량은 충격량과 같다. 따라서, 60 kg 의 물체가 속력이 5 m/s 에서 15 m/s 가 되었으므로
운동량의 변화량 ＝ (60×15) － (60×5) ＝ 600 ＝ 충격량 ＝ Ft
이때 t ＝ 5 초이므로, 600 ＝ F×5, F ＝ 120(N)

04. 답 ④
해설 같은 충격량을 받을 때 에어백은 충돌 시간이 길어지면서 충격력이 작아지므로 자동차에 탄 운전자를 보호할 수 있다.
ㄱ. 홈런을 치기 위해 방망이를 크게 휘두르는 것은 방망이의 속도를 크게 하여 공에 충격량을 크게 주고, 운동량을 크게 하기 위해서이다. 이때 운동량이 커진 공의 속력이 빨라지게 된다.
ㄴ. 자동차 경주장의 보호벽이 딱딱할 때보다 타이어로 만들어질 경우 차와 벽이 부딪치기까지의 충돌 시간이 늘어나면서 충격력이 줄어들기 때문에 자동차 운전자가 충격력을 작게 받는다.
ㄷ. 번지 점프에 사용하는 줄이 탄성이 좋으면 같은 충격량일 때 줄이 늘어나는 시간이 증가하여 충격력이 작아지므로 안전해진다.

[유형5-3] 답 (1) 6 (2) 300
해설 (1) 충돌 후 무한이는 정지하였으므로, 무한이의 운동량은 모두 상상이에게 전달된다. 따라서 무한이의 운동량과 상상이의 운동량은 같다. 충돌 후 상상이의 속력이 v 라면,
상상이의 운동량 ＝ 60×5 ＝ 300 ＝ 50v, v ＝ 6(m/s)
(2) 무한이의 운동량의 변화량 ＝ 무한이가 받은 충격량이다. 무한이는 충돌 후 정지하였기 때문에 나중 운동량의 크기는 0 이고, 처음 운동량의 크기는 300 kg·m/s이다.
따라서 무한이의 충격량 = 운동량의 변화량 ＝ 0－300＝－300 kg·m/s 이다. (크기 : 300 kg·m/s)

05. 답 ④
해설 운동량이 보존되므로 충돌 전 오른쪽으로 세 개, 왼쪽으로 두 개의 충돌구가 움직였으므로 충돌 후에도 오른쪽으로 세 개, 왼쪽으로 두 개가 움직인다.

06. 답 ①

해설 힘－시간 그래프에서 그래프 아래 면적은 충격량이다. 충격량 = 80 N·s 이다. 충격량은 운동량의 변화량과 같다. 물체가 처음 정지해 있었기 때문에 물체의 처음 운동량은 0 이고, 4초 후의 운동량은 80 N·s 이다. 따라서, 4 초 후의 물체의 속도가 v 라면, $80 = 4v$, $v = 20$ m/s 이다.

[유형5-4] 답 (1) $\frac{v}{3}$ (2) $\frac{2}{3}mv$

해설 (1) 반발 계수가 0 이기 때문에, 이 물체들은 완전 비탄성충돌을 한다. 이런 경우 충돌 후 A 와 B 는 한 덩어리가 되어 운동을 하므로 A, B 의 속도는 서로 같다. 따라서 충돌 후 속력을 v' 이라고 한다면 운동량 보존 법칙에 의해 다음식이 성립한다.

$mv = (m + 2m)v'$, $v' = \frac{v}{3}$

(2) A가 받은 충격량의 크기는 운동량의 변화량의 크기와 같다.

A의 충격량 : $m\times\frac{v}{3} - mv = -\frac{2}{3}mv$ (크기 : $\frac{2}{3}mv$)

07. 답 ④

해설 물체는 처음에 정지해 있었으므로 처음 운동량은 0 이다. 폭발에 의해 두 조각으로 나뉘었으므로 두 조각의 운동량의 합은 처음과 같은 0 이 되어야 한다.
물체 B 의 속도를 v_B 라 하면,
처음 운동량 = 폭발 후 A 운동량 + 폭발 후 B 운동량
$0 = 3\times24 + 2v_B$, $v_B = -36$ m/s (속력 36 m/s)이다. A의 속도가 (+)일 때 B의 속도는 (－)로 나타나므로 A, B의 운동 방향은 서로 반대이다.

08. 답 ④

해설 두 물체의 질량을 각각 m 이라고 하면, 운동량 보존 법칙에 의해 충돌 전과 후의 운동량의 합이 서로 같아야 하므로 운동량 보존 법칙으로 실제 일어날 수 없는 경우를 찾을 수 있다.

ㄱ. 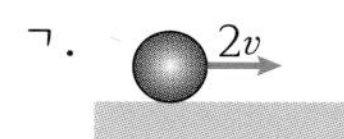 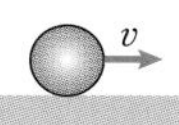 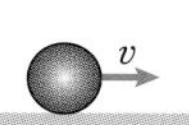 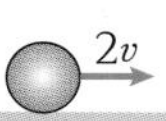

$2mv + mv = mv + 2mv$

ㄴ. 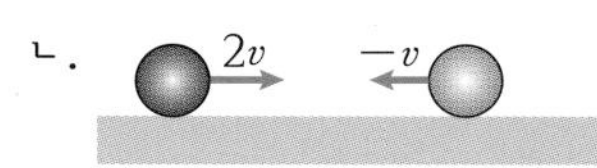 

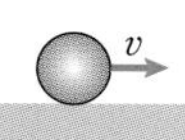

$2mv + m(-v) = 0 + mv$

ㄷ. 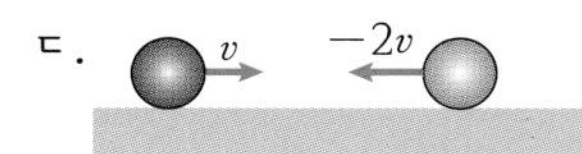 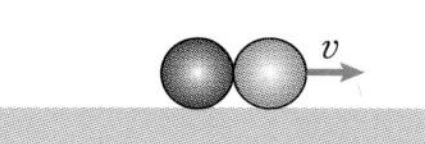

$mv + m(-2v) \neq 2mv$

스스로 실력 높이기

100 - 109 쪽

01. (1) O (2) X (3) X　02. ①　03. ③
04. ②　05. ⑤　06. ③　07. ④　08. ④
09. ②　10. ④　11. ④　12. ④　13. ③
14. ④　15. ②　16. ④　17. ①　18. ②
19. ④　20. ④　21. ④　22. 2.098
23. ②　24. ②　25. ①　26. ⑤　27. ⑤
28. $-\frac{1}{12}$　29. $-\frac{1}{6}$　30. ④　31. ⑤　32. ②
33. 조각 A : 3 m/s　조각 B : 10 m/s
34. 1 N·s　35. 썰매 A : $\frac{Mv}{M+m}$　썰매 B : $\frac{mMv}{(M+m)^2}$
36. 8 m/s
37. (1) 0.741 m/s (2) 0.755 m/s (3) <해설 참조>
38. (1) B 는 왼쪽으로 속도 v 로 운동, C 는 정지
(2) 3 번 (3) A : 왼쪽 $\frac{2}{5}v$, B : 정지, C : 오른쪽 $\frac{3}{5}v$

01. 답 (1) O (2) X (3) X

해설 (2) 야구공을 뒤로 빠지면서 잡아야 충돌 시간이 증가하여 충격력이 작아진다.
(3) 충돌 시간을 증가시켜 충격력을 작게 한다.

02. 답 ①

해설 충격량은 충격력과 충돌 시간의 곱이다.
$I = F\cdot t = 40 \times 0.2 = 8$ N·s

03. 답 ③

해설 충격량은 운동량의 변화량과 같다. 물체의 처음 운동 방향을 + 라고 정하면, 운동량 공식 $p = mv$ 에 의해
나중 운동량 = $1 \times (-2) = -2$, 처음 운동량 = $1 \times 4 = 4$,
$\Delta p = (-2) - 4 = -6$ (N·s)

04. 답 ②

해설 오른쪽 방향을 (+) 로 정한다. 충격량은 충격력과 충돌 시간의 곱이므로 $I = (-4)\times2 = -8$, 처음 운동량 $2\times2 = 4$ (kg·m/s) 충격량은 운동량의 변화량과 같으므로
나중운동량 p = 처음운동량+충격량 = $4+(-8) = -4$(kg·m/s)
$p = mv$, $-4 = 2v$, $v = -2$(m/s) (속력 = 2(m/s))

05. 답 ⑤

해설 오른쪽 방향을 + 로 정한다. 충격량은 충격력과 충돌 시간의 곱이므로 $I = 3\times4 = 12$, 처음 운동량 $4\times2 = 8$(kg·m/s)
나중 운동량 p = 처음 운동량 + 충격량 = $8 + 12 = 20$(kg·m/s)

06. 답 ③

해설 충격량은 운동량의 변화량과 같다. 물체의 처음 운동 방향을 +라고 정하면, 나중 운동량 = $0.2\times(-20) = -4$, 처음 운동량 = $0.2\times30 = 6$, 충격량 = $\Delta p = (-4) - 6 = -10$(N·s)

07. 답 ④

해설 충돌 후 물체 B 의 속도를 v 라고 하면 충돌 전후 운동량은

보존되므로 $0.5\times20 = 0.5\times10 + 0.2v$, $v = 25$ m/s

08. 답 ④

해설 충돌 후 물체 A 의 속도를 v 라고 하면 충돌 전후 운동량은 보존되므로 $1\times10 + 2\times(-3) = 1v + 2\times1.5$, $v = 1$ m/s

09. 답 ②

해설 폭발 전후 운동량은 보존된다. 처음 운동량은 $2\times6 = 12$
폭발 후 물체 B 의 속도를 v 라고 하면
$12 = 4v + 2\times12$, $v = -3$ m/s

10. 답 ④

해설 한덩어리가 되어 운동하는 완전 비탄성 충돌을 하였다. 충돌 후 찰흙 공의 질량은 5 kg 이며, 속도를 v 라고 하면
운동량 보존에 의해 $3\times6 + 1\times2 = 5v$, $v = 4$ m/s

11. 답 ④

해설 힘－시간 그래프의 아래쪽 면적은 충격량을 뜻하고, 물체는 정지해 있었으므로 4 초까지의 충격량이 물체의 운동량이 되므로
$4\times6 = 24$ kg·m/s 이다.

12. 답 ④

해설 4 ~ 8 초에 받은 충격량은 그래프에서 4~8 초 동안 그래프 아래쪽의 면적이다.
충격량 $= \frac{1}{2}\times(6+10)\times4 = 32$ N·s 이다.

13. 답 ③

해설 Δp(운동량 변화량)$=I$(충격량)이므로 정지한 물체일 경우 처음 운동량은 0 이므로 받은 충격량이 운동량과 같다. 0~8초 동안 이 물체는 총 $24+32 = 56$ N·s 의 충격량을 받았으므로
$\therefore v = \frac{\text{충격량}}{m} = \frac{56\ \text{N·s}}{2\ \text{kg}} = 28$ m/s 이다.

14. 답 ④

해설 ㄱ. 버스는 뒤쪽으로, 승용차는 앞쪽으로 가속되므로 버스 운전자는 앞쪽으로, 승용차 운전자는 뒤쪽으로 쏠린다.
ㄴ. 버스는 승용차에 비해 질량이 크므로 충돌 후 속도 변화는 승용차가 더 크다. 따라서 동일한 사람이 버스와 승용차에 있는 경우를 비교하면 사람이 더 큰 속도를 갖게 되는 것은 승용차에 있는 경우이므로 승용차 운전자가 더 위험하다.
ㄷ. 버스와 승용차의 충격량은 서로 같다. 튕기는 경우와 밀려가는 경우를 비교해 보면 튕기는 경우가 속도 변화가 더 큰 경우이므로 튕기는 경우 운전자가 받는 충격이 더 크다.

15. 답 ②

해설 용수철이 가장 많이 압축되는 순간은 두 물체의 속도가 같은 순간이다. 속도가 서로 다르다면 용수철이 압축되고 있거나 늘어나고 있는 순간이다. 따라서 두 물체의 속도가 v 로 같다면 두 물체의 운동량은 $(2+3)v$ 이고 이것은 처음에 A+B 의 운동량과 같아야 한다. 처음에 B의 운동량은 0 이고, A 의 운동량은 $2\times5 = 10$ 이므로
$10 = 5v$, $v = 2$ m/s 이다.

16. 답 ④

해설 ㄱ. 유리컵이 떨어진 높이와 질량이 같기 때문에 유리컵의 충돌 직전 운동량의 크기는 같다.
ㄴ. 충돌 후 유리컵은 정지한다. 따라서 두 경우 나중 운동량의 크기는 모두 0 이고, 충돌 직전 운동량의 크기가 서로 같기 때문에 운동량의 변화량은 두 경우에 모두 같다. 따라서 충격량의 크기도 같다.
ㄷ. 충격량은 동일하지만 충돌 시간이 짧을수록 받는 충격력의 크기는 커진다. 따라서 시멘트 바닥의 경우가 충격력의 크기가 더 크다.

17. 답 ①

해설 두 물체의 질량을 각각 m, 충돌 후 B 의 속도를 v 라고 하면
ㄱ. 충돌 전후 운동량은 보존된다.
$4m + 2m = 3m + mv$, $v = 3$ m/s
ㄴ. 반발 계수 $= \frac{v_2' - v_1'}{v_1 - v_2} = \frac{3-3}{4-2} = 0$ 이므로,
완전 비탄성 충돌이다.(두 물체는 한덩어리로 운동한다.)
ㄷ. A 의 운동량이 보존되는 것이 아니라, A 와 B 의 운동량의 합이 보존된다.

18. 답 ②

해설 과자 한 개의 질량을 m 이라고 했을 때, 과자와 컨베이어 벨트가 함께 움직이므로 과자의 수평 방향 속도는 0 에서 0.1 m/s 로 변한다. 1분당 600 개이므로 1초당 10 개(질량 $10m$)가 떨어진다.
컨베이어 벨트가 외부로부터 1초 동안 받는 충격량$(F\cdot t) = 1\times0.01 = 0.01$(N·s)
1초 동안의 과자의 운동량의 변화량 $= 10m\times0.1 = m$
과자의 운동량의 변화량 = 컨베이어 벨트가 받는 충격량이므로
$m = 0.01$ kg = 10 g 이다.

19. 답 ④

해설 $I=Ft$ 에서 물체가 받는 힘(F)은 중력 (= 20 N)이고, 물체가 힘을 받는 시간 시간(t)은 처음 속도의 연직 성분으로 알 수 있다.

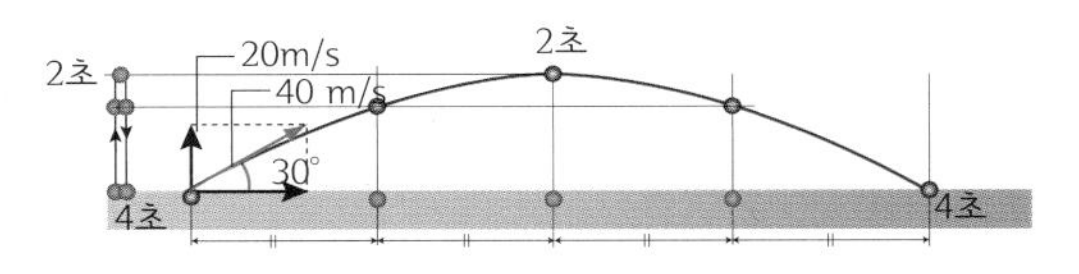

속도의 연직 성분은 $40\sin30° = 20$ m/s 이다. 이 물체는 연직 방향으로 20m/s 의 속도로 던졌을 때 다시 지면에 도달하는 시간과 같은 시간에 지면에 도달한다.
연직으로 20m/s 로 던졌을 때 지면에 재 도달 속도는 －20m/s이다. 지면 재도달 시간을 t_1 이라 하고, 위쪽을 (+)방향으로 하면, $v = v_0 + gt$ 에서 $-20 = 20 + (-10)\ t_1$, $t_1 = 4$ 초
$\therefore I=Ft = -mg\times4 = -20\times4 = -80$ N·s (연직 아래 방향)

20. 답 ④

해설 A, B의 질량과 속도를 각각 m, v 라고 하면 수평 방향 운동량은 보존되므로
$mv\cos\theta + mv\cos\theta = 2m\times\frac{v}{2}$
$2v\cos\theta = v$, $\cos\theta = \frac{1}{2}$, 따라서, $\theta = 60°$, $2\theta = 120°$

21. 답 ④

해설 ㄱ, ㄴ. 그림 (가) 와 그림 (나) 에서 수레 전체의 운동량은 일정하게 보존된다. 따라서 그림 (가) 에서 수레의 운동량과 그림 (나) 에서 모래주머니가 떨어진 뒤 운동량의 합은 서로 같다. 모래주머니

와 수레의 질량이 같으므로 그림 (나) 에서 수레의 속도는 $\frac{v}{2}$가 된다.
ㄷ. 모래주머니가 수레에 접촉하는 순간부터 수레 위에 완전히 놓일 때까지 수레와 모래주머니 사이에는 수평 방향의 마찰력이 작용한다. 힘을 서로 주고받으므로 수레의 수평 방향 속도는 감소하고 모래주머니의 수평 방향 속도는 증가하여 속도가 서로 같아지므로 두 물체가 같이 움직일 때까지 수평 방향의 힘이 작용하는 것을 알 수 있다.

22. 답 2.098
해설 오른쪽 방향을 (+)로 하고, 물체를 던지기 전에는 전체 질량이 (100+2)kg 이다. 물체를 던진 후 지면에 대한 (수레+사람)의 속도를 V, 물체의 속도를 v 라 하면, 수레에 대한 물체의 상대 속도가 -5 이므로, $v-V=-5$ --①
운동량이 보존되므로 $(2+100)\times 2 = 100V + 2v$ --②
①,② 에서 $V \doteq 2.098$ m/s, $v \doteq -2.902$ m/s

23. 답 ②
해설 물줄기의 충격량과 터빈 날개가 받는 충격량이 같다. 단위 시간 당 m 만큼의 물이 터빈에 충격을 준다. 오른쪽을 (+) 라고 하고 물줄기의 1초 당 충격량은
$\Delta(mv) = mv - (-mv) = F \cdot t$ 이다. t = 1초이므로 물줄기가 터빈 날개에 작용하는 힘 $F = 2mv$ 이다.

24. 답 ②
해설 물체의 처음 속력을 v_i , 나중 속력을 v_f , 상자의 처음 속력을 v_i', 나중 속력을 v_f'라고 하면,
처음 충돌할 때 탄성 충돌이고, 상자의 처음 속력 v_i'는 0 이다.
반발계수가 1이므로
$v_i' - v_f' = -(v_i - v_f)$ 이고 $v_i' = 0$ 이므로, $v_i - v_f = v_f'$ --①
운동량 보존에 의해
$mv_i + mv_f = mv_i' + mv_f'$, $v_i + v_f = v_f'$--②
①,②에서 $v_i' = 0$, $v_f' = v_i$ 이다. 상자와 물체가 충돌한 순간 물체는 정지하고 상자가 v_i 의 속도로 움직인다. 상자가 운동해서 반대편의 뚜껑 부분이 물체와 충돌하면 상자는 멈추고 물체가 v_i의 속도로 움직인다. 이것이 반복되면 두 물체는 v_i 의 속력으로 가다가 정지하는 것을 반복하게 된다. 따라서 물체 A의 시간에 따른 속력 그래프는 ② 와 같다.

25. 답 ①
해설 총알은 모래주머니에 박히므로 완전 비탄성 충돌이다. 총알의 질량 m, (수레+모래주머니)의 질량 M, 총알의 충돌 직전 속도 v , 총알이 모래주머니에 박힌 후 전체 속도를 v'라고 할 때,
(운동량 보존) $mv = (m+M)v'$, $v = \frac{(m+M)v'}{m}$
ㄱ. 총알의 질량을 알아야 총알의 속도를 측정할 수 있다.
ㄴ. 모래주머니보다 충돌 시간이 짧은 고무판을 사용해도 운동량의 변화량은 같기 때문에 총알의 속도 측정 값은 변하지 않는다.
ㄷ. 반발계수가 0.6 이라면 비탄성충돌이기 때문에 총알이 금속판에 박히지 않는 것이므로, 운동량 보존을 적용하기 위해서는 충돌 후 총알의 속도를 알아야 한다. 따라서 이 조건 하에서는 측정할 수 없다.

26. 답 ⑤
해설 총알의 충돌하기 직전 운동량은 $0.2\times 1000 = 200$, 총알이 물체를 관통한 직후 총알의 운동량은 $0.2\times 400 = 80$ 이다. 운동량은 보존되기 때문에 물체가 받은 충격량은 총알의 운동량 변화량인 120 kg·m/s 으로 같다. 물체의 처음 운동량은 0 이므로 충돌 직후 운동량은 120 kg·m/s 이다.
따라서 관통 직후 총알의 속도를 v 라고 하면 다음 식이 성립한다.
$120 = 4v$, $v = 30$ m/s 이다. 물체가 원래 위치에서 올라간 최대 높이(속도=0)를 h 라고 하면 $2as = v^2 - v_0^2$ 에 의해,
$2\times(-10)h = 0 - 30^2$, $20h = 900$, $h = 45$(m)

27. 답 ⑤
해설 운동량은 각 축에 대해서 보존되기 때문에 아래 그림과 같이 x 축과 y 축을 설정한다.
충돌 전 물체 운동량의 x, y 방향 성분 :
(x 방향) $16\cos 30^\circ = 8\sqrt{3}$ (y 방향) $16\sin 30^\circ = 8$
충돌 후 물체 운동량의 x, y 방향 성분 :
(x 방향) $4\sqrt{3}\cos 60^\circ = 2\sqrt{3}$ (y 방향) $-4\sqrt{3}\sin 60^\circ = -6$

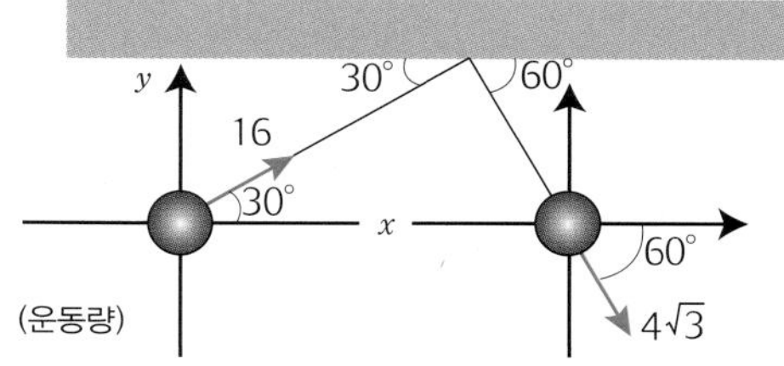

물체가 받은 충격량은 방향이 있는 양이므로 각 성분의 운동량의 변화를 평행 사변형 법으로 합해서 구한다.
물체의 x, y 방향 충격량
$\Delta p_x = 2\sqrt{3} - 8\sqrt{3} = -6\sqrt{3}$, $\Delta p_y = -6 - 8 = -14$
$\therefore$ 충격량^2 $= I^2 = (6\sqrt{3})^2 + 14^2 = 108 + 196 = 304$

28. 답 $-\frac{1}{12}$
해설 처음에 정지해 있었기 때문에 (사람+막대)의 처음 운동량은 0 이다. 운동 시작 후 마루 바닥에 대한 막대와 사람의 속도를 각각 v , v'라고 하면, 사람의 막대에 대한 속도는 $v'-v$ 이다.
$v' - v = 0.1$, $0 = 50v' + 10v$ (운동량 보존)
⇨ $v = -\frac{1}{12}$m/s

29. 답 $-\frac{1}{6}$
해설 처음에 정지해 있었기 때문에 (사람+막대)의 처음 운동량은 0 이다. 운동 시작 후 마루 바닥에 대한 막대와 사람의 속도를 각각 v , v'라고 하면, 사람의 막대에 대한 속도는 $v'-v$ 이다.
$v' - v = 0.2$, $0 = 50v' + 10v$, ⇨ $v = -\frac{1}{6}$m/s

30. 답 ④
해설

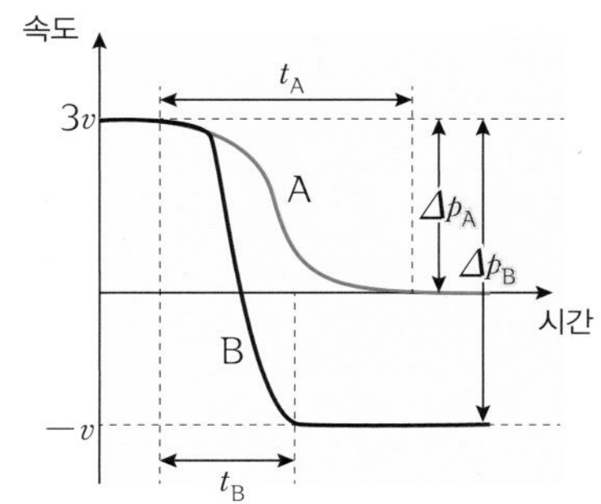

물체의 질량을 m 이라고 하면, 두 물체의 처음 운동량은 $3mv$ 로 같다.
충돌 후 A 의 운동량 = 0, B 의 운동량 = $-mv$ 이다.
A 의 운동량의 변화(= 충격량) : $0 - 3mv = -3mv = F_A t_A$

B 의 운동량의 변화(= 충격량) : $-mv - 3mv = -4mv = F_B t_B$
ㄱ. 물체가 벽에 작용하는 충격량과 벽이 물체에 작용하는 충격량은 작용 반작용 관계이므로 크기가 서로 같다.
ㄴ. 충돌 전후 운동량의 변화량의 크기는 B 가 더 크다.
ㄷ. A, B의 충격력이 각각 F_A, F_B 이므로, $F_B > F_A$이다.($t_B < t_A$)

31. 답 ⑤
해설 위치-시간 그래프의 기울기가 속도이다. 두 물체의 속도가 변한 순간인 4초일 때가 충돌 순간이다. 충돌 후 속도가 1개인 것으로 보아 두 물체는 한덩어리가 되어 운동했다(완전 비탄성 충돌).

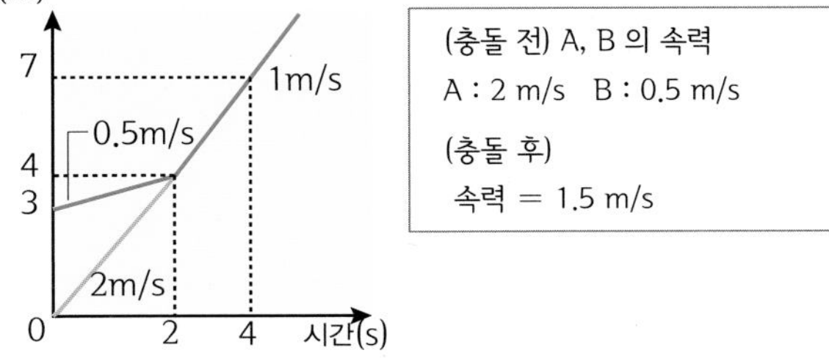

B 의 질량을 m 이라고 하면, A 의 질량은 $2m$ 이다.
(충돌 전) A, B 의 운동량
(A) $2m \times 2 = 4m$ (B) $0.5m$
(충돌 후) A, B 의 운동량 : $3m \times 1.5 = 4.5m$
ㄱ. 충돌 전 A 의 운동량은 B 의 8 배이다.
ㄴ. 충돌하는 동안 속도 변화량은 A 는 0.5 m/s, B 는 1 m/s 이다.
ㄷ. 충격력은 작용 반작용으로 같고 충돌 시간이 같으므로 두 물체가 받은 충격량(Ft)은 서로 같다.

32. 답 ②
해설 ㄱ. 동전 A 는 B 와 충돌한 후 운동량이 (+)에서 (−) 로 반대 방향으로 바뀐다. 따라서 속도도 반대 방향으로 바뀐다.
ㄴ. B와 C가 충돌 후 B 의 운동량 $p_B = 1$ 이고, C 의 운동량 $p_C = 2$ 이다. B 의 질량이 C 의 질량의 2 배이므로, $2mv_B = 1$, $mv_C = 2$ 가 된다. 따라서 $v_C = 4v_B$ 이다.
ㄷ. 충격량 $Ft = \Delta p$ (운동량의 변화량)이다. 이때 F는 충격력으로 충돌하는 동안 주고받는 평균힘이다.
(A 와 B 의 충돌) B 의 운동량의 변화량 $F_1 \cdot t_{AB} = 3$ 이다.

이때 $t_{AB} = 2t$ 이므로, F_1(평균힘) $= \dfrac{3}{2t}$

(B 와 C 의 충돌) B 의 운동량의 변화량 $F_2 \cdot t_{BC} = 2$

이때 $t_{BC} = t$ 이므로, F_2(평균힘) $= \dfrac{2}{t}$

즉, B 가 A 와 충돌하는 동안의 평균 힘이 C 와 충돌하는 동안의 평균힘보다 작다.

33. 답 A : 3 m/s B : 10 m/s
해설 처음 운동량 = 0 이므로 나중 조각 A, B, C의 운동량의 합도 0이다. 조각 A, B, C 의 나중 운동량을 각각 p_A, p_B, p_C 라고 하면, 각 운동량 사이의 각이 120° 이고, $p_A + p_B + p_C = 0$ 이므로,
p_A 크기 $= p_B$ 크기 $= p_C$ 크기 $= 1.2 \times 5 = 6$ kg·m/s 이다.
$\therefore p_A = 2v_A = 6$, $v_A = 3$ m/s
$p_B = 0.6v_B = 6$, $v_B = 10$ m/s

34. 답 1 N·s
해설 충격량 $I = Ft = \Delta p$ (운동량의 변화량)= 나중 운동량(p_f)- 처음 운동량(p_0)이다. 방향이 다른 두 운동량의 뺄셈은 다음과 같이 삼각형법으로 나타낼 수 있다.

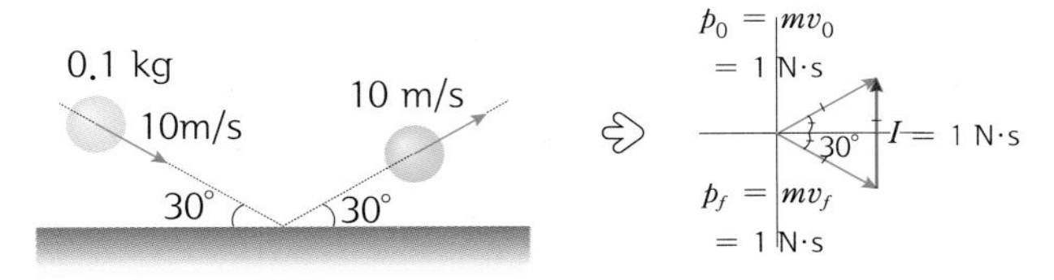

$$\therefore I = p_0 - p_f = mv_f - mv_0 = 1(\text{N·s})$$

<또 다른 풀이>
지표면과 충돌 전, 후 공의 속도를 각각 v_0 , v_f 라고 하면 성분별로 나누어 다음과 같이 나타낼 수 있다(연직 위 방향 (+)).

$$v_0 = v_{0x} + v_{0y} = v_0\cos30° - v_0\sin30°$$
$$v_f = v_{fx} + v_{fy} = v_0\cos30° + v_0\sin30°$$

따라서 충격량의 크기는 다음과 같다.

$$I = F \cdot t = m(v_f - v_0) = 2mv_0\sin30° = 1(\text{N·s})$$

35. 답 썰매 A, B 각각의 속력 : $\dfrac{Mv}{M+m}$, $\dfrac{mMv}{(M+m)^2}$
해설 오른쪽을 (+) 방향으로 한다.

썰매 A 에서 출발

고양이가 썰매 A 에서 B 로 건너뛸 때 썰매 A 는 왼쪽으로 멀어지며, 썰매 B 는 오른쪽으로 멀어진다. 고양이는 처음에 썰매 A 에 타고 있고, 속력은 0 이다. 처음 썰매 A 에서 오른쪽으로 뛰는 경우 썰매 A 에 대한 고양이의 속력은 v 이고 지면에 대한 고양이의 속력 v', 지면에 대한 썰매 A 의 속력을 V_A 라고 하면, $v' = v + V_A$ 이며, 운동량 보존에 의해

$$MV_A + mv' = MV_A + m(v + V_A) = 0$$
$$V_A = -\frac{mv}{M+m}, \; v' = v + V_A = \frac{Mv}{M+m}$$

썰매 B 도착

고양이가 썰매 B 에 도착하면 고양이의 운동량은 mv' 이고, (썰매 B+고양이)가 V_B 의 속도로 움직이게 된다.

$$mv' = (M+m)V_B \Rightarrow m\left(\frac{Mv}{M+m}\right) = (M+m)V_B,$$
$$V_B = \frac{mM}{(M+m)^2}v$$

36. 답 8 m/s
해설 처음에 힘을 가하였을 때 물체 A 는 상자와 함께 움직이지 않고, 상자만 움직인다. 이때 상자의 가속도 a 는 $F = ma$ 에 의해

$25 = 4a$, $a = \dfrac{25}{4}$ m/s² 이다.

상자의 폭은 9 m 이고, 물체의 길이가 1 m 이므로 상자가 8 m 이동하면 상자의 P 면과 물체 A 가 충돌한다. 충돌하는 순간의 상자의

속도를 알면, 운동량 보존 법칙을 이용하여 충돌 직후 상자의 속도를 알 수 있다.
충돌하기 직전의 상자의 속도(v_1)는 $v^2 - v_0^2 = 2as$ 에 의해

$v_1^2 = 2 \times \frac{25}{4} \times 8 = 100$, $v_1 = 10$(m/s)

운동량 보존 법칙에 의해 충돌 전후의 운동량의 합은 같다. 완전 비탄성 충돌이므로 충돌 후에 상자와 물체 A는 한덩어리가 되어 운동한다. 충돌 직후 (상자+물체 A)의 속도를 v_2 라고 하면

$4 \times 10 = (4+1)v_2$, $v_2 = \frac{40}{4+1} = 8$ m/s

37. **답** (1) 0.741 m/s (2) 0.755 m/s (3) <해설 참조>

해설 무한이에 대한 눈뭉치의 상대 속도는 10 m/s 이다.

(1)

지면에 대해 무한이가 밀려나는 속도를 V, 눈뭉치의 속도를 v 라고 하자.

(V 에 대한 v 의 상대 속도) : $v - V = 10$ ⇨ $v = 10 + V$

(운동량 보존) : $50V + 4v = 0$ ⇨ $25V + 2v = 0$

$\therefore 25V + 2(10 + V) = 0$, $V = -\frac{20}{27} \fallingdotseq -0.741$(m/s)

(2) ① 눈뭉치 1 개를 던졌을 때 무한이가 밀려나는 속도를 V_1, 2 kg 눈뭉치의 속도를 v_1 라고 하자.

(V_1 에 대한 v_1 의 상대 속도) : $v_1 - V_1 = 10$ ⇨ $v_1 = 10 + V_1$

(운동량 보존) : $52V_1 + 2v_1 = 0$ ⇨ $26V_1 + v_1 = 0$

$\therefore 26V_1 + (10 + V_1) = 0$, $V_1 = -\frac{10}{27}$ (m/s)

② 두번째 눈뭉치를 던졌을 때 무한이가 최종적으로 밀려나는 속도를 V_2, 2 kg 눈뭉치의 속도를 v_2 라고 하자.

(V_2 에 대한 v_2 의 상대 속도) : $v_2 - V_2 = 10$ ⇨ $v_2 = 10 + V_2$

(운동량 보존) : $50V_2 + 2v_2 = 52V_1$

⇨ $25V_2 + v_2 = 26(-\frac{10}{27})$

$\therefore 25V_2 + (10 + V_2) = 26(-\frac{10}{27})$

⇨ $26V_2 = 26(-\frac{10}{27}) - 10$

$V_2 = -\frac{10}{27} - \frac{5}{13} = -\frac{265}{351} \fallingdotseq -0.755$(m/s)

(3) 눈뭉치를 한번 던질 때보다 눈뭉치를 나누어서 던지면 처음 눈뭉치를 던져 질량이 감소한 상태에서 똑같은 상대 속도로 던지므로 더 큰 속도를 얻을 수 있다.

38. **답** (1) B 는 왼쪽으로 속도 v 로 운동, C 는 정지
(2) 3 번
(3) A : 속도 $\frac{2}{5}v$ (왼쪽), B 는 정지, C : 속도 $-\frac{3}{5}v$(오른쪽)

해설 (1) B 와 C 사이의 충돌은 탄성 충돌이므로 C 의 속도는 v 이고 충돌 후 B 의 속도를 v_B, 충돌 후 C 의 속도를 v_C 라고 하면 반발 계수 $= \frac{v_B - v_C}{v - 0} = 1$

운동량 보존 법칙에 의해 $mv = mv_B + mv_C$

$v_B = v$, $v_C = 0$ 이다. 따라서 첫 충돌이 일어나면 B 는 v 의 속도로 왼쪽으로 움직이고, C 는 정지한다.

(2) 충돌 과정은 다음과 같다.

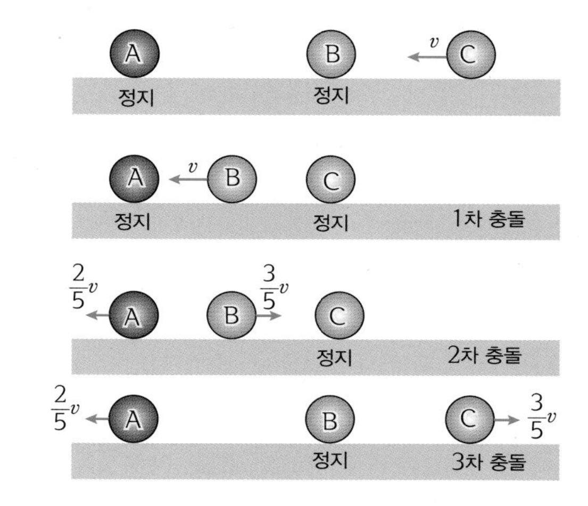

2 차 충돌 후의 A, B 의 속도를 각각 v_A, v_B 라 하자. (왼쪽 방향을 +라고 한다.)

반발 계수 $= \frac{v_A - v_B}{v - 0} = 1$ ⇨ $v_A - v_B = v$,

$4v_A + v_B = v$ (운동량 보존)

$\therefore v_A = \frac{2}{5}v$, $v_B = -\frac{3}{5}v$

2차 충돌 이후 B는 오른쪽으로 운동하여 정지해 있는 C와 탄성 충돌하므로 B는 정지하고 C는 오른쪽으로 운동하게 된다.
따라서, 충돌은 3 번 일어난다.

(3) 최종적으로 A 는 왼쪽으로 $\frac{2}{5}v$ 로 운동하고 B 는 정지하며 C 는 오른쪽으로 $\frac{3}{5}v$ 로 운동한다.

06강 일과 에너지

개념확인

110 − 115 쪽

01. 60　02. 9　03. 2.5　04. 15　05. 10　06. 0.5

01. 답 60

해설 물체가 받은 힘은 20 N 이고, 3 m 를 이동하였다. 따라서 일은 $W = F \cdot s$ 식에 의해 $20 \times 3 = 60$(J)

02. 답 9

해설 질량이 2 kg인 물체가 3 m/s 의 속력으로 운동하고 있으므로 $E_k = \frac{1}{2}mv^2$ 식에 의해 $E_k = \frac{1}{2} \times 2 \times 3^2 = 9$(J)

03. 답 2.5

해설 역학적 에너지는 일정하게 유지되므로 높이 5 m 에서의 역학적 에너지 값이 일정하게 유지된다. 높이 5 m 에서는 물체의 속력=0 이므로

$E_k = \frac{1}{2}mv^2$ 식에 의해 운동 에너지는 0 이다. 따라서 중력에 의한 퍼텐셜 에너지만 존재한다. 퍼텐셜 에너지의 감소량 = 생성된 운동 에너지이다. 퍼텐셜 에너지가 $\frac{1}{2}$이 되는 높이는 2.5 m 이다.

04. 답 15

해설 역학적 에너지는 일정하게 유지되므로 높이가 10 m 인 절벽 위에서의 역학적 에너지와 지면에서의 역학적 에너지가 같다.

절벽 위에서의 중력에 의한 퍼텐셜 에너지 + 운동 에너지

$= mgh + \frac{1}{2}mv_0^2$

지면에서의 중력에 의한 퍼텐셜 에너지 + 운동 에너지

$= 0 + \frac{1}{2}mv^2$

역학적 에너지 보존에 의해 $mgh + \frac{1}{2}mv_0^2 = \frac{1}{2}mv^2$

$\therefore 2gh + v_0^2 = v^2$, $200 + 25 = v^2$, $v = 15$ m/s

05. 답 10

해설 단진자에서 최하점에서의 속력은 $v = \sqrt{2gh}$ 이다. h 는 5 m 이고, 중력 가속도는 10 m/s²이므로 $v = \sqrt{2 \times 10 \times 5} = 10$ m/s

06. 답 0.5

해설 용수철이 정지하게 되었을 때는 중력(= mg)과 용수철의 탄성력(= kx)이 같은 때이다. 따라서, $mg = kx$ 에 의해 용수철 상수 k를 구할 수 있다.

$1 \times 10 = k \times 0.1$, $k = 100$ N/m 이다.

$\therefore$탄성 퍼텐셜 에너지 $E_p = \frac{1}{2}kx^2 = \frac{1}{2} \times 100 \times (0.1)^2 = 0.5$(J)

확인 +

110 − 115 쪽

1. 40　2. 0.25　3. 9.8　4. $\frac{9}{20}$　5. 2　6. 1

01. 답 40

해설 기중기는 무게가 50 N 인 물체를 일정한 속도로 4 m 들어올렸으므로, 중력과 같은 크기의 힘(= 50 N)을 작용하여 4 m 들어올린 것이다. 기중기가 한 일은 $W = F \cdot s = 50 \times 4 = 200$ J 이다. 200 J 의 일을 하는데 총 5 초가 걸렸으므로 일률은

$P = \frac{W}{t}$ 식에 의해 $P = \frac{200}{5} = 40$(W)

02. 답 0.25

해설 탄성 계수가 50 N/m 인 용수철이 0.1 m 늘어났으므로

$E_p = \frac{1}{2}kx^2$ 식에 의해 $E_p = \frac{1}{2} \times 50 \times (0.1)^2 = 0.25$(J)

03. 답 9.8

해설 A점에서 B점으로 운동할 때 $mg \times 4.9$ 만큼 위치 에너지가 감소하고, 그만큼 운동 에너지가 증가한다.

따라서 $4.9mg = \frac{1}{2}mv^2$, $v = 9.8$(m/s) 이다.

04. 답 $\frac{9}{20}$

해설 지면과 30° 의 각도로 처음 속력 6 m/s 로 던졌을 때, $\sin 30° = \frac{1}{2}$ 이므로 최고점의 높이 $H = \frac{v_{0y}^2}{2g} = \frac{(6 \times \sin 30°)^2}{20} = \frac{9}{20}$ m 이다.

05. 답 2

해설 용수철을 잡아당겨 발생한 탄성 퍼텐셜 에너지는 $E_p = \frac{1}{2}kx^2$ 식에 의해 $\frac{1}{2} \times 100 \times (0.2)^2 = 2$(J)이다. 용수철을 놓으면 용수철 길이가 줄어들면서 탄성 퍼텐셜 에너지가 운동 에너지로 전환된다. 이때 용수철의 늘어난 길이가 0 이 되어 탄성 퍼텐셜 에너지(2 J)가 전부 운동 에너지로 전환되었을 때의 속력이 최대 속력이다.

$2 = \frac{1}{2}mv^2 = \frac{1}{2} \times 1 \times v^2$,　$v^2 = 4$, $v = 2$(m/s)

06. 답 1

해설 A 지점은 평형 위치이므로 A 지점을 진동 중심으로 역학적 에너지는 보존된다. 이때 중력에 의한 퍼텐셜 에너지는 고려하지 않는다. 용수철을 놓으면 탄성 퍼텐셜 에너지가 운동 에너지로 전환되면서 용수철이 줄어든다. 또한 역학적 에너지는 보존되므로 탄성 퍼텐셜 에너지가 평형 위치에서 전부 운동 에너지로 전환된다.

용수철을 잡아당겨 0.1m 만큼 늘어났을 때 탄성 퍼텐셜 에너지는

$E_p = \frac{1}{2}kx^2 = \frac{1}{2} \times 100 \times (0.1)^2 = 0.5$(J)이다.

용수철이 줄어들어 다시 평형 위치로 돌아왔을 때 이것은 전부 운동 에너지로 전환되며, 이때 물체의 속도는 최대이다.

$0.5 = \frac{1}{2}mv^2 = \frac{1}{2} \times 1 \times v^2$, $v = 1$(m/s)

개념 다지기

116 - 117 쪽

01. (1) O (2) X (3) O			02. ②	03. ②
04. ②	05. ③	06. ②	07. ④	08. $\frac{3}{8}kA^2$

01. 답 (1) O (2) X (3) O

해설 (2) 대기 중에서는 공기의 마찰이 있기 때문에 위치 에너지의 일부가 마찰에 의한 열에너지로 발생하여 역학적 에너지가 보존되지 않는다.

02. 답 ②

해설 일을 해주면 물체의 에너지가 증가하는데 이 경우 물체의 높이가 올라가는 것이므로 일을 해준 만큼 물체의 중력에 의한 퍼텐셜 에너지가 증가한다. 따라서, 중력 가속도가 9.8 m/s^2 이므로

$$392(= W) = mgh = 20 \times 9.8h,\ h = 2(\text{m})$$

03. 답 ②

해설 힘－이동 거리 그래프에서 그래프 아래 면적은 해 준 일이다. 따라서 각 구간에서 일(넓이)은 다음과 같다.

0 ~ 1 초 : $2\times1 = 2$(J), 1 ~ 2 초 : $(2+4)\times\frac{1}{2} = 3$(J)

2 ~ 3 초 : 0, 3 ~ 4 초 : $1\times(-1) = -1$(J)

이므로 물체에 총 4 J 의 일을 했다. 이 일은 역학적 에너지로 전환되는데, 이 경우 수평면 상에서 운동하는 물체이므로 일은 운동 에너지로 전환된다. 물체의 질량이 2 kg 이므로 다음 식이 성립한다.

$$4 = \frac{1}{2}mv^2 = \frac{1}{2}\times2v^2,\ v = 2(\text{m/s})$$

04. 답 ②

해설 용수철에게 한 일은 용수철의 탄성 퍼텐셜 에너지 증가량과 같다. 탄성 퍼텐셜 에너지는 $\frac{1}{2}kx^2$이고 여기서 탄성 계수 k 는 $F = kx$ 식을 이용하여 구한다. 용수철이 0.2 m 늘어나는데 6 N 의 힘이 필요하므로 $6 = 0.2k$, $k = 30$(N/m)

∴ 탄성 퍼텐셜 에너지 $= \frac{1}{2}kx^2 = \frac{1}{2}\times30\times0.6^2 = 5.4$(J)

05. 답 ③

해설 물체의 역학적 에너지는 보존된다. 물체의 질량을 m 이라 하면 처음 물체의 속도(= 지면에서의 속도)는 10 m/s 이고, 4 m/s 의 속도를 가지는 상태의 높이를 h 라고 하면, 다음 식이 성립한다.

$$\frac{1}{2}m\times10^2 = 10mh + \frac{1}{2}m\times4^2,\ h = 4.2(\text{m})$$

06. 답 ②

해설 꼭대기에 있는 물체의 높이는 구의 반지름인 0.1 m 이다. 밑바닥에서의 위치를 기준 위치로 하면, 물체가 처음 위치에서 속력이 0 이므로 물체가 가진 역학적 에너지는 모두 퍼텐셜 에너지이고, 밑바닥에서는 퍼텐셜 에너지가 모두 운동 에너지로 전환된다. 역학적 에너지 보존에 의해 물체의 질량을 m 이라고 하면 다음 등식이 성립한다.

$$9.8m\times0.1 = \frac{1}{2}\times mv^2,\ v = 1.4\ \text{m/s}$$

07. 답 ④

해설 추의 질량이 0.5 kg 이고 단진자의 길이가 2 m 이다.

ㄱ. 단진자에서 최고점과 최하점의 높이 차이를 h 라고 하면 $h = l(1-\cos\theta)$ 식이 성립한다. $h = 2\times(1-\cos60^\circ) = 1$(m)

ㄴ. 최하점을 기준으로 할때, 중력 가속도가 10m/s^{2}이므로 퍼텐셜 에너지 $E_p = mgh$ 에 의해 $E_p = 0.5\times10\times1 = 5$(J)

ㄷ. 최하점의 속력은 $v = \sqrt{2gh}$ 이다. h 가 1 m 이므로

v(최하점) $= \sqrt{2gh} = \sqrt{2\times10\times1} = 2\sqrt{5}$ (m/s)

08. 답 $\frac{3}{8}kA^2$

해설 역학적 에너지 $E = E_P + E_K = \frac{1}{2}kx^2 + \frac{1}{2}mv^2$ 는 일정하게 보존된다. 용수철이 A 만큼 늘어났을 때 추의 속도 = 0 이므로 물체의 운동 에너지 = 0 이며, 용수철의 늘어난 길이가 A ⇨ $\frac{A}{2}$ 일 때 줄어든 용수철의 탄성 퍼텐셜 에너지가 모두 추의 운동 에너지로 전환된다. 용수철의 늘어난 길이가 A ⇨ $\frac{A}{2}$ 일 때 줄어든 용수철의 탄성 퍼텐셜 에너지 : $\frac{1}{2}kA^2 - \frac{1}{2}k(\frac{A}{2})^2 = \frac{3}{8}kA^2$

이것은 용수철이 $\frac{A}{2}$ 만큼 늘어났을 때의 추의 운동 에너지이다.

유형 익히기 & 하브루타

118 - 121 쪽

유형 6-1	(1) ④ (2) ④ (3) ②	01. ② 02.(1) ⑤ (2) ②
유형 6-2	(1) ③ (2) ②	03. (1) ⑤ (2) ② 04. ①
유형 6-3	③	05. ⑤ 06. ①
유형 6-4	(1) ① (2) ①	07. ② 08. ③

[유형6-1] 답 (1) ④ (2) ④ (3) ②

해설 일은 $W = F\cdot s$ 식에 의해 구할 수 있다.

운동 방향인 오른쪽 방향을 (+)로 정한다. (+)일은 물체의 운동 에너지를 증가시키며, (-)일은 물체의 운동 에너지를 감소시킨다.

(1) 10 N 의 힘으로 2 m 를 이동하였으므로 $W = 10 \times 2 = 20$ (J)

(2) 마찰력은 -1 N 이고 2 m 를 이동하였으므로

$W = (-1) \times 2 = -2$ (J)

(3) 물체에 작용하는 합력은 5 N 이고, 2 m 를 이동하였으므로

$W = 5 \times 2 = 10$ (J)

01. 답 ②

해설 물체의 수평 방향 이동 거리가 10 m 이므로, F 의 수평 방향 성분이 한 일이 50 J 이다.

$W = Fs\cos\theta$ 에서

$50 = F\cos60^\circ\times10 = F\times\frac{1}{2}\times10 = 5F,\ \ F = 10$ (N)

02. 답 (1) ⑤ (2) ②

해설 (1) 전체 질량은 20 × 10 = 200 kg 이고, 5m 들어올리므로 해주어야 하는 일의 양은 mgh = 200 × 10 × 5 = 10000(J)이다.

(2) 500W는 1초 당 500J의 일을 할 수 있다는 것이므로, 10000 ÷ 500 = 20(초)이다.

[유형6-2] 답 (1) ③ (2) ②

해설 (1) 수평면 상에서 운동하는 물체의 운동 에너지의 증가량은 물체가 받은 일의 양과 같다. 마찰이 없으므로 물체가 받은 외력의 크기는 20N이고 7.5m를 이동하였으므로 다음 식이 성립한다.

$\Delta E_k = W = Fs = 20 \times 7.5 = 150$(J)

(2) 처음 속력이 5m/s이고 질량이 4kg 이므로

처음 운동 에너지 $E_{k0} = \frac{1}{2}mv_0^2 = \frac{1}{2} \times 4 \times 5^2 = 50$ (J)이다.

(1)에서 구했듯이 증가한 운동 에너지는 150(J)이므로 물체의 나중 운동 에너지는 50 + 150 = 200(J)이다.

따라서 $\frac{1}{2}mv^2 = \frac{1}{2} \times 4v^2 = 200$, $v = 10$(m/s)이다.

03. **답** (1) ⑤ (2) ②

해설 (1) 10m 높이의 공의 퍼텐셜 에너지가 지면 충돌 직전 운동 에너지로 모두 전환된다.

$\therefore E_K$(충돌 직전) $= mgh = 1 \times 9.8 \times 10 = 98$(J)

(2) 공은 지표면과 충돌하면서 에너지를 잃는다. 손실된 에너지(ΔE)는 처음 퍼텐셜 에너지와 나중 퍼텐셜 에너지의 차이 만큼이다.

$\therefore \Delta E = E_p$(처음)$- E_p$(나중) $= 1 \times 9.8 \times 10 - 1 \times 9.8 \times 8 = 19.6$(J)

04. **답** ①

해설 10cm(0.1m) 늘어날 때까지 힘 F가 용수철에 해 준 일이 용수철의 퍼텐셜 에너지가 된다. 0 ~ 10cm(0.1m) 까지 그래프 아래 넓이는 2.5 (J)이다.

[유형6-3] **답** ③

해설 cosθ 가 $\frac{4}{5}$ 일 때 sinθ 는 $\frac{3}{5}$ 이다. 다음과 같이 처음 속도를 분해할 수 있다.

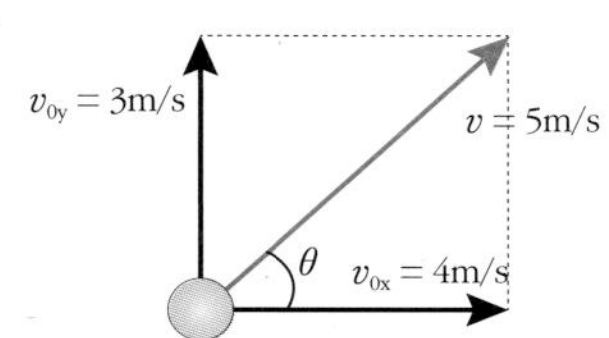

처음 속도의 연직 방향 성분(v_{0y})은 5 sinθ = 3 m/s, 수평 방향 성분(v_{0x})은 5 cosθ = 4m/s 가 된다. 물체에 작용하는 힘은 중력 밖에 없으므로 물체의 운동 과정에서 속도의 연직 방향 성분만 변하고, 수평 방향 성분은 변하지 않는다. 속도의 연직 방향의 성분이 0 이 되는 지점이 최고점의 높이이다. 최고점에서는 속도의 수평 방향 성분만 가지므로 물체의 속도는 4m/s 이다. 공의 질량이 1kg 이므로

최고점에서의 운동 에너지(E_k) $= \frac{1}{2}mv_{0x}^2 = \frac{1}{2} \times 1 \times 4^2 = 8$(J)

05. **답** ⑤

해설 썰매와 사람의 질량의 합을 m 이라고 하면

A점에서의 역학적 에너지 $= m \times 10 \times 10 + \frac{1}{2} \times m \times 4^2$

B점에서의 역학적 에너지 $= m \times 10 \times 5.8 + \frac{1}{2} \times m \times v^2$

역학적 에너지는 보존되므로

$100 + 8 = 58 + \frac{1}{2}v^2 \quad \therefore v^2 = 100, \ v = 10$(m/s)

06. **답** ①

해설 높이 3 m 에서의 역학적 에너지는 지표면에서의 역학적 에너지와 같다. 물체의 질량이 2 kg이므로,

건물 위에서 물체의 역학적 에너지 $= \frac{1}{2} \times 2 \times 2^2 + 2 \times 10 \times 3 = 64$(J)

지표면에서는 퍼텐셜 에너지가 0 이다. 이때 물체의 속도를 v 라고 하면,

지표면에서 물체의 역학적 에너지 $= \frac{1}{2} \times 2v^2 = v^2$

$\therefore 64 = v^2, \ v = 8$(m/s)

[유형6-4] **답** (1) ① (2) ①

해설 (1) 늘어난 길이가 h일 때 추가 정지했으므로 추에 작용하는 알짜힘은 0 이다. 중력(mg)의 크기 = 탄성력(kx)의 크기이다.

$0.5 \times 10 = 50 \times h, \ h = 0.1$ (m)

$\therefore$이때 탄성 퍼텐셜 에너지는 $\frac{1}{2}kx^2 = \frac{1}{2} \times 50 \times 0.1^2 = 0.25$(J)

(2) 평형 위치를 중심으로 중력이 작용하지 않는 것처럼 역학적 에너지가 보존된다. 평형 위치(용수철이 h 만큼 늘어난 곳)에서 0.1m 늘어났을 때 갖는 퍼텐셜 에너지가 평형 위치에서의 운동 에너지가 된다.

$E_k = \frac{1}{2}k \times (0.1)^2 = 0.25$(J)

07. **답** ②

해설

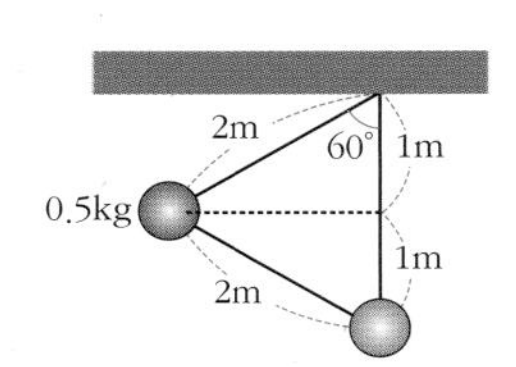

최고점과 최하점의 높이 차는 1m 이다. 무한이가 추에 한 일만큼 추에게 퍼텐셜 에너지가 생기고 추를 놓으면 그 퍼텐셜 에너지가 운동 에너지로 전환된다. 최하점을 기준으로 할 때

ㄱ. 최고점의 퍼텐셜 에너지는 $E_p = mgh = 0.5 \times 10 \times 1 = 5$(J)이다.

ㄴ. 감소한 퍼텐셜 에너지만큼 운동 에너지가 발생한다. 따라서 최하점의 운동 에너지는 5 J 이고 최하점의 속력이 v 일 때, $E_k = \frac{1}{2}mv^2$에 의해

$5 = \frac{1}{2} \times 0.5v^2, \ v = 2\sqrt{5}$ (m/s)

ㄷ. A ⇨ B 과정에서 추의 역학적 에너지 증가량이 5 J 이므로 무한이가 해준 일도 5 J 이다.

08. **답** ③

해설 용수철에 연직으로 매달려 있는 물체의 역학적 에너지는 평형점을 기준으로 중력을 받지 않는 것처럼 보존된다.

탄성 퍼텐셜 에너지는 $\frac{1}{2}kx^2$ 이므로 늘어난 길이의 제곱에 비례한다.

0.2m에서 0.1m로 줄어들어 늘어난 길이가 $\frac{1}{2}$ 이 되었다면, 탄성 퍼텐셜 에너지는 $\frac{1}{4}$ 이 된다. 0.2 m 늘어났을 때의 탄성 퍼텐셜 에너지를 E 라 하면, 0.1 m 늘어났을 때 탄성 퍼텐셜 에너지는 $\frac{E}{4} = 0.25E$ 이다.

이때 감소한 탄성 퍼텐셜 에너지의 양이 물체가 가지는 운동 에너지가 된다.

$\therefore$물체의 운동 에너지 : $E - \frac{E}{4} = \frac{3}{4}E = 0.75E$ 이다.

스스로 실력 높이기 122 − 131 쪽

01. ③	02. ④	03. ②	04. ⑤	05. ②
06. ⑤	07. ③	08. 1600	09. ④	10. ①
11. ③	12. ④	13. ④	14. B	15. ②
16. ②	17. ④	18. ④	19. ④	20. ③
21. ③	22. ④	23. ③	24. ④	25. ⑤
26. ③	27. ①	28. ④	29. ⑤	30. ⑤
31. ④	32. ②			

33. (1) $0.1v$ (2) $\frac{9}{400}v^2$ (3) 1 m (4) $20\sqrt{5}$ m/s

34. (1) 처음 위치 : 50 J, 최고점 : 40 J
(2) 크기 : 2 N, 한 일 : - 10 J (3) $2\sqrt{15}$ (m/s)

35. (1) $v\sqrt{\frac{m}{2k}}$ (2) A : 0, B : v

36. (1) $\frac{mv^2}{L}$ (2) $\sqrt{2}\,v$ (3) $v_2 = \sqrt{6}\,v$, $T = \frac{L}{v}(2\sqrt{2} - \sqrt{6})$
(4) ① $v_3 = \frac{\sqrt{2}\,mv}{M+m}$ ② $s = \frac{M}{M+m}L$

01. 답 ③
해설 과학적으로 일(W)을 한다는 의미는 $W=Fs$ 가 0 으로 나타나지 않는 경우로, F와 s 가 수직이 아닌 경우이다.
①, ② 힘과 이동 방향이 수직을 이루므로 $W= 0$ 이다.
③ 힘의 방향으로 물체가 이동하였으므로 일을 한 것이다.
④ 이동 거리(s)가 0 이므로 $W= 0$ 이다.
⑤ 힘(F)이 0 이므로 $W= 0$ 이다.

02. 답 ④
해설 알짜힘은 5 − 3 = 2 N (수평 방향)이다.
$W = Fs = 2 \times 4 = 8$ (J)

03. 답 ②
해설 물체에 작용하는 힘에는 중력과 기중기가 작용하는 힘이 있고 등속 운동이므로 물체에 작용하는 알짜힘은 0 이다. 따라서 기중기가 작용하는 힘의 크기는 물체의 중력과 같고, 힘의 방향과 이동 방향이 같다.
∴ 기중기가 한 일은 $W = Fs$ 이므로 $W = 50 \times 4 = 200$ J 이다.
들어올리는데 5초가 걸리므로 기중기의 일률 $P = \frac{200}{5} = 40$ (W)

04. 답 ⑤
해설 늘어난 길이는 m로 변환하여 계산하여야 한다. 100N의 물체를 매달면 용수철은 0.1 m 늘어나므로 $F = kx$ 로 부터 $100 = k \times 0.1$, $k = 1000$ N/m 이다.
∴ $E_p = \frac{1}{2}kx^2 = \frac{1}{2} \times 1000 \times 0.1^2 = 5$ (J)

05. 답 ②
해설 $E_p = \frac{1}{2}kx^2 = \frac{1}{2} \times 1000 \times 0.2^2 = 20$ (J)
또는 물체에 작용한 일은 탄성 퍼텐셜 에너지로 전환되었기 때문에 그래프의 아래 넓이로 구할 수도 있다.
늘어난 길이 20 cm 까지 그래프 아래 넓이 : $\frac{1}{2} \times 200 \times 0.2 = 20$ (J)

06. 답 ⑤
해설 비행기에서 떨어질 때 물체 A의 중력에 의한 퍼텐셜 에너지는 $E_p = 1 \times 10 \times 10 = 100$ J 이다. 자유 낙하하여 지표면에 충돌 직전 중력에 의한 퍼텐셜 에너지는 A의 운동 에너지로 모두 전환된다.

07. 답 ③
해설 물체의 질량을 m이라 하고, 처음 물체의 속도(= 지면에서의 속도)는 6 m/s이고, 2 m/s 의 속도를 가지는 물체의 높이를 h 라고 하면, 역학적 에너지가 보존되므로,
$\frac{1}{2}m \times 6^2 = 10mh + \frac{1}{2}m \times 2^2$, $h = 1.6$ (m)

08. 답 1600
한 일의 양이 W 일 때 걸린 시간이 t 라면 일률 P는 힘 F 와 이동거리 s, 속도 v 를 이용하여 다음과 같이 나타낼 수 있다.
$P = \frac{W}{t} = \frac{Fs}{t} = Fv$
힘 $F = 800$ N, $v = 2$ m/s 일 때 전동기의 일률 P 는 1600 W 이다.

09. 답 ④
해설 ㄱ. 낙하하는 순간 물체는 중력에 의한 퍼텐셜 에너지만 가진다.
$E_p = mgh = 8 \times 10 \times 5 = 400$ (J)
ㄴ. 감소한 중력에 의한 퍼텐셜 에너지가 운동 에너지로 전환된다.
감소한 $E_p = 8 \times 10 \times 2.5 = 200$ (J) = 높이 2.5m 에서의 운동 에너지
ㄷ. 지면에 도달한 순간 중력에 의한 퍼텐셜 에너지는 모두 운동 에너지로 전환된다. ∴ $400 = \frac{1}{2} \times 8v^2$, $v = 10$ (m/s)

10. 답 ①
해설 용수철이 늘어나면서 받은 일은 용수철의 탄성 퍼텐셜 에너지가 된다. 이 탄성 퍼텐셜 에너지는 평형점에서 모두 운동 에너지로 전환되며, 이때 물체의 속력이 최대 속력이다.
$E_p = \frac{1}{2}kx^2 = \frac{1}{2} \times 200 \times 0.1^2 = 1$ (J)
$1 = \frac{1}{2}mv^2 = \frac{1}{2} \times 2v^2$, $v = 1$ (m/s)

11. 답 ③
해설

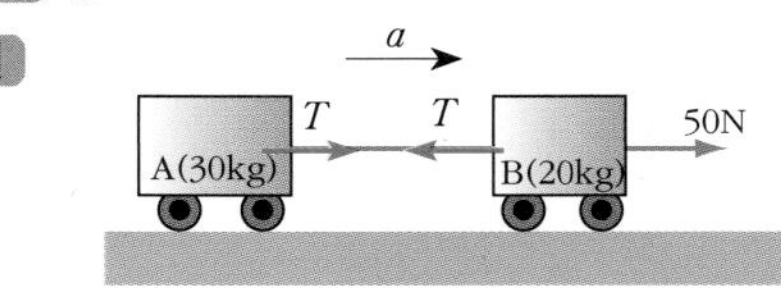

위 그림처럼 A에 작용하는 힘은 장력 T이다. A, B는 같이 운동하므로 가속도 a 는 서로 같다. 각각에 대한 운동 방정식은 다음과 같다.
A : $T = 30a$ B : $50 - T = 20a$, 풀면 $a = 1$ m/s², $T = 30$ N 이다.
∴ A에 해 준 일 $W = Ts = 30 \times 10 = 300$ (J) 이다.

12. 답 ④
해설 처음 가지고 있던 운동 에너지가 마찰에 의하여 감소하여 0 이 될 때까지의 이동 거리를 구하는 문제이다. 즉 초기 운동 에너지가 마찰력이 한 일과 같을 때 물체는 운동을 멈춘다.
물체의 질량이 m 이라면 마찰력 $f = \mu mg = 0.1 \times m \times 10 = m$ 이므로 이동 거리를 s 라고 할 때 마찰력이 한 일 $W = fs = ms$ 이다.

이때 마찰력이 한 일 만큼 운동 에너지는 감소한다.

$\therefore \frac{1}{2}m \times 2^2 = ms,\ \ s = 2\ (\mathrm{m})$

13. **답** ④

해설 끈이 끊어지는 순간 물체는 위로 2 m/s 의 속도를 유지하므로 운동 에너지와 퍼텐셜 에너지를 모두 가지고 있다. 2 m/s 의 속력의 운동 에너지, 5m 높이에서 퍼텐셜 에너지의 합이 이 물체의 역학적 에너지가 된다. 그리고 이 물체가 땅에 떨어지는 순간 역학적 에너지는 모두 운동 에너지로 변환된다.

∴ 땅에 떨어지는 순간의 운동 에너지

$E_k = 4\times9.8\times5 + \frac{1}{2}\times4\times2^2 = 204\ (\mathrm{J})$

14. **답** B

해설 A는 운동을 하다 속력이 느려졌다가 빨라지고, B는 운동을 하다 속력이 빨라졌다가 느려진다. 그래프로 나타내 보면 다음과 같다.

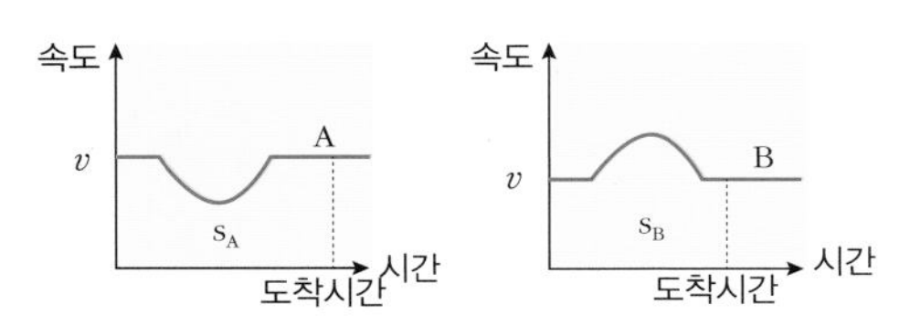

(속도 - 시간) 그래프에서 아래 넓이는 이동 거리인데 $s_A = s_B$ 이므로 B의 시간이 더 짧아야 한다. 즉, B가 더 빨리 도착지까지 도달한다.

15. **답** ②

해설 운동 에너지가 용수철의 탄성 퍼텐셜 에너지로 모두 전환이 되었을 때 용수철이 최대로 압축된다.

물체의 운동 에너지 $E_k = \frac{1}{2}mv^2 = \frac{1}{2}\times 2 \times 10^2 = 100\ (\mathrm{J})$

이것이 탄성 퍼텐셜 에너지($\frac{1}{2}kx^2$)와 같은 경우이므로

$100 = \frac{1}{2}\times 5000\ x^2,\ \ x = 0.2\ (\mathrm{m})$

16. **답** ②

해설 ㄱ, ㄷ. 처음 속력와 높이, 질량이 서로 같기 때문에 역학적 에너지가 모두 같다. 공기 저항이 무시된다면 높이가 같은 P점에서의 운동 에너지는 동일하다. 따라서 속력은 같다.

ㄴ. 질량과 관계 없이 B의 지면 도달 거리 s 는 속도의 수평 방향 성분과 체공 시간에 의해 결정된다.

17. **답** ④

해설 ㄱ. B점은 mgh 만큼의 퍼텐셜 에너지가 운동 에너지로 전환되었으므로 B점이 C점보다 운동 에너지가 크다.

ㄴ. 물체에 작용하는 중력은 mg, 중력 방향으로의 이동 거리는 h 이므로 중력이 물체에 한 일 $Fs = mgh$ 이다.

ㄷ. 마찰이 무시되어 역학적 에너지는 보존되며, A와 C가 같은 높이에 있으므로 운동 에너지와 속력도 같다.

18. **답** ④

해설 물체가 미끄러지기 시작하여 용수철에 닿아서 정지할 때까지 미끄러진 총 거리를 s 라고 할 때, 물체의 퍼텐셜 에너지 감소량은

$mg\cdot s \times \sin30^\circ = mgs\frac{1}{2}$ 이다.

이 값이 모두 탄성 퍼텐셜 에너지로 전환되었으므로

$\frac{1}{2}kx^2 = \frac{1}{2}\times100\times0.4^2 = 8 = \frac{mgs}{2},\ s = 1.6\ (\mathrm{m})$

19. **답** ④

해설 마찰이 없을 때 A가 덜 기울어진 경사면을 따라 등가속도 직선 운동을 하며 내려가는 것으로 보아 A의 질량이 B의 질량보다 크다는 것을 알 수 있다. A, B는 실에 묶여 있으므로 속력이나 가속도의 크기가 각각 같다. 두 물체의 총 역학적 에너지는 보존된다.

ㄱ. A, B의 속력은 같지만 A가 B보다 질량이 크기 때문에 A의 운동량의 크기가 B의 운동량의 크기보다 더 크다.

ㄴ. B의 퍼텐셜 에너지와 운동 에너지가 모두 증가하였기 때문에 B의 역학적 에너지는 증가한다. A는 퍼텐셜 에너지는 감소하고 운동 에너지는 증가한다. 마찰이 없는 상황에서 두 물체의 역학적 에너지의 합은 보존되어야 하므로 B의 역학적 에너지 증가량은 A의 역학적 에너지 감소량과 같다.

ㄷ. A와 B의 역학적 에너지의 합은 운동 과정에서 항상 같게 유지된다(역학적 에너지 보존). 운동 에너지의 합이 점점 증가하므로 퍼텐셜 에너지의 합은 점점 감소한다. A는 퍼텐셜 에너지가 감소하고 있고, B는 퍼텐셜 에너지가 증가하고 있는데, A의 퍼텐셜 에너지 감소량이 B의 퍼텐셜 에너지 증가량보다 커야만 퍼텐셜 에너지의 합이 감소하게 된다.

20. **답** ③

해설

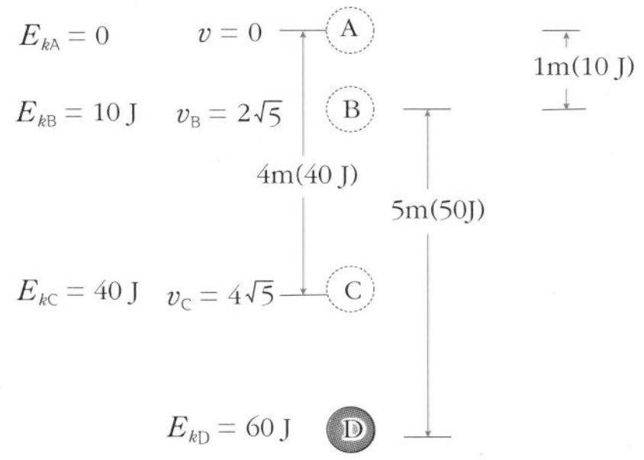

$E_{kA} = 0$ $v = 0$ (A) 1m(10 J)
$E_{kB} = 10$ J $v_B = 2\sqrt{5}$ (B)
4m(40 J) 5m(50J)
$E_{kC} = 40$ J $v_C = 4\sqrt{5}$ (C)
$E_{kD} = 60$ J (D)

운동 에너지 E_k, 퍼텐셜 에너지 E_p 라고 하면, 그림과 같이 C점에서 운동 에너지 E_k(C) = 40 J (퍼텐셜 에너지 감소량)이 되고, B점 운동 에너지 E_k(B) = 10 J 이 된다.

ㄱ. A의 퍼텐셜 에너지가 10 J 만큼 감소하여 B의 운동 에너지가 되므로, A와 B사이의 거리를 h 라고 하면,

$10 = 1\times10h,\ \ h = 1\ (\mathrm{m})$

ㄴ. C와 D 사이 퍼텐셜 에너지 차는 20 J 이므로, C와 D 사이에서 중력이 한 일도 20 J 이다.

ㄷ. $E_{kD} = \frac{1}{2}\times1\times v_D{}^2 = 60,\ \ v_D = 2\sqrt{30}$ m/s

21. **답** ③

해설 처음 움직이는 방향을 + 로 하여 속도-시간 그래프를 그리면 다음과 같다.

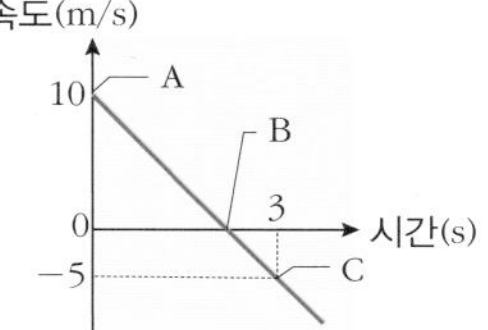

ㄱ. A 지점에서 물체의 운동 에너지는 $\frac{1}{2}\times1\times10^2 = 50$(J)이고, 퍼텐셜 에너지는 0 이므로 역학적 에너지 $E = 50$(J)이다.

C 지점에서 중력에 의한 퍼텐셜 에너지 E_p(C)는 운동 에너지 E_k(C)의 3배이므로, 역학적 에너지 보존 법칙을 이용하여 C 점의 속력을

구한다.

$E_P(C) + E_k(C) = 4E_k(C) = 4(\frac{1}{2}\times1\times v_C^2) = 50$, v_C = 5m/s 이다.

ㄴ. 마찰이 없으므로 물체는 등가속도 운동을 하기 때문에 A, B, C 각 지점에서의 가속도는 같다. 이물체는 3초 후에 -5m/s의 속도가 되므로 $v = v_0 + at$ 에서 $-5 = 10 + 3a$, $a = -5$ m/s^2 이다. 또는 위 그래프의 기울기가 -5 m/s^2 (크기 5 m/s^2)이다.

ㄷ. A점과 C 점 사이의 거리를 s 라 할 때

$2as = v^2 - v_0^2 \Rightarrow 2\times(-5)s = (-5)^2 - 10^2$, s = 7.5 m

22. 답 ④

해설 공의 처음 속도를 v_0(= 8 m/s), 충돌 직전 속도를 v 라고 하면 역학적 에너지 보존에 의해 다음 식이 성립한다.

$mgh + \frac{1}{2}mv_0^2 = \frac{1}{2}mv^2$, $40 + 32 = \frac{1}{2}v^2$, v = 12 (m/s)

반발 계수가 0.5이므로 충돌 후 지면과 물체와의 속도 차는 충돌 전의 0.5배이다. 충돌 후의 물체의 속도를 v' 라고 하면

$0.5 = \frac{v' - 0}{0 - 12}$, v' = - 6 (m/s)

∴ 공이 지면과 충돌 후 올라가는 최대 높이 H는

$mgH = \frac{1}{2}m(v')^2$, $10H = 18$, H = 1.8 (m)

23. 답 ③

해설 물체의 퍼텐셜 에너지 증가량(J) : $mgh = 5\times9.8\times2$ = 98J

운동 에너지 증가량(J) : $\frac{1}{2}mv^2 - 0 = \frac{1}{2}\times5\times4^2$ = 40J

물체는 2 m 상승하는 동안 역학적 에너지(운동 에너지 + 퍼텐셜 에너지)가 98 + 40 = 138 J 증가하였고, 그 만큼 일을 해주었다. F를 실이 물체에 작용한 힘(평균 힘)이라고 할 때

$W = Fs \Rightarrow 138 = 2F$, F = 69 N

24. 답 ④

해설 ① 물체가 얻은 역학적 에너지는 138 J 이다.

② 중력 방향은 물체의 운동 반대 방향이므로 중력은 물체에 일을 하되, 음(-)의 일을 한다.

③ 역학적 에너지는 꾸준히 증가한다.

④ 사람은 장력을 작용하여 물체에 138 J 의 일을 해준다.

⑤ 사람은 물체에 138J의 일을 해주어 물체의 역학적 에너지를 138 J 증가시킨다. 중력은 이 과정에서 물체에 -98 J의 일을 한다.

25. 답 ⑤

해설 ·(0 ~ 1초) : 정지해 있던 질량이 5 kg 인 물체(v_0 = 0)에 10 N 의 힘이 일정하게 작용하였다.

따라서 $F = ma \Rightarrow a = \frac{F}{m} = \frac{10}{5}$ = 2 m/s^2 가 되고,

1초 일 때 물체의 속도는 $v = v_0 + at = 0 + 2\times1$ = 2(m/s)

0 ~ 1초 동안 이동한 거리는 다음과 같다.

s(0 ~ 1초) = $v_0t + \frac{1}{2}at^2 = 0 + \frac{1}{2}\times2\times1^2$ = 1 m

·(1 ~ 2초) : 속도가 2 m/s 가 된 순간부터 5 N 의 힘이 일정하게 1 초 동안 작용하였다.

$F = ma \Rightarrow a = \frac{5}{5}$ = 1 m/s^2

2초에서의 속도는 $v = v_0 + at = 2 + 1\times1$ = 3(m/s)

1 ~ 2초 동안 이동 거리를 구하면

s(1 ~ 2초) = $v_0t + \frac{1}{2}at^2 = 2\times1 + \frac{1}{2}\times1\times1^2 = \frac{5}{2}$ m

힘 - 이동 거리 그래프는 다음과 같다.

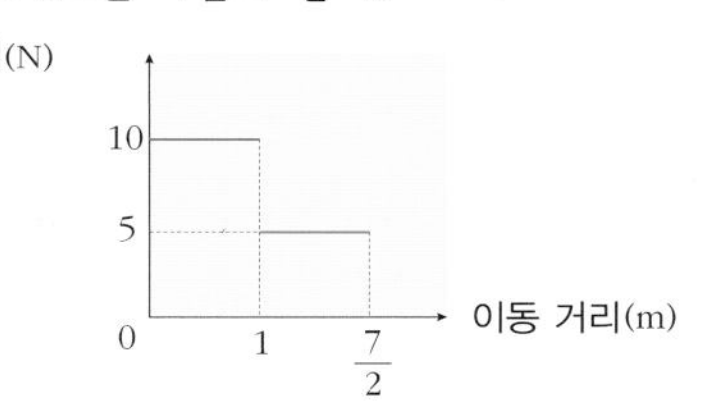

ㄱ. 정지해 있던 물체에 작용한 물체의 운동 에너지는 물체가 받은 일의 양과 같다. 0 ~ 1초 동안 10 N 의 힘을 받으며 같은 방향으로 1 m 를 이동하였으므로 W (= E_k) = Fs = 10 × 1 = 10(J)

ㄴ. 출발 후 2초가 되는 순간 물체의 속력은 3 m/s 이다.

ㄷ. 출발 후 2초 까지 물체를 끌어당기는 힘이 한 일은 $\frac{7}{2}$ m 를 가는 동안 힘 - 이동 거리 그래프의 아래 넓이에 해당한다.

넓이 = $1\times10 + 5\times\frac{5}{2} = \frac{45}{2}$ = 22.5 (J)이다.

26. 답 ③

해설 완전 비탄성 충돌을 하면, 충돌 후 두 물체가 한 덩어리가 되어 운동한다. 이런 경우 충돌 전과 충돌 직후의 운동 에너지의 총량은 서로 달라진다. 문제에서는 충돌 직후 물체 B의 속도를 묻고 있다. 충돌 직후는 물체 A, B가 한덩리가 되어 운동하므로 A, B의 속도는 각각 같다. 두 물체는 나중에 정지하므로 다음과 같이 쓸 수 있다.

충돌 직 후 두 물체의 운동 에너지 = 마찰에 의해 소모된 일

$\frac{1}{2}mv^2 = \mu mgs$, $v^2 = 2\mu gs$

∴ $v = \sqrt{2\mu gs} = \sqrt{20} = 2\sqrt{5}$ (m/s)

27. 답 ①

해설 ㄱ. 책상 면으로부터 밧줄의 절반이 올라가 있으므로 2kg 만큼의 밧줄만 마찰력을 받는다. 따라서 처음에는 마찰력 = μmg = 0.1 × 2×10 = 2 N 을 받지만, 나중에는 책상 면 위에 놓이는 밧줄의 무게가 늘어나므로 마찰력이 증가하여 밧줄이 책상 면에 모두 올라오는 순간 마찰력은 4 N 이 된다. 그래프 아래 부분의 면적인 6J 이 마찰력에 대해서 한 일이 된다.

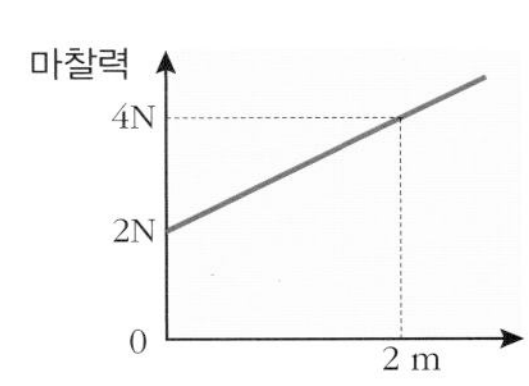

ㄴ. 책상면 위에 놓여 있는 밧줄은 마찰력에 대해 일을 해야 하나, 책상면에 놓여 있지 않은 밧줄 부분은 중력에 대해 일을 해야 한다. 따라서 중력 만큼 힘을 가해 주어야 천천히 끌어올릴 수 있다. 그런데 책상 위로 밧줄이 올라오면서 중력을 받는 부분은 점점 짧아지므로 중력에 대해 끌어올리는 힘도 점점 작아진다. 물체를 끌어올리기 위하여 처음에는 밧줄 무게의 절반인 20 N 이 필요하였으나 나중엔 0이 된다. 중력에 대한 일은 중력 크기×이동 거리이고 그래프 아래 부분의 면적 = 20 (J) 이 된다.

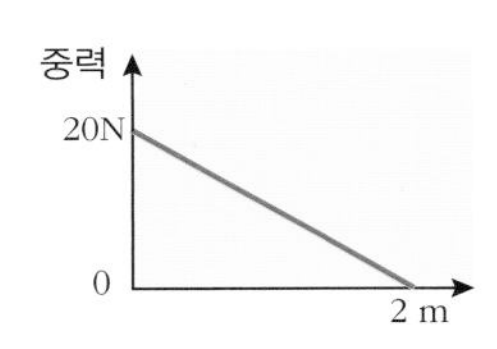

ㄷ. 밧줄을 끌어올리기 위해서 필요한 일은 (마찰력에 대해서 한 일 + 중력에 대해서 한 일) = 26(J)

28. 답 ④

해설 궤도 이탈을 하지 않기 위해서 작은 원의 최고점에서 구심력이 중력보다 크거나 같아야 한다.

$\frac{mv^2}{R} \geq mg$, $v^2 \geq gR$ (작은 원의 최고점) ⇨ ㉠

또, 운동을 시작하는 지점의 높이 h(최소 높이)에서의 퍼텐셜 에너지 = 작은 원의 최고점에서의 퍼텐셜 에너지 + 운동 에너지이므로

$mgh = mg \times 2R + \frac{1}{2}mv^2$, $v^2 = 2gh - 4gR$ ⇨ ㉡

㉠과 ㉡ 에서 $2gh - 4gR \geq gR$, $h \geq \frac{5}{2}R$ 이다.

따라서 h 는 최소 $2.5R$ 이 되어야 한다.

29. 답 ⑤

해설 완전 비탄성 충돌이기 때문에 두 물체가 붙어서 운동하며, 운동 에너지는 보존되지 않지만, 운동량 보존 법칙이 성립한다.

중력 가속도를 g 라고 하고 B의 높이를 기준점으로 할 때

A의 퍼텐셜 에너지는 $2g$ 이고, 충돌하기 직전 운동 에너지로 전환되므로 충돌 직전 A의 속도를 v 라고 하면

$2g = \frac{1}{2}v^2$, $v = 2\sqrt{g}$

운동량 보존 법칙에 의해 충돌 전 후의 운동량이 보존되므로 충돌한 후 한 덩어리의 속력을 V 라고 하면

$1 \times 2\sqrt{g} = 2V$, $V = \sqrt{g}$

충돌 후 완전 비탄성 충돌이므로 두 물체는 한 덩어리가 되어 운동한다. 충돌 직후의 운동 에너지가 모두 퍼텐셜 에너지로 모두 전환될 때가 최고 높이이다. 충돌 직후 올라간 최고 높이를 h (퍼텐셜 에너지=$2gh$)라고 하면 충돌 직후 두 물체의 운동 에너지 = 최고점에서 두 물체의 퍼텐셜 에너지

$\frac{1}{2} \times 2V^2 = g = 2gh$, $h = 0.5$(m)

30. 답 ⑤

해설 ㄱ. B점은 원운동하는 순간과 같으므로 알짜힘은 연직 위 방향의 구심력이다. 따라서 구심 가속도(연직 위 방향)가 존재한다.

B점의 가속도(구심 가속도)는

$\frac{v_B^2}{r} = \frac{20g}{25} = \frac{200}{25} = 8$ m/s^2 (연직 위방향)

(역학적 에너지 보존 : $\frac{1}{2}mv_B^2 = mg \times 10$ 이므로, $v_B^2 = 20g$)

ㄴ. A점 보다 높이가 5m 낮은 C에서의 속력 v_C 는 $\frac{1}{2}mv_C^2 = mg \times 5$ 이므로, $v_C = 10$ m/s 이다.

ㄷ. C점에서 물체가 받는 원심력과 중력을 합한 만큼 장력이 존재한다.

$\frac{1}{2}mv_C^2 = 5mg$ 인데, 양변을 2로 곱하고 r 로 나누면,

⇨ $\frac{mv_C^2}{r}$ (C점의 원심력 크기) = $\frac{10mg}{r} = \frac{0.5 \times 10 \times 10}{25} = 2$ (N)

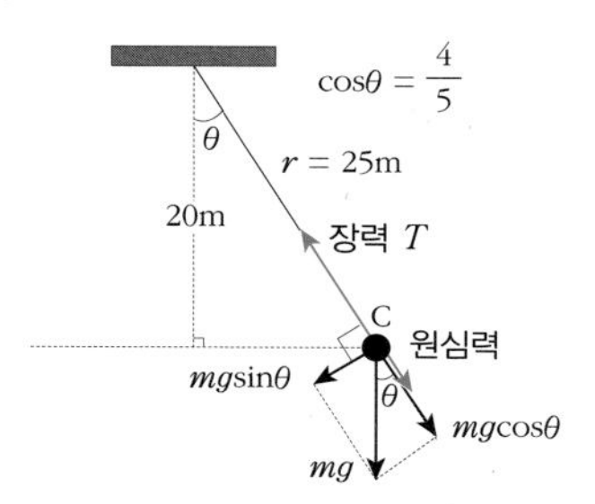

C점에서 실의 장력은 (원심력 + $mg\cos\theta$)와 평형을 이룬다.

그러므로 C점에서의 장력 T(크기) = $2 + 0.5 \times 10 \times \frac{4}{5} = 6$ (N)

31. 답 ④

해설 마찰이 없는 A ~ E 구간에서는 마찰이 없으므로 역학적 에너지는 보존된다. A점에서의 퍼텐셜 에너지가 E점에서 운동 에너지가 된다. E점에서의 속력을 v 라고 하면, 질량 1kg 이므로,

E_P(A점) = $1 \times 10 \times 5 = 50$(J), E_K(E점) = $\frac{1}{2}v^2$

$\frac{1}{2}v^2 = 50$, $v = 10$ (m/s)

ㄱ. E ~ F 구간에서 작용하는 힘은 마찰력 밖에 없다. 이 구간의 가속도를 a 라고 하면 5초 후 정지하므로 $0 = 10 + 5a$, $a = -2$ (m/s^2)

질량이 1kg이므로, 마찰력 = $1 \times (-2) = -2$ (N)(크기 = 2 N)이다.

ㄴ. 마찰이 작용하여 5초 만에 정지했으므로 운동 에너지는 50 J 감소하였다. 즉, 마찰력은 물체에 5초 만에 50 J 의 일을 한 것이다.

일률 $P = \frac{W}{t} = \frac{50}{5} = 10$ (W)

ㄷ. $v^2 - v_0^2 = 2as$ 식에 의해 $0^2 - 10^2 = 2(-2)s$, $s = 25$ (m)

32. 답 ②

해설 ㄱ. C점의 운동 에너지는 A점의 퍼텐셜 에너지와 같고, B점에서의 운동 에너지는 A점의 퍼텐셜 에너지의 $\frac{1}{2}$이므로 C점에서의 운동 에너지가 B점의 2배이다. 운동 에너지가 속력의 제곱에 비례하므로 운동 에너지가 2배인 경우 속력은 $\sqrt{2}$ 배이다.

ㄴ. E점의 탄성 퍼텐셜 에너지 = $\frac{1}{2}kL^2$ = D점의 (탄성 퍼텐셜 에너지 + 운동 에너지)이다.

D점의 탄성 퍼텐셜 에너지는 $\frac{1}{2}k(\frac{L}{2})^2 = \frac{1}{8}kL^2$이므로 운동 에너지는 $\frac{1}{2}kL^2 - \frac{1}{8}kL^2 = \frac{3}{8}kL^2$이다. 둘의 비율은 1 : 3 으로 같지 않다.

ㄷ. 충돌 시 에너지 손실이 없기 때문에 역학적 에너지는 보존된다. A점에서의 역학적 에너지는 모두 중력에 의한 퍼텐셜 에너지이고, B점에서의 역학적 에너지는 모두 탄성력에 의한 퍼텐셜 에너지만 존재한다(두 점 모두 멈추었으므로). 따라서 두 에너지의 양는 같다.

33. 답 (1) $0.1v$ (2) $\frac{9}{400}v^2$ (3) 1 m (4) $20\sqrt{5}$ m/s

해설 (1) 총알이 박히면 나무 도막의 질량은 0.5kg이 된다. 그때의 속력을 이라고 v'하면, 운동량 보존 법칙을 이용하여

$0.05v = (0.05 + 0.45)v'$, $v' = 0.1v$이다.

(2) 손실된 에너지는 운동 에너지의 변화량과 같다.

총알의 운동 에너지 = $\frac{1}{2} \times 0.05v^2 = \frac{1}{40}v^2$,

(총알 + 나무도막)의 운동 에너지 = $\frac{1}{2} \times 0.5 \times (0.1v)^2 = \frac{1}{400}v^2$

운동 에너지 차 = $\frac{1}{40}v^2 - \frac{1}{400}v^2 = \frac{9}{400}v^2$이다.

(3) $2 - 2 \times \cos60° = 1$ m

(4) (총알 + 나무 도막)의 역학적 에너지 보존으로부터

$\frac{1}{400}v^2 = 0.5g \times 1$ 이다. $g = 10$ m/s^{2}이므로

총알의 속력 $v = 20\sqrt{5}$ m/s 이다.

34. **답** (1) 처음 위치 : 50J, 최고점 : 40J
(2) 크기 : 2 N, 한 일 : - 10 J (3) $2\sqrt{15}$ (m/s)

해설 (1) 처음 위치에서는 높이가 0 이므로 운동 에너지만 가진다.

역학적 에너지(E_0) $= 0 + \frac{1}{2} \times 1 \times 10^2 = 50$(J)

최고점에서 물체는 정지해 있으므로 위치 에너지만 가진다.

역학적 에너지(E_1) $= 1 \times 10 \times 5 \times \sin\theta (= \frac{4}{5}) = 40$(J)

(2) 마찰력이 물체에 해준 일은 물체의 역학적 에너지의 변화량이다. 따라서 마찰력이 한일은 $E_1 - E_0 = 40 - 50 = -10$(J)이다. 마찰력을 f 라고 하면 $W = fs$ ⇨ $-10 = f \times 5$, $f = -2$ N(크기 2 N)

(3) 출발점으로 되돌아오면서 마찰력의 크기는 변하지 않으므로 (운동 마찰력) 또다시 -10 J 의 일을 한다. 다시 출발점에 돌아왔을 때의 역학적 에너지를 E_2라고 하면, $E_2 = E_1 - 10 = 40 - 10 = 30$(J). 다시 출발점에서 역학적 에너지는 모두 운동 에너지로 존재하므로, 이 때의 속도를 v 라고 하면 $30 = \frac{1}{2} \times 1 \times v^2$, $v = 2\sqrt{15}$ (m/s)

35. **답** (1) $v\sqrt{\frac{m}{2k}}$ (2) A : 0, B : v

해설 (1) 용수철이 가장 많이 압축되는 순간은 A가 용수철에 닿은 후 두 물체의 속도가 같아질 때이다. 두 물체의 속도를 V라고 하면 운동량 보존 법칙에 의해

$mv + 0 = 2mV$ ⇨ $V = \frac{1}{2}v$

·처음 운동 에너지 : $\frac{1}{2}mv^2$

·용수철이 가장 많이 압축되었을 때의 운동 에너지(두 물체의 속도가 $\frac{1}{2}v$로 서로 같다.) : $\frac{1}{2}(2m)(\frac{1}{2}v)^2 = \frac{1}{4}mv^2$

·처음과 비교하여 가장 많이 압축되었을 때 감소한 운동 에너지는 $\frac{1}{2}mv^2 - \frac{1}{4}mv^2 = \frac{1}{4}mv^2$이고, 감소한 운동 에너지가 용수철의 탄성 위치 에너지로 전환된다. 최대로 압축된 길이를 A 라고 하면,

$\frac{1}{4}mv^2 = \frac{1}{2}kA^2$, $A = v\sqrt{\frac{m}{2k}}$

(2) 두 물체가 같은 질량이고 용수철을 사이에 두고 에너지가 소모되지 않는 탄성 충돌을 하므로 충돌 후에는 A, B의 속력이 서로 바뀐다. 때문에 A는 정지, B는 속도 v로 움직인다.

36. **답** (1) $\frac{mv^2}{L}$ (2) $\sqrt{2}v$

(3) $v_2 = \sqrt{6}v$, $T = \frac{L}{v}(2\sqrt{2} - \sqrt{6})$

(4) ① $v_3 = \frac{\sqrt{2}mv}{M+m}$ ② $s = \frac{M}{M+m}L$

해설 (1) $\frac{1}{2}L$만큼 박혔으므로 마찰력이 작용한 길이도 $\frac{1}{2}L$ 이다. 총알의 운동 에너지가 마찰력이 한 일로 모두 전환되었으므로

$F \cdot \frac{1}{2}L = \frac{1}{2}mv^2$, F(마찰력) $= \frac{mv^2}{L}$ 이다.

(2) 마찰력은 총알의 속도에 관계없이 같으므로(운동 마찰력이므로) 위의 마찰력은 일정하게 유지된다. 관통할 때 총알은 나무 도막 속에서 L 의 거리를 이동하면서 일정한 마찰력 $F = \frac{mv^2}{L}$를 받는다. 속도 v_1의 총알이 나무 도막을 관통하기 위해서는 마찰력이 한 일보다 총알의 운동 에너지가 더 커야 하므로

$FL \leq \frac{1}{2}mv_1^2 (F = \frac{mv^2}{L})$ $\therefore 2mv^2 \leq mv_1^2$

정리하면 $\sqrt{2}v \leq v_1$이어야 하므로 v_1은 최소 $\sqrt{2}v$ 보다 커야 한다.

(3) 총알이 나무 도막을 관통하면서 손실되는 에너지는 마찰력이 한 일 $FL = mv^2$ 이다.
총알의 속력이 $2v_1$일 때 총알의 운동 에너지는

$\frac{1}{2}m(2v_1)^2 = 2mv_1^2 = 2m(\sqrt{2}v)^2 = 4mv^2$ 이다.

마찰에 의해 손실되는 에너지 mv^2을 빼주면 총알은 운동 에너지가 $3mv^2$인 형태로 나무 도막을 빠져나온다. 그때의 속력 v_2를 구하면

$\frac{1}{2}mv_2^2 = 3mv^2$, $v_2 = \sqrt{6}v$ 이다.

마찰력을 알고 있으므로 총알의 가속도를 구할 수 있다.

F(마찰력) $= -\frac{mv^2}{L} = -ma$, $a = -\frac{v^2}{L}$ ……❶

아래 그래프에서 기울기로 가속도를 구하면

$a = \frac{v_2 - 2v_1}{T} = \frac{\sqrt{6}v - 2\sqrt{2}v}{T}$ ……❷

❶, ❷를 연립하여 T를 구하면 $T = \frac{L}{v}(2\sqrt{2} - \sqrt{6})$ 이다.

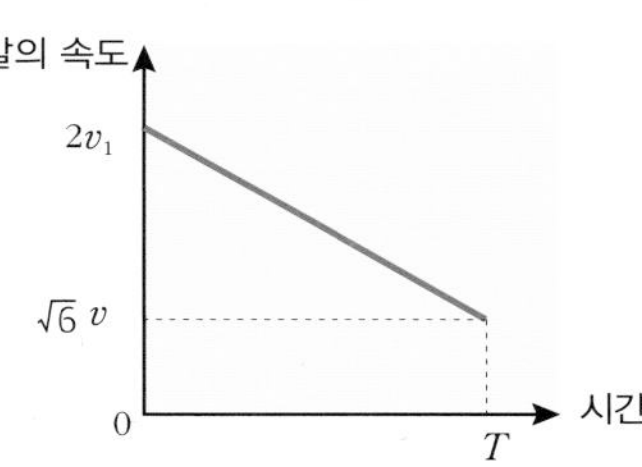

(4) 운동량이 보존되므로

$mv_1 = (M+m)v_3 = \sqrt{2}mv$, $v_3 = \frac{\sqrt{2}mv}{M+m}$

② 박히기 전의 운동 에너지와 박힌 후의 운동 에너지 차가 마찰력으로 소비되는 에너지이다. 이동 거리를 s, 마찰력을 F 라고 할 때

마찰력에 의한 일 $Fs = \frac{1}{2}mv_1^2 - \frac{1}{2}(M+m)(\frac{\sqrt{2}mv}{M+m})^2$,

$v_1 = \sqrt{2}v$ 이므로

$Fs = mv^2(1 - \frac{m}{M+m}) = mv^2(\frac{M}{M+m})$, $F = \frac{mv^2}{L}$ 이므로

$Fs = \frac{mv^2}{L}s = mv^2(\frac{M}{M+m})$ $\therefore s = \frac{M}{M+m}L$

07강 케플러 법칙과 만유인력

개념확인

132 - 135 쪽

1. 초점, 타원, 빨라, 느려, 공전 주기, 2. $\frac{1}{9}$
3. ㉠ 2.5 ㉡ 원의 중심 4. 질량, 궤도 반지름, 5m

2. 답 $\frac{1}{9}$
해설 만유인력 법칙은 $F_1 = F_2 = G\frac{mM}{r^2}$ 이다. 따라서 두 물체 사이의 거리가 3배가 되면 만유인력의 크기는 $\frac{1}{9}$ 배가 된다.

3. 구심 가속도 = $\frac{v^2}{r} = \frac{5^2}{10}$ = 2.5 m/s^2(원의 중심 방향)이다.

확인 +

132 - 135 쪽

1. 8 2. ④ 3. ㉠ 9 ㉡ 9 4. (1) 2 : 1 (2) 1 : 8

1. 답 8
해설 $T^2 = kr^3$ 이다. r'가 $4r$ 이 되었다면 $(T')^2 = k\,(4r)^3 = 64kr^3 = 64T^2 = (8T)^2$ 이므로 $T' = 8T$ 이다.

2. 답 ④
해설 만유인력 법칙은 $F_1 = F_2 = G\frac{mM}{r^2}$ 이다. 따라서 행성의 질량이 작아지면 만유인력의 크기도 작아진다.

3. 답 ㉠ 9 ㉡ 9
해설 두 물체 사이의 만유인력의 크기는 운동하거나 정지해 있거나 관계없이 두 물체 사이의 거리의 제곱에 반비례하고 두 물체의 질량의 곱에 비례한다.

F(만유인력) $= \frac{GMm}{r^2}$

P, Q점에 행성이 각각 위치할 때 태양과의 거리(r)의 비가 3 : 1 이므로 $F_P : F_Q = 1 : 9$ 이다. 행성 궤도의 한 지점에서 행성에 작용하는 만유인력이 구심력의 역할을 하므로 만유인력과 구심력의 크기는 서로 같다.

4. 답 (1) 2 : 1 (2) 1 : 8
해설 (1) $v_A : v_B = \sqrt{\frac{GM}{r}} : \sqrt{\frac{GM}{4r}} = 2 : 1$ 이다.

(2) $T_A : T_B = 2\pi\sqrt{\frac{r^3}{GM}} : 2\pi\sqrt{\frac{(4r)^3}{GM}} = 1 : 8$

개념 다지기

136 - 137 쪽

01. ③ 02. 75 03. (1) X (2) X (3) O (4) X
04. ②, ⑤ 05. ③ 06. 1
07. (1) X (2) X (3) X (4) O 08. 48

01. 답 ③
해설 ㄱ. 케플러 제1 법칙(타원 궤도 법칙) : 행성은 태양을 한 초점으로 하는 타원 궤도를 돈다.
ㄴ. 케플러 제2 법칙(면적 속도 일정 법칙) : 태양으로부터 먼 곳에서보다 가까운 곳에서 속력이 더 빠르다.
ㄷ. 케플러 제2 법칙 : 면적 속도는 일정하다.

02. 답 75
해설 케플러 제2 법칙(면적 속도 일정 법칙)에 의해 행성의 공전 주기가 300일이므로 75일이 지나면 공전 궤도 면적의 $\frac{1}{4}$을 지난다.

03. 답 (1) X (2) X (3) O (4) X
해설 (1) 케플러 법칙의 토대 위에서 뉴턴이 만유인력 법칙을 발견할 수 있었다.
(2) 만유인력은 두 물체가 서로 끌어당기는 힘이다.
(3) 만유인력 $F = G\frac{mM}{r^2}$ 이므로 거리의 제곱에 반비례하고 질량에 비례한다. 따라서 두 물체의 거리가 가까울수록 크고 물체의 질량이 클수록 크다.
(4) 두 물체 사이의 거리는 같지만, 질량이 다르므로 만유인력의 크기는 서로 다르다.

04. 답 ②, ⑤
해설 ②, ③ A는 극지방에 있고, B는 적도에 위치해 있다. 만유인력은 거리의 제곱에 반비례한다. 따라서 반지름이 더 큰 B에 작용하는 만유인력이 A의 만유인력보다 작다.
① 중력은 만유인력의 다른 표현이다.
④ 질량을 m 이라 할 때 무게는 mg이다. m 이 같고 무게가 다르면 g(중력 가속도)가 다른 것이다.
⑤ 두 물체 사이의 만유인력은 서로 작용·반작용 관계이다.

05. 답 ③
해설 ㉠ 등속 원운동은 물체가 받는 힘(구심력)의 방향과 운동 방향이 수직인 운동이다.
㉡ 등속 원운동 하는 물체의 속력(빠르기)은 일정하다.
㉢ 등속 원운동 하는 물체의 운동 방향은 원의 접선 방향이다.

06. 답 1
해설 등속 원운동의 속력은 $v = 2\pi rf$이다. π를 3으로 계산하면 30m/s = $2 \times 3 \times 5 \times f$ 이 되고, 1초당 회전수 f 는 1 (s^{-1})이 된다.

07. 답 (1) X (2) X (3) X (4) O
해설 인공위성의 속력 $v = \sqrt{\frac{GM}{r}}$이고, 주기 $T = 2\pi\sqrt{\frac{r^3}{GM}}$
(M: 지구 질량, r : 궤도 반지름)이다.

08. 답 48
해설 인공위성 모형의 주기 $T = 2\pi\sqrt{\frac{r^3}{GM}}$ 이다.
따라서 주기는 $2 \times 3 \times \sqrt{64}$ = 48 s 이다.

유형 익히기 & 하브루타 138 - 141 쪽

유형 7-1 =, <, <, <, <, =, >

01. ① 02. ③

유형 7-2 (1) = (2) 1 N 03. ① 04. ①

유형 7-3 ④ 05. ① 06. ③

유형 7-4 ㄱ, ㅁ, ㅂ 07. ① 08. ⑤

[유형7-1] 답 =, <, <, <, <, =, >

해설 (면적) : 면적 속도 일정 법칙에 의해 서로 같다.
(속력) : 태양과의 거리가 가까울수록 빠르다.
(가속도) : 행성 운동에 있어서 $F = ma$ = 만유인력 이다.
따라서 $a = \frac{F}{m} = \frac{GM}{r^2}$ 이므로 r 이 작을수록 크다.
(만유인력) : 태양과의 거리가 가까울수록 크다.
(운동 에너지) : 같은 행성이므로 B의 속력이 더 빠르기 때문에 운동 에너지도 더 크다.
(역학적 에너지) : 역학적 에너지는 보존되므로 A와 B는 서로 같다.
(퍼텐셜 에너지($-\frac{GMm}{r}$)) : (-)값이므로 같은 행성일 때 태양과의 거리 r 이 클수록 커진다. 따라서 A가 더 크다.

01. 답 ①

해설 타원 궤도의 긴 반지름을 a 라 할 때 $r_1 + r_2 = 2a$ 이다. r_1 이 3 km이고 r_2 가 2 km 이므로, $a = \frac{3+2}{2} = 2.5$ km 이다.

02. 답 ③

해설 조화 법칙에 의해 $(\frac{a^3}{T^2})_A = (\frac{a^3}{T^2})_B$ = (일정)이므로
$(\frac{a_A}{a_B})^3 = (\frac{a_A}{4a_A})^3 = \frac{1}{64} = (\frac{T_A}{T_B})^2 \Rightarrow \frac{T_A}{T_B} = \frac{1}{8}$이 된다.

[유형7-2] 답 (1) = (2) 1 N

해설 (1) 두 힘의 크기는 (작용·반작용)으로 같다.
(2) 만유인력 $F = \frac{GMm}{r^2} = 1 \times \frac{1 \times 4}{2^2} = 1$(N)

03. 답 ①

해설 중력 가속도 $g = \frac{GM}{r^2}$ 이다. 행성의 질량과 반지름이 각각 지구의 $\frac{1}{2}$ 배 이므로 $g' = (\frac{1}{2})/(\frac{1}{2})^2 = 2g$ 가 된다.

04. 답 ①

해설 만유인력 $F = \frac{GMm}{r^2}$ 이다. 질량 M이 4배, 지구의 중심으로 부터의 거리(r)가 2 배가 되면
$F' = G\frac{m(4M)}{(2r)^2} = G\frac{mM}{r^2} = 1F$ 가 된다.

[유형7-3] 답 ④

해설 ① 주기 $T = \frac{2\pi r}{v}$ 이다. 주기와 속력은 반비례한다. 따라서 속력이 빨라지면(v가 커지면) T 는 감소한다(짧아진다).
② 구심력의 크기는 속력의 제곱에 비례한다.
③ 원운동하는 물체의 속도의 크기(속력)는 일정하나 방향은 계속 변한다. 따라서 속도는 일정하지 않다.
④ 원운동하는 물체가 받는 구심력의 방향은 중심 방향이다.
⑤ 구심력의 방향은 중심 방향이고 물체의 운동 방향은 원의 접선 방향이므로 서로 수직이다.

05. 답 ①

해설 ㄱ. 주기 $T = \frac{2\pi r}{v}$ 이고, 회전 진동수 $f = \frac{1}{T} = \frac{v}{2\pi r}$ 이다. v 는 서로 같다고 했으므로 f는 r 에 반비례한다. 따라서 r 이 큰 A가 B보다 더 작다.
ㄴ. 속력이 같으므로 운동 에너지는 질량에 비례한다. B의 질량이 A의 질량의 2배이므로 B의 운동 에너지가 2배 더 크다.
ㄷ. 구심력은 $\frac{mv^2}{r}$ 이다. B의 질량 m 이 A보다 크고 반지름 r도 작기 때문에 B의 구심력이 더 크다.

06. 답 ③

해설 ㄱ. 주기의 제곱은 궤도 반지름의 세제곱에 비례한다. A의 궤도 반지름이 더 길기 때문에 A의 주기가 더 길다.
ㄴ. A와 B에 작용하는 구심력(F)은 각각 같다고 했다.
a(구심가속도)= $\frac{F}{m}$ 이므로 질량 m 이 큰 A가 구심 가속도가 더 작다.
ㄷ. 만유인력이 구심력의 역할을 한다. 구심력이 같다고 했으므로 만유인력도 같다.

[유형7-4] 답 ㄱ, ㅁ, ㅂ

해설 인공위성의 주기 $T = \frac{2\pi r}{v} = 2\pi\sqrt{\frac{r^3}{GM}}$ 이다.
따라서 인공위성의 주기는 행성의 질량(M), 인공위성의 속도(v), 인공 위성과 행성 중심까지의 거리(r)와 관련이 있다.

07. 답 ①

해설 인공위성의 주기 $T = \frac{2\pi r}{v} = 2\pi\sqrt{\frac{r^3}{GM}}$ 이므로, A의 공전 주기가 $2\pi\sqrt{\frac{r^3}{GM}}$ 일 때, B의 공전 주기는 $2\pi\sqrt{\frac{4r^3}{GM}}$ 이 된다.
따라서 B의 공전 주기는 A의 2배이다.
ㄴ. F(만유인력) = $\frac{GMm}{r^2}$ 이므로, A의 만유인력이 $\frac{GMm}{r^2}$ 일 때, B의 만유인력은 $\frac{GMm}{2r^2}$ 이 된다. 따라서 A의 만유인력은 B의 2배이다.
ㄷ. 질량 m 인 인공위성에 작용하는 구심력의 크기는 만유인력 크기 와 같고, 구심 가속도의 크기는 $\frac{\text{만유인력}}{m}$ 이다. 두 인공위성의 질량 m 은 같고 만유인력의 크기는 A가 더 크므로 A의 구심 가속도가 더 크다.

08. 답 ⑤

해설 r 이 일정하고, M 이 줄어드는 경우이다.
ㄱ. 인공위성의 가속도의 크기는 $\frac{GM}{r^2}$ 이므로 가속도는 작아진다.
ㄴ. 인공위성의 속력은 $\sqrt{\frac{GM}{r}}$ 이므로 속력은 작아진다.
ㄷ. 인공위성의 주기는 $2\pi\sqrt{\frac{r^3}{GM}}$ 이므로 커진다.

스스로 실력 높이기

142 - 151 쪽

01. (1) X (2) X (3) O (4) X			02. ⑤	03. ③
04. ⑤	05. 4	06. ①	07. 2	08. ④
09. ⑤	10. ③	11. ①	12. ①	13. ④
14. ③	15. ⑤	16. ④	17. ②	18. ②
19. ⑤	20. ②	21. ③	22. ⑤	23. ④
24. ④	25. ③	26. ⑤	27. ①	28. ⑤
29. ②	30. ③	31. ①	32. $\frac{v^3}{2\pi G}$ $\sqrt{\frac{3\pi}{\rho G}}$	

33. 17.4 AU
34. (1) 제1 우주 속도 = 7.9 km/s
(2) 제2 우주 속도 = 11.2 km/s
(3) $\sqrt{2}$ 배 (4) <해설 참조>
35. (1) $e=\frac{\sqrt{a^2-b^2}}{a}$ (2) πab (3) $a(1-e)$ (4) $a(1+e)$
36. 11 km/s, 10 m
37. 3.56×10^7 m

01. 답 (1) X (2) X (3) O (4) X
해설 (1) 케플러 제1 법칙은 타원 궤도 법칙이다. 모든 행성은 태양 주위를 타원 궤도를 따라 운동한다.
(2) 행성이 태양에 가장 가까이에 있을 때를 근일점, 가장 멀리 있을 때를 원일점이라 한다.
(3) 행성의 속력은 가장 가까이에 있을 때(근일점) 가장 빠르고, 행성이 가장 멀리 있을 때(원일점) 가장 느리다.
(4) 행성의 공전 주기의 제곱은 공전 궤도의 긴 반지름의 세제곱에 비례한다.(케플러 제3 법칙)

02. 답 ⑤
해설 케플러 제3 법칙인 조화 법칙에 의해 행성의 공전 궤도 운동에 있어서 장반경의 세제곱은 주기의 제곱에 비례한다.($T^2\propto a^3$)

03. 답 ③
해설 ㄱ. 행성의 속력은 태양에 가까울수록 빠르므로 1800년 시점의 B지점(원일점)보다 빠르다.
ㄴ. 공전 주기가 30년이므로 B(원일점)에서 A(근일점)까지 가는데 15년이 걸린다. 따라서 A지점(근일점)을 통과하는 시기는 1815년이 된다.
ㄷ. 토성의 타원 궤도 운동의 원동력은 태양으로부터 만유인력이다.

04. 답 ⑤
해설 ㄱ. 행성의 운동에 있어 각운동량 보존이 되므로 $r_1v_A=r_2v_B$ 가 성립하며 이것이 케플러 제2 법칙이다.
ㄴ. 같은 궤도인 경우 장반경이 같으므로 A와 B의 공전 주기는 같다. ㄷ. A가 근일점이므로 궤도 상에서 행성의 속력이 가장 빠르다.

05. 답 4
해설 행성A 주기(T_A)는 행성B 주기(T_B)의 8배이다. 조화 법칙에 의해
$(\frac{a^3}{T^2})_A=(\frac{a^3}{T^2})_B=$ (일정)이므로
$(\frac{a_A}{a_B})^3=(\frac{T_A}{T_B})^2=64$ $\therefore \frac{a_A}{a_B}=4$ (배) 이다.

06. 답 ①
해설 ㄱ. 달에는 지구와 사과에 의한 만유인력이 작용하므로 달이 받는 알짜힘은 0 이 아니며, 따라서 가속도도 0이 아니다.
ㄴ. 지구에 의한 만유인력은 사과와 달 모두에 각각 작용한다.
ㄷ. 사과가 지구와 가까워질수록 사과와 달 사이의 만유인력은 작아지고 사과와 지구 사이의 만유인력의 크기는 커지므로 전체적으로 사과에 작용하는 만유인력은 커진다.

07. 답 2
해설 지표면에서의 중력 가속도의 크기 $g=\frac{GM}{r^2}$ 이다.
따라서 질량(M)이 8 배이고 반지름(r)이 2 배인 행성 표면에서는
$g_{행성}=\frac{G(8M)}{(2r)^2}=2\frac{GM}{r^2}=2g$ 가 된다.

08. 답 ④
해설 ㄱ. 행성의 운동에 있어 태양과의 만유인력이 구심력이 되어 원운동을 한다. 그러므로 $\frac{GMm}{r^2}=\frac{mv^2}{r}$(태양 질량 M, 태양-행성 간 거리 r)이다. 이때 $a=\frac{F}{m}$ 이므로 구심 가속도는 $\frac{v^2}{r}=\frac{GM}{r^2}$ 가 된다.
지구와 태양 사이의 거리가 토성과 태양 사이의 거리보다 짧으므로 지구의 구심 가속도의 크기가 더 크다.
ㄴ. 공전 주기의 제곱은 장반경의 세제곱에 비례하므로 장반경의 길이가 긴 토성의 공전 주기가 더 길다.
ㄷ. 지구가 받는 만유인력을 $\frac{GMm}{r^2}$ 이라 할 때, 토성이 받는 만유인력은 $\frac{GM(100m)}{(10r)^2}=\frac{GMm}{r^2}$ 이다. 따라서 서로 같다.

09. 답 ⑤
해설 질량 M 인 행성 주위를 도는 인공위성의 구심력은 만유인력이다.
$\frac{GMm}{r^2}=\frac{mv^2}{r}$ 이므로 $v^2=\frac{GM}{r}$ 이다.(r : 궤도 반경)
(가) $4v^2=\frac{G(4M)}{r}$ (나) $v^2=\frac{G(4M)}{4r}$ (다) $4v^2=\frac{G(8M)}{2r}$

10. 답 ③
해설 ㄱ. 행성과 인공위성 사이에 작용하는 만유인력이 구심력이 되어 행성은 원운동한다. 원심력은 인공위성이 느끼는 관성력이다.
ㄴ. 위성의 속력 $v=\sqrt{\frac{GM}{r}}$ 이므로, 위성의 질량과 무관하다.
ㄷ. 위성의 궤도 반지름의 세제곱은 주기의 제곱에 비례하므로 ($T^2\propto a^3$) 궤도 반경이 클수록 주기도 길어진다.

11. 답 ①
해설 ㄱ. $T^2\propto a^3$ 이므로 장반경(a)이 큰 A 가 공전 주기(T)가 더 길다.
ㄴ. A의 장반경은 $3r$, B의 장반경은 $1.5r$ 이다. A 의 장반경이 B 의 2배이므로 $T_A^2 : T_B^2=2^3 : 1$이다. 따라서 $T_A=2\sqrt{2}\ T_B$이다.
ㄷ. 행성의 속력은 근일점에서 가장 빠르다. $x=-r$ 일 때가 B의 근일점이다. $x=2r$ 일 때는 원일점으로 속력이 가장 느리다.

12. 답 ①
해설 ㄱ. 케플러 제2법칙($r_1v_1=r_2v_2$)에 의해 원일점의 거리가 근

일점의 3배이므로 속력은 근일점이 원일점의 3배이다.
ㄴ. 위성이 각 지점에 받는 힘(F)은 만유인력이다. 가속도의 크기 $a = \frac{F}{m} = \frac{\text{만유인력}}{\text{위성의 질량}} = \frac{GM}{r^2}$ 이므로(행성의 질량 M), r^2에 반비례한다. 따라서 근일점에서 더 크다.
ㄷ. 위성의 긴반지름(a)이 $2r$ 이므로 행성의 공전 주기(T)의 제곱은 $(2r)^3$에 비례한다. ($T^2 \propto a^3$, $a = 2r$)

13. 답 ④
해설 ① 위성의 질량에 관계없이 거리와 속력의 식($r_1v_1 = r_2v_2$)이 성립하므로 주어진 자료로 위성의 질량은 알 수 없다.
②③ 타원 궤도의 장반경(a) 공식은 $r_1 + r_2 = 2a$ 이다. 따라서 위성의 긴반지름을 알 수 있고, 케플러 제3법칙($T^2 = ka^3$)에 의해 주기를 알 수 있다.
④ 케플러 제2법칙($r_1v_1 = r_2v_2$)에 의해 원일점의 속력을 알고 있으므로 근일점의 속력도 알수 있다.
⑤ 만유인력은 $\frac{GMm}{r^2}$ 이다. 인공위성의 질량(m)을 모르기 때문에 만유인력의 크기도 알 수 없다.

14. 답 ③
해설 ㄱ. 가속도의 크기는 $\frac{GM}{r^2} = \frac{v^2}{r}$ 이므로 달과 사과의 질량과 무관하게 각각 같은 값이다.
ㄴ. 지구에 의한 중력은 $\frac{GMm}{r^2}$ 이므로 질량이 더 큰 달의 중력이 사과보다 크다.
ㄷ. 지구의 질량과 가속도의 크기는 비례관계이므로 지구의 질량이 커지면 가속도의 크기도 커진다.

15 답 ⑤
해설 ㄱ. 공전 주기가 $6T$이다. d에서 b까지는 공전주기의 절반이 걸리므로 이동시간은 $3T$이다. a에서 b까지 이동하는데 걸린시간이 $2T$이므로 d에서 a까지 이동하는데 $1T$가 걸린다. 그러므로 대칭인 c에서 d까지 이동하는 시간도 $1T$이다.
ㄴ. a, c 와 행성 사이의 거리가 각각 같으므로 만유인력의 크기가 같다.
ㄷ. 행성과 위성을 이은 직선은 같은 시간에 같은 면적을 휩쓸고 지나간다. 이동 시간의 비가 2 : 1 이므로 면적의 비도 2 : 1이다.

16 답 ④
해설 ㄱ. $T^2 \propto a^3$,이므로 $T_A^2 : T_B^2 = 3^3 : 1$ 이다.
따라서 $T_A = 3\sqrt{3}\, T_B$가 된다.
ㄴ. A 행성은 태양과 점점 가까워지므로 속력이 증가한다.
ㄷ. A 행성의 속력이 증가하므로 운동 에너지도 증가한다.

17. 답 ②
해설 A의 반경(장반경 취급)은 r, B의 장반경은 $\frac{r+7r}{2} = 4r$ 이다.
ㄱ. 케플러 제3법칙에 의해 주기의 제곱은 장반경의 세제곱에 비례한다. 따라서 장반경의 길이가 더 긴 행성 B의 공전 주기가 더 길다.
ㄴ. 행성 B에 있어 b지점은 원일점이고, a지점은 근일점이므로 B행성의 속력은 근일점인 a지점에서 더 빠르다.
ㄷ. A의 공전 주기는 T 이고, $(\frac{a^3}{T^2})_A = (\frac{a^3}{T^2})_B$ = (일정)이므로
$(\frac{a_A}{a_B})^3 = (\frac{a_A}{4a_A})^3 = \frac{1}{64} = (\frac{T_A}{T_B})^2 \Rightarrow \frac{T_A}{T_B} = \frac{1}{8}$ 이 된다.
따라서 B행성의 공전주기는 $8T$가 되고, 색칠된 부분의 면적과 전체 면적의 비는 1 : 4 이므로, 색칠된 면적을 지나는 시간은 $2T$ 이다.

18. 답 ②
해설 (가) 근일점에서 속력이 가장 빠르다. 따라서 근일점인 점 a에서 가장 빠르다.
(나) A의 긴 반지름이 B의 궤도 반지름의 4배이고, $(\frac{a^3}{T^2})_A = (\frac{a^3}{T^2})_B$ = (일정)이므로
$(\frac{a_A}{a_B})^3 = (\frac{4a_B}{a_B})^3 = 64 = (\frac{T_A}{T_B})^2 \Rightarrow \frac{T_A}{T_B} = 8$
행성 A 주기는 행성 B 주기의 8 배 이다.
(다) 행성 운동 과정에서 가속도의 크기는 $\frac{GM}{r^2}$ 이므로 태양과의 거리(r)의 제곱에 반비례하고, 태양 질량 M 에 비례하므로 B가 A보다 4배 크다.

19. 답 ⑤
해설 ·태양계의 행성은 타원 궤도를 따라 운동하지만 거의 원에 가깝기 때문에 등속 원운동으로 볼 수 있다.
·태양의 질량을 M, 행성의 질량을 m, 태양과의 거리 r, 행성의 속력 v라 할 때, 만유인력이 구심력의 역할을 하므로
$\frac{GMm}{r^2} = \frac{mv^2}{r}$ 로부터 인공위성의 속력은 $v = \sqrt{\frac{GM}{r}}$이다.
·주기 $T = \frac{2\pi r}{v}$ 이므로, $T^2 = \frac{4\pi^2 r^3}{GM}$ 이다.

20. 답 ②
해설 구 안쪽에 있는 물체에 작용하는 만유인력은 모든 방향으로 작용하므로 알짜힘은 0이다. 구 바깥쪽에 있을 때는 거리가 짧을수록 크다. 따라서 b가 가장 크고 그 다음 c, a가 가장 작다.

21. 답 ③
해설 회전수가 늘면 적도에 있는 물체가 느끼는 관성력인 중심 방향의 반대 방향(바깥 방향) 원심력이 증가한다. 따라서 중심 방향의 몸무게가 감소하게 된다.

22. 답 ⑤
해설 ㄱ, ㄴ. 태양과 행성 사이에 작용하는 만유인력은 작용·반작용 관계로 크기는 같고 방향은 반대이다.
ㄷ. $F_1 = F_2 = \frac{GMm}{r^2}$ 이다.
ㄹ. 태양도 행성으로부터 받는 힘에 의해 운동에 영향을 받게 된다.

23. 답 ④
해설 ㄱ. 원일점 거리는 (2×장반경－근일점 거리) 이다. 따라서 원일점 거리는 1800km － 300km = 1500km이다.
ㄴ. 장반경 거리에서 근일점 거리를 빼면 O점에서 태양까지의 거리가 된다. 따라서 900km - 300km = 600km이다.
ㄷ. 태양은 타원의 한 초점에 위치하므로 케플러 제1법칙에 의해 초점F 에서 행성까지의 거리와 태양에서 행성까지 거리의 합은 항상 일정하게 유지된다.

24. 답 ④
해설 역학적 에너지 $E = E_K + E_P = \frac{1}{2}mv^2 - \frac{GMm}{r} = -\frac{GMm}{2r}$
이며 지구의 중력을 받아 궤도 운동을 하고 있을 때에는 역학적 에너

지 값은 (-)이다. 역학적 에너지는 r (원운동의 반경, 타원의 장반경)이 커질수록 증가하여 $r \to \infty$가 되면 $E = 0$ 이 되어 지구의 중력권에서 탈출하게 된다.
ㄱ. 원운동하고 있던 우주선이 역추진을 하면 역학적 에너지가 줄어들고 반경이 작아진다. 따라서 1번 점선 궤도를 따라 운동한다.
ㄴ. 궤도 반지름(장반경)이 줄었으므로 주기도 줄어든다.($T^2 \propto a^3$)
ㄷ. a점에서는 두 경우 지구와 우주선 사이의 거리가 같으므로 만유인력의 크기도 같다.

25. 답 ③
해설 ㄱ. 위성 B 궤도의 원일점에서 만유인력의 크기가 $\frac{GMm}{3r^2} = \frac{GM(3m)}{(3r)^2}$ 이므로 원일점 거리는 $3r$ 이 된다. 근일점 거리는 r 이므로 B 궤도의 긴 반지름은 $\frac{r+3r}{2} = 2r$ 이다.
ㄴ. 위성 A의 장반경은 r 이므로,케플러 제3 법칙에 의해 $T_B^2 : T_A^2 = 2^3 : 1$ 이므로 $T_B = 2\sqrt{2}\ T_A$이다.
ㄷ. 두 위성 A, B는 C점에 있을 때 행성과의 거리가 각각 같으므로 가속도의 크기($\frac{GM}{r^2}$)가 같다.

26. 답 ⑤
해설 ㄱ. 타원의 이심률 e 가 1 보다 크면 타원 중심에서 태양(초점)까지의 거리가 장반경보다 커지므로 모순이다. 이심률은 항상 1 보다 작다.
ㄴ. 장반경(a)은 250 km 이다. 따라서 원점에서 초점까지의 거리는 150 km 이므로 두 초점 사이의 거리는 300 km 이다.
ㄷ. ea = 150 km 이므로 e = 0.6 이다.

27. 답 ①
해설 ㄱ. 행성의 속력은 근일점에서 가장 빠르다. 현재 행성 A의 위치는 근일점이므로 현재의 위치에서 속력이 가장 빠르다.
ㄴ. 케플러 제3법칙에 의해 $(\frac{a^3}{T^2})_A = (\frac{a^3}{T^2})_B$ = (일정) 이므로
$(\frac{a_A}{a_B})^3 = (\frac{T_A}{T_B})^2 = 8$이고, $(\frac{a_A}{a_B}) = 2$ 이므로
장반경의 비 $a_A : a_B = 2 : 1$ 이다.
ㄷ. 행성 A의 장반경은 $\frac{3d}{2}$ = 1.5 d 이다. 장반경의 비가 2 : 1 이므로 B의 장반경은 1.5 d 의 절반인 0.75 d 이다.

28. 답 ⑤
해설 ㄱ. 중력은 질량과 중력 가속도의 곱이다 중력 가속도가 10m/s^{2}이고 중력이 60 N 이므로 질량은 6 kg 이 된다.
ㄴ. 위성에 작용하는 중력이 구심력의 역할을 하므로 크기를 서로 같게 놓으면
$\frac{mv^2}{r} = mg$ 이다. 운동 에너지 $\frac{1}{2}mv^2 = \frac{1}{2}(\frac{mv^2}{r})r = \frac{1}{2}mgr$
따라서 위성의 운동 에너지는 $\frac{1}{2} \times 60N \times 3m = 90$ J 이다.
ㄷ. 중력은 $\frac{GMm}{r^2}$ 이므로, r 이 증가하면 중력은 줄어든다.

29. 답 ②
해설 A. 지구 중심으로부터의 거리는 지구의 반지름과 인공 위성 고도의 합이다. 따라서 6400 km 이다.
B. 속력 $v = \sqrt{\frac{GM}{r}}$ 이므로 $v = \frac{1}{80}$ km/s = 12.5 m/s 이다.
C. 주기 $T = \frac{2\pi r}{v}$ 이므로 $160\pi r$ 이다.

30. 답 ③
해설 ㄱ. 속력은 일정하지만 속도는 방향이 계속 바뀌므로 일정하지 않다.
ㄴ. 원운동하는 인공위성은 구심력을 받고 있으므로 구심 가속도가 존재한다. 알짜힘은 0 이 아니다.
ㄷ. 인공위성의 속도는 접선 방향이고 가속도의 방향은 중심 방향이므로 서로 수직이다.
ㄹ. 인공위성의 가속도 방향은 지구 중심을 향한다.

31. 답 ①
해설 ㄱ. 인공위성 내부의 물체는 지구 중심을 향하는 중력의 크기와 같은 크기의 원 바깥 방향의 원심력 때문에 무중력 상태를 느낀다.
ㄴ. 중력은 모든 물체 사이에 작용하는 만유인력이므로 0 이 아니다.
ㄷ. 인공위성에 작용하는 중력이 구심력의 역할을 하여 원운동을 할 수 있다. 두 힘은 같은 힘을 나타내므로 평형 상태라고 할 수 없다.

32. 답 $\frac{v^3}{2\pi G}\sqrt{\frac{3\pi}{\rho G}}$
해설 행성의 질량을 M, 위성의 궤도 반경과 같은 행성의 반경을 r로 하자. 만유인력 법칙으로 유도된 케플러 제3 법칙은 다음과 같다.
$T^2 = \frac{4\pi^2 r^3}{GM}$, $M = \rho V$(밀도×부피) $= \rho\frac{4\pi r^3}{3}$
$\therefore T^2 = \frac{4\pi^2 r^3}{G} \times \frac{3}{4\pi r^3 \rho} = \frac{3\pi}{\rho G}$, $T = \sqrt{\frac{3\pi}{\rho G}}$
한편, $T = \frac{2\pi r}{v}$ 이므로,
$T = \frac{2\pi r}{v} = \sqrt{\frac{3\pi}{\rho G}} \Leftrightarrow r = \frac{v}{2\pi} \times \sqrt{\frac{3\pi}{\rho G}}$
$\therefore M = \rho\frac{4\pi r^3}{3} = \frac{4\pi\rho}{3}(\frac{v}{2\pi} \times \sqrt{\frac{3\pi}{\rho G}})^3$
$= \frac{4\pi\rho}{3} \times \frac{v^3}{8\pi^3} \times \frac{3\pi}{\rho G}\sqrt{\frac{3\pi}{\rho G}} = \frac{v^3}{2\pi G}\sqrt{\frac{3\pi}{\rho G}}$

33. 답 17.4 AU
해설 혜성의 궤도 장반경을 a (AU) 라고 하고 공전 주기를 P(년)라고 하면 케플러 제3 법칙에 의해서 $a^3 = P^2 (k = 1)$이다. 공전 주기(P)는 27년 이므로 $a^3 = (27)^2 = (3^3)^2 = (3^2)^3 = (9)^3$ $\therefore a = 9$ AU 가 된다.
근일점에서 태양 - 혜성 간의 거리를 a_1, 원일점에서 태양 - 혜성 간 거리를 a_2 라 하면, 이 혜성의 궤도 장반경 a는 $\frac{a_1+a_2}{2}$ 이다.
따라서 $9 = \frac{a_1+a_2}{2}$, $a_1 + a_2 = 18$ (AU)
$\therefore a_1 = 0.6$ AU 이므로 $a_2 = 17.4$ AU가 된다.

34. 답 (1) 제1 우주 속도 = 7.9km/s (2) 제2 우주 속도 = 11.2km/s (3) $\sqrt{2}$ 배 (4) <해설 참조>
해설 (1) 인공위성(질량 m)이 지표면 가까이에서 원운동할 때는 인공위성의 궤도 반지름과 지구의 반지름(R)이 거의 같은 경우이다.

인공위성의 구심력 $\frac{mv^2}{R}$ 의 역할을 만유인력 $F = \frac{GMm}{R^2}$ 이 하고 있다.

$\therefore \frac{mv^2}{R} = \frac{GMm}{R^2}$, v(인공위성 속도) = $\sqrt{\frac{GM}{R}}$ = 약 7.9 km/s

(2) 지표면에서 출발할 때 물체의 역학적 에너지는

$E = E_k + E_p = \frac{1}{2}mv^2 - \frac{GMm}{R} = -\frac{GMm}{2r}$ 이다.

이며 지구의 중력을 받아 궤도 운동을 하고 있을 때에는 역학적 에너지 값은 (-)이다. 역학적 에너지는 r (지구 중심으로부터 거리)이 커질수록 증가하여 $r \to \infty$가 되면 $E = 0$ 이 되어 지구의 중력권에서 탈출하게 된다.

따라서 $\frac{1}{2}mv_e^2 - \frac{GMm}{R} = 0$ 일 때가 지표면에서 v_e 로 출발한 물체가 탈출하는 조건이 된다.

따라서 탈출속도 $v_e = \sqrt{\frac{GM}{R}}$ = 약 11.2 km/s 가 된다.

(3) 탈출 속도는 인공위성 속도의 $\sqrt{2}$ 배 이다.

(4) 인공위성의 속도가 증가함에 따라 원 ⇨ 타원 ⇨ 포물선 형태로 궤도 모양이 바뀐다.

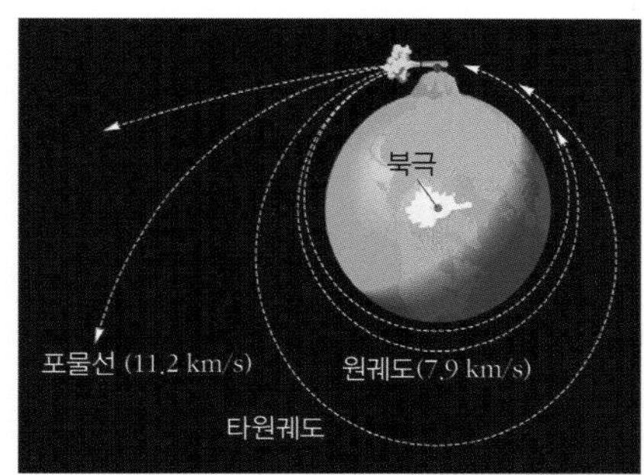

〈인공 위성의 속도에 따른 궤도 유형〉

35. 답 (1) $e = \frac{\sqrt{a^2-b^2}}{a}$ (2) πab (3) $a(1-e)$ (4) $a(1+e)$

해설 (1) 타원의 이심률 e : 아래 그림의 삼각형에서

$(ea)^2 + b^2 = x^2 = a^2$

행성이 원일점 Q 에 있을 때 두 초점으로부터 거리의 합은 $(a + ea) + (a - ea) = 2a$, 행성이 두 초점에서 같은 거리의 점 P 에 있을 때 초점까지 거리를 x 라고 하면 $2x = 2a$, $x = a$ 이다. 따라서

$e = \frac{\sqrt{a^2-b^2}}{a}$

(2) 타원의 면적 : 반지름 1인 타원의 면적은 $\pi \cdot 1^2$이고, 타원은 이 원을 가로로 a 배, 세로로 b 배 늘렸다고 하면 면적은 $\pi \times a \times b = \pi ab$

(3) 근일점 거리 : $a - ae = a(1 - e)$

(4) 원일점 거리 : $a + ae = a(1 + e)$

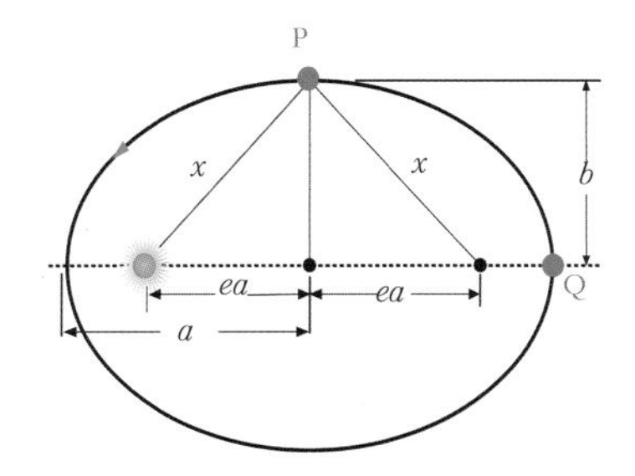

36. 답 11 km/s, 10 m

해설 지구의 질량이 M 일 때 지표면 가까이에서 원운동 속력 v 는 $\sqrt{\frac{GM}{R}}$ = 약 7.9 km/s 이다.

지구의 질량만 $2M$ 이 되면 원운동 속력 v' 는 $\sqrt{\frac{2GM}{R}}$ 이 되고

$v' = \sqrt{2}\,v$ = 1.414 × 7.9 = 약 11 km/s 가 된다.

또, 지표면 중력 가속도 $g' = \frac{2GM}{R^2}$ = 20 m/s^2 이 되므로

초당 자유 낙하 거리 $s = \frac{1}{2}gt^2 = \frac{1}{2} \times 20 \times 1 = 10$ m

즉, 다른 것은 변하지 않고 지구의 질량만 2 배가 되면 대포 발사 속도를 약 11 km/s 로 해야만 대포알은 1초에 10 m 씩 낙하하면서 지표면에 떨어지지 않고 계속 운동할 수 있다.

37. 답 3.56×10^7 m

해설 인공위성의 공전 주기가 1일(지구 자전 주기)인 경우 계속 떠 있는 것처럼 보인다(정지 궤도 위성). 따라서

T = 24시간 × 3600초 = 86400 s

$T^2 = \frac{4\pi^2}{GM} r^3$ 이므로,

r (인공 위성의 궤도 반경) = $\left(\frac{GM}{4\pi^2} T^2\right)^{1/3} = 4.2 \times 10^7$ m

지구의 반경은 6.4×10^6m 이므로 지표면으로부터 고도는 3.56×10^7m 이다.

08강 특수 상대성 이론과 일반 상대성 이론

개념확인

152 ~ 161 쪽

1. (1) O (2) O (3) X 2. (1) ㉡ (2) ㉠ 3. ㉠, ㉡
4. ② 5. (1) O (2) X (3) O 6. (1) O (2) X (3) X
7. ㉠ 관성력(중력) ㉡ 중력(관성력) 8. 중력
9. 중력에 의한 적색 편이 10. 중력파

1. 답 (1) O (2) O (3) X
해설 (3) 갈릴레이의 상대성 이론에 의하면 모든 관성 좌표계에서 물리 법칙은 같다. 즉, 정지해 있거나 일정한 속도로 움직이고 있는 물체 모두에게 물체의 운동 법칙은 동일하게 적용된다.

4. 답 ②
해설 ① 움직이는 시계는 정지해 있는 시계보다 느리게 간다.
③ 운동하는 물체의 속도가 광속에 가까워질수록 시간 팽창 정도는 커진다. 즉, 시간이 더 많이 느려진다.
④ 시간 팽창은 서로 상대적이기 때문에 정지한 지구에서 운동하는 우주선을 볼 때 뿐만 아니라 움직이는 우주선에서 정지해 있는 지구를 볼 때에도 성립한다.
⑤ 운동하는 우주선 외부의 관측자(정지한 관측자)가 측정한 시간이 우주선 내부의 관측자(움직이는 관측자)가 측정한 시간보다 더 길게 측정된다.

5. 답 (1) O (2) X (3) O
해설 (2) 고유 길이란 물체가 정지해 있는 상태에서 물체와 같은 좌표계에 있는 관측자가 측정한 물체의 길이이다.

6. 답 (1) O (2) X (3) X
해설 (2) 물체가 빛의 속도에 가까워지면 질량이 무한대로 커지게 되기 때문에 아무리 에너지를 가해도 물체의 속도는 광속을 넘을 수 없다.
(3) 정지해 있는 물체도 $E = m_0c^2$ 만큼의 정지 에너지를 갖는다.

8. 답 중력
해설 질량을 가진 천체나 은하의 강한 중력에 의해 빛은 굴절되고 공간은 휘어진다.

확인 +

153 — 162 쪽

1. 에테르 2. ③ 3. ㉠ 동시성의 상대성 ㉡ 관성 좌표계
4. 25 5. 0.6 6. 9×10^{15} 7. (1) ㉠ (2) ㉡ 8. ㉠
9. (1) X (2) O (3) X 10. (1) O (2) X (3) X

1. 답 에테르
해설 마이컬슨·몰리 실험에서는 빛의 속력을 측정하는 실험을 통해 빛을 전달하는 물질이라고 생각한 에테르의 존재를 증명하려고 하였다.

2. 답 ③
해설 광속 불변의 원리에 의해 광원의 속도나 관찰자의 속도와 관계없이 빛의 속력은 c 로 일정하다.

4. 답 25
해설 우주선 외부의 관측자가 측정한 시간은 우주선 내부 관측자가 측정한 시간보다 더 길게 측정된다. 우주선에 대해서 상대적으로 정지한 무한이의 시간이 고유 시간 $\Delta t_0 = 20$ 초 이므로, 상상이가 측정한 시간 Δt 는 다음과 같다.

$$\Delta t = \frac{\Delta t_0}{\sqrt{1-\left(\frac{v}{c}\right)^2}} = \frac{20\text{ s}}{\sqrt{1-\left(\frac{0.6c}{c}\right)^2}} = 25\text{ s}$$

5. 답 0.6
해설 상상이와 자는 상대적으로 정지해 있으므로 상상이가 보고 있는 자의 길이가 고유 길이 $L_0 = 1\text{m}$ 이다. 정지해 있는 무한이에게는 움직이고 있는 상상이의 자의 길이는 짧아져 보이게 된다. 따라서 무한이가 봤을 때 상상이의 자의 길이는 다음과 같이 길이 수축이 일어난다.

$$L = L_0\sqrt{1-\left(\frac{v}{c}\right)^2} = 1 \times \sqrt{1-\left(\frac{0.8c}{c}\right)^2} = 0.6\text{ m}$$

6. 답 9×10^{15}
해설 정지 에너지 $E = m_0c^2$ 로 나타낼 수 있다.
$E = 1 \times (3 \times 10^8)^2 = 9 \times 10^{15}$ J 이다.

9. 답 (1) X (2) O (3) X
해설 (1) 일반 상대성 이론으로 수성의 세차 운동이 일어나는 원인을 설명하는 것이 아니라 수성의 세차 운동의 실제 관측값과 계산값의 차이를 설명해줄 수 있다.
(3) 지구에 둔 시계보다 위성에 둔 같은 시계가 더 빨리 간다. 이는 지상과 위성의 위치에 따른 중력의 차이로 인하여 발생하는 현상으로 일반 상대성 이론에 의해 설명할 수 있다.

10. 답 (1) O (2) X (3) X
해설 (1) 질량이 매우 큰(밀도가 매우 큰) 천체 주변에 극단적인 시공간의 휘어짐이 발생하여 빛조차도 빠져 나올 수 없는 천체를 블랙홀이라고 한다.
(2) 태양 질량의 3~4배가 넘는 별이 진화하면서 형성된다.
(3) 블랙홀 주변의 매우 큰 중력에 의해 시간은 천천히 가고, 블랙홀의 경계에서는 시간이 거의 멈춘 것처럼 보인다. 이 경계를 사건 지평이라고 한다.

개념 다지기

162 — 163 쪽

01. (1) O (2) O (3) O 02. ⑤ 03. ①
04. (1) 864 (2) ③ 05. 1×10^{-14}
06. (1) O (2) O (3) X 07. ①, ④ 08. ③

01. 답 (1) O (2) O (3) O

해설 (1) [동시성의 상대성] '동시성의 상대성'은 두 사건이 동시에 일어난다고 하는 것이 절대적이 아니고, 관측자의 운동 상태가 다르다면 두 사건은 동시에 일어나지 않는다라는 이론이다.
(2) [시간 지연] 사건에 대해 상대적으로 정지한 관측자가 측정한 시

간(고유 시간)은 사건에 대해 상대적으로 운동하는 관측자가 측정한 시간보다 짧다.
(3) [질량 증가] 물체가 빠른 속도로 운동할 때 정지한 관측자가 측정한 물체의 질량은 정지 질량(m_0) 보다 크다.

02. 답 ⑤
해설 특수 상대성 이론은 두 가지 기본 가정을 토대로 한다. 상대성 원리(ㄱ)와 광속 불변의 원리이다.
ㄴ. 광속 불변의 원리는 광원의 운동 상태나 관측자의 운동 상태와 상관 없이 빛의 속도는 늘 일정하다는 것이다.

03. 답 ①
해설 상대적으로 일정한 속도로 움직이는 관성 좌표계에서 모든 물리 법칙은 동일하게 성립한다. 일정한 속도로 움직이는 우주선 안에서 힘을 받지 않은 물체는 등속 운동을 한다. 우주선 안에서 지면을 구르는 구슬은 힘을 받지 않는 상태이므로 등속 운동한다.

04. 답 (1) 864 (2) ③
해설 (1) 정지해 있는 지구에서 본 우주선이 이동한 거리(고유 길이 L_0)는 1080 km이다. 우주선 조종사에게는 길이 수축이 일어난다.

$$L = L_0\sqrt{1-\left(\frac{v}{c}\right)^2} = 1080\text{km} \times \sqrt{1-\left(\frac{0.6c}{c}\right)^2} = 864 \text{ km}$$

(2) ㉠ 지구에서 정지해 있는 관측자가 우주선을 보았을 때 우주선이 이동한 거리(L_0) = $v\Delta t$ 이고, v = 0.6 c = 1.8 × 10^8m/s 이다.

$$\therefore \Delta t = \frac{L_0}{v} = \frac{1080 \times 10^3 \text{ m}}{1.8 \times 10^8 \text{ m/s}} = 6 \times 10^{-3} \text{ (s)}$$

② 속도 v 로 운동하고 있는 우주선에서 보았을 때 우주선이 이동한 거리(L) = $v\Delta t_0$ 이므로, 걸리는 시간은 다음과 같다.

$$\Delta t_0 = \frac{L}{v} = \frac{864 \times 10^3 \text{ m}}{1.8 \times 10^8 \text{ m/s}} = 4.8 \times 10^{-3} \text{ (s)}$$

05. 답 1 × 10^{-14}
해설 질량은 에너지로 전환될 수 있고, 에너지도 질량으로 전환될 수 있다. 물에 가해진 에너지(E) = 900 J 이므로, 질량(정지 질량) 증가량은 다음과 같다.

$$E = \Delta m_0 c^2$$
$$\Rightarrow \Delta m_0 = \frac{E}{c^2} = \frac{900}{(3 \times 10^8)^2} = \frac{900}{9 \times 10^{16}} = 1 \times 10^{-14} \text{kg}$$

06. 답 (1) O (2) O (3) X
해설 (1) 갈릴레이의 상대성 원리는 관성 좌표계에서만 성립한다.
(2) 우주선 내부에서는 물체에 작용하는 힘이 우주선이 가속도 운동할 때 발생하는 관성력인지, 우주선이 정지하거나 등속 운동하고 있을 때 작용하는 같은 크기의 중력인지 구별할 수 없다.(등가 원리)
(3) 아인슈타인은 중력을 힘으로 간주하지 않고, 시공간의 휨과 관련이 있는 현상이라고 하였다.

07. 답 ①, ④
해설 ①② 원판과 같이 운동하는 원판 위의 관찰자가 봤을 때, 관찰자, 시계 A, 시계 B의 상대 속력은 각각 0 이다. 그러므로 특수 상대성 이론에 의한 두 시계의 시간 차이는 나타나지 않는다.
③④ 두 시계에 공통으로 작용하는 연직 방향의 중력은 시간 차이를 나타내지 않는다. 하지만 원판 가장자리에 놓인 시계 B에는 원심력(관성력)이 작용하고, 등가 원리에 의해 중력과 같으므로 시계 B에 추가로 중심에서 멀어지는 방향으로 중력이 작용한다고 볼 수 있다. 따라서 중력에 의한 시간 팽창으로 원판 위의 관찰자가 측정한 시계 B의 시간은 시계 A에 비해서 천천히 흐른다.
⑤ 원판 위의 관찰자에게는 시계 A, B 가 모두 정지해 있다.

08. 답 ③
해설 ㄱ, ㄴ, ㅂ은 특수 상대성 이론에 의한 현상들이다.

유형 익히기 & 하브루타

164~167 쪽

유형 8-1 ③	01. ③	02. ②	
유형 8-2 ④	03. ②	04. t_0, $t = \dfrac{t_0}{\sqrt{1-\left(\frac{v}{c}\right)^2}}$	
	05. ②		
유형 8-3 ③	06. ②	07. ⑤	
유형 8-4 ⑤	08. ④	09. ⑤	

[유형8-1] 답 ③
해설 마이컬슨과 몰리는 빛을 전달해주는 매질인 에테르가 존재한다면 우주의 모든 곳에서 정지하고 있거나 흐르고 있을 것이라는 가정 하에 빛이 에테르의 이동 방향과 나란할 경우와 수직으로 진행할 때 빛의 속도 차이가 날 것이라고 생각하였다. 따라서 실험을 통해 빛의 속도 차이에 따라 검출기에 생기는 간섭 무늬의 차이를 확인하고자 하였다. 하지만 간섭 무늬의 변화가 검출되지 않았다. 즉, 방향에 따른 빛의 속도 차이가 발생하지 않은 것이다. 실험 결과 에테르는 존재하지 않으며, 빛의 속도는 관측자의 속도와 관계없이 일정하다라는 것을 알게 되었으며 특수 상대성 이론을 확립하는 밑바탕이 되었다.
ㄱ. 빛의 속도를 최초로 구하는 데 성공한 사람은 1675년 덴마크의 천문학자인 뢰머였다.

01. 답 ③
해설 문제는 아인슈타인이 16세 때 했던 사고 실험에 대한 내용이다. 갈릴레이의 상대성 이론에 의하면 빛은 정지해 보일 것이다. 하지만 빛은 관찰자나 광원의 속도와 관계없이 늘 일정하다.(광속 불변의 원리) 따라서 빛의 속력과 같은 속력으로 운동하면서 빛을 관찰하여도 빛은 30만 km/s로 운동하는 것으로 보일 것이다.

02. 답 ②
해설 특수 상대성 이론의 기본 가정 중 모든 물리 법칙은 모든 관성계에서 동일하게 적용된다는 것은 뉴턴 운동 법칙 뿐만 아니라 전자기 법칙, 파동 법칙도 모두 해당된다. 쿨롱 법칙 또한 빛의 속도로 등속 운동하는 관성계 안에서는 모두 똑같이 성립한다.

[유형8-2] 답 ④
해설 ㄱ. 지구, 행성, 상상이 모두 상대적으로 정지해 있으므로 상상이가 보았을 때 우주선의 이동 거리가 고유 길이(L_0: 5천만 km)이다. 우주선의 무한이가 보면 이 거리는 짧아진다(길이 수축).
ㄴ. 상상이가 볼 때나 무한이가 볼 때나 우주선의 속도는 같으며, 0.6c 이다.
ㄷ. 달에 정지한 상상이가 볼 때 지구에서 행성까지 걸린 시간(t_1)은

$$t_1 = \frac{L_0}{v} = \frac{5\text{천만 km}}{0.6c} \text{ 이다.}$$

무한이가 볼 때, 지구와 행성은 상대적으로 운동하고 있기 때문에 지구와 행성 사이의 거리(L)는 고유 길이(L_0)보다 줄어든 값으로 관

측된다($L < L_0$). 이때 지구에서 행성까지 걸린 시간(t_2)은

$t_2 = \frac{L}{v}$ 이다. 따라서 우주선이 지구에서 행성까지 걸리는 시간은 무한이(t_2)에게보다 정지한 상상이(t_1)에게 더 길다($t_1 > t_2$).

이것은 사건(지구→행성)의 진행 시간이 무한이의 고유 시간(t_2)이 정지한 좌표계에서 상상이가 측정한 시간(t_1)보다 짧다는 의미이다.

03. 답 ②

해설 ㄱ. 갈릴레이는 정지해 있거나 일정한 속도(가속도가 아닌)로 움직이고 있는 사람에게 즉, 관성좌표계에서 물체의 운동 법칙이 모두 동일하게 적용된다고 주장하였다.

ㄷ. 갈릴레이는 빛의 속도는 절대적인 값이 아니라 어떤 좌표계에서 측정하느냐에 따라 결정되는 상대적인 값이라고 하였다.

04. 답 고유 시간 : t_0, $t = \frac{t_0}{\sqrt{1-\left(\frac{v}{c}\right)^2}}$

해설 특수 상대성 원리를 잘 적용하려면 고유 시간의 개념을 잘 파악하는 것이 중요하다. 고유 시간은 사건과 함께 운동하는 관찰자가 측정하는 사건 진행 시간이다. 따라서 t_0가 고유 시간이다.

우주선은 속력 v 로 운동하고 있으므로 우주선 밖의 정지한 관찰자가 우주선 내부에서 일어나는 사건의 진행 시간(t)을 측정하면 고유 시간(t_0)보다 길어지게 된다($t > t_0$). 이것을 시간 팽창이라고 하는데

$t = \frac{t_0}{\sqrt{1-\left(\frac{v}{c}\right)^2}} = \gamma t_0$ 의 관계가 있다.

05. 답 ②

해설 원자력 발전이나 원자 폭탄은 핵 분열 반응 시 질량 결손(반응 과정에서 핵의 질량이 줄어드는 현상)이 나타나며 이에 해당하는 에너지가 방출되는데, 이 에너지를 이용한다. 중수소와 삼중수소를 플라즈마 상태로 가열하면 핵융합 반응이 일어나서 헬륨 원자핵이 만들어지며, 이때도 반응 과정에서 질량 결손이 발생한다. 결손된 질량(Δm)은 $E = \Delta mc^2$ 만큼의 에너지로 반응 과정에서 방출된다.

[유형8-3] 답 ③

해설 그림 (가)의 공은 지구의 중력(mg)이 작용하여 속력이 일정하게 증가하면서 바닥으로 떨어지는 것으로 보이고, 우주선이 가속도 g 로 가속 운동하는 그림 (나)의 공에는 가속도 방향과 반대 방향으로 관성력(mg)이 작용하여 마찬가지로 속력이 일정하게 증가하면서 바닥으로 떨어지는 것으로 보인다. 따라서 우주선 내부에서는 공이 중력에 의해 낙하하고 있는지 우주선이 가속되어 관성력에 의해 낙하하고 있는 것인지 구분할 수 없다(등가 원리).

06. 답 ②

해설 ㄴ. 엘리베이터가 가속도 $a(>0)$ 로 상승할 때 질량이 m 인 사람의 체중을 측정하면, 저울의 눈금(N)은 무게 mg와 사람의 관성력 ma 이 합쳐져 $mg + ma$ 를 나타낸다.

ㄱ. 정지해 있는 우주선 안에서 체중을 측정하면 중력 가속도만 작용하므로 체중 변화는 없다.

ㄷ. 일정한 속도로 상승하는 경우 사람에게 관성력이 나타나지 않으므로 체중 변화는 없다.

07. 답 ⑤

해설 그림 (가)는 무중력 상태의 우주선 안에서 빛의 진행 모습이라고 할 수 있으며, 빛과 우주선의 연직 방향 속도는 같다.

그림 (나)는 때 빛이 오른쪽으로 진행하는 동안 우주선은 위 방향으로 가속 상승하므로 우주선 안에서 볼 때, 빛은 관성력을 받은 것처럼 경로가 아래로 휘는 것이다. 일반 상대성 이론의 등가 원리에 의해 관성력에 의한 현상과 중력에 의한 현상은 구분할 수 없으므로 그림 (나)는 지구에서 중력을 받으며 정지해 있는 우주선이라고 할 수도 있다.

[유형8-4] 답 ⑤

해설 태양 주위는 태양의 중력에 의해 시공간이 휘어지게 된다. 이때 태양 근처를 지나는 빛은 휘어진 공간을 따라 진행하게 된다. 따라서 A 위치에 있어서 태양에 가려 보이지 않을 것으로 예상되는 별이 B 의 위치에 있는 것처럼 보이게 된다.

ㄱ. 빛의 휘어짐이 큰 곳은 중력이 크게 작용하는 곳이므로 시간 팽창에 의해 시간이 느리게 흐른다.

ㄴ. 중력이 더 커질수록 휘어짐도 더 커지게 된다.

08. 답 ④

해설 아인슈타인 십자가의 중앙에 있는 천체가 은하이고, 주위의 4 개는 퀘이사의 빛이다. 이는 은하 뒤쪽에 위치한 퀘이사의 빛이 은하의 중력에 의해 휘어진 공간으로 굴절되어 진행하여 여러 개로 보이게 된 것이다. 이러한 효과를 중력 렌즈라고 하며, 일반 상대성 이론에 의한 현상이다.

09. 답 ⑤

해설 그림은 블랙홀이 주변 물질을 빨아들이는 모습의 상상도이다.

① 백조자리 X-1 의 중심부에는 블랙홀이 있을 것으로 예상된다.

② 블랙홀은 모든 물질이 빨려들어가며 빛조차 빠져나올 수 없다.

③ 블랙홀 주변의 매우 큰 중력에 의해 블랙홀 주변의 시간은 천천히 흐른다.

④ 태양 질량의 3 ~ 4배 이상인 별에서 블랙홀이 형성된다.

⑤ 주변의 물질이 블랙홀로 빨려들어가면서 온도가 수백만 ℃ 가 되는데 이때 발생하는 X선을 통해 블랙홀의 존재를 확인할 수 있다.

스스로 실력 높이기

168 — 177 쪽

01. ④	02. ㉡, ㉠	03. ㉠	04. (가) ㄱ, ㄷ (나) ㄴ	
05. ㉢	06. ㉠	07. (1) ㉡ (2) ㉠		
08. ㉠ 300 ㉡ 왼쪽		09. 중력 렌즈	10. 사건 지평	
11. ④	12. ②	13. ③	14. ③	15. ③
16. ⑤	17. ③	18. ②	19. ④	20. ④
21. ②	22. ⑤	23. 140	24. ③	25. ⑤
26. ④	27. ㉠ B ㉡ C			
28. ㉠ < ㉡ > ㉢ $\frac{L_1}{t_1}$, $\frac{L_2 + vt_2}{t_2}$				29. ⑤
30. ③	31. 2.5 m		32. ③	
33. <해설 참고>				
34. (1) ㉠ 32.5년 ㉡ 58.5년 (2) 13년				
35 ~ 37. <해설 참고>				

01. 답 ④

해설 갈릴레이의 상대성 이론은 서로 다른 관성 좌표계에서 물체의 운동을 관측하면 서로 다르게 나타나지만 운동의 결과는 항상

같다는 것이다.
ㄱ. 따라서 빛의 속도도 관측자에 따라서 다르게 나타난다는 것이다. 그러나 전자기학에서는 빛의 속도가 항상 $c = 3\times10^8$ m/s 로 나타났으므로 한계가 있었다.
ㄴ. 그러므로 뉴턴의 운동 법칙에는 적용이 가능하였으나 전자기학이나 광학에는 적용할 수 없는 한계를 가지고 있었다.

02. 답 ㉡, ㉠
해설 관성 좌표계는 일정한 속도로 움직이는 좌표계이다. 공을 연직 방향으로 던져올린 후 떨어질 때와 같이 짧은 순간 동안 지구는 일정한 빠르기로 직선 운동을 하게 된다. 따라서 짧은 시간 동안의 물체의 운동을 다룰 때 지구는 관성 좌표계라고 생각할 수 있다.

03. 답 ㉠
해설 특수 상대론에서 고유 시간을 파악하는 일은 중요하다. 고유 시간은 사건과 함께 운동하는 좌표계에서 측정한 시간, 즉 사건에 대해 상대적으로 정지한 관찰자가 잰 시간을 말한다. 문제에서 주어진 사건은 우주선이 운동하는 것이므로 우주선 내부의(우주선을 타고 있는) 관측자인 무한이가 측정한 시간이 고유 시간이 된다.

04. 답 (가) ㄱ, ㄷ (나) ㄴ
해설 그래프 (가)는 속도가 광속에 가까워 질수록 y 값이 급격하게 커지는 것으로 보아 빛의 속도에 대비한 시간과 질량 팽창 비율, 그래프 (나)는 속도가 광속에 가까워 질수록 줄어드는 정도가 커지는 것으로 보아 빛의 속도에 대비한 길이 수축 비율을 나타낸 것이다.

05. 답 ㉢
해설 질량은 에너지로 전환될 수 있고, 에너지도 질량으로 전환될 수 있다(질량 - 에너지 동등성). 용수철을 압축시키거나 늘어나게 할 때 외부에서 용수철에 일을 하여 용수철이 갖는 탄성 위치 에너지가 증가하게 되고, 이때 용수철이 갖게 되는 (위치)에너지와 동등한 질량의 증가가 나타나게 된다. 변화된 용수철의 질량의 값은 매우 작기 때문에 실생활에서는 이 차이를 느끼기 어렵다.

06. 답 ㉠
해설 길이 수축이란 매우 빠르게 움직이는 관측자가 정지해 있는 물체를 관찰할 때 그 길이가 고유 길이보다 짧아져 보이는 것이다.

08. 답 ㉠ 300 ㉡ 왼쪽
해설 질량 m 인 물체가 가속도 a 로 운동하는 좌표계에 놓여있을 때 물체에 작용하는 관성력의 크기는 $F = ma$, 방향은 가속도와 반대 방향이다. 따라서 무한이에게 작용하는 관성력의 크기는 60kg $\times$ 5m/s^2 = 300N 이고, 방향은 왼쪽 방향이다.

11. 답 ④
해설 ㄱ,ㄴ. 관성 좌표계는 움직이지 않는 지면에 고정된 좌표계, 등속 운동하는 물체에 고정된 좌표계 등이 있으며, 갈릴레이의 상대성 이론을 적용할 수 있는 좌표계이다.
ㄷ. 가속 운동하지 않으므로 관성력은 나타나지 않는다.

12. 답 ②
해설 모든 물리 법칙은 모든 관성 좌표계에서 동일하게 적용된다는 것은 특수 상대성 이론의 기본 가정이다. 이것은 모든 관성 좌표계에서 뉴턴 운동 법칙이 동일하게 적용될 뿐만 아니라 모든 관성 좌표계에서 일어나는 열현상, 전자기 현상에서도 같은 법칙이 적용된다는 것이다. 따라서 빛의 속도로 등속 운동하는 관성 좌표계에서도 물은 100 ℃ 에서 끓는다.

13. 답 ③
해설 운동하는 물체에 대해서 상대적으로 정지한 관측자는 운동하는 물체의 길이를 짧게 측정한다. 이를 길이 수축이라고 하며, 이때 길이 수축은 운동의 진행 방향에 대해서만 나타난다. 주어진 문제에 우주선과 같이 운동하는 관측자가 측정한 가로 길이(100m)은 고유 길이(L_0)이다. 지면에 정지해 있는 관측자가 측정한 우주선의 가로 길이는 다음과 같다.

$L = L_0\sqrt{1-\left(\frac{v}{c}\right)^2} = 100\times\sqrt{1-\left(\frac{0.6c}{c}\right)^2} = 80$ m 이고,

세로 길이는 운동 방향이 아니므로 변하지 않으므로 60 m 이다.

14. 답 ③
해설 ㄱ. 빛의 속력은 (가)와 (나)의 관측자 모두에게 c 로 같다.(광속 불변의 원리)
ㄴ. (가)의 관측 시간은 $\frac{2D}{c}$ 이다.
ㄷ. 사건과 같이 운동하는 관측자(가)가 측정한 사건의 시간 간격(고유 시간)보다 지구에서 정지한 관측자(나)가 측정한 사건의 시간 간격이 더 길게 측정된다.

15. 답 ③
해설 정지한 좌표계(지구)에서 광속과 가까운 속도로 운동하는 좌표계의 물체(우주선)를 관찰할 때 물체의 속도 방향 길이는 짧게 관측되고(길이 수축), 물체의 시간은 천천히 간다(시간 팽창). 그러나 운동하고 있는 좌표계(우주선) 내에서 관찰할 때에는 우주선 내부의 관찰자가 정지 좌표계에 있게 되고, 지구가 운동하게 되므로 지구가 운동하는 좌표계가 된다. 우주선 내부의 관찰자가 봤을 때, 지구의 물체는 운동 방향의 길이가 수축하고, 지구의 시간이 천천히 간다.

16. 답 ⑤
해설 ㄱ, ㄴ. 아인슈타인 링은 두 은하 주위의 시공간이 왜곡되어 빛의 진행 경로가 휘게 되는 중력 렌즈 현상에 의한 것이다.
ㄷ. 중력이 강한 곳은 시공간이 구부러져 그 곳을 통과하는 빛은 휘면서 파장이 길어지는 것으로 관측되는데, 이것을 중력에 의한 적색편이라고 하며, 일반 상대성 이론을 증명하는 가장 확실한 현상이다.

17. 답 ③
해설 ㄱ. 1916년 아인슈타인은 일반 상대성 이론에서 중력파의 존재를 예측하였으나 중력파는 물질과 상호 작용 정도가 약하여 투과성이 매우 높아 감지하기 어렵기 때문에 찾아낼 수는 없을 것이라고 예상하였다.
ㄴ. 수성의 세차 운동에 의한 근일점의 변화 정도는 뉴턴 역학적 계산 값과 관측값의 차이가 발생했다. 수성은 태양의 중력의 영향을 가장 많이 받고 있는 행성이므로 중력에 의한 시공간의 왜곡 현상이 나타난다. 이러한 효과를 대입하니 세차운동의 이론값과 관측값이 일치하게 되었다.
ㄷ. 일반상대성 이론에 의하면 중력이 강한 곳에서는 시간이 천천히 흐른다.
ㄹ. 일반상대성 이론의 가장 기본적인 원리는 중력과 관성력은 구분할 수 없다는 등가 원리이다.

18. 답 ②
해설 영희 : 인공 위성은 중력과 관성력(원심력)을 받아 무중력 상

태이다. 반면 지구 표면은 지구의 중력을 받으므로 시간이 천천히 간다.(×)
무한 : 인공위성은 빠른 속도로 돌고 있으므로 특수 상대성 이론에 의해 정지한 지구 표면보다 시간이 천천히 간다.(○)
순희 : 전파를 포함한 전자기파의 속도는 빛의 속도와 같다.(×)

19. **답** ④
해설 진자에 대해 정지한 관성 좌표계에서 측정한 진자의 주기 10초가 고유 시간(Δt_0)이 된다. 일정한 속도로 움직이는 관측자 입장에서는 스스로는 정지해 있고 진자의 관성 좌표계가 0.99c 로 운동하므로 진자의 주기는 시간 팽창에 의해 늘어난다.

$$\therefore \Delta t = \frac{\Delta t_0}{\sqrt{1-\left(\frac{v}{c}\right)^2}} = \frac{10}{\sqrt{1-\left(\frac{0.99c}{c}\right)^2}} \cong 71 \text{ 초}$$

20. **답** ④
해설 주어진 문제는 관성 좌표계에서 동시에 일어난 사건이 다른 관성 좌표계에서는 동시에 일어난 사건이 아닐 수 있다는 특수 상대성 이론의 '동시성의 상대성'에 관한 것이다.
ㄱ. 빛은 광원이나 관측자의 운동 상태와 상관 없이 항상 일정한 속도이다.
ㄴ. 우주선 내부의 관측자인 상상이에게 빛은 모든 방향으로 같은 속도로 퍼져나가는 것으로 보인다. 따라서 상상이에게 앞쪽 벽과 뒤쪽 벽에 빛이 부딪치는 것은 동시에 일어난다.
ㄷ. 객관적으로 볼 때 상상이가 운동하고, 무한이는 정지해 있다. 따라서 정지한 무한이가 측정한 시간(Δt)은 운동하고 있는 상상이가 측정한 시간(Δt_0)보다 느리게 간다.

$$\Delta t(\text{무한}) = \frac{\Delta t_0(\text{상상})}{\sqrt{1-\left(\frac{v}{c}\right)^2}} = \frac{60 \text{ 초}}{\sqrt{1-\left(\frac{0.8c}{c}\right)^2}} = 100 \text{ 초}$$

ㄹ. 무한이 입장에서는 빛이 진행하는 동안 우주선이 앞쪽으로 조금이나마 진행하므로 빛은 뒤쪽 벽에 먼저 도달한다.

21. **답** ②
해설 ㄱ. 관성력의 방향은 가속도의 방향과 반대로 나타난다. 우주선은 위로 속도가 증가하는 가속도 운동을 하므로 관성력은 아래 방향으로 나타난다. 이때 추의 질량이 m 이라면 용수철은 바닥 방향으로 ma 의 관성력을 받고 늘어난 길이(x)는 $kx = ma$ 의 식에 의해서 결정된다. 이때 우주선 내부에서 관성력은 중력처럼 작용한다.
ㄴ. 지표면의 실험실에서 질량 m 의 추에 작용하는 중력은 mg 이며 아래 바닥 방향으로 작용한다. g 가 a 보다 작으면 실험실 용수철의 늘어난 길이는 우주선 용수철보다 작게 된다.
ㄷ. 우주선이 등속 운동을 한다면 $a=0$ 이므로 관성력이 나타나지 않아 추는 늘어나지 않는다.

22. **답** ⑤
해설 두 블랙홀이 하나로 합쳐지거나 초신성이 폭발하는 것과 같이 중력이 큰 물체들이 폭발하거나 충돌에 의해 급격한 질량 변화가 발생할 때 시공간의 흔들림이 파동의 형태로 사방으로 전파되어 나아가는 것을 중력파라고 한다.
ㄷ. 1916년 아인슈타인은 일반 상대성 이론에서 중력파의 존재를 예측하였지만, 이론적으로만 가능하고 찾아낼 수는 없을 것이라고 예상하였다.
ㄹ. 아인슈타인의 일반 상대성 이론에 의하면 전자가 진동할 때 전자기파가 발생되는 것과 같이 중력장은 빛의 속도로 전파되는 중력파를 만들어 낸다고 하였다.

23. **답** 140
해설 지구와 우주선의 관계에서 지구는 우주선에 대해 멈춰있다고 생각할 수 있으므로 우주선에서 측정한 왕복 시간(Δt_0 : 20년)은 지구에서 측정할 때 더 길어진다. 따라서 시간 팽창에 관한 식에 의해 지구에서 측정한 왕복 여행 시간(Δt)은 다음과 같다.

$$\Delta t(\text{지구}) = \frac{\Delta t_0(\text{우주선})}{\sqrt{1-\left(\frac{v}{c}\right)^2}} = \gamma \Delta t_0$$

$$\gamma = \frac{1}{\sqrt{1-\left(\frac{v}{c}\right)^2}} = \frac{1}{\sqrt{1-\left(\frac{0.99c}{c}\right)^2}} \cong 7$$

$\therefore \Delta t(\text{지구}) = \gamma \Delta t_0 = 7 \times 20\text{년} = 140\text{년}$
즉, 우주선에 탑승한 사람은 왕복하는 동안 20년 시간이 흐르지만 지구에서는 그동안 약 140년의 시간이 흐르게 된다.

24. **답** ③
해설 ㄱ. 중력에 의해 빛도 휘어진다. 아인슈타인은 질량을 가진 천체나 은하가 주위 공간을 휘게 하고, 이 휘어진 공간을 따라 빛이 진행하므로 빛의 진행 방향이 휜다고 하였다.
ㄴ. 중력이 매우 큰 천체 주변에서는 별빛의 진동수가 감소하고, 파장이 길어지므로 시간이 늦게 흐르는 것처럼 관측되기 때문에 그 공간을 지나오는 빛이 적색 편이를 일으키게 된다.(중력에 의한 적색편이)
ㄷ. 일반 상대성 이론에 의하면 중력이 큰 곳일수록 시간이 더욱 천천히 간다.

25. **답** ⑤
해설 ㄱ. 뮤온과 무한이는 상대적으로 정지해 있으므로 정지한 상태에서의 뮤온의 수명은 무한이가 측정한 뮤온의 수명과 같다. (이 경우 무한이가 측정한 뮤온의 수명이 고유 시간이다.) 그러나 상상이가 봤을 때 뮤온은 $0.9c$ 의 속력으로 운동하고 있으므로 상상이 입장에서 측정한 뮤온의 수명은 시간 팽창에 의해 고유 시간보다 길어진다.
ㄴ. 광속 불변의 원리에 따라 관측자의 운동과 상관없이 빛의 속력은 모두 c 로 같다.
ㄷ. 정지한 상상이가 움직이는 무한이와 뮤온를 관찰하고 있으므로, 상상이에게는 무한이의 시간(고유 시간 : Δt_0)이 팽창되는 것으로 관측한다. 정지한 상상이의 시간(Δt)은 운동하고 있는 무한이의 시간(Δt_0)보다 빨리 간다.($\Delta t = \gamma \Delta t_0$)
ㄹ. 우주선과 무한이는 같이 운동하고 있으므로 무한이가 측정한 우주선의 길이가 고유 길이(L)이다. 정지한 상상이가 측정한 우주선의 운동 방향 길이(L')는 길이 수축이 일어나므로 L 보다 짧아진다.

26. **답** ④
해설 ㄱ. 이 경우 고유 시간(Δt_0)은 우주선과 같이 운동하는 상상이가 측정한 시간이다. 정지한 무한이가 측정한 시간을 Δt 라 할 때 따라서 $\Delta t = \gamma \Delta t_0$ 이 성립하여 무한이의 시간이 느려진다.
구간 A에서의 로런츠 인자를 γ_A 라 하면,

$$\gamma_A = \frac{1}{\sqrt{1-\left(\frac{v}{c}\right)^2}} = \frac{1}{\sqrt{1-\left(\frac{0.8c}{c}\right)^2}} = \frac{1}{0.6}$$

구간 C에서의 로런츠 인자를 γ_B 라 하면,

$$\gamma_C = \frac{1}{\sqrt{1-\left(\frac{v}{c}\right)^2}} = \frac{1}{\sqrt{1-\left(\frac{0.6c}{c}\right)^2}} = \frac{1}{0.8}$$

$\therefore \gamma_A > \gamma_C$ 이므로, 무한이의 시간인 Δt 는 우주선의 속도가 더 빠른

구간 A 에서 구간 C 보다 길어진다(느리게 간다).
ㄴ. 우주선과 같이 운동하는 상상이가 측정한 우주선의 길이가 고유 길이이며 고유 길이는 A, C 구간에서 같다. 그러나 정지한 무한이가 측정한 우주선의 길이는 길이 수축이 일어나며 속도가 더 빠른 우주선의 길이 수축 정도가 더 크다. 따라서 $L_A < L_C$ 이다.
ㄷ. 상상이가 볼 때, 무한이는 구간 A 에서 구간 C 보다 빨리 운동하므로 상상이가 측정한 무한이의 시간은 구간 C 보다 구간 A 에서 더 느리게 간다.

27. **답** ㉠ B ㉡ C
해설 ㉠ 무한이에 대해 정지한 물체의 길이 L이 고유 길이이며 우주선에서 봤을 때 물체는 운동하고 있으므로 운동 방향으로 길이 수축이 일어난다. 물체와 나란한 방향으로 이동하고 있는 우주선 B 에서 물체를 보았을 때만 물체의 길이가 짧게 관측된다.
㉡ 우주선의 탑승자가 관찰하는 우주선의 길이가 고유 길이이고 무한이가 측정할 때 우주선의 길이는 운동 방향으로 길이 수축이 일어나며 속도가 클수록 길이 수축이 많이 일어난다.

28. **답** ㉠ < ㉡ > ㉢ $\frac{L_1}{t_1}$ ㉣ $\frac{L_2 + vt_2}{t_2}$
해설 무한과 상상이에게 있어 빛의 속도는 c로 같다. 우주선 안의 무한이는 빛은 L_1 의 거리를 간다. 이때의 사건은 빛이 출발하여 과녁까지 가는 것이고 이를 서로 다른 좌표계에 있는 무한이와 상상이가 관측하는 것이다.
㉠ 사건과 함께 운동하는 무한이가 측정한 시간이 고유 시간이며, 시간 팽창에 의해 상상이가 측정한 시간은 무한이가 측정한 시간보다 늘어난 시간이 된다. ($t_1 < t_2$)
㉡ 광원에서 과녁까지의 거리를 측정할 때 서로 정지해 있는 상태에서 측정한 무한이의 길이 L_1이 고유 길이가 된다. 상상이가 측정한 길이는 길이 수축이 일어나고, 무한이가 측정한 길이보다 줄어든 길이가 된다. ($L_1 > L_2$)
㉢ 속력 = $\frac{\text{거리}}{\text{시간}}$ 이다.
무한이는 시간 t_1 동안 빛이 L_1만큼 진행하므로 광속 $c = \frac{L_1}{t_1}$ 이다.
상상이가 측정한 광원과 과녁 사이의 거리(L_2)와 빛이 과녁까지 이동하는 동안 우주선의 이동 거리(vt_2)의 합만큼 빛이 진행하므로 광속 c는

$$c = \frac{L_2 + vt_2}{t_2} \text{ 이다.}$$

29. **답** ⑤
해설 ㄱ,ㄴ. 정지해 있는 관측자 A에게는 B와 C가 탄 우주선의 길이에 있어 각각 길이 수축이 일어난다. B가 탄 우주선보다 C가 탄 우주선의 길이가 더 짧아보였으므로, 길이 수축이 더 많이 일어난 C가 탄 우주선의 속력이 더 빠르다. 따라서 C가 탄 우주선이 행성 P를 먼저 지나간다.
ㄷ. A와 행성 O, 행성 P는 서로 정지해 있으므로 A가 측정한 행성 O에서 행성 P까지의 거리가 고유 길이이다. 운동하고 있는 B와 C가 봤을 때 행성 O ~ 행성 P의 거리는 고유 길이보다 짧아진다. 길이 수축은 속력이 클수록 더 많이 일어난다. C가 탄 우주선의 속력이 더 빠르므로 길이 수축 정도가 더 크다. 따라서 B가 측정한 행성 사이의 거리가 C가 측정할 때보다 더 크다.
ㄹ. C가 관측할 때 A가 운동하는 것처럼 보이므로 A의 시간은 자신의 시간보다 느리게 간다.

30. **답** ③
해설 주어진 문제에서 상상이에 대하여 점 P와 점 Q는 정지해 있으므로 상상이가 측정한 거리인 30광년이 고유 길이(L_0)이다.
ㄱ. 점 P, Q 에 대해 운동하고 있는 무한이가 측정한 거리는 우주선의 속도 × 걸린 시간 = $0.8cT$ 이며, 고유 길이보다 수축된 길이이다.
ㄴ, ㄷ. 양성자는 상대적으로 같은 속력으로 움직이고 있는 무한이가 봤을 때 정지해 있다. 따라서 양성자의 정지 질량은 0 이 아니고 양성자의 정지 에너지는 양성자의 정지 질량 × c^2 이다.
ㄹ. 상상이가 측정한 고유 길이 L_0 = 30광년, $v = 0.8c$ 이므로,
무한이가 측정한 길이 L

$$= L_0\sqrt{1-\left(\frac{v}{c}\right)^2} = 30 \text{ 광년} \times \sqrt{1-\left(\frac{0.8c}{c}\right)^2}$$

$$= 30\text{광년} \times 0.6 = 18 \text{ 광년 이다.}$$

31. **답** 2.5 m
해설 질량은 에너지로 전환될 수 있고, 에너지도 질량으로 전환될 수 있으므로 질량과 에너지는 동등하다. 관성 좌표계에서 정지해 있는 물체의 질량(정지 질량)이 m_0일 때, 물체는 $E = m_0c^2$ 만큼의 정지 에너지를 갖는다. 물체가 속도 v로 운동하고 있다면

$$E = mc^2 = \frac{m_0c^2}{\sqrt{1-\left(\frac{v}{c}\right)^2}} = m_0c^2\gamma \text{ 만큼의 에너지를 갖는다.}$$

따라서 물체 A 의 처음 (정지)질량을 M, 쪼개진 두 조각이 속력을 갖고, 각각의 정지 질량을 m 이라고 했으므로 다음의 질량-에너지 식이 성립한다.

$$Mc^2 = mc^2\gamma + mc^2\gamma$$

$$\gamma = \frac{1}{\sqrt{1-\left(\frac{v}{c}\right)^2}} = \frac{1}{\sqrt{1-\left(\frac{0.6c}{c}\right)^2}} = \frac{1}{0.8} \text{ 이므로,}$$

$$Mc^2 = mc^2\gamma + mc^2\gamma = \frac{2mc^2}{0.8} = 2.5mc^2$$

$$\therefore M = 2.5\, m$$

32. **답** ③
해설 2만 km 상공에서 돌고 있는 GPS 위성은 지표면에 비해 상대적으로 빠른 속도를 가지므로 특수 상대성 이론에 의해서 시간 팽창이 일어나고 위성 내부의 시간은 지표면에 비해 7 μs 천천히 흐른다. 또 위성은 지구의 중력과 관성력(원심력)을 동시에 받아서 무중력 상태이므로 지구의 중력을 받고 있는 지표면보다 시간이 빨리 흐른다. 이때 위성 내부의 시간은 지표면에 비해 45 μs 빨리 흐른다. 결국 두 가지 효과를 모두 고려하면 위성 내부의 시간은 지표면보다 38 μs 빨리 흐른다. 지표면의 시간과 일치하지 않아서 차량 네비게이션 오작동 등의 혼란에 빠질 수 있으므로 시간 보정을 하여 지구로 정보를 보내게 된다.

33. **답** 해설 참고
해설 빛이 왕복운동하는 사건과 상대적으로 정지한 우주선 내부에서의 시간 Δt_0가 고유 시간이다. 빛이 왕복하는 시간을 지구에서 잰 시간 Δt 는 Δt_0 보다 커진다. 즉, 지구에서 관찰할 때 우주선 내부의 사건의 진행 시간이 길어지는 것이다.

$$D = \frac{c\Delta t_0}{2},\ 2s = c\Delta t \Rightarrow s = \frac{c\Delta t}{2},\ L = \frac{v\Delta t}{2} \text{ 이고,}$$

피타고라스 정리에 의해 $s^2 = D^2 + L^2$ 이다.

$$\therefore \left(\frac{c\Delta t}{2}\right)^2 = \left(\frac{c\Delta t_0}{2}\right)^2 + \left(\frac{v\Delta t}{2}\right)^2 \Rightarrow \frac{c^2\Delta t^2}{2^2} = \frac{c^2\Delta t_0^{\,2}}{2^2} + \frac{v^2\Delta t^2}{2^2}$$

$$\Rightarrow \Delta t^2(\frac{c^2 - v^2}{2^2}) = \frac{c^2 \Delta t_0^{\ 2}}{2^2}$$

$$\therefore \Delta t = \frac{\Delta t_0}{\sqrt{1 - \left(\frac{v}{c}\right)^2}} = \gamma \Delta t_0$$

34. 답 (1) ㉠ 32.5년 ㉡ 58.5년 (2) 13년

해설 (1) 지구에서 정지해 있는 관측자가 우주선을 보았을 때 우주선이 이동한 거리(L_0) = $v\Delta t$ 이고, v = $0.8c$ 이므로, 행성에 도착할 때까지 걸리는 시간은 다음과 같다.

$$\Delta t = \frac{L_0}{v} = \frac{26\text{광년}}{0.8c} = 32.5\text{년}$$

이때 행성 도착 즉시 보낸 라디오파 신호는 빛의 속도로 진행항여 26년 후에 지구에 도달하기 때문에 지구의 시계로 측정한 도착 연락 신호 수신은 32.5년 + 26년 = 58.5년 이 흐른 후 받게 된다.

(2) 우주선의 시계로 측정한 고유 시간(Δt_0)은 다음과 같다.

$$\Delta t_0 = \frac{\Delta t}{\gamma} = \Delta t\sqrt{1 - \left(\frac{v}{c}\right)^2} = 32.5\text{년} \times \sqrt{1 - \left(\frac{0.8c}{c}\right)^2}$$

= 19.5년

따라서 우주선에 탑승한 사람이 19.5살 늘었을 때, 지구에 있는 사람은 32.5살 늘었으므로 쌍둥이의 나이 차이는 13년이 된다.

35. 답 <해설 참고>

해설 지표면에서 약 10km = 10,000m 위에서 생긴 뮤온은 약 $0.999c$ ≒ 3.0×10^8m/s 의 속도로 떨어지게 되면, 지면에 도달하기 까지는 약 3.3×10^{-5}초가 걸리게 된다. 이는 뮤온의 수명인 2.2×10^{-6}초보다 긴 시간이므로 지면에 도달하기 전에 수명이 다해 없어져야 한다.

(1) 그림 (가)와 같이 지표면의 정지 좌표계를 기준으로 하면 뮤온은 매우 빠른 속도로 떨어지고 있기 때문에 뮤온의 수명은 정지해 있을 때보다 길어지게 된다(시간 팽창). 이때 뮤온과 같이 움직이는 좌표계의 뮤온의 수명을 고유 시간(Δt_0)이라고 할 때 지표면의 정지 좌표계에서 보면 뮤온의 수명(Δt)은 다음과 같이 늘어난다.

$$\Delta t = \frac{\Delta t_0}{\sqrt{1 - \left(\frac{v}{c}\right)^2}} = \gamma \Delta t_0$$

$$\gamma = \frac{1}{\sqrt{1 - \left(\frac{v}{c}\right)^2}} = \frac{1}{\sqrt{1 - \left(\frac{0.999c}{c}\right)^2}} \cong 22.37$$

$$\therefore \Delta t = \gamma \Delta t_0 = 22.37 \times 2.2 \times 10^{-6} \cong 4.9 \times 10^{-5}$$

이때 뮤온이 이동한 거리는 $v\Delta t$ = $(3.0 \times 10^8) \times (4.9 \times 10^{-5}) \cong$ 15km가 되므로 뮤온 입자는 지표면에 도달할 수 있게 된다.

(2) 그림 (나)와 같이 뮤온과 함께 움직이는 좌표계에서 볼 때는 길이 수축에 의해 뮤온이 움직이는 거리가 짧아지게 된다. 이때 고유 길이(L_0)는 정지한 좌표계에서 측정한 10km = 10,000m가 되므로, 뮤온과 같이 운동하는 좌표계에서 뮤온의 이동 거리(L)는 다음과 같다.

$$L = L_0\sqrt{1 - \left(\frac{v}{c}\right)^2} = \frac{L_0}{\gamma} = \frac{10,000}{22.37} \cong 447\text{m}$$

따라서 447m를 3.0×10^8m/s 의 속도로 떨어지게 되면

$$\text{걸리는 시간} = \frac{L}{v} = \frac{447}{2.2 \times 10^{-6}} ≒ 1.5 \times 10^{-6}\text{초}$$

가 되므로, 수명이 다하기 전에 지표면에 도달할 수 있게 된다.

36. 답 <해설 참고>

해설 일반 상대성 이론에 의하면 중력이 크게 작용하는 곳일수록 시간이 천천히 흐른다. 따라서 블랙홀과 같이 중력이 매우 강한 천체 근처에 있는 행성 '밀러'에도 강한 중력이 작용하게 되므로 멀리 떨어져 있는 우주선 속의 시간보다 시간이 더 천천히 흐르게 된다. 문제의 상황은 우주선은 블랙홀에서 매우 멀리(몇 광년 이상) 떨어져 있어야 하고, 행성 밀러는 블랙홀 근처에 있어 우주선과 행성 밀러 사이의 커다란 중력차가 존재해야 한다.

37. 답 <해설 참고>

해설 과학자들에게 있어 블랙홀은 아직 아는 것보다 모르는 것이 더 많은 미지의 천체와 다름이 없다. 블랙홀에 대한 이론은 대부분 관측과 이론의 결과일 뿐이다.

'블랙홀'이라는 이름도 1969년 미국의 존 휠러(John Archibald Wheeler)가 처음으로 '블랙홀'이라고 정할때 까지 다양한 이름으로 불리었다.

만약 블랙홀 안으로 사람이 빨려들어가게 되었을 때의 변화에 대하여 과학자들 사이에서도 의견이 분분하다. 대표적인 가설로는 다음의 3가지가 있다.

첫번째, '스파게티화(Spaghettification)'이다. 이는 블랙홀의 중력에 의해 사람의 몸이 스파게티 가락처럼 길게 늘어나게 된다는 이론이다. 사람이 선체로 블랙홀에 들어가게 된다면 중심에 가까운 발에 작용하는 중력이 머리에 작용하는 중력보다 훨씬 크게 작용하여 발부터 몸이 엿가락처럼 늘어나게 된다.

하지만 발에서 오는 빛이 눈에 도착해야 자신의 발이 늘어나는 것을 볼 수 있는데, 이 빛조차 안으로 빨려들어가고 있기 때문에 자신의 발이 늘어나는 것을 볼 수 없다.

두번째, 복사열에 의해 사람의 몸이 바짝 구워진다는 가설이다. 블랙홀은 빨아들인 물질들이 쌓이면서 빛을 내기 시작한다. 이는 굉장히 뜨겁기 때문에 스파게티면처럼 길게 늘어나기 훨씬 이전에 뜨거운 블랙홀의 복사열로 인하여 사람의 몸이 타버리게 될 것이라는 것이다.

세번째, '퍼즈볼(fuzzball)'로 불리는 홀로그램으로의 변환 이론이다. 이는 블랙홀에 빨려들어오는 물질은 자신의 불완전한 복제품으로 변환되어 이전처럼 계속 존재하게 될 것이라는 가설이다.

09강 project_ 논/구술

논/구술 A

178 ─ 179 쪽

해설 [서술 예시]

Q1 로켓이 지구를 탈출하기 위해서는 지구로부터 무한히 먼 곳까지 로켓이 운동할 수 있어야 하고, 따라서 지표면과 무한히 먼 곳의 역학적 에너지가 서로 같아야 하는 조건이 성립한다.

지구 인력에 의한 퍼텐셜 에너지 $E_p = -G\dfrac{Mm}{r}$ 이므로 $r \to \infty$이면 이 값은 0 이다. $r \to \infty$ 인 곳에서 로켓이 정지해 있는다고 할 때 운동 에너지도 0 이다. (이때 운동 에너지가 0 이상이면 더 큰 탈출 속도가 필요하다.) $r \to \infty$에서의 로켓의 역학적 에너지는 최소 0 이어야 한다.

따라서 지표면에서의 속도를 v_E(탈출 속도)라고 할 때, 지표면에서의 역학적 에너지가 0 이 되어야 지구로부터 무한히 떨어진 곳까지 로켓이 운동할 수 있다.

$$\frac{1}{2}mv_E - \frac{GMm}{R} = 0$$

이 식으로부터

$$v_E(\text{탈출 속도}) = \sqrt{\frac{2GM}{R}} \text{ 이다.}$$

지구의 질량을 모르는 상태이므로 g 를 이용해 지구의 질량을 구한다. 지표면에서의 중력 mg 는 만유인력과 같게 놓을 수 있으므로

$$mg = \frac{GMm}{R^2}, \quad GM = gR^2$$

따라서 $v_E(\text{탈출 속도}) = \sqrt{\dfrac{2GM}{R}} = \sqrt{2gR}$

g =9.8 m/s^2, R = 6.38×10^6 m 이므로 v_E 는 최소 11.2 km/s 이다.

Q2 지구에서 출발한 우주 발사선이 달에 갈 때 직선 궤도로 가는 것이 아니다. 지구의 인력과 달의 인력을 적절히 이용하여 최소의 연료 소비로 달의 궤도에 진입한다. 지구에서 출발한 우주 발사선이 엔진 추진을 하여 속도를 증가시켜 점점 이심률이 큰 타원 궤도를 돌고, 타원 궤도의 원일점이 달의 특정 궤도에 진입했 때 달의 궤도로 진입하는 것이다. 달의 궤도에 진입한 후 역추진을 하여 속도를 줄이고 달에 안착하게 된다. 운동 궤도의 한 예는 다음과 같다.

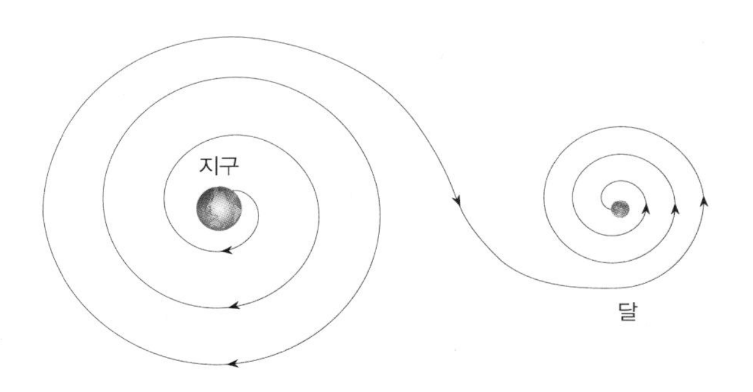

논/구술 B

180 ─ 181 쪽

Q1 (예시 답안) 우주 쓰레기는 매우 빠른 속도로 우주를 돌고 있기 때문에 아주 작은 크기의 물체일지라도 운동 에너지가 매우 커서 위성 등과의 충돌 시 큰 피해를 줄 수 있으며, 작은 쓰레기일 경우 지구에서 위치 추적이 거의 불가능하여 불시에 나타날 수 있으므로 더욱 위험하다.

Q2 (예시 답안) 현대 사회에 있어 인공위성을 이용한 GPS 시스템과 무선 통신은 자율 주행 자동차, 위치 추적 시스템 등의 4차 산업 혁명을 이끌고 있다. 그 외에 광물 탐사, 산불 감시, 지진, 전쟁 상황, 홍수 예보, 풍 · 흉년 예측, 일기 예보, 암석 분석 등의 자료를 지상으로 송출한다. 이처럼 인공위성을 통한 정보 전달이 매우 빠르고 정확하므로 인류 미래 산업의 사업성 뿐만 아니라 국가 경쟁력 차원에서 인공위성의 확보는 필수적이기 때문이다.

해설 Q1 인공 위성은 초속 7 ~ 8 km 의 속도로 지구 주위를 돌고 있다. 이때 인공 위성이 폭발하는 경우 그 파편 중 일부는 더욱 큰 운동량이 발생해 인공 위성의 속도보다 더 빨라지게 된다. 따라서 대기가 없는 우주 공간에서 지구 궤도를 도는 물체들의 평균 속도는 초속 7~11km 이상이다. 만약 반대편에서 날아 온 우주선에 이러한 파편들이 부딪힐 때의 충돌 속도는 이 속도의 2배가 된다. 지름 약 1 ㎝ 짜리 우주 쓰레기가 초속 10 ㎞ 로 날아와 부딪칠 때의 충격은 시속 482 ㎞ 의 볼링공으로 얻어맞는 것과 비슷하며, 이는 대형 위성이라도 절반 이상이 부서질 수 있는 충격이다. 지상에서 추적이 불가능한 10 cm 이하의 작은 파편의 경우 수류탄과 같은 폭발력을 갖기 때문에 약 5 cm 두께의 금속벽을 관통할 수 있는 에너지를 가진다. 실제로 1996년 7월 프랑스의 인공위성 세리스(Cerise)가 1986년 발사된 아리안(Ariane)로켓의 파편 조각과 충돌하여 심각한 손상을 입은 것이 대표적이며 1983년 우주왕복선 챌린저호의 경우 궤도 비행 중 작은 페인트 조각이 유리창에 충돌하여 유리창이 움푹 패일 정도의 손상을 입은 적도 있다.

인위적으로 만들어진 이러한 우주 쓰레기들은 이제 우주에서 자연적으로 발생하는 운석의 수를 훨씬 능가하고 있고, 빠른 속도로 위성과 충돌한 위험성을 항상 내포하고 있어서 문제가 되고 있다.

Q2 인공 위성을 통한 GPS, 국제 전화와 이동 통신, 위성 중계 등의 경우 고음질 고화질의 통신이 가능하며, 대용량의 정보도 정확하고 빠르게 전송이 가능하다. 또한 보안성이 높고, 지구상에서 자연재해나 전쟁 등이 발생할 경우에도 피해를 입지 않고 방송이 가능한 장점이 있다.

또한 인공 위성은 해양 감시, 기상 예측, 지도 제작, 자원 탐사, 위치 추적 등을 가능하게 한다. 즉, 생활에서 필요한 거의 모든 정보를 얻을 수 있는 중요한 역할을 할 수 있는 것이다.

인공위성을 이용한 인류 미래 산업의 사업성은 무궁무진하다.

또한 국제 사회에서 한 나라의 지위와 역할을 결정하는데 중요한 역할을 하는 것은 국방력과 경제력이다. 이때 필요한 것이 정보력이다. 따라서 국가 정보력을 향상하기 위해서는 위성을 통한 영상 정보 수집이 중요한 역할을 한다. 또한 인공 위성을 발사하는 우주 발사체를 만들 수 있는 능력은 대륙간 탄도탄을 만들 수 있는 능력을 의미하기도 하므로, 국방력의 척도가 될 수 있다.

Ⅱ 물질과 전자기장

10강 전기장

개념확인

184 - 187쪽

1. 대전, 대전체　　2. 4 N/C　　3. ㉠, ㉡
4. 유전 분극, 유전체

2. 답 4 N/C
해설 전기장 내에 있는 전하량이 q 인 전하가 받는 전기력의 크기가 F 일 때 전기장의 크기는 다음과 같이 구할 수 있다.

$$E(\text{N/C}) = \frac{F(\text{N})}{q(\text{C})}$$

따라서 +5C 의 점전하에 작용하는 전기력의 크기가 20 N 일 때 전기장의 크기는 $\frac{20\text{N}}{5\text{C}}$ = 4 N/C 이다.

확인 +

184 - 187쪽

1. 대전체 A : +5 C, 대전체 B : +5 C
2. (1) O (2) X (3) O
3. 금속구 A : (+) 전하, 금속구 B : (-) 전하
4. (1) X (2) X (3) O

1. 답 대전체 A : +5 C, 대전체 B : +5 C
해설 크기와 모양이 같은 두 대전체를 접촉시켰다가 분리를 하는 경우 두 대전체의 전하량의 합은 일정하며(전하량 보존 법칙), 접촉 과정에서 전하가 고르게 분포된다. 따라서 두 대전체의 전하량의 합은 6 + 4 = +10 C이므로, 각각의 대전체에 분포된 전하량은 +5 C 이 된다.

2. 답 (1) O (2) X (3) O
해설 (2) 전기력선의 방향은 (+)전하에서 나와서 (-)전하로 들어가는 방향이다.

3. 답 금속구 A : (+)전하, 금속구 B : (-) 전하
해설 대전체와 같은 종류의 전하는 먼 쪽으로 이동하기 때문에 전자들이 금속구 A에서 B로 이동하게 된다. 따라서 금속구 A는 (+) 전기로 대전이 되고, 금속구 B는 (-)로 대전이 된다. 이때 금속구를 뗀 후 대전체를 치웠기 때문에 A와 B는 각각의 전하가 대전된 상태로 남게 된다.

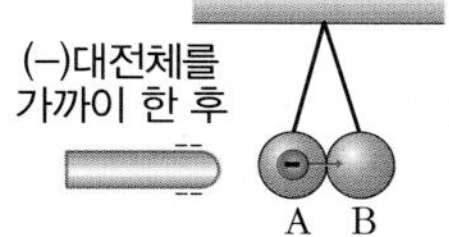

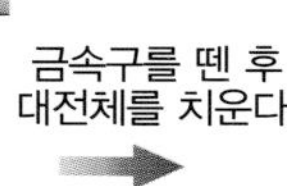

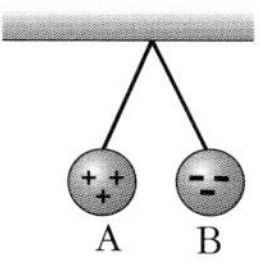

4. 답 (1) X (2) X (3) O
해설 (1) 절연체는 전기와 열을 모두 잘 전달하지 못하는 물질이다.
(2) 절연체 내에서 일어나는 정전기 유도 현상을 유전 분극이라고 한다. 하지만 유전 분극이 발생할 때 전자가 다른 물체로 이동하는 것이 아니라 대전체에 의해 원자 내의 전하들이 전기력을 받아 회전하거나 찌그러져서 부분적으로 표면에만 대전이 되는 것이다.

개념 다지기

188 — 189 쪽

01. ①　02. $\frac{1}{4}$　03. ③　04. ④　05. ⑤
06. ③　07. (1) O (2) O (3) X (4) X　08. ④

01. 답 ①
해설 모든 전기적 현상은 전하가 원인이 되어 일어난다.
ㄴ. 전자는 (−) 전기를 띠므로 전자를 잃은 물체는 (+)전하, 전자를 얻은 물체는 (−)전하를 띤다.
ㄷ. 원자핵은 이동할 수 없으며, 전자의 이동으로 물체가 전기를 띠는 현상을 대전이라고 한다.

02. 답 $\frac{1}{4}$
해설 전기력은 대전된 두 입자의 전하량의 곱에 비례하고, 두 전하 사이의 거리의 제곱에 반비례한다. 전하량은 변하지 않고, 거리만 2 배로 늘어났으므로 전기력은 $\frac{1}{2^2} = \frac{1}{4}$ 로 줄어든다. 따라서 그림 (나)에서 두 전하 사이에 작용하는 전기력 F' 는 $\frac{1}{4}F$ 이다.

03. 답 ③
해설 ① 전기력선의 수는 전하량에 비례한다.
② 전기력선의 간격이 빽빽할수록 전기장의 세기는 커진다. 즉, 전기력선의 밀도와 전기장의 세기는 비례 관계이다.
④ (+)전하에서 나와서 (-)전하로 들어가는 방향이 전기력선의 방향이다.
⑤ 전기장 내의 (+)전하가 받는 힘의 방향을 연속적으로 이은 선이 전기력선이다.

04. 답 ④
해설 전기력선은 (+)전하에서 나와서 (-)전하로 들어가는 방향으로 그려진다. 따라서 A는 (-)전하, B는 (+) 전하임을 알 수 있다. 또한 전기력선의 수는 전하량에 비례한다. B에서 나오는 전기력선의 수가 A의 두배가 되는 것으로 보아 B의 전하량이 A의 전하량의 두 배가 되는 것을 알 수 있다.

05. 답 ⑤
해설 대전된 도체 표면의 전기장은 도체 표면에 수직한 방향으로 형성되며, 도체에 공급된 전하는 모두 도체 표면에 존재하며, 뾰족한 부분일수록 많이 분포한다. 도체 내부의 전기장의 세기는 0이다.

06. 답 ③
해설 대전체와 척력을 작용하는 전자들이 A에서 B로 이동하지만 이동한 전자가 접촉한 손가락으로 빠져나가므로 두 금속구는 모두 (+) 전기로 대전된다. 이때 A 와 B 사이에는 척력이 작용한다.

07. 답 (1) O (2) O (3) X (4) X

해설 (1),(2) 도체와 절연체는 대전체를 가까이 했을 때 각각 정전기 유도 현상과 유전 분극 현상이 일어나며, 유도된 (+)전하량과 (-)전하량은 서로 같다. 이때 대전체를 치우면 다시 원래의 상태로 되돌아 간다.
(3) 도체는 내부에 자유 전자가 풍부하게 존재하여 (-)전하를 잘 이동시키나 절연체에는 자유 전자가 거의 존재하지 않는다.
(4) 절연체는 대전체에 의해 전기력을 받으면 원자 또는 분자가 회전하거나 찌그러져서 표면에만 부분적으로 대전이 된다. 도체는 원자 또는 분자의 모습이 변하지 않는다.

08. 답 ④
해설 그림은 대전체에 의해 물체 내의 원자가 찌그러져 있는 모습이다. 이 경우 전하의 분포가 대칭적이지 않아 물체의 양쪽 표면에 서로 다른 종류의 전하가 유도된다. 이것은 절연체에서의 정전기 유도 현상인 유전 분극을 나타낸 것이다.
②, ③ 대전체에 의해 물체의 오른쪽은 (+)전기, 왼쪽은 (-)전기를 띤다. 따라서 대전체와 물체는 서로 다른 전기를 띠게 되므로 인력이 작용한다.

유형 익히기 & 하브루타

190 ~ 193 쪽

유형 10-1	(1) 1, 왼쪽 (2) 7, 오른쪽		
		01. 2C, 1C, 1C	02. ②
유형 10-2	(1) A : (+)전하, B : (-)전하 (2) < (3) <		
		03. ③	04. ④
유형 10-3	③	05. ⑤	06. ③
유형 10-4	ㄴ, ㄷ, ㄹ	07. ③	08. ④

[유형10-1] 답 (1) 1, 왼쪽 (2) 7, 오른쪽

해설 (1) 쿨롱 법칙 $F = k\dfrac{q_1q_2}{r^2}$ 에 의해 점 p 에 + 1C을 띠는 점전하를 놓았을 때 점전하 A에 의해 받는 힘의 크기 F 는

$F = k\dfrac{(+1)(-1)}{1^2} = k$ 이다.

점 p에 +2C을 띠는 점전하를 놓았을 때 B로 부터 받는 힘의 크기는 $F_1 = k\dfrac{(+2)(-2)}{2^2} = k = F$ 이고, 점 p 에 놓인 +2C의 점전하와 B 사이에 작용하는 힘은 다른 종류의 전하를 띠고 있으므로 척력이 작용하여 왼쪽 방향으로 힘을 받는다.

(2) 점 q에 놓인 +4C인 점전하가 받는 힘은 점전하 A, B로 부터 각각 받는 힘의 합이다. 오른쪽을 + 방향으로 할 때,

점전하 A로 부터 받는 힘은 $F_2 = k\dfrac{(+4)(-1)}{2^2} = -F$ (인력, 왼쪽)

점전하 B로 부터 받는 힘은 $F_3 = k\dfrac{(+4)(+2)}{1^2} = 8F$ (척력, 오른쪽)

그러므로 q점의 + 4C 점전하는 $8F - F = 7F$ 의 크기로 오른쪽 방향으로 힘을 받는다.

01. 답 금속구 A : 2C, 금속구 B : 1C, 금속구 C : 1C
해설 <과정 1>접지를 하면 금속구의 전위가 지면과 같아져 0이 된다. 이것은 금속구 C가 띠는 전하량이 0 이 된다는 것이다.
<과정 2>크기와 모양이 같은 같은 재질의 두 대전된 도체를 접촉시킨 후 떼었을 때 전하량 보존 법칙에 의해 두 대전체의 총 전하량의 절반씩을 각각 나누어 갖게 된다. 따라서 금속구 A와 금속구 B의 전하량의 합은 8C + (- 4C) = 4C이므로, 금속구 A와 B는 각각 2C의 전하량을 갖게 된다.
<과정 3> 과정 2에 의해 금속구 B는 2C의 전하량을 띠고 있고, 과정 1에 의해 금속구 C는 전하량이 0이다. 따라서 두 금속구의 전하량의 합은 2C이 되고, 금속구 B와 C는 각각 1C의 전하량을 나누어 갖게 된다.

02. 답 ②
해설 $F = k\dfrac{q_1q_2}{r^2}$ 이므로 전하량이 변하지 않고 r 이 $\dfrac{1}{2}$ 배가 되면 F는 4배가 된다.

[유형10-2] 답 (1) A : (+)전하, B : (-)전하 (2) < (3) <
해설 (1) 전기력선은 (+)전하에서 나와서 (-)전하로 들어가는 방향으로 그린다. 따라서 A에서 전기력선이 나가고, B로 들어가는 것으로 보아 A는 (+)전하, B는 (-)전하를 띠고 있음을 알 수 있다.
(2) 전기력선의 수는 전하량에 비례한다. A에서 나가는 전기력선은 6개, B로 들어가는 전기력선은 12개인 것으로 보아 B의 전하량이 A의 전하량의 2배임을 알 수 있다.
(3) 전기력선의 밀도가 클수록 그 지점에서의 전기장의 세기가 크다. 전기력선의 밀도(빽빽한 정도)가 점 ㉠에서보다 점㉡에서 더 크다.

03. 답 ③
해설 전기력선의 옳은 모양은 다음과 같다. ③만 옳은 모양이다.

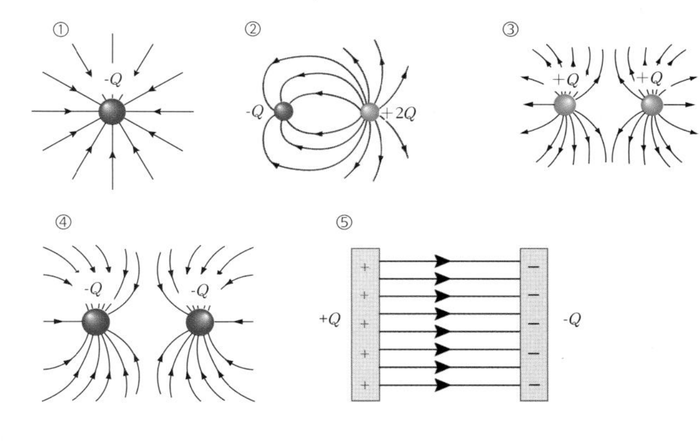

04. 답 ④
해설 ㄱ. 질량이 있는 전하는 힘을 받아 가속도 운동을 한다.
ㄴ. 어떤 점에서의 전기장의 방향은 그 지점에 양(+)전하를 놓았을 때 받는 힘의 방향과 같다.
ㄷ. 전기력선의 밀도가 클수록(빽빽할수록) 전기장은 세게 형성된다.

[유형10-3] 답 ③
해설 검전기가 대전되면 금속박과 금속판, 금속막대 모두 같은 종류의 전기를 띠게 된다. 따라서 두 가닥의 금속박이 서로 힘을 작용하여 벌어진 상태로 있게 되는 것이다. 이때 금속판에 같은 종류로 대전된 대전체를 가까이 가져가면 금속판의 전기와 대전체의 전기가 서로 미는 힘인 척력을 작용하여 금속판의 전기가 금속박으로 이동하여 금속박은 더 벌어지게 된다.

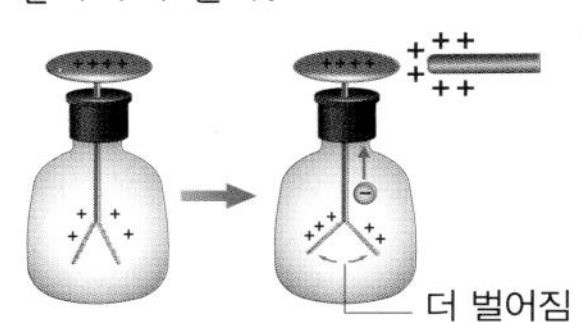

만일 금속판과 다른 종류의 전기로 대전된 대전체를 금속판에 가까이 가져가면 대전체의 인력으로 금속박의 전하가 모두 금속박으로 이동해 금속박은 닫히게 된다.

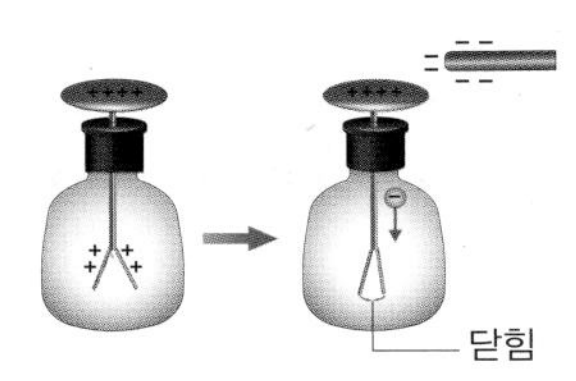

이때 대전체의 전하량이 금속판의 전하량보다 매우 크면, 금속박의 전하가 모두 끌려 올라가서 중성의 상태가 되어서도 오히려 남아있던 전하까지 더 끌려가게 되므로 금속박은 대전되어 다시 금속박이 벌어지게 된다. 이때 금속박은 처음 띠고 있던 전하와 반대 종류의 전하로 대전된다.

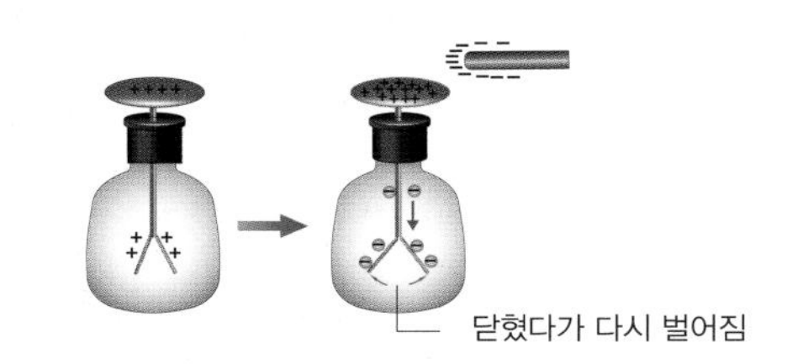

05. 답 ⑤

해설

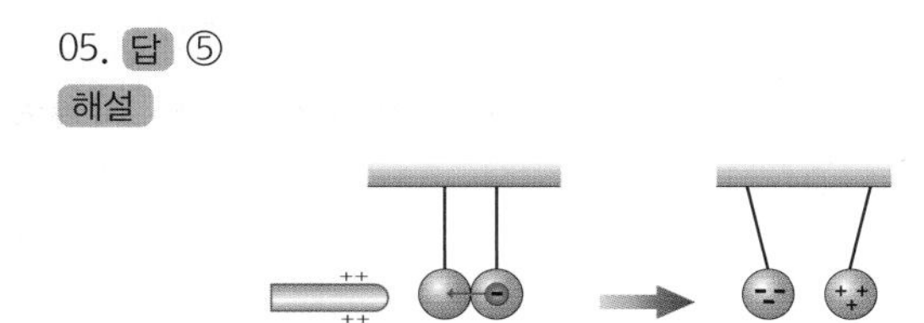

두 금속구를 접촉시킨 후 (+)대전체를 가까이 가져가면 B의 전자가 인력에 의해 A로 이동하게 된다. 따라서 금속구 A는 (-)전기로 대전되고, 금속구 B는 (+)전기로 대전된다. 두 금속구는 다른 전하를 띠고 있기 때문에 이들 사이에는 인력이 작용하게 된다.

06. 답 ③

해설 ㄴ. 도체에 공급된 전하는 같은 종류의 전하로 서로 밀어내며, 서로 멀리 떨어져 있으려고 한다. 도체에서는 전하의 이동이 자유로우므로 가장 멀리 떨어지려면 도체 표면에 존재하게 되며, 도체 내부에는 전하가 분포하지 않는다. 도체 표면에 분포된 전하는 도체 내부의 전기장을 0 이 되도록 한다. 도체 내부의 전기장이 0 이 되도록 하기 위해서는 뾰족한 부분에 많은 전하가 분포해야 한다.

[유형10-4] 답 ㄴ, ㄷ, ㄹ

해설 (가) 물체 A는 외부 자기장에 의해 원자 또는 분자가 회전하거나 찌그러지면서 재배열되어 표면에만 부분적으로 대전되는 절연체(유전체)이며, 이 현상은 유전 분극 현상이다. (나) 물체 B는 대전체에 의해 전자들이 이동하여 나타나는 분극 현상인 정전기 유도 현상을 일으키는 도체이다.

ㄱ. 물체 A는 절연체(=유전체), 물체 B는 도체이다.

ㄴ. 유전 분극 현상이나 정전기 유도 현상 모두 외부 대전체의 전기장에 의해서 전기가 유도되는 현상이다.

ㄷ. 물체 B의 오른쪽에는 전자가 끌려와 이동하여 (-)전기를 띠게 된다. 따라서 (+)전기로 대전된 대전체와 서로 인력이 작용한다.

ㄹ. 물체 B는 도체이며, 내부에는 과잉 전하가 분포하지 않아 전기적으로 중성이며, 대전체의 외부 자기장에 의해서도 내부의 전하 분포는 항상 동일하게 중성 상태로 유지된다. 정전기 유도 현상은 도체 표면에 분포한 전자가 표면을 따라 이동하면서 일어나는 것이다.

07. 답 ③

해설 종잇조각은 절연체이다. 절연체에 대전체를 가까이 가져가면 절연체를 이루는 원자 내의 (+)전하와 (-)전하가 힘을 받아 원자가 타원형이 되면서 전하의 분포가 불균일해 져 물체의 양 끝에만 전기가 유도된다. 따라서 물체의 대전체와 가까운 쪽은 (+)전기를 띠게 되고, 반대쪽은 (-)전기를 띠게 된다.

08. 답 ④

해설 ㄱ. 절연체 내에서 일어나는 정전기 유도 현상을 유전 분극이라고 한다.

ㄴ. 도체는 전하의 이동이 자유로우므로 한 곳에 전하를 공급하면 표면 전체로 전하가 빠르게 퍼지지만, 절연체는 전하가 잘 이동할 수 없으므로 한 곳에 전하가 공급되면 그 곳에 전하가 머물러 있게 된다.

ㄷ. 절연체에 유전 분극 현상이 일어난 상태에서 대전체를 치우면 대전체를 가까이 하기 전 상태로 되돌아간다.

스스로 실력 높이기

194 – 201 쪽

01. (1) O (2) O (3) X　02. $9F$

03. (-)전하, 왼쪽　04. -5C　05. 56 N　06. <

07. 3 : 1　08. 인력　09. ③　10. ②　11. ④

12. $60k$　13. ⑤　14. ③　15. ③　16. ④

17. (1) 5×10^{11} N/C, 왼쪽　(2) 5×10^{9} m/s^2, 왼쪽

18. ③　19. ④　20. ④　21. ④　22. ③

23. ④　24. 1.8×10^{15} m/s^2, 왼쪽

25. 도체구 A : (-), 도체구 B : (-), 전기력선 모양 : 해설참조

26. ③　27. ①　28. ㄷ, ㄹ　29. ③　30. ④

31. ④　32. (1) 전하 A : (+)전하, 금속판 표면 B : (-)전하　(2) 전기장의 세기가 감소한다.

33. <해설참조>　34. (1) ①　(2) $2kq^2$　35. $\frac{4}{9}$ C

36. ① ㉡, ② ㉠ ㉡, ③ ㉠, ④ ㉡

01. 답 (1) O (2) O (3) X

해설 (2) 전기장의 방향은 전기장 내에 있는 (+)전하가 받는 전기력의 방향과 같으므로 (-)전하가 받는 전기력의 방향과는 반대이다.

(3) 대전된 두 입자 사이의 전기력은 쿨롱의 힘으로 정의 되며, 두 입자가 각각 띤 전하량의 곱에 비례하고, 두 입자 사이의 거리의 제곱에 반비례한다.

02. 답 $9F$

해설 쿨롱의 힘 $F = k\dfrac{q_1q_2}{r^2}$이므로 전하량은 변하지 않고, 거리만 $\dfrac{1}{3}$로 줄어들었다면 전기력의 크기는 3^2= 9배만큼 커지게 된다.

03. 답 (-)전하, 왼쪽

해설 고정된 (+)전하 B에 의해 오른쪽 방향으로 인력이 작용하고 있으므로 전하 A는 (-)전하를 띠고 있음을 알 수 있다. 전기장의 방

향은 전기장 내에 있는 (+)전하가 받는 전기력의 방향과 같으므로 A지점에 (+)전하가 있다고 가정했을 때 B 전하(원천 전하)에 의해 왼쪽으로 척력을 받으므로 A지점에 형성된 전기장의 방향은 왼쪽이다.

04. 답 -5 C
해설 전하량 보존 법칙에 의해 두 물체 사이에서 전하가 이동할 수는 있으나 그 과정에서 전하가 새로 생겨나거나 없어지지 않고 그 총량은 일정하게 보존된다. 나중에 각각 +1C의 전하량을 띠게 되었으므로 금속구 A와 B의 전하량의 총합은 +2C임을 알 수 있다. 처음 금속구 B의 전하량을 Q라고 할 때 7 + Q = 2 , Q = -5 C

05. 답 56 N
해설 전기장 E인 점에 놓인 전하 q가 받는 전기력의 크기 $F = qE$ 이다. 따라서 $F = 8 \times 7 = 56$ N 이다.

06. 답 <
해설 전기력선의 밀도와 전기장의 세기는 비례 관계이다. 그림 속 A 지점보다 B 지점의 전기력선의 밀도가 크다(빽빽하다).

07. 답 3 : 1
해설 전기력선의 수는 전하량에 비례한다. A에서 전기력선이 나오는 것으로 보아 (+)전하임을 알 수 있고, B로 전기력선이 들어가는 것으로 보아 (-)전하임을 알 수 있다. 이때 A에서 나오는 전기력선의 수가 18개, B로 들어가는 전기력선의 수가 6개이므로 A의 전하량 : B의 전하량 = 18 : 6 = 3 : 1이다.

08. 답 인력
해설 금속 막대에 (-)전기로 대전된 대전체를 가까이 가져가면 금속 막대의 오른쪽 부분은 (-)전기를 띠게 된다. 따라서 (+)로 대전된 고무 풍선과는 인력이 작용하여 고무 풍선이 금속 막대 쪽으로 끌려오게 된다.

09. 답 ③
해설 대전된 대전체를 도체에 가져가면 대전체에 가까운 쪽에는 대전체와 반대 종류의 전하가, 대전체와 먼 쪽에는 대전체와 같은 종류의 전하가 유도된다. 그림과 같이 대전체에 의해 자유 전자들이 도체의 A쪽으로 이동한 것으로 보아 대전체는 (-) 전하를 띤 것으로 알 수 있다. 따라서 도체 A쪽은 (-)전기, B쪽은 (+)전기를 띠게 된다.

10. 답 ②
해설 대전체와 금속구 A가 가까워지면 대전체가 띠고 있는 (-)전하에 의해 전자들이 금속구 B쪽으로 이동하게 되므로 금속구 B는 (-)전기, 금속구 A는 (+)전기를 띠게 된다. 이때 전자가 이동한 상태에서 금속구를 떼어낸 후 막대를 치웠기 때문에 전자는 다시 되돌아 오지 못하고 도체 구에 골고루 퍼져서 A는 (+)전하, B는 (-)전하가 분포하게 된다.

11. 답 ④
해설 그림은 서로 다른 두 물체를 마찰시킬 때 두 물체 사이에 전자의 이동으로 발생하는 마찰 전기를 나타낸 것이다.
①,② (가)는 상대적으로 (+)전하가 많으므로 (+)전기로, (나)는 상대적으로 (-)전하가 많으므로 (-)전기로 대전되었음을 알 수 있다.
③ 마찰시킨 후 (가)는 (+)전하, (나)는 (-)전하를 띠는 것으로 보아 (가)에서 (나)로 (-)전하(전자)가 이동한 것을 알 수 있다. (+)전하는 원자핵이므로 이동할 수 없다.
④ 전하량 보존 법칙에 의해 (가)가 (-)전하를 잃은 만큼 (+) 전하를 띠게 되고, (나)는 (-)전하를 얻은 만큼 (-)전하를 띠게 되기 때문에 대전된 전하량은 같다.
⑤ 그림은 마찰전기 현상이며, 전하가 유도되는 정전기 유도 현상이 아니다.

12. 답 60k
해설 쿨롱 힘 $F = k\dfrac{q_1q_2}{r^2}$ 이고, 두 전하는 서로 같은 크기의 힘을 받는다. $F = k\dfrac{(+5)(-3)}{(0.5)^2}$ = -60k (크기 : 60k)이다.

13. 답 ⑤
해설 ① 점 a 와 c 는 점전하 A, B 와 각각 떨어져 있는 거리가 같고, 전기력선의 밀도도 같기 때문에 점 a 의 전기장과 점 c 의 전기장의 세기는 서로 같다(전기장의 방향도 각각 같다).
② A는 (-)전하, B는 (+)전하로 대전되어 있다.
③ 점 b의 위치에 (+)전하를 놓으면 왼쪽으로 전기장이 형성되어 있으므로 왼쪽으로 힘을 받아 이동하는데, 이동하면서 전기력선의 밀도가 균일하지 않으므로 전기장의 세기도 균일하지 않고, (+)전하에 작용하는 힘도 균일하지 않다. (+)전하의 질량을 m이라고 하면 $F = ma$ 에 의해 힘과 가속도는 비례하므로 (+) 전하는 가속도가 변하는 운동을 한다.
④ 점 a 위치에 (+)전하를 놓으면 전기장의 방향으로 힘을 받으므로 오른쪽으로 전기력을 받는다.
⑤ 점 c 위치에 (-)전하를 놓으면 전기장의 반대 방향으로 힘을 받으므로 왼쪽으로 전기력을 받는다.

14. 답 ③
해설 한 점에서의 전기장의 방향은 그 점에 있는 (+)전하가 받는 전기력의 방향이다. 또한 그 점을 통과하는 전기력선의 접선 방향이다.

15. 답 ③
해설 ③ 입자 a가 받는 전기력 $F = qE$ 이다. 따라서 가속도를 a라고 하면 $a = \dfrac{F}{m} = \dfrac{qE}{m}$ 이다.
①, ② 한 점에서의 전기장의 방향은 그 점의 (+)전하가 받는 힘의 방향과 같다. 중심 전하가 (+)전하이기 때문에 전기장의 방향은 전기력선의 방향과 같이 중심에서 바깥쪽을 향하는 방향이다. 입자 a는 전기장의 방향과 반대 방향으로 힘을 받아 움직였으므로 입자 a는 (-)전하를 띠고 있음을 알 수 있다.
④ 가속도는 질량에 반비례하기 때문에 질량이 커지면 가속도가 작아지므로 속도의 변화가 더 작아진다.
⑤ 입자 a 와 다른 종류의 전기인 (+)전기를 띤 다른 입자를 같은 위치에 놓으면 그 전하는 반대 방향으로 움직인다.

16. 답 ④
해설 ① 과정에 의해 금속구 A 와 금속구 B 를 접촉시키면 총 전하량은 10C + (-14C) = -4C 이 되며, 두 금속구를 떼면 전하가 고르게 분배되어 금속구 A 와 금속구 B 각각 -2C 의 전하량을 갖게 된다.
② 과정에 의해 ①과정을 거친 -2C의 전하량을 가진 금속구 B 와 금속구 C 를 접촉시키면 총 전하량은 (-2C) + 30C = 28C 이 되며, 두 금속구를 떼면 금속구 B와 금속구 C 각각 14C 의 전하량을 갖게 된다.
③ 과정에 의해 ②과정을 거친 14C 의 금속구 C와 ①과정을 거친 -2C 의 전하량을 가진 금속구 A 를 접촉시키면 총 전하량은 14C +

(-2C) = 12C 이 되며, 두 금속구를 떼면 금속구 A 와 금속구 C 각각 6C 의 전하량을 갖게 된다.
최종적으로 금속구 A의 전하량은 6C, 금속구 B의 전하량은 14C, 금속구 C의 전하량은 6C 가 된다.

17. **답** (1) 5×10^{11} N/C, 왼쪽 (2) 5×10^{9} m/s^2, 왼쪽

해설 (1) 원천 전하의 전하량을 Q 라고 할 때, 그로부터 r 만큼 떨어진 곳의 전기장은 그 지점에 +1C(단위 양전하)의 전하가 있다고 가정할 때 그 전하가 받는 힘의 크기와 방향이다.
따라서 전하 A 위치에서의 전기장 크기를 E 로 하면

$$E = k\frac{Q}{r^2} = 9\times10^9\frac{5}{0.3^2} = 5\times10^{11}\ \text{N/C}$$

E 의 방향은 단위 양전하가 받는 힘의 방향과 같으므로 왼쪽이다.
(2) 전하 A 의 전하량은 10^{-6}C 이므로 전하 A 에 작용하는 쿨롱의 힘 $F = qE = 10^{-6}\times5\times10^{11} = 5\times10^{5}$ N 이다. 질량이 10^{-4} kg 이므로

가속도 크기 $a = \frac{F}{m} = \frac{5\times10^5}{10^{-4}} = 5\times10^9\ \text{m/s}^2$ 이다.

가속도 방향은 힘의 방향과 같으므로 왼쪽이다.

18. **답** ③

해설 ③ 금속 막대 A 쪽 근처에 (+)로 대전된 대전체를 가까이 하면 대전체에 의한 전기력에 의해 막대 A 쪽으로 자유 전자가 끌려오게 되어 반대쪽인 금속 막대의 B 쪽은 (+)전하를 띠게 된다. 이때 (+)전하로 대전된 금속 막대에 의해 검전기의 금속판은 (-)전하로, 금속박은 (+)전하로 대전되어 벌어지게 된다. 이때 금속 막대 대신 절연체인 유리 막대를 놓게 되면 자유 전자의 이동은 없지만 유전 분극 현상에 의해 금속박은 조금 벌어진다.

19. **답** ④

해설 (가) (-)전하를 띠는 대전체에 의해 멀어진 A는 대전체와 같은 종류의 전하인 (-)전하를 띠고 있는 것을 알 수 있다. 인력이 작용하여 끌려간 B, C, D 에는 다른 종류의 전하를 띠고 있거나, 아무런 전기를 띠고 있지 않다는 것을 알 수 있다. (아무런 전기를 띠고 있지 않은 물체에 대전체를 가까이 하면 정전기 유도 현상에 의해 대전체와 가까운 쪽에는 대전체와 반대 종류의 전기가 유도되므로 인력이 발생하기 때문이다.)
(나) A 가 (-)로 대전되어 있기 때문에 두 가지 경우로 볼 수 있다.
① B 는 (+) 전기이고, C, D 는 각각 전기를 띠고 있지 않다.
② B 가 전기를 띠고 있지 않고, C, D 는 각각 전기를 띠고 있다.
(다) C 와 D 사이에 움직임이 없는 것으로 보아 C 와 D 는 각각 대전되어 있지 않은 도체임을 알 수 있다.
따라서 (나)의 두 경우 중 ① 에 해당됨을 알 수 있다.

20. **답** ④

해설 처음 금속구 A와 B의 각각의 전하량을 q, C의 전하량을 0 이라 하면, 금속구 B와 C를 접촉시켰으므로 두 금속구는 같은 양의 전하를 나누어 갖게 된다. 따라서 각각의 전하량은 다음과 같다.

금속구 A = q, 금속구 B = 금속구 C = $\frac{q}{2}$

두 전하 사이에 작용하는 힘은 전하량의 곱에 비례하고, 거리의 제곱에 반비례한다. 각각 금속구 사이의 거리는 같으므로 비례식은 다음과 같다.

$$F_1 : F_2 = q\times\frac{q}{2} : \frac{q}{2}\times\frac{q}{2} = \frac{q^2}{2} : \frac{q^2}{4} = 2 : 1$$

21. **답** ④

해설

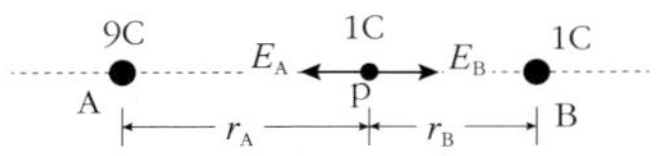

두 점전하(원천 전하) A, B 로부터 각각 r_A, r_B 만큼 떨어진 점 p의 전기장의 세기가 0 이 되려면 A, B 두 전하에 의해 각각 발생하는 전기장 E_A, E_B의 합이 0 이어야 한다. E_A, E_B 를 구하려면 p점에 1C의 전하가 있다고 가정하고 전하 A, B가 작용하는 쿨롱의 힘을 각각 구하면 된다.

$$E_A = E_B \Rightarrow k\frac{9\times1}{(r_A)^2} = k\frac{1\times1}{(r_B)^2} \Rightarrow r_A = 3r_B$$

$r_A + r_B = 80$cm 이므로 $r_A = 60$cm, $r_B = 20$cm 이다. 즉, A 에서 오른쪽으로 60cm(B에서 왼쪽으로 20cm)인 곳에서 전기장의 세기가 0 이 된다.

22. **답** ③

해설 ㄱ, ㄴ. 중성 상태의 검전기에 (-)로 대전된 대전체를 가까이 하면 대전체의 전기력에 의해 전자가 금속박으로 이동하게 된다. 따라서 금속판은 (+)전기를 띠게 되고 금속박은 (-)전기를 띠어 벌어지게 된다.
ㄷ. 이 경우 검전기의 (-)전하(전자)가 척력을 받아 멀어지려고 하므로 접지된 곳으로 빠져나가 없어진다. 금속박의 전자도 더 먼 곳으로 이동하므로 금속박은 전기를 띠지 않아 오므라든다.
ㄹ. 스위치를 열고 에보나이트 막대를 치우면 접지된 곳으로 나갔던 (-)전하가 돌아오지 못한다. 금속판의 (+)전기는 검전기 전체에 골고루 퍼지므로, 금속박도 (+)전기를 띠고 벌어지게 된다.

23. **답** ④

해설 ㄱ. 종잇조각에 유전 분극 현상이 일어나 표면에 (-)전기와 (+)전기를 띠는 부분이 생긴다.
ㄴ. 절연체에 발생한 유전 분극에 의해 전기를 띠는 부분들이 생기므로 인력과 척력에 대한 설명도 필요하다.
ㄷ. 절연체에 유전 분극 현상이 일어난 경우 대전체가 가까이 갈수록 유전 분극 현상이 심화되어 종잇조각이 더 많이 끌려오기 때문에 유리막대에 의한 종잇조각의 끌림 현상을 설명하고 있다.
ㄹ. 유전 분극 현상과 전류에 의한 자기장은 관련이 없는 내용이다.

24. **답** 가속도의 크기 : 1.8×10^{15} m/s^2, 방향 : 왼쪽

해설 전자가 받는 전기력 $F = qE$ 이다. 이때 전자의 전하량 q는 (-)전기이고 전기장 E 는 오른쪽 방향이므로 전기력 F 의 방향은 왼쪽이고 가속도의 방향과 같다. 전자의 가속도를 a 라고 하면

$$a = \frac{F}{m} = \frac{qE}{m} = \frac{1.6\times10^{-19}\times10^4}{9.1\times10^{-31}} = 1.8\times10^{15}\ \text{m/s}^2$$ 으로 매우 크며

왼쪽 방향이다.

25. **답** 도체구 A : (-) 전하, 도체구 B : (-) 전하
전기력선 모양 :

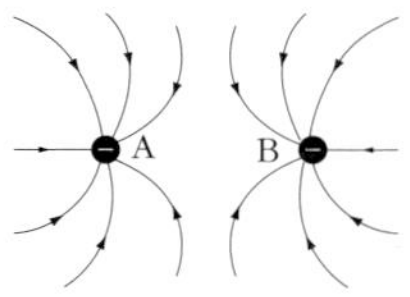

해설 문제의 그림에서 도체구 A 에서 전기력선이 나오는 것으로 보아 (+)전하를 띤 도체구임을 알 수 있고, 도체구 B 에서는 전기력선이 들어가는 것으로 보아 (-)전하를 띤 도체구임을 알 수 있다. 하지만 도체구 A에서 나가는 전기력선의 수는 7개, 도체구 B로 들어오

는 전기력선의 수는 21개인 것을 통해 도체구 B의 전하량이 도체구 A의 3배가 되는 것을 알 수 있다. 접촉시키기 전 도체구 A, B 의 전하량을 Q,-$3Q$라고 할 때 두 도체구를 접촉시켰다 떼어내면 두 전하량의 합을 절반씩 고르게 나눠 갖게 되므로 두 도체구는 각각 -Q 전하량을 갖게 되므로 전기장을 그릴 때 7개의 전기력선이 각각 들어가는 분포를 하도록 그린다.

26. **답** ③

해설 물체가 받는 탄성력 = kd, 전기력 = EQ 이다. (나) 상태에서 전기장내에서 물체가 받는 전기력(오른쪽)과 용수철의 탄성력(왼쪽)은 평형을 이룬다.

$\therefore kd = EQ,\ d = \dfrac{QE}{k}$

27. **답** ①

해설 ㄱ. 거리 d 가 증가하면 A와 B 사이의 쿨롱의 힘(척력)이 약해진다.

ㄴ. 도체구 A는 (+)로 대전되어 있는 도체이지만 아직도 많은 전자가 표면에 존재한다. 이 전자는 도체 표면 위를 자유스럽게 이동할 수 있는 자유전자이다. (+)점전하 B가 도체구 A에 가까워진다면 도체구의 전자는 오른쪽 표면 부분에 더 많이 모이게 되고, 도체구의 오른쪽 표면 부분은 상대적으로 (+)전기가 적게 분포하게 된다. 이렇게 전하의 분포는 거리 d 에 따라 변하게 된다.

ㄷ. 처음엔 도체구 A와 B 사이에 작용하는 힘이 척력이지만, 만약 점전하 B가 도체구 A에 매우 가까이 접근하면 도체구 A의 오른쪽 표면에 분포한 양전하는 밀려나 멀어지고, 전자가 모여들게 된다. 이때 도체구와 점전하 B 사이에는 약한 인력이 작용한다.

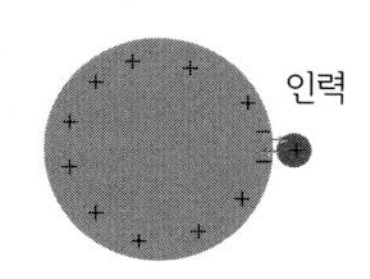

28. **답** ㄷ, ㄹ

해설 두 전하(q_1, q_2) 사이에 작용하는 힘은 쿨롱의 힘이며 두 전하는 각각 같은 크기의 힘 $F = k\dfrac{q_1q_2}{r^2}$ 을 서로 작용한다.

ㄱ.

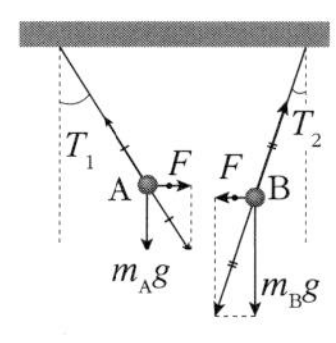

A 와 B는 같은 힘 F를 서로 작용한다. 무게가 작을수록 더 많이 끌려온다.

전하량이 다르더라도 두 공 사이에 서로 주고 받는 힘은 같다(작용 반작용). 그림 (가)와 같이 각각 기울어진 정도(끌려온 정도)가 다른 이유는 두 공의 질량(무게) 차이 때문이다.

ㄴ. 처음 상태는 서로 끌려온 상태이므로 두 전하 사이에 인력이 작용한 것을 알 수 있다. 따라서 두 공은 다른 종류의 전하를 띠고 있다.

ㄷ. 공 A 와 공 B 는 서로 같은 힘으로 잡아당겨지고 있다. 하지만 A가 더 많이 끌려온 이유는 공 A 의 질량이 공 B 의 질량보다 가볍기 때문이다.

ㄹ. 그림 (나)에서 두 공은 서로 미는 힘인 척력을 작용하고 있다. 이는 두 공이 같은 종류의 전하로 대전되었기 때문이다.

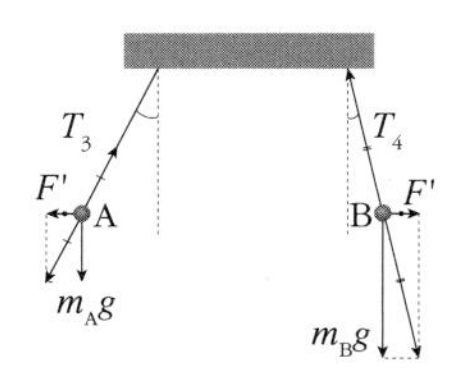

A, B는 서로 같은 종류의 전기이며 전하량도같다. 무게는 A가 작으므로 밀려나는 정도가 더 크다.

29. **답** ③

해설 ㄱ. 전기력 $F = k\dfrac{q_1q_2}{r^2}$ 이므로 $\dfrac{1}{(거리)^2}$ 이 같을 때, A와 B가 A와 C보다 더 전기력이 크므로, B의 전하량이 C의 전하량보다 크다.

ㄴ. A와 B, A와 C는 똑같이 미는 힘이 작용하므로 B와 C에 대전된 전하의 종류는 같다.

ㄷ. 전기력은 $\dfrac{1}{(거리)^2}$ 에 비례하므로 거리가 2배가 되면, 전기력의 크기는 $\dfrac{1}{4}$ 배가 된다.

30. **답** ④

해설 정사각형의 각 네 꼭지점과 중심 O 와의 거리는 모두 같다. 이 거리를 r 로 한다. 중심 O 에 1C 의 전하를 놓았다고 생각할 때 이 전하가 받는 전기력의 방향이 중심 O 에서의 전기장의 방향이다.

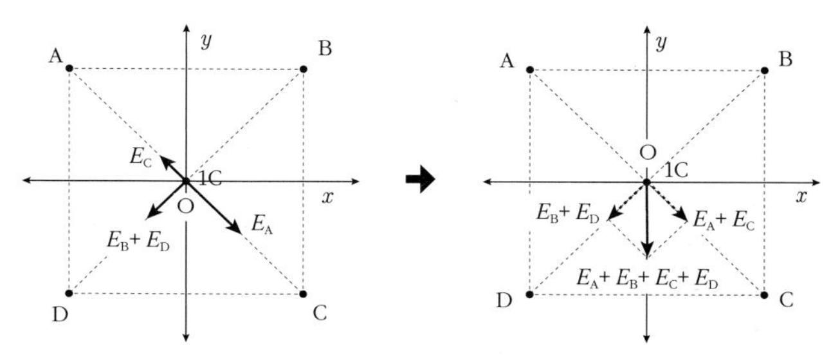

점전하 A에 의한 전기장 $E_A = k\dfrac{6}{r^2}$ 이고, 방향은 C 방향이다.

점전하 B에 의한 전기장 $E_B = k\dfrac{2}{r^2}$ 이고, 방향은 D 방향이다.

점전하 C에 의한 전기장 $E_C = k\dfrac{2}{r^2}$ 이고, 방향은 A 방향이다.

점전하 C에 의한 전기장 $E_D = k\dfrac{2}{r^2}$ 이고, 방향은 D 방향이다.

이때 E_B 와 E_D 는 같은 방향으로 작용한다.

그림과 같이 중심 O 에서의 합성 전기장의 방향은 $-y$ 방향이 된다.

31. **답** ④

해설 ㄱ. 전기장의 방향은 전기장 내에 있는 (+)전하가 받는 전기력의 방향과 같다. 따라서 (가)에서는 왼쪽 방향, (나)에서는 오른쪽 방향이다.

ㄴ. 전기장의 세기 $E = \dfrac{F}{q}$ 이다. A 와 B에 작용하는 전기력 F 는 같으므로 $E_{(가)} = \dfrac{F}{2Q},\ E_{(나)} = \dfrac{F}{Q}$ 이다.

따라서 전하량이 작은 (나)에서의 전기장이 더 크다.

ㄷ. (가)의 전기장이 더 작으므로 전하 B가 (가)에 있으면 (나)에 있을 때보다 전기력이 작아진다.

ㄹ. 두 전하는 서로 다른 전기를 띠고 있기 때문에 어디에서든 두 전하 사이에는 인력이 작용한다.

32. **답** (1) 전하 A : (+)전하, 금속판 B 표면 : (-)전하
(2) 전기장의 세기가 감소한다.

해설 (1) (+)전하 주위에 금속판을 놓으면 (+)전하에 의해 금속판 표면에 (-)전하가 유도되고 이에 따라 전기력선이 금속판 쪽으로 휘어져서 금속판 표면에 수직으로 들어가게 된다.

(2) 금속판을 제거하면 구부러져서 금속판을 향하던 전기력선이 방사형으로 퍼져나가는 모양으로 되어 점 P 근처에서 전기력선의 밀도

가 감소하여 전기장의 세기가 감소하게 된다.

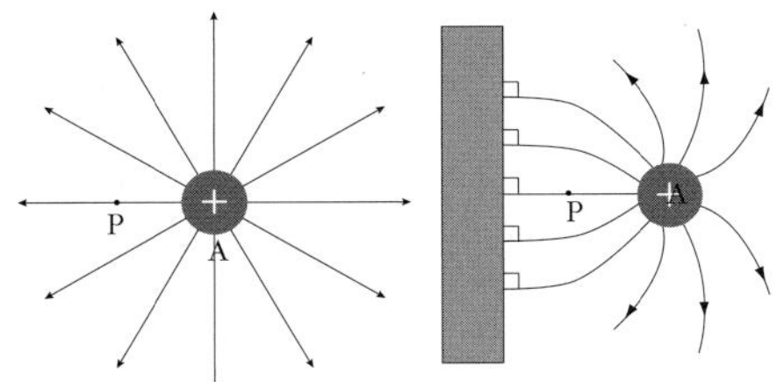

(금속판을 없애면 P점 주변의 전기력선 밀도가 감소한다.)

(금속판이 있으면 전기력선이 금속판을 향하므로 P점 주변의 전기력선 밀도가 증가한다.)

33. 답 (1) A가 B에 작용하는 힘을 F_{AB} 로 표시할 때 다음과 같이 각 점전하가 받는 알짜힘(굵은 화살표)을 그릴 수 있다.
각 전하 사이에는 서로 척력이 작용한다.

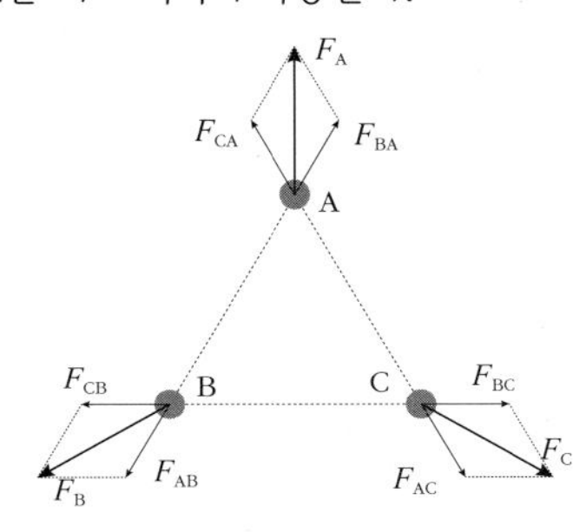

(2) AB, AC 사이에는 인력이, BC 사이에는 척력이 작용한다.

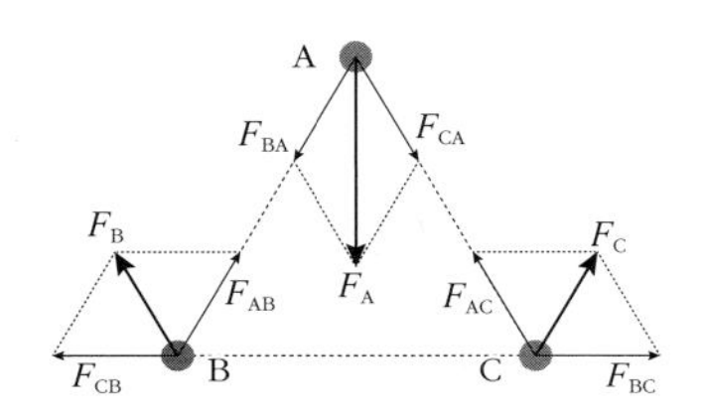

해설 두 전하 사이에는 크기가 같고 방향이 반대인 전기력이 각각 작용하며(작용반작용), 한 전하가 두 개 이상의 전기력을 받을 때는 합성 전기력을 구한다.

34. 답 (1) ① (2) $2kq^2$

해설 (1) 정사각형의 정가운데 점 P 에 놓은 $-q$ 전하는 오른쪽 위의 $-2q$ 에 의해 ②방향으로 척력을 받고, 왼쪽 아래의 $-2q$ 에 의해서는 ④방향으로 인력을 받는다. 이때 ②와 ④방향으로 받는 힘은 각각 힘의 크기가 같고 방향이 반대이므로 힘의 평형을 이룬다.
왼쪽 위에 있는 $+3q$ 전하로 부터는 ①방향으로 인력을 받고, 오른쪽 아래에 있는 $+q$ 로 부터는 ③방향으로 인력을 받는다. 이때 $+3q$ 전하로 부터 받는 힘의 크기가 크므로 점 P에 놓은 $-q$ 전하가 받는 힘의 방향은 ①방향이 된다.

(2) 대각선의 $-2q$ 전하가 각각 중앙 전하에 작용하는 힘의 합력은 0 이다.

중앙 $-q$ 전하가 $+3q$ 전하로 부터 받는 힘 $F_1 = \dfrac{3q \times q}{1^2} = 3kq^2$

$+q$로 부터 받는 힘 $F_2 = \dfrac{q \times q}{1^2} = kq^2$

두 힘의 방향이 반대이므로 합력은 두 힘의 차이다.

F (P점의 점전하가 받는 힘) $= 3kq^2 - kq^2 = 2kq^2$ (①방향)

35. 답 $\dfrac{4}{9}$ C

해설 C점에 1C의 전하가 있다고 가정하고, A, B 두 전하로 부터 받는 힘을 계산하여 C점의 전기장의 세기를 구하고, 원점에 1C의 전하가 있다고 가정하고 A, B 두 전하로 부터 받는 힘을 계산하여 원점의 전기장의 세기를 구한다. 점전하 B의 전하량을 Q_B로 놓을때 Q_B가 (-)전하라면 O점의 1C의 전하가 받는 힘(O점의 전기장)이 C점의 1C의 전하가 받는 힘(C점의 전기장)보다 항상 크므로 원점과 C점의 전기장의 세기가 같기 위해서 Q_B는 (+)전하이다.

$$\frac{1}{(3r)^2} + \frac{Q_B}{r^2} = \frac{1}{r^2} - \frac{Q_B}{r^2}$$

$$\rightarrow \frac{1}{r^2}(1 - Q_B) = \frac{1}{r^2}\left(\frac{1}{9} + Q_B\right)$$

$$\therefore Q_B = \frac{4}{9}\text{ C}$$

36. 답 ①㉡, ②㉠㉡, ③㉠, ④㉡

해설 그림 (가)에서 두 점전하를 접촉시켰다 떼어낸 후 그림 (나)와 같이 배열하였기 때문에 그림 (나)에서 두 점전하의 전하량은 같다. 이때 P점에서 A와 B에 의한 전기장의 방향이 왼쪽 방향이므로 그림 (나)에서 점전하 A와 B는 모두 (-)전하로 대전되어 있다. 또한 모두 (-)전하로 대전되었다는 것은 전기력선수가 많아 전하량이 더 큰 점전하 B의 전하가 (-)전하이고, 전하량이 작은 A는 (+)로 대전되어 있다는 것을 알 수 있다. 따라서 그림 (가)의 원점 O에서 A와 B에 의한 전기장의 방향은 오른쪽 방향이다.

11강 옴의 법칙

개념확인

202 ~ 205 쪽

1. 0.5 A	2. 0.5	3. 0.2	4. ㉠, ㉡

1. 답 0.5 A
해설 1A는 1초 동안 도선의 한 단면을 6.25×10^{18}개의 전류가 지나갈 때의 전류의 세기를 말한다. 1초 동안 6.25×10^{18}개의 절반의 전자가 통과하였으므로 전류의 세기는 0.5A가 된다.

2. 답 0.5
해설 저항과 저항체의 길이는 비례 관계, 저항체의 굵기와는 반비례 관계이다. 길이가 1m이고 단면적이 $1mm^2$ 인 구리선의 저항이 $R = \rho\frac{l}{S}$ 이라면, 길이가 3배, 굵기가 6배가 되면 저항은 $R' = \rho\frac{3l}{6S} = R\frac{1}{2}$ 가 된다.

3. 답 0.2
해설 옴의 법칙에 의해 식은 다음과 같다.

$$I(\text{전류}) = \frac{V(\text{전압})}{R(\text{저항})} = \frac{3V}{15\Omega} = 0.2A$$

확인 +

202 – 205 쪽

1. $Sevn$	2. 4	3. b, a, 3	4. $\frac{10}{3}$

2. 답 4
해설 도선의 부피는 변하지 않으므로, 도선을 균일하게 잡아당겼을 때 길이는 2배, 굵기는 절반이 된다. 저항과 저항체의 길이는 비례 관계, 저항체의 굵기와는 반비례 관계이다. 따라서 길이가 2배, 굵기가 절반이 되면 저항은 4배로 늘어난다.

3. 답 b, a, 3
해설 전류는 시계 방향(b점에서 a점)으로 흐르므로 b점 보다 a점이 전위가 낮다. 따라서 b점에서 a점으로 전압 강하가 일어난다.

4. 답 $\frac{10}{3}$
해설 병렬 연결되어 있는 2Ω 과 4Ω 의 합성 저항(R)을 먼저 구하면, $\frac{1}{R} = \frac{1}{2} + \frac{1}{4} = \frac{3}{4}$ $\therefore R = \frac{4}{3}$ Ω 이 된다.
이 합성 저항과 또다른 2Ω 저항은 직렬 연결이 되있으므로 전체 합성 저항은 두 저항의 합이 된다.
그러므로 전체 합성 저항은 $R + 2 = \frac{4}{3} + 2 = \frac{10}{3}(\Omega)$

개념 다지기

206 – 207 쪽

01. ④	02. ⑤	03. ④	04. 1 : 2 : 4	05. ④
06. ②	07. ②	08. ③		

01. 답 ④
해설 동일한 전류를 병렬 연결하였으므로 회로 전류는 ㉡과 ㉢에 똑같이 나뉘어져 흐르게 된다. 따라서 ㉢지점의 전류계의 눈금도 2A를 가리키게 된다. 또한 전하량 보존법칙에 의해 ㉣로 들어간 전류와 ㉠으로 나오는 전류는 같고, ㉡과 ㉢점에 흐르는 전류의 합과도 같다. 따라서 ㉠과 ㉣지점의 전류계의 눈금은 4 A 를 가리키게 된다. 전하량은 전류와 전류가 흐른 시간의 곱으로 나타날 수 있다. 따라서 ㉠지점을 통과한 전하량은 60초 × 4A = 240 C, ㉡지점을 통과한 전하량은 60초 × 2A = 120C 이다.

02. 답 ⑤
해설 ① 전자의 이동 방향이 A에서 B이므로 전류는 B에서 A로 흐르는 것을 알 수 있다. 따라서 A는 (-)극, B는 (+)극에 연결된다.
②, ④, ⑤ 길이 l 인 도선의 단면을 통과한 전자의 수는 nSl, 총 전하량(Q)은 $nSle$로 나타낼 수 있다. 따라서 전류의 세기 $I = \frac{Q}{t} = \frac{nSle}{t} = nSev$ 가 된다.

03. 답 ④
해설 전기 저항 $R = \rho\frac{l}{S}$ 이고, 원통형 도선 A의 저항 $20\Omega = \rho\frac{10}{2}$ 이라고 하였으므로 도선을 이루고 있는 물질의 비저항(ρ)은 4 ($\Omega\cdot m$)임을 알 수 있다.
따라서 원통형 도선 B, C 의 저항은 다음과 같다.

$$R_B = \rho\frac{30}{3} = 40\Omega \quad , R_C = \rho\frac{20}{4} = 20\Omega$$

04. 답 1 : 2 : 4
해설 (전류－전압) 그래프에서 그래프 기울기는 $\frac{1}{\text{저항}(R)}$이다.
∴ 니크롬선 A, B, C의 저항값은 각각 $\frac{1}{2}\Omega$, 1Ω, 2Ω 이므로, 세 니크롬선 A, B, C의 저항값의 비는 1 : 2 : 4 이다. 재질과 단면적이 같은 니크롬선의 저항은 길이에 비례하므로 세 니크롬선 A, B, C 의 길이의 비도 1 : 2 : 4 이다.

05. 답 ④
해설 전압계의 전압은 저항에 걸리는 전압으로서, 전지의 기전력과 같다. 전류계의 전류는 회로를 흐르는 전류이며, 저항에도 같은 값의 전류가 흐른다.

$$\therefore \text{저항값 } R = \frac{V}{I} = \frac{6}{0.5} = 12\,\Omega$$

06. 답 ②
해설 병렬로 연결된 두 전지의 전압은 전지 1 개의 전압과 같으므로 1.5 V 이고, 이와 직렬 연결된 전지 1개의 전압 또한 1.5V 이므로 전체 전압(전체 기전력)은 3V가 된다. 저항에 걸리는 전압이 3V, 저항값은 5 Ω 이므로
저항을 흐르는 전류 $I = \frac{V}{R} = \frac{3}{5} = 0.6\,A$ 가 된다.

07. 답 ②

해설 저항이 직렬로 연결되어 있으므로 두 저항의 합성 저항은 $1\Omega + 2\Omega = 3\Omega$이 되며, 이때 전체 전압이 6V이므로 A점과 B점을 지나는 전류는 $I = \frac{V}{R} = \frac{6}{3} = 2$ A 로 같다.

직렬 연결된 두 저항에 같은 세기의 전류가 흐른다. A-B 사이의 전압은 1Ω의 저항에 걸리는 전압이므로

$V = IR = 2 \times 1 = 2$ V 이다.

08. 답 ③

해설

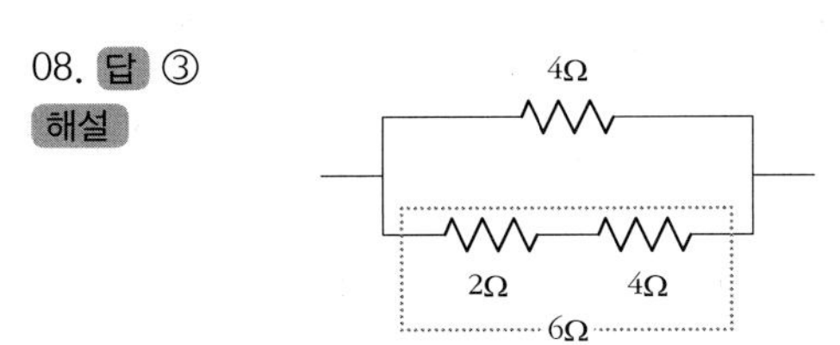

직렬 연결된 저항의 합성 저항은 두 저항의 합이므로 $2\,\Omega + 4\,\Omega = 6\,\Omega$ 이다. $6\,\Omega$과 병렬 연결된 $4\,\Omega$ 과의 합성 저항(R)을 구하면 된다.

$$\frac{1}{R} = \frac{1}{6} + \frac{1}{4} = \frac{10}{24} \qquad \therefore R = \frac{24}{10} = 2.4\,\Omega$$

유형 익히기 & 하브루타 208 ~ 211 쪽

유형 11-1 (1) A점 : 600, B점 : 480
(2) A점 :1.25×10^{20}, B점 : 1.00×10^{20}
01. ② 02. ③

유형 11-2 ④ 03. ② 04. ④

유형 11-3 (1) 6 : 1 (2) 6×10^{-5} 05. ③ 06. ④

유형 11-4 (1) 1.2 (2) 3 (3) 3 07. ⑤ 08. ②

[유형11-1] 답 (1) A점 : 600, B점 : 480 (2) A점 :1.25×10^{20}, B점 : 1.00×10^{20}

해설

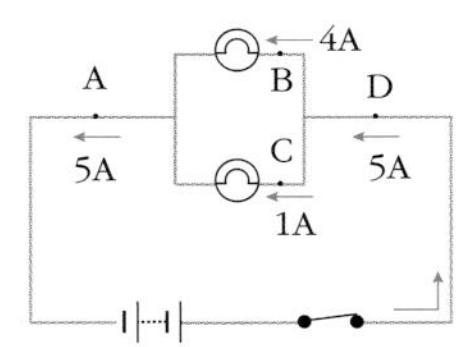

(1) 전하량 보존 법칙에 의해 도선에 흐르는 전하량은 일정하게 유지된다. D점에 흐르는 전류는 5A이고 B와 C에 나뉘어져 흐르게 된다. 이때 C점에 흐르는 전류가 1A이기 때문에 B점에 흐르는 전류는 4A이다. 또한 A에서는 B와 C의 전류가 합쳐지므로 5A의 전류가 흐르게 된다. 전하량은 전류(A)×시간(초)이다. 따라서 A점을 통과한 전하량 = 120초 × 5A = 600 C, B점을 통과한 전하량 = 120초 × 4A = 480 C 이다.

(2) A점을 4초 동안 통과하는 전자의 개수는 $(5\times4)\text{C}\times6.25\times10^{18} = 125 \times 10^{18} = 1.25 \times 10^{20}$ 개이다.

B점을 4초 동안 통과하는 전자의 개수는 $(4\times4)\text{C}\times6.25\times10^{18} = 100 \times 10^{18} = 1.00 \times 10^{20}$ 개이다.

01. 답 ②

해설 전하량 = 전류의 세기 × 시간 이다. 전류가 시간에 따라서 변하는 경우 전류-시간 그래프에서 그래프가 그리는 면적이 전하량이 된다.

사다리꼴의 넓이 = $\frac{1}{2}$ × (윗변 + 아랫변) × 높이

그러므로 전하량 = $\frac{1}{2}\times(5+9)\times5 = 35$ C 이다.

02. 답 ③

해설 ㄷ. 전류는 전위차에 의해 전위가 높은 곳에서 낮은 곳으로 흐른다. 이때 전류가 저항을 통과하면서 전하가 일을 하게 되어, 전위(단위 전하당 전기적 위치에너지)가 낮아지는데 이를 전압 강하라고 한다.

[유형11-2] 답 ④

해설 그래프 (가)는 온도가 높아질수록 비저항이 작아지고, 비저항값이 큰 부도체이다. 그래프 (나)는 온도가 높아질수록 비저항이 작아지고, 비저항값이 작은 반도체(Ge)이다. 그래프 (다)는 온도가 높아질수록 비저항이 커지는 도체(Cu)이다. 그래프 (라)는 특정 온도에서 저항값이 0 이 되는 초전도체이다.

03. 답 ②

해설 그림 (가) 도선의 경우 단면적이 a 인 저항과 단면적이 b 인 저항체가 직렬 연결되어 있는 것과 같으므로 합성 저항은 두 저항의 합이다. 길이가 l 로 같고, 단면적이 a, b 인 도선의 저항은 각각

$R_a = \rho\frac{l}{a}$, $R_b = \rho\frac{l}{b}$ 이다.

그림 (가)의 합성 저항 $R_{(가)} = R_a + R_b = \rho\frac{l}{a} + \rho\frac{l}{b}$

그림 (나)의 저항체도 같은 재질이므로 비저항이 같다.

$R_{(나)} = \rho\frac{2l}{S}$

이때 $R_{(가)} = R_{(나)}$ 이다.

$$\rho\frac{2l}{S} = \rho\frac{l}{a} + \rho\frac{l}{b} \rightarrow \frac{2}{S} = \frac{1}{a} + \frac{1}{b} \qquad \therefore S = \frac{2ab}{a+b}$$

04. 답 ④

해설 단면적이 S, 길이가 l , 비저항이 t 인 저항체의 저항R 은 $R = \rho\frac{l}{S}$ 이다.

ㄱ. $R_ㄱ = 4\rho\frac{l}{S}$, ㄴ. $R_ㄴ = \rho\frac{2l}{\frac{S}{2}} = 4(\rho\frac{l}{S}) = 4R$

ㄷ. $R_ㄷ = \rho\frac{4l}{S} = 4R$

ㄹ. 저항을 병렬 연결한 경우 합성 저항($R_ㄹ$)은 다음과 같이 구한다.

$$\frac{1}{R_ㄹ} = \frac{1}{R} + \frac{1}{R} + \frac{1}{R} + \frac{1}{R} = \frac{4}{R} \qquad \therefore R_ㄹ = \frac{R}{4}$$

[유형11-3] 답 (1) 6 : 1 (2) 6×10^{-5}

해설 (1) 전압-전류 그래프에서 기울기는 저항이다.

저항체 A, B 의 저항은 각각 $R_A = \frac{3\text{V}}{1\text{A}} = 3\Omega$, $R_B = \frac{1\text{V}}{2\text{A}} = 0.5\Omega$

두 저항체의 저항비 $R_A : R_B = 3 : 0.5 = 6 : 1$ 이다.

(2) 저항체의 길이가 l, 단면적이 S인 저항체의 저항

$R = \rho\frac{l}{S} \rightarrow$ 비저항 $\rho = R\frac{S}{l}$ 이다.

저항체 A의 단면적이 $2mm^2 = 2 \times 10^{-6}m^2$ 이고, 길이가 0.1m 이고 저항값은 3 Ω 이므로

$$\rho = 3 \times \frac{2 \times 10^{-6}}{0.1} = 6 \times 10^{-5}(\Omega \cdot m)$$

05. 답 ③

해설 ①, ② 전압-전류 그래프에서 기울기는 저항이다.
따라서 저항체 A의 저항은 $R_A = \frac{30V}{2A} = 15\Omega$, 저항체 B의 저항은 $R_B = \frac{15V}{3A} = 5\Omega$ 이다. 그러므로 A의 저항이 B의 저항보다 더 크다.
③ A와 B의 단면적이 같을 때는길이가 길수록 저항이 더 커지므로 A의 길이가 더 길다.
④ A와 B의 길이가 같을 때는단면적이 넓을수록 저항이 작아지므로 B가 단면적이 더 넓다.
⑤ 같은 전압을 걸었을 때 저항이 작을수록 더 많은 전류가 흐른다. 따라서 A가 B보다 더 적은 전류가 흐른다.

06. 답 ④

해설 저항값이 일정한 저항에 걸리는 전압과 저항체를 흐르는 전류는 서로 비례한다.

[유형11-4] 답 (1) 1.2 (2) 3 (3) 3

해설

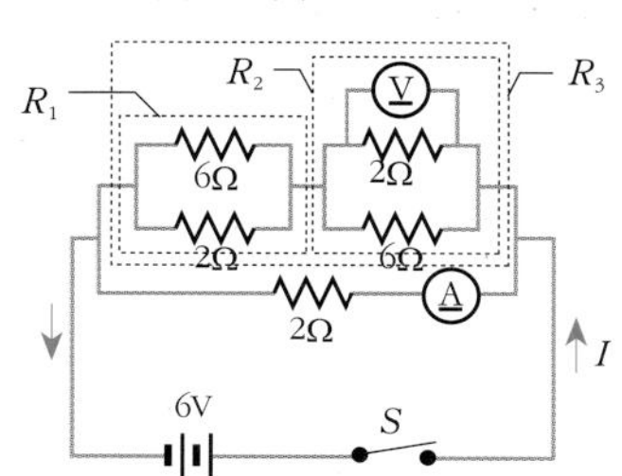

(1) 전류계 Ⓐ 와 전압계 Ⓥ 는 측정 장치이므로 회로에 포함되지 않는다. R_1은 두 저항이 병렬 연결되어 있으므로 다음과 같이 구한다.

$R_1 = \frac{6 \times 2}{6+2} = 1.5$, 이때 R_2 도 R_1 과 같은 저항값이다.

$R_3 = R_1 + R_2 = 1.5 + 1.5 = 3\Omega$ 이다.

마지막으로 이 회로의 전체 합성 저항은 병렬 연결된 R_3와 2 Ω 저항의 합성 저항이다.

$$R = \frac{3 \times 2}{3+2} = 1.2\,\Omega$$

(2) 전류계가 연결된 2Ω 저항에는 6V의 전압이 걸리게 된다. 이 저항에 흐르는 전류가 전류계에 측정되는 전류이다.

$$I = \frac{V}{R} = \frac{6}{2} = 3A$$

(3) 전압계의 전압은 위 그림의 R_2에 걸리는 전압이다. 이때 R_1과 R_2는 직렬 연결되어 있고, 합성 저항이 동일하기 때문에 전압도 절반으로 나뉘어져 걸리게 된다. 그러므로 전압계에는 3V 의 전압이 측정된다.

07. 답 ⑤

해설 일단, 병렬 연결된 3Ω, 6Ω의 합성 저항 R' 을 다음과 같이 구한다. $R' = \frac{3 \times 6}{3+6} = 2\Omega$

그러므로 회로 전체의 합성 저항은 R' 과 2Ω의 합인 4Ω이 된다. 이때 회로 전체에 흐르는 전류의 세기가 2A 이므로 옴의 법칙에 의하여 전체 전압 $V = IR_{전체} = 2\,A \times 4\,\Omega = 8\,V$ 이다.

08. 답 ②

해설

(1)

(2)

(3)

(4)

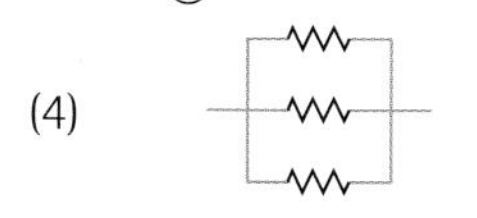

세개의 저항 R을 이용하여 회로를 만들 수 있는 경우는 왼쪽 그림과 같은 4가지 경우이다. 해당 회로에서 전체 저항을 R_T 라고 할 때, 각 경우의 합성 저항은 다음과 같다.

(1) 저항이 직렬 연결되어 있으므로 합성 저항 $= R + R + R = 3R$이다.

(2) 병렬 연결된 ㉠ 부분의 합성 전압을 먼저 구하면,

$\frac{1}{R_㉠} = \frac{1}{R} + \frac{1}{R} = \frac{2}{R}$ $\quad \therefore R_㉠ = \frac{R}{2}$ 이다.

$\therefore$ 합성 저항 $= R + \frac{R}{2} = \frac{3}{2}R$

(3) 직렬 연결된 ㉠ 부분의 합성 저항은 $2R$ 이다. 전체 합성 저항을 R_T 로 한다면,

$\therefore \frac{1}{R_T} = \frac{1}{2R} + \frac{1}{R} = \frac{3}{2R} \quad \therefore R_T = \frac{2}{3}R$

(4) $\frac{1}{R_T} = \frac{1}{R} + \frac{1}{R} + \frac{1}{R} = \frac{3}{R} \quad \therefore R_T = \frac{1}{3}R$

스스로 실력 높이기

212 – 219 쪽

01. (1) O (2) O (3) X (4) O (5) X
02. 1200, 7.5×10^{21}
03. $Sevn$
04. ③
05. ⑤
06. (나) > (다) > (가)
07. ㉡, ㉡, ㉠, ㉡
08. (나), (다)
09. ②
10. ④
11. 3 : 1
12. ②
13. ⑤
14. ④
15. ②
16. ④
17. ④
18. ③
19. ②
20. ②, ④
21. ②
22. ④
23. ⑤
24. ③
25. ③
26. ④
27. 14 : 8 : 11
28. ②
29. 10
30. 2
31. <해설 참조>
32. 5
33. (1) 7.1 Ω (2) 8 Ω
34. 변형 회로 : <해설 참조>, 합성 저항 : 56 Ω
35. $a^2 : c^2$
36. 변형 회로 : <해설 참조>, 2 Ω
37. $R_1 = \frac{1}{60}\,\Omega$, $R_2 = \frac{1}{30}\,\Omega$, $R_3 = \frac{9}{20}\,\Omega$

01. 답 (1) O (2) O (3) X (4) O (5) X

해설 (1) 전류는 전지의 (+)극에서 (-)극으로 흐르고 전자는 그 반대로 이동한다.
(3) 저항은 단면적에 반비례한다. 따라서 단면적이 클수록 저항은 작아진다.

(4) 도체는 비저항이 작아 전류가 잘 흐르는 물질이고, 부도체는 비저항이 커서 전류가 잘 흐르지 않는 물질이다.
(5) 전류가 저항을 통과하면 통과하기 전에 비해 전위가 낮아진다. 이를 전압 강하라고 한다.

02. 답 1200, 7.5 × 10^{21}
해설 전자의 전하량은 (-)이므로 전자의 이동 방향과 전류의 방향은 서로 반대이다.
도선의 단면을 통과한 전하량(Q)
= I(전류;A) × t(시간;초) = 5A × 240(초) = 1,200 C
전자 1개의 전하량이 1.6 × 10^{-19} C 이므로, 도선의 단면을 통과한

전자의 개수 $= \dfrac{Q}{e} = \dfrac{1{,}200}{1.6\times10^{-19}} = 7.5\times10^{21}$ 개 이다.

03. 답 $Sevn$
해설 자유 전자가 t초 동안 도선의 길이 방향으로 l 만큼 이동한다면 도선의 부피 Sl 내의 모든 자유 전자가 t초 동안 도선의 한 단면을 통과한다고 할 수 있다. 이 부피 내의 자유 전자의 개수는 nSl이고, 총전하량은 $nSle$ 이다.

이때 자유 전자의 이동 속도 $v = \dfrac{l}{t}$ 이다.

따라서 전류의 세기 $I = \dfrac{Q}{t} = \dfrac{Seln}{t} = Sevn$

04. 답 ③
해설 전지를 직렬 연결하면 전지의 개수가 늘수록 전체 전압은 비례하여 증가한다(전지 사용 시간도 변동 없다). 반면에 전지를 병렬 연결하면 전지의 개수와 상관 없이 전지 1개의 전압(기전력)과 전체 전압은 같다(전지 사용 시간은 개수에 비례해 증가한다). 따라서 건전지 1개의 전압이 1V 라고 가정할 경우, (가)의 전체 전압 3V, (나)의 전체 전압 3V, (다)의 전체 전압 1V, (라)의 전체 전압 2V

05. 답 ⑤
해설 단면적이 $\dfrac{1}{3}$ 이 되려면 길이가 3배가 되어야 한다. 도선의 부피가 일정하게 유지되어야 하기 때문이다. 저항은 저항체의 단면적에 반비례하고, 길이에 비례하므로 3 × 3 = 9배로 늘어나게 된다. 따라서 전기 저항은 5Ω × 9 = 45Ω 이 된다.

06. 답 (나) > (다) > (가)
해설 같은 물질로 이루어진 도선이므로 비저항(ρ)은 같고 전류가 길이 방향으로 흐를 때 도선의 저항은 길이에 비례하고, 단면적에 반비례한다.
길이가 l, 단면적이 S 인 저항체의 저항은 $R = \rho\dfrac{l}{S}$ 이므로

$R_{(가)} : R_{(나)} : R_{(다)} = \dfrac{4}{\pi} : \dfrac{5}{(0.5)^2\pi} : \dfrac{6}{(0.75)^2\pi}$

= 4 : 20 : 10.6 이므로 (나) > (다) > (가) 이다.

07. 답 ㉡, ㉡, ㉠, ㉡
해설 길이가 l, 단면적이 S 인 저항체의 저항은 $R = \rho\dfrac{l}{S}$ 으로 정의 된다. l 이 1m(단위 길이) S 가 1m^2(단위 면적)일 때의 저항이 물체의 비저항 ρ 이다.
도체는 온도가 높을수록 내부의 자유 전자가 활발하게 움직여 원자와의 충돌이 빈번해 져서 잘 이동할 수 없게 되므로 저항이 증가한다. 부도체는 가열하면 활동할 수 있는 전자의 수가 증가하여 전류가 더 많이 이동할 수 있게 되므로 저항이 감소하는 효과가 있다.

08. 답 (나), (다)
해설 옴의 법칙은 전기 회로에서 전류, 전압, 저항 사이의 관계에 관한 법칙으로 전류는 전압에 비례하고, 저항에 반비례한다.
$I = \dfrac{V}{R}$ 로 나타낼 수 있으므로 저항체의 저항(R)이 일정하게 유지되면 저항체에 흐르는 전류(I)는 저항체에 걸리는 전압(V)에 비례하고, 전압(V)이 일정하게 유지되면 전류(I)와 저항(R)은 반비례한다.-(나)
전류(I)가 일정하게 유지되면 전압(V)과 저항(R)은 비례한다.-(다)

09. 답 ②
해설 ㄱ. A 의 경우 전류와 전압의 관계가 비례 관계가 아니기 때문에 옴의 법칙을 만족하지 않는다.
ㄴ. 전류-전압 그래프에서 기울기는 저항의 역수가 된다. 따라서 B의 저항은 1Ω이다.
ㄷ. 4V에서 A의 접선의 기울기가 B의 기울기보다 더 작기 때문에 A의 저항이 B의 저항보다 크다.

10. 답 ④
해설

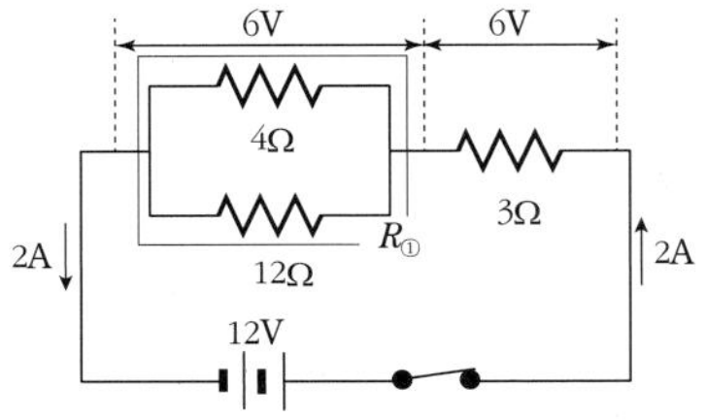

병렬 연결된 4Ω과 12Ω의 합성 저항($R_{①}$)은 다음과 같다.

$\dfrac{1}{R_{①}} = \dfrac{1}{4} + \dfrac{1}{12} = \dfrac{1}{3}$ $\therefore R_{①} = 3\Omega$

따라서 이 전기 회로의 총 합성 저항은 3Ω + 3Ω = 6Ω이 된다.(A)
이때 $R_{①}$과 3Ω 은 저항값이 서로 같으므로 각각 전체 전압의 절반인 6V의 전압이 걸리므로, 병렬 연결된 4Ω과 12Ω에는 각각 동일한 6V의 전압이 걸리게 된다. 따라서 4Ω 에 흐르는 전류(B)는

$I = \dfrac{V}{R} = \dfrac{6}{4} = 1.5$A 이다.(B)

11. 답 3 : 1
해설 비저항이 ρ, 길이가 l, 단면적이 S인 저항체의 저항은 $R = \rho\dfrac{l}{S}$ 이다. 같은 재질로 되어 있으며, 길이는 동일하기 때문에 두 도선의 저항비는 단면적의 역수 비이다. 그림 (가)의 경우 단면적은 $0.5^2\pi = 0.25\pi$ 이고, 그림 (나)의 경우 단면적은 $\pi(1 - 0.5^2) = 0.75\pi$가 되므로, 단면적의 비는 1 : 3 이다. 따라서 두 도선의 저항비는 3 : 1 이다.

12. 답 ②
해설 비저항이 ρ 길이가 l, 단면적이 S인 저항체의 저항은 $R = \rho\dfrac{l}{S}$ 이다. 같은 재질로 되어 있어 비저항 ρ 가 같으므로

$R \propto \dfrac{l}{S}$ 이다. 따라서 $R_A : R_B = \dfrac{2l}{2S} : \dfrac{3l}{S} = 1 : 3$ 이다.

두 저항은 병렬로 연결되어 있으므로 두 저항에 걸리는 전압은 동일하다.

$\therefore I_A : I_B = \dfrac{V}{R_A} : \dfrac{V}{R_B} = 3 : 1$

전류계에는 저항 A 에 흐르는 전류가 측정되므로, 저항 A 에 흐르는 전류(I_A)는 3 A 이므로, 저항 B 에 흐르는 전류(I_B)는 1 A 가 된다.

13. 답 ⑤
해설 그림 (가)에서 내부 저항을 포함한 저항들은 직렬 연결되어 있

다. 따라서 전체 저항 $R_{(가)} = R + r + r = R + 2r$

그림 (나)에서 두 내부 저항 r 은 병렬 연결되어 있으므로 두 저항을 합하면 $\frac{1}{2}r$ 이고, 외부 저항 R 을 포함한 전체 저항

$R_{(나)} = R + \frac{1}{2}r$

따라서 그림 (가), (나)에 흐르는 회로 전류는 각각

$I_1 = \frac{2E}{R + 2r}$ $\quad I_2 = \frac{E}{R + \frac{1}{2}r}$ 이며, $I_1 = \frac{2}{3} I_2$ 이므로,

$\frac{2E}{R + 2r} = \frac{2}{3}(\frac{2E}{2R + r}) \rightarrow r = 4R$ 이다.

14. 답 ④

해설 그림에서 전압계는 두 경우 모두 전지 양 끝의 전압을 측정하고 있다. 따라서 스위치를 닫거나 여는 여부에 관계없이 모두 21V를 나타낸다. 전압계나 전류계는 모두 회로에 포함되지 않는다.

15. 답 ②

해설 (1) 스위치를 열었을 때는 스위치와 직렬 연결된 저항(아래 7Ω)은 전체 회로와 단절되어 전류가 흐르지 않고, 저항 1개만이(위 7Ω) 회로에 연결된다. 그러므로 저항은 7Ω 이고, 이 저항에 걸리는 전압은 21V 이다.

따라서 전류 $I_A = \frac{V}{R} = \frac{21}{7} = 3$ A 가 된다.

(2) 스위치를 닫으면 두 저항이 병렬 연결되므로 합성 저항(R_B)은 다음과 같다.

$\frac{1}{R_B} = \frac{1}{7} + \frac{1}{7} = \frac{2}{7}$ $\quad \therefore R_B = \frac{7}{2} = 3.5\,\Omega$

이 저항에 걸리는 전압이 21 V 이므로 전류(I_B)는

$I_B = \frac{V}{R} = \frac{21}{3.5} = 6$ A 가 된다.

16. 답 ④

해설 (1) 스위치를 열었을 때는 스위치와 직렬 연결된 6Ω 의 저항에는 전류가 흐르지 않아 회로에서 제외된다. 따라서 합성 저항 R_a는 2Ω, 3Ω, 6Ω 의 합성 저항과 같다.

병렬 연결된 3Ω, 6Ω 의 부분 합성 저항($R_①$)을 먼저 구하면,

$\frac{1}{R_①} = \frac{1}{3} + \frac{1}{6} = \frac{1}{2}$ $\quad R_① = 2\Omega$ 이다.

∴ 합성 저항 $R_a = R_① + 2 = 4\Omega$ 이 된다.

(2) 스위치를 닫았을 때는 회로의 모든 저항에 전류가 흐른다. 이때 합성 저항 R_b는 병렬 연결된 6Ω과 R_a의 합성 저항이 된다.

$\frac{1}{R_b} = \frac{1}{4} + \frac{1}{6} = \frac{5}{12}$ $\quad R_b = \frac{12}{5} = 2.4\Omega$ 이다.

따라서 저항비 $R_a : R_b = 4 : 2.4 = 5 : 3$ 이다. 이때 전지의 전압이 일정하여 전류는 저항에 반비례하므로

전류의 비 $I_a : I_b = \frac{1}{4} : \frac{1}{2.4} = 3 : 5$ 가 된다.

17. 답 ④

해설

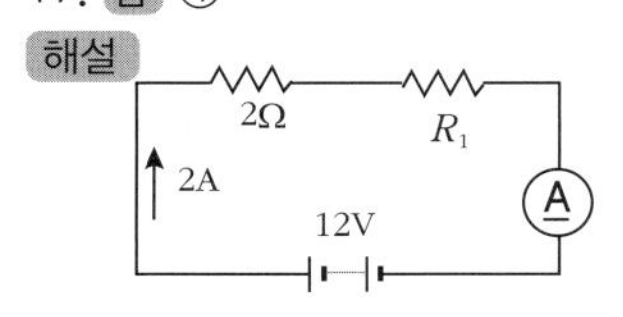

(1) 스위치 S_1만 닫았을 경우

2Ω, R_2, 3A, 12V, A

(2) 스위치 S_2만 닫았을 경우

(1) 스위치 S_1 만 닫으면 R_2 에는 전류가 흐르지 않아 전체 회로는 위 그림 (1)과 같이 된다. 이때 전체 저항이 $2 + R_1$이므로

$12 = 2(2 + R_1)$, $R_1 = 4(\Omega)$

(2) 스위치 S_2 만 닫으면 R_1에는 전류가 흐르지 않아 전체 회로는 위 그림 (2)과 같이 된다.(1)의 과정과 마찬가지로 저항 R_2를 구하면,

$12 = 3(2 + R_2)$, $R_2 = 2(\Omega)$

(3) 스위치를 모두 닫으면 저항 R_1과 R_2가 병렬 연결되고, 두 저항의 합인 부분 합성 저항(R')을 우선 구하면,

$\frac{1}{R'} = \frac{1}{4} + \frac{1}{2} = \frac{3}{4}$ $\quad \therefore R' = \frac{4}{3}\,\Omega$

R' 은 2Ω과 직렬 연결되어 있으므로 전체 합성 저항 R 은

$R = \frac{4}{3} + 2 = \frac{10}{3}\,\Omega$

전체 전압이 12 V 이므로 회로 전류(전류계에 흐르는 전류)는

$I = \frac{V}{R} = \frac{12}{10/3} = \frac{36}{10} = \frac{18}{5}$ A 이다.

18. 답 ③

해설 병렬 연결된 24Ω, 12Ω의 부분 합성 저항($R_①$)을 먼저 구하면,

$\frac{1}{R_①} = \frac{1}{24} + \frac{1}{12} = \frac{1}{8}$ $\quad \therefore R_① = 8\,\Omega$이다.

직렬 연결에서는 같은 양의 전류가 흐르므로 저항에 걸리는 전압의 비는 저항의 비와 같다.

따라서 직렬 연결된 70 Ω, $R_①$, 22 Ω 의 각 저항에 걸리는 전압의 비는 $70 : R_① : 22 = 70 : 8 : 22$ 이고, 전체 전압은 300 V 이므로 70 Ω, $R_①$, 22 Ω 의 각 저항에 걸리는 전압은 각각 210 V, 24 V, 66 V 가 된다.

따라서 22 Ω 의 저항에 걸리는 전압은 66 V 이다.

병렬 연결된 회로($R_①$)에 걸리는 전압은 24 V 이고, 병렬 연결된 각 저항에 걸리는 전압도 24 V 로 같다.

따라서 24 Ω 의 저항에 흐르는 전류 $= \frac{24}{24} = 1$A 이다.

19. 답 ②

해설 길이가 L, 단면적이 S인 저항체의 저항을 $R = \rho\frac{L}{S}$ 이라고 할 때, 도선이 겹쳐진 부분의 저항($R_{0.2L}$)은 길이가 $0.2L$, 단면적이 S인 도선 두개를 붙여서 단면적이 $2S$ 가 되고, 길이는 $0.2L$ 이므로,

$$R_{0.2L} = \rho\frac{0.2L}{2S} = 0.1R$$

겹쳐지지 않은 $0.6L$ 부분의 저항($R_{0.3L}$)은 길이가 $0.6L$, 면적이 S인 도선의 저항과 같으므로 다음과 같다.

$$R_{0.6L} = \rho\frac{0.6L}{S} = 0.6R$$

$R_{0.2L}$과 $R_{0.6L}$는 직렬 연결되어 있으므로 전체 저항은 $R_{0.2L} + R_{0.6L}$이다.

∴ 다시 연결했을 때 전체 저항 = $0.1R + 0.6R = 0.7R$

20. 답 ②, ④

해설

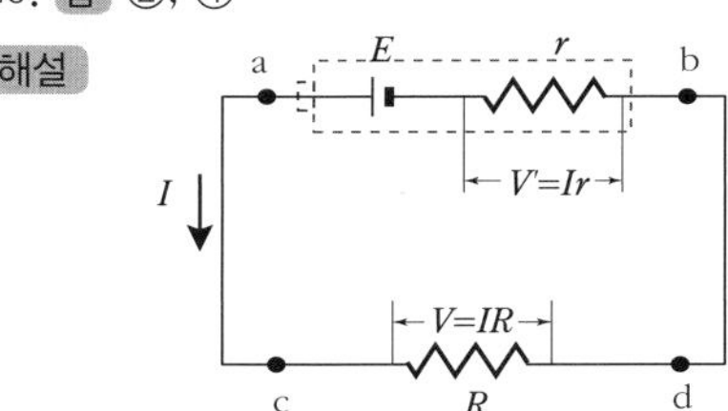

전지의 기전력 $E = V + V' = IR + Ir$ 이다. 이때 $I = \dfrac{E}{R+r}$ 이며, 전지를 외부 저항에 연결하더라도 내부 저항 r 과 기전력 E 는 불변이므로, 외부 저항 R 이 증가하면 I 는 감소한다.

①, ⑤ ab 사이의 전압과 cd 사이의 전압은 $V = IR$ 로 같으며, $E - Ir$ 과 같다.

② R 이 증가하면 회로 전체 저항값이 증가하므로 전류 I 는 감소한다.

③ 전지에 외부 저항을 연결하더라도 기전력 E 는 변하지 않는다.

④ 전류가 증가하면 내부 저항에 걸리는 전압($V' = Ir$)이 증가한다. 따라서 단자 전압인 cd 사이의 전압(V)은 감소한다.

21. 답 ②

해설

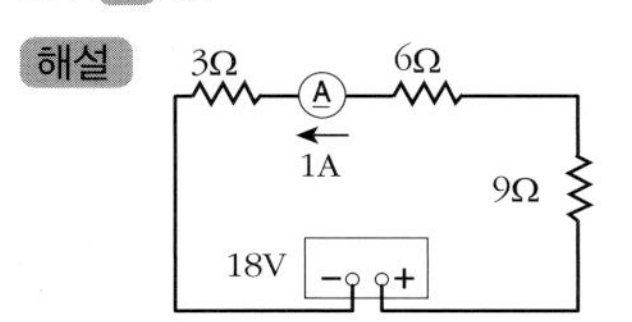

(1) 스위치를 모두 열었을 때

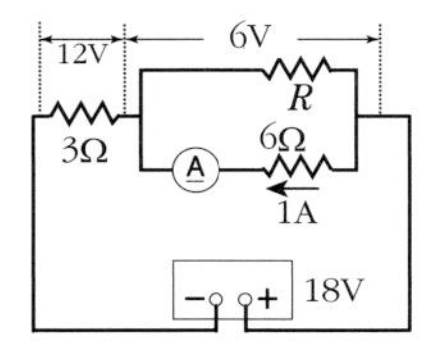

(2) 스위치를 모두 닫았을 때

(1) 스위치를 모두 열었을 때에는 3Ω, 6Ω, 9Ω 저항이 직렬 연결된다. 따라서 합성 저항은 3 + 6 + 9 = 18 Ω 이다.

저항의 직렬 연결 시 각 저항에 흐르는 전류가 전류계에도 흐르므로 전류계에 측정되는 전류는 $I_1 = \dfrac{18}{18} = 1\ \mathrm{A}$ 이다.

(2) 스위치를 모두 닫으면 9Ω 의 저항에는 전류가 흐르지 않게 된다. 전류계에 측정되는 전류는 같으므로 6Ω 에 $I_1 = 1$ A 의 전류가 흐른다. 따라서 6Ω 에 걸리는 전압은 6 V 가 되고, 병렬 연결된 저항 R 에도 6 V 의 같은 전압이 걸리게 된다. 전체 전압이 18 V 이므로 3Ω의 저항에는 18 - 6 = 12 V 의 전압이 걸린다.

따라서 3 Ω 에 흐르는 전류 $I_2 = \dfrac{12}{3} = 4\ \mathrm{A}$ 이다.

전하량 보존에 의해 저항 R 에는 4-1=3A 의 전류가 흐르게 되므로, 저항값 $R = \dfrac{6}{3} = 2\,\Omega$ 이다.

(3) 스위치 S_2 만 닫으면 저항 R 과 9 Ω 저항에는 전류가 흐르지 않으므로 3Ω, 6Ω 두 저항이 직렬 연결되는 회로가 되고, 저항 사이에 전류계가 위치한다. 합성 저항은 9Ω이 되고, 전체 전압이 18 V 이므로 전류계에 측정되는 전류는 2 A 가 된다.

22. 답 ④

해설 그림에서 표시한 $R_①$, $R_②$, 9Ω 세 부분은 직렬 연결되어 있고, 각각의 합성 저항의 비와 각각에 걸리는 전압의 비는 같다. 각 부분의 합성 저항을 구하면 다음과 같다.

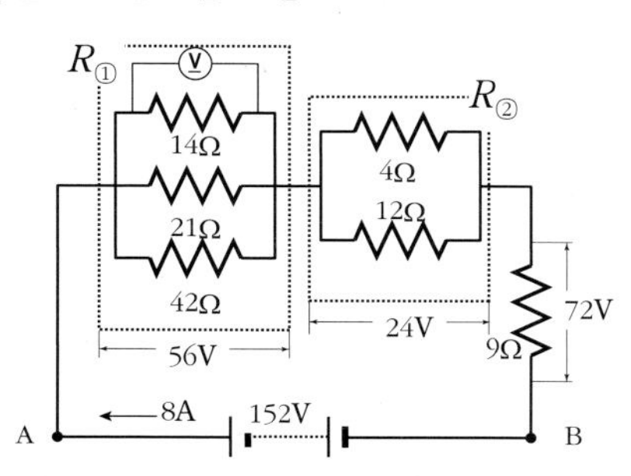

$$\frac{1}{R_①} = \frac{1}{14} + \frac{1}{21} + \frac{1}{42} = \frac{1}{7}, \quad R_① = 7\Omega$$

$$\frac{1}{R_②} = \frac{1}{4} + \frac{1}{12} = \frac{1}{3}, \quad R_② = 3\Omega$$

그러므로 전체 합성 저항은 7 + 3 + 9 = 19(Ω)이며, 전압계에 측정된 전압 56 V는 $R_①$에 걸리는 전압과 같다.

$R_①$, $R_②$, 9Ω 부분의 전압비는 56 : V_2 : V_3 = 7 : 3 : 9 가 되므로, V_2 = 24 V, V_3 = 72 V 이다. 따라서 전체 전압은 56 + 24 + 72 = 152 V 가 된다.

회로 전류(A~B 사이의 전류) $I = \dfrac{V_{전체}}{R_{전체}} = \dfrac{152}{19} = 8\mathrm{A}$ 이다.

23. 답 ⑤

해설 전압계는 R_a 또는 R_b 에 걸리는 전압을 측정하고 있고, 전류 또한 해당 저항을 흐르는 전류이므로 전류-전압 그래프에서 기울기의 역수를 구하면 R_a, R_b 의 저항값이 된다.

따라서 $R_a = \dfrac{15}{1} = 15\Omega$, $R_b = \dfrac{15}{3} = 5\Omega$ 이다.

따라서 $R_a : R_b$ = 15 : 5 = 3 : 1

24. 답 ③

해설 전지의 방향이 일정하지 않은 경우 전체 전압(기전력)은 한 방향을 정하여 합해야 한다. 이때 반대 방향으로 정렬된 전지의 전압은 (-)가 된다. 전류가 반시계 방향으로 흐른다고 하고, 그 방향을 (+)로 한다.

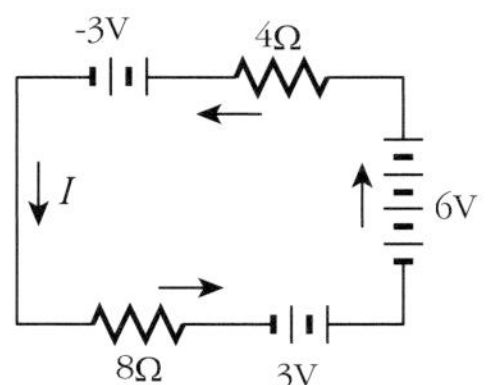

전체 전압 V = 6 + 3 + (-3) = 6V 이다. 전압이 (+) 이고, 전압이 걸리는 방향과 전류의 방향은 일치하므로 전류의 방향은 반시계 방향이다. 전체 저항은 저항이 직렬 연결되어 있으므로 12 Ω 이 된다.

따라서 옴의 법칙에 의해 회로 전류 $I = \dfrac{6}{12} = 0.5\mathrm{A}$

25. 답 ③

해설 비저항 ρ, 길이 l, 단면적 A 일 때 전기 저항 R 은 $R = \rho\dfrac{l}{A}$ 이다. 따라서 비저항 $\rho = \dfrac{RA}{l}$ 가 된다.

단면적이 같은 금속 막대이므로 비저항의 비 $\rho_A : \rho_B$ 는 $\dfrac{R}{l}$의 비 = 그래프의 기울기의 비가 된다.

그래프에서 처음 $4L$ 까지는 금속 막대 A 만 연결되므로 $\rho_A = \dfrac{R_0}{4L}$

4L부터 5L 사이에는 금속 막대 A와 B가 같이 연결되나 직렬로 연결되었으므로 증가한 저항은 금속 막대 B 에 의한 저항 증가이다.

따라서 $\rho_B = \dfrac{3R_0 - R_0}{5L - 4L} = \dfrac{2R_0}{L}$ 가 된다.

그러므로 $\rho_A : \rho_B = \dfrac{R_0}{4L} : \dfrac{2R_0}{L}$ = 1 : 8 이다.

26. 답 ④

해설 임의의 두 단자를 연결하여 얻을 수 있는 연결 방법은 다음 6 가지가 있다.

(1) a, b 연결

a ─WW─ b

(2) c, d 연결

(3) a, c 연결

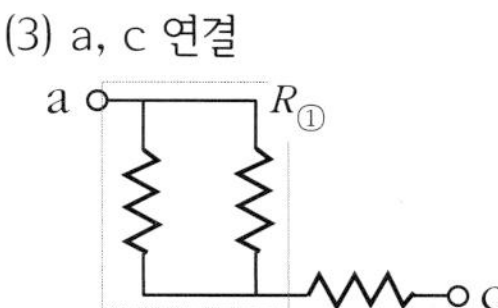

(4) b, d 연결

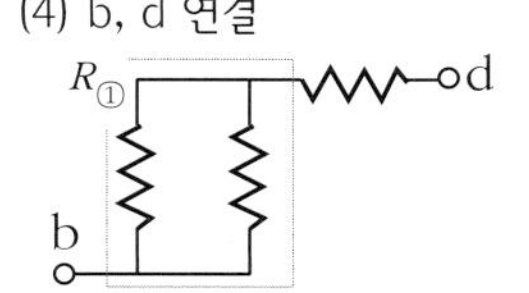

(5) a, d 연결　　(6) b, c 연결

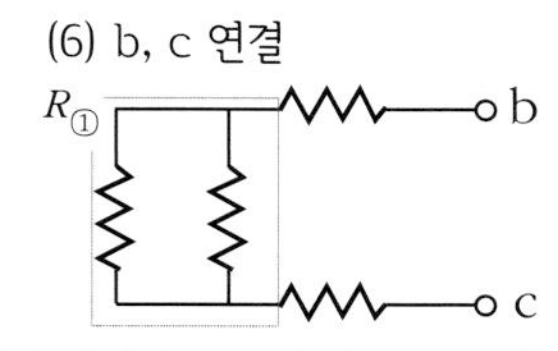

(1)과 (2)의 경우 저항이 1개가 연결되므로 저항은 3 Ω 이 된다.
(3)과 (4)의 경우 병렬 연결된 두 저항의 합성 저항($R_①$)과 직렬 연결된 저항과의 합성 저항을 구한다.

$$\frac{1}{R_①} = \frac{1}{3} + \frac{1}{3} = \frac{2}{3} \qquad \therefore R_① = \frac{3}{2} = 1.5\Omega$$

그러므로 (3)과 (4)의 합성 저항은 각각 1.5 + 3 = 4.5 Ω 이다.
(5)의 경우 $R_①$과 같다. → 1.5 Ω
(6)의 경우에는 $R_①$ 과 나머지 두 저항은 각각 직렬 연결되어 있다.
그러므로 합성 저항 = 3 + 1.5 + 3 = 7.5 Ω

27. 답 14 : 8 :11

해설

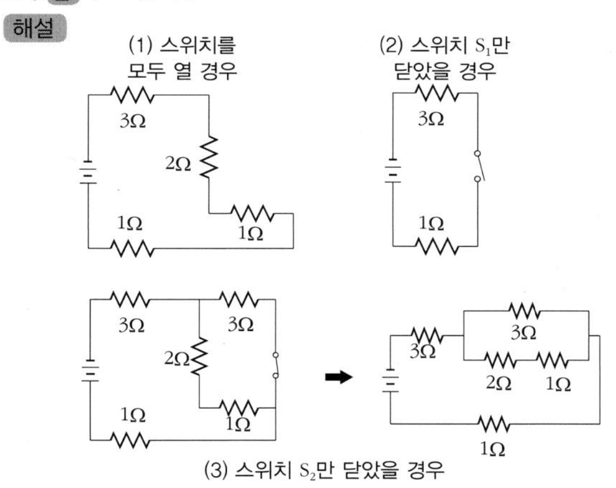

(1) 스위치를 모두 열었을 경우의 합성 저항 R : 스위치와 직렬 연결된 저항에 전류가 흐르지 않는다.
4개의 저항(3Ω, 2Ω, 1Ω, 1Ω)이 직렬 연결된다. 그러므로
$R = 3+2+1+1 = 7$ (Ω)
(2) 스위치 S_1만 닫았을 경우의 합성 저항 R_1 : 전류가 모두 저항이 없는 스위치 S_1 쪽으로 흐르고 스위치 S_1의 오른쪽 부분으로는 전류가 흐르지 않는다. 그러므로 2개의 저항(3Ω 과 1Ω)이 직렬 연결된회로가 된다. $R_1 = 3+1 = 4$(Ω)
(3) 스위치 S_2만 닫았을 경우의 합성 저항 R_2
이 경우는 위의 그림과 같은 회로로 변형시켜 합성 저항을 구할 수 있다. 병렬 연결된 부분의 부분 합성 저항(R')을 우선 구하면,

$$\frac{1}{R'} = \frac{1}{2+1} + \frac{1}{3} = \frac{2}{3} \qquad \therefore R' = \frac{3}{2}(\Omega) \text{ 이며}$$

총 합성 저항 $R_2 = 3 + \frac{3}{2} + 1 = \frac{11}{2}(\Omega)$이다.

따라서 $R : R_1 : R_2 = 7 : 4 : \frac{11}{2} = 14 : 8 : 11$

28. 답 ②

해설 접점을 고려하여 회로를 완성하면 다음과 같다.

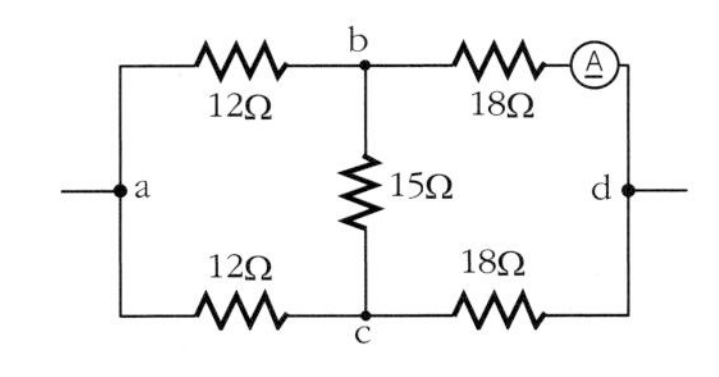

이 회로는 대칭이므로 15 Ω 을 사이에 둔 b 와 c 양 점 사이에는 전위차(전압)가 0 이므로 15 Ω 을 통하여 전류는 흐르지 않는다. 따라서 가운데 15 Ω 은 회로에 아무런 영향을 미치지 못하므로 고려하지 않는다. 이때, b와 c 점은 접촉해 있다고 볼 수도 있고, 떨어져 있다고 볼 수도 있다(두 경우 결과는 같다). b와 c점이 떨어져 있다고 하면, 전체 저항(R_T)은 다음과 같다.

$$\frac{1}{R_T} = \frac{1}{12+18} + \frac{1}{12+18} = \frac{1}{15} \qquad \therefore R_T = 15(\Omega)$$

따라서 전체 회로에 흐르는 전류 $= \frac{12}{15} = 0.8$ A 이다. 회로가 대칭이므로 전류계에는 회로 전류의 절반인 0.4 A 의 전류가 흐른다.

29. 답 10 V

해설 전지의 기전력 $E = IR + Ir$ 이다. 이때 IR 은 전압계에 측정되는 전압 V(단자 전압)이다. 전지의 기전력(E)은 전류(I)가 0일 때(내부 저항에 의한 전압 강하(Ir)가 0일 때)의 단자 전압(V)이다. 그래프에서 전지의 기전력은 10 V 임을 알 수 있다. E 와 r 은 전지에 있어서 고정된 값이며, 시간이 지나 내부 저항(r)이 증가하면 단자 전압이 감소하는 것이다.

30. 답 2 Ω

해설 $V = IR$ 은 외부 저항 R 에 걸리는 전압이므로 단자 전압이라 한다.
$V = E - Ir$ …㉠
그래프에서 I 가 1A, 2A 일 때 V 는 각각 8V, 6V 이므로 각각 ㉠에 대입하면
$8 = E - r$ …㉡, $6 = E - 2r$ …㉢
㉡, ㉢ 에서 r 은 2Ω, E 는 10V 이다.

31. 답 <해설 참조>

해설 그래프는 저항 A 에 걸리는 전압과 전류의 관계 그래프이다. 일반적으로 기울기는 저항이 되나, 이 그래프에서는 기울기가 일정하지 않고 증가하는 구간이 있다. 이것은 전류가 증가할수록 원자와 자유 전자의 충돌이 빈번하게 되어 열이 발생하고 전자의 진행이 방해받아 저항이 커진다라고 해석할 수 있다.

32. 답 5 V

해설 A 와 B 는 동일한 저항이며, 이들이 병렬 연결되어 있으므로 스위치를 닫게 되면 A 와 B 에는 동일한 전압이 걸리게 된다. 이때 전류계에 흐른 전류는 전체 회로 전류로 0.8 A 이므로, A 와 B에는 절반씩의 전류인 0.4 A 의 전류가 각각 흐르게 된다. 그래프를 통해 0.4 A 의 전류가 흐를 때 저항에 걸리는 전압은 5 V 이고, 이 전압은 전체 회로 전압이다.

33. 답 (1) 7.1 Ω (2) 8 Ω

해설 (1) 스위치를 닫으면 회로는 다음과 같이 된다.

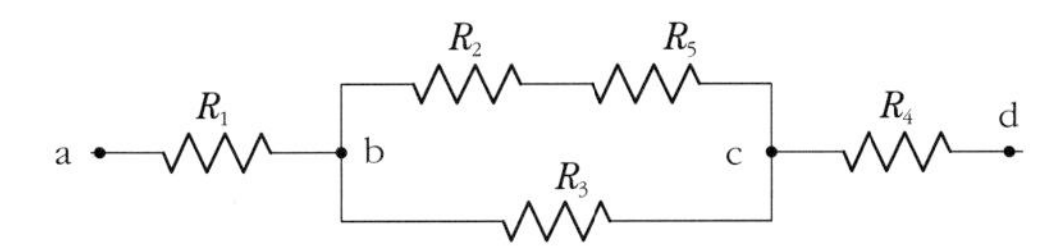

① R_2와 R_5의 합성 저항을 먼저 구하면 $R_2 + R_5 = 2 + 5 = 7(\Omega)$
② ①과 R_3의 합성 저항($R_②$)은

$$\frac{1}{R_3} + \frac{1}{7} = \frac{1}{3} + \frac{1}{7} = \frac{10}{21} \qquad \therefore R_② = \frac{21}{10}(\Omega)$$

이 회로의 전체 합성 저항은

$$R_1 + \frac{21}{10} + R_4 = 1 + \frac{21}{10} + 4 = \frac{71}{10} = 7.1(\Omega)$$

(2) 스위치를 열면 회로는 다음과 같이 된다.

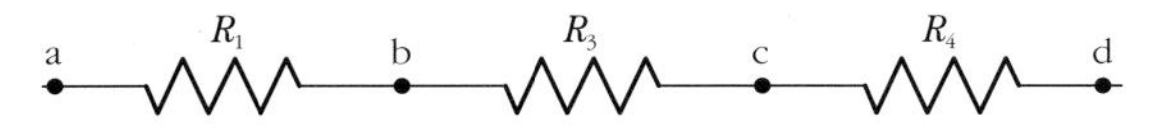

따라서 전체 합성 저항은

$R_1 + R_3 + R_4 = 1+3+4 = 8(\Omega)$

34. 답 변형 회로 : 해설 참조, 전체 합성 저항 : 56 Ω

해설 회로는 다음과 같이 변형할 수 있다.

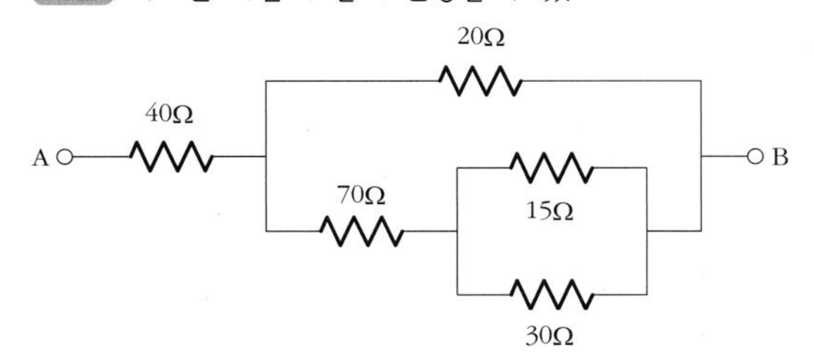

먼저 병렬 연결된 15Ω과 30Ω 의 합성 저항($R_①$)은

$\frac{1}{R_①} = \frac{1}{15} + \frac{1}{30} = \frac{1}{10}$, $R_① = 10\Omega$

$R_①$과 70Ω 은 직렬 연결이므로 합하면 80Ω ⋯$R_②$

$R_②$와 20Ω 은 병렬 연결이므로 두 저항의 합성 저항을 $R_③$ 라고 하면

$\frac{1}{R_③} = \frac{1}{20} + \frac{1}{80} = \frac{1}{16}$, $R_③ = 16\Omega$

전체 합성 저항은 $40 + R_③ = 56\Omega$ 이다.

35. 답 $a^2 : c^2$

해설 전류를 서로 마주 보는 면으로 흘려주는 경우 다음과 같이 세 가지 경우가 있다.

(1) 전류가 위-아래 로 흐를 때 : 단면적 ab, 길이 c

(2) 전류가 앞- 뒤로 흐를 때 : 단면적 ac, 길이 b

(3) 전류가 좌- 우로 흐를 때 : 단면적 bc, 길이 a

비저항 ρ , 길이 l, 단면적 S 일 때 전기 저항 R 은 $R = \rho\frac{l}{S}$ 이다.

세가지 경우를 저항 크기 순으로 나열하면 (3) > (2) > (1) 가 된다.
따라서 답은 (3)의 저항값과 (1)의 저항값의 비를 구하는 것이다.

(3)의 저항 : (1) 의 저항 $= \rho\frac{a}{bc} : \rho\frac{c}{ab} = \frac{a}{c} : \frac{c}{a}$

$= a^2 : c^2$

36. 답 변형 회로 : 해설 참조, 합성 저항 : 2 Ω

해설 접점을 고려하여 회로를 변형한다.

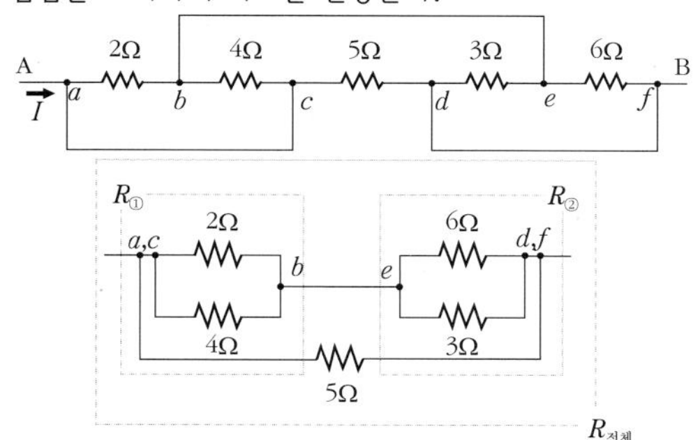

이때 이 회로의 전체 저항을 구하는 과정은 다음과 같다.

① $\frac{1}{R_①} = \frac{1}{2} + \frac{1}{4} = \frac{3}{4}$ $\therefore R_① = \frac{4}{3}(\Omega)$

② $\frac{1}{R_②} = \frac{1}{3} + \frac{1}{6} = \frac{1}{2}$ $\therefore R_② = 2\ (\Omega)$

③ $R_① + R_② = \frac{4}{3} + 2 = \frac{10}{3}(\Omega)$

④ $\frac{1}{R_{전체}} = \frac{1}{R_①+R_②} + \frac{1}{5} = \frac{3}{10} + \frac{1}{5} = \frac{1}{2}$ $\therefore R_{전체} = 2\ (\Omega)$

37. 답 $R_1 = \frac{1}{60}\ \Omega,\ R_2 = \frac{1}{30}\ \Omega,\ R_3 = \frac{9}{20}\ \Omega$

해설 ·$(S-a)$연결 : 최대 15A가 흐를 때 (가)를 통과하는 전류는 100mA(0.1A)이 되어 최대 눈금을 가리킨다. 병렬 연결의 전압이 같음을 이용하여 다음과 같은 식을 세운다.

$\therefore 0.1(2 + R_2 + R_3) = 14.9\ R_1$ -------- ①

·$(S-b)$연결 : 최대 5A가 흐를 때 (가)를 통과하는 전류는 100mA(0.1A)이 되어 최대 눈금을 가리킨다.

$\therefore 0.1(2 + R_3) = 4.9\ (R_1 + R_2)$-------- ②

·$(S-c)$연결 : 최대 0.5A가 흐를 때 (가)를 통과하는 전류는 100mA(0.1A)이 되어 최대 눈금을 가리킨다.

$\therefore 0.1\times2 = 0.4\ (R_1 + R_2 + R_3)$-------- ③

위 ①,②,③ 에서 $R_1 = \frac{1}{60}\ \Omega,\ R_2 = \frac{1}{30}\ \Omega,\ R_3 = \frac{9}{20}\ \Omega$

12강 자기장과 자기력선

개념확인

220 ~ 223 쪽

1. ㉠, ㉠, ㉡	2. (1) ㉡ (2) ㉠
3. (1) O (2) X (3) O	4. (1) O (2) O (3) X

2. 답 (1) ㉡ (2) ㉠

해설 오른손 엄지손가락을 전류가 흐르는 방향으로 향하게 하고, 나머지 네 손가락으로 도선을 감아쥐었을 때 네 손가락이 향하는 방향이 자기장의 방향이다.

3. 답 (1) O (2) X (3) O

해설 (2) 원형 도선 중심 부분과 바깥 부분의 자기장은 반대 방향으로 형성된다.

4. 답 (1) O (2) O (3) X

(1) 솔레노이드 내부에서 자기장의 세기는 전류의 세기에 비례하고 단위 길이당 감긴 코일의 수에 비례한다.

(3) 솔레노이드에 흐르는 전류의 방향으로 오른손의 네 손가락을 감아쥐었을 때 엄지손가락이 가리키는 방향이 솔레노이드 내부의 자기장의 방향이고, 손가락이 가리키는 극은 자석의 N극에 해당한다.

확인 +

220 — 223 쪽

1. 7 T 2. 6 : 3 : 2 3. ㉠ 4. ㉡

1. 답 7 T

해설 자기장의 세기 $B = \dfrac{\Phi}{S}$ 이다.

자기력선속이 1Wb × 21(개) = 21 Wb, 면적이 3 m^2 이므로

B(자기장의 세기, 자속밀도) $= \dfrac{21\text{Wb}}{3\text{m}^2} = 7$ T

2. 답 6 : 3 : 2

해설 $B \propto \dfrac{I}{r}$ 이므로 $B_a : B_b : B_c = \dfrac{I}{r} : \dfrac{I}{2r} : \dfrac{I}{3r} = 6 : 3 : 2$

3. 답 ㉠

해설 전류의 방향으로 오른손의 네 손가락을 감아쥘 때 엄지손가락이 가리키는 방향이 원형 전류 중심에서의 자기장 방향이다. 시계 반대방향을 향해 오른손의 네 손가락을 감아쥐면 엄지손가락은 종이면에서 수직으로 나오는 방향을 향하게 된다.

4. 답 ㉡

해설 오른손의 네 손가락을 전류의 방향에 따라 감아쥐었을 때 엄지손가락이 가리키는 방향이 자기장의 방향으로 N극이 된다. 솔레노이드 A의 왼쪽은 N극, 오른쪽은 S극이고, 솔레노이드 B의 왼쪽은 S극, 오른쪽은 N극이 된다. 따라서 두 솔레노이드 사이에는 서로 같은 극이 마주하고 있으므로 서로 미는 힘인 척력이 작용한다.

개념 다지기

224 — 225 쪽

01. ③	02. (1) O (2) O (3) O (4) X			03. 0.24
04. ⑤	05. 0.8	06. ④	07. ⑤	08. ④

01. 답 ③

해설 자성을 가진 물체 주위에 생기는 자기장은 자석 밖에서는 N극에서 S극 방향, 자석 내부에서는 S극에서 N극 방향으로 형성된다.

02. 답 (1) O (2) O (3) O (4) X

해설 (4) 나침반 N극이 가리키는 방향을 연결하여 이은 선은 자기력선에 대한 설명이다. 전기력선은 전기장 내의 (+)전하가 받는 힘의 방향을 연속적으로 이은 선이다.

03. 답 0.24

해설 B(자속 밀도; 자기장 세기) $= \dfrac{\Phi\text{(자기력선속)}}{S\text{(단면적)}}$ 이므로

$\Phi = BS = 2 \times \pi r^2 = 2 \times 3 \times 0.2^2 = 0.24$ (Wb) 이다.

04. 답 ⑤

해설

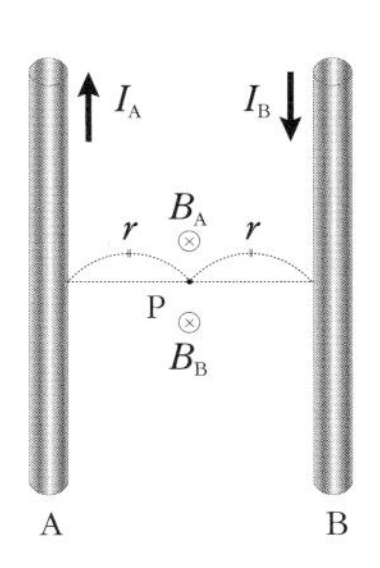

①, ② 두 전류에 의해 점 P 에 형성되는 자기장의 방향은 같으므로 상쇄되어 0 이 되지 않고, 보강되어 더 강하게 형성된다.

③, ④ 도선 A에 의한 P점에서의 자기장의 방향은 지면에 수직으로 들어가는 방향이고, 도선 B에 의한 P점에서의 자기장의 방향도 지면에 수직으로 들어가는 방향이다.

⑤ 두 도선에 의한 자기장의 방향이 같으므로 두 도선에 의해 점 P에 형성되는 자기장의 세기는 각 도선에 의한 자기장의 합과 같다.

05. 답 0.8

해설 전류가 흐르는 원형 도선의 중심에서 자기장의 세기(B)는 다음과 같다.

$$B = k'\frac{I}{r} = \pi k \frac{I}{r} = (2\pi \times 10^{-7})\frac{I}{r}$$

이때 전류 $I = \dfrac{Br}{k'}$ 이므로 각각의 값을 대입하면

$$I = \frac{(8\pi \times 10^{-7}) \times 0.2}{2\pi \times 10^{-7}} = 0.8 \text{ A}$$

06. 답 ④

해설

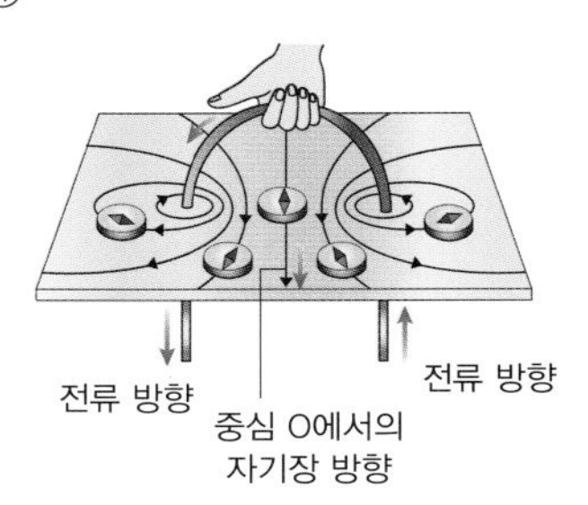

①, ②, ③ A, B 점에서 자기장의 방향은 각각 도선을 중심으로 시계 방향, B점에서는 반시계 방향으로 형성되므로 둘 모두 N극은 북쪽을 향하므로 자기장의 방향은 같다.
④ 원형 도선의 중심 O 에서는 바깥쪽과 반대 방향인 남쪽을 향하는 자기장이 형성되므로 자침의 N극을 두면 남쪽을 향한다.
⑤ 원형 도선의 중심 O 에서 자기장의 세기는 가장 크다.

07. 답 ⑤

해설

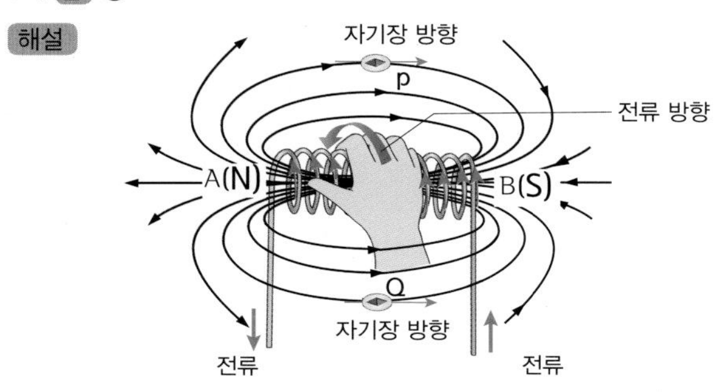

①, ④ 솔레노이드 내부의 자기장의 방향은 오른손 네 손가락을 전류가 흐르는 방향으로 감아쥘 때 엄지손가락이 가리키는 방향이다. 엄지 손가락이 가리키는 방향 쪽인 A는 N극, B는 S극이다.
② 솔레노이드 내부에는 중심축에 평행한 모양의 균일한 자기장이 생긴다.
③, ⑤ P점과 Q점에 나침반을 두면 N극은 자기장의 방향과 같은 방향을 향하므로 둘다 오른쪽을 향한다.

08. 답 ④

해설 ㄱ. 원형 전류는 작은 직선 전류를 여러 개 둥글게 이어붙인 것이라고 할 수 있으므로 오른손 법칙에 의해서 자기장의 방향을 알 수 있다. 솔레노이는 전류가 흐르는 원형 도선을 여러 개 나란히 붙인 것이라고 할 수 있으므로 오른손 법칙으로 자기장의 방향을 알 수 있다.
ㄴ. 전류가 흐르는 도선에 가까이 갈수록 자기장의 세기가 커진다.
ㄷ. 원형 도선의 중심에서 자기장의 세기는 가장 세며, 원형 도선의 바깥쪽으로 갈수록 도선으로부터 거리가 멀어지므로 자기장의 세기는 약해진다.

유형 익히기 & 하브루타

226 ~ 229 쪽

유형 12-1	③	01. ③	02. ②
유형 12-2	②	03. ②	04. ⑤
유형 12-3	(1) P점 : ㉠, Q점 : ㉠		
	(2) P점 : $k'\frac{I}{r}$, Q점 : $k'\frac{I}{2r}$		
		05. ④	06. ③
유형 12-4	③	07. ⑤	08. ②

[유형12-1] 답 ③

해설

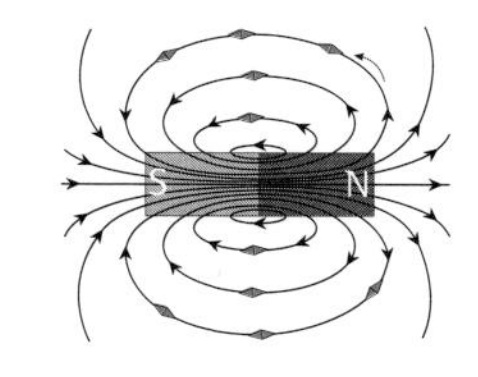

ㄱ. 자석 외부의 자기력선은 N극에서 나와 S극으로 들어가고, 자석 내부에서는 S극에서 N극을 향한다. 따라서 A가 S극, B가 N극임을 알 수 있다.
ㄴ. 자기력선의 밀도와 자기장 세기는 서로 비례 관계이다. 자기력선의 밀도가 더 빽빽한 O점에서의 자기장의 세기가 P점에서의 자기장의 세기보다 세다.
ㄷ. 나침반 자침의 N극은 자석의 S극 쪽으로 향하게 되므로 P점과 Q점 모두 왼쪽을 가리키게 된다.
ㄹ. 자석 밖에서 자기력선을 그리는 방향은 N극 → S극, 자석 내부에서 자기력선을 그리는 방향은 S극 → N극이다. 따라서 O점과 P점에서 그리는 방향은 서로 반대이다.

01. 답 ③

해설 자기력선과 면이 수직일 때 면의 단면을 통과하는 자속이 Φ 이고, 단면적이 S 일 때,

자기장 세기(자속밀도) $B = \frac{\Phi}{S}$ 의 관계식이 성립한다.

따라서 자기장의 세기 $B = \frac{40\text{Wb}}{5\text{m}^2} = 8$ T (㉠)

단면적 S 가 자기장 B 의 방향에 대해 θ 만큼 기울어져 있을 경우, 자속밀도(자기장 세기) B 는 변하지 않으나 면을 통과하는 자속은 줄어든다. 이때 자속 $\Phi' = BS\cos\theta$ 이다.
$\theta = 60°$ 일 때 금속판을 통과하는 자속(Φ')은

$\Phi' = BS\cos\theta = 8\text{T} \times 5\text{m}^2 \times \cos60° = 40 \times \frac{1}{2} = 20$ Wb(㉡)

02. 답 ②

해설 ㄱ. 자기장은 자석뿐만 아니라 전류가 흐르는 도선 주위에도 만들어진다.
ㄴ. 자석에서 자기장의 세기는 자석 양 끝부분인 자극에서 가장 세고, 자기장에서 멀어질수록 약해진다.
ㄷ. 자속밀도 또는 자기장의 세기 $B(\text{T}) = \frac{\Phi}{S}$ 의 관계식이 성립한다.
1 T 의 자기장의 세기는 자기장에 수직인 단위 면적 1 m^2 를 통과하는 자속이 1 Wb 일 때를 뜻한다.
ㄹ. 단면적 S 가 자기장 B 의 방향에 대해 수직이 아니더라도 단면을 통과하는 자기력선의 수는 정해지므로 구할 수 있다.

[유형12-2] 답 ②

해설 직선 전류에 의한 자기장은 오른손 법칙(앙페르 법칙)에 의해 알 수 있다. 오른손 엄지손가락을 전류가 흐르는 방향인 지면에 수직으로 들어가는 방향으로 향하게 하고 나머지 네손가락을 감아쥐면 네손가락을 시계 방향으로 감아쥐게 된다. 이때 감아쥐는 방향이 직선 도선 주위의 자기장의 방향이며, 시계 방향으로 형성이 된다. 자기장의 방향은 나침반 N극이 향하는 방향이므로 다음 그림과 같이 자침이 정렬된다.

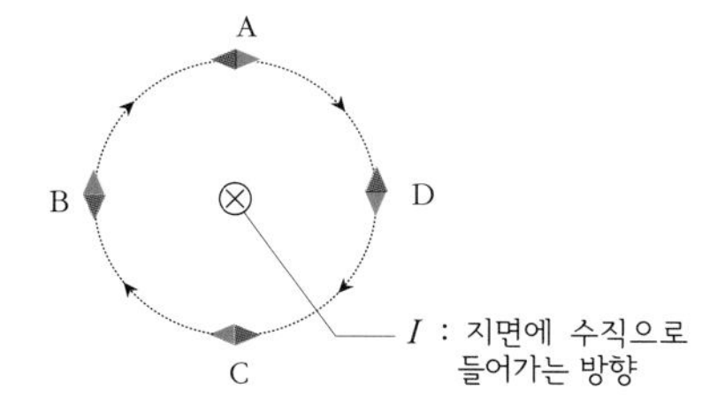

03. 답 ②

해설 직선 전류에 의한 자기장의 세기 B는 직선 도선에 흐르는 전류 I 에 비례하고, 도선으로부터의 직선 거리 r에 반비례한다.

$\left(B = k\dfrac{I}{r} \right)$
따라서 전류가 2배이고, 거리가 $4r$ 인 지점 Q 에서의 자기장의 세기

$$B' = k\frac{2I}{4r} = k\frac{I}{r} \times \frac{1}{2} = \frac{1}{2}B$$

04. 답 ⑤

해설 ㄱ, ㄷ. 오른손 법칙에 의해 오른손 엄지손가락을 전류가 흐르는 방향으로 향하게 하였을 때 나머지 네 손가락이 가리키는 방향이 자기장의 방향이 된다. 따라서 P점에서 자기장의 방향은 지면에 수직으로 들어가는 방향, Q점에서 자기장의 방향은 지면에서 수직으로 나오는 방향으로 형성된다.

전류 I 방향
지면으로 수직하게 들어가는 방향
B B
지면에서 수직으로 나오는 방향

ㄴ. 전류가 흐르는 직선 도선에서 같은 거리만큼 떨어져 있으므로 P점과 Q점에서 자기장의 세기는 같다.

ㄹ. P점에서 A에 의한 자기장의 세기는 $B_A = k\dfrac{I}{r}$, B에 의한 자기장의 세기는 $B_B = k\dfrac{I}{2r}$ 이다. 이때 두 자기장의 방향은 지면에 수직으로 들어가는 방향으로 같기 때문에 P점에서 자기장의 세기는 두 도선에 의한 자기장의 합과 같다. 따라서 P점에서 자기장의 세기는 증가한다.

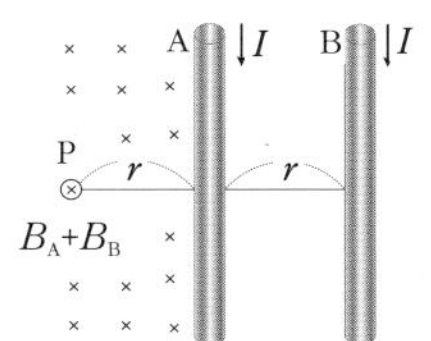

[유형12-3] 답 (1) P점 : ㉡, Q점 : ㉠

(2) P점 : $k'\dfrac{I}{r}$, Q점 : $k'\dfrac{I}{2r}$

해설 (1) 원형 전류의 중심에서의 자기장의 방향은 오른손 엄지손가락을 전류의 방향으로 향하고, 나머지 네 손가락으로 원형 도선을 감아쥘 때 네 손가락이 가리키는 방향이다.

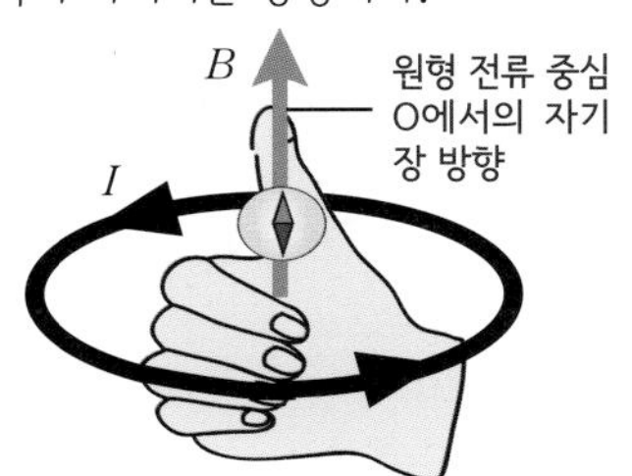

따라서 그림 (가)에서 전류가 반시계 방향으로 흐르고 있으므로 P점에서 자기장의 방향은 지면에서 수직으로 나오는 방향으로 형성된다. 그림 (나)의 점 Q에서 자기장의 방향은 두 원형 도선에 의한 자기장의 세기를 합해서 고려한다. 두 원형 도선에 의한 자기장의 방향이 서로 반대이므로 합성 자기장의 방향은 자기장의 세기가 큰 쪽 방향이 된다. 자기장의 세기는 전류의 세기에 비례하고, 반지름에 반비례하므로 바깥쪽 원형 도선의 자기장의 세기가 더 세기 때문에 자기장의 방향은 지면에서 수직으로 나오는 방향으로 형성된다.

(2) 원형 전류의 중심에서의 자기장의 세기 B 는 전류가 I, 원형 도선의 반지름이 r 일 때 $k'\dfrac{I}{r}$ $(k' = \pi k)$이다.

그림 (가)에서 P점에서 자기장의 세기는 $k'\dfrac{I}{r}$ 이다.

그림 (나)의 Q점에서의 자기장의 세기는 두 도선에 서로 반대 방향의 흐르는 전류에 의해 발생하는 자기장의 방향도 서로 반대가 되므로 두 자기장의 차가 된다. 지면에서 나오는 방향을 + 방향으로 하면,

Q점에서의 자기장이 세기는 $-k'\dfrac{I}{r} + k'\dfrac{3I}{2r} = k'\dfrac{I}{2r}$

05. 답 ④

해설 지면으로부터 나오는 방향의 자기장의 세기를 +로 하면,

반지름이 a 인 원형 도선에 의한 자기장은 $+k'\dfrac{I}{a}$

반지름이 $2a$ 인 원형 도선에 의한 자기장은 $-k'\dfrac{I}{2a}$

반지름이 $3a$ 인 원형 도선에 의한 자기장은 $+k'\dfrac{I}{3a}$

따라서 중심점 O 에서 자기장의 세기(B_O)는 세 가지 경우의 자기장의 합이 된다.

$$\therefore B_O = k'\frac{I}{a} - k'\frac{I}{2a} + k'\frac{I}{3a} = k'\frac{5I}{6a}$$

06. 답 ③

해설 그림처럼 원형 도선의 중심에서 나침반의 N극이 북쪽이므로 자기장의 방향도 북쪽이다. A점과 B점에서 나침반의 N극은 모두 남쪽을 가리킨다. 정면에서 보면 전류는 시계 방향으로 흐른다.

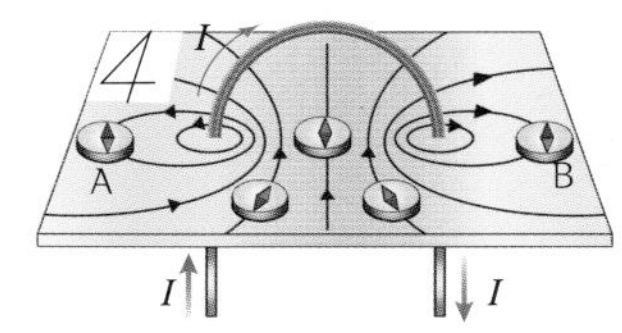

[유형12-4] 답 ③

해설 아래 그림처럼 전류가 흐를 때 양쪽 극의 자침이 문제와 같은 방향으로 배열됨을 알 수 있다. 이때 솔레노이드 내부의 자기장은 오른쪽 방향으로 균일하게 형성되며, 세기는 $k''nI$ 이다.

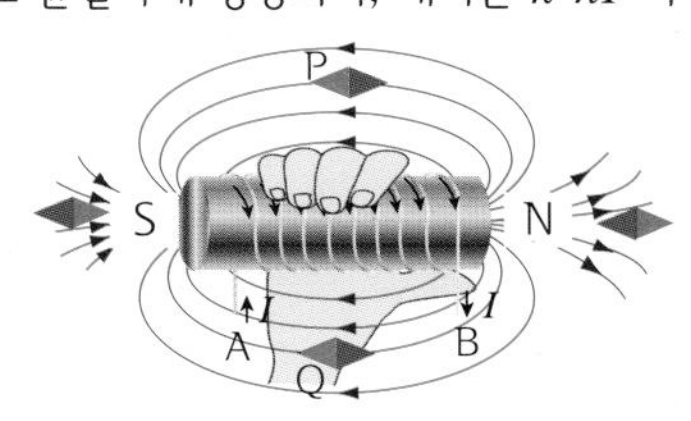

① 전류는 A에서 B로 흐른다.
② P점과 Q점에서 나침반 N극은 모두 왼쪽을 향하게 된다.
③ 솔레노이드 내부의 자기장의 방향은 오른쪽이므로 자침의 N극도 오른쪽을 향한다.
④ 철심의 길이를 고정시키고 코일의 감은 수를 증가시키면 단위 길이당 감긴 회수가 증가하므로 솔레노이드 내부의 자기장의 세기는 증가한다.
⑤ 코일의 감은 수를 고정시키고 철심과 솔레노이드의 길이를 2배로 증가시키면 단위 길이당 감긴 회수가 절반으로 감소하므로 솔레노이드 내부의 자기장의 세기는 감소한다.

07. 답 ⑤

해설 ㄱ. 솔레노이드 내부에 만들어진 자기장은 균일하다.
ㄴ. 솔레노이드 극은 코일에 흐르는 전류의 방향에 따라 결정된다.
ㄷ. 솔레노이드는 전자석으로 같은 크기의 막대 자석과 같은 모양의 자기장이 만들어진다.

08. **답** ②
해설 ㄱ. P점과 Q점에서의 자기력선은 모두 S극을 향하는 방향으로 형성되기 때문에 자기장의 방향은 같다.
ㄴ. 솔레노이드 내부에서 자기장의 방향은 오른손의 네 손가락을 전류가 흐르는 방향으로 감아쥐었을 때 엄지손가락이 향하는 방향이 된다. 따라서 자기장은 B쪽(오른쪽)에서 A쪽(왼쪽)으로 형성된다.
ㄷ. A쪽은 솔레노이드의 N극이며, 자기력선이 나가는 방향이므로 나침반을 놓았을 때 자침 N극은 왼쪽을 향하게 된다.
ㄹ. 철심을 넣어도 솔레노이드의 극은 변하지 않는다. A쪽이 N극이다.

스스로 실력 높이기

230 ~ 237 쪽

01. ③ 02. 4 m
03. ㉠ 자속(자기력선속) ㉡ 자속 밀도 04. ④
05. ③ 06. 5 07. ㄷ, ㄹ, ㄷ
08. ㄱ, ㄱ, ㄴ 09. 6 10. 360k
11. ① 12. 0.4 13. ④ 14. ④ 15. ④
16. ⑤ 17. ⑤ 18. ③ 19. ④ 20. ②
21. ③ 22. 5 : 1 23. ② 24. ㄴ, ㄷ 25. 5k
26. ② 27. ② 28. ② 29. 5 : 3 : 3
30. 3B, (+) 31. ④ 32. ②
33. <해설 참조> 34. (1) ㉠ : (-)극, ㉡ : (+)극
(2) ㉠ : 탄성, ㉡ : 자기 에너지, ㉢
35. <해설 참조>
36. 크기 : (나) = (다) < (라) = (가), 방향 : <해설 참조>

02. **답** 4 m
해설 자기장의 세기 $B = \frac{\Phi}{S}$ 이다. 따라서 단면 $S = \frac{\Phi}{B}$ 이므로 $S = \frac{112 \text{ Wb}}{7 \text{ T}} = 16 \text{ m}^2$ 이다. 그러므로 정사각형 한 면의 길이는 4 m 이다.

03. **답** ㉠ 자속(자기력선속), ㉡ 자속 밀도
해설 자기장의 세기 $B = \frac{\Phi}{S}$ 이다. 이때 Φ 는 자기장 방향에 수직인 단면적 S 를 지나는 자기력선의 총 개수로 정의된다. 이때 자기장의 세기 B 는 자속 Φ 를 단면적 S 로 나눈 값이 되는데, 이것은 자기장 방향에 수직인 단위 면적(1 m^2)을 지나가는 자기력선의 개수가 되어, 자속 밀도라고도 한다.

04. **답** ④
해설 직선 도선에 흐르는 전류에 의해 형성되는 자기장의 방향은 오른손 법칙으로 정의된다. 오른손의 엄지손가락을 전류가 흐르는 방향으로 향하게 하고 나머지 네 손가락으로 도선을 감아쥐는 방향이 자기장의 방향이다. 따라서 ㉠에서 자기장은 지면에서 수직으로 나오는 방향으로 형성된다.

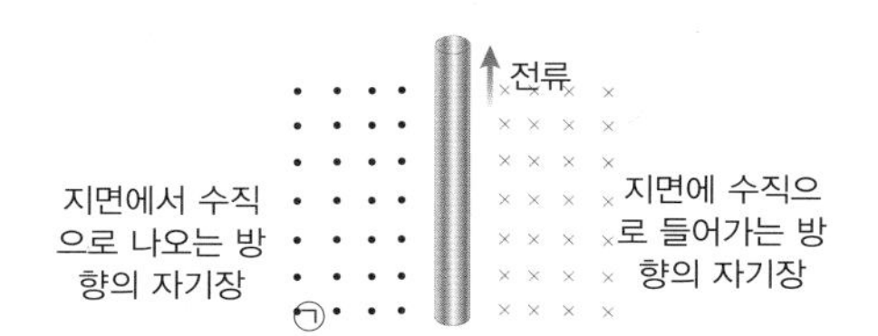

05. **답** ③
해설 전류가 직선 도선의 위에서 아래로 흐를 때 주변의 자기장의 은 다음 그림과 같이 도선을 중심으로 시계 방향으로 형성된다.

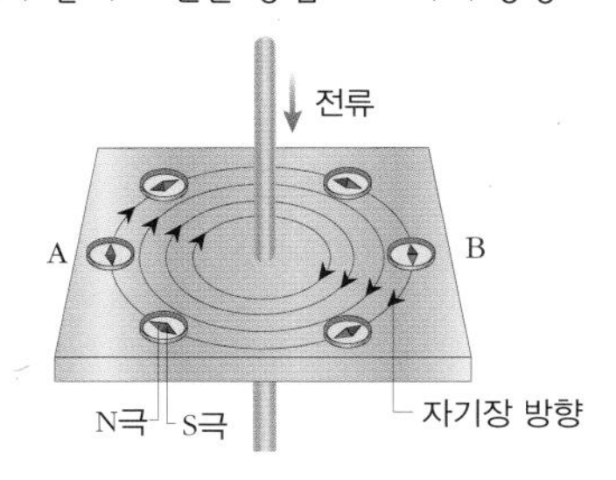

06. **답** 5
해설 두 도선에 의해 O지점에 형성되는 자기장의 방향은 같다. 따라서 중심 O에서 합성 자기장은 두 자기장의 합과 같다.

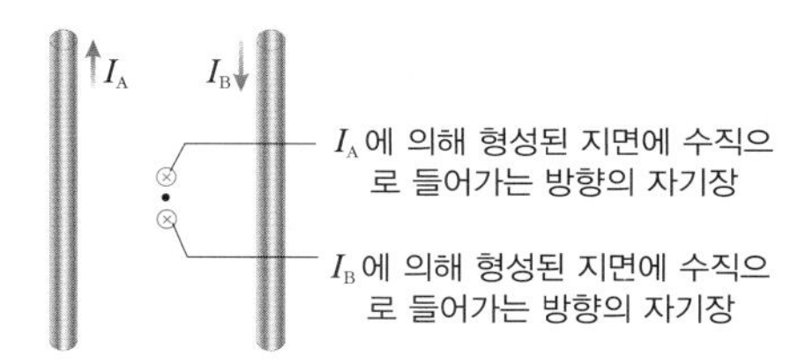

07. **답** ㄷ, ㄹ, ㄷ
해설 원형 전류의 안쪽과 바깥쪽의 자기장의 방향은 아래 그림과 같이 형성된다. A, B, C 점이 같은 평면 상에 위치할 때 바깥 지점인 A와 C의 자기장의 방향은 같고, 안쪽 지점인 B의 방향은 반대 방향으로 형성된다.

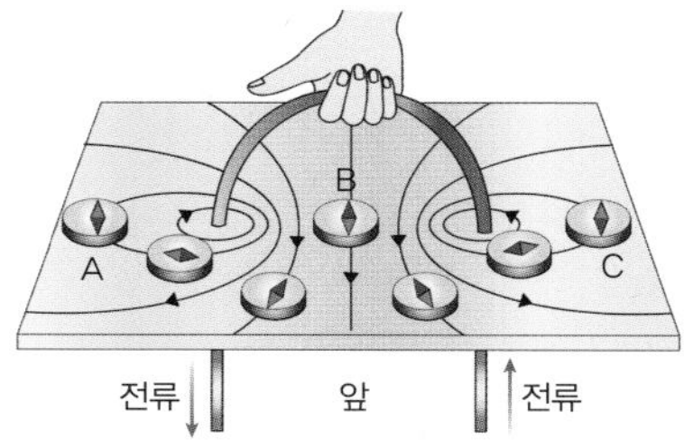

08. **답** ㄱ, ㄱ, ㄴ
해설 전류가 그림과 같이 흐를 때 솔레노이드 내부의 자기장은 그림과 같이 왼쪽에서 오른쪽으로 향하는 방향으로 형성된다(A, B). 솔레노이드 외부의 자기장 방향은 솔레노이드 내부의 자기장 방향과 반대로 형성된다(C).

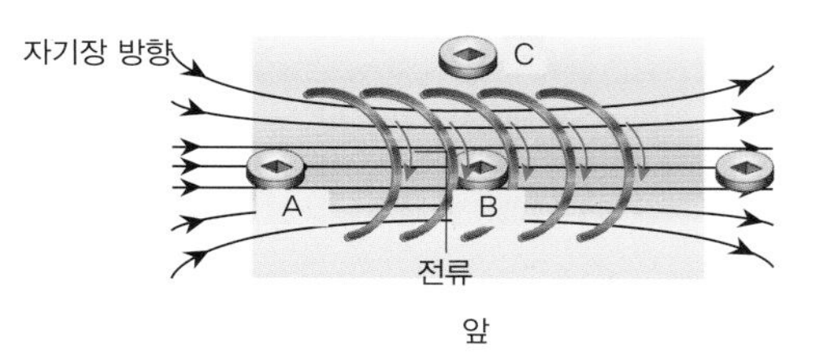

09. **답** 6
해설 전류가 I, 반지름이 r 인 원형 도선의 중심에서 자기장의 세기

B(원형 전류 중심) = $k' \frac{I}{r}$

반지름이 $0.2r$, 전류가 $1.2I$ 인 원형 도선의 중심에서 자기장의 세기

B'(원형 전류 중심) = $k' \frac{1.2I}{0.2r} = 6B$ 가 된다.

10. 답 $360\ k$

해설 솔레노이드 내부에서의 자기장의 세기

B(솔레노이드 내부) = $k''nI = 2\pi knI = 2\pi k \frac{100}{0.5} \times 0.3$

$= 2 \times 3 \times 200 \times 0.3\ k = 360\ k$

11. 답 ①

해설 자석 외부에서의 자기력선은 자석의 N극에서 나와 S극으로 들어가는 폐곡선을 이룬다. 따라서 자석의 내부에서는 S극에서 N극 쪽으로 연결된다. 각 지점에서의 자기력선의 방향은 그 지점에 자침을 놓았을 때 자침의 N극이 가리키는 방향이다.

ㄱ, ㄴ. 자기력선은 나침반 N극이 가리키는 방향을 연결하여 이은 선이다. 그림 속 나침반의 N극이 가리키는 방향이 자기력선의 방향이다. 따라서 A는 S극, B는 N극임을 알 수 있다. A쪽은 S극이므로 자기력선은 A쪽을 향해 들어가는 방향으로 그릴 수 있다.

ㄷ. C점의 자기력선은 A쪽 방향이므로 나침반을 두면 자침 N극은 왼쪽을 향한다.

ㄹ. 자기력선은 폐곡선을 이룬다.

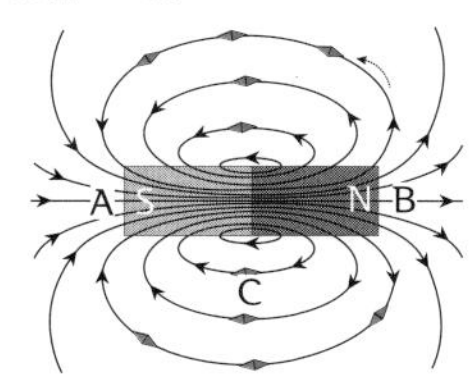

12. 답 0.4 m

해설 두 도선에 의한 자기장이 각각 P점에 공통으로 만들어지므로 자기장의 세기는 도선 A, B에 의한 각각의 자기장의 합성으로 구할 수 있다. 지면에서 수직으로 나오는 방향을 (+)라고 할 때,

도선 A에 의한 자기장 $B_A = -k \frac{7}{1+r}$

도선 B에 의한 자기장 $B_B = k\frac{2}{r}$ 이다.

P점의 자속 밀도(자기장의 세기) = $B_A + B_B = 0$ 이므로

$-k \frac{7}{1+r} + k \frac{2}{r} = k(\frac{2}{r} - \frac{7}{1+r}) = k(\frac{2-5r}{r(1+r)}) = 0$

$2-5r = 0$ 이므로 $r = 0.4$(m)이다.

13. 답 ④

해설 ㉠, ㉡, ㉢ 각 지점에는 도선 (가), (나)에 의한 자기장이 각각 발생하므로 오른손 법칙으로 방향을 결정하고 합성 자기장을 구해준다. 지면에 수직으로 들어가는 방향을 (+)로 하자.

㉠에서 자기장의 세기 $B_1 = k\frac{5}{r} + k\frac{3}{3r} = k\frac{6}{r}$,

㉡에서 자기장의 세기 $B_2 = -k\frac{5}{r} + k\frac{3}{r} = -k\frac{2}{r}$,

㉢에서 자기장의 세기 $B_3 = -k\frac{3}{r} - k\frac{5}{3r} = -k\frac{14}{3r}$

부호는 세기와 무관하므로 자기장의 세기는 ㉠에서 가장 크고, ㉡에서 가장 작다.

14. 답 ④

해설 직선 도선에 흐르는 전류에 의해 발생하는 자기장의 방향은 오른손 법칙을 적용한다. 두 도선에 흐르는 전류의 방향이 같을 경우 자기장이 상쇄되어 두 도선 중심에서 자기장은 0 이 된다. 두 도선에 흐르는 두 도선에 흐르는 전류의 방향이 반대일 경우 두 도선 중심에서의 자기장이 상쇄되지 않는다. 두 도선 사이 중심에 놓인 나침반 자침이 북쪽을 향하므로 자기장의 방향도 북쪽이다. 전류는 다음 그림과 같이 흐른다.

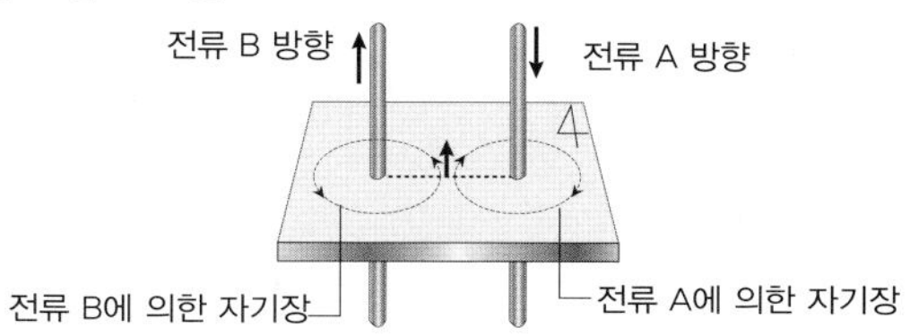

15. 답 ④

해설 원점 O는 직선 도선으로부터 20 cm 떨어진 지점 이므로 직선 도선에 의한 자기장의 세기(B_1)는

$B_1 = k\frac{2}{0.2} = 10k$ 이고, 방향은 지면으로 들어가는 방향이다.

원점 O 지점의 원형 도선에 의한 자기장의 세기(B_2)는

$B_2 = k'\frac{3}{0.1} = 30k' = 30\pi k = 90k$ 이고, 방향은 지면으로 들어가는 방향이다. 두 자기장의 방향이 같으므로 원점 O 지점에 두 도선에 의해 형성된 자기장의 세기는 두 자기장의 세기의 합($10k + 90k = 100k$)이 되고, 지면에 수직으로 들어가는 방향이다.

16. 답 ⑤

해설

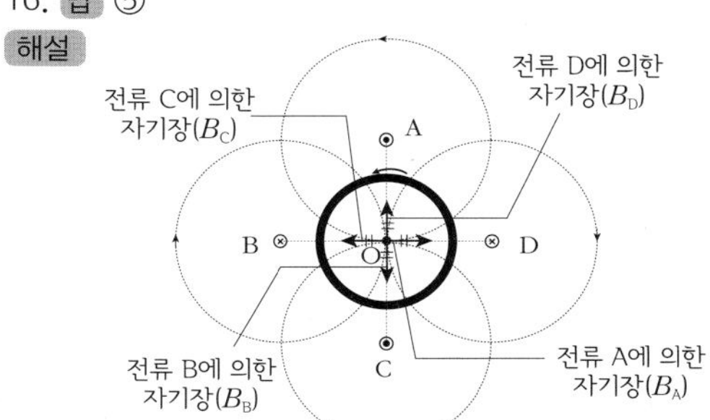

원형 도선의 중심 O에서는 직선 도선에 의한 자기장과 원형 도선에 의한 자기장이 각각 형성된다. 직선 도선에 의한 자기장은 크기가 같고 방향이 각각 반대인 B_B와 B_D, B_A와 B_C 가 서로 상쇄되어 중심 O에는 원형 도선에 의한 자기장만 남게 된다. 원형 도선에 의해 생기는 자기장은 지면에서 수직으로 나오는 방향이다.

17. 답 ⑤

해설 전자석 내부의 자기장의 세기는 전류의 세기와 단위 길이당 감긴 코일의 수에 각각 비례한다. 따라서 전류의 세기가 동일한 그림 (가)와 (나)의 경우 그림 (나)의 코일의 감은 수가 적기 때문에 내부의 자기장은 그림 (가)의 전자석이 더 세다. 코일의 감은 수가 동일한 그림 (가)와 (다)의 경우 그림 (다)의 전자석에 더 많은 전지가 연결되어 전류가 더 많이 흐르므로 내부의 자기장은 그림 (다)의 전자석이 더 세다. 따라서 내부 자기장이 가장 센 전자석은 (다)이고 가장 약한 전자석은 (나)이다.

18. 답 ③

해설 전류는 전지의 (+)극에서 (-)극으로 흐르고, 솔레노이드에

서 전류가 흐르는 방향으로 오른손의 네 손가락을 감아 쥐었을 때 엄지손가락이 가리키는 방향이 솔레노이드의 N극에 해당된다. 따라서 각 전자석의 극은 다음과 같다.

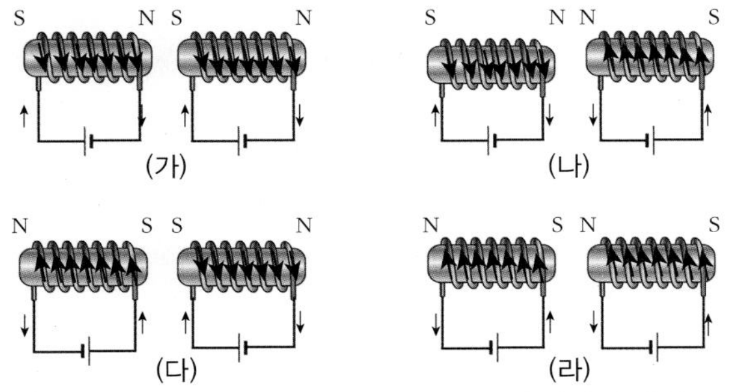

서로 다른 극이 마주 보고 있는 (가)와 (라)에서 전자석 사이에 인력이 작용한다.

19. **답** ④

해설 A점의 자기장은 두 도선에 의한 자기장(둘 다 지면에 수직으로 들어가는 방향(⊗))의 합성으로 구할 수 있다. B점의 자기장도 지면에 수직으로 들어가는 방향이다. 지면에 수직으로 들어가는 방향(⊗)을 (+)라 할 때,

A점의 자기장 세기 $B_A = k\dfrac{2I}{a} + k\dfrac{I}{a} = +k\dfrac{3I}{a}$

B점의 자기장 세기 $B_B = k\dfrac{2I}{2a} = k\dfrac{I}{a}$

따라서 $B_A : B_B = 3 : 1$ 이다.

20. **답** ②

해설 지면에 수직으로 들어가는 방향을 ⊗, 지면에서 수직으로 나오는 방향을 ⊙로 표시하자. 각 구간에는 도선 A, B, C 에 의한 합성 자기장이 형성된다. 도선 A와 B, B와 C 사이의 거리를 각각 $2a$ 라고 하고 ⊗을 (+)로 한다.

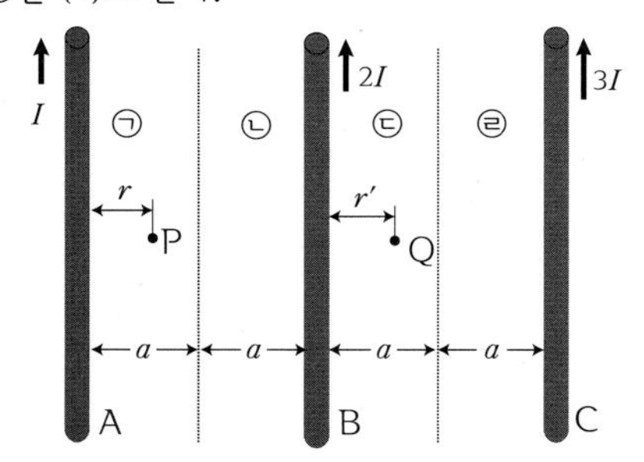

(도선 A~B 사이) 도선 A 와 B 사이에서 도선 A로부터 r 만큼 떨어진 임의의 한 점 P 에 만들어진 도선 A, B, C 에 의한 자기장의 방향은 각각 ⊗, ⊙, ⊙ 이다. 도선 A, B, C에 의해 각각 P 점에 만들어지는 자기장의 합성을 0으로 놓는다.

$$B_P = k\frac{I}{r} - k\frac{2I}{2a-r} - k\frac{3I}{4a-r} = 0$$

$$kI\left(\frac{(2a-r)(4a-r)-2r(4a-r)-3r(2a-r)}{r(2a-r)(4a-r)}\right) = 0$$

$$\therefore (2a-r)(4a-r)-2r(4a-r)-3r(2a-r) = 3r^2-10ar+4a^2 = 0$$

$$r = \frac{5\pm\sqrt{13}}{3}a$$

$r = 2.87a$, 또는 $0.46a$ 인데, $r = 2.87a$ 는 A~B 영역을 벗어나므로 $r = 0.46a$ 이며, 이때 P점은 ㉠ 영역에 속한다.

(도선 B~C 사이) 도선 B와 C 사이에서 도선 B로부터 r' 만큼 떨어진 임의의 한 점 Q 에 만들어진 도선 A, B, C 에 의한 자기장의 방향은 각각 ⊗, ⊗, ⊙ 이다. 도선 A, B, C에 의해 각각 Q점에 만들어지는 자기장의 합성을 0으로 놓는다.

$$B_Q = k\frac{I}{2a+r'} + k\frac{2I}{r'} - k\frac{3I}{2a-r'} = 0$$

$$kI\left(\frac{r'(2a-r')+2(2a-r')(2a+r')-3r'(2a+r')}{r'(2a-r')(2a+r')}\right) = 0$$

$$\therefore r'(2a-r')+2(2a-r')(2a+r')-3r'(2a+r') = 3r'^2+2ar'-4a^2 = 0$$

$$r' = \frac{-1\pm\sqrt{13}}{3}a$$

$r' = 0.87a$ 또는 $-1.54a$ 인데, $r' = -1.54a$ 는 B~C 영역을 벗어나므로 $r' = 0.87a$ 이며, 이때 Q점은 ㉢ 영역에 속한다.

따라서 A~B 사이에서는 ㉠ 영역, B~C 사이에서는 ㉢ 영역에 자기장의 세기가 0 인 지점이 존재한다.

21. **답** ③

해설

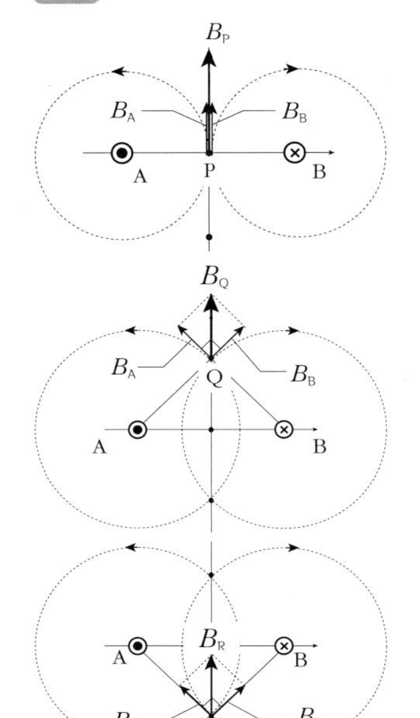

도선 A에 의해 도선 A를 중심으로 반시계 방향의 자기장이 생기고(B_A), 도선 B에 의해 도선 B를 중심으로 시계 방향의 자기장이 생긴다(B_B). 두 자기장의 합인 B_P는 +y 방향이다.

그림처럼 B_A와 B_B의 합성으로 B_Q를 구할 수 있으며 B_P 보다 크기가 작으며, +y 방향이다.

그림처럼 B_A와 B_B의 합성으로 B_R를 구할 수 있으며 크기는 B_P 보다 작지만 B_Q 와 같다. 방향은 +y 방향이다.

22. **답** 5 : 1

해설

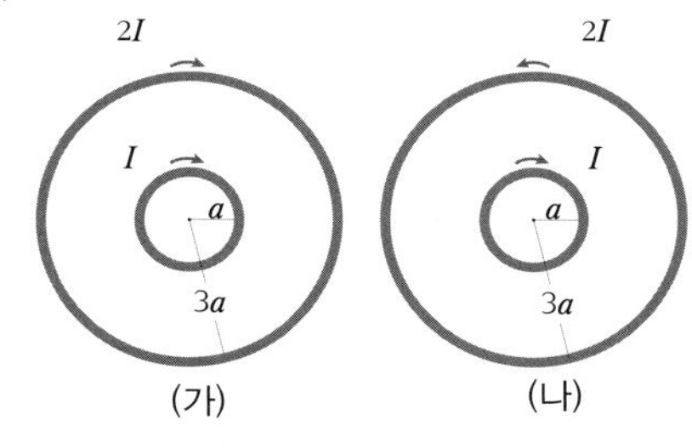

그림 (가)와 같이 전류가 흐를 때 두 도선에 의해 원형 전류의 중심에서의 자기장의 방향은 각각 지면으로 수직하게 들어가는 방향(⊗)이다. (⊗)을 (+)라고 하면 중심 O에서 자기장의 세기(B_A)는

$B_A = k'\dfrac{I}{a} + k'\dfrac{2I}{3a} = k'\dfrac{5I}{3a}$이다.

그림 (나)와 같이 두 도선에 흐르는 전류의 방향이 반대일 경우 중심 O에서 바깥 전류에 의한 자기장의 방향은 반대가 되어 ⊙ 이다. 따라서 중심 O에서의 자기장의 세기(B_B)는

$B_B = k'\dfrac{I}{a} - k'\dfrac{2I}{3a} = k'\dfrac{I}{3a}$ 이다.

따라서 $B_A : B_B = 5 : 1$ 이다.

23. 답 ②

해설 점 P에서 자기장의 세기 $B_P = k' \frac{I}{2a}$ 이고, 방향은 지면에서 수직으로 나오는 방향(⊙)이다. 이때의 방향을 (+)라고 하자. 그림 (나)의 Q점에서 자기장의 세기는 반지름이 a인 원형 도선과 반지름이 $2a$인 원형 도선에 의한 자기장의 합성이 된다. 전류의 방향이 반대이므로 자기장의 방향이 서로 반대가 된다. 따라서 점 Q에서 자기장의 세기

$B_Q = k' \frac{I}{2a} - k' \frac{I}{a} = -k' \frac{I}{2a}$ 이다.

(-)값이므로 점 Q에서 자기장의 방향은 지면에 수직으로 들어가는 방향(⊗)이고, P와 Q에서의 자기장의 세기는 같다.

24. 답 ㄴ, ㄷ

해설

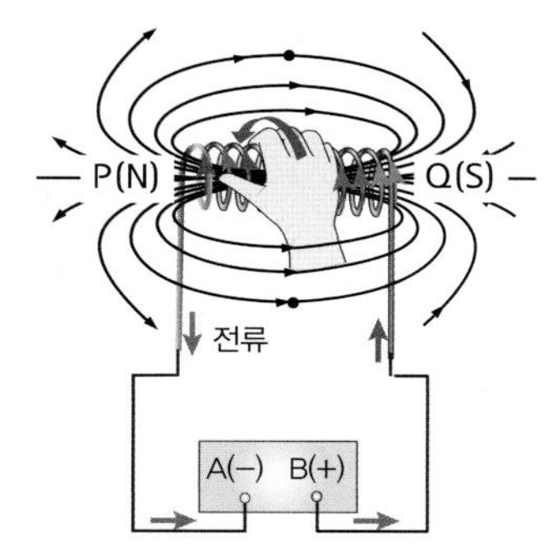

그림처럼 솔레노이드 내부의 자기장의 방향(내부의 자침의 N극이 가리키는 방향)을 엄지손가락의 방향으로 하여 코일을 감싸쥐는 방향이 전류가 흐르는 방향이다. 이때 엄지손가락의 방향이 솔레노이드의 N극의 방향이기도 하다.

ㄱ. 그림처럼 전류가 흐르므로 (A)는 (-)극, (B)는 (+)극 이다.

ㄴ. P는 전자석의 N극, Q는 S극이 된다.

ㄷ. 전자석의 길이는 일정하게 유지하고 코일의 감은 수를 늘리면 전자석 내부 및 외부의 자기장의 세기가 증가한다.

ㄹ, 전류의 방향을 반대로 해주면 자기장의 방향도 반대가 되므로 내부 나침반 N극의 방향도 반대로 된다.

ㅁ. 전자석의 Q는 자석의 S극에 해당하므로 같은 극끼리는 척력이 작용한다.

25. 답 5 k

해설 자속 밀도는 자기장의 세기 B 이다. P점에 형성되는 자기장은 도선 A에 의해 지면에 수직으로 들어가는 방향(⊗)으로 형성되고, 도선 B에 의해 지면에서 수직으로 나오는 방향(⊙)으로 형성되므로 두 두선의 자기장을 합성하면 된다. 두 도선에 의한 자기장의 방향이 서로 반대이므로 P점의 자기장의 세기는 두 자기장의 차가 된다.

도선 A에 의한 자기장의 세기 $B_A = k\frac{5}{1} = 5k$ (⊗)

도선 B에 의한 자기장의 세기 $B_B = k\frac{20}{2} = 10k$ (⊙)

따라서 P점에서 자기장의 세기 $B_P = 10k - 5k = 5k$

26. 답 ②

해설

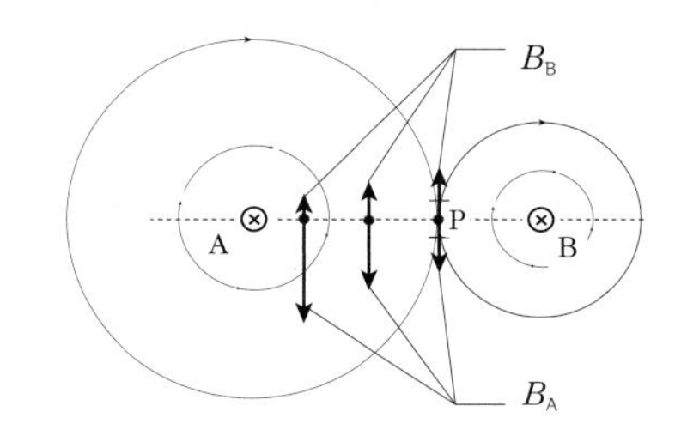

P점의 자기장이 0 이 되려면 그림과 같이 도선 A, B에 의해서 각각 P점에 형성되는 자기장(B_A, B_B)의 방향이 서로 반대이고 크기는 같아야 한다. 그림과 같이 B_A 는 아래 방향으로, B_B 는 윗 방향으로 형성된다. P점은 도선 B와 더 가까우므로 도선 B에 흐르는 전류는 A와 같이 지면에 수직으로 들어가는 방향(⊗)이고, 양은 A보다 적다.

ㄱ. 그림과 같이 p점과 도선 A 사이에서는 B_A 가 B_B 보다 더 크므로 아래 방향의 자기장이 형성되고 이 방향은 도선 A를 중심으로 시계 방향이다.

ㄴ. 도선 A에 흐르는 전류가 더 커야 상대적으로 더 멀리 있는 점 P에서 자기장의 세기가 0 이 될 수 있다.

ㄷ. 도선 A와 도선 B에 각각 흐르는 전류의 방향이 서로 같아야 P점에서 반대 방향의 자기장이 형성될 수 있다.

ㄹ. 도선 B에는 지면에 수직으로 들어가는 방향(⊗)의 전류가 흐르므로 도선 B를 중심으로 시계 방향의 자기장이 생긴다.

27. 답 ②

해설 도선 A, B와 거리가 같은 나침반의 위치에서는 도선 A에서 발생한 자기장(B_A)과 도선 B에서 발생한 자기장(B_B)의 합성된 방향으로 자기장(B)이 만들어지고 그 방향으로 나침반 N극이 향하게 된다. 즉, 다음 그림과 같은 방향으로 각각 자기장의 형성되어야 한다.

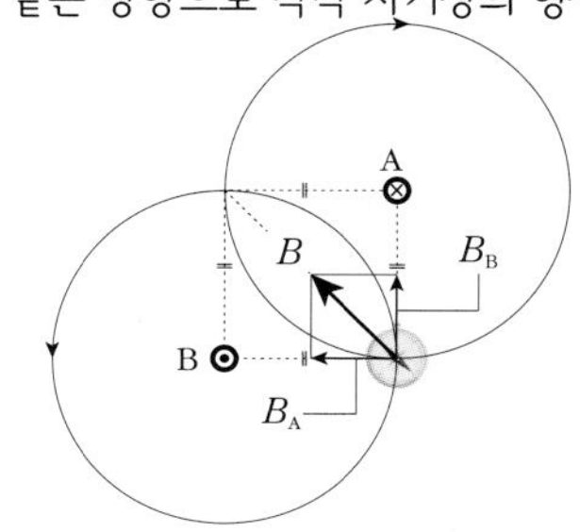

따라서 도선 A, B에는 각각 ⊗, ⊙ 방향의 전류가 흐르고 있다.

28. 답 ②

해설

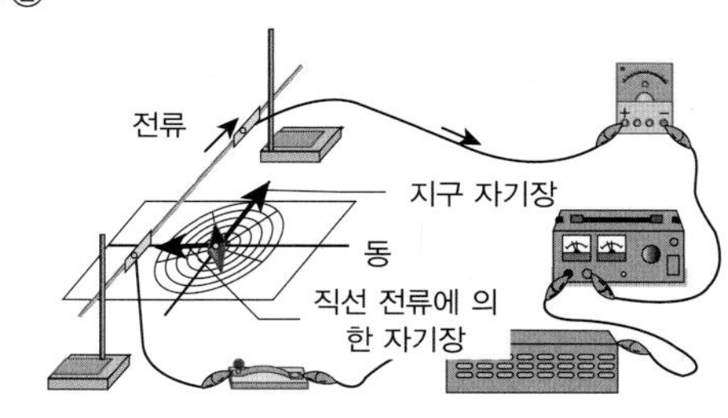

그림처럼 전류는 전류계의 (+)극으로 흘러들어가므로 직선 도선에서 북쪽으로 흐르고 있다. 직선 도선에 전류가 흐르지 않을 때는 지구 자기장의 영향만 받아 나침반은 북쪽을 향하나 직선 도선에 전류가 흐르면 서쪽으로 발생하는 자기장에 의해 합성 자기장이 북서 방향으로 발생하므로 나침반이 서쪽으로 회전해 북서 방향을 향하게 된다.

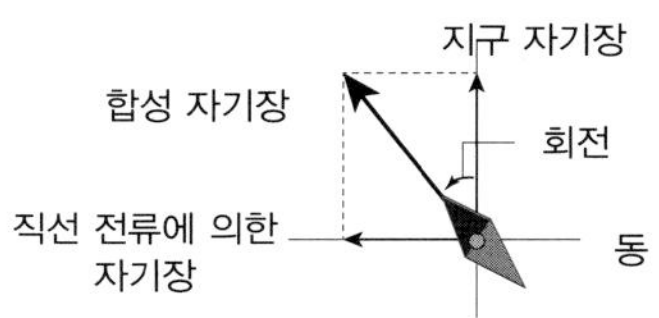

ㄱ. 스위치를 닫으면 전류가 흘러 나침반이 직선 도선에 의한 서쪽 방향의 자기장의 영향을 받아서 북서 방향을 가리키게 되므로 서쪽으로 움직인다.

ㄴ, ㄷ. 전압만 높이거나 가변 저항을 감소시키면 직선 도선에 흐르

는 전류가 강해지므로 직선도선에 의한 자기장이 커져서 합성 자기장은 서쪽으로 더 치우치므로 나침반은 시계 반대 방향으로 돌아간다.

ㄹ. 전원 단자를 바꾸어 전류의 흐르는 방향을 반대로 하면 자기장의 방향도 반대로 바뀌어서 직선 도선에 의한 자기장의 방향은 동쪽으로 발생하고 지구 자기장은 변함 없으므로 합성 자기장이 북동쪽이 되어 나침반은 북동쪽을 가리키게 된다. 180° 회전하지는 않는다.

ㅁ. 도선과 나침반의 거리가 가까워지면 직선 도선에 의한 자기장의 세기가 더욱 세지므로 합성 자기장이 서쪽으로 더 치우치게 되고 나침반이 서쪽으로 돌아가는 각도가 커진다.

29. **답** 5 : 3 : 3

해설 지면에 수직으로 들어가는 자기장의 방향(⊗)을 (+)로 한다. A, B, C 지점에서의 자기장은 그림과 같다.

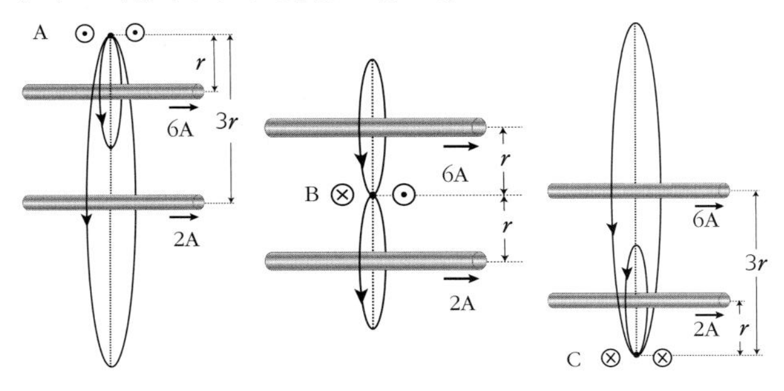

$$B_A = -k\frac{6}{r} - k\frac{2}{3r} = -k\frac{20}{3r}(\odot),\ B_B = k\frac{6}{r} - k\frac{2}{r} = k\frac{4}{r}(\otimes)$$

$$B_C = k\frac{6}{3r} + k\frac{2}{r} = k\frac{4}{r}(\otimes)$$

$$\therefore B_A : B_B : B_C = k\frac{20}{3r} : k\frac{4}{r} : k\frac{4}{r} = 5 : 3 : 3(\text{크기 비})$$

30. **답** $3B$, (+)

해설 그림은 반경이 서로 다른 두 반원형 도선이 중심을 공유하고 있으므로 두 반원형 전류에 의한 중심에서의 자기장의 세기의 합을 구한다. 반원형 전류에 의한 중심에서의 자기장의 세기는 원형 전류에 의한 중심에서의 자기장의 $\frac{1}{2}$ 이다.

반지름이 r 인 반원형 도선에 흐르는 전류의 세기가 I 일 때 도선의 중심에서의 자기장의 세기를 B 라고 하였으므로

$B = k'\frac{I}{r} \times \frac{1}{2}$ 이다.

주어진 문제에서의 중심 O 에서의 자기장은 반지름 r 과 반지름 $\frac{r}{2}$ 인 흐르는 방향이 같은 두 반원형 전류의 중심에서의 자기장의 합성이다. 합성 자기장을 B' 이라고 하면,

$$B' = k'\frac{I}{r} \times \frac{1}{2} + k'\frac{I}{r/2} \times \frac{1}{2} = B + 2B = 3B(\odot)$$

31. **답** ④

해설

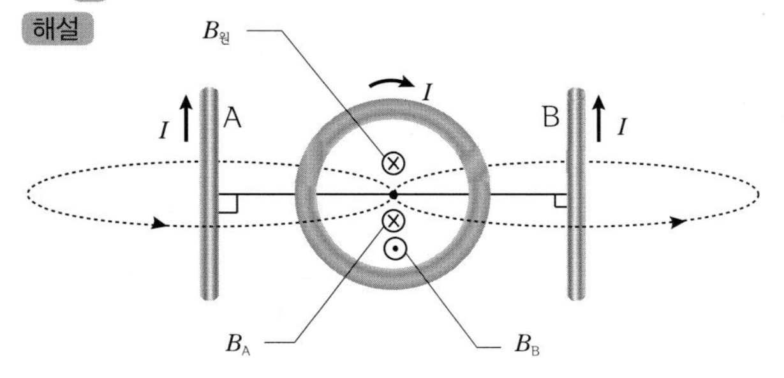

중심 O 에서 자기장의 세기는 도선 A에 의한 자기장(B_A), 도선 B에 의한 자기장(B_B), 원형 전류에 의한 자기장($B_{원}$)이 모두 존재 하므로 세기를 구하기 위해서는 세 자기장을 합성해야 한다.

ㄱ. 중심 O에서 지면에 수직으로 들어가는 방향(⊗)을 (+)로 하면 두 직선 전류에 의한 자기장은 각각

$B_A = k\frac{I}{2r}$, $B_B = -k\frac{I}{2r}$ 이다. 두 자기장은 서로 상쇄되므로

중심 O에서 자기장은 원형 도선에 의한 자기장만 남는다. 그러므로 자기장의 방향은 지면에 수직으로 들어가는 방향(⊗)이다.

ㄴ. 지면에서 들어가는 방향(⊗)을 (+)로 하자. 이때 도선 B에 흐르는 전류의 세기가 $2I$ 가 되면 두 직선 도선에 흐르는 전류에 의한

자기장을 합하면 $B_A + B_A = k\frac{I}{2r} - k\frac{2I}{2r} = -k\frac{I}{2r}$ 이다.

원형 전류에 의한 자기장의 세기 $B_{원} = k'\frac{I}{r} = \pi k\frac{I}{r}$ 이다.

중심 O 에서의 합성 자기장의 세기는 $-k\frac{I}{2r} + \pi k\frac{I}{r} > 0$ 이므로

지면에 수직으로 들어가는 방향(⊗)이다. 방향은 변하지 않는다.

ㄷ. 중심 O에서 자기장은 원형 도선에 흐르는 전류에 의해서만 영향을 받기 때문에 전류의 세기를 2배로 하면 자기장의 세기도 2배가 된다.

ㄹ. 지면에 수직으로 들어가는 방향(⊗)을 (+)로 하자. 도선 A에 흐르는 전류의 방향을 반대로 하면 중심 O에서 두 직선 전류에 의한 자기장은 모두 (-) 방향이 되므로, 원형 전류에 의한 자기장까지 모두 합한 중심 O에서 자기장은

$-k\frac{I}{2r} - k\frac{I}{2r} + \pi k\frac{I}{r} > 0$ 이므로 지면에 수직으로 들어가는 방향(⊗)이다. 방향은 변하지 않는다.

32. **답** ②

해설 동일한 솔레노이드이므로 솔레노이드 내부의 자속밀도(자기장 세기 B)는 코일을 흐르는 전류와 비례한다. 그림에서 솔레노이드 A, B를 흐르는 전류는 같으며, 솔레노이드 C 에는 솔레노이드 A, B를 각각 흐르는 전류의 2배가 흐르므로 내부의 자속밀도도 2배가 된다.

33. **답** 해설 참고

해설

합성 자기장
직선전류에 의한 자기장
회전
북
서
지구 자기장
동
직선전류 주위의 자기장

직선 도선에 흐르는 전류에 의한 자기장의 방향은 오른손 법칙에 의해 도선을 중심으로 반시계 방향으로 형성이 된다. 따라서 나침반 자침의 N극은 서쪽으로 움직이게 된다.(반시계 방향)

<자침이 돌아가는 방향을 반대로 할 수 있는 방법>

① 직선도선에 의한 자기장의 방향이 반대로 형성되면 되므로 전류의 방향을 위에서 아래쪽으로 반대로 흐르게 한다.

② 도선의 전류가 그대로 위 방향으로 흐르는 상태에서 나침반을 남쪽에 두고(이때도 나침반의 자침은 북쪽을 가리키고 있다.) 도선을 남쪽으로 움직여 자침의 N극 방향으로 접근시키면 자침에 형성되는 직선 전류에 의한 자기장은 동쪽 방향이므로 자침은 동쪽으로 회전하게 된다.

34. **답** (1) ㉠ : (-)극, ㉡ : (+)극 (2) ㉠ : 탄성, ㉡ : 자기 에너지, ㉣

해설

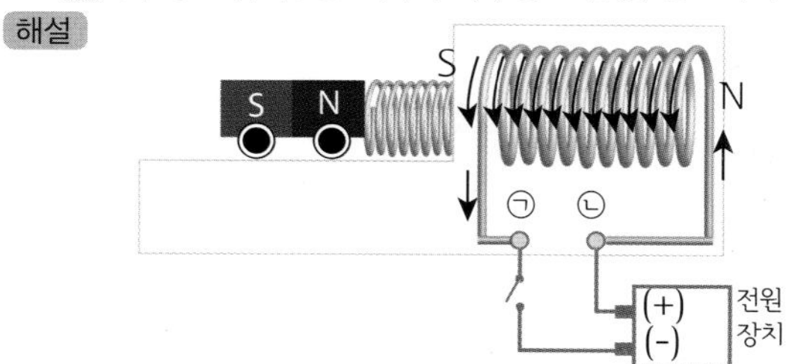

(1) 자석 수레가 용수철에 충돌할 때 용수철이 압축되는 길이가 더 커지기 위해서는 막대 자석과 솔레노이드 사이에 인력이 작용해야 하므로 그림처럼 솔레노이드의 왼쪽에 S극, 오른쪽에 N극이 형성되어야 한다. 전류는 (+)극에서 (-)극으로 흐르므로 ㉠에는 (-)극, ㉡에는 (+)극이 연결되어야 한다.

(2) 스위치를 닫으면 자석 수레와 솔레노이드 사이에 인력이 작용하고 자기에너지가 발생한다.

사이에 용수철이 없는 상태에서 자석 수레가 솔레노이드의 인력을 받아 끌려가는 경우 솔레노이드에 가까워질수록 자석과 솔레노이드 사이의 자기 에너지(자기 에너지는 (-)값)는 줄어든다. 이 경우 자석 수레의 운동 에너지는 증가하게 되고, 속력이 점점 증가한다.

하지만 사이에 용수철이 존재하면 용수철이 압축되면서 자석 수레의 운동 에너지와 자기 에너지는 용수철의 탄성 에너지로 전환되므로 용수철의 운동 에너지가 0 이 되어 자석 수레가 멈출 수 있는 것이다. 이때 탄성 에너지와 자기 에너지는 퍼텐셜 에너지이다.

따라서 용수철이 압축되는 과정에서

자석 수레의 운동에너지 = 용수철의 탄성 에너지 + 자기 에너지 이다.

한편, 용수철이 압축될 때 자석 수레의 속도는 감소하므로 자석 수레는 운동 방향과 반대 방향의 힘을 받으며, 힘과 가속도의 방향은 같으므로 자석 수레의 속도의 방향(운동 방향)과 가속도의 방향은 반대이다.

35. **답**

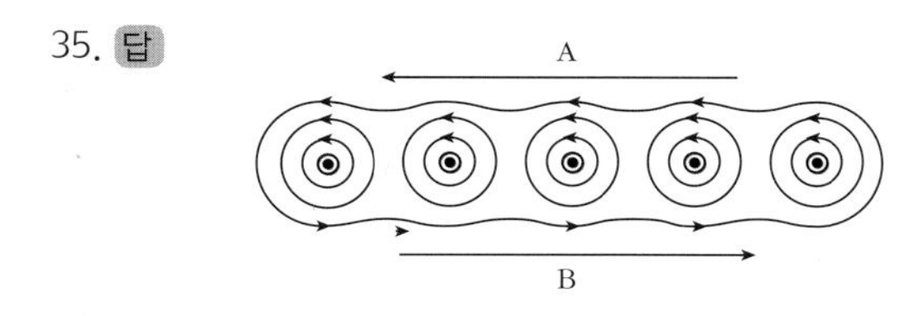

해설 전류에 의한 자기장이 합성이 되어서 위쪽(A 지역)에는 왼쪽, 아래쪽(B 지역)에는 오른쪽을 향하는 자기장이 형성된다. 솔레노이드의 한쪽 단면에서 형성되는 자기장의 모습과 동일하다.

36. **답** 크기 : (나) = (다) < (라) = (가), 방향 : 해설 참조

해설 직선 전류가 여러 개 있으면 각 직선 전류에 의한 자기장이 합성된다.

(가)

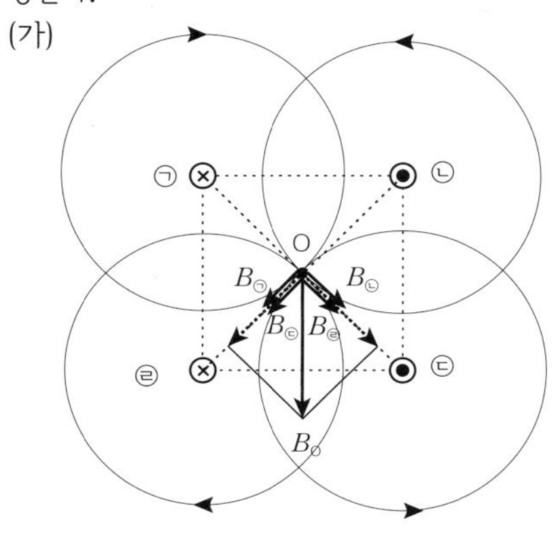

그림처럼 크기가 같은 $B_{㉠}$, $B_{㉢}$이 각각 같은 방향, $B_{㉡}$, $B_{㉣}$이 각각 같은 방향이므로 O에서의 합성 자기장 B_O는 아래 방향이다.

(나)

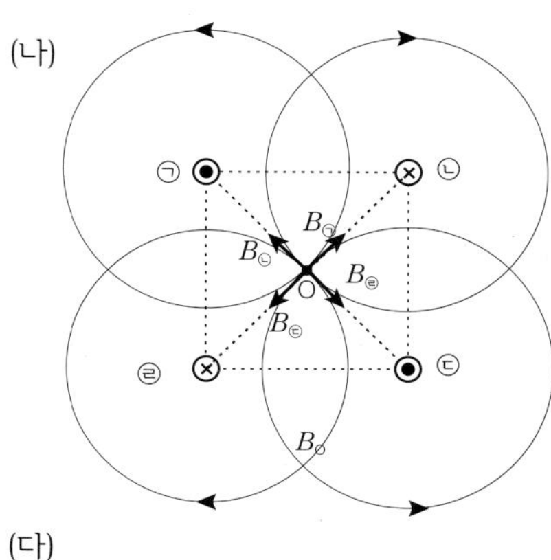

크기가 같은 $B_{㉠}$, $B_{㉢}$이 각각 반대 방향, $B_{㉡}$, $B_{㉣}$이 각각 반대 방향이므로 모두 상쇄되어서 O에서의 합성 자기장 B_O는 0이다.

(다)

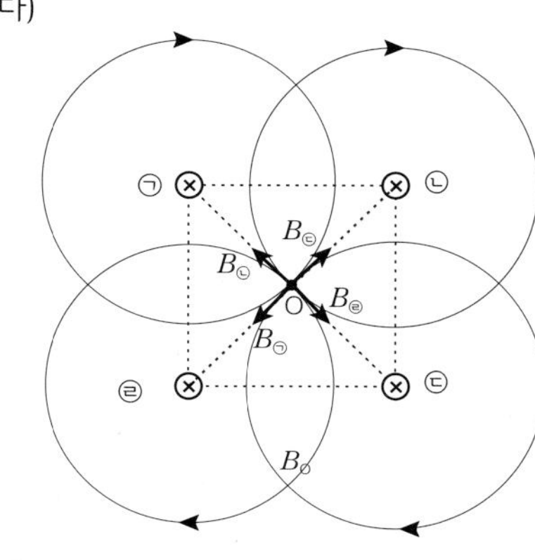

크기가 같은 $B_{㉠}$, $B_{㉢}$이 각각 반대 방향, $B_{㉡}$, $B_{㉣}$이 각각 반대 방향이므로 모두 상쇄되어서 O 에서의 합성 자기장 B_O는 0이다.

(라)

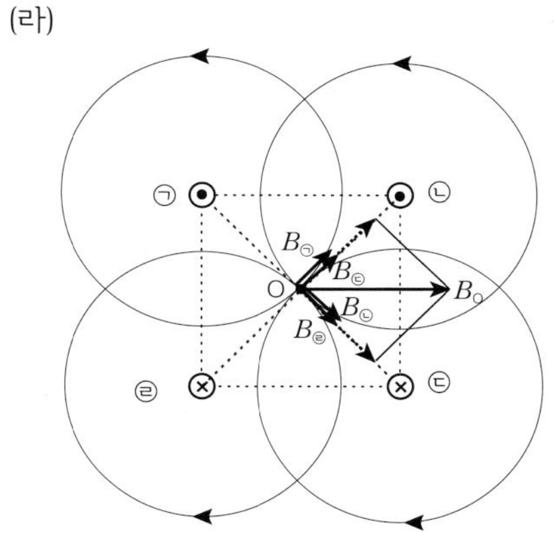

그림처럼 크기가 같은 $B_{㉠}$, $B_{㉢}$이 각각 같은 방향, $B_{㉡}$, $B_{㉣}$이 각각 같은 방향이므로 O에서의 합성 자기장 B_O는 오른쪽 방향이고 크기는 (가)의 경우와 같다.

따라서 크기를 비교하면 (나) = (다) < (라) = (가) 이다.

13강 전자기 유도 I

개념확인

238 ~ 241 쪽

1. 자화 2. 유도 기전력
3. 전자기 유도, 자속(자기력선속), ㉠ 4. ㉠, ㉡

확인 +

238 - 241 쪽

1. ㉠ 스핀 ㉡ 궤도 운동 2. A, B 3. 2,000 4. ㉡

2. 답 A, B

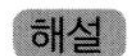

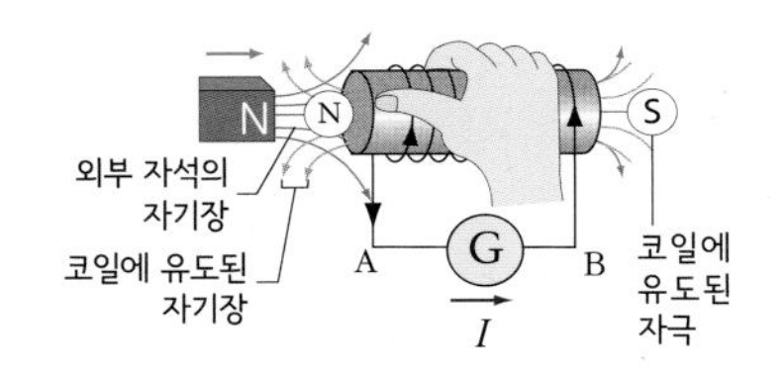

자석의 N극 코일 쪽으로 가까이 가져가면 코일 내부를 오른쪽으로 통과하는 자속이 증가하기 때문에 이를 방해하기 위해 코일 내부에는 왼쪽으로 자기장이 형성된다. 이것은 자석의 운동을 방해하기 위해 코일의 왼쪽에 N극이 유도되는 것과 같은 원리이다. 위 그림에서처럼 유도 전류는 A → Ⓖ → B 방향으로 흐른다.

3. 답 2,000

해설 패러데이 법칙을 이용하여 유도 기전력의 크기를 구할 수 있다.

$$V = -N\frac{\Delta\Phi}{\Delta t} = -100\frac{2\text{ Wb}}{0.1\text{s}} = -2{,}000\text{ V}$$

이때 (-)는 방향을 의미하므로 유도 기전력(V) 크기는 2,000 V 가 된다.

4. 답 ㉡

해설 B에서처럼 자기장 영역 속으로 도선이 들어가면서 사각 도선 내부에는 지면으로 들어가는 방향의 자속이 증가하게 된다. 렌츠의 법칙에 의해 사각 도선의 내부에는 자속의 증가를 방해하기 위해 지면에서 수직으로 나오는 방향으로 유도 자기장이 발생한다. 이때, 위에서 볼 때 반시계 방향의 유도 전류가 흐르게 된다.

개념 다지기

242 - 243 쪽

1. ③	2. ⑤	3. ④	4. ①, ④
5. 1 : 4	6. ④	7. ④	8. 3

01. 답 ③

해설 물질마다 자성이 다르게 나타나는 이유는 물질마다 원자 내 전자들의 궤도 운동과 스핀이 다르기 때문이다.
④, ⑤ 원자 내 전자의 스핀과 궤도 운동에 의한 전류의 방향이 전자마다 같게 나타날지라도 원자 내 각 전자에 의한 자기장이 어떻게 배열되느냐에 따라 물질의 자성은 다르게 나타난다.

02. 답 ⑤

해설 자기장을 가했을 때 원자 자석들이 외부 자기장의 반대 방향으로 자화되었다가, 외부 자기장을 제거하였을 때 자석의 효과가 바로 사라지는 것으로 보아 이 물체는 반자성체임을 알 수 있다. 반자성체는 대부분의 물질들(금, 물, 유리, 구리, 나무 등)과 많은 기체들(수소, 이산화 탄소, 질소 등), 플라스틱 등이 있다.

03. 답 ④

해설

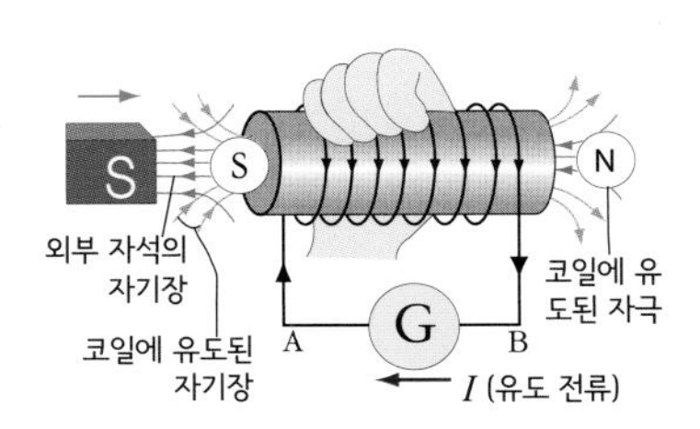

그림처럼 자석의 S극을 코일에 가까이 가져가면, 이 자석의 자기력선은 코일 내부를 점점 더 많이 통과하게 되어 코일 내부에는 왼쪽 방향의 자속이 증가한다. 이때 코일 내부에는 자속의 증가를 방해하기 위해 오른쪽 방향으로 자기력선이 유도된다. 그림처럼 원형 코일을 오른손을 감아쥐면 엄지 손가락이 가리키는 방향인 코일의 오른쪽은 N극이 유도되고 왼쪽은 S극이 유도되므로, 자석과 코일 사이에는 척력이 작용한다. 이 힘으로 코일이 자석을 밀어내어 자석의 운동을 방해한다.

04. 답 ①, ④

해설 유도 전류를 크게 하기 위해서는 자석의 운동을 빠르게 하거나, 코일의 감은 수를 늘려주거나, 자기력이 더 센 자석을 이용하여 유도 기전력을 증가시키면 된다.

05. 답 1 : 4

해설 $V_1 = -N\frac{\Delta\Phi}{\Delta t} = -200\frac{3\text{Wb}}{1\text{s}} = -600\text{ V}$

$V_2 = -400\frac{3\text{Wb}}{0.5\text{s}} = -2{,}400\text{ V}$

(-)는 방향을 의미한다. $V_1 : V_2 =$ 600 : 2400 = 1 : 4 이다.

06. 답 ④

해설 유도 기전력과 유도 전류는 비례한다. 코일의 단면적(S)과 감긴 수(N)은 일정하므로

유도 기전력 크기 $|V| = N\frac{\Delta\Phi}{\Delta t} = N\frac{\Delta(BS)}{\Delta t} = NS\frac{\Delta B}{\Delta t}$

유도기전력 크기 $|V|$ 는 자기장의 시간당 변화량($\frac{\Delta B}{\Delta t}$)에 비례한다.

그래프의 기울기가 $\frac{\Delta B}{\Delta t}$ 이므로 부호 관계없이 그래프의 기울기가 가장 큰 D 구간에 흐르는 유도 전류가 가장 크고, C 구간에는 유도 전류가 0 이다. 여기서 기울기가 (+)인 A, B 구간과 (-)인 D구간의 유도 전류의 방향은 반대이다.

07. 답 ④

해설 플레밍 오른손 법칙으로 유도 전류의 방향을 알 수 있다. 오른손 엄지, 검지, 중지 손가락을 각각 수직되게 편 뒤에 오른손 엄지 손가락을 도선의 이동 방향에 맞추고, 검지 손가락을 자기장의 방향으로 맞추면 중지 손가락이 가리키는 방향이 유도 전류의 방향이 된다. 또한 미시적으로 자기장 속에서 도선과 함께 이동하는 전자가 받는 힘이 위 방향이므로 전자는 도선의 위쪽으로 이동하므로, 유도 전류는 아래 방향으로 흐른다.

08. 답 3

해설 균일한 자기장(B) 속을 자기력선과 수직하게 일정한 속도(v)로 움직이고 있는 직선 도선에 발생하는 유도 기전력 크기($|V|$)는 다음과 같다.

$$|V| = \frac{Blv\Delta t}{\Delta t} = Blv = 6\times0.1\times5 = 3\ (\mathrm{V})$$

ㄷ자형 도선은 움직이는 직선 도선과 함께 폐회로가 되므로 유도 기전력에 의한 전류가 흐르게 된다.

유형 익히기 & 하브루타

244 ~ 247 쪽

유형 13-1	⑤	01. ④	02. ⑤
유형 13-2	(1) ③ (2) ④	03. ⑤	04. ①
유형 13-3	③	05. ②	06. ③
유형 13-4	②	07. ②	08. ③

[유형13-1] 답 ⑤

해설 (가)는 반자성체로 외부 자기장을 가하였을 때 원자 자석들이 외부 자기장의 반대 방향으로 자화되므로 자석을 가까이 하면 자석을 밀어내는 척력이 작용하게 된다.

(나)는 강자성체로 외부 자기장을 가하였을 때 원자 자석들이 외부 자기장의 방향으로 정렬되고, 외부 자기장을 제거하였을 때에도 자석의 효과를 유지한다.

(다)는 상자성체로 외부 자기장을 가하였을 때 원자 자석들이 외부 자기장의 방향으로 약하게 자화되고, 외부 자기장을 제거하였을 때에 자석의 효과가 바로 사라진다. 상자성체 물질은 알루미늄, 종이, 백금, 우라늄, 마그네슘 등이 있다.

01. 답 ④

해설

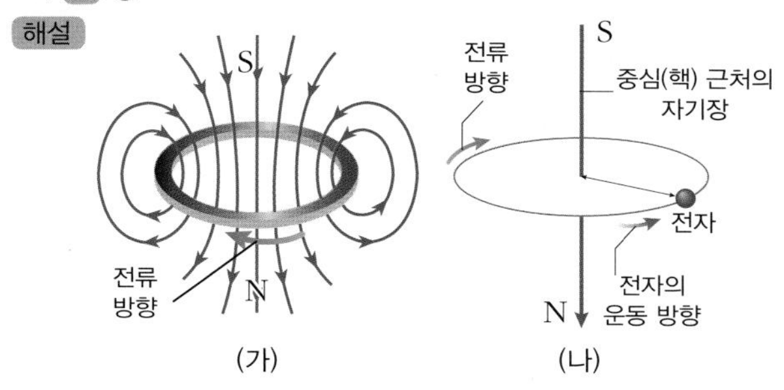

(가) (나)

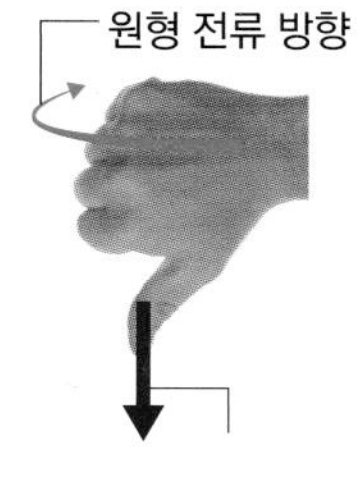

(가)에서 오른손으로 전류가 흐르는 방향으로 네 손가락을 감아쥐었을 때 엄지 손가락이 가리키는 방향이 자기장의 방향(N극 방향)이 된다. 따라서 그림 (가)에서 자기장의 방향은 위에서 아래 방향이 되어 위쪽에는 S극, 아래쪽에는 N극이 형성된다.

그림 (나)에서 전자는 원자핵 주위를 회전하며, 중심에 자기장을 형성한다. 따라서 전자가 운동하는 궤도의 모양은 작은 고리 모양의 원형 전류라고 볼 수 있다. 전류는 전자의 이동 방향과 반대 방향으로 형성되므로 중심에서 자기장의 방향은 위쪽에서 아래쪽이 된다. 위쪽은 S극, 아래쪽은 N극이 형성된다.

02. 답 ⑤

해설 ㄱ, ㄷ 금과 유리는 반자성체이다. 반자성체는 자기장 내에 있을 때 원자 자석들이 외부 자기장의 반대 방향으로 자화되어 자석을 밀어낸다. 자기장 내에 있을 때 자기장의 방향으로 약하게 자화되는 것은 상자성체이다.

ㄴ. 철은 강자성체로 외부 자기장을 가한 후 자기장을 제거하여도 자석의 효과를 유지한다. 하지만 영원히 지속하지는 않는다.

ㄹ. 물질의 자성은 원자 내의 원자핵 주위를 도는 전자의 궤도 운동과 전자의 스핀에 의해 자기장이 형성되기 때문에 하나의 원자를 작은 자석으로 생각할 수 있다.

[유형13-2] 답 (1) ③ (2) ④

해설

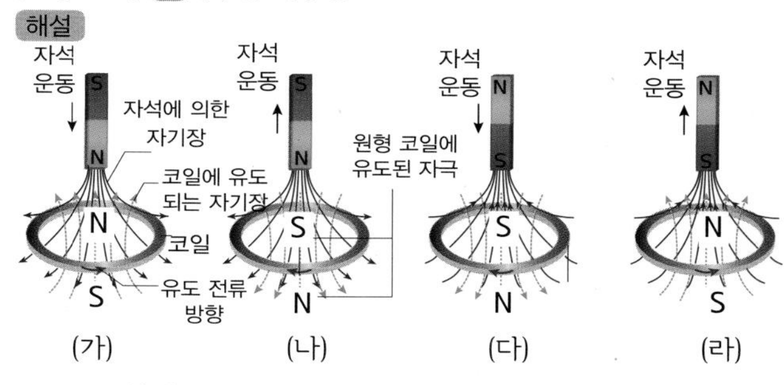

(가) (나) (다) (라)

(가) 자석의 N극이 아래로 운동하면 자석의 N극에서 나오는 자기력선이 원형 도선 내부를 더 많이 통과하게 되어 원형 도선 내부에는 아래 방향으로 자속이 증가하고, 자속의 증가를 방해하기 위해 위 방향으로 유도 자기장이 형성된다. 따라서 원형 도선에는 위에서 볼 때 시계 반대 방향으로 유도 전류가 흐르고 원형 도선의 위 부분은 N극, 아래 부분은 S극을 띠게 된다.

(나) N극이 위로 운동하면 원형 도선 내부에는 아래 방향의 자속이 감소하고, 자속의 감소를 방해하기 위해 아래 방향으로 유도 자기장이 형성된다. 따라서 원형 도선에는 시계 방향으로 유도 전류가 흐르고 위 부분은 S극, 아래 부분은 N극을 띠게 된다.

(다) 원형 도선에 S극이 다가오면 원형 도선 내부에는 위 방향으로 자속이 증가하고, 자속의 증가를 방해하기 위해 아래 방향으로 유도 자기장이 형성된다. 따라서 원형 도선에는 시계 반대 방향으로 유도 전류가 흐르고, 위 부분은 S극, 아래 부분은 N극을 띠게 된다.

(라) 원형 도선으로부터 S극이 멀어지면 원형 도선 내부에는 위 방향으로 자속이 감소하고, 자속의 감소를 방해하기 위해 위 방향으로 유도 자기장이 형성된다. 따라서 원형 도선에는 시계 방향으로 유도 전류가 흐르고 위 부분은 N극, 아래 부분은 S극을 띠게 된다.

(2) 유도 자기장은 자석의 운동을 방해하므로 가까이 다가오면 척력, 멀어지면 인력이 작용하게 된다. (나)와 (라)의 경우에 자석과 원형 도선 사이에서 인력이 작용함을 알 수 있다.

03. 답 ⑤

해설

자석의 운동 방향
N
자석에 의한 자기장
S
유도 전류 방향
G
유도 전류에 의한 자기장
N
코일에 유도된 자극

ㄷ. 자석이 코일에서 멀어지게 되면, 코일 내부에서는 아래 방향의 자석에 의한 자속이 감소하게 된다.
ㄱ. 따라서 자속의 감소를 방해하기 위해 코일 내부에서 아래 방향으로 자기력선을 형성하게 되므로, 코일에는 A → Ⓖ → B 방향으로 유도 전류가 흐르게 된다.
ㄴ. 이때 코일의 위쪽은 S극, 아래쪽은 N극을 띠게 되어 자석과 코일 사이에는 인력이 작용한다.
ㄹ. 자석을 정지시키면 코일 내부를 통과하는 자속의 변화량이 없기 때문에 유도 기전력이 발생하지 않아 유도 전류가 흐르지 않는다. 따라서 검류계의 바늘이 0을 가리킨다.

04. 답 ①
해설 유도 전류가 흐르기 위해서는 원형 도선의 단면을 통과하는 자속의 변화가 있어야 한다.
① 원형 도선을 x축을 중심으로 회전을 시키는 경우 원형 도선 안쪽을 통과하는 자속의 변화가 생기므로 유도 전류가 흐르게 된다.
② 원형 도선이 y축을 중심으로 회전을 하여도 원형 도선의 단면을 통과하는 자속의 변화는 없기 때문에 유도 전류는 발생하지 않는다.
③, ④, ⑤ 균일한 자기장 속에서 평행 이동을 하는 경우에는 원형 도선을 통과하는 자속의 변화가 생기지 않는다.

[유형13-3] 답 ③
해설 자기장의 세기-시간 그래프에서 기울기는 자기장 세기의 변화율($\frac{\Delta B}{\Delta t}$)이다. 사각형 도선의 면적은 일정하므로 (나)그래프의 기울기와 사각형 도선에 발생하는 유도 기전력(V)은 비례한다.

$$V = -N\frac{\Delta\Phi}{\Delta t} = -N\frac{\Delta(BS)}{\Delta t} = -NS\frac{\Delta B}{\Delta t} \quad \rightarrow V \propto \frac{\Delta B}{\Delta t}$$

③ C와 E 구간은 현재 사각형 도선의 내부를 통과하는 자기장(지면에 수직으로 들어가는 방향)이 감소하고 있으므로 이를 방해하기 위해 사각형 도선 내부에는 현재의 자기장과 같은 방향의 유도 자기장이 형성되도록 시계 방향의 유도 전류가 흐른다.
①, ②, ④ A구간의 기울기가 가장 크므로 유도 전류가 가장 크다. 유도 전류가 큰 순서대로 나열하면 A구간, C구간, D구간이 된다. B와 D 구간은 자속($\Phi = BS$)이 변하지 않으므로 유도 전류가 흐르지 않는다.
⑤ A구간은 현재 지면으로 들어가는 방향의 자기장 세기가 증가하고 있으므로 이를 방해하기 위해서 사각형 도선 내부에 현재 자기장과 반대 방향(지면에서 수직으로 나오는 방향)의 유도 자기장이 형성되도록 반시계 방향의 유도 전류가 흐른다. 따라서 E구간과 유도 전류 방향이 반대이다.

05. 답 ②
해설

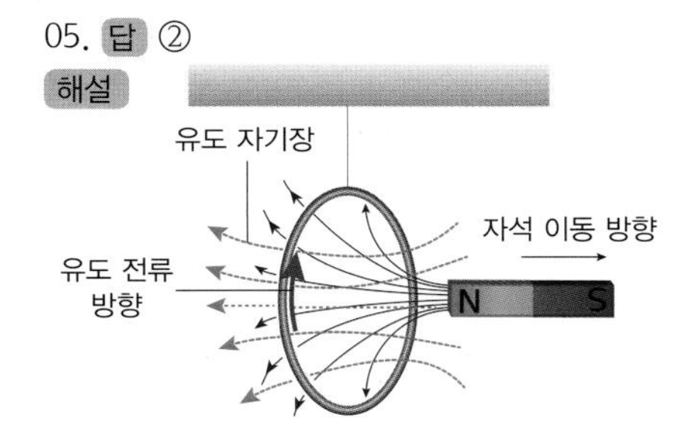

자석의 N극을 구리 도선에서 멀어지게 하면, 원형 도선 내부에서 왼쪽 방향으로 자속이 감소하게 되며, 이 자속의 감소를 방해하기 위해 도선 내부에는 왼쪽 방향으로 유도 자기장이 발생한다. 따라서 원형 도선에는 오른쪽에서 볼 때 시계 방향으로 유도 전류가 흐르게 된다.

패러데이 법칙에 의해 유도 기전력은 다음과 같다.

$$V = -N\frac{\Delta\Phi}{\Delta t} = -N\frac{\text{자속 변화량}}{\text{시간 변화량}}$$

따라서 원형 도선(N=1)에 발생하는 유도 기전력의 크기는

$$|V| = 1\frac{(30-5)\text{Wb}}{0.5\text{ s}} = 50\text{ (V)}$$

저항 R = 0.1Ω 이므로, 유도 전류 $I = \frac{V}{R} = \frac{50}{0.1} = 500$ (A) 이다.

06. 답 ③
해설 패러데이 법칙에 의해 유도 기전력은 다음과 같다.

$$V = -N\frac{\Delta\Phi}{\Delta t} = -N\frac{\text{자속 변화량}}{\text{시간 변화량}}$$

원형 도선의 단면적()은 변하지 않으므로

$\Delta\Phi = S\Delta B = (\pi r^2)(7-0.2) = 3\cdot(0.5)^2\cdot(6.8) = 5.1$(Wb)

Δt = 3초, N(감은 수) = 1이므로 유도 기전력은

$$|V| = 1\frac{5.1}{3} = 1.7\text{(V)}$$ 이다.

[유형13-4] 답 ②
해설

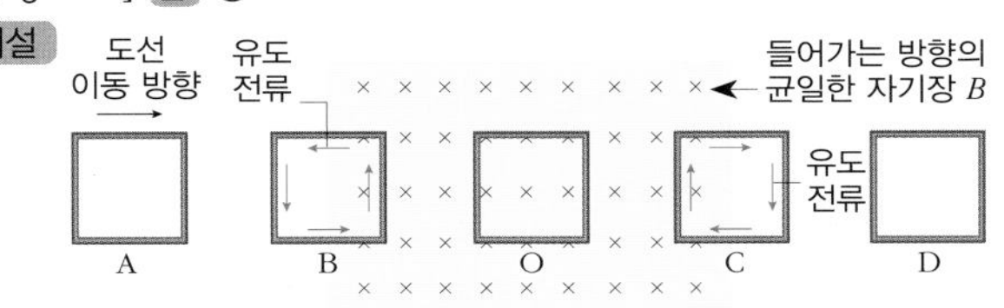

ㄱ. O 위치에서는 사각 도선의 내부를 지나는 자속의 변화가 없기 때문에 유도 전류가 흐르지 않는다.
ㄴ, ㄹ 균일한 자기장 속에서 움직이는 도선의 경우 유도 기전력의 크기 $|V| = Blv$ (l : 자기장을 자르고 지나가는 도선의 길이. 즉, 도선의 세로 길이)이므로 세로 길이(l)가 더 길어지거나, 이동 속도(v)가 빨라지면 유도 기전력의 세기가 증가하여 유도 전류가 증가한다.
ㄷ. B 위치에서는 사각 도선 내부에 나오는 방향의 유도 자기장이 발생하므로 유도 전류의 방향이 반시계 방향, C 위치에서는 사각 도선 내부에 들어가는 방향의 유도 자기장이 발생하므로 유도 전류의 방향이 시계 방향이 되어서 서로 반대 방향이다.

07. 답 ②
해설 균일한 자기장 속에서 움직이는 도선의 경우 유도 기전력의 크기 $|V| = Blv$ 이다. 이때 B는 자기장의 세기, l 은 자기장을 자르고 지나가는 도선의 길이 즉, 도선의 세로 길이, v 는 도선의 속도이다. 따라서 자기장 영역에 들어갈 때와 나올 때 사각 도선의 세로 길이에 비례하여 유도 기전력의 크기도 증가한다. 따라서 $V_A : V_B$ = 1 : 2 이다.

08. 답 ③
해설 균일한 자기장 속에서 일정한 속도로 자기력선을 수직으로 자르면서 움직이는 직선 도선에 발생하는 유도 기전력의 크기 $|V| = Blv$ 이다. 따라서 직선 도선에 생기는 유도 기전력은 3T × 0.4m × 5m/s = 6 (V)이다. 저항이 2Ω 이므로,

저항에 흐르는 전류 $I = \frac{V}{R} = \frac{6}{2} = 3$ (A) 이다.

스스로 실력 높이기 248 — 257 쪽

01. (1) X (2) O (3) O
02. (1) X (2) X (3) X
03. ③
04. ㉠ : 척력, ㉡ : 인력
05. ③
06. (나), (다), (가)
07. 60
08. 0.8, 0.4
09. ㉠
10. ①, ④
11. ⑤
12. ⑤
13. ③
14. ④
15. ①
16. ②
17. ③
18. ③
19. ④
20. ⑤
21. ③
22. ②
23. ①
24. ②
25. 반자성체, 이유 : <해설 참조>
26. ⑤
27. <해설 참조>
28. ④
29. ④
30. ①
31. ①
32. $\dfrac{Ba^2}{Rt}$
33. ~ 37. <해설 참조>

01. **답** (1) X (2) O (3) O

해설 (1) 물질은 외부 자기장에 의해 자화되는 정도에 따라 강자성, 상자성, 반자성을 구분한다.
(2) 원자 자석의 자성에 의하여 물체가 자성을 띠게 된다.
(3) 강자성체 내부는 자기 구역으로 나누어져 있는데, 각 자기 구역은 자화의 방향이 각각 같다. 외부 자기장을 걸어주면 외부 자기장과 같은 방향으로 자화되는 자기 구역이 많아져서 물체가 자화된다.

02. **답** (1) X (2) X (3) X

해설 (1) 강자성체는 외부 자기장을 가해준 후 자기장을 제거해도 자석의 효과를 오래 유지할 수 있다. 하지만 영원히 유지되지는 않는다.
(2) 유리, 물, 나무 등과 같은 대부분의 물질들은 반자성체이다.
(3) 반자성체에 외부 자기장이 걸리면 외부 자기장의 반대 방향으로 약하게 자화되므로 자석과 척력이 발생하여 자석이 멀어지게 된다.

03. **답** ③

해설 ㄱ. 그림 속 물체에 외부 자기장을 제거하였을 때에도 원자 자석들의 배열이 자기장의 방향으로 정렬되어 있기 때문에 강자성체임을 알 수 있다.
ㄴ. 철은 강자성체이지만, 알루미늄, 백금은 상자성체이다.
ㄷ. 강자성체에 자석을 가까이 하면 자석이 내는 자기장과 같은 방향으로 자화되므로 서로 다른 극이 가까이 하게 되어 물체와 자석 사이에는 인력이 작용한다.

04. **답** ㉠ : 척력, ㉡ : 인력

해설 렌츠의 법칙은 코일에 유도되는 자기장은 자석의 운동을 방해하는 방향으로 발생한다는 것이다.

05. **답** ③

해설 유도 전류는 코일을 통과하는 외부 자속의 변화를 방해하는 방향으로 흐른다. 따라서 다음 그림과 같은 방향으로 유도 전류가 흐르게 된다.

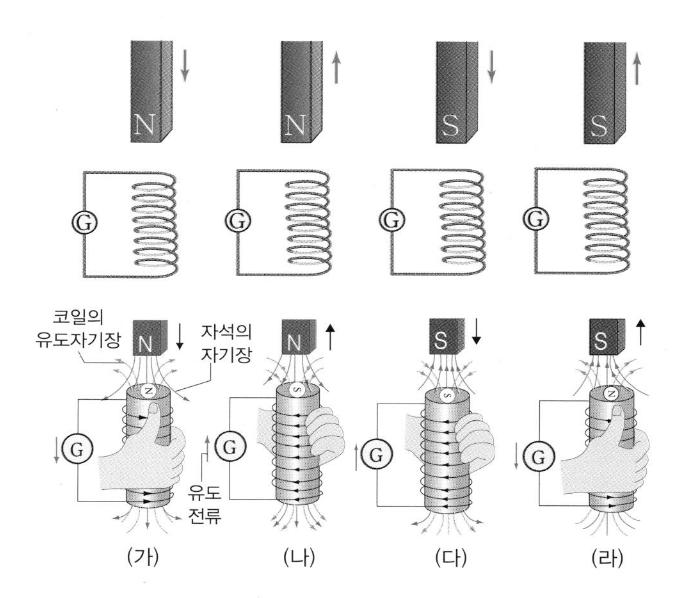

검류계에 흐르는 전류의 방향이 각각 같은 것은 (가), (라)와 (나), (다)이다.

06. **답** (나), (다), (가)

해설 유도 전류는 자석이 코일에 빠르게 접근할수록, 코일의 감은 수가 많을수록 커진다. 따라서 감은수가 동일한 (나)와 (다)에 유도된 전류는 (가)보다 크고, (나)가 (다)보다 자석의 이동 속도가 빠르므로 (나)에 유도된 전류가 (다)에 유도된 전류보다 크다. 따라서 유도 전류가 큰 순서대로 나타내면 (나), (다), (가) 순이다.

07. **답** 60

해설 코일면의 법선과 자기장이 이루는 각이 θ 일 때, 자속 $\Phi = BS\cos\theta$ 이므로

⇨ $|V|$(유도 기전력 크기) $= N\dfrac{\varDelta\Phi}{\varDelta t} = N\dfrac{\varDelta(BS\cos\theta)}{\varDelta t}$

$= N\dfrac{\varDelta B}{\varDelta t}S\cos\theta \ (N=1)$

(원형 도선의 면적(S)과 각 θ는 불변이므로 상수이다.)

$= \dfrac{50}{0.2} \times \pi 0.4^2 \times \dfrac{1}{2} = 60(\text{V}), (\pi=3)$

08. **답** 0.8, 0.4

해설 패러데이 법칙에 의해 유도 기전력의 크기는 다음과 같다. 자기장의 세기 B = 4T 로 일정하고, 면적 S 가 변하고 있다. 감은 수 N =1 이다.

$$|V| = N\frac{\varDelta\Phi}{\varDelta t} = N\frac{\varDelta(BS)}{\varDelta t} = NB\frac{\varDelta S}{\varDelta t}$$

1초 동안 사각형 도선 ABCD의 면적 변화량($\varDelta S$)은 1 m(∵1m/s × 1초) × 0.2 m = 0.2 m^2 이므로

$$|V| = NB\frac{\varDelta S}{\varDelta t} = 1\times4\times\frac{0.2}{1} = 0.8\ (\text{V})$$

옴의 법칙으로 유도 전류를 구하면,

$$I = \frac{V}{R} = \frac{0.8}{2} = 0.4\ (\text{A})$$ 이다.

09. **답** ㉠

해설 막대가 오른쪽으로 이동하게 되면 사각형 도선 내부로 수직으로 들어가는 방향의 자속이 증가하게 된다. 이 경우 렌츠 법칙에 의해 사각형 도선 내부의 자속의 증가를 방해하는 방향으로 유도 전

류가 발생하므로 지면에서 수직으로 나오는 방향의 유도 자기장이 형성된다.

10. 답 ①, ④

해설 현재의 자기장은 $+x$ 방향으로 균일하지 않으므로 사각형 금속 고리가 속도에 관계없이 $+x$ 방향으로 운동할 때 내부를 통과하는 자속(Φ)이 변화하므로 유도 기전력(V)이 발생하여 유도 전류가 흐른다. $\pm y$ 방향으로 이동하는 경우에는 자기장이 균일하기 때문에 어떤 운동을 하더라도 자속의 변화가 없으므로 유도 기전력이 발생하지 않아 유도 전류가 흐르지 않는다.

11. 답 ⑤

해설 ㄱ. (가) 전자의 스핀은 질량이나 전하량처럼 전자 고유의 특성이다. 전자의 스핀이 그림처럼 나타났다면 전자는 (-)전기를 띠고 있으므로 오른손 법칙에 의해 아래쪽(㉡)에 N극, 위쪽(㉠)에 S극이 형성된다.

ㄴ. (나) 전자의 이동 방향과 전류의 방향은 반대이므로 위쪽에는 오른손 법칙에 의해 S극이 형성된다.

ㄷ. 전자의 스핀과 전자의 궤도 운동에 의해 자기장이 형성되기 때문에 원자를 각각 작은 자석(원자 자석)으로 생각할 수 있으며, 이 때문에 물질이 자성을 띠게 된다.

12. 답 ⑤

해설 전자기 유도는 코일과 자석이 상대적으로 운동하는 경우나 자속의 변화가 있을 때에만 일어나는 현상이다.

④ 한쪽 코일에 전류가 흐르면 전자석이 되고 자기력선이 마주보고 있는 코일을 통과하게 된다. 한쪽 코일의 전류를 변화시키면 자속이 변화하며, 마주보고 있는 코일을 통과하는 자속도 변하므로 마주보고 있는 코일에 유도 전류가 흐르게 된다.(상호 유도)

⑤ 자석과 코일이 같은 속도로 이동하기 때문에 자속의 변화가 발생하지 않아서 유도 전류가 흐르지 않는다.

13. 답 ③

해설

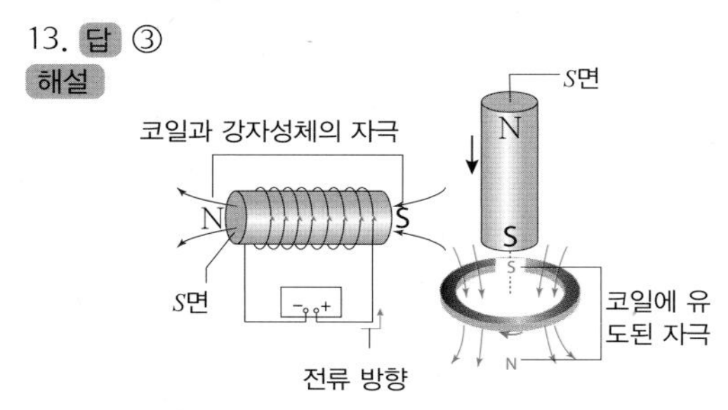

그림 (나)에서 자화된 강자성체 막대를 원형 도선을 향해 접근했을 때 전류가 시계 방향을 흘렀다면 코일에는 위쪽에 S극이 유도된 상태이다. 강자성체의 운동을 방해하도록 코일에 자극이 유도된 경우이므로 막대의 아래쪽은 S극이다. 따라서 S 면은 N극이 된다. 그림 (가)에서 S 면이 N극을 띠게 하기 위해서는 솔레노이드와 강자성체 내부에 형성된 자기장의 방향이 오른쪽에서 왼쪽이다. 전류는 (+)극에서 (-)극으로 흐르므로 A단자에 (-)극, B단자에 (+)극을 연결해야 한다.

14. 답 ④

해설

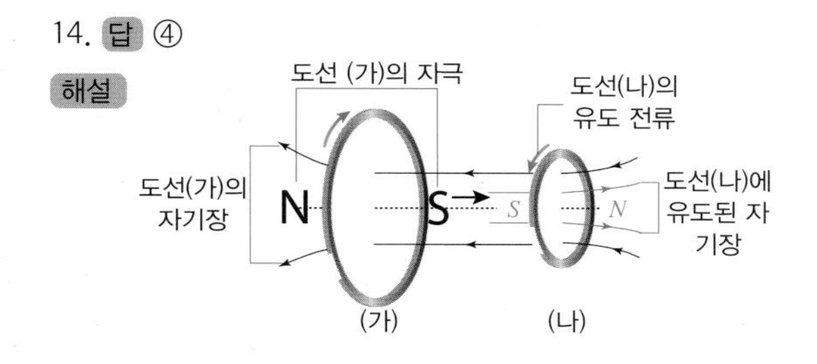

그림처럼 도선 (가)의 오른쪽에는 S극, 왼쪽에는 N극이 형성된다. 이 도선이 도선 (나)를 향해 이동하게 되면, 도선 (나)를 통과하는 왼쪽 방향의 자속이 자속이 증가하게 된다. 자속의 증가를 방해하기 위해 도선 (나)의 내부에는 오른쪽 방향의 자기장이 유도되고 원형 도선 (나)에는 도선 (가)와 반대 방향(오른쪽에서 봤을 때 반시계 방향)으로 유도 전류가 흐르게 된다. 따라서 도선 (나)의 오른쪽에 N극, 왼쪽에 S극이 유도되어 두 도선 사이에는 반발력인 척력이 작용한다.

15. 답 ①

해설 도선 B에 흐르는 전류의 세기가 증가하면 사각 도선 내부에 지면에서 수직으로 나오는 방향의 자속이 증가하게 된다. 따라서 렌츠 법칙에 의해 자속의 증가를 방해하는 방향인 지면으로 수직으로 들어가는 방향의 자기력선을 형성하기 위해 사각 도선에는 시계 방향의 전류가 유도된다. 도선 A에 의한 자기장은 변하지 않으므로 유도 전류를 발생시키지 않는다.

16. 답 ②

해설 자기장의 세기-시간 그래프에서 기울기는 자기장 세기의 변화율($\frac{\Delta B}{\Delta t}$)이다.

유도 기전력 크기 $|V| \propto \frac{\Delta B}{\Delta t}$ 이다.

그림 (가)의 유도 전류 $I = \frac{|V|}{R}$ 이므로,

그래프 (나)의 기울기 크기의 비가 전류의 비가 된다. 따라서 $I_2 : I_4 = 1 : 2$ 이다.

17. 답 ③

해설 코일이 자기장 속으로 들어갈 때 사각 코일 내부에는 지면으로 들어가는 방향의 자속이 증가한다. 렌츠 법칙에 의해 자속의 증가를 방해하는 방향인 지면에서 나오는 방향의 자속이 형성되므로 사각형 코일에는 반시계 방향으로 유도 전류가 흐르게 된다. 이때 사각형 코일은 일정한 속도로 들어가므로, 시간에 따라 사각형 내부의 자속 변화율이 일정하게 증가하기 때문에 일정한 세기의 전류가 흐르게 되고, 시계 방향의 전류의 방향이 (+)이므로 유도 전류의 방향은 (-)이다.

18. 답 ③

해설 균일한 자기장 속에서 형성되어 있는 자기력선을 수직으로 자르며 움직이는 도선의 경우 유도 기전력의 크기 $|V| = Blv$ 이다. 이때 B 는 자기장의 세기, l 은 자기력선을 자르는 도선의 길이, v 는 도선의 통과 속도이다. 도선의 세로 길이의 비 $l_A : l_B : l_C = 2 : 4 : 1$ 이고, 통과 속도의 비 $v_A : v_B : v_C = 2 : 1 : 2$ 이므로 유도 기전력의 비 $V_A : V_B : V_C = B{\cdot}2{\cdot}2 : B{\cdot}4{\cdot}1 : B{\cdot}1{\cdot}2 = 2 : 2 : 1$이다.

19. 답 ④

해설

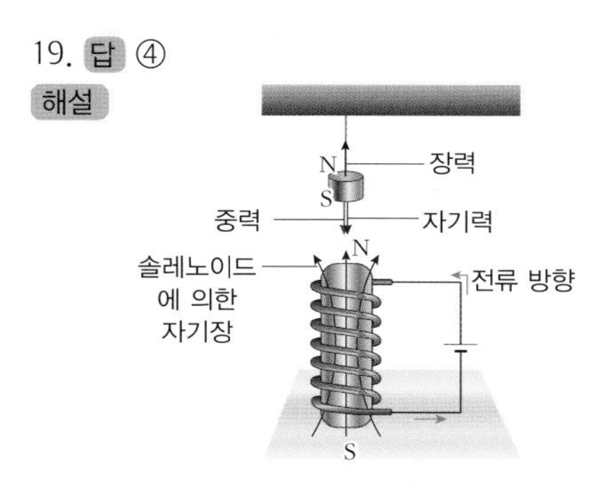

상자성체는 외부 자기장에 의해 같은 방향으로 약하게 자화된다.

ㄱ. 솔레노이드에서 전류가 흐르는 방향으로 오른손 네 손가락을 감

아쥐었을 때 엄지 손가락이 가리키는 위쪽 방향이 솔레노이드 내부의 자기장의 방향이다. 따라서 솔레노이드의 위쪽은 N극이 형성된다.
ㄴ. 상자성체에 외부 자기장이 가해지면 같은 방향으로 자기장이 형성되므로 상자성체의 위쪽은 N극, 아래쪽은 S극이 형성되어 솔레노이드와 상자성체 사이에는 인력이 작용한다.
ㄷ. 반자성체는 외부 자기장이 가해지면 반대 방향으로 자기장이 형성되므로 현재 상자성체와 반대의 극이 형성되어 솔레노이드와 반자성에 사이에 척력이 작용한다.
ㄹ. 실이 매달려 정지해 있기 때문에 실이 상자성체에 작용하는 힘인 장력은 상자성체 작용하는 중력(무게)과 자기력의 합과 같다. 즉, 실이 상자성체에 작용하는 힘의 크기는 무게보다 크다.

20. 답 ⑤
해설
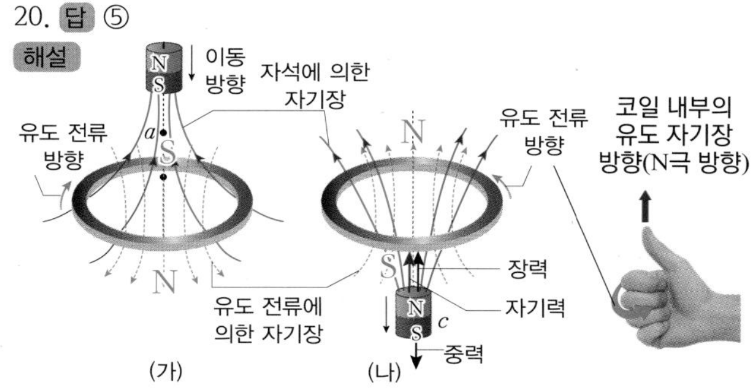

ㄱ. 그림 (가)처럼 자석이 a점을 지나 원형 도선에 접근하면 원형 도선의 내부에는 위 방향으로 자속이 증가하게 된다. 자속의 증가를 방해하기 위해 아래 방향으로의 자기장이 유도 원형 도선에서 시계 방향으로 유도 전류가 흐르게 되어 아래 방향의 자기장이 유도된다. 반면에 자석이 c점을 지나 원형 도선에서 멀어질 때는 원형 도선의 내부에 위 방향으로 자속이 감소하게 된다. 따라서 자속의 감소를 방해하기 위해 위쪽 방향으로의 자기력선이 형성되도록 원형 도선에서 시계 반대 방향으로 유도 전류가 흐르게 된다. 즉, a점을 지날 때와 c점을 지날 때 유도되는 전류의 방향은 반대이다.
ㄴ. 자석 가까이에 자기력선이 집중되므로 같은 속도라도 자석이 원형 도선과 가까울수록 시간당 자속의 변화가 더 커서 유도 기전력이 더 크다. 따라서 유도 전류도 더 크다. b 점에서 유도 전류는 가장 크다.
ㄷ. 그림 (나)처럼 c점을 지날 때 원형 도선 아래에는 S극이 유도되기 때문에 자석과 원형 도선 사이에는 인력이 작용한다. 이것은 자석의 멀어지는 운동을 방해하는 힘이기도 하다. 자석은 일정한 속도로 운동하고 있기 때문에 자석에 작용한 알짜힘은 0 이다. 따라서 실이 자석을 당기는 힘(장력)과 자기력의 합이 물체의 무게(중력)와 평형을 이루므로 장력은 중력보다 작다.

21. 답 ③
해설 정사각형 도선이 자기장 영역에 들어가기 전까지는 유도전류가 흐르지 않는다. 1초에 l 씩 이동하고 있기 때문에 1초~2초 사이에 자기장 영역으로 들어가게 된다. 이때 사각형 도선 내부에 지면으로 들어가는 방향의 자속이 증가하므로 지면에서 나오는 방향의 자속을 만드는 유도 전류가 도선에 들어가는 동안 반시계 방향(-)의 유도 전류가 흐르며 시간에 따른 자속의 변화율이 일정하기 때문에 일정한 세기의 유도 전류가 흐르게 된다. 2초에서 5초사이에는 자속의 변화가 없으므로 유도 전류는 흐르지 않는다. 5초~6초 사이에는 사각형 도선이 자기장 영역을 벗어나게 된다. 이때는 1초~2초 사이에 사각형 도선이 자기장 영역으로 들어올 때와 방향만 반대인 시계 방향(+)의 유도 전류가 일정하게 흐르게 된다.
<다른 방법> 유도 전류의 방향 알기
플레밍의 오른손 법칙을 사용하면 자기장 내에서 움직이는 도선에 유도되는 전류의 방향을 알 수 있다.

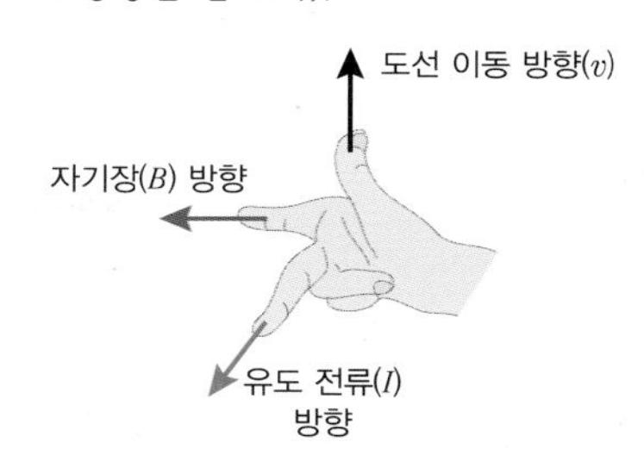

사각형 도선의 한 쪽만 자기장 속에서 운동할 경우 그림과 같이 자기장과 도선 이동 방향을 맞추면 유도 전류의 방향이 결정된다. 사각형 도선이 모두 자기장 안에 있는 경우엔 자기력선을 끊고 지나가는 양쪽 세로 도선에서 발생하는 반대 방향의 유도 전류가 같아서 서로 상쇄되므로 유도 전류는 발생하지 않는다.

22. 답 ②
해설 도체 막대를 일정한 속도로 당기게 되면 도체 막대와 ㄷ자 도선이 이루는 면적이 일정하게 증가하므로 이 면적을 통과하는 자속도 일정하게 증가하게 된다.

시간에 따른 자속의 증가율 $\frac{\Delta\Phi}{\Delta t}$: 일정

도체 막대 양단의 유도기전력 크기 $|V| = N\frac{\Delta\Phi}{\Delta t}$: 일정

이에 해당하는 그래프는 ② 이다.

23. 답 ①
해설 도체 막대의 속도가 일정하게 증가할 때, 도체 막대의 양단에 걸리는 전압(유도 기전력)도 일정하게 증가하게 된다.($\because |V| = Blv$) 전압과 전류는 비례 관계이므로, 유도 전류는 시간에 따라 일정하게 증가하게 된다.

24. 답 ②
해설 유도 전류는 코일을 통과하는 자속의 변화를 방해하는 방향으로 흐른다. 전류가 A에서 B방향으로 흘렀다는 것은 사각 도선에 시계 방향으로 유도 전류가 흘렀다는 것이다. 이때 유도 전류를 형성한 유도 자기장의 방향은 사각형 도선 내부에서 지면에 수직으로 들어가는 방향이 된다. 사각형 도선 내부에 지면에 수직으로 들어가는 방향으로 자속이 유도되기 위해서는 지면에 수직으로 들어가는 현재 자속이 감소해야 한다. 따라서 사각 도선이 자기장의 세기가 작은 남쪽 영역으로 움직여야 한다.
ㄱ, ㄴ. 동쪽과 서쪽으로 사각 도선이 움직이는 경우에는 사각형 도선 내부의 자속이 불변이므로 유도 전류가 흐르지 않는다.

25. 답 반자성체, 이유 : <해설 참조>
해설 초전도체는 강한 반자성체이다. 반자성체는 외부 자기장에 의해 반대 방향으로 자화되어 자석을 밀어내는 성질이 있으므로 자석 위에 떠 있을 수 있다. 초전도체는 특정 온도(임계 온도)이하에서 전기 저항이 0이 되는 초전도 현상을 나타내는 물질이다.이렇게 자석을 뜨게 할 수 있는 효과를 '마이스너 효과(초전도체 속에 자기력선이 들어가지 못해서 척력이 발생하는 현상)'라고 한다.

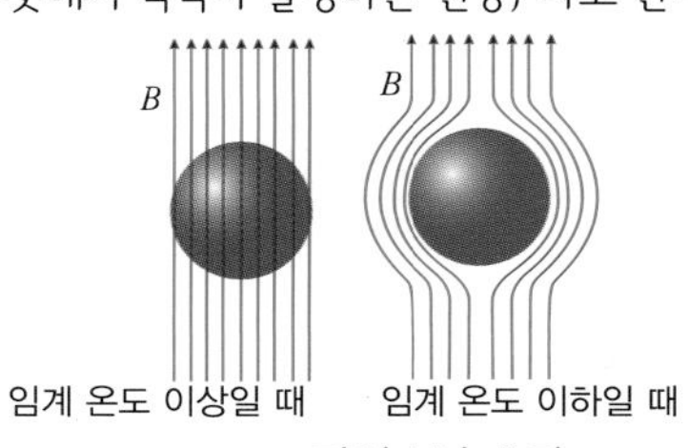

▲ 마이스너 효과

26. 답 ⑤

해설

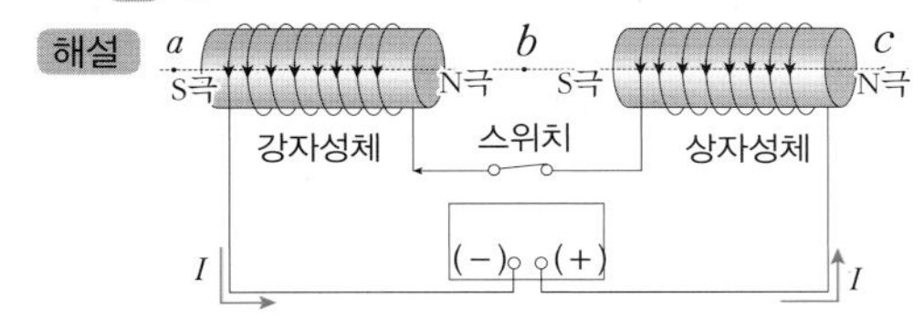

코일(솔레노이드)에 의해서 상자성체와 강자성체는 같은 방향으로 자화된다. 다만 자화되는 정도가 상자성체가 약하다. 모두 같은 방향의 전류가 흐르는 코일이므로 강자성체와 상자성체 모두 오른쪽은 N극, 왼쪽은 S극으로 자화된다.
ㄱ. 강자성체와 상자성체는 서로 다른 극을 마주보고 있기 때문에 둘 사이에는 인력이 작용한다.
ㄴ. 강자성체의 내부에는 솔레노이드와 같은 방향의 자기장이 만들어진다. 왼쪽(a)에서 오른쪽(b) 방향이다.
ㄷ. 반자성체는 외부 자기장에 의해 반대 방향으로 자화되기 때문에 상자성체가 띠는 반대의 극을 띠게 된다. 따라서 C점 가까운 쪽의 반자성체는 S극이 되고, 자석의 N극을 가까이 두면 자석은 끌려온다.
ㄹ. 스위치를 열면 강자성체는 자성을 유지하고, 상자성체는 자석의 효과가 바로 사라지게 된다. 따라서 N극을 왼쪽 방향으로 향하게 한 자석은 강자성체의 N극의 영향만을 받아 오른쪽으로 척력을 받아 밀려나게 된다.

27. 답 <해설 참조>

해설 태블릿 컴퓨터 표면에 흐르는 전류에 의해 자기장이 형성되어 있다.
⇨ 전자펜을 이 자기장 속에서 움직이면 전자펜 안에 있는 코일에 유도 전류가 발생하고 고유 주파수의 무선 신호를 발생시킨다.
⇨ 태블릿 컴퓨터의 센서 보드 코일에 전자펜의 무선 신호가 감지되면 전자기 유도 현상으로 전류를 발생시켜 컴퓨터 신호로 바꾼다.

28. 답 ④

해설 ㄱ, ㄴ. 자석의 N극이 코일 중심으로 가까워지면 코일 내부에는 아래 방향으로 자속이 증가하게 된다. 렌츠 법칙에 의해 자속의 증가를 방해하기 위해 코일 내부에서는 위쪽 방향으로 자기장이 유도 된다. 이 유도 자기장에 의해 코일에는 위에서 볼 때 시계 반대 방향으로 유도 전류가 발생하여 a → 검류계(Ⓖ) → b 방향으로 유도 전류가 흐르게 된다.
ㄷ. 코일이 없다면 역학적 에너지 보존에 의해 h 만큼 질량 m의 자석이 떨어지면 mgh 만큼의 운동 에너지가 증가하게 된다. 하지만 코일에 유도 전류가 발생하여 자석의 운동을 방해하기 때문에 자석의 속도는 감소하고, 운동 에너지는 mgh 보다 작은 값을 갖게 된다. ㄹ. 유도 전류에 의해 코일의 위쪽에는 N극이 유도되므로 자석의 N극과 코일 사이에는 척력이 작용한다.

29. 답 ④

해설

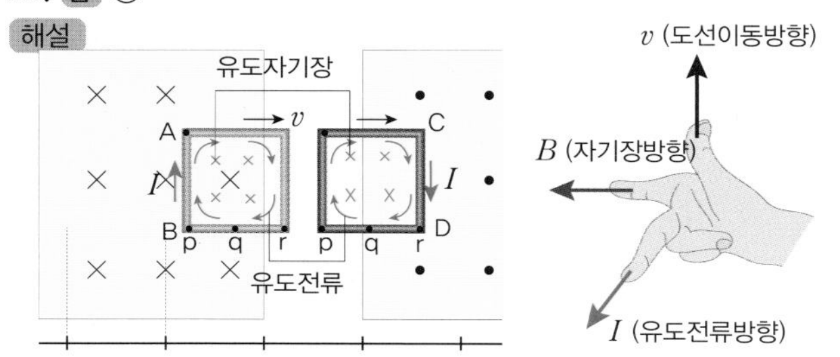

자기장 영역 안에 사각 도선이 모두 위치해 있을 때 유도 전류는 흐르지 않는다. 사각형 도선의 p점이 l 을 지날 때 사각형 도선의 오른쪽 부분이 자기장 영역을 빠져나오기 시작하므로 도선 내부에 자속이 들어가는 방향으로 약해지므로 이를 보충하기 위해 들어가는 방향으로 유도 자기장이 형성되고, 유도 전류의 방향은 위에서 볼 때 시계 방향(−)인 r → q → p 방향이 된다. 그리고 그림 (나)에서 P점이 $2l$ 을 지나면서 사각형 도선이 자기장 영역 B에 들어가기 시작하고, (그림 나)에서 속력이 절반으로 줄기 때문에 유도 전류의 세기도 반으로 줄어들게 된다. 사각형 도선 내부에는 나오는 방향으로의 자속이 증가하게 된다. 따라서 사각형 도선 내부에는 자속의 증가를 방해하는 방향인 들어가는 방향으로 유도 자기장이 형성되도록 시계 방향(−)인 r → q → p 방향의 유도 전류가 흐른다. 따라서 사각형 도선에는 p점이 $2l$ ~ $4l$ 사이에 있을 때 (−) 방향의 유도 전류가 흐르되, $3l$ ~ $4l$ 에서는 크기가 절반인 전류가 흐른다. 이에 해당하는 그래프는 ④ 이다.
또는, 자기장영역 내에서 자기력선을 끊고 지나가는 도선 AB, CD에 유도되는 전류(I)의 방향은 위 오른쪽 그림에서와 같이 맞춰서 구할 수 있다.

30. 답 ①

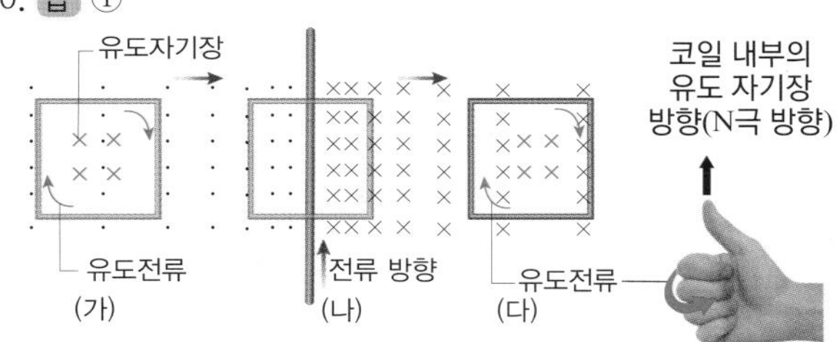

해설 평면상에서 직선 도선의 오른쪽에는 지면으로 들어가는 방향의 자기장이, 왼쪽에는 지면에서 나오는 방향의 자기장이 형성되어 있다. 직선 도선으로 가까이 갈수록 자기장 세기가 커지며, 자기장 세기의 증가율도 커진다.
($B = k\dfrac{I}{r}$ 에서 $\dfrac{dB}{dr} = -k\dfrac{I}{r^2}$ 이며, r 에 대한 B 의 변화율의 크기 $\left|\dfrac{dB}{dr}\right| = k\dfrac{I}{r^2}$ 는 r 이 작을수록 크다.)
ㄱ. (가)와 같이 사각형 도선이 직선 도선에 가까워지면 사각형 도선을 통과하는 지면에서 나오는 방향의 자속이 증가하게 된다. 따라서 도선 내부에는 지면에 수직으로 들어가는 방향의 자기력선이 유도되므로 사각 도선에는 시계 방향의 전류가 흐르게 된다.
ㄴ. 사각형 도선에 가까울수록 자기장 세기의 증가율이 커지므로 일정한 속도로 다가오는 사각 도선의 유도 전류의 세기가 증가한다.
ㄷ. (가)와 (다)에서 발생하는 유도 전류의 방향은 같으므로 (나)에서 유도 전류의 방향이 바뀌지 않는다.
ㄹ. (다)와 같이 사각형 도선이 점점 멀어질수록 내부를 통과하는 지면으로 들어가는 방향의 자속이 감소하게 된다. 이를 방해하기 위해 사각 도선 내부에는 지면에 수직하게 들어가는 방향으로 유도 자기장이 발생하므로 사각 도선에는 시계 방향의 전류가 흐르게 된다. 이는 (가)의 유도 전류의 방향과 같다.

31. 답 ①

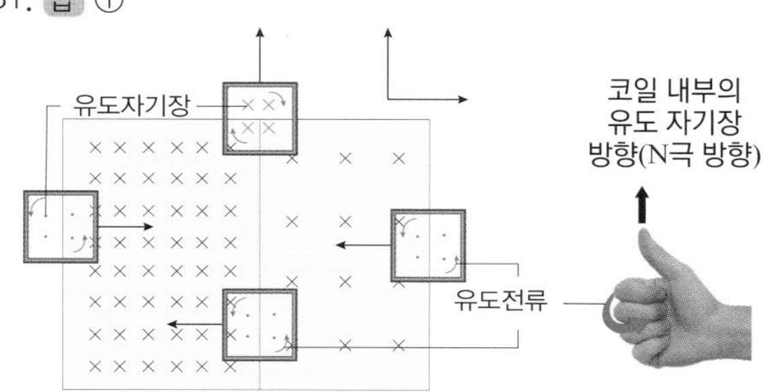

해설 유도 전류는 코일을 통과하는 자속의 변화를 방해하는 방향으로 흐른다. 금속 고리 A는 금속 고리를 수직으로 통과하는 자속이 감소하므로 자속이 증가하는 방향으로 자기력선을 형성해야 한다. 따라서 시계 방향으로 유도 전류가 흐른다. 금속 고리 B, C, D는 모두 금속 고리 내부를 통과하는 자속이 증가하므로 자속이 감소하는 방향으로 자기력선을 형성해야 한다. 따라서 A와 반대 방향인 반시계 방향으로 유도 전류가 흐른다.

32. 답 $\dfrac{Ba^2}{Rt}$

해설 유도 기전력의 크기(V)는 패러데이 법칙에 의해 다음과 같다.

$V = -N\dfrac{\Delta\Phi}{\Delta t} = -N\dfrac{\text{자속의 변화량}}{\text{시간}}$ 여기서 (-)는 방향을 의미하고, N은 코일의 감은 수, $\Phi = BS$ 이다. 문제에서 단일 도선이므로 N은 1이다. 도선의 내부를 통과하는 처음 자속은 자기장의 세기×정사각형의 면적 = Ba^2이다. t 초 후에 도선의 단면적이 0 이 되므로, 도선 내부를 통과하는 자속은 0 이 된다. 그러므로

$V = \dfrac{0 - Ba^2}{t} = \dfrac{Ba^2}{t}$, 전류의 세기 $I = \dfrac{V}{R} = \dfrac{Ba^2}{Rt}$ 가 된다.

33. 답 <해설 참조>

해설 (1) 25m높이에 설치된 금속판 위로 자성을 띤 탑승 의자가 지나가게 되면 금속판에 맴돌이 전류(와전류)가 유도되고, 그에 의한 유도 자기장이 발생하여 탑승 의자의 자석과 척력을 작용하게 되어 멈추게 된다.
(2) 강한 자석에 의해 형성된 자기장 내부로 금속으로 된 열차가 들어오게 되면, 열차의 금속 부분에는 자기장의 변화에 반대되는 방향으로 유도 기전력이 발생하고 맴돌이 전류가 유도되어 척력이 발생하여 열차의 운동을 방해한다. 자석에서 나올 때에도 유도 자기장에 의해 빠져나가는 운동을 방해하는 인력이 작용한다. 여러 개 설치된 각 자석 내부로 들어갈 때(척력)와 나올 때(인력)가 반복되면서 열차의 속력이 감소하게 된다.

34. 답 <해설 참조>

해설 주기 운동하는 동안 원형 도선 내부를 통과하는 자속의 변화가 없기 때문에 유도 전류와 유도 기전력이 발생하지 않으므로 원형 도선의 주기 운동은 자기장이 없는 공간에서의 운동과 같게 나타난다.

35. 답 <해설 참조>

해설 <자석이 A에서 B로 이동할 때> 자석의 자기장은 자극에 가까울수록 세지고, S극으로 들어가는 자기력선이 형성되어 있으므로 원형 도선 내부에 위 방향으로 자속이 증가하게 된다. 이러한 자속의 증가를 방해하기 위해 아래 방향으로 유도 자기장이 발생하므로 원형 도선에는 ① 방향으로 유도 전류가 흐르게 된다.
<B점을 통과하는 순간>위 방향으로의 자속이 증가하다가 감소하는 순간이 되어 자속의 변화가 없으므로 유도 전류가 흐르지 않는다.
< B에서 C로 이동할 때> 자석이 멀어지므로 원형 도선 중심에 위 방향으로 자속이 감소하게 되므로 이를 보충하기 위해 원형 도선 내부에는 위 방향으로 유도 자기장이 발생하므로 ② 방향으로 유도 전류가 흐르게 된다.

36. 답 <해설 참조>

해설 사각 도선이 균일한 자기장 내부에서 움직이는 경우에는 내부를 통과하는 자속의 변화가 없으므로 유도 전류가 발생하지 않는다. 그러나 자기장 영역으로 들어갈 때나 나올 때, 사각 도선의 내부에서 자기장 영역의 변화가 있을 때 내부의 자속이 변하므로 유도 전류가 발생한다. 한편, 도선이 자기력선은 수직으로 끊고 지나갈 때 유도 기전력 크기 $|V| = Blv$ 이고 사각 도선의 저항은 일정하므로 유도전류 I 는 $|V|$ 에 비례한다.

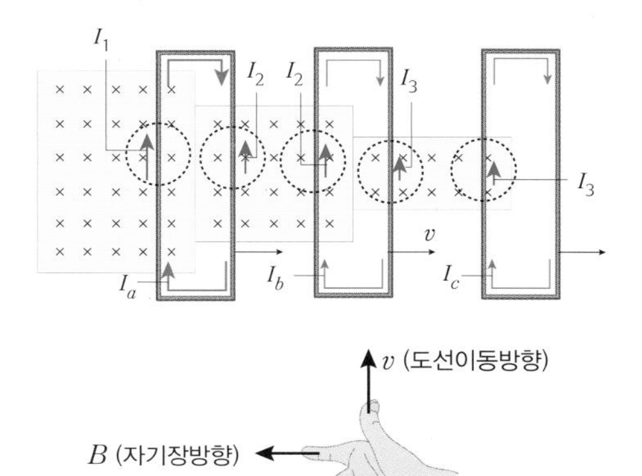

그림은 유도 전류가 발생하는 위치이다. 각 위치에서 도선에 흐르는 유도 전류를 I_a, I_b, I_c라고 할 때, 각 점원에서 플레밍의 오른손 법칙에 의한 유도 전류의 방향은 $I_1 \sim I_3$ 로 나타나고, 크기는 자기장 속 도선의 길이에 비례하므로 $I_1 : I_2 : I_3 = 4 : 2 : 1$ 이다. 이때 I_1과 I_2 의 방향은 반대이므로 I_a 는 I_1 과 I_3 의 차 이다. 같은 방식으로 I_b는 I_2 와 I_3 의 차 이고, I_c는 I_3 와 같다. 따라서 $I_a : I_b : I_c = 2 : 1 : 1$ 이며, 각각의 방향은 시계 방향이다.
유도 전류(I)-시간(t) 그래프로 나타내면 다음과 같다.

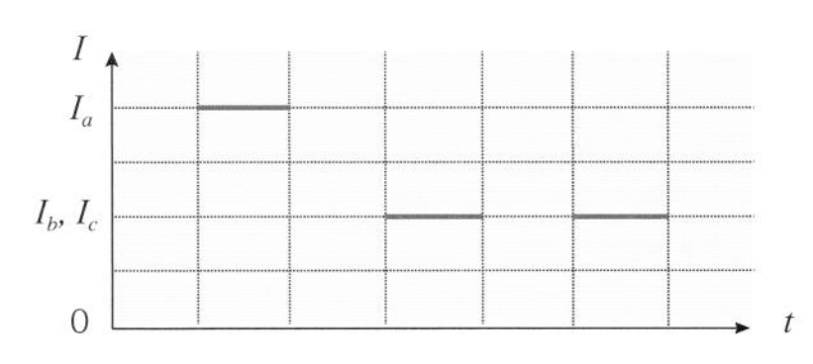

37. 답 <해설 참조>

해설 (1) (가)의 경우 사각 도선이 위에서 아래로 운동해 자기장 속으로 들어갈 때는 도선을 통과하는 자속은 지면에 수직으로 들어가는 방향으로 증가하므로, 사각 도선 내부에는 이를 방해하는 방향인 지면에서 수직으로 나오는 방향으로의 유도 자기장이 발생 한다. 따라서 사각 도선에 시계 반대 방향으로 유도 전류가 발생한다. 반대로 사각 도선이 아래에서 위로 운동해 자기장 밖으로 나갈 때는 사각 도선을 통과하는 지면에 수직으로 들어가는 방향으로 자속이 감소하므로, 사각 도선의 내부에는 감소를 방해하는 방향인 수직으로 들어가는 방향의 유도 자기장이 발생한다. 따라서 사각 도선에 시계 방향으로 유도 전류가 발생한다. (나)의 경우 균일한 자기장 속에서 움직일 때는 사각 도선을 통과하는 자속의 변화가 없기 때문에 유도 전류가 발생하지 않는다.
(2) 사각 도선의 운동을 방해하는 방향으로 유도 기전력이 발생하므로 도선의 진동폭이 점차 감소하고 결국 멈추게 된다.

14강 전자기 유도 II

개념확인

258 ~ 263 쪽

1. $\frac{1}{2}$　　2. 0　　3. ㉡
4. ㉠ 자속(자기력 선속), ㉡ 유도 기전력, ㉢ 상호 유도
5. ㉠ 코일, ㉡ 전자기 유도, ㉢ 유도 전류
6. (1) 해설 참조 (2) 자전거(코일)의 운동 에너지 →전기 에너지

01. 답 $\frac{1}{2}$

해설 자기장과 전류의 방향이 θ 의 각을 이룰 때의 자기력은 자기장과 전류의 방향이 수직일 때의 자기력과 $\sin\theta$ 의 곱으로 나타낼 수 있다. 따라서 $\sin30° = \frac{1}{2}$ 이므로 자기력은 $\frac{1}{2}F$ 가 된다.

02. 답 0

해설 자기장의 방향과 대전 입자의 운동 방향이 평행일 때 입자가 받는 힘은 0 이다.

03. 답 ㉡

해설 스위치를 닫으면 전류는 시계 방향으로 흐르게 되므로 스위치를 닫은 직후 시계 방향으로 흐르는 전류가 증가하게 된다. 따라서 이를 방해하는 방향인 반시계 방향으로 자체 유도 기전력이 형성된다.

05. 답 ㉠ 코일, ㉡ 전자기 유도, ㉢ 유도 전류

해설 자가 발전 손전등은 전자기 유도에 의한 유도 전류를 이용하여 불을 켜므로 건전지가 필요하지 않다.

06. 답 (1) 해설 참조 (2) 자전거(코일)의 운동 에너지 →전기 에너지

해설 (1) 회전축과 같이 연결된 코일이 자석 속에서 회전함에 따라 전자기 유도 현상에 의해 코일에 유도 전류가 발생하여 전조등이 켜진다.

확인 +

258 - 261 쪽

1. 인력　　2. 로런츠, 구심력　　3. 0.1　　4. 0.5

1. 답 인력

해설 나란하게 놓인 두 평행한 도선에 흐르는 전류의 방향이 같을 때 두 도선 사이에는 인력이 작용한다.

3. 답 0.1

해설 $V = -L\frac{\Delta I}{\Delta t}$ 에서

$5.0 \times \frac{0.07-0.03}{2} = 5.0 \times \frac{0.04}{2} = 0.1$ V 이다.

4. 답 0.5

해설 1차 코일(코일 A)의 전류 변화(ΔI_1)에 의해 2차 코일(코일 B)에 발생한 유도 기전력은 다음과 같다.

$V_2 = -M\frac{\Delta I_1}{\Delta t}$, $30 = M\frac{6}{0.1} = 60M$, $M = 0.5$ (H)

개념 다지기

264 – 265쪽

01. ⑤	02. ⑤	03. ④	04. ①
05. ①	06. ③	07. ④	08. ⑤

01. 답 ⑤

해설 자기장 속에서 전류가 흐르는 도선이 받는 힘 F 는 전류의 세기(I), 자기장의 세기(B), 자기장 속에 들어 있는 도선의 길이(l), 자기장과 도선 사이의 각도($\sin\theta$)에 비례한다. $F = BIl\sin\theta$ 이다.

02. 답 ⑤

해설 전류가 흐르는 두 도선(I_1, I_2)사이에 작용하는 힘 F 는 두 도선에 흐르는 전류의 세기의 곱(I_1I_2)과 도선의 길이(l)에 비례하고, 두 도선 사이의 거리(r)에 반비례한다. $F = k\frac{I_1I_2}{r}l$ 이다.

03. 답 ④

해설 균일한 자기장 B 속에서 자기장의 방향과 수직으로 전류 I 가 흐르는 길이가 l 인 도선이 받는 자기력 $F = BIl$ 이다.

1.0×10^{-2} N $= B \times 0.1$A $\times 0.1$m

$\therefore B = 1.0$ T

04. 답 ①

해설 자기장 B 에 수직한 방향으로 속도 v 로 운동하는 전하량 q 인 입자가 받는 힘 $F = qvB$ 이다.

(5×10^{-3})C $\times$ 3m/s $\times$ 2.0T = $30 \times 10^{-3} = 3.0 \times 10^{-2}$

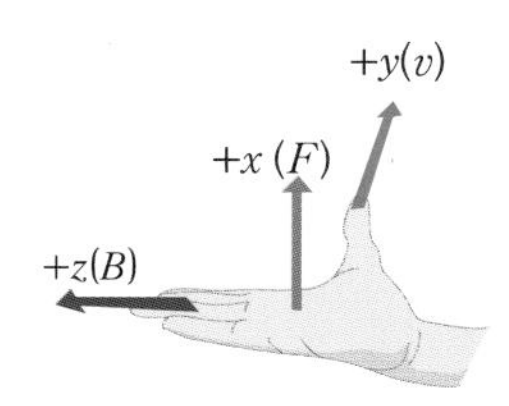

05. 답 ①

해설 자기장 방향과 속도 방향이 수직이고, 균일한 자기장 B 속에서 질량 m, 전하량 q, 속도 v 인 입자는 등속 원운동한다. 이때 반지름 $r = \frac{mv}{qB}$, 주기 $T = \frac{2\pi m}{qB}$ 이다. 반지름과 주기는 각각 자기장의 세기와 반비례 관계이다. 따라서 자기장의 세기가 2배로 증가하면 원운동의 반지름과 주기는 0.5배가 된다.

06. 답 ③

해설 스위치를 여는 순간 코일에 흐르는 전류가 끊어지지 않고 코일에 의해 잠시 동안 전류가 더 흐르게 된다. 그 이유는 스위치를 여는 순간 전류가 급격히 감소하며, 코일의 자기장도 급격히 감소하게 된다. 이때 자기장의 감소를 방해하기 위하여 코일의 자체 유도 기전력이 전지의 기전력과 같은 방향으로 발생한다. 따라서 유도 기전력과 유도 전류의 방향은 시계 방향이 된다.

전류의 변화가 0.1초 동안 50mA → 0 이므로 자체 유도 기전력은

$V = -L\frac{\Delta I}{\Delta t} = 2.0\text{ H} \times \frac{0.05\text{A}}{0.1\text{s}} = 1$ V 이다.

07. 답 ④

해설 코일의 감긴 방향이 같고 1차 코일 내부에 발생한 자기장은

2차 코일 내부에도 통과하여 2차 코일에 유도 기전력이 발생한다. 만일 1차 코일의 전류가 증가하면 1,2 차 코일에 내부의 자기장도 증가하여 2차 코일 내부에서는 증가를 방해하는 방향인 1차 코일과 반대 방향의 유도 자기장과 유도 전류가 발생한다.

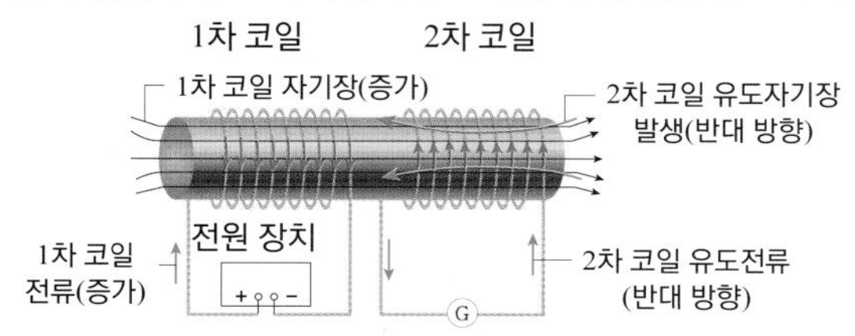

만일 1차 코일의 전류가 감소하면 2차 코일 내부의 자기장도 감소하므로 감소를 방해하는 방향으로, 1차 코일과 반대 방향의 유도 자기장과 유도 전류가 발생한다.

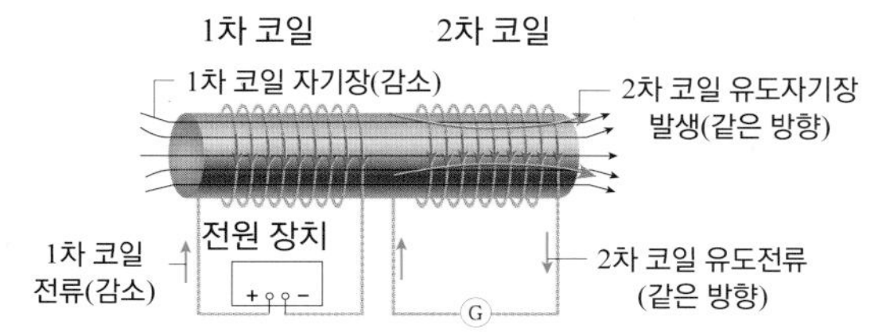

이것이 두 코일 사이의 상호 유도의 과정이다.

08. 답 ⑤
해설 수력, 화력, 풍력, 원자력, 조력, 파력 발전은 각 에너지를 이용하여 터빈을 돌려 전자기 유도 방식으로 전기를 생산한다.
태양광 발전은 태양 전지에 태양광을 쪼여 전자의 이동을 유도하여 전기를 생산하는 방식이다.

유형 익히기 & 하브루타

266 ~ 269 쪽

유형 14-1	(1) ㉡ (2) ㉠	01. ③	02. ②
유형 14-2	(1) ㄱ (2) 0.05, 7.5×10^{-4}	03. ④	04. ②
유형 14-3	⑤	05. ②	06. ①
유형 14-4	③	07. ③	08. ③

[유형14-1] 답 (1) ㉡ (2) ㉠
해설 (1) 전류는 전원의 (+)극에서 (-)극으로 흐르고, 자기장의 방향은 N극에서 S극 쪽이므로, 말굽자석 사이의 알루미늄 막대의 전류(I)와 자기장의 방향(B)은 그림과 같이 형성되므로 오른손 법칙이나 플레밍의 왼손 법칙을 적용하면 힘(F)은 오른쪽 방향이다.

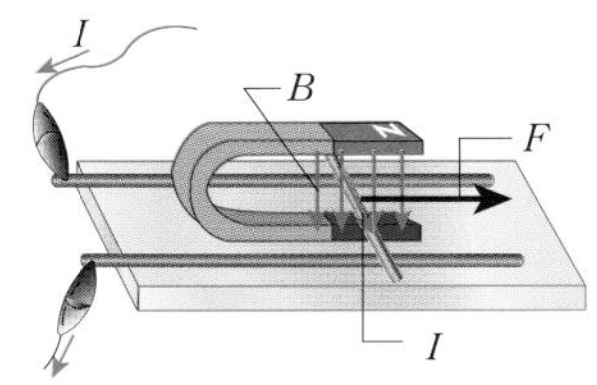

(2) 알루미늄 막대가 더 빠르게 운동하기 위해서는 작용하는 힘(F)을 크게 해야 한다. 자기장(B)과 전류(I)가 수직하므로 $F = BIl$ 이며, 다른 조건은 동일하므로 알루미늄 막대를 흐르는 전류(I)를 세게 흐르게 하면 힘 F가 커진다. 그러기 위해서는 가변 저항을 작게 해주면 된다. 가변 저항에서 전류는 집게와 A 사이를 흐르고, 집게와 B 사이에는 전류가 흐르지 않으므로 저항의 길이를 줄여 저항을 작게 하기 위해서는 집게를 A쪽으로 옮겨야 한다.

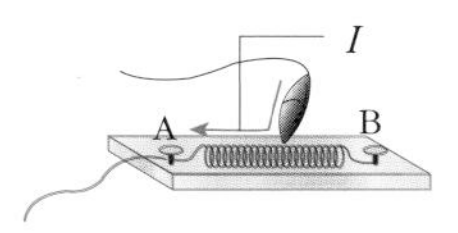

01. 답 ③
해설 ㄱ, ㄷ. 도선 AB 부분과 CD부분은 자기장의 방향과 전류의 방향이 평행하므로 힘을 받지 않는다.
ㄴ. ㄹ. AD, BC 부분은 자기장(B)의 방향과 전류(I)의 방향이 수직이므로 자기력을 받는다. 오른손 법칙이나 플레밍 왼손법칙을 적용하면 AD 부분은 지면에 수직으로 들어가는 방향, BC 부분은 지면에서 수직으로 나오는 방향으로 자기력(F)을 받는다. 결과적으로 사각 도선은 위에서 봤을 때 시계 방향으로 회전한다.

02. 답 ②
해설 도선 A, B 에 각각 작용하는 힘 $F_A = F_B = k\dfrac{I_AI_B}{r}\,l_A$ 이다.
이때 전류 I_A가 $2I_A$, 전류 I_B가 $2I_B$ 가 되고 동시에 두 도선 사이의 거리 r도 $2r$ 이 되었으므로 도선 A, B 에 각각 작용하는 힘은

$$F'_A = F'_B = k\frac{2I_A2I_B}{2r}\,l_A = 2F_A = 2F_B$$

으로 변한다. 도선 A, B에 각각 작용하는 힘은 서로 작용 반작용의 관계이므로 힘의 크기는 서로 같고, 방향은 서로 반대이다.

[유형14-2] 답 (1) ㄱ (2) 0.05 m, 7.5×10^{-4} s
해설 (1) 질량 m, 전하량 q 인 입자가 자기장 B 에 수직한 방향으로 속도 v 로 입사할 때, 로런츠 힘이 구심력이 되어 대전 입자는 반지름을 r 인 등속 원운동을 하게 된다. 이때 반지름은

$r = \dfrac{mv}{qB}$ 가 되고, 주기는 $T = \dfrac{2\pi r}{v} = \dfrac{2\pi m}{qB}$이 된다. 따라서

대전 입자의 원운동 주기는 입자의 질량에 비례하고, 전하량, 자기장의 세기, 속도에는 반비례한다.

(2) $r = \dfrac{mv}{qB} = \dfrac{0.0002\text{kg}\times400\text{m/s}}{2\text{C}\times0.8\text{T}} = 0.05$ (m)

$T = \dfrac{2\pi m}{qB} = \dfrac{2\times3\times0.0002\text{kg}}{2\text{C}\times0.8\text{T}} = 0.00075$ (s) $= 7.5\times10^{-4}$ (s)

03. 답 ④
해설 원운동 반지름 $r = \dfrac{mv}{qB}$ 이므로 $v = \dfrac{qBr}{m}$ 이다.
두 입자의 전하량(q), 자기장의 세기(B), 질량(m)이 모두 동일하므로 속력의 비는 반지름의 비와 같다. 따라서 $v_A : v_B = 2 : 1$ 이다.

04. 답 ②
해설

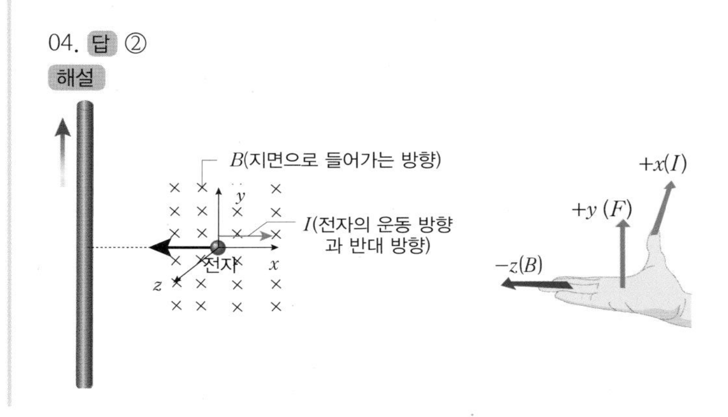

위쪽으로 전류가 흐르는 도선의 오른쪽 지면 상에는 지면으로 들어가는 방향의 자기장이 형성된다. 전자는 (-)전기를 띠므로 반대 방향이 전류의 방향이다. 전자에 작용하는 힘의 방향은 $+y$ 방향이다.

[유형14-3] 답 ⑤

해설

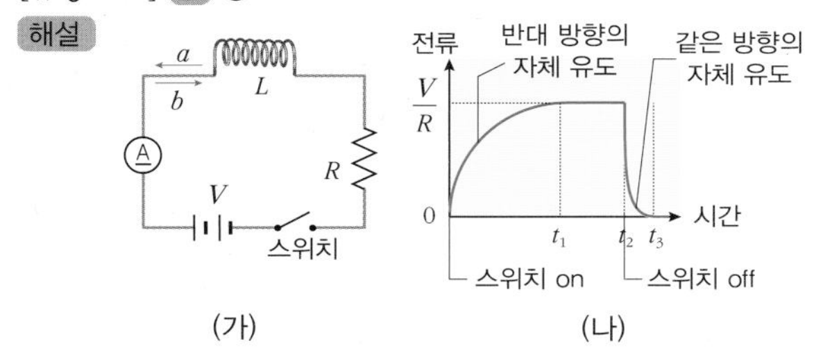

·0초 : 스위치를 닫는 순간

·0 ~ t_1 구간 : 스위치를 닫게 되면 전류가 바로 $\frac{V}{R}$ 가 되지 않고, 점차 증가하여 $\frac{V}{R}$가 된다. 이는 전지의 기전력과 반대 방향의 자체 유도 기전력이 코일에 발생하여 전류가 흐르는 것을 방해하기 때문이다.

·t_1 ~ t_2 구간 : 코일에 흐르는 전류의 세기가 일정하며, 이에 따라 코일을 통과하는 자기장의 세기도 일정하다.

·t_2 초 : 스위치를 여는 순간

·t_2 ~ t_3 구간 : 코일에 흐르는 전류가 바로 끊어지지 않고, 짧은 시간 동안 감소하면서 0 이 된다. 이는 전지의 기전력과 같은 방향의 유도 기전력이 발생하여 전류가 감소하는 것을 방해하기 때문이다.

① 0초 일 때 스위치를 닫고, t_2일 때 스위치를 열었다.

② t_2 ~ t_3 구간의 자체 유도 기전력에 의한 전류의 방향은 전류의 감소를 방해하는 방향이기 때문에 원래 전류가 흐르는 방향인 b 방향과 같다.

③ 자체 유도 기전력 크기 = $L\frac{\Delta I}{\Delta t}$ 이다. 즉, 유도 기전력은 전류의 시간에 따른 변화율에 비례한다. 전류의 시간에 따른 변화율은 전류-시간 그래프에서 기울기 이므로 그림 (나)의 0 ~ t_1에서 기울기가 시간에 따라 점차 감소하므로 유도 기전력의 크기도 점차 감소한다는 것을 알 수 있다.

④ t_1 ~ t_2 구간에서는 자체 유도 기전력이 사라지고 코일에 흐르는 전류의 세기가 일정하며, 이에 따라 코일을 통과하는 자기장의 세기도 일정하다.

⑤ 0 ~ t_1 까지는 회로 전류의 세기를 감소시키는 방향으로, t_2 ~ t_3 까지는 회로 전류의 세기를 증가시키는 방향으로 코일에 자체 유도 기전력이 발생하므로 방향은 서로 반대이다.

05. 답 ②

해설 자체 유도 기전력의 방향은 전류가 증가하거나 감소하는 것을 방해하는 방향으로 형성된다. 그림과 같이 유도 기전력이 오른쪽 방향으로 형성되기 위해서는 왼쪽으로 증가하는 전류가 흐르거나 오른쪽 방향으로 감소하는 전류가 흐르는 경우이다.

06. 답 ①

해설 길이가 길어질수록 저항이 커지므로 전선의 위치가 P 에서 Q 로 갈수록 저항값은 커지게 되고, 회로 전류는 점점 작아지게 된다. 코일의 자체 유도 기전력은 전류의 감소를 방해하는 방향으로 발생하므로 전지의 기전력과 같은 방향인 a 방향으로 형성된다. 전류가 3초 동안 600mA = 0.6A 작아졌으므로, 자체 유도 기전력(크기)

$|V| = |L\frac{\Delta I}{\Delta t}|$ = 4.0 (H) × $\frac{0.6(\mathrm{A})}{3(\mathrm{s})}$ = 0.8 (V) 이다.

[유형14-4] 답 ③

해설 2차 코일의 상호 유도 기전력(V_2)은 1차 코일 전류(I_1)의 시간에 따른 변화율에 비례하고, 2차 코일 회로의 전체 저항이 R 이라면 $V_2 = I_2R$ 이다. 이때 (-) 부호를 주목해야 할 필요가 있다. 변화를 '방해'하는 방향이라는 것이다.

가장 아래 그래프는 1차 코일 전류(I_1)의 시간에 따른 변화율의 (-)값을 그린 것이다. ③이 답이다.

$$V_2 = -M\frac{\Delta I_1}{\Delta t}$$

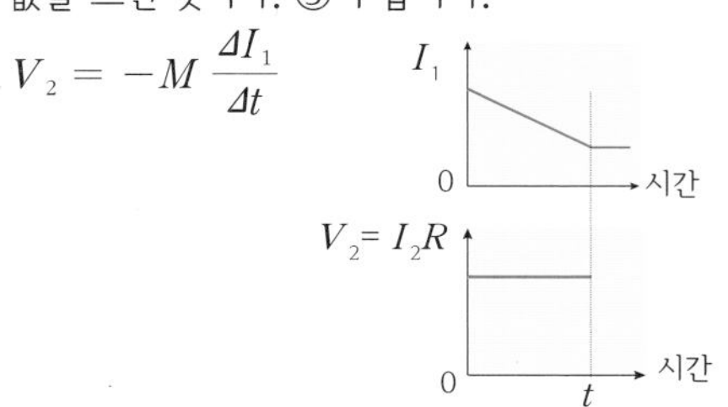

07. 답 ③

해설

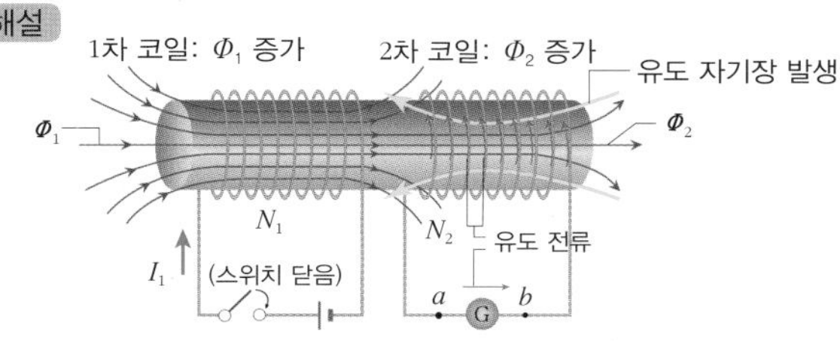

〈1차 코일 스위치 닫는 순간 자속 변화〉

①, ②, ③ 1차 코일의 스위치를 닫는 순간 1차 코일을 흐르는 전류 I_1 이 증가하게 되고(자체 유도), 1, 2 차 코일 내부에서 오른쪽 방향으로 통과하는 자속이 증가하게 된다. ⇨ 2차 코일을 통과하는 자속이 증가하면서 이러한 증가를 방해하는 방향으로 유도 기전력(유도 자기장)이 발생한다. 따라서 2차 코일의 유도 전류는 a → Ⓖ → b 방향으로 흐르게 된다.

④ 1차 코일에 의해 2차 코일에 발생한 유도 기전력 V_2 은

$$V_2 = -N_2\frac{\Delta\Phi_2}{\Delta t} = -M\frac{\Delta I_1}{\Delta t} \quad [\text{단위 : V}]$$

이다. 이때 N_2는 2차 코일의 감은수이기 때문에 2차 코일에 발생한 유도 기전력의 크기와 2차 코일의 감은수는 비례 관계임을 알 수 있다. 따라서 감은수를 늘리면 유도 기전력도 커진다.

⑤ 스위치를 닫았다가 여는 순간 1차 코일에 흐르는 전류가 감소하므로 자속도 감소하게 되며, 2차 코일을 통과하는 자속도 감소하게 된다. 이때 자속의 감소를 방해하는 방향으로 유도 기전력(유도 자기장이 2차 코일의 내부에서 오른쪽으로 발생하므로 1차 코일에 흐르는 감소하고 있는 전류의 방향과 2차 코일에 유도된 전류의 방향은 같다.

08. 답 ③

해설

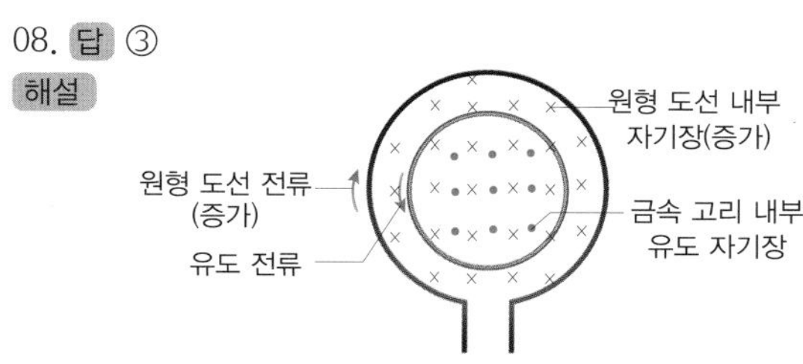

ㄱ. 원형 도선에 전류가 일정하게 흐르면 자속의 변화가 없기 때문에 금속 고리에 전류가 유도되지 않는다.

ㄴ. 원형 도선에 전류가 흐르면 원형 도선 내부에는 지면으로 들어가는 방향의 자속이 발생한다.

ㄷ, ㄹ. 원형 도선에 흐르는 전류가 증가하면 전류의 증가를 방해하는 방향으로 상호 유도 기전력이 발생하여 금속 고리에는 원형 도선의 전류와 반대 방향으로 유도 전류가 흐르게 된다.

스스로 실력 높이기 270 – 279 쪽

01. (라), (가) 02. 척력, $126k$ 03. ⑤
04. a. ㉢ b. ㉠ 05. ⑤ 06. D > A > C = B
07. 2.4 H 08. B, A, A, B 09. 21 V
10. ㉠ 자체 유도, ㉡ 상호 유도 11. ② 12. ③
13. ⑤ 14. ⑤ 15. ⑤ 16. ⑤ 17. ③ 18. 3
19. ③ 20. ⑤ 21. ⑤ 22. ④ 23. ④ 24. ②
25. ③ 26. ㉡, 3 A 27. $\frac{4}{3}$ 28. $\frac{mv}{5xq}$, $\frac{v^2}{5x}$
29. ② 30. ③ 31. $864k$ (H) 32. ④
33. (1) $-z$ 방향, $\sqrt{3}$ (V) (2) 해설 참조
34. (1) $\frac{2mg}{qv}$ (2) 해설 참조 (3) 변하지 않는다.
35. (1) 지면에 수직으로 들어가는 방향 (2) 속력이 점점 빨라진다.
36. (1) 시계 방향 (2) $\frac{mg}{Bl}$
37. (1) $\frac{E}{B}$ (2) 전자의 운동 경로가 위로 휘어진다.

01. 답 (라), (가)
해설 전류의 세기 I, 자기장의 세기 B, 도선의 길이 l, 자기장과 도선이 이루는 각 θ 일 때 자기장의 세기는 다음과 같다.

$$F = BIl\sin\theta$$

$\sin\theta$는 θ가 커질수록 커지므로, 다른 조건이 같을 때에는 θ가 90°일 때 자기력이 가장 세고, 0°일 때가 가장 작다.

02. 답 척력, $126\,k$
해설 도선 B는 도선 A에 흐르는 전류 I_A가 만드는 자기장 B_A에 의해 자기력을 받는다. 따라서 도선 B가 받는 자기력은 다음과 같다.

$$F_B = B_A I_B l = k\frac{I_A}{r}I_B l = k\frac{I_A I_B}{r}l$$

따라서 두 도선 사이에 작용하는 힘 F 는

$$F = k\frac{9\,\text{A} \times 7\,\text{A}}{0.2\,\text{m}} \times 0.4\,\text{m} = 126k\ (\text{N})$$이고,

두 도선에 흐르는 전류의 방향이 반대이므로 두 도선 사이에 작용하는 힘은 척력이다.

03. 답 ⑤
해설

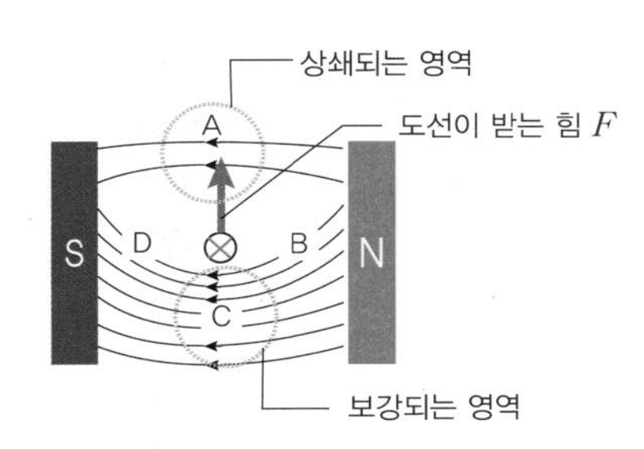

C지점에는 자석에 의한 자기장의 방향과 전류가 흐르는 직선 도선에 의한 자기장의 방향이 일치하여 자기력이 보강된다. 따라서 자기장의 세기가 가장 센 지점이다. 반면에 A지점은 자기장의 방향이 서로 반대가 되므로 자기장의 세기가 가장 약하다. B, D 지점은 두 자기장의 방향이 다르므로 합성해야 한다. 자기력은 자기장이 센 곳(자기력선의 밀도가 빽빽한 곳)에서 자기장이 약한 곳(자기력선의 밀도가 적은 곳)으로 밀어내는 힘이 작용한다. 따라서 C에서 A쪽으로 힘이 작용한다.

04. 답 a. ㉢, b. ㉠
해설 자기장 속에서 전류가 흐르는 도선이 받는 힘은 오른손 법칙이나 플레밍의 왼손 법칙에 의해 알 수 있다. 전류의 방향이 반대로 되면 힘의 방향도 반대가 된다.

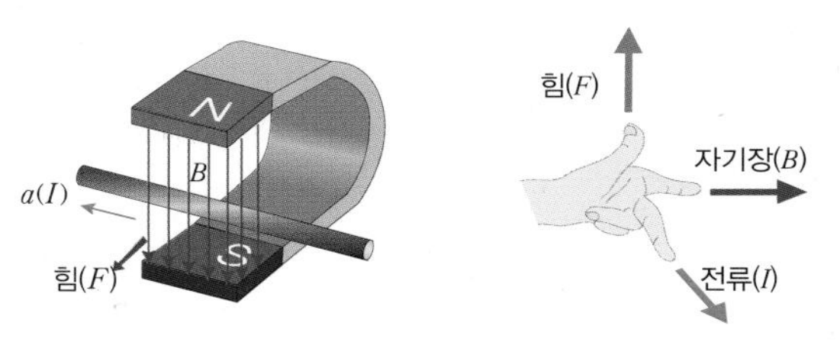

05. 답 ⑤
해설 자기장 B 에 수직한 방향으로 속도 v 로 운동하는 전하량 q 인 입자가 받는 힘 F 는 다음과 같다.

$$F = qvB\sin\theta$$

즉, 전하량의 크기, 전하의 속도, 자기장의 세기, 전하의 운동 방향과 자기장 방향 사이의 각도에 따라 로런츠 힘의 크기가 결정된다.

06. 답 D > A > C = B
해설 로런츠의 힘은 자기장과 대전 입자의 운동 방향이 수직일 때가 가장 크고, 자기장과 대전 입자가 이루는 각이 작아질수록 로런츠 힘의 크기도 작아진다. 자기장과 대전 입자가 나란하게 운동할 때는 0이 된다.

07. 답 2.4 H
해설 코일에 발생하는 자체 유도 기전력은 $|V| = L\frac{\Delta I}{\Delta t}$ 이다.

$\therefore 0.4 = L\frac{0.1}{0.6}$ $\therefore L = 2.4$ H

08. 답 B, A, A, B
해설

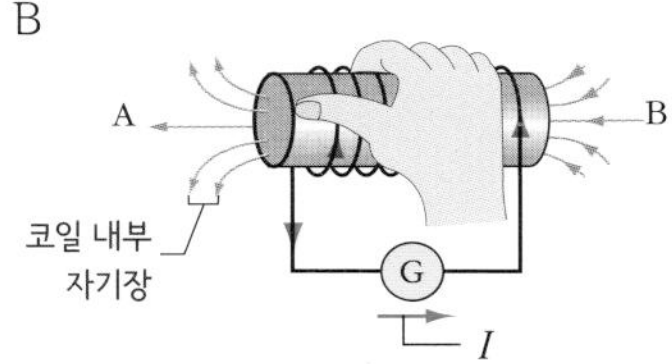

전류(I)가 증가하면 B에서 A쪽으로 코일 내부 자기장이 증가하게 되며, 이 자기장의 변화를 억제하기 위한 방향으로 코일에서는 유도 기전력이 발생하므로 코일의 A에서 B쪽으로 자체 유도 기전력이 발생한다.

09. 답 21 V
해설 1차 코일의 전류의 변화(ΔI_1)에 의해 2차 코일에 발생하는 상호 유도 기전력은 다음과 같다.

$$V_2 = -N_2\frac{\Delta\Phi_2}{\Delta t} = -M\frac{\Delta I_1}{\Delta t} \quad [\text{단위 : V}]$$

따라서 코일 B(2차 코일)에 발생하는 유도 기전력(크기)

$$|V_B| = (0.9\text{H})\frac{7\text{A}}{0.3\text{s}} = 21\ \text{V}$$

10. 답 ㉠ 자체 유도 ㉡ 상호 유도
해설 코일은 자체적으로 전류의 변화를 억제시키므로 교류회로에서는 저항의 역할을 한다. 교류의 전압과 전류를 변환시키는 변압기는 코일의 상호유도의 원리를 이용한다.

11. 답 ②

해설 ㄱ. 전류의 세기 I, 자기장의 세기 B, 도선의 길이 l, 자기장과 도선이 이루는 각 θ 일 때 자기력의 세기는 다음과 같다.

$$F = BIl\sin\theta$$

$\sin\theta$는 θ가 커질수록 커지므로, 다른 조건이 같을 때에는 θ가 90°일 때 자기력이 가장 세고, 0°일 때가 가장 작다.

ㄴ, ㄷ. 나란하게 놓인 두 평행한 도선에 작용하는 두 힘은 작용 반작용의 관계이다. 즉, 힘의 크기는 같고, 방향은 반대인 힘이 서로 다른 도선에 작용하는 것이다. 이때 두 도선에 흐르는 전류의 방향이 반대일 때 두 도선은 서로 밀어낸다.

ㄹ. 플레밍의 왼손 법칙은 왼손의 엄지, 검지, 중지를 수직으로 폈을 때 엄지는 자기력(F) 방향, 검지는 자기장(B) 방향, 중지는 전류(I) 방향이다.

12. **답** ③

해설 자기장의 방향은 N극에서 S극을 향하는 방향이다.

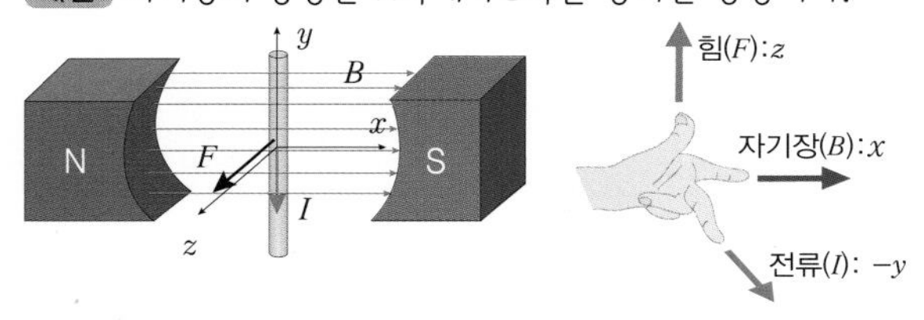

13. **답** ⑤

해설 자기장 속에서 전류가 흐르는 도선이 받는 힘의 방향은 오른손 법칙이나 플레밍의 왼손 법칙을 사용하여 알아낸다.

ㄱ. 도선 ab 부분은 왼쪽으로 힘을 받는다.

ㄴ. 도선 bc 부분은 아래쪽 방향으로 힘을 받는다.

ㄷ. 도선 ad 부분은 자기장 영역 밖에 있으므로 힘을 받지 않는다.

ㄹ. 도선 ab 부분과 도선 dc부분에 각각 작용하는 힘은 전류의 방향만 서로 반대이므로 힘의 크기는 같고, 방향은 서로 반대이다.

14. **답** ⑤

해설

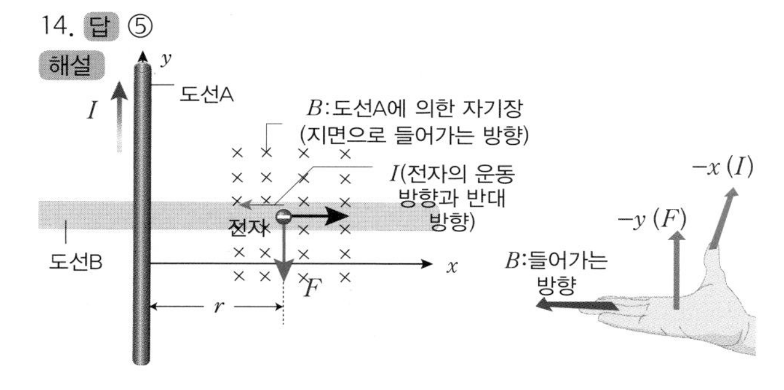

평면 상에서 전류 I 가 흐르는 직선 도선의 오른쪽에는 지면에 수직으로 들어가는 방향, 왼쪽에는 지면에서 수직으로 나오는 방향의 자기장이 형성된다. 전자는 (-) 전하이므로 전자의 운동 방향과 전류의 방향은 반대이다.

① 전자에 작용하는 힘의 방향은 $-y$ 방향이다.

②,③ 전자에 작용하는 힘은 운동 방향과 수직 방향이어서 속력의 변화가 없으므로 전자의 운동 에너지(= $\frac{1}{2}mv^2$)는 변하지 않는다.

물체에 작용하는 힘과 운동 방향이 수직이면 물체의 속력은 변하지 않고 운동 방향만 변한다. 전자는 도선 B 내부에서 운동하므로 운동 방향이 변할 수 없고 그대로 등속 운동한다.

④ 도선 A에 의해 지면에 수직으로 들어가는 방향으로 형성된 전기장 영역 속에서 전자는 운동한다.

⑤ 로런츠 힘 $F = qvB$ 이고, 전하의 속도(v)와 전하량($q=e$)이 일정할 때 자기장의 세기(B)와 비례한다. 직선 도선 A에 의한 자기장 $B = k\frac{I}{r}$ 는 도선과 전자 사이의 거리(r)에 반비례하기 때문에 로런츠 힘 F도 도선과 전자 사이의 거리(r)가 커질수록 작아진다.

15. **답** ⑤

해설 질량 m, 전하량 q 인 입자가 속도 v 로 균일한 자기장 B 속으로 자기장 방향에 수직으로 입사하였을 때 이 입자에 작용하는 로런츠 힘이 구심력 역할을 하여 원운동을 한다. 따라서 입자에 작용하는 로런츠 힘이 진행 방향에 오른쪽 방향이면 시계 방향의 원운동, 왼쪽 방향이면 반시계 방향의 원운동을 한다.

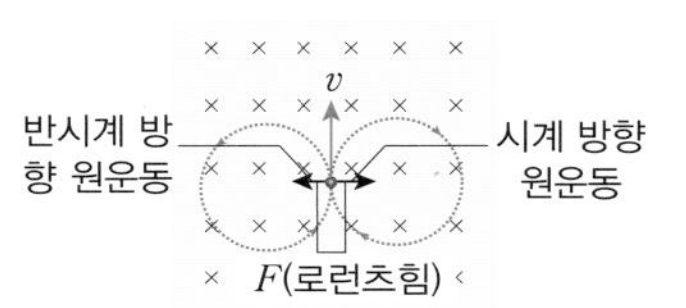

이때 원운동의 반지름 $r = \frac{mv}{qB}$ 이다. 따라서 질량이 2배가 되면 반지름은 2배가 되고, 전하가 (-)에서 (+)가 되면 로런츠 힘의 방향이 반대가 되므로 회전 방향이 반대가 된다.

16. **답** ⑤

해설

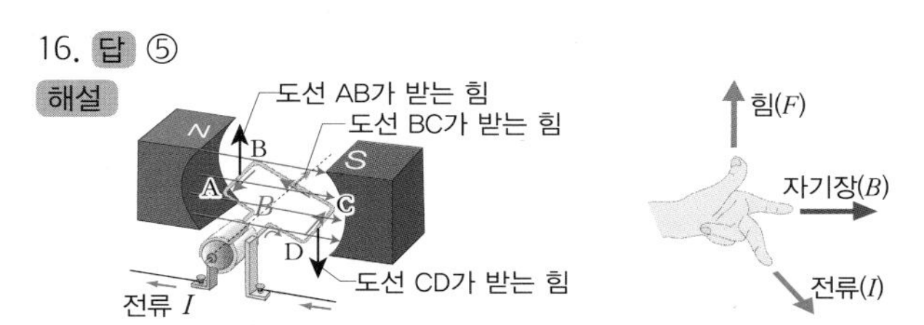

ㄱ. AB 부분은 위로 힘을 받는다.

ㄴ, ㄹ. CD 부분은 아래 방향으로 힘을 받는다. 따라서 정면에서(정류자 쪽에서)볼 때 전동기는 시계 방향으로 회전한다.

ㄷ. 전류의 세기가 셀수록 자기력이 커지므로 회전 속도가 빨라진다. 도선 BC 부분도 전류의 방향과 자기장의 방향이 평행하지 않아 힘을 받으나 바깥 방향이므로 회전 효과에 영향을 미치지 않는다.

17. **답** ③

해설 $I = \frac{V}{R}$ 이므로 저항에 흐르는 전류와 전체 회로의 전압(기전력)의 그래프 모양은 같게 나타난다. 코일이 없다면 스위치를 닫았을 때 전류는 $\frac{V}{R}$로 일정하게 흐르다가 스위치를 열면 0이 될 것이다. 그런데 코일의 전류의 변화를 방해(억제)하는 자체 유도 기전력에 의해 전류의 그래프 모양은 변화하게 된다. 정답은 ③이다.

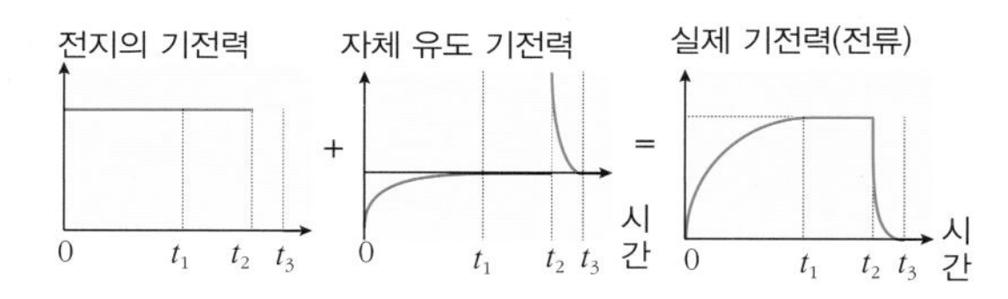

18. **답** 3

해설 변압기의 1차 코일에 교류 전원을 장치하면 전압이 계속 변하므로 상호 유도 현상에 의해 2차 코일에 유도 기전력이 발생한다.

1차 코일과 2차 코일의 전압비는 감은 수의 비와 같다.

$$\frac{V_1}{N_1} = \frac{V_2}{N_2} \Rightarrow V_2 = \frac{N_2}{N_1} \times V_1$$

따라서 2차 코일에 유도된 기전력 $V_2 = \frac{24회}{600회} \times 150\text{V} = 6\text{ V}$

이고, 옴의 법칙에 의해 전류 $I_2 = \frac{V_2}{R} = \frac{6\text{V}}{2\Omega} = 3\text{A}$

19. **답** ③

해설 도선이 자기장 방향에 수직으로 속도 v 로 이동할 때 금속 도선에 발생하는 유도 기전력 $V = Blv$ 이고, 이때 유도되는 전류 $I = \frac{Blv}{R}$ 가 금속 도선을 통해 흐르게 된다. 이때 자기장 속에서 전류가 흐르는 도선은 자기력을 받게 되고, 이 자기력에 의해 운동을 방해받게 된다. 이때 자기력 $F = BIl = \frac{B^2l^2v}{R}$ 이므로 등속 운동하려면 금속 막대에 작용하는 알짜힘이 0 이 되어야 하므로 자기력과 반대 방향으로 같은 크기의 힘을 가해주어야 한다.

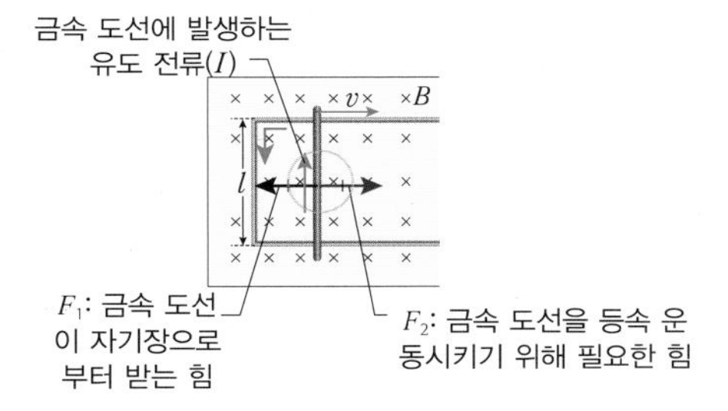

이때 유도 전류 I 의 방향은 위 그림의 원 안에서 플레밍의 오른손 법칙, F_1의 방향은 원 안에서 플레밍의 왼손 법칙을 사용하여 구한다.

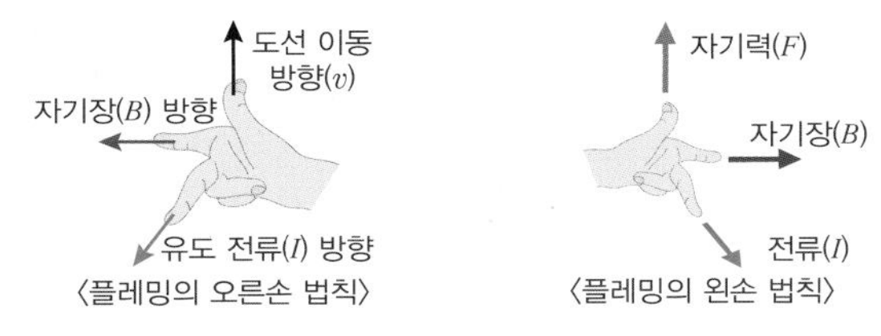

20. 답 ⑤

해설

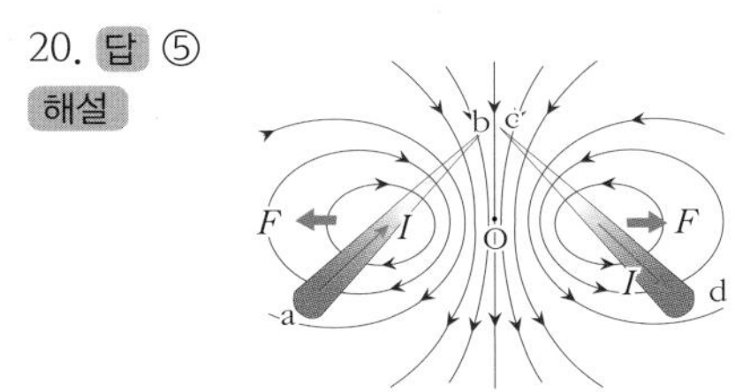

ㄱ. 점 O에서는 두 도선에 의한 자기장의 방향이 동일하여 자기장이 서로 보강되어 자기장이 세진다.

ㄴ. 왼쪽 도선 주변의 자기력선이 시계 방향으로 형성되어 있는 것으로 보아 a에서 b로 전류가 흐르는 것을 알 수 있다.

ㄷ. 두 도선에 의한 자기력선의 밀도가 같은 것으로 보아 전류의 세기가 같음을 알 수 있다.

ㄹ. 두 도선에 흐르는 전류의 방향이 반대일 때 두 도선 사이에는 척력이 작용한다.(두 도선 사이의 자기력선의 밀도가 바깥쪽보다 더 크므로 힘은 안쪽에서 바깥쪽으로 작용한다.)

21. 답 ⑤

해설 질량 m, 전하량 q 인 입자가 속도 v 로 균일한 자기장 B 속으로 자기장 방향에 수직으로 입사하였을 때 이 입자에 작용하는 로런츠 힘이 구심력 역할을 하여 원운동을 한다. 따라서 입자에 작용하는 로런츠 힘이 진행 방향에 오른쪽 방향이면 시계 방향의 원운동, 왼쪽 방향이면 반시계 방향의 원운동을 한다.

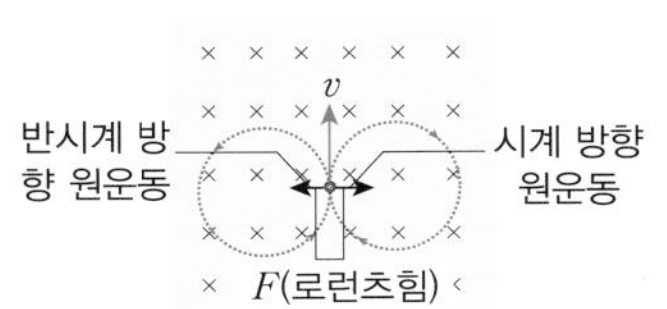

이때 원운동의 반지름 $r = \frac{mv}{qB}$ 이다.

ㄱ. 운동하는 입자가 (+) 전하일 경우 전하의 운동 방향이 전류의 방향이라고 할 수 있으므로 자기장 영역 A에서 그림과 같이 운동하기 위해서는 힘(F)의 방향이 진행 방향의 오른쪽이 되는 경우이며, 자기장 방향은 지면에서 수직으로 나오는 방향이다.

ㄴ, ㄷ. 이 입자의 운동은 등속원운동, 등속 운동을 하므로 속력(v)이 항상 같은 운동을 한다. 영역 A, B 에서 각각 속력(v)과 전하량(q), 질량(m)이 같으므로 원 궤도의 반지름은 자기장의 세기에 반비례한다. 따라서 자기장의 세기는 $B_A > B_B$ 이다.

물체의 가속도 $a = \frac{F}{m} = \frac{qBv}{m}$ 이다. F 는 qBv 이며 각 영역에서의 로런츠 힘이며, 원운동에서의 구심력이다. A, B 두 영역에서 입자의 q, m, v 가 모두 같기 때문에 가속도는 자기장의 세기 B 에 비례한다. 그러므로 $a_A > a_B$ 이다.

ㄹ. 같은 전하에 대해서 두 영역의 진행 방향에 대해서 로런츠 힘의 방향이 각각 반대로 작용하므로 자기장의 방향은 서로 반대이다.

22. 답 ④

해설 코일을 흐르는 전류가 변할 때(스위치를 닫는 순간과 스위치를 여는 순간 포함) 코일 내부의 자기장이 변화하는데, 이 변화를 억제시키는(방해하는) 방향으로 자체 유도 기전력이 발생한다. 이를 없애기 위해서는 솔레노이드를 이중으로 같은 수로 감고, 이때 감는 방향을 서로 반대가 되도록 감으면 각각 발생하는 자체 유도 기전력이 크기는 같고, 방향은 반대로 형성되므로 상쇄시켜 전체적으로 자체 유도 현상이 나타나지 않는다.

23. 답 ④

해설 시간이 충분히 흐른 후 자체 유도 기전력은 없어지며, 회로에는 4 A 의 전류가 흐르게 된다. 따라서 전체 저항 R 은

$I = \frac{V}{R}$ ⇨ $R = \frac{V}{I} = \frac{12}{4} = 3\ (\Omega)$ 이다.

코일의 자체 유도 기전력 $V = -L\frac{\Delta I}{\Delta t}$ 이다. 스위치를 닫는 순간 ($t = 0$) 회로 기전력이 12V 이지만 코일의 자체 유도 기전력(V)이 -12V가 되어 회로 전체 기전력이 0 이고 $I = 0$ 이다.

$t = 0$ 일 때 그래프의 접선 기울기는 $\frac{\Delta I}{\Delta t}$ 이다.

따라서 $V = -L\frac{\Delta I}{\Delta t}$ ⇨ $-12 = -L\frac{4}{1}$ $\quad \therefore L = 3\ (\mathrm{H})$

24. 답 ②

해설 교류 신호 발생기의 코일의 자속의 변화에 의해 교류 전압계의 자속의 변화가 발생한다. 상호 유도 현상이다.

ㄱ. 원형 코일 A에 직류 전류가 흐르면 전류의 변화가 없으므로 코일 B에 상호 유도 기전력이 발생하지 않는다.

ㄴ. 코일이 서로 가까울수록 코일 A의 자속의 변화가 코일 B의 자속의 변화에 영향을 더 많이 미치므로 상호 유도 기전력이 크게 발생하여 교류 전압계에 측정되는 전압이 커진다.

ㄷ. 신호 발생기의 전압(코일 A)을 V_1 감은 수 N_1, 교류 전압계의 전압을 V_1 감은 수 N_1 라고 할 때, V_1 이 일정 전압으로 주어졌을 경우, 서로 자속을 하므로

$$V_1 = -N_1\frac{\Delta\Phi_1}{\Delta t},\ V_2 = -N_2\frac{\Delta\Phi_2}{\Delta t}$$

서로 자속을 공유하여 $\frac{\Delta\Phi_1}{\Delta t} = \frac{\Delta\Phi_2}{\Delta t}$ 이므로,

$\frac{V_1}{N_1} = \frac{V_2}{N_2}$ ⇨ $V_2 = \frac{N_2}{N_1}V_1$

따라서 코일 B의 감은수인 N_2 만 2배로 늘리면 전압계에 측정되는 전압도 2배가 된다.

ㄹ. V_1이 일정할 때 윗 식에 의해 코일 A의 감은수 N_1만 2배로 늘리면 교류 전압계에 측정되는 전압은 절반으로 줄어든다.

25. 답 ③

해설 ㄱ. 도선 B는 아래에서 위쪽 방향으로 전류가 흐른다. 따라서

두 도선에 흐르는 전류의 방향은 반대가 되므로, 두 도선 사이에 작용하는 힘은 척력으로 도선 A는 왼쪽 방향으로, 도선 B는 오른쪽 방향으로 자기력을 받는다.

ㄴ, ㄷ. 두 도체 막대의 저항을 무시하면, 도체 막대 B가 포함된 회로의 가변 저항값이 3Ω, 6Ω일 때 각각 회로의 전체 저항은

$R_{3\Omega} = \frac{15 \times 3}{15+3} + 3 = 5.5\Omega$, $R_{6\Omega} = \frac{15 \times 6}{15+6} + 3 \fallingdotseq 7.3\Omega$

이다. 두 경우 도체 막대 B에 흐르는 전류는 각각 $\frac{36}{5.5}$ A, $\frac{36}{7.3}$ A 이다.

두 직선 전류 사이에 작용하는 힘 $F = k\frac{I_A I_B}{r}l$ 을 참고하면 전류가 2배가 되지 않으므로 자기력의 세기도 2배가 되지 않는다. 가변 저항값을 증가시키면 도체 막대 B에 흐르는 전류는 감소한다.

ㄹ. 도선 A에 의해 두 도선의 중심에는 지면으로 나오는 방향의 자기장이 형성되고, 도선 B에 의해서도 지면으로 나오는 방향의 자기장이 형성되므로 같은 방향이므로 보강되어 자기장이 세진다.

26. **답** ㉡, 3 A

해설 금속 막대에 전류가 흐르므로 자기장으로부터 중력의 반대 방향으로 힘을 받아 금속 막대를 매단 도선의 장력이 0 이 되었다. 전지의 방향에 따라 금속 막대에 흐르는 전류는 왼쪽을 향한다. 자기력은 위쪽 방향을 향해야 하므로 자기장은 지면에서 수직으로 나오는 방향이 된다. 이때 금속 막대에 작용하는 자기력 $F_B = BIl$ 이고, 금속 막대에 작용하는 중력은 $F_g = mg$ 이므로

$BIl = mg \Rightarrow I = \frac{mg}{Bl} = \frac{0.3\text{kg} \times 10\text{m/s}^2}{5\text{T} \times 0.2\text{m}} = 3$ (A)

27. **답** $\frac{4}{3}$

해설 질량 m, 전하량 q 인 입자가 자기장 B 에 수직한 방향으로 속도 v로 입사할 때, 로런츠 힘이 구심력이 되어 대전 입자는 반지름을 r 인 등속 원운동을 하게 된다. 이때 반지름은

$r = \frac{mv}{qB}$ 이고, 주기 $T = \frac{2\pi r}{v} = \frac{2\pi m}{qB}$ 이 된다.

자기장 영역 A에서 OP의 거리, 즉 반지름을 r_A라고 하면, $r_A = \frac{mv}{q2B} = \frac{1}{2}\frac{mv}{qB}$ 이고, 자기장 영역 B에서 (+)전하의 반지름을 r_B 라고 하면, $r_B = \frac{mv}{qB} = \frac{mv}{qB} = 2r_A$ 이다. 자기장 영역 A에서 P에서 Q까지 사분원을 운동하는데 걸리는 시간이 T_0 이라고 했고, $T_0 = \frac{1}{4}\frac{2\pi m}{q2B}$ 이다. 아래 그림처럼 Q에서 R까지는 자기장 영역 B에서 6분원이다.

자기장 영역 B에서의 주기 $T_B = \frac{2\pi m}{qB}$ 이다. Q에서 R까지는 60° 회전한 것이므로 걸리는 시간은 $\frac{T_B}{6} = \frac{\pi m}{3qB} = \frac{4}{3}T_0$ 이다.

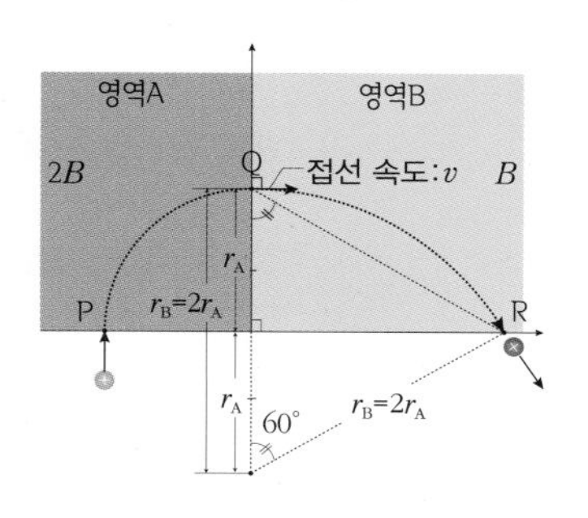

28. **답** $\frac{mv}{5xq}$, $\frac{v^2}{5x}$

해설 균일한 자기장 영역 속에서 등속 운동하는 대전 입자는 로런츠 힘을 받아 등속 원운동을 한다. 질량이 m, 전하량이 $+q$, 속력 v로 운동하는 대전 입자에 작용하는 로런츠 힘은 $F = qvB$ 이므로

가속도(구심 가속도) $a = \frac{qvB}{m}$ 가 된다. 이때 이 대전 입자는 반지름 $r = \frac{mv}{qB}$ 인 원운동을 하게 된다. △OAC에서 OC는 반지름 r 이고, △OAC는 직각 삼각형이므로 피타고라스 정리에 의해 다음과 같이 나타낼 수 있다. (r = OB = OC = (OA + x))

$(3x)^2 + \text{OA}^2 = (x + \text{OA})^2 \therefore \text{OA} = 4x \Rightarrow r = 5x$

따라서 $B = \frac{mv}{qr} = \frac{mv}{5xq}$

$\therefore a = \frac{qvB}{m} = \frac{qv}{m} \times \frac{mv}{5xq} = \frac{v^2}{5x}$

29. **답** ②

해설 ㄱ, ㄴ. 자기장 영역 A에서 (+)전하는 등속 직선 운동을 하였다. (+)전하가 받는 알짜힘이 0인 것이다. (+) 전하가 운동하는 방향을 전류의 방향으로 하여 플레밍의 왼손법칙으로 자기력(로런츠 힘)의 방향을 구하면 $+y$ 방향이다. 따라서 자기장 영역 A에서 중력은 $-y$ 방향을 향하며, 자기력과 중력은 평형이다. 로런츠 힘(자기력)의 크기는 qvB 이므로

$mg = qvB \Rightarrow v$(전하의 속력) $= \frac{mg}{qB}$ 이다.

자기장 영역 B에서는 균일한 전기장이 $+y$ 방향으로 형성되어 있으므로 (+)전하가 원운동을 하기 위해서는 전기력과 중력이 평형을 이루어야 자기장 안에서 로런츠 힘이 구심력이 되어 등속 원운동을 하게 된다. 이때 원운동의 속력은 자기장 영역 A에서와 같은 v 이다.

ㄷ. 자기장 영역 A에서 로런츠 힘과 중력이 평형이고, 자기장 영역 B에서는 중력과 전기력이 평형이다.

(자기장 영역 B) $mg = qE \Rightarrow E$(전기장 크기) $= \frac{mg}{q}$ 이다.

ㄹ. 자기장 영역 B에서 전하는 구심력을 받아 등속 원운동을 한다.

F(구심력) $= \frac{mv^2}{r} = ma$ 이므로, a(전하의 가속도) $= \frac{v^2}{r}$ 이다.

30. **답** ③

해설 $0 \sim t_1$ 구간에는 코일이 연결되어 있지 않은 저항에는 즉시 전류 $I_A = \frac{V}{R}$ 가 흐르게 되지만, 코일이 연결되어 있는 저항에는 코일의 자체 유도 현상에 의해 전류의 흐름이 억제되어(방해받아) 코일을 통과하는 전류가 서서히 증가하게 되며, t_1 초가 되었을 때 자체 유도 기전력이 0 이 되어 저항에는 $I_B = \frac{V}{R}$ 의 전류가 회복되어 흐르게 된다. 따라서 $0 \sim t_1$ 구간에서 전류의 세기는 $I_A > I_B$ 가 된다. $t_1 \sim t_2$ 구간에는 코일에 자체 유도가 일어나지 않아 일정한 전류가 흐르게 되므로 두 저항에 흐르는 전류의 세기는 같다.

31. **답** $864k$ (H)

해설 총 감은 수가 N 회, 코일의 길이가 l 인 코일 내부 자기장은 $B = k''\frac{N}{l}I = 2\pi k\frac{N}{l}I$ 이다. 이때 전류 I 가 변할 때 코일 내부의 자속 변화량을 $\Delta\Phi$ 라고 하면,

$\Delta\Phi = \Delta(BS) = S\Delta B = S\,2\pi k\frac{N}{l}\Delta I$ 이다.(S : 단면적;일정)

전류 I 가 변할 때 코일의 유도 기전력

$$V = -N\frac{\Delta\Phi}{\Delta t} = -L\frac{\Delta I}{\Delta t}\text{이고, }\frac{\Delta\Phi}{\Delta t} = 2\pi k\frac{N}{l}S\frac{\Delta I}{\Delta t}\text{ 이다.}$$

$$\therefore -N2\pi k\frac{N}{l}S\frac{\Delta I}{\Delta t} = -L\frac{\Delta I}{\Delta t},\quad N2\pi k\frac{N}{l}S = L$$

$$L = 2\pi k\frac{N^2}{l}S = 2\pi k\frac{300^2}{0.25\text{m}}\times(4\times10^{-4}\text{m}^2) = 864k\ (\text{H})$$

($L = \frac{N\Phi}{I}$ 에 직접 대입해 구할 수도 있다.)

32. 답 ④

해설 코일 B의 전류의 변화에 의해 코일 A에 유도 전류가 발생하는 상호 유도 현상에 관한 문제이다.

ㄱ. ① 구간에서 전압이 증가하고 있으므로, 원형 도선 B에는 도선 B에서 A방향으로 자속이 증가한다.

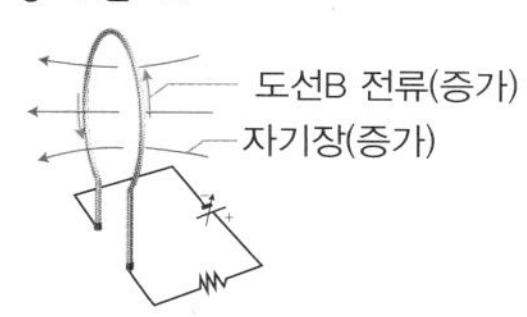

ㄴ. 1차 코일(원형 도선 B)의 전류(전압과 비례) 변화(ΔI_1)에 의해 2차 코일(원형 도선 A)에 발생한 유도 기전력 V_2는

$$V_2 = -M\frac{\Delta I_1}{\Delta t}$$

이다. 즉, 원형 도선 B의 시간에 따른 전류(전압에 비례)의 변화가 클수록 더 큰 유도 기전력이 발생한다. 따라서 그래프 상에서 기울기가 더 큰 ① 구간에서 원형 도선 A에 가장 큰 유도 기전력이 생긴다.

ㄷ. ② 구간에서 전압(전류)의 변화가 없기 때문에 원형 도선 A에 유도 전류는 흐르지 않지만, 원형 도선 B에 흐르는 전류는 일정하다.

ㄹ. ① 구간에서 전압(전류)이 증가하여 자속이 증가하고, ③ 구간에서 전압(전류)은 감소하여 자속이 감소하므로 원형 도선 A에 흐르는 유도 전류의 방향은 반대이다.

33. 답 (1) $-z$ 방향, $\sqrt{3}$ (V) (2) 해설 참조

해설 (1) ㄷ자 도선 위를 미끄러져 내려오는 도체 막대에 발생하는 유도 기전력의 크기 $V = Blv$ 이고, v와 B는 서로 수직하다. v와 B가 서로 수직하지 않을 때는 서로 수직인 성분만 고려하면 된다.

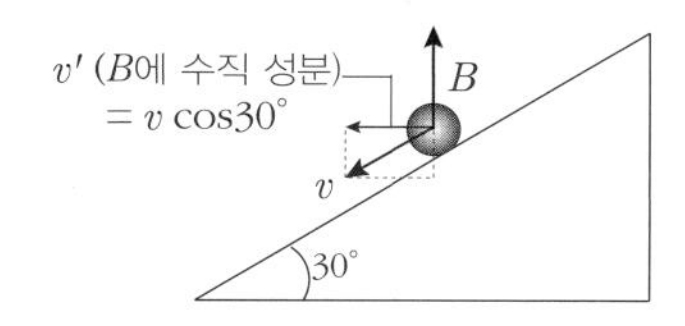

$$\therefore V = Blv\cos30° = 2\times0.25\times4\times\frac{\sqrt{3}}{2} = \sqrt{3}\ (\text{V})$$

플레밍 오른손 법칙에 의해 운동하는 도선 위에서 도선의 이동 방향(v : $-x$)으로 오른손 엄지 손가락을 향하게 하고, 자기장(B)의 방향(+y)으로 검지 손가락을 향하게 하였을 때 운동하는 막대에서의 유도 전류(I)의 방향은 중지 손가락이 가리키는 $-z$ 방향이 된다.

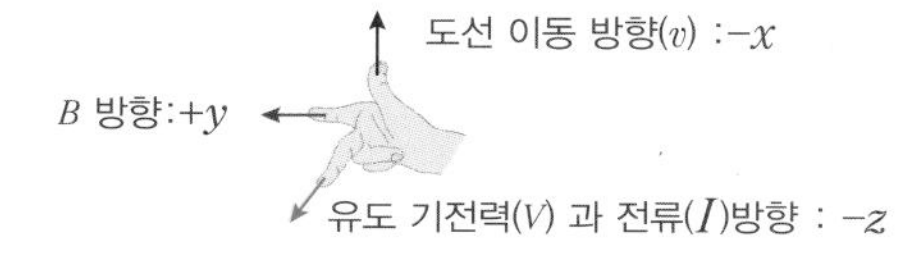

(2) 운동하는 도체 막대는 전자기 유도에 의해 발생한 $-z$ 방향의 전류 때문에 자기장 내부에서 $+x$ 방향으로 힘을 받는다. 이때 전자기력의 크기 $F = BIl$ 이며, 방향은 플레밍의 왼손법칙으로 알아낼 수 있다. 이 힘은 도체 막대의 운동 방향과 반대로 작용해 도체 막대의 운동을 방해한다. 이 힘 외에 중력과 면으로부터 받는 수직항력이 있다.

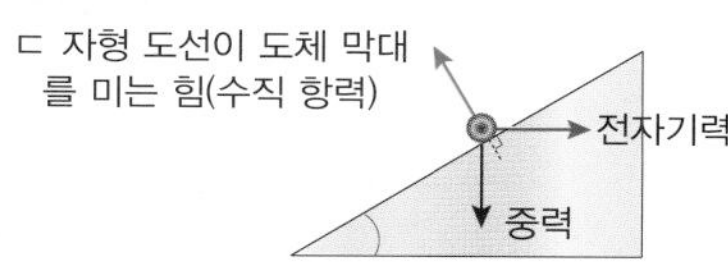

34. 답 (1) $\frac{2mg}{qv}$ (2) 해설 참조 (3) 변하지 않는다.

해설 (1) 물체의 최고점에서의 속도는 속도 v 의 수평 방향 성분 $v\cos60° = \frac{v}{2}$ 이다. 물체는 이 속도로 자기장 영역으로 진입하며, 자기장 영역에서는 $+y$ 방향으로 로런츠 힘을 받고, $-y$ 방향으로 중력을 받아 힘의 평형이 이루어져 등속 운동을 할 수 있게 된다.

$$\therefore q\frac{v}{2}B = mg,\ B(\text{자기장 세기}) = \frac{2mg}{qv}$$

(2) (2) 자기장의 방향이 지면으로 나오는 방향일 때 물체에 작용하는 로런츠 힘의 방향은 중력 방향과 같은 $-y$ 방향이므로 물체는 $-y$ 방향으로 더 큰 가속도 운동을 하여 더 가파른 곡선을 이루며 지면으로 떨어지게 된다. 이때 물체의 가속도는 다음과 같다.

$$F = ma = mg + q\frac{v}{2}B,\quad a = g + \frac{qBv}{2m}\ (-y\text{ 방향})$$

(3) 자기장 영역 속에서 물체에 대한 힘의 평형 관계는 다음과 같다.

$$q\frac{v}{2}B = mg$$

이때 질량 m이 2배, 전하량 q 가 각각 2배가 된다면 식은 변함없으므로 물체의 움직임은 변하기 전과 같다.

35. 답 (1) 지면에 수직으로 들어가는 방향 (2) 속력이 점점 빨라진다.

해설 (1)

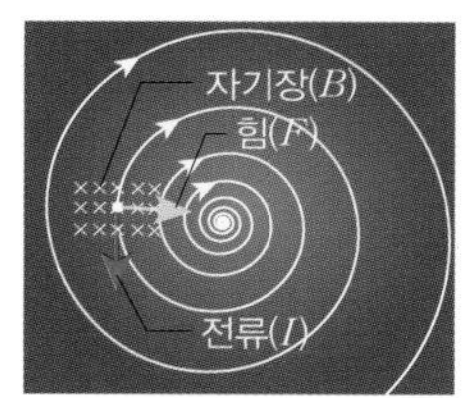

자기장의 방향은 지면에 수직으로 들어가는 방향으로 형성되어 있다. 전자는 반지름이 점점 증가하는 원운동을 한다고 하였으므로, 회전 방향이 시계 방향임을 알 수 있다. 또한 원운동을 하는 물체에는 중심 방향으로 구심력이 작용하기 때문에 전자가 받는 힘의 방향은 원의 중심쪽이 된다. 이때 전자((-)전하)의 이동 방향은 전류의 방향과 반대가 된다. 플레밍의 왼손법칙에 의해 자기장의 방향은 지면에 수직으로 들어가는 방향임을 알 수 있다.

(2) 전자가 자기장 속에 수직으로 입사하여 원운동을 할 때 원의 반지름 $r = \frac{mv}{qB}$ 로 다른 조건이 변하지 않으면 v 와 비례한다. 반지름이 점점 커지므로 전자의 속력이 점점 빨라지는 운동을 한다.

36. 답 (1) 시계 방향 (2) $\frac{mg}{Bl}$

해설 (1) 자기장 영역의 경계에서 도선이 등속 운동을 하였으므로 도선에 작용한 힘은 평형을 이룬다. 따라서 도선에 유도 전류가 발생하여 이 전류가 흐르는 도선이 받는 전자기력과 중력이 평형을 이룬다는 것을 알 수 있다.

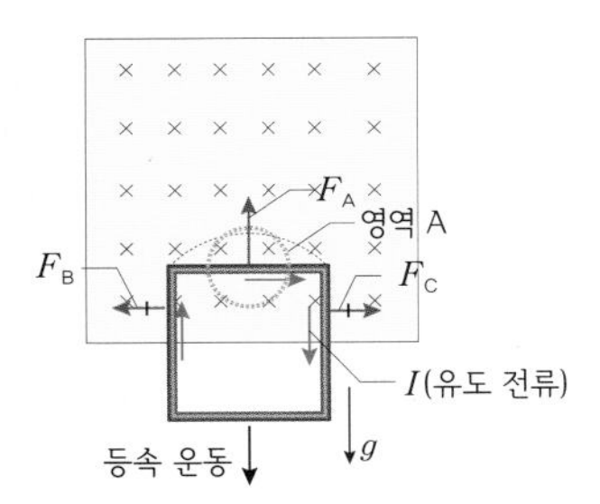

먼저 그림의 영역 A에서 플레밍의 오른손 법칙으로 유도 전류의 방향을 알아낸다→(시계 방향). 그 다음 이 유도 전류에 의해 자기장 영역 속에서 도선은 F_A, F_B, F_C 의 전자기력을 받게 되는데 방향은 각 도선 지점에서 플레밍의 왼손 법칙으로 알아낸다. 이때 F_B 와 F_C 는 합력이 0이다. 사각 도선이 연직 아래로 등속 운동을 하려면 힘의 평형이 일어나야 하므로 $F_A = BlI = mg$ 가 성립한다.

$\therefore\ I = \dfrac{mg}{Bl}$ 이다.

37. 답 (1) $\dfrac{E}{B}$ (2) 전자의 운동 경로가 위로 휘어진다.

해설 전자는 (-) 전기를 띠고, 전기장 E 에 의한 전기력 F_1을 위쪽 방향으로, 자기장 B 에 의한 자기력(로런츠 힘) F_2 를 아래쪽 방향으로 받는다.

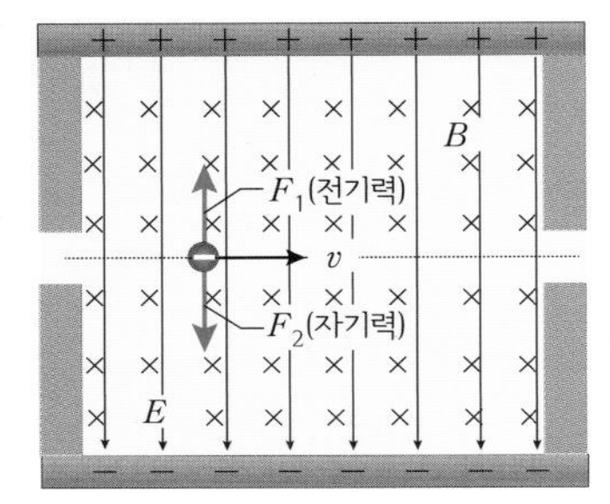

(1) 전자가 속도 v 로 등속 운동하려면 힘의 평형이 일어나야 하므로 $F_1 = F_2$ 이다. 이때 $F_1 = qE$, $F_2 = qvB$ 이다. $\therefore v = \dfrac{E}{B}$

(2) 전자의 속력이 작아지면 전자가 받는 전기력(F_1)의 크기는 같지만, 로런츠 힘(F_2)이 작아지게 된다. 따라서 전자가 받는 알짜힘이 위쪽 방향을 향하므로 운동 경로가 위쪽으로 휜다.

15강 전기 에너지의 사용

개념확인

280 ~ 285 쪽

1. (1) 화학 에너지 → 전기 에너지 (2) 역학적 에너지 → 전기 에너지
2. B 3. 245 4. 직렬 연결 = 2 : 3, 병렬 연결 = 3 : 2
5. < , > 6. 200

02. 답 B

해설

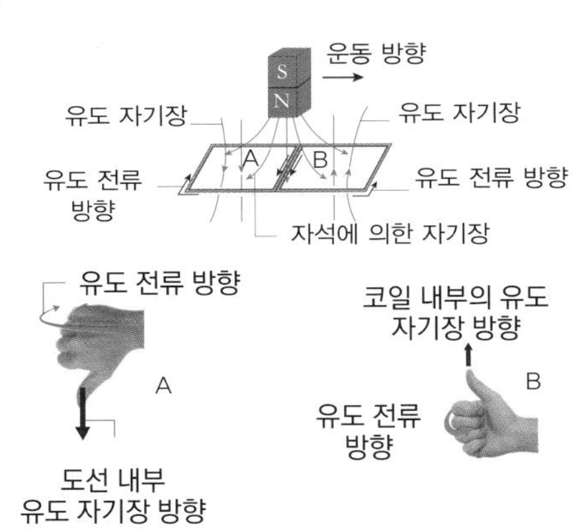

도선이 이동하면서 사각 도선 A의 내부에서는 아래 방향의 자석의 자기장이 감소하고, 사각 도선 B의 내부에서는 증가한다. 따라서 그림과 같은 유도 자기장이 발생하고, 유도 전류가 흐른다.

03. 답 245

해설 전기 에너지(E) = I^2Rt 이다.

따라서 $E = (0.7)^2 \times 50 \times 10 = 245$ J

04. 답 직렬 연결 = 2 : 3, 병렬 연결 = 3 : 2

해설 저항을 직렬 연결하는 경우 각 저항에 흐르는 전류는 같고, 전압의 비가 저항의 비와 같은 2 : 3 이므로 소비 전력(VI)의 비는 2 : 3 이다.

저항을 병렬 연결하는 경우 각 저항에 걸리는 전압은 같고, 전류의 비가 $\dfrac{1}{2} : \dfrac{1}{3} = 3 : 2$ 이므로 소비 전력(VI)의 비는 3 : 2 이다.

05. 답 <, >

해설 전구를 직렬 연결하면 전력은 저항에 비례하므로 저항이 큰 전구가 더 밝고, 전구를 병렬 연결하면 전력은 저항에 반비례하므로 저항이 작은 전구가 더 밝다.

06. 답 200

해설 발전 전력 $P_0 = V_0 I_0$ 로 일정하므로 송전 전압(V_0)을 n 배 높이면, 송전 전류(I_0)가 $\dfrac{1}{n}$ 배로 감소하기 때문에 저항이 일정한 (r) 송전선에서의 손실 전력($P_{손실} = I_0^2 r$)은 $\dfrac{1}{n^2}$ 배로 감소한다.

$P_{손실}' = 3200 \times \dfrac{1}{4^2} = 200$ W

확인 +

280 — 285 쪽

01. (1) ㉠ (2) ㉡	02. A
03. 직렬 연결 = 2 : 3, 병렬 연결 = 3 : 2	04. 0.2
05. (1) ㉡ (2) ㉠	06. 2200

02. 답 A

해설

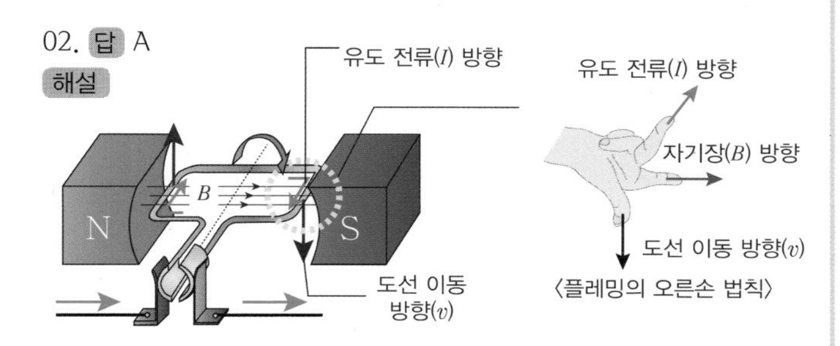

앞에서 볼 때 사각 도선은 시계 방향으로 회전한다. 점원 구역에서 플레밍의 오른손 법칙을 적용하면 유도 전류의 방향은 A이다.

03. 답 직렬 연결 = 2 : 3, 병렬 연결 = 3 : 2

해설 저항을 직렬 연결할 경우 각 저항에 걸리는 발열량은 저항값에 비례한다. 따라서 $Q_A : Q_B = 2 : 3$ 이다.
저항을 병렬 연결할 경우 각 저항에 걸리는 발열량은 저항값에 반비례한다. 따라서 $Q_A : Q_B = \frac{1}{2} : \frac{1}{3} = 3 : 2$ 이다.

04. 답 0.2

해설 전력량$(W) = Pt$ 이고, 이때 t 의 단위는 h(시간)이다. 10분은 $\frac{1}{6}h$ 이므로 전력량$(W) = 1{,}200 \times \frac{1}{6} = 200$ Wh $= 0.2$ kWh

05. 답 (1) ㉡ (2) ㉠

해설 (1) 전구를 직렬 연결할수록 전체 저항이 커지기 때문에 회로에 흐르는 전체 전류의 세기는 작아진다. 따라서 각 전구의 소비 전력이 작아지기 때문에 연결하는 전구의 수가 많아질수록 각각의 전구의 밝기는 어두워진다.
(2) 전구를 병렬 연결하는 전구의 수가 늘어나도 각 전구에 걸리는 전압은 일정하다. 따라서 각 전구의 소비 전력이 일정하기 때문에 연결하는 전구의 수에 관계없이 전구의 밝기는 일정하다.

06. 답 2200

해설 도선을 교체하지 않는 한 $P_{최대} = VI_{최대\ 허용\ 전류}$ 이다. 전압이 300V를 넘지 않았고, 이 멀티 콘센트의 최대 허용 전류가 20 A 이므로 $P_{최대}$ = 110V × 20A = 2200W

개념 다지기

286 — 287 쪽

01. (1) O (2) O (3) X	02. ⑤	03. ④	04. ①
05. ④	06. ②	07. (1) O (2) O (3) X	08. ④

01. 답 (1) O (2) O (3) X

해설 (3) 발전기의 정류자는 코일에서 만들어진 전기를 한쪽 방향으로 흐르게 하여 직류 발전이 가능하다. 보통의 발전 방식은 정류자가 없는 교류 발전으로, 만들어진 전기는 초당 60번 전류의 흐르는 방향이 (+)에서 (-)로 바뀐다.

02. 답 ⑤

해설 도체를 지나는 자속이 변할 때 도체 내부에 유도 자기장이 발생하여 유도 전류를 흐르게 하는 유도 기전력이 발생하여 소용 돌이 모양의 맴돌이 전류가 흐르게 된다.

03. 답 ④

해설 저항을 직렬 연결하였으므로 각 저항에 흐르는 전류는 동일하다. 회로의 전체 저항은 3Ω + 5Ω = 8Ω 이고,
옴의 법칙에 의해 회로에 흐르는 전류는 $I = \frac{V}{R} = \frac{8}{8} = 1$ (A)
이다. 따라서 B의 니크롬선에서 30초 동안 소비한 전기 에너지는
$E = I^2Rt = 1^2 \times 5 \times 30 = 150$ (J)

04. 답 ①

해설 1cal 는 4.2J 의 에너지와 같다. 저항 R 에 전류 I 가 t 초 동안 흐를 때 발생하는 열량 Q 는 다음과 같다.

$$Q = \frac{E}{J} = \frac{1}{J}I^2Rt = \frac{1}{4.2} \times (0.4)^2 \times 7 \times 3 = 0.8\ \text{(cal)}$$

05. 답 ④

해설 전구의 저항은 전원의 전압에 따라 변하지 않는다. 200V - 100W 의 규격을 가진 전구의 저항은 다음과 같다.

$$\text{저항 } R = \frac{{V_{정격}}^2}{P_{정격}} = \frac{200^2}{100} = 400\ \Omega$$

이때 전구를 100V의 전원에 연결하였으므로 소비 전력 P는 다음과 같다.

$$P = \frac{V^2}{R} = \frac{100^2}{400} = 25\ \text{(W)}$$

06. 답 ②

해설 전구 A에 흐르는 전류를 I 라고 한다면, 전구 B와 C에는 각각 $\frac{I}{2}$ 의 전류가 흐르게 된다. 전구의 밝기는 소비 전력에 비례한다. 소비 전력 $P = VI = I^2R$ 이므로 저항이 동일한 전구 A, B, C 의 밝기는 전류가 클수록 밝다.
따라서 동일한 전류가 흐르는 B와 C의 밝기는 같고, 더 큰 전류가 흐르는 전구 A의 밝기가 가장 밝다.

07. 답 (1) O (2) O (3) X

해설 발전소에서 내보내는 송전 전력이 일정할 때 손실 전력을 줄이기 위해서는 송전 전압을 높이거나, 송전선의 저항을 줄이는 방법이 있다. 이때 송전선의 저항 $r = \rho$(비저항) $\frac{l(\text{도선의 길이})}{S(\text{도선의 단면적})}$이므로 r 을 줄이는 방법으로는 비저항이 작은 물질로 송전선을 만들거나, 송전 거리를 줄이거나, 송전선을 더 굵은 도선으로 하는 방법이 있다.

08. 답 ④

해설 발전소에서의 발전 전력($P_0 = V_0I_0$)은 규모에 따라 정해진다. 따라서 송전 전압(V_0)을 n 배 높이면, 송전 전류(I_0)가 $\frac{1}{n}$ 배로 감소하기 때문에 전체 저항이 r 인 송전선의 손실 전력 ($P_{손실} = {I_0}^2r$)은 $\frac{1}{n^2}$ 배로 감소한다.

유형 익히기 & 하브루타 288 - 291 쪽

유형 15-1	⑤	01. ④	02. ④
유형 15-2	(1) 12.4 (2) ②	03. ②	04. ③
유형 15-3	(1) D > A > B > C (2) A = 2500, B =900, C = 600, D = 3750	05. ⑤	06. ④
유형 15-4	⑤	07. ③	08. ⑤

유형15-1] 답 ⑤

해설 ①, ⑤ 정류자는 사각 도선에 유도된 전류를 한쪽 방향으로만 흐르게 한다. 한쪽 방향으로 흐르는 전류는 직류이다. 따라서 그림은 직류 발전기의 발전 원리를 나타낸 것이다.

② (가)에서 (나) 과정으로 갈 때 사각 도선 내부를 통과하는 자속은 증가한다.

③ (다)에서 (라) 과정으로 갈 때 사각 도선 내부를 통과하는 자속은 감소한다.

④ (다)에서 (마)과정으로 갈 때와 (가)에서 (다)과정으로 갈 때 사각 도선을 통과하는 자기장 (B)의 방향은 반대이지만 정류자에 의해 유도 전류의 방향은 서로 같아진다.

01. 답 ④

해설 태양 전지 : 빛에너지 ⇨ 전기 에너지

02. 답 ④

해설 자석이 금속에 접근하거나 멀어지면 금속을 통과하는 자석의 자기장이 변하여 금속에 회오리 모양의 맴돌이 전류가 유도된다. 유도 전동기는 맴돌이 전류가 일으키는 자기장과 자석의 자기장의 밀어내는 힘을 이용하여 원반을 회전시키는 장치이다. 컨베이어 벨트, 기계의 회전 장치 등에 사용된다.

[유형15-2] 답 (1) 12.4 (2) ②

해설 (1) 저항의 직렬 연결 시 전체 저항은 모든 저항의 합과 같다. 하지만 스티로폼 컵 B에서 저항은 병렬 연결되어 있으므로 스티로폼 컵 B의 저항은 다음과 같다.

$$\frac{1}{R_B} = \frac{1}{4} + \frac{1}{6} = \frac{5}{12} \Rightarrow R_B = \frac{12}{5} = 2.4\ \Omega$$

$$\therefore R_{전체} = 4 + 2.4 + 6 = 12.4\ \Omega$$

(2) 질량이 m, 비열이 c 인 물체의 온도 변화가 Δt 일 때, 이 물체가 흡수하거나 방출하는 열량(Q)은 $Q = cm\Delta t$ 이다.

스티로폼 컵 A, B, C에 들어있는 물의 질량과 비열, 처음 온도는 모두 같으므로 Q와 Δt는 비례한다. 이때 Q는 저항에서 발생하는 전기 에너지 $E = I^2Rt$(t는 시간)와 비례하고 각 저항(저항 B는 합성저항)을 흐르는 전류 I와 시간 t 는 각각 같으므로 온도 변화 Δt 와 저항값 R 이 서로 비례 관계가 된다.

$\therefore Q_A : Q_B : Q_C = \Delta t_A : \Delta t_B : \Delta t_C = 4 : 2.4 : 6 = 40 : 24 : 60$

03. 답 ②

해설 ㄱ. 줄은 실험을 통해 1cal의 열량이 4.2 J 의 에너지에 해당한다는 것을 밝혀냈다. 1J ≅ 0.24 cal 이다.

ㄴ. 전류가 흐를 때 저항에서 발생하는 열량을 줄열이라고 한다.

ㄷ.발열량은 전기 에너지 $E = I^2Rt$ 와 비례하고, 직렬 연결하는 경우 각 저항을 흐르는 전류 I는 같으므로 각 저항의 발열량의 비는 각 저항값의 비와 같다.

ㄹ. 전류가 흐를 때 도선 내부을 운동하는 전자는 고정되어 있는 원자와 충돌하여 열이 발생한다.

04. 답 ③

해설 저항을 병렬 연결할 때 발열량은 저항에 반비례한다. 발열량은 같은 질량의 물이 연결될 때 온도 변화에 비례한다.

$\therefore Q_A : Q_B = \Delta t_A : \Delta t_B = 10 : 15 = \frac{1}{R_A} : \frac{1}{R_B} = \frac{1}{12} : \frac{1}{R_B}$

⇨ $R_B = 8\ \Omega$

저항에서 10초 동안 소비한 전기 에너지 E 는 줄의 법칙에 의해 다음과 같다.

$$Q = \frac{E}{J} \Rightarrow E = QJ$$

$\therefore Q_B = cm\Delta t_B$ = 1 cal/g℃ × 100g × 15℃ = 1,500 cal

⇨ $E_B = Q_BJ$ = 1,500 cal × 4.2 J/cal = 6,300 J

[유형15-3] 답 (1) D > A > B > C (2) A = 2500, B =900, C = 600, D = 3750

해설 (1)

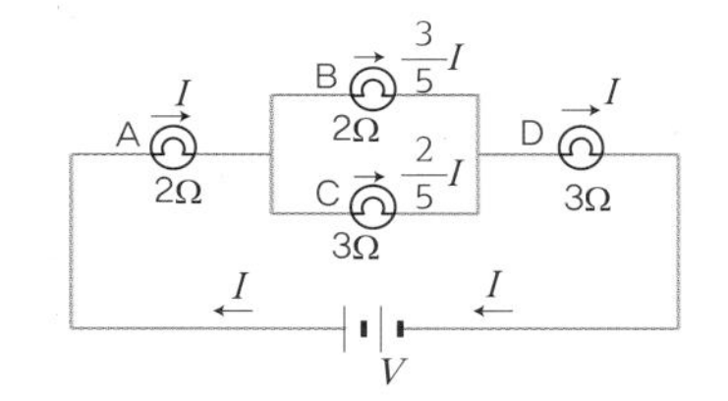

회로 전류가 I 일 때 각 전구에는 그림처럼 전류가 흐르게 된다. 전구의 밝기는 소비 전력 $P = VI = I^2R$ 에 비례한다.

$P_A : P_B : P_C : P_D = I^2 \cdot 2 : (\frac{3}{5}I)^2 \cdot 2 : (\frac{2}{5}I)^2 \cdot 3 : I^2 \cdot 3$

$= 2 : \frac{18}{25} : \frac{12}{25} : 3 = 50 : 18 : 12 : 75$

전구의 밝기는 D > A > B > C 이다.

(2) 전력량 $W = Pt = VIt = I^2Rt = \frac{V^2}{R}t$ (Wh [와트시], J)

전기 회로의 전체 저항은 $2 + \frac{2 \times 3}{2+3} + 3$ = 6.2 Ω 이므로

전체 전류 $I = \frac{V}{R} = \frac{310}{6.2}$ = 50 A 이다.

전력량을 Wh로 표시하는 경우 30분은 $\frac{1}{2}$ 시간(hour)이므로 전구 A, B, C, D에서 각각 소비되는 전력량은

$W_A = I^2R_At = 50^2 \cdot 2 \cdot \frac{1}{2}$ = 2500 Wh

$W_B = 30^2 \cdot 2 \cdot \frac{1}{2}$ = 900 Wh, $W_C = 20^2 \cdot 3 \cdot \frac{1}{2}$ = 600 Wh

$W_D = (50)^2 \cdot 3 \cdot \frac{1}{2}$ = 3750 Wh

05. 답 ⑤

해설 ㄱ. 일률과 전력은 모두 $\frac{W(에너지, 일)}{t(시간)}$ 로 구하며, 단위 시간 동안 사용하거나 발생한 에너지란 의미로 단위는 모두 W(와트)를 쓴다.

ㄴ. 가정에서 사용한 전기 에너지는 사용하기 쉽게 전력량(Wh, kWh)으로 나타낸다.

ㄷ. 1Wh는 1V의 전압에서 1A의 전류가 1시간 동안 흐를 때의 전력을 말한다.

ㄹ. 1Wh는 1W의 전력으로 1시간 동안 사용한 전기 에너지의 양이다. 따라서 1Wh = 1W × 1h = 1J/s × 3,600s = 3,600 J 이다.

06. 답 ④

해설 저항을 병렬 연결하는 경우 전력은 저항에 반비례하기 때문에 저항이 작은 전구가 더 밝다. 따라서 전구 B가 전구 C보다 더 밝다. 전구 A와 전구 C의 경우 저항값이 같고, 동일한 전압이 걸리기 때문에 두 전구의 밝기는 같다. 그러므로 전구의 밝기는 B > A = C 순이다.

[유형15-4] 답 ⑤
해설 ㄱ. 송전을 할 때 송전선의 저항때문에 발생하는 열로 인하여 손실되는 전력이 발생한다.
ㄴ. 발전소에서 소비지에 공급하는 전기 에너지는 송전 전압을 V_0, 송전 전류를 I_0라고 할 때 송전 전력 $P_0 = I_0V_0$ 는 일정하게 정해진다. 따라서 가정으로 공급하는 전압을 2배로 승압시키면,
저항이 일정한(r) 송전선에서의 손실 전력($P_{손실} = I_0^2r$)은 $\frac{1}{2^2}$ 배로 감소한다.
ㄷ. 송전선에서 손실되는 전력을 줄이기 위해서는 송전선의 저항을 줄이는 방법이 있다. 저항은 도선의 길이에 비례하고, 도선의 단면적에 반비례한다. 따라서 송전선에 더 굵은 도선을 사용하거나, 송전 거리를 줄이면 손실 전력을 줄일 수 있다.

07. 답 ③
해설 에너지 손실이 없는 이상적인 변압기에서는 에너지 보존 법칙에 의해 1차 코일에 공급되는 전력($P_1 = I_1V_1$)과 2차 코일에 유도되는 전력($P_2 = I_2V_2$)이 같다. 또 전압은 감은 수에 비례한다.

따라서 $\frac{V_1}{V_2} = \frac{N_1}{N_2} = \frac{I_2}{I_1}$ 이다.

그러므로 $I_1 = \frac{N_2}{N_1} \times I_2 = \frac{200}{100} \times 7 = 14$ A, $V_2 = IR = 210$ V

$V_1 = \frac{I_2}{I_1} \times V_2 = \frac{7}{14} \times 210 = 105$ V 이다.

08. 답 ⑤
해설 도선을 교체하지 않는 한 $P_{최대} = VI_{최대\ 허용\ 전류}$ 이다. 전류는 최대 허용 전류 이상이 될 수 없으므로 V 를 n 배 높이면, $P_{최대}$도 n 배가 되기 때문에 가정에서 더 큰 전력을 사용할 수 있도록 하기 위해 송전 전압을 높이는 것이다.
① 가정의 최대 허용 전류는 가정의 배선이나 전선의 굵기에 따라 정해진다.
② 송전 전압에 관계없이 가정의 최대 허용 전류는 일정하다. 송전 전류는 가정의 전류 또는 전압과 무관하다.
③ 송전선의 저항은 송전 전압에 관계없이 일정하다. 하지만 이것은 가정으로 들어가는 전압을 높이는 것과 관계없다.
④ 전압이 높아진다고 제품의 안전성이 변하는 것은 아니다. 제품의 안전성은 제품 생산 시의 공정에 달려있다. 정격 220V 가전 제품이 정격 110V 가전 제품보다 더 많은 전력을 쓸 수 있을 뿐이다.
⑤ 가정의 배선에 따라 최대 허용 전류가 정해져 있으므로, 배선을 교체하지 않고 더 큰 전력을 사용하기 위해서는 가정의 전압을 높이면 된다.

스스로 실력 높이기

292 – 301 쪽

01. ③ 02. A 03. 열전대 04. ㉠ 자속 ㉡ 기전력
05. 10, 46.08 06. ③ 07. ③ 08. ②
09. ③ 10. ⑤ 11. ⑤ 12. ① 13. ⑤
14. ⑤ 15. ② 16. ④ 17. ① 18. ①
19. ③ 20. 64 : 1 : 4 : 9 21. ㄱ, ㄷ, ㄹ
22. ㄹ, ㅁ 23. ③ 24. 12.5, 25, 600 25. 96
26. 24 27. ① 28. ④
29. ㉠ (라)의 열량계 B, ㉡ (가)의 열량계 A 30. ④
31. ③ 32. ③ 33. (1) <해설 참조> (2) 56,145 원
34. (1) 변전소(가) : ㄷ, 변전소(나), (다) : ㄴ (2) <해설 참조>
35. (1) 철 막대 (2) 은 막대
36. (1) 3.4 Ω (2) 7225 W (3) 8500 W
37. < 해설 참조> 38. 11 시간

01. 답 ③
해설 기전력은 기전력원이 회로에 발생시키는 전압과 같은 의미이다. 따라서 기전력은 회로에 전류를 흐르게 한다. W를 에너지, 일, q를 전하량, V를 기전력, 전압이라 할 때 $W = qV$ 이 성립한다.
ㄱ. 기전력의 단위로는 V(볼트), J/C을 사용한다.
ㄴ. 기전력은 전류가 흐르는 양단의 전압을 일정하게 유지하여 전류를 흐르게 할 수 있는 능력을 말한다. 단위 시간 당 발생한 에너지는 전력(P)이다.
ㄷ. 기전력은 단위 전하당 한 일이거나 단위 전하 당 에너지이다.

02. 답 A
해설

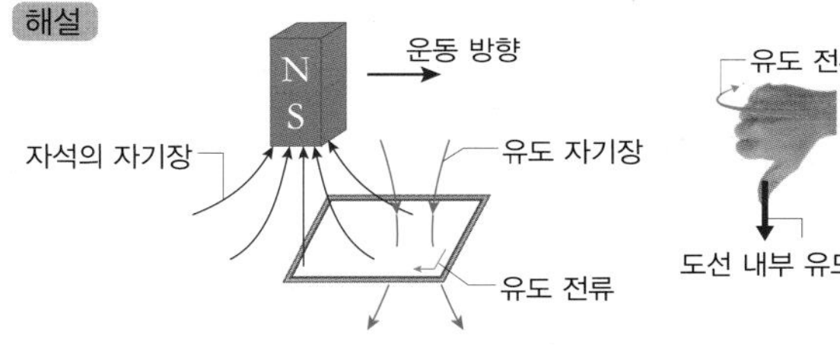

자석이 오른쪽을 이동하면서 코일 내부를 위로 통과하는 자속이 증가하므로 증가를 억제하기 위해 코일 내부에서는 아래 방향의 유도 자기장이 형성되고 이에 대응하여 유도 전류가 A 방향으로 흐른다.

05. 답 10, 46.08
해설 저항 R 의 양단에 전압 V 를 걸어주었을 때 전류 I 가 흐르면, 저항에서 t 초 동안 소비하는 전기 에너지는 다음과 같다.

$$E = VIt = I^2Rt = \frac{V^2}{R}t \Rightarrow R = \frac{E}{I^2t}$$

따라서 전구의 저항 $R = \frac{192}{(0.8)^2 \times 30} = 10\ \Omega$

발생한 열량 $Q = \frac{E}{J} = 192 \times 0.24 = 46.08$ (cal)

06. 답 ③

해설 열량계 3개가 병렬 연결되어 있으며, 각각의 열량계에 전류계가 연결되어있는 것으로 보아 전류와 발열량의 관계를 알아보기 위한 실험 장치이다. 이때 각 열량계가 병렬 연결되어 있으므로 전압이 일정하므로, 전류와 발열량은 비례 관계이다.

07. 답 ③

해설 저항을 병렬 연결하는 경우 각 저항에 걸리는 전압은 같다. 따라서 ㉠ 전압의 비 $V_A : V_B : V_C = 1 : 1 : 1$ 이다.

또한 각 저항에 흐르는 전류 옴의 법칙 $I = \frac{V}{R}$ 에 의해 전류의 비는 저항의 역수의 비와 같다. 따라서 ㉡ 전류의 비는 다음과 같다.

$I_A : I_B : I_C = \frac{1}{R_A} : \frac{1}{R_B} : \frac{1}{R_C} = \frac{1}{1} : \frac{1}{3} : \frac{1}{5} = 15 : 5 : 3$

발열량 $Q = VIt$ 이고, V와 t(시간)은 모두 같으므로, ㉢ 발열량의 비도 전류의 비와 같다.

08. 답 ②

해설 전구의 저항 $R = \frac{V_{정격}^2}{P_{정격}} = \frac{200^2}{100} = 400\ (\Omega)$

전구의 소비 전력 $P = \frac{V^2}{R} = \frac{50^2}{400} = 6.25\ (W)$

09. 답 ③

해설 일정한 전류가 흐르는 경우 전압을 두배로 해주면 $P = VI$ 관계로부터 전력도 2배로 증가하게 된다. 이와 같이 도선의 최대 전류의 양이 제한되어 있기 때문에 도선의 저항이나 전류를 변화시키지 않고 사용 가능한 전력을 높일 수 있는 방법이 전압을 높여주는 것이다.

10. 답 ⑤

해설 송전 전압 V_0을 n 배 높이면, 송전 전류 I_0가 $\frac{1}{n}$ 배로 감소하기 때문에 손실 전력 $P_{손실}$은 $\frac{1}{n^2}$ 배로 감소한다. 전압을 3배 높였기 때문에 손실 전력은 $\frac{1}{3^2} = \frac{1}{9}$ 배가 된다.

11. 답 ⑤

해설 (가)는 직류 발전기로 발전 전류를 정류자를 사용하여 (+) 방향으로만 흐르도록 한 것이고, (나)는 교류 발전기에서 시간에 따른 자속의 변화와 기전력의 변화를 나타낸 것으로 기전력과 전류가 일정한 주기마다 방향이 반대로 바뀐다.

12. 답 ①

해설 비저항은 물질마다 다른 값을 가지고 있다. 저항은 비저항에 비례하기 때문에 비저항이 작을수록 손실 전력($P_{손실\ 전력} = I_0^2 r$)이 줄어드므로 송전선은 비저항이 작은 금속일수록 좋다.

② 송전 전압을 2배로 높이면, 송전 전류가 $\frac{1}{2}$ 배로 감소하기 때문에 손실 전력은 $\frac{1}{4} = 0.25$ 배로 감소한다.

③ 송전선을 교체하지 않는 한 송전선의 저항(r)은 일정하다.

④ 대규모 공장은 일반 가정보다 전력 소모가 크므로 되도록 더 높은 전압으로 송전하여 손실 전력을 줄여야 한다.

⑤ $P_{최대} = VI_{최대\ 허용\ 전류}$ 이다. 전류는 최대 허용 전류 이상이 될 수 없으므로 V 를 n 배 높이면, $P_{최대}$도 n 배가 된다.

13. 답 ⑤

해설 ㄱ. 그림 (가)는 직류 발전기, 그림 (나)는 교류 발전기의 구조를 나타낸 것이다.

ㄴ. 그림 (가)의 A가 정류자이다. 정류자는 직류 발전기에서 전류의 방향이 바뀌지 않고 한 방향으로 흐를 수 있도록 해준다. 그림 (나)의 B는 집진 고리이다.

ㄷ. 발전기는 역학적 에너지를 전기 에너지로 전환시키는 장치이다.

ㄹ. 발전소로부터 가정에 공급되는 전류는 그림(나)의 교류이다.

14. 답 ⑤

해설 ① 전압계와 전류계의 연결은 전체 회로에 포함되지 않는다. 그림 (가)의 저항은 R 이고, 그림(나)의 전체 저항은 2R 이므로 옴의 법칙 $I = \frac{V}{R}$ 에 의해 그림 (나)에 측정되는 전류는 그림 (가)에서 측정되는 전류의 절반이다. 따라서 $I_A > I_B$이다.

② 그림 (나)에서는 직렬 연결된 저항 1개에 걸린 전압만을 측정하고 있다. 전체 저항이 V 이므로 전압계에 측정되는 전압은 (가)가 (나)의 두 배이다. $V_A > V_B$이다.

③,④,⑤ 물의 양이같으므로 저항에서 발생하는 전기 에너지가 클수록 온도 변화가 크다. 스티로폼 컵 A에서 발생하는 전기 에너지가 VIt 라면, 스티로폼 컵 B에서 발생하는 전기 에너지는 $\frac{VI}{4}t$ 가 된다. 따라서 온도 변화는 스티로폼 컵 A가 B보다 크다.

15. 답 ②

해설

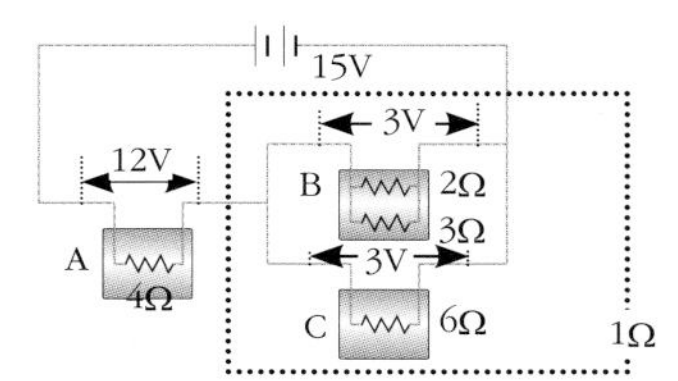

온도 변화 ∝ 발열량 ∝ 전력(시간 동일)이다.

저항이 병렬 연결된 B 열량계의 합성 저항은 다음과 같다.

$\frac{1}{3} + \frac{1}{2} = \frac{5}{6}$ ⇨ B 열량계의 합성 저항 $= \frac{6}{5}\ \Omega$

B 열량계와 C 열량계의 합성 저항은 다음과 같다.

$\frac{5}{6} + \frac{1}{6} = \frac{6}{6} = 1\ \Omega$, 전체 회로의 합성 저항은 $4 + 1 = 5\ \Omega$ 이므로, 열량계 A에 걸리는 전압은 12V, 열량계 B와 C에 걸리는 전압은 각각 3V가 된다. 전력 $P = \frac{V^2}{R}$ 이므로

$\therefore \Delta T_A : \Delta T_B : \Delta T_C = \frac{12^2}{4} : \frac{5}{6} \times 3^2 : \frac{3^2}{6} = 24 : 5 : 1$

16. 답 ④

해설 전구 A,C 의 저항 $R_A = \frac{V_{정격}^2}{P_{정격}} = \frac{100^2}{50} = 200\ \Omega$

전구 B,D 의 저항 $R_B = \frac{V_{정격}^2}{P_{정격}} = \frac{100^2}{100} = 100\ \Omega$

그림 (가)에서 전구를 직렬 연결하였으므로 전구의 밝기는 저항값이 클수록 밝다. 따라서 전구 A가 전구 B보다 밝다. 그림 (나)에서는 전구를 병렬 연결하였으므로 전구의 밝기는 저항값이 작을수록 밝다. 따라서 전구 D가 전구 C보다 밝다. 각 전구의 밝기는 전구의 소비 전력에 비례하므로 각각의 소비 전력은 다음과 같다.

전구A : $P_A = I^2 R_A = (\frac{1}{3})^2 \times 200 = \frac{200}{9}$ W

전구B : $P_B = I^2 R_B = (\frac{1}{3})^2 \times 100 = \frac{100}{9}$ W

전구C, D : $P_C = \frac{V^2}{R} = \frac{100^2}{200} = 50$ W, $P_D = \frac{100^2}{100} = 100$ W

따라서 전구가 밝은 순서대로 나열하면 ④ D, C, A, B 이다.

17. 답 ①

해설

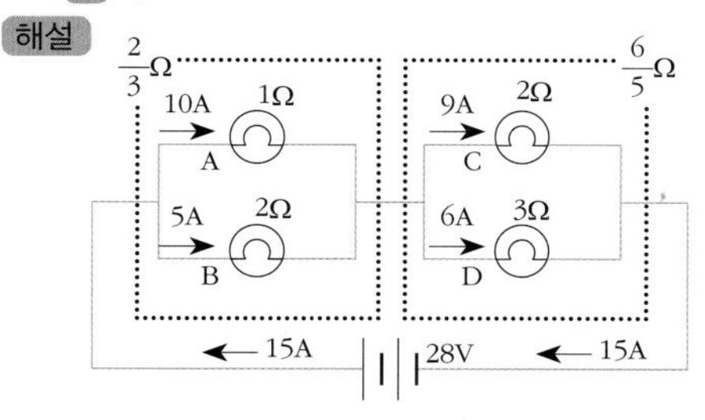

A전구와 B전구의 합성 저항은 다음과 같고,

$\frac{1}{1} + \frac{1}{2} = \frac{3}{2}$ ⇨ A전구와 B전구의 합성 저항(R_1) = $\frac{2}{3}$ Ω

C전구와 D전구의 합성 저항은 다음과 같다.

$\frac{1}{2} + \frac{1}{3} = \frac{5}{6}$ ⇨ C전구와 D전구의 합성 저항(R_2) = $\frac{6}{5}$ Ω

∴ 회로 전체의 합성 저항 $\frac{2}{3} + \frac{6}{5} = \frac{28}{15}$ Ω

따라서 옴의 법칙에 의해 회로에 흐르는 전류 I = 15 A 이다.

A전구와 B전구에 걸리는 전압을 V_1이라고 하면,

$V_1 = IR_1 = 15 \times \frac{2}{3} = 10$V이므로, 전구 A에 흐르는 전류는 10A, 전구 B에 흐르는 전류는 5A가 된다.

C전구와 D전구에 걸리는 전압을 V_2이라고 하면,

$V_2 = IR_2 = 15 \times \frac{6}{5} = 18$V이므로, 전구 C에 흐르는 전류는 9A, 전구 D에 흐르는 전류는 6A가 된다. 15분은 $\frac{1}{4}$시간이므로

∴ 전구 B가 소비한 전력량 = Pt = VIt = $10 \times 5 \times \frac{1}{4}$ = 12.5 Wh

전구 C가 소비한 전력량 = $18 \times 9 \times \frac{1}{4}$ = 40.5 Wh

18. 답 ①

해설 전기 제품들은 병렬 연결되어 있으므로 걸리는 전압은 모두 220V, 각 제품에 흐르는 전류의 합이 가정으로 들어가는 총 전류이다.

스탠드에 흐르는 전류 $I_{스} = \frac{P_{스}}{V} = \frac{30}{220}$, 라디오 $I_{라} = \frac{P_{라}}{V} = \frac{40}{220}$

TV $I_{TV} = \frac{P_{TV}}{V} = \frac{150}{220}$, 컴퓨터 $I_{컴} = \frac{P_{컴}}{V} = \frac{110}{220}$

∴ 총 전류 $I = \frac{30+40+150+110}{220} = \frac{330}{220} = 1.5$ A

이 가정에서 하룻동안 사용한 총 전력량은 전력×시간(h)의 합이다.

(30×2) + (40×4) + (150×3) + (110×12) = 1990 Wh = 1.99 kWh

19. 답 ③

해설 ㄱ, ㄹ. 코일에 전류가 흐르게 되면 코일 주위에 일정한 방향의 자기장이 생긴다. 이 자기장 속에서 금속판이 움직이는 경우 운동을 억제시키는(방해하는) 유도 기전력이 금속판에 발생하며, 이에 의해 소용돌이 모양의 유도 전류인 맴돌이 전류가 금속판에 흐르게 된다. 이 과정에서 금속 자체의 저항에 의한 줄열이 금속판에 발생한다. 따라서 금속판은 곧 정지하게 되며, 온도가 조금 상승하게 된다.

ㄴ, ㄷ. 코일에 흐르는 전류의 방향을 모두 바꾸는 경우 금속판 주위의 자기장의 세기는 변함 없으므로 금속에 발생하는 유도 기전력의 크기에는 변함이 없으므로 멈추는 속도에 차이는 없다. 하지만 전류의 세기가 세지는 경우, 더 강한 유도 기전력이 발생하므로 더 빠르게 멈추게 된다.

옳은 것은 ㄷ, ㄹ 이다.

20. 답 64 : 1 : 4 : 9

해설 온도 변화 ∝ 발열량 ∝ 전력이며, 시간은 동일하다.

B, C, D 의 합성 저항은 다음과 같다.

$\frac{1}{3R} + \frac{1}{R} = \frac{4}{3R}$ ⇨ B, C, D 의 합성 저항 : $\frac{3}{4}R$

∴ A, B, C, D 의 합성 저항 : $2R + \frac{3}{4}R = \frac{11}{4}R$

A 와 (B, C, D)에 걸리는 전압의 비는 8 : 3 이다.

A에 걸리는 전압을 8V라고 한다면, B에 걸리는 전압은 1V, C에 걸리는 전압은 2V, D에 걸리는 전압은 3V가 된다. 이때 온도 변화는 비열에 반비례하므로, A와 C는 같은 조건에서 온도 변화가 B와 D의 2배이다.

∴ $\Delta T_A : \Delta T_B : \Delta T_C : \Delta T_D$

$= \frac{8^2}{2R} \times 2 : \frac{1^2}{R} : \frac{2^2}{2R} \times 2 : \frac{3^2}{R}$ = 64 : 1 : 4 : 9(답)

21. 답 ㄱ, ㄷ, ㄹ

해설 ㄱ. 스위치를 닫으면, 전구 C와 D에 걸리는 합성 저항이 감소하므로, 전체 합성 저항이 감소하게 된다. 따라서 회로에 흐르는 전체 전류는 증가한다.

ㄴ. 스위치를 열었을 때 회로는 다음과 같아진다.

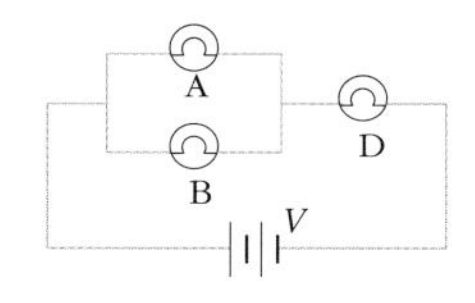

이때 (A, B)의 합성 저항은 D의 절반이므로 (A, B)에 걸리는 전압은 $\frac{V}{3}$ 이며, D에 걸리는 전압 $\frac{2V}{3}$ 의 절반이다. 스위치를 닫으면 전구 (A, B)와 전구(C, D) 의 저항이 같고 각각에 걸리는 전압도 $\frac{V}{2}$로 각각 같다. 이렇게 스위치를 닫았을 때와 열었을 때 전구 A에 걸리는 전압은 각각 $\frac{V}{2}$와 $\frac{V}{3}$ 이므로 스위치를 열면 전구 A에 걸리는 전압은 감소한다.

ㄷ. 전구의 소비 전력 $P = \frac{V^2}{R}$ 이다. 스위치를 닫으면 전구 B에 걸리는 전압이 증가하므로, 전구 B의 소모 전력도 증가하게 된다.

ㄹ. 스위치를 열었을 때, 전구 A에 걸리는 전압은 $\frac{V}{3}$, 전구 D에 걸리는 전압은 $\frac{2V}{3}$ 이므로 전구 A의 소모 전력은 D 보다 작다.

답은 ㄱ, ㄷ, ㄹ 이다.

22. 답 ㄹ, ㅁ

해설 전구 A의 전력(P)이 커지면 밝기가 증가한다.

$P = VI = I^2R = \frac{V^2}{R}$ 이므로 각 경우에 따라 공식을 적절히 적용해야 한다.

ㄱ. 전구 A의 저항을 크게 하면 전체 전류와 같은 A를 흐르는 전류가 감소한다. $P = I^2R$ 에서 저항의 증가에 대해 전류는 제곱의 형태로 감소하므로 전구 A의 전력이 감소하여 밝기가 어두워진다.

ㄴ, ㄷ. 전구 B, C의 저항을 각각 크게 하는 경우 전구 (B, C)의 합

성 저항이 증가하고, 전체 전압은 동일하므로 전구 A에 걸리는 전압이 작아져 전구 A의 전력이 감소하고 밝기가 어두워진다.
ㄹ. 전구 A, B의 저항을 모두 작게 하면, 합성 저항이 작아지므로 전체 전류(A를 흐르는 전류)가 증가한다. 전구 A의 전력 $P = I^2R$ 에서 저항의 감소에 대해 전류는 제곱의 형태로 증가하므로 전구 A의 전력이 증가하여 밝기가 증가한다.
ㅁ. 전구 B와 C의 저항을 모두 작게 하면 합성 저항이 작아지므로 전체 전류가 증가하게 되어 전구 A의 밝기가 증가한다.
답은 ㄹ, ㅁ 이다.

23. 답 ③
해설 ㄱ. 가전 제품들은 모두 병렬로 연결되어 있다. 따라서 하나의 연결 회로가 고장나도 다른 가전 제품에는 영향을 주지 않는다. 각 제품을 흐르는 전류의 합이 이 가정에 들어오는 전류이다.
ㄴ. 스탠드에 흐르는 전류 $I_{스} = \frac{P_{스}}{V} = \frac{80}{220}$

$I_{TV} = \frac{P_{TV}}{V} = \frac{200}{220}$, $I_{가} = \frac{P_{가}}{V} = \frac{150}{220}$, $I_{선} = \frac{P_{선}}{V} = \frac{100}{220}$

∴ 총 전류 $I = \frac{80+200+150+100}{220} = \frac{530}{220} ≒ 2.41$ A
따라서 이 가정의 퓨즈 용량은 총 전류값 2.41 A 보다 커야 각 가전제품을 모두 동시에 사용하더라도 퓨즈가 녹아내리지 않는다.
ㄷ. $P = \frac{V^2}{R}$ ⇨ $R = \frac{V^2}{P}$ 이며, 이때 전압은 일정하므로 각 가전제품의 저항은 소비 전력에 반비례함을 알 수 있다. 따라서 소비 전력이 가장 작은 스탠드의 저항이 가장 크다.
ㄹ. 이 가정에서 하룻동안 사용한 총 전력량은
(80×2) + (200×4) + (150×8) + (100×5) = 2660 Wh

24. 답 12.5, 25, 600
해설 변압기에서 에너지 손실이 없을 때 에너지 보존 법칙에 의해 1차 코일에 공급되는 전력($P_1 = I_1V_1$)과 2차 코일에 유도되는 전력($P_2 = I_2V_2$)이 같다. 따라서 $\frac{V_1}{V_2} = \frac{N_1}{N_2} = \frac{I_2}{I_1}$ 이 된다.
변압기 A의 2차 코일과 변압기 B의 1차 코일은 서로 연결되어 같은 전류가 흐르고 전력도 같아야 하므로 같은 전압이 걸린다.
변압기 A의 1차 코일과 2차 코일의 감은 수의 비가 1 : 4 이고, 전류의 비는 4 : 1이 된다.
∴ I_1 = 12.5 A
변압기 B의 1차 코일의 전압은 변압기 A의 2차 코일과 같은 1200 V이다. 변압기 B의 1, 2차 코일의 전압비 = 2 : 1
∴ V = 600 V
이때 전류의 비는 1 : 2 = 12.5 : I_2 , I_2 = 25 A

25. 답 96
해설 가변 저항값이 3 Ω 일 때 회로의 전체 전류가 2 A 이므로, 가변 저항에 걸리는 전압은 3Ω×2A = 6 V 가 된다. 회로에 걸리는 전체 전압은 12 V 이므로, 전구에 걸리는 전압은 6 V 임을 알 수 있다. 또한 가변 저항과 전구가 직렬 연결되어 있으므로 저항과 전구에 흐르는 전류가 같다. 따라서 전구의 저항은 $R = \frac{V}{I} = \frac{6}{2} = 3$ Ω 이다.
이때 저항을 12 Ω 으로 바꾸게 되면, 전체 회로의 합성 저항은 12 + 3 = 15 Ω 이 되므로, 전체 전류 $I = \frac{V}{R} = \frac{12}{15} = 0.8$ A 가 되고 전구를 흐르는 전류도 0.8 A 이다. 그러므로 전구에서 50초 동안 소비하는 전기 에너지 E는
∴ $E = I^2Rt = 0.8^2 \times 3 \times 50 = 96$ J 이다.

26. 답 24
해설 각 저항의 저항값을 R 이라고 할 때, A 부분의 합성 저항은 $R_A = \frac{R}{2}$ 이고, B 부분의 합성 저항 $\frac{1}{R_B} = \frac{1}{3R} + \frac{1}{R} = \frac{4}{3R}$ ⇨ $R_B = \frac{3}{4}R$ 이다. 이들은 직렬 연결되어 있으므로 $R_A : R_B = 2 : 3$

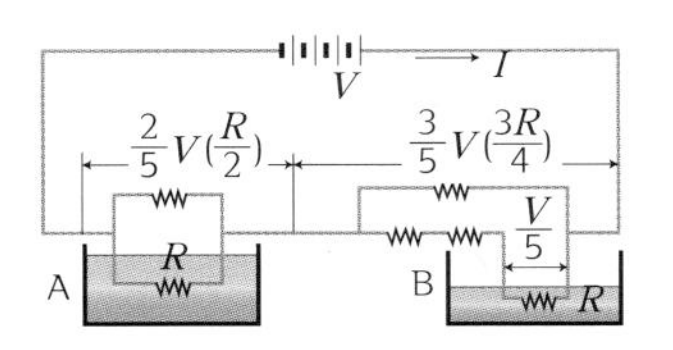

이고 A 부분 전체와 B 부분 전체에 걸리는 전압의 비 $V_A : V_B = 2 : 3$ 이다. B부분에 잠겨있는 저항은 직렬 연결된 3개 저항 중 하나이므로, A 부분에 잠겨 있는 저항에 걸리는 전압과 B 부분에 잠겨 있는 저항에 걸리는 전압의 비는 2 : 1 이다. 저항이 같을 때 발열량의 비는 (전압)²의 비와 같다. ∴ $Q_A : Q_B = 2^2 : 1^2 = 4 : 1$
$Q = cm\Delta t$ 이다. A의 물의 온도가 5분 후 T 가 되었다면, 온도 변화는 T - 20 이다.
$Q_A = 1×200×(T - 20)$, $Q_B = 1×100×(22 - 20)$
∴$Q_A : Q_B = (T - 20) : 1 = 4 : 1$, T = 24 ℃

27. 답 ①
해설

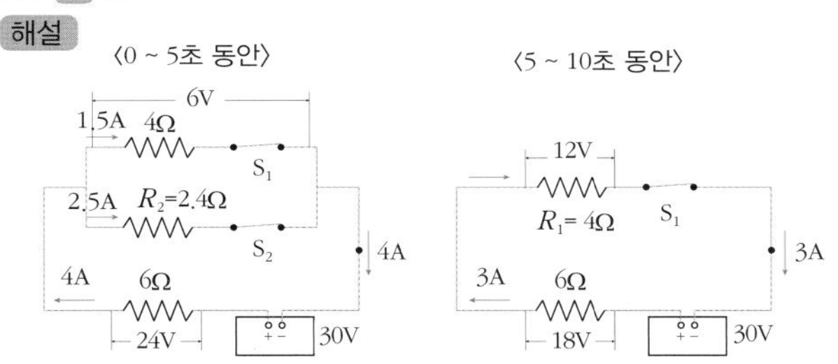

① 5 ~ 10초 동안 : S_2가 열려있으므로 R_2에는 전류가 흐르지 않는다. 저항값이 6Ω인 저항과 R_1은 직렬 연결되어 있으므로, 두 저항에는 동일한 세기의 전류 3A가 흐른다. 따라서 옴의 법칙에 의해 저항값이 6Ω인 저항에 걸리는 전압은 18V이고, R_1에 걸리는 전압은 12V가
되므로, $R_1 = \frac{V_1}{I_1} = \frac{12}{3} = 4$ Ω
② 0 ~ 5초 동안
저항값이 6Ω인 저항에 흐르는 전류가 4A이므로, 저항값이 6Ω인 저항에 걸리는 전압은 24V, 병렬 연결된 부분 전체에 걸리는 전압은 6V가 된다. 이때 R_1에는
$I_1 = \frac{V_1}{R_1} = \frac{6}{4} = \frac{3}{2}$ = 1.5A, R_2에는 I_2 = 4 - 1.5 = 2.5A 의 전류가 각각 흐른다.
그러므로 저항 $R_2 = \frac{V_2}{I_2} = \frac{6}{2.5} = 2.4$ Ω 이다.
ㄴ. 3초 일 때 저항 R_2에 흐르는 전류는 2.5A이다.
ㄷ. R_2에는 0 ~ 5초 사이의 5초 동안만 전류가 흐르므로
$E = I_2^2R_2t = 2.5^2 \times 2.4 \times 5 = 75$ J 이다.

28. 답 ④
해설 (가) 열량계 A의 저항은 R, 열량계 B의 저항은 $2R$이다. 열량계가 직렬 연결되어 있으므로 발열량의 크기는 저항의 크기에 비례한다. 따라서 열량계 B의 온도가 열량계 A의 온도보다 높다.
(나) 열량계 A의 저항은 R, 열량계 B의 저항은 $0.5R$이다. 열량계가 직렬 연결되어 있으므로 열량계 A의 온도가 열량계 B의 온도보다 높

다.

(다) 열량계 A의 저항은 R, 열량계 B의 저항은 $2R$이다. 열량계가 병렬 연결되어 있으므로 발열량의 크기는 저항의 크기에 반비례한다. 따라서 열량계 A의 온도가 열량계 B의 온도보다 높다.

(라) 열량계 A의 저항은 R, 열량계 B의 저항은 $0.5R$이 된다. 열량계가 병렬 연결되어 있으므로 열량계 B의 온도가 열량계 A의 온도보다 높다.

29. 답 ㉠ (라)의 열량계 B, ㉡ (가)의 열량계 A

해설 (가) 전압 V를 걸어주었을 때, 전체 전류 $I = \frac{V}{3R}$ 이다.

열량계 A의 소비 전력 $P_A = I^2R_A = (\frac{V}{3R})^2 R = \frac{V^2}{9R}$(최소)

열량계 B의 소비 전력 $P_B = I^2R_B = (\frac{V}{3R})^2 2R = \frac{2V^2}{9R}$

(나) 전압 V를 걸어주었을 때, 전체 전류 $I = \frac{2V}{3R}$ 이다.

A : $P_A = I^2R_A = (\frac{2V}{3R})^2 R = \frac{4V^2}{9R}$

B : $P_B = I^2R_B = (\frac{2V}{3R})^2 0.5R = \frac{2V^2}{9R}$

(다) 전압 V일 때, 각 열량계에 걸리는 전압이 같으므로,

A : $P_A = \frac{V^2}{R_A} = \frac{V^2}{R}$, B : $P_B = \frac{V^2}{R_B} = \frac{V^2}{2R}$

(라) 전압 V일 때, 각 열량계에 걸리는 전압이 같으므로,

A : $P_A = \frac{V^2}{R_A} = \frac{V^2}{R}$, B : $P_B = \frac{V^2}{R_B} = \frac{V^2}{0.5R} = \frac{2V^2}{R}$(최대)

30. 답 ④

해설 그림과 같이 각 전구에 기호를 붙인 후 4가지의 경우를 각각 확인해 본다. 저항이 없는 도선과 서로 병렬 연결된 전구에는 전류가 흐르지 않음을 주의하자.

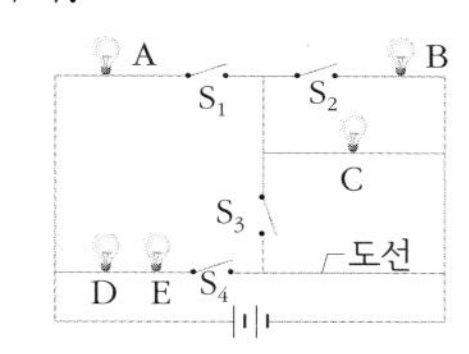

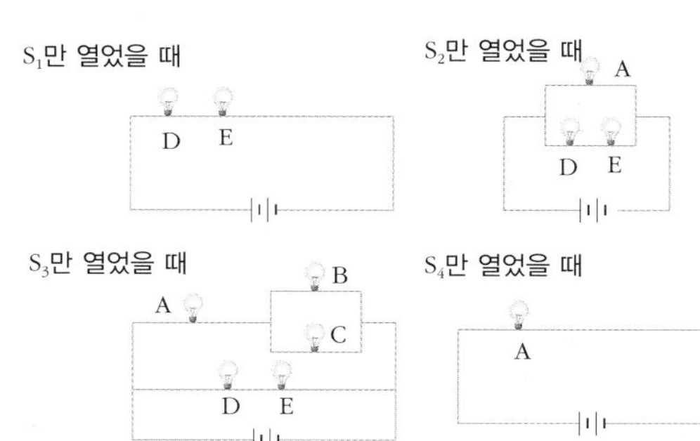

전구의 저항값을 R 이라고 할 때, 각 스위치만을 연 경우 합성 저항은 다음과 같다.

S_1 : $2R$ S_2 : $\frac{1}{R_{합}} = \frac{1}{2R} + \frac{1}{R} = \frac{3}{2R}$, $R_{합} = \frac{2}{3}R$

S_3 : $\frac{1}{R_{합}} = \frac{2}{3R} + \frac{1}{2R}$, $R_{합} = \frac{6}{7}R$ S_4 : R

4가지 경우 모두 전체 전압은 같으므로, 저항이 작을수록 전력이 크다. 그러므로 가장 많은 전력을 소비하는 경우(A)는 저항이 가장 작은 S_2 만을 열었을 경우이고, 가장 적은 전력을 소비하는 경우(B)는 저항이 가장 큰 S_1 만을 열었을 경우이다.

31. 답 ③

해설 각 전구의 저항을 비교하기 위해 각 전구를 같은 전압 V 를 걸어주었다고 해보자. 전구의 소비 전력 $P = \frac{V^2}{R}$, $R = \frac{V^2}{P}$ 공식을 이용하자.

⇨ 전구 A의 저항 $R_A = \frac{V^2}{30}$, 전구 B의 저항 $R_B = \frac{V^2}{60}$,

전구 C의 저항 $R_C = \frac{V^2}{90}$ 이므로

R_C 를 R 이라고 하면, $R_A = 3R$, $R_B = \frac{3}{2}R$ 이 된다.

ㄱ. 전구를 모두 직렬 연결하는 경우 전구의 밝기는 저항이 클수록 밝으므로 밝은 순서는 A > B > C 이다.

ㄴ. A와 B 병렬, C 직렬 연결

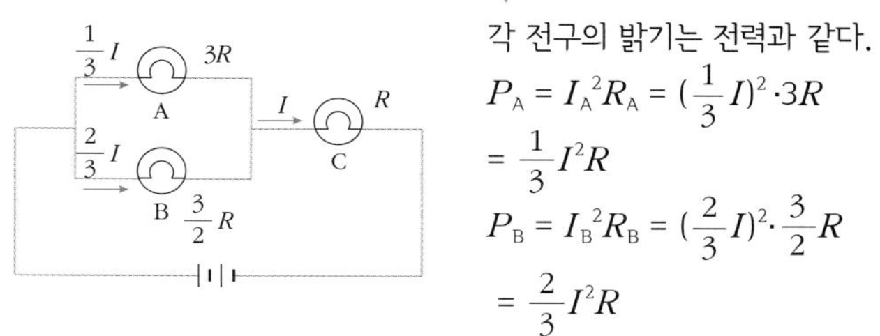

각 전구의 밝기는 전력과 같다.

$P_A = I_A^2R_A = (\frac{1}{3}I)^2 \cdot 3R = \frac{1}{3}I^2R$

$P_B = I_B^2R_B = (\frac{2}{3}I)^2 \cdot \frac{3}{2}R = \frac{2}{3}I^2R$

$P_C = I_C^2R_C = I^2R$

∴ 전구가 밝은 순서대로 나열하면 C > B > A 이다.

ㄷ. A와 C 병렬, B 직렬 연결

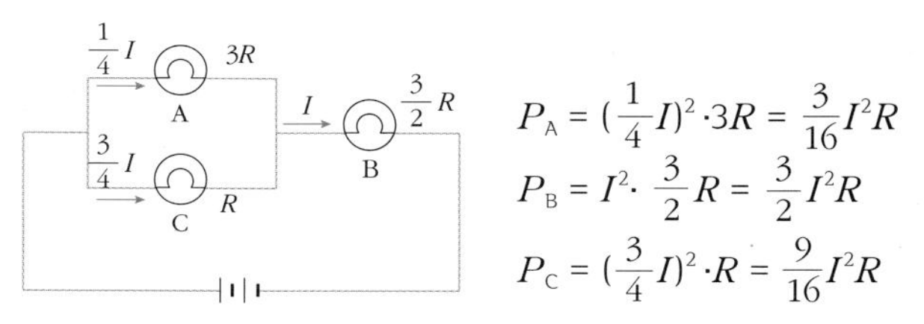

$P_A = (\frac{1}{4}I)^2 \cdot 3R = \frac{3}{16}I^2R$

$P_B = I^2 \cdot \frac{3}{2}R = \frac{3}{2}I^2R$

$P_C = (\frac{3}{4}I)^2 \cdot R = \frac{9}{16}I^2R$

∴ 전구가 밝은 순서대로 나열하면 B > C > A 이다.(답)

ㄹ. B와 C 병렬, A 직렬 연결

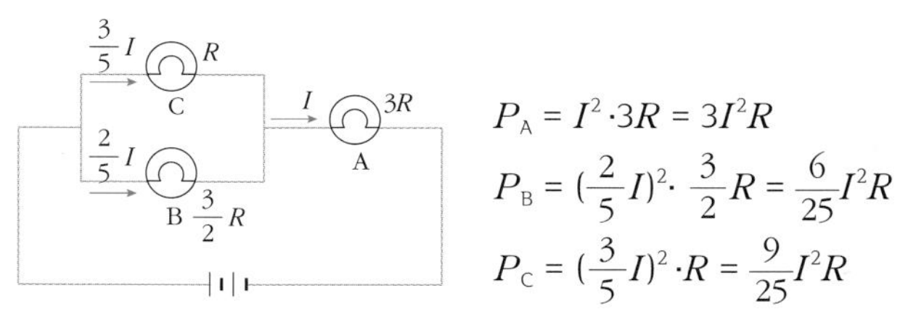

$P_A = I^2 \cdot 3R = 3I^2R$

$P_B = (\frac{2}{5}I)^2 \cdot \frac{3}{2}R = \frac{6}{25}I^2R$

$P_C = (\frac{3}{5}I)^2 \cdot R = \frac{9}{25}I^2R$

∴ 전구가 밝은 순서대로 나열하면 A > C > B 이다.

32. 답 ③

해설 송전 전압을 V_0, 송전 전류를 I_0 라고 할 때, P_0(송전 전력) $= I_0 V_0$ 는 일정량으로 정해진다.

이때 송전선의 손실 전력 $P_{손실} = I_0^2 R = (\frac{P_0}{V_0})^2 R$ 가 되고, 이 식에 의해 저항 $R = (\frac{V_0}{P_0})^2 P_{손실}$ 이 된다.

따라서 지역 A의 송전선의 저항 $R_A = (\frac{V_0}{P_0})^2 2P$,

지역 B의 송전선의 저항 $R_B = (\frac{3V_0}{P_0})^2 P = (\frac{3V_0}{P_0})^2 P$

$\therefore R_A : R_B = 2 : 9$ 이다.③

33. 답 (1) <해설 참조> (2) 56,145 원

해설 (1)가정에서 각 가전 제품은 병렬 배선이므로 같은 전압(220V)이 걸리고, 각 가전 제품에 흐르는 전류의 합이 가정으로 들어오는 전류이다. 각 가전 제품의 전류를 구해서 더한다.

냉장고 : $I_냉 = \frac{P_냉}{V} = \frac{380}{220}$(A), 에어컨 : $I_에 = \frac{1300}{220}$(A)

보온 밥솥 : $I_보 = \frac{500}{220}$ (A), 냉온수기 : $I_온 = \frac{500}{220}$ (A)

전자레인지 : $I_전 = \frac{300}{220}$ (A)

$\therefore$ 총 전류 $I = \frac{380+1300+500+500+300}{220} = \frac{2980}{220} = 13.54$(A)

총 전류는 멀티탭의 용량보다는 크나 가정 전체의 용량보다는 작으므로, 전자레인지를 더 사용하는 경우 멀티탭의 전원 차단기는 작동하여 제품을 사용할 수는 없으나 가정 전체의 전원 차단기는 작동하지 않는다.

(2) 사용전력량(Wh) = 소비 전력(W)×총 사용 시간(h)이다.

	TV	컴퓨터	냉장고	세탁기	청소기	형광등
월 사용량(kWh)	15.75	71.25	277.2	5.5	3	3.75

$\therefore$ 총 사용량 = 15.75 + 71.25 + 277.2 + 5.5 + 3 + 3.75
= 376.45 kWh

이번달 청구 요금 = 기본 요금 + 전력량 요금이다.

전력량 요금은 다음 표와 같다.

전력량 요금	원
처음 100kWh 까지	55.10 × 100 = 5,510
101 ~ 200kWh 까지	113.80 × 100 = 11,380
201 ~ 300kWh 까지	168.30 × 100 = 16,830
301 ~ 400kWh 까지	248.60 × 76.45 = 19,005.47

누진적으로 적용되므로 각 구간을 모두 더한 값이 총 전력량 요금이다.

$\therefore$ 총 전력량 요금 = 5,510 + 11,380 + 16,830 + 19,005.47
= 52,725.47원

$\therefore$ 이번달 청구 요금 = 3,420 + 52,725.47 = 56,145.47원

34. 답 (1) 변전소(가) : ㄷ, 변전소(나), (다) : ㄴ (2) <해설 참조>

해설 (1) 변압기에서 1차 코일의 전압을 감은 수에 비례해서 2차 코일의 전압으로 변환된다.

변전소 (가)에서는 발전소에서 생산된 10kV의 전압을 수백 kV의 전압으로 승압해야 한다. 따라서 1차 코일의 감은 수보다 2차 코일의 감은수가 더 많아야 하므로, <보기>의 변압기 중 ㄷ이 사용된다.

변전소 (나), (다)의 1,2차 변전소에서는 수백 kV의 전압을 60kV로, 수십 kV에서 6.6kV로 각각 낮춰야 한다. 따라서 1차 코일의 감은 수가 2차 코일의 감은수보다 많아야 한다. 따라서 <보기>의 변압기 중 ㄴ이 사용된다.

(2) 발전소에서 소비지에 공급하는 송전 전력은 변전소에서도 일정하게 유지되므로 전압을 높이면 전류는 감소하고, 전압을 낮추면 전류는 증가한다. 하지만 변전 과정에서 도선의 저항 때문에 열이 발생하여 손실 전력이 발생하므로 전력은 조금씩 줄어들게 된다.

35. 답 (1) 철 막대 (2) 은 막대

해설 발열량(Q) ∝ 전기 에너지(E)이다.

전기 에너지(E) = $VIt = I^2Rt = \frac{V^2}{R}t$ 이다.

(1) 저항체를 직렬 연결하는 경우 각 저항에 흐르는 전류가 동일하다. 전류가 일정할 때 저항이 클수록 소모하는 전기 에너지가 커지므로 더 큰 열이 발생한다. 따라서 전기 전도도가 가장 작은 철이 저항이 가장 크므로 가장 많은 열을 발생시킨다.

(2) 저항체를 병렬 연결하는 경우 각 저항에 걸리는 전압이 동일하다. 전압이 일정할 때 저항이 작을수록 소모하는 전기 에너지가 커지므로 큰 열이 발생하게 된다. 따라서 저항이 가장 작은 은 막대에서 가장 많은 열이 발생한다.

36. 답 (1) 3.4 Ω (2) 7225 W (3) 8500 W

해설 문제에서 주어진 저항값과 전압을 이용하여 고장 이전 니크롬선의 소비 전력(P_0)을 구하면 다음과 같다.

$$P_0 = \frac{V^2}{R} = \frac{(170\text{V})^2}{4\Omega} = 7225\text{ W}$$

도선의 길이가 l, 단면적이 S, 비저항이 ρ인 물체의 저항 $R = \rho\frac{l}{S}$ 이므로 주어진 니크롬선의 비저항은 다음과 같이 구한다.

$4\Omega = \rho\frac{100\text{cm}}{0.1\text{cm}^2}$ ⇨ $\rho = \frac{4\Omega}{1000\text{cm}} = 0.004\ \Omega\cdot\text{cm}$

수리 후

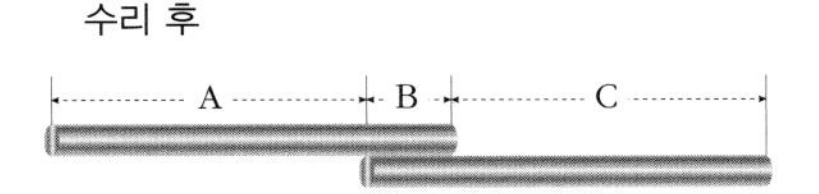

수리 후 니크롬선을 다음 그림과 같이 A, B, C 3구역으로 나누어 저항값을 구한다. B구역은 단면적이 2배이다.

B 구역의 저항 $R_B = \rho\frac{10\text{cm}}{0.2\text{cm}^2} = 0.2\ \Omega$

A 구역의 저항 R_A와 C 구역의 저항 R_C는 길이가 같은 동일한 도선이므로 저항값은 같다.

$R_A = \rho\frac{40\text{cm}}{0.1\text{cm}^2} = 1.6\ \Omega = R_C$

$\therefore$ 수리 후 니크롬선의 전체 저항 $R_T = 1.6\ \Omega + 1.6\ \Omega + 0.2\ \Omega = 3.4\ \Omega$

따라서 수리 후 니크롬선의 소비 전력($P_후$)은

$$P_후 = \frac{(170\text{V})^2}{3.4\Omega} = 8500\text{ W}$$

37. 답 < 해설 참조>

해설

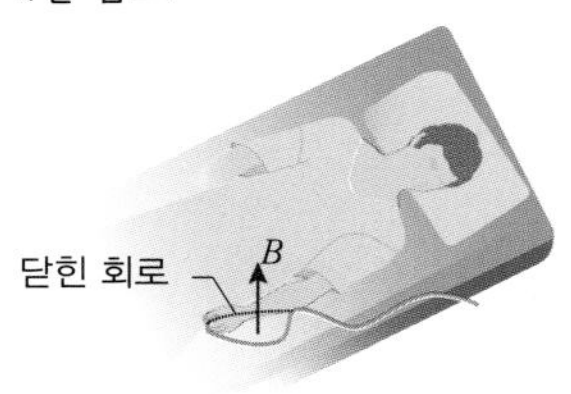

MRI 장비 내부에는 일정하게 변하는 자기장이 수직으로 걸려 있다. 이때 탐침에 연결된 전선이 그림과 같이 팔에 닿게 되면 팔과 전선이 닫힌 회로를 형성하게 된다. 닫힌 회로를 통과하는 자속이 변하게 되면 패러데이 법칙에 의해 회로에 전류가 유도되게 된다. 전선의 피복과 피부가 모두 매우 큰 전기 저항을 갖는다고 하여도 형성되는 유도기전력이 매우 크기 때문에 충분한 전류가 흐르게 된다. 전류가 흐를 때 에너지가 소모되면서 열이 발생하게 되므로 전선이 닿은 피부가 화상을 입게 되는 것이다. 그래서 MRI관리자들은 탐침이 부착되는 곳 외에는 모니터와 연결된 전선이 환자에게 닿지 않도록 주의한다.

38. 답 11 시간

해설 스위치를 열고 있는 상태에서는 저항값이 20 Ω 인 저항과 10 Ω 인 저항이 직렬 연결되어 있는 것과 같다. 따라서 전체 저항은 두 저항의 합인 30 Ω 이 된다. 이때 전체 회로에서

소비한 전기 에너지 $E = Pt$, 회로전체의 소비 전력 $P = \frac{V^2}{R}$ 이므로

t (시간) $= \frac{E}{P} = \frac{ER}{V^2}$ 이다. 문제에서 전지의 전압(V)은 완전히 방전이 될 때까지 일정하게 유지되고, 총 전기 에너지도 일정하다. 따라서 방전되는데 걸리는 시간은 저항값에 비례하게 된다.

스위치를 닫았을 경우 회로의 전체 저항(R_T)은 $R_{병렬} + 10\ \Omega$ 이다.

$\frac{1}{R_{병렬}} = \frac{1}{30} + \frac{1}{20} = \frac{1}{12}$ ⇨ $R_{병} = 12\ \Omega$

$\therefore R_T = 22\ \Omega$

스위치를 닫았을 경우 전체 저항값이 스위치를 열었을 때의 $\frac{11}{15}$ 배이므로, 완전히 방전될 때까지 걸리는 시간도 $\frac{11}{15}$ 배로 줄어들어서 11 시간이 걸린다.

16강 물질의 구조와 성질/다이오드

개념확인

302 ~ 309 쪽

1. 진동수	2. 양자화	3. 파셴 계열	4. 부도체
5. 도핑	6. 공핍층	7. p형 반도체, 3개	
8. 광 다이오드			

4. 답 부도체

해설 부도체(절연체)는 원자가 띠와 전도띠 사이의 띠 간격이 매우 넓어서 원자가 띠의 전자가 전도띠로 이동할 수 없다. 따라서 전기 전도도가 매우 작아서 전류가 잘 흐르지 않는다.

7. 답 p형 반도체, 3개

해설 순수 반도체 결정에 원자가 전자가 3개인 13족 원소인 붕소(B), 알루미늄(Al), 갈륨(Ga), 인듐(In) 등을 도핑하여 만든다. 이러한 종류의 원자는 원자가 전자가 3개여서 순수한 반도체 원자인 규소(Si), 저마늄(Ge)등과 4중 공유 결합 시 전자가 1개 부족하여 양공이 발생하고, 전자를 공급받으므로 '받개 원자'라고 한다.

8. 답 광 다이오드

해설 광 다이오드는 p-n 접합 다이오드에 빛을 쬐었을 때 전류가 흐르는 특징을 이용한 것으로 빛의 유무를 탐지하는 센서로 사용하거나 전류를 생산하는 태양 전지에 응용된다.

확인 +

302 ~ 309 쪽

1. ②	2. ㉠ 바닥 상태 ㉡ 들뜬 상태	
3. 발머 계열	4. ㉠ 허용된 띠 ㉡ 띠 간격	
5. 자유 전자, 양공	6. (-), (+)	7. A: b, B: a
8. (1) 광 (2) 발		

1. 답 ②

해설 원자 주위의 전자는 $2\pi r = n\lambda$ 라는 양자 조건을 만족할 때 전자기파를 방출하지 않고 안정한 상태로 존재한다. 이때 n은 정수이므로 전자의 궤도 둘레는 전자 물질파 파장의 정수배가 되어야 한다.

3. 답 발머 계열

해설 가시 광선 영역의 빛을 방출하는 발머 계열은 눈에 보이는 영역의 빛(가시 광선)을 방출하여 라이먼 계열, 파셴 계열 보다 먼저 발견될 수 있었다.

6. 답 (-), (+)

해설 p-n 접합 다이오드에 전류가 흐르는 순방향 바이어스를 걸기 위해서는 p형 반도체에 전지의 (+)극, n형 반도체에 전지의 (-)극을 연결하여 양공과 전자가 각각 접합면을 향해 이동하여 재결합하여 소멸할 수 있게 한다.

개념 다지기

310 − 313 쪽

01. ② 02. ③ 03. ② 04. ③ 05. ⑤
06. ㉠ 라이먼 계열 ㉡ 발머 계열 ㉢ 파셴 계열
07. (1) ㉢ (2) ㉡ (3) ㉠ 08. ① 09. ㄱ
10. ② 11. (1) 공유 결합, 4 개 (2) 4 개
12. (1) (가): p형 반도체 (나): n형 반도체
(2) (가): 양공 (나): 자유 전자 13. (가)
14. (1) A : p형 반도체 B: n형 반도체 (2) 역방향 바이어스
15. $\dfrac{hc}{E}$

01. 답 ②

해설 ㄱ. 현대의 원자 모형, ㄴ. 돌턴의 원자 모형, ㄷ. 톰슨의 원자 모형, ㄹ. 보어의 원자 모형 이다. 따라서 시간 순서대로 나타내면 돌턴의 원자 모형(ㄴ) - 톰슨의 원자 모형(ㄷ) - 보어의 원자 모형(ㄹ) - 현대의 원자 모형(ㄱ)순이 된다.

02. 답 ③

해설 러더퍼드 원자 모형에 의하면 전자는 핵 주위를 원운동한다. 하지만 전자기학 이론에 따르면 회전 운동을 하는 전자는 전자기파를 방출하면서 에너지를 잃어버리게 되므로 전자의 궤도는 점점 감소하게 되고, 결국 전자는 핵에 흡수되어 원자는 붕괴하게 된다. 원자는 붕괴되지 않고 안정하게 유지되는 이유를 러더퍼드 이론을 설명하지 못한다. 또한, 러더퍼드 원자 모형에서는 원운동하는 전자는 연속적인 에너지를 갖고 있으므로 가열된 기체에서 방출된 빛은 연속 스펙트럼이어야 한다. 하지만 실제로는 선 스펙트럼이 관측된다.

03. 답 ②

해설 양자수가 큰 궤도일수록 에너지 준위가 높다. 전자가 전이될 때 에너지가 흡수되는 경우는 에너지 준위가 낮은 궤도에서 높은 궤도로 전이할 때이다.

04. 답 ③

해설 에너지 준위가 높은 궤도에서 낮은 궤도로 전자가 전이할 때에는 그 에너지 준위 차이만큼 에너지가 방출된다. 따라서 13.6 - 1.51 = 12.09(eV)에너지가 방출된다.

05. 답 ⑤

해설 ㄱ. 전자가 n=1 인 바닥 상태일 때 원자핵과 가장 가깝고 에너지 준위가 가장 낮다. 양자수가 커질수록 에너지 준위가 높아진다.
ㄴ. 전자 껍질의 양자수 n이 커질수록(원자핵과 멀어질수록) 에너지 준위 차이가 좁혀진다.
ㄷ. 에너지 준위가 높은 궤도에서 낮은 궤도로 전이할 때는 방출 선 스펙트럼, 낮은 궤도에서 높은 궤도로 전이할 때는 흡수 선 스펙트럼이 생긴다.

06. 답 ㉠ 라이먼 계열 ㉡ 발머 계열 ㉢ 파셴 계열

해설 ㉠ 들뜬 상태의 전자가 n = 1인 궤도로 전이할 때 방출되는 선 스펙트럼 영역을 라이먼 계열, ㉡ n = 2인 궤도로 전이할 때 방출되는 선 스펙트럼 영역을 발머 계열, ㉢ n = 3인 궤도로 전이할 때 방출되는 선 스펙트럼 영역을 파셴 계열이라고 한다.

08. 답 ①

해설 원자가띠와 전도띠가 겹쳐져 있는 것으로 보아 도체의 에너지 띠 구조임을 알 수 있다. 도체는 약간의 에너지만 흡수해도 전자가 쉽게 전도띠로 이동하여 자유 전자가 되므로 전류가 잘 흐른다. 즉, 전기 저항이 매우 작고, 전기 전도도가 크다.
③ 도체의 전기 전도도는 부도체, 반도체보다 크다.

09. 답 ㄱ

해설 ㄱ. 원자핵과 가까울수록 에너지 준위가 낮다.
ㄴ. 에너지 띠 사이는 띠 간격이며 전자가 존재할 수 없다.
ㄷ. 에너지 띠는 약간씩 다른 에너지 준위가 많이 존재하여 띠처럼 보이는 것이다.

10. 답 ②

해설 ㄱ. 순수한 반도체에서 원자가 띠의 전자는 300 K 일 때 전도띠로 전이하여 자유 전자(A)가 되어 도체의 성질을 띤다. 이때 전자가 빠져나간 구멍을 양공(B)이라고 한다. 따라서 양공의 개수와 빠져나간 전자의 개수는 같다.
ㄴ. 양공은 (+) 전하를 띠므로 원자가 띠에서 이동할 때 (+) 전하가 이동하는 것과 같다.
ㄷ. 자유 전자가 생성된 상태에서 반도체에 전원을 연결하면 자유 전자(A)와 양공(B)은 서로 다른 전기를 띠므로 반대로 이동한다.

11. 답 (1) 공유 결합, 4 개 (2) 4 개

해설 규소(Si), 저마늄(Ge) 등의 순수한 반도체 결정은 원자가 전자가 4개인 14족 원소이다. 각 원자가 전자는 이웃하는 원자의 원자가 전자와 단일 공유 결합을 형성한다. 원자가 전자가 4개 이므로 공유 전자쌍도 4개이다.

12. 답 (1) (가): p형 반도체 (나): n형 반도체
(2) (가): 양공 (나): 자유 전자

해설 (가)는 양공이 주 전하 운반자가 되는 p형 반도체, (나)는 자유 전자가 주 전하 운반자가 되는 n형 반도체이다.

13. 답 (가)

해설 p형 반도체는 원자가 띠 가까이에 받개 준위가 발생하여 50K 이상이 되면 원자가 띠에 양공이 쉽게 생겨 전하 운반자가 되며, n형 반도체는 전도띠 가까이에 주개 준위가 발생하여 50K 이상이 되면 전도띠로 전자가 쉽게 전이하여 자유 전자가 되어 전하 운반자가 된다.

14. 답 (1) A : p형 반도체 B: n형 반도체 (2) 역방향 바이어스

해설 전류가 흐르지 않을 때는 (+)극에 n형 반도체가, (-)극에 p형 반도체가 연결되어 역방향 바이어스가 걸린 경우이다.

15. 답 $\dfrac{hc}{E}$

해설 반도체의 띠 간격과 에너지가 같은 광자(빛)가 방출된다.

$$E = hf = \frac{hc}{\lambda}, \quad \lambda = \frac{hc}{E}$$

유형 익히기 & 하브루타 314 ~ 319 쪽

유형 16-1	(1) ⓒ - ⓑ - ⓐ - ⓔ - ⓓ (2) ②, ③		
		01. ③	02. ②
유형 16-2	②	03. ⑤	04. ⑤
유형 16-3	③	05. ④	06. ⑤
유형 16-4	③	07. ③	08. ②
유형 16-5	①	09. ①	10. ④
유형 16-6	④	11. ④	12. ⑤

[유형16-1] 답 (1) ⓒ - ⓑ - ⓐ - ⓔ - ⓓ (2) ②, ③

해설 (1) ⓒ 돌턴 - ⓑ 톰슨 - ⓐ 러더퍼드 - ⓔ 보어 - ⓓ 현대의 원자 모형이다.

(2) ② 톰슨의 원자 모형(ⓑ), ③ 돌턴의 원자 모형(ⓒ)에 대한 설명으로 옳게 설명했다.

① ⓔ 보어의 원자 모형에 대한 설명이다.

④, ⑤ ⓐ 러더퍼드 원자 모형에 대한 설명이다. 러더퍼드는 원자의 대부분의 공간은 비어 있는 것으로 묘사하였다.

01. 답 ③

해설 보어는 전자가 원자핵 주위에서 일정한 에너지 준위를 갖는 불연속적인 궤도를 원운동하고 있다고 하였다. 이때 전자는 $2\pi r = n\lambda$ (n은 정수) 의 양자 조건을 만족할 때 안정한 상태로 존재한다.

02. 답 ②

해설 러더퍼드 원자 모형으로 설명할 수 없는 것은 원자의 안정성과 기체의 선스펙트럼이다.

ㄱ. 러더퍼드 원자 모형에 의하면 원운동하는 전자는 연속적인 에너지를 갖고 있으므로 가열된 기체에서 방출된 빛의 스펙트럼은 연속 스펙트럼이어야 하나 실제로는 선스펙트럼이 관찰된다.

ㄷ. 러더퍼드 원자 모형과 같이 전자가 원자핵 주위를 단순히 돌기만 한다면 전자기 이론에 따라 전자가 전기력을 받으며 원운동을 하는 동안 원자핵과 가까워지면서 연속적으로 전자기파를 방출하고 결국 원자핵과 충돌하여 붕괴하여야 한다. 하지만 실제 원자는 안정적으로 유지된다.

[유형16-2] 답 ②

해설

A:에너지 방출
전자
전자
$E = hf$
ⓐ들뜬 상태 ⓑ바닥 상태

$E = hf$
전자
B:에너지 흡수
전자
ⓒ바닥 상태 ⓓ들뜬 상태

ㄱ. A 과정에서 $E = hf$ 만큼의 에너지를 가진 광자가 방출되고, B 과정에서는 $E = hf$ 만큼의 에너지가 흡수된다.

ㄴ. ⓑ, ⓒ은 바닥 상태, ⓐ, ⓓ은 들뜬 상태이다.

ㄷ. B 과정에서 전자는 $E_1 = -13.6$ eV 의 에너지 준위에서 $E_2 = -3.40$ eV 의 에너지 준위로 이동하였다. 이때 10.2 eV 만큼의 에너지를 흡수하였다.

ㄹ. 양자 조건을 만족하는 양자수에 따라 원자 내의 전자가 특정한 에너지를 갖기 때문에 전자는 $n = 1$과 $n = 2$ 인 상태 사이의 에너지를 가질 수 없다.

03. 답 ⑤

해설 ㄱ. 전자가 $n = 3$ 인 궤도에 있으므로 수소 원자는 들뜬 상태이다. 바닥 상태는 전자가 $n = 1$ 인 궤도에 있는 경우이다.

ㄴ. 전자가 전이할 때 방출하거나 흡수하는 전자기파의 진동수(f)는 에너지 준위의 차이에 비례한다($\Delta E = hf$). 따라서 에너지 준위 차이가 큰 $n = 3$ 궤도에서 $n = 1$ 궤도로 전이할 때 방출하는 전자기파의 진동수가 더 크다.

ㄷ. 수소 원자에서 안정한 상태의 n번째 궤도에 전자가 있을 때 수소 원자의 에너지 준위는

$E_n = -\dfrac{13.6}{n^2}$(eV)이다. 전자가 n=3 인 궤도에 있을 때 수소 원자의 에너지 $E_3 = -\dfrac{13.6}{3^2}$(eV) 이다.

04. 답 ⑤

해설 안정한 상태의 n번째 궤도에서

전자의 궤도 반지름 $r_n = 5.3 \times 10^{-11} n^2$ (m),

전자의 속력 $v_n = \dfrac{1}{n}(2.2 \times 10^6)$ (m/s),

원자의 에너지 준위 $E_n = -\dfrac{13.6}{n^2}$ (eV)이다.

ㄱ. 전자의 궤도 반지름은 n^2 에 비례한다.

[유형16-3] 답 ③

해설 (가)는 백열등의 연속 스펙트럼을 나타낸다. 연속 스펙트럼은 여러 가지 파장의 빛이 연속적으로 보이는 스펙트럼을 말한다.

(나)는 수소 기체의 방출 선 스펙트럼을 나타낸다. 선스펙트럼의 간격이 일정하지 않은 것을 통해 수소 기체는 불연속적인 에너지 준위(에너지 준위의 간격이 일정하지 않음)를 가진 것과 전자의 궤도가 양자화되어 있음을 알 수 있다.

05. 답 ④

해설 그림은 수소 기체의 방출 선 스펙트럼으로 수소 기체 속 다수의 수소 원자들이 각각 에너지를 흡수하여 들뜬 상태가 되면 전자들이 빛을 방출하여 안정한 상태가 될 때 에너지 준위 차이만큼 각각의 빛을 방출하기 때문에 나타나는 스펙트럼이다.

⑤ 모든 파장을 갖는 빛을 특정 기체에 통과시켰을 때 기체 원자의 전자가 높은 에너지 준위로 전이하는 데 필요한 에너지에 해당하는 파장을 흡수하여 흡수한 파장에 해당하는 부분이 어두운 선으로 나타나는 스펙트럼은 흡수 선 스펙트럼이다.

06. 답 ⑤

해설 전자가 $n = 1$인 궤도로 전이하는 A는 라이먼 계열, $n = 2$인 궤도로 전이하는 B는 발머 계열, $n = 3$인 궤도로 전이하는 C는 파셴 계열이다. 라이먼 계열(A)은 자외선 영역, 발머 계열(B)은 가시 광선 영역, 파셴 영역(C)은 적외선 영역의 빛을 방출한다.

[유형16-4] 답 ③

해설 (가)는 기체 원자의 에너지 준위, (나)는 고체 원자의 에너지 준위를 나타낸다.

ㄱ. (가)는 에너지 준위가 불연속적으로 띄엄띄엄 존재하므로 선스펙트럼이 나타난다.

ㄴ. (나)의 ⓐ은 띠 간격으로 전자가 존재할 수 없으며, ⓑ은 허용된 띠로 전자가 존재하는 영역이다.

ㄷ. 기체 상태에서는 원자가 서로 멀리 떨어져 있으므로 서로의 에너지 준위가 영향을 받지 못하므로 에너지 준위가 (가)처럼 형성되나 고

체인 경우는 서로 가까워 서로 영향을 주므로 에너지 준위가 (나)처럼 띠 모양으로 나타난다.
ㄹ. (나)의 경우 원자 사이의 거리가 매우 가까워 에너지 준위가 서로 겹치게 된다. 하지만 파울리 배타 원리에 의해 하나의 양자 상태에 두 개 이상의 전자가 존재할 수 없으므로 각각의 원자의 에너지 준위는 서로 겹치지 않도록 미세한 차이로 갈라지게 된다. 따라서 다수의 원자로 이루어진 고체의 에너지 준위는 거의 연속적인 띠 형태를 이루게 된다.

07. 답 ③
해설 ㄱ. ㉠은 띠 간격으로 허용된 띠 사이에 어떤 전자도 존재할 수 없다.
ㄴ. 전도띠는 원자가 띠의 전자가 전이하지 않으면 전자가 존재하지 않는 띠이다.
ㄷ. 원자가 띠에 있는 전자가 전도띠로 전이할 때 필요한 에너지가 띠 간격을 뛰어 넘을 수 있는 에너지의 크기이다. 이 에너지의 크기에 따라 도체, 부도체, 반도체로 구분하게 된다. 따라서 띠 간격이 클수록 전기 전도도가 작아 전류가 잘 흐르지 않아 부도체가 된다.
ㄹ. 고체는 원자 사이의 간격이 매우 가까워 에너지 준위가 연속적인 띠의 형태로 나타나게 된다.

08. 답 ②
해설

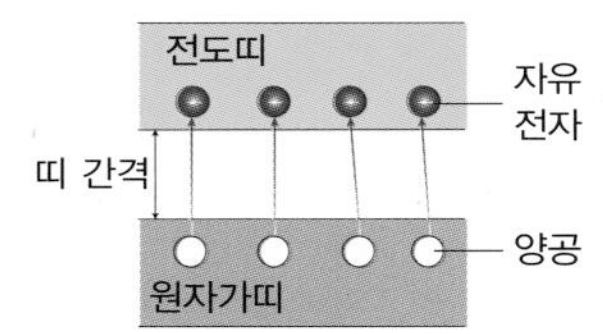

자유 전자는 띠 간격(㉠)보다 큰 에너지를 흡수하여 원자가 띠(㉡)에서 전도띠(㉢)로 전이된 전자이다. 양공은 자유 전자가 전도띠(㉢)로 전이할 때 원자가 띠(㉡)에 생긴 구멍을 말하며, (+)전하(㉣)의 성질을 띤다.

[유형16-5] 답 ①
해설 ㄱ, ㄴ. 그림은 p형 반도체를 나타낸 것으로 전하 운반자는 주로 양공이다.
ㄷ, ㄹ. p형 반도체는 순수한 반도체에 원자가 전자가 3개인 13족 원소인 붕소(B), 알루미늄(Al), 갈륨(Ga), 인듐(In)을 도핑하여 만든다. 이때 불순물에 의해 받개 준위가 형성되어 원자가 띠의 전자가 적은 에너지로도 쉽게 전이할 수 있게 한다. 온도가 높은 상황에서 원자가 띠의 전자는 받개 준위로도 전이하지만 전도띠로 전이하여 전류를 흐르게 한다. 따라서 원자가 띠의 양공의 수는 전도띠의 자유 전자 수보다 많아지게 되고, 주 전하 운반자는 양공이 된다.

09. 답 ①
해설 ㄱ. 그림은 반도체에 순방향 바이어스가 걸린 상태이다. 따라서 (+)극에 연결된 B는 p형 반도체, (-)극에 연결된 A는 n형 반도체이다.
ㄴ. p형 반도체인 B의 전하 운반자는 양공이다.
ㄷ. 순방향 바이어스일 때 접합면에서 자유 전자와 양공이 만나 재결합하여 소멸된다.
ㄹ. 순방향 바이어스일 때는 공핍층이 얇아지고, 전위 장벽이 감소한다.

10. 답 ④
해설 ㄱ. 전류가 거의 흐르지 않으므로 반도체에 역방향 바이어스가 걸릴 때이다. 그러므로 전원의 +극과 연결된 A는 n형 반도체, -극과 연결된 B는 p형 반도체이다.
ㄴ, ㄹ. 공핍층이 두꺼워지고 전위 장벽이 높아지는 경우이며, 자유 전자는 B쪽으로 이동하지 못한다.
ㄷ. 전압이 매우 큰 전원을 사용하면 접합 파괴가 일어나 큰 전류가 흐를 수 있다.

[유형16-6] 답 ④
해설 V_0가 (+),(-)인 두 경우 모두 V_1이 (+) 가 되는 전파 정류 회로이다.

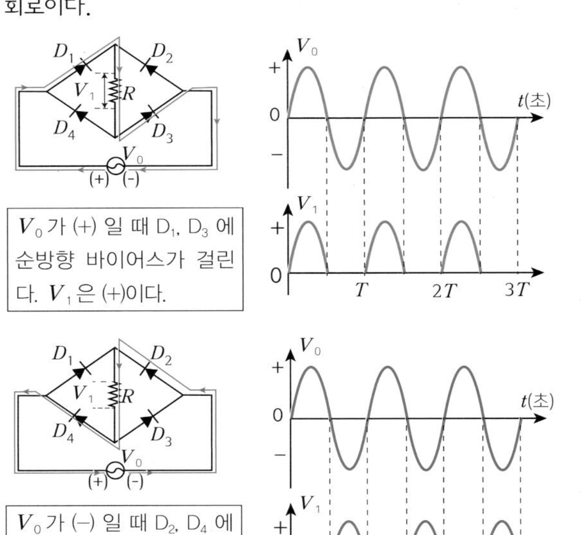

V_0가 (+),(-)인 경우 V_1을 주기별로 합치면 다음과 같은 모양이 된다.

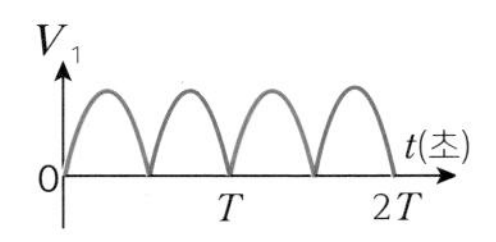

11. 답 ④
해설 ㄱ. 스위치를 a에 연결하면 (+)극에 p형 반도체가 연결되는 순방향 바이어스가 걸린다.
ㄴ. 스위치를 b에 연결하면 역방향 바이어스가 걸리고 자유 전자는 p형 반도체 쪽으로 이동하지 못하여 전류가 거의 흐르지 않는다.
ㄷ. 스위치를 a에 연결하면 순방향 바이어스가 걸리므로 자유 전자와 양공이 접합면에서 재결합한다.

12. 답 ⑤
해설 ㄱ. 순방향 바이어스가 걸렸을 때 양공은 (+) 전하이므로 (-)극 쪽으로 이동한다.(A 방향)
ㄴ, ㄷ. 순방향 바이어스가 걸리면 전원을 연결하기 전의 공핍층의 두께가 얇아지고 전위 장벽이 낮아져서 자유 전자와 양공이 서로 이동할 수 있게 되어 서로 재결합하여 소멸되면서 회로에 전류가 흐르게 된다.

스스로 실력 높이기 320 — 331 쪽

01. ③ 02. ③ 03. 광자 04. 10 05. −0.85
06. ㉠ ㄱ ㉡ ㄷ 07. (1) ㉢ (2) ㉡ (3) ㉠
08. ㉠ 3 ㉡ 2 ㉢ 1 ㉣ 라이먼 09. 속박 전자 10. ⑤
11. ㉠ 전도띠 ㉡ 원자가 띠 12. (1) (A):양공 (B):자유 전자
(2) n형 반도체 13. ③ 14. ⑤ 15. ③ 16. ③
17. ④ 18. ① 19. ⑤ 20. ⑤ 21. ③ 22. ④
23. ④ 24. ④ 25. ④ 26. ① 27. ④ 28. ①
29. ③ 30. ① 31. ① 32. ④ 33. ④
34. 7 : 128 35. ① 36. (1) (가), (다) (2) (나), (라)
37. ③ 38. 6.4×10^{-7} 39. ② 40. ③ 41. ⑤
42. ① 43. ② 44. <해설 참조> 45. (1) 전자
(2) n=5 → n=2 이동할 때 (3) 궤도 간 에너지 준위의 차가 다르기 때문 46. 3.3×10^{15}(Hz) 47. ⑤
48. 2.7 m/s 49. ③ 50. (1) 순방향 (2) 2.5 eV
51. (1) A (2) n형 반도체 (3) <해설 참조>

02. **답** ③
해설 보어의 원자 모형에서 제시한 양자 조건은 전자의 궤도가 전자 물질파 파장의 정수배가 되어야 한다는 것이다. 따라서 양자 조건은 다음과 같다.

$$2\pi rmv = nh \Leftrightarrow 2\pi r = n\lambda$$

03. **답** 광자
해설 전자가 전이할 때 에너지 준위 차이에 해당하는 에너지의 광자(광량자)가 방출되거나 흡수된다.

04. **답** 10
해설 에너지 준위가 높은 상태에서 낮은 상태로 전이할 때 방출 선 스펙트럼을 얻는다. 양자수가 n = 1, 2, 3, 4, 5 의 에너지 준위일 때 방출 스펙트럼 선은 10가지가 가능하다.

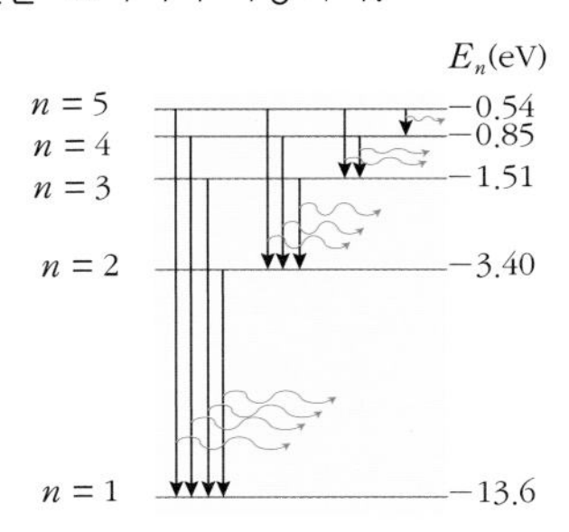

05. **답** −0.85
해설 수소 원자에서 안정한 상태의 n 번째 궤도에 있는 전자의 에너지 준위는 다음과 같다.

$$E_n = -\frac{13.6}{n^2}(\text{eV})$$

따라서 $n = 4$일 때 에너지 준위 E_4 는

$E_4 = -\frac{13.6}{4^2} = -0.85(\text{eV})$ 이다.

06. **답** ㉠ ㄱ ㉡ ㄷ
해설 원자의 에너지 준위가 커질수록 전자의 궤도 반지름은 커지고, 속력은 감소한다.

07. **답** (1) ㉢ (2) ㉡ (3) ㉠
해설

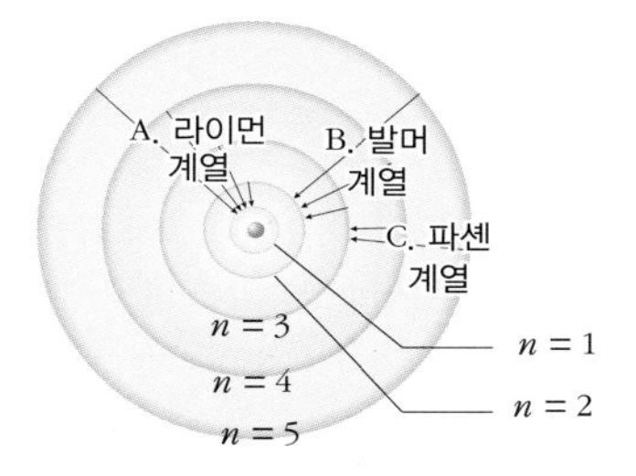

들뜬 상태의 전자가 n = 1, 2, 3 인 궤도로 전이할 때 방출되는 스펙트럼 영역을 각각 라이먼 계열(자외선 영역), 발머 계열(가시광선 영역), 파셴 계열(적외선 영역) 이라고 한다.

10. **답** ⑤
해설 ①, ④. A는 전도띠, B는 띠 간격, C는 원자가 띠이다. A는 원자가 띠로부터 전이한 자유 전자가 이동하는 영역이며, C는 자유 전자가 옮겨간 구멍인 양공이 이동하는 영역이다. 자유 전자와 양공은 모두 전하 나르개이므로 전류를 통할 수 있다.
② B는 띠 간격이므로 자유 전자나 양공이 존재할 수 없다.
③ B 띠 간격이 크면 부도체(절연체)의 특성을 지닌다.
⑤ 0 K 에서 원자가 띠(C)는 전자들로 채워져 있다. 그러나 띠 간격(B) 이상의 에너지를 얻을 때 전도 띠(A)로 전자가 전이하여 자유 전자가 되어 이동하면서 전기를 통할 수 있다.

11. **답** ㉠ 전도띠 ㉡ 원자가 띠
해설 ㉠ 자유전자란 원자가 띠의 전자가 띠 간격보다 큰 에너지를 흡수하여 전도띠로 전이된 전자를 말한다.
㉡ 양공이란 자유 전자가 전도띠로 전이할 때 원자가 띠에 생긴 구멍을 말한다.

12. **답** (1) (A) : 양공, (B) : 자유 전자 (2) n형 반도체
해설 (A)는 순수한 반도체에 13족 원소로 도핑한 p형 반도체로 전하 운반자는 주로 양공이 된다.
(B)는 순수한 반도체에 15족 원소로 도핑한 n형 반도체이고, 전하 운반자는 주로 자유 전자가 된다.

13. **답** ③
해설 스위치를 a에 연결할 때 불이 켜지지 않았으므로 전류가 흐르지 않은 것이고 역방향 바이어스가 걸린 것이다. 따라서 A는 n형 반도체, B는 p형 반도체이다.
ㄱ. n형 반도체는 불순물로 원자가 전자가 5개인 15족 원소를 사용하여 전자를 생성하도록 한다.
ㄴ. 역방향 바이어스가 걸리면 각 전하 운반자는 접합면과 반대쪽으로 이동한다.
ㄷ. 스위치를 b 에 연결하면 순방향 바이어스가 걸리고 전위 장벽이 낮아져 전류가 흐른다.

14. **답** ⑤
해설 ㄱ. 러더퍼드(A)의 원자 모형에 의해서는 가열된 기체에서 방출된 빛은 모든 파장의 빛이 섞여 있는 연속 스펙트럼 형태 이어야 한다. 따라서 실제로 나타나는 선스펙트럼을 설명할 수 없다.
ㄴ. 원자 모형의 발전 순서는 B(톰슨)-A(러더퍼드)-C(보어)순이다.

ㄷ. 보어의 원자 모형의 두번째 가설에 의하면 전자가 전이될 때 흡수되거나 방출되는 광자의 에너지는 궤도의 에너지 차이 만큼이다.

15. 답 ③

해설 $E_{광자} = hf = \frac{hc}{\lambda}$ (빛의 진동수를 f, 파장을 λ, 속력을 c 라고 할때 $c = f\lambda$ 이다.)

16. 답 ③

해설 양자수가 클수록 에너지 준위가 높으므로 n=1에서 n=3으로 전이할 때는 에너지를 흡수한다. 흡수하는 에너지의 양은 에너지 준위의 차이 만큼이다. n=1, 3 간 에너지 차이는 다음과 같다.

$$\Delta E = -\frac{R}{3^2} - \left(-\frac{R}{1^2}\right) = \frac{8R}{9}$$

17. 답 ④

해설 (가)는 연속 스펙트럼, (나)는 방출 선 스펙트럼, (다)는 흡수 선 스펙트럼이다.
ㄴ. (나)와 (다)는 선 스펙트럼의 밝은 선과 흡수 스펙트럼의 검은 선 부분이 일치하므로 같은 기체의 방출 선 스펙트럼과 흡수 선 스펙트럼이다.
ㄷ. 흡수 선 스펙트럼은 전자가 높은 에너지 준위로 전이할 때 에너지 준위 차에 해당하는 빛의 파장이 흡수되므로 검게 나타난다.

18. 답 ①

해설 ㉠은 라이먼 계열, ㉡은 파셴 계열이다. 각 계열은 스펙트럼 상에서 겹치지 않으며, 방출하는 빛의 파장은 에너지가 클수록 짧아진다. 따라서 라이먼 계열(㉠)의 스펙트럼 선은 발머 계열에서 가장 짧은 파장인 A선 보다 짧은 파장 영역에 나타나고, 파셴 계열(㉡)은 발머 계열에서 가장 긴 파장인 C선 보다 긴 파장 영역에서 나타난다.

19. 답 ⑤

해설 (가) 띠 간격이 (다)에 비해 작고 전도띠와 원자가 띠가 떨어져있으므로 반도체임을 알 수 있다.
(나) 전도띠와 원자가 띠가 겹쳐 있는 것으로 보아 도체임을 알 수 있다.
(다) 전도때와 원자가 띠가 가장 멀리 떨어져 있으므로 부도체임을 알 수 있다.
전기 전도도는 도체가 가장 크고, 부도체가 가장 작으므로 (나)>(가)> (다) 순이 된다.

20. 답 ⑤

해설 에너지 띠란 다수의 원자에 의해 에너지 준위를 띠처럼 취급할 수 있는 에너지 준위 영역을 말한다.
ㄱ. 띠 간격은 허용된 띠 사이의 간격으로 전자들이 가질 수 없는 에너지 영역이다.
ㄴ. 원자가 띠의 전자가 에너지를 흡수하여 전도띠로 전이하면 자유 전자가 된다.
ㄷ. 원자핵에서 멀어질수록 에너지 띠의 폭은 넓어지고 띠 간격은 줄어든다.

21. 답 ③

해설 원자가 띠, 전도띠 등을 포함하는 에너지 띠는 각 전자의 에너지 준위가 미세하게 달라서 에너지 준위가 거의 연속적인 띠 형태를 이루는 것이다.
ㄱ. 원자가 띠의 각 전자의 에너지는 약간씩 모두 다르다.
ㄴ. 실리콘보다 다이아몬드는 띠 간격이 커서 전기 전도성이 좋지 않다.
ㄷ. 원자가 띠에 있던 전자가 에너지를 흡수하여 전도띠로 전이하면 물질은 전기 전도성을 가진다.

22. 답 ④

해설 (가)는 p형 반도체이고, (나)는 n형 반도체이다.
ㄱ. A는 전자가 떠나고 남은 구멍인 (+) 전기를 띠는 양공이고, B는 (-)전기를 띠는 전자이다.
ㄴ. A 양공은 원자가 띠에 주로 생기며 원자가 띠에서 이동한다.
ㄷ. 비소(As)는 원자가 전자가 5개인 15족 원소이며, 인듐(In)은 원자가 전자가 3개인 13족 원소이므로 비소가 인듐보다 원자가 전자가 2개 더 많다.

23. 답 ④

해설 a 는 양공이고, b 는 자유 전자이다. 자유 전자는 원자가 띠에서 전도띠로 전이한 전자이다. 상온에서 전도띠에는 자유 전자가 존재한다.
ㄱ. b(자유 전자)는 상온에서 전도띠에 존재한다.
ㄴ. 접합 직후 접합면 근처에서 자유 전자와 양공이 확산되면서 재결합하여 소멸되므로 n형 반도체의 불순물은 (+)전하 p형 반도체의 불순물은 (-)전하를 띠게 된다. 따라서 n형 반도체 쪽에서 p형 반도체 쪽으로 전기장이 형성된다.
ㄷ. 전기장은 양공과 자유 전자의 접합면을 통한 이동을 막으므로 더이상 양공과 자유 전자는 재결합할 수 없다.

24. 답 ④

해설 보어의 원자 모형의 첫 번째 가설은 전자의 궤도 둘레가 전자 물질파 파장의 정수배를 만족하는 경우 전자는 안정한 상태로 존재한다는 것이다. ($2\pi r = n\lambda$)

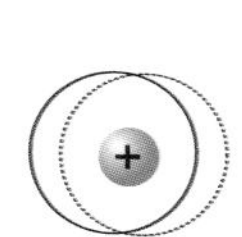
$2\pi r = \lambda$

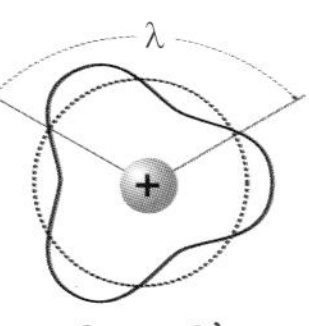

$2\pi r = 3\lambda$

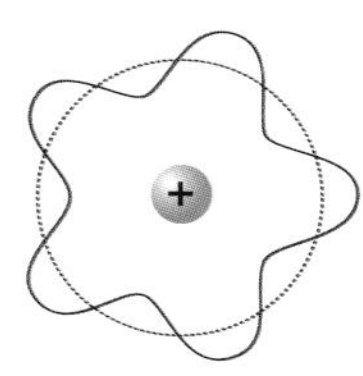
$2\pi r = 5\lambda$

ㄱ. 그림과 같이 각 양자수는 1, 3, 5 이다.
ㄴ. 전자의 궤도 반지름은 n^2에 비례하여 커진다.
ㄷ. 양자수가 5인 궤도의 원둘레는 드브로이의 물질파 파장의 5배이다.

25. 답 ④

해설 570 nm의 파란색 빛은 700nm 의 빨간색 빛보다 에너지가 더 크다. 둘 다 가시 광선 영역의 빛이므로 $n = 2$ 궤도로 전이할 때 방출되는 계열인 발머 계열임을 알 수 있다. 따라서 빨간색 빛이 나오는 경우는 E_2로 전이하는 발머 계열 중 에너지를 더 적게 방출하는 E_3에서 E_2로 전이하는 경우이다.

26. 답 ①

해설 ㄱ. a 과정에서 진동수 f_a를 흡수, b과정에서 f_b를 방출하므로 양자수가 커질수록 에너지 준위가 커지는 것을 알 수 있다. 따라서 $E_3 > E_1$이다.
ㄴ. 방출되거나 흡수하는 광자의 에너지는 hf 이므로 진동수에 비례한다. n=3→2 일 때 f_b를 방출하므로 n=2→3 일 때는 f_b를 흡수한다. 따라서 c 과정에서는 $f_a + f_b$ 를 흡수한다.
ㄷ. 원자 내의 전자는 양자화된 에너지 준위를 갖는다. 에너지 준위가 아닌 곳으로는 전이할 수 없다.

27. 답 ④

해설 스펙트럼의 진동수는 흡수되거나 방출되는 빛의 에너지와 비례한다. 따라서 진동수가 가장 큰 선(ⓗ)은 n = 4 에서 n =1로 전이할 때 방출되는 것이고, 진동수가 가장 작은 선(㉠)은 n = 4 에서 n = 3 으로 전이할 때 방출되는 것이다.

ㄱ. 파셴 계열은 들뜬 상태의 전자가 n = 3 인 궤도로 전이할 때이고, ㉠은 n = 4 에서 n = 3 으로 전이할 때이다.

ㄴ. 파셴 계열의 빛보다 발머 계열의 빛는 진동수가 크며 눈에 보이는 가시 광선 영역이다. 두 계열은 겹치지 않으므로 발머 계열의 빛은 이다.

ㄷ. 선 ㉣,㉤,ⓗ은 선 ㉡,㉢ 보다 에너지가 크다. 발머 계열은 ㉡,㉢ 밖에 없으므로 선 ㉣,㉤,ⓗ은 그림에서 n = 1 인 에너지 준위로 전이하면서 방출된 선 스펙트럼 계열인 라이만 계열이다.

28. 답 ①

해설 ㄷ. 기체 원자의 경우 에너지 준위가 양자화되어 있으나 에너지 준위가 듬성듬성 떨어져 불연속적으로 나타난다. 고체 원자에서 에너지 준위가 겹쳐 에너지 띠가 만들어지면 허용된 띠 안에서 에너지 준위는 미세한 차이로 나누어지므로 연속적이라고 할 수 있다.

ㄹ. 띠 간격은 에너지 띠 사이의 간격이므로 고체에서만 발견할 수 있다.

29. 답 ③

해설 ㉠은 전도띠, ㉡은 띠 간격, ㉢은 원자가 띠이다.

ㄱ. 띠 간격보다 보다 큰 에너지를 얻은 전자는 ㉢에서 ㉠으로 전이할 수 있다. 띠 간격에는 어떠한 전자도 존재할 수 없다.

ㄴ. 원자가 띠는 0 K 온도 상태에서 원자의 가장 바깥쪽에 자리잡은 전자(원자가 전자)가 차지하고 있다.

ㄷ. 부도체는 띠 간격이 반도체보다 매우 넓어서 전기 전도도가 매우 작아 전기가 흐르지 않는다. 띠 간격이 4 eV 이상인 경우는 부도체 그 이하인 경우는 반도체로 분류한다. 대부분 부도체의 띠 간격은 약 6 eV 정도이다.

30. 답 ①

해설 순방향 바이어스가 걸릴 때 전원 전압이 0.6 V 이상에서 다이오드를 흐르는 전류가 급격히 증가한다.

ㄱ. 전원 전압에 따라 전류가 증가하므로 순방향 바이어스이다.

ㄴ. 저항 $R = \frac{V}{I}$ 이므로 (나)에서 그래프 접선 기울기의 역수이다.

그래프 접선 기울기는 전압이 커질수록 점점 증가하므로, 저항은 전압이 커질수록 감소한다. 즉, 전압이 작을수록 크다.

ㄷ. 순방향 바이어스이므로 전압이 증가할수록 공핍층의 두께가 얇아져서 자유 전자와 양공이 접합면을 통해 이동하기 쉽다.

31. 답 ①

해설 ㄱ. (가)는 p형 반도체로 불순물에 의해 받개 준위가 원자가 띠 근처에 형성되어 있다.

ㄴ. (나)는 n형 반도체로 불순물에 의해 주개 준위가 전도띠 근처에 형성되어 있다. 전도띠로 전이하기 위해서 순수한 반도체의 원자가 띠의 전자는 띠 간격 만큼의 에너지가 필요하지만, 불순물의 주개 준위에서는 띠 간격보다 작은 에너지로도 가능하다. 따라서 불순물의 전자가 더 쉽게 전도띠로 이동할 수 있다.

ㄷ. 순수한 반도체의 띠 간격은 불순물에 의해 변화되지 않는다.

32. 답 ④

해설 ㄱ. 교류 전압과 그에 의한 교류 전류의 방향은 일정 주기마다 방향이 반대로 바뀐다.

ㄴ. (나)의 A점은 전류가 (-)방향으로 (최대로)흐르는 지점이므로 D_3 에 순방향, D_4 에 역방향 바이어스가 걸린다.

ㄷ. (나)의 B점은 전류가 (+)방향으로 (최대로)흐르는 지점이므로 D_2 에 순방향, D_1 에 역방향 바이어스가 걸린다.

33. 답 ④

해설 A는 라이먼 계열, B는 발머 계열, C는 파셴 계열이다.

ㄱ. 방출하는 에너지가 가장 클 때는 에너지 준위의 차가 가장 클 때이다. 따라서 n = ∞ 에서 n = 1 인 궤도로 전이할 때 방출하는 에너지가 가장 크다. 이 경우는 라이만 계열에 속한다.

ㄴ. 라이먼 계열(A)은 자외선, 발머 계열(B)은 가시 광선, 파셴 영역(C)은 적외선 영역의 빛을 방출한다.

ㄷ. 방출하는 에너지가 작을수록 진동수도 작다. 따라서 에너지 준위 차가 가장 적은 경우인 C 에서 진동수가 가장 작다.

34. 답 7 : 128

해설 전자가 전이될 때 에너지 차이에 해당하는 광자가 방출되거나 흡수된다. 이때 광자 1개의 에너지는 다음과 같다.

$$E_{광자} = E_m - E_m = hf = \frac{hc}{\lambda} \text{(단, } m > n\text{)} \cdots ㉠$$

에너지 준위의 차와 파장은 반비례 관계이다. 즉, 에너지 준위의 차가 작을수록 파장은 길어진다. 따라서 $n = 3$ 인 상태에서 방출하는 빛 중에서 가장 파장이 짧은 빛의 파장(λ_1)은 $n = 3$ 에서 $n = 1$ 로 떨어지면서 방출하는 빛의 파장이 된다. … ㉡

또한 흡수하는 빛 중에서 가장 파장이 긴 빛의 파장(λ_2)은 $n = 3$ 에서 $n = 4$ 로 올라가면서 방출하는 빛의 파장이 된다. … ㉢

㉠식에 의해 파장은 $\lambda = \frac{hc}{E_m - E_n}$ 이고, $E_n = -\frac{|E_1|}{n^2}$이므로

$$\lambda = \frac{hc}{E_m - E_n} = \frac{hc}{|E_1|}\left(\frac{1}{\frac{1}{n_n^2} - \frac{1}{n_m^2}}\right) \text{이다.}$$

$$㉡ \cdots \lambda_1 = \frac{hc}{|E_1|}\left(\frac{1}{\frac{1}{1^2} - \frac{1}{3^2}}\right) = \frac{hc}{|E_1|}\left(\frac{9}{8}\right)$$

$$㉢ \cdots \lambda_2 = \frac{hc}{|E_1|}\left(\frac{1}{\frac{1}{3^2} - \frac{1}{4^2}}\right) = \frac{hc}{|E_1|}\left(\frac{144}{7}\right)$$

$$\therefore \lambda_1 : \lambda_2 = \frac{9}{8} : \frac{144}{7} = 7 : 128$$

35. 답 ①

해설 (가)는 세 번째 들뜬 상태에서 두 번째 들뜬 상태로 전이하는 것이고, (나)는 세 번째 들뜬 상태에서 바닥 상태로 전이하는 것을 나타낸 것이다. 이때 두 궤도 사이의 에너지 준위 차이가 더 큰 (나)의 경우 더 큰 에너지의 전자기파를 방출한다.

ㄱ. (가)보다 (나)에서 더 큰 에너지를 방출하므로 (나)에서 방출되는 전자기파의 파장이 더 짧다.

ㄷ. 양자수가 작은 에너지 준위로 전자가 전이되었으므로 전자기파를 방출한다.

ㄹ. λ_n 를 양자수 n인 궤도에서 전자의 물질파 파장이라고 할 때

$2\pi r_n = n\lambda_n$, $r_n = r_0 n^2$ (r_0 : 바닥 상태(n=1)의 전자 궤도 반지름)

$\therefore 2\pi r_0 n^2 = n\lambda_n$, $\lambda_n = 2\pi r_0 n$

즉, 양자수 n인 궤도에서 전자의 물질파 파장은 양자수(n)에 비례한다. 전자 궤도의 양자수가 증가할수록 전자의 물질파 파장은 길어진다.

36. 답 (1) (가), (다) (2) (나), (라)

해설 기체의 종류에 따라 기체를 이루는 원자의 종류가 다르다. 따라서 원자의 종류에 따라 전자 궤도의 에너지 분포가 달라지므로 포함하고 있는 원자의 종류에 따라 선스펙트럼에서 선의 위치와 수가 달라지고, 같은 원자를 포함하고 있으면 같은 위치에 같은 수의 선이 나타난다. 선의 굵기는 원소의 양을 나타낸다.

37. 답 ③

해설 ㄱ. 수소 원자의 선 스펙트럼에서 각 계열은 서로 겹치지 않는다. 라이먼 계열의 모든 파장은 발머 계열의 모든 파장보다 짧고, 발머 계열의 모든 파장은 파셴 계열의 모든 파장보다 짧다. λ_2는 라이만 계열, λ_5은 발머 계열이므로 $\lambda_5 < \lambda_5$ 이다.

ㄴ. λ_6은 발머 계열에서 가장 긴 파장을 나타내므로 n = 3 에서 n = 2인 상태로 전자가 전이할 때 방출되는 빛의 파장이다. 따라서 이때 방출되는 광자의 에너지는 $E_3 - E_2$ 이다.

ㄷ. 백열등에서는 연속 스펙트럼이 나온다. (나)의 스펙트럼은 선 스펙트럼이다.

ㄹ. 라이먼 계열은 자외선 영역의 빛을 방출하고, 발머 계열은 가시 광선 영역의 빛을 방출한다. 자외선 영역은 가시 광선 영역보다 파장이 짧다.

38. 답 6.4×10^{-7}

해설 수소 원자의 에너지 준위 $E_n = \dfrac{E_1}{n^2}$ 식으로 표현할수 있다.

따라서 $n = 2$, $n = 3$일 때의 에너지 준위는 각각 다음과 같다.

$$E_2 = \frac{E_1}{2^2} = \frac{-2.0\times10^{-18}}{2^2} = -5.0\times10^{-19}\,(\mathrm{J})$$

$$E_3 = \frac{-2.0\times10^{-18}}{3^2} = -2.2\times10^{-19}\,(\mathrm{J})$$

전자가 다른 궤도로 전이할 때 방출되거나 흡수되는 전자기파의 파장은 다음과 같다.

$$E_m - E_n = hf = \frac{hc}{\lambda} \Rightarrow \lambda = \frac{hc}{E_m - E_n}$$

$$\lambda = \frac{hc}{E_3 - E_2} = \frac{(6\times10^{-34})\times(3.0\times10^{8})}{(-2.2+5.0)\times10^{-19}} \fallingdotseq 6.4\times10^{-7}\,(\mathrm{m})$$

39. 답 ②

해설 ㄱ. 전자가 n = 1인 궤도로 전이할 때 방출되는 스펙트럼 영역은 모두 라이먼 계열이다.

ㄴ. A의 경우가 B의 경우보다 에너지 준위 차이가 크므로 광자 한 개의 에너지도 더 크다.

ㄷ. C는 라이먼 계열, B는 발머 계열의 전자기파를 방출한다. 두 영역은 겹치지 않는다. 따라서 C에서가 B에서보다 짧다.

ㄹ. 전기력은 $(\text{거리})^2$에 반비례한다. 따라서 원자핵과의 거리가 가까울수록 전기력의 크기는 크다.

40. 답 ③

해설 ㄱ. n=1일 때(바닥 상태)보다 n=2 일 때가 에너지 준위가 더 높으므로 전이하려면 에너지(빛)를 흡수해야 한다.

ㄴ. 도체는 전도띠와 원자가 띠가 거의 붙어있는 구조이므로 그림 (나)는 반도체나 부도체의 에너지 띠이다.

ㄷ. $E_3 - E_2$ 는 띠 간격인 $E_4 - E_3$ 보다 크다. 그러므로 고체 (나)가 $E_3 - E_2$ 만큼의 빛을 흡수하면 원자가 띠의 전자가 전도띠로 전이할 수 있게 되어 자유 전자로 되어 전기 전도도가 증가한다.

41. 답 ⑤

해설 ㄱ. 규소는 0K일 때보다 300K일 때 띠 간격이 줄어든다. 이것은 원자가 띠의 전자가 전도띠로 전이하기가 쉬워 자유 전자가 만들어지기 쉽다는 것이므로 전기 전도도가 증가하게 된다. 따라서 비저항은 감소하게 된다.

ㄴ. 전자가 n=3 에서 n=2 로 전이하면 에너지 준위의 차인 -1.51-(-3.4)=1.89(eV)의 에너지를 빛의 형태로 방출한다. 이것은 규소의 띠 간격보다 크므로 이 빛을 규소가 흡수하면 원자가 띠에서 전도띠로 전자가 전이할 수 있게 되어 전도띠에 자유 전자가 발생하므로 전기 전도도가 증가하고 비저항은 감소한다.

ㄷ. 파셴 계열의 에너지 중에서 n=4 에서 n=3 로 전이할 때의 에너지가 가장 작고, $n=\infty$ 에서 n=3 로 전이할 때의 에너지가 가장 크다. n=4 에서 n=3 로 전이할 때 방출하는 에너지는 에너지 준위의 차인 -0.85-(-1.51)= 0.66(eV)이다. $n=\infty$ 의 에너지 준위는 0 이므로 $n=\infty$ 에서 n=3 로 전이할 때 방출하는 에너지는 0-(-1.51)= 1.51(eV)이다. 따라서 0.66(eV) < 파셴 계열의 에너지 < 1.51(eV) 이다. 따라서 네 가지 물질의 띠 간격 보다 큰 에너지가 존재하므로 네 물질 모두의 전기 전도도를 증가시킬 수 있고, 비저항을 감소시킬 수 있다.

42. 답 ①

해설 ㄱ. 스위치를 a에 연결하면 전류가 흐르므로 다이오드에는 순방향 바이어스가 걸린다. 스위치를 a에 연결하였을 때 A 반도체에 (+)극이 연결되므로 A는 p형 반도체이다.

ㄴ. 순방향 바이어스일 때는 공핍층이 얇아진다.

ㄷ. 교류 전원은 전류의 방향이 일정 주기를 두고 반대로 바뀐다. 전류의 방향이 순방향 바이어스일 때는 전류가 흐르나 역방향 바이어스일 때는 전류가 거의 흐르지 않는다. 그러나 바뀌는 주기가 초당 60회 정도이므로 LED에는 계속 불이 켜진다.

43. 답 ②

해설 ㄱ. 자유 전자와 양공이 만나 빛을 내는 경우는 발광 다이오드에 순방향 바이어스가 걸린 경우이다.

ㄴ. 발광 다이오드에서 방출하는 빛의 에너지는 반도체 물질의 띠 간격과 일치한다. 빨간 빛은 파란 빛보다 파장이 더 길고 에너지는 작으므로($E = \dfrac{hc}{\lambda}$) 띠 간격이 더 작은 반도체를 사용해야 한다.

ㄷ. 직류 전원의 단자를 바꾸어 연결하면 다이오드에는 역방향 바이어스가 걸리고 저항에는 전류가 거의 흐르지 않아서 저항에 걸리는 전압도 0 에 가까워진다.

44. 답 < 해설 참조 >

해설 전자가 원자핵 주위를 회전하기 위해서는 원자핵과 전자 사이의 쿨롱의 힘이 구심력의 역할을 해야 한다.

$$F = \frac{mv^2}{r} = \frac{ke^2}{r^2} \Rightarrow r = \frac{ke^2}{mv^2} \cdots ①$$

또한 원자의 전자 궤도 반지름, 속력, 에너지는 모두 양자화 되어 있으므로 양자 조건 $2\pi rmv = nh$을 만족한다.

여기서 $v = \dfrac{nh}{2\pi rm}$ 가 되고, 이를 ①식에 대입하면

$$r = \frac{ke^2}{mv^2} = \frac{ke^2}{m\left(\dfrac{nh}{2\pi rm}\right)^2} = \frac{4\pi^2 r^2 mke^2}{n^2h^2}$$

r을 양자화 된 r_n으로 나타내면,

$$\therefore r_n = \frac{n^2h^2}{4\pi^2 mke^2} \cdots ㉠ \text{ 이다.}$$

식 ㉠을 $v = \frac{nh}{2\pi rm}$ 에 다시 대입하면

$$\Rightarrow v = \frac{nh}{2\pi rm} = \frac{nh}{2\pi m\left(\frac{n^2h^2}{4\pi^2mke^2}\right)} = \frac{2\pi ke^2}{nh} \cdots ㉡$$

전자의 에너지는 궤도 전자의 운동 에너지와 전기력에 의한 위치 에너지의 합과 같으므로,

$E_n = E_k + E_p = \frac{1}{2}mv^2 - \frac{ke^2}{r}$ 이다.

$\frac{mv^2}{r} = \frac{ke^2}{r^2}$ 에서 $\frac{1}{2}mv^2 = \frac{ke^2}{2r}$ 이므로,

$E_n = \frac{ke^2}{2r} - \frac{ke^2}{r} = -\frac{ke^2}{2r}$, ㉠을 대입하면

$$E_n = -\frac{ke^2}{2r} = -\frac{ke^2}{2\left(\frac{n^2h^2}{4\pi^2mke^2}\right)} = -\frac{2\pi^2mk^2e^4}{n^2h^2}$$

45. 답 (1) 전자 (2) n = 5 에서 n = 2 로 이동할 때
(3) 궤도 간 에너지 준위의 차이가 서로 다르기 때문이다.

해설 (1) 수소 원자의 전자가 에너지를 흡수하여 불안정한 들뜬 상태로 되었다가 더욱 안정한 상태로 전이하면서 빛을 방출한다.
(2) a~d 는 색을 구별할 수 있으므로 가시 광선이고, 발머 계열이다. a는 빨간색이고, b~d는 파란색 계열이므로 왼쪽으로 갈수록 파장이 더 짧고 에너지는 더 크다. a가 n=3에서 n=2 로 이동할 때라면
스펙트럼 b : n = 4에 있던 전자가 n = 2로 이동할 때,
스펙트럼 c : n = 5에 있던 전자가 n = 2로 이동할 때이다.
(3) 각 스펙트럼은 에너지 준위의 차이만큼에 해당하는 에너지를 방출하면서 생긴다.
스펙트럼 a가 방출되는 경우인 n = 3에 있던 전자가 n = 2로 이동할 때 방출하는 에너지는

$$E_3 - E_2 = -1312\left(\frac{1}{3^2} - \frac{1}{2^2}\right) = -146 - (-328) = 182(\text{kJ/mol})$$

스펙트럼 b가 방출되는 경우인 n = 4에 있던 전자가 n = 2로 이동할 때 방출하는 에너지는

$$E_4 - E_2 = -1312\left(\frac{1}{4^2} - \frac{1}{2^2}\right) = -82 - (-328) = 246(\text{kJ/mol})$$

스펙트럼 c가 방출되는 경우인 n = 5에 있던 전자가 n = 2로 이동할 때 방출하는 에너지는

$$E_2 - E_2 = -1312\left(\frac{1}{5^2} - \frac{1}{2^2}\right) = -52.5 - (-328) = 275.5(\text{kJ/mol})$$

46. 답 3.3×10^{15} (Hz)

해설 자유 전자가 되기 위해 필요한 빛의 에너지는 13.6 eV 이상이다. 따라서

$$E = hf \Rightarrow f = \frac{E}{h} = \frac{13.6 \times 1.6 \times 10^{-19}}{6.6 \times 10^{-34}} \fallingdotseq 3.3 \times 10^{15}(\text{Hz})$$

47. 답 ⑤

해설 ㄱ. 0 K 에서는 원자가 띠의 전자가 전도띠로 전이하지 못하므로 양공이 생기지 않는다.
ㄴ. 불순물 X 가 도핑된 (나)에서 전자쌍을 이루지 못하는 전자 1개가 발생했으므로 저마늄의 원자가 전자 수 4개보다 1개가 더 많아야 하므로 불순물 X의 원자가 전자 수는 5개이다.
ㄷ. (나)는 n형 반도체이므로 순수한 반도체 전도띠 가까이에 주개 전위가 형성되어 300K 상태에서 전도띠로 전자가 전이된다. 순수한 반도체에서도 원자가 띠에서 전자가 전도띠로 전이되므로 전도띠의 자유 전자 수는 순수한 반도체의 원자가 띠의 양공 수보다 많다.

48. 답 2.7 m/s

해설 광자가 가지는 운동량은 보존된다.
수소 원자의 에너지 준위의 변화량과 광자의 에너지는 같다. 이때 광자의 진동수(f)는 다음과 같다.

$E_2 - E_1 = hf \Rightarrow f = \frac{E_2 - E_1}{h}$ 이다.

$$E_2 - E_1 = -13.6\left(\frac{1}{2^2} - \frac{1}{1^2}\right) = 10.2\ (\text{eV})$$

$= 10.2\ (1.6 \times 10^{-19}) \fallingdotseq 1.6 \times 10^{-18}$ J 이다.

∴ 광자의 진동수 $f = \frac{E_2 - E_1}{h} = \frac{1.6 \times 10^{-18}}{6.6 \times 10^{-34}} \cong 2.4 \times 10^{15}$ (Hz)

따라서 광자 1 개의 운동량 p 는

$$p = \frac{hf}{c} = \frac{(6.6 \times 10^{-34})(2.4 \times 10^{15})}{3 \times 10^8} \cong 5.3 \times 10^{-27}\ (\text{kg·m/s})$$

수소 원자는 처음에 정지하고 있었으므로 광자 1개가 수소 원자에 흡수되면 사라지고 광자의 운동량은 수소 원자의 운동량이된다.
(수소 원자의 운동량) $mv = p$

$$\therefore v(\text{수소 원자}) = \frac{p}{m} = \frac{5.3 \times 10^{-27}}{2 \times 10^{-27}} \cong 2.7\ \text{m/s}$$

49. 답 ③

해설 ㄱ. LED A, B에 모두 불이 들어왔으므로 A, B 모두 순방향 바이어스가 걸려있다. 따라서 w, y 는 p형 반도체, x, z는 n형 반도체이다.
ㄴ. y는 p형 반도체이므로 불순물은 원자가 전자가 3개인 13족 원소이다.
ㄷ. (나)에서 띠 간격이 A < B 이고, 띠 간격에 해당하는 에너지(E)의 빛이 방출되고 $E = \frac{hc}{\lambda}$ 이므로 (가)의 A에서 B보다 파장이 긴 빛이 방출된다. 파란 빛과 빨간 빛 중 하나이므로 LED A에서 파장이 길고 에너지가 작은 빨간 빛이 방출된다.

50. 답 (1) 순방향 (2) 2.5 eV

해설 (1) LED에 불이 들어오는 경우이므로 순방향 바이어스가 걸린다.
(2) 방출되는 빛의 에너지는 반도체 물질의 띠 간격(E_g)과 일치한다.
1eV = 1.6×10^{-19} J 이다.

$$\therefore E_g = \frac{hc}{\lambda} = \frac{(6.6 \times 10^{-34})(3 \times 10^8)}{500 \times 10^{-9}} \cong 4 \times 10^{-19}\ \text{J}$$

$$= \frac{4 \times 10^{-19}}{1.6 \times 10^{-19}} = 2.5\ \text{eV}$$

51. 답 (1) A (2) n형 반도체 (3) <해설 참조>

해설 (1) 그림(가)의 X 반도체 쪽으로 자유 전자가 Y 반도체 쪽으로 양공이 이동하여 전류는 A 방향으로 흐른다.
(2)(3) 접합면의 공핍층에는 n형 반도체에서 p형 반도체 쪽으로 전기장이 형성되므로 자유 전자는 전기장의 방향과 반대 방향으로 힘을 받아 n형 반도체 쪽으로 양공은 p형 반도체 쪽을 향한다. 빛을 쬐면 더 많은 자유 전자와 양공이 발생하여 같은 방향으로 이동한다.

17강 project_ 논/구술

논/구술 A

332 ~ 333 쪽

해설 [서술 예시]

Q1 질량 m, 전하량 q 인 대전 입자를 일정한 속도 v 로 균일한 자기장 B 에 수직하게 입사시키면 대전 입자에 작용하는 자기력 $F(=qvB)$은 항상 운동 방향에 수직한 방향으로 일정한 크기로 작용하기 때문에 이 힘이 구심력의 역할을 하여 등속 원운동을 하게 된다. 이때 원운동의 반지름 r 은 다음과 같다.

$$F = \frac{mv^2}{r} = qvB \Rightarrow r = \frac{mv}{qB}$$

대전 입자가 1회전 하는데 걸리는 시간인 주기 T 는

$$T = \frac{2\pi r}{v} = \frac{2\pi m}{qB}$$

이 된다. 주기 T 는 반지름 r 이나, 입자의 속도의 크기 v 와 상관 없이 일정하게 나타난다.

Q2 [서술 예시]

$r = \frac{mv}{qB} \Rightarrow v = \frac{rqB}{m}$ 이다.

따라서 중양성자의 속력(v)은

$$v = \frac{rqB}{m} = \frac{(0.53\text{m})(1.60\times10^{-19}\text{C})(1.57\text{T})}{3.34\times10^{-27}} = 3.99\times10^{7}\text{m/s}$$

$\therefore E_K$(중양성자의 운동 에너지)

$$= \frac{1}{2}mv^2 = \frac{1}{2}\times(3.34\times10^{-27})\times(3.99\times10^{7})^2$$

$$= 2.7\times10^{-12}\text{J}$$

논/구술 B

334 – 335 쪽

[탐구] 자석(가우스) 가속기 만들기

논/구술

해설 1.

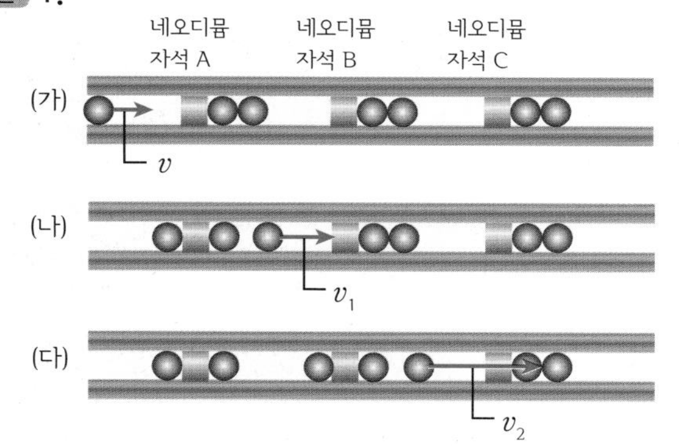

탄성 충돌의 경우 질량이 같은 두 구슬의 충돌에서 한 구슬이 멈춰있는 다른 구슬을 향해 운동하다가 충돌하면 운동량 보존에 의해 굴러오는 쇠구슬은 멈추고, 멈춰있는 쇠구슬은 같은 속도로 같은 방향으로 운동한다.

(가) 네오디뮴 자석 A 쪽으로 쇠구슬이 운동한다. 자석의 인력을 받아 쇠구슬의 속력 v 는 증가한다.
(나) 쇠구슬이 자석과 충돌하며 자석에 붙는다. 반대편에 있던 두개의 쇠구슬 중 앞의 것만이 앞 쇠구슬이 자석에 충돌하는 속도로 떨어져 나간다. 이때 구슬이 겹쳐있으므로 자석 A의 인력을 앞 쇠구슬보다 작게 받는다. 떨어져 나간 쇠구슬의 속력(v_1)이 자석 B의 인력을 받아 증가한다.
(다) (나) 과정이 계속되며 쇠구슬의 속력(v_2)은 매우 크게 증가한다.

2 입자 가속기는 자기장에 의해 등속 원운동하는 입자의 속력을 전기장을 통과하게 함으로써 가속시키고, 또다시 원운동과 가속을 반복하면서 입자의 속력을 매우 빠르게 한다.
[탐구]의 자석 가속기는 네오디뮴 자석의 자기력을 이용하여 자석의 속력을 증가시킨 후 탄성 충돌에 의해 속도를 유지하고, 또다시 네오디뮴 자석의 자기력을 이용해 쇠구슬의 속력을 증가시키는 과정을 되풀이한다.
입자 가속기의 전기장의 역할을 자석 가속기에서는 네오디뮴 자석의 자기장이 대신하는 것이다.
다만 입자 가속기는 가속에 필요한 긴 거리를 원운동에 필요한 일정 면적으로 대치시키고 있으며, 자석 가속기는 직선 운동하면서 속력을 증가시킨다.

과학 논술 - 문제해결력 키우기

335 쪽

(1)

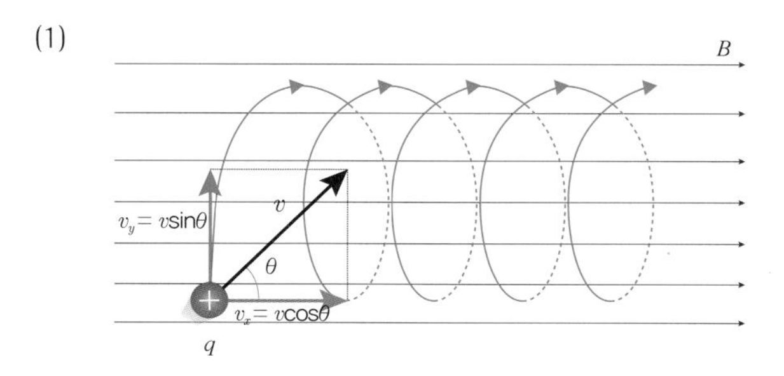

위 그림처럼 입자의 속도를 자기장 B 에 수직한 방향(v_y)과 평행한 방향 (v_x) 으로 나누면, v_y 는 로런츠 힘을 발생시켜 입자를 자기장에 수직으로 원운동시키는 힘이 되며, v_x 는 자기장의 방향으로 등속 운동하도록 한다. 결국 이 전하를 띤 입자는 위 그림처럼 일정 주기의 나선 운동을 하게 된다.

(2) 균일한 자기장 B 속에 속도 v 로 입사한 전하량 q,질량이 m 인 대전 입자의 원운동의 반지름 r 은 다음과 같다.

$$r = \frac{mv}{qB}$$

즉, 다른 조건이 같다면 원운동의 반지름은 자기장의 세기에 반비례한다. 따라서 자기장 B 이 점점 커지면 아래 그림처럼 반지름 r 이 점점 작아지는 나선 운동을 하게 된다.

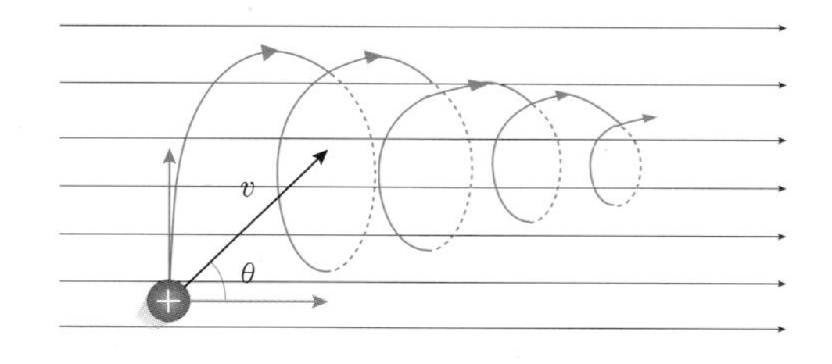

무한상상

창의력과학 세페이드 시리즈 – 창의력과학의 결정판, 단계별 영재 대비서

1F 중등 기초
물리(상,하), 화학(상,하)

2F 중등 완성
물리(상,하), 화학(상,하),
생명과학(상,하), 지구과학(상,하)

3F 고등 I 물리(상,하), 물리
영재편(상,하), 화학(상,하), 생
명과학(상,하), 지구과학(상,하)

4F 고등 II
물리(상,하), 화학(상,하), 생명과학
(영재편,심화편), 지구과학(상,하)

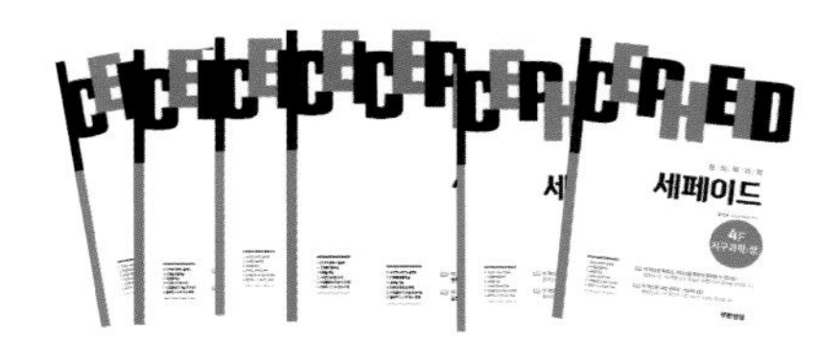

5F 영재과학고 대비 파이널
(물리, 화학)/
(생물, 지구과학)

세페이드 모의고사

세페이드 고등 통합과학

창의력 수학/과학 아이앤아이 시리즈 – 특목고, 영재교육원 대비 종합서

창의력 과학 아이앤아이 *I&I* 중등
물리(상,하)/화학(상,하)/
생명과학(상,하)/지구과학(상,하)

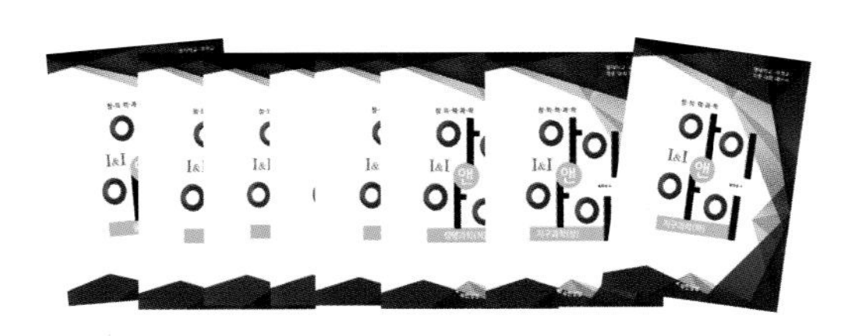

창의력 과학 아이앤아이
***I&I* 초등 3~6**

영재교육원 수학과학 종합대비서
아이앤아이 꾸러미

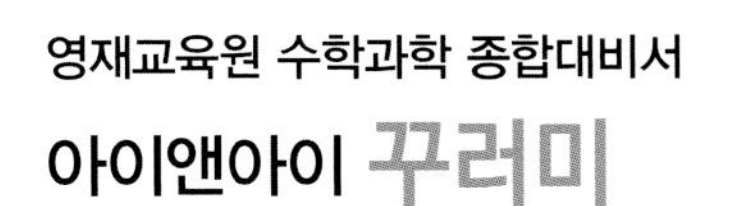

아이앤아이 영재교육원 대비
꾸러미 120제 (수학 과학)

아이앤아이 영재교육원 대비
꾸러미 48제 모의고사
(수학 과학)

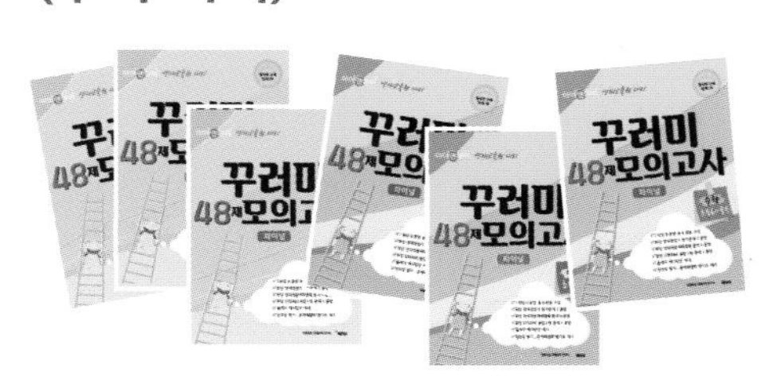

아이앤아이
꾸러미 과학대회
(초등/중고등)

세페이드 고등학교 과학 시리즈

교과과정과 확장
교과 과정에 포함된 내용을 자세히 다루고 그외 확장된 개념과 심화 내용을 담고 있어 완벽한 실력 향상을 목표로 합니다.

단계별 학습
개념확인-개념다지기- 유형익히기(하브루타) -스스로실력높이기 의 문제들은 쉬운 개념부터 심화 개념까지 단계적인 학습을 목표로 합니다.

유형별 학습
소단원 별로 대표적인 유형의 문제와 적용 문제를 담았습니다.

스스로 풀어 보는 문제
소단원 별로 각 유형의 풍부한 문제를 난이도 A-B-C-심화-창의력 으로 구분하여 스스로 해결하면서 문제 해결력의 극대화를 목표로 합니다.

무한상상

세상은 재미난 일로
가득 차 있지요!

무한상상